"十三五"国家重点出版物出版规划项目

国家出版基金项目
NATIONAL PUBLICATION FOUNDATION

载人航天出版工程
总 主 编： 周建平
总 策 划： 邓宁丰

现代航天遥测技术（上）

李艳华 李凉海 谌 明 彭泳卿 编著

中国宇航出版社
CAPH
·北京·

图书在版编目（CIP）数据

现代航天遥测技术：全2册 / 李艳华等编著．--北京:中国宇航出版社,2018．4

ISBN 978-7-5159-1464-0

Ⅰ．①现… Ⅱ．①李… Ⅲ．①空间遥测 Ⅳ．①TP873

中国版本图书馆CIP数据核字（2018）第086863号

责任编辑　侯丽平　　　　**封面设计**　宇星文化

出版发行	中国宇航出版社		
社　址	北京市阜成路8号	**邮　编**	100830
	(010)60286808		(010)68768548
网　址	www.caphbook.com		
经　销	新华书店		
发行部	(010)60286888		(010)68371900
	(010)60286887		(010)60286804(传真)
零售店	读者服务部		
	(010)68371105		
承　印	河北画中画印刷科技有限公司		
版　次	2018年4月第1版		2018年4月第1次印刷
规　格	880×1230	**开　本**	1/32
印　张	41.75	**字　数**	1201千字
书　号	ISBN 978-7-5159-1464-0		
定　价	368.00元		

本书如有印装质量问题，可与发行部联系调换

《载人航天出版工程》总序

中国载人航天工程自1992年立项以来，已经走过了20多年的发展历程。经过载人航天工程全体研制人员的锐意创新、刻苦攻关、顽强拼搏，共发射了10艘神舟飞船和1个目标飞行器，完成了从无人飞行到载人飞行、从一人一天到多人多天、从舱内实验到出舱活动、从自动交会对接到人控交会对接、从单船飞行到组合体飞行等一系列技术跨越，拥有了可靠的载人天地往返运输的能力，实现了中华民族的千年飞天梦想，使中国成为世界上第三个独立掌握载人航天技术的国家。我国载人航天工程作为高科技领域最具代表性的科技实践活动之一，承载了中国人民期盼国家富强、民族复兴的伟大梦想，彰显了中华民族探索未知世界、发现科学真理的不懈追求，体现了不畏艰辛、大力协同的精神风貌。航天梦是中国梦的重要组成部分，载人航天事业的成就，充分展示了伟大的中国道路、中国精神、中国力量，坚定了全国各族人民实现中华民族伟大复兴中国梦的决心和信心。

载人航天工程是十分复杂的大系统工程，既有赖于国家的整体科学技术发展水平，也起到了影响、促进和推动着科学技术进步的重要作用。载人航天技术的发展，涉及系统工程管理，自动控制技术，计算机技术，动力技术，材料和结构技术，环控生保技术，通信、遥感及测控技术，以及天文学、物理学、化学、生命科学、力学、地球科学和空间科学等诸多科学技术领域。在我国综合国力不断增强的今天，载人航天工程对促进中国科学技术的发展起到了积极的推动作用，是中国建设创新型国家的标志性工程之一。

我国航天事业已经进入了承前启后、继往开来、加速发展的关键时期。我国载人航天工程已经完成了三步走战略的第一步和第二步第一阶段的研制和飞行任务，突破了载人天地往返、空间出舱和空间交会对接技术，建立了比较完善的载人航天研发技术体系，形成了完整配套的研制、生产、试验能力。现在，我们正在进行空间站工程的研制工作。2020年前后，我国将建造由20吨级舱段为基本模块构成的空间站，这将使我国载人航天工程进入一个新的发展阶段。建造具有中国特色和时代特征的中国空间站，和平开发和利用太空，为人类文明发展和进步做出新的贡献，是我们航天人肩负的责任和历史使命。要实现这一宏伟目标，无论是在科学技术方面，还是在工程组织方面，都对我们提出了新的挑战。

以图书为代表的文献资料既是载人航天工程的经验总结，也是后续任务研发的重要支撑。为了顺利实施这项国家重大科技工程，实现我国载人航天三步走的战略目标，我们必须充分总结实践成果，并充分借鉴国际同行的经验，形成具有系统性、前瞻性和实用性的，具有中国特色的理论与实践相结合的载人航天工程知识文献体系。

《载人航天出版工程》的编辑和出版就是要致力于建设这样的知识文献体系。书目的选择是在广泛听取参与我国载人航天工程的各专业领域的专家意见和建议的基础上确定的，其中专著内容涉及我国载人航天科研生产的最新技术成果，译著源于世界著名的出版机构，力图反映载人航天工程相关技术领域的当前水平和发展方向。

《载人航天出版工程》凝结了国内外载人航天专家学者的智慧和成果，具有较强的工程实用性和技术前瞻性，既可作为从事载人航天工程科研、生产、试验工作的参考用书，亦可供相关专业领域人员学习借鉴。期望这套丛书有助于载人航天工程的顺利实施，有利于中国航天事业的进一步发展，有益于航天科技领域的人才培养，为促进航天科技发展、建设创新型国家做出贡献。

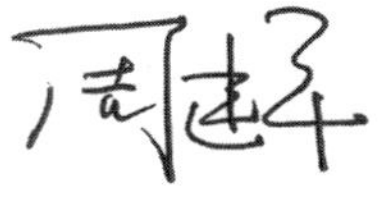

2013年10月

序

遥测作为现代航天测控的三大手段（即跟踪、遥测和遥控）之一，用途广泛，作用巨大。当代世界上的航天活动都离不开遥测和遥测系统，特别是作为航天器工作状态、航天器内外环境、航天员活动及其身体状况的主要信息源，遥测数据对于航天活动、航天器改进、航天员安全的作用显得尤为重要。

我国遥测技术的发展，也是从 1956 年航天遥测的起步开始的。50 多年来，随着我国航天事业的蓬勃发展和几代航天遥测人的不懈努力，我国遥测技术的水平和规模，目前已跻身国际先进行列。进入 21 世纪以来，国外遥测技术在频段、体制、高码率、软件化、信道编译码等方面也有许多创新值得借鉴，《现代航天遥测技术》就是在这种背景下应运而生的。

本书是国内 20 多年来遥测业界内容崭新的一部著作，其作者长期在国家级航天遥测技术科研机构——北京遥测技术研究所工作，是从事遥测技术研究、遥测系统设计与设备研制以及航天测控领域研究的专家，具有扎实的理论基础和丰富的工程实践经验。作者站在系统设计的高度，以通观全局的眼光，从基础和专业两个层面出发，由浅入深，由表及里，全面、系统地介绍了航天遥测的基本概念、航天遥测的技术基础、航天遥测系统的总体设计、遥测传感器、数据采编与调制发射、天线与信道、遥测跟踪系统等，并对遥测基带、遥测数据记录、遥测数据处理、遥测系统软件、遥测信息安全、遥测系统测试、遥测标准等进行了详细分析和讨论。

本书涉及了近年来开发的遥测新技术和新的应用场合，如：扩频和扩频自跟踪、综合基带与软件解调、网络与图像传输等新技术以及临近空间遥测、深空遥测、天基遥测等新的应用场合。与以往出版的同类专业书相比，本书更加突出了“现代”和“航天”两大特点。本书内容丰富，结构合理，语言流畅，可读性好。本书适合于航天遥测专业科研人员、高校相关专业师生、航天测控相关管理人员学习参考。可以预见，本书的出版将对我国航天遥测业界的技术发展起到推动和引领作用，对培养更多的优秀航天遥测专业人才也将发挥重要作用。

谨以此序共勉！

2018 年 1 月 · 北京

前　言

航天遥测技术是航天技术体系中不可或缺的重要分支。没有测量就没有科学；同样，没有航天遥测技术，就不能想象各种航天器的发展。

近30年，以载人航天工程、探月工程、北斗导航系统工程、新一代运载火箭等为代表的中国航天事业取得了巨大的成就，另一方面，世界电子信息技术迅猛发展，日新月异。与此同步，中国的航天遥测技术亦得到了跨越式的发展。遥测频段的显著提高、基于软件无线电技术的测控基带技术、深空天线组阵信号合成技术、速率达每秒数吉比特的数传技术、基于网络的遥测软件技术、基于MEMS和激光光纤应用的新型传感器技术、应用中继卫星的卫星/火箭数据传输技术、多星座卫星导航技术、相控阵天线在航天遥测系统中的应用、现代密码技术的应用、CCSDS分包遥测标准的应用等是这一时期航天遥测技术进步的重要标志。北京遥测技术研究所作为中国航天遥测事业的主力军和国家队，在推动航天遥测技术跨越式发展的历史进程中作出了重要的贡献，发挥了创新引领作用。

本书就是以北京遥测技术研究所创新实践成果为基础编写的。推出本书的目的，一是总结过去，在新的起点上开始中国航天遥测事业发展的新征程，为实现“探索浩瀚宇宙、发展航天事业、建设航天强国”的中国航天梦贡献力量；二是与同行们交流互鉴，共同进步；三是为青年航天遥测人的学习和研究提供参考。

北京遥测技术研究所的很多同志先后参加了本书的编写和校对工作，主要人员还有孙甲琦、卢满宏、邹江波、刘昊、刘德喜、廖小海、徐松艳、关贵注、史永康、祝大龙、陈青松、张世名、张显辉、李连辉、王晓波、朱宏涛、王圆圆、丁兴文、孙向珍、马玉国、胡剑平、董伟升、贾军、胡昊、钟育民、孙奕庭、于晓黎、赵静远、唐军芳、张媛等。谢求成、房鸿瑞、谭维炽、吕善伟、张晓林、刘建伟、袁嗣杰、宋宗炎等专家审阅了书稿并提出了很多宝贵的意见。中国航天科技集团有限公司、中国宇航出版社为本书的出版提供了大力支持和帮助。在此一并致谢！限于作者的学识水平，书中不妥之处在所难免，敬请广大专家、读者不吝赐教。

李艳华

2018 年 4 月 · 北京

目　录

第1章　绪　论

1.1　航天遥测系统概念

人们在科学研究或生产活动中，经常要对所研究或使用的对象的各种现象或参数进行测量，有些测量可以用仪器仪表直接进行，例如用万用表测量电压、电流、电阻等，但在另一些情况下，测量只能远离被测对象进行。例如直接测量存在危险，或者被测对象远而且分散，或者它们高速运动，等等。对导弹、火箭、卫星、飞船、飞机等飞行器的各种参数进行测量就属于这种情况，这种特殊的测量称为遥测。

遥测技术是对相距一定距离的被测对象的参数进行测量，并通过传输介质（有线或无线信道）将被测数据传输到接收地点的测量技术。将被测对象的参数测量后并将测量值传输至远距离接收地点的系统称为遥测系统。对航天飞行器的参数进行测量的系统是航天遥测系统。

遥测系统的工作包括信息采集、信息传输和信息处理三个基本过程。

（1）信息采集

将需要测量的参数（如温度或电压等）转换成适于采集和传输的规范化信号，完成这一过程主要依靠各种传感器和变换器，传感器把被测参数变成电信号，变换器把电信号变换成满足传输要求的信号。

（2）信息传输

将全部遥测信号（通常是多路信号）通过特定信道（导线、电磁波或光波等介质）传送到远距离的接收地点，完成这一过程主要依靠遥测发射机和遥测接收站，遥测发射机把遥测信号转换成适于相应介质传输的电磁波或光波信号等，遥测接收站把远距离传输过来的电磁波或光波信号等还原成遥测信号。

（3）信息处理

在接收地点对遥测数据进行记录、处理和显示，按照观测者的要求形成最终的图、表等，获得测量结果。这一过程主要依靠相应的数据记录处理终端设备完成。

航天遥测系统实质上是一类通过电磁波或光波信道传输的多路数据传输系统。为了能用一个信道来完成多路信息的传输，一般采用多路传输技术。实际的遥测系统都是把被测对象的所在地选作发送端，接收站作为接收端，两者之间通过遥测设备由信道连接起来。发送端有传感、变换、采编、存储、记录重放和发送等设备。接收端有接收、解码、显示、记录和数据处理等设备。

1.2 航天遥测发展历程

1.2.1 遥测技术的发展

遥测技术起源于19世纪初，航空、航天遥测技术则分别开始于20世纪30年代和40年代。此后，遥测技术广泛用于飞机、火箭、导弹和航天器的试验，这些应用也极大地促进了遥测技术的发展。

20世纪50—60年代，随着通信理论、通信技术和半导体技术的发展，遥测技术在调制体制、传输距离、数据容量、测量精度以及设备小型化等方面都取得了很大的进展。

20世纪60年代以来，遥测技术和设备开始向集成化、固态化、模块化和计算机化方向发展，特别是从20世纪80年代开始，世界上经历了信息技术革命，这是以集成电路与计算机技术为基础而形成的。遥测系统的各个组成部分都已经直接采用大规模集成电路和计算机技术。

20世纪末至今，多功能数字基带开始应用，遥测技术和设备得到空前发展，设备具有了小型化、可编程、多体制、高码率的特点，可编程遥测系统和自适应遥测系统开始全面应用。

在遥测发展的初期，遥测数据和遥测系统是相对独立工作的，但20世纪70年代以后，在对卫星等航天器的测控系统中，数据系统趋于集中管理。对于遥测、遥控、轨道测量、姿态控制的数据进行统一采集、统一储存、集中控制。下行传输的数据一部分是遥测的数据，一部分是通信的数据。此外，还有轨道数据、遥控数据，形成了一个统一的数据传输系统。

在地面上对航天器进行跟踪测量和控制，往往需要在很大范围内布置相当数目的测控站，疆域较小的国家不具备这种条件。为了解决这一困难，国际间的协作十分必要，为此需要使各国测控系统的频率和体制统一起来。20世纪70年代初期，美国发射阿波罗号登月载人飞船时，开始应用S波段统一系统，并经实践证明了这种系统的优越性。

对于较低轨道的卫星或其他航天器来说，一个地面测控站的跟踪范围毕竟有限，而设置测控站的数目又受到种种限制，不能无限增加。为了扩大跟踪范围，将测控站搬到同步定点卫星上，从35 800 km的高空来观测低轨道卫星是解决这一困难的一个办法。1983年5月，美国发射的首颗跟踪与数据中继卫星（TDRS，Tracking and Data Relay Satellite）是实现这个设想的第一步。通过两颗定点在赤道上空、经度相隔约140°的跟踪与数据中继卫星和一个相应的地面控制接收站组成跟踪与数据中继卫星系统（TDRSS）。TDRSS能对多颗低轨卫星进行全球性不间断的跟踪、测控和数据中继。从测控的角度来看，系统的工作原理和微波统一测控系统的工作原理类似。测控站仍设在地面，而跟踪与数据中继卫星实际上是起了将测控信号转接和扩大到全球范围的作用。

自天链一号01星成功发射以来，我国的中继卫星系统得到快速发展和应用，目前天链一号02星和03星均已在轨工作，为我国各类飞行器提供了高覆盖率的遥测、测控和数传服务。

1.2.2 我国遥测系统的发展

我国的航天遥测技术伴随着航天技术的发展经历了仿制、自行设计和创新研制几个重要阶段。20 世纪 50 年代末，我国从苏联引进了 CTK - 1 以及 PTC - 6 遥测系统。1959 年，在学习、消化引进设备的基础上开始仿制和改进 PTC - 6 系统。1961 年，研制出 PTC - 6 甲遥测系统，由 PTC - 6 的 26 路测量扩至 52 路，于 1962 年首次成功用于中近程导弹的靶场飞行试验。

1964 年，开始自行研制我国第一个无线电遥测系统——大容量遥测系统。大容量遥测系统采用 PACM - FM 体制，不仅能测量数百路缓变参数，还可同时测量若干路低频和高频振动参数。弹上实现了视频设备晶体管化，采用密集安装技术，大大缩小了弹上设备的体积和质量。同时，提高了测量精度，解决了快捕和窄带跟踪的问题。并且，首次将模拟磁记录仪与数字磁记录器应用于遥测系统之中，提高了数据记录的可靠性，并为计算机数据处理奠定了基础。

1966 年，为适应我国卫星事业发展需要，开始研制中低速率遥测系统。该系统采用 PCM - PSK - PM 体制，这是我国自行研制的第一套具有自跟踪能力的无线电遥测系统。

1979 年，我国研制成功以中小规模集成电路为主要元件的 Y7 综合遥测系统。Y7 在系统技术性能上有极大的提高。它配有 P、C 两个频段，可以有多种调制体制：PCM - FM、PAM - FM、PACM - FM。码速率为200 b/s～204.8 Kb/s 和 312.5 b/s～320 Kb/s，分挡可变。可以测量大量缓变和速变、数字量参数。同时，地面首次采用检前记录的计测磁记录器，Y7 成为我国广泛使用的遥测系统。

早期的导弹卫星遥测均为独立遥测系统。20 世纪 70 年代末，为了简化测控设备、充分利用信道资源，我国研制成功 155/450 - 1 型微波统一系统，为地球同步卫星的发射运行提供测控支持。该系统利用一副天线和一个信道传输测轨、遥测、遥控信号，遥测系统为其一个分系统。此后，又研制了多种型号的微波统一系统。

从后期发展来看，以卫星为代表的航天遥测系统体制仍然采用微波统一系统体制，用同一信道传输测轨、遥测、遥控、通信、图像和数据等各种信号。

20世纪80年代末，遥测系统进入了数字化阶段。从1993年开始，陆续研制出以中大规模集成电路为基础的YQ-311、YQ-312等S频段遥测系统。S频段遥测系统是我国导弹、航天器遥测的换代产品。该系统与计算机技术相结合，实现了软、硬件的数字化、模块化和全系统自动化管理；单数据码流速率达到2 Mb/s；遥测的副载波、码速率、帧格式等均实现了可编程；遥测参数可全部实时存储，部分参数可以实时处理、显示；地面记录采用了符合国际先进标准的先进倍密度计测磁记录器和8 mm数字磁记录器。

21世纪以来，遥测技术和设备得到空前发展，遥测码率从2 Mb/s发展到10 Mb/s，并采用MSD+TPC技术大幅度提升遥测解调性能，遥测频段从主用的S频段开始向Ka频段发展，新的遥测体制例如CPM、OFDM、FQPSK、OFQPSK等高效率遥测体制得到研究并应用，多功能数字基带开始广泛应用，遥测系统现场可编程能力得到进一步增强。

1.2.3　遥测系统的未来发展

根据我国导弹、航天事业发展的需要，未来的遥测系统将出现以下的发展趋势。

(1) 遥测频率向更高频段发展

随着导弹、航天飞行试验的发展，我国遥测频段已向标准S频段靠拢，就遥测本身来说，这一频段可以使用相当一段时间。但是，从遥测参数与其他数据综合传输来考虑，载波频率向X、Ka、V、激光等频段发展。

(2) 传感器精度将进一步提高

随着现代化、数字化遥测系统的发展和信道新技术开发及应用，遥测传输信道对被测参数带来的误差可以控制到很小，而有的传感器的误差高达百分之十几或更高，尤其速变参数传感器的误差更大。因此，传感器精度对整个遥测系统的精度影响很大，甚至起着决定性作用，所以开发传感器新技术、新材料以提高传感器精度，是传感器的发展方向。

(3) 遥测标准将得到完善并广泛应用

遥测标准的制定与实施是遥测技术发展的重要标志。美国IRIG 106遥测标准，IRIG 118 测试方法标准，欧洲空间局（ESA）PCM 遥测标准，空间数据系统咨询委员会（CCSDS）标准，都是经过几十年的研究、探讨和使用才趋于完善的，是国际上公认的比较通用的标准。我国从 20 世纪 90 年代开始陆续制定了无线电信道、多路信号格式、磁带记录仪、计测磁带遥测标准（GJB 21 - 92），遥测系统、分系统测试方法标准（GJB 383.20 - 383.28 - 94）等。我国制定的遥测标准不论从内容或格式编排上基本和以上四个国际标准类同。CCSDS 分包遥测技术、信道编解码技术是 CCSDS 遥测标准的关键技术。但遥测标准中的某些规定目前在我国还难以广泛推广使用，测试方法标准中规定的一些测试方法，如太阳校准法、分集合成器评定测试法、误码率测试方法等，我国还不具备测试条件。随着微电子技术、计算机技术、通信技术的飞速发展，遥测标准将不断修改与完善，我国将尽快创造推广使用条件。

(4) 遥测软件工程化

随着计算机技术的飞速发展，计算机软件技术已渗透到遥测系统的每个部件，因此，软件在遥测系统中的地位越来越重要。从遥测参数的可编程设置、存储、显示，遥测参数的预处理到遥测设备的智能化控制管理、测试都要靠软件来完成。应用软件无线电技术可在一套通用硬件上加载不同软件就可实现多种功能和协议的编程。由于遥测设备中使用大规模集成电路越来越广泛，而硬件出故障的概率很小，因此系统运行的效率很大程度上决定于软件的能力，遥测软件工程化可以有效地提高遥测设备的可靠性、灵活性和可操作性，是未来实现软件定义遥测系统的基础之一。

(5) 遥测解调软件化

我国遥测系统经历了约50年的发展，遥测解调设备也经历了多个阶段的发展：从分散式终端到“小型化、系列化、模块化”综合基带，从单一工作模式基带到多模式可重组基带，从基于模拟器件的硬件处理到基于软件无线电平台的数字化处理。

近年来，随着通用计算机和软件处理技术的迅猛发展，特别是以多核刀片服务器为代表的高性能计算机的问世，遥测解调设备出现了一种新的实现形式——基于高性能通用计算机平台（工作站、服务器）的软件化实现形式，它不同于多遥测基带基于专用硬件平台（可编程DSP、FPGA）的数字化实现形式。软件基带具有结构通用化、计算效率高、可动态优化、易于更新升级、维护成本低等优点，可进一步提高遥测设备的通用性、灵活性和综合性。随着通用计算机和软件处理技术的发展，可以预见，作为航天测控设备的一种新的实现形式——软件基带将会在某些特定应用场合（如事后精细化处理）中发挥独特作用，成为多功能数字基带的有力补充。

1.3 现代航天遥测系统组成

现代航天遥测系统的原理框图如图1-1所示。

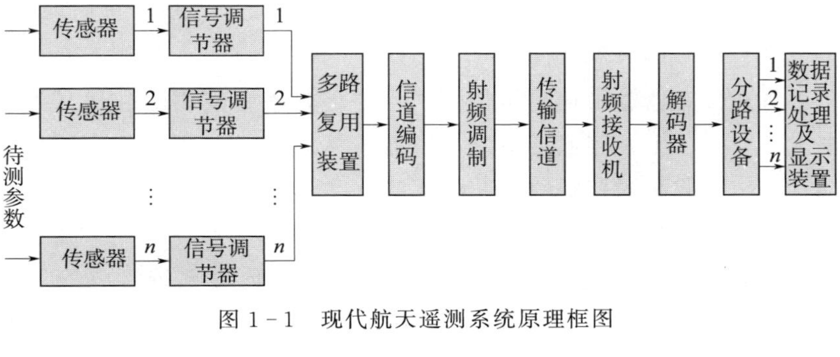

图1-1 现代航天遥测系统原理框图

现代航天遥测系统可以分解为数据采集单元、数据传输单元及数据处理单元 3 大部分。数据采集单元可细分为传感器、信号调节器、多路复用装置 3 部分。数据传输单元可细分为信道编码器、射频调制器、传输信道、接收机、解码器、分路设备 6 部分。数据处理单元可细分为串行数据记录器、并行数据记录器、数据处理与数据显示 4 部分。

1.3.1 数据采集

数据采集通过传感器将分散的各种被测参数变换为标准的电量信号，通过信号调节器变换放大到适合于多路复用装置要求的信号，然后复用成可以用于传输的数据流。

（1）传感器

传感器在航天遥测系统中少则几十个，多则上万个。对使用的传感器有三点要求：精度高、体积小、工作可靠。

根据数字遥测系统的要求，传感器精度一般要求达到 1%。为了减小体积，有些传感器往往与信号调节器合为一体。由于现在被测对象往往很复杂，需测的参数很多，传感器本身需要小型化，一般选用固态传感器。

航天传感器的可靠性十分重要，除完成信号检测工作之外，一些传感器的可靠性还将影响航天器的可靠性。例如，用于闭环测控的传感器，测量若不可靠，会引起闭环控制失灵，造成严重后果。

（2）信号调节器

针对传感器输出信号可能不一致，但是多路复用输入信号形式与大小应当一致，因此两者之间需要加入信号调节器。将不同传感器的输出变成相同范围的电平模拟量。

信号调节器同样要求精度高、体积小、可靠性高。调节器有两个发展趋势：一个是面向传感器，一个面向传输系统。一般采用计算机控制信号调节器的放大倍数、滤波器的截止频率、调制电平等。

(3) 多路复用装置

多路复用可以分为时分、频分、码分三种:

1) 时分是将各路参数的调幅脉冲序列按时间排列输出并周期性地循环。开始时用一个特殊的脉冲表示,每一周期为一帧。

2) 频分是将每一个被测参数调制一个副载波,多个副载波频率均不相同。

3) 码分是用一组正交函数作为副载波实现的多路复用。在接收端,利用正交函数的正交性实现信号的分解。

在遥测系统中,早期采用频分复用比较多,主要用于频率较高的参数测量。后来时分复用也可以做到较高的采样率、较高的精度,逐渐取代了频分复用。

1.3.2 数据传输

数据传输可以分为信号调制、传输调制、信道传输、射频接收解调、信号解调、信号分路6个部分。

(1) 信号调制

信号调制在多路复用后对其进行调制,使其有利于传输。最常用的为PCM调制。优点是:易于进行信源编码、信道编码和保密编码,提高了集成度,易于和数字设备接口,便于计算机进行数据处理。

PCM调制之后还需要加上编码,纠正错误,提高传输性能。

(2) 传输调制

数据流在经过无线信道传输时必须进行高频调制,在发射机中完成。射频调制分为FM、PM、AM三种。一般导弹、火箭多使用FM调制,在起飞阶段抗多径衰落效应好。对于卫星等航天飞行器一般使用PM调制,主要为了增大作用距离。较早时期使用的AM调制现在基本已经不使用。

(3) 信道传输

发射和接收天线分别装在被测物体和地面遥测站。发射天线是与被测物体一体化设计的。对于导弹、运载火箭而言，因需要在大气层中高速飞行，发射天线不能太大，以免影响被测物体性能。对于航天飞行器，虽起飞阶段天线装在整流罩内，对气动性能考虑较少，但是整流罩内电子设备和天线太多，为防止彼此相互影响，对天线的安装有较大限制。导弹及运载火箭使用的天线种类一般有刀状天线、鞭状天线、裂缝天线、闭槽天线、平面微带天线等。

设在地面站的接收天线，一般使用跟踪天线接收空中飞行体发送的信号。若使用 P 频段，由于频率低、波束比较宽、覆盖区比较大，可用手控或者程序跟踪。若使用 S 频段，由于频率高、波束窄、覆盖区比较小，必须使用自动跟踪。一般地，S 频段采用抛物面天线。

跟踪系统必须满足一定的角速度和角加速度要求，具有捕获目标及丢失目标之后重新捕获目标的能力。

（4）射频接收解调

射频接收解调是传输调制的反变换，在射频传输调制时，有的有载频谱线，有的只有连续波功率谱没有载频谱线。与此对应的接收端的跟踪体制也有两种：一种使用载频谱线产生跟踪误差控制信号，另一种使用连续功率谱产生跟踪误差控制信号。

（5）信号解调

PCM 调制是最通用的一种信号调制方式。脉码调制遥测系统在接收端首先从有杂音干扰的码流中提取信号，提取时为了对准码位，必须利用码同步器使提取码同步。码同步器是影响接收质量一个很重要的部件，有数字式、模拟式、数字模拟混合式等几种环路。在提取码同步之后利用它对准信号码位，进行码字检测，恢复出数据码字。

（6）信号分路

信号解调之后形成了一个串行的码流，在使用的时候还需将各个被测参数的码字由码流中分路出来，从码流中分离参数主要利用被提取的帧同步信号。

1.3.3 数据处理、显示及记录

（1）数据处理

根据使用要求对接收到的被测参数进行各种处理。数据处理的要求可能每次试验都不同，需要由飞行器的总体设计部门提出数据处理要求，由试验部门执行。数据处理有集中处理和分散处理两种方式：分散处理就是在各个地面站分别处理；集中处理就是将地面站的数据流传至处理中心，由处理中心集中处理。

（2）数据显示

数据显示一般分为实时显示和事后终端显示两种。实时显示是在地面站上实时显示所选择的若干重要参数，从而以最快的速度监视被测物体是否正常工作，以采取对策。事后终端显示是对全部处理过的参数进行显示，一般是在数据处理中心或指挥中心进行。

（3）数据记录

数据记录分为中间记录和终端记录两种。中间记录是对被测数据流进行实时记录，以便向其他地方诸如处理中心传送。终端记录是对处理后的数据进行记录，作为永久性的存档。

1.4 现代航天遥测系统分类

按照航天遥测使用场合和应用目的不同，遥测系统种类很多。按数据传输信道，可分为有线遥测系统、无线遥测系统；按被传输的信息类型，可分为模拟遥测系统和数字遥测系统；按遥测信号的多路复用方式，可分为频分制遥测系统、时分制遥测系统、码分制遥测系统和时频混合遥测系统；按遥测调制体制，可分为FM遥测系统、PM遥测系统、BPSK/QPSK遥测系统、扩频遥测系统等；按遥测传输频段，可分为P频段遥测系统、S频段遥测系统、C频段遥测系统、Ka频段遥测系统等；按应用对象，可分为导弹遥测系

统、运载火箭遥测系统、卫星遥测系统等；按接收站载体，可分为车载遥测系统、船载遥测系统、机载遥测系统和地面固定站遥测系统；按设备的智能化程度，可分为普通型遥测系统和智能化可编程遥测系统等。无论哪种分类方式，决定遥测系统主要性能的还是采用何种多路复用调制技术。

（1）频分制遥测系统

频分制遥测是以不同的频率区分遥测信号。在发送端，各路调节器的输出分别调制一路频率互不相同的副载波，相加后形成组合信号再去调制射频载波；在接收端，经载波解调恢复出组合信号，由并联的分路带通滤波器进行分路，再经副载波解调获取各路信号。副载波调制可以采用 AM、FM、PM，其中，FM 调制方式使用较多。同样，载波调制也可以采用 AM、FM、PM 中任何一种调制方式，其中也以 FM 调制方式为主。

（2）时分制遥测系统

时分制遥测是以不同时间区间区分遥测信号。在发送端，采样开关对各路调节器的输出按时间顺序进行巡回采样，各路采样脉冲依次串行排列，前面加上起始识别标志，形成群信号去调制副载波或直接调制载波。在接收端，经载波和副载波解调恢复出群信号，找到起始识别标志后，按时间顺序进行分路，获取各路信号。如果采样脉冲的幅度反映被测参量，则称为脉冲幅度调制（PAM）；如果采样脉冲的宽度或者位置反映被测参量，则称为脉冲宽度调制（PDM）或者脉冲位置调制（PPM）；如果用一组编码脉冲来反映被测参量，则称为脉冲编码调制（PCM）。目前在航天领域，使用最多的是 PCM 调制，其次是 PAM 调制。中美两国的遥测标准也只规定了这两种遥测标准。

（3）码分制遥测系统

码分制遥测是以不同副载波的码型结构划分遥测信号。在发射端，各路调节器的输出经采样保持（或者是采样编码）分别调制自相关特性非常强而互相关性非常弱的周期性序列函数（沃尔什函数，

m序列码等），相加后形成组合信号去调制载波。在接收端，经载波解调恢复出组合信号，再和本机产生的相应周期序列进行相关性解调，在序列函数周期内积分便取得各路信号的采样值，经低通滤波器可恢复出原信号。

1.5 现代航天遥测系统特点

航天遥测系统的组成和工作原理与其他遥测系统基本相同。但是，由于其作用和使用环境的特殊性，有如下特点。

（1）被测参数多，格式复杂

航天器需要测量的遥测参数繁多，有的可能多达上万个，参数种类也很多，特别是每种参数的频率响应不一定相同，频率响应可相差3～4个数量级，如仪器舱内温度和压力，供电电压、电流的频率响应只是0～1 Hz，而结构振动则可达几千赫兹，如此众多的参数，不能每个参数都占用一个载波来传送，因而如何将成百上千路、频率响应相差几个数量级的信号有效地综合起来传送，成为航天遥测首当其冲需要解决的技术问题。

（2）作用距离远，链路紧张

航天器飞行空域广，通信距离远，近则数百千米，远则几亿千米（如深空探测），因此发射功率、天线口径、作用距离、接收门限等技术指标分配与设计非常重要，为了利用有限的资源（例如发射端功率等）实现更远距离传输，在遥测系统研究中采用了通信理论与通信技术的许多新成就，例如高效率天线、低噪声接收机、分集接收技术、高效编解码技术、弱信号检测技术、变码率技术等。

（3）系统可靠性要求高

由于航天器造价高昂，飞行试验次数受限，每次飞行试验都要求遥测系统完整而可靠地获取飞行试验数据，因此保证其高可靠性是十分必要的。航天器上遥测设备还具有体积小、质量轻、功耗低且能在恶劣环境（低温、振动、加速度、粒子辐射等）下工作的特点。地面遥测站一般还要采用检前检后记录和热备份手段，进一步提高遥测系统的可靠性。

（4）具有快速反应能力

在航天器的发射准备阶段，遥测系统须以最快的速度完成本身的状态设置与自检。在发射前，需要实时准确地给出状态数据，以便指挥员作出是否发射的决定。在航天器飞行的过程中，需要实时处理出关键遥测数据，传送到指挥中心进行监视，并作为控制的依据。所发遥控指令和上行注入数据也要靠实时遥测加以检验。导弹试飞一旦发生故障，必须快速提供遥测处理结果，帮助分析故障。现在遥测系统广泛采用高性能计算机与通信技术，形成了新一代计算机遥测系统，使快速反应能力大大提高。

此外，现代航天遥测系统既要兼顾多种型号的遥测要求，又要和外测系统、遥控系统、监控显示系统、通信系统、时间统一系统等建立数据传输接口和通信联系。所以，地面遥测系统一般都比较复杂，功能齐全，自动化程度高。

1.6 航天遥测系统作用

航天遥测系统的作用可归纳为如下几个方面。

（1）验证飞行器设计参数

在飞行器设计过程中，需要进行分系统试验、整体联试、飞行试验等。在这些试验中均需要使用遥测获取试验数据，根据这些数据验证飞行器的设计参数，并进行必要的修改。

（2）飞行器射前检查

飞行器每次飞行试验之前，无论在技术阵地或发射阵地，都需要利用遥测进行检查，及时发现可能发生故障的苗头，提供给各级设计师进行分析处理，以确保飞行试验取得圆满成功。

（3）故障诊断

飞行器在研制过程中，需要进行多批次的飞行试验。这种试验往往具有很大风险，有时还会发生爆炸事故，引起伤亡。由于飞行器大多是无人飞行器，究竟发生事故的原因是什么，需要从外弹道测量系统与遥测系统两方面的测量结果进行分析。实践经验表明，大部分事故原因需要由遥测系统提供的数据进行分析。特别是对外发射服务，具有国际合作性质，需要靠遥测数据进行国际技术纠纷的裁决。所以，如何正确有效地使用遥测系统，是个重要问题，也是一种艺术。往往在出了大故障之后，遥测的重要性才会被各方面深刻地认识。

（4）获取科学试验数据

在航天方面，不仅使用遥测系统监测卫星、飞船等被测对象，还要对其有效载荷运行进行监测并获取数据。如进行空间育种、空间生成单晶等科学试验的监测数据，均需经遥测系统传至地面。

从广义而言，有时还需从空间探测器上获取地球和其他星球的图像数据，由空间传至地面。这种数据获取系统，称为遥感系统，其数据速率及容量都很大。在我国，遥感相对于遥测是另一门学科，但在国外，有时广义而言，遥感遥测统一称为遥测。

（5）辅助其他测量系统

飞行器在飞行试验过程中，为了调整设置新的飞行状态，需要通过上行遥控系统发送遥控指令。由于遥控指令影响特别大，当飞行中收到上行遥控指令后，需要将收到的信息通过遥测系统转发到地面，进行验证，无误后才能执行。

遥测在航天事业中起着十分重要的作用。遥测系统是航天飞行器的重要组成部分，是飞行器不可缺少的一个重要分系统。特别是在飞行器飞行试验发生故障时，遥测的作用尤为重要。在飞行试验的故障分析中，都是从遥测数据中找出故障原因，确诊故障的部位。对于卫星等航天飞行器，在太空出故障后，也都是靠遥测系统的实时数据，进行卫星的抢救。

随着通信技术、集成电路及计算机技术的发展，各种电子系统、数据传输系统已逐渐从技术、体制上融合在一起。在卫星、飞船等航天飞行器方面，遥测系统已与星上数据管理系统融合在一起。地面站则已与外测、遥控系统组成统一测控地面站。遥测的重要性已融合在更大的航天测控通信概念中，其重要性得到进一步的发展。

参考文献

[1] 李艳华，卢满宏，等．天基测控系统应用发展趋势探讨［J］．飞行器测控学报，2012（4）：5－9.

[2] 谭维炽．基于空间网络的航天器遥测新概念［J］．遥测遥控，2011，32（1）：1－4.

[3] 李艳华，卢满宏，等．航天遥测技术的新进展［J］．飞行器测控学报，2007，26（5）：18－23.

[4] 于志坚，房鸿瑞．对我国遥测技术发展的思考［J］．遥测遥控，2003，24（5）：1－8.

[5] 霍培锋，郭小兵．国外航空遥测发展综述［J］．遥测遥控，2003，24（6）.

[6] 姜昌，范晓玲．航天通信跟踪技术导论［M］．北京：北京工业大学出版社，2003.

[7] 李秉常．航天遥测系统［M］．北京：宇航出版社，2001.

[8] 周智敏，李企舜．现代航天测控原理［M］．北京：国防科技大学出版社，1998.

[9] 李邦复．遥测系统［M］．北京：宇航出版社，1987.

第 2 章 航天遥测技术基础

2.1 信息论简述

信息论作为航天遥测系统的重要理论基础之一，是该系统工程描述、传输和处理所测量参数，采集数据的重要理论依据。遥测参数和数据信息特性各异，需要定量度量。本节对信息的度量、信号的描述及分类问题进行阐述，作为后续章节的基础。

2.1.1 信息与信息量

信息是一个抽象的量，它不像消息或信号那样是一个物理实体，但它是消息的本质和灵魂。对于信息的定义，学术界有争议，但从通信角度，最成功、最合适的是香农的定义。他给出了基于概率模型的信息度量，把信息定义为“不确定性的减小”。为了给出定量度量信息的方法，从讨论信源的特征入手。下面以最实用的单符号离散信源为例进行介绍。

单符号离散信源： 如果信源发出的消息是离散的、有限或无限可列的符号或数字，且一个符号代表一条完整的消息，则这种信源为单符号离散信源。

在单符号离散信源中，通常这些符号或数字可以看作某一集合中的事件，每个符号或数字（事件）都是信源中的元素，它们的出现往往具有一定的概率。因此，信源又可以看作是具有一定概率分布的某一符号集合。

信源空间： 若信源输出是随机事件 X，其出现概率为 $P(X)$，则它们所构成的集合称为信源的概率空间，或简称信源空间。信源

空间通常用式（2－1）描述

$$[X,P]:\{X:x_1,x_2,\cdots,x_N;P(X):p(x_1),p(x_2),\cdots,p(x_N)\} \tag{2-1}$$

显然，信源空间必定是一个完备集，即 $\sum_{i=1}^{N} p(x_i)=1$，式中 N 是自然数。

自信息量：事件 x_i 出现所带来的信息量

$$I(x_i)=\log_x[1/p(x_i)]=-\log_x p(x_i) \tag{2-2}$$

称为自信息量。

$I(x_i)$ 实质上是无量纲的。如果对数的底 x 取 2（记作 1b），则信息量单位为比特（bit）；如果取 e（自然对数），则其单位为奈特（nat）；如果取 10（常用对数），则其单位为哈特（Hart，Hartly 的缩写）。目前绝大多数的信息传输系统都以二进制为基础，信息量单位比特最为常用。

自信息量 $I(x_i)$ 只能表示信源发出某一具体符号 x_i 的测度，通常信源发出的符号集合含有多个元素，且它们的概率并不相等。所以，$I(x_i)$ 不能作为整个信源的总体信息度量。能作为信源的总体信息测度应该是信源各个不同符号 $x_i(i=1,2,\cdots,N)$ 所包含的自信息量 $I(x_i)$ 在信源空间 $P(X):\{p(x_1),p(x_2),\cdots,p(x_N)\}$ 的统计平均值。

2.1.2　信号的描述及分类

在信息论中，信源是消息的来源，它一般以符号的形式发出具体消息。包含信息的符号常带有随机性。如果符号是确定的，而且是预先知道的，那么该消息就无信息可言。因此，只有当符号的出现具有随机性、预先无法确定时，该符号的出现才给观察者提供了信息。基于对信源的这种认识，通常可用随机变量或随机矢量来描述信源输出的消息，或者用概率空间来描述。

有些信源可能输出的消息数是有限的或可数的，而且每次只输出其中一个消息。例如，掷一颗 6 面质地均匀的骰子，研究其落下后朝上一面的点数。每次试验结果必然是 1，2，3，4，5，6 中的一个面朝上，会有 6 种不同的消息。这 6 种不同的消息构成两两互不相容的基本事件集合，用符号 $a_i(i=1,2,\cdots,6)$ 来表示这些消息。另外，大量试验表明，各消息都是等概率出现的，即概率都等于 1/6。因此，可以用随机变量 X 来描述信源输出的消息。该信源抽象后得到的数学模型为

$$\begin{bmatrix} X \\ p(x) \end{bmatrix} = \begin{bmatrix} a_1 & a_2 & a_3 & a_4 & a_5 & a_6 \\ \frac{1}{6} & \frac{1}{6} & \frac{1}{6} & \frac{1}{6} & \frac{1}{6} & \frac{1}{6} \end{bmatrix} \tag{2-3}$$

并且，各事件出现的概率满足

$$\sum_{i=1}^{6} p(a_i) = 1 \tag{2-4}$$

可见，这个离散信源的概率空间是一个完备的概率空间集，信源输出的消息只能是符号集 $\{a_1, a_2, a_3, a_4, a_5, a_6\}$ 中的任何一个，而且每次必定选取其中的一个。在这个典型实例的启发下，可以构建一般单符号信源的数学模型。

定义： 若信源输出的消息数是有限的或可数的，而且每次只输出符号集合中的一个消息，这样的信源称为简单的离散信源。其数学模型就是离散型的概率空间

$$\begin{bmatrix} X \\ p(x) \end{bmatrix} = \begin{bmatrix} a_1 & a_2 & \cdots & a_q \\ p(a_1) & p(a_2) & \cdots & p(a_q) \end{bmatrix} \tag{2-5}$$

显然，$p(a_i)(i=1,2,\cdots,q)$ 应满足

$$\sum_{i=1}^{q} p(a_i) = 1 \tag{2-6}$$

式（2－6）表示信源可能取的消息（符号）只有 q 个，即 $\{a_1, a_2, \cdots, a_q\}$，而且每次必定取其中一个。

不同的信源对应不同的概率空间。如信源给定，就意味着相应的概率空间已经确定。反之，如信源的概率空间已经给定，就意味着相应的信源已经给定。用概率空间表示信源数学模型的必要前提

是，信源可能发出各种不同符号的概率先验可知。

在实际情况中，存在着很多这样的信源，如书信文字、计算机代码、电报符号、阿拉伯数字等。这些信源符号集的取值是有限的或可数的。

定义：若信源的输出是单个符号（代码）的消息，可能出现的消息数是不可数的无限值，即输出消息的取值是连续的，这样的信源称为简单的连续信源。

语音信号及遥控系统中测得的电压、温度、压力等连续数据都是简单的连续信源。可用连续型随机变量来描述这些消息，其数学模型为连续型的概率空间

$$\begin{bmatrix} X \\ p(x) \end{bmatrix} = \begin{bmatrix} (a,b) \\ p(x) \end{bmatrix} \text{或} \begin{bmatrix} \mathbf{R} \\ p(x) \end{bmatrix} \tag{2-7}$$

并满足

$$\int_a^b p(x)\mathrm{d}x = 1 \text{ 或} \int_{\mathbf{R}} p(x)\mathrm{d}x = 1 \tag{2-8}$$

式中　$\mathbf{R}$——实数集（$-\infty$，∞）；

$p(x)$——随机变量 X 的概率密度函数。

上述信源是最简单的情况，因为信源只输出一个消息（符号），所以可用一维随机变量来描述。然而，很多实际信源输出的信息往往是由一系列符号组成的。例如，常用汉字用 4 位阿拉伯数字（$N=4$）来表示，其中每一位都从 0，1，2，3，4，5，6，7，8，9 这 10 种符号（$q=10$）中取一种。

定义：若离散信源输出的消息是由一系列符号组成（设由 N 个符号组成）的，这种信源称为多维信源。

这种信源不能使用一维随机变量来描述，而应使用 N 维随机矢量 $\boldsymbol{X}=(X_1,X_2,\cdots,X_N)$ 来描述。该 N 维随机矢量 $\boldsymbol{X}$ 有时也称为随机序列。

在 N 维随机矢量中，每个随机变量 X_i 的取值 x_i 为

$$x_i \in A = \{a_1, a_2, \cdots, a_q\} \quad (i=1,2,\cdots,N) \tag{2-9}$$

$$\boldsymbol{X}=(X_1,X_2,\cdots,X_N) \tag{2-10}$$

则信源的 N 重概率空间为

$$\begin{bmatrix}\boldsymbol{X}^N\\ p(x)\end{bmatrix}=\begin{bmatrix}(a_1a_1\cdots a_1) & (a_1a_1\cdots a_2) & \cdots & (a_qa_q\cdots a_q)\\ p(a_1a_1\cdots a_1) & p(a_1a_1\cdots a_2) & \cdots & p(a_qa_q\cdots a_q)\end{bmatrix} \tag{2-11}$$

这个空间共有 q^N 个元素。

在某些简单的情况下，信源先后发出的一个个符号彼此是统计独立的，并且它们具有相同的概率分布，则 N 维随机矢量的联合概率分布满足

$$p(\boldsymbol{X})=\prod_{i=1}^{N}p(x_i=a_{k_i}) \tag{2-12}$$

式中，k_i 可取 1，2，…，q，即 N 维随机矢量的联合概率分布可用随机矢量中单个随机变量的概率乘积来表示。这种信源称为离散无记忆信源。

在一般情况下，信源先后发出的符号之间是相互依赖的。例如，在汉字组成的中文序列中，只有根据中文的语法、习惯用语、修辞制约和表达实际意义制约所构成的中文序列才是有意义的中文句子或文章。所以，在汉字序列中前后文字的出现是有依赖的，不能认为是彼此不相关的。其他如英文、德文等自然语言都是如此，这种信源称为有记忆信源。我们需要在 N 维随机矢量的联合概率分布中引入条件概率分布来说明它们之间的关联。

表述有记忆信源要比表述无记忆信源困难得多。实际上，信源发出的符号往往只与前若干个符号有较强的依赖关系，而与更前面的依赖关系弱的符号可忽略不计。为此，可以限制随机序列的记忆长度。

当记忆长度为 $m+1$ 时，称这种有记忆信源为 m 阶马尔科夫信源。也就是说，信源每次发出的符号只与前 m 个符号有关，与更前面的符号无关，这样，可用马尔科夫链来描述信源，这时，描述符号之间依赖关系的条件概率

$$p(x_i \mid x_{i-1}x_{i-2}x_{i-3}\cdots x_{i-m}\cdots)=p(x_i \mid x_{i-1}x_{i-2}x_{i-3}\cdots x_{i-m}) \tag{2-13}$$

如果条件概率与时间起点 i 无关，即信源输出的符号序列可看成时齐马尔科夫链，则此信源称为时齐马尔科夫信源。

2.2　参数测量及数据采集

2.2.1　参数测量

传感器是航天型号遥测、故障检测和测控系统的第一个环节，是航天技术的研究内容之一，它不仅对在研型号有重要意义，而且对提高航天器的性能，如运载火箭的商业发射能力和应用卫星在轨运行的寿命等亦有重要作用。

国家标准 GB 7665－87 对传感器的定义是："能感受规定的被测量件，并按照一定的规律（数学函数法则）转换成可用信号的器件或装置，通常由敏感元件和转换元件组成"。新韦式大词典中对传感器的定义是："从一个系统接受功率，通常以另一种形式将功率送到第二个系统中的器件"。根据这个定义，传感器的作用是将一种能量转换成另一种能量形式，所以不少学者也称其为换能器（Transducer）。

运载火箭在飞行过程中通过遥测系统及时将飞行过程中的力、温度、热流、流量等信息传送到地面，传感器作为系统的第一个环节，起到信息的获取与转换作用，其功用大致可归纳为：监视飞行器的工作情况；检测事故，判断各系统的协调性；完成各分系统需要的检测参数电转换。

航天传感器测量的主要参数可分为：推进剂贮箱液位测量参数，箭体各部位温度与热流参数，箭体结构振动、冲击等速变参数，腔体与管路压力参数，发动机管路流量参数，还有一些如隔热层烧蚀厚度、级间分离等特殊参数等。

本节介绍航天遥测系统的参数测量种类、应用情况和一般要求。

2.2.2 数据采集

遥测系统数据采集通常是指对电压信号的抗混叠滤波、归一化电压变换、采样保持、模数转换、时分多路复用以及格式处理等过程。结合遥测系统参数特点，具体阐述抗混叠滤波、归一化电压变换、采样保持、模数转换、时分多路复用以及格式处理等基础理论和标准要求。

一个遥测系统通常由几十台甚至上百台设备共同协作完成，需要测量的参数种类、数量繁多，但由于无线信道的限制，所有测量结果只能综合为几个甚至一个数据流下传至地面。数据采集的作用是将来自各方不同类型的数据按要求的采样率、格式及协议进行采样，并整合为一个综合数据流。采集的数据按其数据类型分为两大类：模拟量、数字量。

2.2.2.1 模拟量采集

实现模拟量采集的基本功能框图如图 2－1 所示。

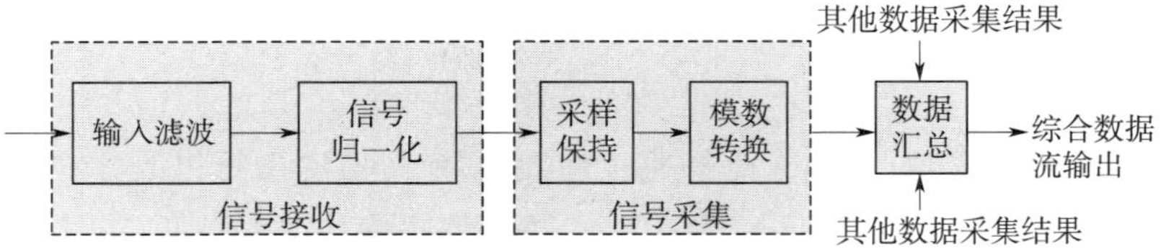

图 2－1　模拟量采集基本功能框图

在实际测量环境中，传感器和其他信息源的位置分布非常分散，被测信号与遥测系统之间必须有较长的电缆连接，这些信号容易受各种噪声干扰，这些干扰对高精度测量任务显得特别严重，因此，为保证测量精度，必须对输入信号进行滤波处理。

一般，对动态信号进行测量时，根据奈奎斯特采样定理，在对模拟信号进行离散化时，采样频率 f_s 至少应 2 倍于被测量信号的最高频率 f，即 $f_s \geqslant 2f$。否则，可能因为采样频率不够高，模拟信号中的调频信号折叠到低频段，出现虚假频率成分的现象，称为混叠。在遥测系统中，由于系统复杂，整个电磁环境可能比较恶劣，而被测参数信号本身可能有多种频率分量叠加，信号的采样频率不可能无限高，也不需要无限高，因为一般只关心一定频率范围内的信号成分。为解决频率混叠，在对模拟信号进行离散采样前，采用低通滤波器滤除高于 1/2 采样频率的频率成分。让有用信号尽可能无衰减地通过，对无用信号尽可能大地衰减。

但是，在遥测系统中被测模拟量极多，对 $f_s/2$ 的低通滤波不可能完全滤掉高于 $f_s/2$ 的无用分量又不衰减接近于 $f_s/2$ 的有用分量，因此实际的采样结果也必然与理论上有差别。但如果采用高于 f_s 的采样频率，即过采样技术，则可以很容易用模拟滤波器先滤掉高于 $1.5f_s$ 的分量，同时完整保留有用分量。采样后混入的 $0.5f_s$～$1.5f_s$ 之间的分量可以很容易用数字滤波器来滤掉。如图 2－2所示为过采样原理。

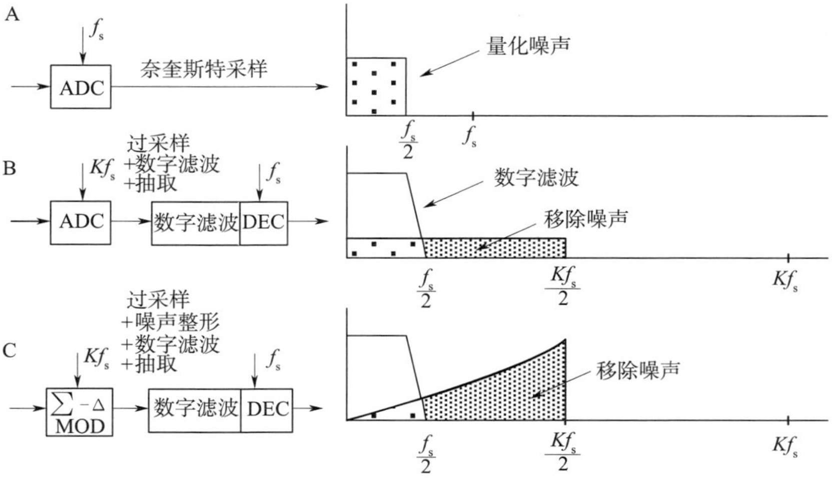

图 2－2　过采样原理说明

在 A 通道中，根据奈奎斯特采样定理，以 f_s 采样频率进行采样，量化噪声分布在 0～$f_s/2$ 频带范围内，噪声影响采样精度。

在B通道中，以 Kf_s 采样频率进行过采样处理，其中，K 称为过采样比，量化噪声绝大部分被搬移，分布在 $0\sim Kf_s/2$ 频带内。在数字低通滤波后，对输出信号进行 K 倍抽取，由于前面过采样以及数字滤波限带的操作，抽取不影响有用信息。

在C通道中，以 $\sum-\Delta$ 编码器完成过采样处理，起到了噪声整形的作用。$\sum-\Delta$ 编码器的传输函数对输入信号起到低通滤波作用，对量化噪声起到高通滤波作用，量化噪声总值虽然保持不变，但绝大部分被搬移到 $f_s/2\sim Kf_s/2$ 的频率范围，从而被数字滤波器滤除。前端抗混叠滤波器的幅频特性可以很平缓，二阶滤波器就可以完成任务。在数字低通滤波后，对输出信号进行 K 倍抽取，得到最终处理结果。

由此可见，三个通道中C通道实现抗混叠效果最好，$\sum-\Delta$ 编码器属于成熟芯片，工程实现比较简单。

下面举例详细说明过采样抗混叠效果。假定环境条件：10位ADC最小分辨电压LSB为1 mV。当没有噪声引入时，ADC采样上的电压真实反映输入的电压，那么当输入为0.5 mV信号时，ADC编码输出为“0000000000”。用 $K=4$ 进行过采样，当输入有较大幅值的噪声干扰如－1.2～＋1.2 mV时，那么过采样处理被测信号真实值与测量结果见表2-1。ADC输出的和为2 mV，那么平均值为0.5 mV，即得到真实被测电压值。

表2-1 过采样处理被测信号真实值与测量结果

真实被测电压/mV	噪声叠加电压/mV	叠加后电压/mV	ADC输出	ADC代表电压/mV
0.5	1.2	1.7	0000000001	1
0.5	0.6	1.1	0000000001	1
0.5	－0.6	－0.1	0000000000	0
0.5	－1.2	－0.7	0000000000	0

目前，电子设备的发展更趋向于通用化，其突出特点就是同一

设备能适应各种不同应用环境，因此可根据需求在输入端增加信号归一化处理，即调理电路，将不同输入范围的模拟量整合到同一范围值，以便于后端电路进行处理。

常用的模拟信号处理电路包括：信号转换电路（电流-电压信号转换、电阻-电压信号转换等）、信号放大或衰减电路（运算放大器）、滤波限幅电路、隔离电路等。通常，模拟量测量系统被测信号均以电压表示，信号转换电路部分由前端传感器、放大器、变换器等完成。模拟量采集的信号调理技术主要完成对各电压量程信号的幅度调理及与输入信号的隔离处理。

信号放大或衰减电路主要功能是将不同输入范围的被测信号通过运算放大器调整到后端模拟量采集通路芯片测量范围内。完成这类信号放大或衰减功能的运算放大器，必须具备低噪声、低漂移、高输入阻抗等特性。

模拟信号的隔离要求，主要是由于输入通道存在干扰和噪声，造成测量信号不准确、不稳定。特别是当存在强电干扰时，会直接影响遥测测量系统的安全。通过采用隔离放大器，可以：

1）消除由于信号源接地网络的干扰所引起的测量误差；

2）测量处于高共模电压下的低电压信号；

3）保护测量系统电路不致因大的共模电压造成损坏。

归一化处理后，信号即可进入模拟量信号采集部分，完成一个模拟量采集需要对其进行采样保持、模数转换等。具体原理及实现方法，下面有详细介绍。

2.2.2.2　数字量采集

实现数字量采集的基本功能框图如图 2－3 所示。

数字量信号接收可以是 TTL 电平接收、差分接收、光耦隔离接收、差分隔离接收等几种形式，根据相关电平选择匹配的信号输入接口，再由接口匹配电路将其转换为产品可处理的电平形式，进入数字量采集部分采集后处理，按一定规则将其调整为时间节拍可控、协议规律的可处理数据，由数据汇总成一个综合数据流下传。

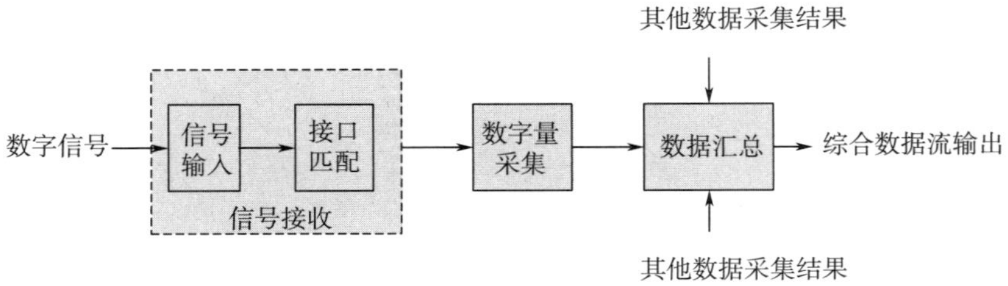

图 2-3　数字量采集基本功能框图

2.3　信息编码

在通信系统中，将信息变换成其他符号或序列的过程称为信息编码。在遥测系统中，信息编码主要包括信源编码、信源加密和信道编码。信源编码是通过信息压缩来提高信源输出符号或序列的有效性；信源加密的目的是保证信息传输的保密性和安全性；信道编码是通过增加冗余来提高信息传输的可靠性。本节主要介绍信源编码、信源加密和信道编码的基础知识及常用的编码方法。

2.3.1　信源编码

要传输或存储信源发出的信息，节省信道的传输容量或存储器容量是首要问题，因此需要对信源所产生的消息进行压缩，删去冗余。冗余度既存在于信源符号的记忆特性之中，也存在于各元素出现的概率非均等性之中。据此发展起来的数据压缩技术，与前者对应的是预测编码和变换编码，与后者对应的是统计编码。

2.3.1.1　预测编码

对于相关性较强的信源，一般采用解除相关性的编码方法，使信源转化为独立序列，有利于进一步压缩码率。解除相关性的常用方法是预测和变换。

预测是从已收到的符号中提取未收到符号信息的过程，将最大概率值作为预测值，并对预测值与实际值之差进行编码。预测编码利用信源的相关性压缩信源，对于独立信源，不能进行预测编码。

预测的理论基础主要是估计理论。估计就是用试验数据组成一个统计量作为某一物理量的估计值或预测值。最常见的估计是利用某一物理量在被干扰下所测定的试验值，这些值是随机变量的样值，可根据随机变量的概率分布得到一个统计量作为估计。若估计的数学期望等于原来的物理量，就称这种估计为无偏估计；若估计值与原物理量之间的均方误差最小，就称之为最佳估计。用来预测时，这种估计就成为最小均方误差的预测，所以就认为这种预测是最佳的。

要实现最佳预测需要找到计算预测值的预测函数。设信源序列 x_1，x_2，…，x_r，x_{r+1}，…。r 阶预测就是由 x_1，x_2，…，x_r 来预测 x_{r+1}。可令预测值为

$$x'_{r+1}=f(x_1,x_2,\cdots,x_r) \tag{2-14}$$

式中　f ——待定的预测函数。

根据预测函数的不同，常用预测方法有线性预测、最优预测、自适应预测等。

线性预测就是预测函数为各已知信源符号的线性函数，即 x_{r+1} 的预测值

$$x'_{r+1}=f(x_1,x_2,\cdots,x_r)=\sum_{i=1}^{r}a_ix_i \tag{2-15}$$

式中　a_i ——预测系数。

最优预测就是要求选择合适的预测系数，使得预测误差最小，常用的误差是均方误差。自适应预测的预测系数不是固定的，随着信源特征变化，从而获得较为理想的输出。

由于信源存在不确定性，因此根据已经出现的信源符号得到的预测值一般情况下与实际值是不同的。假设它们之间的差值为 e_i，预测编码就是对差值序列 e_1，e_2，…，e_i，… 编码。

预测通常采用差分脉冲编码调制（$DPCM$）方法，其编码步骤为：

1）设定 i 时刻的预测值 $\hat{x}_i$ 等于前一时刻（$i-1$ 时刻）的实际

值，即 $\hat{x}_i = x_{i-1}$；

2）如果 $x_i - \hat{x}_i = x_i - x_{i-1} \geqslant 0$，则第 i 时刻编码为 1，否则编码为 0。

译码过程为：如果码字为 1，则信号增加一个固定的幅度 A；如果码字为 0，则减少一个固定的幅度 A。

2.3.1.2　变换编码

如前所述，变换编码是利用信源相关性压缩信源的另一种重要方法。变换编码是将信号变换成另一种形式以达到压缩信源的目的。变换的核心在于频域变换，首先确定一组正交基，然后将信号用这组正交基表示。选择不同的正交基，将产生不同的频域变换。由时域到频域的变换称为频域变换，由频域到时域的变换称为逆频域变换或者逆变换。由于频域变换分解了信源的相关性，并舍弃部分高频系数，所以变换编码能够限失真压缩信源。变换编码广泛应用于图像、视频和声音等多媒体数据的压缩。

设有函数 $f(t)$，$0 < t < T$，则

$$\int_0^T f^2(t)\,\mathrm{d}t < \infty \tag{2-16}$$

该函数是希尔伯特空间 $L^2(0,T)$ 的一个矢量，其维数是可数无限，其坐标系可用一完备正交函数系来表征。

设有一完备正交归一函数系 $\varphi(i,t), i = 0,1,2,\cdots$。正交性，即

$$\int_0^T \varphi(i,t)\,\varphi(j,t)\mathrm{d}t = 0, i \neq j \tag{2-17}$$

归一性，即

$$\int_0^T \varphi^2(i,t)\mathrm{d}t = 1 \tag{2-18}$$

$f(t)$ 可展开为

$$f(t) = \sum_{i=0}^{\infty} a_i \varphi(i,t) \tag{2-19}$$

式中　a_i ——待定系数。

a_i 可用有限项逼近时的均方误差最小准则来求，即

$$D_n = \int_0^T \left[f(t) - \sum_{i=0}^{n-1} a_i \varphi(i,t) \right]^2 \mathrm{d}t \tag{2-20}$$

$$\frac{\partial D_n}{\partial a_i} = \int_0^T -2\left[f(t) - \sum_{i=0}^{n-1} a_i \varphi(i,t) \right] \varphi(i,t)\, \mathrm{d}t \tag{2-21}$$

利用函数 $\varphi(i,t)$ 的正交归一性，可得

$$a_i = \int_0^T f(t) \varphi(i,t) \mathrm{d}t \tag{2-22}$$

如果 $\lim_{n \to \infty} D_n \to 0$，则称正交函数系是完备的，式（2－21）和式（2－22）是基于该条件才成立的。

通过上述变换，函数 $f(t)$ 变换成一系列离散的系数 a_i，若已知这些系数，就可用式（2－19）恢复函数 $f(t)$ 而不产生误差，称这种变换是可逆的。如果只取有限个系数，恢复时就会引入误差。

以上的变换是在时间上连续的信源输出 $x(t)$ 中取一段 $(0,T)$ 进行积分运算，得到一系列 $a_i, i=0,1,2,\cdots$，截取其中有限个（n）并对各 a_i 进行量化，达到信源编码的目的。这种方法在实际编码时较少应用，因为积分运算比较困难。

另一种方法是先对信源输出 $x(t)$ 取样，得到一系列离散值 $x(i)$，$i=0$，1，2，…，然后，取 N 个样值形成一个 N 维矢量，对该矢量用矩阵进行变换，称为另一域内的 N 维矢量，以解除或减弱矢量内各分量的相关性，此时的变换已不用积分运算而是矩阵运算，称这种变换为离散变换。

离散余弦变换（DCT）以其较好的能量紧凑性、存在快速算法等优点被广泛应用于很多编码标准中。

余弦变换的完备正交归一函数系是

$$\varphi(0,t) = \frac{1}{\sqrt{N}} \tag{2-23}$$

$$\varphi(i,t) = \sqrt{\frac{2}{N}} \cos \frac{\pi(2i+1)}{2T}, t \in (0,T) \tag{2-24}$$

对这些函数在 $(0,T)$ 内取 N 个样值，即得离散余弦变换矩阵的元

$$a_{0k}=\frac{1}{\sqrt{N}} \tag{2-25}$$

$$a_{ik}=\sqrt{\frac{2}{N}}\cos\frac{(2k+1)i\pi}{N} \tag{2-26}$$

故变换和反变换矩阵形式分别为

$$\begin{bmatrix} y_0 \\ y_1 \\ \vdots \\ y_{N-1} \end{bmatrix}=\frac{2}{\sqrt{N}}\begin{bmatrix} \frac{1}{\sqrt{2}} & \frac{1}{\sqrt{2}} & \cdots & \frac{1}{\sqrt{2}} \\ \cos\frac{\pi}{2N} & \cos\frac{3\pi}{2N} & \cdots & \cos\frac{(2N-1)\pi}{2N} \\ \vdots & \vdots & \vdots & \vdots \\ \cos\frac{(N-1)\pi}{2N} & \cos\frac{3(N-1)\pi}{2N} & \cdots & \cos\frac{(2N-1)(N-1)\pi}{2N} \end{bmatrix}\begin{bmatrix} x_0 \\ x_1 \\ \vdots \\ x_{N-1} \end{bmatrix} \tag{2-27}$$

$$\begin{bmatrix} x_0 \\ x_1 \\ \vdots \\ x_{N-1} \end{bmatrix}=\frac{2}{\sqrt{N}}\begin{bmatrix} \frac{1}{\sqrt{2}} & \cos\frac{\pi}{2N} & \cdots & \cos\frac{(N-1)\pi}{2N} \\ \frac{1}{\sqrt{2}} & \cos\frac{3\pi}{2N} & \cdots & \cos\frac{3(N-1)\pi}{2N} \\ \vdots & \vdots & \vdots & \vdots \\ \frac{1}{\sqrt{2}} & \cos\frac{(2N-1)\pi}{2N} & \cdots & \cos\frac{(2N-1)(N-1)\pi}{2N} \end{bmatrix}\begin{bmatrix} y_0 \\ y_1 \\ \vdots \\ y_{N-1} \end{bmatrix} \tag{2-28}$$

式中 $[x_0 \quad x_1 \quad \cdots \quad x_{N-1}]^{\mathrm{T}}$ ——时域数据；

$[y_0 \quad y_1 \quad \cdots y_{N-1}]^{\mathrm{T}}$ ——频域数据。

在离散变换中，最佳变换是 K－L 变换（Karhunen－Loeve Transform）。其正交矢量系和变换矩阵可根据输入矢量各分量间的相关系数来求，而不用解积分方程，只需求解相关矩阵的特征值和特征矢量。K－L 变换后输出矢量的相关系数为零，可完全解除输出矢量间的线性相关性。还有很多离散变换，如正反变换矩阵都相同的离散哈尔变换和离散沃尔什变换；由有限维正交矢量系导出的广泛用于电视信号编码的斜变换和多重变换；可把信号分割成多个窄带以解除或减弱信号样值间相关性的子带编码和小波变换等。在实际应用中，需要根据信源特性来选择变换方法以达到解除相关性、压缩码率的目的。

2.3.1.3　统计编码

统计编码主要分为定长码和变长码两类。

（1）定长码

定长码是指码字长度相等的编码，其关键问题是如何确定码长 l，进而确定编码方案。假设对信源 $U=\{u_1,u_2,\cdots,u_n\}$ 进行 r 元定长编码，则存在唯一可译定长码的条件

$$n\leqslant r^l \tag{2-29}$$

定长码的码长可以表示为

$$l=\left\lceil \log_r n \right\rceil=\left\lceil \frac{\lg n}{\lg r} \right\rceil \tag{2-30}$$

式中，$\lceil\quad\rceil$表示上取整运算。

编码信息率和编码效率是衡量定长码编码优劣的两个要素。编码信息率指某编码方案中平均一个信源符号带有的实际信息量，记为 R'

$$R'=\frac{l}{N}\lg r\quad \text{比特 / 符号} \tag{2-31}$$

式中　l ——码长；

N ——扩展次数；

r ——采用的编码元数。

编码效率是指平均一个信源符号带有的理论信息量 $H(U)$ 与 R' 的比值，记为 η

$$\eta=\frac{H(U)}{R'} \tag{2-32}$$

（2）变长码

离散无记忆信源输出的各个符号概率一般不等，变长码的基本思想是将概率大的符号编码为较短的码字，将概率小的符号编码为较长的码字，从而更好地压缩信源。

变长码的衡量指标是平均码长。平均码长 $\overline{L}$ 表示平均每个信源符号所用的编码长度，设编码后各码字的码长分别为 l_1，l_2，…，l_n，则定义该码的平均码长

$$\overline{L}=\sum_{i=1}^{n}p(u_i)l_i \quad \text{码符号 / 信源符号} \tag{2-33}$$

平均码长 $\overline{L}$ 与编码后的压缩效果密切相关，$\overline{L}$ 越大则压缩效果越差，对于同一个信源编码，$\overline{L}$ 越小越好。如果某种编码方式的平均码长小于其他所有编码方式，则称为最佳码。

（3）信源编码定理

由于非唯一可译码在译码时会出现歧义，因此变长码中主要研究唯一可译码。无失真信源编码定理（也称为香农第一定理）描述如下。

离散无记忆信源 U 的 N 次扩展信源为 U^N，对该扩展信源 U^N 进行 r 元编码，总可以找到一种编码方法，构成唯一可译码，使得信源 U^N 中每个信源符号（即长度为 N 的信源序列）所需的平均码长满足

$$\frac{H(U)}{\lg r}\leqslant\frac{\overline{L}_N}{N}<\frac{H(U)}{\lg r}+\frac{1}{N} \tag{2-34}$$

式中 $\overline{L}_N$ ——无记忆 N 次扩展信源 U^N 中每个信源符号所对应的平均码长；

$\frac{\overline{L}_N}{N}$ ——原始信源 U 中每个信源符号对应的平均码长。

该定理表明，若信源编码的平均码长 $\frac{\overline{L}_N}{N}$ 小于其信源熵 $\frac{H(U)}{\lg r}$，则唯一可译码不存在。类似于定长码，变长码也可通过编码速率和编码效率来衡量编码的优劣。

变长码的编码速率表示编码后平均每个信源符号携带的信息量，即

$$R'=\frac{\overline{L}_N}{N}\lg r \tag{2-35}$$

变长码的编码效率为

$$\eta = \frac{H(U)}{R'} = \frac{H(U)/\lg r}{\overline{L}_N / N} \tag{2-36}$$

（4）常用统计编码方法

①霍夫曼编码

霍夫曼编码是根据信源符号概率进行的一种编码算法，其编码步骤：

1）将信源 U 的 n 个符号 u_i 按概率从大到小排列；

2）将两个概率最小的符号合并成一个新的符号，新符号的概率为两个符号概率之和，从而得到包含 $n-1$ 个符号的缩减信源 U_1；

3）把缩减信源 U_1 的符号按概率从大到小排列，将其中两个概率最小的符号合并成一个符号，得到 $n-2$ 个符号的缩减信源 U_2；

4）重复上述过程，直至信源只剩下一个符号为止；

5）将每次合并的两个信源符号分别用 0 和 1 表示；

6）从最后一级缩减信源开始，沿反向追踪路径得出各信源符号对应的码符号。

②LZW 算法

LZW 算法是一种通用压缩方法，广泛应用于各种小消息信源的压缩，其逻辑性强，运算速度快，并且便于硬件实现。LZW 算法的基本思想是建立一个编码表，将信源序列映射成定长的码字，编码输出的同时对编码表进行动态更新。

LZW 算法只需对信源序列进行一次扫描，无须进行有关信源的概率统计。在编码起始段其压缩效果较差，但随着信源序列的增长，编码表逐步自适应建立，其压缩效果逐步提高。

LZW 算法的编码步骤：

1）将待编码信源序列中的所有单字符存入编码表，并赋予相应码字值；

2）读入第一个输入字符，赋予前缀变量 P；

3）读入下一个输入字符，赋予扩展变量 S；

4）若 S 为空，输出 P，停止。否则执行步骤 5）；

5）若 PS 不在编码表中，则将 P 对应的码字值输出，将 PS 存入编码表，并分配一个码字值，同时将扩展字符 S 赋予 P，否则，将 PS 赋予 P；

6）重复上述步骤。

2.3.2 信源加密

本节介绍应用在现代航天遥测领域的基本信源加密技术，从如下 4 个方面进行论述：一次一密的加解密技术、流（序列）密码技术、分组密码技术、信息完整性认证技术。为了便于读者对后续章节内容的理解，在这里先介绍一些基本概念。

加密前的信息称为明文，加密后的信息称为密文；从明文到密文的变换过程称为加密；从密文到明文的变换过程称为解密。加密和解密的变换过程都需要一些参数，这些参数称为密钥。给定一对密钥，就确定了一对加解密变换。控制加密变换的密钥称为加密密钥，控制解密变换的密钥称为解密密钥。由不同的密钥对可以得到不同的加解密变换对。

一个密码体制一般由 5 部分构成：

1）明文空间 M，表示所有可能的明文组成的集合；

2）密文空间 C，表示所有可能的密文组成的集合；

3）密钥空间 K，表示由所有可能的密钥组成的集合，每个密钥 k 都由加密密钥和解密密钥构成，加密密钥和解密密钥可能相同，也可能不同；

4）加密变换 E，表示在加密密钥控制下的所有加密变换的集合；

5）解密变换 D，表示在解密密钥控制下的所有解密变换的集合。

2.3.2.1 一次一密的加解密技术

一次一密的密码体制是具有完善保密性的典型例子。1917 年，

Gilbert Vernam 用一次一密自动加密和解密报文消息。30 年后，Shannon 提出了完善保密性理论，从信息论的角度证明了一次一密是不可攻破的。

一次一密的密码体制：假设 $n \geqslant 1$ 是正整数，对于密钥 $k \in \boldsymbol{K}$，明文 $m \in \boldsymbol{M}$，定义加密变换 $e_k(m)$ 为 k 和 m 按位异或。$\boldsymbol{M}=\boldsymbol{C}=\boldsymbol{K}=(\boldsymbol{Z}_2)^n$，如果 $m=(m_1,\cdots,m_n)$，$k=(k_1,\cdots,k_n)$，则

$$e_k(m)=(m_1 \oplus k_1,\cdots,m_n \oplus k_n)\bmod 2 \tag{2-37}$$

如果密文为 $c=(c_1,\cdots,c_n)$，则解密变换为

$$e_k(c)=(c_1 \oplus k_1,\cdots c_n \oplus k_n)\bmod 2 \tag{2-38}$$

在一次一密的密码体制中，对每个明文比特 m_i 都需要一个随机密钥比特 k_i 加密，m_i 和 k_i 的异或产生密文比特 c_i。

理论上已经证明，一次一密的密码体制具有完善保密性。在一次一密的密码体制中，明文和密文是相互独立的，密码分析人员无法仅从密文中分析出明文，即一次一密的密码体制对唯密文攻击是无条件安全的。一次一密的密码体制在实际应用中有一个缺陷，即它要求密钥和明文具有相同长度，这增加了密钥分配与管理的困难，限制了一次一密在商业上的应用。但是，一次一密在要求无条件安全的军事和外交环境中仍然有着重要的应用。

2.3.2.2　序列密码技术

一次一密的密码体制要求对每个明文比特产生一个随机密钥比特，n 个比特的明文需要 n 个比特的随机密钥。序列密码考虑的问题是，对于 n 个比特的长明文，用一个短随机密钥产生一个伪随机的 n 比特密钥序列，用于加密明文。序列密码保持了密钥序列的随机性，解决了一次一密的密码体制中密钥量大的问题。简言之，序列密码技术就是用一个短密钥序列产生一个长密钥序列的技术。序列密码技术的关键是密钥生成器的设计，使密钥序列生成器产生的密钥序列具有良好的随机特性、高的非线性度、大的复杂度和长周期。

序列密码也称为流密码。序列密码技术的优点是不会引起误码扩散，加密速度快和硬件实现容易，非常适合在大量数据传输以及

受限资源的场合中应用。流密码算法主要包括基于线性反馈移位寄存器（LFSR，Linear Feedback Shift Register）的流密码、基于非线性反馈或非线性迭代的流密码。流密码加解密方式可分为同步方式和自同步方式。

（1）基于 LFSR 的流密码

基于 LFSR 的流密码主要包括基于非线性组合生成器的流密码、基于非线性滤波生成器的流密码、基于钟控生成器的流密码。下面先介绍 LFSR 的概念，然后依次介绍上述三种基于 LFSR 的流密码。

线性反馈移位寄存器（LFSR）如图 2－4 所示，一个长度为 L 的 LFSR 由 0，1，…，$L-1$ 共 L 个级和一个控制时钟构成，每个级有一个比特的输入和一个比特的输出，并可存储一个比特的信息。时钟用于控制数据的移动。每个时间单位执行以下操作：

1）输出 0 级所存储的比特信息，以作为输出序列的一部分；

2）把第 i 级存储的比特信息移入第 $i-1$ 级，$i=1$，2，…，$L-1$；

3）把第 0 级，第 1 级，…，第 $L-1$ 级输出比特的线性组合移入第 $L-1$ 级。

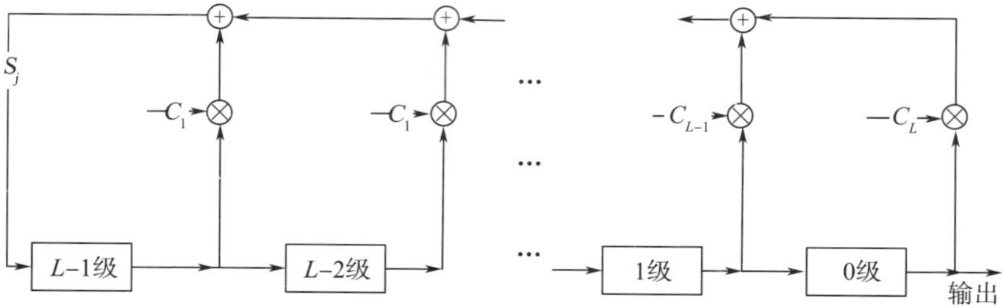

图 2－4　一个长度为 L 的线性反馈移位寄存器

在线性组合中，把第 i 级的系数记为 $c_{L-i}, i=1,2,\cdots,L$ 。如图 2－4 所示的 LFSR 可记为 $\langle L, C(D)\rangle$，其中 $C(D)=1+c_1D+c_2D^2+\cdots+c_LD^L \in \mathbf{Z}_2[D]$ 称为联结多项式。若 i 级的初始值为 s_i，则称 $(s_{L-1},\cdots,s_1,s_0)$ 为 LFSR 的初始状态。如果 $c_L \neq 0$，称输出序

列 $s=s_0s_1\cdots$ 为 L 级线性移位寄存器序列。

假设 LFSR 的初始状态为 $(s_{L-1},\cdots,s_1,s_0)$，那么输出序列 $s=s_0s_1\cdots$ 由下列递归公式唯一确定

$$s_j=(c_1s_{j-1}+c_2s_{j-2}+\cdots+c_Ls_{j-L})\bmod 2, j\geqslant L \quad (2-39)$$

设 $s=s_0s_1\cdots$ 是二元域上的一个无穷序列，如果存在一个整数 p，使得对任意的 $i\geqslant 0$，都有

$$s_i=s_{p+i} \quad (2-40)$$

则称 s 是一个周期序列，最小的 p 称为序列的周期。

可以证明，L 级线性移位寄存器序列都是周期序列，且其周期 $p\leqslant 2^L-1$。如果其周期 $p\leqslant 2^L-1$，则称该序列为 m 序列。m 序列具有密钥流序列设计中所需要的随机特性，即 0－1 均衡性、游程均衡性、二值相关性。但其缺点是序列数有限，复杂度低，存在被破译的可能性，只要知道 m 序列中的任意 $2L$ 位，即可确定整个 m 序列。所以，LFSR 的输出序列容易被预测。

在密钥流生成器中，线性反馈移位寄存器被广泛采用，因为它们非常适合于硬件实现，产生的序列具有大周期及较好的统计特性，并且已经被人们使用代数技术分析过。但是，由于设计完善的系统也无法抵御已知明文攻击，所以 LFSR 本身绝对不能用作密钥流生成器。消除 LFSR 线性特性的常规方法有：对一些 LFSR 的输出，使用一个非线性组合函数；对一个 LFSR 的内容，使用一个非线性滤波器函数；使用一个（或多个）LFSR 的输出来控制另一个（或多个）LFSR 的时钟。

基于 LFSR 的密钥流生成器应该具备下面的性质：大周期、大线性复杂度、较好的统计特性。这些性质是密钥流生成器在密码学上安全的必要条件。因为此类生成器安全性的数学证明是未知的，所以在经历足够的公开详细审查后，仅能被认为是计算上安全的。由于一个密钥流生成器的必要性质是它的输出序列具有大周期，因此作为部件的 LFSR 始终应该选择最大长度的 LFSR。

基于 LFSR 的密钥流生成器中的 LFSR 有已知的和秘密的两种

联结多项式。对于已知的联结多项式，秘密密钥通常由 LFSR 组件的初始内容构成。对于秘密的联结多项式，密钥流生成器的秘密密钥通常由初始内容和联结多项式两者构成。

下面详细介绍几种基于 LFSR 的流密码。

①基于非线性组合生成器的流密码

一项消除 LFSR 中固有线性特性的常规技术是并联使用几个 LFSR。密钥流由这些 LFSR 的输出和一个非线性函数 f 生成。这种密钥流生成器称为非线性组合生成器，f 称为组合函数。图 2－5 是一个非线性组合生成器的例子。

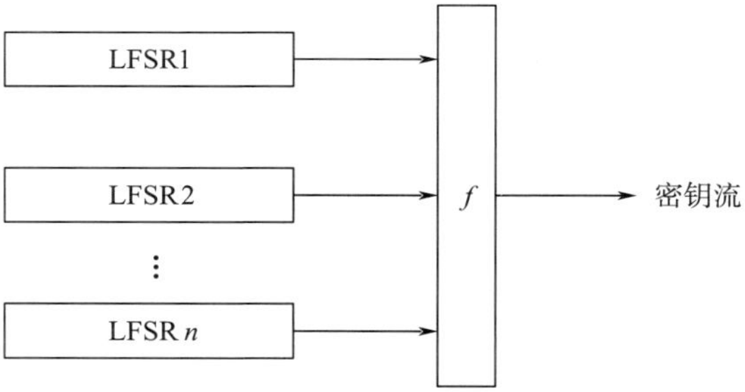

图 2－5　一个非线性组合生成器

为了使非线性组合生成器输出的序列具有较高的线性复杂度，需要选择具有较高非线性次数的组合函数。为了抵抗相关攻击，需要仔细选择组合函数，使得各个 LFSR 序列的任何小子集和密钥流之间不存在统计关系，考虑之一是选择具有相关免疫性的组合函数。所以，组合函数的选择需要达到高线性度和高相关免疫性之间的折中。一种具有较高周期、线性复杂度和相关免疫性的非线性组合生成器是求和生成器，在此不详细介绍，请感兴趣的读者参考相关文献。

②基于非线性滤波生成器的流密码

非线性滤波器也称前馈网络，它作为一类重要的密钥流生成器，在密码设计和扩频通信领域中有着广泛的应用。非线性滤波生成器由一个 LFSR 和一个非线性滤波函数 f 构成，如图 2－6 所示，把 LFSR 的 0 级，1 级，…，$L-1$ 级的输出作为非线性滤波函数的输入，把非线性滤波函数的输出作为密钥流输出。

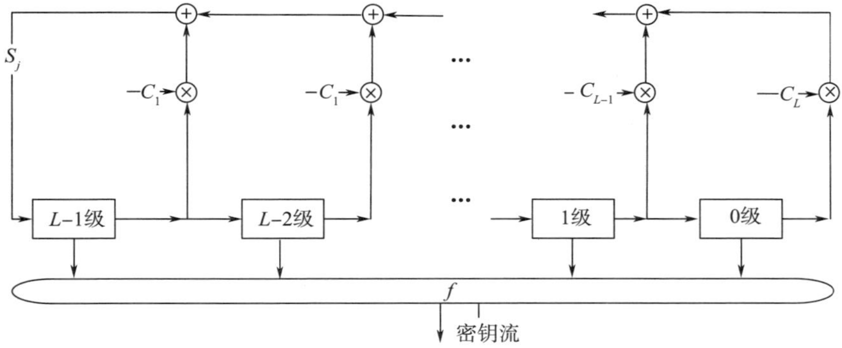

图 2－6　非线性滤波生成器

假设一个非线性滤波生成器由一个长为 L 的最长 LFSR 和一个非线性次数为 m 的滤波函数 f 组成，则对于大的 L，大多数生成器产生的序列线性复杂度可以达到 $\sum_{i=1}^{m} C_L^i$，所以，可以通过选择具有大 L 的 LFSR 来提高非线性滤波生成器的线性复杂度。

另外，为滤波生成器选择的非线性函数 f 应该包含有很多达到 f 的非线性次数的单项。

③基于钟控生成器的流密码

在非线性组合生成器中，各 LFSR 组件是始终规则的；换言之，各 LFSR 中数据的移动都是由相同的时钟控制。钟控生成器的主体思想是利用一个 LFSR 的输出控制第二个 LFSR 的时钟，以便为基于 LFSR 的密钥生成器引进非线性特性。因为，第二个 LFSR 的时钟是非规则的，所以研究人员希望可以阻止基于 LFSR 规则运动的攻击。下面简单介绍两种钟控生成器：交错生成器和收缩生成器。

交错生成器使用一个 LFSR R_1 来控制两个 LFSR R_2 和 R_3 的步调，产生的密钥流是 R_2 和 R_3 输出序列的异或，如图 2－7 所示。

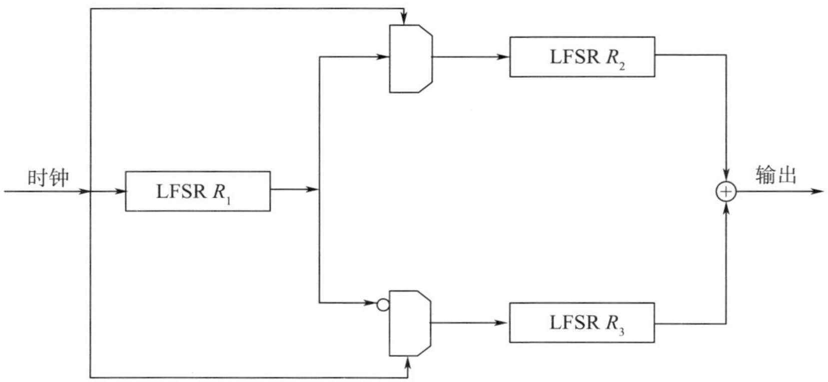

图 2-7　交错生成器

在交错生成器的设计中，为了安全考虑，R_1，R_2，R_3 必须选择最长的 LFSR，它们的长度 L_1，L_2，L_3 应两两互素。此外，它们的长度应大致相等。

收缩生成器是使用一个 LFSR R_1 来控制选择另一个 LFSR R_2 的输出序列，如图 2-8 所示。因此，密钥流的生成是 R_2 输出序列的一个收缩版本，即一种不规则的减少子序列。

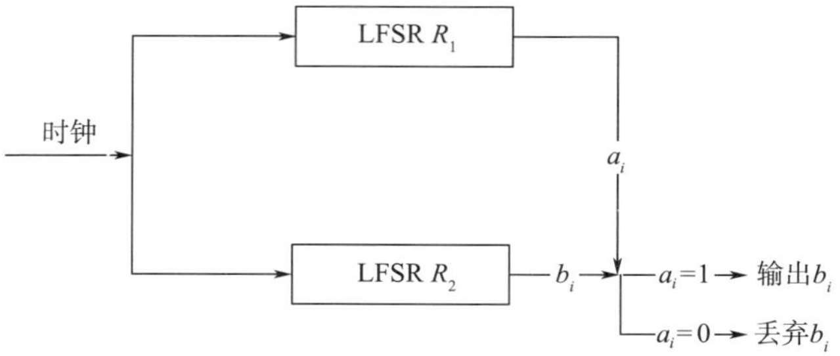

图 2-8　收缩生成器

与交错生成器的设计类似，在收缩生成器的设计中，为获得最大安全性，R_1 和 R_2 应该是最大长度的 LFSR，并且它们的长度应满足 $\gcd(L_1, L_2)=1$。

（2）基于非线性反馈或非线性迭代的流密码

2000 年启动的欧洲新签名认证加密计划（NESSIE，New European Schemes for Signature，Integrity and Encryption）和欧洲序列密码计划（eSTREAM）极大地推动了国际序列密码算法设计和分析的发展。而以 eSTREAM 计划中胜出算法为代表的新一代公开序列密码算法，标志着非线性驱动和非线性迭代已成为国际序列密码设计的主流方向，且它们将成为未来国际序列密码分析的主要焦点。

2004 年 11 月，欧洲卓越密码网络计划（ECRYPT，European Network of Excellence in Cryptology）启动了 eSTREAM 的研究项目。该计划要求所提交的流密码体制（密钥量为 80 bit、128 bit 或者 256 bit）至少有一项指标要优于 AES，同时鼓励提交在加密的同时具有认证功能的流密码体制。经过 3 轮的筛选，最终选出 4 个面向软件实现的算法和 4 个面向硬件实现的算法。2008 年 9 月，由于瑞典学者 Hell M 和 Johansson T 给出针对 F - FCSR - H v2 算法的一个有效攻击，eSTREAM 项目组将最终胜出的 8 个算法重新修订为 7 个，即去掉 F - FCSR - H v2 算法。下面对 eSTREAM 保留下来的 7 个算法作简单介绍。软件算法的密钥长度均为 128 bit，硬件算法的密钥长度均为 80 bit。

HC - 128 是由比利时学者 Wu H J 设计的面向软件实现的序列密码算法。该算法继承 RC4 序列密码算法的设计思想，即状态表的自迭代更新。它采用两个含 512 个字（32 bit）的状态表，两个用于表元素更新的非线性函数，两个用于输出的非线性查表函数。HC - 128 算法的密钥流序列以 32 bit 为单位输出，输出字由两个表中的元素共同确定。

Rabbit 算法是由丹麦学者 Boesgaard M、Vesterager M 和 Zenner E 提出的面向软件实现的序列密码算法，该算法是一种计数器辅助的非线性迭代算法。其中，计数器系统保证输出序列周期足够长。它由 8 个 32 bit 的状态变量、8 个 32 bit 的计数器变量和 1 bit

计数器进位组成。其中，8 个状态变量通过 8 个非线性函数进行更新，计数器系统等价于一个模 2256 − 1 的线性同余生成器。Rabbit 算法的密钥流序列以 32 bit 为单位输出。

Salsa20/12 算法是由美国学者 Bernstein D J 提出的基于 hash 函数设计的序列密码算法，其核心部分为 64 字节输入、64 字节输出的 hash 函数。Salsa20/12 函数由三类简单的字操作构成，即模 232 的加法、异或、循环移位，其设计者认为通过组合大量简单快速的基本运算同样可以达到复杂运算的混乱效果，并且简单的基本运算有利于在各种 CPU 环境下的快速实现。

Sosemanuk 算法是由 Berbain C、Billet O 等几位法国学者设计的面向软件实现的序列密码算法。Sosemanuk 算法的设计基于两种成熟的密码体制：序列密码 SNOW2.0 和分组密码 SERPENT。Sosemanuk 算法主要由有限域 GF（2^{32}）上的 LFSR、带有 64 bit 记忆的有限状态机（FSM，Finite State Machine）、减轮的 SERPENT 组成。Sosemanuk 的密钥流序列以 128 bit 为单位输出，输出的每个 128 bit 密钥字由有限状态机的连续 4 个输出字经一轮 SERPENT 变换后与 LFSR 的连续 4 个输出字相异或产生。

Grain v1 是由瑞典学者 Hell M、Johansson T 和瑞士学者 Meier W 共同设计的面向硬件实现的序列密码算法。该算法使用两个 80 级的移位寄存器，其中，一个为线性反馈移位寄存器，另一个为非线性反馈移位寄存器。两个寄存器经非线性输出函数过滤产生密钥流序列。线性反馈移位寄存器的主要作用是平衡非线性反馈移位寄存器的内部状态以及保证密钥流序列具有足够大的周期和好的元素分布特性。非线性反馈移位寄存器的主要作用是增加密钥流序列的非线性度。

MICKEY v2 算法是由英国学者 Babbage S 和 Dodd M（独立咨询师）共同设计的面向硬件实现的序列密码算法。MICKEY v2 算法的设计思想为不规则钟控，两个 100 级的反馈移位寄存器通过非线性的方式相互控制。

Trivium 算法是由奥地利学者 Canniere C D 和比利时学者 Preneel B 共同设计的基于硬件实现的序列密码算法。Trivium 算法采用三个移位寄存器，通过二次布尔函数进行非线性迭代。该算法结构简洁，同时兼顾安全性、速度和灵活性。

在 eSTREAM 计划之后，流密码的研究逐渐趋于平淡。为了提升本国在密码方向的影响力，更好地适应通信和密码的发展需求，我国密码学家提出了祖冲之流密码加密算法 ZUC-128。基于该算法，为 3GPP 提供保密性和认证性的 128-EEA3 和 128-EIA3 算法被相继提出。2011 年，该算法成为 3GPP LTE 标准算法。该算法目前仍然是安全的。为了适应未来 5G 应用环境，我国密码学家对 ZUC-128 流密码算法进行了升级，提出了 ZUC-256 流密码算法。ZUC-256 与 ZUC-128 算法高度兼容，但在初始化阶段和消息认证码阶段采用了新的设计思想。该算法目前的安全性正在评估之中。

轻量级流密码指的是实现复杂度较小，安全性适中、能够适用于资源受限环境（如：RFID 等）中的流密码体制。这些流密码通常由易于实现的密码部件和运算构成，如：LFSR、FCSR、布尔函数、XOR 等。在 eSTREAM 计划中，流密码 Grain、Trivium 都是具有这种特性的流密码。除此之外，具有代表性的还有流密码 BEAN 和 Hummingbird。BEAN 表面上和 Grain 类似。主要由两个 FCSR 构成在 Grain 中，LFSR 用来提供大周期和具有类似随机序列性质的序列源，而 NFSR 被用来提供非线性特征。BEAN 的设计者认为 FCSR 可以兼顾这两点，同时具有硬件实现简单，效率高的特点，因此采用 FCSR 来代替 LFSR。由于 Galois 结构的 FCSR 存在安全问题，BEAN 的设计者采用了 Fibonacci 结构的 FCSR。

流密码 Hummingbird 结合了分组密码和流密码的设计特点。其分组大小为 16 bit，密钥尺寸为 256 bit，内部状态为 80 bit。这个设计使得 Hummingbird 能够为任何嵌入式设计提供足够的安全性。Hummingbird 由四个 16 bit 的内部状态，一个 16 级的 LFSR 和四个轻量级的分组密码构成。其 256 bit 的密钥被分成 4 个 64 bit 的子密钥，每个子密钥用于一个分组密码。明文被分成 16 bit 一组进行加密。

(3) 流密码加解密方式

流密码的加解密方式包括同步加解密和自同步加解密。在同步加解密方式中，密钥流的产生与明文消息流相互独立，所以同步流密码中的每个密文不依赖于之前的明文。同步加解密方式的优点是无差错传播，即在传输过程中，一个密文字符的改变只影响该字符的解密，不会对后续字符的解密产生影响。但在传输过程中，发送方与接收方必须保持同步。如果在传输过程中有密文插入或丢失现象，会导致后续密文的解密错误。要再正确解密，必须再次同步。

与同步加解密方式不同，自同步加解密方式有错误传播现象，但可以自行实现同步。在自同步加密方式中，密钥流与之前产生的若干密文有关，其加密过程用函数来表示，即

$$\sigma_{i+1} = F(\sigma_i, c_{i-1}, \cdots, c_{i-k}) \tag{2-41}$$

$$z_i = G(\sigma_i, k) \tag{2-42}$$

$$c_i = E(z_i, m_i) \tag{2-43}$$

式中 σ_i ——密钥流生成器的内部状态（初始状态记为 σ_0）；

F ——状态转移函数；

G ——生成密钥流的函数；

E ——加密变换。

可见，在自同步加解密方式中，如果密文流中某一符号出现了传输错误，将影响后续 k 个字符的解密，即造成错误传播。在 k 个密文字符之后，这种影响才会消失。

2.3.2.3 分组密码技术

分组密码算法是分组长度的明文空间到密文空间的一一映射，其加密过程是可逆的，对应着唯一的解密过程。比较典型的分组密码算法有数据加密标准（DES，Data Encryption Standard）、快速数据加密算法（FEAL，Fast Ecryption Algorithm）、国际数据加密算

法（IDEA，International Data Encryption Algorithm）以及现在应用最为广泛的高级数据加密标准（AES，Advanced Encryption Standard）。分组密码加密模式方面，1980 年美国国家标准局公布了 AES 的 4 种加密模式，即电子密码本模式（ECB，Electronic Code Book）、密码分组链接模式（CBC，Cipher Block Chaining）、密码反馈模式（CFB，Cipher Feedback）和输出反馈模式（OFB，Output Feedback）；在 2001 年公布的加密模式标准草案中，又加入了计数器模式（CTR，Counter）。以上 5 种加密模式已被国际标准组织（ISO，International Organization for Standardization）收录在国际标准中。利用分组密码加密时，首先把明文分成相同长度的组，然后对每一组分别进行加密。分组密码的安全性主要依赖于密钥，而加密算法和解密算法可以公开。

分组密码的基本技术包括置换、混乱和扩散。设计一个分组长度为 n 的分组密码相当于构造 $GF(2^n)$ 上的一个与密钥有关的置换。给定一个密钥，就能得到一个具体的置换。不同的密钥对应不同的置换。如果密钥长度为 t，则密钥量为 2^t，因为 $GF(2^n)$ 上共有 $2^n!$ 个不同的置换，所以必须有 $2^t \leqslant 2^n!$，为了便于密钥管理，分组密码的密钥长度不能太长。密钥长度也不能太短，否则难以抵抗穷举搜索攻击。

混乱和扩散这两种技术的提出是为了抵抗对手对密码体制的统计分析。充分利用混乱和扩散可以有效抵抗对手从密文的统计特性推出明文或密钥。混乱和扩散是现代分组密码的设计基础。扩散就是让明文中的每个比特影响多个比特，或者说让密文中的每个比特受多个比特的影响，从而隐蔽明文的统计特性。理想情况下，我们希望明文中的每个比特影响密文中的所有比特，密文中的每个比特受所有比特影响。混乱是指将密文和明文之间的关系变得尽可能复杂，使对手即使获得明文的统计特性也难以推出密钥。使用非线性变换可以达到比较好的混淆效果。

下面，简单介绍比较典型的分组密码 DES 与 AES。

（1）数据加密标准（DES）

1977 年 1 月的联邦信息处理标准版 46 中，给出 DES 的完整描述。DES 是一种特殊类型的迭代密码，叫 Feistel 型密码。DES 是一个 16 轮的 Feistel 型密码，它的分组长度为 64 bit，用一个 56 bit 的密钥来加密一个 64 bit 的明文串，并获得一个 64 bit 的密文串。在进行 16 轮加密之前，先对明文进行一个固定的初始置换，经 16 轮加密之后对比特串做初始置换的逆置换得到密文。在每一轮中，使用了有 8 个固定的、仔细挑选的 4～6 bit 的替代映射，这些替代映射称为 S 盒。DES 里的所有计算，除了 S 盒外，全是线性的。作为非线性部件，S 盒对密码体制的安全性起着至关重要的作用，它有效地抵抗了差分攻击。

分组密码 DES 的主要安全特征包括：密文的每个比特都依赖于密钥的所有比特；明文与密文之间没有明显的统计关联；改变任意单个明文比特或者密钥比特都会使密文的每一个比特以 1/2 的概率被改变；改变密文的一个比特会使被恢复的明文分组产生不可预见的变化。随着 DES 差分分析和线性分析的研究，美国已经决定 1998 年 12 月开始停止使用 DES，尽管如此，分组密码 DES 对于推动密码理论的发展和应用起着重大的作用，它对于掌握分组密码的基本理论、设计思想和实际应用仍然有着重要的参考价值。

（2）高级数据加密标准（AES）

1997 年 1 月 2 日，美国国家标准和技术协会（NIST）宣布征集一个新的对称密钥分组密码算法作为取代 DES 的新加密标准。2000 年 10 月 2 日，NIST 宣布选中两个比利时密码学家 Daemen 和 Rijmen 共同设计的 Rijndael 作为 AES。AES 的密钥长度和分组长度可以独立地指定为 128 bit、192 bit 和 256 bit。AES 是一个迭代型密码，轮数 N_r 依赖于密钥长度，如果密钥长度为 128 bit，则 N_r 为 10；如果密钥长度为 192 bit，则 N_r 为 12；如果密钥长度为 256 bit，则 N_r 为 14。

AES 包括 4 个主要函数：字节替换、行移位、列混淆和轮密钥加。字节替换的目的是得到非线性的代换密码，抵抗密码差分分析。行移位和列混淆的目的是获得明文消息分组在不同位置上的字节混合。轮密钥加给出了消息分布所需的加密随机性。工作模式可以为密文提供如下几个性质：增加分组密码算法的随机性，将明文消息添加到任意长度，控制错误传播的范围等。

（3）国密算法 SM4

SM4 是我国自主设计的使用于无线局域网产品的分组密码算法，该算法是我国第一次公布自己的商用密码算法。SM4 算法分组长度和密钥长度均为 128 bit，算法轮数为 32 轮。算法除了包含基本的轮函数加迭代，增加了非线性运算，还定义了 FK 和 CK 两组参数。

SM4 算法基本过程是首先把 16 字节的密钥按照 4 字节一组分成 4 组，然后根据密钥扩展算法，生成 32 组 4 字节的轮密钥；再把输入的 16 字节数据也按照 4 字节一组分成 4 组然后进行循环运算。

（4）轻量级分组密码算法的发展

1997 年美国启动的高级加密标准 AES 计划和 2000 年欧洲启动的 NESSIE 计划可视为分组密码发展的繁荣期，在这两大计划的实施过程中，密码学界对分组密码的设计与分析理论都进行了广泛而深刻的研究，分组密码的理论日趋完善。近些年来，随着物联网的快速发展，轻量级密码算法的设计成为研究的热点，许多轻量级的密码算法被提出，主要有 TWINE、PRINCE、SIMON、SPECK、RECTANGLE 等。下面我们首先对一些典型的轻量级分组密码的设计原理进行简单介绍。

TWINE 算法是 Kobayashi 等人在 2012 年 SAC 会议上提出的，其使用了改进的 Feistel 结构，采用 16 分支的广义 Feistel 结构，两种密钥长度下，算法迭代轮数均为 36 轮。其轮函数包括 3 种操作：轮密钥加、4 bit 的 S 盒变换以及拉线置换 P。其分组长度为 64 bit，密钥长度可以是 80 bit 或 128 bit。根据密钥长度的不同，算法分别记为 TWINE－80 以及 TWINE－128。

PRINCE 是 Borghoff J 等在 2012 年亚密会上提出的低延时轻量

级密码算法，适合应用于智能卡加密，其分组与密钥长度的取值分别是：64 bit、128 bit。加密过程只需一个时钟周期就能完成，同时该算法具有 α 反射特性，加密解密过程相似。设计者考虑了硬件复杂度，因此缩减了轮函数。在安全性方面，设计者分析了一些常用的攻击方法，结果表明算法对基本的数学分析方法有很好的抵抗能力。但是由于算法的 α 反射特性，α 值的选取就特别重要，有研究表明，如果采用特定的 α 值，则可以对全轮的 PRINCE 算法进行攻击。

SIMON 与 SPECK 是美国国家安全局（NSA）于 2013 年公布的两类算法。两者在硬件和软件方面都有较为出色的表现，由于 AND 运算硬件消耗率相比模 2^n 低，因此 SIMON 在硬件上的优势更加突出。SIMON 类算法是典型的 Feistel 结构，其轮函数 $F(x)$ 采用按位与运算、循环移位运算和异或运算。SIMON 类算法分组规模为 $2n(n=16, 24, 32, 48, 64)$，密钥规模为 mn，根据不同的密钥规模 m 取值为 2，3 或 4，称为 SIMON $2n/mn$。SPECK 算法整体为变形的 Feistel 结构，轮函数由模整数加法、循环移位和异或操作构成，主要的非线性运算为模整数加法。该算法的轮函数可以看作变形的两轮 Feistel 结构。密钥扩展函数利用轮函数来生成所需要的子密钥 K_i。

①电子密码本模式（ECB）

ECB 模式就是一个分组密码的直接使用：给定一个 64 bit 的明文分组序列 $x_1x_2\cdots$，每一个 x_i 都用同一密钥 K 来加密，产生密文分组序列 $y_1y_2\cdots$。ECB 模式具有确定性，相同的明文分组在同一个密钥下输出相同的密文分组，如果明文消息是可猜测的（例如需加密传输的某个传感器温度），那么就不能应用具有确定性的 ECB 模式，因为攻击者只需试验几十次就能恢复出这个温度数字。

②密码分组链接模式（CBC）

在 CBC 模式中，每个明文分组 x_i 在用密钥 K 加密前，都要先跟前一个密文分组 y_{i-1} 相异或。严格地说，我们从一个 64 bit 的初始矢量 $\boldsymbol{IV}$ 开始，定义 $y_0=\boldsymbol{IV}$，然后，用下述公式构造密文 $y_1y_2\cdots$

$$y_i = e_K(y_{i-1} \oplus x_i), i \geqslant 1 \tag{2-44}$$

CBC 模式的初始矢量 ***IV*** 是一个随机矢量，每次会话加密时都要使用一个新的随机矢量，虽无须保密，但必不可预知。由于解密端需要 ***IV*** 进行解密，故加密 m 个分组的明文，将输出 $m+1$ 个密文分组。密码分组链接模式 CBC 将所有明文分组都链接在一起，它的设计原本还要提供完整性保护功能，防止非授权的数据篡改，然而它提供的完整性保护是有缺陷的，CBC 模式的主要功能只有使输出密文随机化这一个安全服务。

③输出反馈模式（OFB）

OFB 模式实际上就是一个同步流密码：密钥流由反复加密一个 64 bit 的初始矢量 ***IV*** 而得。定义 $z_0 = \boldsymbol{IV}$，然后用下述公式计算密钥流 $z_1 z_2 \cdots$

$$z_i = e_K(z_{i-1}), \quad i \geqslant 1 \tag{2-45}$$

明文分组序列 $x_1 x_2 \cdots$ 通过计算

$$y_i = x_i \oplus z_i, \quad i \geqslant 1 \tag{2-46}$$

来计算密文 $y_1 y_2 \cdots$。OFB 模式的加密过程和解密过程是相同的，OFB 模式的加解密方法能保证它不会引起传输中产生的误码扩散，它适合于不可能重发的消息加密，例如，卫星通信信息。并且，基础分组密码算法 e_K 可用加密的单向杂凑函数代替。

④密码反馈模式（CFB）

在 CFB 模式中，假设由一个 64 bit 的初始矢量 $y_0 = \boldsymbol{IV}$ 开始，然后，通过加密以前的密文分组来产生密钥流元素 z_i，即

$$z_i = e_K(y_{i-1}), i \geqslant 1 \tag{2-47}$$

同 OFB 模式相同，定义

$$y_i = x_i \oplus z_i, i \geqslant 1 \tag{2-48}$$

在 CFB 模式中，基本分组密码的加密函数用在加密和解密两端，基本分组密码算法 e_K 可用加密的单向杂凑函数代替。CFB 模式用于类似流密码的密钥流生成器中。

⑤计数器模式（CTR）

CTR模式与OFB模式类似，只不过产生密钥流的方式不同而已。假设明文分组的长度为 m ，在CTR模式中选择一个比特长度为 m 的计数器，表示为ctr。按下面公式定义计数器序列

$$T_i = (\mathrm{ctr} + i - 1) \bmod 2^m, i \geqslant 1 \tag{2-49}$$

然后，按下式把明文加密成密文

$$y_i = x_i \oplus e_K(T_i), i \geqslant 1 \tag{2-50}$$

CTR模式没有反馈，所以它的加密和解密都可以并行进行。它的缺点是对相同的密钥，能加密的分组长度 i 不能超过 2^m 。

2.3.2.4　信息完整性认证技术

所有的通信都有可能受到敌方的主动攻击，攻击者可以随意地窃听、截取、重发、修改、伪造或插入消息。敌方将以各种手段试图欺骗目标接收者，使其相信他篡改或伪造的消息来自某个合法主体。因此需要一种机制，使得消息的接受者可以验证该消息确实是来自所声称的消息源，且在传输过程中未受到未授权方式的修改。数据信息完整性认证技术是抵抗未授权的敌手对数据进行篡改的安全技术。

数据完整性认证技术主要应用密码杂凑（Hash）函数（简称杂凑函数或杂凑算法）对需完整性认证的信息进行杂凑，生成杂凑值或消息认证码（MAC，Message Authentication Code）来对信息的完整性进行校验认证。密码杂凑算法，用于检测网络通信信息是否被篡改，也是保证密码系统安全的一类关键技术。比较典型的杂凑函数有MD4、MD5、RIPEMD-128、SHA-1、RIPEMD-160、SHA-3以及国密算法SM3等。消息认证码（MAC）称为带秘钥的杂凑函数，主要用于保障消息完整性和消息源认证，现已广泛应用于各类Internet协议，如IPSec、SSL/TLS、SSH、SNMP等。

密码杂凑函数，可以将任意长度的消息压缩为固定长度的杂凑值（也称数字指纹或消息摘要）。密码学对安全杂凑函数（也称为密码杂凑函数，简称为杂凑函数）H 给出了如下定义：任意长的消息

输入 x，容易计算其 n 比特长的杂凑值 $y=H(x)$，并应满足如下 4 个基本属性：

1）单向性（抗原像攻击）。给定输出值 y，计算输入值 x，使 $y=H(x)$ 是困难的，理想的计算复杂度是搜索攻击的复杂度。

2）抗第二原像攻击（弱抗碰撞性）。给定输入值 x，计算另一个输入值 x'，使 $H(x)=H(x')$ 是困难的，理想的计算复杂度是搜索攻击的复杂度。

3）抗碰撞（强抗碰撞性）。寻找 $x \neq x'$，使 $H(x)=H(x')$ 是困难的。理想的复杂度为生日攻击的复杂度。生日攻击来源于著名的生日悖论，给定 n 个两两互不相同的元素，从中取 $k(>1.2\sqrt{n})$ 个元素，则取出两个相同元素的概率大于 1/2。

4）抗长度扩展攻击。给定 $H(\boldsymbol{IV},M)$，对于任意的消息 M'，当仅知道 M 的长度时，直接利用 $H(\boldsymbol{IV},M)$ 来计算 $H'=H(\boldsymbol{IV},M \,||\, \mathrm{pad}^M \,||\, M')$ 是困难的。

4 类最基本的密码杂凑函数设计方法包括基于分组密码的杂凑函数、定制的杂凑函数、基于混沌的杂凑函数、多媒体杂凑。基于分组密码的杂凑函数利用密码分组链（CBC）或密码反馈模式（CFB）对消息的分组逐次加密，最后的密文即是杂凑值，而密钥被替换为初始值。该类杂凑函数的优势是基于成熟的经过安全认证及实践检验的分组密码，其安全性分析侧重于结构分析。基于分组密码的杂凑函数运行效率往往不高，直接涉及安全高效的杂凑函数称为定制的杂凑函数，它包括现阶段广泛应用的 MD4、MD5、RIPEMD－128、SHA－1、RIPEMD－160，SHA－3 以及国密算法 SM3。基于混沌的杂凑函数源于混沌系统的动力学特性，它的轮函数采用复杂的混沌、多次迭代和双精度浮点实现来保证杂凑函数的安全性。多媒体杂凑主要用于提取多媒体数据的数字指纹，具有感知鲁棒性、唯一性和安全性，可为多媒体内容识别、检索、认证、密钥生成等信息服务方式提供安全可靠的支撑。

消息认证码既有杂凑函数的检测消息完整性的功能，又具有电子签名的认证功能。消息认证码的设计方法同样也包括基于分组密码的消息认证码、基于杂凑函数的消息认证码和基于泛杂凑函数的消息认证码。泛杂凑函数族是满足一定性质的组合结构，将泛杂凑函数族用于消息认证的方法如下：首先从泛随机函数族中选取一个函数，对输入消息计算该函数作用下的值，然后对该值采用一次一密的加密处理作为最终的 MAC 值。在密钥存储不是瓶颈的情况下，可采用无条件安全的一次一密体制，此时该消息认证码也是无条件安全的，在密钥存储受限情况下，可采用伪随机生成器代替一次一密的方法。

2.3.3 信道编码

信道编码又称为纠错编码，其通过有效的方法增加信息的冗余度，达到提高通信系统可靠性的目的。

2.3.3.1 差错控制与纠错编码

(1) 差错控制

差错控制技术包括差错控制方式和差错控制编码两方面。

常用的差错控制方式有三种：检错重发（ARQ，Automatic Repeat Request）、前向纠错（FEC，Forward Error Correction）和混合纠错（HEC，Hybrid Error Correction）。

检错重发方式是利用编码的检错特性，接收端一旦检测到错码，就向发送端请求重发，直到接收端正确接收为止；前向纠错方式是利用编码的纠错性能，接收端按照规则进行译码，当检测到错码时，对错码的位置进行纠正；混合纠错方式是一种检错和纠错混合使用的差错控制方式，当接收端能够纠正错码时，采用前向纠错方式进行译码纠错，当错码超出了纠错能力，但仍可以检测错码时，则采用检错重发方式。

(2) 纠错编码

纠错编码，也称为信道编码或差错控制编码，其通过加入多余的校验码元，来进行检错和纠错。不同编码方法，有不同的检错和纠错能力，通常校验码元越多，编码的检错纠错能力越强，但传输效率会相应降低。因此，纠错编码就是以降低信息传输效率为代价来换取传输可靠性的提高。

编码的基本概念：

1）分组码。分组码是对长度为 k 的信息序列，以一定规律加入长度为 r 的校验元，组成长度为 $n(n=k+r)$ 的码字（码组）序列。这样产生的码组集合称为 (n,k) 分组码。

2）编码效率。编码效率定义为信息位在码组中所占的比重，$\eta = k/n$ 。加入的校验元越多，纠错能力越强，但编码效率越低，通常在满足一定纠错要求前提下，应尽量选择编码效率高的编码。

3）编码增益。编码增益是指在一定误码率条件下，非编码系统与编码系统所需信噪比的差值，单位用 dB 表示。编码增益是衡量系统性能改善程度的指标之一，通常采用编码增益尽可能大的信道编码。

4）编码距离。两个码组中对应位取值不同的位数称为编码距离。分组码集合中所有码距的最小值称为最小距离，最小距离越大，码组的抗干扰能力越强，其纠检错能力也越强。

根据不同的分类准则，信道编码可分为多种类型，如图 2－9 所示。

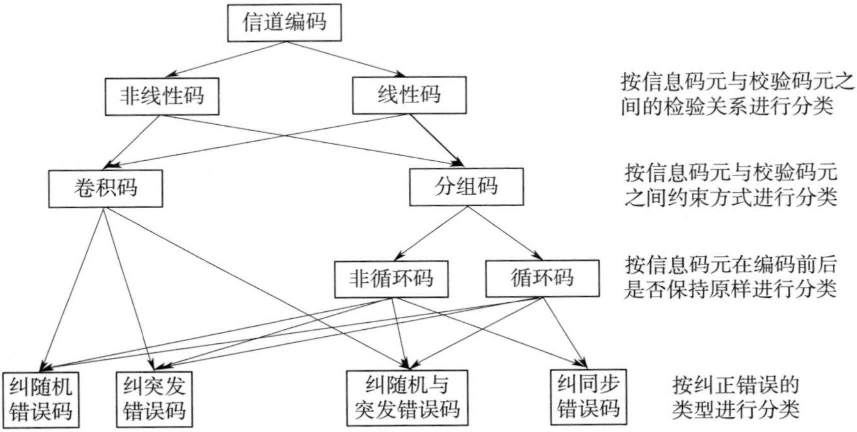

图 2－9　信道编码的分类

目前，常用的信道编码有卷积码、BCH 码、RS 码、Turbo 码和 LDPC 码等，在这些基本编码基础上，还有级联码、交织码、删余码等应用方式。

卷积码是遥测系统中常用的编码类型，其与 RS 码组成的级联码可以获得较高的编码增益；Turbo 码、TPC 码和 LDPC 码都是新型的信道编码，采用迭代软信息译码，可以获得更高的编码增益。CCSDS 先后将 RS+卷积级联码、Turbo 码和 LDPC 码等码型写入标准。

2.3.3.2　RS+卷积码

RS+卷积级联码将 RS 码作为外码，卷积码作为内码，这种级联码综合了两种编码的优点，同时具备纠正随机错误和突发错误的能力，其结构如图 2-10 所示。

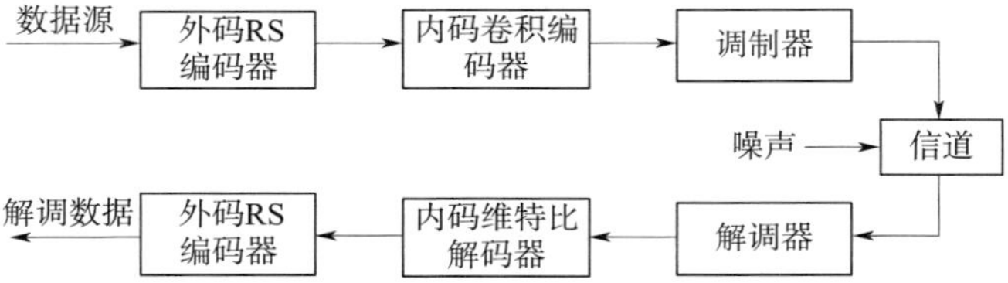

图 2-10　级联码结构

(1) RS 码

RS 码是一种多进制的 BCH 码，具有良好的纠正突发错误能力。

在 (n, k) RS 码中，输入信息包括 k 个符号，每个符号由 m 比特组成。对于一个纠 t 个符号错误的 RS 码有如下参数：码长 $n = 2m - 1$ 符号（nm 比特），信息位长度 k 符号（km 比特），校验位长度 $n - k = 2t$ 符号 [$m(n - k)$ 比特]，最小码距 $d = 2t + 1$ 符号 [$m(2t + 1)$ 比特]。

对于一个长度为 $n = 2m - 1$ 符号的 RS 码，每个符号都可以看作有限域 GF（$2m$）中的一个元素。最小码距为 d 符号的 RS 码生成多项式具有如下格式

$$
\begin{aligned}
g(x) &= (x-\alpha)(x-\alpha^2)\cdots(x-\alpha^{d-1}) \\
&= (x-\alpha)(x-\alpha^2)\cdots(x-\alpha^{2t}) \\
&= \alpha_0 + \alpha_1 x + \alpha_2 x^2 + \cdots + \alpha_{2t-1}x^{2t-1} + \alpha_{2t}x^{2t}
\end{aligned} \tag{2-51}
$$

式中　α ——GF（α_m）中的本原元素。

CCSDS 标准推荐的 RS 码是系统码，其参数如下：码块长度$n=255$ 符号，信息长度 $k=223$ 符号，符号长度 $m=8$ bit，编码最小距离 $d=33$，能够纠正 $t=16$ 个错误。RS 码的码块结构如图 2－11 所示。

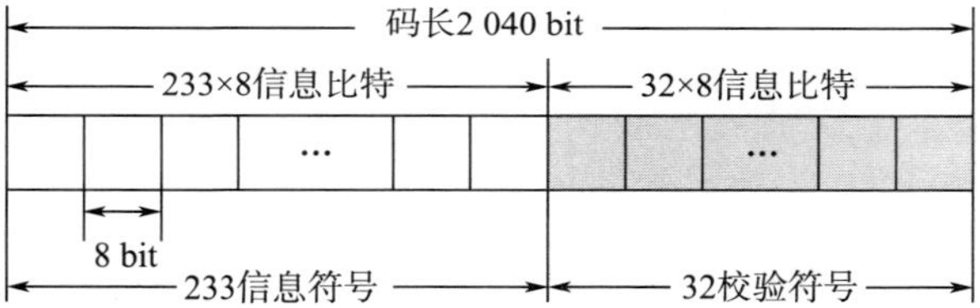

图 2－11　（255，223）RS 码块结构

RS 码的编码过程可以用反馈移位寄存器实现，其编码器结构如图 2－12 所示。其中，$g_0 \sim g_{15}$ 表示生成多项式系数。编码器输出信息符号时，开关 K_1 打到下端，K_2 闭合；输出最后 32 个符号时，开关 K_1 打到上端，K_2 打开，输出由反馈移位寄存器计算得到的校验符号。

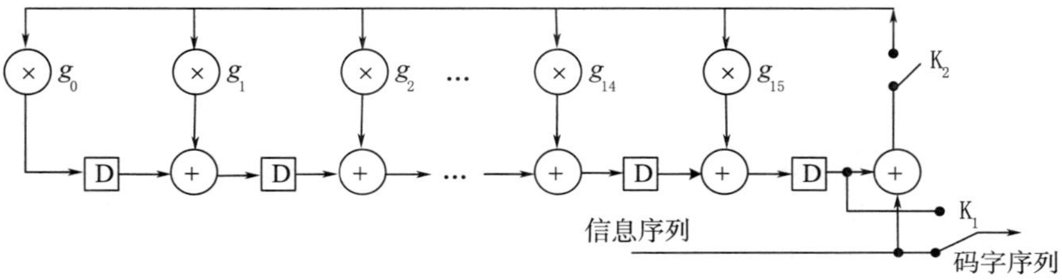

图 2－12　（255，223）RS 码编码器框图

(2) 卷积码

卷积码与分组码不同，其本组校验元不仅与本组信息元有关，而且还和之前若干组的信息元有关。通常，卷积码的每组信息元长度和码长都比分组码要小。卷积码具有良好的纠正随机错误的能力，并且其纠错能力随着关联信息元长度的增加而增大，误码率随之增加而呈指数下降。

图 2-13 给出了一个简单的（2，1，2）二进制卷积码编码器。若每一时间单位输入一个新的信息元 s，则移位寄存器 D 中的数据右移，而 s_i 与前两个单位时间送入的信息元 s_{i-1} 和 s_{i-2} 按图中连线规则进行运算，得到此时刻的两个校验元 $c_{i,1}$ 和 $c_{i,2}$，并组成一个子码 $c_i=(c_{i,1},c_{i,2})$ 送入信道，c_i 称为卷积码的一个码段或码组。

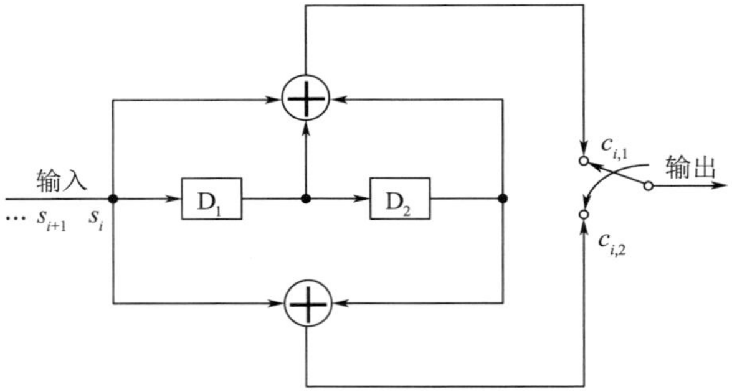

图 2-13　（2，1，2）卷积码编码器

由图 2-13 可知，第 i 时刻输入编码器的信息组 s_i 及其相应码段 c_i，不仅与前 m 个码段 c_{i-1}，c_{i-2}，…，c_{i-m} 中的码元有关，而且也参与了后 m（这里 $m=2$）个码段 $c_{i+1},c_{i+2},\cdots,c_{i+m}$ 中的校验运算。这种运算在数学上也称为卷积运算，参数 m 表示输入信息元在编码器中存储的单位时间，称为编码存储，称 $K=m+1$ 为编码约束长度，说明编码过程中互相约束的码元个数。卷积码通常用 (n,k,m) 来表示，n 和 k 分别表示信息元长度和码组长度，其比值 $R=k/n$ 表示码率，它是衡量卷积码传输信息有效性的一个重要参数。

CCSDS 建议书推荐的卷积码是约束长度为 7、码率为 1/2 的卷积码，这种编码是约束长度为 $K=7$ 条件下的最大似然码，是基于自由距离 d_{free} 的本地最佳编码。

对于码率为 1/2、$K=7$ 的建议卷积编码器结构如图 2－14 所示。具体的编码器结构与加法器连接到移位寄存器的方式有关。连接矢量 $\boldsymbol{g}_1=1111001$，$\boldsymbol{g}_2=1011011$，$\boldsymbol{g}_2$ 路输出采用符号反转。

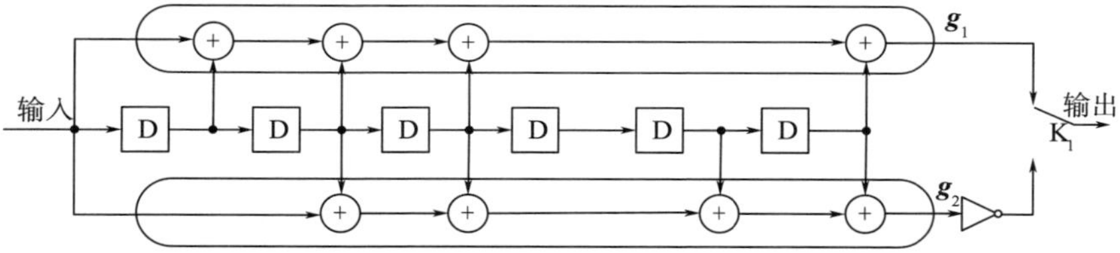

图 2－14　约束长度为 7，码率为 1/2 的 CCSDS 标准卷积编码器结构

2.3.3.3　Turbo 与 TPC

（1）Turbo 码

Turbo 码，又称为 Turbo 卷积码（TCC），它将卷积码和随机交织器结合在一起，实现了随机编码；同时采用软信息迭代译码，实现了逼近 Shannon 极限的性能。Turbo 码的优异性能不是从理论研究角度给出的，而是计算机仿真得到的，Turbo 码的提出从实践角度证明信道编码定理的正确性。

Turbo 编码器是由两个分量编码器通过一个随机交织器并行连接而成的，编码后的校验位经过删余矩阵产生不同编码效率的码字，如图 2－15 所示，分量编码器由反馈系统卷积编码器（RSC）组成，图 2－16 给出了一个 RSC 的实例。

信息序列 u 经过 N 位交织器，形成一个新的序列 u'（长度与内容没变，但序列位置经过重新排列）。u 和 u' 分别传送到两个分量码编码器 RSC1 和 RSC2，生成校验序列 x^{1p} 和 x^{2p}，一般情况下，两个分量编码器结构相同。为了得到不同的码率，序列 x^{1p} 和 x^{2p} 需要经过删余矩阵，通过删余技术从这两个校验序列中周期地删除一些校验位，形成校验序列 x^{p}。x^{p} 与未编码序列 x^{s} 经过复用后，生成

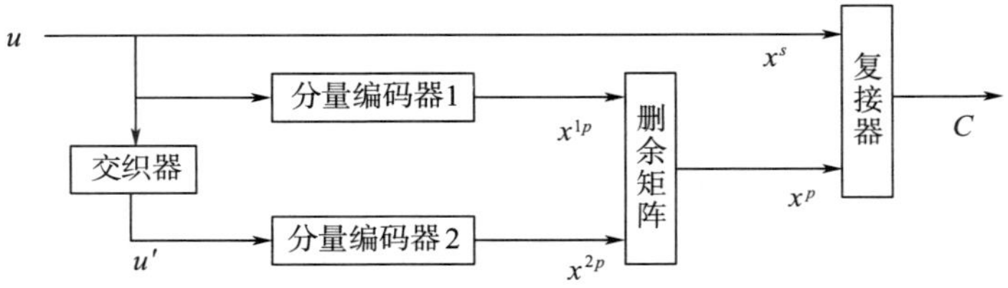

图 2-15　Turbo 码编码器结构框图

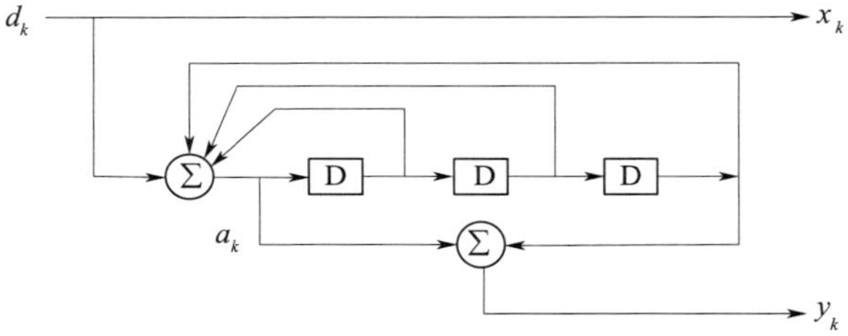

图 2-16　RSC 编码器结构框图

Turbo 码序列 C。

CCSDS 建议书中推荐的分量码为 16 状态卷积码，其编码效率分别为 1/2，1/3，1/4，1/6，信息位长度为 1 784 bit，3 568 bit，7 136 bit 和8 920 bit。Turbo 码编码器结构如图 2-17 所示，不同效率的 Turbo 码选择不同的分量支路作为校验位，具体连接关系和连接矢量 $\boldsymbol{G}_0 \sim \boldsymbol{G}_3$ 如图 2-17 所示。由图2-17 可知，1/2 效率 Turbo 码每隔一个符号删余一次，其余效率 Turbo 码则不需要删余。

（2）TPC 码

TPC 码，全称为 Turbo 乘积码，它采用分组码作为子码，并且不需要采用交织器。TPC 码的编码增益略低于 Turbo 码，但其译码复杂度低，并且编码效率高，有着广阔的应用前景。研究表明，采用码型为（64×57）×2 的 TPC 码，在误码率为 1×10^{-7}时，以占用 126%的系统信道带宽，能够获得约 7 dB 的信道增益。

乘积码由一系列多维的（n，k，δ）分组码构成，其中，n，k，δ 分别

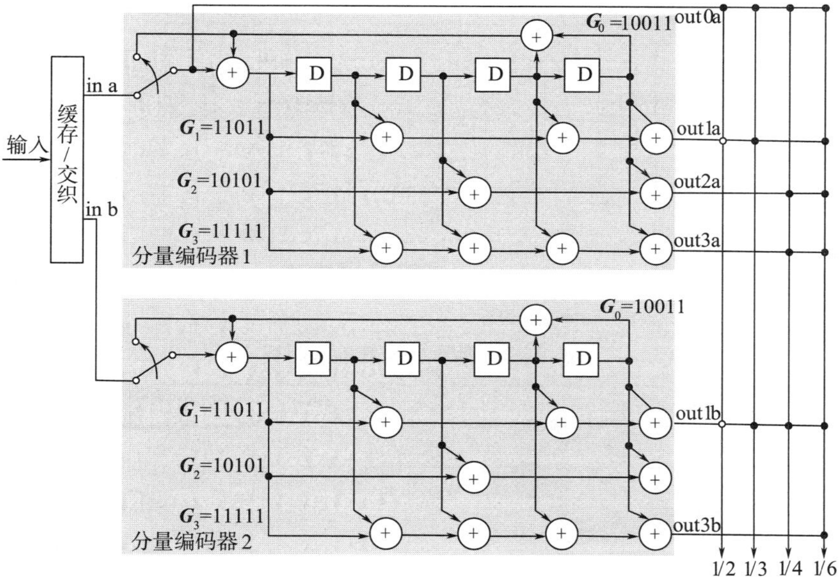

图 2－17　CCSDS Turbo 码编码器结构

代表码长、信息位长度和最小距离。在二维或三维空间通过使用不同长度的子码可得到不同的编码效率。为降低译码复杂度，Turbo 乘积码通常由扩展汉明码、奇偶校验码或它们的组合构成。Turbo 乘积码构造上的灵活性使得它在性能、复杂度和编码效率上都具有较大的灵活性。假设乘积码的子码分别为 $C_1(n_1, k_1, \delta_1)$ 和 $C_2(n_2, k_2, \delta_2)$，乘积码 $P = C_1 \otimes C_2$ 可以通过以下方法得到：

1）将 $k_1 \times k_2$ 信息比特存放于数组的前 k_1 行和前 k_2 列；

2）用 C_2 码对 k_1 行信息编码；

3）用 C_1 码对 n_2 列信息编码。

乘积码 P 的参数为 $n = n_1 \times n_2$，$k = k_1 \times k_2$，$\delta = \delta_1 \times \delta_2$。乘积码的编码结构如图 2－18 所示。

CCSDS 没有对 TPC 码的格式做出明确规定，表 2－2 列出几种具有代表性的乘积码。

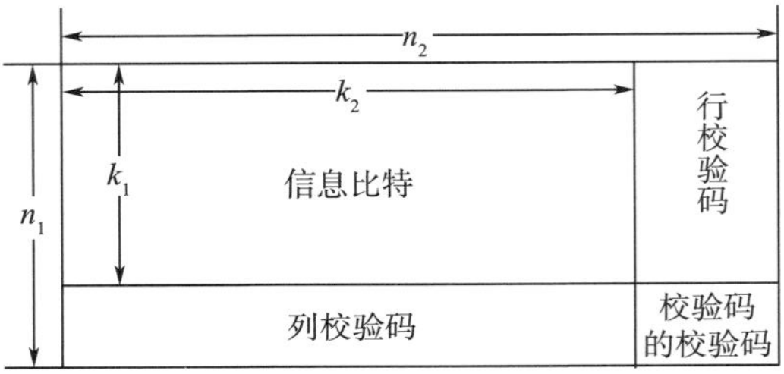

图 2-18　乘积码编码结构

表 2-2　具有代表性的乘积码

具有代表性的乘积码	子码类型	信息长度	码字长度	编码效率
(128，127) * (128，127)	奇偶校验码	16 129	16 384	0.98
(128，120) * (128，127)	扩展汉明码 奇偶校验码	15 240	16 384	0.93
(64，57) * (64，57)	扩展汉明码	3 249	4 096	0.793
(32，26) * (32，26)	扩展汉明码	676	1 024	0.66
(32，26) * (16，15) * (8，7)	扩展汉明码 奇偶校验码	2 730	4 096	0.66
(16，11) * (16，11)	扩展汉明码	121	256	0.47
(16，11) * (16，11) * (16，11)	扩展汉明码	1 331	4 096	0.32

2.3.3.4　LDPC

LDPC 码，全称为低密度奇偶校验码，与 Turbo 码相比，LDPC 码同样具有很高的编码增益，但其译码复杂度较低，有较大的灵活性和误码平底特性，吞吐量大。

LDPC 码是由稀疏校验矩阵定义的一类线性分组码。LDPC 码可以用 Tanner 图（也称为二分图）来表示，Tanner 图与校验矩阵 $\boldsymbol{H}$ 是一一对应的，如图 2-19 所示。Tanner 图中的校验节点与校验矩阵中的行相对应，信息节点与校验矩阵中的列相对应，信息节点与校验节点之间的连线称为边，与校验矩阵中的 1 元素相对应

$$\boldsymbol{H}=\begin{bmatrix}1&0&1&1&0&1&0&0&0&0\\0&1&0&1&0&0&1&0&0&1\\1&0&0&0&1&0&1&0&1&0\\0&0&0&0&1&1&0&1&0&1\\0&1&1&0&0&0&0&1&1&0\end{bmatrix}\rightarrow\begin{cases}c_1+c_3+c_4+c_6=0\\c_2+c_4+c_7+c_{10}=0\\c_1+c_5+c_7+c_9=0\\c_5+c_6+c_8+c_{10}=0\\c_2+c_3+c_8+c_9=0\end{cases}\tag{2-52}$$

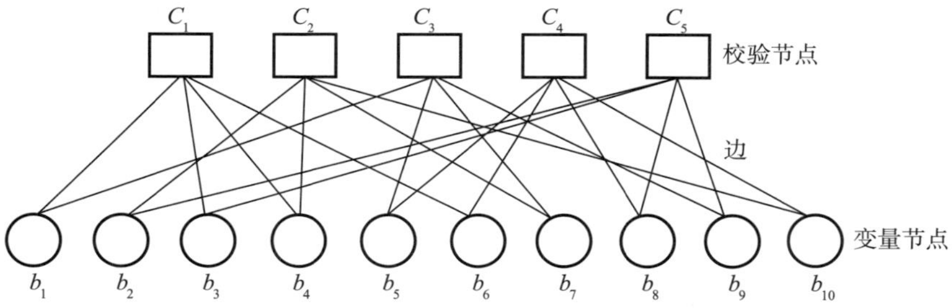

图 2-19　LDPC 码的校验矩阵及 Tanner 图举例

根据 LDPC 码校验矩阵的结构特点，可以将 LDPC 码分为随机 LDPC 码和结构 LDPC 码，其中随机 LDPC 码的校验矩阵中 1 元素的分布是完全随机的，结构 LDPC 码的校验矩阵中 1 元素的分布具有结构化的规律性。一般来说，随机 LDPC 码的性能优于结构 LDPC 码，但其编译码复杂度非常高，不利于实现。目前应用最广泛的 LDPC 码是结构 LDPC 码中的准循环码，准循环 LDPC 码的校验矩阵由一系列循环子矩阵组成［见式（2-53）］，这大大简化了 LDPC 的编译码操作，并且具有高速运算的潜力，非常适于工程实现。

$$\boldsymbol{H}=\begin{bmatrix}h_{11}&h_{12}&\cdots&h_{1c}\\h_{21}&h_{22}&\cdots&h_{2c}\\\vdots&\vdots&\vdots&\vdots\\h_{c1}&h_{c2}&\cdots&h_{cb}\end{bmatrix}\tag{2-53}$$

LDPC 的编码通过信息序列与生成矩阵相乘实现，编码的关键是生成矩阵的计算。由于 LDPC 码的校验矩阵 $\boldsymbol{H}$ 与生成矩阵 $\boldsymbol{G}$ 满足关系 $\boldsymbol{H} * \boldsymbol{G}^{\mathrm{T}}=0$，因此可以通过校验矩阵计算生成矩阵，虽然 $\boldsymbol{H}$ 矩阵是稀疏矩阵，但是计算得到的 $\boldsymbol{G}$ 矩阵通常是密集矩阵。

准循环 LDPC 码的生成矩阵也具有准循环结构，其编码复杂度相对较低，可以采用反馈移位寄存器来实现。基于反馈移位寄存器的 LDPC 编码器结构如图 2-20 所示。

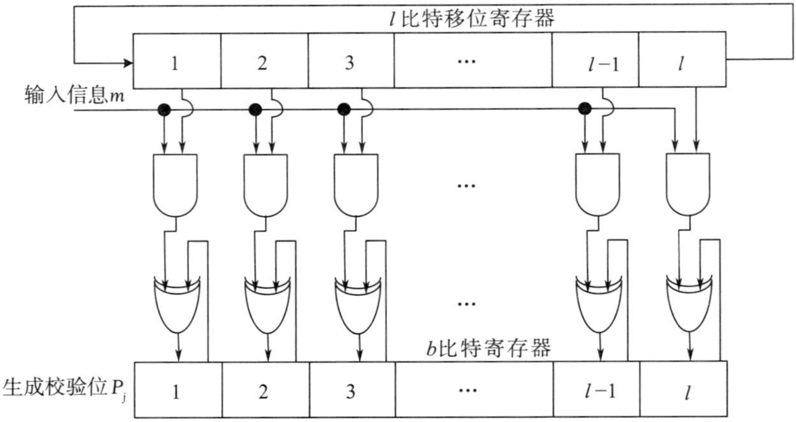

图 2-20　基于反馈移位寄存器的 LDPC 编码器框图

图 2-20 所示编码器可以产生对应一个生成子矩阵的校验信息（每个循环生成子矩阵大小为 l），实际应用的 LDPC 编码器可以采用图 2-20 所示结构构成串行编码器，或者若干个图 2-20 所示结构并联组成并行编码器。

CCSDS 标准规定两类准循环 LDPC 码型，一类是推荐近地卫星应用的 7/8 效率（7 136，8 160）LDPC 码，另一类是推荐深空应用的一组 LDPC 码，编码效率分别为 1/2，2/3 和 4/5，信息长度分别为 1 024 bit，4 096 bit 和 16 384 bit。两类 LDPC 码的校验矩阵结构见式（2-54）

$$\boldsymbol{H}_{7/8}=\begin{bmatrix}\boldsymbol{A}_{1,1} & \boldsymbol{A}_{1,2} & \boldsymbol{A}_{1,3} & \boldsymbol{A}_{1,4} & \boldsymbol{A}_{1,5} & \boldsymbol{A}_{1,6} & \boldsymbol{A}_{1,7} & \boldsymbol{A}_{1,8} & \boldsymbol{A}_{1,9} & \boldsymbol{A}_{1,10} & \boldsymbol{A}_{1,11} \\ \boldsymbol{A}_{2,1} & \boldsymbol{A}_{2,2} & \boldsymbol{A}_{2,3} & \boldsymbol{A}_{2,4} & \boldsymbol{A}_{2,5} & \boldsymbol{A}_{2,6} & \boldsymbol{A}_{2,7} & \boldsymbol{A}_{2,8} & \boldsymbol{A}_{2,9} & \boldsymbol{A}_{2,10} & \boldsymbol{A}_{2,11}\end{matrix}$$

$$
\begin{matrix}
\boldsymbol{A}_{1,12} & \boldsymbol{A}_{1,13} & \boldsymbol{A}_{1,14} & \boldsymbol{A}_{1,15} & \boldsymbol{A}_{1,16} \\
\boldsymbol{A}_{2,12} & \boldsymbol{A}_{2,13} & \boldsymbol{A}_{2,14} & \boldsymbol{A}_{2,15} & \boldsymbol{A}_{2,16}
\end{matrix}\right]
$$

$$
\boldsymbol{H}_{1/2}=\begin{bmatrix}
\boldsymbol{0}_M & \boldsymbol{0}_M & \boldsymbol{I}_M & \boldsymbol{0}_M & \boldsymbol{I}_M \oplus \boldsymbol{\Pi}_1 \\
\boldsymbol{I}_M & \boldsymbol{I}_M & \boldsymbol{0}_M & \boldsymbol{I}_M & \boldsymbol{\Pi}_2 \oplus \boldsymbol{\Pi}_3 \oplus \boldsymbol{\Pi}_4 \\
\boldsymbol{I}_M & \boldsymbol{\Pi}_5 \oplus \boldsymbol{\Pi}_6 & \boldsymbol{0}_M & \boldsymbol{\Pi}_7 \oplus \boldsymbol{\Pi}_8 & \boldsymbol{I}_M
\end{bmatrix}
$$

$$
\boldsymbol{H}_{2/3}=\left[\begin{matrix}
\boldsymbol{0}_M & \boldsymbol{0}_M \\
\boldsymbol{\Pi}_9 \oplus \boldsymbol{\Pi}_{10} \oplus \boldsymbol{\Pi}_{11} & \boldsymbol{I}_M \\
\boldsymbol{I}_M & \boldsymbol{\Pi}_{12} \oplus \boldsymbol{\Pi}_{13} \oplus \boldsymbol{\Pi}_{14}
\end{matrix}\right|\boldsymbol{H}_{1/2}\Bigg]
$$

$$
\boldsymbol{H}_{4/5}=\left[\begin{matrix}
\boldsymbol{0}_M & \boldsymbol{0}_M & \boldsymbol{0}_M & \boldsymbol{0}_M \\
\boldsymbol{\Pi}_{21} \oplus \boldsymbol{\Pi}_{22} \oplus \boldsymbol{\Pi}_{23} & \boldsymbol{I}_M & \boldsymbol{\Pi}_{15} \oplus \boldsymbol{\Pi}_{16} \oplus \boldsymbol{\Pi}_{17} & \boldsymbol{I}_M \\
\boldsymbol{I}_M & \boldsymbol{\Pi}_{24} \oplus \boldsymbol{\Pi}_{25} \oplus \boldsymbol{\Pi}_{26} & \boldsymbol{I}_M & \boldsymbol{\Pi}_{18} \oplus \boldsymbol{\Pi}_{19} \oplus \boldsymbol{\Pi}_{20}
\end{matrix}\right|\boldsymbol{H}_{2/3}\Bigg] \tag{2-54}
$$

式中　$\boldsymbol{A}_{ij}$ ——大小为 511 的准循环子矩阵，行重和列重均为 2；

$\boldsymbol{I}_M$，$\boldsymbol{0}_M$——大小为 $M \times M$ 的单位矩阵和零矩阵；

$\boldsymbol{\Pi}_1 \sim \boldsymbol{\Pi}_{20}$——置换矩阵（即矩阵中每行每列只有一个 1 元素的矩阵），具体的结构定义可参考相关标准。

2.3.3.5　喷泉码

喷泉码（Fountain Code）的概念由 Luby M 等人于 1998 年首次提出，这种编码就如同不断喷水（编码比特）的喷泉，可以由原始数据生成任意长度的码字，接收端只要接收到其中一定数量的编码数据就可以高概率恢复出全部原始数据，故而得名。喷泉码的主要类型包括 LT 码和 Raptor 码。

由于喷泉码具有不需要反馈信道，只需前向链路的特性，能够适应长距离传输（大时延）、增加吞吐量和带宽利用率、简化或省略通信协议中的握手过程。目前，对喷泉码的主要研究工作集中在地面 Internet 和某些无线网络中，以保证在不可靠的单播、组播等网络中完成端到端的数据传输。

下面，分别介绍两种典型喷泉码的原理和编译码方法。

（1）LT 码

LT 码是喷泉码的第一个实现码型，具有简单的编译码方法和较小的译码开销。LT 码的编码原理较简单，编码后数据是由原始输入信息根据设计好的度数分布关系经过一系列的异或运算得到的，具体的编码过程示意如图 2－21 所示。

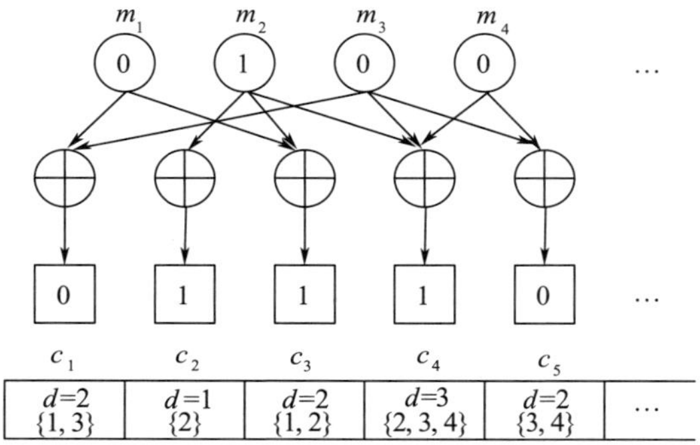

图 2－21　LT 码的编码过程

首先，根据预先设计的度分布函数 μ（d）随机选择待编码符号的长度 d；其次，随机等概率地从输入符号中选择 d 个不重复符号作为待编码符号的邻接元，且记录其在输入符号序列中的位置；再次，通过对这 d 个邻接元符号进行异或运算产生编码符号。

伴随着编码运算产生一个编码符号集合。其中，包括编码符号的值、度数及其邻接元编号。发送端将该编码符号集合传送给接收端，以便于接收端根据接收到的信息可靠地恢复出信源符号。

（2）Raptor 码

Raptor 码是对 LT 码的扩展，它可以看作是某种传统的纠错码与 LT 码的级联组合。

基本 Raptor 码的编码过程由预编码过程和 LT 码编码过程组成，预编码过程将原始输入符号通过某种传统的纠错码编码生成中间编码校验符号。然后，将中间编码校验符号和原始输入符号一并作为 LT 码的输入单元进行编码，Raptor 码的编码过程如图 2-22 所示。

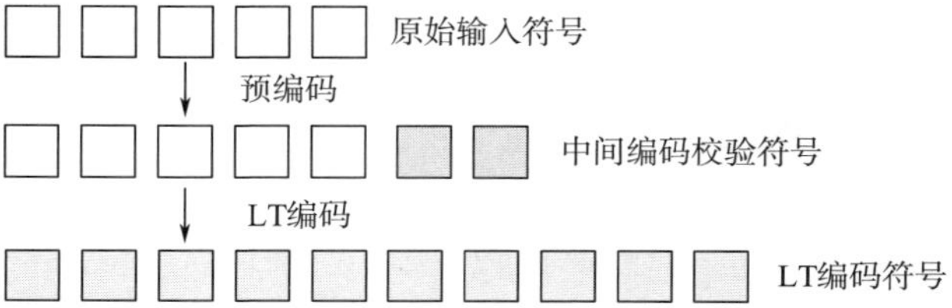

图 2-22　Raptor 码的编码过程

2.4　遥测传输链路基础

航天遥测系统的一个重要作用就是远程信息传输，即“遥”。现代航天遥测系统通常采用无线电波来完成遥测信息的传输，即将航天飞行器的测量信息通过无线电波传输到地面遥测站并进行可靠检测，从而有效地恢复出测量信息。信息传输的可靠性是由被检测信号的信号功率与噪声功率之比（信噪比）决定的，信噪比越高，传输的可靠性越高。因此，传输系统设计的两个主要途径就是提高接收信号的功率和降低接收系统的噪声。本节首先论述无线电信号的传输方程，说明接收端接收信号功率的决定因素；然后，对接收系统进行噪声分析，阐明接收端的噪声决定因素；最后，讨论如何进行遥测系统的链路设计，以作为后续章节的基础。

2.4.1　传输方程

传输方程是设计无线电链路的基础，描述的是接收端接收的射频信号功率与发射端发送的射频信号功率、传输频率和发射端到接收端之间距离的关系。接收信号的功率涉及到接收端信号的质量，因此对无线电链路的设计是极其重要的。

先分析一个各向同性的辐射天线，这个点源发射的功率均匀地向周围传递到一个球形表面上。如果这个球面的半径为 d，发射的功率将均匀地传递到这个球面上，其功率通量密度（即单位面积接收到的功率，单位为 W/m^2）为

$$P_{fd}=P_{T}/4\pi d^{2} \tag{2-55}$$

式中　P_T ——各向同性点源发射的功率，单位一般用 W 来表示；

$4\pi d^2$——半径为 d 的球面面积。

如果用一个增益为 G_T 的天线替换上面的各向同性天线，则在此天线的视轴方向，功率通量密度将增大 G_T 倍，即有

$$P_{fd}=G_{T}P_{T}/4\pi d^{2} \tag{2-56}$$

式中，乘积 G_TP_T 就是发射端的有效各向同性辐射功率（EIRP），因此有

$$P_{fd}=\mathrm{EIRP}/4\pi d^{2} \tag{2-57}$$

为表示方便，一般用对数形式来表示，有

$$\mathrm{EIRP}=10\ \lg G_{T}+10\ \lg P_{T} \tag{2-58}$$

$$P_{fd}=\mathrm{EIRP}-10\ \lg 4\pi d^{2} \tag{2-59}$$

在距离 d 处，当接收天线孔径面积为 A_R 时，接收到的理想信号功率为

$$C=P_{fd}A_{R} \tag{2-60}$$

实际上，由于接收天线系统具有各种损耗，会损失某些功率，因而接收到的实际信号功率为

$$C=\eta P_{fd}A_{R} \tag{2-61}$$

式中　η ——接收天线的效率；

ηA_R ——接收天线的有效口径面积。

当天线的孔径面积为 A，工作波长为 λ，其理想增益为

$$G=4\pi A/\lambda^{2} \tag{2-62}$$

考虑到实际天线效率时，其实际增益为

$$G=4\pi\eta A/\lambda^{2} \tag{2-63}$$

式中　η ——天线效率；

ηA ——天线的有效孔径面积。

因此，接收天线的孔径面积可以表示为

$$A_R = G_R\lambda^2/4\pi\eta \tag{2-64}$$

于是有

$$C = P_T G_T G_R(\lambda/4\pi d)^2 \tag{2-65}$$

用分贝形式（单位是 dBW）表示有

$$C = P_T + G_T + G_R - 20\ \lg(4\pi d/\lambda) \tag{2-66}$$

式中　$20\ \lg\left(\dfrac{4\pi d}{\lambda}\right)$——自由空间传播损耗，用 L_S 表示，即 $L_S = 20\ \lg\left(\dfrac{4\pi d}{\lambda}\right)$。

因此，无线电传输方程可以表示为

$$C = P_T + G_T + G_R - L_S \tag{2-67}$$

即接收端的信号功率等于发射端的信号功率加上发射天线增益、接收天线增益并减去自由空间传播损耗。

在实际遥测系统中，由于发射功放和发射天线之间的馈线损耗 L_T、发射天线的指向损耗 L_{TP}、大气衰耗 L_A、收发天线之间的极化损耗 L_P、接收天线的指向损耗 L_{RP}，以及接收天线与接收机之间的馈线损耗 L_R 的存在，遥测接收系统低噪声放大器前端的信号功率为

$$C = P_T - L_T + G_T - L_{TP} - L_S - L_A - L_P + G_R - L_R - L_{RP} \tag{2-68}$$

或

$$C = P_T + G_T + G_R - L_S - L_\Sigma \tag{2-69}$$

为提高接收信号的功率，可以提高发射信号的功率 P_T、发射天线增益 G_T、接收天线增益 G_R，或者降低自由空间传播损耗 L_S 和其他各种损耗 $L_\Sigma = L_T + L_{TP} + L_A + L_P + L_R + L_{RP}$。

2.4.2　噪声分析

在现代遥测系统中，其噪声分析一般是基于白噪声的噪声形式，

其功率谱密度为 $\frac{N_0}{2}$ [如图 2-23（a）所示]，在很大的频率范围内是平滑的，用一个平均值为零的高斯随机过程来表示，它包括导电介质中电子随机运动产生的热噪声、太阳噪声和宇宙噪声。在无线电传输系统中，附加白噪声方式使接收到的信号恶化，通常称之为加性高斯白噪声（AWGN）。

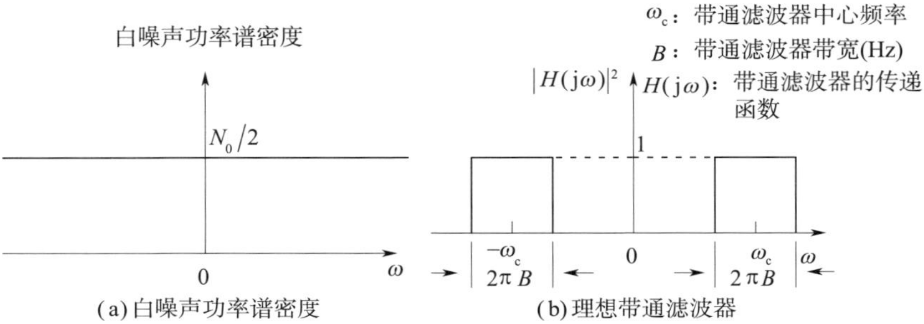

图 2-23 高斯白噪声功率谱密度和理想带通滤波器

在电子通信系统中，由噪声源送到匹配负载的白噪声功率谱密度通常用 W/Hz 表示，为

$$N_0/2=kT_s/2 \tag{2-70}$$

式中 k ——玻耳兹曼常数（1.38×10^{-23} J/K）；

T_s ——用 K（Kelvins）测量的噪声源的噪声温度。

如果将此噪声源连接到一个带宽为 B（单位为 Hz）的理想滤波器输入端 [如图 2-23（b）所示]，其输入阻抗与噪声源阻抗匹配，则输出噪声功率为

$$N=N_0B=kT_sB \tag{2-71}$$

因此，遥测系统噪声分析的关键就是确定其系统的噪声温度。

2.4.2.1 噪声温度和噪声系数

任何有源和无源二端口网络，如低噪声放大器、波导等，都有等效噪声加到来自天线的噪声中，因此，必须考虑它们的影响。

对一个增益为 G 的有源二端口网络（如放大器），如图 2-24 所

示，其输入端接一个温度为 T_s 的噪声源，在带宽为 B 时，其输出噪声功率为

$$N = GkT_sB + N_n = GkB(T_s + N_s/GkB) = GkB(T_s + T_e)$$

$$T_e = N_s/GkB \qquad (2-72)$$

式中　N_n ——有源二端口网络内部产生输出噪声功率；

N_s ——噪声源内部输入噪声功率。

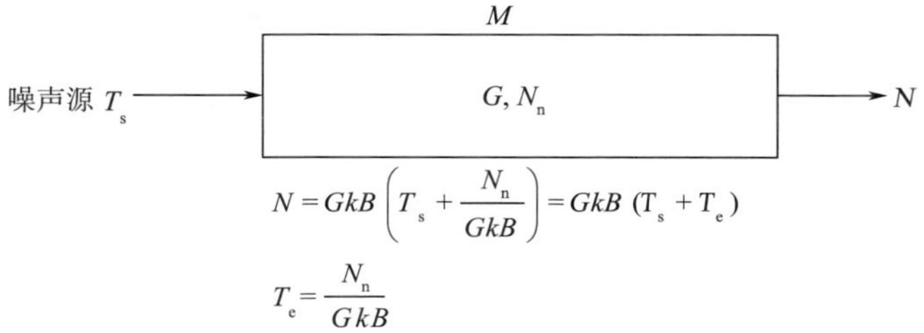

图 2-24　增益为 G 的有源二端口网络

N_n 可以看作是由有源二端口网络输入端的等效噪声温度为 T_e 的假噪声源所产生的。因此，一个有噪声的二端口网络，其噪声可以用等效噪声温度 T_e 来表征。参数 $T = T_s + T_e$ 定义为二端口网络的系统噪声温度。这样，一个有噪声的二端口网络可以用一个无噪声的二端口网络和一个新噪声源来代替，这时，输入端噪声源的噪声温度已不是 T_s，而是比其高 T_e 的新噪声温度 T 。

表示二端口网络内部噪声的另一种参量是噪声系数 F 。假定输入端的噪声源处于绝对温度 T_0（通常取 290 K），则噪声系数 F 定义为系统的输出噪声功率除以系统无噪声时的输出噪声功率。因此，二端口网络的噪声系数是其输出端信噪比除以其输入端信噪比。根据定义有

$$F = \frac{GkB(T_0 + T_e)}{GkBT_0} = 1 + \frac{T_e}{T_0} \qquad (2-73)$$

因此

$$T_e = (F - 1)T_0$$

对一个损耗为 L（增益 $G=1/L$）的无源二端口网络（如波导、同轴线、双工器和切换开关等），如图 2-25 所示，其环境温度为 T_0，则其输出噪声功率就是 kT_0B，即有

$$kT_0B=\frac{1}{L}kB(T_s+T_e) \tag{2-74}$$

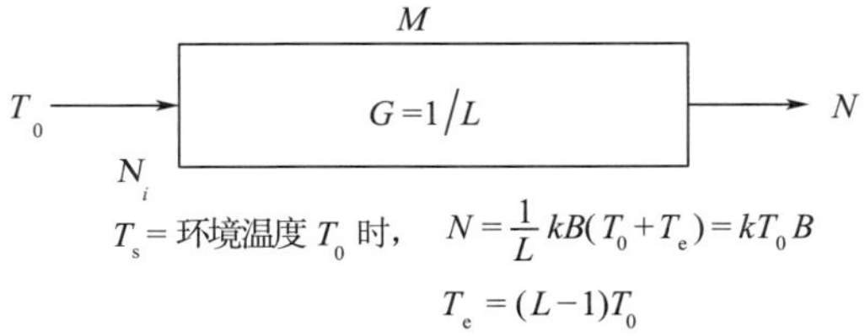

图 2-25　损耗为 L 的无源二端口网络

图 2-25 中，N_i 为输入端噪声源的噪声功率。

因此，有损二端口网络的等效噪声温度 $T_e=(L-1)T_0$，其噪声系数 $F=L$。即有损二端口网络的噪声系数就等于它的损耗因子 L。

对级联的二端口网络，设二端口网络 M_i 的增益为 G_i，等效噪声温度为 T_{ei}，级联系统输入端噪声源的温度为 T_s，则在 M_1 输出端的噪声功率为 $N_1=G_1kB(T_s+T_{e1})$，在 M_2 输出端的噪声功率为

$$N_2=G_2kB[G_1(T_s+T_{e1})+T_{e2}]=G_1G_2kB(T_s+T_{e1}+T_{e2}/G_1) \tag{2-75}$$

对于两个二端口网络级联的情况（如图 2-26 所示），其增益用 $G=G_1G_2$ 来表征，等效噪声温度为

$$T_e=T_{e1}+T_{e2}/G_1 \tag{2-76}$$

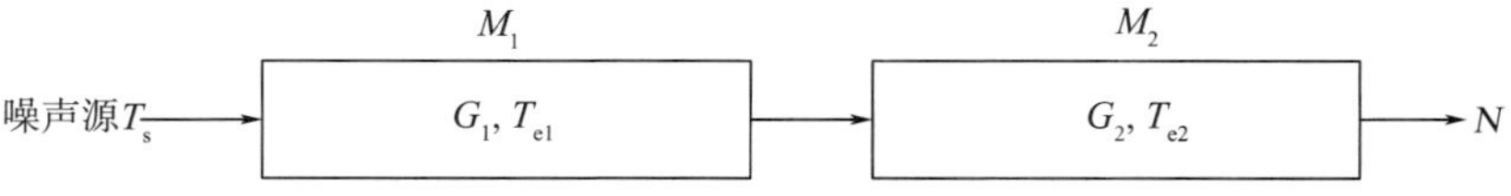

图 2-26　级联二端口网络

由此可见，当第一个网络 M_1 的增益足够大（$G_1 \gg T_{e2}/T_{e1}$）时，第二个网络 M_2 对总噪声温度的作用可以忽略。

将上述分析结果推广到 n 个网络级联的情况，可以得到级联网络的噪声温度为

$$T_e = T_{e1} + T_{e2}/G_1 + T_{e3}/G_1G_2 + \cdots + T_{en}/G_1G_2\cdots G_{n-1} \tag{2-77}$$

噪声系数为

$$F = F_1 + (F_2 - 1)/G_1 + (F_3 - 1)/G_1G_2 + \cdots + (F_n - 1)/G_1G_2\cdots G_{n-1} \tag{2-78}$$

2.4.2.2　天线噪声温度

天线在接收有用遥测信号的同时，也接收各种外部噪声源所发出的噪声。天线噪声温度是通过天线进入到接收机的噪声量度，它是对所有外部噪声源产生的噪声分量的积分，即

$$T_A = \frac{1}{4\pi}\int_0^{2\pi}\int_0^{\pi} G(\theta,\varphi)T_b(\theta,\varphi)\mathrm{d}\Omega \tag{2-79}$$

式中　$\mathrm{d}\Omega$ ——单元立体角，它是噪声源相对天线立体角；

$G(\theta,\varphi)$ ——天线在 θ，φ 方向的增益函数；

$T_b(\theta,\varphi)$ ——在 θ，φ 方向的照亮温度；

θ，φ ——天线的仰角和方位角。

天线噪声主要是指由宇宙、太阳、月亮、大气、地面等噪声源引入的噪声。

2.4.2.3　系统总噪声温度

遥测系统接收的前端部分，通常由天线、连接波导（可能还包括双工器、切换开关等）、低噪声放大器和下变频器级联组成，如图 2-27 所示。在馈源输出端测得的天线噪声温度用 T_A 表示，波导用它的功率损耗 L_1（功率增益 $G_1 = 1/L_1$）和等效噪声温度 $T_{e1} = (L_1 - 1)T_0$ 表示，低噪声放大器用它的增益 G_2 和等效噪声温度 T_{e2} 表示，下变频的等效噪声温度用 T_{e3} 表示。

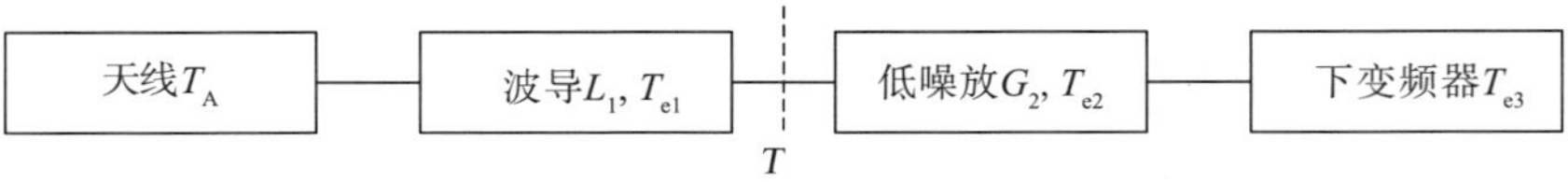

图 2-27　遥测系统接收前端

低噪声放大器和下变频器级联的等效噪声温度为

$$T_e = T_{e2} + \frac{T_{e3}}{G_2} \tag{2-80}$$

连接波导输出端的噪声功率为

$$\begin{aligned} N &= G_1 kB(T_A + T_{e1}) = \frac{1}{L_1} kB[T_A + (L_1 - 1)T_0] \\ &= kB\left(\frac{T_A}{L_1} + \frac{L_1 - 1}{L_1} T_0\right) \end{aligned} \tag{2-81}$$

在连接波导输出端测得的噪声温度为

$$T_s = \frac{T_A}{L_1} + \frac{L_1 - 1}{L_1} T_0 \tag{2-82}$$

因此，在低噪声放大器输入端，遥测系统的噪声温度为

$$T = T_s + T_e = \frac{T_A}{L_1} + \frac{L_1 - 1}{L_1} T_0 + T_{e2} + \frac{T_{e3}}{G_2} \tag{2-83}$$

通常，T_A 小于 T_0。因此，减小馈线损耗，降低低噪声放大器和下变频器噪声温度，提高低噪声放大器增益，均可以降低接收系统噪声温度，从而改善接收系统的噪声性能。

另外，对一个接收系统来说，通常用其品质因数 $\frac{G}{T}$ 值来表示其性能。对于上面的系统，设天线增益为 G_A，则其品质因数为

$$G/T = \frac{G_A}{L_1 T} = \frac{G_A}{T_A + (L_1 - 1)T_0 + L_1(T_{e2} + T_{e3}/G_2)} \tag{2-84}$$

以上分析是以低噪声放大器输入端作为参考点进行分析的。当以天线馈源输出作为参考点时，接收噪声温度为

$$T' = T_A + (L_1 - 1)T_0 + L_1(T_{e2} + T_{e3}/G_2) \tag{2-85}$$

此时，接收机品质因数

$$G/T=\frac{G_{\mathrm{A}}}{T'}=\frac{G_{\mathrm{A}}}{T_{\mathrm{A}}+(L_1-1)T_0+L_1(T_{\mathrm{e2}}+T_{\mathrm{e3}}/G_2)} \tag{2-86}$$

两种分析方法结果相同，证明其分析的一致性，但通常在进行系统分析时，以低噪声放大器输入端作为分析的参考点。

2.4.3　遥测传输链路设计

遥测传输链路设计的基本出发点是确保接收系统具有足够高的信噪比，使传输误码率满足指标要求。

根据上述分析，遥测系统接收信噪比为

$$\frac{C}{N_0}=\frac{C}{kT} \tag{2-87}$$

设遥测系统传输码率为 R_{b} ，解调门限为 E_{b}/N_0，系统可靠工作的备余量为 M ，则有

$$\frac{C}{N_0}=\frac{E_{\mathrm{b}}R_{\mathrm{b}}M}{N_0}=\frac{P_{\mathrm{T}}G_{\mathrm{T}}G_{\mathrm{R}}/L_{\Sigma}}{kT}(\lambda/4\pi d^2) \tag{2-88}$$

因此，可以根据上式进行遥测系统的传输链路设计。

遥测系统的通信距离可以表示为

$$d=\frac{\lambda}{4\pi}\sqrt{\frac{P_{\mathrm{T}}G_{\mathrm{T}}G_{\mathrm{R}}/L_{\Sigma}}{kT}\,\frac{N_0}{E_{\mathrm{b}}R_{\mathrm{b}}M}} \tag{2-89}$$

遥测系统的传输码率可以表示为

$$R_{\mathrm{b}}=\frac{N_0}{E_{\mathrm{b}}M}\,\frac{P_{\mathrm{T}}G_{\mathrm{T}}G_{\mathrm{R}}/L_{\Sigma}}{kT}(\lambda/4\pi d^2) \tag{2-90}$$

也就是说，根据系统指标要求，对收发天线增益、发射功放、信号频率以及信号解调门限、系统备余量等进行合理设计，确保系统合理可行。

2.5　信号调制与检测

在航天遥测系统中，为了将航天飞行器的遥测信息通过无线电信号传输到地面遥测站，在飞行器发射机中需要进行信号调制，而在地面遥测站的接收机中需要进行信号解调。

所谓调制就是用被传输的信号去改变另一个信号的参数的过程。被传输的信号称为调制信号，被改变参数的信号称为被调制信号。当调制信号为模拟信号时，调制称为模拟调制；当调制信号为数字信号时，调制称为数字调制。通常，模拟调制信号为一个正弦波信号，根据改变的参数分为调幅（AM）、调频（FM）和调相（PM）。对采样脉冲进行幅度调制的信号为脉冲幅度调制（PAM），再经过量化和编码后就是脉冲编码调制（PCM）。除了以上两类调制方式，本节还针对数字调制分别讨论频移键控 FSK、二相相移键控 BPSK、四进制相移键控 QPSK、偏移的 OQPSK、最小频移键控 MSK 和 GMSK 等几种调制方式。

2.5.1　信号调制

2.5.1.1　连续调制

在无线电遥测中，调制的途径主要有两个：一是和一般无线电通信一样，把遥测信号调制到载波上，通过无线电波发送出去；二是通过调制使多路遥测信号能同时用一个无线电载波发送出去，即实现多路信号对载波的复用。

在连续波调制中，载波是一个正弦波

$$s(t)=A\cos\varphi(t)=A\cos(\omega_0 t+\varphi_0) \tag{2-91}$$

它有 3 个参数，即幅度 A、角频率 ω_0 和相位 $\varphi(t)$ 。φ_0 为初相角。当载波的幅度受调制信号的控制而改变时，调制称为幅度调制，或简称调幅（AM）。当载波的频率受调制信号控制而变化时，调制称为频率调制，或简称调频（FM）。当载波的相位受调制信号控制而变化时，调制称为相位调制，或简称调相（PM）。

下面，对这几种调制方式的频谱特性和抗随机噪声干扰的性能以及其他主要性能指标进行分析。

（1）幅度调制

假设用一个信号 $g(t)$ 对式（2－91）表示的载波信号 $s(t)$ 进行幅度调制，为简化起见，取 $\varphi_0=0$，于是已调载波变为

$$s(t)=[A+g(t)]\cos\omega_0 t=A[1+m_a g(t)]\cos\omega_0 t \quad (2-92)$$

式中　m_a——调制度或调制指数。

被调载波的包络随调制信号的变化而变化。对式（2－92）进行傅里叶变化，并假设 $g(t)$ 信号的频谱为 $G(\omega)$，则 $s(t)$ 的频谱为

$$S(\omega)=\pi A[\delta(\omega_0-\omega)+\delta(\omega_0+\omega)]+\frac{1}{2}m_a A[G(\omega_0-\omega)+G(\omega_0+\omega)] \quad (2-93)$$

$g(t)$ 的频谱 $G(\omega)$ 和已调信号 $s(t)$ 的频谱 $S(\omega)$ 如图 2－28 所示。

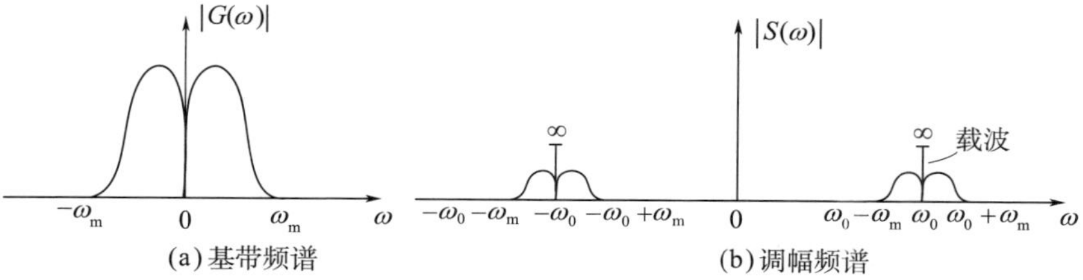

图 2－28　调制信号的频谱

如果调制信号 $g(t)$ 是正弦载波，即 $g(t)=\cos\Omega t$，则已调制波为

$$s(t)=A[1+m_\alpha\cos\Omega t]\cos\omega_0 t$$
$$=A\cos\omega_0 t+\frac{1}{2}m_\alpha A[\cos(\omega_0-\Omega)+\cos(\omega_0+\Omega)] \quad (2-94)$$

从式（2－93）、式（2－94）及图 2－28 可以看出，调幅波的频

谱包括载频分量和对称于载频而分布的上、下两个边带。调制信号的信息载在上、下两个边带上；已调制波的频谱宽度为调制信号频谱宽度的2倍。由于载频分量不载信息，在一些情况下为了节约发射功率，可以把载频分量去掉，这种方式称为双边带抑制载波调制。此外，由于上、下两个边带对称分布，每个边带都载有调制信号 $g(t)$ 的全部信息，所以有时为了压缩频带，只发射一个边带，这种方式称为单边带调制。

幅度调制方式在遥测中应用不广泛，对它的抗干扰性能不准备进行具体分析，只给出简单结果。设接收机的带宽为 B，调制信号的谱宽（或最高频率）为 f_m，把调幅波解调后，在输出滤波器（它的带宽为 f_m）输出端的信号电压有效值与噪声电压之比（简称输出信噪比）记为 (s/n)。它与接收机输入端的信号噪声比 $(s/n)_i$ 的关系为

$$(s/n)_o=\sqrt{\frac{B}{2f_m}}(s/n)_i \tag{2-95}$$

这就是调幅体制抗白噪声干扰的公式，人们常把调幅体制的抗干扰能力作为衡量其他体制抗干扰能力的一个标准。$(s/n)_i$ 中的输入信号电压 s 不包括输入信号的载波分量。

（2）频率调制

频率调制方式在遥测中应用得极为广泛。它的主要优点是可以采用大频偏调频，增大带宽，换取高的信噪比增益。这一点在下面将详细讨论，有人把这种宽带调频体制归入广义的扩频体制之列。

设载波为

$$s(t)=A\cos\varphi(t) \tag{2-96}$$

频率调制将使 $s(t)$ 的频率随调制信号 $g(t)$ 线性变化，即

$$\omega(t)=\frac{d\varphi(t)}{dt}=\omega_0+kg(t) \tag{2-97}$$

式中　k ——比例常数。

对上式进行积分得

$$\varphi(t)=\omega_0 t+k\int g(t)\mathrm{d}t+\varphi_0 \tag{2-98}$$

如果调制信号是一个正弦波，即 $g(t)=a\cos\Omega t$ ，代入上式完成积分得

$$\begin{aligned}\varphi(t)&=\omega_0(t)+\frac{ka}{\Omega}\sin\Omega t+\varphi_0\\&=\omega_0(t)+\frac{\Delta\omega}{\Omega}\sin\Omega t+\varphi_0\\&=\omega_0(t)+m_f\sin\Omega t+\varphi_0\end{aligned} \tag{2-99}$$

$$\Delta\omega=ka$$

式中　$\Delta\omega$ ——瞬时角频率偏离中心角频率 ω_0 的最大值，称为最大频偏，$\Delta\omega=ka$ 。

当用频率表示时，记为 f_d ，$f_d=\frac{\Delta\omega}{2\pi}$ ；$m_f=\frac{\Delta\omega}{\Omega}$ ，称为调频的调制指数。这是调频体制的一个极重要的参数，当用频率表示时，$m_f=\frac{f_d}{f_m}$ ，$f_m=\frac{\Omega}{2\pi}$ ；当调制信号不是正弦波时，f_m 取调制信号的最高频率。把式（2-99）代入式（2-96），并略去初相位 φ_0，得到已调频波的表示式为

$$s(t)=A\cos(\omega_0 t+m_f\sin\Omega t) \tag{2-100}$$

当调制指数 m_f 很小时，比如 $m_f\ll 1$ 时，称为窄带调频；当 m_f 较大时，称为宽带调频。关于窄带调频和宽带调频的频谱分析以及频带宽度的确定，在后续章节有讨论。这里只给出计算带宽的一个经验公式，即调频信号的带宽 B 近似为

$$B=2(f_d+f_m)=2(1+m_f)f_m \tag{2-101}$$

此公式对窄带调频、宽带调频以及中间情况都能较好地适用，是系统设计时的一个实用公式。

其信噪比公式如下

$$(s/n)_{oFM}=\sqrt{\frac{3}{2}}\sqrt{\frac{B}{f_m}}\frac{f_d}{f_m}(s/n)_i \tag{2-102}$$

式中 $(s/n)_{oFM}$ ——输出信噪比；

$(s/n)_i$ ——输入信噪比；

f_d ——频偏；

f_m ——调制信号的最高频率，也是解调后输出滤波器的带宽；

B——频谱带宽，也是接收机的中频带宽。

f_d 愈大，m_f 也愈大，FM 的抗干扰能力就愈强。

FM 信号检测的门限问题：对任何调制方式，当采用非线性检测技术时，只有输入信噪比 $(s/n)_i$ 达到某一定值，检测器才能正常工作，这种效应称为门限效应。检测器能正常工作的最小 $(s/n)_i$ 值称为门限信噪比。比如对 AM 信号采用包络检测器时，门限信噪比约为 3 dB，而当对 AM 信号采用线性检测技术（如相干检测）时，则理论上不存在门限效应。下面讨论 FM 信号的检测门限问题。

FM 制信号的门限效应较之 AM 信号尤为明显，前面给出的 FM 抗干扰性能公式（2－102）是在假设 $(s/n)_i$ 达到门限值的前提下提出的。当 $(s/n)_i$ 很小，达不到门限时，FM 制比 AM 制的抗干扰性能还差。FM 制的门限效应也是由检测器的非线性效应造成的，检测器的原理不同，门限值的大小也不同。门限效应曲线在一些著作中是不尽一致的，有的相差还比较大，这里给出几个实用性的结论，对一般鉴频器（如脉冲平均型鉴频器），门限信噪比 $(s/n)_{it}$ 为 9～10 dB；或者可用下式计算

$$(s/n)_{it}=2\sqrt{2}(N_0B_{IF})^{1/2} \qquad (2-103)$$

式中 $(s/n)_{it}$ ——鉴频器能正常工作时所需的接收机最小输入信号电平，称为门限灵敏度；

B_{IF} ——接收机带宽。

能降低门限值的鉴频器，有调频负反馈鉴频器、锁相鉴频器，前者可使门限降低 3～5 dB，后者则可以降得更低些。

大频偏调频体制的高增益和高门限是矛盾的，m_f 愈大，抗干扰

增益愈高，而门限也相应愈高。宽带调频取得的高信噪比增益是以降低通信距离为代价的。

(3) 相位调制

前面说过，当正弦波 $s(t)=A\cos\varphi(t)$ 的相位 $\varphi(t)$ 随调制信号 $g(t)$ 作线性变化，即 $\varphi(t)=\omega_0 t+kg(t)$ 时，调制称为相位调制。故调相波可表示为

$$s(t)=A\cos[\omega_0 t+kg(t)] \tag{2-104}$$

如果调制信号是一个正弦波，即 $g(t)=a\cos\Omega t$ ，则

$$s(t)=A\cos(\omega_0 t+ka\cos\Omega t) \tag{2-105}$$

式中　k——调相器的常数。

令 $ka=m_\varphi$ ，m_φ 称为调相指数。调相波的频谱分析和调频波的频谱分析完全相同，只要把调频波的调制指数 m_f 换成调相波的调制指数 m_φ ，则调频波的谱分布就变成调相波的谱分布。PM 的谱宽度也和 FM 波一样，可表示为

$$B_{\mathrm{PM}}=2(1+m_\varphi)f_{\mathrm{m}} \tag{2-106}$$

式中　f_{m}——调制信号的最高频率。

相位调制的抗干扰性能分析方法有两种：一种是数学上比较严格的方法；另一种是物理概念清楚，但在数学处理上欠严格的方法。后一种方法目的在于使读者对解调过程中噪声和信号的变化过程，能建立比较清晰的物理图像。下面对数字调制方式进行分析时，再采用数学上较严格的方法。

设接收机输入端的调相波，如式（2-105）所示，经带宽为 B_{PM} 的滤波器后，进入鉴相器鉴相，再经截止频率为 f_{m} 的低通滤波器输出。接收机的输入除信号 $s(t)$ 之外，还有噪声 $n(t)$ 。$n(t)$ 经带通滤波器后成为一个窄带噪声。它的谱宽等于滤波器的带宽 B_{PM} 。它造成信号的幅度和相位随机变化，这种相位随机变化经鉴相器后就变成叠加于有用信号上的噪声电压。为了使概念清楚，先分别求出接收机的输入和输出信号电压和噪声电压，然后，计算其相应的信噪比。

输入信号如式（2-105）所示，它的有效值为 $s=A/\sqrt{2}$ 。鉴相器的输出电压和输入信号相位成正比，设比例常数为 K，则输出电压为 $s_0(t)=Km_\varphi\cos\Omega t$ ，其有效值为 $Km_\varphi/\sqrt{2}$ 。

设输入的噪声单边功率谱密度为 N_0，故经带通滤波器后，鉴相器输入端的噪声电压有效值为 $\sqrt{N_0 B_{\mathrm{PM}}}$ 。下面，分析鉴相器输出端的噪声电压。输入噪声电压落入频率 f_n 处的元噪声成分为 $\sqrt{2N_0\mathrm{d}f}\cos2\pi f_n t$ ，它的有效值为 $N_0\mathrm{d}f$ ，用向量图表示它对输入信号电压 $s(t)$ 的相位影响，如图 2-29 所示。在图中，信号矢量 OO' 绕 O 点以调相信号的角频率 $\omega(t)$ 旋转，而噪声元矢量 $\sqrt{2N_0\mathrm{d}f}$ 又绕 O' 点以随机角速度 $2\pi f_n$ 旋转。由于前一旋转并不影响后一旋转，所以可以 OO' 矢量的旋转坐标为参考系。在这个参考坐标系中，OO' 不再旋转，而噪声元矢量 $\sqrt{2N_0\mathrm{d}f}$ 以 $\omega(t)-2\pi f_n=2\pi f$ 的角速度旋转。

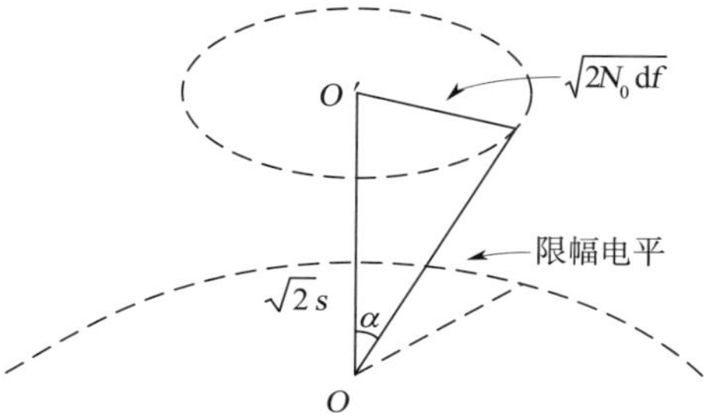

图 2-29　元噪声引起信号相位变化的向量图

在图 2-29 中的角度 α 就是这种旋转造成的随机相角变化。当 $\mathrm{d}f$ 很小时，$s\gg\sqrt{N_0\mathrm{d}f}$ ，根据图中几何关系则有

$$\alpha\approx\tan\alpha=\frac{\sqrt{2N_0\mathrm{d}f}}{\sqrt{2}s}\cos2\pi ft \tag{2-107}$$

故鉴相器输出的对应于 α 的元噪声有效电压为 $K\dfrac{\sqrt{N_0\mathrm{d}f}}{\sqrt{2}s}$ 。所以，在

低通滤波器输出端的总噪声电压有效值为 $n_0=\frac{K\sqrt{N_0}}{\sqrt{2}s}\left[\int_{-f_m}^{f_m}df\right]^{1/2}=\frac{K\sqrt{N_0}}{\sqrt{2}s}\sqrt{2f_m}$，则输出端的 $(s/n)_o$ 显然为

$$(s/n)_o=\frac{\frac{Km_\varphi}{\sqrt{2}}}{\left[\frac{K\sqrt{N_0}}{\sqrt{2}s}\sqrt{2f_m}\right]}=\frac{\frac{sm_\varphi}{\sqrt{N_0}}}{\sqrt{2f_m}} \tag{2-108}$$

由前面推导中得到输入信号电压值与输入噪声电压值，可得出输入信噪比 $(s/n)_i$ 为 $\frac{s}{\sqrt{N_0B_{PM}}}$。最后，把 $(s/n)_i$ 代入 $(s/n)_o$ 的表示式中，得到相位调制输出与输入的信噪比关系式，即相位调制的抗干扰性能公式如下

$$(s/n)_o=\sqrt{\frac{B_{PM}}{2f_m}}m_\varphi(s/n)_i \tag{2-109}$$

由此公式可知，与 FM 制一样，PM 制的抗干扰能力也随着调制指数 m_φ 的增加而增加。

鉴相器是一种相干检测器，它的门限是很低的。当然，如果用一般的鉴频器加积分对 PM 信号进行解调，则 PM 的解调门限值与 FM 的一样大。

(4) 脉冲调制

在脉冲调制中，被调制的信号为一个脉冲序列，它有 3 个参数：脉冲幅度、脉冲宽度和脉冲重复率。当脉冲幅度随调制信号作线性变化时，称为脉冲幅度调制，简称脉幅调制（PAM）。当脉冲宽度随调制信号作线性变化时，称为脉冲宽度调制，简称脉宽调制，记为 PDM。当脉冲重复率或脉冲位置随调制信号作线性变化时，称为脉冲位置调制，简记为 PPM。当把 PAM 信号脉冲幅度的不同大小（即调制信号被采样的样点值）用一组二进制码表示时，称为脉冲编码调制，记为 PCM。这几种脉冲调制方式的波形示意如图 2-30 所示。

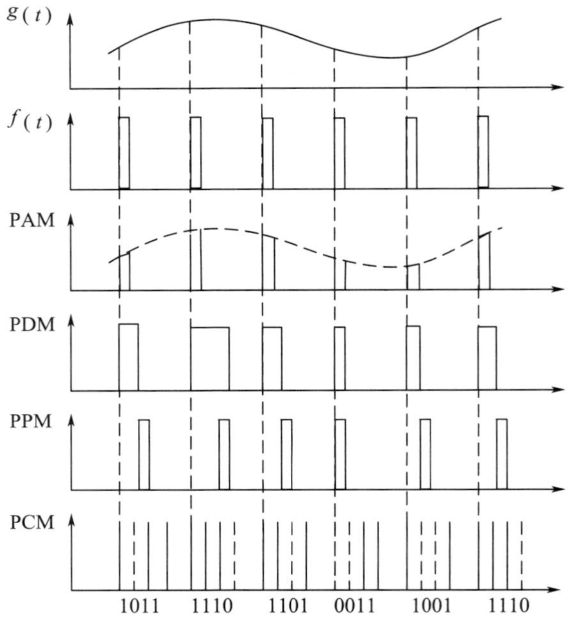

图 2-30 各种脉冲调制方式的波形示意图

本节只讨论在遥测中应用最广泛的 PAM 与 PCM 两种调制方式，且只讨论它们的原理、数学表示和频谱。

①脉冲幅度调制（PAM）

由图 2-30 可以看到，无论哪一种脉冲调制，都必须把连续变化的调制信号变为离散的样点值序列，这样的过程称为采样。实际上，就是用信号 $g(t)$ 对采样脉冲进行幅度调制——脉冲幅度调制(PAM)，只不过采样脉冲为单位脉冲 $\delta(t-t_0)$（其脉冲宽度为零，脉冲幅度为无限大)，这在实际中是无法实现的。实际的采样脉冲序列 $s(t)$ 是周期为 $\dot{T}$ 、脉宽为 τ 、幅度为 A 的等幅周期脉冲序列，这种脉冲序列可表示成傅里叶级数

$$s(t)=\frac{A\tau}{T}\sum_{n=-\infty}^{\infty}\frac{\sin(n\pi\tau/T)}{n\pi\tau/T}e^{j\frac{2n\pi t}{T}} \tag{2-110}$$

由此不难推导出，已调 PAM 信号 $v(t)$ 的频谱，已调信号 $v(t)$ 为 $g(t)s(t)$，故由上式有

$$v(t)=\frac{A\tau}{T}\sum_{n=-\infty}^{\infty}g(t)\frac{\sin(n\pi\tau/T)}{n\pi\tau/T}e^{j\frac{2n\pi t}{T}} \tag{2-111}$$

对此式进行傅里叶变换，得到 $v(t)$ 的频谱为

$$V(f)=\frac{A\tau}{T}\sum_{n=-\infty}^{\infty}\frac{\sin(n\pi\tau/T)}{n\pi\tau/T}G\left(f-\frac{n}{T}\right) \tag{2-112}$$

式中　$G(f)$——调制信号 $g(t)$ 的频谱。

PAM 信号谱分布如图 2-31 所示。

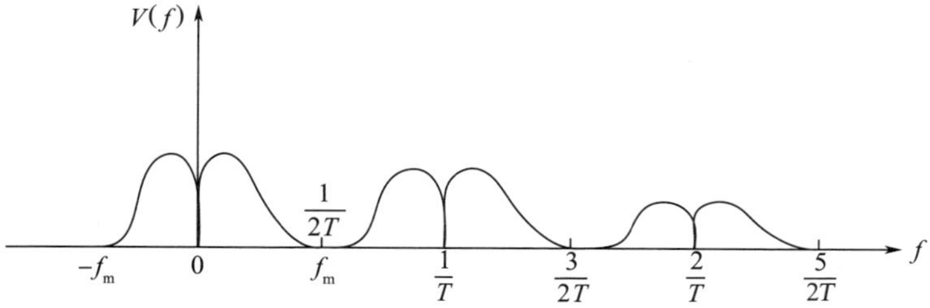

图 2-31　PAM 信号谱分布

②量化与脉冲编码调制（PCM）

在 PAM 调制中，已调脉冲的幅度等于调制信号 $g(t)$ 在采样时刻的瞬时值。由于 $g(t)$ 的大小在一定范围之内是连续变化的，所以得到的 PAM 信号脉冲幅度有无穷多个电平，把这无穷多个电平用一组有限个离散电平代替，称为对 PAM 信号的量化。采样和量化编码如图 2-32 所示。把这一组离散电平用一组码字一一对应地表示出来，称为数字化。采样、量化、数字化三个过程总称为编码。对信号 $g(t)$ 进行这种采样—量化—数字化的过程称为脉冲编码调制，记为 PCM。在遥测中，一般都采用二进制码组，量化电平的个数 N 与码组的位数 k 之间有 $N=2^k$ 或 $k=\log_2 N$ 的关系式。在二进制 PCM 制中，传送的电平只有两个，用满刻度电平代表“1”，用零电平代表“0”。在传输过程中，只要噪声的幅度不超过两电平差之半，接收端就能正确地分辨出“1”或“0”。因此，PCM 制具有很高的抗

干扰能力，这就是 PCM 制愈来愈广泛应用的主要原因之一。

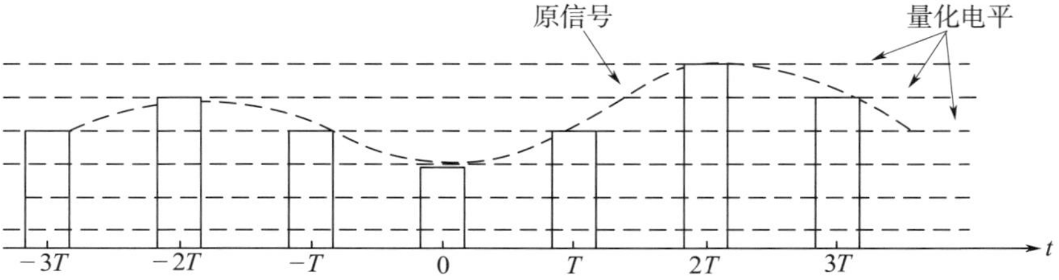

图 2－32　采样与量化编码

显然，在量化过程中，用有限个电平值代替无限个电平值，必将引入某种误差，这种误差称为量化误差，或称为分层误差、量化噪声。下面，将讨论这种量化误差。

把 $g(t)$ 的变化范围 V 分为 N 个间隔 ΔV，每个间隔形成一个层，每层 ΔV 中的无限多个电压值用该层中的某一电平来代表。当分层数足够多，ΔV 足够小时，$g(t)$ 在 ΔV 内的分布可看成等概率的。可以证明，当把代表电平选为 ΔV 的正中间值时，产生的分层误差最小，此时分层误差的最大值显然为 $\Delta V/2$。因 $g(t)$ 在 ΔV 内等概率分布，故误差的均方根值为 $\sigma=\Delta V/2\sqrt{3}$，这是每个 ΔV 内的均方根误差。由于 $g(t)$ 的大小在它的变化范围 V 内，通常不是等概率分布的，还应求出所有 ΔV 的误差平均值——期望均方根误差，其结果则是当等间隔分层时，期望均方根误差仍用上式表示。

现分析 PCM 信号的频带宽度。由采样定理知，当任何一个重复频率为 $F=1/T$ 的脉冲序列（如 PAM 或 PCM 信号）通过截止频率为 $F/2$ 的理想低通滤波器时，脉冲序列中的各脉冲幅度能无畸变地被传送。由采样定理的数学表达式可以看出，每一个样点通过滤波器后，其输出值等于该样点值乘以权函数

$$g(kT)\frac{\sin\frac{\pi}{T}(t-kT)}{\frac{\pi}{T}(t-kT)} \tag{2-113}$$

其他样点通过滤波器后也是如此。但在该样点的采样时刻 kT，其他样点的输出值全部为零，本样点的输出值等于 $g(kT)$。在滤波器的输出端，在每个采样时刻，都可以获得该时刻采样点的离散值。

2.5.1.2　数字调制

以数字式 PCM 信号对载波进行调制，称为数字调制。和模拟调制一样，数字调制也可以是对载波的幅度、相位、频率等的调制，分别称为数字调幅、数字调相和数字调频，各记为 PCM－AM、PCM－PM 和 PCM－FM。由于历史的原因，往往把这三种调制分别称为幅移键控（ASK）、相移键控（PSK）和频移键控（FSK）。在遥测中，常用的基本数字调制方式有 FSK 和 PSK 两种。根据这两种调制方式演化出 OQPSK、MSK 和 GMSK 等调制方式，下面将逐一进行介绍。

（1）频移键控调制

频移键控（FSK）系统传输的信号为

$$s(t)=\begin{cases}A\cos(\omega_1 t+\varphi_1), & 1\\ \\ A\cos(\omega_2 t+\varphi_2), & 0\end{cases} \tag{2-114}$$

产生这样的信号有两种方法：一种是用两个频率分别为 ω_1，ω_2 的独立振荡器产生，这时，φ_1 与 φ_2 是相互独立的，这种信号称为相位离散的 FSK 信号；另一种方法是由调制信号控制一个振荡器，使振荡器的频率随调制信号（“1”“0”序列）而在 ω_1，ω_2 两个值上跃变，此时，式（2－114）的两个波形相位是连续的，可令 $\varphi_1=\varphi_2=0$，称为相位连续的 FSK 信号。

这两种 FSK 信号功率谱分布计算公式都十分复杂，仅给出相位离散 FSK 信号当传“1”与传“0”的概率相同时功率谱密度表达式及相应曲线。其功率谱密度表达式为

$$W(\omega)=\frac{A^2}{2}[\delta(\omega-\omega_1)+\delta(\omega-\omega_2)]+$$
$$\frac{A^2}{2}T_b\left\{\left[\frac{\sin(\omega-\omega_1)T_b/2}{(\omega-\omega_1)T_b/2}\right]^2+\left[\frac{\sin(\omega-\omega_2)T_b/2}{(\omega-\omega_2)T_b/2}\right]^2\right\} \tag{2-115}$$

式中 $\delta(x)$ —— δ 函数；

T_b ——数字信号的码元宽度。

在图 2-33 中，$f=\omega/2\pi$，$f_1=\omega_1/2\pi$，$f_2=\omega_2/2\pi$，$f_c=(f_1+f_2)/2$，$\Delta f=(f_2-f_1)/2$ 称为频偏，$1/T_b=R_b$ 为码元速率。由图 2-33 可知，FSK 的信号带宽可取为

$$B=2\Delta f+2/T_b=2(\Delta f+R_b) \tag{2-116}$$

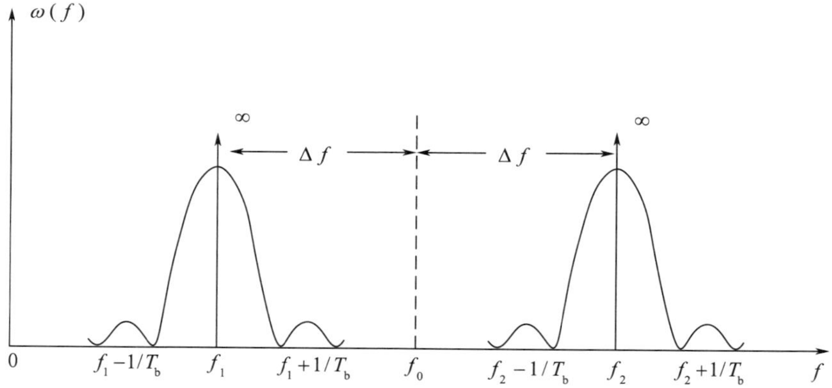

图 2-33 相位离散 FSK 信号的功率谱密度

FSK 信号的检测方式有相干检测与非相干检测两种。其中，相干检测应用较少，因提取相干载波比较复杂，且检测性能较差。FSK 的非相干检测方式又分为两种：第一种与模拟 FM 的鉴频器检测方法一样，这种方法检测性能较差，但简单易行；第二种是两条支路的最佳非相干检测方法，其原理如图 2-34 所示。

FSK 相干检测的误码率表达式为

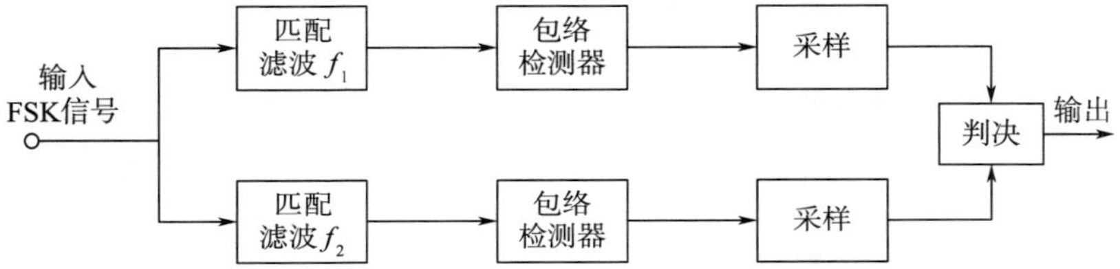

图 2-34　FSK 最佳非相干检测原理图

$$P_e = \frac{1}{2}\mathrm{erfc}\left(\sqrt{\frac{\gamma}{2}}\right)$$

$$\gamma = E_b / N_0 \tag{2-117}$$

式中　γ ——采样瞬间匹配滤波器输出端的信噪比；

E_b ——码元能量；

N_0 ——白噪声的功率谱密度。

当用一般带通滤波器代替匹配滤波器时，γ 并不等于 E_b/N_0。

FSK 非相干检测的误码率表达式为

$$P_e = \frac{1}{2}\mathrm{e}^{-\gamma/2} \tag{2-118}$$

从上式可知，在最佳非相干检测中不存在最佳门限的选择问题，这一点对于抗电磁波衰落现象有好处，所以在衰落信道中常采用 FSK 体制。最佳非相干检测与相干检测相比，在同样误码率条件下，所需信噪比约高出 1～2 dB。

（2）相移键控体制

①二进制相移键控体制

二进制相移键控体制（BPSK）的调制方式有两种：以载波的初相位 0 和 π 分别代表码元“0”和“1”（或“1”和“0”）时，称为绝对相移键控，记为 PSK；以载波相位的相对变化表示码元“0”和“1”（例如，当码元为“1”时，载波相位发生 π 跃变；当码元为“0”时，载波相位不改变）时，称为相对相移键控或差分相移键控，记为 DPSK。

PSK 信号相干检测中，接收端必须产生一个与外来载波频率和相位相同的参考信号，这在实际工作中难以做到。因接收端产生的参考信号相位与外来载波的相位可能相同，也可能相反，无法控制，此即所谓的 180°相位模糊问题。在接收端可以用相干检测方式检测 PSK 与 DPSK 信号，而 DPSK 信号还可以用差分相干检测方式检测，但都不能用非相干方式检测。

PSK 信号可表示为

$$s(t)=\begin{cases}A\cos\omega_0 t, & 1\\ A\cos(\omega_0 t+\pi), & 0\end{cases} \tag{2-119}$$

当码元“0”和“1”出现的概率相等时，PSK 信号功率谱密度可以表示成

$$W(f)=\frac{A^2}{2T_b}[|G(f+f_0)|^2+|G(f-f_0)|^2] \tag{2-120}$$

式中 $G(f)$——码元脉冲的频谱分布。

对于宽度为 T_b 的矩形脉冲，有

$$G(f)=T_b\left(\frac{\sin\pi fT_b}{\pi fT_b}\right)e^{-j\pi fT_b} \tag{2-121}$$

上式表明，当码元“1”和“0”等概率出现时，PSK 信号谱中不出现离散谱分量。把式（2-121）代入式（2-120），并把后者的双边谱写成单边谱形式，则有

$$W(f)=A^2T_b\left(\frac{\sin2\pi(f-f_0)T_b}{2\pi(f-f_0)T_b}\right)^2 \tag{2-122}$$

此单边谱的图形如图 2-35 所示。

PSK 信号相干检测的基本原理如图 2-36 所示。图中相位检测器、积分器、载波提取和同步提取构成相关器，其中相位检测器为乘法器。此相关器结构等效于匹配滤波器，完成输入信号的最佳滤波，以输出最大峰值功率信噪比。相关器也是一切相干检测的核心单元。在图 2-36 中，宽带滤波器的带宽可以很宽。从理论上讲，滤波器只要把输入白噪声限制成用式（2-123）表示的窄带噪声即可

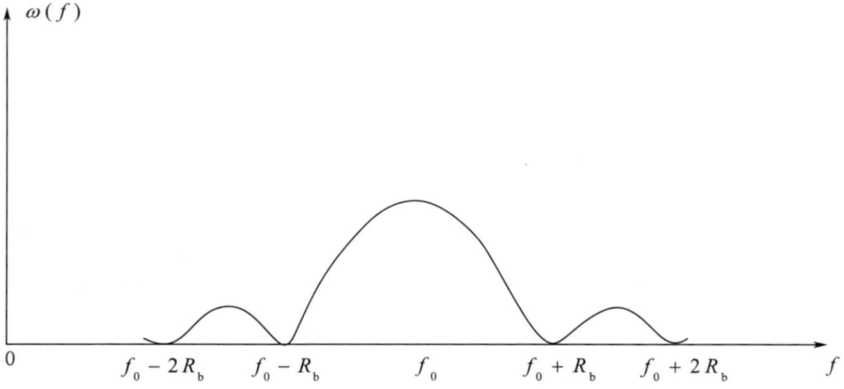

图 2-35 PSK 信号单边功率谱密度

$$n(t)=\rho(t)\cos[\omega_0 t+\varphi(t)]=x(t)\cos\omega_0 t-y(t)\sin\omega_0 t \tag{2-123}$$

式中，$\rho(t)$，$\varphi(t)$，$x(t)$，$y(t)$ 都是随机过程。$\rho(t)$，$x(t)$，$y(t)$ 相对于 $\sin\omega_0 t$ 而言为慢变函数，即

$$\begin{cases}x(t)=\rho(t)\cos\varphi(t)\\ y(t)=\rho(t)\sin\varphi(t)\end{cases} \tag{2-124}$$

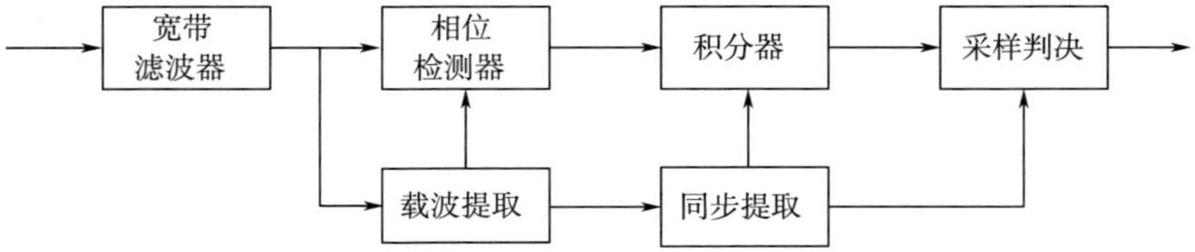

图 2-36 PSK 信号相干检测原理图

PSK 信号经过图 2-36 的相干检测后，在采样判决器输出端数字信号的误码率的表达式为

$$P_e=\frac{1}{2}\mathrm{erfc}(\sqrt{\gamma})$$

$$\gamma=\gamma_{max}=E_b/N_0 \tag{2-125}$$

式中　γ ——积分器在采样瞬间的输出峰值功率信噪比；

E_b ——码元能量；

N_0——宽带滤波器输出端的窄带噪声 $n(t)$ 的功率谱密度。

积分器一般采用积分清除电路实现。如果不用积分器，而以低通滤波器代替，则 γ 值等于 E_b/N_0。当 $\gamma \ll 1$ 时，有

$$P_e \approx \frac{1}{2\sqrt{\pi\gamma}}e^{\gamma} \tag{2-126}$$

差分相干检测的原理如图 2－37 所示。假设在进行 DPSK 调制时，码元“1”对应于载波相位跃变 π；码元为“0”时相位不变。在接收端检测时，如果进入乘法器的两路信号［前一个码元间隔内的载波信号 $e_2(t)$ 和直接进入码元间隔内的载波信号 $e_1(t)$］没有相对相位改变，低通滤波器的输出为 $u^2(t)\cos 0 = u^2(t)$。如果有相对相位改变，输出为 $u^2(t)\cos\pi = -u^2(t)$，从而可根据前后码元间隔内载波的相位差，判决发送的码元是“0”还是“1”。

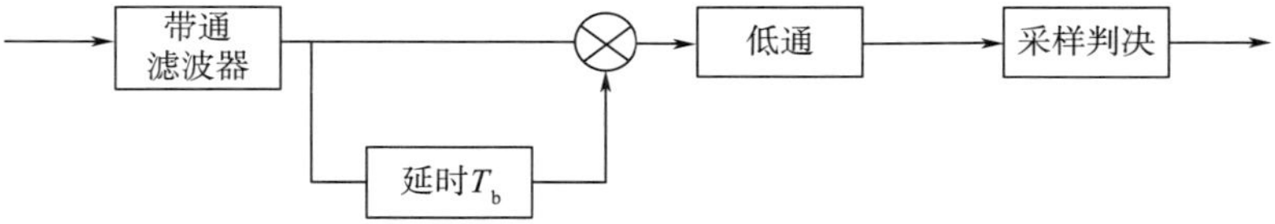

图 2－37　差分相干检测原理图

差分相干检测的误码率为

$$P_e = \frac{1}{2}e^{-\gamma} \tag{2-127}$$

相对相移键控调制信号相干检测的原理是把相对相移键控（DPSK）的调制信号当作绝对 PSK 信号进行检测，然后再通过差分码反变换器变换成原来的信息码。所以，DPSK 相干检测的原理框图就是图 2－36 中所示的 PSK 相干检测器的输出端，再增加一个码型变换单元。DPSK 相干检测的误码性能显然近似于 PSK 相干检测的性能，只是码型变换过程中进行前后码元的极性比较会增大还原信息码的误码率。这种检测方式的误码率与信噪比的关系为

$$P_e = \frac{1}{2}[1 - (\mathrm{erfc}\sqrt{\gamma})^2] \approx \mathrm{erfc}\sqrt{\gamma} \qquad (2-128)$$

在相同信噪比下，DPSK 的相干检测误码率比绝对 PSK 的大一倍。

②四相相移键控体制

四相相移键控（QPSK）体制所需带宽为 BPSK 的一半，在理想信道条件下，QPSK 性能与 BPSK 相同，故在导弹、航天器遥测中获得广泛应用。

QPSK 调制的原理如图 2-38 所示。由图 2-38 可知，QPSK 信号可以表示为

$$s(t) = a(t)\cos\omega_0 t + b(t)\sin\omega_0 t \qquad (2-129)$$

式中　$a(t),b(t)$——输入数据码元 $c(t)$ 经串并转换后形成的并行码元。

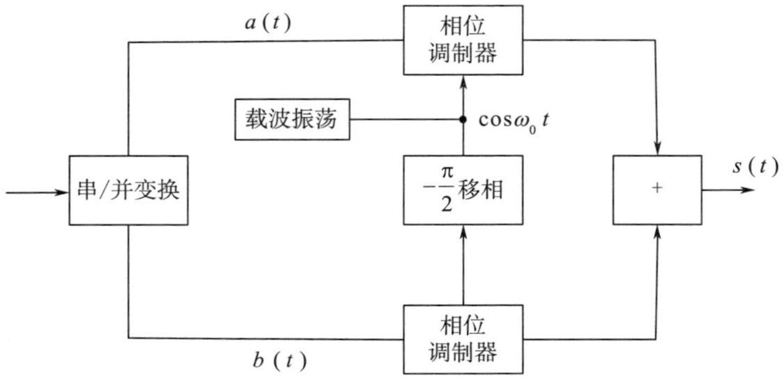

图 2-38　QPSK 调制原理图

当数据码的宽度为 T_b、码率为 $R_b = 1/T_b$ 时，码元 $a(t),b(t)$ 的宽度为 $T = 2T_b$，码率 $R = R_b/2$。在 QPSK 中，每一对码元 $a(t),b(t)$ 的起始时刻相同。当数据码元速率 R_b 相同时，QPSK 信号的传输波特率为 BPSK 信号的一半，所以 QPSK 的传输带宽是 BPSK 的一半，即 $B = 2R = R_b$。

QPSK 信号的功率谱密度表达式的形式与 BPSK 的完全相同，

只是其中的 T_b 应代以 $T(=2T_b)$。QPSK 信号的相干检测原理如图 2-39 所示。

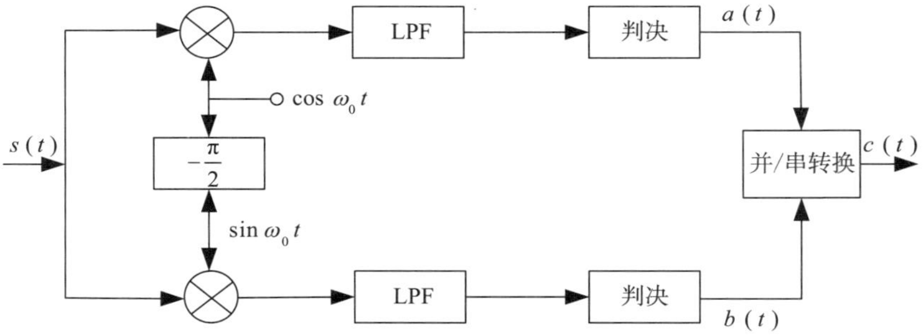

图 2-39　QPSK 信号相干检测原理图

QPSK 信号相干检测的误码率公式与 BPSK 的相同，即在理想信道条件下，QPSK 与 BPSK 的抗白噪声干扰性能相同。理想信道是指线性的、带宽不受限制、噪声为加性白高斯的信道，而且在接收端有理想相位参考值的本地参考载波信号。

(3) OQPSK 调制体制

QPSK 调制中，码元 $a(t)$ 所在的同相支路 (I) 与 $b(t)$ 所在的正交支路 (Q) 中的码元起始时刻是相同的，所以在码元转换瞬间合成信号 $s(t)$ 可能出现 $\pm\pi$ 的相位跃变。把 QPSK 的同相分量与正交分量的码元转换时间错开一个数据码元宽度 T_b，即 I 相与 Q 相码元转换时间不同时发生。这样，合成调相信号的相位突变最大值为 $\pm\pi/2$，因此调相信号的频谱宽度小于 QPSK 信号的谱宽。这种体制称为偏置键控四相相移键控调制，记为 OKQPSK，通常简写为 OQPSK。有些学者把这种码元转换时间错开称为参差 (Stagger)，把这种体制称为 SQPSK。

OQPSK 信号的功率谱密度分布与 QPSK 的相同，为

$$W(f)=A^2T\left[\frac{\sin 2\pi(f-f_0)T}{2\pi(f-f_0)T}\right]^2 \tag{2-130}$$

式中　A——信号振幅；

T——I 相与 Q 相的码元宽度，它为输入数据码元宽度 T_b 的两倍，即 $T=2T_b$ 。所以 OQPSK 和 QPSK 一样，谱宽为 BPSK 的一半。

相干检测时，理想信道条件下的误码率性能公式与 QPSK，BPSK 的相同，即

$$P_e=\frac{1}{2}\text{erfc}(\sqrt{\gamma}) \tag{2-131}$$

当检测中采用匹配滤波器或积分器环节时，则在采样瞬时的输出峰值功率信噪比 $\gamma=\gamma_{max}=E_b/N_0$。

（4）MSK 调制体制

把 OQPSK 的 I 相与 Q 相的矩形码元脉冲改变为半正弦波形的脉冲，则合成信号将不发生相位跃变，因此频谱分布更窄。这种调制方式称为正弦-OQPSK。其调制指数比最小调制指数的 FSK 还小一半，因此这种体制又称为最小频移键控调制，即 MSK 体制。

MSK 信号的同相分量脉冲形式为

$$a(t)=Y_I\sin\frac{\pi}{2T_b}t \tag{2-132}$$

正交分量的脉冲形式为

$$b(t)=Y_Q\cos\frac{\pi}{2T_b}t \tag{2-133}$$

上两式中的 $Y_I=\pm1$、$Y_Q=\pm1$，代表输入数据所载的二进制信息。MSK 的调制信号为

$$m(t)=Y_Q\sin\frac{\pi}{2T_b}t\cos\omega t+Y_I\cos\frac{\pi}{2T_b}t\sin\omega t \tag{2-134}$$

上式可改写为

$$m(t)=Y_Q\cos\left[\omega t+(Y_Q\oplus Y_I)\cos\frac{\pi}{2T_b}t\right] \tag{2-135}$$

由于 $Y_Q\oplus Y_I$ 为二元制数的模二相加，所以上式可写成更直观的形式

$$m(t)=\pm\cos\left(\omega\pm\cos\frac{\pi}{2T_b}t\right) \tag{2-136}$$

由式（2－136）可看出，MSK 显然是一种 FSK 体制，其最大频偏为 $\frac{1}{2T_b}$，输入信号码速率为 $1/T_b$，故它的调制指数 $m=1/2$。

MSK 已调信号的功率谱密度为

$$W(f)=\frac{8A^2T}{\pi^2}\left\{\frac{\cos 2\pi(f-f_0)T}{1-[4-(f-f_0)T]}\right\}^2 \tag{2-137}$$

根据式（2－137）可以求出，MSK 已调信号的 99%能量落入通带 $B=1.15/T$ 之内。定义带外功率 P_{ob}

$$P_{ob}=1-\left[\frac{\int_{-B}^{B}W(\omega)\mathrm{d}\omega}{\int_{-\infty}^{\infty}W(\omega)\mathrm{d}\omega}\right] \tag{2-138}$$

把 MSK 的 $W(\omega)$ 代入式（2－138），可求出 MSK 的带外功率。MSK 功率谱的第一过零点在 $0.75/T_b$ 处，而 OQPSK 谱的在 $0.5/T_b$ 处，故前者的带宽比后者宽。当取带宽 $>0.75/T_b$ 时，MSK 的带外功率要比 OQPSK 小；而当带宽在 $(0.5\sim0.75)/T_b$ 时，则相反。所以，当通信系统带宽 $B>2\times0.75/T_b$ 时，在同等信道条件下，MSK 的接收功率大于 OQPSK，MSK 的误码率低于后者；而当系统带宽 $B=(1\sim1.5)/T_b$ 时，则相反。

相干检测时，MSK 的误码率性能公式与 QPSK、OQPSK 的相同。

（5）GMSK 调制体制

当把 OQPSK 的 I 相和 Q 相的矩形脉冲改为高斯函数形脉冲，形成的调制方式称为高斯 MSK 或 GMSK 调制。把 OQPSK 的 I 相和 Q 相的矩形脉冲通过一个频率响应如下式所示的高斯型低通滤波器，即可形成高斯脉冲

$$G(f)=\frac{1}{2T}\exp\left[-\frac{f^2\ln 2}{2B_b^2}\right] \tag{2-139}$$

式中 T——I 相、Q 相得到的矩形脉冲宽度；

B_b——高斯型滤波器的半功率宽度。

由于高斯函数的傅里叶变换仍为高斯函数，所以通过此滤波器

后的波形为高斯型。GMSK 的误码率性能，在高信噪比下，误码率上限为

$$P_{sGMSK}=\frac{1}{2}\operatorname{erfc}\left(\frac{d_{min}}{2\sqrt{N_0}}\right) \quad (2-140)$$

式中　d_{min}——式（2－142）中 d 的最小值

$$d=\frac{1}{2}\int_{t_1}^{t_2}|u_m(t)-u_s(t)|\,dt \quad (2-141)$$

被积函数中的 $u_m(t)$ 与 $u_s(t)$ 分别为“1”与“0”符号所对应的信号波形。显然，这样的公式对工程计算很不方便，所以一般文献中只给出误码率性能的仿真结果。

2.5.2　遥测信号复用

为了解决多路信号传输的问题，遥测系统中主要采用的复用方式有：频分复用体制、时分复用体制和码分复用体制。

2.5.2.1　频分复用体制

频分制的副载波调制可以是 AM、FM 和 PM 三种方式中的任一种。当被调制的各路副载波的频率间隔足够大时，各路已调波的频谱将不相互重叠。它们经过公共信道传送到接收端，用一组带通滤波器将各路信号分开，达到多路信号共用一个信道传输的目的。

遥测系统常采用 FM－FM 制，即载波和副载波都采用调频方式。FM－FM 体制具有极强的抗白噪声干扰能力，但由于这种体制能测量的参数有限，故在我国导弹、航天器遥测中极少采用。下面给出 FM－FM 体制的抗白噪声干扰性能公式、带宽计算公式和门限值。

FM－FM 体制的抗干扰公式为

$$(s/n)_{oFM\text{-}FM}=\sqrt{\frac{3B}{4f_{mi}}}\frac{f_{Di}}{f_i}\frac{f_{di}}{f_{mi}}(s/n)_i \quad (2-142)$$

式中　$(s/n)_{oFM\text{-}FM}$——第 i 路信号的输出电压信噪比；

$(s/n)_i$ ——接收机中频放大器输出到限幅鉴频器输入端的电压信噪比；

B——中频带宽；

f_{mi} ——第 i 路信号的最高频率，或该路副载波解调器后的低通滤波器的截止频率；

f_{Di} ——第 i 路副载波所占用的载波频偏份额；

f_i ——第 i 路副载波的中心频率；

f_{di} ——第 i 路已调副载波的最大频偏。

在式（2－142）中，f_{di}/f_{mi} 为副载波的调制指数，f_{Di}/f_i 为副载波调制载波的调制指数。加大这两个调制指数可以提高 FM－FM 体制的抗干扰能力，这就是频分制遥测中无例外地采用 FM－FM 体制的主要原因。但是，载波和副载波门限也随之提高，系统的通信距离缩短。

FM－FM 系统的带宽包括接收机中频带宽 B、每路已调副载波的带宽 B_i 、已调副载波群路信号的带宽 $B_{\sum}$ 。与 FM 系统带宽公式相似，有

$$B = 2(f_D + B_{\sum}) \tag{2-143}$$

$$B_i = 2(f_{di} + f_{mi}) \tag{2-144}$$

$$B_{\sum} = \sum_{i=1}^{n} B_i + \sum_{i=1}^{n-1} \Delta f_i \tag{2-145}$$

式中 n——副载波路数；

Δf_i ——相邻两路之间的保护频带间隔。

FM－FM 系统的载波门限仍按 FM 系统的门限计算公式计算。副载波的非相干解调门限公式为

$$s_t = 4\frac{f_i}{f_{Di}}\sqrt{N_0 B_i} \tag{2-146}$$

式（2－146）表示，在载波满足门限条件式（2－103）、解调器正常工作的情况下，第 i 路副载波正常工作所需接收机输入信号的最小值 s_t 应满足式（2－146）。

2.5.2.2 时分复用体制

时分值的基础是在满足采样定理要求的条件下，每路信号各相邻样点之间可以有充分大的间隔，可插入其他各路信号的样点。由于各路信号的样点序列在时间上互不重叠，通过一个公用信道后，在接收端可用一个与发送端同步的选通开关，把它们相互分开，达到多路信号在一个公用信道中传输的目的。时分制的调制方式可以是 PAM，也可以是 PDM 和 PPM，而目前广泛采用 PCM。时分制的载波调制方式多为 FM 和 PM。

时分多路复用体制的性能即 PAM－FM 的性能。对于 PCM 数字信号，时分多路复用传输和单路信号传输没有什么区别。不论单路或多路，PCM 信号都形成一个数据流去调制载波，系统性能、抗干扰能力、信道带宽等都完全相同。

2.5.2.3 码分复用体制

用一组正交函数 $\{s_i(t)\}$ 作为副载波实现多路信号复用调制称为正交复用，或称正交分制、码分制。当用沃尔什函数作为副载波时，称为沃尔什分制。正交分制的主要原理是利用函数系 $\{s_i(t)\}$ 的正交性，即

$$\int s_i(t)\, s_j(t)\mathrm{d}t = k\delta_{ij} \tag{2-147}$$

$$\delta_{ij} = \begin{cases} 1 & i = j \\ 0 & i \neq j \end{cases}$$

正交复用体制实际上是扩频多路复用，它和扩频多址复用的区别在于扩频多路复用只要求伪码序列（即正交函数系）具有正交性，而不要求它具有良好的互相关性。多路复用和多址复用的调制（扩频）和解调（解扩）原理相同。码分复用体制的调制和解调原理如图 2－40 所示。

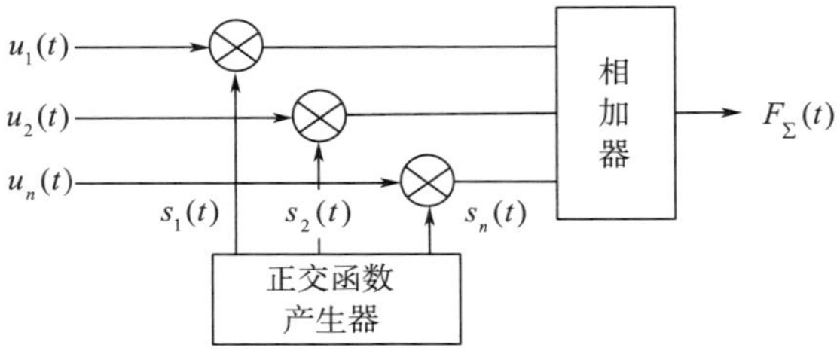

（a） 调制

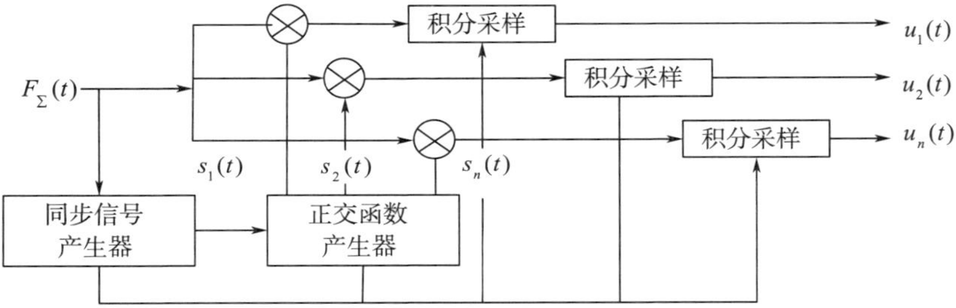

（b） 解调

图 2-40　码分复用体制原理图

2.5.3　遥测信号检测

数字信号检测系统由一个带通滤波器和一个无记忆检测器构成，检测的错误概率是带通滤波器输出信噪比的单调递减函数。所以如何构造一个输出信噪比最大的滤波器，是十分重要的问题，这就是这一节要研究的匹配滤波问题。下面将看到，匹配滤波器还是最佳接收机的重要组成部分，最佳接收理论或称信号检测理论，是分析和综合最佳信号检测系统的理论。它的主要内容有：建立最佳接收机准则；构造满足各种最佳接收准则的接收机，并分析其工作性能；比较各种信号和调制方式的检测性能以及分析各种实用的接收机性能和构成准最佳系统。本节只讨论一种最重要的接收结构——最大后验概率接收机。

2.5.3.1 匹配滤波器理论

设要研究的是一个线性滤波器，它的脉冲响应函数为 $h(t)$，传输函数为 $K(\mathrm{j}\omega)$，输入信号为 $s_i(t)$，$s_i(t)$ 的频谱为 $S(\mathrm{j}\omega)$，输入的噪声是功率谱密度为 N_0 的白噪声。滤波器的输出信号为

$$s(t)=\frac{1}{2\pi}\int_{-\infty}^{\infty}S(\mathrm{j}\omega)K(\mathrm{j}\omega)\mathrm{e}^{\mathrm{j}\omega t}\mathrm{d}\omega \tag{2-148}$$

输出的噪声功率为

$$\sigma^2=\frac{1}{2\pi}\int_{-\infty}^{\infty}N_{\mathrm{g}}\mid K(\mathrm{j}\omega)\mid^2\mathrm{d}\omega \tag{2-149}$$

在任一时刻 t_0，滤波器的输出信号瞬时（峰值）功率对噪声平均功率之比

$$\gamma_1=\frac{|s(t_0)|^2}{\sigma^2} \tag{2-150}$$

可写成

$$\gamma_1=\frac{\left|\frac{1}{2\pi}\int_{-\infty}^{\infty}S(\mathrm{j}\omega)K(\mathrm{j}\omega)\mathrm{e}^{\mathrm{j}\omega t_0}\mathrm{d}\omega\right|^2}{\frac{1}{2\pi}\int_{-\infty}^{\infty}N_0\mid K(\mathrm{j}\omega)\mid^2\mathrm{d}\omega} \tag{2-151}$$

可以证明，当传输函数 $K(\mathrm{j}\omega)$ 与输入信号的频谱的共轭值成正比例时，即

$$K(\mathrm{j}\omega)=S^*(\mathrm{j}\omega)\mathrm{e}^{-\mathrm{j}\omega t_0} \tag{2-152}$$

时，SNR 值 γ_1 达到最大值 $\gamma_{1\max}$，把式（2-152）代入式（2-151）得

$$\gamma_{1\max}=\frac{\frac{1}{2\pi}\int_{-\infty}^{\infty}\mid S(\mathrm{j}\omega)\mid^2\mathrm{d}\omega}{N_0}=\frac{E_{\mathrm{b}}}{N_0} \tag{2-153}$$

其中

$$E_{\mathrm{b}}=\frac{1}{2\pi}\int_{-\infty}^{\infty}\mid S(\mathrm{j}\omega)\mid^2\mathrm{d}\omega=\int_{-\infty}^{\infty}s_i^2(t)\mathrm{d}t$$

为输入信号 $s_i(t)$ 的总能量。注意，按照式（2-153）定义的信噪比 γ_1，称峰值功率信噪比，这与平均功率信噪比的定义 $\gamma=u^2(t)/2\sigma$

不同。

由于传输函数 $K(\mathrm{j}\omega)$ 满足式（2－152）的滤波器能在某一时刻 t_0 获得最大峰值功率信噪比 $\gamma_{\max}$，所以这种滤波器称为保证输出最大 SNR 的线性滤波器。这种滤波器通常称为匹配滤波器，和保证获得最小均方根误差的维纳滤波器作用是完全不同的。在通信系统中，维纳滤波器一般在检测器之后用来从噪声中最好地复现信号的原始波形。而匹配滤波器的作用则是从噪声中最好地提取信号的某个（或几个）参数，而不是最好地复现信号波形；它一般用在检测器之前，作为最佳检测的一个组成部分。

对式（2－152）进行傅里叶反变换，并考虑到滤波器的物理可实现性，可以得出匹配滤波器的脉冲响应函数为

$$h(t)=\begin{cases} s_i(t_0-t) & t\geqslant 0 \\ 0 & t<0 \end{cases} \tag{2-154}$$

即匹配滤波器的脉冲响应函数 $h(t)$ 是输入信号波形的镜像函数。匹配滤波器有许多重要性质，下面列举在实用中最重要的几点。

某信号 $s_i(t)$ 的匹配滤波器是所有线性滤波器中能使该信号获得最大信噪比 γ 的一种滤波器，且 $\gamma_{\max}=E_{\mathrm{b}}/N_0$。

匹配滤波器的输出信噪比 $\gamma=E_{\mathrm{b}}/N_0$ 只与输入信号的能量 E_{b} 和白噪声的谱密度 N_0 有关，与输入信号的波形（编码形式）无关，也与噪声的总功率无关。

若信号 $s_i(t)$ 的持续时间间隔为 $(0,t_s)$，为充分利用信号能量，应选择采样时间 $t_0\geqslant t_s$，为减小时延，可取 $t_0=t_s$。只有在这样的采样瞬间，输出信噪比 γ 才达到最大值 E_{b}/N_0。

信号 $s_i(t)$ 的匹配滤波器，对于幅度不同、时延不同的另一个信号 $as_i(t-\tau)$ 也是匹配滤波器。匹配滤波器的这种适应性，对实际应用来说显然是重要的。

根据线性电路输出信号的卷积表示式，由式（2－154）可得出匹配滤波器输出信号为

$$s(t)=\int_{-\infty}^{\infty} s_i(t_0-\tau)s_i(t-\tau)\mathrm{d}\tau \tag{2-155}$$

此式右端积分表示的正是输入信号的自相关函数，所以信号 $s_i(t)$ 的匹配滤波器和它的自相关是等效的。在实用上可以根据输入信号的不同特点，选用相关器或匹配滤波器来实现最佳滤波。

2.5.3.2　最佳接收机理论

最佳接收机就是能检出接收到的信号 $y(t)$ 中所包含的全部有用消息 $s(t)$ 的接收机。而接收信号 $y(t)$ 中所包含的有用消息 $s(t)$ 全部体现在 $s(t)$ 的条件概率或后验概率 $p(s \mid y)$ 之中，能给出后验概率 $p(s \mid y)$ 的接收机就是最佳接收机。但是一个接收机不能只给出发送消息的后验概率，还必须做出判断：被传送的消息到底是消息集合中的哪一个。判决的准则不同，判决的结果就不同。由于 $p(s \mid y)$ 表示接收到 $y(t)$ 后，各种可能的消息被发送的概率，所以选择 $p(s \mid y)$ 最大的那个消息作为实际发送的消息，这就是最大后验概率准则，根据这一准则建立起来的接收机称为最大后验接收机。

依联合概率公式，$s(t)$ 的先验概率 $p(s)$ 、$y(t)$ 的概率 $p(y)$ 、后验概率 $p(s \mid y)$ 与条件概率 $p(y \mid s)$ 之间有关系式

$$p(s)p(y \mid s)=p(y)p(s \mid y) \tag{2-156}$$

所以，后验概率 $p(s \mid y)$ 可写成

$$p(s \mid y)=\frac{p(s)}{p(y)}p(y \mid s) \tag{2-157}$$

由此可知，要计算 $p(s \mid y)$ 需要知道消息的先验概率 $p(s)$ ，在 $p(s)$ 未知的情况下，就难于建立后验概率接收机。克服这一困难的一种常用办法是，用计算条件概率 $p(y \mid s)$ 的接收机代替后验概率接收机，条件概率常称为似然函数，相应的接收机称为似然接收机。这样意味着在检测中完全没有考虑消息的先验知识，必然降低接收性能。但是由式（2－157）可知，当 $p(s)$ 分布比较均匀时，后验概率 $p(s \mid y)$ 的主要特性决定于似然函数 $p(y \mid s)$ ，特别是两者的极大值将基本相重，因此这两种准则将得到基本相同的结果。在数字遥测系统中，码元“0”和“1”发生的先验概率 $p(s_1)=p(0)$ 、$p(s_2)=p(1)$ 可视为相等的，这时两种接收机完全等价。

最佳接收机理论包括的内容很多，下面只以确知信号，特别是二元确知信号的最大后验概率接收机为例进行较系统的讨论。

（1）确知信号的最大后验概率接收机

设待确定的接收机输入信号为

$$y(t)=u(t)+n(t) \tag{2-158}$$

式中 $u(t)$——一个确知信号，即这个信号除了一个唯一的未知参量是待求的之外，其他所有参量都是已知的。

由于 $u(t)$ 与它所载的消息 $s(t)$ 是单值对应的，所以 $u(t)$ 的概率分布 $p(u)$ 与 $s(t)$ 的分布函数 $p(s)$ 相同，$p(u)=p(s)$，称为消息的先验概率密度函数。

式（2－158）中的噪声 $n(t)$ 在时间间隔 T 内的密度函数为

$$p(n)=\frac{1}{(2\pi\sigma)^{n/2}}\exp\left[-\frac{1}{N_0}\int_0^T n^2(t)\mathrm{d}t\right] \tag{2-159}$$

因此，在发送 $u(t)$ 后，接收到 $y(t)$ 的 $p(y\mid s)$ 为

$$p(y\mid s)=\frac{1}{(2\pi\sigma)^{n/2}}\exp\left\{-\frac{1}{N_0}\int_0^T[y(t)-u(t)]^2\mathrm{d}t\right\} \tag{2-160}$$

故由式（2－157）有

$$p(s\mid y)=k_1p(s)\exp\left\{-\frac{1}{N_0}\int_0^T[y(t)-u(t)]^2\mathrm{d}t\right\} \tag{2-161}$$

由于计算 $p(s\mid y)$ 时关心的是 $y(t)$ 一定时这个函数对 $u(t)$ 的依赖关系，所以在式（2－161）中把 $p(y)$ 并入到常数 k_1 之中。把式（2－161）中的 $[y(t)-u(t)]^2$ 展开，并再一次把与 $u(t)$ 无关的因子吸收入常数之中，令最后的常数为 k，而得到

$$p(s\mid y)=kp(s)\mathrm{e}^{-E_\mathrm{b}/N_0}\exp\left[\frac{2}{N_0}\int_0^T y(t)u(t)\mathrm{d}t\right] \tag{2-162}$$

其中

$$E_\mathrm{b}=\int_0^T u^2(t)\mathrm{d}t$$

为信号 $u(t)$ 的能量，指数中的积分

$$\int_0^T y(t)u(t)\mathrm{d}t$$

为发送信号 $u(t)$ 与接收信号 $y(t)$ 的互相关函数。后验概率 $p(s \mid y)$ 归结为计算这个相关函数，因此最佳接收机的基本元件是一个相关器，这种接收机也可称为相关接收机。

实际中为了简化，通常用计算 $p(s \mid y)$ 的对数 $\ln p(s \mid y)$ 代替计算 $p(s \mid y)$ 本身。为此，取对数并略去无关常数，得到

$$\ln p(s \mid y) = \ln p(s) - \frac{E_b}{N_0} + \frac{2}{N_0}\int_0^T y(t)u(t)\mathrm{d}t \quad (2-163)$$

这就是确知信号的后验概率接收机的一般表达式。

由式（2－161）看出，当消息的概率分布比较均匀，即 $p(s)$ 近似于均匀分布时，$p(s \mid y)$ 取最大值对应于指数因子取最大值。根据指数函数的单调性，这个指数因子取最大值等价于指数中的积分

$$\int_0^T [y(t)-u(t)]^2\mathrm{d}t$$

取最小值。这个积分式表示的正是接收信号 $y(t)$ 的均方误差，所以在白高斯噪声下，最大后验概率准则等效于最小均方误差准则。

（2）二元制信号的最大后验概率接收机

二元制确知信号是遥测中数字信号的最普遍信号形式。现在研究这种信号的最大后验概率接收机及其抗干扰性能。所谓二元制就是消息集合中只有两个元素，如消息为“0”或“1”两个符号，对应的信号也只有两个元素，如 $u_1(t)$ 与 $u_2(t)$。为分析简单起见，设 $u_1(t), u_2(t)$ 的能量相等，且 $p(s_1) = p(s_2) = \frac{1}{2}$。前面已经说过，后一个条件在数字遥测传输中是符合实际情况的，而前条假设在 FSK 和 PSK 制中是满足的。

在这些条件下，式（2－163）可以简化为计算 $u_1(t)$ 与 $y(t)$、$u_2(t)$ 与 $y(t)$ 的相关函数，并选取其中最大者的接收机，这种最佳接收机的结构如图 2－41 所示。

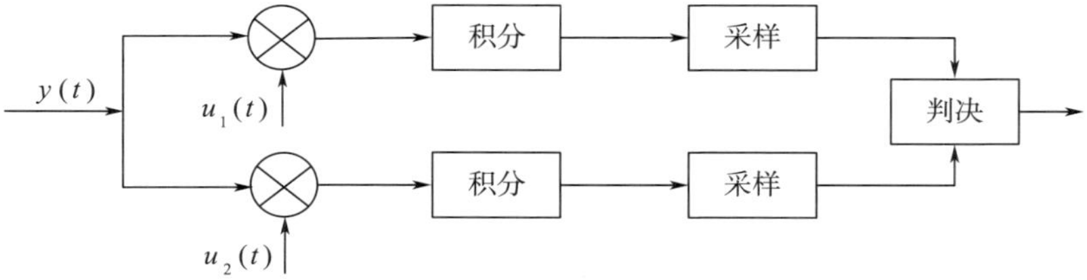

图 2-41　二元制信号最佳接收机

当 $\int_0^T y(t)u_1(t)\mathrm{d}t > \int_0^T y(t)u_2(t)\mathrm{d}t$ 时，判为传送 $u_1(t)$，反之判为传送 $u_2(t)$。显然，这样判决会发生两类错误，总的错误概率为

$$P_e = \frac{1}{\sqrt{2\pi}}\int_\alpha^\infty e^{-\frac{z^2}{2}}\mathrm{d}z \tag{2-164}$$

其中

$$\alpha = \left[\frac{1}{2N_0}\int_0^T [u_1(t) - u_2(t)]^2\mathrm{d}t\right]^{1/2}$$

把上式的被积函数展开，经计算整理后得

$$\alpha = \sqrt{\frac{E_b(1-\rho)}{N_0}} \tag{2-165}$$

式中　ρ——$u_1(t)$ 与 $u_2(t)$ 的互相关系数。

$$\rho = \frac{1}{E_b}\int_0^T u_1(t)u_2(t)\mathrm{d}t$$

E_b 信号能量

$$E_b = \int_0^T u_1^2(t)\mathrm{d}t = \int_0^T u_2^2(t)\mathrm{d}t \tag{2-166}$$

最后，求得最大后验概率接收机的错误概率为

$$P_e = \frac{1}{2}\mathrm{erfc}\sqrt{\frac{E_b(1-\rho)}{2N_0}} \tag{2-167}$$

现在，用这个公式作为标准衡量前面讨论过的 FSK 和 PSK 两种体制。为此，要具体求出两种体制信号的相关系数 ρ 。

对 FSK 体制

$$u_1(t)=A\cos\omega_1 t$$
$$u_2(t)=A\cos\omega_2 t$$

故有

$$\rho=\frac{1}{E_b}\int_0^T A^2\cos\omega_1 t\cos\omega_2 t\,dt=\frac{\sin\Delta\omega T}{\Delta\omega T} \tag{2-168}$$

把 ρ 作为自变量 $\Delta\omega T$ 的函数，求极值得到 $\rho_{min}=-0.217$，所以 FSK 制能达到的最好抗干扰性能为

$$P_e=\frac{1}{2}\text{erfc}\sqrt{\frac{1.217E_b}{2N_0}}\approx\frac{1}{2}\text{erfc}\sqrt{\frac{E_b}{2N_0}} \tag{2-169}$$

将上式与式（2 - 164）比较，并注意到匹配滤波器的功率信噪比 $\gamma_{max}=E_b/N_0$，可以看到，这正是 FSK 相干检测所达到的抗干扰性能。因此，FSK 相干检测近似于最大后验概率检测，它接近 FSK 体制最好的检测性能。

对于 PSK 体制，$u_1(t)=A\cos\omega_0 t$ ，$u_2(t)=-A\cos\omega_0 t$ ，相关系数为

$$\rho=-\frac{1}{E_b}\int_0^T A^2\cos\omega_0 t\,dt=-1 \tag{2-170}$$

所以，PSK 能达到的最好抗干扰性能为

$$P_e=\frac{1}{2}\text{erfc}\sqrt{\frac{E_b}{N_0}} \tag{2-171}$$

由于 $\gamma=E_b/N_0$，故与 BPSK 的情况完全相同。因此，PSK 理想相干检测达到 PSK 所能达到的最好性能。

从式（2 - 167）可知，最佳接收机的抗干扰性能除与信号能量 E_b 、白高斯噪声谱密度 N_0 有关之外，还和信号 $u_1(t)$,$u_2(t)$ 的具体形式有关。当采用最佳接收法时，要获得最好的性能，必须选择相关系数最小的信号形式。我们知道，相关系数的最大值为 1，最小值为－1，所以 $\rho=-1$ 的信号是最佳的信号形式。从上面对 PSK 的分析中可知，PSK 信号正是这样的最佳信号的一种，所以当 PSK 系统采用相干检测时，在信号能量 E_b 、噪声谱密度 N_0 一定的情况

下，达到了二元制信号的极限抗干扰性能。

最后指出，匹配滤波器和相关器是等效的，在最佳接收中可以用匹配滤波器代替相关器，因此，匹配滤波器是最佳接收机的重要组成部分。

2.5.4　遥测信号同步

当载波采用相干检测时，最基本的同步有载波同步、码元同步和帧同步。

2.5.4.1　载波同步

在遥测系统中，为了提高射频功率利用率，在射频信号频谱中一般不包括残余载波分量，更不插入载波导频分量。对这种抑制载频的信号进行相干检测，提取本地相干参考载波，必须采用一些特殊的检测技术。这种技术有多种方法实现，其基础都是跟踪锁相技术，最主要的方法有平方跟踪环路、同相-正交跟踪环路和反调制跟踪环路。在导弹、航天器遥测系统中广泛应用的是前两种，特别是同相-正交环路应用最广。下面分别介绍这两种环路。

（1）平方跟踪环路

用平方跟踪环路恢复载波的原理如图 2 - 42 所示，设输入信号为

$$x(t)=m(t)\cos(\omega_0 t+\varphi_0) \tag{2-172}$$

式中　$m(t)$——数据信号，无直流分量；

ω_0——载波中心频率；

φ_0——未知初相位。

$x(t)$ 经带宽较宽的输入滤波器滤除带外噪声后，进行平方后得

$$z(t)=x^2(t)=[m(t)]^2+\frac{1}{2}[m(t)]^2\cos(2\omega_0 t+2\varphi_0) \tag{2-173}$$

设用 a 表示 $[m(t)]^2$ 的直流分量，用 $b(t)$ 表示 $[m(t)]^2$ 的边带分量，则有

$$z(t)=a+b(t)+a\cos(2\omega_0 t+2\varphi_0)+b(t)\cos(2\omega_0 t+2\varphi_0) \tag{2-174}$$

式中，前两项为低频分量，经环路后即可滤除；第 4 项称为调制自噪声；第 3 项为所需要的、供提取载波的信号，它因调制自噪声和外界加性噪声而存在着相位随机抖动，同时存在一定的静态相位误差。适当选取锁相环路的参数，可以使静态相差足够小，使环路等效噪声带宽满足滤除噪声的要求。在环路输出端经二分频后，即可得到本地相干参考载波信号，这一参考信号相对于输入载波信号不可避免地存在 180°的相位模糊。

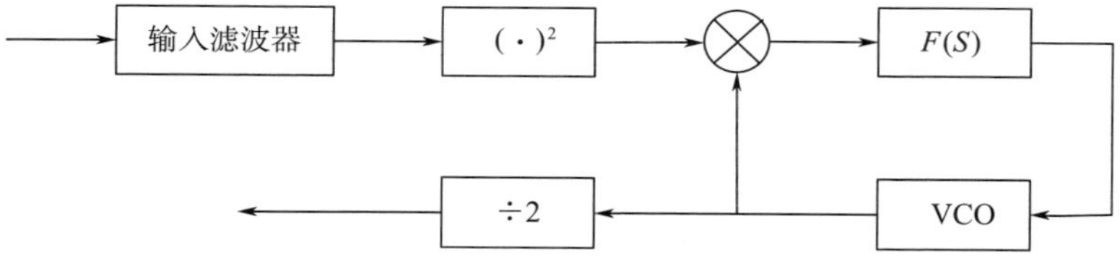

图 2-42　用平方跟踪环路恢复载波的原理图

（2）同相-正交跟踪环路

同相-正交跟踪环路又称 Costas 环，用此环路从 BPSK 信号中恢复载波的原理如图 2-43 所示。图中，上支路为同相支路，下支路为正交支路。环路产生相互相移 90°的两个相干载波信号，对两个支路的信号进行鉴相，两鉴相器输出信号经低通滤波器后相乘，产生控制电压。

同相-正交环在抗噪声性能方面与平方环完全等效。同相-正交环没有平方环那样的平方电路，故对频率漂移没有平方环那样敏感。此外，当环路锁定后，同相鉴相器支路的基带输出就是 BPSK 解调后的信号，即同相支路同时兼作数字信号的相干检测器。由于以上优点，同相-正交环路比平方环路用得更为广泛。同相-正交环路和平方环路一样，也存在 180°的相位模糊问题。

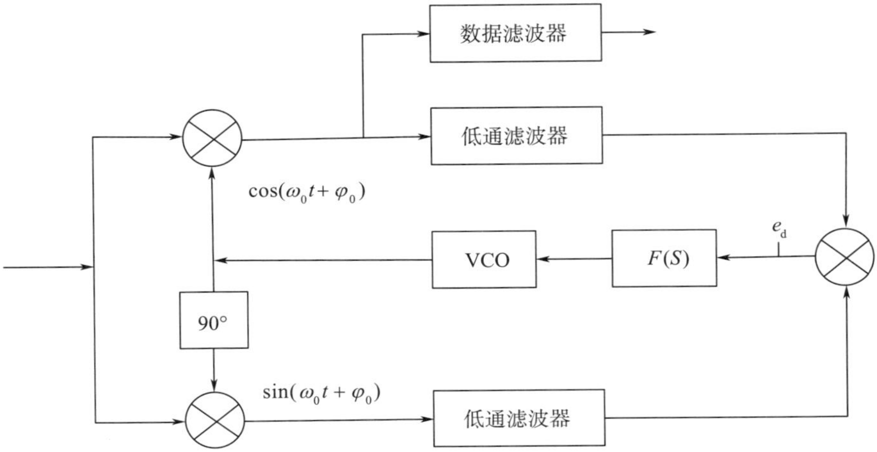

图 2-43　用同相-正交跟踪环路恢复 BPSK 信号载波的原理图

2.5.4.2　码元同步

在遥测系统中应用最广的码元同步检测器为数据转换跟踪环路码元同步器，或称同相-中相码元同步器，其原理框图如图 2-44 所示。输入的数据码序列分为两路，一路送入同相积分器，其积分结果经采样限幅保持后，送入转换判决单元。该单元的作用是：如果两相邻码元电平不变，则输出为“0”；如果两相邻电平转换，则检出前一个码元的电平，以识别电平的转换方向是从“0”转换为“1”，还是从“1”转换为“0”。控制该同相积分和采样的控制信号来自定时逻辑单元，该控制信号带有误差。同相积分支路的作用是判别此误差的符号。输入数据码序列的另一路送入中相积分器，中相积分器的积分间隔跨在电平转换处，积分宽度的中点如果对准电平转换点，则积分结果为零；如果没有对准转换点，即存在同步误差，则检出此定时误差的大小。两支路的输出信号相乘后送入环路滤波器产生控制电压，以控制频率综合器产生定时逻辑信号。

数据转换跟踪环路的定时误差分析，以及如何选取积分窗口和环路带宽以降低定时误差，在此不作讨论。

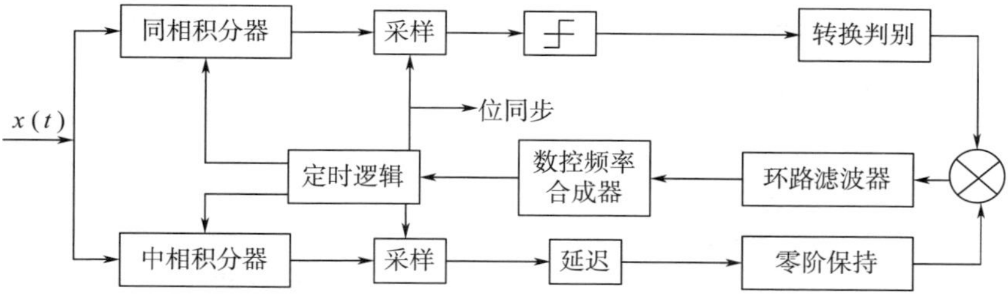

图 2-44　用于 NRZ 序列的数据转换跟踪环路码元同步器

2.5.4.3　帧同步

数字遥测系统的帧同步方式是在发送端给数据序列中周期性地插入一组已知的特定帧同步码组，在接收端建立一种识别与验证方法，使在有误码的条件下，从随机数据流中正确而可靠地检出帧同步码组并保持帧同步。这一工作是在已经建立起正确码同步的条件下进行的。

一个性能良好的同步系统，正确识别出帧同步码的概率要尽可能大，而检测出假同步的概率要尽可能小；一旦同步建立，应尽量可靠地维持同步；帧同步码长在一帧中所占的比例要很小。

(1) 帧同步码检测和三态逻辑技术

在数字遥测系统中广泛应用的帧同步码检测方式，如图 2-45 所示，它由帧同步检测器和三态逻辑判定装置两部分构成。

遥测数据流由码元同步信号控制，码元逐个送入帧同步检测器的移位寄存器。移位寄存器的级数与帧同步码组的长度相等，设为 n 位。在工作时，每完成一次移位，即将移位寄存器各级内存的码组 X 与相关器进行相关运算，计算出 X 与 Y 的汉明距离 $H(X,Y)$，然后与依据差错控制要求所决定的门限值 h 作比较，进行判决。当 $H(X,Y)>h$ 则视为未达到同步状态。在下一个码元移位后，再重复这一相关判决工作，直到

$$H(X,Y)\leqslant h \tag{2-175}$$

则视为达到帧同步状态。门限值 h 称为容错数。

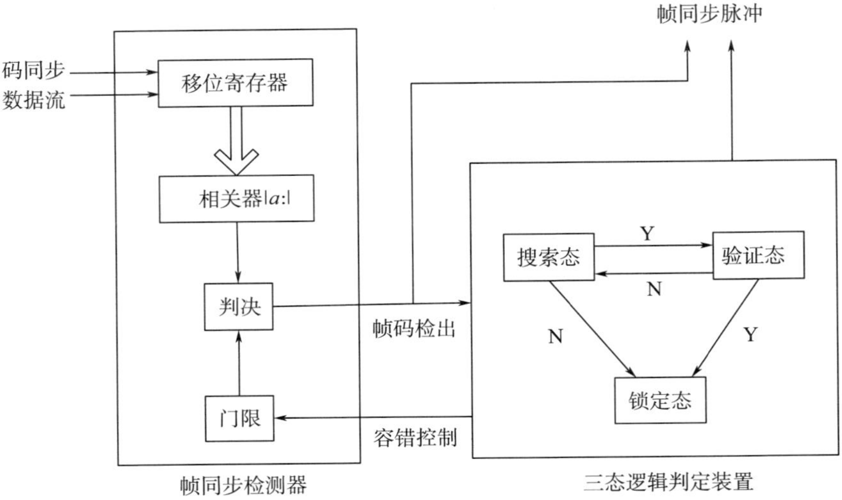

图 2－45　帧同步码检测原理图

上述过程是从数据序列中搜索寻找帧同步码组的过程，称为搜索态。这个过程中搜索到的帧同步码组也可能是因输入序列 X 受外干扰而产生假同步码组，所以需要进一步验证。因此，当达到式(2－175)条件而结束搜索过程后，还要转入验证态或者校核态，继续进行验证校核；在验证过程中，如果发现有些帧不满足式（2－175)，则视为已获得的帧同步码是假的，因此需回到搜索态重新工作；如果在验证过程中每一帧都满足式（2－175)，则认为所获得的帧同步码是真的，确认系统达到了帧同步状态，让系统按惯性工作，保持此同步状态，即进入锁定态，整个帧同步检测完成。不过，在锁定状态时，系统仍不断地检测帧同步码组，一旦发现上述汉明距离大于锁定态所设定的容错数，即不满足式（2－175）时，又重新回到搜索态，搜索新的正确的帧同步码组。

在搜索态、验证态、锁定态时的容错数是不相同的。如何确定这些容错数，以及与此有关的假同步与漏同步概率的计算在此不作讨论。

（2） 最佳帧同步码

确定一种码组是不是最佳的帧同步码组，有许多准则，其中最主要的是码组的非循环自相关性能好。实践和计算表明，具有较好自相关特性的伪随机码，可以用作帧同步码，不同伪随机码对帧同步性能影响的差异并不重要。

参考文献

[1] 傅祖芸．信息论——基础理论与应用（2版）［M］．北京：电子工业出版社，2007.

[2] 赵蓉，叶茵．信息论基础［M］．北京：北京邮电大学出版社，2011.

[3] 曹雪虹，张宗橙．信息论与编码（2版）［M］．北京：清华大学出版社，2009.

[4] McEliece R J. 信息论与编码理论（2版）［M］．李斗，等，译．北京：电子工业出版社，2003.

[5] Cover T M，Thomas M. Elements of Information Theory［M］. New York：McGraw - Hill，1991.

[6] William S. Cryptography and Network Security：Principles and Practice［M］. New Jersey：Prentice - Hall Inc，1999.

[7] 陈宜元，殷礼明．卫星无线电测控技术［M］．北京：中国宇航出版社，2007.

[8] 王新梅，肖国镇．纠错码——原理与方法［M］．西安：西安电子科技大学出版社，2003.

[9] TM SYNCHRONIZATION AND CHANNEL CODING—SUMMARY OF CONCEPT AND RATIONALE［S］. INFORMATONAL REPORT. CCSDS 130. 1 - G - 1. Washington，DC，USA，June 2006.

[10] 王晓波，吴岭．MSD 与 TPC 技术在 PCM - FM 遥测系统中的应用研究［J］．遥测遥控，2007，28（11）：49 - 53.

[11] MacKay D J C. Fountain Codes［J］. IEE Proc Commun，2005，152（6）：1062 - 1068.

[12] Luby M. LT codes［C］. Proceedings of the 43rd Annual IEEE Symposium on the Foundations of Computer Science（STOC），Vancouver，Canada，November，2002：271 - 280.

[13] 刘建成．信息论与信源编码理论及应用［M］．北京：北京邮电大学出版

社，2010.

[14] 曹雪虹，张宗橙．信息论与编码［M］．北京：北京邮电大学出版社，2001.

[15] 姜楠，王健．信息论与编码理论［M］．北京：清华大学出版社，2010.

[16] 陈以恩，张俊刚，等．遥测数据处理［M］．北京：国防工业出版社，2002.

[17] 中华人民共和国国家军用标准 GJB 2238A－2004，遥测数据处理［S］，2004.

[17] 李邦复，郝建民，等．遥测系统（下）［M］．北京：中国宇航出版社，1991.

[19] Menezes A J，Oorschot P C，Vanstone S A. 应用密码学手册［M］．胡磊，王鹏，等，译．北京：电子工业出版社，2005：172－245，289－337，436－477.

[20] Wenbo Mao. 现代密码学理论与实践［M］．王继林，伍前红，等，译．北京：电子工业出版社，2004：140－160，201－221.

[21] Stinson D R. 密码学原理与实践（2 版）［M］．冯国登，译．北京：电子工业出版社，2003：61－89.

[22] 陈鲁生，沈世镒．现代密码学［M］．北京：科学出版社，2002：23－62.

第3章　现代航天遥测系统

3.1　概述

3.1.1　航天遥测系统的发展演变

航天遥测系统最早是随着导弹试验靶场的建设而发展起来的。在导弹武器装备研制的过程中，必须进行一系列的试验，以考核其功能、性能、可靠性、环境适应性、电磁兼容性、接口关系等，其中，导弹飞行试验是导弹研制过程中的重要阶段。飞行试验的目的是利用地面测量系统获取导弹的飞行弹道和各部件工作状态等有关数据，分析检验导弹武器系统的总体方案和战术技术性能。在早期以导弹试验为代表的靶场中，除具有导弹发射设施外，还必须有对导弹飞行进行跟踪和测量的设备。通常，把测量飞行目标运行轨迹的设备称为外测设备，把测量飞行目标内部各部件工作参数和状态的设备称为遥测设备。

最早出现的测量设备可追溯至1791年，在英格兰伍尔威奇兵工厂的火炮试验场，威廉·康格里夫在这里试验射程达4 570 m的康格里夫火箭，当时，唯一可用的测量设备只有光学望远镜。

第二次世界大战期间，德国于1936年就建立了佩内明德火箭试验靶场，由陆军和空军共用。1938至1939年间，陆军集中力量研究V-2火箭、瀑布和台风雷达制导防空导弹，空军着重研究V-1有翼飞弹和海因克尔HE176、梅瑟施米特ME263、ME163喷气式飞机、空对空导弹、助推器、带翼炸弹。1942年10月，陆军进行V-2火箭首次发射获得成功，然后大量生产并用于实战。

佩内明德火箭试验靶场从北端两个发射阵地向东北发射地-地导

弹，落区位于波罗的海海面上，航区则紧靠波罗的海南岸，在海岸及附近小岛上布设测量站。佩内明德火箭试验靶场作为最早的导弹试验靶场，配置多普勒跟踪系统等外测设备和遥测、光测、声纳等测量设备，构成一种简单的测量系统，整个靶场部署的主要测量设备如下。

1）光测设备：Askania 电影经纬仪和 Zeiss 弹道相机，采用三站交会方式测定 V-2 火箭位置，精度达 4.5 m。

2）雷达跟踪测量设备：建立 3 个 Campania 多普勒跟踪系统，用于对火箭测轨。1942 年又专门为 V-2 火箭研制了 Naples 1 多普勒跟踪系统，该系统有一个发射站，向火箭发射 36 MHz 信号，经弹载转发器倍频转发，由多个地面站接收。实际上，这就是战后各导弹靶场普遍采用的 DOVAP 系统的前身。

3）遥测设备：Messina 1 型系统，这是一种 3 信道、调幅/调幅型的遥测系统，也是出现最早的遥测系统，在发射阵地附近布有两个接收站，工作频率为 61.8 MHz。1945 年，研制的 2 型系统是 9 信道调频/调频系统。

为测定火箭海上落点，在波莫瑞海岸设置两个声纳测距定位网，一个在离发射阵地 160 km 的鲁根瓦尔德；另一个在 240 km 处的韦巴。

第二次世界大战结束后，随着军事的需要和航天技术的发展，航天遥测技术也有了迅速的发展，并取得了一系列重要成果。按照遥测和测控系统发展的历史，可划分为下列 3 个发展阶段。

3.1.1.1 遥测系统独立发展阶段

最初的遥测技术是专为解决测量飞行目标内部工作参数的，因此，相对于测量飞行目标运行轨迹的外测技术，遥测技术又称为内测技术。

除了内测设备和外测设备，导弹试验靶场还包括一类设备，用于对飞行目标的轨道偏差、姿态异常以及内部设备工况异常进行调整和纠正，称为遥控设备。最早的遥控设备仅用于对导弹作安全控制，也叫安控设备。外测、遥测、遥控的组合就构成了导弹试验靶场的测控系统。

20 世纪 50—60 年代，跟踪（外测）、遥测和遥控是互相分离的，即航天技术尚处于发展的初期阶段，负责跟踪和轨道测量的外测、负责监视航天器内部工作状况的遥测和能干预航天器轨道/姿态及内部设备工况的遥控是三个独立的系统，各自拥有自己的空间段和地面段，弹地设备相互配合工作，每个系统各自具有独立的收/发天线、天线驱动机构、收/发信机以及调制解调终端。

在此发展阶段，遥测作为一个独立发展的系统，是航天器自发射场起飞后能及时向测站报告航天器内部各分系统（诸如结构、机构、推进及控制、通信、能源和有效载荷等）经受的力学环境、仪器舱内的温湿度、压力和舱外环境参数及在其影响下工作是否保持正常的唯一手段，同时，也是地面是否要对这些分系统采取干预（如调整运行参数、更换备份等）提供依据的唯一手段。如果遥测在一次任务的应用中设计不合理，使已出现的故障在测站和任务控制中心凭遥测数据检查不出故障源出自何处，则会导致整个试验任务失败。因此，遥测技术在这个发展阶段需要重点解决测得多、测得准和实时连续获取数据等关键技术。

为使每次任务都能尽可能多地获取各种测量数据，遥测容量的扩充始终都牵引着遥测技术的发展。遥测的特点就是信息源繁杂，不但信息源数量多，从最初的几十、几百路至数千路，而且根据被测对象的不同，频率响应可相差 3～4 个数量级，如温度、压力、供电电压、电流的频率响应只是频率响应只有 0 Hz 至 0.01～0.1 Hz，而结构振动则可达几千赫兹。虽然，遥测在信源路数上可以和通信中的多路电话相类比，但在信源频率响应上却与多路电话相去甚远。如何将成百上千路、频率响应相差 3～4 个数量级的信号有效地合并起来传送，成为航天遥测首当其冲需要解决的关键技术问题，这种特殊的需求也使遥测技术区别于通信技术而独立发展。

20 世纪 50 年代初，航天遥测开始起步时，沿用当时多路载波电话已采用过的频率划分制多路复用（FDM）思想，但做了某些改进，如引入副载波概念。所谓副载波是一组可用电压调频的振荡器，但它们的中心频率比载波低 1～3 个数量级。每路信源测得的信息，转换成电压变化后对一个副载波调频（FM），多个副载波叠加起来后再对载波调频，这种最先出现的遥测系统称为双调频（FM - FM）系统。在航天技术发展的初期，尤其是在运载火箭的试验阶段，对测量力学环境（因测量结果非常直观）起过重要作用，在个别航天器上也曾使用过。但这种体制的缺陷很明显：1）它可传送的信号路数过少，最多只有 25 路；2）其频率带宽利用不合理，各路副载波之间必须保留较大的保护间隔以防止相互干扰；3）它是一种模拟传输技术，在转传过程中会产生误差累积，误差高于 3%，且测得的数据不便于直接自动化处理和存储。因此，这种体制很快就遭到淘汰。

继频分制遥测后兴起的是时间划分制多路复用（TDM）遥测，开始于 20 世纪 50 年代中期，它依据的思想是香农（Shanon C E）于 1948 年提出的取样定律。香农认为连续时间信号不需要连续传送，可用一序列离散取样点来代表，因此可将众多的信息源，按其频率响应不同，大致分成高、中、低三挡，分别按顺序排列起来用相对应的高、中、低频响交换子（时间划分开关）按顺序取样，得出的信号为一串时间上排序的幅度高低不等的脉冲序列信号，称为脉冲幅度调制信号，简称脉幅调制（PAM）信号。将高、中、低频响交换子串接起来，低频响交换子的输出串接入中频响交换子输入的一路中，中频响交换子的输出再串接入高频响交换子输入的一路中，最后，高频响交换子输出形成的 PAM 信号，再对载波调频形成 PAM - FM 时分制遥测系统。PAM - FM 遥测虽然解决了上千路信号的传送问题，改善了频率带宽利用率，但它仍是一种模拟系统，因此，模拟系统的误差积累和不便处理的缺点依然存在。

20 世纪 60 年代初，由于半导体技术的出现，数字化集成电路和数字化传输技术日趋成熟，人们开始将数字化技术引入遥测。两个条件促成了这一技术的实现：一是遥测信号频响比话音和电视图像低得多，正适合当时数字化器件的发展水平；二是当时的航天遥测都服务于军事目的和尖端技术，能够承担昂贵的器件开支，因而在PAM的基础上增加了模数变换（A/D）和数模变换（D/A）技术及复杂的数字同步技术而形成了数字化遥测技术——脉冲编码调制（PCM），简称编码遥测。遥测系统数字化后带来了众多的好处：1）解决了上千路信号的传送问题，改善了频率带宽利用率；2）使遥测信息可以存储，方便运算和自动化数据处理；3）可在数字化序列中加入某些监督位符号，用于检查和纠正传输过程中引起的误码；4）可以剔除冗余信息，进行信源压缩和信息加密；5）可以进行数据再生，防止多次转发引起的误差累积等。

航天遥测的发展经历许多次的技术变革，由模拟形式的频分制遥测到时分制遥测，时分制遥测又由模拟制的PAM遥测、脉冲宽度调制（PDM）遥测等发展到数字式的PCM遥测，到现在得到广泛使用的只剩下PCM遥测，其他类型的遥测都为技术进步所淘汰。

与遥测基带信号形式的进化进程相类似，遥测调制体制方面的进化也经历了从模拟到数字的演变。早期的模拟遥测在调制体制上采用调幅（AM）、调频（FM）等模拟调制方式，遥测基带信号数字化后，很自然改用了幅度键控（ASK）、频移键控（FSK）、相移键控（PSK）等数字调制解调方式。但发展到现在，因PSK调制解调所需的射频带宽最窄，在同一传输质量条件下，要求的信噪比最低，其优秀的性能使得其他调制解调体制被淘汰，绝大部分应用都趋于采用PSK及其变种的调制解调方式。

但PCM－FM体制是个例外，该调制解调体制仍广泛应用于导弹和运载火箭遥测中。这主要是由导弹和运载火箭遥测的特点决定的，即在导弹试验和运载火箭发射任务中，要求遥测信号必须采用实时连续传送的方式，以便在目标出现故障时能及时采取对策。其测控时间短，飞行高度低，存在火焰电离和多径干扰，弹体脱落致信号中断等特殊问题，要求遥测系统具备很强的实时响应能力和快速信号捕获能力，以及抗火焰、抗多径干扰和高可靠的能力。虽然，

PCM－FM 体制在解调性能上逊于 PSK 体制，但由于工作距离较近，该不足易于克服，而 PCM－FM 体制不需锁相，快捕能力强，实时性好，设备构成简单，对火焰和多径干扰造成的相位跳变不敏感等优点，却明显优于 PSK 体制，因此，PCM－FM 体制至今仍是导弹和运载火箭遥测的首选体制。

3.1.1.2　统一载波系统发展阶段

统一载波系统是指用一个载波实现测控通信的多种功能，即将跟踪测轨、遥测、遥控三种功能（TT&C）统一在一个载波上。

20 世纪 60 年代初，美国在为实施阿波罗载人登月计划而进行的水星号和双子星座号飞船的试验和准备阶段，逐步认识到独立发展的分离式测控设备的严重缺陷：一是相互独立的系统都具有各自专用的发/收天线、发射机、接收机，设备过于复杂，给航天器结构带来安装布局的困难，而且地面设备也十分庞大复杂，操作不便；二是载波过多，易产生相互干扰，电磁兼容性差；三是频点分布十分分散，即使加大发射功率，阿波罗低端频点的作用距离仍无法达到月球。在这种情况下，重新研制多种单一功能的大系统来组成一个分离测控系统，既不经济也难以满足要求，于是统一载波系统应运而生。

这个阶跃性突破发生在 1966 年，阿波罗载人登月计划采用美国喷气推进实验室对统一载波系统的研究结果，即统一 S 频段（USB）测控系统，该系统将跟踪测轨、遥测、遥控、电视、话音综合为一体。它是航天测控技术发展史上的一个里程碑。

USB 系统包括 4 个主要的技术要素。

1）统一载波：把跟踪测轨、遥测、遥控和电视、话音信号通过多个副载波调制在一个载波上，用频分制实现测控与通信的合一，它简化了飞船上设备和减轻了负荷质量，避免了由多个分离设备所带来的电磁兼容问题，并简化了地面设备的操作、维护、使用。

2）采用 S 频段：在当时的条件下，这有利于提高作用距离和测量精度，也有利于电磁兼容和满足多副载波调制时的宽频带要求。

3）锁相技术：窄带锁相环跟踪滤波技术是喷气推进实验室于20世纪50年代为其深空测控网开发的关键技术，是测控系统接收部分的技术核心，这一成果被成功地用于USB系统中。

4）伪随机码测距：解决了至月球的远距离无模糊测距问题。

自USB测控系统问世以后，它就在空间技术领域中迅速地得到广泛的应用，应用领域涉及各种火箭、卫星、飞船、空间站的测控，深空跟踪，导弹试验的安全控制以及航空飞行器的测控。到1979年，世界无线电管理会议决定以S频段作为空间业务频段以后，更促进了USB系统的进一步发展。到了20世纪80年代，USB又被纳入国际CCSDS标准，并已为世界上多数国家接受。为有利于开展国际合作，世界上许多国家都按此建造USB系统，使USB得到了进一步的推广和发展。世界上各航天国家，如中国、美国、苏联、法国、日本、德国、巴西、印度，以及国际航天组织，如欧洲空间局、阿拉伯卫星通信组织、亚洲卫星通信组织都相继建立自己的USB和UCB（统一C频段）测控系统，使统一载波测控系统如雨后春笋般地出现在地球上。

最早出现的统一载波测控系统是采用频分多路原理实现的，它的代表就是USB系统，因这种系统已在国际上被承认，形成了一种国际标准，故称为标准统一测控系统。随着需求的牵引和技术发展的推动，又发展了时分制的扩频统一测控系统，它将代表各种功能的信息统一为一个数据流，再扩频调制在一个载波上传输。扩频测控技术最先应用于TDRSS和GPS中，之后逐渐扩展到地面测控站中。在欧洲空间局（ESA）的支持下，2001年欧洲电信标准协会（ETSI）着手制定卫星测控链路扩频ETS1标准，该标准采用扩频调制的新体制是为了解决以下问题：

1）加强抗干扰能力，提供可靠的测控（TT&C）链路；

2）可对多颗共视卫星进行测距，能对10颗以上的卫星同时测控。

同时，该标准还与ITU规范兼容，具有标准的多副载波TT&C

模式和新的扩频模式，并与有效载荷的射频段相兼容，能传输 500～1 000 b/s 的遥控码速率和 2 Kb/s 的遥测码速率，这些标准的制定，促进了扩频测控系统的进一步发展。

统一载波测控系统的发展无疑对航天遥测技术的飞速发展起到了巨大的推动作用，促使遥测摆脱了独立发展的格局，走上与跟踪外测、通信等其他技术相互融合的道路。这一阶段发展的特点主要有：

1）遥测的内涵大大扩展。随着统一载波测控系统的成功应用，航天技术也从飞行试验阶段逐渐成熟后开始转入应用阶段，促使遥测的内涵从最初的内测扩展为既可测量航天器内部工作状态和工作参数，又可采用各种技术手段测量航天器姿态参数、环境参数、侦察参数、航天员的生物医学参数、科学研究参数、图像、视频等各种参数，这些测量数据都通过统一的下行载波传送到地面，进行解调、处理、记录和显示。

2）遥测与跟踪外测、通信等其他技术相互融合，结果是其界限越来越模糊。例如，卫星导航技术的发展使航天器可以实现主动外测，并大幅度提高测轨精度，其原理就是在航天器上配置导航接收机，将接收到的导航数据通过遥测链路传送到地面进行解算，这种技术手段非常类似于传统遥测采用的传感器采集—信道传输—地面解算的方法。

3）遥测的容量急剧增长。由于遥测内涵的扩展，测量对象更加复杂，频响差异更加巨大，遥测数据率的需求也随之大幅提高。这种需求促进了高码率调制解调体制和技术的长足发展，到目前为止，已经在中继卫星系统中实现了 300～600 Mb/s 的数据速率传送。

4）遥测基带信号的构造又经历一次大的变革。为减少数据冗余度，提高频率带宽利用率，遥测基带信号将效率低的交换子串接编帧方式，改用通信中兴起的分组交换方式。即每个信源按各自的频响测量要求，按一个应用过程取样、数字化和存储，每个信源的处理与其他信源独立无关，多个信源数据按优先级排队编帧形成数据流，用同一种统一速率传送，这种方法被称为分包遥测思想。

5）遥测的作用距离越来越远。遥测的作用距离从最初的近程导弹的几百千米到近地轨道（LEO）的上千千米，从地球静止轨道（GEO）的约4万千米到月球的40万千米再到火星的4亿千米，如何克服巨大距离引起的路径损耗以及时延问题，已成为现代遥测系统需要解决的关键技术问题之一。

6）遥测的性能要求越来越高。随着遥测作用距离的扩大，接收信号已非常微弱，催生了大口径天线技术、天线组阵技术、低温制冷LNA技术、高效信道编译码技术、毫米波和激光通信技术等的蓬勃发展。

3.1.1.3 天基测控系统发展阶段

美国于20世纪60年代实施阿波罗载人登月计划时，一开始就发展由20多个USB测控站组成的陆基测控网和海基测量船队、空基测量飞机，在世界各地广泛设立测控站以增大测控通信的覆盖率。但单靠陆海基测控网不能解决中、低轨航天器覆盖问题，就以美国覆盖率最高的耗资达6亿美元的载人航天测控通信网而论，在执行阿波罗任务时，在最有利的条件下也达不到30%的覆盖率。如何解决高覆盖率测控？1963年，美国有人提出了这样一种设想：能否将测控站搬到天上，从上向下俯视低轨航天器，从而实现高覆盖率呢？这种天基的设计思想从根本上解决了测控的高覆盖率，开创了测控发展的新纪元。

按照这种设想，早在20世纪60年代，美国在执行阿波罗登月计划时期，就一方面发展USB系统，另一方面着手制定新的方案，它利用位于地球同步轨道的跟踪与数据中继卫星（TDRS）对中低轨航天器进行测控，整个系统称之为跟踪与数据中继卫星系统（TDRSS）。1966年，美国戈达德航天中心和喷气推进实验室就TDRSS方案进行了一系列初步研究，1971年完成可行性研究，1973年完成技术设计阶段工作，1974年进行跟踪与数据中继试验，并于1983年4月4日发射TDRS-1卫星，它标志着一个测控新时代的开始，到 1995 年 7 月共发射了 7 颗星（其中一颗失败），至此第一代 TDRSS 完全建成，共有 6 颗 TDRS 在轨工作，使之对中低轨航天器的覆盖率达到 100%。TDRSS 完全投入运行以后，美国关闭 STDN 网的大多数地面站，使测控网向着一个新的结构体系过渡，且每年可节省 3 500 万美元的操作维护费用。

美国有军用和民用完全分开的两个数据中继卫星系统，TDRSS 是民用系统，军用数据中继卫星系统称为卫星数据系统（SDS），于 20 世纪 70 年代开始建立，已经发展了三代，主要为军事侦察卫星提供高速数传，是美国军事空间信息网的一个重要组成部分。

苏联也从 1985 年起，相继发射两颗波束号跟踪与数据中继卫星来解决测控通信的覆盖率问题，并于 20 世纪 90 年代初建成。它的建成使地基测控站和测量船的数目大为减少。欧洲和日本也在大力研究开发自己的数据中继卫星系统，并在这方面协商同美国联网，用以支持自己的航天计划。

当前，天基测控系统仍在进一步发展，从 2002 年 6 月至 2002 年 12 月，美国相继发射了第二代的 TDRS - H、TDRS - I、TDRS - J 3 颗卫星。第二代 TDRSS 又有新的提高，表现在：

1）增强多址（MA）能力。第二代 TDRS 的多址相控阵天线增加到 47 个阵元，将发射与接收阵元完全分开，15 个发射，32 个接收，正常工作条件下，只使用 15 个发射阵元中的 12 个。中继星的 EIRP 和 G/T 指标有显著提高，形成的波束覆盖角为地球中心 $\pm 13°$。

2）增加 Ka 频段。第二代卫星增加一个新的频段——Ka 频段，用于星间通信。其单址前向业务（TDRS 到用户星）带宽为 50 MHz，返向业务（用户星到 TDRS）带宽为 650 MHz，数传速率也提高到 800 Mb/s。

3）卫星上的 S 频段和 Ka 频段频率改成可调的。根据天基网互操作小组（SNIP）的协议，为了使美国、欧洲和日本的中继卫星能互操作，第二代 TDRS 的 S 频段和 Ka 频段单址业务变为频率可调，

S 频段多址和 Ka 频段单址仍工作在固定频率上，这种频率调节的灵活性使其他中继卫星的 Ka 频段用户可以使用 TDRSS。

4）第二代 TDRS 的单址天线除具有第一代卫星的矩形视场外，还增加一个椭圆扩展视场（EEFOV），76.8°（外侧）×24°（内侧）和±30.5°（南/北），可以覆盖地球同步轨道的用户卫星。而第一代卫星只能覆盖 73～9 000 km 的用户星。

5）地面终端站的增强。TDRSS 的地面系统目前由 3 个地面终端站组成，即白沙地面终端站（WSGT）、第二地面终端站（STGT）和关岛远方地面终端站（GRGT）。前两个终端站都位于白沙靶场，是独立工作的地面终端站，WSGT 有 2 套自主工作的天-地链路终端（SGLT），STGT 有 3 套。1998 年 7 月正式投入使用的 GRGT 位于关岛，它由 WSGT 扩展而来，受 WSGT 的遥控，与位于 275°W 的 TDRS-3 卫星协同工作，共同提供盲区覆盖。WSGT 与 STGT 之间有一条数据链，称为设备间链路（IFL），用于交换用户数据和跟踪信息，通过 NASA 综合业务网（NISN）进行通信。

在天基测控系统中，除上述的 TDRSS 以外，还必须提到全球定位系统。美国和俄罗斯（苏联）相继用近 20 年的时间，建立各自的新一代全球卫星定位系统，美国的系统简称为 GPS（Global Positioning System），俄罗斯的系统简称为 GLONASS。GPS 采用“多星、高轨、测时-测距”体制，实现了全球覆盖和全天候、高精度，它能提供连续、实时、高精度的三维距离和三维速度及精确的原子钟时间信息。近年来，GPS 获得迅猛的发展和广泛的应用，目前，这种蓬勃发展的局面，就连当年的 GPS 设计者也是始料未及的。

GPS 在航天测控领域能为飞行器和导弹提供一些特殊的支持服务，航天器可以利用它实现高精度的授时和自主定位，因此，在飞行器和导弹测控中有着很好的应用前景。

航天技术发展的初期，不论运载火箭或者航天器都处于改进设计的飞行试验阶段。此时，传送的信息以 TT&C 信息为主，没有通信问题。航天技术成熟转入应用阶段后，航天器只是作为承载观察、测量仪器，收集和转发各种信息设备（统称为有效载荷）的一个空间平台，因而交换有效载荷取得或中转的信息，即通信（用符号 C 代表）成为主要目的。因此，对航天器而言，通信和测控（TT&C，简化成只用符号 T 代表跟踪）两种手段都是必备的，国际上用符号 C&T 代表，称为通信跟踪系统，也可称为通信测控系统。天基测控系统顺应这种发展趋势，将测控与通信结合起来，是一种典型的 C&T。遥测和遥控数据不再是特殊的测控信息，而是与其他信息一样，统一编帧传送。自 20 世纪 90 年代以来，国际上各航天大国对测控信息网进行许多研究，包括网络的体系结构、自适应网络拓扑结构、网络的互联互通以及网络管理模式等，并大力研究把地面类因特网的概念扩展到空间组网，这些研究都取得了一定成果，测控通信网络化与多网综合是未来发展的趋势。

天基测控系统的发展使测控和通信紧密融合，形成通信测控系统，通信技术成为推动系统发展的主导力量，遥测传输与通信技术从独立发展的双轨制开始并轨，遥测研究的许多热点问题也是通信研究的热点，甚至是通信已经解决的成熟技术，航天遥测技术的未来如何发展成为需要认真研究的问题。

3.1.2　现代遥测需解决的问题及未来发展趋势

在通信技术发展迅速，并对遥测技术有巨大冲击作用的形势下，有必要重新梳理遥测的使命与任务，才能掌握遥测未来的命运。要研究遥测技术未来的发展，可以将遥测的服务领域分为飞行试验和航天器应用这两个方面来进行分析。

3.1.2.1　现代遥测服务于飞行试验领域

在航天器飞行试验中，遥测是测控系统的重要组成部分，对导弹和运载火箭的飞行试验有着举足轻重的作用。在导弹飞行试验过程中，根据遥测数据，发射场指挥人员和导弹设计人员可及时了解弹上各系统的工作情况与实际飞行条件下的性能。对于地面试验无法模拟或无法完全模拟的一些性能数据，可依靠飞行试验的遥测数据得到补充和修正。一旦导弹飞行失败和出现局部故障时，采用遥测数据对故障进行分析，能快速准确地实现故障隔离和故障诊断，从而采取相应措施。因此，遥测系统必须具备非常强的实时响应能力。虽然，天基测控系统具有导弹飞行全程覆盖和布站简单可靠的优势，但其时延大的缺陷难以保证导弹飞行试验的要求。

一个典型的例子是美国 X-43A 超高声速临近空间飞行器的靶场测控系统。X-43A 是一个飞行高度 30 km、飞行马赫数达 10、飞行距离达 1 600 km 的临近空间飞行器，它在美国西部的爱德华空军基地由 B-52 轰炸机携带，在 12 km 高空进行投放，再由助推火箭推动升至 30 km 临近空间，然后自身的超燃冲压发动机试验工作 10 s，最后自由下滑落入太平洋。为了实现超视距的连续覆盖，美国采用多站接力方案，即用美国西部航空试验靶场（WATR）和美国海军海上靶场接力测控，并与测控飞机跟踪测量相结合来完成测控，如图 3-1 所示。

在美国 TDRSS 已相当发达的情况下，仍沿用传统的多站接力方案，可见美国也意识到 TDRSS 尽管有很多优点，但在资源量、经济性、传输时延、安全防护性等方面仍存在不足，所以美国正在试验研究 Ka 频段天-地直接传输的地面测控通信系统，使之与 TDRSS 相互补充，优势互补。

遥测作为航天器飞行试验中的一种测量手段，测得多、测得准、快速响应、全程覆盖和经济性是遥测技术的主要要素，这些要素在未来遥测技术的发展中主要表现如下。

1）测得多、测得准：应用于飞行试验的遥测技术在过去的发展中已经很好地解决了多路测量和传输的问题，以及遥测精度的问题。但在测量参数和种类上的发展无止境，随着新型导弹和运载工具的发展，一定会涌现出许多新的遥测参数，需要研究新的测量方法和手段。

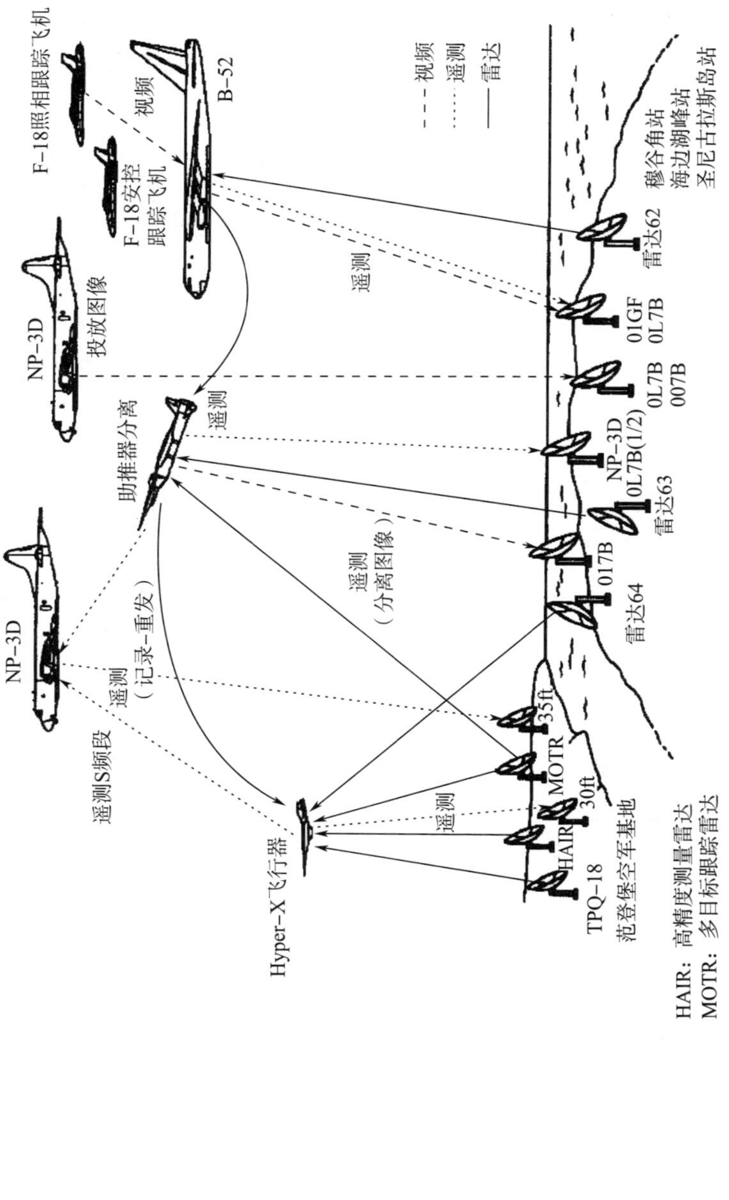

图 3－1　X－43A 的海上靶场测控配置示意图

2）快速响应：目前的遥测数据处理都采用在中心集中处理的方法，虽然处理能力强，但受到数据传输路径的限制，实时性会有一定的影响，而且一旦受到自然的或人为的干扰造成阻塞中断时，将使整个系统瘫痪。现代计算机软硬件技术的发展已能满足快速处理遥测数据的要求，可以采用测站直接处理的方式，既能保证快速响应又能得到冗余备份，可靠性较高。

3）全程覆盖和经济性：利用 TDRSS 可实现全程覆盖和兼顾经济性，是一个很好的测控手段，但需要有其他补充手段来弥补 TDRSS 的缺陷。可以将遥测数据分成 2 类：一类是不需实时处理的大量数据，如图像等可通过 TDRSS 传输；另一类是需要快速响应的关键数据，可直接下传到地面测控网，一般而言，这类关键数据的数据率较低。一个地面站的覆盖范围可以较大，有利于布站的经济性；或者发展飞机站，利用测控飞机或无人机接力伴飞。

3.1.2.2　现代遥测服务于航天器应用领域

在航天器应用领域，遥测是为航天器平台和有效载荷提供测量服务的有效甚至是唯一手段，相当于航天器的感知器官。尤其是近年来在地球上掀起的深空探测热潮，为深空遥测技术提出了新的挑战。宇宙茫茫无垠，人类对宇宙空间和各种现象的认知是极有限的，随着人类对宇宙探索的深入，必会促使遥测技术产生新的概念、新的理论和新的方法。

在航天器应用领域，遥测技术的未来发展应更加注重测量本身，主要表现如下。

1）对宇宙空间测量对象的研究探索将是无止境的，面对浩瀚无垠的宇宙和全新的测量参数，需要不断研究新的测量方法和手段。

2）自主测量能力：由于巨大的空间距离带来的巨大时延，现有的航天器传感器—空间传输—地面解算的遥测模式已不再适用，航天器上的传感器将由具有自主测量能力的测量仪器取代，该测量仪器将具有双向通信通道，可实现将测量及解算的结果传回地面，以及地面将测量策略或标定算法或标定结果传回仪器。

3）远程标定能力：航天器在轨飞行时间可能很长，使测量仪器的检定时效过期，因此，必须研究远程在轨标定的方法，保证测量仪器长期测量精度。

4）空间网络对航天器目标的感知能力：航天器在宇宙空间只能依靠空间网络与地面通信联系。因此，遥测技术需要解决空间网络对航天器目标的感知能力，或航天器自主感知周边网络节点并接入网络的能力。

3.2　系统工作原理

3.2.1　遥测发送端

遥测发送端一般位于航天器上，利用若干传感器将多个待测量参量变成适于采集的信号，如电压或电流，再经过信号调节器进行适当的调节后，变成适于传输的规范化信号，由多路复用装置将各路遥测信号按某种多路复用方式集合起来调制射频载波，再经调制发射机、天线传送到地面遥测站。其原理框图如图 3－2 所示。

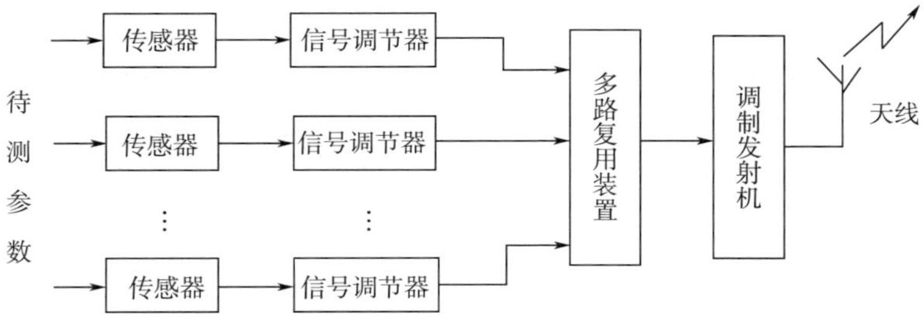

图 3－2　遥测发送端原理框图

3.2.2　遥测接收端

遥测接收端一般位于地面，称为地面遥测系统或遥测站。遥测站由于使用对象不同、场合不同、任务要求不同，设备性能指标也有所不同，形成遥测站的种类也不同，通常有陆地站、海上站和专用的飞机遥测站。遥测站按任务、性能和站型可以进行如下分类：

1）按任务划分，分为遥测检测站和遥测测量站；

2）按跟踪性能划分，分为宽波束等待遥测站、程控跟踪遥测站和自动跟踪遥测站；

3）按站型划分，分为活动遥测站和固定遥测站。

3.2.2.1 遥测站组成

以典型的 S 频段遥测站为例，遥测站主要包括天伺馈分系统、接收信道分系统、数据解调处理分系统、监控分系统、信号/数据记录分系统、时频分系统等，如图 3－3 所示。

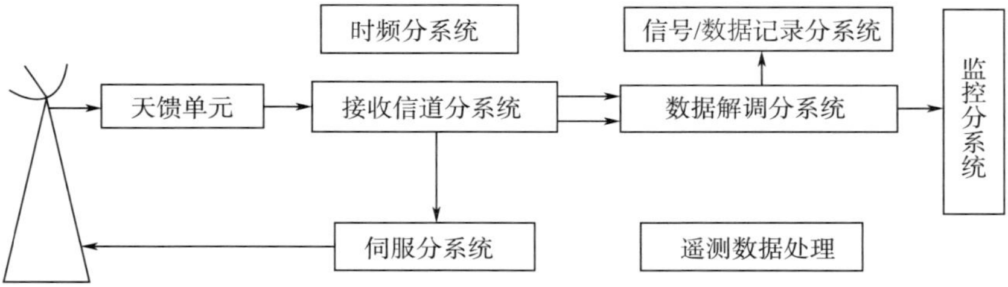

图 3－3 地面遥测系统组成

3.2.2.2 遥测站工作原理

天线接收到遥测信号并进入跟踪状态，经 LNA 放大，通过高频电缆馈送给 AGCA 放大后送到 S 频段下变频器，经混频、滤波、放大，输出中频信号给 FM 分集接收机，再经中频滤波放大、增益控制、分集合成、鉴频解调、视频滤波放大等，将 PCM 基带信号送到全数字 PCM 同步解调处理器，同时跟踪接收机将解调出的 AM 包络信号送天伺馈分系统，伺服分系统对 AM 包络信号进行同步检波，解调出方位误差和俯仰误差信号，送天线控制单元，以完成对目标的捕获、跟踪。主天线能够跟踪不同点频的信号，并具有程序跟踪、数字引导、扫描搜索等功能。

数据解调分系统的全数字 PCM 同步解调处理器将接收到的遥测接收机送出的 PCM 群信号经码同步、帧同步和副帧同步处理，形成固定格式的遥测数据帧（含时间标志），在遥测软件管理下，完成数据存盘及实时处理。同时，对解调的遥测数据进行挑路处理。

监控分系统通过网络和串口与各分系统设备连接，实现对各分系统工作参数设置、状态显示和监控管理；通过网络实现与各分系统设备数据共享。负责数据对外通信的模块将遥测解调数据挑路处理，经 HDLC 链路或网络传输给远程终端。

（1）天伺馈分系统

高速率遥测接收系统一般使用抛物面天线，天线系统由抛物面天线、馈源、天线座、天线控制单元等组成。

用于接收遥测信号的天线，按工作方式分为：1）宽波束等待天线，一般波束宽度 $\theta_{0.5} \geqslant 80^\circ$，增益 $G \leqslant 6$ dB；2）中等波束宽度手动或程控跟踪天线，$\theta_{0.5} \approx 20^\circ$，增益 $G \leqslant 18$ dB；3）窄波束自跟踪天线，$\theta_{0.5} \leqslant 5^\circ$（多用抛物面天线），$G \geqslant 28$ dB。按结构，又可分为微带天线、振子天线、螺旋天线、背射式天线和抛物面天线。

馈电设备用于对天线提供匹配、波束形成、滤波、圆极化等功能。遥测天线馈电设备是一个由若干微波器件和电缆组成的微波网络，用于控制各天线单元电流的幅度和相位，以形成方位、俯仰差波束与和波束。

天线控制单元是一个闭环反馈控制系统，其作用是经过接收天线、信道，由跟踪接收机输出的角误差信号来控制天线的运动，使接收天线准确地对准飞行目标。在自跟踪过程中，遥测设备获取遥测数据的同时，可以得到一定精度的测角数据。

（2）接收信道分系统

接收信道分系统主要由低噪声放大器（LNA）、自动增益控制（AGC）电路等组成。

低噪声放大器用于对馈源供给的微弱射频遥测信号进行放大，提高接收系统的灵敏度。对任何遥测接收系统，低噪声放大器都处于前端位置（所以有时也称其为前置放大器），接收系统噪声系数主要取决于低噪声放大器的噪声系数。经过低噪声放大器放大后的信号，通过分路器分路，送给下变频器。下变频器的作用是变频和放大，即将射频信号变换为满足中频接收机要求的中频信号。此外，下变频器还必须针对杂波和镜频等干扰信号进行必要的抑制，以满足系统要求。

遥测接收机用于对中频信号进行 AGC 放大、滤波和解调。按信道体制，分为单信道遥测接收机和分集遥测接收机。为抗衰落，能连续接收遥测信号，重要的遥测站都配置分集接收机。按调制体制，分为 FM 接收机、PM 接收机、FSK 接收机等。

跟踪接收机将方位、俯仰角误差信号解调出来，送至天线控制单元，实现天线对目标的自跟踪。在某些情况下，当系统功率容量允许时，地面站可不采用自跟踪系统。利用宽波束等待天线或中等波束宽度天线，手动或程控方式跟踪目标，连续接收遥测信号。

（3）数据解调分系统

数据解调分系统主要由遥测同步解调处理设备组成，一般是指完成遥测基带信号的同步、解调、挑点等简单处理和对外通信传输等功能的设备。

在 PCM 系统中，接收端在接收和解调后，恢复出原始被测信号并进行相应的记录、处理。位同步是实现正确数据通信的基础，只有取得准确的位同步之后，才能实现字同步、帧同步和副帧同步。位同步的方式分为外同步和自同步两种。外同步方式是在 PCM 数据流之外另设一个信道，专门用来传送位同步信号。这种方式由于需要专门的信道或线路而受到限制。广泛使用的自同步方式是从接收端得到的 PCM 数据流中直接提取位同步信息。用时分方式传送多路信号时，必须有帧同步才能正确区分时序。在 PCM 遥测系统中，插入特殊的码组作为帧的起始标志，在接收端通过判决这个特殊的码组实现帧同步。字同步是用于划分由若干码位所构成的数据字，在时分制 PCM 遥测中，若字长相同，有了位同步和帧同步后，就很容易取得字同步，无须特别的字同步信号。

副帧同步实现有 3 种方式：第一种方式同帧同步方法相似，在副帧中插入特别字样，接收端的副帧同步器像寻找帧同步码组一样来寻找这个特别字，逻辑电路也同帧同步器一样，这称为循环副帧同步方式；第二种方式是在帧同步码的位置上安排一个长度和帧同步码长相同的专用字识别副帧的开始（通常是帧同步码组的反码）。这样，帧同步相关器就可兼用来提供副帧同步信息，这称为反码副帧同步方法；第三种方式是采用识别码（ID）表示副帧数据在副帧中的位置，识别码通常是二进制计数值，占帧中的一个或几个数据字，这称为 ID 副帧同步方式。这三种副帧同步方式各有优缺点。反码副帧方式的优点是不占信道容量，缺点是由于对帧同步码组取反码，因此获得副帧同步的时间是副帧长度的整数倍，获得副帧同步的时间较长；ID 方式的优点是可以直接获得副帧同步，缺点是要占用帧内的波道；循环副帧方式的优点是各个副帧可以异步工作，缺点是另加的副帧同步字要占用信道容量，且接收端需要较复杂的副帧同步器。

（4）监控分系统

监控分系统主要由监控微机、串行接口、网络接口以及相应软件模块等组成。软件模块主要完成设备状态和配置方式的监视和控制。它接受操作员或任务管理模块发来的命令，通过与设备的接口自动控制设备进入工作状态；当设备出现故障时，自动告警，提醒操作员及时处理；接收中心送至遥测站的设备状态参数控制信息和任务计划，并向中心传输状态监视信息和遥测数据等；接收中心发来的计划调度等信息，指定设备工作计划，对全系统进行设备参数设置，并自动启动天线等设备的运转。

（5）记录分系统

记录分系统完成检前信号记录和检后数据记录，处理、保存现场试验数据，为航天器改进和试验故障分析提供重要依据。

以前遥测系统中的数据记录手段主要有倍密度模拟磁记录器、8 mm旋转头磁带机。其中，倍密度模拟磁记录器完成检前与检后不归零（视频信号）、检后随机化信号（码同步后的加扰信号）和时间码的实时记录，并能将记录内容回放送至数据处理计算机进行事后分析、处理。8 mm 旋转头磁带机记录遥测解调分系统送来的遥测数据和 IRIG－B 时间码。

倍密度模拟磁记录器是一种电、磁和精密机械合一的产品，技术要求高，工艺复杂，调整困难，体大笨重，使用维护要求也高。而且，所用磁带为遥测系统专用产品，在订购、使用、保管方面存在一些问题，长期消耗量大，耗费较高。随着微电子技术的发展，基于硬盘的数字化检前信号记录设备具有体积小、性能稳定可靠、操作使用方便、耗费较低等优点，已进入实用化阶段。目前，我国 S 频段统一系统配备的倍密度模拟磁记录器已经被数字化检前记录设备更新换代，新研制的统一系统和遥测设备也采用数字化检前记录设备。检后数据记录方面，随着技术的发展，取消了旋转头磁带机而全部采用检后硬盘记录。

（6）时频分系统

时频分系统主要由 GPS 授时仪和时码器组成。时频分系统主要完成系统内部时间统一的功能。其核心是 IRIG－B 码接收/产生器，它可接收时统站高稳定度频标，并接收解调来自时统站的 IRIG－B 码或 GPS 授时仪输出的 IRIG－B 码信号，产生系统所需的各种时码信号，实时显示解调的当前时间码，为接收到的遥测数据提供时间基准。当外时统失效时，自动转为内时统工作模式，以保证输出时码的连续性。

时码器的工作模式分为内时统模式、外时统模式和 GPS 授时模式。

（7）遥测自跟踪接收分系统

大部分遥测接收系统都具有自动跟踪功能，所以遥测天线自跟踪分系统是无线电遥测系统的重要组成部分。

遥测天线自跟踪分系统的主要作用是：当目标进入视线范围内时，使接收天线自动搜索并捕获目标，并以一定的跟踪精度连续跟踪目标，使目标始终处于主波束的中心附近，从而以最大的接收增益可靠地连续接收遥测信号；特别是当飞行器出现故障，偏离预定飞行轨道时，天线自跟踪分系统能在较大的空域范围内搜索捕获目标并进行跟踪，获得重要的遥测数据，以分析和判断飞行器的故障。

遥测天线自跟踪分系统的工作原理类似于连续波雷达，但也有其专有特点：

1）遥测自跟踪分系统能以多种调制体制的已调载波作为信标进行跟踪，即能利用遥测信号本身进行跟踪，一般不再安装单一载波信标发射机；

2）遥测自跟踪分系统能使天线连续对准目标，以最大增益接收遥测信号，一般不需要很高的测角精度；

3）在同一飞行目标上往往装有几套不同载波频率和不同调制方式的遥测设备，因而具有多个频段遥测射频信号，或一个频段内有多个点频遥测信号。遥测自跟踪分系统能根据信号场强选择其中某一射频信号作为跟踪信标，并可随场强变化而转换。

4）遥测自跟踪分系统采用的跟踪体制一般为单脉冲体制，其中，最常用的是单通道单脉冲体制。

3.2.3　遥测系统信息传输模型

现有的各种遥测系统可以用图 3－4 所示的信息传输模型加以概括。

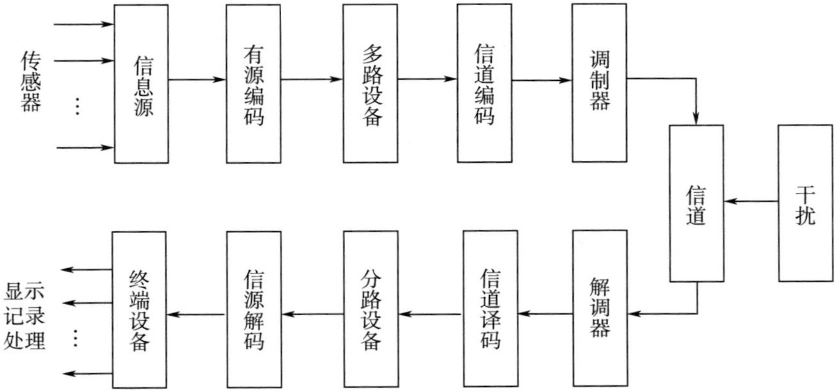

图 3－4　遥测信息传输模型

3.2.3.1　信息源

信息源是代表被传输的遥测信息的发源地，在这里被测参数经传感器变成电信号。而在接收端，终端设备对遥测信号进行记录、显示和数据处理。

3.2.3.2　信源编码及解码

信源编码的主要任务是解决模拟信号的数字化和提高数字信号的有效性。例如，在一定精度要求下，如何用最小的码元数来表示信号，以及如何压缩频带以提高信息传输的效率等。接收端的信源解码是信源编码的反变换。

3.2.3.3　多路设备及分路设备

由于遥测参数很多，为了提高传输效率，要求只用一条信道传输多路信号。多路设备就是把各路信号综合在一起的设备，接收端的分路设备是把综合信号分解成各路信号的设备。

3.2.3.4　信息调制

信息调制包括以下 3 种类型。

1）调频：是指被调载波瞬时频率对其中心频率的偏离值，随调制信号的瞬时值而线性变化。频率调制方式在遥测中应用极为广泛，其特点是抗干扰能力较强。

2）调相：是指被调载波的相位对其参考相位（或初相）的偏离值，随调制信号的瞬时值而线性变化。调相解调器一般采用相干检测器，其门限很低。因此，在深空探测领域中常采用相位调制方式。

3）脉冲调制：是指被调脉冲序列的幅度或宽度或相位随调制信号的瞬时值而线性变化。

飞行器遥测的调制体制具有以下特殊问题：

1）恒包络调制。在一定的输出功率要求下，为减小飞行器上遥测发射机的体积、质量和功耗，其末级功放一般工作于限幅的非线性工作状态，使同一种功放管能有较大的输出功率和较高的效率。

由于非线性工作时，幅/相变换（AM－PM）会产生码间干扰，引起数字传输误码率的增大，所以要求已调载波是没有调幅的，即恒包络的，其相应的调制方式应是恒包络调制。

2）带宽限制。遥测所传输的路数越来越多，码速率越来越高，它相应要占据越来越宽的传输带宽，然而可利用的频带是有限的，是带宽受限系统，因此要尽量压窄信号的频谱宽度以提高频带利用效率，这就要采用高带宽效率的调制方式。这种调制方式不但要求已调信号的带宽窄（频谱主瓣窄），带外干扰小（频谱旁瓣小），而且还要求它的包络是恒定的或准恒包络的，能使末级功放工作在功率大和效率高的非线性状态。

考虑上述因素，遥测中推荐采用 QPSK、OQPSK、MSK、GMSK 等恒包络调制体制，这也是 CCSDS 建议的航天器遥测标准调制体制。另外，窄带、准恒包络的 FQPSK 调制也在迅速推广应用，其中，FQPSK－B 已纳入 IRIG 106－2000 遥测标准。

3.3 系统总体设计

3.3.1 航天器轨道与空间环境

3.3.1.1 航天器轨道

飞行器主要包括以下3种：

1）航空飞行器，即飞行高度在40 km以下的飞行器，包括巡航导弹、飞机、无人机、飞艇、气球等。

2）临近空间飞行器，即飞行高度在40～80 km之间的飞行器。

3）航天飞行器，即飞行高度在80 km以上的飞行器，包括战术战略导弹、运载火箭、卫星、载人飞船、空间站、深空探测器等。

航天器轨道是指航天飞行器的飞行轨迹，一般可用位置（x，y，z）、速度（v_x，v_y，v_z）来描述。卫星、空间站等航天器，环绕地球无动力地运行，运行规律遵循开普勒定律，运行轨道遵循轨道动力学，可用 6 个开普勒轨道根数（ a,i,e,Ω,ω,t_p ）描述。

航天器轨道的确定，是依靠各测控站对飞行器的跟踪测量，并根据测量数据通过计算而得。航天器轨道是针对某一坐标系而言的，而各坐标系之间可以相互转换。航天测控领域中使用的坐标系有许多种，常用的介绍如下。

（1）地心赤道坐标系

地心赤道坐标系又称惯性坐标系，当研究在地球引力范围内飞行的航天器运动时，常用此坐标系。该坐标系的原点是地心，基准平面是赤道平面，X 轴指向春分点，Z 轴指向并穿过北极 N，而 Y 轴的指向符合右旋法则，如图 3－5 所示。

（2）地心轨道坐标系

在描述航天器的轨道运动时，若采用地心轨道坐标系，则航天器轨道运动的表达式可以简化，因为在这个坐标系内，航天器的轨道运动是在平面上进行描述的。地心轨道坐标系如图 3－6 所示，坐标原点 O_1 为地心，基准平面是轨道平面，Y_1 轴的方向指向轨道近地点，X_1 轴位于轨道平面上，其指向与航天器在近地点上的运动方向一致，而 Z_1 轴的指向应使坐标系构成右旋坐标系。

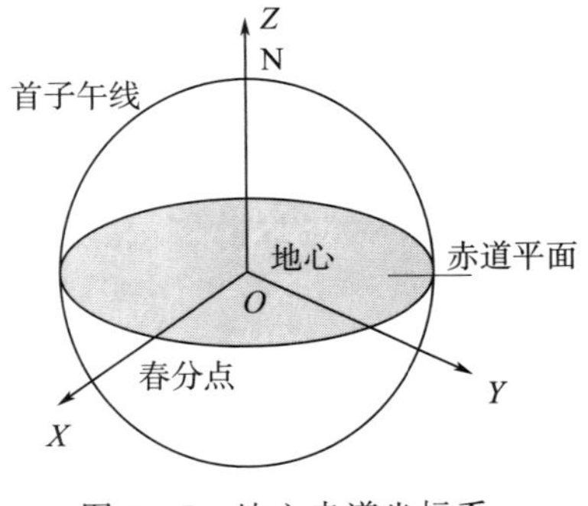

图 3－5　地心赤道坐标系

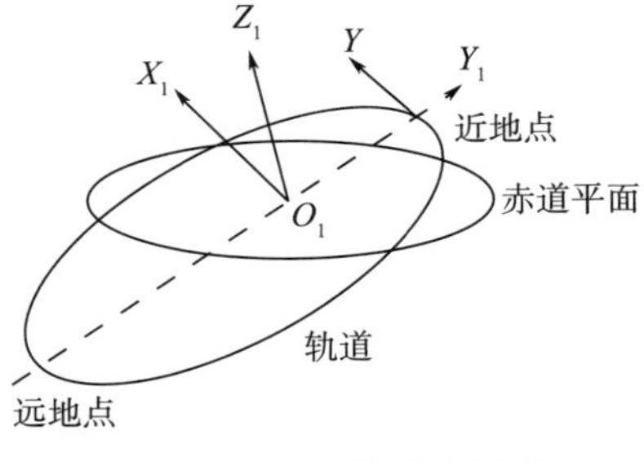

图 3－6　地心轨道坐标系

（3）大地测量坐标系

大地测量坐标系，又称空间直角坐标系、地心地理坐标系。其坐标原点为地心，基准平面为赤道平面，X_2 轴为首子午线平面与赤道平面的相交线，Z_2 轴为穿过北极点的轴线，而 Y_2 轴指向应使坐标系构成右旋坐标系，如图 3－7 所示。

（4）测量坐标系

在对航天器进行观测时，常用测量坐标系。该坐标系的原点为地球表面上测控站所在的位置，Y_3 轴指向原点处参考椭球的法线方向，向上为正，X_3 轴指向本地正北方向，并与参考椭圆相切于原点，Z_3 轴符合右手定则，如图 3－8 所示。测量坐标系又称本地法向坐标系或本地测量坐标系。图 3－8 中，L，B 为坐标原点的经度和纬度。

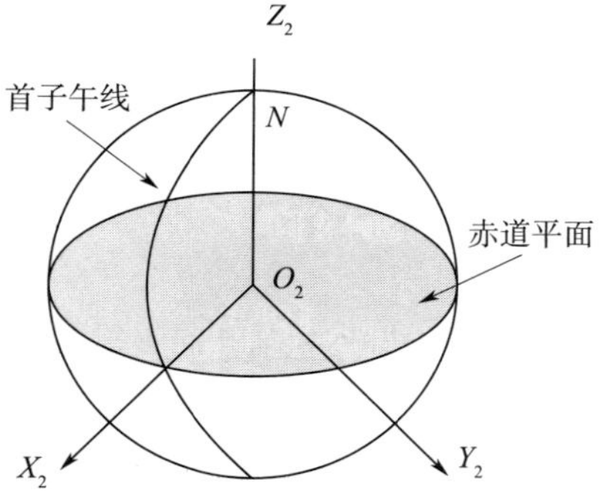

图 3－7　大地测量坐标系

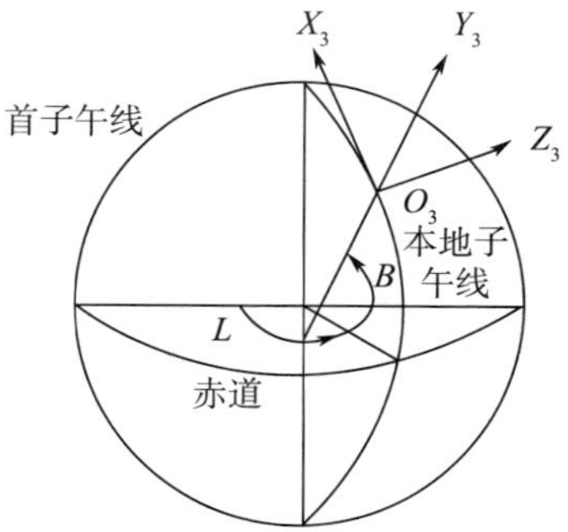

图 3－8　测量坐标系

3.3.1.2　空间定轨方法

（1）空间位置参量

在航天测控中为确定飞行器轨道，无论是无线电测量还是光学测量设备，都是要测量某个具体的几何参量。常用的几何参量有距离 R、方位角 A、俯仰角 E、距离和 S、距离差 r、方向余弦（l，m 和 n）及高度 h 等。

①距离 R

若测得目标到测站的距离 R，则目标位于

$$X^2+Y^2+Z^2=R^2 \tag{3-1}$$

所确定的球面上，如图 3-9 所示。

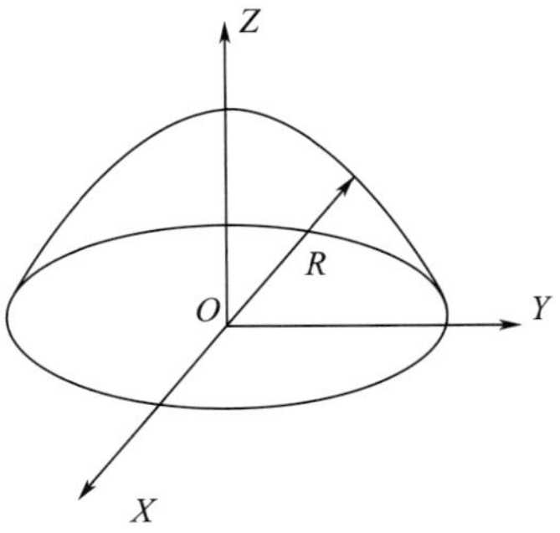

图 3-9　球面

②方位角 A

若测得方位角 A，则目标位于

$$Y = X \operatorname{tg} A \tag{3-2}$$

所确定的平面上，如图 3-10 所示。

③俯仰角 E

若已知俯仰角 E，则目标位于

$$X^2 + Y^2 = Z^2 \operatorname{ctg}^2 E \tag{3-3}$$

所确定的锥面上，如图 3-11 所示。

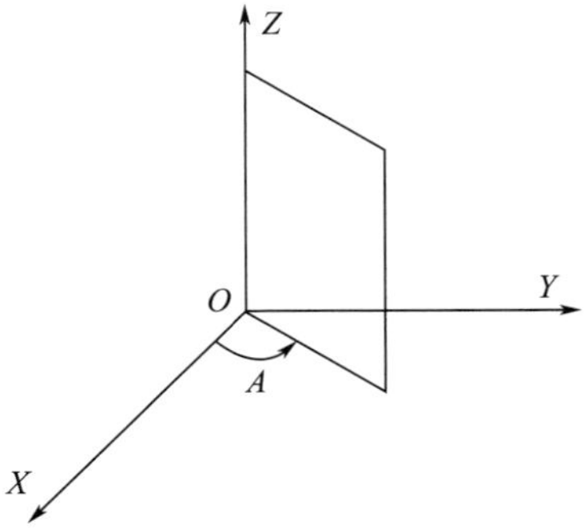

图 3-10　垂直平面

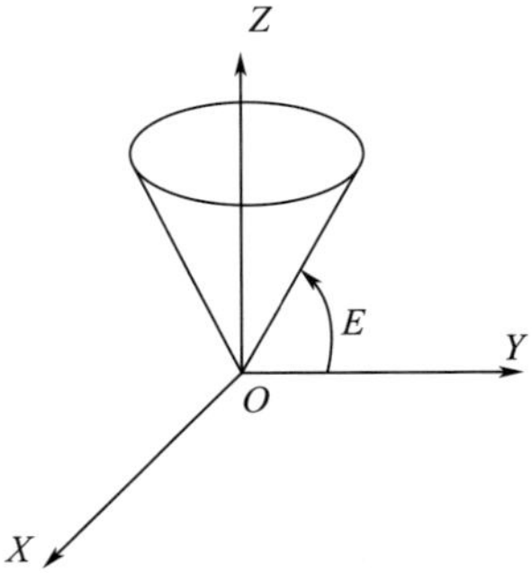

图 3-11　垂直锥面

④距离和

若已知发射站与目标的距离 R_1 和接收站与目标的距离 R_2 之和，即

$$S = R_1 + R_2 \tag{3-4}$$

则目标位于旋转椭球面上，如图 3－12 所示。

⑤距离差

若已知发射站到目标的距离 R_1 与接收站到目标的距离 R_2 之差，即

$$r = R_1 - R_2 \tag{3-5}$$

则目标位于旋转双曲面上，如图 3－13 所示。

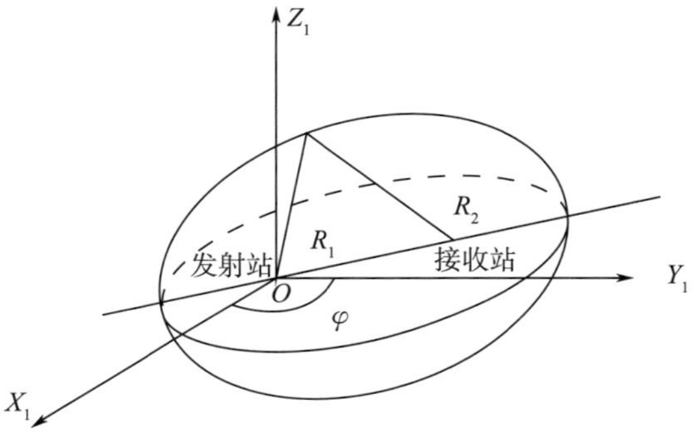

图 3－12　旋转椭球面

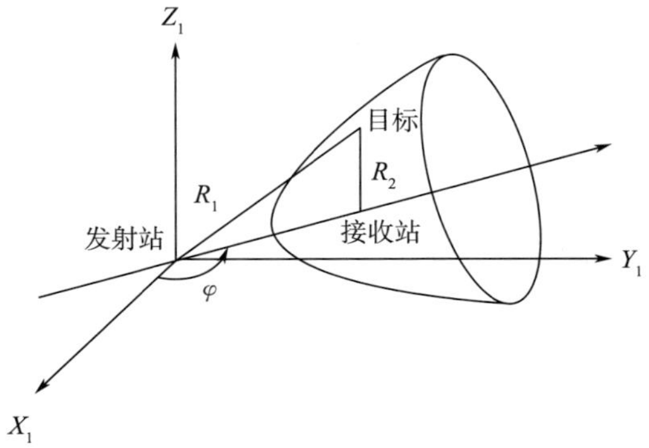

图 3－13　旋转双曲面

⑥方向余弦

方向余弦的定义为

$$l = \cos\alpha = \frac{\Delta R}{b} \tag{3-6}$$

若已知方向余弦 l，即已知角度 α，则目标位于张角为 α 的水平锥面上，如图 3－14 所示。

⑦高度 h

若已知高度 h，则目标位于水平面上，如图 3－15 所示。

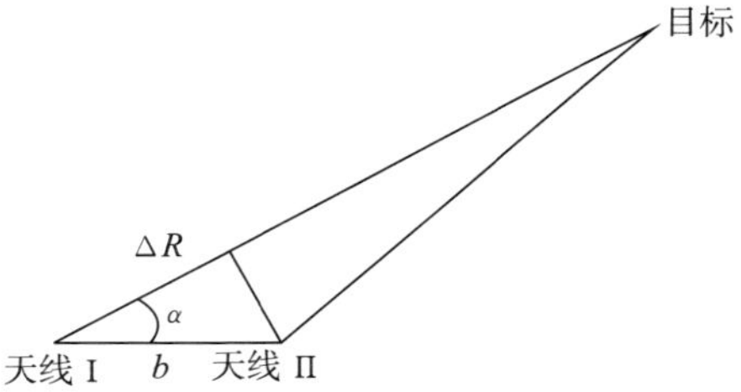

图 3－14　方向余弦示意图

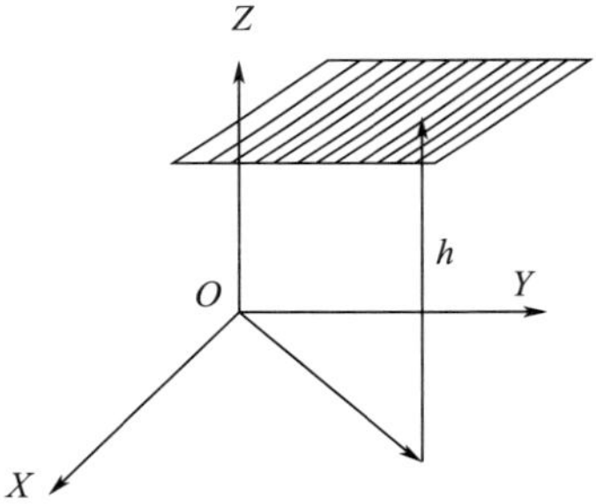

图 3－15　水平面

（2）几种定轨方法

上面所述的 7 种测量位置的几何参数，除高度参数 h 只在特殊场合（如巡航导弹）应用外，其余 6 种参数中任意 3 个都可以组成一种测控体制用于飞行器的定轨。下面简单介绍几种常用的定轨方法。

① R，E，A 定轨方法

若在一个测控站同时测得目标的距离 R、方位角 A 和俯仰角 E，即可以确定目标的空间位置，如图 3－16 所示

$$\begin{bmatrix} x_1 \\ y_1 \\ z_1 \end{bmatrix} = \begin{bmatrix} \cos E \cos A \\ \cos E \sin A \\ \sin E \end{bmatrix} R \tag{3-7}$$

式中　(x_1, y_1, z_1)——目标的坐标。

② R, l, m 定轨方法

这种定轨方法是选择一个距离和两个方向余弦作为定轨参量，即目标位于一个球面和两个水平锥面的焦点。通常取两条相互垂直的测量基线的方向余弦 l, m ，在这种特殊情况下，两条相互垂直的基线取正南北和正东西方向，这样两条基线正好与测量坐标系 X，Y 轴一致，如图 3－17 所示。

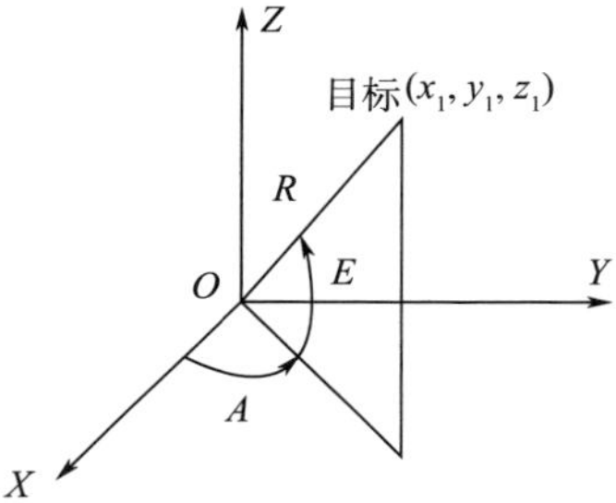

图 3－16　R, E, A 定轨

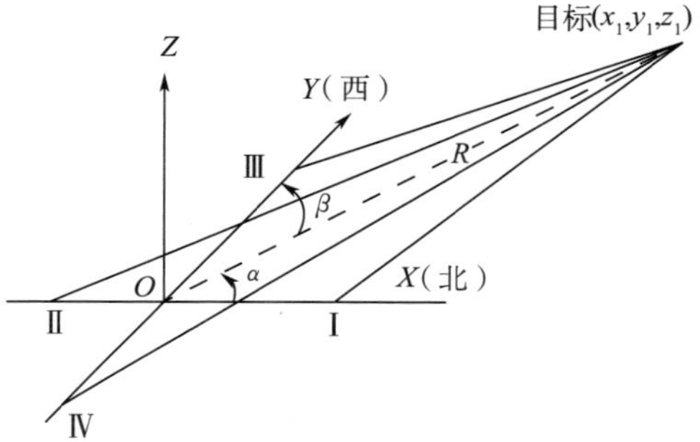

图 3－17　R, l, m 定轨

设方向余弦为

$$l = \cos\alpha \approx \frac{\lambda}{b_1}\frac{\Delta\varphi_1}{2\pi} \tag{3-8}$$

$$m = \cos\beta \approx \frac{\lambda}{b_2}\frac{\Delta\varphi_2}{2\pi} \tag{3-9}$$

式中　b_1, b_2——天线Ⅰ、Ⅱ和天线Ⅲ、Ⅳ之间的距离；

$\Delta\varphi_1$——天线Ⅰ、Ⅱ的相位差；

$\Delta\varphi_2$——天线Ⅲ、Ⅳ的相位差；

λ——工作波长。

设目标与基线中心（即坐标系原点 O）的距离为 R，则目标的位置（x_1, y_1, z_1）可通过下列联立方程求解

$$\begin{cases} x_1^2 + z_1^2 = y_1^2 \operatorname{tg}^2\alpha = y_1^2 \dfrac{1 - l^2}{l^2} \\ z_1^2 + y_1^2 = x_1^2 \operatorname{tg}^2\beta = x_1^2 \dfrac{1 - m^2}{m^2} \\ x_1^2 + y_1^2 + z_1^2 = R^2 \end{cases} \tag{3-10}$$

③3R 定轨方法

这种定轨方法是利用 3 个距离，即目标至 3 个测量点的距离，则目标的位置可以由分别以各站为球心、以各站同时测得的距离为半径的 3 个球面交点确定，如图 3－18 所示。

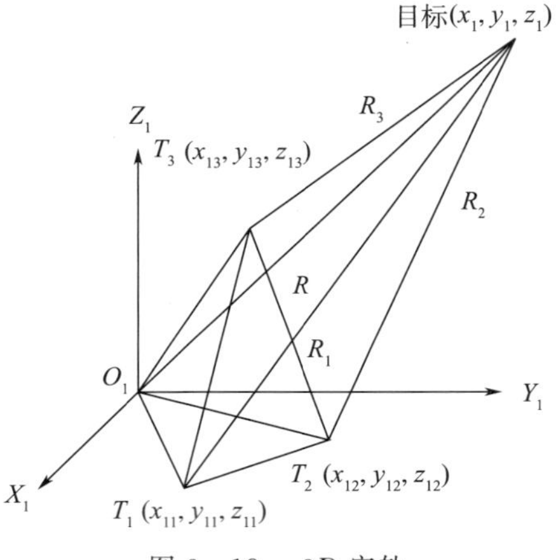

图 3－18　3R 定轨

设目标的位置为(x_1, y_1, z_1)，3 个测站的位置分别是(x_{11}, y_{11}, z_{11})、(x_{12}, y_{12}, z_{12})和(x_{13}, y_{13}, z_{13})，并精确已知，则目标位置为下列方程组的解

$$\begin{cases} R_1^2 = (x_1 - x_{11})^2 + (y_1 - y_{11})^2 + (z_1 - z_{11})^2 \\ R_2^2 = (x_1 - x_{12})^2 + (y_1 - y_{12})^2 + (z_1 - z_{12})^2 \\ R_3^2 = (x_1 - x_{13})^2 + (y_1 - y_{13})^2 + (z_1 - z_{13})^2 \end{cases} \tag{3-11}$$

式中　R_1, R_2, R_3——3 个测站与目标之间的距离。

④3r 定轨方法

如果使用 1 个发射站和 4 个接收站，将测量坐标系建立在第一个接收站，测得第 1 个接收站与其余 3 个接收站返回信号的时间差，就可以获得 3 个距离差。把第 1 个接收站称为主站，其他接收站称为副站。如图 3 - 19 所示，3 个距离差为

$$\begin{cases} r_1 = R_1 - R_2 \\ r_2 = R_1 - R_3 \\ r_3 = R_1 - R_4 \end{cases} \tag{3-12}$$

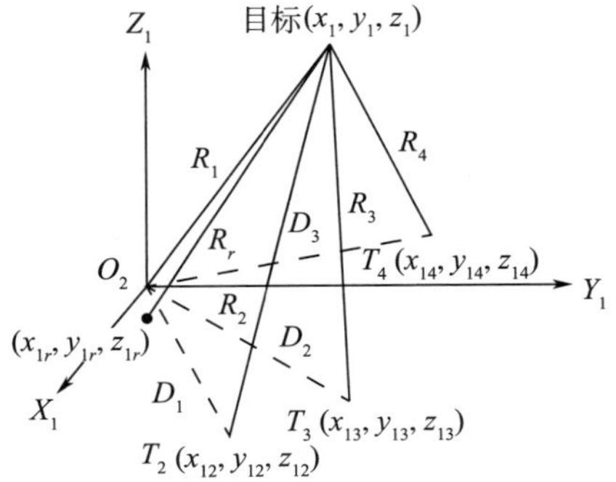

图 3 - 19　3r 定轨

目标的空间位置可由下列 3 个双曲线方程联立求解

$$\begin{cases} r_1^2 = (R_1 - R_2)^2 = x_1^2 + y_1^2 + z_1^2 - [(x_1 - x_{12})^2 + (y_1 - y_{12})^2 + (z_1 - z_{12})^2] \\ r_2^2 = (R_2 - R_3)^2 = x_1^2 + y_1^2 + z_1^2 - [(x_1 - x_{13})^2 + (y_1 - y_{13})^2 + (z_1 - z_{13})^2] \\ r_3^2 = (R_1 - R_4)^2 = x_1^2 + y_1^2 + z_1^2 - [(x_1 - x_{14})^2 + (y_1 - y_{14})^2 + (z_1 - z_{14})^2] \end{cases} \tag{3-13}$$

以上介绍了几种定轨体制，可供选择的定轨体制还有多种。不同的体制，对布站规则和测控设备的要求不同，所适用的测控目标也不同，因此，选择什么样的测控系统体制是测控系统总体设计要考虑的重要问题。

3.3.1.3　导弹、卫星飞行弹道

决定航天器飞行轨道形状的主要因素是速度，当飞行器的速度 V_k 小于第一宇宙速度 $V_{\mathrm{I}}=7\ 900$ m/s 时（即 $V_k<V_{\mathrm{I}}$），则飞行器的轨道形状是与地球表面相交的椭圆，远程弹道导弹即是如此；当飞行器速度介于第一宇宙速度和第二宇宙速度 $V_{\mathrm{II}}=11\ 200$ m/s 之间时（即 $V_{\mathrm{I}}<V_k<V_{\mathrm{II}}$），则飞行器不能摆脱地心引力而成为绕地球飞行的人造卫星，其轨道形状多为椭圆；当飞行器速度 $V_k>V_{\mathrm{II}}$ 时，飞行器将脱离地心引力飞向太空，其轨道形状为抛物线（$V_k=V_{\mathrm{II}}$）或双曲线（$V_k>V_{\mathrm{II}}$）。

（1）导弹飞行弹道

导弹是依靠自身推进控制其飞行弹道，将弹头（战斗部）导向并毁伤目标的武器。导弹在空中飞行时，作用在其上的力主要有 3 个：重力、空气动力和发动机推力，其中，空气动力又可分解为升力和阻力。上述诸力中，发动机推力和空气升力对导弹飞行起积极作用，重力和空气阻力则起消极作用。按照导弹受力情况，可将弹道导弹飞行弹道分为 3 个阶段，即主动段、自由段和再入段。

①主动段

主动段是指发动机工作的动力飞行段，这一段又可细分为发射段、转弯段和瞄准段。

1）发射段：导弹从发射台上点火起飞，通常采用垂直上升的方式，其目的是尽快飞离大气层，减少空气阻力造成的能量损失。这一飞行段的时间很短、速度较小，易于被测控设备所捕获和跟踪，但近地段的杂波干扰严重，所测量数据质量较差。

2）转弯段：发射段结束后，导弹在弹载控制系统作用下按程序缓慢转弯，此时弹轴和速度矢量之间有一负攻角。随着导弹逐渐加深，负攻角逐渐变小，弹道进一步转弯，直到全攻角为零，导弹达到预定速度，并转到规定方向后，转弯段结束。

3）瞄准段：转弯段结束到发动机关机的阶段称为瞄准段，之所以称瞄准段是因为此段的飞行基本上确定了导弹的落点位置。

这一段的导弹轨迹近似为直线，弹道方向基本保持不变，速度则逐渐增大。速度达到设计值后，控制发动机关机即可控制导弹的射程。

瞄准段结束即主动段结束，从理论上讲发动机关机推力应立即为零，但实际并非如此，发动机推进剂管路阀门关闭后，尚有剩余推进剂，造成推力不能马上为零，影响落点的准确度。为消除这种影响，通常采用两次关机。预令关机使发动机推力减小到某一程度，再主令关机，使发动机推力尽可能近似为零，以减少后效冲量。预令关机到主令关机时刻只隔 1～2 s，通常所说主动段结束点是指主令关机点。

②自由段

从发动机主令关机时刻到导弹再次进入大气层时刻所对应的飞行弧段为自由段。

发动机主令关机后，弹头与弹体分离，它们在没有外力控制的情况下，依靠主动段获得的能量在真空中飞行。导弹在自由段的飞行轨迹可以近似看作与地球相交的椭圆轨道的部分弧段，只要知道主动段终点时刻导弹的位置和速度，就可求得自由段的弹道。

③再入段

从弹头进入大气层时刻至弹头落地时刻所对应的飞行弧段为再入段。再入段起始点的弹道高度即再入点高度，测控领域常定为 70 km或 80 km，在再入段，空气越来越稠密，导弹会遇到越来越大的空气阻力，当弹头飞行速度和空气密度大到一定程度，则使弹头周围产生等离子鞘套，这种等离子体会严重吸收和散射电磁波，给外弹道测量和遥测信号的传播带来严重的影响，这就是再入黑障问题。

图 3－20 为弹道导弹飞行弹道示意图，从理论上讲，只要精确测量主令关机点的导弹位置和速度，就可精确计算出弹头落点。但由于弹头再入大气层后受到风和空气动力以及弹头本身构造的影响，将产生再入散布，故要求测控系统精确测量再入点附近的弹道参数

和低高度的弹道参数，才能精确计算弹头落点。

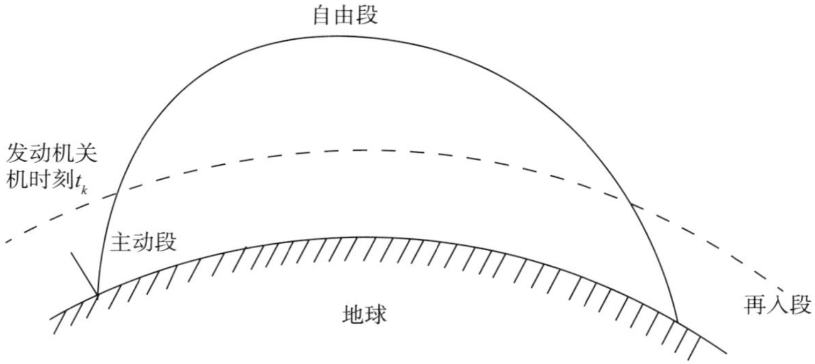

图 3－20　弹道导弹飞行弹道的 3 个阶段

（2）卫星轨道

人造地球卫星是在空间轨道上环绕地球至少飞行一圈的无人航天器，简称人造卫星或卫星，为能达到必要的入轨速度，卫星通常由多级火箭组成的运载工具携带入轨。与导弹发射相似，卫星的发射也是由地面垂直起飞，按给定的程序飞行，运载火箭发动机推力将其加速到所需轨道速度后星箭分离，卫星进入预定轨道。根据卫星的最终运行轨道不同，卫星的入轨方式也不同，基本方式有 3 种：

1）直接入轨。运载火箭发动机连续工作，最后一级发动机推力终止时星箭分离，卫星一次即进入预定轨道。这种方式一般适用于发射低轨道卫星，如图 3－21 所示。

2）滑行入轨。发射轨道由主动段、自由飞行段和加速段组成，加速段结束后卫星进入预定轨道，这种方式一般适用于发射中、高轨道卫星，如图 3－22 所示。

3）过渡入轨。发射轨道由主动段、停泊段和加速段组成，其中，过渡轨道变为同步轨道的任务由星载远地点发动机完成。这种方式常用于发射地球同步轨道卫星，如图 3－23 所示。

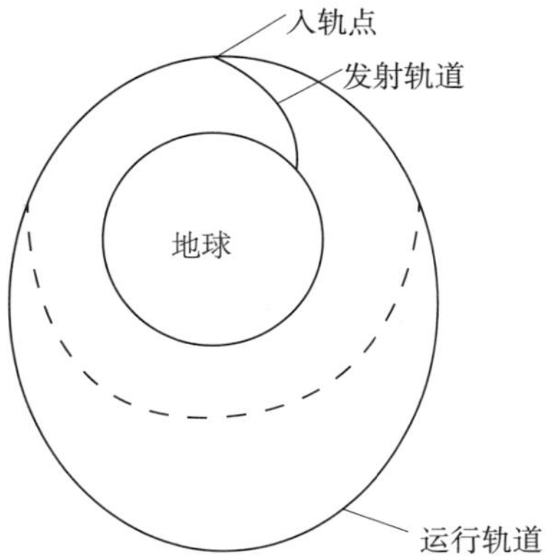

图 3 - 21　直接入轨示意图

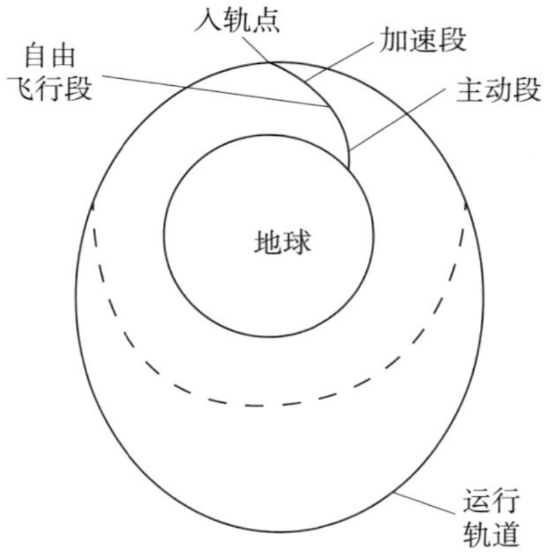

图 3 - 22　滑行入轨示意图

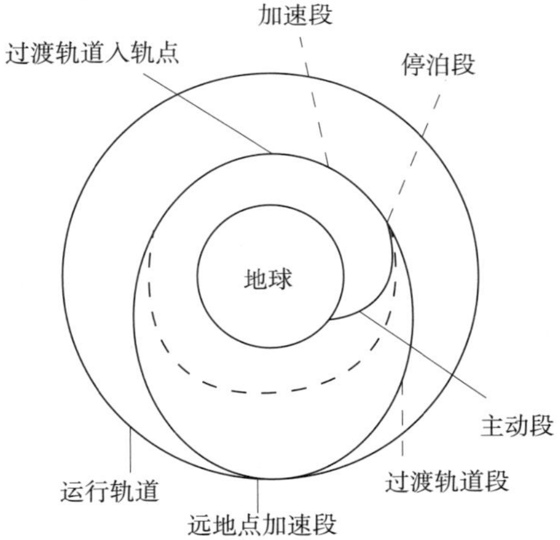

图 3 - 23　过渡入轨示意图

20 世纪 80 年代又出现了新的发射方式，即空中发射。具体有两种模式：一种是飞机将星箭复合体携带至一万多米高空释放，点燃运载火箭，将卫星送入轨道；另一种是由航天飞机携带至低地球轨道适时释放，然后，点燃高空火箭将其送入轨道。

①卫星运行轨道

卫星绕地球运动与行星绕太阳运动十分相似，其运动规律基本符合开普勒定律，这里将关于天体运动规律的开普勒定律陈述如下。

1）开普勒第一定律：行星绕太阳运行时，其运动轨道是一个椭圆，太阳位于椭圆的一个焦点上。这一轨道称为开普勒椭圆轨道。

2）开普勒第二定律：在相同时间内，行星和太阳的连线扫过的面积相等。

3）开普勒第三定律：行星绕太阳运行，其周期的平方与它们的轨道椭圆半长轴的立方成正比。

若把地球看作一个均匀球体，卫星看作一个质点，则卫星的运动可视为二体运动。地球对卫星的引力与卫星到地心的距离的平方成反比，此引力称为中心引力，亦称二体引力。仅在中心引力的作用下，卫星绕地球运行的轨道是一个开普勒椭圆轨道，但实际上卫星运动并非简单的二体问题，因为地球并不是一个质量均匀分布的球体，故地球对卫星的引力与中心引力有偏差。另外，还有许多影响卫星运动的因素，如地球周围大气对卫星运动有阻力，太阳和月球对卫星有引力，太阳光压对卫星有作用力等。这些因素使卫星运动产生摄动，从而使卫星轨道成为一条接近开普勒椭圆的复杂曲线。

②轨道参数

卫星的轨道可由 6 个基本参数（又称轨道根数）来完全描述和确定：

1）长半轴 a，即轨道椭圆长轴之半，它确定了卫星运动轨道的周期；

2）倾角 i，即轨道平面与地球赤道平面之间的夹角，常以地心至北极的方向和轨道平面正法向之间的夹角来度量；

3）轨道偏心率 e，即轨道椭圆两焦点之间的距离与长轴的比值，其大小在 0～1 之间，$e=0$ 时为圆轨道；

4）升交点赤经 Ω，即春分点与升交点对地心的张角，在赤道面内度量；

5）近地点幅角 ω，即升交点与近地点对地心的张角，在轨道面内度量；

6）过近地点时刻 t_p，即卫星经过近地点的时刻。

上述 6 个基本参数中，a 和 e 决定卫星轨道的大小和形状；i 和 Ω 决定卫星轨道平面在空间的位置；ω 决定椭圆在轨道面上的方位；t_p 决定卫星在轨道上的时间关系；图3-24为卫星轨道与轨道根数的示意图。

图 3-24 中，星下点轨迹与黄道面相交的两点分别叫作升交点和降交点。其中，卫星由南半球向北半球运动时过升交点，由北半球向南半球运动时过降交点。

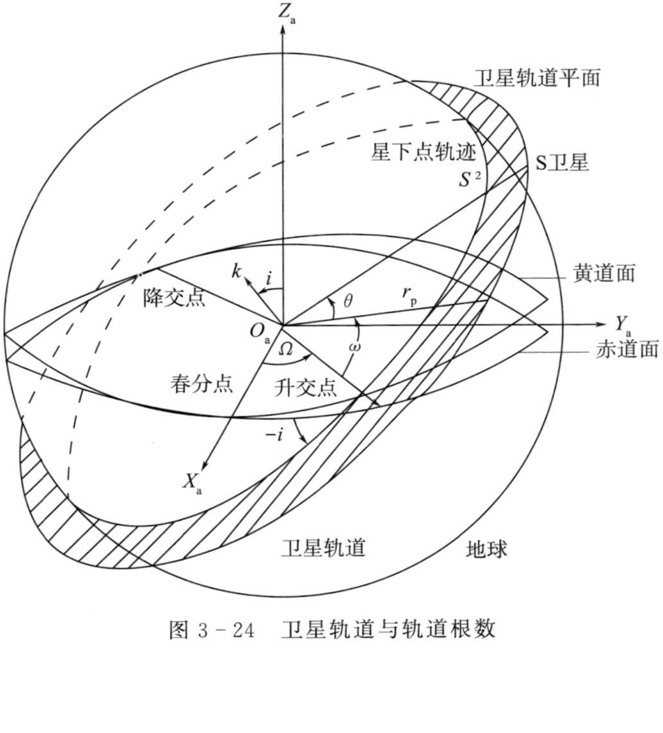

图 3-24　卫星轨道与轨道根数

3.3.1.4　航天器空间环境

一般，将距地面高度30～50 km以下的空间范围称为低空大气层，30～50 km以上至行星际的空间范围称为近地空间，太阳系以外恒星际的范围称为宇宙空间。一般地，航天器无论在发射还是返回时都要穿越低空大气层，人造地球卫星、远程弹道导弹、航天飞机大多在近地空间飞行。

(1) 大气层结构

根据大气的温度、密度及运动特性，可将大气层从海平面算起，依次向上分为5层。图3-25为大气结构示意图。

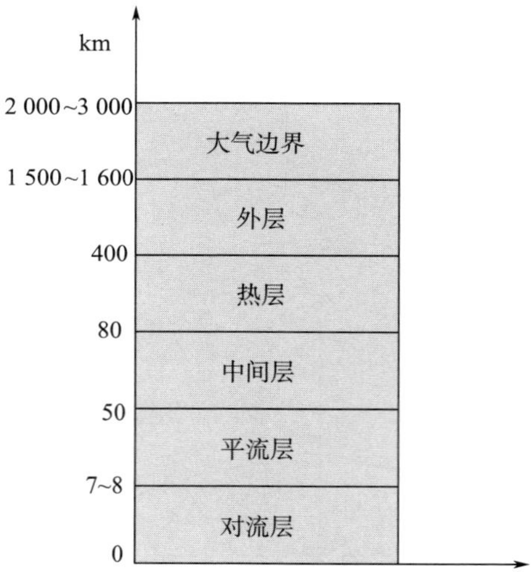

图3-25　大气层结构示意图

①对流层

这是接近海平面的一层大气，其厚度随着纬度与季节等因素而变化，在南北极约为7～8 km。在这一层中能量传递的形式是对流和辐射，故称为对流层。对流层的质量大约占总大气质量的3/4，此层中风速和风向是经常变化的，空气的压强、密度、温度和湿度也经常变化，且随高度的增加而减少。风、雨、雷、电等气象现象均发生在这一层。

②平流层

从对流层顶端到海平面以上 50 km 之间为平流层，其质量约占大气总质量的 1/4。当高度在 20 km 以内，气温不随高度变化，保持在 216.65 K；在 20～32 km 之间，气温则随高度上升，没有水蒸气，没有雷雨等气象，也无大气的上下对流，只有水平方向的流动，故称平流层。

③中间层

从平流层顶端到海平面以上 80 km 之间为中间层，其质量仅占大气总质量的 1/3 000。这一层中气温随高度上升，在海平面以上 53 km处达 282.66 K；再向上气温又下降，在 80 km 处降为 196.86 K。

④热层

从中间层顶端到海平面以上 400 km 之间为热层，在这一层中气温急剧上升，150 km 处温度可达 1 000 K；400 km 处温度可达 1 500～1 600 K，故称为热层。

⑤外层

距海平面 400 km 到 1 500～1 600 km 之间称为外层，大气的边界距海平面约 2 000～3 000 km。

（2）电离层

从海平面以上 60 km 到大气层外缘，由于太阳紫外线、微粒流、宇宙射线等作用，部分大气分子被电离。由于高空大气密度小，电离产生的离子与电子重新复合的机会小，故电子的浓度很大，甚至在夜晚当光电离终止时大气层中仍保持相当大的电子浓度，这样的大气层被称为电离层。电离层对无线电波传播的影响很大。

（3）粒子辐射

①地球辐射带

在地球周围空间广大范围内，存在着强度很大的带电粒子，这些带电粒子被地球磁场所俘获，形成了不同强度和能量的粒子辐射区域，称为地球辐射带。根据俘获粒子分布的空间位置不同，可分为内辐射带和外辐射带。其空间结构如图 3－26 所示，图中斜线区是辐射能量集中区域。

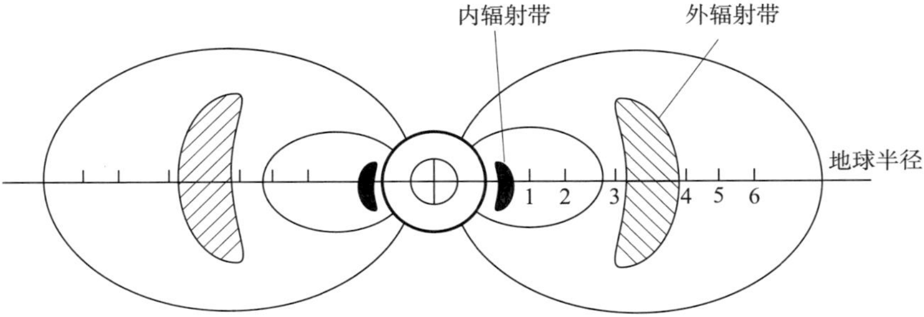

图 3－26　地球辐射带示意图

1）内辐射带。内辐射带在赤道上方约 600～1 000 km 处，分布在南北纬 40°左右的低纬度区域内，主要由质子和电子组成。质子能量约为 4～40 MeV（兆电子伏特），电子能量约为 500 keV（千电子伏特）。按粒子来源，可分为天然辐射和人工辐射，人工辐射主要是由地球磁场俘获的高空核爆炸所产生的带电粒子所形成，主要成分是电子。内辐射带有一定的贯穿辐射强度，对人体可构成伤害，因此仍被划分为人在空间长时间停留的禁区。

2）外辐射带。在赤道上方 10 000～60 000 km 处，中心位置约为 20 000～25 000 km，分布在南北纬 50°～70°。外辐射带受太阳活动影响很大，其电子能量从几万电子伏特到几十万电子伏特。

②太阳宇宙线——质子事件

太阳大耀斑发生时，伴随着辐射大量高能粒子，形成太阳宇宙线。因其绝大部分是质子，故又称质子事件，质子事件主要集中在高纬度地带，能量大于 30 MeV。质子事件在每年三、四月份和八、九月份出现较多，春分、秋分附近较为集中，一、十二月较少或没有。

(4) 粒子辐射对空间飞行的影响

航天飞行器在宇宙空间飞行时，必然会受到粒子辐射，从而对航天员和航天器的安全构成威胁，人体或材料在受到粒子辐射时，若剂量超过某一允许值，将对人体或材料造成损伤，如人体感到不适、患病甚至死亡，照相胶卷朦胧，太阳能电池输出降低，半导体器件失效等。

(5) 举例说明

比如，针对信号传输特性，在再入段，由于航天器与周围的大气层摩擦，其测量环境和测量要求有明显的特点。

①信号起伏和衰减大

高速航天器再入稠密的大气层时会不可避免地产生黑障现象，使遥测信号产生强烈的起伏和衰减，当信号电平低于地面站遥测接收机门限时，将出现信号中断现象，使地面设备丢失目标信号。

②测量频带宽

某些航天器再入时，要求测量频带很宽的特快变化信号，有些特快信号的脉冲宽度只有几十毫微秒，要从噪声中准确判断信号的有无及出现时间并精确测量脉冲的前沿或两脉冲之间的时间间隔是十分困难的事情。因此，遥测系统的设计必须在信号编码、传输、记录等方面采取特殊措施。

③低仰角接收

随着再入航天器飞行高度的下降，地面站接收天线的仰角会越来越低，特别是接收航天器落地信号时，地面遥测设备的天线可能工作在负仰角状态。低仰角接收时存在严重的多径效应，使信号产生很大的强度变化和衰减，变化范围可达 10～40 dB。

3.3.2　测量需求分析

3.3.2.1　运载火箭遥测任务分析

根据任务目的、飞行特性提出的运载火箭遥测要求是遥测系统总体设计的主要依据。运载火箭遥测需求分析如下：

1）主要考虑遥测参数的种类、数量；

2）确定被测数据的总量，选择传输体制及码速率；

3）选择载波频率及计算覆盖能力等。

3.3.2.2 航天器遥测任务分析

根据航天器的技战术指标提出航天器的遥测技术要求是遥测系统总体设计的主要依据。

1）星地参数协调性分析：根据星地遥测系统的性能指标，分析其相互间的协调性，包括工作频段、载波频率、调制体制、副载波频率，天线极化形式，码型、码率、帧格式，工作模式等。

2）遥测实时性分析：分析遥测网的信息采集、传输、接收和处理、显示、发送等能否满足实时性要求。

3）遥测可靠性分析：分析遥测系统对航天器测控的可靠性，对于关键的测控事件，例如入轨监视与控制、返回控制等尤其要确保高可靠性。

3.3.3 遥测数据率论证

遥测系统传输容量是指系统所能传送的遥测信息量，这是衡量遥测系统能力和技术水平的一项重要指标。遥测系统中，单位时间传输的信息位数称为数据码率。传输容量的设计应根据所需测量路数和被测参数变化速率（信号极限频率）来确定数据采集器的路数和采样率。路数是指被测参数的具体个数，而容量则是指这些被测参数量化后的数据量。通常被测信号的容量 C_s 定义为信号路数和信号极限频率的乘积，即

$$C_s = nf_m \tag{3-14}$$

式中 n——采集器路数；

f_m——被测信号的最高频率。

根据采样定理，数据采集器的路采样率通常选为 2.5～5 倍的信号极限频率，数据采集器的容量 C 定义为

$$C = N_s f_s \tag{3-15}$$

式中 N_s——采集器路数；

f_s——采集器路采样率。

在遥测系统中，按被测参数变化速率将其分为缓变参数和速变参数，其中，大量参数是缓变参数，速变参数只占很少一部分。但在编码遥测系统中，路数不多的速变参数却占了系统总容量的80%左右。

遥测码速率决定于遥测参数的采样率，而采样率的高低决定于遥测参数的性质。模拟量参数中的速变参数，每路采样率应不小于上限频率的2.5倍，而模拟量参数中的缓变参数（10 Hz以下），每路采样率约为40 Hz，数字量参数的插入时刻和频度根据航天器测量要求确定。各路参数采样率总和即为最低需求总采样率，最低需求总采样率乘以公共字长，即为最低需求码速率。

考虑到遥测标准帧格式中有关同步字、标识字等服务信息约占10%，再考虑到正式帧格式编排时，超采样、次采样一般要超过被测参数最低需求的采样率，所以应将系统最低需求总采样率的1.3～1.5倍作为系统总采样率，应将系统最低需求码速率的1.3～1.5倍作为系统码速率。如果记忆重发和实时数据共用一个信道，则应加上重发的码速率。最高码速率的选取主要受信道带宽的限制，码速率高，信道带宽要求宽，则通信距离下降。

总之，遥测数据率的选择可按以下一些因素考虑：

1）航天器飞行试验任务需求；

2）信息传输频率和占用的带宽；

3）传输设备实现的可行性；

4）信息编译码技术和信息传输体制。

遥测参数的种类和数量与航天器的目的、任务、用途和批次有关，一般可分为服务舱参数、有效载荷舱参数。服务舱参数主要包括如下一些子系统的监测数据：结构与机构、能源、温控、推进、导航制导和控制、星载数据管理、姿态测量、空间环境监测、通信、测控、星载时间频率标准等；而有效载荷舱参数是来自航天器各种工作业务部件、探测仪器、转发器等的监测数据。

遥测数据率分为低码率、中码率、高码率。低码率一般指100 b/s～10 Mb/s的数据率，中码率一般指10～20 MHz之间的数据率，高码率一般指20 MHz以上的数据率。

现代遥测，低码率的数据调制体制常用FM、PM、BPSK、CDMA等；中码率的数据调制体制常用QPSK、UQPSK等；高码率的数据调制体制有SQPSK、OQPSK等。

3.3.4 传输体制选择

遥测调制体制的选择应满足以下要求：信息传输带宽窄，信号功率利用率高，信号包络稳定，信号带外功率低，码间相互干扰小。

遥测调制体制，根据传输信息的要求，主要有FM、PM、BPSK、QPSK、CDMA。根据航天器的飞行特性及恶劣的工作环境，通过对PCM-FM、FQPSK、Multi-CPM和OFDM技术进行研究，重点研究体制的抗快速、深度随机衰落能力，抗多径干扰能力，高动态、低信噪比条件下的快速捕获和跟踪能力，解调门限扩展能力，抗相位随机闪烁能力等，在许多工程中遥测体制适宜选择技术相对成熟的PCM-FM。

PCM-FM是IRIG标准推荐的主要遥测体制，在今后较长一段时期内仍将是我国靶场遥测的主用体制。在PCM-FM系统中采用多符号检测（MSD）技术和Turbo乘积码（TPC）技术，将大幅度提升PCM-FM遥测系统的性能。

PCM-FM作为主要的遥测体制，具有如下优点：

1）遥测格式灵活多变，适用于航天器的各种速变、缓变参数的测量；

2）便于发端、收端进行数据加工和数据处理；

3）适应于数字技术、大规模芯片集成技术、信息编译码技术的飞速发展；

4）可充分利用计算机技术进行数据处理、分发和对整个遥测系统的管理。

遥测体制的选择主要有 FM、PM、PSK、CDMA、QPSK。遥测体制的选择关系到地面站的设计，需考虑以下因素：

（1）地面站接收信道设计因素

航天器需要传输的信息无论工程上是什么物理量，都可由传感器、变换器、采编器等变换成数字量，即通常所说的 PCM 流。PCM－FM 是遥测调制中使用最普遍的一种，其传输码率较高，抗干扰性好，信道设计简单。PCM－QPSK 在通信中应用较普遍，遥测中亦有所用，适用于传输速率范围宽、对信道设计要求较高的场合。PCM－CDMA－BPSK 具有很好的保密性，作用信道较宽，适用于保密要求高的测量，利用码分多址可实现多目标的同时测量。

PCM－PSK－PM 用于统一载波系统，可实现遥测遥控、外测（测距测角）等多种功能，目前在统一测控系统中应用较多。系统中残留载波用于测角、多普勒提取、多个副（系统中）载波，以及用于遥测、遥控、侧音测距、数传等，传输速率不高，对综合信道及环路等设计要求较高，如多信道一致性、相位噪声、信道时延等对测量精度都有影响。

（2）天线跟踪因素

对任何遥测体制，跟踪接收机都需完成天线伺服系统角误差数据的解调。

跟踪体制的选择主要根据测量精度的要求，对于遥测，跟踪误差的基本要求是天线指向偏离目标的增益损失不太大。与测角精度有关的因素主要有天线口径、轴系精度、伺服系统、接收解调系统等。常用的跟踪体制有比相（或比幅）单脉冲、圆锥扫描等，单脉冲体制又可分三通道单脉冲、两通道单脉冲和单通道单脉冲。一般，多通道单脉冲对信道的要求较高，如隔离度、线性、相位等都影响跟踪性能，而圆锥扫描、单通道单脉冲对信道的要求相对较低。

(3) 航天器周围环境因素

某航天器飞行试验，再入时，当其在临近空间（距地面 20～100 km的空域）高速飞行时，将带来以下几方面的问题：1）目标的飞行速度快，引入较大的多普勒频偏；2）高速目标距离地面近，测控弧段多普勒变化率大；3）目标在黑障区飞行时，使无线信号产生相位的随机闪烁，甚至中断信号；4）无线信号会出现快速、深度的随机衰落现象；5）由于传输距离远、大气吸收、多径干扰、发动机尾焰和气象因素等影响，无线信号衰减严重。

航天器空间飞行时，黑障效应、飞行器尾部火焰及湍流对信号的相位特性也有所影响。结合试验靶场的遥测经验，为保证遥测信号的可靠接收及信号的快速捕获，调频遥测体制是一个很好的选择。

3.3.5 传输频率选择

遥测系统传输频率选择，要求系统能够有效无干扰地使用射频频谱以及各靶场之间能够互换使用和交换数据。遥测使用的频段可选择：P、L、S、C、X、Ka。

遥测频段早期使用 P 频段（400 MHz），之后使用 L 频段低端（1 435～1 535 MHz）、S 频段低端（2 200～2 290 MHz）以及 S 频段高端（2 310～2 395 MHz），目前，也使用 C、X 和 Ka 频段，参见表 3－1。

表 3－1 遥测频率分配

频率范围/MHz	非官方描述	应用
1 435～1 525	L 频段低端	主要用于遥测，其次用于移动业务
1 525～1 535	L 频段低端	主要用于移动卫星业务，其次用于遥测
2 200～2 290	S 频段低端	主要用于遥测
2 310～2 360	S 频段高端	主要用于无线通信和广播卫星业务，其次用于遥测
2 360～2 390	S 频段高端	主要用于遥测
4 000～8 000	C 频段	主要用于无线通信、卫星业务、遥测

续表

频率范围/MHz	非官方描述	应用
8 000～12 000	X 频段	主要用于无线通信、遥测
23 000～32 000	Ka 频段	用于遥测

遥测频率的分配是根据有人和无人驾驶飞机、导弹、空间飞行器、地面测量车和测量船、火箭橇以及火箭橇上装载的授时系统或该系统主要部件而定的。

下面以临近空间飞行器为例，说明传输频率选择需要考虑的因素。

临近空间飞行器是高性能信息化的飞行器，遥测信息传输系统是其信息保障的核心，而选择合理、可行的频段是展开系统设计的前提和基础。

频段选择影响到整个遥测系统技术方案的制定，是一个需要综合考虑、影响深远并具有战略意义的关键问题，应从以下几个方面全面论证临近空间平台遥测系统的频段选择问题：1）国际电联（ITU）标准，避免与其他无线电通信系统相互干扰；2）黑障；3）雨衰；4）大气衰减；5）火焰衰减；6）高速数传；7）三抗，即抗干扰、抗截获、抗摧毁；8）设备成熟度，易于实现且设备造价低；9）关键器件、设备的发展水平。

（1）国际电联标准

ITU 标准曾以平流层高空飞艇为代表，对临近空间平台通信业务的频段做出了明确划分：1997 年世界无线电大会（WRC—97）将 47.2～47.5 GHz（下行）/47.9～48.2GHz（上行）这 2×300 MHz 频带分配给临近空间平台业务专用。

鉴于 47～48 GHz 频段雨衰强烈，而且相关器件和设备尚在开发之中，价格昂贵，2000 年日本联合多个亚洲国家提出提案，WRC—2000 会议又增补使用频段。至此，ITU 分配的临近空间通信业务频段如图 3－27 所示。

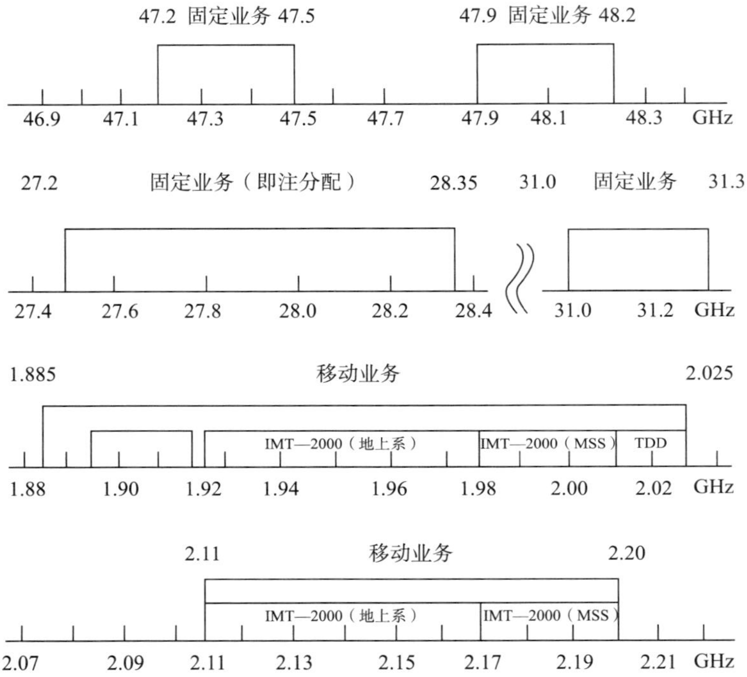

图 3－27　ITU 制定的临近空间通信业务频谱

从 ITU 标准出发，临近空间平台的测控通信频段应选择 27.5～28.35 GHz（下行）/31.0～31.3 GHz（上行）的 Ka 频段。但从实际应用角度考虑，我国未必拘泥于 ITU 的划分，尚需结合其他因素综合考虑。

（2）黑障

高动态临近空间飞行器以 $Ma=5\sim25$ 的速度在临近空间飞行时，在飞行器四周形成等离子体，称之为等离子鞘。等离子体会引起飞行器天线的阻抗失配、方向图畸变、辐射效率下降甚至被击穿，从而影响飞行器无线电波的发射。等离子鞘套的形成，使无线电波通过等离子体传播时将引起衰减，严重时会造成无线电信号中断，学术界把这种现象称为黑障。

提高工作频率为解决黑障的技术途径之一。美国在无线电衰减测量试验 RAM－C1 中，在弹头上同时安装了 220 MHz，5 700 MHz，9 200 MHz 的3 副天线，记录下来的无线电信号中断的高度分别是 80 km，54 km，40 km，信号恢复中断的高度在 22～23 km 之间。我国和俄罗斯也进行过类似试验，得出共同的结论：提高无线电波的频率对降低黑障出现的高度有明显效果，但对走出黑障的高度并无明显效果。总而言之，提高测控频段对克服黑障有较大好处。

根据某飞行器等离子体衰减特性初步分析和仿真数据结果，采用 S 频段会面临很大的衰减，此时 S 频段信号的衰减大致在 50 dB 左右；当信号频率大于 10 GHz 时，信号衰减将在 10 dB 以内；Ka 频段信号的衰减将减小到 2 dB 之内。可见，采用 25 GHz 以上频段传输较为理想。

（3）雨衰及大气衰减

C 频段及以下频段基本没有雨衰，但到 Ka 频段，雨衰及大气衰减就十分明显。图 3－28 给出了不同频率的电波在穿过对流层时的吸收衰减值曲线。

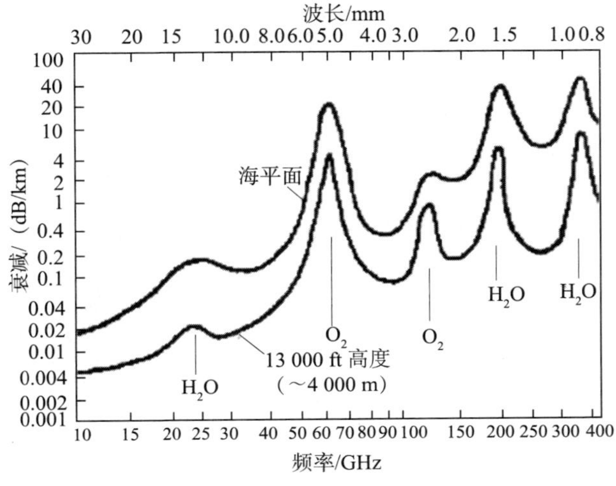

（a）晴朗天气时的衰减值曲线

图 3－28　不同频率的电波在穿过对流层时的吸收衰减值曲线

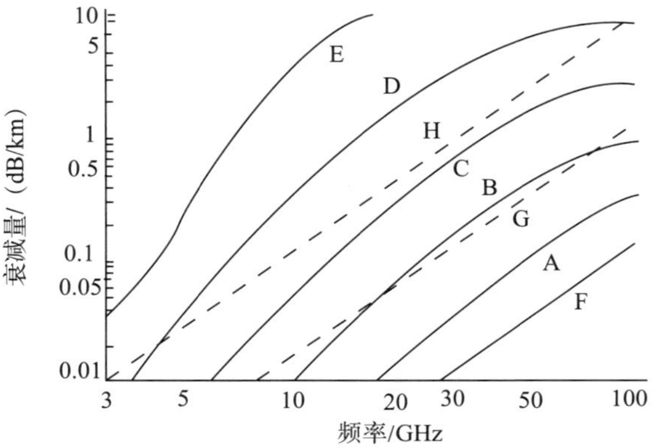

降雨衰减：A—0.25 mm/h（细雨）；B—1 mm/h（小雨）；C—4 mm/h（中雨）；D—16 mm/h（大雨）；E—100 mm/h（暴雨）。雾云引起的衰减：F—0.32 g/m³（视界600 m以下）；G—0.32 g/m³（视界约120 m）；H—2.3 g/m³（视界约30 m）

（b）降雨时的衰减值曲线（根据 GCIR）

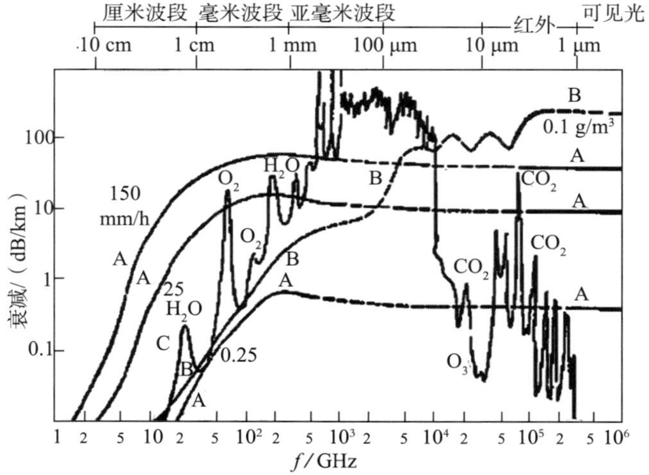

温度：20 ℃；压力：海平面，1个大气压；水蒸气：7.5 g/m³，A—雨；B—雾；C—气体

（c）雨、雾、气体时的衰减值曲线

图 3－28　不同频率的电波在穿过对流层时的吸收衰减值曲线（续）

（4）高速数传

临近空间飞行器（特别是低动态飞行器）的一个主要任务是实现持久的区域信息获取和对抗，勿庸置疑，它必须具备强大的高速数传能力，因此，临近空间平台测控系统必然要求更高的频段和更宽的带宽。

高频段还有助于减少数传误码率：由于载频 f_0 的提高，使得相对带宽 B/f_0 减小，从而在相同的 B 内，使高频段射频前端的相频特性线性度和幅频特性均匀性提高，有利于减小数传的误码率。

虽然在演示验证阶段，数传速率要求未必很高，但从未来的实际应用出发，工作频段不宜再采用 L、S、C 等低频段，应重点发展 Ku、Ka 这样的高频段。

（5）三抗

临近空间飞行器遥测系统必须具备抗干扰、抗截获、抗摧毁的三抗能力。

传统的统一 S 频段（USB）、统一 C 频段（UCB）测控通信网是国际标准体制，所以其安全防护性能差，三抗能力很弱。

由于波束宽度 θ 为 $70\lambda/D$，λ 为载波波长，D 为天线口径，因此对于相同天线口径，频段越高，天线波束可以做得越窄。这就赋予了测控系统空间选择性抗干扰能力，可以减小来自其他方向干扰的易感性，并提高其抗多径干扰的能力。

Ka 频段电磁兼容性好。Ka 是一个较新的频段，这个频段的电子设备相对较少，故受其他设备干扰的可能性较小，对其他设备干扰的可能性也较小（国际电联规定的通量密度允许值也较大）。像 Ku、Ka 这样工作频率更高的新测控频段，相对于老测控频段而言，针对其研制干扰机的难度较大。

因此，从三抗的角度考虑，Ka 频段优于 L、S 等低频段。美国的空军测控网早就提出了类似的想法。

（6）设备研制成熟度

Ka 频段虽然相对较新，但元器件技术已经成熟，系统设计和设备研制都不存在太多难点。美国、日本、加拿大等国新一代的同步轨道通信卫星基本上都采用 Ka 频段进行通信传输。目前，Ka 频段关键元器件已实现国产化，且国外采购渠道较为畅通，随着我国天链等系统的建立，大量 Ka 频段地面、星载设备也已投入使用，且效果良好。

（7）航天测控网综合利用

国外工作在 Ka 频段的测控系统，最著名的当属美国 TDRSS、NASA 深空网和 ESA 深空网。美国 TDRSS 自 20 世纪 80 年代中期就正式运行，兼有 S 和 Ka 频段，目前已有两代 TDRSS。第二代 TDRSS 的 Ka 频段可支持高达 800 Mb/s 的数传速率。美国利用 TDRSS 实现了对中低轨航天器的 100%测控覆盖率，能同时对 20 个目标进行低速率测控通信，对 4 个目标进行中、高速率测控通信，实现航天测控领域里程碑式的飞跃。NASA 和 ESA 早期的深空测控站工作在 S、X 频段，但近年来，无论是新建站还是旧站改造都增加了 Ka 频段。

我国的天链系统、载人航天系统及深空探测系统等都已采用或准备采用 Ka 频段作为测控频段，在频率选择上，应尽量考虑航天测控网的综合利用。

3.3.6 链路设计

根据航天器飞行试验目的、飞行特性进行其遥测链路设计，这是完成试验任务的重要环节，是遥测系统总体设计的主要依据。

在链路设计时，按航天器遥测要求确定系统的作用距离，它与航天器和地面设备的设计有关，也就是说与天地遥测设备的有关性能指标有关，在特殊使用时还与环境条件有关，如传输路径；低仰角条件下信号接收时，还需考虑多路径的信号衰落。直接相关的主要指标有等效辐射功率（EIRP，包括航天器的发射功率、发射天线增益、发射天线损耗等）、地面设备的天线增益、系统噪声温度、信息传输速率、接收机接收信噪比等。

遥测链路设计需要考虑以下 8 个方面。

(1) 系统噪声温度的计算

一个典型的测控接收系统的接收信道示意如图 3-29 所示。

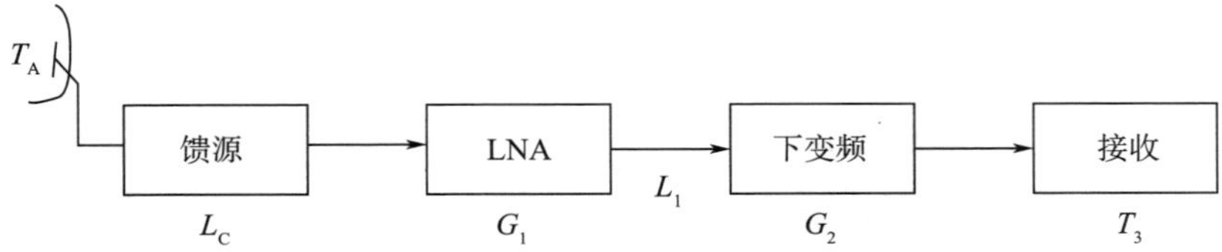

图 3-29　接收信道示意图

以低噪声放大器输入端为折算点的系统噪声温度可表示为

$$T_S = T_A/L_C + T_0\left(1-\frac{1}{L_C}\right) + T_1 + \frac{T_2L_1}{G_1} + \frac{T_3L_2L_1}{G_1\cdot G_2} + \frac{T_0(C_1-1)}{G_1} + \frac{T_0(L_2-1)L_1}{G_2G_1} \tag{3-16}$$

式中　T_S——折算到 LNA 输入端的系统噪声温度；

L_C——馈线损耗（含滤波器）；

T_A——天线噪声；

T_0——室温（293 K）；

T_1——LNA 噪声温度；

L_1——LNA 至下变频的电缆损耗；

G_1——LNA 增益；

T_2——下变频器噪声温度；

G_2——下变频器增益；

L_2——下变频至接收机的电缆损耗；

T_3——接收机噪声温度。

给定一个系统噪声温度后，T_1 和 T_2 首先要根据国内外的器件水平确定，T_A 是天线噪声温度，对于 S 频段，由资料可查得 $T_A=65$ K（仰角大于 5°）。T_1 是低噪声放大器的噪声温度，国内水平可到 60 K，T_2 是下变频器噪声温度，国内外水平一般都是噪声系数

10 dB，其他参数要根据设计决定。

这里，有个参数的转换式

$$T = T_0(N_f - 1)$$

一个器件的噪声参数可用噪声温度或噪声系数表示，即用 T 或 N_f，它们之间的转换可按该式计算。

(2) 系统接收灵敏度

系统灵敏度通常指折合到 LNA 输入端的最小输入电平，这是接收信道的一个重要指标，它是在满足最终解调信息的误码率或外测测量精度要求下的最低信噪比所确定的信号功率。不同调制体制和不同测量元素的计算方法是不相同的。

①调频信号解调灵敏度

FM 信号的误码门限决定于两个因素，一个是鉴频器门限，另一个是码同步器门限，在不同调制度时，门限受制于其中之一。在调制度小时，码同步器的 $\frac{E_b}{N_0}$ 首先进入门限值，而在使用大调制度时，首先要考虑鉴频器不能低于门限，下面是相互换算的工程应用公式

$$\frac{S}{N} = \left(\sqrt{\frac{3}{2}}\sqrt{\frac{\beta}{f_m}}\frac{f_d}{f_m}\right)\cdot\frac{C}{r},\quad G_m = \left(\sqrt{\frac{3}{2}}\cdot\sqrt{\frac{\beta}{f_m}}\cdot\frac{f_d}{f_m}\right) \tag{3-17}$$

G_m 称为调制度增益。且有

$$\frac{S}{N} = \frac{E_b}{N_0}\cdot\frac{R_b}{B_r} \tag{3-18}$$

也就是一次解调输出的视频信噪比等于鉴频器输入的中频信噪比乘以调制度增益。当调制度大于 0.7 时，该值为正；当调制度小于 0.7 时，这时是一个负的增益。LNA 输入的灵敏度电平计算如下

$$P_S = KTB_{IF}\cdot C/N$$

式中 B_{IF} ——中频带宽。

②调相信号解调灵敏度

调相信号常用副载波方式，在统一载波系统中，一般有多个副

载波，而遥测信号仅用其中之一，因此在载波锁定灵敏度之上，可对副载波直接定标，可直接测试射频的 P_e 值，也可在中频测试 S_e/α 值。对于统一载波系统，残留载波功率和副载波功率可用下式计算

$$P_C = P_S \prod_{R=1}^{n} J_0^2(mR) \tag{3-19}$$

$$P_e = 2PJ_1^2(m_R) \prod_{R \neq e} J_0^2(mR) \tag{3-20}$$

式中　P_C——残留载波功率；

P_e——副载波功率。

当已知遥测副载波的调制度和残留载波功率（还与其他副载波调制有关）时，可由副载波功率定标反推灵敏度。

③载波锁定灵敏度

$$P_{C_{min}} = KTB_e \frac{S}{N} \tag{3-21}$$

式中　B_e——锁相环路等效噪声带宽；

$\frac{S}{N}$——馈相环路输出信噪比。

④遥测解调灵敏度

$$P_{emin} = KTB_r \frac{E_b}{N_0} \tag{3-22}$$

式中　B_r——码同步器输入带宽（视频带宽）；

$\frac{E_b}{N_0}$——归一化位噪比（与误码要求有关）。

（3）系统作用距离

一个单向下行接收的系统作用距离可用下式计算

$$R \geqslant \frac{\lambda}{4\pi} \sqrt{\frac{(\mathrm{EIRP}) G_R}{P_S \cdot L_\Sigma \cdot f_f}} \tag{3-23}$$

式中　EIRP——飞行器等效辐射功率；

G_R——地面天线增益；

P_S——地面设备接收灵敏度；

L_{Σ}——总损耗（含大气、极化、馈损、多径等）；

f_{f}——安全余量。

（4）接收信道带宽

信道带宽包含两种，一是接收频带，二是信息带宽。一个系统，其接收频带主要决定于天馈系统和本振频率源，在自跟踪系统的馈电网路中，和通道的带宽易于作宽，而差通道与相位相关，不易作宽。对微波网路器件和传输线，在介质中的电长度随着工作频率的变化而改变，也就是相移在变化，宽频带工作时和差信道的电长度相等，就能实现在宽频带工作时，通道网的相对相移一致，易于展宽频带。介质中的波长

$$\lambda_{g}=\lambda_{s}/\sqrt{\Sigma}$$

即电长度等于自由空间的几何长度除以介质的介电常数开平方。

信息带宽与信号的调制体制相关，在调频时（FM），工程上选用带宽

$$B=2(1+m_{f})f_{m} \tag{3-24}$$

式中　m_{f}——调制指数；

f_{m}——最高基带频率。

在BPSK调制时，对于CDMA调制，则应按扩频的伪码码率考虑。在统一载波的调制体制中，则应考虑中频带宽完全覆盖所有副载波的范围。

（5）天线增益

如抛物面天线，天线口径由下式计算

$$G=\eta\left(\frac{\pi D}{\lambda}\right)^{2} \tag{3-25}$$

式中　G——天线增益；

D——抛物面天线直径；

λ——信号波长；

η——效率，通常$\eta=0.5\sim0.65$。

（6）波束宽度

$$\theta_{0.5}=70\frac{\lambda}{D} \tag{3-26}$$

天线口径和波束宽度是相互制约的，要求 θ 小，必加大 D ，具体要看测角精度、抗多径等要求而定，G，θ 是多种因素权衡结果。

（7）增益分配

主要考虑：在动态范围内，最小信号时，满足接收灵敏度要求；最大信号时，信道不饱和；折算噪声温度低。

（8）视距传播

设计系统的作用距离应以满足视距传播为前提。

不考虑地球曲率影响，认为大气介质是均匀的，视距按下式计算

$$d=3.57(\sqrt{h_1}+\sqrt{h_2}) \tag{3-27}$$

考虑地球曲率影响，认为大气介质不均匀，视距用等效地球半径计算

$$d=4.12(\sqrt{h_1}+\sqrt{h_2}) \tag{3-28}$$

式中　d ——视距（km）；

　　h_1——发送端高度（m）；

　　h_2——接收端高度（m）。

以某航天器链路设计为例，遥测频率为 Ka 频段，航天器遥测链路计算见表 3－2。

表 3－2　航天器遥测链路计算

(a) 航天器返向 EIRP 计算			
发射功率	5.00	W	
馈线损耗	0.50	dB	
天线增益	0.00	dBi	
EIRP	6.5	dBW	

续表

(b) 传播损耗计算			
极化损耗	1.00	dB	圆极化
轨道垂直高度	50.00	km	
地面站仰角	5.00		
传输距离	418.00	km	
载波频率	28.00	GHz	
空间距离损耗	173.8	dB	
黑障衰减	10.00	dB	
晴天大气衰减损耗	3.00	dB	150 km@25 GHz
雨衰	6.00	dB	小雨：0.12 dB/km
地面终端指向损耗	0.50	dB	
系统余量	0.00	dB	
合计损耗	194.3	dB	
(c) 地面终端解调所需载噪比计算			
传输信息速率	2.00	Mb/s	
未编码所需 E_b/N_0	11.40	dB	1×10^{-4}
编码增益 T_{PC}	0.00	dB	
MSD 增益	2.00	dB	
解调损失	1.00	dB	PCM－FM
理论 E_b/N_0	10.40	dB	
解调需要载噪比 C/N_0	73.40	dBHz	
(d) 地面终端接收 G/T 值计算			
弹上 EIRP	6.5	dBW	
传输损耗	194.3	dB	
解调需要载噪比 C/N_0	73.40	dBHz	
玻耳兹曼常数	－228.60		
地面终端 G/T 值	32.60	dB/K	

续表

(e) 接收机等效噪声温度计算			
等效到 LNA 噪声系数 F	3.00	dB	
接收机本身噪声温度	288.63	K	
天线噪声温度	50.00	K	
馈线损耗	0.20	dB	
等效到 LNA 系统噪声温度	349.42	K	
天线增益计算			
地面终端 G/T 值	32.60	dB/K	
馈线损耗	0.20	dB	
等效到 LNA 系统噪声温度	349.42	K	
天线增益	58.23	dBi	
(f) 天线口径计算			
天线增益	58.23	dBi	
天线效率	0.65		
信号频率	28.00	GHz	
需要的天线口径	3.45	m	
(g) 天线波束宽度计算			
信号频率	28.00	GHz	
天线口面直径	4.00	m	
常数 k	70.00		
半功率波束宽度	0.19	(°)	

3.3.7　六性设计

六性设计包括：可靠性设计、维修性设计、保障性设计、安全性设计、测试性设计和环境适应性设计。

3.3.7.1　可靠性设计

现代航天工程项目无论从最高管理层，还是普通工程设计师都非常重视可靠性设计工作，并力求将可靠性要求贯穿于工程的全过程，如何将高可靠性设计进去、验证到位、制造出来，已经成为航天工程可靠性工作追求的共识。可靠性设计工作要以贯彻落实航天工程相关可靠性法规、标准、规范为基础，切实做到有法可依、执法必严、违法必究。从美国提出可靠性概念至今，仅美国颁布的有关可靠性 MIL 标准就有近 40 条，我国从 20 世纪 60 年代，引进可靠性工程至今颁布的仅国军标中与可靠性相关的标准也高达 130 多条。近年来，随着可靠性技术的快速发展，各种航天可靠性标准推出和更新也越来越频繁，这些也充分说明可靠性工作在航天产品研制中越来越受到高层部门的重视。

GJB 450A《装备可靠性工作通用要求》是我国可靠性工作的纲领性文件，标准中规定的可靠性工作项目有 5 大系列，共计 30 余条，本节将以此标准为蓝本，简单介绍现代航天遥测系统可靠性工作的项目。由于篇幅的限制，不可能将GJB 450A中规定的项目进行全面阐述，主要对 GJB 450A 中的可靠性设计与分析、可靠性环境试验、可靠性评估等主要内容进行编写。

3.3.7.1.1 元器件选用与管理

(1) 元器件的选用

电子元器件是电子、电气系统的基础部件，是能够完成预定功能且不能再分割的电路基本单元。通常，一个电子单机或电气系统都是由各种元器件组成的，现代航天遥测系统包含星上（含低、高空）、运载、地面设备以及各类传感器等电子产品和机械结构产品。尤其所使用的电子元器件数量、品种众多，它们的性能、可靠性、费用等对整个系统的性能、可靠性、寿命周期、费用等技术指标的影响巨大。

电子元器件的可靠性分为固有可靠性和使用可靠性两部分，前者主要由元器件生产方在元器件设计、工艺、原材料的选用等过程的质量控制决定，后者则主要由元器件使用方在元器件生产完成后，对元器件的选择、采购和使用等过程的质量控制决定。国内外元器件失效数据分析表明：有大约 1/2 的失效是由于使用者选择不当或使用有误造成的。现代航天遥测系统所使用的元器件涉及多种使用环境，针对不同的使用环境对元器件的质量等级要求也不同，质量等级不同，器件的可靠性水平也不同，因此对元器件的质量等级选择不当，会造成其可靠性水平过低或费用过高。

一般，元器件的质量等级越高，其可靠性水平也越高，电子元器件的质量等级以及质量等级对元器件失效率的影响可参考 GJB/Z 299C《电子设备可靠性预计手册》和美国军用手册 MIL-HDBK-217F 执行。

（2）元器件选用准则

现代航天遥测系统电子产品，由于其所处的使用环境不同，对电子元器件的选用要求也就不同。具体研制过程中，可遵照系统的元器件保证大纲进行元器件的选择，但一般军用产品的元器件选择应遵循如下原则：

1）满足性能、功能要求和可靠性要求；

2）优选型号项目目录内的电子元器件；

3）尽量减少元器件的品种和型号；

4）优选有继承性的电子元器件；

5）选用时，必须考虑元器件降额设计的要求；

6）必须考虑元器件的一致性和可获得性；

7）尽量选用数字电路代替模拟电路；

8）选用大规模集成电路替代分立元器件；

9）必须考虑抗辐射、电磁兼容和静电放电的要求；

10）尽量选用单粒子不敏感元器件；

11）禁止使用禁用的元器件或出现过严重质量问题的元器件。

（3）元器件的质量管理

元器件的质量管理是航天型号项目元器件保证大纲的重要内容之一，元器件的质量管理将直接影响产品的性能、可靠性、研制周期以及费用。元器件的管理要做到“五个统一”，既统一采购、统一技术标准、统一监制验收、统一筛选复验、统一失效分析。元器件的质量管理应遵照 GJB 546A《电子元器件质量保证大纲》和 GJB 3404《电子元器件选用管理要求》执行。新研制的元器件应按照 QJ 3152《航天新型电子元器件管理要求》进行控制和管理。对超过有效贮存期的元器件须按照 QJ 2227A《航天元器件有效贮存期和超期复验要求》进行复验和筛选。

3.3.7.1.2　可靠性的建模与预计

（1）典型系统可靠性模型

现代航天遥测系统考虑到系统的复杂程度以及兼顾简单可靠的特点，系统的可靠性模型主要考虑串联模型、并联模型、旁联模型和表决模型四种。

①串联模型

系统由若干个单元组成，只要有一个单元发生故障就导致系统发生故障，这样的系统称为可靠性串联系统，其可靠性框图如图3-30 所示。

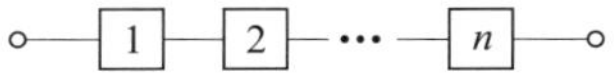

图 3-30　串联模型的可靠性框图

串联模型的可靠性数学模型为

$$R_S(t) = \prod_{i=1}^{n} R_i(t) \tag{3-29}$$

式中　$R_S(t)$ ——系统的可靠度；

$R_i(t)$ ——第 i 单元的可靠度。

从式（3-29）可知，串联系统的可靠度一定不会高于其组成单元可靠度的最小者，即

$$R_S(t) \leqslant \min_i \{R_i(t)\} \tag{3-30}$$

②并联模型

系统由若干个单元组成，只有当全部单元发生故障，系统才发生故障，这样的系统称为可靠性并联系统，其可靠性框图如图 3-31 所示。

并联系统的可靠性数学模型为

$$R_S(t)=1-\prod_{i=1}^{n}[1-R_i(t)] \tag{3-31}$$

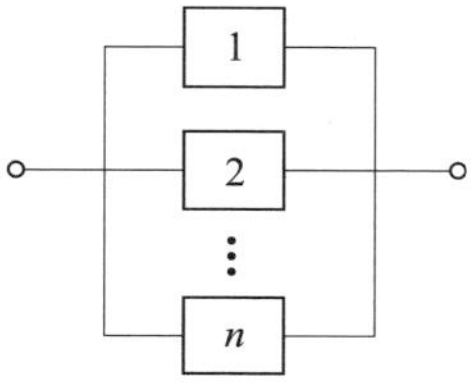

图 3-31　并联模型的可靠性框图

从式（3-31）可知，并联系统的可靠度一定不会低于其组成单元可靠度的最大者，即

$$R_S(t)\geqslant \max_{i}\{R_i(t)\} \tag{3-32}$$

③旁联模型

组成系统的 n 个单元只有一个单元工作，当工作单元故障时，通过转换装置转接到另一个单元继续工作，直至所有单元都故障时系统才故障，称为旁联系统，其可靠性框图如图 3-32 所示。

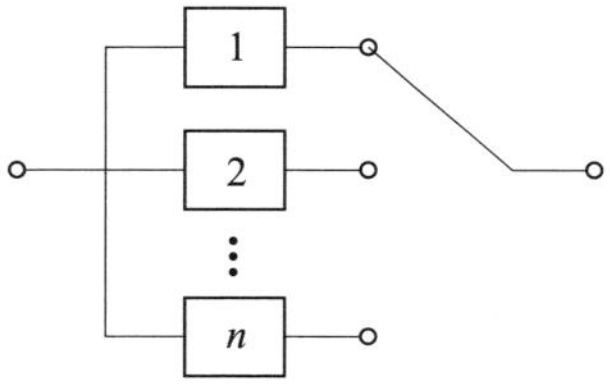

图 3-32　旁联模型的可靠性框图

假设转换开关完全可靠，旁联系统的可靠性数学模型为

$$R_S(t)=\sum_{i=1}^{n}\left[\prod_{\substack{j=1\\ j\neq i}}^{n}\frac{\lambda_j}{\lambda_j-\lambda_i}\right]R_i(t) \tag{3-33}$$

假设转换装置的可靠度为常数 R_D ，若两个组成单元相同且寿命服从故障率为 λ 的指数分布，则系统的可靠度为

$$R_S(t) = e^{-\lambda t}(1 + R_D\lambda t) \tag{3-34}$$

现代航天遥测系统在轨飞行产品冗余大都采用旁联模型。发射和地面产品大都采用串联模型。

④表决模型

系统由 n 个单元组成，若系统中有 m 个或 m 个以上单元正常，则系统正常。这样，系统称作 n 中取 m 表决系统，记作 $m/n(G)$，其可靠性框图如图 3 - 33 所示。

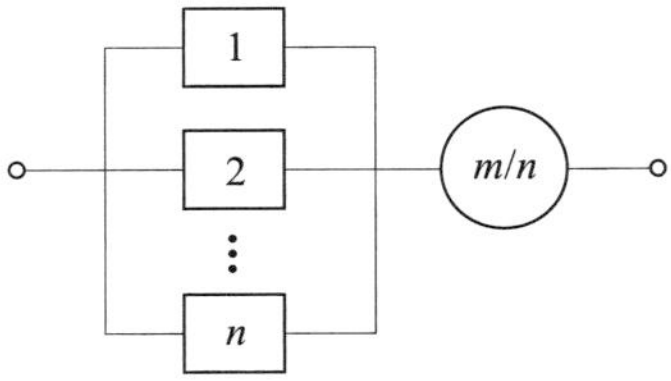

图 3 - 33　表决模型的可靠性框图

$m/n(G)$ 系统的数学模型

$$R_S(t) = R_m \sum_{i=-m}^{m} C_n^i R^i(t)[1 - R(t)]^{n-i} \tag{3-35}$$

在 $m/n(G)$ 系统中，当 n 为奇数(令其为 $2k+1$)，且系统的正常单元数大于等于 $k+1$ 时，系统才正常，这样系统称之为多数表决系统。

三中取二系统是最常用的多数表决系统，当该表决器的可靠度为 1，组成单元的故障率均为常值 λ 时，其数学模型为

$$R_S(t) = 3e^{-2\lambda t} - 2e^{-3\lambda t} \tag{3-36}$$

当表决的可靠度为 1 时，$m=1$，$1/n(G)$ 即为并联系统

$$R_S(t) = 1 - [1 - R(t)]^n \tag{3-37}$$

$m=n$，$n/n(G)$ 即为串联系统

$$R_S(t) = R^n(t) \tag{3-38}$$

4 种可靠性模型对可靠度的影响如图 3 - 34 和图 3 - 35 所示，从图中可以看出串联单元越多，系统的可靠度越小，旁联模型对系统的可靠度提高效果最明显。

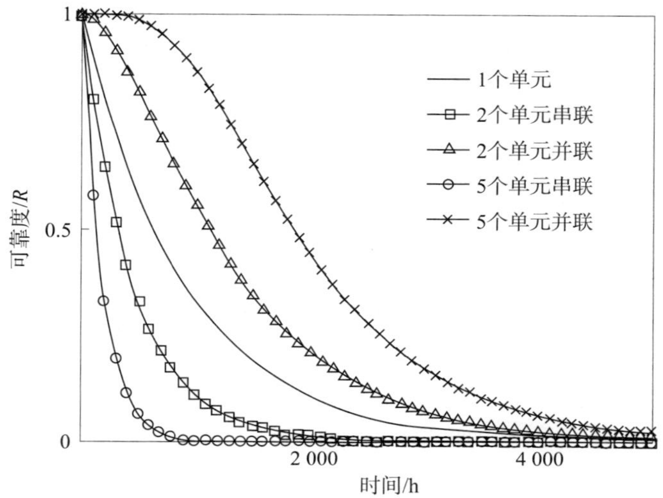

图 3-34　并联模型与串联模型可靠度对比图

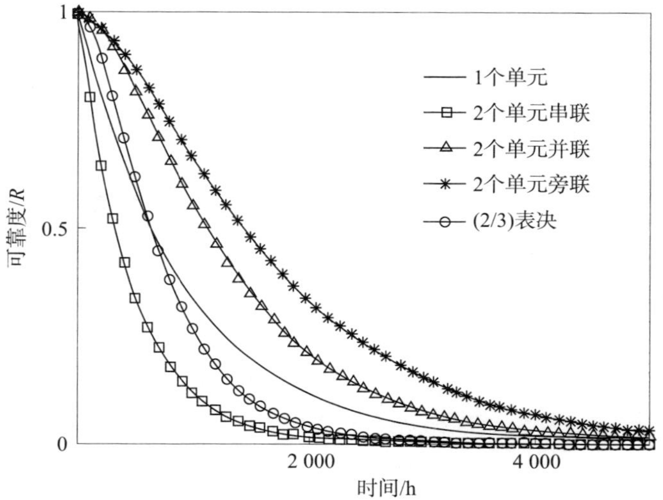

图 3-35　并联模型、串联模型、旁联模型和表决模型可靠度对比图

（2）电子产品可靠性预计方法

现代航天遥测系统产品的可靠性预计应按照 GJB 299C《电子设

备可靠性预计手册》的要求执行。GJB 299C 中的预计方法包括元器件应力分析法、元器件计数可靠性预计法和进口元器件预计法。其中，元器件应力分析法适用于产品已具有详细的元器件清单，并已确定元器件所承受力的设备研制阶段，适用于产品的初样、正样研制阶段。元器件计数可靠性预计法适用于产品研制的初步阶段，通常在方案阶段使用。

可靠性预计的目的主要包括：

1）评价产品是否能够达到预期的可靠性指标；

2）在方案论证阶段，通过可靠性设计，比较不同方案的可靠性水平，为最优方案的选择及方案优化提供依据；

3）在设计过程中，通过可靠性预计，发现影响系统可靠性的主要因素，找出薄弱环节，采取设计措施，提高可靠性；

4）为可靠性增长试验、验证及费用核算提供依据；

5）为可靠性分配奠定基础。

3.3.7.1.3 可靠性设计

(1) 元器件降额设计

元器件降额设计是电子、机电产品可靠性设计的重要内容，元器件降额是通过限制元器件所承受的应力，使元器件在低于额定值情况下工作，降低元器件的失效率。降额设计是提升产品可靠性最有效、最简单、成本最低的手段。现代航天遥测系统包括在轨、发射和地面运行等产品，元器件的降额等级包括Ⅰ级、Ⅱ级和Ⅲ级三类，详细的降额参数和降额因子选用应遵照 GJB/Z 35《元器件降额设计》执行。元器件降额设计主要遵循如下设计准则：

1）大规模和超大规模集成电路应对其温度进行降额使用；

2）数字电路应对其电源、工作频率、输出电流和温度进行降额使用；

3）混合电路应对其功率密度和温度进行降额使用；

4）线性电路应对其电源电压、输入电压、输出电流、功耗和温度进行降额使用；

5）晶体管，应对其电压、电流、功耗和温度进行降额使用，功率晶体管还要对其安全工作区进行降额使用；

6）晶体二极管应对其反向电压、电流和温度进行降额使用；

7）可控硅器件应对其电压、电流和温度进行降额使用；

8）光电器件应对其电压、电流和温度进行降额使用；

9）电阻器应对其直流电压和环境温度进行降额使用，但是应关注某些电容器直流电压降额是有限制的，超过限制，失效增大；

10）线圈、扼流圈和变压器应对其热点温度、工作电流、瞬态电压/电流、介质耐压和额定电压进行降额使用；

11）继电器应对其触点电流、触点功率、温度、振动、动作次数进行降额使用；

12）电连接器应对其电流、电压和接触点温度进行降额使用；

13）旋转机电器件应对其工作温度和轴承负载进行降额使用；

14）电缆、导线除对其电流进行降额使用外，要注意电缆耐压降额，特别是多芯电缆；

15）开关应对其触点电流、电压和功率进行降额使用。

（2）电路可靠性设计

电路是各设备最基本的工作单元，电路可靠性设计是为了保障设备和系统完成目标任务，电路的可靠性设计应遵循如下原则：

1）选用简单方案，在满足要求的性能指标下，电路越简单就越可靠；

2）应尽可能采用有继承性、经过试验考验、可靠性高且最好是标准化的线路和元器件；

3）尽可能采用集成电路取代分立器件，因为集成电路本身就是标准电路；

4）尽可能采用数字电路取代模拟电路；

5）综合利用电路的软件功能和硬件功能，充分发挥软件功能而使电路硬件得到简化；

6）数字逻辑电路设计，要采用布尔代数简化技术来消除多余元件，用最少的逻辑门和输入端，来实现同样的逻辑功能；

7）应注意寄生响应要求，控制杂散信号影响，对于射频（微波）电路更显得重要；

8）不要因为简化一个元器件而使其他元器件承受过高的电应力；

9）采用CMOS电路时，还应注意抗锁定设计，要求满足$V_{ss}<V_{in}<V_{cc}(V_{dd})$和$V_{ss}<V_{out}<V_{cc}(V_{dd})$等抗锁定条件。

电路可靠性设计应遵照QJ 2668《电子产品可靠性设计准则》、QJ 1408A《航天产品可靠性保证要求》、QJ 2172A《卫星可靠性设计指南》进行设计。

（3）冗余设计

冗余设计是通过增加完成同一功能的并联或备用单元的数目，以提高系统可靠性的一种设计方法。在系统设计中，考虑冗余结构时，电路级、模块级、部件级、系统级，任何一级都可采用冗余结构。

所谓冗余设计，就是为完成规定功能，采用额外增加系统复杂度的方法，用额外的硬件、软件、信息和时间等4种冗余方式来掩盖故障造成的影响，使得系统中即使某一部分（任何一级冗余）出故障，但整个系统仍能正常工作，从而提高系统的可靠性设计方法。

①硬件冗余

硬件冗余是用增加硬设备的方法，掩盖故障造成的影响，使得系统在发生局部故障时，系统仍能正常工作，并将备份硬件替换上去，这是系统可靠性设计的重要内容。在考虑系统硬件冗余结构时，元件级、电路级、功能单元级、部件级、系统级，一般都可以采用冗余结构。在系统可靠性设计时，一般很少采用元件冗余结构，而更多在电路级、功能单元级和部件级采用冗余结构，并有并联冗余、旁联冗余和多数表决系统之分。硬件冗余结构主要用在高可靠性的场合。

②软件冗余

软件冗余的方式很多，主要有：

1）采用编码、译码技术，测验和校正信息在存储、传输中产生的差错；

2）采用软件保护技术，减少软件出错；

3）采用多版本设计，降低软件错误造成的影响；

4）采用故障隔离技术和逻辑切换、重组合，减少故障造成的影响。

③信息冗余

信息冗余主要是利用增加冗余信息位数和复杂的检错与纠错技术，来检测和纠正信息传输、存储中产生的差错，如海明校验、奇偶校验、CRC 码校验和多重传输、阶段表决等方法。

④时间冗余

时间冗余，主要是采用指令复执、I/O 复执和程序卷回重试等方法，来度过暂时性故障对系统的影响，以恢复系统的功能。冗余设计的其他要求应遵照 QJ 2172A 第 16 章执行。

（4）热设计

电子产品的热设计需根据产品的可靠性指标及产品所处的环境条件来确定热设计目标。一般，热设计目标为产品内部元器件允许的最高温度，对于有可靠性指标要求的产品，应根据 GJB/Z 299C《电子设备可靠性预计手册》中元器件失效率与工作温度之间的关系，计算出元器件最高允许的工作温度，工程上为简化计算，通常采用元器件降额设计后允许的最高温度值作为热设计目标。

①热流密度和体积功率密度的计算

在传热学中，热流密度和体积功率密度的计算公式如式（3-39）、式（3-40）所示，即

热流密度：
$$\varphi_S = \frac{\phi}{S} \tag{3-39}$$

体积功率密度：
$$\varphi_V = \frac{\phi}{V} \tag{3-40}$$

式中　ϕ——散热体的散热量（W）；

S——散热体的表面积（m^2）；

V——散热体的体积（m^3）。

图3-36为常用冷却方法的热流密度，图3-37为常用冷却方法的体积功率密度，具体热设计时，应参照此两图选择合适的冷却方式。在所有冷却方法中，应优先考虑自然冷却。因为这种冷却无需外加动力源，故其可靠性高且成本低。

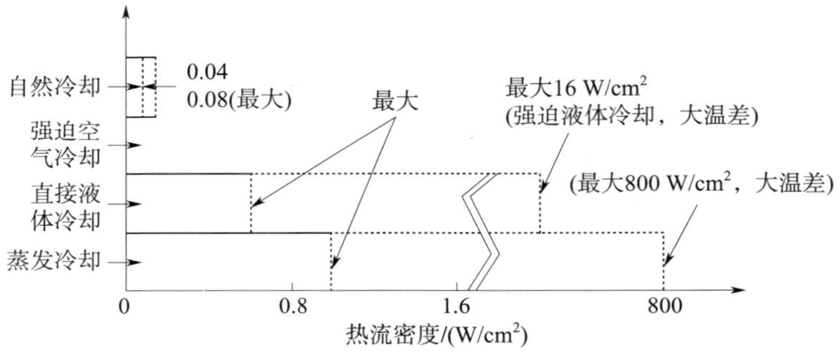

图3-36　常用冷却方法的热流密度

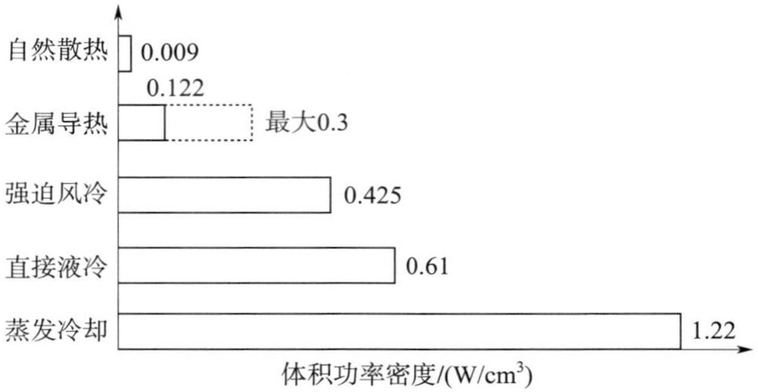

图3-37　常用冷却方法的体积功率密度

②热设计准则

a）减小热阻的设计准则

1）元器件安装，应尽量减小元器件与印制板的间隙；

2）尽可能减小安装界面及传热路径上的热阻；

3）由多层印制板组成的模块，应利用电镀孔的热通路，来减小传导热阻；

4）尽可能采用导热化合物来填塞热流通路上的所有空隙；

5）当利用接触界面作为热通路时，应采取增大接触面积和确保接触表面平滑等措施；

6）为尽量减小传导热阻，应采用热导率高的材料，来构成元器件的热传导通路，且热传导通路尽可能短，而通路的宽度尽可能大。

b）冷却方案设计准则

1）设备尽可能选择自然散热的冷却方案；

2）为提高散热效果，设备在自然散热的基础上，加金属散热器、热管散热、半导体致冷和被动式温控等冷却方案；

3）地面设备为提高设备内空气流动速度，可采用风机进行鼓风或抽风强制风冷等冷却方案，设计强制风冷系统应保证进气与排气间有足够的距离，使设备内产生足够的正压强，且强制通风与自然通风的方向一致。

c）元器件的安装和布局设计准则

1）元器件的安装位置应保证得到最佳的自然对流或低热阻的传导；

2）元器件的安装位置应保证器件工作在允许的工作温度范围内；

3）元器件应牢靠地安装在底座、底板上，以保证得到最佳的传导散热；

4）热源应接近机架安装，与机架有良好的热传导，同时耗能元器件的位置尽可能分散；

5）无源元件、温度敏感的元器件，应放置在低温处，若邻近有发热量大的元器件，则需要对无源元件、温度敏感元器件进行热防护，可在发热元件与温度敏感元器件之间放置较为光泽的金属片来实现。

d）印制板上元器件安装和布局的设计准则

1）耗能元器件应尽量放置在印制板上方，且尽量靠近机壳或框架，热敏感元器件应放置在印制板的下方，且要远离耗能元器件；

2）在大小规模集成电路混合安装的情况下，应尽量把大规模集成电路放置在冷却区，以使印制板上元器件的升温尽可能地趋于均匀；

3）元器件在印制板上的布置应均衡，并尽量使间隙一致，以利于对流散热；

4）在同一块印制板上的元器件，尽可能按其发热量大小分区布置。热敏元器件和耐热性差的元器件应放置在冷却区。发热元器件不能密集安装，排列安装应适当，尽可能使安装在印制板上的元器件“等热”。

详细的热设计应遵照 GJB/Z 27《电子设备可靠性热设计手册》和 GJB 1029《卫星热设计准则》执行。热设计可以采用专业的 EDA 热分析软件，如 BETAsoft、Ansys、IC－Peak 等软件进行辅助设计。

（5）电磁兼容性设计

电磁兼容性（EMC）设计是指电子设备在工作时遇到的各种电磁环境中，其性能不降低，参数不超出容许范围，仍能协调、有效地进行工作的能力。

电磁兼容性设计主要考虑三个方面，即接地、对电磁场的屏蔽、对电磁干扰的滤波设计。现代航天遥测系统的电磁兼容性设计，需要采取如下主要措施：

1）印制板各种走线尽可能地短、直、均匀、拐圆角或斜角，信号线与回流线尽量靠近；

2）印制板线与线之间的间距需满足“3W”规则，则可保持 70%的电场可不互相干扰。通过电源层内缩减少边缘辐射电磁干扰，若内缩“20H”，则可以将 70%的电场限制在接地层边沿内；

3）当布线长度大于 $\lambda/20$ 时，印制线将成为小天线，最小化环面积，避免潜在的天线环；

4）印制板上布线应采用交叉布线，对干扰十分敏感的信号线之间设置一根接地的印制线，可以有效地抑制串扰；

5）将数字电路、模拟电路以及电源电路分别放置，相互有关的器件尽量放得靠近些，时钟发生器、晶振和 CPU 的时钟输入端，都易产生噪声，要相互靠近些；

6）电源线采用双绞线，低频数字传输线采用双绞线，高频信号采用同轴电缆或多层屏蔽电缆传输；

7）滤波器输入与输出线隔离，滤波器尽量靠近被滤波电路，用短线或屏蔽线进行连接；

8）所有的接地线应尽可能短而粗，导线截面积须足够大，数字信号、模拟信号、低电平信号、信号屏蔽回路等应保持各自的接地系统，所有的地线汇集一点接参考地；

9）为达到去耦，在直流电源的输出端，应分别加低频电容器和高频电容器；

10）电连接器必须防止“猪尾巴”效应，必须合理使用滤波器，输入、输出必须进行屏蔽隔离；

11）滤波器屏蔽体，必须尽可能使用连续或搭接进行焊接缝合，尽量减少开孔数目和减小开孔尺寸，并对各种开孔进行屏蔽处理。

（6）抗辐照和单粒子防护设计

航天遥测系统中，星载电子产品、材料等，由于处在外太空环境中，自然会受到空间辐射环境的影响，其主要的辐射效应为总剂量效应、单粒子效应、充/放电效应等，每种效应对产品的性能都会有一定的损伤，严重时，会引起产品在轨工作异常或故障。因此，必须对不满足辐照要求的元器件、线路、部件、单机等进行抗辐射加固设计。

①电子设备抗辐照设计

1）选用耐辐射器件。一般，NPN 器件比 PNP 器件好，高频管比低频管好，I_c 大的管子较好，MOS 器件应优先选用抗辐照加固的

CMOS/SOI 或 CMOS/SOS 器件；

2）采用限流技术，CMOS 器件电源端增加限流措施，使瞬时大电流受到限制，防止 CMOS 器件因发生单粒子锁定而被烧毁；

3）采用回避技术，在瞬时强辐射之前，将敏感设备断电停止工作，强辐射结束后再加电工作，这样可以显著降低瞬时辐照损伤；

4）避免逻辑工艺（CMOS、PMOS、TTL 等）的混用，因为其兼容性将因辐射而降低；

5）禁止使用光耦器件，如需使用必须进行抗辐照加固。

②软件抗辐照设计

1）软件加固设计，在软件设计上采取检错、纠错、冗余等可靠性措施，排除单粒子事件等造成的软错误；

2）系统状态标志，简单编码不使用一位表示，用一个字节或字作标志，对重要数据采取三取二比对措施；

3）设置看门狗，一旦单粒子翻转引起程序走飞，可使 CPU 复位；

4）设置检错纠错功能块，通过硬件电路检测，并纠正信息在运算或传输过程中的错误，如采用奇偶校验、CRC 校验、纠一检二的 EDAC 电路等。

③单粒子效应防护设计

a）单粒子翻转防护设计

不使用单稳态或者双稳态的逻辑器件和逻辑电路，电路中采用容错系统。利用看门狗对 FPGA 和 DSP 进行定时监测，出现异常即对其进行复位。

b）单粒子锁定防护设计

对所有 CMOS 制造工艺器件，均使用防止可控硅效应器件，并在输入及供电端，采用防止可控硅效应的保护设计措施，以避免发生单粒子锁定辐射效应。具体采取如下措施：

1）规模 CMOS 器件电源端、输入端增加串联限流电阻；

2）不用的输入管脚接固定电平；

3）利用看门狗电路，对 FPGA 和 DSP 进行实时监控；

4）当设备出现过流情况时，可通过遥控使设备断电或者重新启动。

c）单粒子烧毁防护设计

FPGA 配置程序，存放在抗辐射的 Flash 中，Flash 使用 FPGA 专用配置芯片，并通过加厚屏蔽层，加强对器件的辐射防护。

d）FPGA 抗单粒子效应设计

1）优先选用在轨运行稳定 FPGA 芯片；

2）在满足需求的情况下，优先选用小容量器件，优先选用反熔丝器件，同时安全等级较高的关键功能实现，必须选用反熔丝型 FPGA；

3）SRAM 型 FPGA 优先选用门数小的，并考虑采取一定的抗单粒子翻转措施，如采取三模冗余设计或者全局/局部刷新设计；

4）反熔丝型 FPGA 发生翻转只影响当前数据，且通过后续时序能自动恢复，风险性小；

5）基于 SRAM 型 FPGA，因其配置区翻转的概率大于 90%，建议对该类型 FPGA 设计三模冗余、地面刷新、定时刷新、回读判别后自动刷新、部分刷新等加固措施。

（7）静电防护设计

防静电要求应满足 QJ 1693《电子元器件防静电要求》、QJ 2245《电子仪器和设备的防静电要求》、QJ 2711《静电放电敏感器件安装工艺技术要求》等文件规定的要求，防静电操作应满足 QJ 2846《防静电操作系统通用规范》、QJ 1950《防静电操作系统技术要求》的要求。

①静电放电防护设计原则

在航天遥测系统电子设备设计中，应遵循以下静电放电防护设计措施：

1）对所选用的元器件，根据手册尽量选用最高 ESD 敏感度等级的元器件；

2）根据元器件手册，对每一种元器件内部，是否有 ESD 防护网络进行了解，在此基础上进行 ESD 防护设计；

3）在 ESDS 元器件组装后，对其仍然采取 ESD 防护设计，对印制板组装件端口，进行 ESD 防护设计；

4）在印制板设计时，就开始考虑 ESD 防护设计，达到组装件和设备级 ESD 加固的目的；

5）通过电路分析，对设备的 ESD 防护能力进行评估。

②防静电操作

电子元器件在贮存、电装、转运等过程中，必须遵守 ESD 产品防护操作程序。元器件应装在 ESD 防护包装内，并只能在 ESD 防护区内进行操作。采用导电性清洁液或溶剂，进行清洁工作；印制板一旦加工完成，必须使用 ESD 防护材料，重新进行包装。操作人员接触器件时，应带接地腕带，另一端必须接地。

3.3.7.1.4　可靠性分析

（1）故障模式、影响分析

故障模式、影响分析（FMEA）是在产品设计过程中，通过对产品各个组成单元潜在的各种故障模式及其对产品功能的影响进行分析，提出可采取的预防改进措施，以提高产品可靠性的一种设计分析方法。

进行 FMEA 分析，可使设计更合理，考虑更全面，它是可靠性设计的重要内容。无论在方案论证阶段，还是在技术设计阶段，都应进行 FMEA 分析：

1）FMEA 分析的目的是查找硬件设计中的薄弱环节，为元器件、材料、工艺的选择以及设计对策等提供依据；

2）明确设计中应予特别关注的致命失效模式，为关键项目、重要项目的确定和控制提供依据；

3）找出一切潜在的失效模式，确定其对完成任务的影响，并提出预防纠正措施，为生产制造、检验、质量控制等提供依据；

4）建立并运行故障收集、记录、原因分析，采取纠正措施，并进行有效性验证的闭环系统；

5）使产品可靠性在研制过程中逐步地得到增长。

FMEA有两种基本方法，即硬件法和功能法。在工作中，具体采用哪种方法，取决于设计的复杂程度和可利用信息的多少。对复杂系统进行分析时，可以考虑综合采用功能法和硬件法。

当产品可按设计图样及其他工程设计资料明确确定时，一般采用硬件法。这种分析方法适用于从零部件级开始分析，再扩展到系统级，即自下而上进行分析，也可以从任一层次开始，向任一方向进行分析。

故障模式影响及危害性分析（FMECA，Failure Mode Effect and Criticality Analysis）是一种系统化的可靠性分析方法。危害度是指每一种故障模式对可靠性影响的危害程度。通常，用故障影响的严重程度以及故障发生的频率来进行估计。FMECA分析的详细方法，可遵照GJB/Z 1391《故障模式、影响及危害性分析程序》、QJ 2437《卫星故障模式、影响及危害性分析》、QJ 3050－98《航天产品故障模式、影响及危害性分析指南》分析。

（2）故障树分析

在现代航天遥测系统中，对于危及产品与人身安全、影响任务完成的重要故障模式，需要在完成FMEA分析的基础上，再进行故障树（FTA）分析。一般，要求对遥测天线、自跟踪技术、火工品控制器等进行FTA分析。

故障树分析，首先是定义系统对象，提出待解决的问题，其次是建立模型，然后再进一步分析。系统中，各个分离元件，都完成相应的功能，一个系统可以用功能图表示。为了画出合适的故障树，首先要确定系统的边界条件，其中，最重要的边界条件就是顶事件，相对的边界条件是可能导致顶事件发生的基本事件。

①定性分析

故障树定性分析的目的在于寻找导致顶事件发生的原因和原因组合，识别导致顶事件发生的所有故障模式及最小割集，以帮助判断潜在故障，指导改进设计和故障诊断。通过 FTA 分析，可以获得一阶最小割集所对应的零部件，并严格控制研制生产过程、获取潜通信息。

②定量分析

故障树定量分析的目的是设计顶事件发生的概率及各底事件的重要度，为设计决策提供量化依据。FTA 分析的详细方法参见 GJB 768《故障树分析》。

（3）容差分析

容差分析的目的是分析电路的组成部分在规定的使用温度范围内，其参数偏差和寄生参数对电路性能容差的影响，并根据分析结果，提出相应的改进措施。

由于电子产品所用元器件容差的积累会使电路、设备或系统的输出超出规定值而无法使用，在这种情况下用故障隔离法无法指出某个元器件是否故障或输入是否正常，为消除这种现象，应进行元器件和电路的容差分析，以便在设计阶段及早采取措施加以纠正。

电路容差分析主要适用于系统内关键电路。电路容差分析工作，应在产品详细设计阶段，已经具备电路的详细设计资料后完成。目前，常用的容差分析方法有试验法、矩阵法、最坏情况分析法、蒙特卡洛分析法等。

矩阵法是一种基于电路数学模型的解析计算方法，该方法根据电路组成部分参数的均值和方差，求出电路性能参数的均值和方差。该方法计算简单、快速，适用于可建立模型的小型电路。

最坏情况分析法是分析在电路组成部分参数最坏组合情况下的电路性能参数偏差，是一种非概率的统计方法，此方法利用已知元器件参数的变化极限，来预计系统性能参数变化是否超出允许范围。在预计系统性能变化范围时，元器件参数的变化取它们的上、下极限值，如果预计的系统性能参数在规定的范围内，那么就可以确信该系统有较高的稳定性。

容差分析的详细方法参见 GJB/Z 89《电路容差分析指南》和

GJB/Z 223《最坏情况电路分析指南》。复杂电路的容差分析计算量非常巨大，难以用手工计算的方法完成。目前，有很多 EDA 软件都具有仿真计算和容差分析的功能，如 MENTOR、SABER、CADENCE 等。

（4）潜通路分析

系统发生故障，除组成系统的元部件损坏、参数漂移、电磁干扰等原因外，还可能是系统中存在的潜在通路起作用，所谓潜在通路是指系统所处特定条件下，出现的未预期的通路。

潜通路分析的目的就是在假定组成系统的所有元器件均正常工作的情况下，分析并找出那些能引起系统功能异常或抑制正常功能实现的潜在通路，为改进设计提供依据。

产生潜在通路的原因是由于设计的层次化分工，分系统设计人员对系统整体设计缺乏全面深入的认识，对如何适当地连接各分系统缺乏全面考虑。对设计评审后，所做的更改将会给系统带来的影响，未进行充分的审查。

大多数潜在通路，并非在系统每次运行时都出现，而是在某种特定条件下，才会起作用。在进行潜在通路分析时，必须保证用于分析的电路，能代表系统的实际情况。潜在通路分析，仅考虑部件之间的相互连接和相互影响，而不必考虑元部件本身的可靠性。潜在通路分析的详细方法可参见 QJ 3217《潜在分析方法和程序》。复杂电路的潜通路分析，也可借助专业的 EDA 软件进行分析，如 SCAT（Sneak Circuit Analysis Tool）软件。

3.3.7.1.5　可靠性评估

可靠性评估就是综合利用产品寿命周期各阶段特定试验的试验信息，或综合利用产品研制阶段不同试验的试验信息、低层次单元的试验信息、相似产品的相关信息、仿真信息等，用概率统计的方法，给出产品在某一特定条件下可靠性特征量的估计值。

（1）指数分布产品的可靠性评估方法

根据相关理论和统计表明，对于电子设备、复杂系统和经过熟练筛选且进行定时维修的机电产品，可以假设其寿命服从指数分布。

评估需要的输入条件包括试验时间 T 、故障次数 r 、任务时间 t_0 和置信度 γ 。当要评估任务可靠度时，故障次数只计算会导致装备任务失败的次数；当要评估基本可靠度时，故障次数统计所有关联失效的次数。

①点估计值

点估计值采用极大似然估计方法，用式（3－41）计算故障率 λ 、平均寿命 θ 和可靠度 $R(t_0)$ 的极大似然估计值

$$\begin{cases} \hat{\lambda}=\dfrac{r}{T} \\ \hat{\theta}=\dfrac{T}{r} \\ \hat{R}(t_0)=\mathrm{e}^{-\hat{\lambda}t_0} \end{cases} \tag{3-41}$$

②区间估计

对于给定的置信度水平，进行可靠性区间估计时，一般要求计算的是平均寿命和可靠度的置信下限。定时截尾数据和定数截尾数据的计算公式不同。

对于定时截尾试验数据，θ 和 $R(t_0)$ 的单侧置信下限为

$$\theta_{\mathrm{L}}=\frac{2T}{\chi_{\gamma}^{2}(2r+2)} \tag{3-42}$$

$$R_{\mathrm{L}}(t_0)=\exp\left[-\frac{t_0\chi_{\gamma}^{2}(2r+2)}{2T}\right] \tag{3-43}$$

式中 $\chi_{\gamma}^{2}(2r+2)$——自由度为（$2r+2$）的 χ^2 分布的 γ 分位数，可由 GB 4086.2 查表得到。

对于定数截尾试验数据，θ 和 $R(t_0)$ 的单侧置信下限为

$$\theta_{\mathrm{L}}=\frac{2T}{\chi_{\gamma}^{2}(2r)} \tag{3-44}$$

$$R_{\mathrm{L}}(t_0)=\exp\left[-\frac{t_0\chi_{\gamma}^{2}(2r)}{2T}\right] \tag{3-45}$$

式中 $\chi_{\gamma}^{2}(2r+2)$——自由度为（$2r+2$）的 χ^2 分布的 γ 分位数，可由 GB 4086.2 查表得到。

无故障数据时，即 $r=0$，平均寿命 θ 的单侧置信下限为

$$\theta_L=-\frac{T}{\ln a} \tag{3-46}$$

（2）威布尔分布产品的可靠性评估方法

对于故障率并非恒定，且具有损耗特性的产品，可以用威布尔分布进行可靠性评估，具体方法可参见可靠性专业书籍。由于现代航天遥测系统涉及星上、运载和地面设备，但属于小子样产品，由于可靠性评估除电子产品以外一直没有较为成熟的标准和方法，具体产品的可靠性评估应结合型号研制需求，选用适合产品特点的评估方法进行可靠性评估。

3.3.7.1.6　可靠性环境试验

（1）可靠性应力筛选试验

所谓筛选就是设法剔除由于原材料、不良元器件、工艺缺陷和其他原因所造成的早期故障，从而达到提高产品质量和可靠性以及经济效益的目的。筛选的种类很多，如产品生产过程中，各种工艺筛选，半成品和成品的电测试、显微镜、红外线、X 射线等检查筛选，高温、低温、温度循环、温度冲击、振动、冲击等环境应力筛选。

产品的缺陷，尤其对具有潜在缺陷的产品，采用一般质量控制或检测方法，均不能把它们剔除出来，只有对它们采取特殊的检测或对它们施加有关应力，使这些潜在缺陷激活并导致产品故障，才能把它们剔除掉。通常，环境应力筛选是迅速暴露产品隐患和激发缺陷最有效的一种筛选方法。

电子产品的 ESS 筛选可参照 GJB 1032《电子产品环境应力筛选方法》和 GJB/Z 34《电子产品定量环境应力筛选指南》规定的方法进行。

（2）可靠性鉴定和验收试验

可靠性鉴定试验的目的是验证产品的设计是否达到了规定的可靠性要求。可靠性鉴定试验常用于设计定型或主要设计和工艺变更

后的鉴定。可靠性验收试验的目的是为了确定已通过可靠性鉴定试验而转入批生产的产品在规定的条件下是否达到规定的可靠性要求，验证产品的可靠性是否随批生产期间工艺、工装、工作流程、零部件质量等因素的变化而降低。

可靠性鉴定和验收试验的详细内容可参见 GJB 899《可靠性鉴定和验收试验》施行。

（3）可靠性增长试验

可靠性增长试验是通过对受试产品施加相应的应力将产品中存在的材料、元器件、设计和工艺缺陷激发成为故障，进行故障分析定位后，采取纠正措施加以排除，这实际上是一个试验、分析、改进的过程（Test Analysis and Fix），即 TAAF 过程。可靠性增长试验一般要和可靠性预计和 FMEA 分析结合起来实施。可靠性增长试验的详细内容可参照 GJB 1407《可靠性增长试验》和 QJ 3127《航天产品可靠性增长试验指南》等文件执行。

（4）可靠性加速寿命试验

加速寿命试验是指采用加大应力的方法促使样品在短期内失效，以预测在正常工作条件或存储条件下样品的可靠性，但不改变受试样品的失效分布。

按照试验应力的加载方式，加速寿命试验通常分为恒定应力试验、步进应力试验和序进应力试验三种基本类型。

用加速寿命试验方法确定产品寿命，关键是确定加速因子，而这往往比较困难，由于可靠性加速寿命试验涉及的加速因子的确定太复杂，目前还没有合适的规范或标准可参照，实施时须根据产品的具体情况研究决定。

3.3.7.1.7 软件可靠性设计

（1）软件可靠性的基本概念

软件可靠性是指在规定的条件下和规定的时间内，软件不引起系统失效的能力。软件可靠性不仅与软件中存在的缺陷有关，而且与系统输入和系统使用有关。

软件可靠性不仅是系统可靠性的必要组成部分，而且是系统可靠性的薄弱环节，考虑软件可靠性时，要牢记软件是为系统服务的，注意把软件放在系统之中，不可孤立起来单独考虑如何保证软件的可靠性。

（2）软件可靠性设计准则

软件可靠性设计一般应遵循如下准则：

1）软件的可靠性主要体现在软件的抗干扰能力上，抗干扰能力越强，可靠性越高；

2）软件抗干扰的设计方法有开机自检、设置软件陷阱、设置程序运行状态标记、输出端口刷新、输入多次采样、软件看门狗以及重要数据备份等；

3）软件设计必须采用避错设计，要求最小复杂度、最小特权结构，设计层次清晰，能测试与验证等；

4）对时间（机时）、速度、存储空间和信息等都要考虑留有 1/3 以上的余量；

5）软件是 SEU 防护的重要途径，必须采用自诊断程序、多重编码、指令复执、程序卷回、分支流程做两次以上的有效性判别；

6）通过软件系统的可靠性设计，确保能及时发现因干扰导致程序出现的错误，并使系统恢复到正常工作状态或及时报警；

7）软件自身故障要依靠大量的测试，逐一排除各个故障，测试越齐备，故障发生的可能性就越小，软件可靠性也越高；

8）重视对软件要求的评审和软件的验证工作；

9）软件设计实行双岗制，软件检测做到自检、互检相结合。

软件可靠性设计可参见 GJB 1091《军用软件需求分析》、GJB/Z 102－97《软件可靠性和安全性设计准则》。

3.3.7.1.8　机械产品的可靠性设计

（1）机械产品可靠性设计准则

机械产品可靠性设计的目的是使得结构具有合理的裕度，从而使机械结构产品能满足地面运行、地面操作（包括装配、搬运、起

吊、运输等操作)、发射及在轨运行等各个阶段的所有力学环境。结构可靠性设计应遵循如下原则:

1) 构件设计时尽量减少应力集中,减少或避免附加弯矩,控制应力水平;

2) 机械结构应进行应力-强度优化设计,找出应力与强度的最佳匹配;

3) 承受动载荷的重要结构,须进行动力响应分析、模态分析、动强度校核,以及可靠性分析;

4) 可通过提高平均强度、降低平均应力、减少应力变化和强度变化来实现结构裕度设计;

5) 大型复杂结构设计时,应进行结构刚度可靠性设计,提高抗弯和抗扭刚度,结构必须能够承受限制的峰值载荷而不产生有害变形;

6) 严格控制结构的相对位置,考虑在静力、热力和动力下产生变形对可靠性的影响;

7) 相邻结构若有较大温差,设计时必须注意由于热变形引起过应力而发生松脱、涨裂等故障;

8) 应进行环境防护设计,特别是暴露于恶劣环境的关键机械结构;

9) 为了提高抗振动、抗冲击的能力,应尽可能使产品小型化,使产品结构紧凑和惯性力小;

10) 机械防松结构须采用防松性能好的紧固件,如错齿垫圈、尼龙圈螺母、钢丝螺套等;

11) 为防止运动终止时产生过大的冲击载荷,引起结构变形或破坏发生,对于终止阶段的速度变化应有一定的要求,在必要时须设置缓冲装置;

12) 真空低温情况下,运动副要有防冷焊设计措施,而高低温交变情况下,运动副间隙及材料间膨胀系数应匹配。

（2）机械产品的可靠性预计

机械产品的可靠性预计由于受非标准件和失效率（受失效环境、工作条件件的影响较大）等因素影响，机械产品可靠性没有电子设备那样通用和可接受的方法。目前，世界各国都积极进行此项研究，并取得一定的成果，出版了一些预计手册和数据集，如《机械设备可靠性预计手册》、《非电子零部件可靠性数据》等，这些资料对机械设备的可靠性预计具有重要参考价值。目前，机械产品的可靠性预计主要采用修正系数法和相似产品类比论证法等方法，常用概率分布的可靠性计算见表 3－3。

表 3－3　机械产品常用概率分布的可靠性计算公式

序号	应力	强度	可靠性计算公式
1	正态分布 $N(\mu_S, \sigma_S)$	正态分布 $N(\mu_S, \sigma_S)$	$R=\int_{\beta}^{\infty}\frac{1}{\sqrt{2\pi}}e^{-\frac{\mu^2}{2}}d\mu=\Phi(\beta)$， $\frac{\beta=(\mu_S-\mu_S)}{\sqrt{\sigma_S^2+\sigma_S^2}}$
2	对数正态分布 $\ln S \sim N(\mu_{\ln S}, \sigma_{\ln S}^2)$	对数正态分布 $\ln S \sim N(\mu_{\ln S}, \sigma_{\ln S}^2)$	$R=\Phi\left[\frac{(\mu_{\ln S}-\mu_{\ln S})}{\sqrt{\sigma_{\ln S}^2-\sigma_{\ln S}^2}}\right]$， $\mu_{\ln S}=\ln\mu_S-\sigma_{\ln S}^2/2$ $\sigma_{\ln S}^2=\ln\left[\left(\frac{\sigma_S}{\mu_S}\right)^2+1\right]=\ln(C_S^2+1)$ $C_S=\frac{\sigma_S}{\mu_S}$

（3）机械零件的典型可靠性设计

①强度和刚度

所有的部件和设备必须在满足质量要求的前提下具有足够的强度和刚度，以便经受环境的作用而不发生破坏（断裂、断开、挠曲等），且所产生的力学响应不影响设备的使用性能。对于星上部件和设备的结构设计应确保其一阶固有振动频率大于表 3－4 所规定的值。

表 3-4　部件和设备的最低固有频率

通过设备底板直接安装的设备	通过支架安装的设备（含支架）
≥100 Hz（3 轴向）	≥70 Hz（3 轴向）

②安全裕度

对于屈服和强度极限载荷条件，设备的结构部件都应具有正的安全裕度

$$M.S.=\frac{S_a}{S_e}-1 \tag{3-47}$$

式中　M.S.——安全裕度；

S_a——许用应力（屈服极限和强度极限）；

S_e——鉴定载荷与相应安全因子之积所产生的应力。

金属材料和非金属材料的安全裕度对比见表 3-5。

表 3-5　金属材料和非金属材料的安全裕度对比

金属材料安全裕度		非金属材料安全裕度	
屈服强度	≥0	首层失效	≥0.25
极限强度	≥0.12	承载强度	≥0.25
稳定性	≥0.25	稳定性	≥0.30

3.3.7.2　维修性设计

维修性是指产品在规定条件下和规定时间内，按规定程序和方法进行维修时，保持或恢复到规定状态的能力。通俗地讲，维修性反映的是产品通过维修恢复功能的能力，是提高产品完好性的重要因素。其中，规定条件是指维修场地、维修设施与设备、维修工具、维修人员等维修条件，维修性设计的关键与产品结构有很大关系，特别是可达性对维修性影响最大。

维修性设计应参照依据 GJB 368B《装备维修性工作通用要求》、GJB 1378A《装备以可靠性为中心的维修分析》执行。

具体设计措施主要有：

1）充分贯彻“通用化、系列化、组合化”的三化设计思想，系

统各设备统一规划，尽量减少设备和模块种类，各单元设备和模块功能独立性强，互换性好，最大程度地减少系统维护的复杂性；

2）充分利用成熟产品，注重设备的互换性、通用性、兼容性；

3）同类信号接口进行通用化设计，以便设备检修和替换；

4）系统的射频、中频和视频各环节均设有信号监视口，便于操作人员对故障的快速定位；

5）所有模块、组件、电缆上均有标识，便于维修时识别；

6）重要单机具有自检、自动化测试功能，系统可以实现功能自检，以实现排错；

7）单机实现总线化、模块化设计，有利于设备的更改、扩充、组装，也利于现场维修；

8）重要单机和功能模块提供备品备件，部分采取在线热备份形式；

9）机箱、机柜等结构设计充分考虑其易维护性，设备的安装方式采用独立抽屉式，拆装方便简单；

10）各设备之间的连接接口、连接电缆均有防差错标识，便于维修识别；

11）对需要维修、更换、检查的零部件，留足操作空间，便于维修操作。

3.3.7.3 保障性设计

保障性是指装备的设计特性和计划的保障资源满足平时战备完好性和战时利用率要求的能力。通俗地讲，即反映产品便于使用和易于保障的能力。产品的保障性取决于产品的设计特性和保障系统的最佳平衡。保障性工程是为了确定和达到装备保障性要求而开展的一系列技术和管理活动。

保障性设计可参照依据 GJB 3872《装备综合保障通用要求》、GJB/Z 151《装备保障方案和保障计划编制指南》执行。

在系统设计中，可针对具体要求采取下面的一些保障措施。

1）供电保障：在设备安装时，采用 UPS，对外部供电进行稳压、稳相处理后给设备供电，避免外部电压不稳定或突然断电对设备的损坏，可在外部供电故障时提供应急供电和供电修复时间。

2）自动化运行保障：系统具备自动化运行能力，可按照任务计划自动调配资源、控制流程、设置参数，完成相应的试验任务，有助于提高试验效率。

3）自动化测试保障：方案设计完善的自动化测试手段，配套设备和软件可满足自动化测试需求，有助于操作人员简化操作过程、及时掌握设备指标变化。

4）维修保障：系统设备采用可靠性高、易维修、易于性能测试的硬件设备和软件，可快速完成系统功能检查测试和故障快速定位。

5）保障设备和供应：系统配备关键电路板卡和关键、易损元器件的备份件，配备必要的随机工具，为执行任务提供保障。

6）为方便系统的使用维护，配备完整的随机资料，达到内容详实、图物相符。

7）训练保障：根据装备使用与维修人员的要求及训练保障相应特殊要求，进行充分具有针对性的培训。

3.3.7.4 安全性设计

安全性是指产品所具有的不导致人员伤亡、系统毁坏、重大财产损失或不危及人员健康和环境的能力。安全性与质量、可靠性有直接关系。有时称为质量安全，过去把安全性作为可靠性的一个分支，现在逐步发展成为一专门的工程技术。

安全性设计一般要求：

1）通过设计消除已判定的危险或减小有关的风险；

2）危险的物质、零部件和操作，应与其他活动、区域、人员和不相容的器材相隔离；

3）设备在操作、保养、维护、修理或者调整中，应使工作人员尽量避免危险；

4）尽量减少恶劣环境条件所导致的危险；

5）系统设计尽量减少在系统的使用和保障中人为差错所导致的

危险。

安全性设计可参照依据 GJB 900《系统安全性通用大纲》执行。

安全性设计措施主要有：

(1) 结构安全性设计

结构件无尖角、锋利锐边。

通风孔设置网罩，避免手指或其他物品误插入。

在需要部位设置安全警示标志。

(2) 机械安全性设计

所有机械连接牢固可靠、不松动，重量较大的设备采用预埋件安装，机柜等电子设备采用无谐峰减震器安装。

对机械运转机构进行限位限速设计，避免发生人员伤害等以外情况。

(3) 防雷安全性设计

天线和天线罩等室外设备采取防雷措施。

从空旷空间进入机房的信号需要加装避雷装置，保护设备在雷、闪电等电磁感应条件下，能够正常工作。

在电源口处应安装有电源滤波器和避雷器，以抑制来自室外的电磁干扰，保证操作人员安全和电子设备的正常工作。

(4) 电气安全性设计

配电系统应有安全保护。在配电箱上安装有漏电保护器，在配电系统中设置具有过载和短路保护功能的断路器，保证设备和操作者的安全。

对设备供电进行冗余设计，避免发生电源过载。设置过载保护。

在单机设备电源输入端加入保护电路，可以有效防止电源过压、过流对设备的损伤；单机设备有硬件监测和告警功能，在监测到硬件故障时告警。

凡人员可接触到的部位，若其对地电压大于 36 V 时，采取相应的防护措施。

机箱导线、电缆和连接器从设计上采取措施使导线绕过尖角和利边；导线或电缆上的屏蔽套固定以免使屏蔽套以外的载流零件接触或短路。

强电连接器有防止错插、错接措施或防错标志。

设备之间的电缆均走在相应走线槽内。

（5）接地设计

整站设有安全地，工作时通过接地桩与大地连接，可保证站内用电设备可靠接地。接地电阻一般应小于1Ω，最大不超过4Ω。

系统设备的设计和结构保证所有外部零件、表面和壳体在正常工作期间始终处于接地电位的状态。

（6）防火设计

机房内装有灭火器，当遇有火警时，可方便地取下使用。

（7）防静电设计

机房地面应铺设防静电地板，以保护电子设备免受静电影响。

（8）使用安全性设计

大量采用自动化设计，替代人员手工操作，提高了设备操作人员的安全性。

天线机械机构等可能导致设备操作损坏的关键部位，均配有安全操作提示牌、安全锁。

天线、驱动、高功率设备实际操作中，针对特殊安全要求制定相关操作规程，应根据需要制成醒目的标牌，固定在或印在易于看到的地方，并进行防误操作设计。

系统设备的设计和结构保证所有外部零件、表面和壳体在正常工作期间始终处于接地电位的状态。

人员经常操作和活动的区域，噪声控制在65dB（A）以下。

（9）告警设计

设置天线座转动和功放发射的声光报警装置，提醒操作人员注意防护。

天线启动前要有铃响和灯光报警，以保证天线附近的人员安全。

3.3.7.5　测试性设计

测试性是指产品能及时并准确地确定技术和使用状态（可工作、不可工作或性能下降），并隔离其内部故障的能力，其逐步发展成为产品健康管理的基础。通俗地讲，产品的测试性是指产品使用和技术状态发生变化时，利用内部和外部检测能力，能够判断其状态，并能确认发生部位的能力。测试性工作的目标是确保系统和设备达到规定的测试性要求，以提高系统和设备的战备完好性和任务成功性，降低对维修人员和其他资源的要求，降低寿命周期费用，并为管理提供必要的信息。

测试性设计可参照依据 GJB 2547《装备测试性大纲》执行。

在系统设计中，可以采取以下一些措施。

1）在设计机箱接口、内部电路过程中，注重考虑系统的测试要求，即衡量一个系统和电路的标准不仅有实现功能的优劣、所用元器件的多少，还要重视设备和电路是否可测、测试是否方便。

2）遥测解调门限、测距测速误差和捕获时间等重要功能和技术指标均可通过自动化测试软件进行自动化测试。

3）信号链路重要环节、重要单机设置信号监测接口，用于监测信号质量。

4）通过测试开关网络和视频切换单元，可以把多路射频信号、数字信号切换至频谱仪和示波器等测试仪器，方便地进行自动化测试。

5）系统应配套信标机、模拟源等测试仪器和设备，可对系统链路和功能进行充分的测试。

3.3.7.6　环境适应性设计

环境适应性是指产品在其寿命期预计可能遇到的各种环境的作用下，能实现其所有预定功能、性能和（或）不被破坏的能力。环境工程是为了确定和达到产品环境适应性要求而开展的一系列技术和管理活动。环境适应性设计主要考虑：

1）成熟的环境适应性设计技术；

2）适应的设计余量（耐环境余量）；

3）防止瞬态过应力作用的措施；

4）选用耐环境能力强的零部件、元器件和材料；

5）采用改善环境或减缓环境影响的措施，如冷却措施、减振措施；

6）采取环境防护措施，如使用保护涂（镀）层，进行密封设计等。

环境适应性设计可参照依据GJB 4239－2001《装备环境工程通用要求》、GJB 1027A－2005《运载器、上面级和航天器试验要求》、QJ 3138－2001《航天产品环境应力筛选指南》、QJ 3127－2000《航天产品可靠性增长试验指南》执行。

具体设计主要考虑：

（1）高温热设计

· 选用低功耗，耐高温的元器件；

· 合理布置机箱内的元器件，发热量大的元器件分开布置；

· 充分利用机箱底板的散热作用；

· 合理设计风道；

· 将发热量大的元器件置于出风口处，选用风机以加强对流散热效果；

· 单机设计阶段即开展热设计，进行热仿真和热试验，合理布局、优化散热路径及风道，确保设备内所有元器件的温度控制在规定的范围内。

（2）低温热设计

· 选用耐低温的元器件、部件和材料；

· 对低温敏感的元件可安装加温或恒温装置；

· 优先选用耐低温的润滑脂；

· 安装冷暖空调调节温度。

（3）防雨水防风沙设计

· 在进风口增加滤尘装置，并在孔口门及舱门处嵌入密封条，保证舱体密封可靠；

· 外露设备的关键部位加防尘罩或密封；

· 单板、模块等设备涂三防漆；

· 裸露在外的天线座等设备采用严格的密封措施；

· 对外露电缆进行防护，加装耐候性好的防护套；在外接电缆进电口处加装可收紧的防护帆布罩，保护电缆插头。

（4）防潮湿防腐蚀设计

· 选用耐蚀材料；

· 活动滑动部位选用防锈材料或用防锈材料嵌入；

· 所有紧固件均用不锈钢材料；

· 对非金属材料选择具有低吸潮性，有较好耐光老化和抗霉能力的材料；

· 加强结构的优化设计；

· 进行预防应力腐蚀、腐蚀疲劳的设计；

· 完整、可靠的表面处理工艺。

（5）防雷设计

· 在天线控制设备电源输入端装置电源避雷器；

· 天线场地设有场地防雷击系统；

· 应用电涌保护器（SPD）对系统的对外接口进行防护；

· 对外接口的输入输出信号均采用独立的避雷器，用于设备的安全防护。

（6）天线罩设计

采用天线罩时，对天线罩进行防雷、除冰等设计。

3.4　导弹火箭遥测系统

本节针对导弹火箭遥测系统的现代需求，对比传统的导弹火箭遥测系统，论述现代导弹火箭遥测系统的作用和特点、测量与传输体制、系统组成和工作原理，并描述现代导弹火箭遥测系统设计有别于传统设计的若干问题。最后，论述现代再入遥测的解决方案。

3.4.1 导弹火箭遥测系统的作用

遥测系统是导弹与运载火箭［本书后文简称弹（箭）］系统中不可缺少的重要组成部分。在导弹与运载火箭研制阶段，遥测系统用于获取飞行试验中弹（箭）各系统的工作状态和环境数据，为评定弹（箭）性能或进行故障分析提供依据。遥测系统的性能优劣直接影响导弹与运载火箭的研制进程和费用，影响着武器性能的改进和提高。在导弹作战使用阶段，战斗弹上的遥测设备已是武器的一个组成部分，它所获取的数据为判断导弹工作状态是否正常，是否命中目标（或运载火箭是否完成运载任务）提供依据。此外，遥测系统还将实现导弹武器的信息化，发挥导弹武器的作战效能。遥测系统在导弹与运载火箭研制与试验过程中的主要作用可以概括为以下几个方面：

1）为弹（箭）性能评定和设计改进提供依据。遥测系统在导弹与运载火箭的地面试验和飞行试验中获取了大量宝贵的数据，特别是飞行试验遥测数据，其完整性及真实性是任何地面仿真试验所获得的测试数据都难以比拟的，这些数据经处理分析后提供给导弹与运载火箭研制部门，作为性能评定和改进设计的依据。

2）为故障分析提供数据。导弹与运载火箭在飞行试验，特别是在研制初期的飞行试验过程中，很难完全避免各种故障的发生，故障出现的原因可能是设计上的缺陷、零部件可靠性差、人为差错以及飞行环境的影响等。一旦发生故障，必须借助遥测数据分析和查明故障的部位及原因，以便采取补救措施。

3）为导弹与运载火箭是否完成飞行任务提供数据依据。例如运载火箭是否把航天器送入预定轨道并按预定轨道飞行，定轨是否正确等，都可以通过遥测数据反映出来。

4）为遥控提供反馈信息。导弹与运载火箭飞行过程中，为了调整飞行状态或自毁，均需遥控系统发出控制指令。弹（箭）对控制指令的接收和执行情况，均可通过遥测系统反馈到地面进行分析判断。

5）提供弹（箭）上其他分系统，如控制分系统、测控分系统等的工作状态信息，供指挥或发射中心监视用。

6）除履行传统的遥测任务外，遥测系统将逐渐作为战场指挥、控制、通信、计算机、情报、监视和侦察系统（C^4ISR）不可缺少的一部分，推动导弹武器的信息化，对导弹武器的效能发挥起至关重要的作用。

3.4.2　导弹火箭遥测的特点

导弹与运载火箭遥测系统的组成和工作原理虽与其他遥测系统基本相同，但由于其作用和使用环境的特殊性，形成如下一些特点。

(1) 被测参数多，传输码率高

导弹或运载火箭的被测参数可能多达上千个，参数种类也很多，因而要求遥测系统的采集、传输和处理能力很强，遥测传输码率较高，通常达到几兆至十几兆比特率。遥测参数可划分为事件参数、模拟参数和数字量参数三类。事件参数，亦称时间参数，反映某事件的发生及发生时刻，如导弹起飞、发动机关机等。模拟参数习惯上又分为缓变参数和速变参数，缓变参数最高频率一般在 10 Hz 左右，如加速度、压力、温度、工作状态参数等；速变参数一般指振动、冲击、噪声、脉动压力等变化频率较高且呈随机特性的参数。数字量参数指数字化的信息［如弹（箭）上计算机输出数据、图像数据等］以及以频率反映参数值的信号，如涡轮泵转速等。上述每种被测参数的测量要求是不同的。事件参数要求准确测定事件发生的时刻，不允许出现虚假与遗漏事件；模拟参数要求较高的幅值测量精度，即均方根误差值小；数字参数则要求传送的差错率尽可能低。由于这一特点，在设计遥测系统时，必须充分考虑待测参数的特征与测量要求，在选择敏感元件、数据采集及多路传输方式、编译码与调制解调方法、数据的记录显示与处理分配方案时，都必须加以特殊考虑。

（2）对弹（箭）载遥测设备的体积、质量和功耗有严格的限制

这是由于导弹与运载火箭的推力和内部可用空间有限造成的。如前所述，导弹或运载火箭可能有数百以至上千个遥测参数，因而弹（箭）载遥测设备的总数量很大。这些设备包括各种传感器、信号调节电路、采集发送设备、电池与二次电源、控制设备以及电缆网等。因此，弹（箭）载设备的小型化、轻质化、低功耗是遥测设备设计中的一个重要内容，是遥测系统先进性的重要标志，涉及到元器件、工艺、系统构成等方面。为了减小弹（箭）载设备的体积、质量及功耗，在遥测信道设计时总是力求节约发射功率。在小型导弹上，遥测设备还必须能适应特殊形状安装空间的要求。因此，在小型化、轻质化、低功耗设计的基础上，还必须采用“共形”设计技术，充分利用导弹的可用空间。

（3）作用距离远

导弹与运载火箭飞行空域广，近则数百千米，远则几千、上万千米，由于遥测传输码率较高，且弹（箭）发射功率受限，这样就对遥测系统的数据传输提出了很高的要求，一是通信距离远，二是要克服地球曲率对通信的不利影响。

解决远距离通信问题的途径很多，例如，低噪声接收机、高效率大口径天线、分集技术、高效编码技术、弱信号检测技术等。通信理论与通信技术的许多最新成就往往在遥测系统中最先采用。为了解决地球曲率对通信的影响，目前，实用的方法是沿飞行航迹多布设地面接收站，分别接收不同空域的数据。随着 TDRSS 的出现，遥测数据可以通过处于地球同步轨道上（距赤道 35 786 km）的定点中继卫星转发到地面站。由于中继卫星对地球的通信覆盖区很大，可以大量减少地面接收站的数量。超低空飞行的海防导弹或飞航导弹，经常使用飞机站跟踪导弹飞行，获取遥测数据。

（4）系统可靠性要求高

由于导弹与运载火箭造价昂贵，飞行试验次数受限，每次飞行试验都要求遥测系统完整而可靠地获取飞行试验数据。因此，保证遥测系统的高可靠性十分必要。为确保遥测设备的高可靠性，采用分集接收体制和双机热备份方式，并用多种方式进行数据记录，提供可靠数据，供事后分析处理使用。

（5）具有快速反应能力

在导弹、航天器发射准备阶段，遥测系统须以最快的速度完成本身的状态设置与自检；在临发射前，要准确地给出实时状态数据，以便指挥员作出是否发射的决定；在飞行器飞行过程中，要实时处理关键遥测数据，传送到指控中心进行监视，并作为控制的依据；发送的遥控指令和上行注入数据，也要靠实时遥测加以检验；若导弹试飞一旦发生故障，必须快速提供遥测处理结果，帮助分析故障。现代遥测系统广泛采用高性能计算机与通信技术，形成新一代计算机遥测系统，使快速反应能力大幅度地提高。

（6）系统较为复杂

遥测系统和外测系统、遥控系统、光学跟踪测量、雷达测量、发射控制、指挥中心、通信、时统等共同组成导弹与运载火箭的测控网。测控网中的地面遥测设备，需兼顾多种型号的遥测需求，且具备较高的自动化程度。同时，遥测系统必须与测控网协调一致，其通信指挥、时统、数据交换、测站配置等应符合整个测控网的要求和标准规范。在现代测控网中，为了充分利用信道资源，便于集中管理，还配置了遥测、遥控、跟踪、通信共用信道的统一系统，一部大型天线可同时完成多种信息流的收发，甚至还可以完成对多个目标的测控。因此，地面遥测系统一般都比较复杂、功能齐全、自动化程度高。

（7）易与数据链技术结合，并进行一体化设计

弹（箭）遥测系统本身是一种点对点、单向的通信链路，可与数据链技术相结合，通过信息感知、信息共享、信息交互，将导弹

武器融入网络中心作战体系，不但能够实现导弹的精确制导，还使导弹具有了诸如目标选择与重瞄、战场杀伤效果评估、多弹协同作战等多重作战任务的能力。

（8）易受到敌方干扰、截获

遥测链路是开放的、脆弱的，其频段窄、信号弱，由于其在导弹武器系统中的重要作用，易受到敌对国家或势力的恶意攻击；同时由于其无线传输信道具有开放性的特点，遥测信息在传输中存在被敌方截获窃密的潜在危险，因此，遥测链路抗干扰、遥测信息安全问题日益突出。

3.4.3 测量与传输体制

3.4.3.1 PCM－FM 调制体制

大概从 1970 年开始，PCM－FM 已经成为导弹与运载火箭最普遍的遥测调制方式，这种调制方式是一种连续相位频移键控（CPFSK）。产生射频信号的过程通常是对NRZ－L（非归零码）基带信号进行滤波，然后对 VCO（压控振荡器）进行频率调制。最优的峰值频偏是比特率（$h=0.7$）的 0.35 倍，预调滤波器最好选择带宽为 0.7 倍比特率的多极点线性相位滤波器。调频体制有很多优点，采用非相干检测，捕获和重捕时间短，抗干扰能力强。

图 3－38 是输入数据为 5 Mb/s 伪随机码的 PCM－FM 信号功率谱，其峰值偏差是 1.75 MHz，滤波器为 3.5 MHz 线性相位低通滤波器。可以看出，从－0.5～0.5 倍比特率频率点之间的频谱接近平坦。

PCM－FM 具有非相干鉴频和多符号检测两种解调方法。理论分析和工程实现均表明，非相干鉴频存在显著的门限效应。门限效应的存在使得接收机只能工作在较强的信噪比条件下。多符号检测技术充分利用信号间记忆的关联信息进行最大似然检测，接收端接收到一个码元信号时，并不立即进行判决，而是要持续观察后继多个码元后，再对码元进行判决，从而减少码元判决的错误，提高接

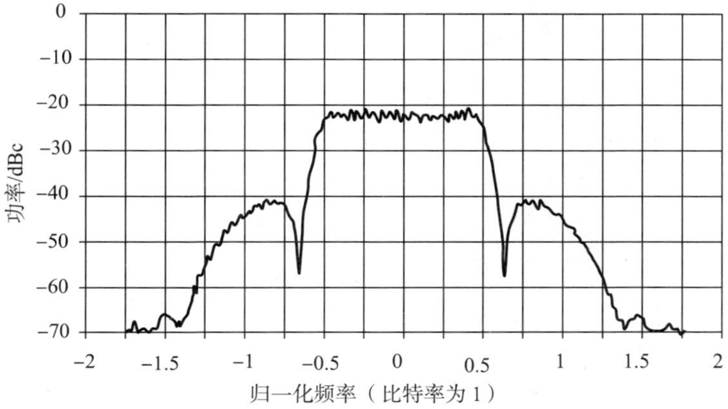

图 3-38　5 Mb/s PCM-FM 信号功率谱

收机信道增益。多符号检测技术（MSD）应用非相干最大似然序列检测算法，使 PCM-FM 体制获得了与相干 PSK 体制相当的解调性能，并且保留了 PCM-FM 体制的优点，从根本上克服了门限效应，为 Turbo 乘积码（TPC）等高效信道编译码方式在 PCM-FM 遥测系统中的应用提供了前提条件。

理论研究结果表明，在 PCM-FM 遥测系统中应用 MSD 和 TPC 技术，相比传统技术在误码率为 $1\times10^{-4}\sim1\times10^{-7}$ 条件下，可获得约 6～9 dB 的信道增益，如图 3-39 所示。

PCM-FM 有诸多优点，一直是 IRIG 标准推荐的主要遥测体制。由于 PCM-FM 信号占用的频带较宽，频谱滚降较慢，容易对其临近信道的通信造成干扰。随着遥测数据传输速率不断提高，航天器试验日益频繁，频带资源日趋紧张。当需要更高带宽效率的时候，一般使用下列调制方式，如 Feher 专利的正交相移键控（FQPSK-B 和 FQPSK-JR），SOQPSK（Shaped Offset Quadrature Phase Shift Keying），以及高级靶场遥测（ARTM）连续相位调制（CPM），这些调制方式都能提供恒包络或近似恒包络的特性。

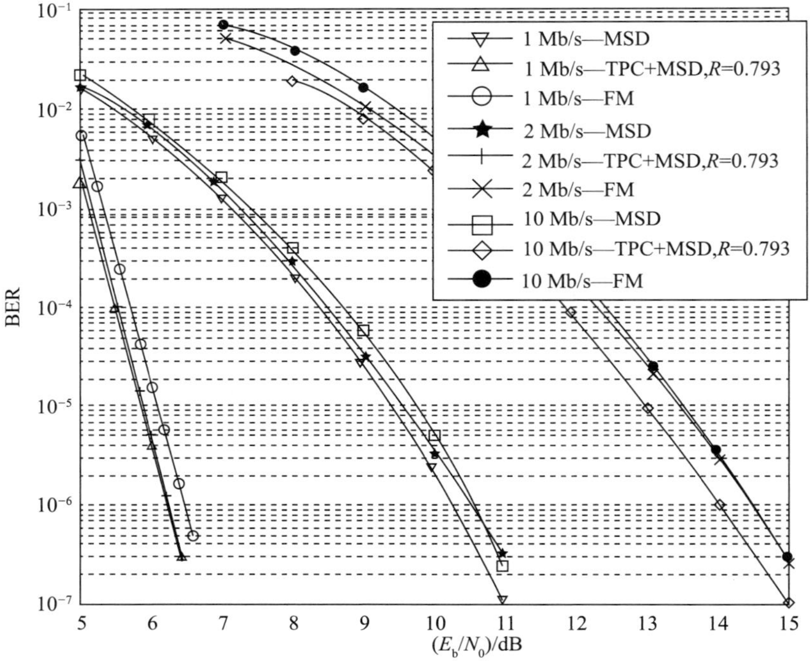

图 3-39　1～10 Mb/s 码率应用 MSD+TPC 的 PCM-FM 系统性能曲线

3.4.3.2　FQPSK 调制体制

FQPSK 体制于 1982 年首次提出，是以费赫尔（Feher）专利技术为基础的一种 QPSK 调制体制，相比 PCM-FM 体制，其频谱具有较窄的主瓣宽度和良好的滚降特性。经过多年的发展，在原来的基础上加入了不同的信号处理方法，派生出了 FQPSK-B、FQPSK-JR 等调制方式。FQPSK 体制已经作为遥测的一种标准调制体制写入 IRIG 106-2000 遥测标准。美国国防部靶场先进遥测计划（ARTM）采纳 FQPSK 作为一类调制方式用于靶场测控。戈达德航天中心（GSFC）和喷气推进实验室（JPL）联合研制了 300 Mb/s 调制解调器，证明了 FQPSK 对于高速应用的适应性。同时，GSFC 的研究已经证明用于 QPSK 的同步技术（载波、比特等）和检测技术同样可以用于 FQPSK。

（1）IJF－OQPSK 调制体制

1982 年，Feher 提出了无符号间干扰和抖动的偏移正交相移键控体制（IJF－OQPSK），这种体制是 FQPSK 的前身。它先对基带信号进行 IJF 编码，将基带信号转换成无符号间干扰和抖动的基带波形，然后再进行 OQPSK 调制，其调制框图如图 3－40 所示。

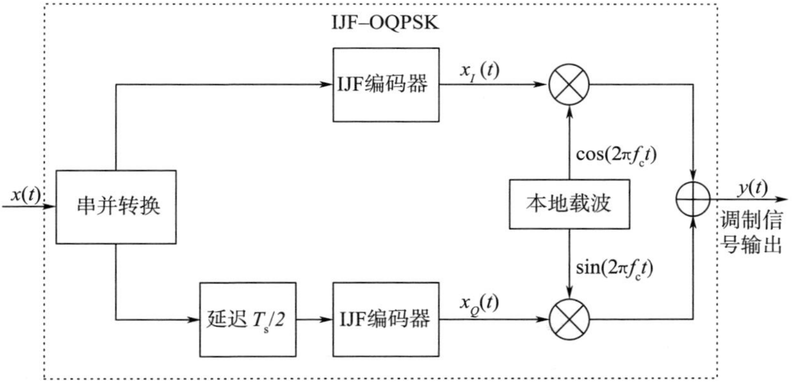

图 3－40　IJF－OQPSK 调制框图

IJF 编码就是用脉冲成形器进行冲激响应，其响应为双码元间隔的升余弦脉冲 $p(t)$，滚降系数为 1。

$$p(t)=\begin{cases}\dfrac{1}{2}\left(1+\cos\dfrac{\pi t}{T_s}\right) & |t|\leqslant T_s\\ 0 & \text{其他}\end{cases} \tag{3-48}$$

式中　T_s——符号持续时间。

$p(t)$ 的时域波形如图 3－41 所示。

I、Q 支路信道波形 $x_I(t)$、$x_Q(t)$ 可以由直接计算法得到，如式（3－49）所示，也可以由波形选择法得到

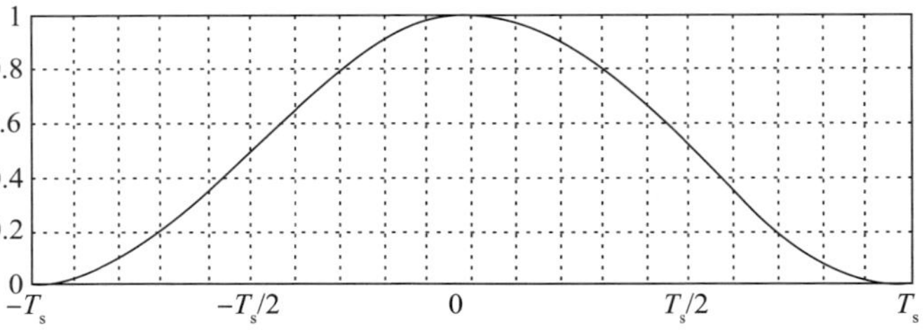

图 3-41 $\alpha=1$ 的升余弦脉冲

$$\begin{cases} x_I(t)=\sum\limits_{n=-\infty}^{\infty} d_{In}p(t-nT_s) \\ x_Q(t)=\sum\limits_{n=-\infty}^{\infty} d_{Qn}p\left[t-\left(n+\frac{1}{2}\right)T_s\right] \end{cases} \tag{3-49}$$

IJF-OQPSK 调制以 $s_o(t)$ 和 $s_e(t)$ 两个波形的定义为基础，它们分别是 $-T_s/2\leqslant t\leqslant T_s/2$ 内关于时间的奇函数和偶函数，然后利用这两个函数及其负值 $-s_o(t)$ 和 $-s_e(t)$ 构成四进制信号集，根据 I、Q 支路相继数据符号对其进行发送。$s_o(t)$ 和 $s_e(t)$ 由式（3-50）定义

$$\begin{cases} s_e(t)=1 & -\frac{T_s}{2}\leqslant t\leqslant \frac{T_s}{2} \\ s_o(t)=\sin\frac{\pi t}{T_s} & -\frac{T_s}{2}\leqslant t\leqslant \frac{T_s}{2} \end{cases} \tag{3-50}$$

如果 $\{d_{In}\}$ 表示 $(n-1/2)T_s\leqslant t\leqslant(n+1/2)T_s$ 间隔内的 I 支路数据符号，那么，在同一时间间隔内发送的波形 $x_I(t)$ 可以由式（3-51）表示

$$\begin{cases} x_I(t)=s_e(t-nT_s)\triangleq s_0(t-nT_s) & \text{当 } d_{I,n-1}=1,d_{I,n}=1 \\ x_I(t)=-s_e(t-nT_s)\triangleq s_1(t-nT_s) & \text{当 } d_{I,n-1}=-1,d_{I,n}=-1 \\ x_I(t)=s_0(t-nT_s)\triangleq s_2(t-nT_s) & \text{当 } d_{I,n-1}=-1,d_{I,n}=1 \\ x_I(t)=-s_0(t-nT_s)\triangleq s_3(t-nT_s) & \text{当 } d_{I,n-1}=1,d_{I,n}=-1 \end{cases} \tag{3-51}$$

$x_Q(t)$ 可以由 Q 支路数据符号 $\{d_{Qn}\}$ 和式（3-51）相同的映射

方式，延迟半个符号后得到。IJF 编码器输出的 I、Q 信道波形 $x_I(t)$ 和 $x_Q(t)$ 如图 3－42 所示。

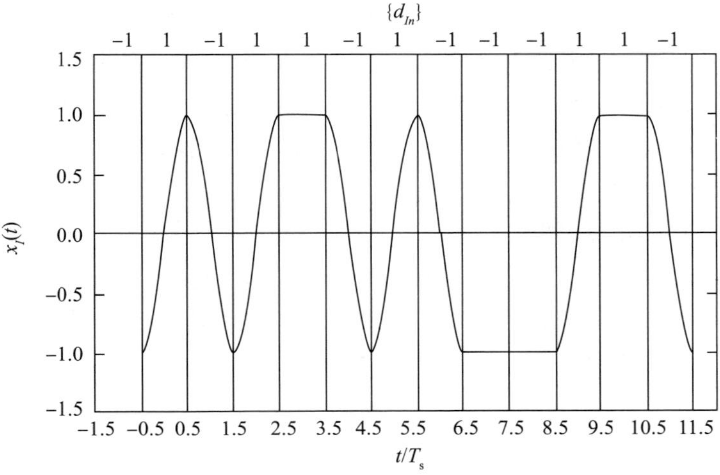

(a) I 支路信道波形 $x_I(t)$

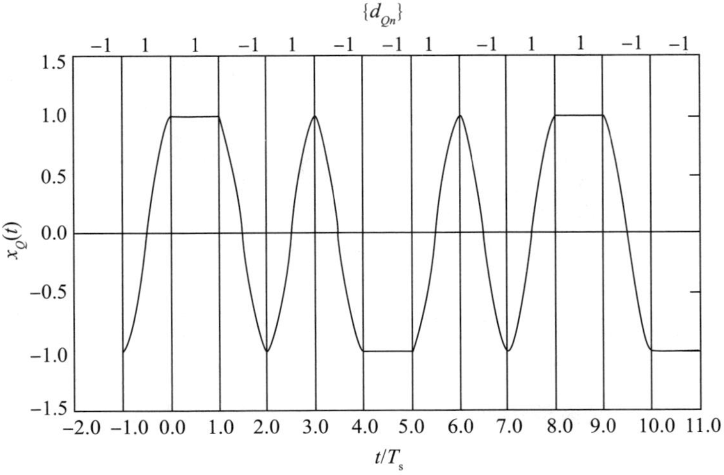

(b) Q 支路信道波形 $x_Q(t)$

图 3－42　IJF 编码器的输出

这样，经过正交上变频得到的载波调制波形 $y(t)$ 为

$$y(t)=x_I(t)\cos\omega_c t+x_Q(t)\sin\omega_c t \tag{3-52}$$

IJF－OQPSK 已调波相位路径平滑连续，且每个码元内相位变化不超过 $\pi/2$，因此，其频谱具有主瓣窄且滚降速度快的优点。然而，该体制已调信号包络不恒定，包络起伏达 3 dB，这种特性在功率放大器处于非线性乃至饱和工作状态时将扩展射频信号频谱，降低发射功率利用率。

（2）FQPSK 调制体制

经过对 IJF－OQPSK 进行改进，即在 IJF 编码后增加一个交叉相关单元，以减小包络起伏，从而提出 FQPSK 体制，其调制框图如图 3－43 所示。

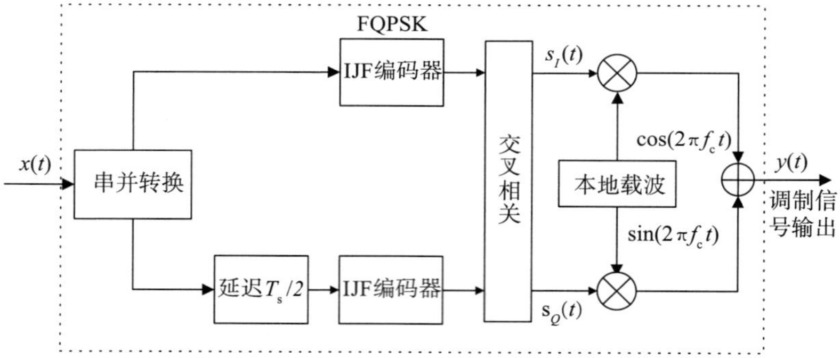

图 3－43 FQPSK 调制框图

FQPSK 调制的关键是 IJF 编码器和交叉相关。交叉相关联合 IJF 编码器可以有 3 种不同的解释，分别是半符号间隔映射、逐符号互相关映射和网格编码调制。I、Q 映射用 I、Q 数据 $\{d_{In}\}$，$\{d_{Qn}\}$ 描述为

$$\begin{cases}D_{In}\triangleq\dfrac{1-d_{In}}{2}\\D_{Qn}\triangleq\dfrac{1-d_{Qn}}{2}\end{cases} \tag{3-53}$$

$\{D_{In}\}$ 和 $\{D_{Qn}\}$ 都在（0，1）集合内取值。定义索引 i 和 j 的 BCD 表示为

$$\begin{cases} i = I_3 \times 2^3 + I_2 \times 2^2 + I_1 \times 2^1 + I_0 \times 2^0 \\ j = Q_3 \times 2^3 + Q_2 \times 2^2 + Q_1 \times 2^1 + Q_0 \times 2^0 \end{cases} \tag{3-54}$$

其中

$$\begin{cases} I_0 = D_{Q,n} \oplus D_{Q,n-1} & Q_0 = D_{I,n+1} \oplus D_{I,n} \\ I_1 = D_{Q,n-1} \oplus D_{Q,n-2} & Q_1 = D_{I,n} \oplus D_{I,n-1} = I_2 \\ I_2 = D_{I,n} \oplus D_{I,n-1} & Q_2 = D_{Q,n} \oplus D_{Q,n-1} = I_0 \\ I_3 = D_{I,n} & Q_3 = D_{Qn} \end{cases} \tag{3-55}$$

这样，可得到 $s_I(t) = s_i(t - nT_s)$，$s_Q(t) = s_j[t - (n + 1/2)T_s]$，即在每个符号间隔内，$I$，$Q$ 支路的信道波形 $s_I(t)$ 和 $s_Q(t)$ 根据 4 位 BCD 索引 i 和 j，各自从信号集 $s_i(t)$ 或 $s_j(t)$ 选取。信号集 $s_i(t)$ 由式（3－56）定义

$$\begin{cases}
s_0(t) = A \qquad -\dfrac{T_s}{2} \leqslant t \leqslant \dfrac{T_s}{2} \qquad s_8(t) = -s_0(t) \\
s_1(t) = \begin{cases} A & -\dfrac{T_s}{2} \leqslant t \leqslant 0 \\ 1 - (1-A)\cos^2 \dfrac{\pi t}{T_s} & 0 \leqslant t \leqslant \dfrac{T_s}{2} \end{cases} \qquad s_9(t) = -s_1(t) \\
s_2(t) = \begin{cases} 1 - (1-A)\cos^2 \dfrac{\pi t}{T_s} & -\dfrac{T_s}{2} \leqslant t \leqslant 0 \\ A & 0 \leqslant t \leqslant \dfrac{T_s}{2} \end{cases} \qquad s_{10}(t) = -s_2(t) \\
s_3(t) = 1 - (1-A)\cos^2 \dfrac{\pi t}{T_s} \qquad -\dfrac{T_s}{2} \leqslant t \leqslant \dfrac{T_s}{2} \qquad s_{11}(t) = -s_3(t) \\
s_4(t) = A\sin \dfrac{\pi t}{T_s} \qquad -\dfrac{T_s}{2} \leqslant t \leqslant \dfrac{T_s}{2} \qquad s_{12}(t) = -s_4(t) \\
s_5(t) = \begin{cases} A\sin \dfrac{\pi t}{T_s} & -\dfrac{T_s}{2} \leqslant t \leqslant 0 \\ \sin \dfrac{\pi t}{T_s} & 0 \leqslant t \leqslant \dfrac{T_s}{2} \end{cases} \qquad s_{13}(t) = -s_5(t)
\end{cases}$$

$$
\begin{cases}
s_6(t)=\begin{cases}\sin\dfrac{\pi t}{T_s} & -\dfrac{T_s}{2}\leqslant t\leqslant 0\\[2ex] A\sin\dfrac{\pi t}{T_s} & 0\leqslant t\leqslant\dfrac{T_s}{2}\end{cases} & s_{14}(t)=-s_6(t)\\[4ex]
s_7(t)=\sin\dfrac{\pi t}{T_s} \qquad -\dfrac{T_s}{2}\leqslant t\leqslant\dfrac{T_s}{2} & s_{15}(t)=-s_7(t)
\end{cases}
\tag{3-56}
$$

图 3-44 为 FQPSK 网格编码调制的图解说明。FQPSK 网格编码器输出的 I、Q 信道波形 $s_I(t)$,$s_Q(t)$ 如图 3-45 所示。经过正交上变频得到的载波调制波形 $y(t)$ 为

$$y(t)=s_I(t)\cos\omega_c t+s_Q(t)\sin\omega_c t \tag{3-57}$$

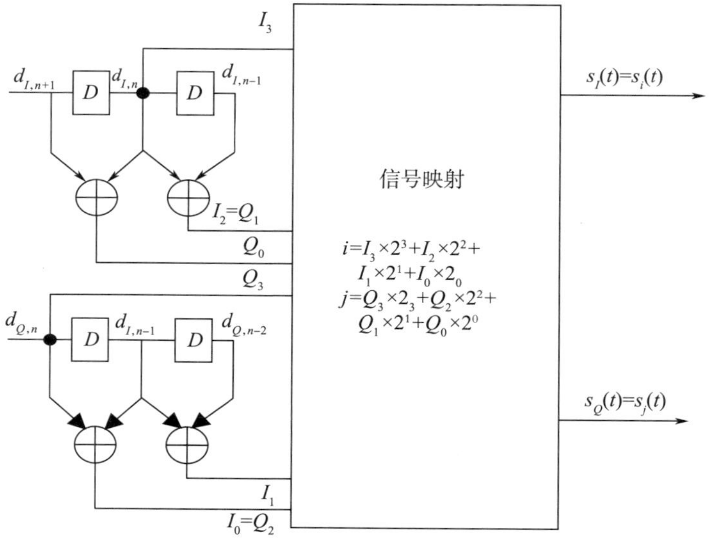

图 3-44　FQPSK 的网格编码调制

(3) 频谱改进型的 FQPSK

由于映射波形在中点处斜率不连续，这样对于随机 I 和 Q 数据

符号序列，发送的 FQPSK 波形在其 1/4 的均匀采样瞬间会出现斜率不连续。因此，可以通过重新定义映射波形得到改进型的 FQPSK 信号，这种信号在任何时间斜率都是连续的。

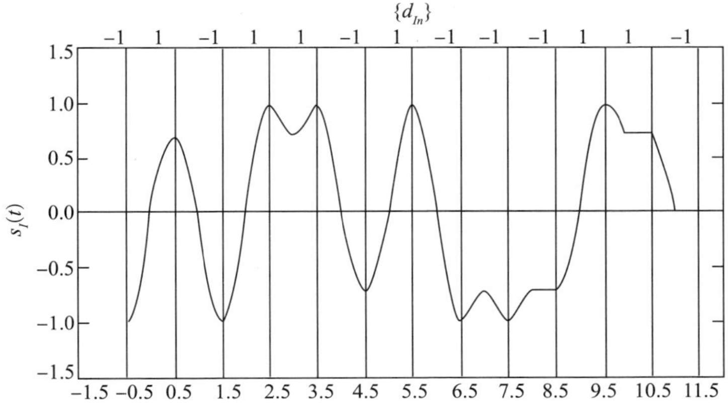

（a）I 支路信道波形 $x_I(t)$

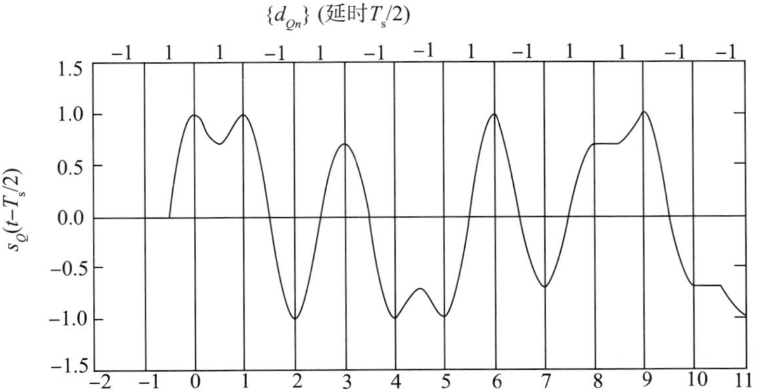

（b）Q 支路信道波形 $x_Q(t)$

图 3－45　FQPSK 网格编码器的输出

对本书前文分析可知，映射波形中有 4 个波形的中点斜率不连续，即 $s_5(t)$，$s_6(t)$，$s_{13}(t)$，$s_{14}(t)$ 在其中点处的斜率不连续。对于随机 I 和 Q 数据符号序列，发送的 FQPSK 波形在其 1/4 的均匀采样瞬间会出现斜率不连续，因此，重新定义这四种波形，如式（3－

62）和式（3-63）。这样的新波形不仅在中点处斜率连续，而且在定义间隔的其他地方斜率也是连续的，并且在其边界点保持零斜率。不论 A 为何值，都将得到改进型的 FQPSK 信号，这种信号在任何时间斜率都是连续的，能够显著提高频谱滚降速率。

$$s_4(t)=\begin{cases}\sin\dfrac{\pi t}{T_s}+(1-A)\sin^2\dfrac{\pi t}{T_s} & -\dfrac{T_s}{2}\leqslant t\leqslant 0\\ \sin\dfrac{\pi t}{T_s}-(1-A)\sin^2\dfrac{\pi t}{T_s} & 0\leqslant t\leqslant \dfrac{T_s}{2}\end{cases} \tag{3-58}$$

$$s_5(t)=\begin{cases}\sin\dfrac{\pi t}{T_s}+(1-A)\sin^2\dfrac{\pi t}{T_s} & -\dfrac{T_s}{2}\leqslant t\leqslant 0\\ \sin\dfrac{\pi t}{T_s} & 0\leqslant t\leqslant \dfrac{T_s}{2}\end{cases} \tag{3-59}$$

$$s_6(t)=\begin{cases}\sin\dfrac{\pi t}{T_s} & -\dfrac{T_s}{2}\leqslant t\leqslant 0\\ \sin\dfrac{\pi t}{T_s}-(1-A)\sin^2\dfrac{\pi t}{T_s} & 0\leqslant t\leqslant \dfrac{T_s}{2}\end{cases} \tag{3-60}$$

$$s_{12}(t)=-s_4(t) \tag{3-61}$$

$$s_{13}(t)=-s_5(t) \tag{3-62}$$

$$s_{14}(t)=-s_6(t) \tag{3-63}$$

（4）严格恒包络的 FQPSK

无论是基本的 FQPSK 还是频谱改进型的 FQPSK，已调信号波形只能是一种近似的恒包络，约有 0.189 dB 的包络起伏，通过非线性信道时仍有频谱扩展，为了尽量减少这种由于包络起伏引起的频谱扩展，可以对映射波形进行进一步的改进，通过修改这些波形便可以达到严格的包络恒定。

通过对前文波形映射规则的分析可以看出，包络的起伏主要发生在映射波形的不连续点处。进一步分析发现包络的起伏是由

$s_1(t)$, $s_2(t)$, $s_3(t)$, $s_9(t)$, $s_{10}(t)$, $s_{11}(t)$ 产生的，因此，修改这些波形便可以达到严格的包络恒定。并且得到以下结论，当保持带宽效率时，为了在不影响功率谱分布的前提下，使得功率谱提高，应当满足以下条件：

1）交叉相关器输出波形的斜率在中点处和在定义的时间间隔内最佳采样点处是连续的；

2）所有波形在端点处斜率为零，任何一对的级联都不会引起斜率不连续；

3）波形间的能量差应该足够大以确保解调的性能。

$s_3(t)$ 在中点处斜率为零，从而可以在定义的间隔处确保 $s_1(t)$，$s_2(t)$ 连续，因此，$s_1(t)$, $s_2(t)$ 必须和 $s_3(t)$ 有如下关系

$$s_1(t)=\begin{cases} A & -\dfrac{T_s}{2}\leqslant t\leqslant 0 \\ s_3(t) & 0\leqslant t\leqslant \dfrac{T_s}{2} \end{cases} \tag{3-64}$$

$$s_2(t)=\begin{cases} s_3(t) & -\dfrac{T_s}{2}\leqslant t\leqslant 0 \\ A & 0\leqslant t\leqslant \dfrac{T_s}{2} \end{cases} \tag{3-65}$$

用下面的 $s_1(t)$, $s_2(t)$, $s_3(t)$, $s_9(t)$, $s_{10}(t)$, $s_{11}(t)$ 代替前文中对应的映射波形可以得到严格恒包络的已调 FQPSK 波形

$$s_1(t)=\begin{cases} A & -\dfrac{T_s}{2}\leqslant t\leqslant 0 \\ \sqrt{1-A^2\sin^2\dfrac{\pi(t+T_s/2)}{T_s}} & 0\leqslant t\leqslant \dfrac{T_s}{2} \end{cases} \tag{3-66}$$

$$s_2(t)=\begin{cases} \sqrt{1-A^2\sin^2\dfrac{\pi(t+T_s/2)}{T_s}} & -\dfrac{T_s}{2}\leqslant t\leqslant 0 \\ A & 0\leqslant t\leqslant \dfrac{T_s}{2} \end{cases} \tag{3-67}$$

$$s_3(t)=\sqrt{1-A^2\sin^2\frac{\pi(t+T_s/2)}{T_s}}\qquad -\frac{T_s}{2}\leqslant t\leqslant\frac{T_s}{2}\tag{3-68}$$

$$s_9(t)=-s_1(t)\tag{3-69}$$

$$s_{10}(t)=-s_2(t)\tag{3-70}$$

$$s_{11}(t)=-s_3(t)\tag{3-71}$$

（5）FQPSK 的频谱特性

FQPSK 频谱的主瓣宽度约是码速率的 0.78 倍，在此范围内主瓣滚降达 40 dB，与 PCM－FM 相比，其主瓣窄，旁瓣滚降速度快；同 OQPSK 相比，其主瓣略宽，但由于旁瓣滚降很快，能量主要集中在主瓣，故频谱性能优于 PCM－FM 和 OQPSK，上述三种信号的频谱对比如图 3－46 所示。

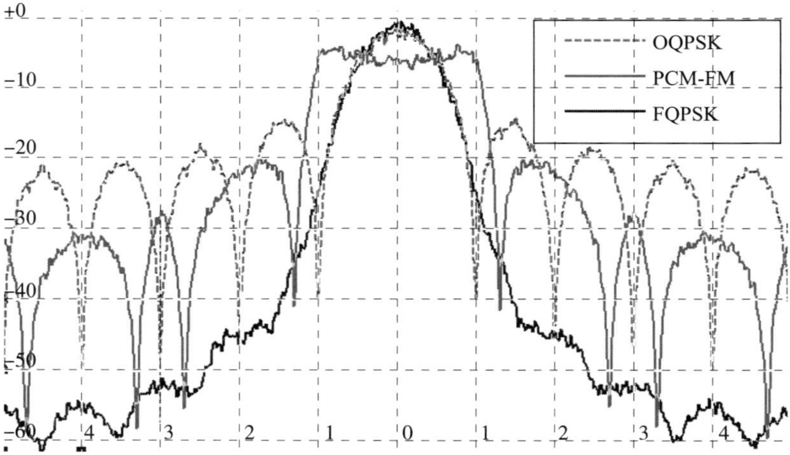

图 3－46　FQPSK、PCM－FM、OQPSK 频谱对比

利用频谱仪 Agilent E4445A 对 2 Mb/s 的 FQPSK、PCM－FM 和 OQPSK 已调信号频谱进行测试的结果分别如图 3－47 所示。

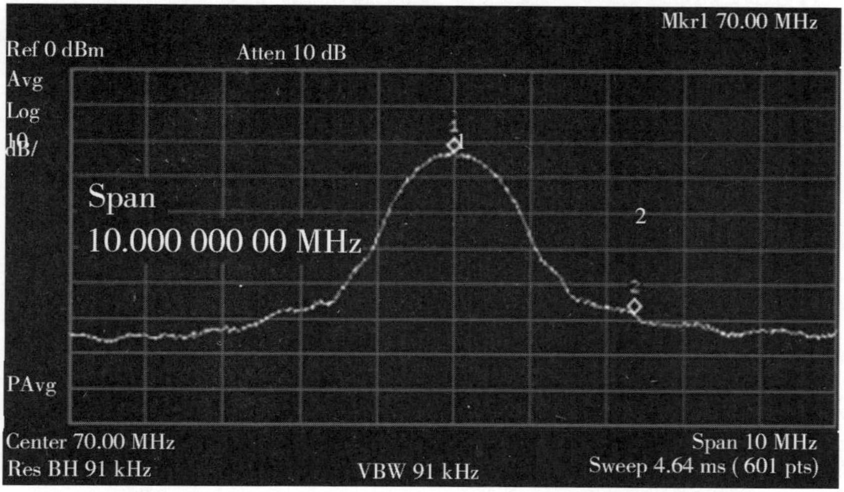

（a）2 Mb/s FQPSK 的实测频谱

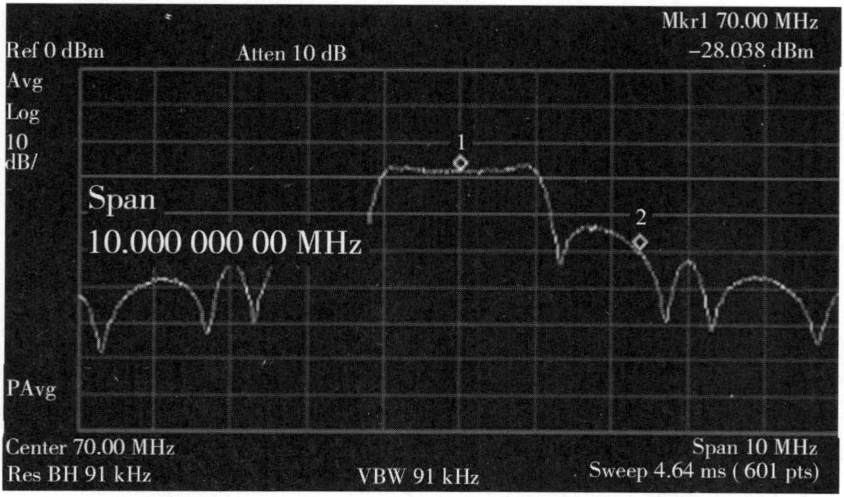

（b）2 Mb/s PCM – FM 的实测频谱

图 3 – 47　FQPSK、PCM – FM、OQPSK 已调信号频谱对比

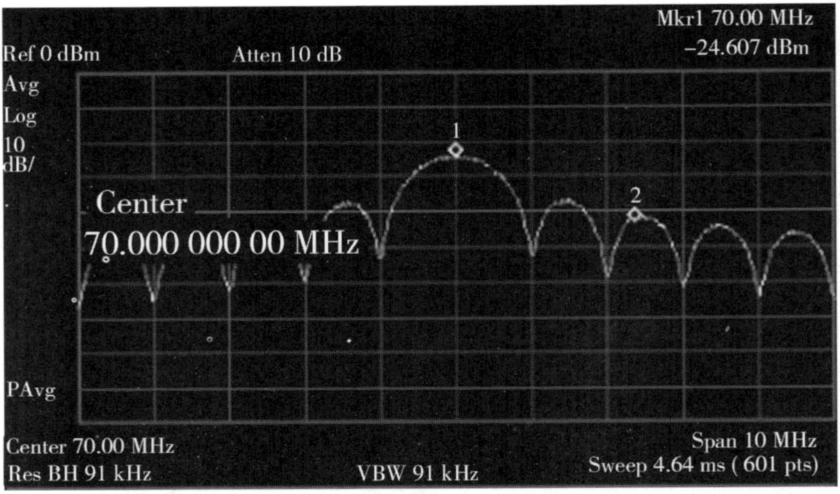

(c) 2 Mb/s OQPSK 的实测频谱

图 3－47　FQPSK、PCM－FM、OQPSK 已调信号频谱对比（续）

（6）FQPSK 的解调性能

FQPSK 通常有 3 种检测方式：1）平均匹配滤波器；2）传统的 OQPSK；3）维特比算法。前两者均为逐符号检测，基于逐符号检测的 FQPSK 次佳接收机原理框图如图 3－48 所示。在基于平均匹配滤波器的检测方式中，接收信号首先和 $\overline{S}(t)=\frac{1}{8}\sum_{i=0}^{7}S_i(t)$ 相乘，然后进行 I&D 积分滤波和符号判决；对于传统的 OQPSK 检测方式，$\overline{S}(t)=1$，检测器仅仅是一个 I&D 积分滤波器，由于其解调原理和 OQPSK 基本一致，所以 OQPSK 解调器采取的载波同步和位同步等技术均可直接应用于 FQPSK 信号的解调；维特比算法充分利用 FQPSK 信号间固有的关联信息进行检测，性能最好，其原理框图如图 3－49 所示，$E_0 \sim E_7$ 分别代表 $s_0(t) \sim s_7(t)$ 在符号周期内的平均能量。

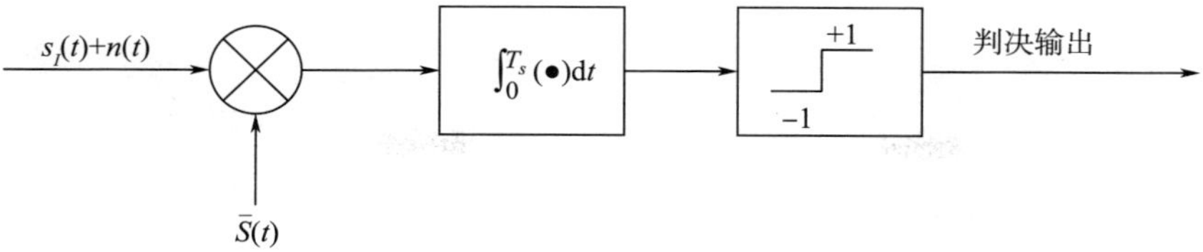

图 3-48　基于逐符号检测的 FQPSK 次佳接收机原理框图

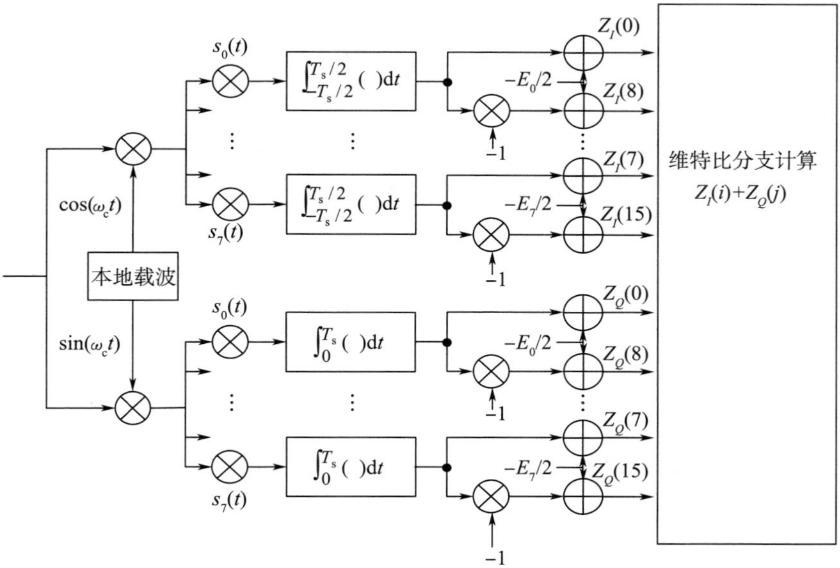

图 3-49　FQPSK 的最佳网格编码接收机

在 AWGN 信道下，上述三种 FQPSK 检测方式的仿真性能曲线如图 3-50 所示，从图中可以看出，在误码率为 1×10^{-5} 条件下，FQPSK 网格编码接收机所需的 E_b/N_0 为 10.4 dB，相比 OQPSK 仅有 0.8 dB 的损失。

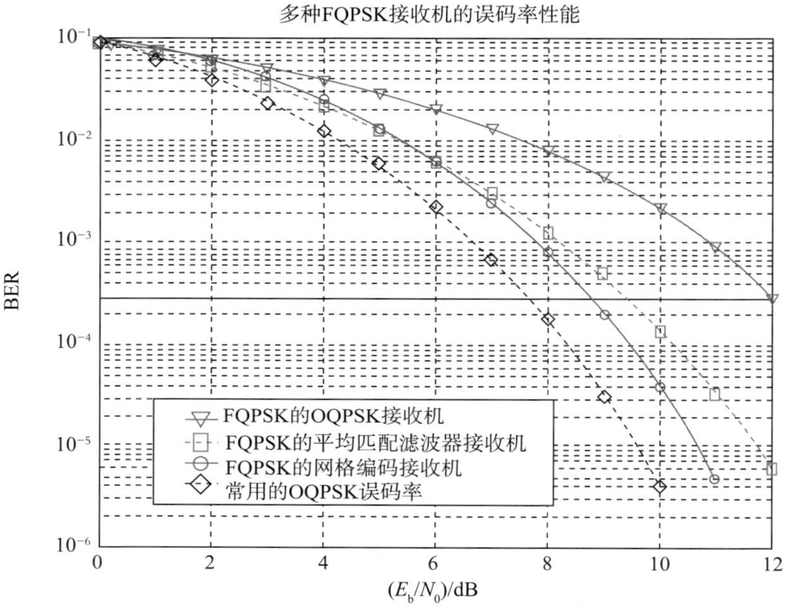

图 3－50　不同检测方式下 FQPSK 的解调性能

3.4.3.3　CPM 体制

(1) CPM 调制基本原理

连续相位调制（CPM）是一种有记忆的非线性调制技术，连续符号间隔发送的信号之间具有相关性。CPM 连续相位调制还是一种恒定包络的先进调制技术，具有高效的频带利用率与功率利用率。一个 CPM 信号可以描述为

$$s(t,a)=\sqrt{\frac{2E}{T}}\cos[2\pi f_c t+\varphi(t,a)],t\geqslant 0 \qquad (3-72)$$

$$\varphi(t,\ a)=2\pi\sum_{i=0}^{\infty}a_i q(t-iT)$$

$$a_i\in\{\pm 1,\pm 3,\cdots,\pm M-1\}$$

式中　E——符号能量；

T——符号周期；

f_c——载波频率；

$\varphi(t, a)$——时变相位；

M——调制进制数；

h——调制指数。

当调制指数从一个符号到另一个符号变化时，称为 Multi - h CPM 信号。Multi - h CPM 信号的调制指数以循环方式在调制指数集中变化，可以得到附加的性能增益。Multi - h CPM 是 CPM 的一个特例。

CPM 信号中的波形 $q(t)$ 可以表示成某个脉冲 $g(t)$ 的积分，即

$$q(t)=\int_{-\infty}^{t} g(t)\mathrm{d}t$$

$g(t)$ 是脉冲成形函数，选择不同的脉冲形状，改变调制指数和调制进制数，可以产生无穷多种 CPM 信号。常见的几种 CPM 基带脉冲成形函数有矩形、升余弦及特殊升余弦等。所有脉冲归一化为 $\int_{-\infty}^{+\infty} g(t)\mathrm{d}t=1/2$。这样，在 $g(t)$ 的周期内，信号最大相位变化为 $(M-1)h\pi$。

LREC 表示长度为 L 个符号周期的矩形脉冲，LERC 的脉冲函数定义为

$$g(t)=\begin{cases}\dfrac{1}{2LT} & 0\leqslant t\leqslant LT \\ 0 & \text{其他}\end{cases} \tag{3-73}$$

当 $L=1$ 时，矩形脉冲的 CPM 信号被称作 CPFSK。当 $M=2$，$L=1$，$h=1/2$ 时，CPM 信号就变成了 MSK，当 $M=2$，$L=1$，$h=0.7$ 时，即为 PCM - FM。

LRC 表示长度为 L 个符号周期的升余弦脉冲，LRC 的脉冲函数定义为

$$g(t)=\begin{cases}\dfrac{1}{2LT}\left[1-\cos\left(\dfrac{2\pi t}{LT}\right)\right] & 0\leqslant t\leqslant LT \\ 0 & \text{其他}\end{cases} \tag{3-74}$$

LSRC 表示长度为 L 个符号周期的特殊升余弦脉冲，LSRC 的脉冲函数定义为

$$g(t)=\frac{1}{LT}\frac{\sin\left(\dfrac{2\pi t}{LT}\right)}{\dfrac{2\pi t}{LT}}\frac{\cos\left(\beta\dfrac{2\pi t}{LT}\right)}{1-\left(\dfrac{4\beta t}{LT}\right)^2}\qquad 0\leqslant\beta\leqslant 1\quad(3-75)$$

（2）CPM 信号的相位

CPM 信号信息被调制在相位上，在 $kT<t<(k+1)T$ 期间，CPM 信号的相位为

$$\varphi(t,a)=2\pi h\sum_{i=k-L+1}^{k}a_i q(t-iT)+\theta_k=\theta(t,a_k)+\theta_k$$

$$\theta(t,a_k)=2\pi h\sum_{i=k-L+1}^{k}a_i q(t-iT)$$

$$\theta_k=\left(h\pi\sum_{i=-\infty}^{k-L}a_i\right)(\mathrm{mod}2\pi)\qquad(3-76)$$

式中　$\theta(t,a_k)$ ——瞬时相位，表示在当前符号周期内相位变化的部分；

θ_k ——在当前符号周期内相位恒定部分，表示当前时刻前所有符号造成的相位变化累加和。

在一个符号周期内，θ_k 可以表示成递推形式

$$\theta_{k+1}=\theta_k+h\pi a_{k-L+1}$$

若 h 选择合理，假设 $h=2q/p$，q,p 为互质整数，则 θ_k 可以表示为

$$\theta_k=\frac{2q\pi}{p}\sum_{i=-\infty}^{k-L}a_i=N\frac{2\pi}{p}$$

式中　N ——整数。

可以得到 θ_k 的状态数为

$$\frac{2\pi}{(2\pi/p)}=p$$

在 $t=kT$ 时刻，CPM 信号的状态定义为 $s_k=(\theta_k,a_{k-1},a_{k-2},\cdots,a_{k-L+1})$。

从上面分析可知，当 CPM 信号取合理的调制指数时，相位状态为有限值，即 p^{ML-1} 个。CPM 信号状态可以用网格图来描述。图 3－51 给出了调制指数为 2/3 的二进制 3RC 系统网格图。其中，实线表示发送数据“1”，虚线表示发送数据“－1”。

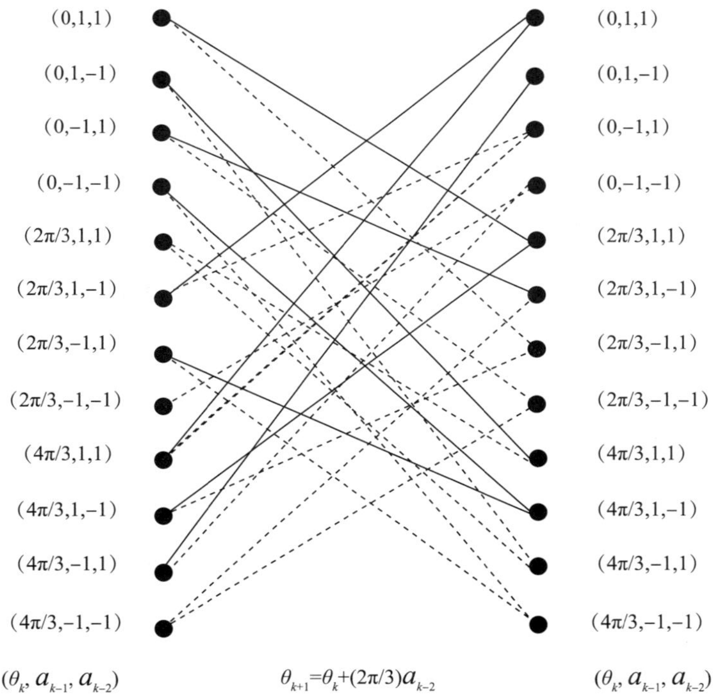

图 3－51　$h = 2/3$ 的二进制 3RC 系统相位网格图

（3）CPM 信号功率谱

CPM 连续相位调制信号由于平滑的相位过渡，其功率谱比非连续相位 FSK 信号的功率谱更加紧凑。CPM 信号的功率谱是调制指数、基带脉冲、调制符号等的函数。图 3－52 是四进制的 2RC 系统在不同调制指数下对应的功率谱曲线。从图 3－52 中可以看出，随着调制指数增大，系统的功率谱变得更分散，即带宽效率降低。对于其他 CPM 信号，调制指数与带宽效率同样呈反比关系，即随着调制指数的增大，信号所占带宽增加。

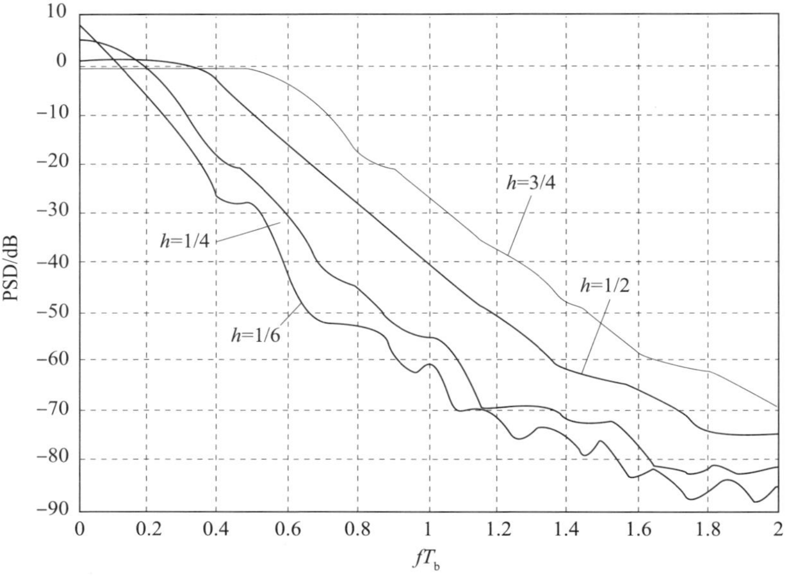

图 3－52　不同调制指数的四进制 2RC 系统功率谱

图 3－53 是不同记忆长度升余弦基带脉冲的四进制 CPM 系统在调制指数为 1/2 时所对应的功率谱曲线。

从图 3－53 中可以看出，随着信号基带脉冲记忆长度的增大，系统功率谱变得更紧凑，但变化的幅度逐渐减少。这是由于随着信号基带脉冲持续时间的增大，信号相位过渡更加平滑，从而能够取得更高的带宽效率。

图 3－54 是在调制指数为 1/2 和不同脉冲形状条件下的二进制 CPM 信号功率谱。

（4）CPM 信号的调制

CPM 信号的调制方法目前主要有正交调制和全数字调制两种。全数字调制与正交调制相比，具有稳定性高、相位噪声低、灵活性好等优点。下面分别介绍这两种调制算法。

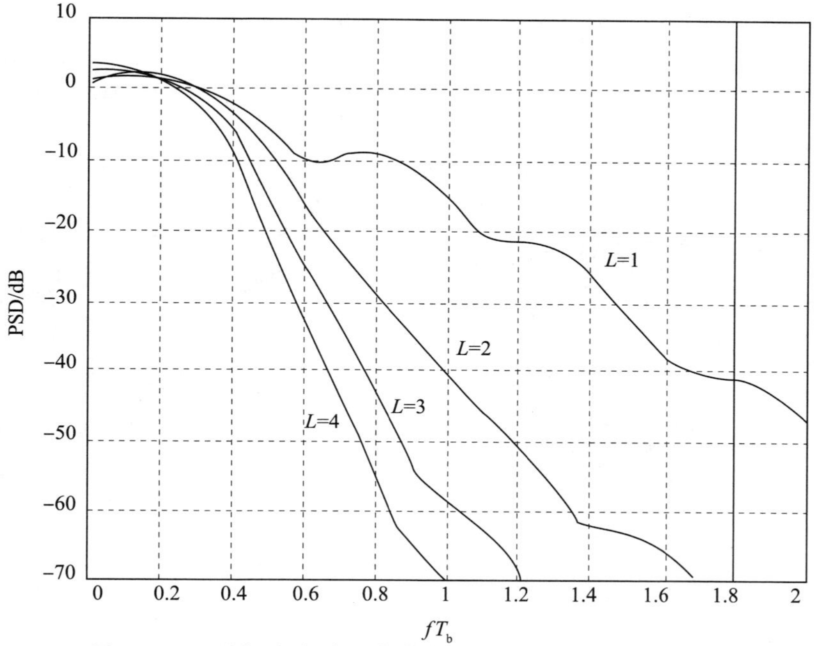

图 3-53　不同记忆长度基带脉冲的四进制 CPM 系统功率谱

①正交调制

对 CPM 信号进行正交分解，可以得到

$$s(t,a)=\sqrt{\frac{2E}{T}}\cos[2\pi f_c t+\varphi(t,a)]$$
$$=I(t)\cos(2\pi f_c t)-Q(t)\sin(2\pi f_c t) \tag{3-77}$$

其中

$$\begin{cases}I(t)=\cos\varphi(t,a)=\cos[\theta(t,a_k)+\theta_k]\\Q(t)=\sin\varphi(t,a)=\sin[\theta(t,a_k)+\theta_k]\end{cases} \tag{3-78}$$

通过前面分析可知，当 CPM 信号取合理的调制指数时，载有信息的时变相位 $\varphi(t,a)$ 在一个周期内的数量是有限的，相应的 $I(t)$ 和 $Q(t)$ 的数目也是有限的。因此，可以把 $I(t)$ 和 $Q(t)$ 事先计算好存储到 ROM 里，由当前输入和 CPM 信号当前时变相位状态来决定

ROM 的输出。正交调制实现框图如图 3-55 所示。

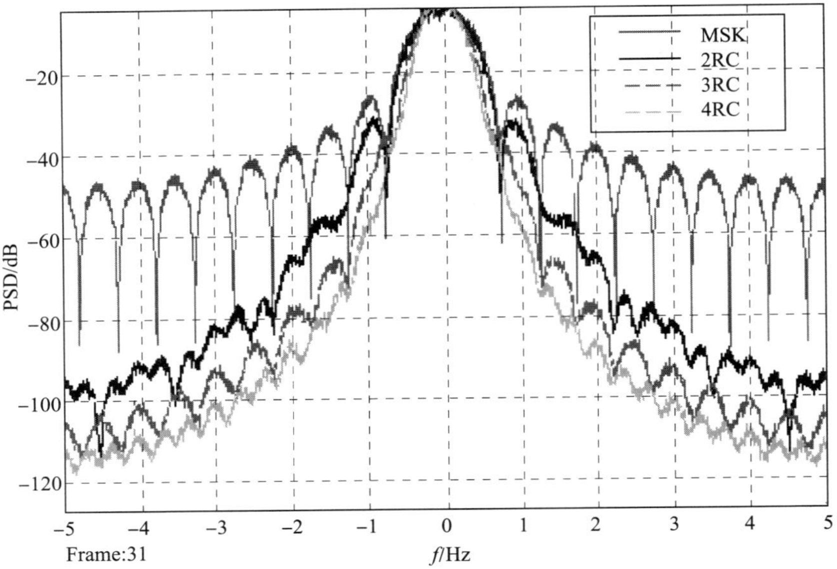

图 3-54　具有 $h=1/2$ 及不同脉冲形状二进制 CPM 信号功率谱

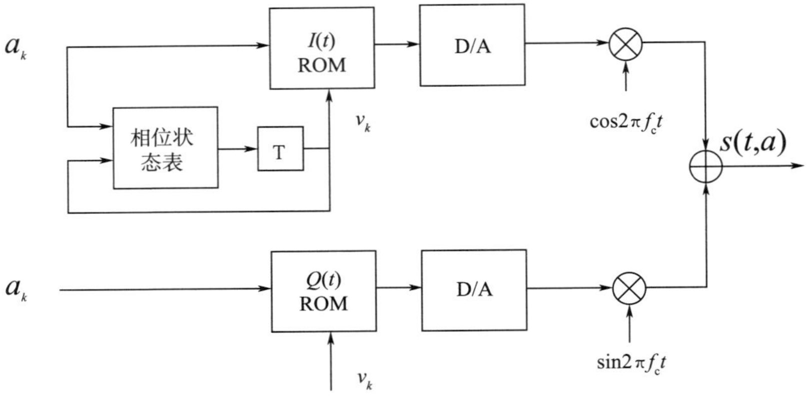

图 3-55　CPM 信号的正交调制实现框图

②全数字调制

随着微电子学的发展，计算机技术的进步，以及数字信号处理技术在通信领域的广泛影响，全数字解调受到越来越多的关注，该方式即所有的解调操作都采用数字的方法和器件来完成。下面给出一种 CPM 信号的全数字调制方案。其原理框图如图 3－56 所示。

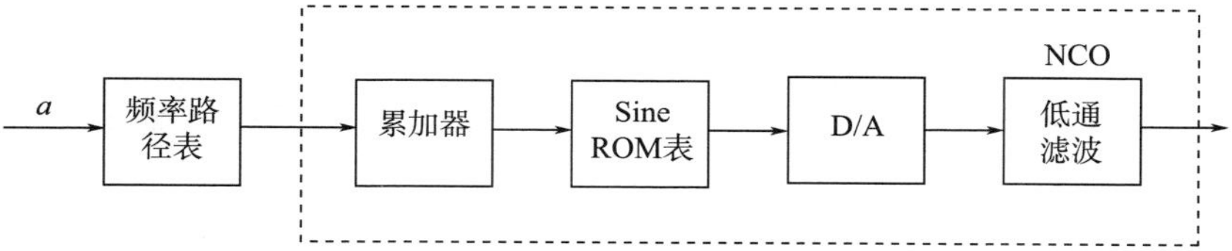

图 3－56　CPM 信号的全数字调制原理框图

(5) CPM 信号的解调

CPM 信号的解调是一种有记忆的非线性调制技术，其记忆特性来自不同符号间隔信号相位之间的连续性。根据 CPM 信号的这种特性可以利用连续信号间隔内接收到的观测序列来判决，即采用非相干最大似然检测。

①全响应 CPM 信号模型

复数基带全响应信号定义为

$$s(t)=A\mathrm{e}^{\mathrm{j}\varphi(t,a)} \tag{3-79}$$

在第 n 个信号间隔 $nT\leqslant t\leqslant(n+1)T$

$$\varphi(t,a)=2\pi ha_n q(t-nT)+\pi h\sum_{i=-\infty}^{n-1}a_i \tag{3-80}$$

式中　a_n ——第 n 个传送数据符号，其值由以下集合取得 $\{\Delta_i=-M+(2i-1);\ i=1,\ 2,\ \cdots,\ M\}$；

$q(t)$ ——在间隔 $0\leqslant t\leqslant T$ 的相位响应。

$q(t)$ 表示为归一化频率脉冲 $g(t)$ 的积分

$$q(t)=\int_0^t g(\tau)\mathrm{d}\tau$$

其中

$$\int_0^T g(t)\mathrm{d}t = \frac{1}{2} \tag{3-81}$$

信号 $s(t)$ 经过 AWGN 信道传输，接收到的信号为 $r(t)$，其表达式为

$$\begin{aligned} r(t) &= s(t)\mathrm{e}^{\mathrm{j}\theta(t)} + n(t) = A\mathrm{e}^{\mathrm{j}[\varphi(t,a)+\theta(t)]} + n(t) = A\mathrm{e}^{\mathrm{j}\varphi(t)} + n(t) \\ &= [A\cos\varphi(t) + n_c(t)] + \mathrm{j}[A\sin\varphi(t) + n_s(t)] \end{aligned} \tag{3-82}$$

式中　$n(t)$——零均值复高斯过程，其双边功率谱密度为 $N_0/2$；

$\theta(t)$——信号通过信道所造成的附加相移，在一定的时间间隔内，可以假定为常数，即 $\theta(t)=\theta$，但是，此值是不可知的，θ 是在（$-\pi$，π）间均匀分布的随机变量。

②最大似然多符号检测

观察 N 个符号，在给定 $s(t)$ 与 θ 的条件下，收到 $r(t)$ 的条件概率为

$$p(r(t) \mid s(t),\theta) = F\exp\left\{-\frac{1}{N_0}\int_{(n-N+1)T}^{(n+1)T} \left| r(t) - s(t)\mathrm{e}^{\mathrm{j}\theta} \right|^2 \mathrm{d}t\right\} \tag{3-83}$$

根据复数的运算规则

$$\begin{aligned} z_1\overline{z_2} + z_2\overline{z_1} &= (x_1 + \mathrm{i}y_1)(x_2 - \mathrm{i}y_2) + (x_1 - \mathrm{i}y_1)(x_2 + \mathrm{i}y_2) \\ &= (x_1x_2 + y_1y_2) + \mathrm{i}(x_2y_1 - x_1y_2) + (x_1x_2 + y_1y_2) + \\ &\quad \mathrm{i}(x_1y_2 - x_2y_1) = 2\mathrm{Re}(z_1\overline{z_2}) \end{aligned} \tag{3-84}$$

$$\begin{aligned} |z_1 - z_2|^2 &= (z_1 - z_2)\overline{z_1 - z_2} = z_1\overline{z_1} + z_2\overline{z_2} - z_1\overline{z_2} - z_2\overline{z_1} \\ &= |z_1|^2 + |z_2|^2 - 2\mathrm{Re}(z_1\overline{z_2}) \end{aligned} \tag{3-85}$$

由此，式（3-83）可化简为

$$p(r(t) \mid s(t),\theta)$$

$$= \frac{1}{\sqrt{2\pi N_0}} \exp\left\{-\frac{1}{N_0}\left[\int_{(n-N+1)T}^{(n+1)T} |r(t)|^2 + |s(t)e^{j\theta}|^2 - 2\mathrm{Re}(r(t)\overline{s(t)e^{j\theta}})\right]dt\right\}$$

$$= e^{-NA^2T/N_0} \frac{1}{\sqrt{2\pi N_0}} \exp\left\{-\frac{1}{N_0}\int_{(n-N+1)T}^{(n+1)T} |r(t)|^2 dt\right\} \times \exp\left\{\mathrm{Re}\left[\frac{2A}{N_0} e^{-j(\pi h \sum_{i=-\infty}^{n-N} a_i + \theta)}\right.\right.$$

$$\left(\int_{(n-N+1)T}^{(n-N+2)T} [r(t) e^{-j2\pi h a_{n-N+1} q[t-(n-N+1)T]}] dt + e^{-j\pi h a_{n-N+1}} \times\right.$$

$$\int_{(n-N+2)T}^{(n-N+3)T} [r(t) e^{-j2\pi h a_{n-N+2} q(t-(n-N+2)T]}) dt \cdots + \left(\prod_{i=n-N+1}^{n-1} e^{-j\pi h a_i}\right) \times$$

$$\left.\left.\left.\int_{nT}^{(n+1)T} [r(t) e^{-j2\pi h a_n q(t-nT)}] dt\right)\right]\right\} \tag{3-86}$$

令

$$F = \frac{1}{\sqrt{2\pi N_0}}$$

$$\xi = \pi h \sum_{i=-\infty}^{n-N} a_i + \theta$$

$$\beta = \int_{(n-N+1)T}^{(n-N+2)T} [r(t) e^{-j2\pi h a_{n-N+1} q(t-(n-N+1)T)}] dt + e^{-j\pi h a_{n-N+1}} \times$$

$$\int_{(n-N+2)T}^{(n-N+3)T} [r(t) e^{-j2\pi h a_{n-N+2} q(t-(n-N+2)T)}] dt + \cdots + \left(\prod_{i=n-N+1}^{n-1} e^{-j\pi h a_i}\right) \times$$

$$\int_{nT}^{(n+1)T} [r(t) e^{-j2\pi h a_n q(t-nT)}] dt \tag{3-87}$$

则式（3 - 86）可化简为

$$p(r(t) \mid s(t),\theta)$$

$$= F e^{-NA^2T/N_0} \exp\left[-\frac{1}{N_0}\int_{(n-N+1)T}^{(n+1)T} |r(t)|^2 dt\right] \exp\left[\mathrm{Re}\left(\frac{2A}{N_0} e^{-j\xi}\beta\right)\right\}$$

$$= F e^{-NA^2T/N_0} \exp\left[-\frac{1}{N_0}\int_{(n-N+1)T}^{(n+1)T} |r(t)|^2 dt\right] \exp\left[\mathrm{Re}\left(\frac{2A}{N_0} |\beta| e^{j\arg\beta} e^{-j\xi}\right)\right]$$

$$= F e^{-NA^2T/N_0} \exp\left[-\frac{1}{N_0}\int_{(n-N+1)T}^{(n+1)T} |r(t)|^2 dt\right] \exp\left[\mathrm{Re}\left(\frac{2A}{N_0} |\beta| e^{j(\arg\beta-\xi)}\right)\right]$$

$$= F e^{-NA^2T/N_0} \exp\left[-\frac{1}{N_0}\int_{(n-N+1)T}^{(n+1)T} |r(t)|^2 dt\right] \exp \cdot$$

$$\left[\mathrm{Re}\left(\frac{2A}{N_0}|\beta|(\cos(\arg\beta-\xi)+\mathrm{j}\sin(\arg\beta-\xi))\right)\right]$$

$$=Fe^{-NA^2T/N_0}\exp\left[-\frac{1}{N_0}\int_{(n-N+1)T}^{n+1)T}|r(t)|^2\mathrm{d}t\right]\exp\left[\frac{2A}{N_0}|\beta|(\cos(\arg\beta-\xi))\right]$$

$$=Fe^{-NA^2T/N_0}\exp\left[-\frac{1}{N_0}\int_{(n-N+1)T}^{n+1)T}|r(t)|^2\mathrm{d}t\right]\exp\left[\frac{2A}{N_0}|\beta|(\cos(\xi-\arg\beta))\right]$$

(3－88)

式中，F 是与 $s(t)$ 和 θ 独立的常数。

在 θ 取值范围内，对式（3－88）均匀化，并取自然对数，结果为

$$\ln p(r(t)\mid s(t))=F'+\ln I_0\left(\frac{2A}{N_0}\mid\beta\mid\right)^2 \quad (3-89)$$

式中 F'——与 $s(t)$ 相独立的常数；

$I_0(x)$——第一类零阶修正贝塞尔函数。

由于 $I_0(x)$ 为单调增函数，因此，求取 $p(r(t)\mid s(t))$ 的最大值问题转化为求取 $\mid\beta\mid$ 的最大值问题。

令 $\boldsymbol{i}=(i_1,\ i_2,\ \cdots,\ i_N)$ 为索引序列，其取值范围为 $\{1,\ 2,\ \cdots,\ M\}$。对于一个输入数据矢量 $\boldsymbol{\Delta}=(\Delta_{i1},\Delta_{i2},\cdots,\Delta_{iN})$，计算对应的 β_i

$$\beta_i=\sum_{n=1}^{N}\Gamma_{i_n,N-n}C_n \quad (3-90)$$

其中

$$\Gamma_{i,j}=\int_{(n-j)T}^{(n-j+1)T}r(t)\exp\{-\mathrm{j}2\pi h\Delta_i q[t-(n-j)T]\}\mathrm{d}t$$

(3－91)

C_i 定义如下

$$C_1=1;C_{k+1}=C_k\exp(-\mathrm{j}\pi h\Delta_{ik});k=1,2,\cdots,N-1$$

(3－92)

如果 $\hat{a}_{n-N+1}$，$\hat{a}_{n-N+2}$，$\cdots$，$\hat{a}_{n-1}$，$\hat{a}_n$ 代表对 a_{n-N+1}，a_{n-N+2}，$\cdots$，a_{n-1}，a_n 的联合判决，则当 $\mid\beta_i\mid_{\max}=\mid\beta_i^*\mid$ 时，选择 $\hat{a}_{n-N+1}=$

$\Delta_{i_1^*}$，$\hat{a}_{n-N+2}=\Delta_{i_2^*}$，…，$\hat{a}_{n-1}=\Delta_{i_{N-1}^*}$，$\hat{a}_n=\Delta_{i_N^*}$。其中，$\boldsymbol{i}^*=(i_1^*$，$i_2^*$，…，$i_N^*)$代表此时的 $\boldsymbol{i}$，$\boldsymbol{\Delta}^*=(\Delta_{i_1^*}$，$\Delta_{i_2^*}$，…，$\Delta_{i_N^*})$代表相应的输入矢量。

将式（3－90）展开得

$$\begin{aligned}\beta_i &= \sum_{n=1}^{N}\Gamma_{i_n,N-n}C_n = \Gamma_{i_1,N-1}C_1+\Gamma_{i_2,N-2}C_2+\cdots+\Gamma_{i_N,0}C_N \\ &=\Gamma_{i_1,N-1}+\Gamma_{i_2,N-2}\cdot\exp(-\mathrm{j}\pi h\Delta_{i_1})+\Gamma_{i_3,N-3}\cdot \\ &\quad \exp[-\mathrm{j}\pi h(\Delta_{i_1}+\Delta_{i_2})]+\cdots+\Gamma_{i_N,0}\cdot\exp\left(-\mathrm{j}\pi h\sum_{k=1}^{N-1}\Delta_{i_k}\right)\end{aligned} \tag{3-93}$$

$$\begin{aligned}\Gamma_{i_1,N-1} &= \int_{(n-N+1)T}^{(n-N+2)T} r(t)\exp\{-\mathrm{j}\pi h\Delta_{i_1}q[t-(n-N+1)T]\}\mathrm{d}t \\ \Gamma_{i_2,N-2} &= \int_{(n-N+2)T}^{(n-N+3)T} r(t)\exp\{-\mathrm{j}\pi h\Delta_{i_2}q[t-(n-N+2)T]\}\mathrm{d}t \\ &\vdots \\ \Gamma_{i_N,0} &= \int_{nT}^{(n+1)T} r(t)\exp[-\mathrm{j}\pi h\Delta_{i_N}q(t-nT)]\mathrm{d}t\end{aligned} \tag{3-94}$$

以上算式中 $\Gamma_{i,j}$ 的下标 j 表示第 j 级延迟，i 表示此级传送的符号。此判决算法的复数实现形式如图 3－57 所示。

最大似然多符号检测算法的性能与观察符号的长度（窗口大小）有关，通常采用奇数个符号作为观察窗口，而观察符号数为 5 时能够在检测性能和算法复杂度方面取得较好的折中，如图 3－58 所示。

（6）ARTM CPM

高级靶场遥测中连续相位调制（ARTM CPM）是一种四进制调制体制，已调信号的瞬时频率是原始数据流的函数。频率脉冲成形的目的是对频谱进行约束。调制指数根据码率交替选择 $h=4/16$ 或 $h=5/16$，使数据符号之间的最小距离最大化，从而使误码率最小。这些特定的调制指数是权衡频谱效率和数据检测能力而做出的折中。

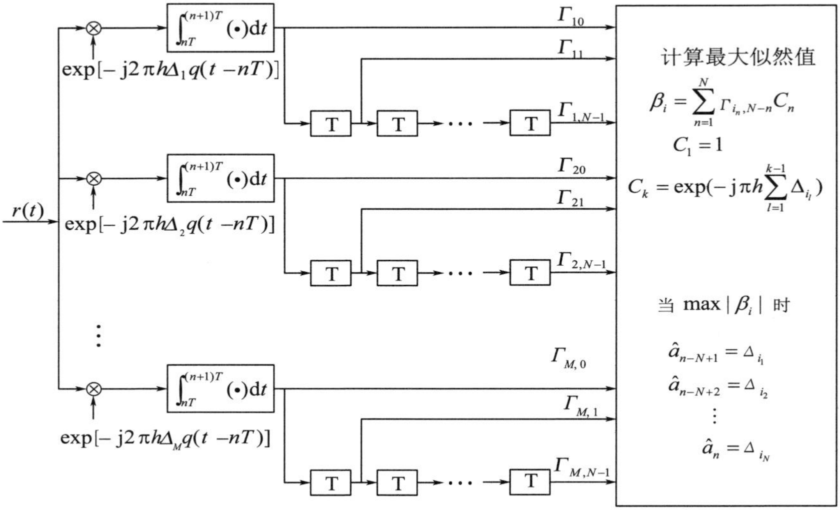

图 3－57　最大似然多符号检测系统图

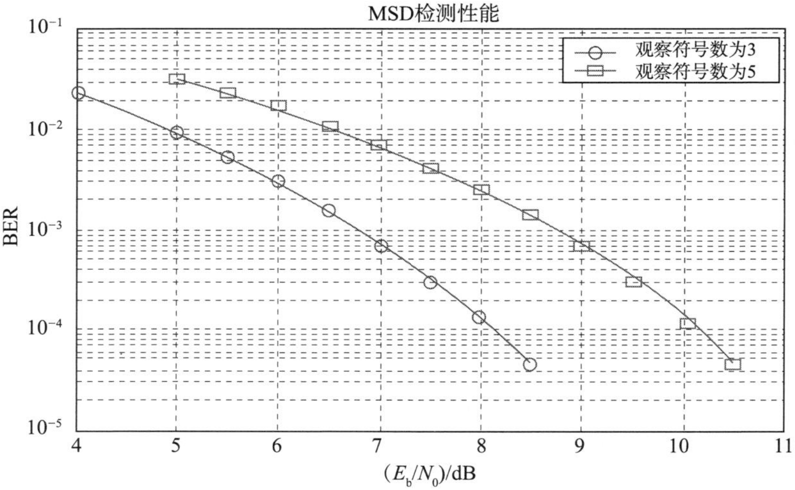

图 3－58　观察符号间隔对多符号检测性能的影响

ARTM CPM 调制器的原理框图如图 3－59 所示。源二进制位出现在调制器，被映射在应用于带有脉冲响应 $g(t)$ 的滤波器脉冲中。

由此得到的波形 $f(t)$ 与调制器期望输出值的瞬时频率成正比，这个信号可以被用于频率调制载波，生成射频信号。

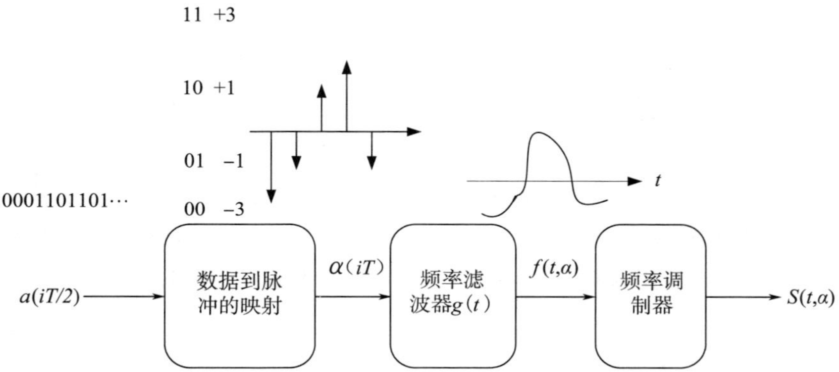

图 3－59　ARTM CPM 调制器原理

图 3－59 定义的变量和函数如下：$a(iT/2)$ 表示二元信源数据的第 i 个二进制位，数值为 0 或 1。ARTM CPM 频率脉冲波形是一个三符号长升余弦脉冲，其定义为

$$g(t)=\frac{1}{6T}\left[1-\cos\left(\frac{2\pi t}{3T}\right)\right],0\leqslant t\leqslant 3T \qquad (3-95)$$

式中　T ——码元周期，等于 2/（比特率）。

$\alpha(iT)$ 表示第 i 个区域脉冲，等于表 3－6 中所确定的＋3，＋1，－1 或－3。每一个双位比特对（符号率）生成一个脉冲。

$f(t,\alpha)$ 表示频率滤波输出，为

$$f(t,\alpha)=\pi h_i\sum_{i=-\infty}^{+\infty}\alpha(iT)g(t-iT) \qquad (3-96)$$

式中　h ——调制指数，h 的值在 h_1 和 h_2 之间交替变化，$h_1=4/16$，$h_2=5/16$。

二位二进制的脉冲区域映射见表 3－6。

表 3-6 二位二进制的脉冲区域映射

二位二进制输入 [$a(i)$, $a(i+1)$]	脉冲区域
11	+3
10	+1
01	−1
00	−3

图 3-60 与图 3-61 所示是 5 Mb/s ARTM CPM 信号的功率谱以及实测误码率（BER）对信噪比（E_b/N_0）曲线。其最大功率约为 −19 dBc，5 Mb/s 信号的 −60 dBc 带宽约为 5.54 MHz。

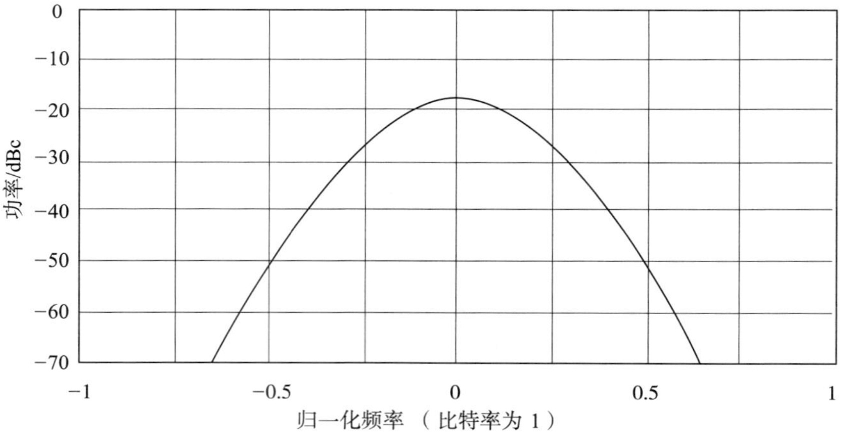

图 3-60 5 Mb/s ARTM CPM 信号功率谱

3.4.3.4 SOQPSK-TG

(1) 基本原理

SOQPSK 是 Mr. T. Hill 定义的恒包络连续相位调制中的一类，一般称其为非线性频率调制，如图 3-62 所示。

SOQPSK 波形系列依照频率脉冲整形滤波器的脉冲激励传递函数 $g(t)$ 而定义

$$g(t)=n(t)w(t) \tag{3-97}$$

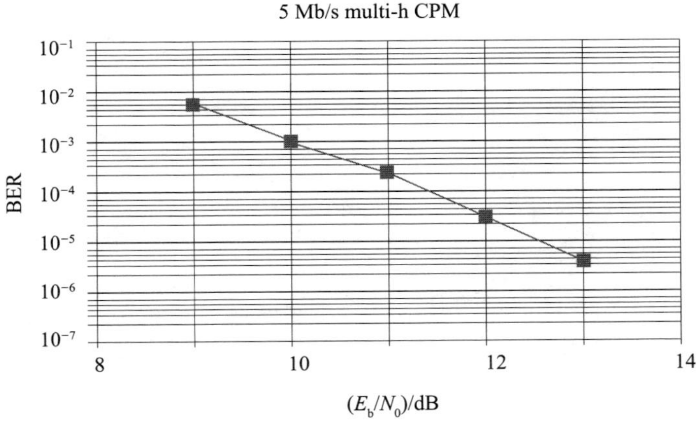

图 3－61　5 Mb/s ARTM CPM 误码性能曲线

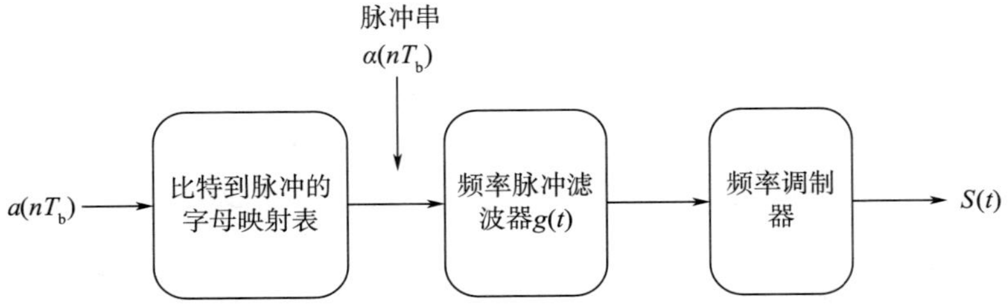

图 3－62　SOQPSK 原理

其中

$$n(t)=\left[\frac{A\cos\pi\theta_1(t)}{1-4\theta_1^2(t)}\right]\left[\frac{\sin\theta_2(t)}{\theta_2(t)}\right]$$

相应地

$$\theta_1(t)=\frac{\rho Bt}{T_s}$$

$$\theta_2(t)=\frac{\pi Bt}{T_s}$$

$$w(t)=\begin{cases}1 & \left|\dfrac{t}{T_s}\right|\leqslant T_1\\ \dfrac{1}{2}\left[1+\cos\left(\dfrac{\pi\left(\left|\dfrac{t}{T_s}\right|-T_1\right)}{T_2}\right)\right] & T_1<\left|\dfrac{t}{T_s}\right|\leqslant T_1+T_2\\ 0 & \left|\dfrac{t}{T_s}\right|>T_1+T_2\end{cases}$$

式中　$n(t)$——修改过的升余弦频谱滤波器；

A——幅度比例因子；

ρ——滚降因子；

B——时间比例因子；

$w(t)$——限制 $g(t)$ 宽度的时域窗函数。

幅度比例因子 A 由以下决定

$$\int_{-(T_1+T_2)T_s}^{(T_1+T_2)T_s} g(t)\mathrm{d}t=\frac{\pi}{2} \tag{3-98}$$

对于以下的时序二进制序列

$$\boldsymbol{a}=(\cdots,a_{-2},a_{-1},a_0,a_1,a_2,\cdots) \tag{3-99}$$

每个比特代表归一化的反相幅值｛+1，−1｝，三态脉冲序列由下列变换规则而定

$$\alpha=(-1)^{i+1}\frac{a_{i-1}(a_i-a_{i-2})}{2} \tag{3-100}$$

构成三态数值｛+1，0，−1｝的数据序列字母表。需要注意的是，此调制方式的定义并没有在二进制数据字母表的数字带内相互切换的中继信号（Dibits）和常规四相 OQPSK 调制应用传输相位之间建立绝对的联系。为保持和 FQPSK - B 相干解调器的互通性，在转换为三态激励字母表时，数据流要优先或结合某种形式的预编码。然而，为保证与其他波形参数良好的互通性，必须对频率脉冲激励与对应输出的频率、相位变化之间的极性有所控制。因此，此处提到的 SOQPSK 调制器应满足以下要求：值为+1 的

脉冲激励，对应的传输相位将超前于标准载频（即瞬时频率高于标准频率）。

SOQPSK 和 SOQPSK－TG 中，符合此标准的唯一特定值，在表 3－7 中的参数中列出。

表 3－7　SOQPSK－TG 参数

SOQPSK 类型	ρ	B	T_1	T_2
SOQPSK－TG	0.70	1.25	1.5	0.50

（2）OQPSK－TG 的差分编码

由上述可知，一个特殊的预编码协议或等价的传输函数，是保证 FQPSK－B 设备互通性的必要条件。图 3－63 为一个典型的 SOQPSK 模块。

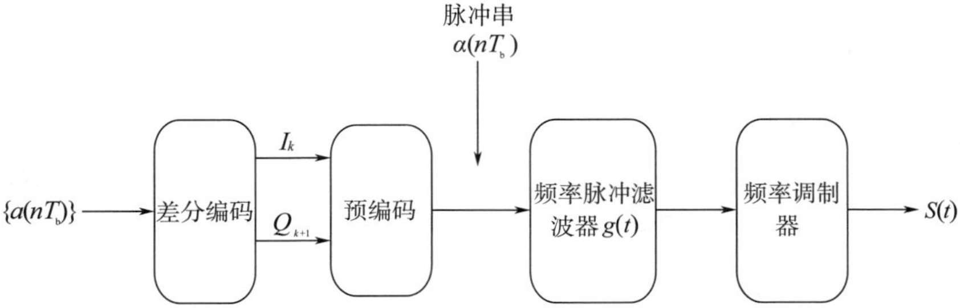

图 3－63　SOQPSK 发射机

差分编码器模块的构成，必须和前文所定义的一致。对于符号序列 I_k 和 Q_k 而言，一个值为＋1 的归一化脉冲激励信号，若编码符号与表 3－8 中的频率脉冲激励（$\Delta\Phi$ 为相位增量）建立了对应关系，此预编码器即可保证与此处定义的 FQPSK 信号有良好的互通性，见表 3－8。

表 3-8 与 IRIG 106 兼容的 SOQPSK 预编码表

MAP α_k FROM I_k					MAP α_{k+1} FROM Q_{k+1}				
I_k	Q_{k-1}	I_{k-2}	$\Delta\Phi$	α_k	Q_{k+1}	I_k	Q_{k-1}	$\Delta\Phi$	α_{k+1}
−1	X *	−1	0	0	−1	X *	−1	0	0
+1	X *	+1	0	0	+1	X *	+1	0	0
−1	−1	+1	$-\pi/2$	−1	−1	−1	+1	$+\pi/2$	+1
−1	+1	+1	$+\pi/2$	+1	−1	+1	+1	$-\pi/2$	−1
+1	−1	−1	$+\pi/2$	+1	+1	−1	−1	$-\pi/2$	−1
+1	+1	−1	$-\pi/2$	−1	+1	+1	−1	$+\pi/2$	+1

注：* —— “X”是 $a+1$ 或 $a-1$ 无关紧要。

3.4.4 导弹火箭遥测系统组成和工作原理

导弹火箭遥测系统是以现代信息技术为基础的应用系统，其功能包括信息采集、传输与处理三个环节，其原理如图 3-64 所示。

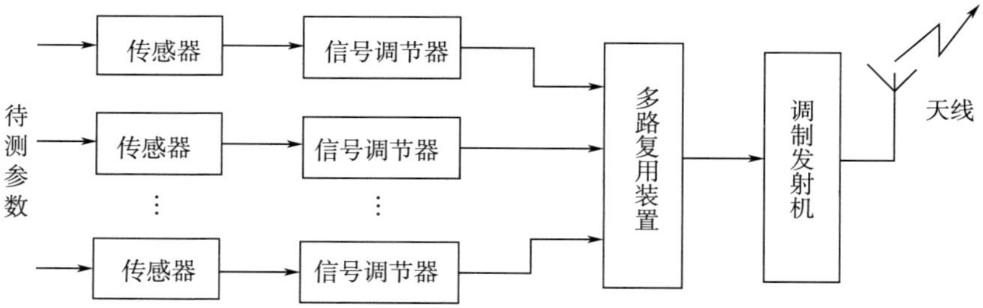

（a）发送端

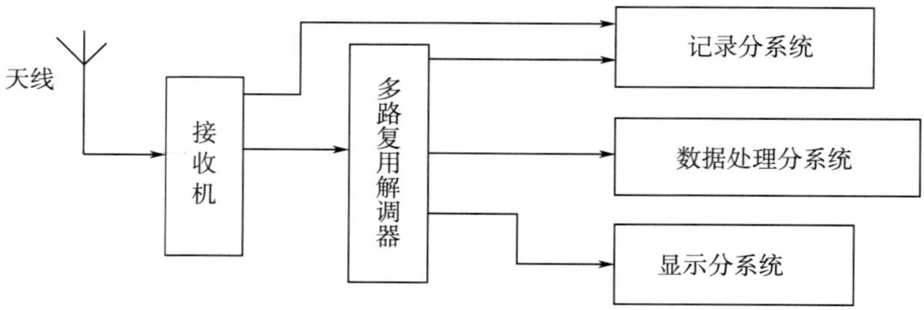

（b）接收端

图 3-64 导弹火箭遥测系统原理图

在发送端，待测参数（如温度、压力、加速度等物理量）通过传感器（如热电锅、电阻温度计、电桥和电位计等）转换成电信号（对本身是电信号的参数，不需要再转换），再通过信号调节器转换成适合采集的规范化信号，如电压或电流。多路复用装置将多路规范化遥测信号按一定体制集合在一起，形成适合于单一信道传输的群信号，再调制发射机的载波，经功率放大后通过天线发向接收端。

在接收端，接收天线收到信号后送到接收机，进行载波解调，再经过多路复用解调器恢复出各路遥测信号，送到数据处理分系统进行数据处理，按要求选出部分参数加以显示，并对接收和解调后的检前、检后全部遥测信号进行记录，以便事后处理。

3.4.5　导弹火箭遥测系统设计中的若干问题

3.4.5.1　体制选择

导弹火箭遥测系统是典型的功率和频率受限系统，调制体制需结合具体应用需求进行选择，其中表 3－9 列出本章讨论的数字调制方式的一些技术特点。

表 3－9　不同数字调制方式的技术特点

技术指标	PCM－FM 单符号检测	PCM－FM 多符号检测	FQPSK－B， FQPSK－JR， SOQPSK－TG	ARTM CPM
占用带宽	1.16 b/s	1.16 b/s	0.78 b/s	0.56 b/s
灵敏度 （BER＝10^{-5}时的 E_b/N_0 值）	11.8～15 dB	9.5 dB	11.8～12.2 dB	12.5 dB
同步时间	100～10 000 bit	250 bit	5 000～ 30 000 bit	30 000～ 150 000 bit
同步门限（E_b/N_0）	3～4 dB	2 dB	4.5～5 dB	8.5 dB
相位噪声系数*	2	1	3	4
信道间干扰系数*	2	1	3	4

注：* 栏中，1 表示好，2 表示较好，3 表示一般，4 表示较差。

表 3－10 所示为用码率（R）表示的几种数字调制方法的 99% 功率带宽。

表 3-10 几种数字调制方法的 99%功率带宽

种 类	99%功率带宽
NRZ PCM-FM 预调滤波器，$B_W=0.7R$，$\Delta f=0.35R$	1.16R
NRZ PCM-FM 没有预调滤波器，$\Delta f=0.25R$	1.18R
NRZ PCM-FM 没有预调滤波器，$\Delta f=0.35R$	1.78R
NRZ PCM-FM 没有预调滤波器，$\Delta f=0.40R$	1.93R
NRZ PCM-FM 预调滤波器，$B_W=0.7R$，$\Delta f=0.40R$	1.57R
最小频移键控（MSK），没有滤波器	1.18R
FQPSK-B，FQPSK-JR 或者 SOQPSK-TG	0.78R
ARTM CPM	0.56R

图 3-65 所示为 10 Mb/s PCM-FM，ARTM CPM，FQPSK-JR，SOQPSK-TG 信号频谱对比。

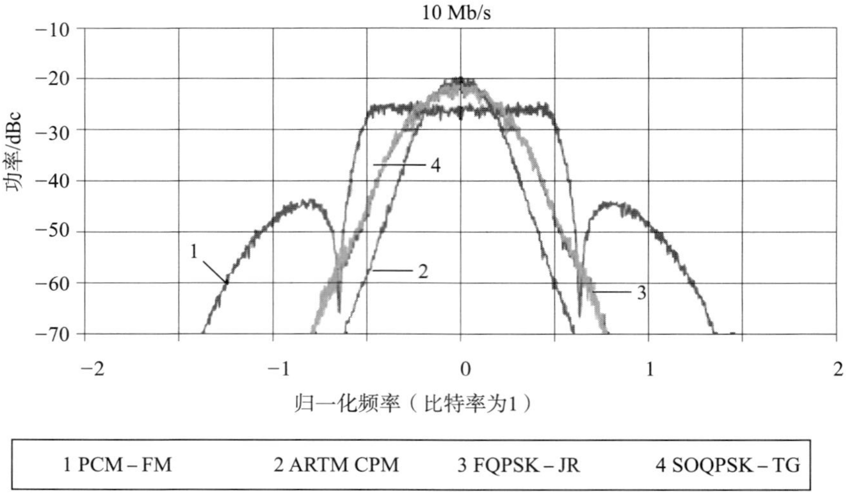

图 3-65 10 Mb/s PCM-FM，ARTM CPM，FQPSK-JR，SOQPSK-TG 信号频谱对比

（1）FQPSK-B 和 FQPSK-JR 的特点

基于 Feher 专利的四相相移键控（FQPSK-B 和 FQPSK-JR）是偏移四相相移键控（OQPSK）的一种变形。OQPSK 在多数的通

信教材中都描述过。图 3－66 所示是一个通用的 OQPSK（或称为四相或 $I\&Q$）调制器。通常，奇数比特用于 Q 路，偶数比特用于 I 路。

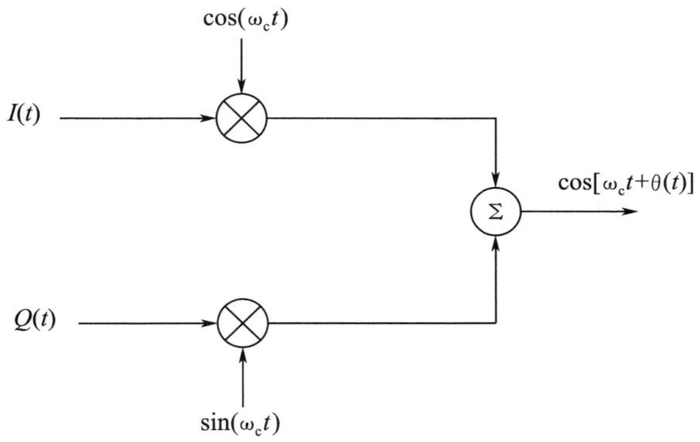

图 3－66　OQPSK 调制器

如果 I、Q 两路的幅值是 ± 1，可以得到图 3－67 所示的星座图。例如，当 $I=1$，$Q=1$ 时，相位角是 $45°\{(I,Q)=(1,1)\}$。恒定包络调制方式，如最小频移键控（MSK），将沿着图 3－67 中由小点构

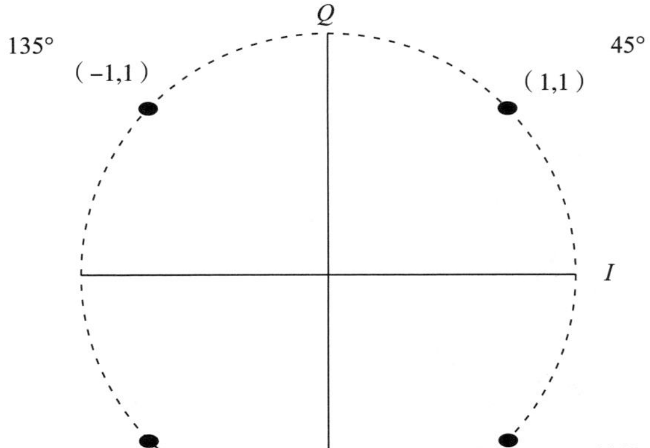

图 3－67　$I\&Q$ 星座图

成的圆周在大点之间移动。通常，带限 QPSK 和 OQPSK 信号不是恒定包络信号，包络将不再沿着由小点构成的圆周变化，其幅度将有显著的变化。但是，FQPSK－B 和 FQPSK－JR 的包络近似恒定，基本上沿着图 3－67 中由小点构成的圆周变化。

FQPSK－B 和 FQPSK－JR 的典型实现需用到四相调制器中的基带数据和比特率时钟。如本书前文所述，数据经过差分编码后转换成 I、Q 两路信号。I、Q 两路信号交叉相关，从而产生特定的信号形式，使 $[I^2(t)+Q^2(t)]$ 的瞬时偏差最小，如图 3－68 所示。FQPSK－B 的基带波形如图 3－69 所示。

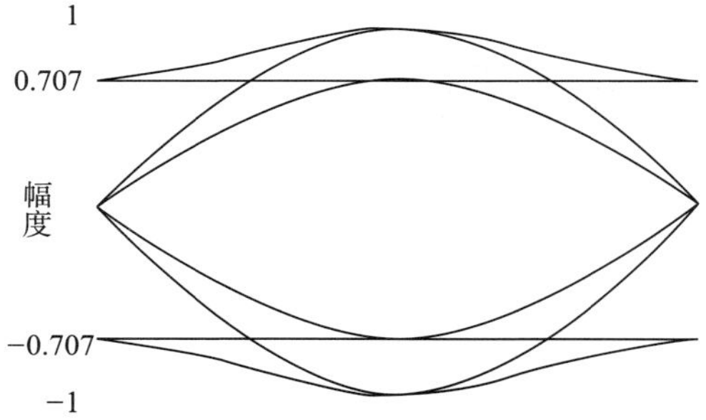

图 3－68　FQPSK 眼图

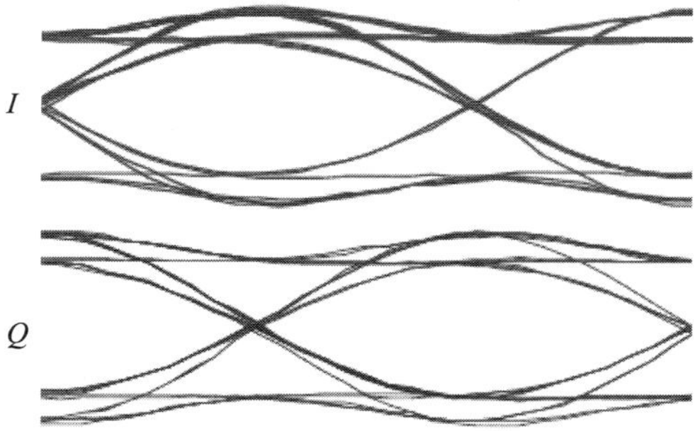

图 3－69　FQPSK－B/I&Q 眼图（I&Q 调制器输入端）

I、Q 两路信号的当前状态和前一状态组合成适当的波形，Q 路比 I 路延迟半个符号（1 bit），如图 3－69 所示。

通常，使用矢量图来观察 I、Q 调制信号。一种产生矢量图的方法是使用具有 XY 模式的示波器。将 I 路信号接入 X 输入端，Q 路信号接入 Y 输入端产生矢量图。图3－70 所示的例子是 FQPSK－B 信号在 I&Q 调制器输入端的矢量图。可以看出，矢量图的值总在圆周的百分之几范围内波动。任何幅度变化都可能导致非线性放大器输出的频谱扩展。

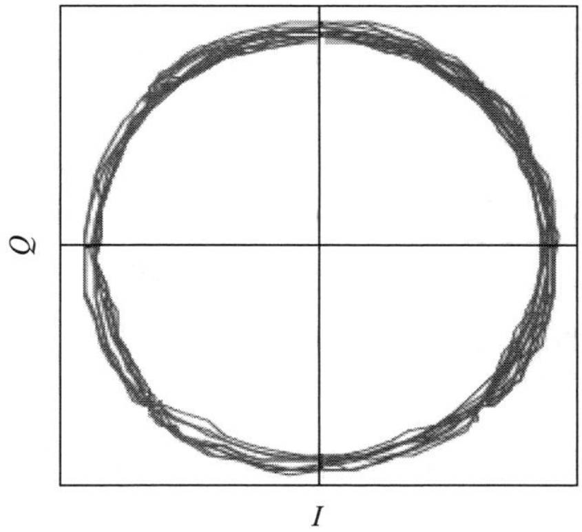

图 3－70　FQPSK－B 矢量图

图 3－71 给出了 FQPSK－JR 的近似理想频谱（曲线 2，有较小调制误差）和有较大调制误差的 FQPSK－JR 频谱（曲线 1）。这些频谱是在全饱和的 RF 非线性放大器输出端测量的，其输入信号是“1”、“0”随机序列。图中的比特率为 5 Mb/s，峰值频谱近似为 －19 dBc。在典型情况下，FQPSK－B 的 99%信号带宽大约为码率的 0.78 倍。值得注意的是，当使用合适的随机化数据序列，并恰当地设计发射机，则 FQPSK－B 信号没有显著的边带（曲线 2）。

图 3－72 所示为输入全“0”时，FQPSK－B 发射机输出的频谱。对于全“0”输入，差分编码器、交叉相关器和波形选择器给 I&Q 调制器的输入端提供归一化幅度的正弦和余弦信号，其频率为

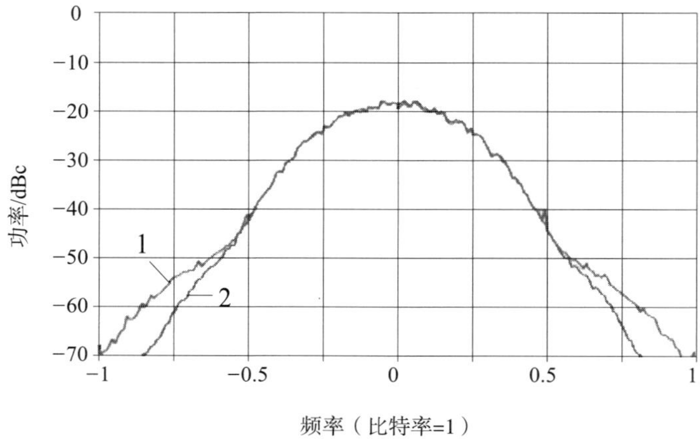

图 3－71　输入数据为 5 Mb/s 随机数的 FQPSK－JR 频谱

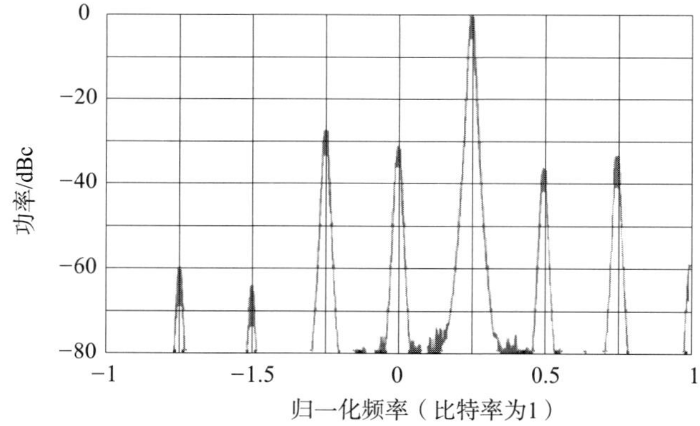

图 3－72　具有较大调制误差时，输入数据为全“0”的 FQPSK－B 频谱

I&*Q* 调制器输入比特率的 0.25 倍。理想调制器的输出信号为偏离载波频率＋0.25 倍比特率的单一频率成分。这个频率成分的功率为 0 dBc。如果调制器存在误差（这总是可能的），频谱中会出现其他频率，如图 3－72 所示。归一化频率的 0 点（载波频率）所对应的谱线称为残留载波。这个分量主要是由 *I* 信号和 *Q* 信号的直流不平衡造成的。图 3－72 所示的残留载波功率约为－31 dBc。在设计良好

的 FQPSK－B 发射机中，残留载波应小于－30 dBc。下边带主要是由 I、Q 幅度不平衡和 I、Q 不正交产生的。为获得良好的系统性能，这个分量的功率应限制在－30 dBc 或者更低。

图 3－73 给出了在无衰落的加性高斯白噪声信道（AWGN）下，两个 FQPSK－JR 信号误码率（BER）对信噪比（E_b/N_0）的实测曲线，其调制/解调器中包含非线性放大器和差分编/译码器。选用其他方式，其性能将会有所不同。如果相位噪声较大，将会造成误码率性能显著恶化。计算机仿真结果表明，在 E_b/N_0 稍大于 11 dB 时，能获得 10^{-5} 的 BER 性能（采用差分编/译码器）。差分编/译码器的目的是解决 QPSK、OQPSK 和 FQPSK 方式所固有的相位模糊问题。

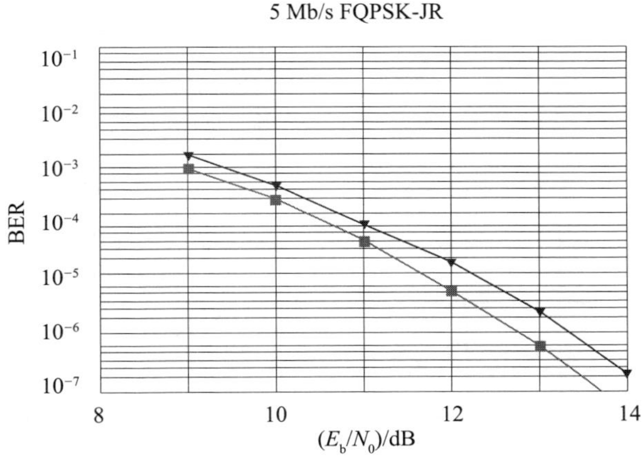

图 3－73　相位噪声对 FQPSK－JR 的误码性能的影响

（2）SOQPSK－TG 的特点

SOQPSK 是恒定包络连续相位调制（CPM）体制中的一族。SOQPSK－TG 的信号幅度是恒定的。因此，通过控制一个精密的相位或频率调制器的相位轨迹可以产生 SOQPSK－TG 信号。图 3－74 所示为一个 SOQPSK－TG 信号的实测相位轨迹。图中垂线大体上对应于码元判决时刻。

图 3－75 是输入数据为 5 Mb/s 随机数的 SOQPSK－TG 信号功率谱，该信号的－60 dBc 带宽约为 7.34 MHz，最大功率约为－19 dBc。

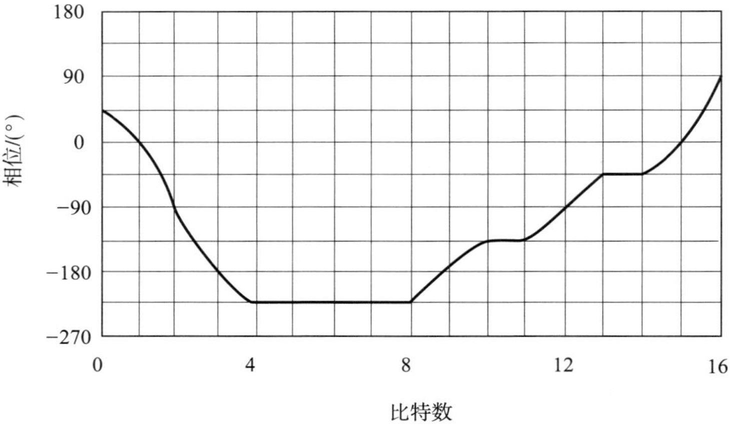

图 3－74　实测的 SOQPSK－TG 相位轨迹

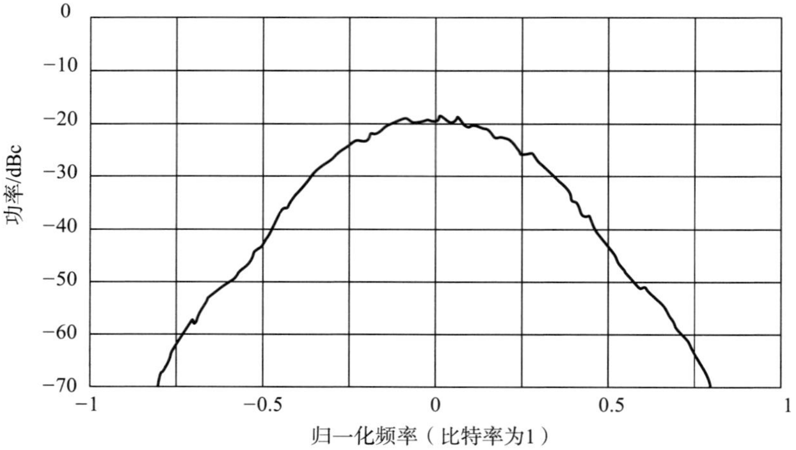

图 3－75　SOQPSK－TG 功率谱（5 Mb/s）

图 3－76 所示为在无衰落的加性高斯白噪声信道（AWGN）下，两个 SOQPSK－TG 信号的实测误码率（BER）对信噪比（E_b/N_0）

曲线，其调制/解调器中包含非线性放大和差分编码译码。当采用其他方式时，性能将会有所不同。如果相位噪声比推荐的大，BER 性能将会显著恶化。

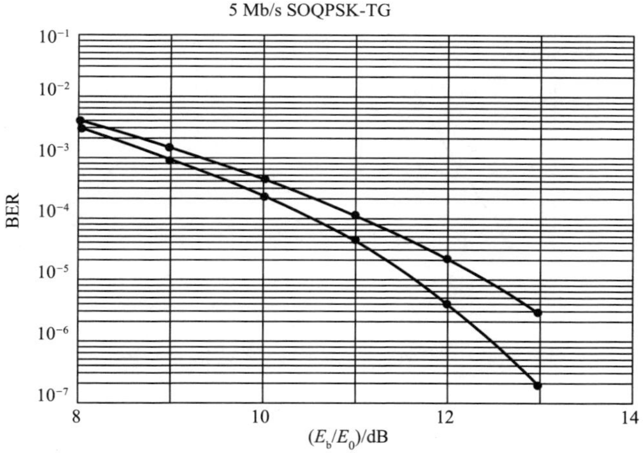

图 3－76　5 Mb/s SOQPSK－TG 误码率性能曲线

(3) ARTM CPMR 的特点

ARTM CPM 是一种四进制调制体制，已调信号的瞬时频率是原始数据流的函数。频率脉冲成形的目的是对频谱进行约束。按照 IRIG 标准定义，调制指数根据码率选择 $h=4/16$ 或 $h=5/16$，使数据符号之间的最小距离最大化，从而使误码率最小。这些特定的调制指数是权衡频谱效率和数据检测能力而做出的折中。图 3－77 和图 3－78 所示是 5 Mb/s ARTM CPM 信号的功率谱，以及实测误码率（BER）对信噪比（E_b/N_0）曲线。其最大功率约为－19 dBc，5 Mb/s 信号的－60 dBc 带宽约为 5.54 MHz。可以看出，ARTM CPM 的功率谱比 SOQPSK－TG 功率谱窄 25%左右，但其误码率性能较差，而且比 SOQPSK－TG 更容易受到相位噪声的影响。

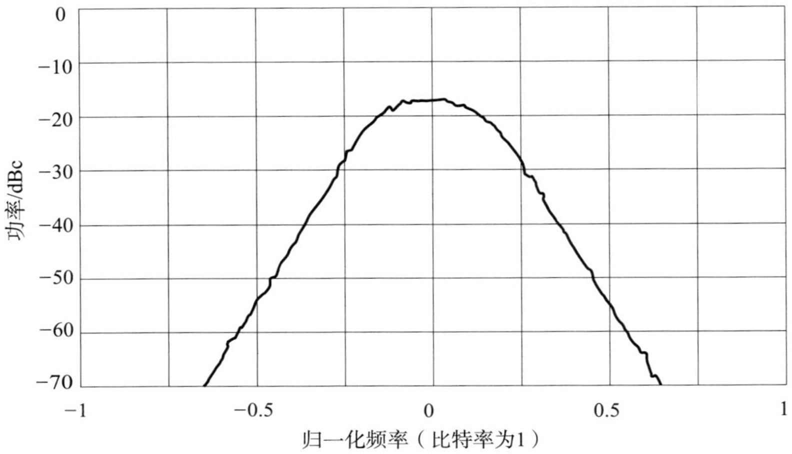

图 3－77　5 Mb/s ARTM CPM 信号功率谱

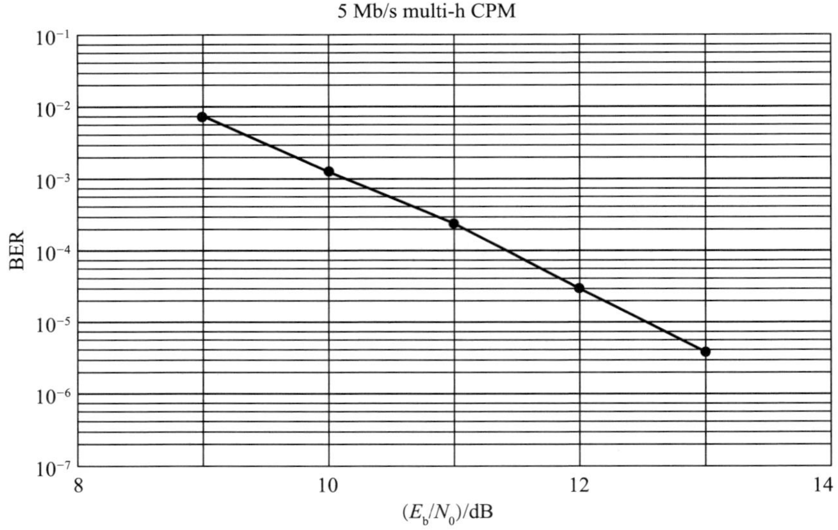

图 3－78　5 Mb/s ARTM CPM 信号误码性能曲线

3.4.5.2 最小频率间隔计算

最小频率间隔系数可通过查表 3－11 得到。

表 3－11　最小频率间隔的系数

调制类型	a_s	a_i
NRZ PCM－FM	1.0*　接收机采用 RLC 中频滤波器； 0.7　接收机采用声表面波（SAW）或数字中频滤波器； 0.5　多符号检测器（或相同的设备）	1.2
FQPSK－B，FQPSK－JR，SOQPSK－TG	0.45	0.65
ARTM CPM	0.35	0.5

注：* 带 RLC 中频滤波器的接收机，NRZ－L PCM－FM 信号的最小频率间隔是－3 dB带宽的 1.5 倍，计算公式如上。

期望信号作为信号 1，干扰信号作为信号 2，需要计算它们的最小间隔，反之亦然。对于干扰信号频率间隔的要求跟干扰信号的功率谱有直接关系。a_s 值跟期望信号调制方式和检测器有关，是有效检测滤波器带宽和联合信道干扰阻抗的函数。a_s 和 a_i 这两个取值在多数情况下相对保守，假定接收机中没有会造成杂散响应的附加干扰。a_s 和 a_i 值根据经验通过大量邻近信道干扰测试得出。主要有如下设定：

1）NRZ PCM－FM 信号由一个多级滤波器进行预调滤波，滤波器的－3 dB 点是比特率的 0.7 倍，峰值频偏近似设为比特率的 0.35 倍；

2）接收中频滤波器不宽于比特率的 1.5 倍，对干扰信号至少提供 6 dB 的衰减；

3）干扰信号强度不超过期望信号 20 dB；

4）接收机工作在线性模式，没有明显的互调产物或杂散响应。

如下例所示：

1）5 Mb/s PCM－FM 和 0.8 Mb/s PCM－FM，5 Mb/s PCM－FM 信号的接收机中频带宽为 6 MHz（接收机中有 RLC 中频滤波器）

$$1.0\times5+1.2\times0.8=5.96\ \text{MHz}$$

$$1.0\times0.8+1.2\times5=6.8\ \text{MHz}$$

$$1.5\times6=9.0\ \text{MHz}$$

最大值是 9 MHz，频率步进量是 1 MHz，所以最小间隔为 9 MHz。

2）5 Mb/s PCM－FM 和 5 Mb/s PCM－FM，5 Mb/s 信号使用中频带宽为 6 MHz 的接收机（接收机中有 RLC 中频滤波器）

$$1.0\times5+1.2\times5=11\ \text{MHz}$$

$$1.5\times6=9.0\ \text{MHz}$$

最大值是 11 MHz，频率步进量是 1 MHz，所以最小间隔为 11 MHz，如图 3－79 所示。

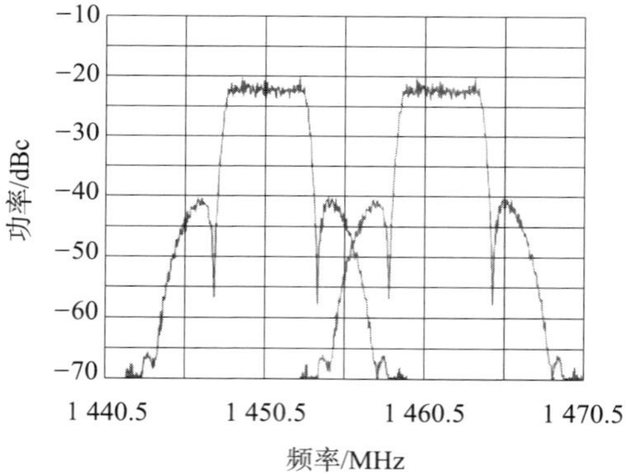

图 3－79　5 Mb/s CPM/FM 信号中心频率间隔为 11 MHz

3）5 Mb/s PCM－FM 和 5 Mb/s PCM－FM，5 Mb/s 信号使用中频带宽为 6 MHz 的接收机（接收机中有 RLC 中频滤波器，同时使用多符号检测）

$$0.5\times5+1.2\times5=8.5\ \text{MHz}$$

频率步进量是 1 MHz，所以最小频率间隔是 9 MHz。

4）5 Mb/s PCM－FM 和 5 Mb/s SOQPSK－TG，5 Mb/s 信号使用中频带宽为 6 MHz 的接收机（接收机中有 RLC 中频滤波器，同时使用多符号检测）

$$0.5\times5+0.65\times5=5.75\ \text{MHz}$$

$$0.45\times5+1.2\times5=8.25\ \text{MHz}$$

最大值是 8.25 MHz，频率步进量是 1 MHz，所以最小间隔是 9 MHz。

5）5 Mb/s FQPSK - B 和 5 Mb/s ARTM CPM，5 Mb/s 信号使用中频带宽为 6 MHz 的接收机

$$0.45\times5+0.5\times5=4.75\ \text{MHz}$$

$$0.35\times5+0.7\times5=5.25\ \text{MHz}$$

最大值是 5.25 MHz，频率步进量是 1 MHz，所以最小间隔是 6 MHz。

6）10 Mb/s ARTM CPM 和 10 Mb/s ARTM CPM

$$0.35\times10+0.5\times10=8.5\ \text{MHz}$$

频率步进量是 1 MHz，所以最小间隔是 9 MHz，如图 3 - 80 所示。

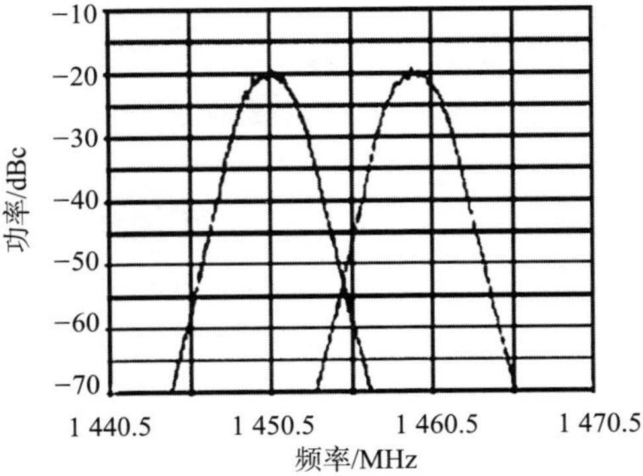

图 3 - 80　10 Mb/s ARTM CPM 信号中心频率间隔为 9 MHz

3.4.5.3　确定频率间隔的其他方法

在一些情况下，需要为每个信号留出一个独立带宽。如果每个信号用带宽因子 $2\times\alpha_i$，得到的频率间隔是 $\Delta F_0=\alpha_i\times R_s+\alpha_i\times R_i$，因为在所有这些调制方法中，$\alpha_i$ 比 α_s 大，所以比用 $\Delta F_0=\alpha_s\times R_s+\alpha_i\times R_i$ 获得的频率间隔大。这种方法的问题是没有包括接收机或检测器的特性。

确定频率间隔的例子如下所示：

1）5 Mb/s PCM－FM 和 0.8 Mb/s PCM－FM，5 Mb/s 信号使用中频带宽为 6 MHz 的接收机（接收机中有 RLC 中频滤波器）

$$1.2\times5+1.2\times0.8=6.96\ \text{MHz}$$

最小频率步进为 1 MHz，因此最小间隔是 7 MHz。

2）5 Mb/s PCM－FM 和 5 Mb/s PCM－FM，5 Mb/s 信号使用中频带宽为 6 MHz 的接收机（接收机中有 RLC 中频滤波器）

$$1.2\times5+1.2\times5=12\ \text{MHz}$$

最小频率步进为 1 MHz，因此最小间隔是 12 MHz。

3）5 Mb/s PCM－FM 和 5 Mb/s PCM－FM，5 Mb/s 信号使用中频带宽为 6 MHz 的接收机（接收机中有 RLC 中频滤波器，使用多符号检测器）

$$1.2\times5+1.2\times5=12\ \text{MHz}$$

最小频率步进为 1 MHz，因此最小间隔是 12 MHz。

4）5 Mb/s PCM－FM 和 5 Mb/s SOQPSK/TG，5 Mb/s 信号使用中频带宽为 6 MHz 的接收机（接收机中有 RLC 中频滤波器，使用多符号检测器）

$$1.2\times5+0.65\times5=9.25\ \text{MHz}$$

最小频率步进为 1 MHz，因此最小间隔是 10 MHz。

5）5 Mb/s FQPSK－B 和 5 Mb/s ARTM CPM，5 Mb/s 信号使用中频带宽为 6 MHz 的接收机

$$0.7\times5+0.5\times5=6\ \text{MHz}$$

最小频率步进为 1 MHz，因此最小间隔是 6 MHz。

6）10 Mb/s ARTM CPM 和 10 Mb/s ARTM CPM

$$0.5\times10+0.5\times10=10\ \text{MHz}$$

最小频率步进为 1 MHz，因此最小间隔是 10 MHz。

3.4.5.4 多载波工作

如果两个发射机同时工作，且收发共用同一天线系统，则由于交调可能在 $(2f_1-f_2)$ 和 $2(f_2-f_1)$ 频率处引起干扰。三个发射机

同时工作时，上述两个频率处可能存在干扰，交调产物也同样存在于（$f_1+f_2-f_3$），（$f_1+f_3-f_2$）和（$f_2+f_3-f_1$）处，其中，f_1，f_2，f_3 分别代表三个发射机的输出频率。发射机输出电路的非线性会导致交调产物，使发射机输出信号和附近发射机的基带信号产生混频产物。天线系统的非线性也会导致交调产物。交调产物的出现是不可避免的，但一般只有当交调产物大于−25 dB 才会产生明显的影响。避开三阶交调干扰的一般规律是：在发射机的一组频率中，任意一对频率之间的间隔不相等。因为单个信号有边带，应该注意的是单个信号的边带比其交调产物的边带频谱窄。

3.4.6　再入遥测系统

3.4.6.1　再入遥测的特点

再入遥测是指对再入大气层的目标的遥测参数进行测量，其基本工作原理与导弹主动段、航天器运行段遥测相同，但其测量环境和测量要求有如下明显特点。

（1）信号起伏和衰减大

高速再入体通过稠密大气层时不可避免地会产生无线电黑障现象，使遥测信号产生强烈的起伏和衰减。当信号强度低于地面遥测接收机的门限时，将出现信号中断现象，使地面设备丢失目标，接收不到遥测信号。如何解决信号中断问题是再入遥测系统总体设计的重要课题。

（2）测量频带宽

某些弹头再入试验要求测量频带很宽的特快变化信号，有些特快信号的脉冲宽度只有几十毫（微）秒，要从噪声中准确判断信号的有无及出现时间并精确测量脉冲的前沿或两脉冲之间的时间间隔是十分困难的事情。因此，再入遥测系统的设计必须在信号编码、传输、记录等方面采取特殊措施。

（3）低仰角接收

随着再入体飞行高度的下降，接收天线的仰角越来越低，特别是接收弹头触地（水）信号时，地面遥测设备的天线可能工作在负仰角状态。低高度接收时存在严重的多径效应，使接收信号产生很大的强度变化和衰减，变化范围可达 10～40 dB。如某次弹头海上试验，由于海浪的影响，测量船上遥测设备的作用距离比正常情况缩短了一半。这一特点，要求地面遥测设备不但应能可靠地捕获跟踪目标，而且应能有效地克服多径效应的影响。

上述第一点和第三点是弹头和航天器再入遥测的共同特点，第二点是特殊弹头试验再入遥测的特点，在再入遥测系统总体设计时应通盘考虑，使地面遥测设备能适应上述三个特点，便于综合利用，提高设备使用率。

3.4.6.2　再入黑障区

（1）再入等离子鞘套的形成

当高速飞行体再入大气层后，和周围大气发生剧烈的摩擦和强大的挤压，使大气温度激增至 3 000 K 以上，引起大气分子的电离，使得分子中有些绕原子核旋转的电子脱离核电的牵引范围而飞出，形成自由电子，原来呈中性状态的分子就成带正电荷的离子。与此同时，自由游荡的电子遇到了带正电荷的离子，又重新复合成中性分子。电离和复合两种过程不断地进行，先是电离占主导地位，随着正离子和自由电子的大量出现，则复合逐渐增加。当两种过程的速率相等，单位体积内正离子数和电子数基本相等时，则被电离的大气在再入体表面及周围形成等离子体。此外，由于飞行体本身的防热材料在高温下烧蚀电离，使飞行体周围的电子浓度大幅度上升，结果形成了包围在飞行体周围的有一定厚度的等离子体，人们称之为等离子鞘套。等离子鞘套的形成直接与再入飞行体的速度、环境大气的密度有关。在稠密大气层，飞行体速度的马赫数超过 10，飞行体表面大气温度超过 3 000 K 时，就会出现明显的等离子体。此外，等离子体的形成还与飞行体的形状、再入角度和防热材料有关。一般而言，尖头形再入飞行体的黑障现象要比钝头形目标的轻一些；再入角度小时，在飞行体前面形成的等离子区要小一些；硅基材料比碳基材料烧蚀程度要轻些，电离程度也小一些。

(2) 等离子体对电波传播的影响

等离子鞘套会引起飞行体上天线阻抗失配，方向图畸变，辐射效率下降，甚至天线被击穿，从而影响飞行体上信号的发射。无线电波通过等离子体传播时将引起衰减，严重时会使无线电信号中断。人们把信号中断的时间称为黑障时间，对应的空域称为黑障区。

无线电波在等离子体中传播时，自由电子和离子受电磁场的作用而往复振动，其振动的能量来自进入的无线电波。振动的电子和离子与中性粒子相碰撞，把能量传给中性粒子，使无线电波的能量受到损失，这种能量损失称为吸收衰减。等离子体越厚，则吸收衰减程度越大。此外，由于等离子体是不均匀的，无线电波在其中传播时，在其分界面会发生反射，引起反射衰减。吸收衰减和反射衰减构成无线电波在等离子区传播的总衰减，一般情况下吸收衰减占主要部分。

再入黑障区存在于距地面 12～100 km 之间的弹道段。进、出黑障区的高度由诸多因素决定，其中再入体的速度是重要因素。据估计，发射机工作在 S 频段的载人飞船，由于再入速度较大，有制动措施，进、出黑障区的高度为 45～80 km。发射机工作在 C 频段的战略导弹弹头，进、出黑障区的高度为 10～50 km，如发射机工作在 4 000 MHz 的远程火箭（导弹弹头），进入黑障区的高度为 48 km，出黑障区的高度为 10 km。模拟试验表明：在低空由于再入体烧蚀物的污染，使电子浓度 N_e 增加约两个数量级，加大了等离子浓度，因而推迟了弹头出黑障区的时间，亦即降低了再入体出黑障区的高度。

3.4.6.3　再入遥测系统设计中的若干问题

再入遥测系统除了与一般遥测系统有共同之处外，还有其自身的特点，因此，再入遥测系统的设计，要充分考虑这些特点。下面就本节提到的 3 个问题进行设计考虑。

（1）解决再入信号中断的途径

为克服再入信号的中断，国内外都做过大量研究试验工作。20世纪60年代，美国曾花巨资进行过无线电波衰减测量试验（RAM计划），我国在20世纪80年代初期也进行过大量地面试验，但直到目前为止还没有找到彻底解决信号中断的途径。现在采取的措施，大体可分为两大类：一类是避开法，另一类是减缓法。

①避开法

1）提高载波频率。提高信号载波频率能降低无线电信号的衰减量，但是，必须使 ω 提高到使 $\omega_{\mathrm{p}}^2/(\omega^2+v^2)$ 和 $\omega_{\mathrm{p}}^2/(\omega^2+v^2)\cdot v/\omega$ 均趋于零，才有明显效果。美国在RAM－CI试验中，弹头上同时安装220 MHz，5 700 MHz和9 200 MHz三副天线，信号开始中断的高度分别为80 km，54 km和40 km，信号恢复的高度分别在22～23 km之间。可见，提高载波频率对“晚进”黑障有较明显效果，但对“早出”黑障则不明显。我国某次试验任务，在再入体上同时安装了4 000 MHz和400 MHz两副遥测发射天线，信号中断高度分别为48 km和55 km，信号恢复高度分别为10 km和8 km。试验证明，使用毫米波有较好效果，但工程实现代价太大。

2）回收数据存储体。在再入体内安装数据存储器，将再入遥测数据记录下来，再入体落地（水）前弹射出存储体，这是我国战略导弹试验获取再入遥测数据的常用方法。这种方法的优点是可以获得黑障区的全部遥测数据，缺点是非实时性，且回收数据存储体比较麻烦。

3）记忆重发。将黑障区内测得的遥测数据暂存于再入体内的固态存储器中，出黑障区后以一定的速度快速重发，这是我国弹头再入遥测采用的主要方法。由于微电子技术的发展，存储器的容量可以做得很大，可以记录整个黑障区的遥测数据。当然，这是一种准实时传输方法。

4）提高发射功率和接收机灵敏度。提高弹上发射机功率和地面接收机灵敏度，可以适当补偿等离子体对电波的吸收。但是，提高发射机功率将受到再入体对设备体积、质量的限制。如果功率过高还会引起天线被击穿等问题。提高接收机灵敏度受许多因素限制，且也不可能根本解决黑障问题。

②减缓法

1）附加磁场法。在发射天线附近加一强磁场，可以束缚自由电子的游动。电子的回转半径 $r_c \propto 1/H_o$，当磁场强度 H_o 越强，r_c 越小，碰撞频率越低，则衰减越小。要获得明显效果，所需外加磁场强度将很高，再入体天线附近附加设备的体积、质量很大，故这种办法实现起来比较困难。

2）喷射消电子液体。喷射消电子液体（例如水）可以降低电子浓度 2～3 个量级。20 世纪 60 年代末至 70 年代初，美国和法国均做过喷水试验。美国曾用计算机控制试验了不同高度的喷水量，法国则在地面采用人工喷水进行试验，都证明对消除黑障是有效的。但是，这种方法在工程上也有一定困难，没有正式投入使用。

3）改善再入体防热材料。前面已经提到，烧蚀物使低空段等离子体电子浓度增加，严重影响电波的传输。因此，应尽量选择少含或不含易电离金属元素的防热材料，或采用低导热、低电导率的新材料。美国在 RAM 计划第二发弹头上采用一种泰氟龙材料，基本上没有烧蚀物。

上述途径中，有些难以实现，有些效果不明显，只有记忆重发法较易实施，能准实时地获取再入全程遥测数据。

（2）特快信号的测量体制

在常规弹头试验中，再入遥测参数的性质与弹体遥测没有多大差别，故普遍采用 PCM - FM 体制。在特殊弹头试验中，某些遥测参数的带宽达 3 MHz 以上，而且在一次试验中只出现一次，故要求采用适合特快信号性质且十分可靠的测量体制。有关单位在长期研究与试验的基础上采用 PCM - PPK 调制体制，较好地解决了特快信号的遥测问题。下面简要论述 PCM - PPK 体制的基本原理和主要特点。

①基本原理

图 3-81 表示 PCM-PPK 再入遥测系统的组成。数据采集器输出的二进制 PCM 信号经多元 PPK 信道编码后进入发射机调制器。调制信号是一个多元脉位编码信号，即 PPK 信号，它实际上一个具有 M 种量化位置的调制信号。在接收端，接收机检测器输出的 PPK 信号与 PPK 同步器提供的同步脉冲一起进入译码器，将具有确定量化位置的 PPK 信号恢复成二进制 PCM 信号，并最终传输到 PCM 遥测终端设备。

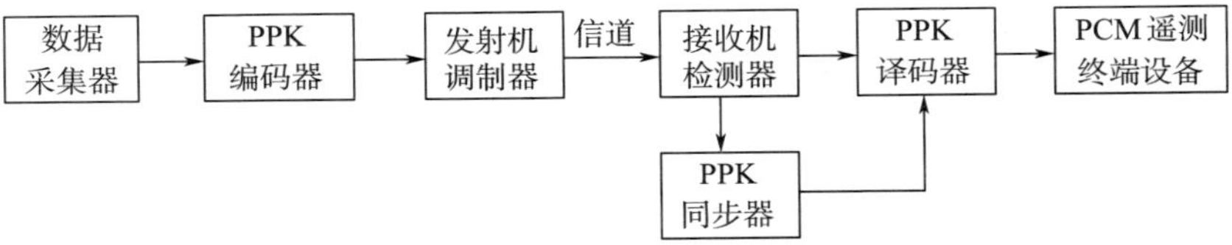

图 3-81　PCM-PPK 再入遥测系统的组成

PCM-PPK 信号中的 PCM 是指被测参数的二进制脉冲编码调制信号，其一个字代表一个采样值，字长 l 称信源字长。在 PCM 信号传输中是一位接着一位，即一个比特接着一个比特地传输，传输一个二进制符号即传输一个比特信息。将 PCM 信源信号变换成 PPK 信号在信道中传输，由于 PPK 是多元制调制（如 M 元），故 PPK 在信道中传输一个符号，不是代表一个比特信息，而是代表 $\log_2 M$ 比特信息

$$L = \log_2 M \tag{3-101}$$

$$M = 2^L$$

式中　L ——信道字长。

L 是数据传输的中间状态，在接收端需将信道传输字反变换成信源传输字，即反变换成二元 PCM 信号，再从 PCM 信号判别被测参数的量值。因此，PCM-PPK 信号的传输过程可归结为

二元 PCM（信源）→多元 PPK（信道）→二元 PCM（接收端）

设信源字长 $l=8$ bit 信号，变换成 256 元 PPK 信号传输。根据

式（3－101），信道字长 $L=\log_2 M=8$ bit，其传输波形如图 3－82 所示。

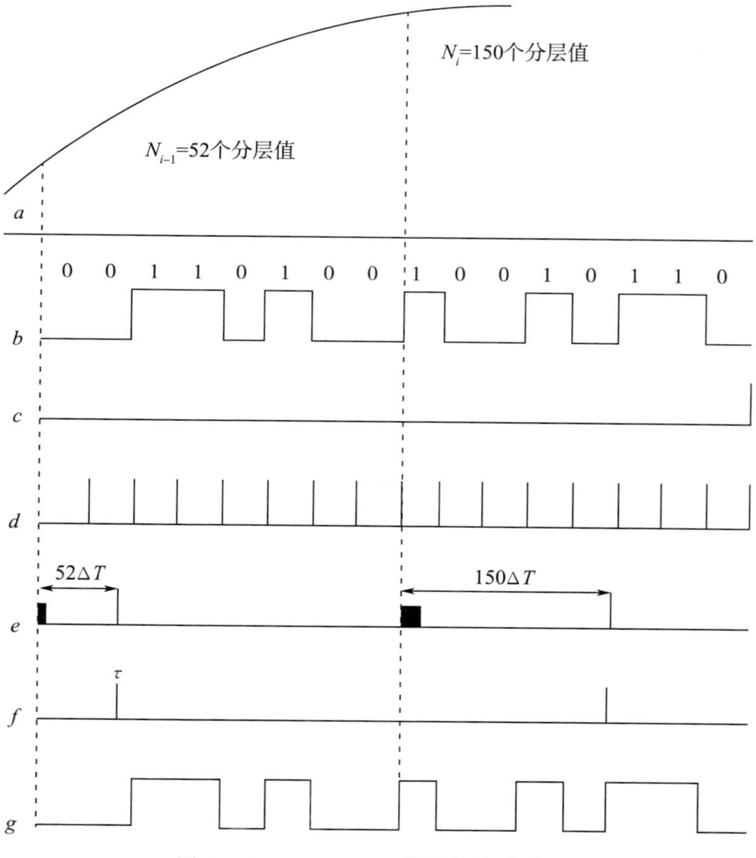

图 3－82　256－PPK 信号传输波形图

a—被测信号的波形，其中 N_i 表示第 i 路信号的分层数；b—二元 PCM 信源信号；c—信源字同步脉冲和信道字同步脉冲（$l=L$）；d—信源码同步；e—信道码同步；f—PPK 信号出现的位置；g—接收端输出的二元 PCM 信号

②PCM－PPK 再入遥测系统的性能分析

评价遥测系统的性能，主要从系统的能量效率、带宽效率、传输速率和检错能力等方面考虑。下面就以上几种主要性能作一简单分析。

1）能量效率。能量效率 β 定义为传输一个比特信息，在接收机输入端所需的最小载波能量 E_b 与噪声功率谱密度 N_0 之比，即 $\beta = E_b/N_0$。β 小说明传输一个比特信息所需载波能量少，则能量效率高。据计算，在误码率为 1×10^{-5} 的条件下，PCM－PPK 的 β 值为 PCM－FM 的 26%，为 PCM－PSK 的 56%。

2）带宽效率。设信源编码 PCM 的字长 l 等于信道编码 PPK 的字长 L，即 $l=L$，同时假定 PPK 的脉冲宽度为 T/M（不留保护间隔，若留保护间隔则脉冲宽度更窄），PCM 的码元宽度为 T/l，则 PPK 与 PCM 传输带宽之比为 $2^L/L$。可见，PPK 传输体制的带宽效率明显低于 PCM 传输体制。准确地说，PCM－PPK 传输系统的带宽效率明显低于 PCM－PSK 和 PCM－FM 传输体制。事实上，能量效率与带宽效率是互换的，能量效率高是以牺牲带宽效率换来的。

3）检错性能。在二进制 PCM 编码中每一位都可能出现“0”或者“1”，如字长为 8 bit 的 PCM 数据，参数为 52 个分层值时，其二进制编码为 00110100；参数为 173 个分层值时，其二进制编码为 10101101。M 元 PPK 编码可以认为是一组 2^M 种不同码组，在 PPK 系统中，2^M 种没有全用，只用了其中 M 种。被用的可以看作是字长为 M 位的 0,1 码组，但在 $0,1,2,\cdots,M-1$ 位上只可能出现一个位于 $k\Delta T$ 处的 PPK 脉冲。这个 PPK 脉冲可以看作“1”，其余各位上可看作是“0”，见表 3－12。

表 3－12　PPK 信号与对应的 PCM 码

PPK 脉冲位置 $K\Delta T$ ($K=0\sim M-1$)	视字长为 M 的不归零电平码
$0\Delta T$	000…0
$1\Delta T$	100…0
$2\Delta T$	010…0
⋮	⋮
$(M-1)\Delta T$	000…1

从表 3－12 可以看出，PPK 系统只用了表中列出的 M 种码组，其他（2^M-M）种码组如 010100…0，000010…1，00000…11 等均未用上，这些都可看作是禁用码组，如果出现上述码组，则认为是错误信号。PPK 系统的这一特性，可用来发现和纠正传输过程中的错误，提高系统的检错、纠错能力。

③PCM－PPK 信号的编码和译码

PPK 编码器是一种将 L 比特二元 PCM 信号变换成 M 元 PPK 信号的装置（$L=\log_2 M$），具体原理如图 3－83 所示。

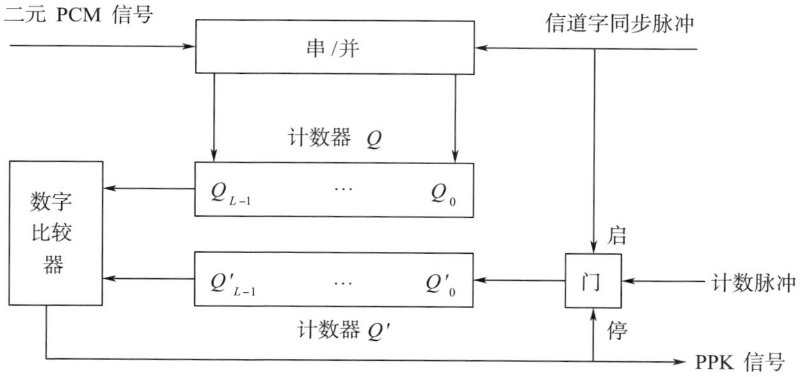

图 3－83　PPK 编码原理

来自数据采集器的 PCM 遥测数据，首先经过输入级划分为字长为 L 比特的信道字，其相应状态为 $g_0, g_1, \cdots, g_{L-1}$。输入级是一个串并变换器，输入的二元 PCM 串行信号在信道字同步脉冲的控制下以并行方式送入寄存器 Q，同时计数器 Q' 归零，门电路开启，间隔为时元 ΔT 的计数脉冲顺序进入计数器。当 $t=K\Delta T$ 时，第 K 个脉冲进入计数器，计数器状态 Q' 与寄存器 Q 的状态完全相同，数字比较器输出一个脉冲，这个脉冲就是 PPK 信号。

PPK 译码器的任务是将多元 PPK 信号变换成二元 PCM 信号，其工作原理与 PPK 编码器相似，如图 3－84 所示，它的核心仍然是一个计数式二进制编码器。同步器产生的信道字同步脉冲将门电路开启，由同步器产生的间隔为时元 ΔT 的时钟脉冲经门电路进入计数器 Q'，门电路由检测器输出的 PPK 信号截止；此时，计数器 Q'对应的状态正好是 PPK 对应的二元 PCM 信号，它经过寄存器 Q 输出。译码器的输出级任务是将 PPK 传输的信道字转换成信源字，并按信源相同的速率以串、并两种形式向遥测终端输出二元 PCM 信号。

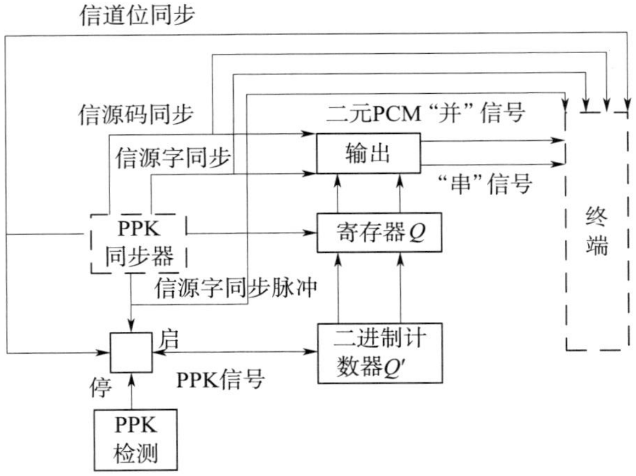

图 3-84　PPK 译码原理

④PCM-PPK 信号的检测技术

PPK 信号检测基本上可分为三种类型：取样门限检测、等待门限检测和择大检测。图 3-85 表示 PPK 信号取样门限检测的原理框图，含有 L 比特的 PPK 射频信号可以看作是字长为 $M=2L$ 比特的 PCM/OOK 信号，经过相干或非相干包络检波后与传统的二进制 PCM 信号一样，经积分定时取样判决，再生出字长为 M 比特的 PCM 信号，这个信号就是检测的 PPK 信号，如图 3-85 所示。

PPK 信号的等待门限检测原理如图 3-86 所示，射频信号经检波和匹配滤波后直接进行判决。

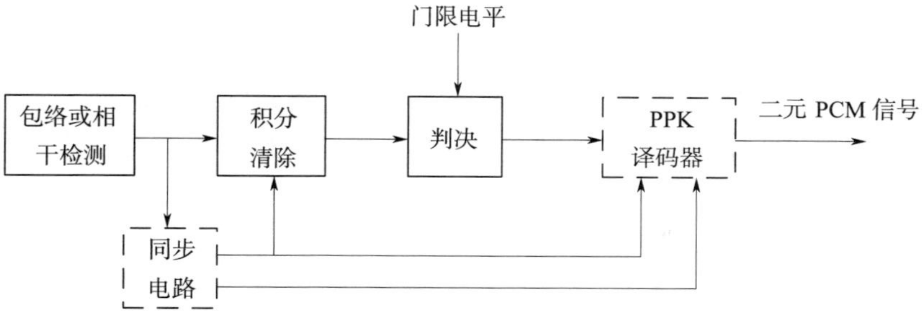

图 3-85　PPK 信号的取样门限检测

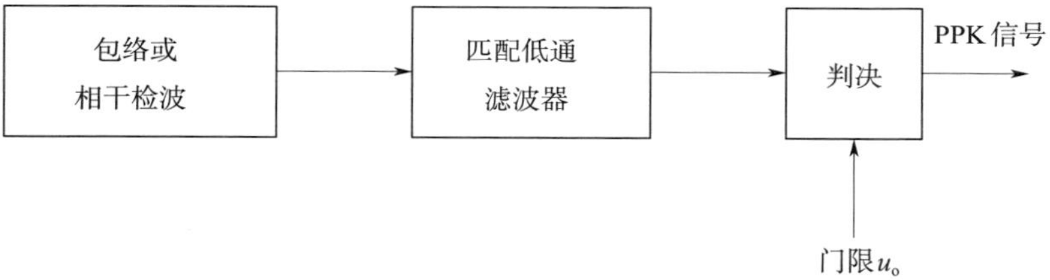

图 3-86　PPK 信号的等待门限检测

在上述两种 PPK 检测方式中，由于噪声或干扰的存在，判决器可能在一个信道字节中输出多个脉冲，这样就会造成译码的错误。为了避免这种错误，可采用择大检测，即在前述判决的基础上再作一次选择，只让其中幅度最大的信号作为 PPK 信号输出。图 3-87 表示择大检测的工作原理，其基本部分与图 3-85 所示的取样门限检测相同，关键不同在于最大电压选择器（MVS）。

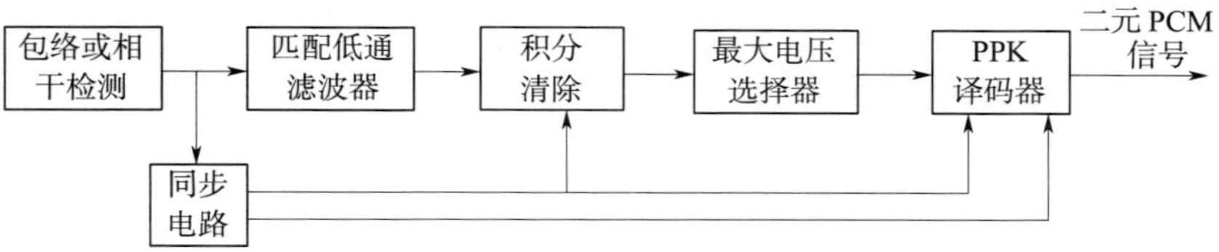

图 3-87　PPK 信号的择大检测

以上三种 PPK 检测方法中，等待门限检测法最简单，从性能上讲择大检测法最优。

⑤PCM－PPK 信号的同步技术

PPK 系统的同步器主要由同步通道检测器、帧同步器（主要由帧同步码识别器和帧同步保护电路组成）、信源码同步电路、信道位同步器、码字计算、位字计数等电路组成，如图 3－88 所示。

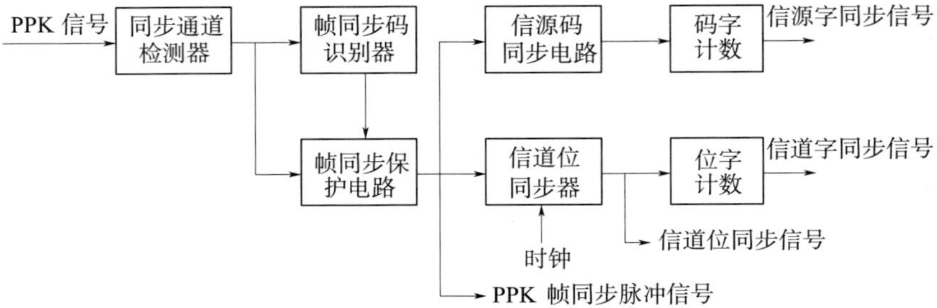

图 3－88　PPK 信号的同步器框图

从以上分析可以得出如下结论：

1）原则上讲，PCM－PPK 体制可以用于各种遥测信号的传输。

2）特快信号，有的要求精确测量两个窄脉冲之间的时间间隔，有的要求精确测量信号波形，包括脉冲前沿和脉冲平顶，总之特快信号要求宽带传输。PCM－PPK 系统属宽带传输系统，且能量效率高、设备简单，适用于特快信号的传输。

3）对于常规遥测参数，由于测量路数多、传输速率高，带宽受限，一般都采用PCM－FM 传输体制。目前，我国的常规弹头试验采用 PCM－FM 体制，其地面设备可以兼收 PCM－PPK 遥测信号；特殊弹头试验采用 PCM－PPK 体制，可以兼收 PCM－FM 遥测信号。可以说是发挥了两种体制的特长，并提高了地面设备的利用率。

（3）关于低仰角接收问题

弹头试验再入遥测和航天器再入遥测都存在低仰角接收问题，但是弹头试验再入遥测特别是出黑障区后的遥测，比航天器再入遥测更为重要，出黑障区后的时间更短，低仰角接收问题更为突出。

因此，本节主要讨论弹头再入低仰角遥测接收问题。

①问题的提出

无论是常规弹头试验还是特殊弹头试验都要求从再入点以前直至弹头落点整个时段获得遥测参数，特别要求弹头出黑障区后至落点时段能可靠接收遥测参数，因为这一时段除接收本时段的遥测参数外，还要接收快速重发的黑障区记忆遥测参数。特殊弹头试验更强调出黑障区后 5 km 以下，尤其是 1 km 以下至落点的遥测参数的可靠接收，因为一些重要的特快参数包括触地（水）信号都在这一时段测量，这时候遥测接收天线将在低仰角甚至负仰角条件下工作。

这就提出了低仰角条件下如何可靠地接收遥测信号的问题。

②解决低仰角接收问题的主要技术途径

遥测接收天线在低仰角条件下工作，主要存在两个问题，即目标出黑障区后的快速捕获和信号的多径衰落。下面将从系统总体角度来探讨解决上述问题的技术途径：

1）引导跟踪。在黑障区以前利用遥测设备本身的宽波束天线捕获目标，然后引导窄波束天线跟踪目标并接收信号，进入黑障区时转为中心计算机数字引导或光学测量设备的同步引导，或靠设备本身的电视引导，以保证在目标出黑障区后能迅速接收遥测信号。上述引导方式均由计算机自动选择和转换。这种方式由于可选择的引导方式较多，且目标出黑障区不存在重新捕获问题，能保证遥测天线在低仰角情况下可靠地跟踪目标。

2）波束转换。波束转换即工作在一个频段的天线、馈源通过机械或电子的转换，以使接收天线的波束发生变换。目标出黑障区后迅速由窄波束转换为宽波束捕获跟踪目标。实现波束变换有机械和电子两种方案。我国曾研制过机械变换的装置，但由于转换时间较长，且不可靠，故没有在再入场投入使用。电子变换属相控阵体制，设备复杂，成本很高。

3）宽波束等待接收。我国早期的常规弹头试验再入遥测均使用宽波束等待接收，工作在 P 频段，波束宽度达 30°～40°。20 世纪 70

年代在再入场区使用的简易遥测设备，其波束宽度达 48°，在中程、中远程和远程导弹再入试验中起了积极作用。

4）多波束等待接收。多波束等待接收是采用一个大反射体和多个辐射器产生多个波束，各单波束指向空域的不同位置，最后将各波束接收的信号通过各自的接收通道后进行合并，以获得目标经过整个空域的遥测信号。这种方案，一方面可以克服目标出黑障区后地面遥测天线难以捕获的困难，另一方面由于多波束等待接收实际上也是一种角度分集接收系统，具有一定的抗信号衰落能力，故特殊弹头试验再入遥测采用这种方案。

5）多站接收。为了提高获取遥测信号的可靠性，多站接收是导弹、航天器遥测经常采用的方案，再入遥测更是如此。多站接收属于接收站相隔一定距离的空间分集技术。只要站间天线的距离远大于 100 个载波波长，就可认为各站收到的信号所经过的路径是不相关的，可以抗多径衰落。实际上，遥测站之间的距离都在几千米以上，远远大于空间分集接收所要求的距离。

从以上分析可知，5 种途径中的前 3 种是解决目标出黑障区后地面遥测天线重捕困难的问题，后两种是解决信号衰落的问题。由于特殊弹头试验再入遥测特别强调近地段（含触地）特快信号的测量，故采用多站、多波束等待接收方案，设备比较简单，工作比较可靠。常规弹头试验再入遥测强调设备通用（弹、箭通用，主动段、再入段通用），传输速率高，作用距离远，故采用引导加自跟踪、多站单波束接收方案。因此，再入遥测系统的总体设计，应根据型号试验的要求，测控网建设的要求和遥测参数的特点等因素综合考虑。

3.5　卫星飞船遥测系统

按照我国航天发展规划，未来我国将发射大量的军用、民用卫星，还要多次发射载人飞船、小型空间站，进行航天器的交会对接试验，根据其飞行试验任务需求，我国已在全国各地建立了许多测控站，形成了我国自己的陆基、海基测控网，并已初步建成天基测控网。本节根据卫星飞船遥测的现代需求，对比传统的卫星飞船遥测系统，论述现代卫星飞船遥测系统的作用、卫星飞船遥测的特点、遥测体制的选择、系统组成和工作原理，并描述现代卫星飞船遥测系统设计有别于传统设计的若干问题。

3.5.1　卫星飞船遥测系统的作用

卫星飞船发射升空后，需要对其在太空轨道上的轨迹、姿态进行控制，对其工作状态进行监视。为了完成这一目标需要有专门的测控系统用来对运行状态中的卫星、飞船进行跟踪、测量和监视。它由星载测控系统和地面测控系统两部分组成。其中，星载测控系统的功能包含跟踪测轨、遥测、遥控三个方面；地面测控系统的功能包括对卫星、飞船下行载波的捕获和跟踪，对卫星、飞船进行上行遥控和话音传输，接收卫星、飞船下行遥测数据进行数据处理；通过测角、测距和测速完成卫星、飞船轨道的测量等多项任务。

3.5.2　卫星飞船遥测的特点

卫星飞船遥测按载波应用体制可分为独立载波测控系统和统一载波测控系统。独立载波测控系统是由相互独立的跟踪测轨设备、遥测设备、遥控设备组合而成，其设备和功能分散，系统复杂、可靠性低。随着航天事业的发展，卫星、飞船要求测控系统具有多功能，同时要求其测控设备体积小、质量小且电磁兼容性好，原有的独立载波测控系统无法满足要求，从而统一载波测控系统应运而生。统一载波测控系统将测距测速、遥测、遥控设备于一体，在一个载波上，对遥测、遥控、测距副载波进行调制，实现频分复用的多路信号传输，从而实现测控任务的多功能，其设备和功能集中，电磁兼容性好。

最早出现的统一载波测控系统是采用频分多路原理实现的，它的代表是统一 S 频段（USB）系统，目前这种系统已在国际上被承认，形成一种国际标准，故称为标准统一测控系统。随着需求的牵引和技术发展的推动，又出现了时分制的扩频统一测控系统，它将代表各种功能的信息统一为一个数据流，再扩频调制在一个载波上传输。

统一载波测控系统的特点主要体现在以下几个方面：

1）载波统一并实现多任务。采用一个载波和多个副载波调制实现多任务，对于标准的TT&C（指美国的CCSDS，以及欧洲的ESA等国际标准规定的TT&C），实现的任务包含测轨（测距、测速、测角）、遥控、遥测；而对于非标准的TT&C，还可综合话音等功能 。当在同一频段增加多个载波时，还可完成数传和电视图像传输任务。

2）作用距离远。采用锁相接收技术，实现对卫星、飞船上的应答机转发信号多普勒频率变化的跟踪滤波。由于锁相环的带宽能够做得很窄，大大提高了信噪比，再加上锁相环低门限的相干检测，实现了弱信号检测。同时，还可以采用伪码测距（或极低频率次侧音），使得作用距离可以很远并实现远距离无模糊测距。

3）星（飞船）载测控设备体积、质量和功耗相对较小，且电磁兼容性好。由于使用统一载波，因而可以用较少的设备完成多项测控任务，使得卫星、飞船上的测控设备数量相对减少。另外，载波数量的减少，降低了各独立载波信号间的干扰，有利于改善卫星、飞船设备的电磁兼容环境。

4）国际统一标准，便于国际合作的S频段已被世界无线电管理会议定为空间业务频段，从而促进了USB系统的发展。由于C频段又被国际上定为卫星通信的频段，而卫星测控又是测控业务的一个重要内容，使得UCB系统也发展很快。现在世界上已建立统一载波系统的国际标准，便于国际间进行测控业务的交流与合作，因而使其在国际上获得了广泛应用。

3.5.3 遥测体制的选择

在卫星飞船遥测系统中选用的另外一种体制是直接扩频（DS）

体制，主要是用 PN 码对遥测、遥控信息进行扩频，同时也将 PN 码测距信号和信息综合在一起，其测轨功能仍然利用 PN 码测距，用载波进行多普勒测速，对 PN 码扩频后的载波信号进行角跟踪。

PN 码直接扩频测控系统模型如图 3-89 所示。从图 3-89 中可知，常用码环来给出本地 PN 码并完成测距，用载波恢复环来给出测速信息。

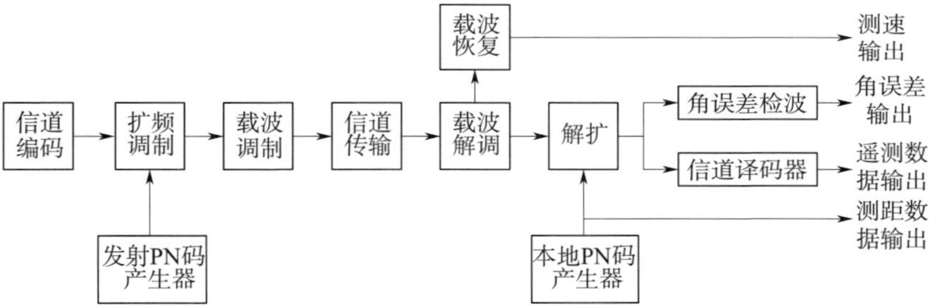

图 3-89　PN 码直接扩频测控系统模型

一个功率为 P、角频率为 ω_0、相位调制为 $\theta_d(t)$ 的恒定包络的调制载波，可表示为

$$S_d(t)=\sqrt{2P}\cos[\omega_0 t+\theta_d(t)] \tag{3-102}$$

BPSK 扩频是通过 $S_d(t)$ 简单乘上一个表示扩频波形的函数 $c(t)$ 来完成的，其发送的信号表示为

$$S_t(t)=\sqrt{2P}\,c(t)\cos[\omega_0 t+\theta_d(t)] \tag{3-103}$$

信号 $S_t(t)$ 经过传输时延为 T_d 的无失真传送后，信号和某些类型的干扰或高斯噪声一起被接收。解调是使用经过适当延时的扩频码进行相关或反调制来完成的。这种使用延时的扩频波形对接收信号的反调制或相关被称为解扩，它是扩频系统的核心问题。

3.5.4　系统组成和工作原理

3.5.4.1　系统组成

卫星飞船遥测系统按照功能，可划分为星（飞船）载部分和地面部分，其组成框图如图 3－90 所示。

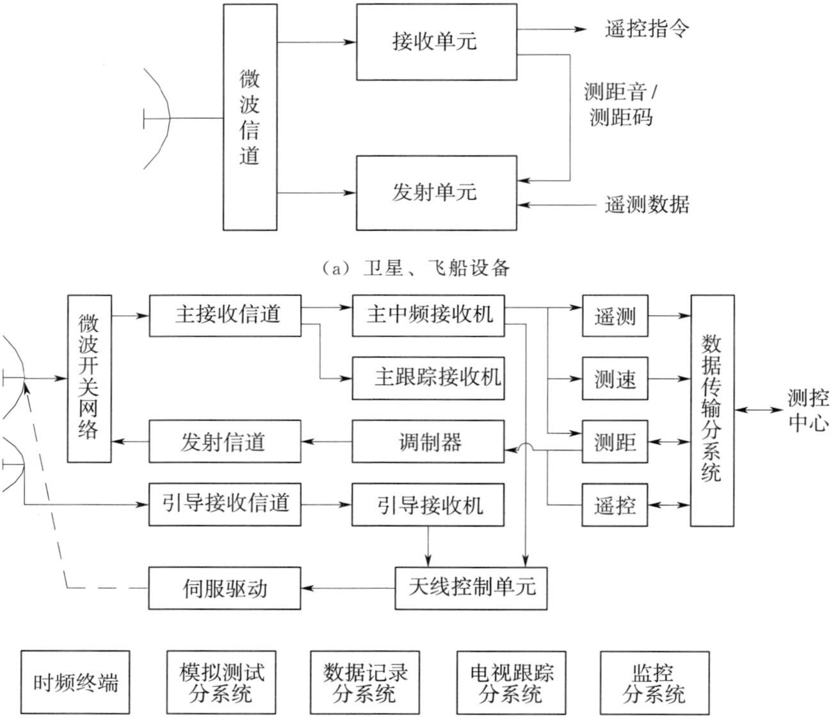

图 3－90　卫星飞船遥测系统组成框图

星（飞船）载部分主要包括以下部分：

1）星（飞船）载时间单元，其作用是提供卫星时间基准，使卫星、飞船上所有相关设备在时间和频率上保持严格同步，按一定的时间精度和频率稳定度要求实施各项任务的测控。

2）星（飞船）载应答机，其与地面站协同工作，共同完成测距、测速、测角、遥测、遥控、数传等任务。接收地面站上行信号，解调上行测距信号（侧音、PN码或音码混合）并调制转发回地面；完成载波的锁相相干转发，实现相干多普勒测速；解调上行遥控副载波信号，提取遥控指令送卫星、飞船相应执行机构；完成下行遥测信息的调制，与测距信号一同转发回地面，或在没有上行信号时，单独向地面站发射下行遥测信号。

3）星（飞船）载天线，提供卫星与地面站之间的双向射频通道。

地面测控站主要包括以下几个部分：

1）天伺馈分系统，其作用是完成对上行信号功率放大、定向发射，对下行微波信号的接收，对天线的指向控制，以及对卫星、飞船的自动跟踪。

2）发射分系统，其作用是对上行遥控、测距、话音信号各自不同频率进行副载波调制，然后再对调制后不同信号的副载波进行载波调制，经空间信道传输至卫星、飞船。

3）接收分系统，其作用是接收卫星、飞船下行信号，在强噪声背景下提取出微弱信号，解调出测距、遥测等副载波供后续解调设备进行副载波解调。

4）多功能数字基带分系统，其作用是采用纯侧音测距、伪码测距或音码混合测距方式，测量出地面站与卫星、飞船之间的相对径向距离，主要测量方法为测量测距收发信号之间的时间延迟或相位延迟，再转换为距离；采用测量双程相干载频多普勒进行测速，测量地面站与卫星、飞船之间的相对径向速度；本地产生或接收各测控中心送来的指令和注入数据，经调制后送发射分系统，由天线向卫星、飞船发送遥控命令；接收卫星、飞船下行遥测信号，解调并处理遥测数据。

5）监控分系统，其作用是对地面站全系统设备的工作状态和工作程序进行监视和控制，能够时刻监视系统的各主要参数，保证各设备处于正常的工作状态，完成系统的故障诊断和恢复。

6）数据传输分系统，其作用是收集地面站测量的距离、速度、角度、遥测数据和监视信息，将它们送往测控中心或其他数据处理单位；同时，也将这些单位送来的遥控指令、远程监控命令，以及测距、测速、测角的指示命令送往地面站。

7）时频终端，其作用是将地面站各设备的时间和频率基准进行统一，使得不同地点的地面站在时间和频率上保持严格同步，从而使得各地面站的测量数据有一个能进行比较的共同标准，即统一的时标和频率源。

8）模拟测试分系统，其作用是完成地面站各项性能、功能和指标测试，地面站测角、距离零值的标定，地面站大、小回路测试，以及各地面站全系统合练等。

9）数据记录分系统，其作用是真实、完整地记录包含载波在内所有下行 70 MHz 中频信号；可以通过事后数据回放，重现真实任务中的中频信号。

10）电视跟踪分系统，其作用是在卫星、飞船下行无线电信号中断时进行角度跟踪，这在卫星或飞船返回地面再入段形成黑障时有重要意义。同时，通过它配合地面站完成角度和星体标校。

3.5.4.2 系统工作原理

（1）标准统一测控系统工作原理

工作开始时，首先由上行链路经天线向卫星（飞船）应答机发送上行大功率微波信号。该微波信号包括遥控指令、测距音、话音信号等。

多功能数字基带分系统接收测控中心送来的遥控命令，形成 PCM 遥控指令码，并对遥控副载波进行调制，得到的已调副载波送到调制器再对 70 MHz 中频进行相位调制（或频率调制），之后送往发射分系统。在发射分系统中，将已调 70 MHz 中频信号经二次混频至 S 频段，再经高功放放大，输出的大功率微波信号经双工器送天线发射出去。双工器可以阻止发射信号进入下行信道链路，同时也阻止天线接收的有用信号进入上行发射信道，以免造成接收信号的损失，实现收/发双工，从而达到接收/发射合用一个天线。

卫星（飞船）应答机接收到地面站发送来的上行信号，经频率变换，向地面测控站转发下行信号。应答机既可以对上行调频信号进行解调后再进行下行调制，也可以解调上行调相信号后再进行下行调制。应答机接收到上行载波信号，经变频（可以是相干的或非相干的）、中频放大后，对下行载波调制完成信号转发。在PM调制体制时为相位解调的测距信号，在FM调制体制时为鉴频器解调出的测距信号，在扩频调制体制时转发相应的伪码。遥控信号经解调器解调、恢复出指令信号传送给执行机构。编码遥测和模拟遥测在相加器中与侧音信号相加，对下行载波调相完成遥测信号下发。

地面站天线收到的下行信号，在接收分系统中经双工器、滤波器至低噪声放大器进行放大，然后经下变频器输出70 MHz中频信号，送给多功能数字基带分系统。在多功能数字基带中进行锁相跟踪滤波、相干解调，得到测距音、已调遥测副载波，在测速单元完成卫星（飞船）的径向速度测量，在测距单元完成卫星（飞船）的距离测量，在遥测单元完成卫星（飞船）的下行遥测数据同步。多功能数字基带得到的测量、遥测数据，通过数据传输分系统送往测控中心完成飞行器的测轨处理和遥测数据的反演。同时，多功能数字基带主跟踪接收机单元、引导跟踪接收机单元对70 MHz中频信号进行检波，得到角误差信号送入天伺馈分系统中的天线控制单元（ACU），完成驱动天线跟踪卫星（飞船）的任务。

主天线的角跟踪多采用精度高的双通道单脉冲体制。引导天线的跟踪通常采用新型圆锥扫描体制或单通道单脉冲体制。引导天线通常选用宽波束小天线，可安装在主天线的边沿，由于其波束角度较宽，首先收到卫星（飞船）应答机发来的下行信号，完成角跟踪驱动天线对准目标。主天线通常选用窄波束大口径天线，当引导天线跟踪到目标以后，主跟踪天线也能够较快地完成目标捕获。此时，天伺馈分系统自动将引导跟踪接收机输出信号切换为主跟踪接收机输出信号，进行主天线跟踪。

统一载波系统也可以工作在非相干状态，此时地面站上行可采用FM调制，卫星（飞船）应答机的接收部分进行FM解调，应答机的下行部分仍采用PM调制，因此，地面站下行通道仍然使用锁相接收方式。由于此时频率是非相干转发方式，因此不能用来进行多普勒测速。这种方式常用于同步卫星的C频段统一测控中。

（2）扩频统一测控系统工作原理

在伪码扩频测控体制中，各种信号不再用不同的副载频来区分，而是采用包式数传或采用时分多路，即上行遥控、数传数据和其他上行测控数据，下行遥测、数传数据和其他下行测控数据等按一定格式分别统一打包再封装成帧，以包头中识别号来区分不同信号，或直接封装成帧，用时分多路来区分不同信号。信号封装成帧后统一进行伪码扩频，再对载波进行调制，并送入上行/下行信道进行传输。在这种系统中，无论是遥测数据、遥控数据还是通信数据，在传输中都是以同样的传输数据形式出现，每一种信号完全依据帧格式区分。

地面站将遥控信息及其他上行数据信息，经过帧格式形成后，注入到上行调制器，经过扩频和载波调制，获得中频扩频信号，然后，通过上变频和功率放大等环节，经天线发向卫星（飞船）应答机。带有上行测控信息的伪码扩频信号到达应答机天线，经过低噪声放大、下变频后输出中频信号，然后，完成伪码捕获和跟踪，跟踪后的伪码与接收信号相关，完成解扩过程，再进行相干解调获得信息比特，从中得到帧标志和遥控信息，以及其他上行数据信息。

卫星（飞船）下行遥测及数传信息同样经过帧格式形成后，经过扩频和载波调制，获得中频扩频信号，然后通过上变频和功率放大等环节，经天线发射出去。地面终端设备接收来自星上应答机的返回信号，完成伪码捕获和跟踪，以及解扩、解调，从中得到帧标志和遥测信息、数传信息。

扩频统一测控系统伪码测距是利用发射和接收PN码信号的时

间延迟来获得地面站和目标之间的径向距离。测距 PN 码的应用形式和码长选择，与作用距离和捕获时间有关。伪码调制采用短码形式，上、下行信号采用测距帧结构，帧内所传信息是测距信息，将固定帧长的数据同步调制在短码上，然后，采用 BPSK 方式调制，其最大作用距离为上行测距帧/副帧周期的 1/2。在此模式下，卫星（飞船）应答机采用非相干转发方式，上、下行测距伪码不相干，测距精度取决于测距支路伪码码元宽度和信号能量，无模糊距离取决于上行帧周期，数据采样率取决于下行测距帧频。测距信息码与测距伪码时钟相干，伪码速率是信息位速率的整数倍。

伪码测距是利用发射和接收 PN 码信号的时间延迟来获得地面站和目标之间的径向距离。测距 PN 码的应用形式和码长选择，与作用距离和捕获时间有关，通常有两种应用形式：1）扩频模式 1 是采用长短码形式，以 QPSK/UQPSK 调制方式将短码和长码分别调制在 I 通道和 Q 通道上，长码码长是短码的整数倍，而且长码、短码序列完全同步，这样短码可以辅助星上测距长码的捕获，此时最大作用距离为长码周期的 1/2，短码同时用于对上行遥控指令的扩频调制；2）扩频模式 2 是采用同步数据帧形式，即将固定帧长的数据同步调制在短码上，然后，采用 BPSK 方式调制，最大作用距离为上行测距帧/副帧周期的 1/2。

扩频统一测控系统根据多普勒效应解得径向速度，其计算公式如下

$$v=\left\{\left[\frac{(f_{\mathrm{RF2}}+f'_{\mathrm{d2}})\times(f_{\mathrm{RF1}}+f'_{\mathrm{d1}})}{f_{\mathrm{RF1}}\times f_{\mathrm{RF2}}}\right]^{\frac{1}{2}}-1\right\}\times c \quad (3-104)$$

式中　f_{RF1} ——上行载波的射频点频；

f_{RF2} ——下行载波的射频点频；

f'_{d1} ——应答机测得的上行多普勒频偏；

f'_{d2} ——地面站接收的多普勒频偏；

c ——光速。

3.5.5 卫星飞船遥测系统设计中的若干问题

3.5.5.1 组合干扰

卫星飞船遥测系统中有两类组合干扰：一类是多副载波通过相位调制/相位解调的非线性而产生的多副载波信号组合干扰，这时是一个统一载波，包络是恒定的，因而载波信道的非线性对它影响较小；另一类组合干扰存在于多个载波信号同时工作时，这时载波信道的非线性将会产生多载波互调干扰，这类组合干扰有可能影响系统的性能。

（1）多副载波组合干扰

统一载波体制的核心是采用副载波频分制实现多功能综合。和其他频分制方案一样，它的一个特殊问题是多路副载波信号的组合干扰问题，这实质上是一个牵涉统一系统能综合多少功能的问题。

迄今为止的国内外文献中，大多基于贝塞尔函数的展开，针对调相载波 $S(t)$ 的频谱来分析组合干扰，并认为调相器输出的已调载波 $S(t)$ 中的组合分量会形成干扰，从而提出信号设计的一个边界条件：$S(t)$ 中的组合分量要小到满足特定要求。甚至有的观点更认为这些副载波间的干扰是必然的，只能用控制副载波的个数和调制度来减小组合干扰。在美国的 CCSDS 标准和欧洲的 ESA 标准中，也要求调制指数的均方根值不得超过 1.4 rad，峰值不得超过 1.8 rad，并指出考虑到相干干扰，在常规条件下，不支持“遥控＋测距”工作模式。

实际上，从系统总体考虑，$S(t)$ 只是传输链路上的一个中间信号，系统最终需要的是解调输出 $B(t)$，亦即从信号传输过程来看，载波只是运载副载波，使之传输至接收端，对传输中的失真和干扰要求，最终是体现在 $B(t)$ 上，而不是载波的频谱上。因此，应研究整个信道的调制/解调特性和传输网络 $H(w)$ 对输出信号 $B(t)$ 的影响。分析结果说明：解调器输出端视频频谱中组合分量比载波频谱中组合分量多得多，故对于系统多路容量和最大调制度的限制，在设计恰当的条件下，最终取决于基带中多路已调副载波的频谱不相互重叠。

（2）多载波互调干扰

在统一载波系统中，常有其他载波信号同时工作的情况，这时振幅非线性会产生新的频率分量，当传输多个信号时，就会产生信号的高阶分量和信号间的组合频率分量，这些新的频率分量会引起频率干扰。该类组合干扰是一个大系统问题，牵涉到两个方面：一是合理的设计信号，减少有害干扰；二是提高设备对抗组合干扰的抗干扰能力。

互调频率分量要形成有效的干扰，必须满足以下两个条件：一是互调频率分量落在有用的信号带宽内；二是互调分量的幅度足够大，使信号/干扰低于门限值。因此，互调干扰的减小可从频率选择和幅度抑制两个方面进行。

①频率设计

设计的目的是使低噪声场放、一混频、一中频、二混频中产生的组合频率，不落入或尽量少落入有用的信号带宽内，在设计时要对此进行仿真。

②一中频带宽设计

由于低噪声场放和一混频的非线性作用，在一混频器的输出端，不但有输入多载波信号的一中频信号，而且还将产生大量的组合频率分量，故可在一中频设计带通滤波器，并用一本振频率综合器来进行调谐，这样可以大大减少加到二混频器上的组合频率分量，从而减少混频输出的互调干扰分量。

③减少互调频率干扰的幅度

减少互调频率干扰的幅度可从改善部件的非线性特性和减少输入信号幅度两方面进行，采取措施如下：

1）提高场放的动态范围；

2）混频器的选择。选择大动态范围和非线性三次项以上且失真系数较小的混频器件，以尽量减少三次项以上的失真。

3）合理的增益分配。由于在末级放大器的信号电平最高，故互调发生最大的可能性是在末级。当增益越高时，末级电平越高，故减少增益可降低互调，但较小增益又会使后级设备的噪声温度增加，因此增益的选择必须兼顾这两方面，进行合理分配。

4）发阻滤波器的采用。当收发隔离度不够时，发射载波信号将会部分进入接收信道中，并与接收信号相互作用，产生组合频率干扰，因此必须将发射载波信号抑制到足够小的程度。

3.6 临近空间遥测系统

3.6.1 临近空间遥测系统的作用

无线电测控通信系统需要针对临近空间飞行器的飞行特点，如在对流层中飞行、飞行速度高时易产生黑障等，联合利用天基和地基测控通信系统，完成对目标飞行器的综合测控和信息传输任务，如遥测、外测、遥控和数据传输等功能。

3.6.2 临近空间遥测的特点

临近空间飞行器，尤其是临近空间高速飞行器的飞行特点给测控通信系统带来了新的技术难题，提出了更高的要求，可以着重从以下几个方面进行分析：

1）特殊的电磁环境对测控通信系统的影响。当高速飞行器在临近空间飞行时，弹体四周将形成等离子鞘套，会引起无线电波幅度衰减，严重时会造成无线电信号中断，相位特性也会发生改变，这些都会使测控性能严重下降甚至失效。带来测控方案选择和测控设备研制的一系列问题，如测控频段、测控体制和布站方案等，还需要研究黑障区的信号传输特性，低信噪比弱信号的接收等关键技术问题。近年来，北京遥测技术研究所针对黑障问题，牵头开展了相关领域的基础研究和验证试验，有望在未来数年内取得突破。

2）无线电信号的高动态对测控系统捕获跟踪性能的要求。在给定系统参数的情况下，信号的多普勒动态与径向速度成正比，信号多普勒变化率动态与径向加速度成正比。临近空间高速飞行器由于飞行速度高，最高马赫数可能达到 20 以上，所以信号的多普勒动态高；在飞行器的发射段，最大的加速度可能达到 20 g 以上，所以多普勒变化率也很高。大的多普勒频移对系统捕获提出了更高的要求，而大的多普勒频移变化率也使系统捕获跟踪变得更复杂。

3）采用较高的测控频段对测控系统的要求提高。相关的研究已经明确表明，采用较高的测控频段，如 Ka 波段有利于克服黑障效应的影响。测控频段的提高会带来几个方面的影响：其一，测控频段提高后，接收系统的天线波束角相应变窄，使飞行目标在波束范围之内的驻留时间变短，而飞行目标的飞行高度低使得窄波束的空间覆盖范围进一步缩小，极端情况下目标在天线波束内的驻留时间可能会达到十几毫秒的量级，要求测控系统能够对目标快速捕获跟踪，需要采用先进的天伺馈系统设计方案和数字信号处理算法，解决高动态窄波束信号的角度捕获的关键技术问题；其二，测控频段的提高使无线电信号的频率动态进一步提高；其三，采用较高的测控频段对测控设备的研制，新的工艺水平提出更高的要求；其四，采用较高的测控频段，测控链路的雨衰量和大气衰减量都相应变大，在系统链路的余量上要进行专门的考虑。

4）更大范围的全程不间断测控的要求。临近空间飞行器高速飞行，飞行范围距离长，尤其是有动力飞行器的飞行路径和飞行轨迹都难以事前完全确定，所以很难满足单站通视条件或地面站通视条件，单靠地面测控站无法完成全程不间断测控的要求，这对测控网的组成提出了更高的要求，因此需要考虑天基测控与地基测控相结合来完成全程测控，对地面站的布站方案也要进行精心考虑。

5）临近空间飞行器的安全控制有突出重要的作用。临近空间飞行器有特殊的任务背景，在安全保密性方面有特殊的要求；临近空间飞行器飞行路径长，会经过人口密集区域，一旦发生事故坠落地面会造成较大伤亡。在这种情况下，需要可靠、实时安控来终止飞行。因此，对临近空间飞行器进行低时延、高可靠、保密性好的安控有突出重要的作用，在测控系统的设计中，要重点考虑。

3.6.3 遥测体制的选择

当目标在临近空间高速飞行时，将带来以下几个方面的问题：

1）目标的飞行速度快，引入较大的多普勒频偏；

2）高速目标距离地面近，测控弧段多普勒频移变化率大；

3）目标在黑障区飞行时，使无线信号产生相位的随机闪烁，甚至中断信号；

4）无线信号会出现快速、深度的随机衰落现象；

5）由于传输距离远、大气吸收、多径干扰、发动机尾焰和气象因素等影响，无线信号衰减严重。

体制是遥测系统最为关键的问题之一，应就上述问题，对各种体制进行分析论证。

3.6.3.1 遥测调制解调体制研究

考虑到目标的飞行特性及恶劣的工作环境，通过对 PCM－FM、FQPSK、OFDM 等多种遥测体制进行研究，重点研究遥测体制的抗快速、深度随机衰落能力，抗多径干扰能力，高动态、低信噪比条件下的快速捕获和跟踪能力，解调门限扩展能力，以及抗相位随机闪烁能力等，飞行器空间飞行时，黑障效应及飞行器尾部火焰及湍流对信号的相位特性也有所影响。

通过对各种体制的理论分析和研究，结合临近空间飞行器遥测系统的特殊背景和要求，尤其是再入遥测的特点，得到以下初步结论：

1）载波调制一般不采用调相，这主要是考虑到调相体制不适用于时变信道，此外，由于调相解调器中载波恢复需要一定的建立时间，这对再入存储遥测是很不利的。另外，调相体制一般都采用相干解调方式，而在再入遥测中不宜采用相干接收方式。所以，PCM－PM、BPSK、QPSK、OQPSK、UQPSK、FQPSK、8PSK、QAM、APSK 等调相体制（其中，QAM 和 APSK 属于既调幅又调相体制）不适合作为再入遥测新体制。

2）调幅体制 PCM - AM（PCM - PPK）虽然对载波相位信息不敏感，但是，它要求发射功率与信号幅度的平方成正比（$P = I^2R$），发射功率须有一可变范围。为保证幅度小的遥测信号的传输质量，传输系统需要额外增加一部分功率裕量。一旦被测信号的最大值与最小值的比值较大，这就使得 PCM - AM（PCM - PPK）在功率设计上困难很大。且随着遥测总码率的进一步提升，系统实现难度更大。

3）扩频体制一般采用相干解调方式，需要载波、伪码、信息码三级同步，所以扩频体制相比于调相体制，更加不适合作为遥测新体制。

4）OFDM 体制具有频带利用率高、抗多径时延扩展及其引起的频率选择性衰落、抗符号间干扰（ISI）等优点。但是，它一般采用相干解调方式，且具有两个极其严重的缺点，一是对频率偏移十分敏感，二是峰均比（PAPR）高。这使得 OFDM 体制也不适用于临近空间平台遥测系统。

5）连续相位调制（CPM）体制（如 PCM - FM、MSK、GMSK、ARTM CPM 等）具有恒定的包络和优秀的频谱特性，且可以采用非相干 MSD 解调技术，捕获和重捕时间短，且具有很强的抗火焰、抗衰落、抗干扰能力，比较适合临近空间平台遥测系统，尤其是再入遥测系统。

对几种 CPM 体制进行了简单比较，见表 3 - 13。其中，ARTM CPM 的频谱效率最高，但是，它的相位状态数极多，有 $S = p^{ML-1} = 32 \times 44 - 1 = 512$ 个状态，导致解调算法极其复杂，应用前景还不明朗。

表 3 - 13　几种 CPM 体制的比较

CPM 体制	99%归一化带宽	最小欧氏距离
PCM - FM	1.16	2.43
MSK	1.2	2
GMSK（$BT=0.5$）	1.04	1.9
ARTM CPM	0.56	1.39

PCM－FM、MSK、GMSK（$BT=0.5$）都可以采用MSD非相干检测技术，并且可以与高效信道编译码技术（Turbo/TPC/LDPC）级联以降低系统误码率。三者当中，PCM－FM的解调性能最佳，GMSK（$BT=0.5$）的频谱效率最高。

结合武器靶场的测控经验，为保证遥测信号的可靠接收及信号的快速捕获，遥测体制适宜选择技术相对成熟的PCM－FM。

3.6.3.2 FM遥测体制接收技术

（1）分集接收技术

分集接收技术是用来对抗信号传输衰落的一门工程应用技术，自20世纪40、50年代以来，在雷达、导航、测控、邮电和通信等领域均获得了广泛的应用。特别是在军事测控领域，由于传输距离的增加和恶劣的信道环境，接收机接收到的信号存在严重的随机衰落现象。这种现象的出现，严重恶化了接收系统的抗噪声性能，威胁着系统整体的可靠运行，极端情况下，有可能会使信号完全中断。分集接收技术是对抗这种衰落的有效手段。理论和实践都证明，只要设计合理，这种技术可以确保接收系统在恶劣的环境下可靠、连续地获取信号，大大提高测控系统的整体性能。

当两路或多路信号在时间、频率、空间或极化方向上有足够的隔离度时，信号在不同信道上衰落基本上是相互独立的。如果能够把独立衰落信道上发送的几个相同信号的复制品提供给接收机，那么所有信号分量同时衰落的概率将大大减小。也就是说，如果p为任意一个信号衰落低于某一临界值的概率，则p^L是相同信号的L个独立衰落的复制品低于该临界值的概率。正是基于这一事实，分集合成技术利用几路不同信道来传输同一信号以提高接收机信噪比，从而改善信道深度衰落对接收系统的影响。

分集接收技术通常可分为频率分集、时间分集、空间分集、到达角度分集和极化分集等。在以往的FM遥测系统中，通常采用极化分集方式，对左旋和右旋信号进行分集合成。合成方法有选择分集、等增益分集和最优比分集三种。当左旋和右旋两路信号信噪比相差不大时，等增益分集的性能近似最优比分集；当两路信号信噪比相差较大时，选择分集的性能近似最优比分集；在任何情况下，最优比分集的性能都优于等增益分集和选择分集。

采用极化分集方式的 FM 遥测系统曾多次圆满地完成任务，临近空间飞行器的应用背景特殊，工作环境更为恶劣，主要表现在：

1）随机衰落更严重；

2）多普勒动态大；

3）实时性要求高；

4）接收信号信噪比较低。

当目标在黑障区内飞行，无线信号将会受到较大的衰减，同时尾焰、大气吸收、多径和气象因素等也会对无线信号造成较大的衰减，可能导致接收信号的信噪比极低。采用最优比分集接收技术，可以有效解决在高动态、低信噪比条件下，测控信号快速接收的技术难题。

（2）载波快捕技术

当目标的飞行速度最大约为 7 km/s，信号的传输频段为 Ka，由此带来的多普勒频偏将达到 MHz，多普勒一次变化率将达到几十 kHz/s，多普勒动态变化大。在高动态、大多普勒条件下，接收机的捕获速度和捕获门限形成了尖锐的矛盾。通常，低的噪声门限意味着需要较长的时间才能捕获信号，但由于目标的飞行时间较短，这种延时是不能容忍的。如果由于某种原因使得接收信号突然中断，则要求接收机能够以最快的速度捕获和跟踪信号。

传统的载波捕获方法通常有频率扫描法、变带宽相干捕获法和 AFC 捕获法三种。扫描捕获技术是一种相干捕获技术，它的优点是可以在很低的输入信噪比条件下实现频率的可靠捕获，是锁相通信接收机广泛采用的一种频率捕获技术，但这种方法的捕获时间较长，不能满足外测任务的特定要求。变带宽捕获技术对于信号多普勒变化范围不大，输入信噪比较高时非常有效，只要设计环路带宽使输入信号的频率足以落在环路快捕带以内，就可以实现快速的频率捕获和锁定。AFC 捕获则是一种非相干的频率检测技术，噪声性能最差，但在同样的带宽条件下，它比变带宽捕获方法捕获的频率范围更大，捕获时间也最短。当环路信噪比小于 6 dB 时，这种方法的捕获概率会急剧下降，因此只能用在大信噪比条件下的频率捕获。

时序并列滤波器能够在大频率范围内快速搜捕信号，其设计思想是：阶梯扫描器顺序步进移动频率窗口的位置，信号检测器实时检测通过该窗口的幅度。阶梯扫描器在给定的频率范围内扫描一次，最后比较通过各窗口信号的幅度，选择最大幅度对应的窗口中心频率作为输入信号频率的粗略估值。

应用最大似然算法的鉴频方式，捕获时间快、捕获门限低，但运算量太大，工程实现有很大的难度，需要进行资源优化。

综上所述，时序并列滤波器和应用最大似然算法的鉴频方式能够在捕获范围、捕获时间、捕获门限等方面满足任务要求，为在高动态、大多普勒条件下，FM 遥测信号的快捕和跟踪提供解决途径。

(3) 低门限检测技术

传统的 PCM－FM 信号解调过程中，鉴频器的输入为调频信号和窄带噪声的合成矢量，当信噪比很小时，合成矢量的相位变化可能很大，并有可能产生相位 2π 的阶跃变化，每出现一次相位阶跃，鉴频器的输出端就产生一个尖脉冲，等效于一个干扰脉冲，从而使输出信噪比急剧下降，以至于淹没信息信号。理论和实践表明，传统方法的 PCM－FM 信号的解调门限大致在 10 dB 左右。门限效应的存在极大限制编译码性能的发挥，是系统的瓶颈所在。FM 极低门限检测技术成为提升遥测系统性能的关键技术。

理论分析和工程实践表明：PCM－FM 信号传统方法的解调门限大致在 10 dB 左右，低于这个门限，信噪比急剧下降。门限效应的存在极大限制了编译码方法的应用，是系统性能提高的瓶颈所在。多符号检测技术（MSD）最初是为连续相位频移键控体制（CPM）信号而提出的，特别适合 MSK 体制和 PCM－FM 体制，一般采用最大似然检测算法，检测过程是通过相位网格图搜索最小欧氏距离对应的路径，达到最佳检测。它充分利用信号间记忆的关联信息，接收端收到一个码元信号时，并不立即进行判决，而是要持续观察后继 3～5 个码元后，再对这一码元判决，从而减少码元判决的错误，提高接收机解调性能。MSD 多符号检测技术的重要意义在于，它是一种非相干检测算法，依旧保留了 PCM－FM 体制的优点，同时克服了门限效应，使得 PCM－FM 体制获得了与相干 PSK 体制相当的解调性能，从而为高效编译码技术的应用提供了前提。

（4）遥测数据处理技术

由于黑障效应的存在及其不连续性，考虑采取以下措施对遥测数据进行处理，以保证获取更多、更完整的遥测数据。

①平行延时

弹上在遥测数据综合过程中，可将 PCM 数据流分成多段延时处理，比如分为实时 PCM 数据流和延时 10 s 的 PCM 数据流两段，将两个数据流重新组帧形成一个大的高码速率的数据流进行传输。地面接收到遥测数据流，通过挑路、重组数据后，形成完整的遥测数据。

②记忆重发

记忆重发是一种突发遥测数据传送思路，采用慢记快发的模式进行遥测数据传输。弹上根据程序控制对遥测数据进行延时存储，传输时以较高码速率进行快速传送，以利用短时的有利条件获取更多的遥测数据。

③信道编码

受到黑障效应的影响，遥测信号强度会被大大衰减。地面收到的遥测信号信噪比会很低，有时甚至出现断续。为保证这种状态下遥测数据的可靠接收，初步采用 MSD 解调、TPC 编码、LDPC 编码和喷泉编译码等多种解调及编码方法改善接收信号质量，获取更多遥测数据。

（5）信道编译码技术

在数据传输领域，通信的目的就是完成信息从信源到信宿的可靠传输。在实际工程中，特别是在箭载、弹载、机载和星载等体积、质量和功耗都严格受限的场合，提高发射功率和增加天线口径比较困难，有时甚至是不可能的。在这种情况下，最为经济有效的途径之一就是采用信道编码，以编码带来的增益来补偿发射功率和天线增益的不足。

在该遥测系统中，由于传输距离远以及大气吸收、多径干扰、发动机尾焰和气象因素等对信道链路增益的影响，需要采用高增益信道编译码技术来弥补信道增益的不足。同时，考虑到目标在黑障区飞行时，会使无线信号产生相位或幅度的随机闪烁，甚至中断信号，导致接收信号不连续，造成数据丢失，因此需要在编译码方式上进行详细论证，以满足遥测系统可靠传输数据的要求。

3.6.4 系统组成和工作原理

临近空间遥测系统通常与外测系统、安控系统统一设计，组成遥外测地面站，一般由天伺馈分系统、发射分系统、接收分系统、基带分系统、时频分系统、监控分系统、测试标校分系统组成。

（1）天伺馈分系统

天伺馈分系统主要完成对 Ka 频段上行信号进行微波放大发射，对下行信号进行接收以及对目标的指向跟踪或自跟踪。主要由天馈分系统、天线控制分系统和天线机械结构分系统等组成。

（2）发射分系统

发射分系统的主要功能是产生大功率的微波信号，经天线发射至目标。主要包括小信号及高功放两部分。其中，小信号分机主要由窄带锁倍器、频率综合器、微波锁相环等组成；高功放分机主要由放大器、假负载、冷却设备等组成。

（3）接收分系统

接收分系统的主要功能是接收并放大应答机转发的微波信号，经频率变换至中频后，送基带分系统。其主要由低噪放大器、和路下变频器、差路下变频器等组成。要求地面接收分系统具有较高的接收灵敏度，因此，该分系统的关键技术是低信噪比条件下的信号接收技术。

(4) 基带分系统

基带分系统完成测距信号与遥控信号的上行调制、目标距离和速度的测量、遥测信息的解调和译码、角误差信号的解调。其主要由测距终端、测速终端、遥控终端、遥测终端和角误差解调终端等组成。

(5) 时频分系统

时频分系统为地面测控系统提供统一的时间参考和频率参考。

3.6.5 临近空间遥测系统设计中的若干问题

3.6.5.1 测控频段的选择

测控频段的确定需要综合考虑国际电联的规定、黑障、接收信噪比、雨衰等多个因素。从克服黑障的角度考虑，国内外的相关研究结果表明，在等离子体的碰撞频率满足一定条件的情况下，提高工作频率，使传输频率大于等离子体频率是减小黑障影响的一个重要措施，采用较高频段是有利的。根据相关研究成果，在对高速飞行器的飞行姿态有所约束的条件下，采用高频段工作可以确保信号衰减较小；从提高接收信噪比的角度考虑，理论上讲，当天/地系统的天线口径、发射功率和系统噪声温度不变的情况下，频率提高 N 倍，则接收信噪比将提高 $20\ \lg N$；从雨衰影响的角度考虑，可通过站址选择、加大链路余量、空间分集、码速率和纠错编码自适应等多种技术手段，将雨衰的影响控制在可接受范围之内。综合考虑以上因素，临近空间高速飞行器的测控频段选择较高频段较为适宜。

3.6.5.2 测控链路分析

根据前面的需求分析可见，临近空间飞行器的飞行速度高、飞行路径长、飞行动力形式多样，使飞行轨迹难以事先完全确定，所以靠单一手段难以完成全程不间断测控需求。需要联合利用天基和地基的多种测控手段，优势互补，完成测控任务。其中，地基测控网可以完成对飞行器进行综合测控的任务，完成遥测、外测、安控和数据传输等功能。采取在飞行沿途布站，站间接力的方式进行工作，是传统的测控方式。测控路径直接，技术较为成熟，且可靠性较高。但地基测控网有很大的局限性，如覆盖范围有限，有时为了完成全程覆盖，甚至需要在海上布站。对于有动力飞行的巡航弹难以事先按照飞行轨迹布站；测控网一旦建成，难以机动，无法满足不同飞行任务的测控需求，天基测控网是一种很重要的测控手段。目前，天基测控手段主要有导航卫星、中继卫星和通信卫星等。导航卫星功能较为单一，主要完成定轨功能；通信卫星资源丰富，但转发器天线一般是全向天线，G/T 值和 EIRP 值都比较小；比较理想的方式是采用中继星的 KSA 链路，星间链路频率是 Ka 频段，有利于克服黑障的影响，中继星星间链路收发都采用定向天线，具有较高的 G/T 值和 EIRP 值，最高可以支持几百 Mb/s 的数据传输，完全满足临近空间飞行器的数据传输要求，并且可以完成综合测控的任务；而中继星的 SSA 链路可以支持的数据传输速率较低，仅达到 1 Mb/s 以下，而且 S 频段不利于克服黑障影响，也不适合采用。

综上所述，对临近空间飞行器进行测控可以联合地基测控网和 TDRSS 的 KSA 链路进行测控，结合导航外测，下面对地基测控网和 TDRSS 测控网的优缺点进行对比分析，见表 3-14。

表 3-14　地基测控和 TDRSS 测控的优缺点比较

性能 类别	覆盖率	测量精度	安控	机动性	受气候条件影响	技术难度
地面测控网	低，靠增加地面站数量提高覆盖率	测距：米量级； 测速：厘米/秒量级	低时延：可达 0.1 秒量级； 高可靠：多站备份	受地域限制，难以机动	易受暴雨影响，需考虑克服雨衰措施，如空间分集等	较为成熟
TDRSS 测控	高，单星 45%覆盖率	测距：百米量级； 测速：不支持测速	延时大，可靠性差	灵活，无地域限制	全年可用度 99.9%	需安装技术难度较大的相控阵天线

从对目标进行全程覆盖的角度讲，建立地基测控网需要在飞行器沿途布设多个地面站才能覆盖，根据飞行航迹的不同，有时还需要在海上或国外布站。用增加地面站的方法来提高覆盖率是不经济的，也受地域条件的限制。可以采用 TDRSS 来获得测控与数据传输的高覆盖率。

从测量精度的角度讲，地基外测如果采用扩频伪码外测方式，则测距精度可以达到 m 的量级，采用载波多普勒测速可以达到 cm/s 的量级，采用 Ka 这样的高频段理论上可以进一步提高测速精度；而采用中继星，因为中继星本身是采用动力学定轨，精度不高，对目标定轨传输路径长，测轨精度不高，TDRSS 也无法完成对目标的测速功能。

从安控的角度讲，TDRSS 由于采用了“弯管”传输，传输滞后时间远大于地基安控的天地“直达”传输系统，地基安控更有利于满足安控的低时延要求；由于 TDRSS 要通过单一的地面终端站集中接收和发射，一旦链路受到干扰造成中断，则安控功能无法完成，因此安控的可靠性也不高，而地面安控可以考虑多站备份、站间重叠覆盖等方式提高安控可靠性，安控功能应以地面安控为主。

从技术实现难度的角度讲，TDRSS 的“弯管”传输相对于天地链路的“直达”传输，路径传输损失增大，约为 48 dB，弹载天线必须采用窄波束的定向天线来提高接收和发射增益，而弹载天线无法采用传统的抛物面天线，波束转换和安装条件都无法满足，必须采用可以快速波束转换并且可以内置安装的相控阵天线，且需要考虑共性安装，有一定的技术难度，相控阵天线的研制成本也较高，这对于一次性使用的导弹飞行器很不经济，也会使多次试验的成本难以接受。

由于弹星天线都是定向，所以弹星链路的建立也是一个关键技术问题，需要考虑多种信息辅助建立两个窄波束天线的对准。而对于地面测控方式，由于信号的传输距离短，所以弹上天线可以采用全向天线。通过加大地面天线的口径满足接收灵敏度的要求。

从机动性的角度讲，对于有动力飞行的巡航导弹可能在飞行过程中改变飞行轨迹，无法事先完全确定地面站的位置，地面测控网一旦建成则很难机动，难以满足不同试验任务的要求，而中继星测控由于覆盖范围大，也没有严格的地域限制，机动性较高。

从受气候影响的角度讲，地面布站由于沿途距离长，难以完全避开暴雨区布站，而中继星的弹星链路基本不会受到降雨的影响，星地链路也由于中继星地面站建设在少雨地区，所以 TDRSS 的可用度为 99.9%，在全年的绝大多数时间里受暴雨的影响较小。

综上所述，地基测控技术相对成熟，以现有地面测控站为基础，但布站数量多，机动性差且不能接力到国外，所以覆盖范围有限，一般适用于航程确定的靶场试验测控，可获得高精度的测量数据；而当飞行器由试验阶段转入应用阶段时，应以天基中继测控为主，满足不同任务的机动性要求和高覆盖率要求。

3.6.5.3 外测体制分析

利用无线电对临近空间飞行器进行测轨的手段主要包括中继卫星测距、导航星定位和地基外测等。

利用中继卫星进行测距，由于传输路径长并引入了中继星的定位误差，所以测轨精度不高，并且没有测速功能。利用导航卫星对目标进行定位精度很高，覆盖范围广。利用地面测控站是对飞行器进行外测的基本手段，外测精度高，测量路径直接。

地基外测常用的体制有标准 TTC 外测和扩频 TTC 外测。标准 TTC 外测方式的安全防护性能差，三抗能力很弱，对于临近空间飞行器的特殊任务不适用；扩频 TTC 外测的抗干扰、抗截获能力强，还可以向保密性能更好的宽带跳频方向发展。扩频外测方式抗信号相位畸变的能力强，在黑障可能引起信号相位特性不稳定的条件下更为适用。扩频外测可以利用伪随机码尖锐的相关特性克服多径衰落，甚至可以采用 Rake 接收机实现多径分集。采用扩频外测方式还可以采用码分多址的方式实现多通道设计，支持多站联合测控，满足站间接力测控的需求，不会造成测控任务的中断。综上所述，对临近空间飞行器进行地基外测宜采用扩频体制。

对于临近空间飞行器，如果采用高频段的 Ka 频段进行测控，从理论上讲，因为采用载波多普勒测速，可以提高测速精度；因为天线的波束变窄，天线对角误差的灵敏度提高，可以减小测角误差；而测距如果采用扩频伪码测距，精度由码钟决定，如果采用载波测距，则随工作频段的提高，测距精度也会获得提高。

3.6.5.4　安控体制分析

常用的地基安控体制包括 PCM - PSK - FM、PCM - DSSS - PSK 和主字母体制。由需求分析可见，对安控体制的选择应该重点考虑安全保密性、可靠性和低时延实时性。

衡量安全保密性的主要技术指标是虚指令概率，产生虚指令的可能原因是复杂的电磁环境或人为的蓄意干扰。主字母体制所包含的频率组合较为复杂，所以电磁环境难以产生完全相符的干扰。一般认为，这种干扰产生的虚指令概率可以忽略。对于人为干扰，传统的 PCM 体制的安控指令由 0 和 1 两个基本的信息码元组成，而对于 12 个单音频率 3 个频率组合的主字母体制，安控指令由 220 个字母组成。指令编码由二进制的 PCM 变为 220 进制的多音组合编码，使人为攻击的成功率降低。

对于可靠性和实时性，这里引用美国 RS - 38 项目研究报告的可靠性评估的结果，见表 3 - 15。

表 3 - 15　美国 RS - 38 项目研究报告的可靠性评估结果

	主字母	PCM - PSK - FM	PCM - DSSS - PSK
解调模式	非相干	相干	相干
相干和同步级数	简单的指令同步	副载波、码和指令帧 3 级同步	伪码、载波、码和指令帧 4 级同步
抗相位噪声能力	优	中	差
抗火焰衰减能力	优	差	差
链路建立时间	0.1 秒级	秒级	秒级
可靠性	高	较低	低

可见，主字母安控采用非相干解调方式，PCM－PSK－FM需要副载波、码和指令帧3级同步，PCM－DSSS－PSK需要伪码、载波、码和指令帧4级同步，无论是在可靠性方面，还是在实时性方面都存在明显的优势。这在测控链路不稳定，尤其是目标姿态翻滚导致信号难以保持足够的连续时间情况下，具有重要的意义。

3.7 深空遥测系统

3.7.1 深空遥测系统的作用

自1958年8月17日美国发射第一个月球探测器——先锋0号（尽管并未成功）开始，人类迈向太阳系的深空探测活动已有近50年的历史。随着人类航天技术的不断发展，深空空间探测已经成为人类航天活动的重要组成部分。目前，航天界对深空探测活动存在多种定义。1988年前，世界无线电管理大会（WARC，World Administrative Radio Conference）所制定的无线电规则（Radio Regulations）中，将地球到月球的平均距离（3.844×10^5 km）作为近空和深空的分界线。1988年10月，国际电信联盟（ITU，International Telecommunications Union）召开的世界无线电管理大会明确了新的深空定义：深空是指与地球的距离大于或等于2×10^6 km的空间，该规定自1990年3月16日生效。尽管在新的深空定义中对月球的探测不属于深空范围，但人们常用的陆基、天基测控网都无法对探月航天器进行支持。因此，月球探测通常也被划归深空探测的范畴。我国航天界普遍把月球及更远的空间定义为深空。2000年11月，中国国务院新闻办公室发布《中国的航天》政府白皮书指出，深空探测是指对太阳系内除地球外的行星及卫星、小行星、彗星的探测，以及太阳系以外的银河系乃至整个宇宙的探索。

自20世纪50年代末开始，美国、苏联和欧洲空间局等国家和组织陆续发射多个深空探测航天器。截至2008年，已发射深空探测器219个（含月球探测器）。2007年10月24日，承载着中国人飞天梦想的嫦娥一号工程取得了圆满成功，迈出了中国深空探测的第一步，开启了我国航天事业的深空探测时代。中国首次火星探测任务计划于 2020 年实施。

作为深空探测工程的一个重要组成部分，深空遥测系统主要用于深空探测器与地面系统之间的信息传输，在深空探测活动中具有举足轻重的地位。在整个深空探测过程中，地面系统需要通过深空遥测系统接收深空探测器的工程遥测参数和有效载荷数据，进行信息分析和信息交换，用以对探测器进行工作状态监视，为深空探测器的控制提供决策依据；进入科学探测进程后，需要通过深空遥测系统接收探测器获取的科学探测数据；通过深空遥测系统获取的数据，也可以为深空探测器提供故障实时诊断、事后分析和设计改进的依据。总而言之，深空遥测系统是地面系统与深空探测器联系的唯一通道和手段，是深空探测活动成败的关键所在，与其他航天遥测系统相比，其重要性尤为突出。

3.7.2　深空遥测的特点

探测目标距离遥远是深空探测活动最大的特征。深空探测器从发射到抵达目标位置，可能需要飞行数月、数年之久；在开展太阳系外探测时，飞行时间可达数十年以上，飞行距离可达上百亿千米。表 3 - 16 给出了月球和太阳系内主要天体与地球之间距离的基本情况。

表 3 - 16　太阳系内主要天体与地球之间的距离

天体	距地球最远时		距地球最近时	
	距离/10^6 km	与 GEO 卫星比较，距离的倍数	距离/10^6 km	与 GEO 卫星比较，距离的倍数
月球	0.405 5	11.26	0.3633	10.09
水星	221.9	6 163.89	101.1	2 808.33
金星	261.0	7 250.00	39.6	1 100.00
火星	401.3	11 147.25	59.6	1 655.56
木星	968	26 888.9	593.7	16 491.70

续表

天体	距地球最远时		距地球最近时	
	距离/10^6 km	与 GEO 卫星比较，距离的倍数	距离/10^6 km	与 GEO 卫星比较，距离的倍数
土星	1 659.1	46 089.10	1 270	33 830.00
天王星	3 155.1	87 641.70	2 591.1	71 997.20
海王星	4 694.1	130 392.00	4 304.9	119 581

由表 3－16 可知，深空探测目标距地球十分遥远，因此与传统航天遥测系统相比，深空遥测具有其自身独有的特点。

（1）接收信号极其微弱

由于距离遥远，深空遥测系统信号传输的路径损失极大。而限于体积和质量，深空探测器上的天线增益和功放功率均十分有限，因此，信号到达地面站时，将十分微弱。

以火星探测为例，若火星探测器发射信号频率为 $f=6\ 000$ MHz，发射功率为 $P_T=40$ W，天线增益为 $G_T=0$ dB，地面站 12 m 口径的天线增益为 $G_R=55$ dB。那么，火星探测器信号在经过 $R=401.3\times10^6$ km的空间传输后，天线接收的信号功率大约为

$$P_R=10\lg(P_T)+G_T-(20\lg R+20\lg f+32.44)+G_R$$
$$\approx-209\ \text{dBW}$$

与从地球同步轨道卫星发射的同样信号相比，该信号强度要弱 80.9 dB。而对海王星进行探测时，在同样条件下，地面天线的接收功率仅有约－230 dBW，信号极其微弱，远远低于普通地面遥测站的接收灵敏度要求。

（2）通信时延巨大

通常，近地轨道航天器遥测系统实时性要求较高，但深空遥测系统往往难以实现实时遥测。由于作用距离十分遥远，地面站与深空探测器之间收发信号的延迟时间极长。土星探测器对地面站的单程通信时延约 1 h 32 min。对海王星进行探测时，单程通信时延将大于 4 h 20 min。显然，巨大的时延使得实时遥控、话音通信等业务在

深空遥测系统中都无法实现（当然，对月球探测时，月-地之间的双向通话时延还可以勉强接受）。

（3）深空遥测数据传输速率受限

由于距离遥远，深空遥测信号面临着巨大的自由空间传输损耗。而深空探测器由于能源等约束，很难获得较大的发射功率。因此，为保证一定的误码率，深空遥测数据的传输速率通常很低。只能工作在中、低数据传输速率。例如，1996 年发射的火星探路者号（Mars Pathfinder），其最大下行传输速率仅有 8 Kb/s（地面站使用 70 m 天线接收）。深空探测的科学数据传输速率要求在不断提高。因此，需要不断研究新技术，以提高通信链路的性能。

（4）信号动态高

深空探测航天器的飞行速度很高，已经超过第二宇宙速度（11.2 km/s），且目前深空测控频段已经开始使用 Ka 频段。因此，与传统近地轨道航天器相比，深空遥测信号的多普勒频率和多普勒变化率要大得多。例如，Ka 频段多普勒变化范围可达±1 100 kHz，变化率可达 1 10 kHz/s。

（5）单个地面站连续跟踪困难

目前，深空遥测系统均基于地面站完成对航天器跟踪和遥测任务。由于地球自转，尽管单个地面站可以长时间地连续跟踪测量深空探测器（理论上可达 8 h），但深空探测过程中，航天器的飞行时间很长（例如，火星探测器需要飞行半年以上，对冥王星探测的飞行时间则长达 9 年），因此，单个地面站无法实现对深空探测器的连续跟踪遥测。为了增加对深空探测器的跟踪时间，进行全球布站是当前的通用方法。

（6）测量精度要求高

近地航天器测量系统中，常用的测角技术难以在深空探测活动中使用。近地航天器常用的单脉冲测角方法能达到的测角精度最高可达 0.001°（3.6″），但即便采用该数据作为深空探测器的定轨元素，0.4×10^6 km 外的深空探测器测向误差已经超过 6.98 km，已经不能满足目标的定位要求。GPS、北斗等近地空间导航定位技术在深空探测中也无法使用。目前，深空遥测系统中，已经广泛使用差分甚长基线干涉等新测量技术来实现深空探测器的高精度测量。

3.7.3 深空遥测体制选择

3.7.3.1 深空遥测频段

（1）深空遥测频段的分配

与所有无线电系统类似，深空遥测系统所使用的无线电频段必须遵循 ITU 的规定。ITU 的《无线电规则》共分配 4 个专用频段供深空探测活动使用，具体见表 3－17。

表 3－17　深空无线电频率划分表

序号	频段	业务描述	业务级别
1	2 110～2 120 MHz	空间研究（深空）业务的上行链路	主要业务
2	2 290～2 300 MHz	空间研究（深空）业务的下行链路	主要业务
3	5 650～5 725 MHz	空间研究（深空）业务	次要业务
4	7 145～7 190 MHz	使用仅限于深空	主要业务
5	8 400～8 450 MHz	使用仅限于深空	主要业务
6	12.75～13.25 GHz	空间研究（深空）业务的下行链路	次要业务
7	16.6～17.1 GHz	空间研究（深空）业务的上行链路	次要业务
8	31.8～32 GHz	空间研究（深空）业务的下行链路	主要业务
9	32～32.3 GHz	空间研究（深空）业务的下行链路	主要业务
10	34.2～34.7 GHz	空间研究（深空）业务的上行链路	主要业务

注：主要业务与次要业务的含义请参见参考文献［32］。

目前，美国、俄罗斯和欧洲空间局的深空网均采用了表 3－14 中序号为 1，2，4，5，8，10 的空间研究业务频段。我国正在建设的深空网也将兼容这些频段。

（2）遥测频段提高到 Ka 频段的必要性

距离遥远是深空遥测系统最大的特点，深空遥测系统必须采用各种手段对抗自由空间损耗带来的影响，提高地面站的接收信号强度。对于使用大口径抛物面天线的地面站而言，依靠增大天线口径来提高天线增益耗费巨大，而提高工作频段可达到同等效果。理论上，当收、发双方都采用定向天线时，若天线尺寸、系统噪声温度和发射功率不变，频率提高为原频段的 N 倍，则地面接收信号电平提高 20 lg$N$ dB。若频率从 S 频段2.3 GHz提高到 X 频段8.4 GHz，地面接收电平可提高 11.25 dB；若提高到 Ka 频段32 GHz，接收电平可提高 22.86 dB。

自 20 世纪 80 年代后期开始，NASA 的深空网（DSN，Deep Space Network）已经开始利用原有天线进行 Ka 频段传输试验，并于 1991 年设计完成 DSN 的第一个 Ka 频段接收系统。1997 年发射的卡西尼号（Cassini）土星轨道卫星是第一个工作在 X 频段上行和 X/Ka 相干下行链路的深空探测器，由 NASA DSN 的 DSS 25 天线执行 Ka 频段地面支持。卡西尼号与上行/下行链路均工作于 X 频段的火星探路者号相比，下行数据速率得到极大的提升，见表3－18。

表 3－18　卡西尼号与火星探路者号链路对比

项目	卡西尼号	火星探路者号
无线电系统质量/kg	146.5	10.0
无线电系统直流功率/W	80.1	68.0
EIRP/dBm	89	65
最大下行链路数据速率/bps（70 m 地面接收天线）	100（从土星到地球）	8（从火星到地球）

但是，采用 Ka 频段也面临一些不利因素：

1）电磁波穿过大气层时雨衰随频率增加而变大，Ka 频段信号比 S 频段信号的雨衰损耗更大，可能需要在不同区域建设多个地面站，并采用功率自动补偿和自适应编码调制等技术，以减小降雨造成的遥测系统可用度降低；

2）Ka 频段天线的表面精度要求很高，天线口面加工精度应服从误差小于 $\lambda/32$ 的限制，否则会导致天线增益及面精度效率严重下降；

3）Ka 频段天线的波束极窄，要求伺服系统能够实现高精度的指向和跟踪。

目前，深空遥测系统已经逐步完成由 S/C 频段向 X/Ka 频段的过渡，但上行链路为保证遥控的可靠性，仍选用雨衰较小、波束较宽的 S 和 X 频段。

3.7.3.2 深空无线电测量体制

在深空探测任务中，需要对深空探测器的空间位置和速度进行测量。由于深空探测器与地面站之间的收发通信时延巨大，且接收信号十分微弱，因此深空探测器的测量与近地轨道航天器相比，技术难度更大，测量体制有很大差异。深空无线电干涉测量技术是一项专门学科，限于篇幅，本书仅根据深空探测的特点，针对深空测控中常用的各类距离、速度、角度的测量体制进行简单介绍，未展开详细叙述。关于深空无线电测量方面的信息，感兴趣的读者可以在参考文献［2，7，9］中获得更详细的内容。

（1）深空测距

①深空测距的特点

1）由于收发时延大，在地球自转的影响下，发射测距信号的深空地面站有时无法接收到相应的下行测距信号，需要使用三向测距方式：地面站 A 在 t_1 时刻发射信号，该信号经应答机转发后，在时刻 t_2 由地面站 B 进行接收；地面站 B 将该信号相位与 t_1 时刻的发射信号相位比对，完成三向距离测量。有时，也利用同一地面站的 2 个不同波束完成地面站 A、B 的角色。站间时间同步精度是影响三向测距的主要误差源。

2）由于收发时延巨大和接收信号微弱，深空测距的解模糊过程与近地轨道航天器测距有很大区别，通常使用距离预报先验信息来辅助解模糊。

3）收发时延巨大带来的另一个影响是地面站的频率源稳定度要求更高。

4）由于距离遥远，接收信号信噪比很低，测距信号形式及捕获方法需要进行针对性设计。

5）为提高接收信号信噪比，深空测距常采用较长的积分时间。

②深空测距体制

目前，国际上尚未形成统一的深空测距体制。深空测距体制主要基于以下原则进行选择：测距精度足够高，无模糊距离大，捕获/跟踪时间短，测距信号占用带宽/功率合理，与其他系统兼容性好等。在深空遥测系统中，常用的测距体制主要包括两种，即侧音测距和伪随机码（PN 码）测距。侧音测距和伪随机码测距的基本原理都是从地面站发射带有特殊标记的信号，航天器接收测距信号再将其转发回地面站，地面站比较发射的测距信号与接收信号之间的时间差或相位差，从而得到测距信息。

侧音测距包括纯侧音测距和 NASA 序列测距（即顺序方波测距）。伪随机码测距方法主要分为复合码测距和音码混合测距两种。NASA 在较新的深空站中都采用复合码测距。而音码混合测距是由 ESA 提出的，综合侧音测距和伪随机码测距的优点（注：也有研究人员将音码混合测距归为侧音测距一类），使用侧音保证测距精度，同时使用伪随机码来解决距离模糊问题。测距精度主要受到热噪声、频率源稳定度、地面系统和应答机时延标定准确度、测距终端分辨误差、电离层和对流层修正误差、站间时钟差和航天器光行时误差等因素的影响。

近年来，在伪随机码测距体制基础上产生的再生测距体制，已经成为深空测距领域的研究热点。传统的采用透明转发方式的伪随机码测距中，航天器解调上行载波得到测距基带信号，经过滤波、放大处理，再将该信号调制到下行载波上，这样会将上行接收链路中的热噪声也调制到下行链路中，地面站接收到的测距信号信噪比与 $1/R^4$ 成正比（R 是航天器与地面站的距离）。在再生测距系统中，航天器可以解调上行载波并跟踪测距时钟，可以重新生成与地面站发射的伪随机码完全一致的测距信号，再将其调制到下行链路上。因此，再生测距体制中，地面站收到的信号的信噪比与 $1/R^2$ 成正比。再生测距消除了信号在传输过程中的上行链路噪声，有利于降低测距信号在下行链路中占用的功率比重，可给遥测信号分配更多的有效功率。再生测距已经被空间数据系统咨询委员会采纳，成为深空探测任务的一种测距手段。NASA 的冥王星探测器新地平线号（New Horizons，于 2006 年 1 月发射）中，已经正式使用再生测距体制。

（2）深空测速

深空探测器测速的基本原理与近地轨道航天器测速相似，基本都是测量载波的多普勒频偏，再换算出航天器的径向速度。

①深空测速的特点

1）由于收发时延大，测速信号的短稳对测速误差的贡献加大，深空地面系统通常采用高稳定的氢钟；

2）与深空测距体制类似，当航天器距离地球很远时，地球的自转可能导致双向多普勒测量无法实现，必须采用上行和下行各用一个地面站的三向多普勒测速体制；

3）由于距离遥远，接收信号载噪比很低，为减小测速随机误差，深空测速常采用较长的积分时间（如 60 s）。

②深空测速的体制

根据跟踪模式不同，深空探测器测速体制可分为 3 种：单向多普勒测速、双向多普勒测速和三向多普勒测速。

1）单向多普勒测速。深空探测器以高稳频率振荡器为参考，产生标称下行发射信号，经过空间传播与延迟后地面站接收，地面站以本地高稳频率标准为参考，测量接收到的信号与标称下行发射信号的频率差，进而得到航天器的速度。单向多普勒测速的精度直接受航天器频率稳定度的影响。随着航天级高稳定晶振性能的提高和成本的下降，单向多普勒测速已经成为深空测速的一个重要发展方向。

2）双向多普勒测速。在目前条件下，单向多普勒测速仍受到航天器晶振稳定度的限制，深空多普勒测速多采用双向测量体制。双向测速系统一般由航天器上的相干应答机和地面站（具备发射和接收功能）组成，航天器应答机对上行载波进行相干转发，地面站对下行信号的频率进行测量，进行计算后得到多普勒信息。在双向多普勒测速过程中，一般采用同一个高稳定氢钟产生上行链路信号和下行信号检测器的参考信号，因此测量精度较高。

3）三向多普勒测速的方法与双向多普勒测速类似，不同的是接收地面站和发射地面站需要采用不同的频率参考源，两者之间的固定偏差将直接转换为测速误差。考虑到深空地面站高稳氢钟的广泛使用，该偏差值可以控制到不对测速精度产生太大影响。

（3）测角

传统单站测角体制精度已经很难提高，能达到的测角精度已经无法满足深空探测器的定轨要求。目前，各国的深空探测系统均广泛采用以 VLBI（Very Long Baseline Interferometry）技术为代表的无线电干涉测角体制。

VLBI 技术最早在射电天文学领域得到应用，大大提高射电望远镜的分辨率，随后很快被推广应用到航天测量、精密时间比对等领域。20 世纪 60 年代末起，美国、苏联、欧洲、日本等逐步建立航天 VLBI 测控网，并不断发展完善，在深空探测活动中取得很好的测量效果。图 3－91 给出了 VLBI 技术的测量原理示意图。

两个地面站同时观测同一个目标，每个站有几条信道记录接收信号的瞬时相位。将两个地面站记录的数据进行互相关，可测量得到同一信号到达两站的时间差 τ 。然后，对时延 τ 进行大气延迟和其他因素修正。

根据空间几何关系，相同信号达到两测站的几何时延为

$$\tau \approx B\cos\theta / c \tag{3-105}$$

式中　B ——两个测站的基线长度；

θ ——方向夹角；

c ——光速。

根据式（3－105）即可解算得到两站基线与测量目标之间的角

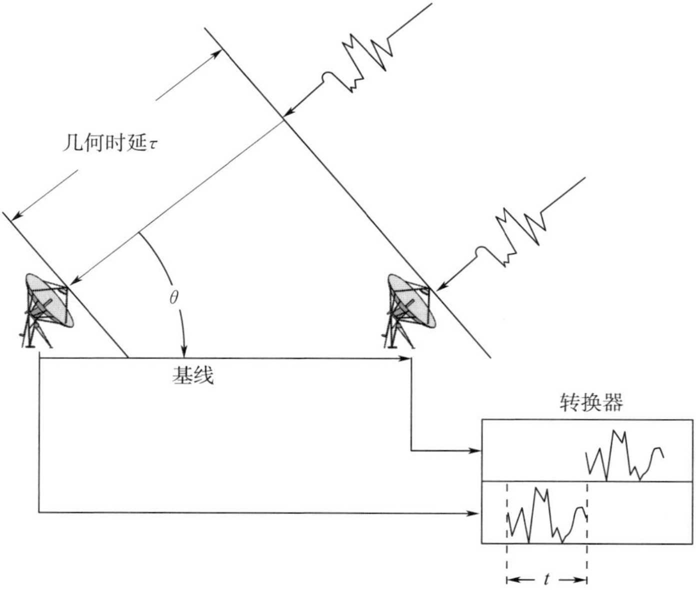

图 3-91 VLBI 测量原理示意图

度。对式（3-105）求导可得

$$\delta\theta = c\,\delta\tau / B\sin\theta \tag{3-106}$$

由式（3-106）可知，增加两测站距离（即基线长度），提高时延测量值的精度，即可提高测角精度。

VLBI 的高测量精度建立在“甚长”基线的基础上，美国深空网地面站哥尔德斯敦-堪培拉基线已经达到地球直径的 83%，但长基线也带来一些尚难以完全克服的缺点，容易受到站间时间同步误差、设备时延误差、基线测量误差、电波传输路径差等误差源的影响。为克服这些影响，陆续提出差分甚长基线干涉测量（ΔVLBI）、同波束干涉测量（SBI，Same-Beam Interferometry）、连线端干涉测量（CEI，Connected Element Interferometry）等高精度测量技术。

ΔVLBI 采用分时工作、顺序观测的方式，对角距相近的航天器和参考射电源（参考射电源的位置事先由天文观测确定）进行交替观测，将两者的测量结果相应进行差分处理，可以消除各项公共误差。当 ΔVLBI 的测量元素为差分单向距离时，称为差分单向测距（ΔDOR，Delta Differential One - Way Ranging），当其测量元素为差分单向速度差时，称之为差分单向多普勒（ΔDOD，Delta Differential One - Way Doppler）测量。目前，美国 NASA 对深空探测器的导航定位中，窄带 ΔDOR 数据一般与宽带 ΔDOR 数据和多普勒数据等多种类型数据联合使用，其联合测角精度可达 20～30 nrad，窄带 ΔDOR 数据独立测角获得的精度也可以达到50 nrad。

CEI 测量技术使用同一频率标准，通过相距 10～100 km 的两个跟踪测量站之间的光纤通信链路分配，可以实现对两站接收信号时间延迟非常精确的测量，进而确定无线电源相对两站间基线矢量精确的角位置。CEI 在相对较短的基线上可以实现与 VLBI 相当的测角精度，而且不需要长时间连续的数据弧段。同时，光纤通信链路还将获取的数据实时传送至同一相关器进行处理，从而实现测角数据的实时处理。美国 NASA DSN 从 20 世纪 80 年代开始进行一系列 CEI 验证试验。1987 年，在金石深空站 DSS12 和 DSS13 之间6 km 的基线上首次进行了 CEI 验证试验。1989 年 6 月和 7 月，在 DSS13 和 DSS15 之间 21 km 的基线上进行多次试验，试验中都使用双频（S 频段 2.3 GHz 和 X 频段 8.4 GHz）观测，并使用 Block VLBI 数据获取系统进行采样和记录各站接收信号，所达到的角精度为 50～100 nrad，预计基线长度提高至 100 km，精度可达 10～20 nrad 水平。

当两个被测目标的角距非常接近时，它们可在地面天线的同一波束内被观测到，使用两个地面站对两只飞船同时观测，可以生成差分干涉测量，称为同波束干涉，如图 3 - 92 所示。

SBI 可以提供在天平面上两航天器非常精确的相对角位置测量，可以对传统多普勒数据提供的径向信息进行补充。在 2007 年的月亮女神任务中，日本航天局对两颗子卫星利用同波束干涉测量技术

(SBI) 实现了皮秒级精度的时间延迟测量。

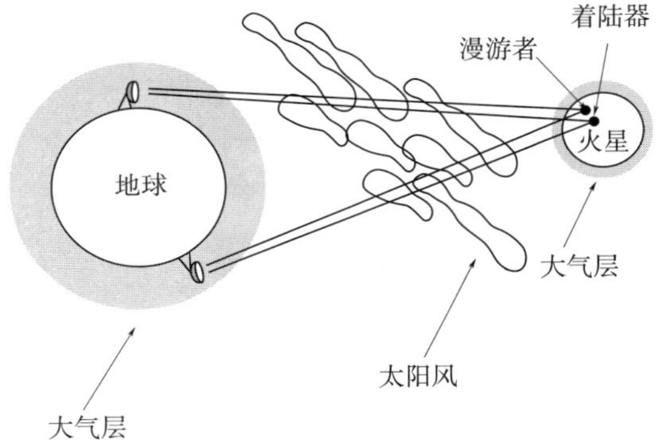

图 3-92　同波束干涉示意图

3.7.3.3　深空遥测的调制体制

深空遥测数据的 PCM 码型一般包括 NRZ（—L，—M，—S）和 BiΦ（—L，—M，—S），主要采用残留载波（以方波副载波为主）和抑制载波（BPSK、QPSK 和 OQPSK）两种调制方式。

在深空遥测中，由于接收信号功率太弱，通常难以支持较高数据速率的传输，往往需要面临极低数据速率的接收解调。如果采用抑制载波调制，将数据直接调制在载波上，数据信号的谱线与载波的根部相噪重叠，使 S/N 降低，甚至淹没信号谱线而无法解调。同时，数据信号的谱线会落入载波锁相环的带宽之内，锁相环的负反馈作用将抵消掉一部分数据信号的低端频谱，从而使数据信号的信噪比下降和波形失真产生，导致误码率加大。与抑制载波体制相比，残留载波在比特率极低时遥测性能较好，特别是在比特率低且载波环带宽相对较大（相噪很大或未补偿多普勒动态时）的情况下，残留载波是较好的选择。

在中等比特率，抑制载波的遥测性能远优于残留载波体制。在高比特率，抑制载波在遥测性能上只有 0.1 dB 的优势。但深空遥测系统在确定调制体制时，选择的依据并不仅仅取决于遥测性能。例如，某些应用需要尽可能小的捕获时间，此时需要根据捕获速度决定选择何种调制体制。残留载波相对于抑制载波体制的另一个优点在于前者可以和测距信号或 ΔDOR 同时共用一个下行功率。为了保证遥测系统在低码速率和中高码速率应用条件下均可获得较好的功率效率，并适应不同的测距体制，目前深空遥测系统大多同时支持这两种调制方式。

JPL 的研究结论是：在深空探测中，可采用牺牲带宽来降低系统对 E_b/N_0 的要求，这时采用码率为 1/3 的 Turbo 码和 BPSK/NRZ 调制是最佳选择，如果要求占用带宽最窄，则可以选择 FQPSK - B，如果同时考虑 E_b/N_0 和带宽，将纠错编码与 PCM/PM/NRZ 或 BPSK/NRZ 相结合是合理选择。随着技术的发展，深空遥测系统也逐渐开始采用一些其他调制体制。火星探测器勇气号（Spirit，于 2003 年 6 月发射）和机遇号（Opportunity，于 2003 年 6 月发射）工作在 X 频段，采用 BPSK 和 MFSK 调制方式，最大传输速率达到 168 Kb/s。

表 3 - 19 给出了美国 DSN 遥测接收机的技术特性。

表 3 - 19 美国 DSN 遥测接收机技术特性

参数	34 m 和 70 m 天线	26 m 天线
接收机类型	数字	模拟
闭环载波环带宽（单边）	0.2～200 Hz	10 Hz，30 Hz，100 Hz，300 Hz，1 000 Hz，3 000 Hz
环路类型	二阶或三阶	三阶
载波跟踪	残留载波或抑制载波	残留载波
开环跟踪带宽	实时遥测时不可使用	300 Hz
遥测中频带宽（数字化或检波前）	36 MHz	10 kHz，30 kHz，60 kHz，300 kHz，600 kHz；1 MHz，1.5 MHz，3 MHz，6 MHz，10 MHz，20 MHz

续表

参数	34 m 和 70 m 天线	26 m 天线
视频带宽	无视频	1.5 kHz，5 kHz，15 kHz，30 kHz，50 kHz，75 kHz，150 kHz，300 kHz，500 kHz，750 kHz；1.5 MHz，3 MHz，5 MHz，10 MHz
调制形式	残留载波 BPSK（有或无副载波），抑制载波 BPSK，QPSK，OQPSK	残留载波 BPSK（有或无副载波）
副载波频率	500 Hz～20 MHz	1 kHz～15 MHz
副载波数据率（残留载波）	4～0.67$f_{副载波}$（符号/s）	100 符号/s～2.10 兆符号/s
副载波数据率（抑制载波）	20×环路带宽～0.67×$f_{副载波}$（符号/s）	不可用
直接调制（残留载波）	10 千符号/～26 兆符号/s（NRZ） 100 符号/s～13 兆符号/s（BiΦ）	1 000 符号/s～10 兆符号/s（取决于跟踪环带宽）
直接调制（抑制载波）	20 倍环路带宽（符号/s）～26 兆符号/s（NRZ） 20 倍环路带宽（符号/s）～13 兆符号/s（BiΦ） 40 千符号/s～26 兆符号/s（QPSK 或 OQPSK）	不可用

3.7.3.4 深空遥测的信道编码

在一定信噪比条件下，深空遥测信道几乎与无记忆的 AWGN 相差无几，且是典型的功率受限信道，有利于采用信道编码技术。使用高增益信道编码获取编码增益，可降低遥测信息误码率，或允许在更低信噪比条件下获得指定的误码率。

目前，CCSDS 推荐的编码技术中既包含经典编码（如卷积码、RS 码等），又包含所谓的现代信道编码（如 Turbo 码）。1993 年，法国 C. Berrou，A. Glavieux 和 P. Thitimajshlwa 共同提出 Turbo 码，在世界范围内带动新一轮编码研究热潮。1996 年，卡西尼号携带高复杂度卷积编码器上天之前，JPL 已经开始 Turbo 码在深空中应用标准化工作。随后，MacKay“重新发现”低密度奇偶校验（LDPC，Low Density Parity Check）码。1998 年，他访问了 JPL 并出席一个名为“创造出比 Turbo 码更加性能优异的 Gallager 码”的会议，展示了 Gallager 在 1960 年提出的 LDPC 码，证明了其优异的纠错性能。

Turbo 码和 LDPC 码被认为是深空遥测信道编码的极佳选择。一般而言，Turbo 码和 LDPC 码的码长较长，而且译码时需要的迭代次数较多，因此它们的译码延迟较大。但是，在深空遥测系统中，译码时延和遥远的航天器至地面站之间的信号传输时延相比，是完全可以接受的。目前研究结果表明，LDPC 码在高码率下表现出比 Turbo 码更好的性能和更低的译码复杂度，而 Turbo 码仍是当今最好的低码率信道编码。CCSDS 已经把 Turbo 码作为深空通信的标准，并逐步将 LDPC 码在空间通信中的应用标准化。

目前，深空遥测系统采用的信道编码方式主要包括：

1）RS 码，例如，RS（255，223）编码；

2）短约束长度、1/2 码率的卷积码，例如，CCSDS 标准的（7，1/2）卷积码；

3）RS 码与 1/2 码率卷积码的级联码；

4）长约束长度、高码率的卷积码；

5）Turbo 码和 LDPC 码。

美国发射的先驱者 10 号（Pioneer 10，于 1972 年 3 月发射）和先驱者 11 号（Pioneer 11，于 1972 年 4 月发射）都采用（2，1，32）非系统卷积码，在信噪比 $E_b/N_0=2.7$ dB 时，能达到 10^{-5} 比特误码率，相比未编码的 BPSK 获得 6.9 dB 的编码增益。

CCSDS 提出的（7，1/2）卷积码和（255，223）RS 级联的方案，应用在 NASA JPL 的旅行者 2 号（Voyger 2，于 1977 年 8 月发射）和旅行者 1 号（Voyger 1，于 1977 年 9 月发射）上，性能比先锋号提高 0.2 dB，但码率下降 12.5%。

1989 年 10 月，发射的木星探测器——伽利略号，使用一种（4，

1, 14）卷积码方案，与（255, 223）RS 外码级联，它能够在 $E_b/N_0=0.9$ dB 时，就获得 10^{-5} 的比特误码率。与旅行者号相比，增加 1.6 dB 的增益。

为进一步提高系统的编码增益，一种更加强大的（6, 1, 15）卷积码被应用在土星探测器卡西尼号（Cassini，于 1997 年 10 月发射）任务中。（6, 1, 15）卷积码与 10 比特交织深度的（1 023, 959）RS 码级联，可以在 $E_b/N_0=0.42$ dB 就获得 10^{-5} 的比特误码率。实际上，获得比这更加有效的编码将变得非常困难，因为当信噪比降低到一定的程度，可能就无法保证相关解调锁相环的信噪比要求。

1999 年，Turbo 码已被纳入到 CCSDS 标准中。2003 年 9 月，ESA 发射月球探测器 SMART－1，并于 2004 年下半年验证 Turbo 码在月球探测中的可用性。NASA 的水星探测器信使号（Messenger，于 2004 年 8 月发射）、火星勘测轨道号（Mars Reconnaissance Orbiter，于 2005 年 8 月发射）和新地平线号（New Horizons，于 2006 年 1 月发射）也都采用 Turbo 码作为其信道编码方案。

3.7.4　深空遥测系统组成及关键技术

深空遥测系统包括深空探测器应答机和地面遥测系统两部分。深空探测系统中，地面的跟踪、遥测、遥控和数传系统通常进行统一设计，组成深空地面站。为了实现高遥测覆盖率和高精度无线电干涉测量，需要由多个地面站构成深空网，并由数据处理中心实现干涉测量信号处理和遥测数据处理。本节首先探讨深空探测器应答机的关键技术，然后介绍深空地面站的组成和各分系统的关键技术，并对美国、俄罗斯和我国的深空网进行简单介绍。

3.7.4.1　深空探测器遥测系统的关键技术

（1）小型化大功率深空应答机

深空探测活动中，探测器的质量、体积是一个重要问题，因此应答机设备的轻小型化是一项重要技术，同时还要保证输出信号的功率满足系统要求。为达到体积小、功耗低的发展目标，深空应答机要采用固态微型发射机和各种数字技术，包括软件无线电技术、窄带数字锁相环、低杂散和相噪的数控振荡器、微波多芯片模块、微型介质振荡器、微型频综等。为了实现提高输出功率，同时保证小型化的目标，采取的主要措施包括：用固体功放代替行波管功放，微波集成技术和固体功放管的进步，使其体积、质量、可靠性、寿命和线性特性大大优于行波管；末级功放管应尽可能工作于饱和状态，以提高输出功率和功放效率。

（2）数据压缩技术

在功率受限的前提下，为了降低数据传输速率以保证一定的误码率或者提高作用距离，在遥测信源端（深空探测器）采用数据压缩技术是一项重要措施。数据压缩包括无损压缩和有损压缩，常见的数据压缩技术包括哈夫曼编码、LZW 编码等。就深空探测任务的意义而言，对地外天体的探测往往耗资巨大，为了将获取的珍贵原始图像资料传回地面，应尽量采用无损压缩的算法。

由于目前深空探测器的大部分遥测数据都是图像数据，DSN 目前的数据压缩工作主要集中于图像压缩。图像压缩的目的是在保证图像质量的前提下，用尽可能少的比特数来表示数字图像中所含的信息。DSN 采取一些特殊的措施使 JPEG（Joint Photographic Expert Group）图像压缩标准可适用于深空任务，这些图像处理可以使深空探测器下传的行星图像压缩比达到 10∶1。

（3）存储转发技术

在绝大多数深空探测任务中，由于传输时延极大，遥测数据的实时传输已经难以实现。此外，由于天体遮挡等原因，深空探测器在某些时间段内无法和地面站通信。因此，深空应答机应采用遥测数据的存储转发技术。

（4）可靠性设计技术

高可靠性是深空应答机设计需要重点考虑的一个因素。一旦深空探测器发射出去，设备失效就无法维修。因此，在设计中需要充分考虑通过冗余备份等手段提高系统的可靠性。

3.7.4.2 深空地面站系统组成与关键技术

深空地面站一般由天伺馈分系统、发射信道分系统、接收信道分系统、基带分系统、时频分系统、监控分系统、测试标校分系统组成。由于深空探测作用距离远，具有接收信号信噪比极低、时延较大等特点，因此深空地面站设计的一个重要目标就是尽可能提高系统的 G/T 值，需要重点解决多频段大口径高效率波束波导天线系统设计、高灵敏度超低噪声接收技术、高增益信道编译码技术、极低门限接收技术和超高稳定度频标技术等关键技术。

（1）天伺馈分系统

天伺馈分系统主要完成对下行微弱信号的接收，对目标指向跟踪或自跟踪，以及对上行信号进行发射等操作，主要由天馈、伺服控制和天线机械结构等部分组成。相应的关键技术包括以下 3 类。

①大口径高精度天线技术

为提高系统接收深空微弱信号的能力，提高 G/T 值，需要加大接收天线的面积，以提高天线增益 G。目前，国际上深空站天线口径以 34 m 和 35 m 居多，美国 NASA 的深空站天线最大口径为 70 m。

但随着天线口径的增大，重力、热力和风负荷等因素引起的机械结构变形等问题对天线性能的影响也更为明显。这些问题会带来天线的指向偏差，对高频段天线效率的影响很大。为满足指向精度的要求，需要采取基准面准静态倾角测量、热负荷测量等措施，在伺服分系统中建立系统指向误差模型，结合副反射面的姿态和位置调整手段，克服因重力、准静态风负荷、热力变形等因素造成的系统指向偏差，使天线的电性能达到最佳状态。

另外，天线口径的增大和 Ka 频段载波的使用对天线的型面加工精度也提出更高的要求，需要在生产工艺和检验方法上提出新的技术手段，突破大型毫米波高精度天线反射面制造技术，单块和全天线的面精度检测技术及工作状态下（不同方位，俯仰角）的面精度保持技术，尽量减小重力变形误差、单块面板制造误差、测量方法误差和总装调整误差。

需要指出的是，随着天线口径的增大，天线的造价和天线口径的平方成正比，大口径天线的生产、加工和维护都很困难。目前，国际上深空地面站的建设已经不再倾向于建造更大口径的天线，而是考虑通过天线组阵技术实现更高的天线增益。

②多频段波束波导技术

目前，深空地面站中广泛采用波束波导天线技术。美国 NASA DSN 自 20 世纪 90 年代以来建造的深空站，全部都采用 34 m 口径波束波导（BWG）天线，采用的是照准架结构，其电子设备均置于地下室中。ESA 在 21 世纪初新建造的两个深空站也都采用 35 m 口径的 BWG 天线，电子设备集中在天线方位转轴以下的天线座内。

波束波导天线高频前端设备可放在天线座下的机房内，旋转椭圆反射镜面可使微波能量对准几个前端设备中的任一个。这样，深空地面站可以更方便地扩展到更高的频率，并可设计为多频段，满足 S、X、Ka 三频段工作，且不增加传统天线中已不堪重负的卡塞格伦馈源、馈线部分的质量。但 S、X、Ka 三频段反射与传输镜的配置方法，都会直接影响传输效率和副反射面的输入场分布，是 S、X、Ka 波束波导系统的关键技术。

此外，波束波导技术还可提高天线的可靠性和可维修性。首先，天馈部分质量的减小使天线座寿命更长。其次，波束波导馈电形式使馈源可置于天线底座里的宽敞空间，避免馈源喇叭盖因雨水或有潮气聚集带来的性能下降，同时设备易于接触，方便于维护和改造，维修成本低、维修时间少。采用波束波导技术，还有利于简化高功率水冷发射机和低噪声制冷放大器的设计。

③超低噪声接收技术

为提高地面接收系统的 G/T 值，除提高天线增益 G 外，另一项关键技术是通过各种技术手段降低地面遥测接收系统的噪声温度，主要包括三个方面：降低 LNA 的噪声温度，降低馈线（含双工器）损耗和降低天线噪声温度。

目前，国外深空站设备都采用了低温致冷超低噪声温度放大器。其中，一类是低温 Maser 放大器，通过将 Maser 放大器和馈电系统一起放在温度为 1.2～4.2 K 的液氦中致冷，可以使 S 频段的噪声温度降低到 3.5 K。但是，Maser 放大器致冷系统的耗电量极高，且可靠性较差。冷却磷化铟（InP）高电迁移率晶体管（HEMT）是另一类高水平的超低噪声放大器。这是一种冷却到 12 K 的固态放大器，其低温制冷器成本较低，可靠性较高。在 1～100 GHz 范围内，它所产生的噪声温度小于 10 倍量子噪声限度（0.5～50 K）。NASA 深空网使用的低噪声放大器的噪声温度为 8.4 GHz 时低于 4 K，32 GHz 时低于 11 K，使用该类低噪放的接收系统噪声温度为 8.4 GHz 时低于 17 K，32 GHz 时低于 39.4 K。

深空遥测站发射功率极高，但接收信号微弱，因此收发隔离度要求很高。通常遥测系统会通过双工器、发阻滤波等手段提高收发隔离度，但这样增加了馈线损耗，不仅会造成信号的衰减，还会对系统噪声温度造成不利影响。国外一些深空站中采用了单收的工作模式，大大降低了该项噪声温度的影响。例如，美国 DSN54 深空站，在近天顶、S 频段，采用双工通道时，其系统噪声温度为 37.5 K，而采用单工时，噪声温度降至 28.9 K。如深空站需要具备上行发射功能，可考虑收/发采用不同频段提高频率隔离度，或者建立专门的发射站和接收站。此外，在系统设计和安装时，尽量减少微波部件的数目，减少接头数目，减小连接波导长度，同时结构设计要合理，安装要尽量精确，应尽量减少天线至低噪放之间的插损。

在采用了超低噪声放大器后，天线引入的噪声已经成为了深空遥测系统噪声的主要成分。天线低噪声设计是天线专业的一项关键技术，感兴趣的读者可以参阅参考文献［7］和其他专业资料。

（2）发射信道分系统

发射信道分系统的主要功能是产生大功率的微波信号，经过天线发射至目标，主要包括小信号及高功放两部分。其中小信号部分主要由窄带锁频器、频率综合器、微波锁相环等组成，完成基带上行信号的上变频功能；高功放部分主要由高功率放大器、假负载、冷却设备等组成。

对于深空探测任务，遥控指令的可靠性尤其重要。为保证遥控的可靠性，探测器的接收天线仍采用波束较宽的 S/X 频段天线。为了提高深空探测器的接收信号功率，主要依靠地面发射分系统产生较大功率的上行信号。地面站设备受体积、质量、功耗的限制较小，使用超大功率发射机是可能的。美国深空站 S 频段功率已经高达 400 kW，俄罗斯的深空站 S 频段功率可达 100 kW。该分系统的关键技术是超大功率放大器制造技术及超大功率发射水冷系统设计技术。

（3）接收信道分系统

接收信道分系统的主要功能是接收并放大应答机的微波信号，经频率变换至中频后送基带分系统，主要由和路下变频器、差路下变频器等组成。

（4）基带分系统

基带分系统主要由测距终端、测速终端、遥控终端、遥测终端、数传终端和角误差解调终端等组成，主要功能是完成测距信号与遥控信号的上行调制、目标距离和速度的测量、遥测信息的解调和译码、下行数传信号的接收和解调以及角误差信号的解调。

①高动态低信噪比信号载波捕获技术

在基带分系统中，要完成对接收信号的解调和测量，首先需要完成接收信号的捕获，深空遥测系统的接收信号信噪比极低；与此同时，深空探测器的运动速度达到第二宇宙速度，而且通常载波频率较高；因此，多普勒动态很高。对高动态、低信噪比信号的捕获是一项关键技术。

对于残留载波 PM 调制信号，可以通过改进常规的频率 FFT 捕获方法实现。但若系统采用完全的载波抑制或完全的副载波抑制的调制方式，则需要采用双支路 FFT 等改进算法实现载波捕获。采用双支路的 FFT 可以带来两方面的好处：一方面，可同时利用载波的同相和正交信道，使得 FFT 捕获时信噪比提高，从而保证 FFT 周期变短，使载波不稳定性得到显著改善；另一方面，采用双支路 FFT 时，既可以在载波捕获之前实现副载波和码元捕获，也可以同时进行副载波、码元和载波的捕获。在实现副载波和码元捕获之后，进行载波捕获，可以使载波捕获所需的 FFT 周期大大地缩短。

②极窄带锁相接收机

载波或副载波的 FFT 捕获完成后，需要先对捕获到的载波和副载波进行锁相跟踪，随后，才能进行正常的数据解调和测量。减少锁相环路带宽可以减少进入环路的噪声，从而改善信噪比，提高接收灵敏度。因此，实现低信噪比接收的另一个关键技术是超窄带锁相技术。

由于接收的信号极其微弱，为使载波和副载波锁相环正常工作，环路带宽要压窄到 Hz 级，甚至小于 1 Hz，以提高接收机的灵敏度。但锁相环带宽过窄时，环路跟踪动态信号的能力会下降。由多普勒动态和下行链路相位噪声引起的相位误差可能较大。为提高对高动态、低信噪比信号的跟踪能力，利用传统的二阶锁相环已无法满足要求，需要采用三阶锁相环技术来进行载波相位跟踪。表 3-20 给出三阶锁相环动态跟踪能力的分析结果。

表 3-20　三阶锁相环的动态跟踪能力

输入信号/dBHz	16	20	25	30	35
环路带宽/Hz	1.6	5.4	17	54	170
最大动态/（Hz/s）	1.5	15	180	1 500	12 000

在锁相环带宽较窄时，环路入锁一般比较困难。为缩短环路锁定时间、提高环路跟踪能力，目前通常采用变带宽跟踪技术，即锁相环在较宽的捕获带入锁，然后逐步减小环路带宽，直至达到需要的环路信噪比，实现极窄带跟踪。

③新型高增益信道编译码技术

提高微弱信号接收能力的一项重要措施就是采用信道编码技术，通过获得较高的编码增益提高低信噪比条件下信号解调质量。除经典的RS码和卷积码，Turbo码和LDPC码都具有很高的编码增益，能够在极低的信噪比下，获得接近香农极限的编码性能，是当前编码界研究的热点所在。在实际工程中，进行信道编码设计时，需要考虑以下因素：任务的类型（近地空间任务和深空任务等）、信道的类型、数据传输速率、调制方式、信道编码的码率/码长/性能度量（比特误码率和误帧率）、编码复杂度和译码复杂度（该因素往往决定硬件电路的复杂度和编译码时延）等。

④其他关键技术

为了尽可能地提高信噪比，深空遥测系统可以采用极化分集合成技术，把两种正交极化的信号进行分集合成，并采取技术措施尽可能地提高极化合成增益。

（5）时频分系统

时频分系统主要为地面设备提供高可靠性、高精度的频标信号和时间基准。该分系统主要由时间基准接收单元、同步校频单元、标准频率信号产生单元、时码产生单元及采样脉冲产生单元等组成。

深空遥测系统的时频分系统具有特殊重要的意义。对深空探测器进行无线电测距、测速和干涉仪测角时，由于被测目标和测控站之间的距离非常遥远，造成电波传播的时延和不确定性与近空测量时相比更大、更复杂，因此对时间同步精度及频率稳定度要求更高。就信号接收的角度而言，必须对本振源的相位噪声或短稳提出较高要求。相位噪声较差的本振源会造成进入锁相环路的载频抖动较大，增加环路对载波捕获的难度。除了尽可能控制倍频过程中本振信号相位噪声的恶化程度之外，提供具有极低相位噪声的频率基准信号是非常必要的，因此深空遥测系统要求极稳定的频率和时间标准。

目前，可采用的高稳定频标包括3种原子频率标准：氢脉塞、铯束标准和线性（汞）离子阱标准（采用高质量压控石英晶体振荡器 LITS/VCXO)。在很长一段时间内，深空站通常使用氢脉塞作为频率标准。氢脉塞的频率稳定性很高，在 1 000 s 平滑时间间隔内，变化优于 10^{-15}。最近，开始使用 LITS/VCXO 作为氢脉塞的补充，它在积分时间较短和较长时都能提供极好的稳定性，在积分时间较短到中等长时，其稳定性介于氢脉塞和铯束标准之间。DSN 制造的 2 台 LITS 样机在 1 000 s 平滑时间时的频率稳定性为 5×10^{-16}。将频率标准准确地分发到地面站中的所有设备是时频系统需要解决的另一个技术问题。

同一个深空网内的所有设备应该都采用来自世界协调时（UTC）的同一个时间源。例如，DSN 深空站的时钟利用 GPS 卫星共视法。通过 GPS 与美国国家标准与技术研究院的 UTC 同步。在时间分发过程中，时统设备应该具备扣除时间分发路径时延的能力。

（6）监控分系统

监控分系统的主要功能是完成全系统的监视、控制和管理，向管理中心传送测量数据和状态参数。采用两级监控方式，由系统监控单元与各分系统监控处理器组成。

（7）测试标校分系统

测试标校分系统的主要功能是完成上行和下行信道性能检查、相关系统指标测试、系统常规角度标校及距离零值标定等。主要由中频、射频模拟信号源、噪声源、小环检测接收机、标校天线、联试应答机、校零变频器、信标机、光电标、望远镜等组成。深空遥测系统中，测试标校分系统的关键技术主要是大型天线的测试标校技术，通常需要将常规测试标校与射电星标校方法相结合。

3.7.4.3　深空网

由于深空探测器远离地球，地球自转是影响地面站对其不间断跟踪的主要原因。为实现对深空探测器的连续跟踪，通常在全球范围内经度间隔 120°布设几个深空地面站，这样可以确保对距离地球表面 1.84 万千米以上的航天器进行连续跟踪。目前，美国、俄罗斯和欧洲空间局等国家和组织已经建立深空测控系统或测控网。我国和法国、意大利、印度等国也正在建设或计划建设自己的深空站，用于对月球和深空探测器的测控。

美国 NASA 的 DSN 是为了对执行月球、行星和行星际探测任务的航天器进行跟踪、导航与通信而建立的地基全球分布测控网，可以提供双向通信链路，用于对航天器的指挥控制、跟踪测量、遥测、图像和科学数据接收等功能。DSN 由经度间隔 120°的 3 个深空地面站组成，这些设施分别位于美国加利福尼亚州戈尔德斯敦、西班牙马德里和澳大利亚堪培拉，能对行星际航天器进行连续跟踪。每处综合设施都有 4～10 个深空设备，配备大口径抛物面天线(70 m、34 m 站支持 S、X 频段上、下行，以及 Ka 频段下行；26 m 站支持 S 频段上、下行)、高灵敏度接收系统、大功率发射机、信号处理中心和通信网络系统等。深空测控网的网络操作控制中心位于喷气推进实验室的 230 号楼内。

ESA 在澳大利亚西部的珀斯附近新建的 35 m 深空站天线采用波束波导馈电形式，工作频段为 S、X（上、下行）和 Ka（下行），通过从德国达姆施塔特空间操作中心（ESOC）进行遥控操作，可以做到完全无人值守。2005 年，西班牙建成第二个 35 m 深空站，工作频段为 X（上、下行）和 Ka（下行），2012 年，在阿根廷建设了第三个深空站，最终建成全球分布的深空测控网。

俄罗斯的深空探测地面测控系统主要由乌苏里斯克站（远东站)、埃弗帕托利亚站（乌克兰）和熊湖站（莫斯科附近）组成。乌苏里斯克站和埃弗帕托利亚站均有 32 m 和 70 m 两个天线，熊湖站有 32 m 和 64 m 口径的天线（单收）。工作频段主要是 UHF、C 和 X。即将投入使用的木星系统是将量子-D 系统的 70 m 和 32 m 天线进行现代化改造，采用了新的电子系统，工作在 X 频段。遥测、遥控和测距信号结构符合 CCSDS 和 ESA 建议标准，能够实现与国外站的兼容。

随着探月工程的逐步深入推进，我国深空测控网历经多年建设，已初具规模。喀什 35 m 深空站和佳木斯 66 m 深空站已建成并投入应用，阿根廷 35 m 深空站正在建设过程中。后续将实现喀什、佳木斯、阿根廷三站联网，为我国后续深空探测提供更好的测控支持。

3.7.5　深空遥测系统的技术发展趋势

随着深空探测活动的不断深入，深空探测器的数量将越来越多，探测范围将越来越广，对深空遥测系统的能力要求将越来越高。根据相关规划，未来的深空探测器工作周期将更长，意味着深空遥测系统需要满足更长任务周期的使用；下行链路传输速率和数量增加 1～2 个数量级，以满足更多种类型的遥测数据（例如，高清视频、合成孔径雷达数据、多光谱成像数据等）的回传；上行链路数据率也可能增加 10～100 倍，以支持深空探测器在轨软件更新、导航图片上传等业务的需求。为了满足深空探测的这些需要，必须在现有深空遥测系统中采用更先进的技术。本节主要对深空遥测系统的技术发展趋势进行简单介绍。

3.7.5.1　天线组阵技术

在深空遥测系统中，如何提高地面站接收信噪比是一个重要问题。使用大口径抛物面天线是遥测系统接收微弱信号的主要手段，但目前大天线的口径尺寸增加已趋于极限。以目前 NASA DSN 深空站的最大口径天线为例，该 70 m 口径天线的可动部分已重达 3 000 t，带来了天线重力下垂、风负荷加大、热变形、天线面加工精度、天线测试方法等一系列的技术问题。此外，仅依靠增大口径带来的系统增益有限，即使使用 100 m 口径天线，带来的增益比 70 m 口径天线的增益也只增加了 3 dB，但在天线结构及生产、维护上却带来了巨大的困难，因而继续加大天线口径不再是今后的主要研究方向。自 20 世纪 80 年代后期开始，NASA DSN 已经不再尝试通过增加天线口径来提高增益（公开资料中未见有研制 70 m 口径以上深空通信天线的报道），而是开始尝试其他提高信噪比的手段。天线组阵技术即是其中的一个重要发展方向。

组阵的思想最早由 JPL 于 1965 年提出。所谓天线组阵技术，就是利用分布的多个天线组成天线阵列，接收来自同一信号源（深空探测器）发送的信号，并将来自各个天线的接收信号进行合成，从而获得所需的高信噪比接收信号。相对于大口径的天线，天线组阵可以减小单个天线口径，同时可获取更大口径天线等效增益。从性价比的角度考虑，除了增加天线单元的费用之外，天线组阵所需的全部结构和电子设备的花费比建设一个巨型天线要小，而且建设多个小天线比建设一个巨型天线更容易。对于在深空遥测中日益重要的 Ka 频段而言，小天线的校准测试也更容易实现。1990 年，美国相关研究结果指出：用中等大小（25～40 m）的天线组阵比采用单个大型天线（70 m）更可取。组阵天线有两个显著优点：首先，组阵天线可以只使用一部分天线（即组阵天线总面积中的一部分面积）完成指定的航天器任务，剩下的天线面积可跟踪其他航天器；其次，天线组阵具有软失效特点，当单个天线发生故障时，天线组阵性能减弱，但并不失效。

目前，国外天线组阵信号合成技术主要有全频谱合成（FSC）、复符号合成（CSC）、符号流合成（SSC）、基带合成（BC）和载波合成（CA）5 种基本的信号合成方案。表 3 - 21 给出这 5 种天线组阵信号合成方案的优缺点比较。

表 3 - 21　5 种天线组阵信号合成方案的优缺点比较

信号合成方案	优点	缺点
全频谱合成（FSC）	不依赖信号的频谱特征，适用于载波非常微弱的情况	进入合成器信号频带宽，对信道相位稳定性要求高
复符号合成（CSC）	数据以比符号速率稍高的速率发送到合成器	每个天线都必须配备开环载波跟踪、副载波跟踪和符号环跟踪装置，且对设备的相位稳定性有严格要求
符号流合成（SSC）	数据以符号速率传送到合成站。对设备的相位稳定性没有严格要求	每个天线都要配备载波跟踪、副载波跟踪和符号环跟踪装置。要求有较高的环路信噪比

续表

信号合成方案	优点	缺点
基带合成（BC）	没有传输介质引起的天线间射频相位差，对设备稳定性要求相对较低	对每个天线信号进行载波锁定，一旦载波解调被破坏，它携带的信息都会丢失
载波合成（CA）	利用所有的载波跟踪可以达到最佳载波同步的全局估计	载波锁定信息必须发送到合成器，而合成的全局解还要返送回各个天线，因此对设备的相位稳定性有严格要求

天线组阵信号合成的核心就是确定信号延迟、相位偏移以及加权值，使得合成信号的SNR最大。用信号相关来确定阵列中天线间的信号相位和延迟偏移，主要的相关算法有Simple算法、Sumple算法、Eigen算法等。这三种算法的比较见表3-22。

表3-22 天线组阵信号合成相关算法比较

相关算法	算法描述	运算量	特点
Simple算法	在天线阵中选择一个GPT值最大的天线作为参考天线，将其余天线收到的信号均与该天线收到的信号进行相关运算	与天线数成线性关系	结构最简单，性能较差
Sumple算法	将所有天线加权求和后组成的“天线”作为参考天线，每个天线收到的信号均与该合成信号进行相关运算	与天线数成线性关系	结构简单，性能最好
Eigen算法	通过求协方差矩阵的特征向量来确定信号合成的最优加权系数，使得合成输出信噪比最大	与天线数的平方成线性关系	结构较复杂，性能较好

为了改善Sumple算法在天线数目较少时的合成性能，研究人员提出一种改进的Sumple算法，进一步提高Sumple算法的合成效果。图3-93为采用FSC合成方案、接收信号信噪比较低时，Simple算法、Sumple算法、改进的Sumple算法各自的合成性能曲线。可见，采用改进的Sumple算法效果最好。

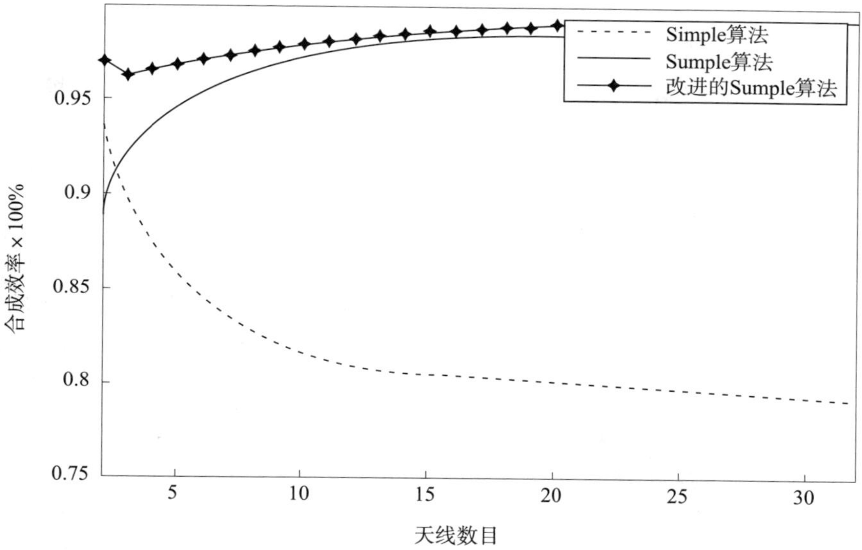

图 3-93　不同算法的合成性能曲线

未来深空天线组阵的发展方向主要包括大型天线组阵、上行天线组阵和软件合成器。

①大型天线组阵

利用大型天线阵代替现有的深空大天线，不仅可以满足未来的高速数据传输要求，也能够有效地降低成本和提高可操作性。研究结果表明，10 个 12 m 天线组成的天线阵等效于 1 个 34 m 天线的性能；40 个 12 m 天线组成的天线阵等效于 1 个 70 m 天线的性能。现有的 70 m 天线工作在 X 频段，而未来的大型天线阵可工作在 Ka 频段，其性能可增强 4 倍，因此由 400 个 12 m 天线组成的大型天线阵将具备目前 70 m 天线 40 倍的能力。

大型天线组阵中需要解决的关键技术包括：多组微弱信号的相关技术、单个天线单元的监视和控制技术、同一地面站的天线阵中不同阵元的频率和定时参考信号的同步技术、大型天线阵的维护技术等。

②上行天线组阵

在某些情况下，需要增强上行链路的通信能力，例如，对航天器实施软件更新或支持未来的载人深空任务等。天线组阵技术将是未来提高深空站上行能力的一项重要技术措施。

上行发射天线组阵的主要需求在于提供高的 EIRP 值来支持更高的上行数据率，以及提供控制指令到增益非常低的天线。上行发射天线组阵的优势首先在于可以以较小的成本提供需要的 EIRP，且可以提供同时多任务的支持；其次是安全性较高，因为大天线发射大功率时，在一定范围内，通量密度可能会超过人体可以承受的极限。此外，未来深空任务将主要工作在 Ka 频段，每个地面站的天线阵均可执行上行任务，对消除天气的不利影响非常重要。

NASA 的 SCAWG（Space Communication Architecture Working Group）给出的 2005—2030 年 NASA 空间通信与导航体系结构建议把上行组阵作为待进一步发展的 6 项关键技术的第一项。NASA 于 2006 年 2 月，利用位于戈尔德斯顿的 2 座 34 m 天线初步验证了上行组阵的能力以及相关的校准技术，但距实际应用尚有一定差距。

③软件合成器

在天线组阵系统中，使用软件合成器仍具有很多好处。基于软件实现的算法易于修改，新的算法易于实现；有利于提高事后从记录数据中恢复信息的机会；利用互联网传输数据，软件合成器可完成对不同地面站天线阵数据的合成处理，而不需要专门建设点对点的光纤链路。

3.7.5.2 无线电干涉测量技术

(1) 实时 VLBI 技术

传统 VLBI 技术采用磁带记录观测数据，再传递给处理机做相关处理。随着通信技术的飞速发展，出现了用数据通信网络代替传统 VLBI 的磁带记录与传输，将数据直接传送至数据处理中心做相关处理的实时 VLBI 技术，也称为 e-VLBI。实时 VLBI 技术包括准实时和实时 VLBI 两个技术层次，前者基于中低速通信网，需要中间存储转发设备；后者采用高速通信技术，无需中间缓存，数据可边观测、边传输、边处理。

实时 VLBI 能自动、高效地管理观测网并处理数据，是 VLBI 技术的一次飞跃。它同时具备实时性（能在观测后几分钟内获得处理结果）和传统 VLBI 的高精度的双重优点，还具备不受气象条件限制，全天候、全天时被动观测的特点，故能应用于空间目标的监测，并能在航天器精密跟踪、快速定轨和深空导航及空间科学等领域，提供数据精度远高于现有常规测控手段的技术保障。

实时 VLBI 需要解决的关键技术是如何在高数据速率下，通过数据通信网可靠、高效地传输数据，包括确定数据传输的协议、解决数据打包和重新排序，以及数据监控等问题。

（2）空间 VLBI 技术

由于 VLBI 的测角精度与基线长度成正比，因此，在不改变硬件测量水平和其他条件的前提下，增加基线长度可以显著地提高 VLBI 的测角能力，空间 VLBI 成为未来 VLBI 技术发展的重要方向之一。美国 VLBI 的最长基线可达 8 600 km，DSN 的基线近 12 500 km，已达到地基干涉仪基线长度的极限。为了摆脱地球直径的限制，美国最早提出建设空间 VLBI 的设想。空间 VLBI 是将地面 VLBI 技术与卫星技术相结合的新一代 VLBI 技术。它由空间 VLBI 站、地面 VLBI 站、地面跟踪站和数据处理中心组成。其测量原理是安装在空间的天线与地面天线网络一起进行测量，将接收信号下传到地面遥测站。除常规的卫星平台设备外，空间 VLBI 站上安装有天馈、接收机和数据采集系统、参考相位和数据传输系统等。地面跟踪站通过上行信道向空间 VLBI 站发送工作指令和参考相位，下行信号接收并记录空间 VLBI 站的观测数据，这些数据与地面 VLBI 站的观测数据一并送往 VLBI 数据处理中心进行处理，得到测量结果。

空间 VLBI 技术不仅可以利用长基线提高对深空探测器测角的精度，由于空间 VLBI 站与地面站之间存在相对运动，还可以在基线长度和方向不断变化的条件下进行观测。

3.7.5.3 深空激光通信技术

从提高工作频率的思路出发，在深空遥测中采用激光通信技术是一种自然的选择，即使用频率范围为 $1.9\times10^{14}\sim5.6\times10^{14}$ Hz 的激光作为载波，在深空探测器到地面站或深空探测器之间进行通信。极高的频率使得激光具有更好的方向性，能量更加集中，带宽资源更丰富，可以支持比射频通信更高的信息速率。单从波束质量考虑，口径 0.1 m 的光学天线对应的光波能量密度是口径 3.7 m X 波段天线对应能量密度的 106 倍，而载波频率平方之比约为 90 dB，综合各种因素影响，激光通信速率将会比 X 频段高 60 dB。同时，激光通信系统还可集成应答式激光测距功能。同时，激光通信链路终端具有体积小、质量小、功耗低、抗干扰能力强、保密性好的优势，有利于在深空探测器上使用。

由于空间光通信技术具有巨大的优势，美国、欧洲和日本等国均对空间激光通信技术的研究和发展给予了高度重视，开展了许多研究，并成功地进行了多项演示验证试验。1995 年，美国 JPL 与日本联合进行光通信演示试验，是世界上首次成功进行的星地激光通信试验。2008 年 3 月，BMDO 的近场红外试验卫星 NFIRE（于 2007 年 4 月发射）与相距 5 000 km 的德国雷达地球观测卫星 Terra SAR-X（于 2007 年 6 月发射）之间成功地进行了码速率为 5.5 Gb/s的高速激光通信。2006 年 6 月 7 日，日本 OICETS 的激光通信终端 LUCE 与德国航空航天中心移动光学地面站 OGS-OP 之间进行了激光通信试验，在国际上首次实现了低轨卫星与机动光学地面站的激光通信。在深空激光通信领域，美国已经开展了较为深入的论证、研究和专项演示试验工作，包括 1992 年 12 月开展的伽利略光学试验（GOPEX）和地-月-地后向反射激光链路补偿试验。2013 年，美国月球激光通信演示系统（LLCD）在地月距离上实现了下行 622 Mbps、上行 20 Mbps 的数据传输。

综合各国的光通信发展现状，目前卫星光通信已达到工程应用水平。但是，深空激光通信距离实际工程应用仍有差距。未来深空激光通信需要突破的关键技术有高精度捕获跟踪瞄准技术、大口径接收望远镜技术、高功率高重频激光器技术、阵列望远镜技术和强背景条件下微弱信号探测技术。预计未来的深空激光通信技术将与卫星光通信技术同时发展，并最终建立起以地面站和轨道卫星为基础的空间激光通信网，和以地面站、卫星或空间站等航天器为光收发终端的深空探测激光通信网。

3.7.5.4　新型编码技术

目前，在深空遥测领域中广泛采用或研究的 RS 码、卷积码、Turbo 码和 LDPC 码均属于在物理层上完成的信道纠错编码，其纠错的目标是错误的比特。对于空间链路协议的数据链路层的上层协议而言，需要对物理层接收帧的正确性进行确认（如 CRC 校验等方法），信息接收端仅把通过正确性确认的接收帧传给上层，否则会将其丢弃，即存在一个所谓的包删除信道。在深空遥测系统中，由于距离遥远造成接收信号信噪比很低，产生的误码可能超出传统信道纠错编码的纠错能力，而且深空链路易中断，这都会造成接收端丢包率很大。传统的数据链路层协议依靠自动请求重传（ARQ）机制来处理数据包被丢弃的情况。但在深空信道中，较长的信息往返时延使得 ARQ 机制的性能严重下降。

根据以上分析可知，如果信息接收端可以直接对未通过正确性检验的数据包进行自动判别和校正，将被物理层“擦除”的数据包恢复出来，而不是采用反馈、重传，将可以大大提高深空遥测的数据传输效率。其中，一种技术方法就是分组级纠删编码，其基本概念为，在通信协议栈的某一层中，将上层下发的待传输数据单元分割成固定长度的数据包，然后，以 k 个数据包为 1 组进行编码，得到 n 个已编码数据包来进行传输。在接收端，将 n 个已编码数据包进行解码，即便其中有错误的数据包，只要错误在纠错能力之内，就可以正确地得到原始的 k 个数据包。必须说明的是，在通信链路协议的上层应用分组级纠删编码的目的不是为了取代传统的物理层信道纠错编码，这两种纠错编码形式在同一个系统中可以共存。

喷泉码是一种重要的分组级纠删编码，该种编码方式是在解决Internet广播业务中数据重传导致信道容量浪费问题基础上发展起来的，它由M. Luby等人于1998年首次提出。喷泉码非常适合深空通信，只要接收到的数据包个数n与源文件k个数据包满足一定关系，就能够恢复出整个文件，这决定了它不需要频繁的重传和确认过程，能够提高传输效率；另外，它还具有能够以任意概率逼近香农极限的特点，有利于降低接收系统对于信噪比的要求。喷泉编码可分为随机线性喷泉编码、LT码和Raptor码。随机线性喷泉编码能够接近香农极限，缺点是编码和译码需要的运算次数较大。因此，运算次数较少的编译码算法是后续研究工作重点。2002年，M. Luby提出第一种现实可行的喷泉码——LT码。LT码保留了随机线性喷泉编码的优点，而且大大降低了编译码的复杂性。它可以被认为是一种稀疏的随机线性喷泉编码，且解码算法非常简单。Raptor码的编码思想源于LT码，不同的是进行LT码编码前需要一个预编码步骤，以产生一定的冗余符号，然后再进行LT码编码。

3.7.5.5 行星际网络技术

(1) 行星际网络体系结构

随着人类深空探测活动的不断扩展，参与任务的探测器数量会越来越多，探测操作也会越来越复杂，未来的深空遥测系统将发展成为一个由行星际骨干网、行星际外部网和行星区域网组成的行星际网络。行星际骨干网主要为地球与其他区域网、外部网之间提供超长传输距离的数据通信链路。行星际外部网由活跃在行星之间的单个航天器、星座或编队组成。行星区域网可以进一步分为行星卫星子网和行星表面子网。

下面以火星探测任务为例，说明行星际网络体系结构的划分。假设围绕火星布设中继星座，着陆器到达火星后释放漫游器。着陆器可以与地球的深空站直接通信，或通过中继星座转发，漫游器只能通过着陆器与地球通信，那么深空站到火星中继星或着陆器之间的链路属于行星际骨干网；着陆器、漫游器和火星中继星构成火星区域网，其中，火星中继卫星是区域网的行星卫星子网节点，着陆器和漫游器则属于行星表面子网节点。2001 年 4 月发射的火星奥德赛轨道器为两部火星探测漫游者（Mars Exploration Rovers）——机遇号（Opportunity，于 2003 年 7 月发射）和勇气号（Spirit，于 2003 年 6 月发射）——提供了科学探测数据回传地球的中继服务，为人们展示了一个行星际网络的雏形。

美国提出了 2030 年左右空间通信与导航体系结构。该体系结构由地球网、月球网和火星网组成，未来将逐步发展为前述的行星际互联网，横跨整个太阳系，为深空探测任务提供服务。

（2）行星际网络的特点及现有网络技术的局限性

在深空通信环境中，地面与航天器之间的端到端通信具有以下特点：

1）信息时延非常大，长达几十分钟甚至数小时量级，而每次通信的持续时间则可能小于信号传播时延。信息时延包括信号传播时延、发送时延以及在中间节点的排队时延，因此无法保证是恒定的；

2）发送与接收的信息速率不对称，有时甚至只有单向信道；

3）信息在传输过程中极易发生错误；

4）地面段、地-空段以及航天器上可能采用不同的网络技术，必须实现不同网络之间的互操作；

5）受航天器运动的影响，地面站与航天器之间的联系是间断性的，在网络正常工作情况下也会出现通信中断，路由协议必须正确处理这种中断。当地面站与航天器之间经过多个运动节点才能实现通信时，网络的拓扑结构是实时变化的，必须具有动态路由选择能力；

6）由于深空通信资源非常珍贵，必须采用有力的认证及访问控制措施，并且实现安全控制时要避免浪费通信资源；

7）航天器的存储容量及处理能力都非常有限。

用于深空通信的网络技术，必须能够适应上述特点。目前，在空间通信中使用的数据传输协议主要是 CCSDS 建议，近年来也开展了在空间通信中应用地面因特网技术的研究，但这些协议仅适合于在行星区域网范围内使用，而应用在整个行星际网络体系结构中有其局限性，需要加以改进。例如，CCSDS 建议主要是分包遥控、分包遥测和高级在轨系统建议。这些建议包含了数据链路层和网络层，但都假定数据传输是通过一个事先配置好的静态路由，因此没有支持动态路由的协议，无法适应未来端到端的深空环境。CCSDS 已经对这些建议进行了修改，并开发了一套涵盖网络层到应用层的空间通信协议规范（SCPS）。与地面因特网协议相比，SCPS 增强了对深空网络通信环境的适应性，但并未提出基于路由表寻址方式的具体路由算法，而广泛寻址方式在通信资源非常珍贵的深空通信环境中是否可行值得怀疑；SCPS - TP 的可靠传输依然是采用先建立连接再传送数据的模式，如果往返延迟大于通信持续时间，那么应用数据仍然没有机会得到传输；SCPS - TP 虽然提供了选择重传机制，但这仍然是基于端到端的重传，并没有改善发送端与重传相关的通信资源保留时间问题。

（3）DTN 的设计思想以及体系结构

1998 年，美国国防高级研究计划局（DARPA）资助 JPL 开始进行星际互联网络（IPN，Interplanetary Internet）的研究，以解决深空探测和通信中的各种问题。2002 年，该工作转由 NASA 进行资助。目前，已经形成名为容延迟网络（DTN，Delay - Tolerant Network）的体系结构，对数据格式进行了初步定义，形成了相关 IETF 协议草案。

地面段、地-空段以及航天器可能采用不同的网络技术，而每种网络技术都最适合特定的应用环境。考虑到不太可能有适合所有应用环境的网络技术，DTN 参考地面因特网技术思想，在各种网络技术的传输层之上提供“覆盖”协议，从而构造“因特网的网络”。在这种体系结构下，采用同一种网络技术的网络节点构成域，域之间通过 DTN 网关连接。域内的信息传输及可靠性保障由域内的网络技术完成，而域间的信息传输及可靠性保障由运行在 DTN 网关之上的“覆盖”协议来完成。由于不同域内网络的传输层提供的服务有差异，DTN 可能需要“汇聚层”来专门处理与特定协议的接口细节。为了适应信息传输时延可能比通信时间还要长的操作环境，DTN 网络以存储转发技术为基础，尽量避免端到端地交换各种辅助信息。为此，DTN 将被传输的应用数据与相关辅助信息放在一起组成“信息”（或称为“包裹”，Bundle）同时传送，这样就减少了在正式传输数据之前发送、接收双方先交换辅助信息建立连接的过程。这种设计思想在其命名规则、安全策略中均有体现。在 DTN 体系结构下，假定地面段采用因特网技术、地–空段采用 CCSDS 建议的情况下，从地面到航天器的端到端协议栈如图 3–94 所示。

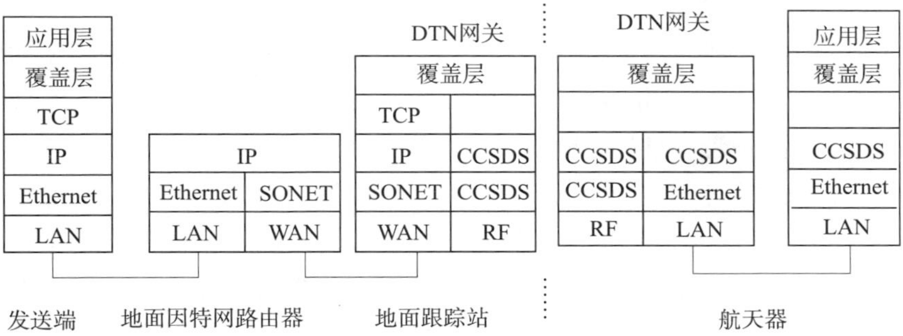

图 3–94　在 DTN 体系结构中端到端协议栈举例

目前，DTN 的体系结构已经定义得非常清晰，并且根据该体系结构已经对所传信息的格式作出详细规定。但要 DTN 网络真正运行起来，还缺少路由选择协议、流量及拥塞控制协议及时间同步协议。

（4）行星际网络关键技术

行星际网络的构建以物理层技术为根基，需要突破空间激光技术、大型天线技术、特高频段射频技术、纠错编码和调制技术等，实现超远距离的高效通信。在此基础上，还需要解决好路由技术、拥塞与流量控制、安全等网络关键技术。

3.8 天基遥测系统

近代航天测控通信技术的重大突破是天基测控通信网——跟踪与数据中继卫星系统（TDRSS，简称中继卫星系统）的建成，天基遥测系统的设计思想从根本上解决了测控通信的高覆盖率问题，同时还解决了高速数传和多目标测控通信等技术难题，并具有较高的经济效益。

TDRSS是一个利用同步卫星和地面站，对中、低轨飞行器进行高覆盖率测控和数据中继的测控通信系统，它包括中继卫星、中继卫星地面站及用户平台。根据我国航天技术的发展现状和总体规划，我国第一代 TDRSS 可为用户提供窄带 KSA（Ka - band Single Address)、宽带 KSA 和 SSA（S - band Single Address）3 种类型的测控通信服务。服务对象包括神舟系列飞船、卫星、运载火箭等各类中低轨航天器，以及飞机、舰船等用户。已经为空间交会对接、抗震减灾以及卫星抢救等做出过重要贡献。

TDRSS具有跟踪测轨和数据中继两方面的功能，由于这个系统的同步卫星从远离地球 36 000 km 的同步轨道向地球俯视，所以覆盖范围很大。这可形象地视为把测控站搬到了天上的同步轨道，故又称天基测控系统。系统组成如图 3 - 95 所示。

TDRSS是天/地大回路的长通道传输，它的传输链路分为前向链路和返向链路。由地面终端站→中继卫星→目标航天飞行器组成的通道称为前向链路，用于传输地面终端站发射的遥控指令、测距信号和其他需要通过中继卫星转发给目标航天器的数据。由目标航天飞行器→中继卫星→地面终端站组成的通道称为返向链路，用于传输目标航天器上采集到的遥测及载荷数据。

天基遥测系统可简述为一个利用 TDRSS 提供的数据中继服务，通过中继返向传输链路，完成航天飞行器关键系统测量数据及载荷获取信息对地回传的通信系统。

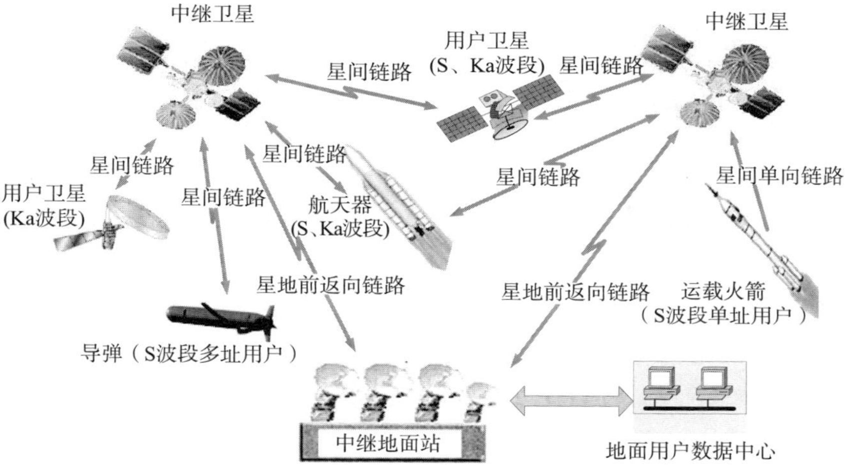

图 3-95　天基测控系统组成

随着航天技术的飞速发展，人们研究的重点放在了如何有效地获取到最多的科学数据。航天器成为搭载观测仪、收集和转发各种信息设备的一个空间平台，交换和转发各种科学数据成为航天测控的主要目的。因此，航天测控系统还有另外一个重要的目的，即数传通信，主要完成航天器和测控站之间的语音、图像、电视和各种特殊科学数据的传送。在数据量小、速率低的情况下，数传通信功能可以由遥测系统来完成。

3.8.1　天基遥测系统的作用

传统上，我国用于实施航天飞行器遥测任务的主体测控系统都设置在地球上，主要由地面测控站、远洋测控船等组成，并以此形成地基测控网。由于电波直线传播的特性和受地球曲率的限制，单个地基测控站对近地航天器实施遥测的时间很短，为保证对飞行器全程不间断地遥测，通常使用增加地面站数量实施接力遥测的方式。例如，当航天器飞行高度为 322 km 时，为保证对航天器轨道测量的全球覆盖，经计算需要设置 45 个站。其中，大多数需要布设在国外和海外。通过增加地面站的方法来保证对中低轨道航天器的100%测量覆盖是不现实的。相反，利用地球同步轨道卫星与航天飞行器进行数传通信，则可以大大地提高遥测覆盖率。经计算，利用一颗跟踪与数据中继卫星，对离地200 km高度的卫星跟踪，覆盖范围达到52%以上；对离地2 000 km高度的卫星，覆盖范围达到68%以上。如果使用两颗经度相隔130°的中继卫星，对轨道高度为200 km的卫星跟踪，可覆盖85%以上轨道，对轨道高度为1 200 km的卫星则可覆盖100%轨道。

20世纪80年代以来，美国、俄罗斯、欧盟、日本等国都积极开发本国的中继卫星系统。目前，美国NASA的中继卫星系统发展到第二代，在轨运行的有9颗；而美国军方开发的卫星数据系统（SDS）已经发展到第三代，在轨运行的至少有7颗。俄罗斯/苏联的中继卫星系统分军用、民用两大类。民用的中继卫星系统称为“射线系统”，包含东部、中部和西部三个独立网，主要用途是为低地球轨道卫星提供通信和控制，为和平号空间站、联盟TM飞船以及早期的礼炮号空间站与地面控制站之间提供双向数据交换；军用的中继卫星系统称为“急流”，主要为光电成像侦察、海洋监视等军用卫星提供服务。欧洲ESA的中继卫星发展分两步走，即技术试验卫星（Artemis）计划和实用卫星（DRS）计划。目前两颗Artemis试验卫星已经在轨运行，主要进行移动通信、光通信和数据中继试验；DRS计划拟发射两颗中继卫星。日本宇宙开发事业团对日本的数据中继和跟踪卫星（DRTS）进行了规划，并于1993年确定了4步走的发展策略，目前两颗在轨的中继卫星已经得到成功应用。

在中继卫星系统建成的初期，由于技术手段的限制，其服务对象仅仅限定在中、低轨航天器，为大量在轨运行的中、低轨航天器提供测控服务。典型的应用有地球观察卫星（EOS），臭氧测绘系统——地球探测卫星（TDMS-EP），降雨测量卫星（TRMM），海洋测绘试验卫星（TDPEX），陆地星（Land-sat）等，这些应用取得了显著的经济效益。经过十多年的研究发展，目前，中继卫星系统的应用日益广泛，范围已经扩大到用于地面、大气层、月球探测和带动力飞行的火箭。

在载人航天器（包括载人飞船、空间站、航天飞机等）应用方面，中继卫星系统成功地解决了高覆盖率、空间对接和返回着陆等测控问题，同时实现了实时图像传输。例如，美国 NASA 于 1983 年 11 月执行第 9 次航天飞机飞行时，利用当时仅有的一颗 TDRS 进行测控通信保障，航天员第一次享受到同地面几乎不间断的通信，在执行任务的 10 天中，通过中继卫星系统传输的数据比 1973 年美国天空实验室运行 24 周送回的数据多 50 倍。此次飞行，通过中继卫星系统空-地通信线路获得的数据比以往 39 次载人飞行的总和还要多。

对于运载火箭测控，利用中继卫星系统支持的运载火箭测控技术早已开始应用。20 世纪 90 年代初，ESA 签署合同对能够经数据中继卫星将重型运载火箭高速遥测数据发送至地面的箭载系统进行研究，在 EADS - LV 的支持下，由 Astrium SAS 完成并已经得到应用。自 1994 年开始，美国中继卫星系统已经成功地为多家运载火箭的数十次任务提供数据传输支持。1996 年，发射 Palapa 卫星时，应用辛辛那提公司的中继卫星系统转发器进行遥测，它覆盖了运载火箭的起飞、二级点火，直到星箭分离后的 1 h，总遥测时间长达 4 h 5 min，遥测中，E_b/N_0 高达 11 dB，误码率低到 1×10^{-6}。到 2001 年，基本上所有的运载火箭都已经得到中继卫星 S 频段单址返向（SSAR）业务的支持，每颗中继卫星能同时提供两个 SSAR 业务，频率范围 2 200～2 300 MHz。运载火箭发送到地面控制中心的遥测数据率为 100 b/s～3 Mb/s，调制体制为 BPSK 和 QPSK，采用 QPSK 时，中继卫星能同时从运载火箭接收两路不同的数据。

目前，国外中继卫星系统已经成功地应用于运载火箭靶场安全系统。同时，在运载火箭的遥测技术中也取得了重大技术突破。在运载火箭的跟踪测轨方面也进行了多次试验。

对于各类中低轨航天器的测控应用，通过戈达德航天飞行中心出版的《中继卫星系统用户手册》可以看出，美国的中继卫星系统可以为轨道高度在3千千米以下的卫星提供近100%覆盖率的测控支持，为轨道高度在2万千米左右的卫星提供近40%覆盖率的测控支持。

另外，中继卫星系统在大气层内飞行器（如遥感飞机系统和无人驾驶飞机）的测控，以及海上浮标定位中也得到成功应用。

根据我国航天技术的发展现状和总体规划，我国中继卫星系统可为用户提供窄带KSA（Ka-band Single Address）、宽带KSA和SSA（S-band Single Address）3种类型的测控通信服务。从2008年4月，首颗天链卫星发射成功，我国已有3颗中继卫星在轨，并实现组网运行。服务对象包括神舟系列飞船、卫星、运载火箭等各类中低轨航天器，以及飞机、舰船等用户。我国天链一号卫星成功发射后，以中继卫星为代表的天基测控手段已成为我国航天测控系统的重要组成部分，并成功应用于各类航天测控任务中。

2011年，我国TDRSS应用于天宫一号目标飞行器的测控通信，并为神舟系列飞船、空间交会对接及在轨运行提供有效测控及数传支持。2012年7月，我国TDRSS首次为长征系列运载火箭提供天基遥测服务，利用单颗卫星为运载火箭遥测数据提供天基返向链路支持，在关键弧段实施960 s天基遥测传输，首次解决了运载火箭滑行段无法测控的问题，配合地基系统第一次实现了运载火箭飞行全程无盲区测控。中继卫星被称为“卫星的卫星”。目前，已经为多颗中低轨卫星、飞船等航天器提供数据中继及测控服务，提高各类卫星使用效益和应急能力，使资源卫星、环境卫星等数据实时下传，为应对重大自然灾害赢得更多预警时间，为卫星抢救等做出过重要贡献。

3.8.2 天基遥测系统的特点

天基遥测系统依托于中继卫星系统实现数据传输。由于中继卫星处于距地面 36 000 km 的静止轨道，其天然的通视性为天基测控技术赋予了测控覆盖性高、连续性好、发射航线适应性强等特性，能够显著提高其对各类飞行器的测控能力。

中继卫星系统采用集中式管理，包括若干颗中继卫星及相应地面终端站，再加上中继卫星的测距转发站、模拟测试站等。相对于原有陆/海基测控网而言，天基测控的使用及维护成本都大大降低。基于中继卫星系统的全天候工作能力，天基测控的应用还可以为高密度航天任务提供有力的支持。

根据中继卫星系统特点，天基遥测系统应具有以下特点。

（1）对各类用户航天器轨道的测量覆盖率高

目前，陆海基测控系统依靠大量的地面测控站和多艘测量船接力的方式来实现对中低轨航天器的连续测控，即使如此，在某些弧段仍存在测量空白。在执行某些任务时，如果单纯依靠陆海基测控系统，为了保证足够的测控范围以及关键段的测控，可能需要在其他主权国家的领土及领海设置测控站或布置测量船，实施难度大。尤其对于运载火箭发射任务，上述因素一定程度上限制了不同任务情况下的发射航线设计。对于一些特殊的窄窗口、多弹道发射任务而言，陆海基测控系统的布设更是难以实现。天基遥测系统依托于中继卫星系统实现数据传输。由于中继卫星处于距地面 36 000 km 的静止轨道，其天然的通视性为天基遥测技术赋予测量覆盖性高、连续性好、发射航线适应性强等特性，能够对所有中、低轨航天器进行几乎 100%的跟踪测量。相对于陆海基测量系统而言，天基遥测系统对各类飞行器的测量能力显著提高。利用天基遥测系统，很多情况下，基于一颗中继卫星就能覆盖运载火箭从升空到主发动机关机段的测量范围并实施连续测控，且每次发射任务可根据要求选择最合理的航线。图 3－96 给出了天链一号中继卫星系统三星建成在轨状态下测量覆盖范围的仿真分析结果。

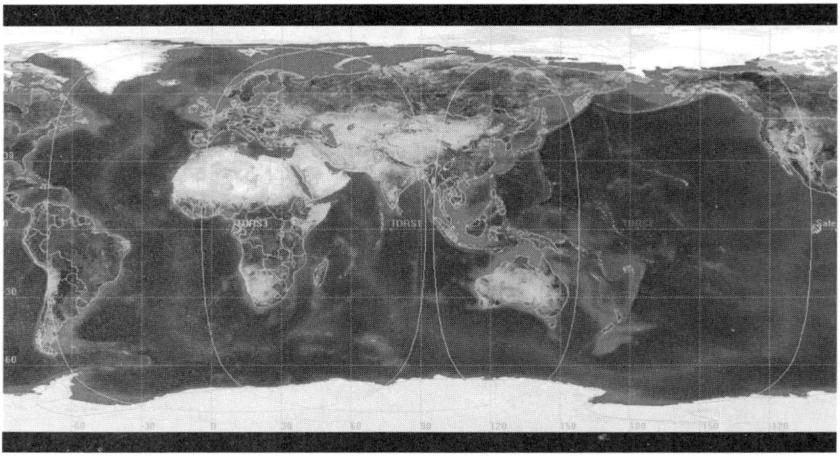

图 3-96　天链一号中继卫星测量覆盖范围的仿真分析结果

（2）测量数据回传时效性好

由于天基遥测系统测量覆盖率高，使各类航天器探测数据得以及时、有效回传，其有利于提高数据时效性及可用性，便于及时发现用户航天器的异常情况，及时采取故障排除措施。对于载人航天器，可保证航天员与地面的不间断通信，并随时监视仪器部件及人员的工作状况，为地面控制指令实施及航天活动灵活规划提供实时有效的判断信息。

（3）数据传输速率高且中继能力强

中继卫星利用 S 和 Ka 频段来传递数据，数据传输速率最高可支持 600 Mb/s。数传信道主要为真空路径，且不论航天器运行到何处，只需一颗中继卫星即可传送至地面终端站，中间传输环节少、可靠性高、质量好。另外，随着电子信息技术、遥测测量技术以及遥感探测技术的发展，航天器遥测测量参数及探测传输数据日趋复杂、数据量不断增加，现有运载火箭测量系统设备的遥测速率已支持到 10 Mb/s，卫星数传容量需求通常在数百兆位每秒，中继卫星系统具备的数据中继能力可为现有及未来航天器遥测、数据传输需求提供有力的支撑。

(4) 靶场任务配置灵活、时效性高

对于地基靶场，每次发射任务的发射点、射向、航迹均有不同，这就需要对地面设施进行重新配置、调试，两次任务间需要相当长的准备时间，且由于受到地理位置及飞行安全的限制，地基测控只能利用历史上形成的测控网支持特定轨道的发射任务，无法进行灵活配置。即便能够多射向发射，也没有财力为每个靶场建立多射向的地基测控网，更无法支持机动发射。由于中继卫星系统天然的高覆盖性，天基测控任务采用集中式管理，具有全天候工作能力。天基遥测系统通过调整中继卫星系统配置即可实现不同任务间的切换，具有任务响应快、时效性高、配置灵活、效费比高且多轨道适应性强的特点。天基测控技术应用可为我国航天全向、多轨道发射，高密度、全球机动发射需求提供有力的支撑。

(5) 降低用户航天器的运行及测控保障成本

在轨航天器长时间运行管理需要地面系统持续不间断的勤务支撑，需要占用地基测控系统大量的人力及物力资源，相关地面测控站（船）的日常维护及保障成本极高。中继卫星系统可取代许多保障中、低轨道用户航天器在轨运行的地基测控站，尤其是海外站及测量船，同时也省去了这些测控站（船）所需的昂贵的远程通信费用。天基测控系统的应用可大大减少地面测控站的布设需求，原则上只需保留用于轨道高度 5 000 km 以上航天器的地面站即可。相对于原有地基测控网而言，天基测控系统包括若干颗中继卫星及相应地面终端站，再加上中继卫星的测距转发站、模拟测试站等，其使用及维护成本都大大降低。

(6) 便于航天器集中管理

中继卫星系统容量大，可用性高。一个中继卫星系统可以管理多种类型的中、低轨航天器。对多个用户航天器的集中管理，可使设备和人员得以充分利用。同时，使通道勤务的调动十分方便，利于测控业务和测控设备标准化，利于不同有效载荷探测信息的数据融合和综合利用。

3.8.3 天基遥测体制的选择

天基遥测需要通过中继卫星系统建链工作、发挥效能，其遥测体制的选择也同样需要遵循《中继卫星系统数据传输技术规范》等总体顶层设计规划文件。该规范规定了中继卫星系统数据传输链路射频特性、信道特性、编码调制体制、数据链路协议和链路建立等技术要求。规范适用于航天类用户和非航天类用户通过中继卫星系统建立的数据传输链路，是链路各组成单元设计、论证、制定研制要求和接口控制文件的基本依据。

3.8.3.1 数据传输链路组成及空间链路协议分层结构

中继卫星系统数据传输全程链路由用户目标—中继卫星—地面终端站之间的空间段链路和地面终端站—中继卫星运控中心—用户中心之间的地面段链路构成，如图 3-97 所示。

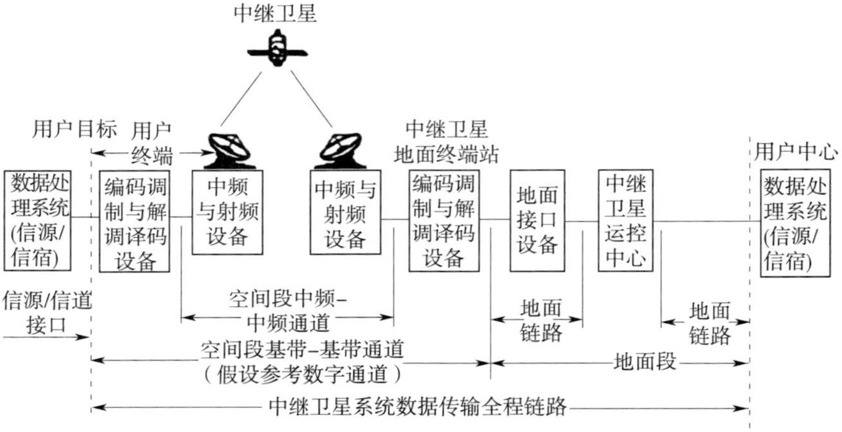

图 3-97 中继卫星系统数据传输全程链路组成

中继卫星系统空间链路协议分层结构参照 CCSDS 建议的空间链路协议分为 5 层结构，即物理层、数据链路层、网络层、传送层和应用层。图 3－98 给出中继卫星系统端到端协议栈配置关系。目前，中继卫星系统主要进行物理层和数据链路层的操作和处理。因此，本节仅对物理层的内容和要求以及数据链路层的有关内容和要求进行描述。

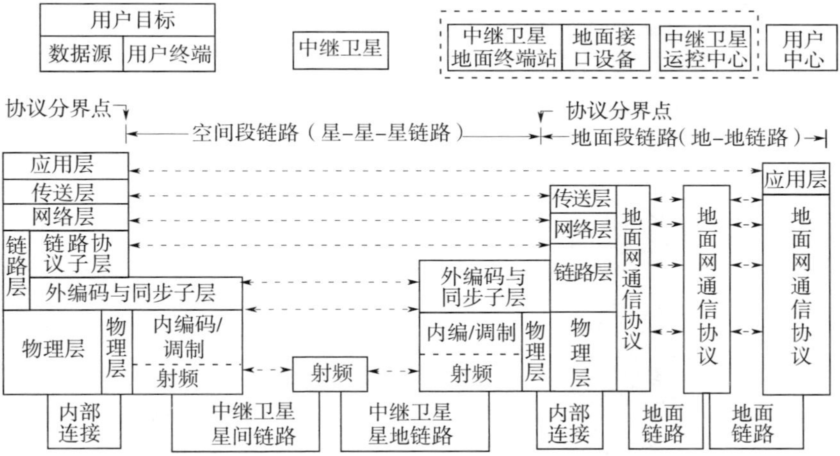

图 3－98　中继卫星系统端到端协议栈配置关系

根据中继卫星系统数据传输特点，空间传输物理层分为两个子层，一是射频子层，二是内码编码与调制子层。射频子层主要包括射频的频率、带宽、功率、极化以及信道特性要求等；内码编码与调制子层主要包括内码编码（卷积编码或 LDPC 编码）、扩频调制、载波调制的方法及其性能要求。数据链路层分为两个子层，一是外码编码与同步子层，二是数据链路协议子层。外码编码与同步子层主要用于传递传送帧，包括对数据进行 BCH 或 RS 纠错编码，以及对传送帧进行界定和同步，并按照一定的物理层操作程序或要求来激活和释放物理通信信道；数据链路协议子层主要用于对来自高层的数据或数据单元进行成帧处理。

中继卫星地面终端站主要完成物理层的功能以及链路层中的外码编码与同步子层的功能。链路协议子层的部分功能可在地面接口设备和运控中心实现。用户终端主要完成物理层功能。

3.8.3.2 数据传输速率

数据传输速率有多种含义，它可以指信息速率（*IR*）、组合速率（*CR*），也可以指传输速率（*R*）或符号速率（*SR*），在容易混淆时需要特别指明。数据速率的定义和相互关系如图 3-99 所示。本节中的信息速率指内码编码器输入端（图 3-99 中的 *a* 点）的速率，传输速率指内码编码器输出端即进入调制器（图 3-99 中的 *b* 点）的速率。

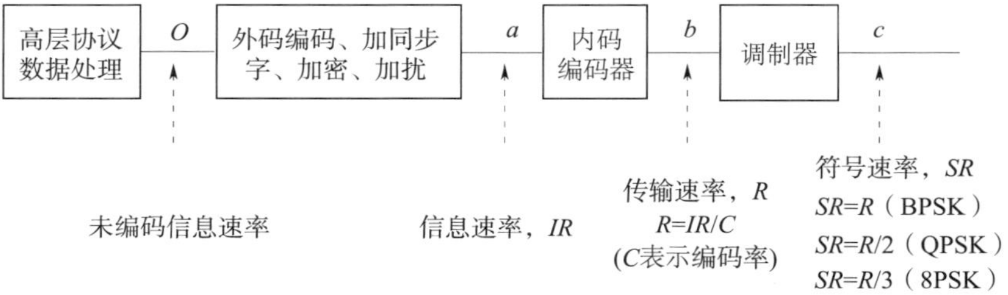

图 3-99 数据速率的定义及相互关系

针对遥测系统，本节主要介绍中继卫星系统返向链路传输要求。中继卫星系统返向链路传输信息速率见表 3-23。对于返向链路，目前地面设备所支持的最高信息速率为 150 Mb/s。

表 3-23 中继卫星系统返向链路传输信息速率[1]

		SSA	SMA[2]	KSA
扩频	BPSK	1～150 Kb/s	1～75 Kb/s	1～150 Kb/s[3]
	UQPSK	*I* 支路：1～150 Kb/s 测距 *Q* 支路：150 Kb/s～1 Mb/s	*I* 支路：1～75 Kb/s 测距 *Q* 支路：1～75 Kb/s	*I* 支路：1～150 Kb/s 测距 *Q* 支路：150 Kb/s～10 Mb/s

续表

		SSA	SMA[②]	KSA
不扩频	BPSK QPSK OQPSK	150 Kb/s～1 Mb/s	—	150 Kb/s～150 Mb/s
	QPSK OQPSK 8PSK	—	—	10～900 Mb/s

注：①实际的速率还取决于链路的带宽和功率情况。

②I、Q 支路功能分配关系为暂定。目前中继卫星地面终端站暂不支持 SMA 功能和 8PSK 调制方式。

③目前中继卫星地面终端站 KSA 返向信道暂不支持 1～150 Kb/s 速率。

3.8.3.3　用户终端射频特性

对于天基遥测系统而言，链路传输关键在于中继弯管通信的星间部分，即用户航天器到中继卫星返向链路传输部分，系统传输性能主要取决于航天器用户终端返向特性。本节主要就用户终端返向发射的主要射频特性展开介绍。

(1) 等效全向辐射功率（EIRP）

用户终端发射载波的 EIRP 值应满足以下要求。

①S 频段终端 EIRP 值

对于工作在 SSA 链路的用户终端，当信息速率小于 4 Kb/s，采用 1/2 卷积编码与 BPSK/QPSK/UQPSK/OQPSK 调制方式配合工作时，在工作频率上，其 EIRP 值一般不小于 11.2 dBW。当信息速率大于 4 Kb/s，采用 1/2 卷积编码与 BPSK/QPSK/UQPSK/OQPSK 调制方式配合工作时，在工作频率上，其 EIRP（单位为 dBW）值应满足下述公式

$$\mathrm{EIRP} \geqslant 11.2 + 10\lg(IR/4) \qquad (3-107)$$

式中　IR——信息速率，单位为 Kb/s。

当采用其他编码和编码率与 BPSK/QPSK/UQPSK/OQPSK 调制方式配合工作时，在工作频率上，其 EIRP 值可根据接收端 E_b/N_0 值与 1/2 卷积编码时的 E_b/N_0 值的差值对上述值进行修正。

②Ka 频段终端 EIRP 值

对于工作在 Ka 频段的用户终端，当信息速率小于 20 Kb/s，采用 RS 编码＋1/2 卷积编码的级联编码与 BPSK/QPSK/UQPSK/OQPSK 调制方式配合工作时，在工作频率上，其 EIRP 值一般不小于 19.7 dBW；当信息速率大于 20 Kb/s，采用 RS 编码＋1/2 卷积编码的级联编码与 BPSK/QPSK/UQPSK/OQPSK 调制方式配合工作时，在工作频率上，其 EIRP 值（单位为 dBW）应满足下述公式

$$EIRP \geqslant 19.7 + 10\lg(IR/2) \tag{3-108}$$

式中　IR ——信息速率，单位为 Kb/s。

当按照式（3－108）确定用户终端 EIRP 值时，还应考虑以下要求：

1）当采用其他编码和编码率与 BPSK/QPSK/UQPSK/OQPSK/8PSK 调制方式配合工作时，在工作频率上，其 EIRP 值可根据接收端 E_b/N_0 值与 RS 编码＋1/2 卷积编码的级联编码时的 E_b/N_0 值的差值对式（3－108）进行修正；

2）当中继卫星 Ka 频段星间链路天线采用自跟踪工作方式时，用户终端 EIRP 的选择应满足不低于天线自跟踪灵敏度电平的要求；

3）当中继卫星 Ka 频段星间链路天线采用程序跟踪工作方式时，用户终端 EIRP 的选择应满足不低于中继卫星返向转发器最低工作电平的要求。

（2）频率配置、频率容差及频谱极性

①频率配置

用户终端频率配置应符合中继卫星系统频率计划中规定的要求。

②频率容差

用户终端发射的 SSA 和 SMA 载波的频率准确度在寿命期内应不劣于 $\pm 5\times 10^{-5}$，频率稳定度应不劣于 $\pm 1\times 10^{-6}$/日。

用户终端发射的 KSA 载波的频率准确度在寿命期内应不劣于 $\pm 5\times 10^{-7}$，频率稳定度应不劣于 $\pm 1\times 10^{-8}$/日。

用户终端发射的伪码频率准确度在寿命期内应不劣于 $\pm 5\times 10^{-6}$，频率稳定度应不劣于 $\pm 1\times 10^{-6}$/日。

③频谱极性

用户终端发射的射频载波频谱相对于调制器输出频谱应不倒置。

（3）极化和轴比

用户终端天线极化方式采用圆极化方式，极化方向应与中继卫星极化方向相匹配。S 频段终端需要在 SSA 和 SMA 两种链路转换工作时，应具备极化转换能力。

（4）辐射限制

用户终端发射的杂散辐射（其中包括寄生的单频信号、频带噪声和其他无用信号，但不包括互调信号）EIRP 值应低于未调制载波 50 dB 以上。

用户终端发射双载波所产生的带外互调产物 EIRP 值，应低于信号载波 30 dB 以上。

3.8.3.4 用户终端信道特性

（1）幅度频率特性

用户终端从调制器输出端到发送天线馈源口的发送链路（中频到射频）的幅度频率特性应满足以下要求。

①BPSK/QPSK 调制

在 $f_0 \pm (35\% \times R)$ 频率范围内，KSA：≤1.0 dB（峰峰值）；SSA/SMA：≤1.0 dB（峰峰值）。

在 $f_0 \pm (50\% \times R)$ 频率范围内，KSA：≤3.0 dB（峰峰值）；SSA/SMA：≤3.0 dB（峰峰值）。

②8PSK 调制

在 $f_0 \pm (25\% \times R)$ 频率范围内，KSA：≤1.0 dB（峰峰值）。

在 $f_0 \pm (35\% \times R)$ 频率范围内，KSA：≤3.0 dB（峰峰值）。

（2）增益斜率特性

①BPSK/QPSK 调制

在 $f_0 \pm (35\% \times R)$ 频率范围内，≤0.1 dB/MHz。

②8PSK 调制

在 $f_0 \pm (25\% \times R)$ 频率范围内，≤0.1 dB/MHz。

(3) 群时延频率特性

用户终端从调制器输出端到发送天线馈源口的发送链路（中频到射频）的群时延频率特性应满足以下要求。

①BPSK/QPSK 调制

在 f_0±（35%×R）频率范围内，KSA：≤8 ns；SSA/SMA：≤10 ns。

在 f_0±（50%×R）频率范围内，KSA：≤15 ns；SSA/SMA：≤20 ns。

在 f_0±（35%×R）频率范围内波动，KSA：≤1.6 ns（峰峰值）；SSA/SMA：≤2 ns（峰峰值）。

②8PSK 调制

在 f_0±（25%×R）频率范围内，KSA：≤8 ns。

在 f_0±（35%×R）频率范围内，KSA：≤15 ns。

在 f_0±（25%×R）频率范围内波动，KSA：≤1.6 ns（峰峰值）。

(4) 相位噪声特性

用户终端发送链路由连续分量和杂散分量产生的单边带相位噪声应满足以下要求。

偏离载波 10 Hz 时，KSA：≤−42 dBc；SSA/SMA：≤−50 dBc。

偏离载波 100 Hz 时，KSA：≤−60 dBc；SSA/SMA：≤−60 dBc。

偏离载波 1 kHz 时，KSA：≤−70 dBc；SSA/SMA：≤−70 dBc。

偏离载波 10 kHz 时，KSA：≤−80 dBc；SSA/SMA：≤−80 dBc。

偏离载波 100 kHz 时，KSA：≤−90 dBc；SSA/SMA：≤−90 dBc。

偏离载波 ≥1 MHz 时，KSA：≤−110 dBc；SSA/SMA：≤−100 dBc。

3.8.3.5　用户终端载波特性

（1）多址方式

中继卫星系统采用频分、时分、码分和空分多址方式。当 SSA 或 KSA 链路为在同一个天线波束内运行的两个用户目标提供数据传输服务时，采用频分多址或码分多址方式工作；当使用 SMA 链路为两个或两个以上用户目标提供低速率数据传输服务时，返向链路采用空分和码分多址方式工作。

（2）分配方式

目前，SSA、SMA 和 KSA 链路的信道分配方式为预分配方式。系统将为每个用户终端预分配载波频率和地址码。

（3）扩展频谱调制

为满足国际电联（ITU）对载波辐射功率谱密度的限制，当编码后的数据传输速率低于 300 Kb/s 时，应对所发送的载波信号进行能量扩散。能量扩散方式采用伪随机（PN）码直接序列扩频方式。同时，利用该 PN 码实现测距功能和对低速率数据业务实现码分多址通信功能。

为便于用户终端 PN 码的捕获，缩短长码捕获时间，PN 码分短码和长码，长码与短码的码长比为 256，以同一时钟工作，并起始同步。短码主要用于数据调制，长码主要用于测距。返向数据与 PN 码的调制采用模 2 加的异步调制方式。中继卫星系统频谱扩展调制方式见表 3－24。

表 3－24　中继卫星系统频谱扩展调制方式

前向链路	BPSK	短码数据扩频，短码为平衡 Gold 码，$2^{10}-1$
	UQPSK	I 支路：短码对数据扩频，短码为平衡 Gold 码，$2^{10}-1$； Q 支路：测距，长码为截短 18 级移位寄存器序列，$2^{18}-2^{8}$
返向链路	BPSK	短码数据扩频，短码为平衡 Gold 码，$2^{10}-1$a 或 $2^{10}-1$
		长码数据扩频，长码为截短 18 级移位寄存器序列，$2^{18}-2^{8}$
	UQPSK	I 支路：长码数据扩频，长码为截短 18 级移位寄存器序列，$2^{18}-2^{8}$； Q 支路：仅调制数据

（4）载波调制

中继卫星系统载波调制方式采用相移键控（PSK）连续调制方式或突发调制方式，连续调制和突发调制的选择可根据数据传输特点决定。具体的 PSK 调制方式可根据使用要求从以下几种方式中选择。

①二相相移键控（BPSK）

BPSK 调制方式适用于单一数据源。在数据速率较低的情况下，可选择 BPSK 调制方式。

②四相相移键控/不平衡四相相移键控（QPSK/UQPSK）

QPSK 调制器接收从纠错编码器传来的两个支路的数据流，分别定义为同相之路（I 支路）和正交之路（Q 支路）。当 I 支路和 Q 支路传输的数据速率相等时为 QPSK 调制。当 I 支路和 Q 支路传输的数据速率不相等时为 UQPSK 调制。在传输的数据速率较高，或传输数据的同时还要进行 PN 码测距的情况下，可选择 QPSK 调制或 UQPSK 调制方式。

对于 UQPSK 调制，I 支路和 Q 支路的功率可根据不同速率采取不等功率分配，功率比在 1∶1～10∶1 范围内选取。

③偏移四相相移键控（OQPSK）

偏移四相相移键控又称为参差四相相移键控（SQPSK），即对于 I 支路符号，Q 支路延迟 1/2 个符号。OQPSK 调制可防止 180°相位突变，工作在非线性信道时，具有较好的频谱旁瓣特性。所以，当中继卫星和用户终端发射的信号载波工作在非线性（饱和输出）状态时，可选择 OQPSK 调制方式。

④八相相移键控（8PSK）

在传输数据速率较高且需要提高信道带宽利用率的情况下，可选择 8PSK 调制方式。

不同调制方式下，所传输数据比特与调制器输出载波相位之间关系及输出频谱特性详细情况可参见《中继卫星系统数据传输技术规范》要求。

（5）纠错编码

针对遥测系统工作特性，本节主要介绍返向链路纠错编码的规范使用情况。

①物理层纠错编码（内码）

返向链路物理层纠错编码可在以下方式中选择：

1）卷积编码；

2）低密度奇偶校验码（LDPC）。

返向链路物理层纠错编码为可选项。卷积编码一般用于信息速率低于 150 Mb/s 的数据传输，卷积编码率可在 1/2,3/4 中选取，在带宽允许的情况下，尽量使用 1/2 卷积编码。LDPC 编码率可在 1/2,2/3,4/5,7/8 中选取。

卷积编码和 LDPC 编码的详细要求可参见《中继卫星系统数据传输技术规范》。

②链路层纠错编码（外码）

数据链路层纠错编码可在以下方式中选择：

1）BCH 编码；

2）RS 编码。

其中，BCH 编码仅用于前向链路的遥控数据传输。RS 编码用于前向链路和返向链路所有类型的数据传输。当外码选用 RS 编码时，应同时采用 RS 交织技术，交织深度一般大于等于 4。RS 编码及 BCH 编码相关要求可参见《中继卫星系统数据传输技术规范》。

（6）扰码编码

对用户数据中“1”，“0”分布的随机性要求如下：在任意长度为 512 bit 的数据序列中，至少有 128 次随机分布的数据比特跳变；连续为“0”或“1”的长度小于 32 bit。

《中继卫星系统数据传输技术规范》建议，对于不进行扩频调制和处于非全帧加密状态的用户数据，以及经过 RS 或 LDPC 编码的数据，无论是否满足上述要求均应进行加扰处理，以改善载波的频谱特性，提高接收端的信号捕获率。

(7) 相位模糊的判别

①数据极性模糊判别

数据极性模糊判别可采用以下方式实现：

1) 采用差分编码，在内码编码输入端将数据进行 NRZ-L 至 NRZ-M 或 NRZ-S 的格式转换；

2) 采用规范的帧同步字或通信链路传输单元的起始序列。

②$I-Q$ 信道模糊判别

$I-Q$ 信道模糊的判别可采用以下方式实现：

1) I 支路和 Q 支路间采用差分编码；

2) I 支路和 Q 支路使用不同的扩频码，或一个支路扩频、另一个支路不扩频；

3) 在单数据源的情况下，采用 OQPSK 调制方式；

4) 在双数据源的情况下，I 支路和 Q 支路使用不同的帧同步字。

(8) 数据结构及操作

中继卫星系统数据传输链路支持 3 种信道接入数据单元（CADU）的数据结构：

1) CADU 数据结构 1，一般用于仅有遥控及数据注入等突发性业务的前向链路；

2) CADU 数据结构 2，以 AOS 建议为基础的数据结构，用于前向链路和返向链路；

3) CADU 数据结构 3，自定义数据结构，用于前向链路和返向链路。

中继卫星系统不对用户数据进行加密和解密处理。用户可选择从应用层至数据层的任意加密方式，用户如果采用链路层加密方式，建议对传送帧中的帧导头、用户终端状态和链路状态所在区域不加密，以便于中继卫星运控系统对用户终端状态和链路状态进行处理，并根据标识符将所接收的传送帧转发给相应的用户中心。中继卫星系统不对用户数据进行传送帧一级的流量控制。

传送帧格式中位序号约定如图 3 - 100 所示。一个 N 位数域中第 1 个被传送的比特称为位 0，接着是位 1，…，直至位 $N-1$。当这个 N 位的数域被视为一个二进制数时，首先被传送的位 0 是最高有效位。传送帧格式中，字节约定 8 比特为 1 字节。

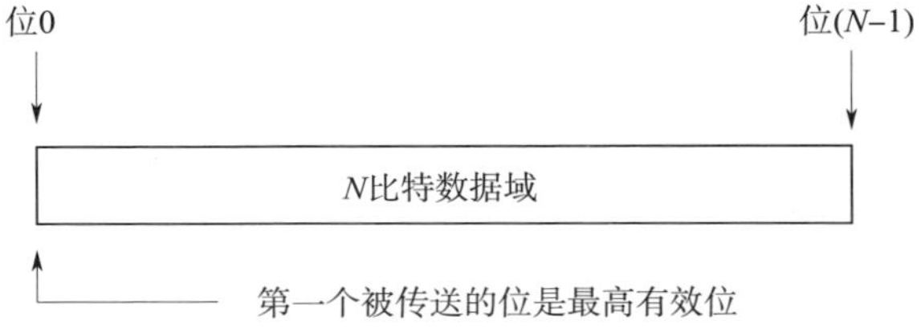

图 3 - 100　位序号的约定

各种数据结构具体定义及操作要求详见《中继卫星系统数据传输技术规范》。

3.8.4　天基遥测系统组成和工作原理

在通过中继系统实现飞行器天基测控任务的过程中，任务飞行器与地面指挥控制系统之间的信息通过中继用户终端—中继卫星—中继卫星地面终端站的弯管传输。中继卫星起到透明转发的作用。整个系统由空间段（中继卫星星座）、地面段（地面测控站及网络）和用户航天器三个主要部分组成。根据具体要求的不同，此系统可完成飞行平台的遥测数据、遥控指令、话音图像等传输以及测定轨功能。用户航天器装载 S 或 Ka 频段中继用户终端，以实现与中继卫星之间的数据传输。

在通过中继系统实现飞行器天基测控任务的过程中，任务飞行器与地面指挥控制系统之间的信息通过中继用户终端—中继卫星—中继卫星地面终端站，其前向链路和返向链路都是低空→高空→低空，所以把它形象地称为“弯管”传输链路。中继测控系统“弯管”传输示意如图 3 - 101 所示。

由图 3 - 101 所示可知，TDRSS 由空间段（中继卫星星座）、地

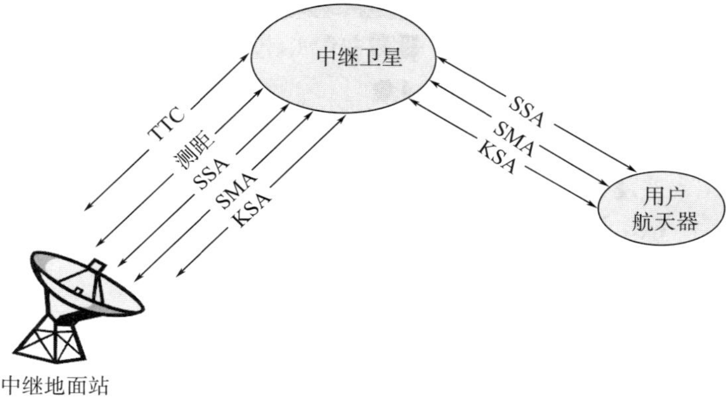

图 3-101　中继测控系统“弯管”传输示意图

面段（地面测控站及网络，也称为地面终端）和用户航天器（中继卫星系统的服务对象）三个主要部分组成。

（1）空间段

系统的空间段一般为配置于静止轨道上的一颗或多颗卫星，即中继卫星（TDRS），它是跟踪与数据中继卫星系统的核心单元。数据中继过程在 TDRS 上只做简单的变频转发，TDRS 起中继器的作用，用于中继往返于地面终端和用户星之间的信号。

中继卫星星体结构一般包括跟踪、遥测、遥控，以及能源、推进动力和姿态控制等分系统。中继卫星星体的有效载荷包括天线以及实现跟踪与数据中继的各种电子设备，这些电子设备主要是 TDRS 的转发系统。每个转发系统的主要参数有：收发频率，转发带宽、增益和工作特性，天线视场、方向性图和极化，转发系统接收灵敏度的品质因子和射频发射功率。

（2）地面段

地面段主要指中继卫星系统地面测控终端站，是天地信息汇集和交换的中心，其基本组成包括对 TDRS 通信的大口径 Ka 频段天线、射频收发设备、调制解调设备、测距测速设备、加解密设备、中继卫星测控设备、纠错编解码设备、站用时统和测控网通信接口等。

地面终端站应尽量设置在纬度低的地方，以尽量扩大在所需地面天线仰角条件下两颗中继卫星之间的经度夹角，从而提高 TDRSS 对中低轨道航天器的轨道覆盖率。由于中继卫星与地面终端站之间使用 K 频段链路，以提高天-地的数据传送带宽，但该频段极容易受到雨衰影响，为了保证常年可靠地通信，地面终端站应设置在雨水稀少、暴雨分散的地区。地面终端站的位置决定了在轨工作中继卫星的轨道位置，从而也决定了对低轨航天器覆盖的盲区位置。

（3）用户航天器

TDRSS 的主要用户是进入中低轨道的各类航天器，尤其是要求该轨道覆盖率的载人航天器和高数据传输速率的用户航天器。该系统还能用于高动态运载火箭的全程遥测数据传递，长航时无人机、长期高空气球、海上漂浮探测数据的传输，极区站高速接收数据的实时转发等。

TDRSS 可为用户航天器提供 Ka 频段单址勤务（KSA）、S 频段单址勤务（SSA）、S 频段多址勤务（SMA）三种服务。其中，KSA 为 Ka 频段单用户提供中高数据速率服务，SSA 为 S 频段单用户提供中等数据速率服务，SMA 为 S 频段多址用户提供低数据速率服务。根据具体要求的不同，TDRSS 可完成飞行平台的遥测数据、遥控指令、话音图像等传输，以及测定轨功能。

天基遥测系统主要基于跟踪与数据通信卫星系统提供的返向链路业务，即利用用户飞行器→中继星→地面站的传输通道。根据 TDRSS 工作特点，天基遥测系统的工作过程要求 TDRS 与用户航天器之间建立通信链路，即星间链路的建立。星间链路建立过程包括以下两个步骤：

1）完成轨道间链路目标的捕获及跟踪，即天线目标跟踪。

天线目标跟踪有程序指向跟踪和闭环自动跟踪两种方式。程序指向跟踪是根据预测的飞行目标轨道信息和天线波束指向信息来驱动跟踪系统；闭环自动跟踪是接收飞行目标所发射的信标信号来驱动跟踪系统，使天线自动对准卫星。

中继卫星与用户航天器轨道间链路天线的相互捕获是星间链路建立的基础，是确保中继卫星与用户航天器通信服务的关键，整个过程包括：中继卫星天线指向用户航天器和用户航天器天线指向中继卫星两个对准环节。

中继卫星天线→用户航天器：当星间链路工作于S频段时，中继卫星天线采用程序指向方式跟踪用户航天器；当星间链路工作于Ka频段时，中继卫星天线采用闭环自动方式跟踪用户航天器。

用户航天器天线→中继卫星：中继卫星具有Ka频段信标信号发射能力，用户航天器可接收并跟踪该信标信号，以保证天线始终对准中继卫星。通常来讲，当用户航天器天线较小时采用程序跟踪方式；当用户航天器天线较大时采用自动跟踪方式。

2）完成返向通信链路信号的捕获及跟踪。

在中继卫星与用户航天器天线相互对准后，链路建立的另一个重要方面是返向链路信号的捕获和跟踪。当用户航天器要向地面发送遥测数据、探测数据、话音和电视等信息时，需要先经过S频段或Ka频段星间链路发向中继卫星，中继卫星接收到并经过频率变化后以Ka频段将其转发到地面终端站，在终端站进行射频解调和解码处理，视频数据以原始格式通过国内宽带数据链路传送至地面最终用户、有效载荷控制中心。在整个传输过程中，中继卫星只起到透明转发的作用，除变频外对返向信号不做任何处理。链路信号的捕获、跟踪及数据解调处理均由地面终端站完成，其中包括PN码的捕获和跟踪、载波的捕获和跟踪等过程。

用户航天器可通过加装各类S或Ka频段中继用户终端，实现与中继卫星之间的前返向数据传输。不同的用户航天器测控任务有不同的测控数传要求，加装终端的配置也有所不同。天基遥测系统应用中，用户航天器加装终端只需要配置单返向发送功能即可。用户航天器载中继终端主要由中继测量设备和返向发射及天线部分组成。航天器载中继用户终端典型应用组合见表3-25。

表 3-25　航天器载中继用户终端典型应用组合

终端传输速率	应用平台	用户终端实现形式
低速率 （Kb/s 量级）	导弹数据链或返向传输速率要求不高的小型应用平台	低速率终端通常采用中低速率中继测量设备，搭配集成功放及宽波束天线实现终端应用组成
中速率 （Mb/s 量级及以下）	运载火箭遥测或导弹数据链应用系统	中等速率终端通常采用中低速率中继测量设备，搭配高增益定向天线，对于运载火箭等对气动性能要求较高的应用场合首选弹箭载共形设计相控阵天线
高速率 （几十至几百 Mb/s 量级）	各类有高速数传应用需求的卫星平台	高速率终端通常采用高速率中继数传设备，搭配 Ka 频段高增益定向天线及大功率行波管实现，星间建链所需的用户终端 EIRP 对外辐射能力

①中继测量设备

中继测量设备是根据应用需求，对飞行平台返向传输数据进行链路层及物理层编码调制等应用处理，形成满足中继链路接入要求的返向射频信号。中继测量设备根据传输处理速率不同可分为中低速率中继测量设备及高速率中继数传设备两类，前者主要应用于 Mb/s 及以下的中低速率数据传输，后者则针对几十至上百 Mb/s 的 Ka 频段高速率应用需求。

②返向发射及天线部分

返向发射及天线部分主要用于提供星间链路建立所需的用户终端 EIRP 对外辐射能力。一般，需要返向传输数据率在 Mb/s 以上的用户航天器必须使用高增益定向天线，如抛物面、相控阵和相应的精密天线波束指向控制机构；低速数据传输率的用户航天器、海上无人平台可使用低增益宽波束天线；运载火箭则必须使用不妨碍载体气动特性的天线（如贴片阵列、微带等）。

3.8.5 天基遥测系统设计中的若干问题

由于受到天基测控系统结构和中继卫星技术水平的限制，在进行天基遥测系统设计时应注意以下几个方面的问题：

1）不能跟踪高轨道卫星。这是由于中继卫星的跟踪视场造成的，其单址勤务视场为±13°，天线可控范围在45°。

2）提高对用户航天器的要求。用户航天器与中继卫星的距离为42 000 km，远大于用户航天器与地面的距离，且要传送数百兆比特每秒的数据，这要求用户航天器加大发射设备的功率和质量，采用高增益的窄波束天线。正由于此，天基测控系统不适合微小航天器的数据传输及飞行测量。

3）中继卫星位置固定，且中继卫星系统对用户航天器实行统一控制管理，一旦某个环节失效或受到强信号干扰破坏，容易导致整个系统陷入瘫痪。

3.9 航天遥测技术在无人机领域的应用

3.9.1 无人机遥测系统的作用与特点

随着现代高新技术，特别是电子信息技术和先进制造技术的高速发展，无人机的性能和功能已经有了突破性的提高，无人机的研究和应用已在世界范围内呈现迅猛发展的趋势，目前，军用无人机的任务范围已由传统的空中侦察、战场观察和战情评估等，扩大到战场抑制、对地攻击、拦截巡航导弹，甚至空中格斗等领域。无人机不仅可以对有人战斗机进行支援，而且在许多情况下能够起到替代有人驾驶飞机的作用。

无人机遥测系统有着自己显著的特点：

1）无人机已经不再有单独的遥测系统，而是通过数据链来完成各类信息传输任务。数据链是无人机系统的生命线，除完成常规的工程遥测任务外，还完成对无人机的遥控、跟踪定位和载荷数据传输，是决定无人机战技性能指标的关键；

2）由于无人机飞行高度较低，单个测控站的视距覆盖范围有限，需利用多站接力和 TDRSS、同步通信卫星等天基系统进行超视距测控与信息传输，以提高测控覆盖率；

3）由于无人机飞行高度低，当与测控站距离较远时，仰角较小，因此抗多径干扰问题十分突出；

4）为了满足有效载荷下行数据的高码率、远距离传输要求，在发射功率受限的条件下，须采用高效信道编译码技术来补偿系统信道增益的不足；

5）由于无人机经常要飞临敌方阵地执行任务，不可避免地会受到敌方有意或无意的干扰，因此须采用多种措施增强链路的抗干扰性能；

6）由于无线信道的开放性，致使传输的信息很容易受到敌方的截获、干扰、破坏和摧毁，因此无人机系统对信息安全保密技术的要求也越来越高；

7）无人机的一个重要发展方向是机群编队作战，因此，多无人机组网通信是其发展趋势。

3.9.2　无人机遥测系统的发展现状与趋势

美军用于无人机系统的通用数据链典型产品有 CDL、TCDL、MP-CDL，工作频段有 UHF、X、Ku 等多个频段。下行链路传输速率有 10.71 Mb/s，45 Mb/s，137 Mb/s，274 Mb/s 等多档，采用了 FSK、BPSK、QPSK、OQPSK 等多种调制体制，可实现高速率的点对点数据传输，以及 10.71 Mb/s 以下低速率组网分发传输功能。在上行链路中采用直接序列扩频抗干扰传输体制，并在其监视与控制数据链（SCDL）中还采用扩跳结合的混合扩频抗干扰传输体制。在中高空长航时，以捕食者、全球鹰无人机系统为代表的无人机系统还配置了卫星中继数据链，主要利用 UHF、Ku 频段商用或军用通信卫星提供数据中继服务，其返向信息传输速率可达 1.544～

50 Mb/s。针对未来多机联合协同作战要求，特别是无人作战飞机集群编队作战要求，解决飞机与地面控制站、无人机与无人机之间、无人机与有人机之间的通信链接问题，已经成为未来无人机的发展方向。美国无人机路线图中表述出了无人机群信息网络的现状、发展趋势和步骤，并规划了无人机群信息网络的发展方向，同时列入下一步技术发展的投资重点。

从美国无人机发展路线图可以预见，无人机测控与信息传输系统的发展趋势如下：

1）规范无人机的使用频段，视距数据链主用 Ku、Ka 频段，卫星数据链主用 Ku、Ka 频段，发展更高的 Ka 频段数据链成为下一阶段的主要发展方向；

2）应用高效调制解调技术，解决高速数据传输和频带占用的矛盾；

3）应用高效图像压缩和数据压缩技术，进一步减小传输带宽（尽管这是十分不得已的选择）；

4）研究和应用先进的综合抗干扰新技术，提高复杂战场环境下数据链的鲁棒性；

5）规划和发展激光数据链，进一步提高数据传输速率；

6）研究特殊布局的智能共形天线，提高无人机系统的整体性能；

7）发展无人机群数据链网络，逐步融入全球信息栅格（GIG）。

3.9.3 无人机系统设计中的若干问题

3.9.3.1 C 频段应用

随着无人机携带有效载荷种类的不断增加以及有效载荷信息传输速率的不断提高，对频谱资源提出了更宽的需求。传统的 P、L、S 等测控频段频带较窄，且已拥挤不堪。2007 年世界无线电通信大会（WRC07）在 C 波段划分了 1.4 GHz 的带宽用于航空高码率测控和数据传输（如图 3－102 所示），欧美各国对此极为重视，积极开展研究工作，制订相关标准，快速推进相关产品应用，如图 3－102 所示。

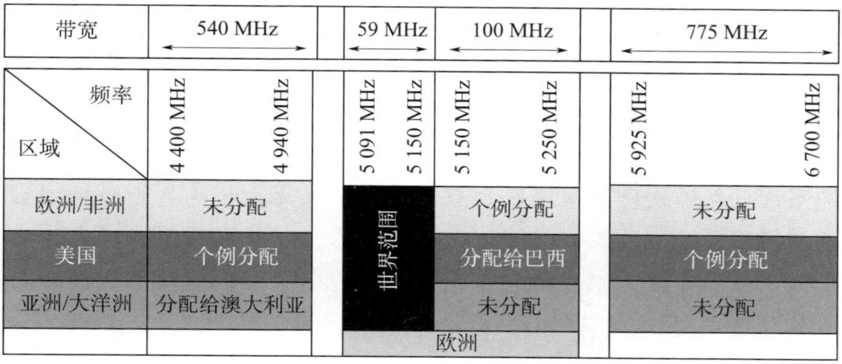

图 3－102　WRC07 在 C 波段划分的额外频谱分布图

目前，国外研究人员认为实现新 C 频段的遥测需要重点解决以下问题：

1）支持多模式、多频段的发射机和控制接口；

2）遥测接收机应根据需要进行改进；

3）具有支持多载波和单载波调制的能力；

4）具备 FEC 和 LDPC 编码能力；

5）用于 C 频段的遥测平台的集成问题；

6）如何将 C 频段遥测集成到频谱管理系统中；

7）船载和地面多频段天线系统；

8）使用或改进现有跟踪算法。

3.9.3.2　无人机组网

迄今为止，无人机的实际应用形式绝大多数属于单飞单控。而随着无人机在各个领域的应用发展，机群编组飞行和协同作战能力已经成为了无人机应用的新需求，进而出现了无人机集群的概念。无人机集群被定义为由功能相对简单的无人机组成的蜂群状的分布网络。无人机组网通信需解决无人机与地面控制站、无人机与无人机之间的通信链接问题。

3.9.3.3　新体制抗干扰、抗截获技术

数据链是无人机系统的生命线。在战争状态下，无人机需要在复杂的电磁环境下生存，需要具有较强的抗干扰能力，以保障生命线的畅通。为提高无人机系统的生存能力，隐蔽自身的战术意图，克服无人机巡逻时隐蔽空中航路难的缺点，数据链系统的电磁辐射应采用低频谱密度的电磁辐射技术。目前，无人机上、下行信号普遍进行了直接序列扩频传输，个别系统采用了扩跳频混合体制，而混沌扩频测控新体制在信息隐蔽、信号隐蔽、抗干扰能力方面都具有其独特表现。

3.9.3.4　高效信道编译码技术

为了满足有效载荷下行数据的高码率、远距离传输要求，在发射功率受限的条件下，需采用高效信道编译码技术来补偿系统信道增益的不足。一种经典的信道编码方案就是 CCSDS 推荐的级联码(卷积码级联 RS 码)，在误码率为 1×10^{-7}时，工程上通常能够获得约 7 dB 的信道增益，但在许多情况下，这种方法仍然不能满足应用需求。目前已经找到的众多编码方案中，Turbo 码和 LDPC 码都具有很高的编码增益，能够在极低的 E_b/N_0 下获得接近香农极限的编码性能，是研究的热点所在。

3.9.3.5　天线设计技术

在无人机编队、协同、组网系统中，天线种类和数量较多，部分天线还需要具有高增益及全方位、大俯仰角度空域覆盖能力，对宽波束扫描与波束捷变能力具有较高的要求。

参考文献

［1］ 周贤伟，尹志忠，王建萍，刘涛，王超．深空通信［M］．北京：国防工业出版社，2009.

［2］ 于志坚．深空测控通信系统［M］．北京：国防工业出版社，2009.

［3］ 于志坚．深空测控通信技术［C］．提高全民科学素质、建设创新型国家——中国科协年会论文集（下册），2006.

［4］ 李艳华，卢满宏，郑戈，王晓波．航天遥测技术的新进展［J］．飞行器测控学报，2007，26（5）.

［5］ 黄英，刘敏．我国深空地面站方案初探及关键技术浅析［C］．中国宇航学会深空探测技术专业委员会第一届学术会议，哈尔滨，2005.

［6］ 姜昌．航天通信跟踪技术导论［M］．北京：北京工业大学出版社，2003.

［7］ 刘嘉兴．飞行器测控通信工程［M］．北京：国防工业出版社，2010.

［8］ 刘嘉兴．飞行器测控与信息传输技术［M］．北京：国防工业出版社，2011.

［9］ 唐歌实．深空测控无线电测量技术［M］．北京：国防工业出版社，2012.

［10］ International Telecommunications Union. Radio Regulations［S］. 2004.

［11］ 李海涛，朱乃峰，孙平．美国深空网的无线电跟踪测量新技术［J］．飞行器测控学报，2004，23（2）.

［12］ 黄薇．深空通信中的网络技术［J］．飞行器测控学报，2004.

［13］ 罗伦，朱江，张尔扬．我国深空探测中数据传输体制技术的研究［C］. 2003年航天测控技术研讨会论文集，2003.

［14］ 卢满宏，周三文，谌明，王晓波．深空测控通信技术专题研究［J］．遥测遥控，2007（S1）.

［15］ 林墨．深空测控通信技术发展趋势分析［J］．飞行器测控学报，2005（3）.

［16］ Rogstad D H, Mileant A, Pham T T. Antenna Arraying Techniques in the

Deep Space Network [M] . Hoboken：John Wiley & Sons Inc，2003.

[17] ManVin K Simon. Bandwidth - efficient Digital Modulation with Application to Deep - Space Commuunication [M] . Hoboken：JohWiley & Sons Inc，2006.

[18] Andrews K S，Dolinar S，Hamkins J. The Development of Turbo and LDPC Codes for Deep - Space Applications [J] . Proceedings of the IEEE，2007，95 (11)：2142 - 2156.

[19] 李海涛，李宇华，匡乃雪 . 深空探测中的天线组阵技术 [J] . 飞行器测控学报，2004 (12)：57 - 62.

[20] Imbriale W A. 深空网大天线技术 [M] . 李海涛，译 . 北京：清华大学出版社，2006.

[21] Rogstad D H ，Mileant A. Antenna Arraying Techniques in the Deep Space Network [M] . Hoboken ：Join Wiley &Sons Inc ，2003.

[22] Mileant A，Hinedi S. Overview of Arraying Techniques for Deep Space Communications [J] . IEEE Transactions on Communications，1994 (42).

[23] 郑为民，舒逢春，张秀忠 . 实时 VLBI 技术 [J] . 云南天文台台刊，2003 (1).

[24] 舒逢春 . 人造卫星实时射电干涉测量方法研究 [D] . 上海：中国科学院上海天文台，2008

[25] 万同山 . 空间 VLBI 研究的现状和未来 [J] . 天文学进展，1999，17 (2)：136 - 147.

[26] 王强，张福俊 . 空间 VLBI [J] . 天文学进展，1989，7 (1)：69 - 77.

[27] 魏二虎 . 我国空间 VLBI 系统的有关设计和模拟计算研究 [D] . 武汉大学，2006.

[28] 刘靖 . 深空探测中测控与通信技术现状和未来发展趋势 [C] . 中国宇航学会深空探测技术专业委员会第五届学术年会论文集，2008.

[29] 徐茂格 . 深空网上行发射天线组阵技术分析 [J] . 电讯技术，2009，49 (6).

[30] 张乃通，李晖，张钦宇 . 深空探测通信技术发展趋势及思考 [J] . 宇航学报，2007，28 (4).

[31] 姚文顶，李晖，陈立甲，许洪光 . 深空通信中喷泉码技术研究 [J] . 系统工程与电子技术，2009.

[32] 曾声奎，赵廷弟．系统可靠性设计分析教程［M］．北京：北京航空航天大学出版社，2001.

[33] 《可靠性设计大全》编撰委员会．可靠性设计大全［M］．北京：中国标准出版社，2006.

[34] 郝静如，米洁，等．机械可靠性工程［M］．北京：国防工业出版社，2011.

[35] 十大名枪-第一位 AK47 突击步枪［EB］．北京：新华网 www.xinhua.com，2008.

[36] GJB 450A-2004. 装备可靠性工作通用要求［S］.2004.

[37] GJB 9001B-2009. 质量管理体系要求［S］.2009.

[38] 龚庆祥，等．型号可靠性工程手册［M］．北京：国防工业出版社，2007.

[39] GJB 299C-2006［S］．电子设备可靠性预计手册［S］.2006.

[40] GJB/Z 35-1993［S］．元器件降额设计［S］.1993.

[41] GJB/Z 27-1992［S］．电子设备可靠性热设计手册［S］.1992.

[42] 周正伐．航天可靠性工程［M］．北京：中国宇航出版社，2007.

[43] 黄本城，马有礼．航天器空间环境试验技术［M］．北京：国防工业出版社，2002.

[44] 何国伟，王炜．软件可靠性［M］．北京：国防工业出版社，1998.

[45] 邵利剑，等．装备“五性”技术与管理监督［M］．北京：国防工业出版社，2011.

[46] 康瑞，等．可靠性与维修性工程概论［M］．北京：清华大学出版社，201.

[47] 邱静，刘冠军，等．装备测试性建模与设计技术［M］．北京：科学出版社，2012.

[48] 韩志学．连续相位调制短波瞬间通信系统关键技术研究．哈尔滨：哈尔滨工程大学工学博士学位论文，2007.

[49] MarbvinK. Simon，Dariush Divsalar. A Reduced Complexity High Power/Bandwidth Efficient Coded FQPSK System with Iterative Decoding，IEEE，2001.

[50] Marvin K. Simon. 高带宽效率数字调制及其在深空通信中的应用．夏云，孙威，译．北京：清华大学出版社，2006.

［51］ GJB 368A－2006［S］．装备维修性通用大纲［S］．2006.
［52］ GJB 1378－2007［S］．装备以可靠性为中心的维修性分析［S］．2007.
［53］ GJB 3872－1999［S］．装备综合保障通用要求［S］．1999.
［54］ GJB 2547－1995［S］．装备测试性大纲［S］．1995.
［55］ GJB 900－1990［S］．系统安全性通用大纲［S］．1990.

第4章　遥测传感器

本章介绍了传感器的地位和作用，提出了适应于航天型号应用的传感器分类方法，论述了传感器的静态特性和动态特性，重点阐述了系列遥测传感器的工作原理以及在航天型号中的典型应用，并分析了遥测传感器技术的发展趋势。

4.1　概述

4.1.1　传感器的地位和作用

信息的采集、传递和处理属现代电子信息技术的三大核心技术，是现代航天装备发展必不可少的重要组成部分。传感器作为信息采集的最前沿，其发展已越来越获得各国的重视。美国国防部早在2003年“国防技术领域计划”中就已经将传感器与电子设备、战场空间环境等一并作为十一个重点发展对象之一，并系统性持续投入充足资源支撑和推进新型传感器技术从原理就绪度到实用就绪度的实现，确保美国在军用传感器领域始终保持全球领先水平和引领能力。德国一直视军用传感器为优先发展技术，英、法、日等国对传感器的研究投资也逐年上升。2003年美国《技术评论》评出对世界产生深远影响的十大新兴技术，由美国军方提出并发展的无线传感器网络技术被列为21世纪十大新兴技术之首。

传感器作为航天器的“感官”和“神经”，遍布航天器的各个关键部位，是确保测得出、测得准、预测对、诊断灵、保障任务成功率的有效手段。运载火箭的箭上系统有动力系统（固/液体发动机、燃料贮箱、泵、活门、增压系统、管路等）、控制系统、附加系统、推进剂利用系统、遥测系统等。在载人飞行器中（航天飞机、飞船）

则有故障检测与诊断系统、舱内环境控制与生命保障系统、逃逸救生系统、飞船舱外活动（EVA）与再入登陆系统（陆地或水面）。在所有系统中，都离不开传感器对其工作状态进行准确检测。载人航天器舱内密闭空间由于在轨环境的特殊性，在轨舱内环境监测传感器对于航天员安全至关重要。美国国际空间站正是依靠基于高灵敏传感器的火灾预警技术，才多次成功避免了国际空间站火灾悲剧的发生。在航天器二次变轨的过程中，需要为航天器提供用于改变飞行方向推进力，高精度压力传感器用于测量燃料罐压力，是控制点火、开启变轨飞行的关键器件，一旦传感器的测量精度超差或者失效，将直接导致变轨失败。2010 年，俄罗斯质子-M 火箭发射 3 颗 GLONASS-M 导航卫星，因燃料水平传感器超差导致加注燃料过量，使火箭的“头部”质量增加，导致火箭到飞行末期未能达到必要的速度，从而无法把卫星送入预定轨道，使 3 颗导航卫星全部葬身于太平洋中。可见，传感器对于航天装备而言，地位重要，作用关键。

国内外航天飞行器的各大系统中，使用了大量传感器。例如，美国的航天飞机所用传感器数量达到了 3 500 只，其中运载火箭上 2 500 只，航天飞机上 1 000 只。欧空局的 Ariane5 火箭上，在研制试验阶段使用传感器数量 435 只，通常一次飞行测量参数达 570 个，一次技术飞行测量参数达 1 100 个，如图 4-1 所示。

我国航天任务中也大量使用各种类型的传感器，例如载人运载火箭中，单发使用传感器、变换器数量达到 600 余只，而新一代大型运载火箭单发使用传感器、变换器数量更是超过了 1 600 只。但通过与美国航天型号比较分析，可以看出我国对于遥测传感器的用量需求还有大幅的增长空间。经过以北京遥测技术研究所为代表的国内科研院所长达 60 年的共同努力，国内航天遥测传感器经过由仿制到自行研制、由少品种到多品种、由结构型到物性型、由中低精度到中高精度的发展历程，基本满足我国航天型号的测量需求，并逐步制定相关标准，形成了现在拥有各类航天特色的传感器产品系列，

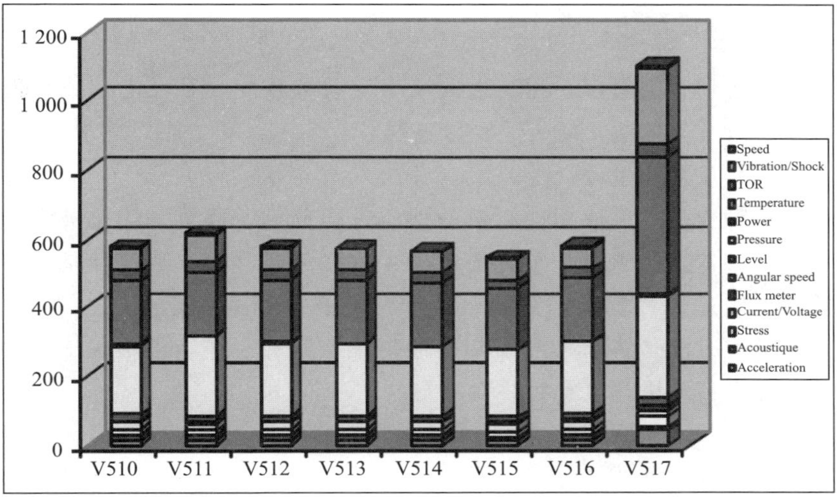

图 4－1　Ariane5 火箭飞行测量参数

涵盖了压力、温度、液位、过载、振动、冲击、角速率、位移、流量、烧蚀、噪声、湿度、应变、风速、气体、辐射等测量参数。特别是近年来，在国家超高密度航天型号任务的牵引下，我国航天传感器技术在新型 MEMS 智能传感器技术、极限环境特种传感器技术、高性能光学传感系统技术、无线传感网络技术方面取得了众多具有国际先进水平的成果，可为各类航天型号任务提供更全面、更精确的测量服务。

目前传感器技术已经进入到一个飞速发展的时代，现代意义上的传感器已经不再如过去一般仅仅能够敏感被测对象的单一信息，而是集多参数信息测量、融合分析处理和高速传输于一体的多学科产物。在国内科研团队的团结协作和不懈努力下，现代遥测传感器正朝着新一代的微小型化、高度集成化、智能化和网络化等世界前沿方向快速发展，必将为我国航天强国的建设作出更大的贡献。

4.1.2 传感器的分类

传感器种类繁多，相互之间又有交叉和重叠，客观上造成传感器有多种分类方法，航天遥测传感器通常采用以下 3 种分类方法。

（1）按被测量分

这种分类方法依据被测量的性质进行分类，通常直接按被测量命名，如速度传感器、温度传感器、位移传感器等。其优点是比较明确地表达出传感器的用途，便于使用者根据其用途使用。但是，这种分类方法是将原理互不相同的传感器归为一类，很难找出每种传感器在传感机理上有何共性和差异。

（2）按工作原理分

这种分类方法是依据工作原理，将物理和化学等学科的原理、规律和效应作为分类依据，如压电式、热电式、电阻式、光电式、电感式等。这种分类方法的优点是对于传感器的工作原理比较清楚，类别少，利于对传感器进行深入分析和研究。

（3）按输出信号的性质分

按输出信号的性质，可分为模拟式和数字式传感器，即传感器的输出量为模拟量或数字量。数字式传感器便于与计算机连用，且抗干扰性强。

就航天型号应用而言，采用的分类方法是在根据被测量进行传感器分类的基础上，在其下再按工作原理或输出信号的性质补充一级分类，如铂电阻式温度传感器、数字式压力传感器等，这样可以避免交叉重复现象，更有利于用户的选择和使用。

4.1.3 传感器的静态特性

传感器的静态特性是指传感器在静态工作状态下的输入输出特性。静态工作状态是指传感器的输入量恒定或缓慢变化而输出量也达到相应的稳定值时的工作状态，这时输出量为输入量的确定函数。本节描述了传感器静态特性的一般知识，给出了主要静态性能指标体系和定义，并给出计算实例。

传感器的静态特性主要包括：

1）线性度。传感器的线性度是指在规定条件下，传感器的实际校准曲线与拟合直线间的最大偏差与满量程输出的百分比。

2）灵敏度。灵敏度是传感器静态特性的一个重要指标。其定义为输出量的增量 Δy 与引起该增量的相应输入量增量 Δx 之比。它表示单位输入量的变化所引起传感器输出量的变化，显然，灵敏度 S 值越大，表示传感器越灵敏。

3）迟滞。传感器在输入量由小到大（正行程）及输入量由大到小（反行程）变化期间，其输入输出特性曲线不重合的现象称为迟滞。也就是说，对于同一大小的输入信号，传感器的正、反行程输出信号大小不相等，这个差值称为迟滞差值。传感器在全量程内的最大迟滞差值与满量程输出的比值，称为迟滞误差。

4）重复性。传感器的重复性是指传感器在输入量按同一方向作全量程连续多次变化时，所得特性曲线不一致的程度。

5）漂移。传感器的漂移是指在输入量不变的情况下，传感器输出量随着时间发生的变化。产生漂移的原因有两个方面：一是传感器自身结构参数；二是周围环境（如温度、湿度等）。最常见的漂移是温度漂移，即周围环境温度变化而引起输出量变化，温度漂移又分为温度零点漂移和温度灵敏度漂移。

6）测量范围。传感器所能测量到的最小输入量与最大输入量之间的范围称为传感器的测量范围。

7）量程。传感器测量范围的上限值与下限值的代数差，称为量程。

8）精度。传感器的精度是测量中各类误差的综合反映，测量误差越小，传感器的精度越高。传感器的精度用其量程范围内的最大基本误差与满量程输出之比的百分数表示，其基本误差是传感器在规定的正常工作条件下所具有的测量误差，由系统误差和随机误差两部分组成，工程技术中为简化传感器精度的表示方法，引用精度等级的概念。精度等级以一系列标准百分比数值分挡表示，代表传感器测量的最大允许误差。如果传感器的工作条件偏离正常工作条件，还会带来附加误差，温度附加误差就是最主要的附加误差。

9）分辨率和阈值。传感器能检测到的输入量最小变化量称为分辨力。对于某些传感器，如电位器式传感器，当输入量连续变化时，输出量只做阶梯变化，则分辨力就是输出量的每个阶梯所代表的输入量大小。对于数字式仪表，分辨力就是仪表指示值最后一位数字所代表的值。当被测量的变化量小于分辨力时，数字式仪表的最后一位数不变，仍指示原值。当分辨力以满量程输出的百分数表示时则称为分辨率。阈值是指能使传感器的输出端产生可测变化量的最小被测输入量值，即零点附近的分辨力。有的传感器在零位附近有严重的非线性，形成所谓“死区”（*Dead Band*），则将死区的大小作为阈值；更多情况下，阈值主要取决于传感器自身噪声的大小，因而有的传感器只给出噪声电平。

10）稳定性。稳定性表示传感器在一个较长的时间内保持其性能参数的能力。理想的情况是不论什么时候，传感器的特性参数都不随时间变化。但实际上，随着时间的推移，大多数传感器的特性都会发生改变。这是因为敏感元件或构成传感器的部件，其特性会随时间发生变化，从而影响传感器的稳定性。稳定性一般以室温条件下经过一规定时间间隔后，传感器的输出与起始标定时的输出之间的差异来表示，此差异称为稳定性误差。稳定性误差可用相对误差表示，也可用绝对误差来表示。

4.1.4　传感器的动态特性

传感器的输入信号是随时间变化的动态信号，这就要求传感器能时刻精确地跟踪输入信号，按照输入信号的变化规律输出信号。当传感器输入信号的变化缓慢时，是容易跟踪的，但随着输入信号的变化加快，传感器随动跟踪性能会逐渐下降。输入信号变化时，引起输出信号也随时间变化，这个过程称为响应。动态特性就是指传感器对于随时间变化的输入信号的响应特性，通常要求传感器不仅能精确地显示被测量的大小，而且还能复现被测量随时间变化的规律，这也是传感器的重要特性之一。

传感器的动态特性与其输入信号的变化形式密切相关，在研究传感器动态特性时，通常是根据不同输入信号的变化规律来考察传感器响应的。实际传感器输入信号随时间变化的形式可能是多种多样的，最常见、最典型的输入信号是阶跃信号和正弦信号。这两种信号在物理上较容易实现，而且也便于求解。对于阶跃输入信号，传感器的响应称为阶跃响应或瞬态响应，它是指传感器在瞬变的非周期信号作用下的响应特性。这对传感器来说是一种最严峻的状态，如传感器能复现这种信号，那么就能很容易地复现其他种类的输入信号，其动态性能指标也必定会令人满意。而对于正弦输入信号，则称为频率响应或稳态响应。它是指传感器在振幅稳定不变的正弦信号作用下的响应特性。稳态响应的重要性，在于工程上所遇到的各种非电信号的变化曲线都可以展开成傅里叶（*Fourier*）级数或进行傅里叶变换，即可以用一系列正弦曲线的叠加来表示原曲线。因此，当已知道传感器对正弦信号的响应特性后，也就可以判断它对各种复杂变化曲线的响应。

为便于分析传感器的动态特性，必须建立动态数学模型。建立动态数学模型的方法有多种，如微分方程、传递函数、频率响应函数、差分方程、状态方程、脉冲响应函数等。建立微分方程是对传感器动态特性进行数学描述的基本方法。在忽略了一些影响不大的非线性和随机变化的复杂因素后，可将传感器作为线性定常系统来考虑，因而其动态数学模型可用线性常系数微分方程来表示。虽然传感器的种类和形式很多，但它们一般可以简化为用一阶或二阶线性微分方程来描述。

4.2 航天遥测传感器和变换器

4.2.1 液位传感器

航天用液位传感器按用途分为加注液位传感器、剩余液位传感器及利用液位传感器，其中剩余液位传感器用于测量飞行中贮箱剩余液位高度；加注液位传感器用于测量加注时贮箱中的液位高度，可确保推进剂的加注量符合要求，是保证发射成功的先决条件；利用液位传感器用于实时监测飞行过程中推进剂的液面高度，为调节推进剂的燃烧混合比提供依据，使推进剂得到最佳利用，从而有效提高火箭的运载能力。

液位传感器的测量原理受被测介质的种类、物理性质等因素影响，国内外运载火箭的液体推进剂涉及肼类、硝酸、氮氧化合物、液氢、液氧和煤油介质。航天用液位传感器分为接触测量和非接触测量两大类，其中以接触测量为主，包括电容式、干簧浮子式、光电式、热线式、电阻式、谐振式测量原理，而非接触测量一般采用超声式测量原理。本节主要介绍国内外航天用液位传感器的主要性能指标。然后，分原理介绍各类液位传感器的功能原理、特点及型号应用情况，对低温流体广泛使用的电容式液位传感器信号处理电路进行详细介绍。

4.2.1.1 主要性能指标

液位传感器的主要技术指标包括测量范围、测量精度，由于各液位传感器随贮箱长度变化而变化，未形成标准系列，一般国内现有液位传感器不论测量范围大小，测量精度均统一为±2 mm，因此，本节仅对比传感器的测量精度指标，国外主流运载器液位传感器主要技术指标见表 4-1，国内主流运载器液位传感器主要技术指标见表 4-2。

表 4-1　国外主流运载器液位传感器主要技术指标

	土星 V	半人马上面级	ARIANE 1/2/3/4	ARIANE 5（一级、二级）	DELTA 4（一级、二级）	ATLAS 3/4/5（一级、二级）
推进剂	液氢、液氧	液氢、液氧	N_2O_4/UDMH	液氢、液氧	液氢、液氧	液氢、液氧
液位测量方式	电容式和电阻式	电容式质量传感器	超声波	电容式	电阻式和压差式	压差式
测量精度	±12.7 mm	—	±5 mm	±5 mm	±12.7 mm	±12.7 mm

表 4-2　国内主流运载器液位传感器主要技术指标

推进剂	N_2O_4/UDMH	液氢、液氧、煤油
液位测量方式	干簧式、光电式（点式液位测量）	电容式（连续、点式）
测量精度	±2 mm	±2 mm

4.2.1.2　电容式液位传感器

（1）电容式液位传感器功能原理

电容式传感器是将被测非电量的物理量变化转换为电容量变化的一种装置。电容式传感器有平板式结构和圆柱形结构，由于液位测量方向上尺寸较大，平板式结构具有较大的边缘效应不适用，电容式液位传感器一般使用圆柱形结构，电容式液位传感器由两个同轴圆筒形成的圆柱形电容器，在不考虑边缘效应的影响时，其电容量 C 可表示为

$$C=\frac{2\pi\varepsilon l}{\ln(D/d)} \tag{4-1}$$

式中　l——两圆筒覆盖部分的长度（m）；

D——外圆筒的直径（m）；

d——内圆筒的直径（m）；

ε——两极板间介质的介电常数（F/m）。

圆柱形电容器的两个圆筒式电极的直径一般是固定的，所以圆柱形电容器主要是通过参数 ε，l 的改变转换为电容量的变化。

当两圆筒相对移动 Δl 时，电容变化量为

$$\Delta C=\frac{2\pi\varepsilon l}{\ln(D/d)}-\frac{2\pi\varepsilon(l-\Delta l)}{\ln(D/d)}=\frac{2\pi\varepsilon\Delta l}{\ln(D/d)} \tag{4-2}$$

变尺寸（截面）电容式液位传感器结构原理如图4－2所示，内电极是直径为d的金属导体，其表面涂覆一层非金属绝缘层，绝缘材料的介电常数为ε，绝缘材料外径为D，气相中的介电常数为ε_0，容器作为外电极，其尺寸D_A远大于D，当传感器处于气相中时，由于$\ln(D_A/d)$很大，且介电常数小于绝缘材料的介电常数，因此传感器的电容量很小，可忽略不计，当传感器下方高l的范围内充满导电液体时，此时电容器的外电极长度与导电液体的高度成线性关系，传感器的电容为$2\pi\cdot\varepsilon\cdot l/\ln(D/d)$，随着液位高度$l$变化，由此敏感液位。

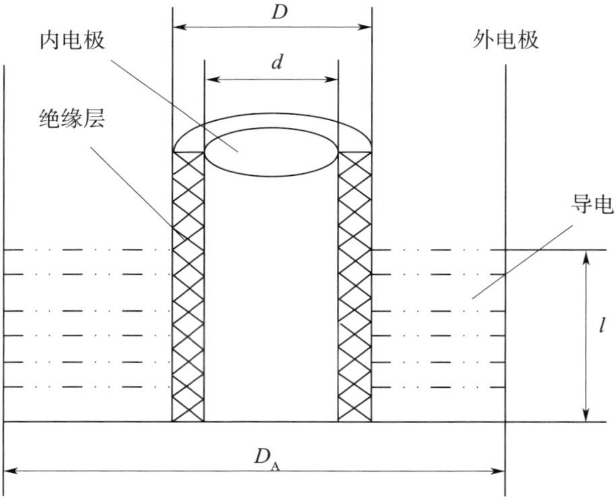

图4－2　变尺寸电容式液位传感器结构原理图

变介电常数电容式液位传感器结构原理如图4－3所示，设被测介质的介电常数为ε_1，气相中的介电常数为ε，液位高度为h，圆筒的总长为H，内圆筒的外径为d，外圆筒的内径为D，此时输出的电容量为

$$\Delta C=\frac{2\pi\varepsilon_1 h}{\ln(D/d)}+\frac{2\pi\varepsilon(H-h)}{\ln(D/d)} \tag{4-3}$$

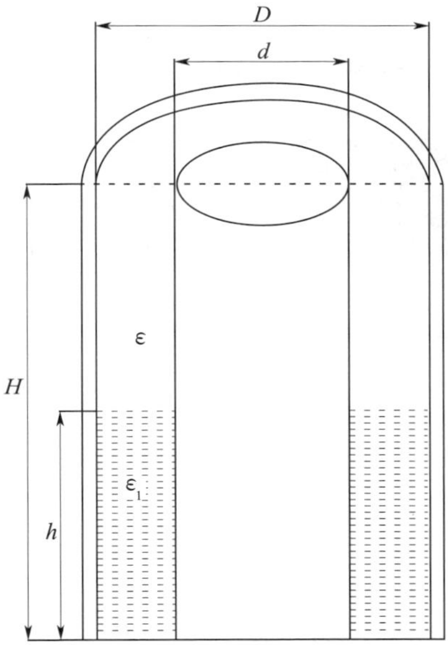

图 4－3　变介电常数电容式液位传感器结构原理图

(2) 电容式液位传感器信号处理

①电容式液位传感器杂散电容的处理

分节式电容液位传感器采用整体屏蔽法，如图 4－4 所示，电容式液位传感器的内电极、外电极、传输电缆等采用同一屏蔽壳屏蔽起来，传输电缆采用同轴屏蔽线，其屏蔽层连接到传感器的壳体上，并将壳体接地，将线缆的分布电容、寄生电容变成对地电容，减小寄生电容的影响和防止外界的干扰。

②电容式液位传感器转换电路

图 4－5 为实际分节式电容液位传感器转换电路（变换器）测量原理图，传感器的两组电容分别接入变换器的电桥两臂，变换器由信号源、放大电路、检波电路、跟随器（阻抗转换）等组成。

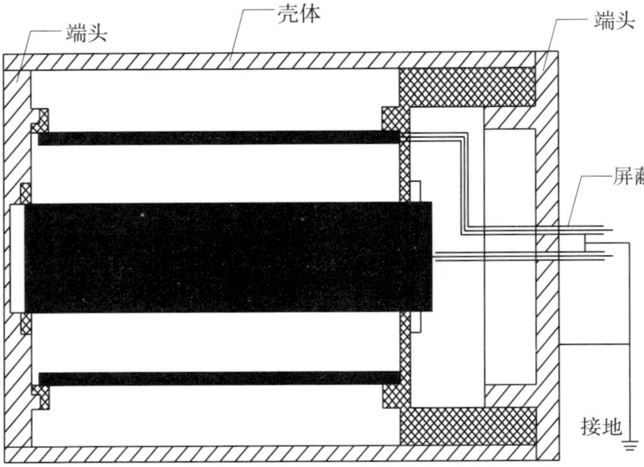

图 4-4　整体屏蔽法示意图

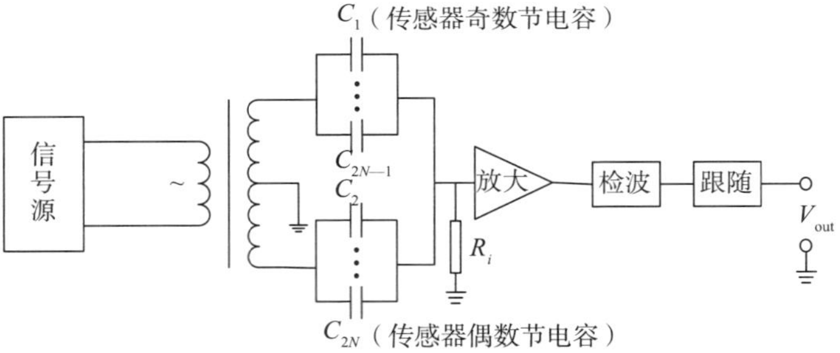

图 4-5　分节式电容液位传感器转换电路测量原理图

放大电路前端的电压幅值 U 可由式（4-4）计算出

$$U = 2\pi f E \Delta C R_i \tag{4-4}$$

式中　f——信号源的频率（Hz）；

E——次级线圈的电压幅值（V）；

ΔC——电桥的电容变化量，当其单位取 F 时，U 的单位为 V；

R_i——电桥的输出阻抗（Ω）。

当 f，E 和 R_i 一定时，输出电压 U 正比于 ΔC，也就是液位高度正比于 ΔC。

在一开始，由于两组电容大小相当，故电桥输出接近于零，当液面逐渐上升时，奇数节先被液体浸没，奇数节的介电常数先发生改变，进而引起奇数电容组的电容改变，电桥失衡，电桥输出开始增大，输出 V_{out} 开始随液面上升而升高，直至奇数节完全被浸没，V_{out}达到最大（U_{max}），紧接着偶数节开始工作，偶数节电容开始改变，逐渐抵消奇数节的电容改变量，电桥慢慢又回到开始的平衡状态，V_{out}减小至 U_{min}。当奇数电容节和偶数电容节交替被液体浸没时，V_{out}就会发生交替的改变，输出如图 4－6 所示的理想波形。其中，三角波的每个斜边代表一节分节电容的测量长度，在经过如图 4－6 所示的拐点的时候，输出信号为 U_{max}或 U_{min}。

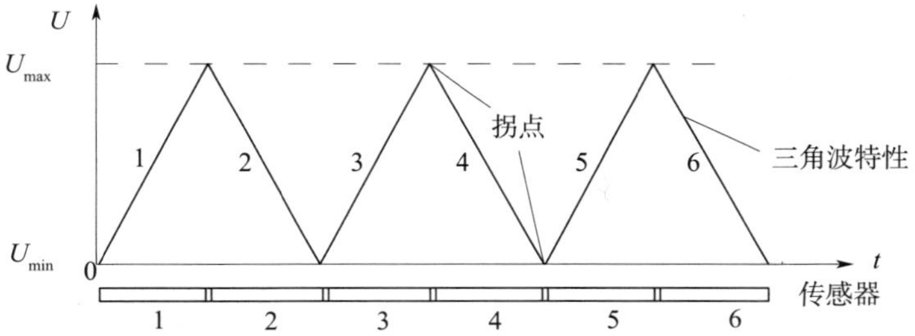

图 4－6　变换器输出波形与传感器节数对应关系

图 4－7 是模拟真实情况下的输出波形，由于火箭低温推进剂的温度很低，箱体、传感器和推进剂存在很大的温差，表层液体不断沸腾、挥发，使实际的液面持续晃动，导致输出波形发生不规则的上下波动。在实际应用中，当箱体和传感器的温度经过一段时间，接近于推进剂的温度时，变换器的输出波形会明显好转成为一条比较光滑的三角折线。

图 4－6 所示三角波信号与液位高度成多值函数关系，计算液位高度时须知当前液位所处的分节单元位置，一般由软件进行计数处理，在特定环境中存在节数判错、液位高度算错的风险。

为提升飞行可靠性，北京遥测技术研究所研制了双特性输出处理电路，其输出如图 4－8 所示，在三角波信号的基础上增加一路单

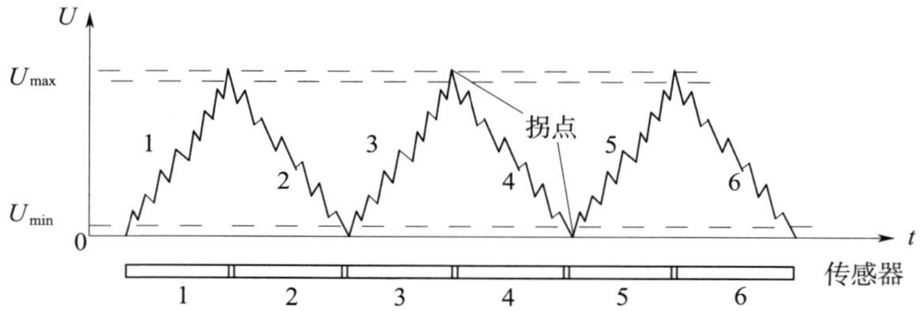

图 4-7　真实情况下的变换器输出波形与传感器节数对应关系

调特性输出，该输出与传感器的 $C_{奇}$、$C_{偶}$ 的总和成线性关系，辅助液位所处节数判别。

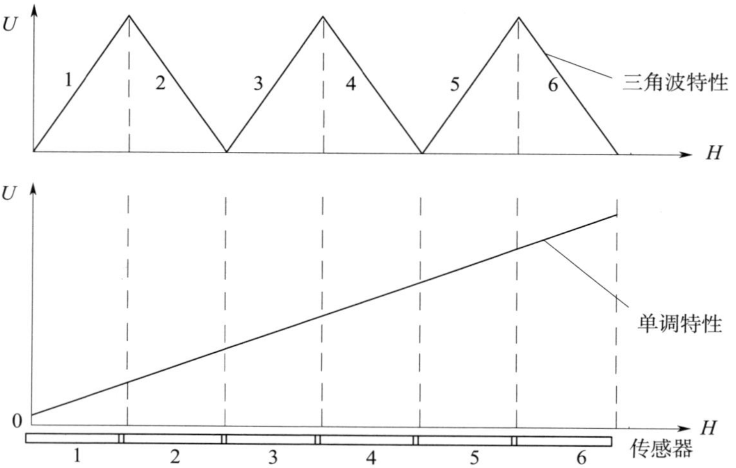

图 4-8　双特性输出信号示意图

(3) 航天应用情况

变尺寸电容式液位传感器层在常规导电推进剂中有过应用，因绝缘材料涂覆层均匀性、耐腐蚀性及吸附性对测量精度产生影响，20 世纪 80 年代已被干簧浮子式液位传感器替代。

变介电常数电容式液位传感器在低温推进剂（液氢、液氧、液氮等）和煤油推进剂中广泛应用，是国内外航天运载器低温流体液位测量的主要手段，该传感器具有结构可靠、安装方便、易于制造、稳定性好、受外界干扰小等特点。电容式液位传感器根据其结构和测量精度的不同，可分为相似形连续式电容液位传感器、分节式电容液位传感器和多层环形电容液位传感器。

①相似形连续式电容液位传感器

国外用连续式电容液位传感器由一根与贮箱截面相似的内电极和圆柱形外电极组成，通过仿真设计，使传感器内、外径尺寸之比的对数与贮箱截面积成正比，即传感器输出的电容与液位高度、贮箱截面积相关，达到电容变化与低温推进剂剩余质量成线性关系，完成剩余推进剂质量测量。该传感器省却了后续推进剂质量计算处理，但对传感器的零位输出、温度特性等参数提出了很高的要求，使用时需要进行真实介质标校。

②分节式电容液位传感器

分节式电容液位传感器的结构和工作原理与图 4－3 所示电容液位传感器的主要区别在于它是将连续式电容液位传感器的外圆筒分成若干节，每一节的长度相等，并且外圆筒之间采用绝缘非金属材料隔开，每一分节均与内电极形成一个电容，传感器共有偶数节外圆筒，把传感器的奇数节连接起来与内圆筒构成电容 $C_{奇}$，偶数节连接起来与内圆筒构成 $C_{偶}$，气相时 $C_{奇}$ 和 $C_{偶}$ 相等。当低温贮箱内有液体时，奇、偶数节分节单元交替接触液体，$C_{奇}$ 和 $C_{偶}$ 交替变化，其差值由零位变大再变到零位，经过变换电路处理后，可输出一系列三角波。

设每一个小电容器在低温介质气态中的电容值都为 C_0，在液体完全浸没时的电容值也都相等为 $C_{液}$，液位所在小电容器的电容值为 C，每一个小电容器的段长为 L，液体浸没的满节数为 N，则可推导出液位 H 的公式为

$$H=\frac{C-C_0}{C_{液}-C_0}L+N\cdot L \tag{4-5}$$

分节式电容液位传感器的结构和比较测量的方法，具有补偿作用，较好地克服连续式电容液位传感器在低温介质中使用时产生

的零位漂移问题，输出波形的拐点正好是相邻两节的分界面，与被测介质的物理性质无关，与二次仪表的性能无关，这些拐点是传感器本身的校准点，因此，分节式电容式液位传感器的测量精度非常高。

③多层环形电容液位传感器

对于低温点式液位的测量，由于高度尺寸小，圆柱形电容量小，仪器测量误差、寄生电容、电容的边缘效应等因素将严重影响电容液位传感器的测量精度，因此在点式液位测量时，应提高电容器的电容量，可以采用多层环形电容器进行测量。多层环形电容器主要由内电容环、外电容环及相应连接结构构成。内电容环和外电容环均为多层环状结构，多层环形电容器的结构示意如图 4－9 所示。多层环形电容器每两个相邻极板形成一个电容，形成多个电容并联的形式，提高总电容量，以提高信号的灵敏度。

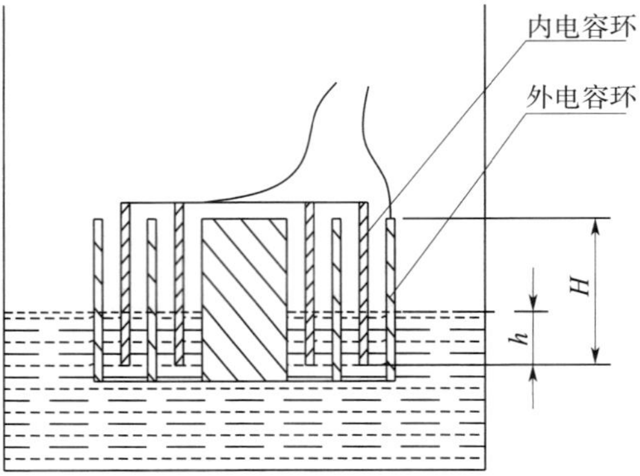

图 4－9　多层环形电容器示意图

4.2.1.3　干簧浮子式液位传感器

(1) 功能原理

干簧浮子式液位传感器是基于液体对浮子的浮力作用和干簧管的磁性开关特性而工作的，如图 4－10 所示。干簧管是一种玻璃密封触点元件，在外磁场作用下能迅速接通电路。传感器中使用的干簧管具有一对常开触点，当其附近有永久磁铁或通电线圈产生的磁场时，干簧管的两个簧片被磁化，当生成的磁场吸引力克服了簧片弹性产生的阻力时，簧片由常开转为闭合状态。外加磁场减小到一定值后，簧片因自身弹力作用又恢复到常开状态。

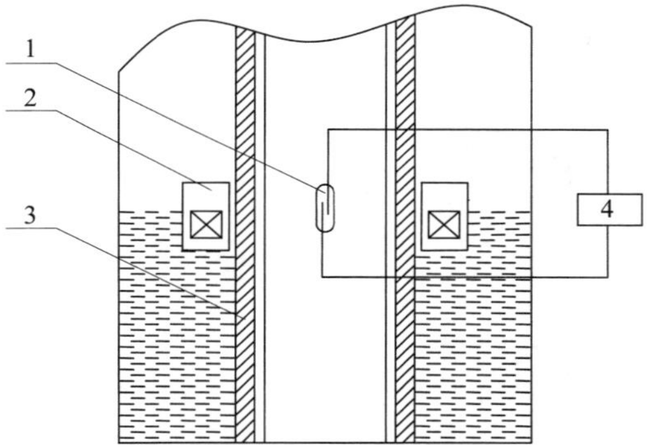

图 4-10　干簧浮子式液位传感器工作原理示意图

1—干簧管；2—浮子；3—导管；4—外电路

（2）型号应用情况

干簧浮子式液位传感器具有结构简单、无二次仪表、测量精度高、工作寿命长等特点。实际应用中，为提高干簧浮子式液位传感器的可靠性，敏感液位的干簧管采用并联或串并联方式，提高各个液位点的可靠性。针对多个液位点测量，为减少引线接点数量，一般采用行、列扫描的方式进行液位测量。

4.2.1.4　光电式液位传感器

（1）功能原理

光电式液位传感器是基于光线在两种媒质中的传播特性不同，而使光电组件的光敏管处于导通或截止两种状态，工作原理如图 4-11 所示，当传感器的光学棱镜处于液相时，棱镜浸没在液体中，发光二极管发出的光线照在棱镜和液体分界面上，光线产生折射，光敏管收不到光信号，处于截止状态；当棱镜光学面露出液面位于空气中时，光线发生全反射，光敏管接收到光信号，且饱和导通，通过光敏管的开关状态敏感液面位置。

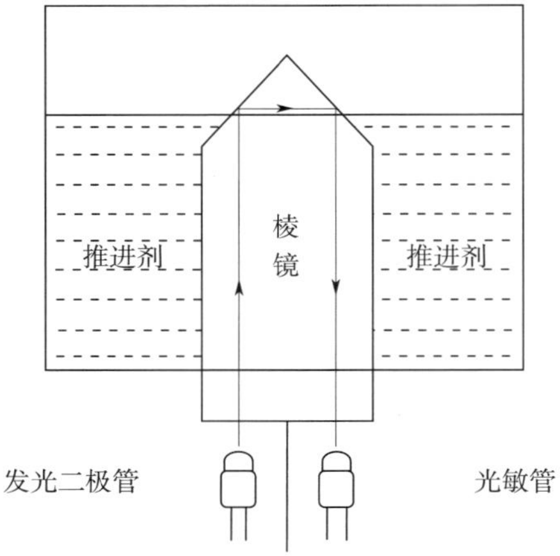

图 4-11 光电式液位传感器工作原理图

（2） 型号应用情况

光电式液位传感器具有响应速度快、测量精度高、可靠性高的特点。用于常规贮箱推进剂剩余量的测量，当推进剂剩余量低于规定位置时，向控制系统发出发动机关机信号。

实际应用时，每个贮箱中对称安装两个传感器，每个传感器上有两个独立的光电组件，两个传感器与一台变换器配套使用，每个传感器上的两个光电组件信号并联冗余使用，提高发信号的可靠性，两个传感器的信号相串联，降低液面晃动误发信号的风险，并一串联冗余方式使光电式液位传感器、变换器的可靠性可达到 0.999 9。

4.2.1.5 热线式液位传感器

（1） 功能原理

热线式液位传感器基于热线在低温流体气相和液相介质中的表面传热系数发生显著变化，处于气相时，表面换热系数较小，热线更易于变热，而在气相、液相混合界面，因存在沸腾现象，换热系数显著增加，为此，热丝表面的换热系数显著变化，造成热线在气相和液相介质中的电阻不同。通过测量电阻变化，可敏感气相、液相分界面。热线式液位传感器如图 4 - 12 所示。

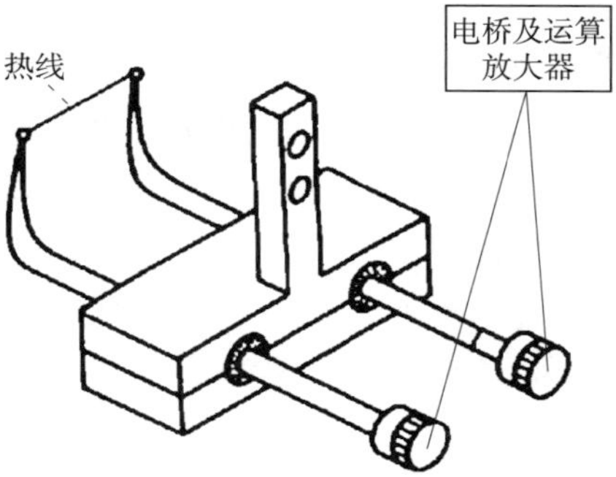

图 4 - 12　热线式液位传感器示意图

热线在气相中的表面温度

$$T_{w,g} = T_g + P_g / H_g A$$

热线在液相中的表面温度

$$T_{w,l} = T_l + P_l / H_l A$$

热丝的电阻

$$\Omega_w = K T_w + \Omega_c$$

气相中电阻

$$\Omega_g = K T_{w,g} + \Omega_c$$

液相中电阻

$$\Omega_l = K T_{w,l} + \Omega_c$$

气相、液相中电阻变化

$$\Delta\Omega = K[(T_g - T_l) + 1/A(P_g/H_g - P_l/H_l)]$$

假定

$$T_g = T_l, P_g = P_l = P, \Delta\Omega = KP/[A(1/H_g - 1/H_l)]$$

可以看出，热丝的电阻在气相、液相交界处发生较大的变化。

(2) 型号应用情况

热线式液位传感器适用于低温流体（液氢、液氧、液氮等介质）液相、气相分界面的测量，测量精度受热线的热响应时间、压力、流体温度、防晃井滞后、流体密度等因素的影响，热线从气相到液相时，其响应速度约为几十毫秒，由于热线从液相到气相时，在热线表面会存在一层液体薄膜，该薄膜影响到表面换热系数，液体薄膜的消失时间需要经试验确定，此时的响应时间要大于从气相到液相的响应时间。因此，热线式液位传感器一般用于由气相到液相状态变化的测量，且具有很快的响应速度。国外航天运载器中热线式液位传感器用于点式液位测量。

4.2.1.6 电阻式液位传感器

(1) 功能原理

电阻式液位传感器是基于导电液体的导电特性研制的一类产品，适用于导电液体（如硝酸介质）的测量，传感器的敏感部位具有电阻特性，其输出电阻值随液位的变化而变化，将电阻变化值送给二次电路即得到液位。电阻式液位传感器如图 4－13 所示。

传感器侧壁上由 n 个金属探针组成，相邻探针之间并联一只电阻，分别为 $R_1, R_2, \cdots, R_n$ ，传感器除金属探针顶部裸露外，其余部位均涂覆一层非金属绝缘材料（如聚三氟乙烯、聚亚酰胺等），该绝缘材料与被测介质相容，将传感器非敏感部分与介质完全隔离，当探针浸在导电液体中时，与浸没探针相连的电阻短路，传感器输出电阻发生变化，根据电阻值变化可测得探针位置，由探针位置敏感液位，因此该传感器可用于剩余液位测量。起始时，所有探针均处于介质中，传感器内部的 $R_1, R_2, \cdots, R_n$ 电阻短路，输出电压 V_o 为最小电压，当液面下降时，探针的顶部（位置最高）依次露出液面，与之对应的电阻 $R_1, R_2, \cdots, R_n$ 依次串入测量电路中，假定 $R_1 = R_2 = \cdots = R_n = R$ ，则输出的电压

$$V_o = V_{in} \times [mR/(mR + R_a)]$$

信号输出为阶梯电压，式中 m 表示 $m+1$ 个金属探针露在液体

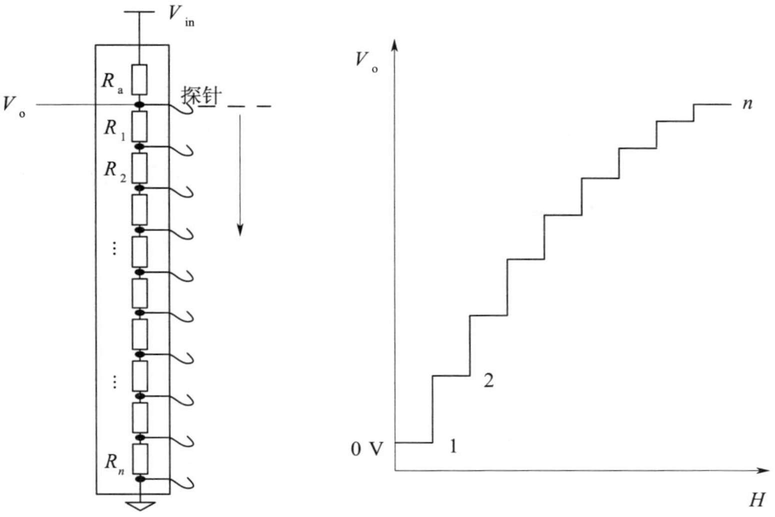

图 4－13　电阻式液位传感器

介质外面。图 4－13 中右侧阶梯电压对应 $m=1,2,\cdots,n$ 时的电压输出，该传感器为点式液位传感器，每个探针对应一个测点，图中电阻测试方式导致各液位点对应的电压波形变化不同，靠近下方的液位点对应的电平变化很小，当液位点很多时，分辨率低。

（2）航天应用情况

电阻式液位传感器在航天运载器研制初期使用，由于该测量原理仅适用于导电液体，且绝缘材料涂覆工艺复杂，在腐蚀性推进剂中难以长期使用，随着推进剂种类的变化及新型液位传感器的研制成功，现已被干簧浮子式液位传感器所替代。

4.2.1.7　超声式液位传感器

（1）功能原理

超声波换能器将电功率脉冲转换为超声波，射向液面，经液面反射后再由换能器将该超声波转换为电信号。超声波是机械波，传播衰减小，界面反射信号强，且发射和接受电路简单，因而广泛应用。

（2）型号应用情况

由于液位晃动，超声波在液面出现散射，探头可能无法测到反射信号，实际应用时，在超声波探头上方安装一个浮子，如图 4 - 14 所示，该浮子随液面变化沿导轨浮动，浮子下表面用于超声波信号反射，可避免液面沸腾、反射波信号无法接收的情况。

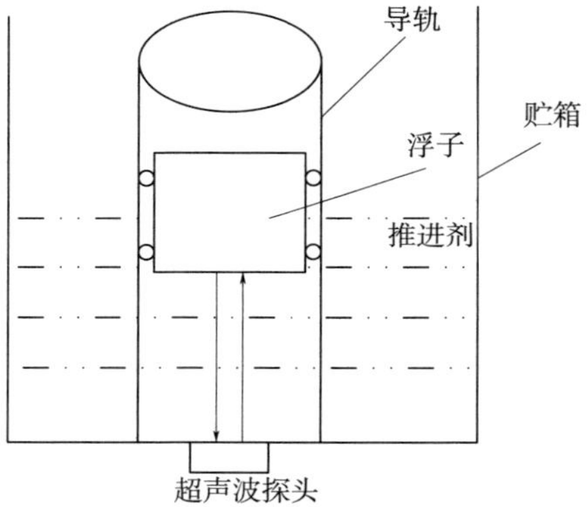

图 4 - 14　超声式液位传感器原理图

超声波的传播速度受介质的密度、浓度、温度、压力等因素影响，测量精度较低，即使按加注后实际推进剂温度进行液位高度校准，在飞行时其测量精度最高仅达到 0.7%。目前已被干簧浮子式液位传感器替代。

4.2.1.8　差压式液位传感器

差压式液位传感器是基于液体的压力特性进行液位测量的，它通过从贮箱底部和顶部分别引出接管，如图 4 - 15 所示，通过测量两个接管的压力差值（其压力差值就是贮箱内液柱产生的静压力），从而确定贮箱内的液柱高度及容量。压力差与液位的关系为

$$\Delta P = P_2 - P_1 = \rho g H$$

差压法原理简单、使用方便，但对于大型常压贮箱，由于贮箱内液体温度（密度）分层，造成差压测量时误差大，对于飞行存在

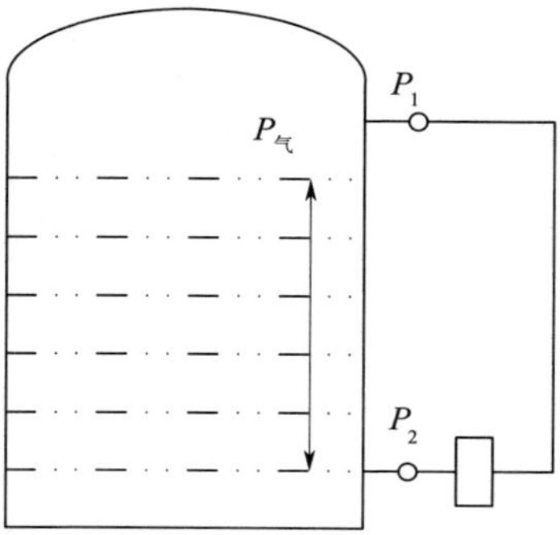

图 4 - 15　差压式液位传感器原理图

过载的情况需要对加速度进行修正，而对于密度很小或失重状态的介质，应用难度较大。国外航天器曾使用差压式液位传感器用于剩余液位测量。

4.2.1.9　音叉谐振式液位传感器

音叉的谐振频率与音叉的几何结构和材料特性相关，还与音叉所处介质的密度和黏度相关。当待测液面经过音叉所处位置时，音叉谐振频率将连续变化，通过感应谐振频率的变化可以测量待测液面位置。如图 4 - 16 所示，音叉谐振式液位传感器处于气相时，其谐振频率高、振幅大，处于液相时，其谐振频率低、振幅小，可根据幅值变化或频率变化敏感液面位置。其拟应用于航天常规推进剂点式液位测量。

4.2.1.10　磁致伸缩式液位传感器

磁致伸缩式液位传感器是基于液体对浮子的浮力作用和磁致伸缩材料的维德曼效应而工作的。

磁致伸缩式液位传感器由电子单元、外管及其内部敏感部件、浮子三个主要部分组成，外管部分采用耐腐蚀、耐工业恶劣环境的金属材料，传感器的敏感部件为磁致伸缩波导线，结构及原理如图

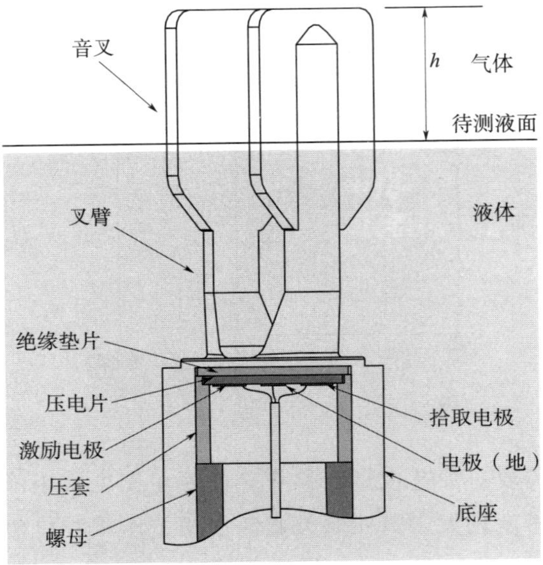

图 4-16　音叉谐振式液位传感器示意图

4-17 所示。传感器的电子单元产生一个电流询问脉冲，该询问脉冲产生一个磁场，并沿波导线向下传播，当该变化磁场和测杆上浮子内永磁体所产生的磁场相交时，磁致伸缩波导线就会产生一个扭转应变脉冲，该应变脉冲沿波导线返回并被电子单元接收，通过精确测量询问脉冲和返回脉冲之间的时间间隔，可测得浮子位置，由浮子敏感液位位置。

磁致伸缩液位传感器具有精度高（±0.2 mm）、稳定可靠、寿命长、环境适应性强等优点，已广泛应用于工业各个领域内。在航天型号应用时，需解决敏感信号对力学环境的适应性问题。

4.2.1.11　雷达式（微波式）、光学法液位传感器

微波通过天线（大多为口径天线）辐射出去，经液面反射后被天线接收，然后由二次电路计算发射信号与接收信号之间的时间差得到液位。连续波雷达液位传感器原理如图 4-18 所示，该液位传感器采

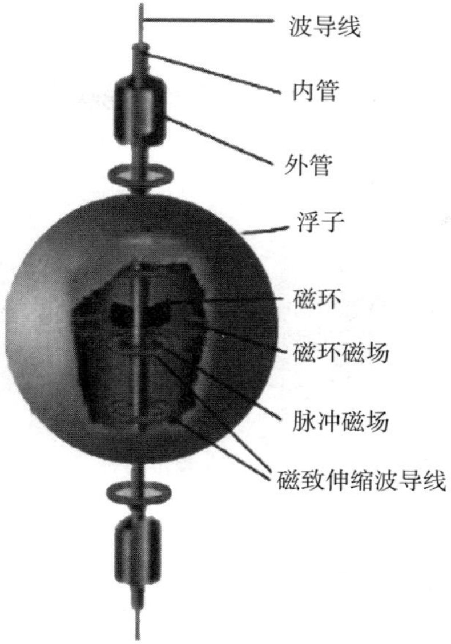

图 4 - 17　磁致伸缩式液位传感器工作原理图

用三角波频率调制形式，并通过对发射信号与接收信号混频后得到的差频信号进行分析，得到微波传输时间，从而计算出液位。微波速度受传播介质、温度、压力、液体介电常数等因素的影响很小，但液体界面的波动、液体表面的泡沫、液体介质的介电常数对微波反射信号强弱有很大的影响。对于介电常数小于规定数值的液体，微波式液位传感器都采用波导管传播微波信号，但波导管的锈蚀、弯曲和倾斜都会影响测量精度。

雷达式液位传感器特别适合于高污染或高黏度的产品，对于凝胶推进剂液位测量具有一定的吸引力。调制型光学法与微波法类似，只是采用相位或频率调制的光信号代替微波信号，但光信号受水蒸气、油蒸气影响较大，并对液面波动很敏感，且必须采用易受污染的光学镜头，在一定程度上限制了其在航天型号中的应用。

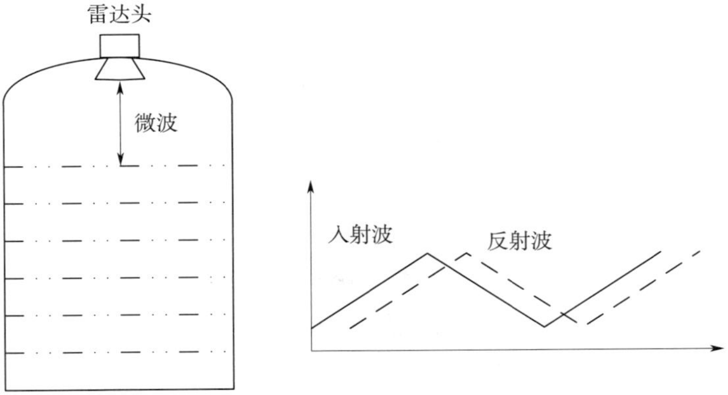

图 4－18　连续波雷达液位传感器原理图

4.2.2　温度传感器

4.2.2.1　温度测量的基本概念和分类

温度是一个重要的物理量，是国际单位制（SI）中 7 个基本物理量之一。温度是描述热平衡系统冷热程度的物理量，它从微观上表征物体分子热运动的剧烈程度。

为了保证温度量值的统一和准确而建立起来的用来衡量温度的标准尺度，称为温标。温标是温度的数值表示方法。温标体系包括热力学温标（K）、摄氏温标（℃）、华氏温标（℉）和兰氏温标（°R）。目前，我国实行的 ITS－90 国际温标，是以定义固定点温度指定值以及在这些固定点上分度过的标准仪器来实现的热力学温标，各固定点间的温度是依据内插公式使标准仪器的示值与国际温标的温度值相联系，其单位为 K。测量中，经常用到的温标是摄氏温标（℃）和热力学温标（K），它们之间的换算关系如下

$$T = t + 273.15 \tag{4-6}$$

式中　T ——绝对温度（K）；

　　t ——摄氏温度（℃）。

温度测量通常分为接触法与非接触法两类。接触法是指测温装置与被测物体之间具有良好的热接触，使两者达到热平衡，两者之间的温度必然相等，从而实现温度测量。接触法测温准确度较高，但破坏被测物体的热平衡状态，并受被测介质的腐蚀，对感温元件的结构和性能要求苛刻。非接触法是利用物体的热辐射能随温度变化的原理测定物体的温度，此方法热惯性小，测温上限高。航天型号遥测系统多采用接触式测温，主要包括热电偶、热敏电阻、铂电阻等原理。

4.2.2.2　热电偶温度传感器

热电偶温度传感器，顾名思义是以热电偶作为敏感元件的热电式温度测量装置，是由热电偶、补偿导线及温度变换器构成的，是应用最普遍、用量最大的传感器。具有结构简单，制造容易，测温范围广，适应各种测量对象和远距离测量的优点；缺点为测量准确度难以优于 0.2 ℃，且必须要有恒温参考端。

（1）原理

热电偶的测温原理是基于塞贝克发现的热电现象。两种不同的导体 A（正极）和 B（负极）连接在一起，构成一个闭合回路，当两个接合点（热端和参考端）的温度不同时，如 $T_0 > T$ 时，其热端与参考端之间会产生电动势，热端与参考端的温度差越大，所产生的电势就越大（如图 4－19 所示），该热电动势实际上是由接触电势（珀尔帖电势）和温差电势（汤姆逊电势）组成的。采用热电偶原理的温度传感器即将温度变化量转换为热电势输出。

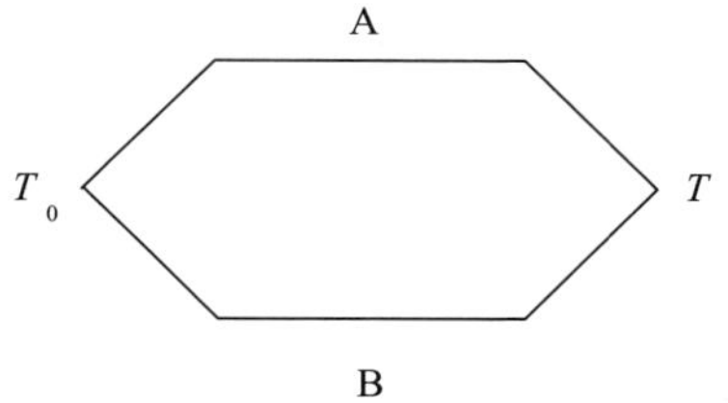

图 4－19　热电偶温度传感器原理图

（2）基本定则

在实际测温时，热电偶温度传感器还遵循以下 4 种基本定则。

①均质导体定则

由一种均质导体组成的闭合回路，不论导体的截面、长度及各处的温度分布如何，均不产生热电动势。

②中间导体定则

在热电偶测温回路内，串接第三种导体，只要其两端温度相同，则热电偶回路总热电动势与串接的中间导体无关。

③中间温度定则

在热电偶测温回路中，测量端温度为 T，连接导线各端点温度分别为 T_n 和 T_0，若连接导线与热电偶的热电性能相同，则总的热电动势等于热电偶的热电动势 $E_{电偶}(T,T_n)$ 和连接导线的热电动势 $E_{导线}(T_n,T_0)$ 的代数和。该定则是应用补偿导线的理论基础。

④参考电极定则

两种电极 A、B 分别与参考电极 C（标准电极）组成热电偶，如果它们所产生的热电动势 E_{AC}、E_{BC} 为已知，则 A 和 B 两热电极配对后的热电动势 $E_{AB}=E_{AC}-E_{BC}$，此理论简化了热电偶的选配工作。通常采用高纯度的铂丝作为参考电极。

（3）热电偶的分类及特性

自 1821 年塞贝克发现热电效应以来，热电偶历经数十年的发展和优化，形成了标准热电偶和非标准热电偶所组成的比较完善的体系。我国标准化的热电偶有 8 种（GB/T 16839 - 1 - 1997 及 JB/T 9238-1999，与国际电工委员会 IEC 标准 584 - 2 相同），常用的非标准化热电偶有两种，其主要性能及特点见表 4 - 3。

表 4-3　热电偶的主要性能

名称/分度号	测量温度上限/℃		允许误差/℃	特点及用途
	长期使用	短期使用		
镍铬/镍硅（K）	1 200	1 300	Ⅰ级：±0.4% Ⅱ级：±0.75% Ⅲ级：±1.5%	用于氧化性、惰性环境，不能直接在高温下用于硫化、还原性，或还原、氧化交替的环境和真空中
镍铬硅/镍硅（N）	1 200	1 300		
镍铬/铜镍（E）	800	1 000		用于氧化性、惰性以及湿度较高的环境，不能直接在高温下用于硫化、还原性环境
铜/铜镍（E）	350	400		不能直接在高温下用于氧化、硫化环境
铁/铜镍（J）	600	750	Ⅰ级：±0.4% Ⅱ级：±0.75%	用于真空、氧化、还原和惰性环境，但不能直接在高温下用于硫化环境
铂铑 30-铂铑 6(B)	1 600	1 600	Ⅰ级：±0.25% Ⅱ级：±0.5%	在高温下抗氧化性强，机械强度高，化学稳定性好，冷端（50 ℃以下）无须温度补偿；适用于氧化性和惰性气氛中，短期用于真空中，但不适用于还原性气氛或含有金属或非金属蒸气气氛中
铂铑 10-铂（S）	1 300	1 600		
铂铑 13-铂（R）	1 300	1 600		
钨铼 3-钨铼 25 (非标)W/Re3-25	2 000	2 800	0～400：±4.0 >400：±1.0%	热电势较大，热电势与温度关系线性好，适用于真空、惰性气氛，不适用于氧化性气氛中
钨铼 5-钨铼 26 (非标)W/Re5-26	2 000	2 800		

（4）典型结构及特性

热电偶温度传感器的主要技术特征包括测量对象、量程、精度、热响应时间及安装形式等。其中，热响应时间是指环境温度出现阶跃变化时，温度传感器的输出温度变化到相当于该环境温度阶跃量的 63.2%时所需要的时间。

热电偶温度传感器通常用来测量高温，工业上包括铠装热电偶传感器、装配热电偶传感器及防爆热电偶传感器，而航天温度测量多为特形结构，一般工业用热电偶传感器并不适用。航天领域的高温测量主要包括飞行器防热层烧蚀温度、发动机高速气流温度、部件的表面温度、舱内空间温度，以及动力系统管路气、液温度和管路外壁温度等，量程范围宽，自低温 90 K 至高温 2 773 K 均有应用，不同的测量对象对应使用不同的温度传感器。

防热层烧蚀温度高达 2 500 ℃，是由专门的防热层分层温度传感器进行测量的，它是航天型号专用的温度传感器，典型结构如图 4－20 所示。其敏感元件采用热电偶，探头材料采用与弹上相同的防热层材料，将热电偶预埋在材料表面及内部，形成感温探头。

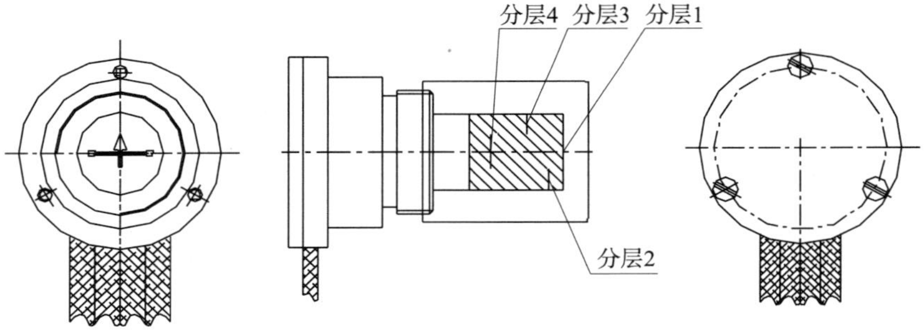

图 4－20　防热层分层温度传感器典型结构

高速气流温度一般是指发动机燃气流温度，量程范围 600～2 500 ℃，具有温度高、流速快、时间短的特点。测量该类参数，要求响应时间快，故多采用露端式钨铼热电偶温度传感器，典型结构如图 4－21 所示，多采用胶粘贴、螺纹连接、法兰螺钉安装等安装形式。

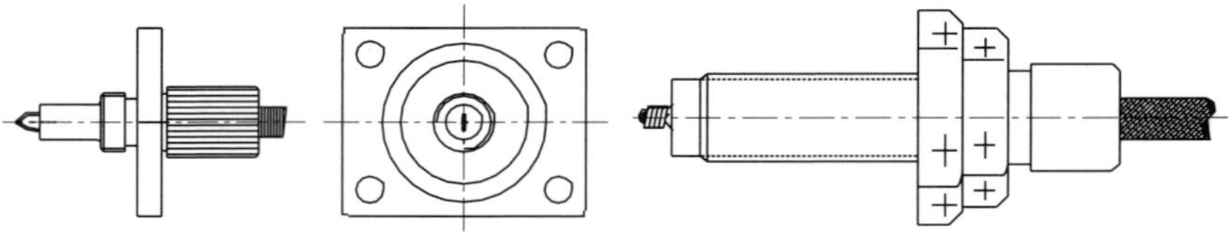

图 4－21　高速气流温度传感器典型结构

表面温度包括内壁温度、外壁温度以及管道外壁温度等，广泛应用于各个武器和运载型号，量程范围为－50～1 200 ℃，个别的可达 2 500 ℃。测量内壁温度和管道外壁温度的传感器通常采用集热片结构，根据被测对象的不同，集热片可采用平面和曲面结构。热电偶点焊在集热片上，集热片直接接触被测对象，以达到测量准确、快速响应的目的。其安装形式多样，可以为点焊、螺钉及胶粘贴等。外壁温度多采用柱状探头，热电偶预埋在探头表面，热电偶敏感部位采用等温线设计，探头也采用与被测对象相同的材料，保证热传递的匹配性。其安装形式可以为螺纹及胶粘贴等，此类传感器的典型结构如图 4－22、图 4－23 所示。

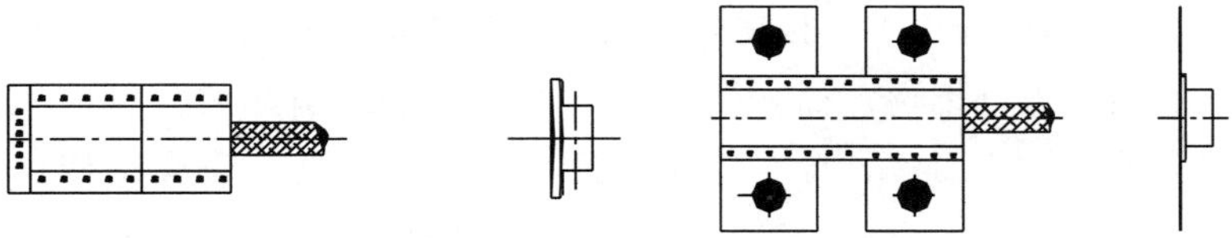

图 4－22　内壁或管道外壁温度传感器典型结构

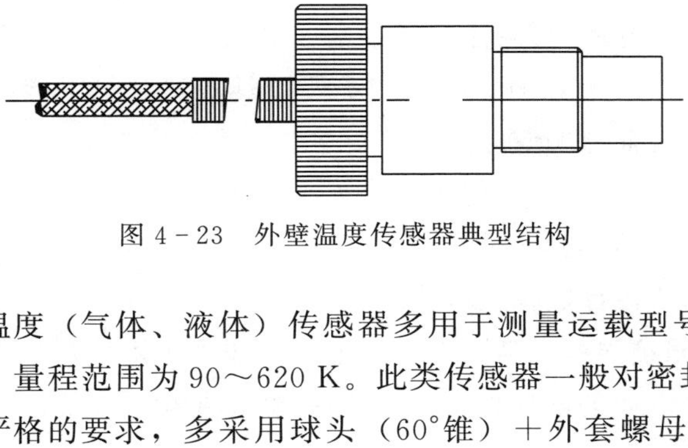

图 4－23　外壁温度传感器典型结构

管路温度（气体、液体）传感器多用于测量运载型号动力系统燃料温度，量程范围为 90～620 K。此类传感器一般对密封性和介质相容性有严格的要求，多采用球头（60°锥）＋外套螺母密封结构，也有采用双台阶及双球头密封结构；感温探头采用铠装结构，为不锈钢材料，耐腐蚀、强度高，其典型结构如图 4－24 所示。

（5）测量误差

影响热电偶温度传感器测量误差的因素很多，主要包括：

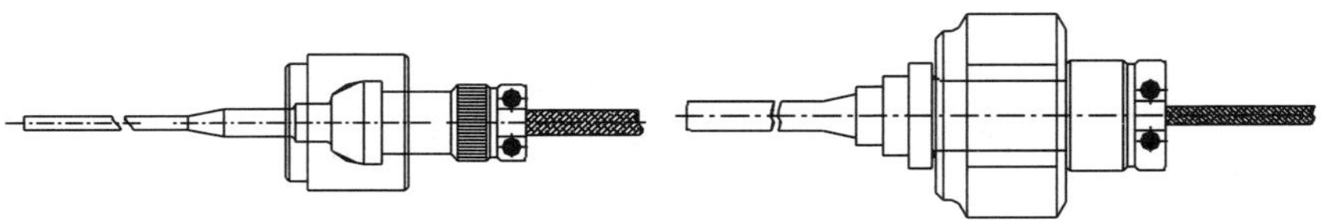

图 4-24　管路温度传感器典型结构

1）测量线路绝缘电阻下降引起的误差。热电偶因绝缘物绝缘电阻降低，致使热电动势泄漏而引起热电动势下降，造成测得的温度低于实际温度。

2）电磁感应误差。热电偶测量通路屏蔽不完全，易受电磁感应的影响。

3）热传导误差。传感器与被测对象接触，不可避免地将被测对象的热量进行传递。插入式传感器因热传导而引起的误差与插入深度有关。一般而言，金属管结构插入深度深一些，陶瓷结构插入深度可以浅一些。而测量有流动介质的管路内部温度时，插入深度一般取敏感端处于中心位置。表面温度传感器敏感端可以采用等温线设计来减少热传导带来的误差。

4）响应误差。接触法测温是基于测温元件与被测对象达到热平衡，而航天领域实际测量时，很难保证具备达到热平衡所需要的时间，因此传感器热响应时间不够短也会带来响应误差。

5）热辐射误差。当传感器处于高温环境，高温物体所发出的热辐射能将加热传感器，使得测量温度高于实际温度。为减小辐射误差，传感器应设计热辐射遮蔽罩。

6）热阻抗误差。高温下的热电偶，如果吸附了灰尘等杂质，不仅增加了热电偶的响应时间，还会使输出热电动势偏低，造成热阻抗误差。

7）高速气流引起的误差。当测量高速流动的气体温度时，高速气流会对热电偶产生气动加热，使得测量温度高于实际温度。

（6）变换电路（热电偶温度变换器）

热电偶温度变换器与热电偶温度传感器配套使用，将传感器输出的微弱差模电压信号转变为 0～5 V 电压信号。

一般，热电偶温度变换器由电源电路、信号放大电路、输出保护电路以及冷端补偿电路组成，如图 4－25 所示。电源电路具备防反接、限流保护及滤波功能，为变换器提供稳定的工作电压，当变换器内部故障时，能够保护外部电源不受影响。信号放大电路可由差动放大电路来实现，将传感器输出直接作为变换器的输入电压，也可由比例放大器实现。这时，需要将传感器一端接固定的电压值，此方法具有识别传感器的开路功能。输出保护电路的功能是将输出电压控制在一定范围内，保护后续电路。热电偶温度传感器的输出电势与其测量端与冷端（即输出电势测量端）之间的温差成一定的函数关系，各种热电偶分度表都是以冷端为 0 ℃给出的，对传感器冷端进行温度补偿后，用户使用时不必考虑传感器冷端的温度，直接查分度表即可得出测量端温度。冷端补偿可以采用传感器如 PT100、热电偶传感器等，也可以采用感温元件如二极管、AD590 等。冷端补偿电路的感温器件应与传感器输出电压端置于同一温度下，并通过调节电路使得冷端补偿电路与传感器对温度的变化率一致。

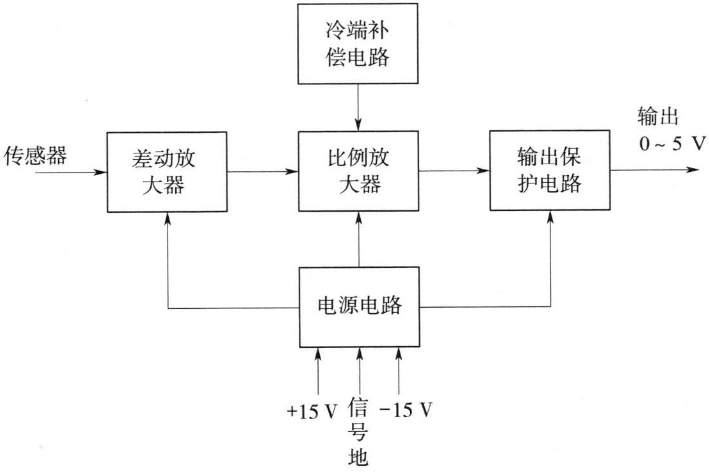

图 4－25 热电偶温度变换器原理框图

4.2.2.3 热敏电阻温度传感器

热敏电阻温度传感器是以热敏电阻作为敏感元件的热电阻温度测量装置，具有灵敏度高、电阻值高、体积小、结构简单、功耗低等优点。缺点是其阻值与温度的关系呈非线性，元件的稳定性及互换性较差。

(1) 原理

热敏电阻是一种电阻值随其温度成指数变化的半导体热敏感元件。热敏电阻温度传感器所用敏感元件为负温度系数热敏电阻(NTC)，即阻值随温度的升高而减小，电阻-温度特性呈非线性，可用如下公式表示

$$R_T = A\mathrm{e}^{B/T} = R_{T_n}\mathrm{e}^{B\left(\frac{1}{T}-\frac{1}{T_n}\right)} \tag{4-7}$$

$$A = \frac{R_T}{\mathrm{e}^{\frac{B}{T}}} \tag{4-8}$$

式中 R_T, R_{T_n} ——温度 T 和 T_n 时的热敏电阻值 (kΩ)；

B——热敏指数，元件特性常数 (K)；

A——热敏电阻特性参数。

(2) 基本参数

表征热敏电阻特性的参数不是单一的，主要包括以下参量。

①零功率电阻值 R_T

在规定温度 T 下，测量热敏电阻的电阻值，由于电阻内部发热引起的电阻值变化相对于总的误差而言可以忽略不计时的电阻值。

②零功率电阻温度系数 α_T

在规定温度 T 下，热敏电阻零功率电阻值的相对变化与引起该变化的温度变化值之比，可用如下公式表示

$$\alpha_T = \frac{1}{R_T}\frac{\mathrm{d}R_T}{\mathrm{d}T} = -\frac{B}{T^2} \tag{4-9}$$

③热敏指数 B

描述热敏材料物理特性的一个常数，其大小取决于热敏材料的组成和烧结工艺。通常，B 值越大，电阻值也越大，灵敏度越高。

在工作温度范围内，B 值并非是严格的常数，随温度的升高略有增加，可通过试验的方法求得，其公式表示如下

$$B=\frac{(\ln R_{T_n}-\ln R_T)T_nT}{T-T_n} \tag{4-10}$$

④耗散系数 δ

耗散系数是指热敏电阻在静止空气中，温度变化 1 ℃时所耗散的功率（mW/℃），是衡量热敏电阻工作时，电阻体与外界环境进行热交换的物理量。

⑤热响应时间

热响应时间是指在零功率条件下，当温度突变时，热敏电阻的温度变化为初始的和最终的温度差的 63.2%所需要的时间。

⑥最高工作温度

最高工作温度是指热敏电阻在规定的技术条件下，长期连续工作所允许的最高温度。

⑦稳定性

热敏电阻经受指定的环境条件或电气试验条件后，仍能保持规定特性的能力。

（3）热敏电阻应用

热敏电阻温度传感器以低温（液氢、液氧温区）19～110 K、中温－60～250 ℃温区测量为主。热敏电阻用于低温测量时为了保证测量精度，一般配备变换器，其输出特性满足式（4－7）；而中温测量无需配套变换器，直接串联一固定电阻分压输出，其输出关系式如下

$$t=\frac{B}{\ln\left[R_N\dfrac{E-U}{A\times U}\right]}-273.15 \tag{4-11}$$

式中　U——温度为 t 时，传感器输出电压值（V）；

R_N——固定电阻（kΩ）；

E——电源电压（V）。

(4) 典型结构及特性

热敏电阻温度传感器的主要技术特征包括测量对象、量程、精度、热响应时间及安装形式等，其在航天领域的应用主要包括部件的表面温度、舱内空间温度，以及动力系统管路气、液温度等，自低温 19 K 至高温 723 K 均有应用，不同的测量对象对应不同的温度传感器。低温区测量有效温度在 30 K 左右，中温区测量有效温度一般在 200 ℃左右。

热敏电阻的特性决定了此类温度传感器的输出数据不是标准的，且不具备互换性。因此，热敏电阻温度传感器需要每台产品都进行分度，使用专用的分度表和特性参数，并逐台进行校验。

低温热敏电阻温度传感器主要应用于航天型号中液氢、液氧温区的气、液温度以及相应的容器温度测量，精度可达±0.25 K，包括表面、管路温度传感器，其典型结构如图 4-26 所示。表面温度传感器为电缆式结构，感温元件就是热敏电阻本体，无附加结构，采用胶粘贴方式安装，响应快。管路温度传感器为插入式传感器，采用球头、双球头或双台阶等密封接口，与接管嘴和外套螺母配合安装。此类传感器的感温探头有露端式和铠装绝缘式两种，与液氢、液氧等介质直接接触，则感温探头满足介质相容的要求。

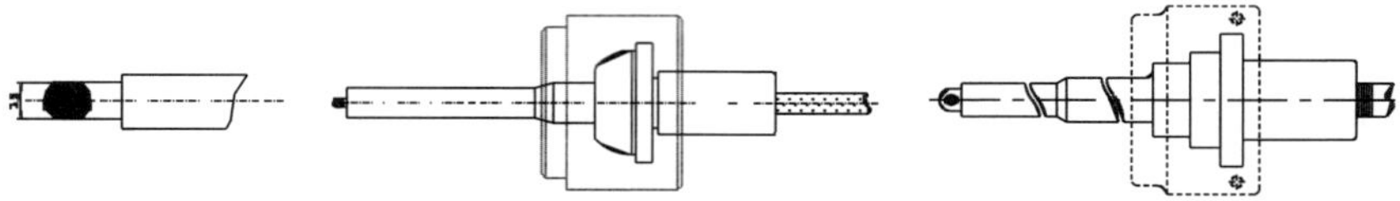

图 4-26　低温热敏电阻温度传感器典型结构

中温区热敏电阻温度传感器应用于各个运载型号，涉及表面、空间、管路等多种测量对象，量程范围为-60～220 ℃，个别的空间温度传感器达到了 450 ℃。

①热敏电阻表面温度传感器

热敏电阻表面温度传感器基本为电缆式结构，感温元件就是热敏电阻本体，固定电阻封装在电缆内，无附加结构。产品小巧，适于多种被测表面的安装，采用胶粘贴方式安装，响应快；其量程范围－60～220 ℃，典型结构如图 4－27 所示。

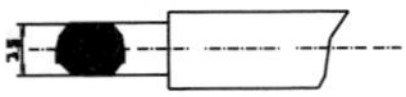

图 4－27　热敏电阻表面温度传感器典型结构

②热敏电阻空间温度传感器

热敏电阻空间温度传感器基本为孔罩式结构，感温元件——热敏电阻用胶固定在壳体上且为裸露式，外部用孔罩保护并减小热辐射的影响，固定电阻胶封装在壳体内部；安装结构多为法兰螺钉和螺纹结构；其量程范围为－60～220 ℃，特殊的为 250～450 ℃，其典型结构如图 4－28 所示。

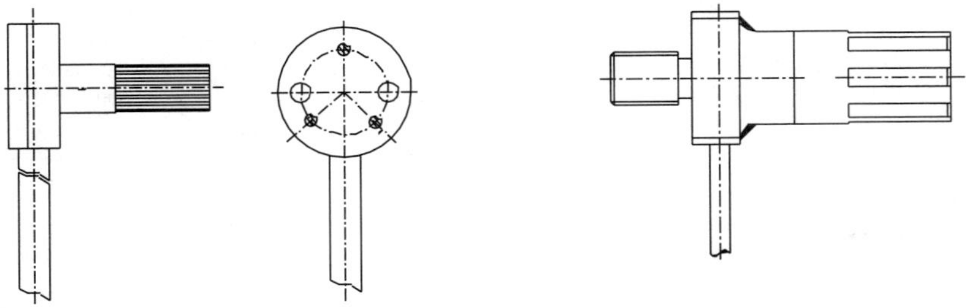

图 4－28　热敏电阻空间温度传感器典型结构

③热敏电阻管道温度传感器

热敏电阻管道温度传感器为插入式传感器，采用球头、双球头或双台阶等密封接口，与接管嘴和外套螺母配合安装。此类传感器的感温探头有露端式和铠装绝缘式两种，与被测介质直接接触，则感温探头满足介质相容的要求。典型结构与图 4－26 中的低温管路温度传感器类似。

（5）测量误差

影响热敏电阻温度传感器测量误差的因素很多，除了与热电偶温度传感器类似的热传导误差、响应误差、热辐射误差、高速气流引起的误差外，还包括有自热误差。

自热误差是指因为热敏电阻体积小、阻值高，通过电阻的电流将加热电阻体，从而产生误差。为减小此误差，通过热敏电阻的电流应适当变小。

（6）变换电路（热敏电阻温度变换器）

热敏电阻温度变换器与热敏电阻温度传感器配套使用，将传感器输出的电阻信号转变为 0～5 V 电压信号。

一般，热敏电阻温度变换器由电源电路、恒流源电路、比例放大电路以及输出保护电路组成，如图 4－29 所示。电阻到电压的转变通常由桥式电路实现，也可由恒流源电路实现。

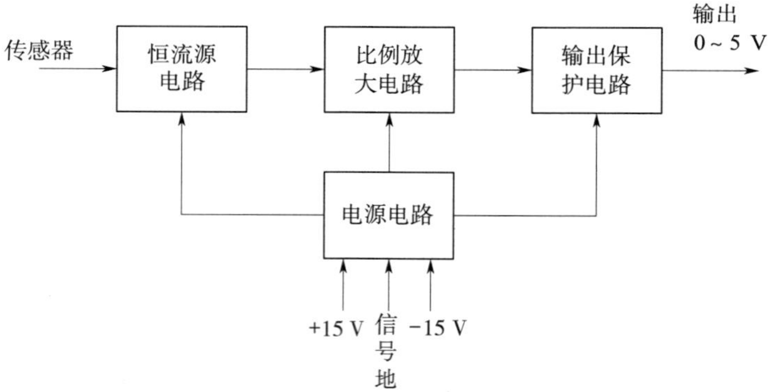

图 4－29　热敏电阻温度变换器原理框图

4.2.2.4　铂电阻温度传感器

铂电阻温度传感器，顾名思义是以铂电阻作为敏感元件的热电阻式温度测量装置，是由铂电阻及测量仪表构成的，广泛用来测量－200～850 ℃范围内的温度。具有准确度高、稳定性好、无须参考点的优点，缺点是薄膜铂电阻元件的抗机械冲击与振动性能差，陶瓷铂电阻元件尺寸大，热响应时间长，不适宜测量小体积和瞬变温度的区域。

（1）原理

铂电阻温度传感器是利用铂电阻元件的电阻率随着温度升高而

增大的特性制成的，传感器的输出为电阻信号，其阻值与温度的关系，通常分成两个温度范围分别描述。

对于−200～0 ℃的温度范围时

$$R_t = R_0[1 + At + Bt^2 + Ct^3(t - 100)] \quad (4-12)$$

对于 0～850 ℃的温度范围时

$$R_t = R_0(1 + At + Bt^2) \quad (4-13)$$

当 W_{100} = 1.385 1 时，式（4 - 13）中

A——常数，其值为 $3.908\ 3 \times 10^{-3}℃^{-1}$；

B——常数，其值为 $-5.775 \times 10^{-7}℃^{-2}$；

C——常数，其值为 $-4.183 \times 10^{-12}℃^{-4}$。

当铂电阻用于低于−200 ℃温区时，其电阻值不再遵循上述数学关系式。

（2）基本参数

表征铂电阻特性的参数主要包括以下参量：

①电阻比 W_t

电阻比是表征铂电阻特性的基本参数，与材料纯度有关，其值越大，电阻丝的纯度越高。ITS - 90 温标规定工业铂电阻 $W_{100} = R_{373.16}/R_{273.16} = 1.385\ 1$。

②分度号和标称电阻值

根据我国现行的 JB/T8622 - 1997 铂电阻技术条件，铂电阻的分度号和标称阻值见表 4 - 4，该标准等同于国际电工委员会标准 IEC751（1995 - 07）。

表 4 - 4　铂电阻的分度号和标称阻值

分度号	等级	0 ℃标称电阻值/Ω	温度范围/℃	精度/℃
Pt10	A	10	−200～850	$\pm(0.15 + 0.002\|t\|)$
	B	100		$\pm(0.3 + 0.002\|t\|)$
Pt100	A	10	−200～850	$\pm(0.15 + 0.002\|t\|)$
	B	100		$\pm(0.3 + 0.002\|t\|)$

续表

分度号	等级	0 ℃标称电阻值/Ω	温度范围/℃	精度/℃
Pt500（非标）	A	500	−200～850	±(0.15+0.002|t|)
	B	1 000		±(0.3+0.002|t|)
Pt1000（非标）	A	500	−200～850	±(0.15+0.002|t|)
	B	1 000		±(0.3+0.002|t|)

③热响应时间

它是指环境温度出现阶跃变化时，铂电阻的电阻值变化到相当于该环境温度阶跃量的63.2%时所需要的时间。该参数不仅与传感器的结构、尺寸及材质有关，还与被测介质的表面传热系数、比热容等工作环境有关。

④额定电流

为了减小铂电阻自热效应引起的误差，在测量电阻值时，允许元件中连续通过的最大电流称为额定电流，一般为2～5 mA；航天型号用铂电阻温度传感器通电电流为1 mA。

（3）铂电阻的分类及应用

铂电阻按结构分类，主要包括铠装铂电阻、薄膜铂电阻、陶瓷铂电阻和自制铂电阻。

①铠装铂电阻

铠装铂电阻的外径尺寸一般为$\phi 2 \sim \phi 8$，常用温度为−200～600 ℃，主要用于要求反应速度快、微型化及抗振等特殊场合。

②薄膜铂电阻

薄膜铂电阻生产工艺成熟，产量高，尺寸小，测温范围为−50～600 ℃，适用于表面、小区域、快速测温等场合。

③陶瓷铂电阻

陶瓷铂电阻又称线绕铂电阻，主要由电阻丝、绝缘骨架及保护管组成，测温范围为−50～850 ℃，适用于空间、对抗振要求不高的场合。

④自制铂电阻

自制铂电阻是为特殊应用的传感器研制的，一般由电阻丝、绝缘骨架及保护结构组成，主要有栅丝式、鼠笼式，用于测量表面及空间温度。该类敏感元件具有响应快、构成简单的特点，但其生产效率低，难以大规模推广。

（4）典型结构及特性

铂电阻温度传感器与热电偶温度传感器、热敏电阻温度传感器类似，其主要技术特征包括测量对象、量程、精度、热响应时间及安装形式等，其在航天领域的应用主要包括测量部件的表面温度、舱内空间温度以及动力系统管路气、液温度等，不同的测量对象对应不同的温度传感器。铂电阻温度传感器均为三线制，即感温元件的一端连接两根引线，另一端连接一根引线，该形式可以消除引线电阻对温度测量的影响。铂电阻温度传感器以低温（液氢、液氧温区）19～323 K、中温－50～400 ℃温区的应用为主。－50～400 ℃温度范围内，铂电阻遵循式（4－12）或式（4－13），具有标准的输出数据；而在低温区则需要对铂电阻元件进行专门分度，以获得电阻值-温度的分度数据。

低温铂电阻温度传感器主要应用于运载型号系列中液氢、液氧温区的气、液温度以及相应的容器温度测量，包括表面、管路温度传感器，其典型结构如图 4－30 所示。低温铂电阻表面温度传感器为电缆式结构，薄膜铂电阻元件封装在扁平壳体内，引线输出。该传感器采用胶粘贴方式安装，响应快。管路温度传感器为插入式传感器，采用球头、双球头或双台阶等密封接口，与接管嘴和外套螺母配合安装。此类传感器的感温探头有露端式和铠装绝缘式两种，与液氢、液氧等介质直接接触，则感温探头满足介质相容的要求。

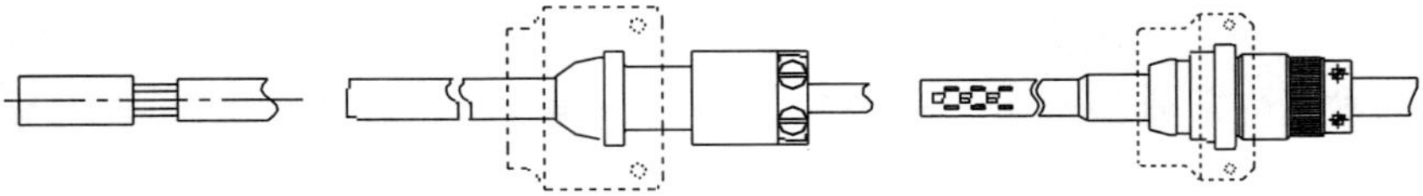

图 4－30　低温铂电阻温度传感器典型结构

中温区铂电阻温度传感器应用于各个运载型号，涉及表面、空间、管路等多种测量对象，量程范围为−50～400℃。

1）铂电阻表面温度传感器。铂电阻表面温度传感器为电缆式结构，薄膜铂电阻元件封装在扁平壳体内，引线输出。产品小巧，适于多种被测表面的安装，采用胶粘贴、点焊、螺钉等安装方式，响应快；其量程范围−50～300 ℃，典型结构如图 4 - 31 所示。

图 4 - 31　铂电阻表面温度传感器典型结构

2）铂电阻空间温度传感器。铂电阻空间温度传感器大多为孔罩式结构，感温元件——铂电阻用胶固定在壳体上且为裸露式，外部用孔罩保护并减少热辐射的影响；安装结构多为法兰螺钉结构；其量程范围−50～400 ℃，典型结构如图 4 - 32 所示。

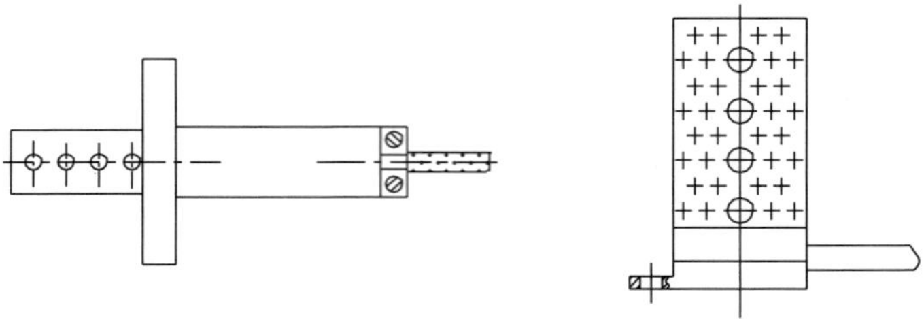

图 4 - 32　铂电阻空间温度传感器典型结构

3）铂电阻管道温度传感器。铂电阻管道温度传感器为插入式传感器，采用球头、双球头或双台阶等密封接口，与接管嘴和外套螺母配合安装。此类传感器的感温探头有露端式和铠装绝缘式两种，与被测介质直接接触，感温探头满足介质相容的要求。典型结构与图 4 - 30 中的低温管路温度传感器类似。

（5）测量误差

铂电阻和热敏电阻同属热电阻，其误差来源基本相同。铂电阻相对于热敏电阻而言，其引线电阻带来的误差不容忽视。

（6）变换电路（铂电阻温度变换器）

铂电阻温度变换器与铂电阻温度传感器配套使用，将传感器输出的电阻信号转变为0～5 V 电压信号。一般，铂电阻温度变换器由电源电路、电桥电路（或恒流源电路）、比例放大电路和输出保护电路组成，如图 4－33 所示。电阻到电压的转变通常由电桥电路实现，如图 4－34 所示。

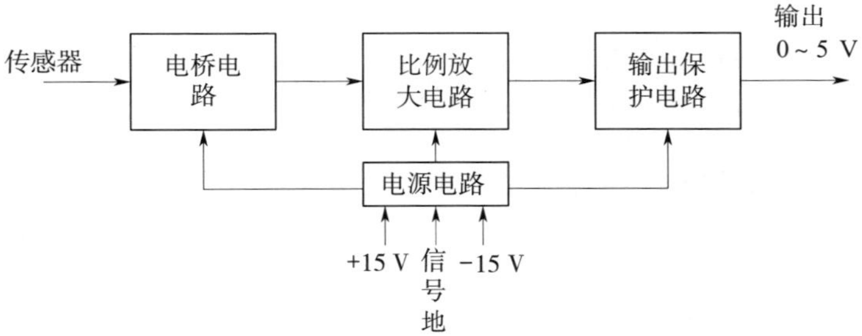

图 4－33　铂电阻温度变换器原理框图

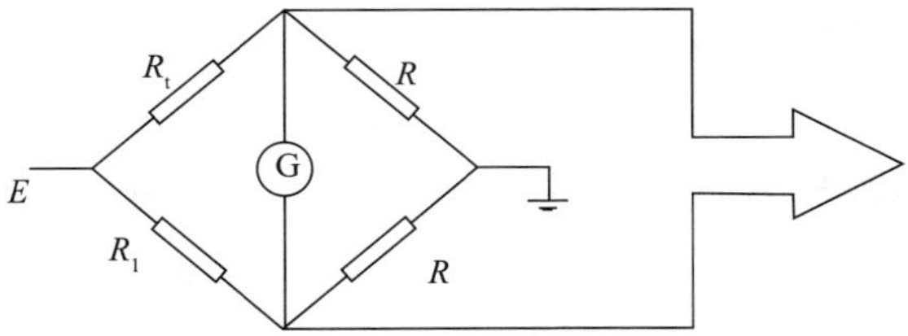

图 4－34　桥式电路图

由于铂电阻的阻值随温度变化灵敏，如 Pt100 为 0.385 Ω/℃，这样，铂电阻本体的引线电阻和连接导线的电阻都会给温度测量结果带来很大影响。若记连接导线电阻为 R_r，则测量值为 $R'_t = R_t + 2R_r$，同时导线电阻随环境温度的变化也应当加入到热电阻的变化中。为了消除导线电阻对温度测量的影响，一般采用三线制线路代替图 4-34 中的两线制线路，如图 4-35 所示。三线制接法将铂电阻原来的两根导线分别加到了电桥相邻的两个桥臂上，抵消了导线的误差。

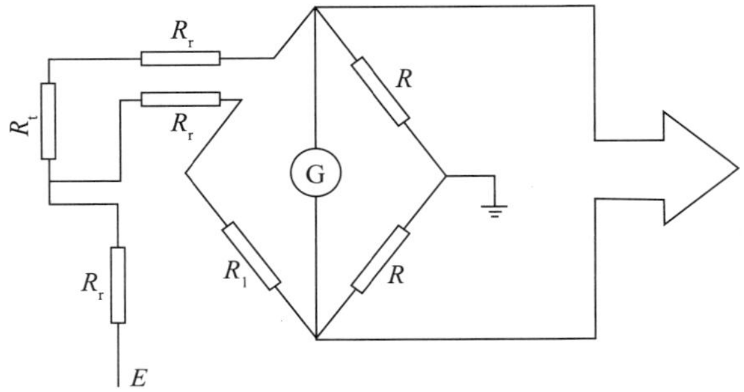

图 4-35　铂电阻三线制接法

由于铂电阻温度传感器输出的电阻值与温度存在一定的非线性，一般需要在比例放大电路中进行线性化处理，提高变换器输出电压与温度间的线性度。

4.2.2.5　温度传感器的静态标定

温度传感器静态标定采用双比较法，即将被检温度传感器和标准温度计置于同一温场区域内，通过比较被检温度传感器和标准温度计的输出来达到检定的目的。我国温度传感器的静态检定技术非常成熟，形成专用的检定规程，主要有《工业用热电阻检定规程 JJG229-2010》、《工业用钨铼热电偶检定规程 JJG 576-1988》、《工作用廉金属热电偶检定规程 JJG351-1996》等。

温度传感器静态标定用设备包括以下几种。

1）标准器：标准水银温度计、标准铂电阻温度计、标准热电偶温度计、标准光电高温计。

2）检定设备：低温恒温槽、恒温水槽、恒温油槽、高温炉、热电偶检定炉、真空钨管炉或真空黑体炉、冰点恒温器。

3）电测设备：测温电桥或数字万用表（6 位半）、标准电流源、标准电压源等。

4）其他：双筒放大镜（10，30 倍）、寄生电势小于 1 μV 的多点转换开关、兆欧表等。

温度传感器静态标定项目和方法如下：将处理好的被检温度传感器与标准器放入同一检定设备的同一位置（设备的均匀温场区域），并进行防热处理后，开启设备设定温度点，待设备达到规定的温度后，恒定 15 min 以上，直接测量标准器与被检温度传感器的输出值，测量读数不少于 3 次，记录数据然后进行修正计算，获得检定温度和被检温度传感器输出值之间的关系——分度号或分度表。

1 100 ℃以上用真空钨管炉检定时，热电偶置于钨管炉内恒温区，光电高温计瞄准钨管炉的黑体腔辐射孔测量炉内温度。钨管炉的温度达到第一个检定点温度后，稳定 20 min（其他各检定点稳定 10 min）后开始记录热电偶输出和光电高温计的示值。

注意标定时，热电偶的参考端应保持 0 ℃（冰点恒温器），高温区检定炉内应充以惰性气体；热敏电阻和铂电阻应通以规定的电流值或电压值，通过测量电压来得到电阻值。

温度传感器的检定视其使用的温度范围而定，一般可分为几个温度段进行，各温度段所用设备及标准器不同，见表 4 - 5。检定顺序是由低温向高温逐点升温检定。

表 4 - 5　检定温度区间及对应的设备、标准器

<table>
<tr><th>检定温区</th><th>检定设备</th><th>标准器</th><th>适宜的温度传感器</th></tr>
<tr><td>−80～100 ℃</td><td>低温恒温槽、恒温水槽</td><td>标准铂电阻温度计</td><td>热敏电阻、铂电阻、热电偶</td></tr>
<tr><td>0～300 ℃</td><td>恒温水槽、恒温油槽</td><td>标准铂电阻温度计</td><td>热敏电阻、铂电阻、热电偶</td></tr>
<tr><td rowspan="2">300～1 100 ℃</td><td>热电偶检定炉</td><td rowspan="2">标准铂电阻温度计、标准热电偶温度计</td><td>热电偶</td></tr>
<tr><td>高温炉</td><td>热敏电阻、铂电阻、热电偶</td></tr>
<tr><td>1 100～2 500 ℃</td><td>真空钨管炉或真空黑体炉</td><td>标准光电高温计</td><td>热电偶</td></tr>
</table>

4.2.2.6　温度传感器的动态标定

《温度传感器动态响应校准规范 JJF 1049 - 1995》规定的校准条

件、校准方法如下。

1）校准环境：校准环境主要指具有稳定的流场、温场的水流或气流环境。校准设备包括水流校准装置、低速气流环境校准装置、热（常温）校准风洞。

2）温度阶跃系统：给被校传感器提供一个定量的温度阶跃量。

3）采集测试控制系统：包括整个校准设备，各种监控传感器，信号传输线路，信号转换、采集、存储、处理和控制等软硬件。

4）水流环境中的动态响应校准方法：首先，将温度传感器放入试验架；然后，将水盛满容器中，启动加热器加热水温，同时启动搅拌器，使水流旋转；待容器内水温稳定后，启动操作按钮，将温度传感器投入水容器中，同时启动记录时间的仪表。测量结束后，将温度传感器从水中提出，恢复到初始状态。重复以上操作 3 次，3 次的测量值与 3 次的平均值的偏差不得大于 10%，否则重复试验。

5）低速气流环境的动态响应校准方法：首先，将被校温度传感器装入试验段内，按规定调整好气流速度；调整温度阶跃量在 10～20 ℃之间；记录被校温度传感器初始温度，启动热栅加热气流，同时，启动记录时间的仪器仪表。测量结束后，将温度传感器从气流中提出，恢复到初始状态。重复以上操作 3 次，3 次的测量值与 3 次的平均值的偏差不得大于 10%，否则，重复试验。

6）高速气流环境的动态响应校准方法：首先，根据校准要求，选择合适的校准风洞；按校准要求，将被校温度传感器固定在试验段的安装座上；开启和调节风洞系统，使校准试验段的气流速度和气流总温度达到要求值；调整到所需温度阶跃量，记录初始状态。启动温度阶跃装置，使被校温度传感器处于稳定的风洞流场中，产生温度突变，同时，启动数据采集装置，记录被校温度传感器温度与时间的变化关系。完成温度响应记录后，再记录一次终止状态。重复上述操作 2 次。

7）校准结果处理：由采集的温度-时间响应曲线，经数字滤波处理后，可直接用作图法算出热响应时间值，也可由多次采集的温度-时间响应曲线，对不同传感器建立相应的合理数学力学特性及计算软件程序，计算出热响应时间。

4.2.3　加速度传感器

加速度传感器主要用于振动、冲击及过载参数的测量，在航天型号中获得了广泛的应用。航天飞行器在发射及飞行过程中存在位移、速度、加速度等物理量的变化，这些物理量的变化统称为机械振动。航天飞行器的振动除了辐射噪声外，还直接对人和仪器设备产生影响，特别是 1～100 Hz 的低频振动，对人体的危害更为严重。因此，振动、冲击及过载等力学参数的实时监测，对于航天飞行器改进结构设计，确保航天型号发射飞行成功和航天员安全具有重要意义。

4.2.3.1　振动、冲击和加速度的基本概念

振动是描述机械系统中振荡的术语，它由频率和振幅定义。从广义上说，无论是实际物体的运动还是结构的运动，或者是作用在一个机械系统上的振荡力都可称为振动。在机械振动过程中，表示物体运动特征的某些物理量（如位移、速度、加速度等）时而增大、时而减小地反复变化。根据研究侧重点的不同，可以从不同角度对振动进行分类。振动按系统相应的性质，可以分为确定振动与随机振动两大类。航天器在飞行及返回时产生的振动就是随机振动的典型例子。

如同随机振动一样，航天器在发射、飞行及返回过程中，特别是火箭级间分离时会遇到机械冲击。冲击的简单定义是动能传递到一个系统的时间短于系统的固有振荡周期。冲击是定义不太严格的一种振动。其中，激扰是非周期的，例如，脉冲的、阶跃的或瞬态振动形式。冲击一词意味着突然和激烈的程度。从分析的观点看，冲击的重要特性是系统由于受到冲击作用而引起的运动，不仅包括冲击激励的频率，还包括系统的固有频率。

加速度是一个表征速度随时间改变的矢量。有时也用过载这一

参数表征加速度。过载的定义为飞行器所受除重力以外所有外力的合力与重力之比。过载是一个标量，但有正负之分。

从测量的角度来讲，区分过载、振动和冲击环境非常重要。在航天领域，主要是通过机械激励的频率范围来区分这三类参数的。过载参数的频率范围通常为 0～10 Hz，振动参数的频率范围通常为 2～2 000 Hz，冲击参数的频率范围通常为 10～10 000 Hz。当然，通过频率范围区分过载、振动和冲击这三类参数也不十分严格。

在过载、振动和冲击研究中，有 3 个重要的物理参量，即位移、速度和加速度。三者之间存在简单的换算关系。对于一般的时间平均测量而言，可忽略这三个物理参量之间的相位关系。当频率确知时，就可以将加速度与正比频率的系数相除而得到速度；将加速度与正比频率平方的系数相除得到位移。在测量仪器中，可以通过积分运算来实现这些运算。在航天领域，测量过载、振动和冲击参数采用的是目前最普遍的方法，即用加速度传感器测量加速度量。

4.2.3.2　加速度传感器的主要特性

加速度传感器的输入量可分为静态量和动态量两类。静态量是指稳定状态的信号或变化极其缓慢的信号（准静态），如过载信号。动态量通常指周期信号、瞬变信号或随机信号，如振动、冲击信号。无论对动态量或静态量，加速度传感器输出电压都应当不失真地复现输入量的变化。这主要取决于传感器的静态特性和动态特性。

（1）加速度传感器的静态特性

加速度传感器在被测量的各个值处于稳定状态时，输出量和输入量之间的关系称为静态特性。通常，要求加速度传感器在静态情况下的输出-输入关系保持线性。实际上，线加速度其输出量和输入量之间的关系（不考虑迟滞和蠕变效应）可由下列方程确定

$$a=\frac{A_0}{K_1}=K_0+a_i+K_2a_i^2+K_3a_i^3+K_ca_c+K_{ic}a_ia_c+\cdots \tag{4-14}$$

式中　a ——加速度传感器所指示的加速度；

A_0——加速度传感器的输出量；

a_i——平行于输入基准轴的外加加速度；

a_c——垂直于输入基准轴的外加加速度；

K_0——偏值，表示当没有加速度作用时，加速度传感器的输出量折合成输入加速度的数值，偏值也称为零偏值或零位输出；

K_1——标度因数，表示加速度传感器输出量的变化对想要测量或施加的输入量变化的比值，标度因数又称为刻度因数和刻度系数；

K_2——二阶非线性系数，表示加速度传感器输出变化与平行于输入基准轴的外加加速度平方之间关系的比例常数；

K_3——三阶非线性系数，表示加速度传感器输出变化与平行于输入基准轴的外加加速度三次方之间关系的比例常数；

K_c——交叉轴灵敏度，交叉轴灵敏度是建立加速度传感器输出量的变化与交叉加速度之间关系的比例常数，这种灵敏度可以随交叉加速度的方向而变化；

K_{ic}——交叉耦合系数，沿加速度传感器的输入轴及其垂直方向都有加速度时，加速度传感器的输出中有一项与这两个加速度的乘积成比例，这个比例系数称为交叉耦合系数，这种系数随着交叉加速度的方向而变化。

模型方程的系数可以是其他变量（例如，电压、温度、时间、角速度等）的函数。对这个级数，根据加速度传感器的不同精度要求，可以只取必要的几项，使它能够表示加速度传感器对外加加速度的响应。

加速度传感器的静态特性是在静态标准条件下测定的。在标准工作状态下，利用一定精度等级的校准设备，对传感器进行往返循环测试，即可得到输出-输入数据。将这些数据列成表格，再画出各被测量值（正反行程）对应输出平均值的连线，即为传感器的静态校准曲线。

加速度传感器静态特性的主要指标有线性度、灵敏度、迟滞和重复性等。

①线性度（非线性误差）

在规定的条件下，加速度传感器校准曲线与拟合直线之间最大偏差与满量程输出值的百分比称为线性度。用 δ_L 代表线性度，则

$$\delta_L = \pm \frac{\Delta Y_{max}}{Y_{F.S.}} \times 100\% \tag{4-15}$$

式中 ΔY_{max} ——校准曲线与拟合曲线间的最大偏差；

$Y_{F.S.}$ ——传感器满量程输出。

由此可知，非线性误差是以一定的拟合直线或理想直线为基准直线算出来的。因而，基准直线不同，所得线性度也不同。拟合直线的计算方法较多，一般使用最小二乘法。

②灵敏度

加速度传感器的灵敏度指达到稳定工作状态时，输出变化量与引起此变化的输入变化量之比。由图 4－36 可知，线性传感器校准曲线的斜率就是静态灵敏度 K。其计算方法为

$$K = \frac{输出变化量}{输入变化量} = \frac{\Delta Y}{\Delta X} \tag{4-16}$$

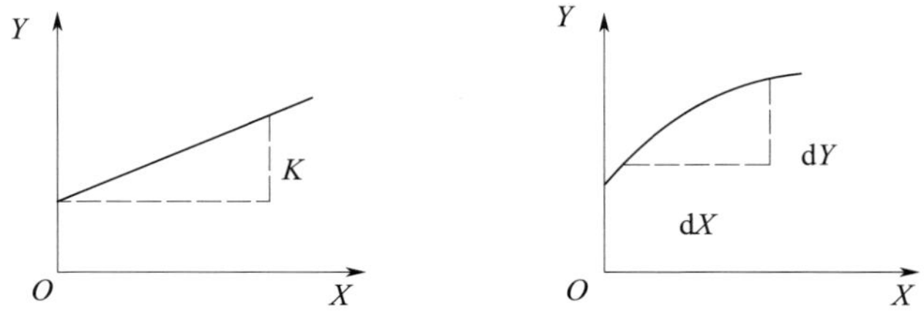

图 4－36 传感器灵敏度的定义

非线性传感器的灵敏度用 dY/dX 表示，其数值等于所对应的最小二乘法拟合直线的斜率。

③迟滞（滞环）

迟滞是加速度传感器在正反行程期间，输入-输出曲线不重合的程度，或对应于同一大小的输入量正反行程的输出量的差值（如图 4 -37 所示）。迟滞的大小一般由试验确定，其数值用最大偏差或最大偏差的一半与满量程输出值的百分比表示

$$\delta_H = \pm \frac{\Delta H_{max}}{Y_{F.S.}} \times 100\% \qquad (4-17)$$

或

$$\delta_H = \pm \frac{\Delta H_{max}}{2Y_{F.S.}} \times 100\% \qquad (4-18)$$

式中　ΔH_{max} ——输出值在正反行程间的最大偏差；

δ_H ——传感器的迟滞。

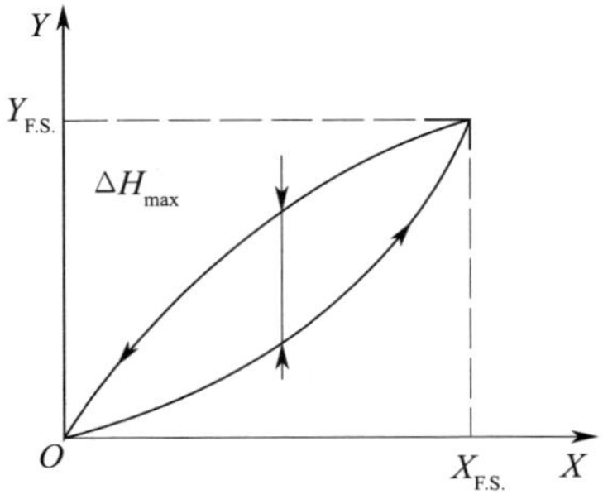

图 4 - 37　传感器的迟滞特性

迟滞现象反映了传感器机械结构和制造工艺上的缺陷，如螺钉松动、元件腐蚀或碎裂及积塞灰尘等。

④重复性

重复性是指在同一工作条件下，输入量按同一个方向在全测量范围内连续变动多次所得特性曲线的不一致性（如图 4 - 38 所示）。在数值上，用各测量值正反行程标准偏差最大值的两倍或三倍与满量程的百分比表示。即

$$\delta_{K} = \pm \frac{2\sigma \sim 3\sigma}{Y_{F.S.}} \times 100\% \tag{4-19}$$

式中　δ_K ——重复性；

σ ——标准偏差。

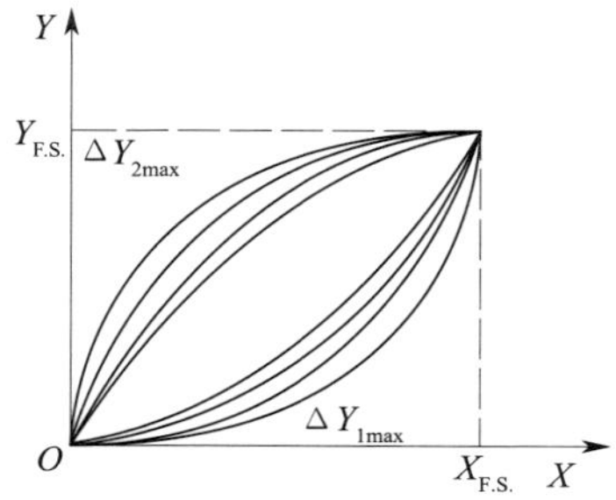

图 4－38　传感器的重复性

⑤满量程输出

在规定条件下，加速度传感器测量范围的上限和下限输出值之间的代数差。

⑥零点

在规定条件下，当加速度输入为零时，传感器的输出值为零点输出。

⑦热零点漂移

加速度传感器工作温度偏离校准温度而引起的零点输出的最大变化。通常，以每变化一摄氏度时零点输出量相对满量程输出的百分比表示。

（2）加速度传感器的动态特性

动态特性是指传感器对随时间变化的输入量的响应特性。动态特性好的传感器，其输出量的曲线与输入量的曲线一致或者相近。动态特性的好坏往往以输出滞后、幅值变化和波形失真来表征。产生这些现象的原因是在包括传感器的测量系统中存在着惯性和阻尼。

一般，用传感器对标准动态输入信号的响应来衡量传感器的动态特性。标准动态信号分为正弦信号、阶跃信号和单位脉冲信号。频域分析和时域分析均可以描述传感器的动态特性。实际上，它们之间有一定内在联系。衡量传感器动态特性的指标有幅频特性、相频特性、固有频率、阻尼系数、上升时间、稳定时间等。

4.2.3.3　压电式加速度传感器

压电式加速度传感器是以压电材料为转换元件，输出与加速度成正比的电荷或电压量的装置。压电材料主要有石英晶体和压电陶瓷。压电陶瓷是人造多晶体，内部存在许多电畴。压电陶瓷刚烧结成时，其内部各晶粒中电畴的自发极化方向是杂乱无章且相互抵消的。在烧结的压电陶瓷上施加一外电场，在电场作用下，电畴的自发极化方向趋向与电场方向一致。当外电场去掉后，各电畴的极化方向基本上保持与原电场方向一致，保留一些极化强度。由于存在极化强度，在压电陶瓷极化方向两端便出现了束缚电荷。由于束缚电荷的作用，在陶瓷极化方向两端很快吸附了一层来自外界的自由电荷。无外力作用时，束缚电荷和自由电荷在数量上相等，极性相反，对外不显电性。如果在压电陶瓷上施加一个与极化方向平行的压力，陶瓷会发生变形，片内的束缚电荷间距变小，电畴发生偏转，极化强度变弱，吸附在其表面的部分自由电荷被释放而呈现放电现象。从压电片的压电效应来看，压电陶瓷片只能用于动态信号的测量，不能用于静态加速度的测量。

由于压电式加速度传感器具有结构简单、工作可靠等优点，目前，已成为冲击振动测量技术中广泛使用的一种传感器。世界各国作为量值传递标准的高频和中频振动基准的标准加速度传感器都是压电式的。目前，它在航天领域应用很广，主要用于振动、冲击参数的测量，约占目前所使用的各种加速度传感器总数的 80%左右。压电式加速度传感器量程大、频带宽、体积小、质量小、安装简单，而且能够适用于各种恶劣环境。

(1) 压电式加速度传感器的工作原理

压电式加速度传感器安装在被测物体上，当被测物体振动或冲击通过基座传到传感器内的惯性质量块时，质量块对压电片施加的惯性力正比于被测物体的加速度值。因压电效应，压电片上产生正比于惯性力的电荷量，从而实现对振动加速度的测量。单端中心压缩式压电加速度传感器结构如图 4－39 所示。

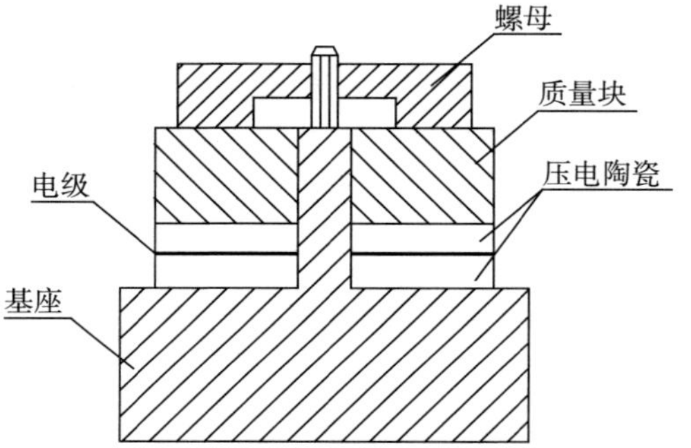

图 4－39　单端中心压缩式压电加速度传感器结构示意图

压电式加速度传感器的工作原理如图 4－40 所示。

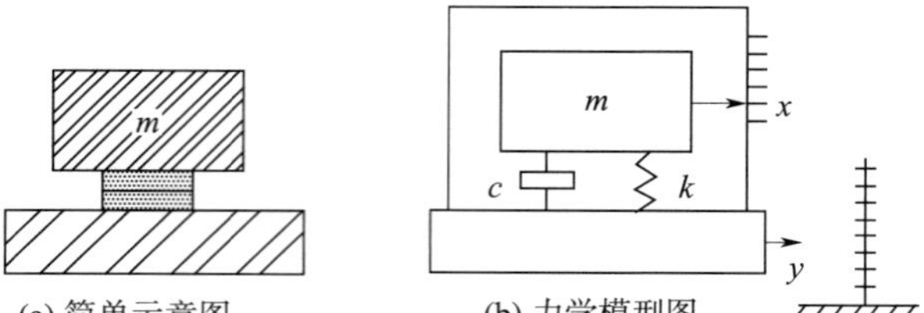

(a) 简单示意图　　(b) 力学模型图

图 4－40　压电式加速度传感器工作原理

在压电转换元件上，以一定的预紧力安装一质量块。惯性质量块上有一预紧螺母，这就可以组成一个简单的压电式加速度传感器，图 4－41 是它的力学模型图。这是典型的惯性式传感器，通常它可以简化为单自由度二阶力学系统。

压电式加速度传感器惯性质量块的运动规律可用式（4－20）表示

$$m(x+\ddot{y})+cx+kx=0 \tag{4-20}$$

式中　m ——惯性质量；

c ——阻尼系数；

k ——弹性系数；

x ——惯性质量块相对于传感器壳体的位移；

$\ddot{y}$ ——振动加速度，即传感器基座的加速度。

设绝对位移

$$y = y_0 \sin\omega t$$

则式（4－20）可改写为

$$mx + cx + kx = y_0 \omega^2 \sin\omega t \tag{4－21}$$

设

$$\xi = \frac{c}{2\sqrt{km}}$$

$$\omega_n^2 = \frac{k}{m} \tag{4－22}$$

式中　ξ ——无因次阻尼比；

ω_n ——传感器的无阻尼谐振频率；

ω ——物体的振动频率。

压电式加速度传感器的阻尼比 ξ 很小，一般不大于 0.04，可以忽略不计。设计加速度传感器时，要尽量提高它的无阻尼谐振频率。在 $\omega_n \gg \omega$ 时，式（4－23）成立，即

$$x = \frac{\ddot{y}}{\omega_n^2} \tag{4－23}$$

由此说明，质量的相对位移 x 与物体加速度 $\ddot{y}$ 成正比。

压电转换元件在惯性质量块 m 的惯性作用力下，产生的电荷量为

$$Q = d_{ij} m \ddot{y} \tag{4－24}$$

对每只加速度传感器而言，d_{ij} 和 m 均为常数。式（4－24）说明压电式加速度传感器输出的电荷量 Q 与物体振动加速度 $\ddot{y}$ 成正比。用适当的测试系统检测出电荷量 Q，就实现了对振动加速度的测量。

(2) 压电式加速度传感器信号调理电路

压电式加速度传感器的信号调理电路一般由前置放大器、滤波器、限幅放大输出以及电源四部分组成，如图 4-41 所示。

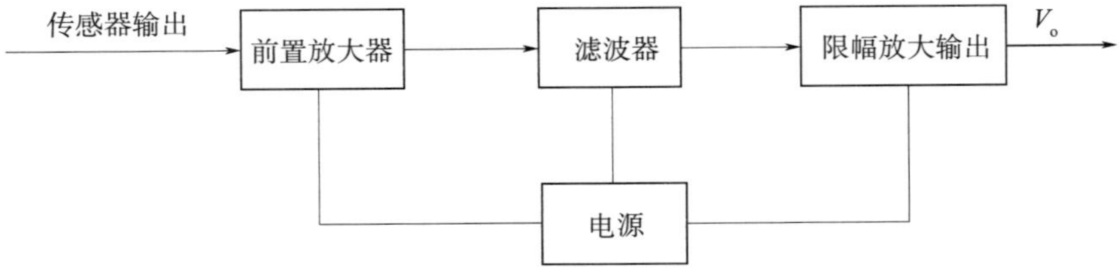

图 4-41 压电式加速度传感器信号调理电路框图

在压电式加速度传感器信号调理电路中，前置放大器是电路的核心。为了使压电元件能正常工作，它的负载电阻（即前置放大器的输入电阻 R_i）应有极大值。因此，与压电元件配套的测量电路的前置放大器有两个作用：一是放大压电元件的微弱信号；二是把高阻抗输入变换为低阻抗输出。压电加速度传感器测试系统等效电路如图 4-42 和图 4-43 所示。压电元件可以等效为一个电荷源 Q 和一个电容 C_a 并联，也可以等效为一个电压源 U 和一个电容器 C_a 串联，其中，R_a 为压电元件的漏电阻，C_c 为连接电缆等效电容，R_i 为前置放大器的输入电阻，C_i 为前置放大器的输入电容。

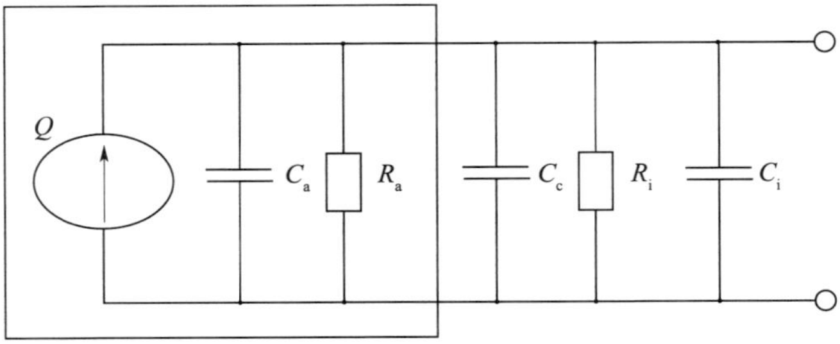

图 4-42 压电加速度传感器测试系统电荷等效电路

根据压电元件的工作原理及图 4-42、图 4-43 中所示的两种等

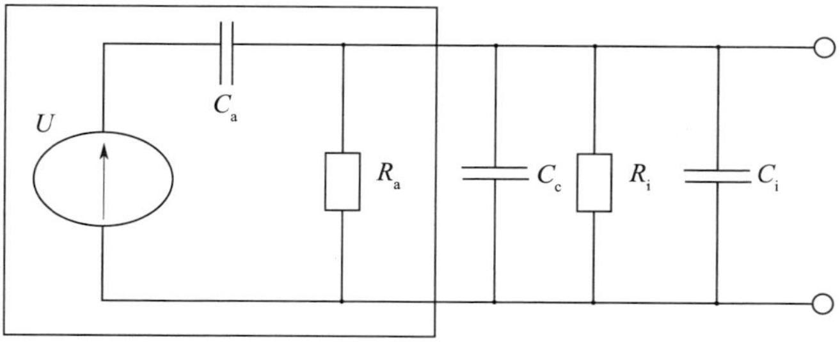

图 4-43　压电加速度传感器测试系统电压等效电路

效电路，前置放大器也有两种：一种是电压放大器，其输出电压与输入电压成正比；另一种是电荷放大器，其输出电荷与输入电荷成正比。

①电荷放大器

电荷放大器实际上是一个具有深度负反馈的高增益运算放大器。图 4-44 为压电加速度传感器与电荷放大器连接的等效电路。其中，C_f 为电荷放大器反馈电容，C_a 为传感器电容，C_c 为电缆电容，C_i 为放大器输入电容，R_f 为并在反馈电容两端的漏电阻，A 为运算放大器开环增益。

反馈电容 C_f 折合到放大器输入端的有效电容 C'_f 为

$$C'_f=(1+A)C_f$$

若忽略放大器输入电阻 R_i 和反馈电容并联的漏电阻 R_f，此时放大器的输入阻抗等于运算放大器本身的输入电容 C_i 和折算到放大器输入端的电容 C'_f 并联的等效阻抗。由于放大器输入电容 C_i 和折算到输入端的电容 $(1+A)C_f$ 与传感器的内部电容 C_a 和电缆电容 C_c 并联，因此，压电晶体产生的电荷 Q 不仅对反馈电容充电，同时也对其他电容充电。此时，放大器的输出电压为

$$U_{SC}=\frac{-AQ}{C_a+C_c+C_i+(1+A)C_f}=AU_{sr} \qquad (4-25)$$

故放大器的输入电压 U_{sr} 为

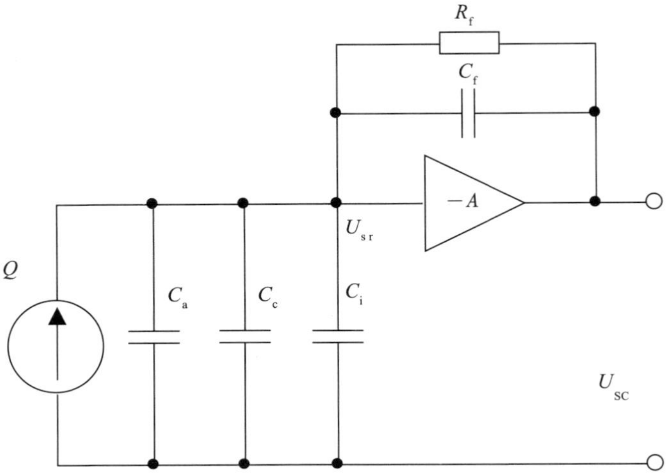

图 4-44　电荷放大器等效电路

$$U_{sr}=\frac{-Q}{C_a+C_c+C_i+(1+A)C_f}=\frac{-C_aU_a}{C_a+C_c+C_i+(1+A)C_f} \tag{4-26}$$

因为 $A\gg 1$，一般 A 为 $10^4\sim10^6$ 以上，故式（4-26）中

$$(1+A)C_f\gg(C_a+C_c+C_i)$$

此时，传感器自身电容 C_a、电缆电容 C_c 和放大器输入电容 C_i 均可忽略不计，放大器输出电压可表示为

$$U_{SC}=-\frac{Q}{C_f} \tag{4-27}$$

式中，负号表示放大器的输出信号与输入信号反相。

式（4-27）清楚地说明电荷变换级的输出电压仅与传感器产生的电荷量及电荷放大器的反馈电容有关，电缆电容等其他因素的影响可忽略不计。

在实际线路中，所使用的运算放大器开环增益为 $10^4\sim10^6$ 数量级，反馈电容 C_f 一般不小于 100 pF。故此，对测量系统中所使用的 100 pF/m 寄生电容的低噪声同轴电缆，即使长达 1 000 m 以上，其长度变化也不会影响测量精度。

由于输出灵敏度取决于 C_f，所以电荷放大器灵敏度的调节，都是采用切换运算放大器负反馈电容 C_f 的办法。C_f 越小，电荷放大器的灵敏度越高。电缆长度也不是无限的，C_c 值过大，也会引起灵敏度下降，因此一般取 $KC_f > 10C_c$。

此外，由于放大器是电容反馈，对于直流工作点相当于开环，因此零点漂移很大。为了工作稳定，减小零点漂移，在反馈电容 C_f 的两端并联一反馈电阻 R_f，形成直流负反馈，以稳定放大器的直流工作点。

②电压放大器

把图 4－43 的电压等效电路接到放大倍数为 A 的放大器，并进行简化，得到图 4－45。其中

$$\begin{cases} R = R_a \,||\, R_i \\ C = C_c + C_i \end{cases} \tag{4-28}$$

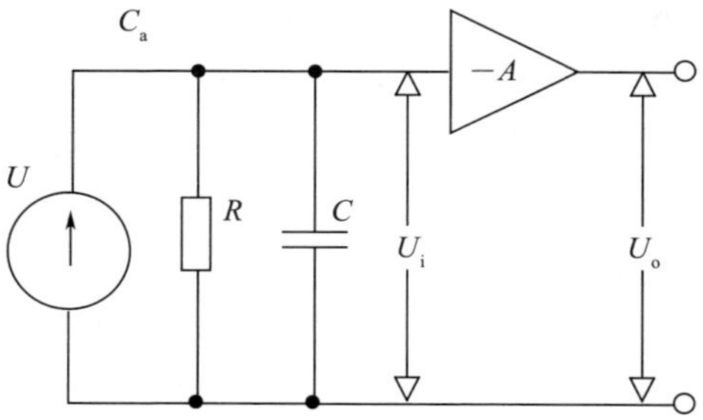

图 4－45　简化后的电压等效电路

如果压电元件受到交变力 $\widetilde{F} = F_m \sin\omega t$ 的作用，所用压电元件的材料为压电陶瓷，其压电系数为 d_{33}，则根据式（4－28），在力 F 作用下，所产生的电荷与电压均按正弦规律变化

$$u=\frac{d_{33}F_{m}}{C_{a}}\sin\omega t \quad 或 \quad u=U_{m}\sin\omega t \tag{4-29}$$

式中　U_m——电压幅值，$U_m=d_{33}F_m/C_a$。

由图 4-45 可见，送入放大器输入端的电压为 U_i，把它写成复数的形式，则得到

$$U_{i}=d_{33}F\frac{j\omega R}{1+j\omega R(C+C_{a})} \tag{4-30}$$

从式（4-30）可以看出，电压 U_i 的幅值以及它与作用力之间的相位差 φ 可由下列两式表示

$$U_{im}=\frac{d_{33}F_{m}\omega R}{\sqrt{1+\omega^{2}R^{2}(C_{a}+C_{c}+C_{i})^{2}}} \tag{4-31}$$

$$\varphi=\frac{\pi}{2}-\tan^{-1}[\omega(C_{a}+C_{c}+C_{i})R] \tag{4-32}$$

当 ω 很大时，则放大器输入端电压的幅值为

$$U_{im}=\frac{d_{33}F_{m}}{C_{a}+C_{c}+C_{i}} \tag{4-33}$$

这时传感器的电压灵敏度为

$$K_{u}=U_{im}/F_{m}=d_{33}/(C_{a}+C_{c}+C_{i}) \tag{4-34}$$

上述两式说明，由于电缆电容 C_c 及放大器输入电容的存在，传感器的电压灵敏度降低。如果更换电缆，电缆电容变化，传感器的电压灵敏度也要随之变化。因此，如果要改变电缆长度，必须重新对传感器的电压灵敏度进行校正。

取式（4-31）和式（4-33）之比，就是幅频特性

$$K_{j}=\frac{\omega R(C_{a}+C_{c}+C_{i})}{\sqrt{1+\omega^{2}R^{2}(C_{a}+C_{c}+C_{i})^{2}}} \tag{4-35}$$

取 $K_j(\omega)=1/\sqrt{2}$，可求得其下限频率 ω_1 为

$$\omega_{1}=1/[R(C_{a}+C_{c}+C_{i})]=1/\tau \tag{4-36}$$

$$\tau=R(C_{a}+C_{c}+C_{i})$$

式中　τ——测量回路的时间常数。

同样，若下限频率已选定，时间常数 τ 应满足下式

$$\tau \geqslant 1/\omega_L$$

据此可选择与配置各电阻和电容值。

由式（4－35）可以看出，压电式加速度传感器的高频响应是很好的，这是其显著的特点。为了扩展低频端，应使时间常数 τ 增大。为此，常配制 R_i 很大的前置放大器，但是要把放大器的输入电阻提高到 $10^9\ \Omega$ 以上是很困难的。压电元件的绝缘电阻取决于材料，也不是轻易就能提高的。还有一点必须指出，由于输入阻抗很高，非常容易通过杂散电容拾取外界干扰，因此引线要进行仔细的屏蔽。另外，想要通过增大测量回路的电容来提高时间常数的值也是不合适的，因为这将导致传感器的电压灵敏度降低。

4.2.3.4　压阻式加速度传感器

当外力作用于半导体材料时，使其电阻率发生变化的现象，称为压阻效应。利用这一原理制成的加速度传感器称为压阻式加速度传感器。

压阻式加速度传感器在航天领域得到了日益重要和广泛的应用。它具有以下特点：

1）频率响应高。由于没有活动部件，其本身就是一个固定部件，因此固有频率很高，这一点对于系统的动态测量十分重要。

2）精度高。它没有传动机构造成的摩擦误差，还消除了因蠕变、迟滞产生的误差，所以大大提高了传感器精度。

3）灵敏度高。

4）工作可靠、耐振、耐冲击、耐腐蚀、抗干扰能力强。一般来说，压阻式加速度传感器可以耐受 10 000 g 的冲击。

但是，压阻式加速度传感器是用半导体材料制作的，受温度影响较大，因此在温度变化大的环境使用时，必须进行温度补偿。目前，在航天遥测系统中，主要使用压阻式加速度传感器测量振动参数。

（1）压阻式加速度传感器工作原理

压阻式加速度传感器，通常采用矩形硅悬臂梁结构。如图 4－46

所示，在硅悬臂梁的自由端，装有敏感质量块；靠近梁的根部，分布 4 个性能一致的电阻，构成惠斯顿电桥。

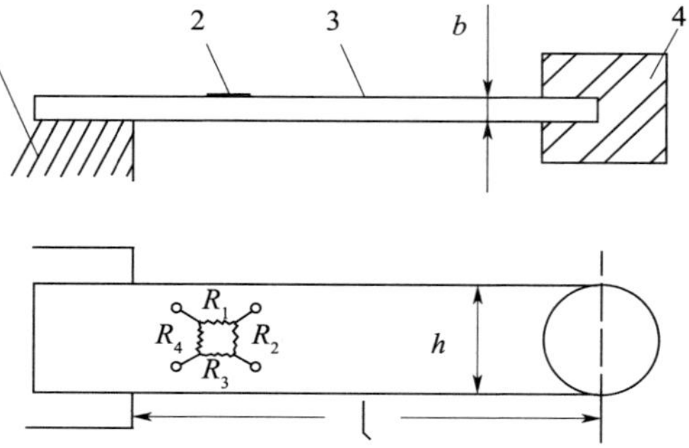

图 4-46 硅悬臂梁结构

1—硅梁基座；2—压阻元件；3—硅梁；4—质量块

当悬臂梁自由端的质量块敏感外界加速度时，由于惯性力的作用，压阻元件上产生应变 ε，则电桥输出电压

$$U_{SC}=U_0K_S\varepsilon \quad (对恒压源) \tag{4-37}$$

$$U_{SC}=I_0RK_S\varepsilon \quad (对恒流源) \tag{4-38}$$

式中 U_0——电源电压；

K_S——压阻元件灵敏系数；

ε——应变量；

R——电桥桥臂电阻；

I_0——恒流源电流。

加速度 a 产生的惯性力为

$$F=ma \tag{4-39}$$

悬臂梁根部所受的应力为

$$\sigma_1=\frac{6ml}{bh^2}\cdot a \tag{4-40}$$

式中 m——质量块的质量（kg）；

b，h——悬臂梁的宽度与厚度（m）；

l——质量块中心至悬臂梁根部的距离（m）；

a——加速度。

悬臂梁根部产生的应变为

$$\varepsilon_1 = \frac{6ml}{Ebh^2} \cdot a \qquad (4-41)$$

式中　E——单晶硅的弹性模量。

根据悬臂梁根部所能承受的最大应变 $\varepsilon_{\max}$，可以计算出相应的最大作用力为

$$F_{\max} = \varepsilon_{\max} \cdot \frac{Ebh^2}{6l} \qquad (4-42)$$

此时，自由端的挠度为

$$\omega_{\max} = \frac{2l^2}{3h} \cdot \varepsilon_{\max} \qquad (4-43)$$

电桥的输出电压为

$$U_{SC} = K_S \varepsilon U_0 = K_S \frac{\sigma U_0}{E} = K_S \frac{6ml}{Ebh^2} \cdot U_0 \cdot a \qquad (4-44)$$

由式（4－44）可知，压阻式加速度传感器的灵敏度与供桥电压有关，提高供桥电压可以提高灵敏度，但供桥电压受扩散电阻反向击穿电压的限制。

（2）压阻式加速度传感器信号调理电路

压阻式加速度传感器信号调理电路主要由滤波和放大电路组成，将输出信号限制在总体要求的频带范围以及 0～5 V 的动态范围内，信号调理电路的原理框图如图 4－47 所示。

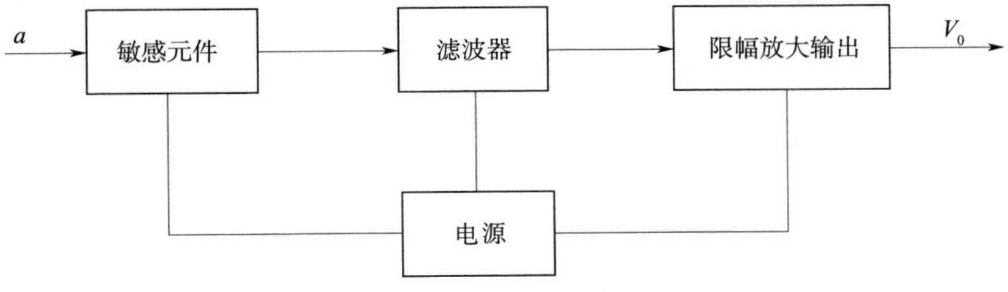

图 4－47　压阻式加速度传感器信号调理电路的原理框图

通常所说的敏感元件实际上是可采用印制板安装的压阻式加速度计，其内部也有测量电路，一般包括压阻电桥、电源电路和测量电路三个部分。通常敏感元件硅芯片上的 4 个扩散电阻，连接成惠斯顿电桥，供电采用两种方式：恒压源供电和恒流源供电。

①恒压源供电时电桥的输出

如图 4－48 所示，电桥的输出为

$$U_{SC}=\frac{U_0(R+\Delta R+\Delta R_T)}{R-\Delta R+\Delta R_T+R+\Delta R+\Delta R_T}-\frac{U_0(R-\Delta R+\Delta R_T)}{R+\Delta R+\Delta R_T+R-\Delta R+\Delta R_T} \tag{4-45}$$

整理后得

$$U_{SC}=U_0\frac{\Delta R}{R+\Delta R_T} \tag{4-46}$$

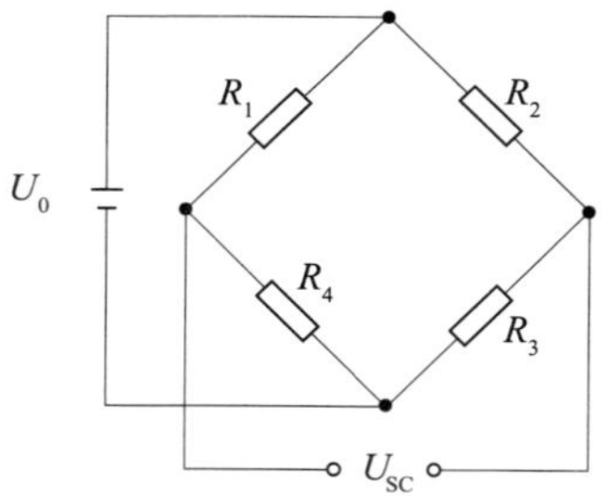

图 4－48　恒压源供电

ΔR_T 是由于温度增加而产生的电阻变化。4 个扩散电阻的起始阻值都相等且为 R_0。式（4－46）说明，电桥输出一方面与 $\Delta R/R$ 成正比，另一方面又与供桥电压 U_0 成正比，即电桥的输出电压除了与被测量成正比外，同时与电桥输入电压 U_0 的大小和精度有关。当温度改变时，输出电压 U_{SC} 还与温度有关，即 U_{SC} 与 ΔR_T 呈非线性关系，所以恒压源供电时，不能消除温度影响。

②恒流源供电时电桥的输出

恒流源供电时，电桥如图 4－49 所示。在图 4－49 中，假设电桥的两个支路的电阻相等，即 $R_1+R_4=R_2+R_3=2(R+\Delta R_T)$，那么通过每条支路的电流也相等，为 $I_0/2$。因此，电桥的输出为

$$U_{SC}=\frac{1}{2}I_0(R+\Delta R+\Delta R_T)-\frac{1}{2}I_0(R-\Delta R+\Delta R_T) \tag{4-47}$$

经整理后得

$$U_{SC}=I_0\Delta R \tag{4-48}$$

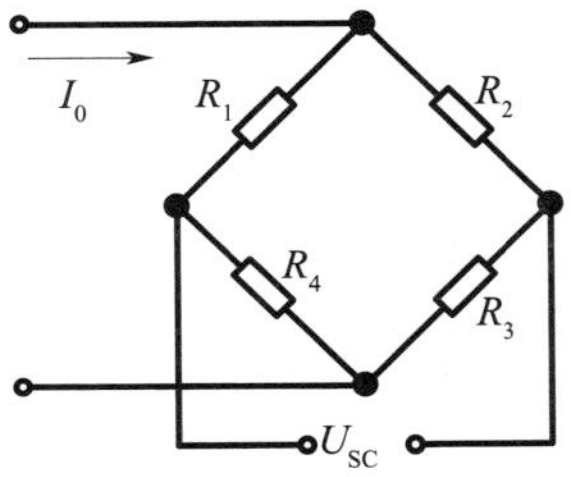

图 4-49　恒流源供电

电桥的输出与电阻的变化量 ΔR 呈正比，也与电源电流成正比，即输出与恒流源供给的电流大小与精度有关。但是，电桥的输出与温度无关，不受温度的影响，这是恒流源的优点。

4.2.3.5　硅电容式加速度传感器

两块极板间隙变化，或是表面积变化，将使电容量改变，根据这一原理并应用硅微工艺制造的加速度传感器称为硅电容式加速度传感器。硅电容式加速度传感器具有以下优点：

1）温度稳定性好。硅电容式加速度传感器的电容值一般与电极材料无关，仅取决于电极的几何尺寸。因此，只要从强度、温度系数等机械特性考虑，合理选择材料和结构尺寸即可，其他因素如本身发热极小，对稳定性的影响也很小。

2）动态响应好。由于硅电容式加速度传感器可动部分的质量很小，因此，其固有频率很高，适用于动态信号测量。

3）结构简单、适应性强。硅电容式加速度传感器一般用金属作电极，以无机材料作绝缘支架，因此可以承受各种形式的强辐射作用，特别是能够承受很大的温度变化。耐冲击能力也较强，可以达到6 000 g 以上。

但是，由于它也存在一些缺点和问题，如输出特性的非线性，寄生电容和分布电容对灵敏度和测量精度存在影响，以及后续信号调理电路比较复杂，需要一定的补偿和校正措施，因而限制了其广泛应用。目前，在航天遥测系统，主要使用硅电容式加速度传感器测量过载和振动参数。

（1）硅电容式加速度传感器的工作原理

电容量和两个极板的间隙，以及表面积之间的关系可用式（4－49）表示

$$C=\frac{\varepsilon S_{\mathrm{b}}}{\delta}=\frac{\varepsilon_{\mathrm{r}}\varepsilon_{0}S_{\mathrm{b}}}{\delta} \tag{4-49}$$

$$\varepsilon_{0}=\frac{1}{4\pi\times9\times10^{11}}=\frac{1}{3.6\pi}=8.854\ 2\times10^{-9}\ \mathrm{F/cm}$$

式中 C——电容（pF）；

ε——极板间介质的介电常数，空气的 ε 为 1；

S_{b}——两个极板相互覆盖的面积（cm^2）；

δ——两个极板间的距离（cm）；

ε_{r}——相对介电常数。

由式（4－49）可见，在 $S_{\mathrm{b}},\delta,\varepsilon$ 三个参数中，只要改变一个参数，均可以使电容 C 发生变化。也就是说，可以把三个参数中任意一个的变化转换成 C 的变化。硅电容式加速度传感器一般采用改变两极板间距离 δ 的方式实现加速度测量，其典型结构如图 4－50 和图4－51 所示。

以图 4－50 为例，硅电容式加速度传感器制造的基本工艺是基于三个硅晶片。中间的晶片通过一个弹性梁支撑质量块，该惯性质量块也是传感器的中间电极，上、下两个晶片组成外部固定电极。

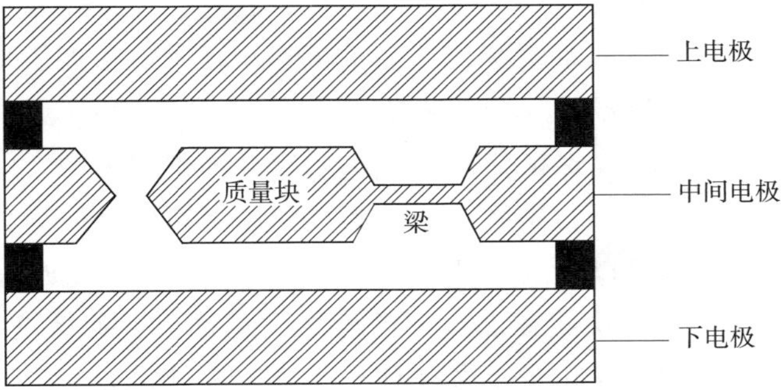

图 4－50　差动式硅电容式加速度传感器结构示意图 1

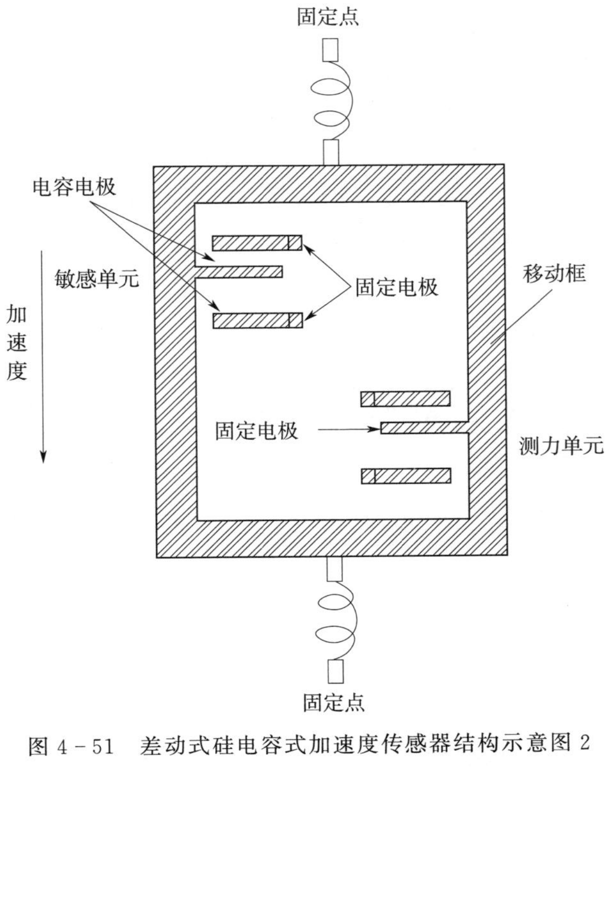

图 4－51　差动式硅电容式加速度传感器结构示意图 2

这三个晶片通过硅熔合焊接工艺固定在一起。在焊接过程中除了要保证三个晶片构成的系统实现理想平衡外，还要为弹性质量块系统建立一个密封的谐振腔。整个焊接过程是在大于1 000 ℃的高温和低压状态下完成的，以保证传感器的阻尼衰减和带宽控制，同时有利于清除水分子等表面污染物，消除焊接前原材料的表面应力。通过调整梁的厚度就可以改变传感器的测量范围。当有外加加速度或传感器倾斜时，质量块就在上、下电极之间运动，从而改变电容值。传感器的差动电容变化量，通过自平衡电容桥转化为电压输出，从而实现加速度的测量。

（2）硅电容式加速度传感器的信号调理电路

硅电容式加速度传感器的信号调理电路与压阻式加速度传感器类似，将输出信号限制在总体要求的频带范围以及0～5 V的动态范围内。将电容变化量转换为电量参数的转换电路在敏感元件内部。常见的转换电路有电桥电路（普通交流电桥、紧耦合电感臂电桥、变压器电桥、双T二极管交流电桥）、脉冲调宽电路、调频电路、调幅电路和运算放大器式电路。下面简单介绍一下普通交流电桥转换电路。

图4-52所示为由电容C、C_0和阻抗Z'组成的一个交流电桥测量系统，其中C为电容传感器电容，Z'为等效配接阻抗。用一个振荡器产生等幅高频交流电压U_0，加于电桥对角线AB两端，由电桥另一对角CD两端输出电压U_{SC}。各配接元件初始调整至平衡状态。当传感器电容C变化时，电桥失去平衡而输出电压，此交流电压的幅值随C变化。电桥的输出电压为

$$U_{SC}=\frac{\Delta Z}{Z}U_0\frac{1}{1+\frac{1}{2}\left(\frac{Z'}{Z}+\frac{Z}{Z'}\right)+\frac{Z+Z'}{Z_0}} \tag{4-50}$$

式中　Z——电容臂的阻抗；

ΔZ——传感器电容变化时对应的阻抗增量；

Z_0——电桥输出端放大器的输入阻抗。

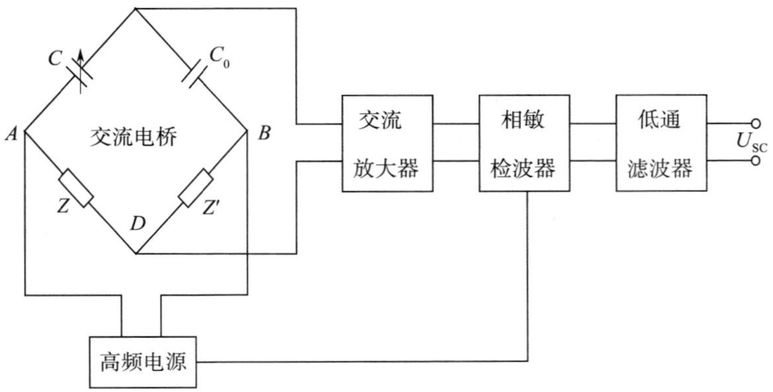

图 4－52　普通交流电桥测量系统

这种交流电桥要求供给幅度和频率都很稳定的交流电源，要求电桥放大器的输入阻抗 Z_0 很高。测量系统的动态响应受电桥交流电源频率的限制，一般要求交流电源的频率为被测信号最高频率的 5～10 倍。

4.2.3.6　石英挠性伺服加速度传感器

使用石英加速度表头作为敏感元件的加速度传感器叫作石英挠性伺服加速度传感器，它是一种力平衡加速度传感器，具有以下优点：

1）灵敏度高，分辨力高。石英挠性伺服加速度传感器所需输入的能力极小，因而可测极低的加速度，能敏感 0.01 μm 甚至更小的位移。由于其在空气等介质中损耗小，采用差动结构并接成桥式时产生的零残极小，因此允许电路进行高倍率放大，整个传感器具有很高的灵敏度。

2）精度高。石英挠性伺服加速度传感器电极间相互吸引力微小，又无摩擦存在，其自然热效应甚微，从而保证传感器具有较高的精度。

3）动态响应好。石英加速度表头内部的石英摆片质量很小，因此固有频率很高，适用于动态信号测量。

4）长期稳定性好。

但是，石英挠性伺服加速度传感器的抗冲击能力较差，一般不超过 2 000 g，且电路相对来说较复杂。目前，在航天遥测领域，主要使用该加速度传感器测量过载参数。

（1）石英挠性伺服加速度传感器工作原理

石英挠性伺服加速度传感器的典型工作原理如图 4-53 所示。

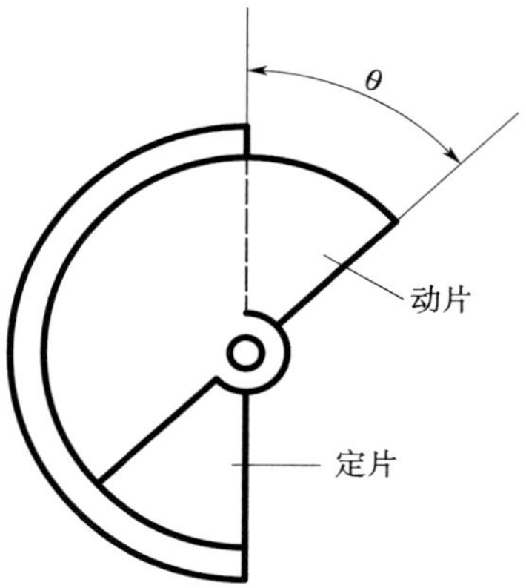

图 4-53　石英挠性伺服加速度传感器工作原理图

当动片有一角位移 θ 时，两极板间覆盖的面积 S 就改变，因而改变了两极板间的电容量。

由式（4-49），当 $\theta=0$ 时

$$C_0=\frac{\varepsilon S_b}{\delta}=\frac{\varepsilon_r\varepsilon_0 S_b}{\delta}=\frac{\varepsilon_r S_b}{3.6\pi\delta} \tag{4-51}$$

当 $\theta\neq0$ 时

$$C_\theta=\frac{\varepsilon S_b(1-\theta/\pi)}{3.6\pi\delta}=C_0(1-\theta/\pi) \tag{4-52}$$

由式（4-52）可知，电容 C_θ 与角位移 θ 呈线性关系。

（2）石英挠性伺服加速度传感器信号调理电路

石英挠性伺服加速度传感器与硅电容式加速度传感器在电路方面基本一致，区别在于硅电容式加速度传感器的转换电路在敏感元

件内部，而石英挠性伺服加速度传感器的转换电路（又称伺服电路）在敏感元件外部。电路框图如图 4－54 所示。

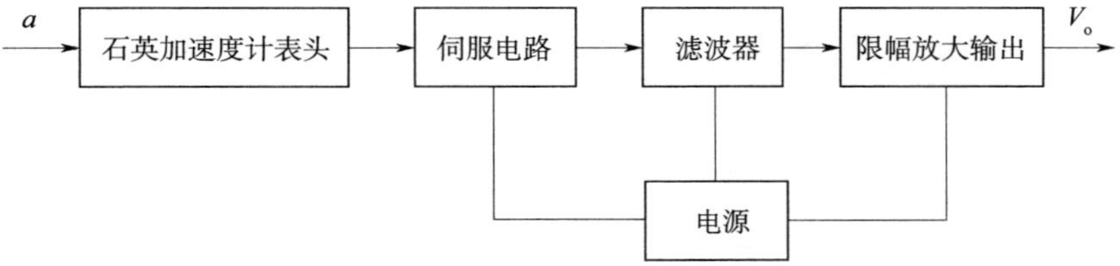

图 4－54　石英挠性伺服加速度传感器电路框图

石英加速度表头主要包括石英摆片、电容传感器和力矩器三部分。在惯性加速度作用下，石英摆片产生挠动，引起电容发生变化。伺服电路的功能是将电容变化量转换为电信号，一路经滤波器和限幅放大后输出，一路再通过伺服放大器变成电流信号，馈送至力矩器产生反馈力或反馈力矩，与输入加速度作用到石英摆片上的惯性力或惯性力矩相平衡，直到石英摆片恢复到平衡位置。

4.2.3.7　机械式过载开关

机械式过载开关是加速度传感器的特殊应用，其主要功能是当外加加速度达到或超过规定的门限值时，开关触点自行闭合，输出开关信号给控制系统。

它具有以下优点：

1）抗干扰能力强，环境适应性好。由于机械式过载开关为无源器件，内部没有电路，因此可以承受各种形式的强辐射作用，特别是能够承受很大的温度变化。

2）结构简单，工作可靠。

机械式过载开关是典型的惯性式传感器，它的工作原理与压电式加速度传感器相同，通常可以简化为单自由度二阶力学系统。图 4－55 是它的力学模型图。

机械式过载开关惯性质量块的运动规律可以用下式表示

$$m(x+a)+cx+kx=0 \qquad (4-53)$$

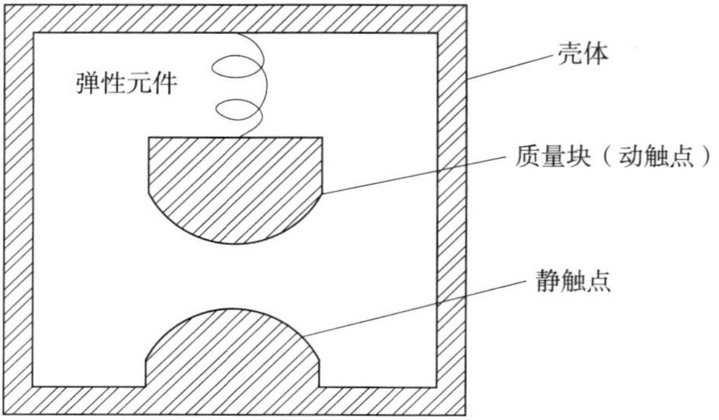

图 4－55 机械式过载开关力学模型图

式中 m ——惯性质量；

c ——阻尼系数；

k ——弹性系数；

x ——惯性质量块（动触点）相对于传感器壳体的位移；

a ——外加加速度，即过载开关基座的加速度。

整理式（4－53）得

$$x=-\frac{m}{m+c+k}\cdot a \tag{4-54}$$

机械式过载开关的主要技术指标是过载门限值。由式（4－54），根据规定的过载门限值可计算出对应的位移量 x，x 就是静态下动静触点之间的距离。在弹性元件一定的情况下，可以通过调整静态下动静触点之间的距离来控制过载门限值。

4.2.3.8 加速度传感器的校准方法

加速度传感器常用的校准方法有重力场法、离心机校准法、比较法和绝对校准法。一般来说，选用何种校准方法需要根据加速度传感器的具体情况，特别是频响特性来决定。

（1）重力场法

对具有零频响应的用于测量过载参数的加速度传感器，可用地球静态重力场法进行标定。重力场法一般使用光学分度头作为标校设备。

被校传感器安装在台面上，台面可绕中心轴旋转，当传感器转至任一角度时

$$K = \frac{u}{g \cos\theta} \tag{4-55}$$

式中　K ——传感器灵敏度；

u ——传感器输出；

g ——重力加速度；

θ ——旋转角度。

因此，可用改变 θ 角和精确测定当地重力加速度的方法来校准传感器。

此方法原则上属于静态绝对校准，仅适用于具有稳态响应的加速度传感器，压电式加速度传感器不能采用此方法。如校准时采用光学分度头，该分度头必须具有良好的隔振基础，旋转轴应严格保持水平位置，否则精度将受到影响。

（2）离心机校准法

离心机是一种对加速度传感器施加恒定加速度的简便装置。用离心机可以很容易得到 100 g 的加速度值，同时因为在应用中要求的负载较小，所以也可以得到更高的加速度值。这种方法适用于有稳态响应，且对旋转的灵敏度可被忽略的直线性加速度传感器的校准。

为进行校准，加速度传感器必须安装在离心机上，且加速度传感器的灵敏度轴必须对准离心机的旋转圆周径向方向。如离心机的旋转角速度为 ω r/s，则作用在传感器上的加速度为

$$a = \omega^2 r \tag{4-56}$$

式中　r——传感器质心（敏感元件所处位置）到旋转轴的距离。

在 ω 连续变化时，传感器的输出是加速度的函数，该函数由式（4-56）给出，然后通过数据拟合确定函数图中直线的斜率，就可以得到校准数据。

(3) 比较法

比较法是传感器校准最常用的方法。它具有原理简单、操作方便、对设备要求不高等一系列优点，所以应用十分广泛。

①比较法工作原理

两只加速度传感器背靠背地安装在一起（或安装在一刚性支架上），其中一只为参考标准加速度传感器，它的灵敏度和全部技术性能是已知的；另一只被校传感器用同样的加速度 a 激励，则它们的输出分别是

$$u_S = K_S a \quad u_T = K_T a \tag{4-57}$$

式中　u_S，K_S ——标准传感器的输出和灵敏度；

u_T，K_T ——被校传感器的输出和灵敏度。

于是，有

$$k_T = \frac{u_T}{a} = \frac{u_T}{\dfrac{u_S}{K_S}} = \frac{u_T K_S}{u_S} \tag{4-58}$$

②标准加速度传感器

在比较校准中，标准传感器是最关键的环节，其质量好坏对校准结果有十分重要的影响。因此，需对标准传感器提出一定的要求或规定，我国已发布了标准压电加速度计检定规程。从其在比较法中起着传递量值振动基准的作用来看，它应满足如下要求：

1) 灵敏度高，用激光法或互易法校准，校准精度优于 0.5%；

2) 灵敏度应具有长期稳定性，即在检定周期内应无明显变化，要高于校准精度 1 倍；

3) 横向灵敏度比不大于 3%；

4) 线性度要高；

5) 非振动环境灵敏度要低，如温度响应、磁灵敏度、基座应变灵敏度、瞬变温度灵敏度应尽量低。

当用标准加速度传感器进行比较法校准时，需注意被校传感器自重对校准结果的影响，其质量负载一定程度上会影响标准传感器

的高频响应。

③典型比较法校准方法

比较法原理简单，但试验方法很多。现介绍几种典型方法：

1）电压比测量法。电压比测量法校准系统框图如图 4－56 所示，这是一种简单而常用的方法。两只被激励的传感器背靠背安装在一起，其中，下面是参考标准加速度传感器，上面是被测传感器。用振动台激励传感器，标准传感器一般是压电加速度传感器，其输出信号必须连接电荷放大器进行阻抗变换，适调放大后用电压表和示波器监测。被测传感器可以是任意类型的加速度传感器（压电、压阻或电容式）。如果是压阻式和电容式传感器，则不用连接电荷放大器，传感器输出信号经适当调整放大后或直接可以用电压表和示波器进行监测。

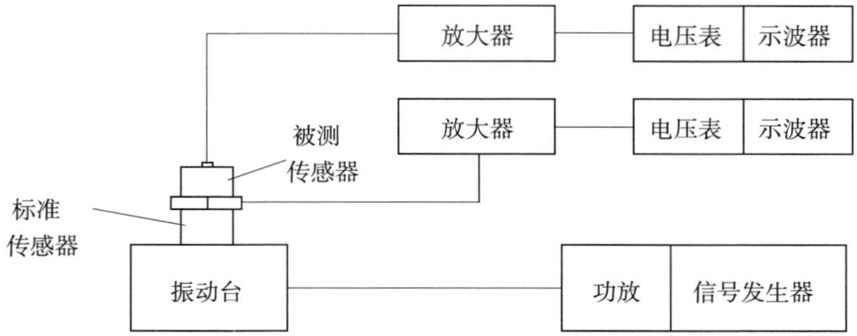

图 4－56　电压比测量法标定加速度传感器灵敏度

比较法校准受频率和幅值范围的限制，因为参考标准传感器已经是事先校准的。如果两只传感器都是线性的，则被测传感器的灵敏度幅值和相位均可用式（4－59）计算

$$S_{\tau}=\frac{e_{\tau}K_{r}}{e_{r}K_{\tau}}S_{r} \tag{4-59}$$

式中　S_t——被测传感器灵敏度；

S_r——标准传感器灵敏度；

K_{τ}——与被测传感器连接的放大器增益；

K_r——与标准传感器连接的电荷放大器增益；

e_τ——被测传感器输出电压；

e_r——标准传感器输出电压。

2）比例电位计法。比例电位计法校准框图如图4－57所示。标准传感器输出u_S，经变换放大后为$u'_S = A_S u_S$，u'_S经过比例电位计分压后为u''_S。若电位器总电阻为R，分压电阻为R'，则分压比例为

$$r = \frac{R'}{R} \tag{4-60}$$

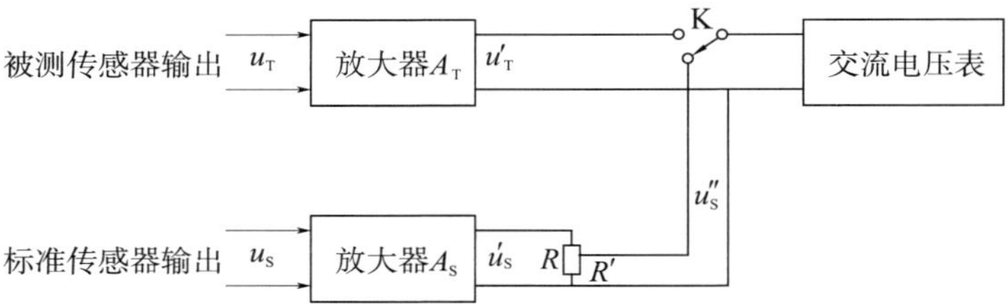

图4－57　比例电位计法校准框图

则

$$u''_S = r u'_S$$

假设u'_S大于被校通道u'_T，通过调节分压比使表头偏转与被测传感器指示相同，即$u'_S = u'_T$。

已知标准传感器灵敏度为K_S，则被校传感器灵敏度为

$$K_T = \frac{u_T}{u_S} K_S = \frac{A_S}{A_T} \frac{u'_T}{\frac{u'_S}{r}} K_S \tag{4-61}$$

可得

$$K_T = \frac{A_S}{A_T} r K_S \tag{4-62}$$

若标准放大器的增益为适调的，令$A_S K_S = 1$（注意量的单位），则式（4－62）可简化为

$$K_T = \frac{1}{A_T} r \tag{4-63}$$

式中　A_T，A_S——被校和标准放大器增益；

r——分压比例。

这种方法的优点是操作简单、工作效率高，只要调好分压比，立刻可知被测传感器灵敏度，还消除了仪表挡差、表头非线性及读数误差，具有较高精度。

3）检流计法。检流计法原理与电位计法基本相同，不同的是两传感器的输出经变换放大后，经检波器整流变成直流进行比较。

4）自动比较校准系统。目前，自动化、智能化的传感器校准系统已比较普遍。图 4-58 所示为一种压电加速度传感器自动化校准系统。

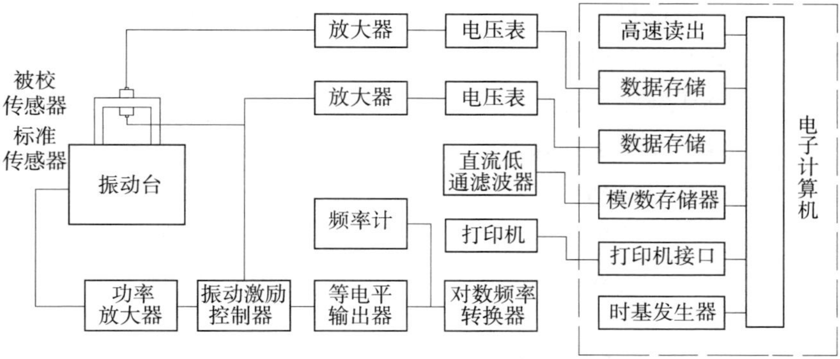

图 4-58　自动化校准系统

在该系统中，标准加速度计与被校加速度传感器背靠背安装在振动台上。受激励后，标准传感器的输出分为两路：一路用于反馈回振动台控制系统，控制振动台台面加速度使之保持恒定；另一路与被校传感器的信号一道被送入计算机。

振动台的频率信号也同时输入计算机。经数据处理后，计算机通过打印机接口电路，驱动打印机自动打印出被校传感器的灵敏度、频率响应、谐振频率等信息。

(4) 绝对校准法

在绝对校准法中，加速度传感器的某一指标是通过绝对测量而获得的。例如，对速度的绝对测量必须通过测量距离或距离与时间，而不是通过速度计来获得的。常见的绝对校准法有互易校准法和激光干涉测量法。

①互易校准法

互易校准法是一种用于校准加速度的激振器的绝对方法。这种方法将传感器的灵敏度与电压比、电阻、频率以及质量的测量联系起来。为了应用这种方法，要求激振器系统是线性的（即在驱动线圈内，位移、速度、加速度以及电流每个量的增加都应该是与力或驱动线圈电压呈线性关系）。这种互易法主要用于电动激振器，但有时也可以用于压电激振器。

互易法一般只用于可监控的实验室条件下，必须注意许多事项，且校准的过程要花很长时间。

②激光干涉测量法

如图 4－59 所示，激振器产生正弦运动，该运动可以通过激光干涉仪来测量。得到振动位移的幅值后，速度和加速度值可以通过对位移在时间上的微分获得。当用标准加速度传感器通过比较法进

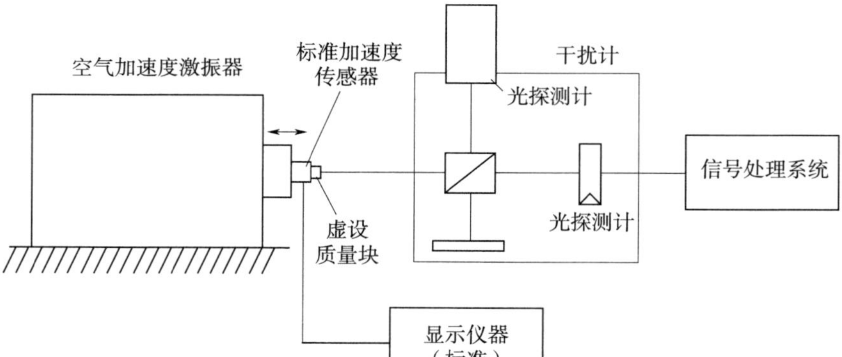

图 4－59 激光干涉测量法

行加速度传感器的二级标准标校时，在其表面上装一虚设质量块，用来模拟各种运动状态。

4.2.3.9　加速度传感器的技术发展方向

随着半导体集成技术的发展，微处理器和存储器不断进步，敏感元件与信号处理电路可以集成在同一芯片上，加速度传感器将呈现小型化、集成化、智能化和多功能化的特点，同时还将朝着高精度、高可靠性、宽温度范围、微功耗的方向发展。

1）小型化。加速度传感器的质量、体积与产品性能息息相关。加速度传感器的小型化有利于提高传感器的谐振频率，减小对被测量的影响，从而提高测量的精度。

2）集成化。集成化也称一体化，即将敏感元件和调理电路集成在一个产品内。它具有低阻输出、抗干扰能力强的特点，可采用普通电缆长距离传输，也可以用电压表、示波器等通用设备直接监测。

3）智能化。智能传感器具有以下功能：自身能消除异常值和例外值，有数据处理能力，能自动校正和自动补偿，内部存储算法能随外界条件变更，有记忆能力，能与其他传感器连接和适应环境的变化，有判断功能。

4）多功能化。多功能化是指一个传感器实现多个参数的测量。例如，加速度传感器可以通过优化调理电路，用一个敏感元件同时测量过载、振动和冲击等多个参数。

4.2.4　压力传感器

4.2.4.1　薄膜应变式压力传感器

（1）工作原理

薄膜应变式压力传感器的工作原理为：电阻式应变片或应变薄膜感受到外界压力时产生应变，将应变变化转换为电阻变化，通过电桥进一步转换为电压或电流的变化后输出。

（2）结构形式

目前，电阻式应变片主要有金属丝式应变片、金属箔式应变片、半导体应变片及薄膜式应变片。其中，薄膜式应变片采用真空蒸发或真空溅射沉积等镀膜技术将电阻材料镀在基底上，制成各种各样的敏感栅而形成应变片，其灵敏度高，易于实现工业化，特别是它可以直接制作在弹性敏感元件上，形成测量元件或传感器。这种应用方式免去了应变片的粘贴工艺过程，具有迟滞小、灵敏度高、使用温区宽等优势，因此薄膜应变式压力传感器被广泛应用于现代遥测系统压力参数测量。薄膜应变式压力传感器结构如图4－60所示。

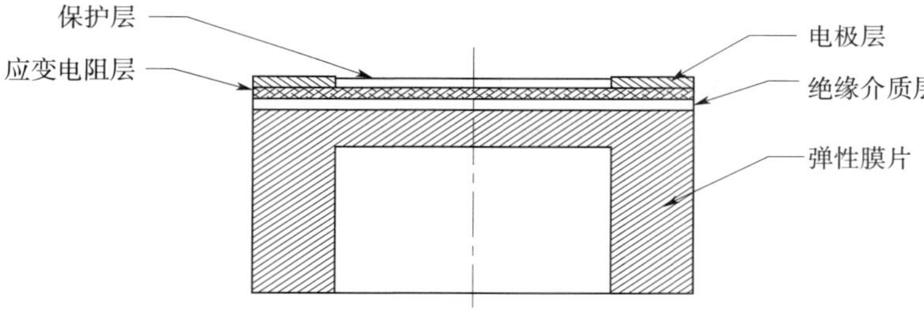

图4－60　薄膜应变式压力传感器结构

薄膜应变式压力传感器是采用真空沉积、光刻、刻蚀等微工艺加工方法在弹性体表面制作薄膜应变式电阻，应变图形构成惠斯顿电桥，当有压力作用于弹性体，弹性体产生应变使电桥的桥臂电阻发生变化，电桥失衡，当有激励电压加载于电桥，即产生与压力成正比的信号输出，之后通过变换电路将该电压信号放大处理为标准遥测信号。

可根据传感器灵敏度输出、非线性误差等指标需求，确定惠斯顿电桥的供电方式是恒压源还是恒流源供电，电桥的工作方式是单臂、半桥，还是全桥。为减小非线性误差，常采用差动全桥。

根据电桥工作原理，当采用差动全桥输出，初始 $R_1=R_2=R_3=R_4$，若忽略高阶微小量，则电桥的输出电压为

$$U_{o}=\frac{U_{i}}{4}\left(\frac{\Delta R_{1}}{R_{1}}-\frac{\Delta R_{2}}{R_{2}}+\frac{\Delta R_{3}}{R_{3}}-\frac{\Delta R_{4}}{R_{4}}\right) \tag{4-64}$$

式中　R_i——桥臂电阻，单位为欧姆（Ω），$i=1,2,3,4$；

ΔR_i——桥臂电阻受到压力后的电阻值变化量，单位为欧姆（Ω），$i=1,2,3,4$；

U_i——电桥的供桥电压，单位为伏特（V）；

U_o——电桥的输出电压，单位为伏特（V）。

电桥灵敏度为

$$S=\frac{U_{o}}{U_{i}} \tag{4-65}$$

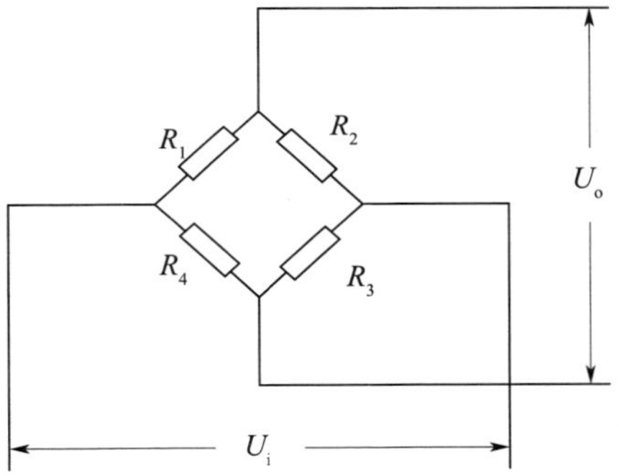

图 4-61　惠斯顿电桥

为提高传感器的精度或一致性，常采用以下方法对其进行补偿。

①零点输出补偿

由于实际各桥臂电阻值并不会完全相等，因此初始电桥并不能满足平衡条件，而是有一个零点输出 $U_o(U_o \neq 0)$ 。若零点输出不满足技术要求，则要对敏感组件进行零点输出补偿。

零点输出补偿的方法有两种：一种是外接电阻的方法，即在桥臂电阻上串联一个补偿电阻 R_Z；另一种是激光调阻的方法，即使用激光的方法直接对桥臂电阻值进行修调。采用外接电阻进行补偿，当 U_o 为正值时，此时 $R_1R_3 > R_2R_4$，R_Z 应串联在 R_2 或 R_4 桥臂中；当 U_o 为负值时，此时 $R_1R_3 < R_2R_4$ 时，R_Z 应串联在 R_1 或 R_3 桥臂中。

R_Z 大小可由式（4－66）确定

$$R_Z = \frac{4R_0}{U_i}U_o \tag{4-66}$$

$$R_0 = \frac{R_1 + R_2 + R_3 + R_4}{4}$$

式中　R_0——桥臂电阻的平均值。

②热零点漂移补偿

敏感元件的零点输出随温度变化而发生的变化量称为热零点漂移。若热零点漂移不满足技术要求，则要对敏感组件进行热零点漂移补偿。

热零点漂移的补偿方法有两种：一种是外接电阻的方法，即在电桥的某一个桥臂上（或两臂）串联一个补偿电阻 R_T，使 R_T 产生的温度效应正好抵消补偿前敏感元件的热零点漂移。补偿后的敏感组件应重新进行零点输出补偿。另一种方法是在膜片上直接制作温补电阻层进行零点温度自补偿。

R_T 应选择电阻温度系数大且电阻率较小的材料，如铂、镍等。R_T 大小可由式（4－67）确定

$$R_T = \frac{4R_0\Delta U_T}{U_i(\alpha_m - \alpha_g)\Delta T} \tag{4-67}$$

式中　U_i——电桥的供桥电压，单位为伏特（V）；

ΔU_T——补偿前敏感元件温度变化所引起的零点漂移量，单位为伏特（V）；

α_m——补偿电阻材料的电阻温度系数（Ω/℃）；

α_g——补偿前敏感组件的电阻温度系数（Ω/℃）；

ΔT——温度变化量，单位为摄氏度（℃）；

R_0——桥臂电阻的平均值，单位为欧姆（Ω）。

③热灵敏度漂移补偿

由于弹性元件的弹性模量的温度系数为负，当温度升高时，由

胡克定律可知 $\varepsilon=\dfrac{\sigma}{E}$ 。因此，敏感元件的灵敏度变大，从而使敏感组件的输出也变大，由此引起的误差称为热灵敏度漂移。

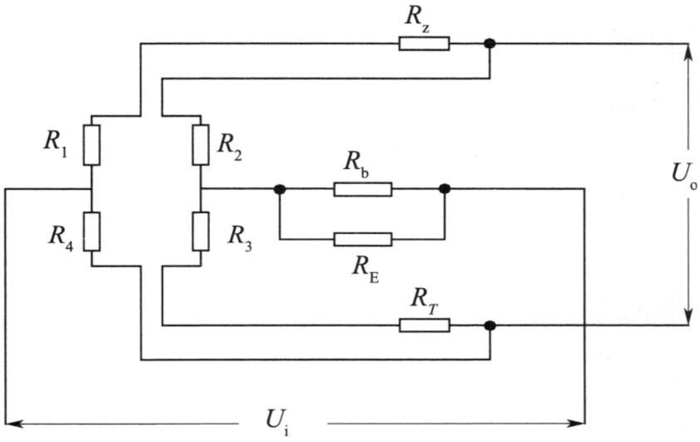

图 4-62　带补偿的敏感组件电路

热灵敏度漂移的补偿方法是：一种是外接电阻的方法，即在电桥输入端串联一个补偿电阻 R_E 为调节补偿量，还可以在 R_E 两端再并联一个电阻温度系数较小的电阻 R_b。当温度升高时，R_E 的电阻值增大，电桥的供电电压降低，从而使敏感组件的输出减小，起到对敏感组件的热灵敏度漂移进行补偿的作用。另一种方法是在膜片上直接制作温补电阻层进行灵敏度温度自补偿。

R_E 应选择具有电阻温度系数大且电阻率小的材料，如铂、镍等。R_E 大小应根据任务书对敏感组件的工作温度范围、热灵敏度漂移等的要求经计算后确定。

(3) 主要指标

- 量程：0～100 kPa～200 MPa；
- 抗过载能力：150% F. S.；
- 不确定度：≤0.5%F. S.。

(4) 应用情况

薄膜应变式压力传感器在航天器遥测系统中主要用于各种管路、贮箱、燃烧室等压力测量。

4.2.4.2　压阻式压力传感器

（1）工作原理

半导体材料受到应力作用时，其电阻率会发生变化，这种现象称为压阻效应。实际上任何材料都不同程度地呈现有压阻效应，但半导体的压阻效应相对较为明显。由于机械变形引起的电阻变化可以忽略，电阻的变化率主要由电阻率的变化引起，即

$$\frac{\Delta R}{R} \approx \frac{\Delta \rho}{\rho} \frac{\Delta R}{R} = \pi_z \sigma_z + \pi_h \sigma_h \qquad (4-68)$$

式中　ρ ——电阻率；

π_z, π_h ——纵向、横向半导体材料固定压阻系数。

可见，压阻式传感器就是基于半导体材料的压阻效应工作的。

（2）结构形式

压阻式压力传感器是在半导体材料的基片上用集成电路工艺制成扩散电阻，作为测量传感元件，亦称扩散型压阻式传感器或固态压阻式传感器。

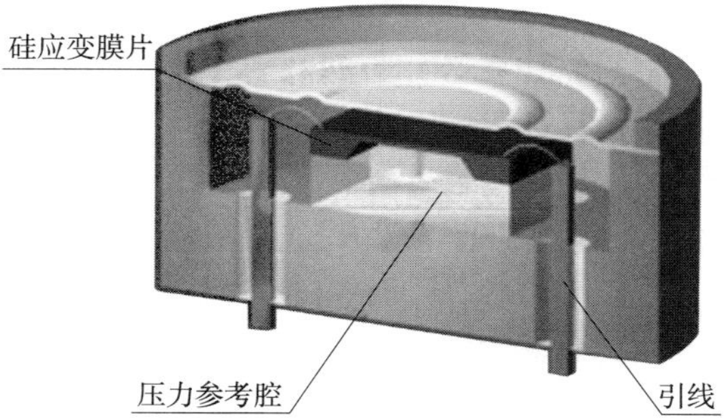

图 4-63　压阻式压力传感器

压阻式压力传感器其核心部分是一圆形的硅膜片，在沿某晶向切割的 N 型硅膜片上扩散 4 个阻值相等的 P 型电阻，构成平衡电桥。硅膜片周边用硅杯固定，其下部是与被测系统相连的高压腔，上部为低压腔，通常与大气相通。在被测压力 **P** 作用下，膜片产生应力

和应变，P 型电阻产生压阻效应，其电阻发生相对变化。另外，压阻式压力传感器由于弹性敏感元件与变换元件一体化，尺寸小，其固有频率很高，可以测量频率范围很宽的脉动压力。

最常用的半导体电阻材料有硅和锗，掺入杂质可形成 P 型或 N 型半导体。其压阻效应是因在外力作用下，原子点阵排列发生变化，导致载流子迁移率及浓度发生变化而形成的。由于半导体（如单晶硅）是各向异性材料，因此它的压阻效应不仅与掺杂浓度、温度和材料类型有关，还与晶向有关。如果单晶体在某晶向上同时有纵向应力 σ_z 与横向应力 σ_h 的作用，则在此晶向上的电阻率相对变化，亦即电阻的相对变化可按公式（4－68）求得。

压阻式压力传感器因扩散电阻的温度系数较大，受温度影响后，会产生零位漂移和灵敏度漂移，因而会产生温度误差。当用电桥测量时，若能将 4 个桥壁的扩散电阻做得大小相差不大，温度系数一样，那么电桥的零漂会很小，但这在工艺上很难实现。

另一方面，压阻式压力传感器由于压阻系数随温度的变化会引起灵敏度的温漂。当温度升高时，压阻系数变小，传感器的灵敏度要降低；反之，灵敏度升高。

零位温度漂移一般可用串、并联电阻的方法进行补偿。

（3）主要指标

· 量程：0～10 kPa～70 MPa；

· 抗过载能力：300％ F. S. ；

· 不确定度：≤0. 2％ F. S. 。

（4）应用情况

压阻式压力传感器在航天器遥测系统中主要用于各种管路、舱段、表面压力脉动等压力测量。

4. 2. 4. 3　电容式压力传感器

（1）工作原理

电容式压力传感器由压力敏感元件和调理电路组成，压力敏感元件一般采用金属薄膜或镀金属薄膜作为电容器的一个电极，当薄膜感受压力而变形时，薄膜与固定电极之间形成的电容量发生变化，通过测量电路解调电容信号，输出与电压成一定关系的电信号，实现对压力的精确测量。

（2）结构形式

电容式压力传感器压力敏感元件结构如图 4－64 所示，由中心测量电容 C_p，边缘环形参考电容 C_r 组成双电容传感器。在压力作用下，测量电容 C_p 和参考电容 C_r 在压力作用下极距发生变化，从而改变电容器的容量 ΔC_p 和 ΔC_r，后续信号调理电路处理的是两电容的差值，为满足高精度输出的要求，调理电路对前端电容信号进行采集、线性化、温度补偿和模拟电压输出。

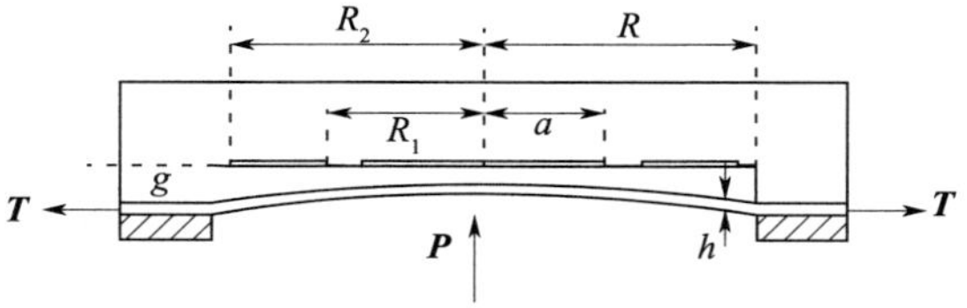

图 4－64　敏感元件结构组成

影响电容式压力传感器性能的主要因素如下：1）温度的变化会造成传感器内部结构尺寸、位置以及介质的变化，从而改变传感器的电容量；湿度也会影响某些介质，因此，在选材、结构设计和加工工艺上慎重选择以保障传感器敏感元件的长期稳定性和热稳定性。2）由于电容式传感器的电容量很小（几 pF 到几十 pF），属于小功率高阻抗器件，容易受到外界干扰，尤其是寄生电容的影响，从而严重影响传感器的输出特性，甚至淹没有用的电容信号；同时，考虑到电路板上导线间的分布电容也会产生静电效应，造成对调理电容信号的干扰，因此，在解调电路中要加入对寄生电容的屏蔽措施，并且在布线时导线和导线间的布线要尽可能短，最好成直角排列，保障传感器输出的高精度。

（3）主要性能指标

电容式压力传感器的主要特点是灵敏度高、抗过载能力强。主要技术指标如下：

- 量程：0～1 kPa～1 MPa（绝压）；
- 抗过载能力：300% F. S.；
- 测量误差：≤1% F. S.。

（4）应用情况

电容式压力传感器在航天型号中常用于测量飞行器外部压力，在民用方面也可用于测量管道、反应容器内的压力和井下压力。

4.2.4.4　电感式压力传感器

（1）工作原理

电感式压力传感器属于结构型机电转换装置，它利用线圈电感量或互感量的变化实现对压力、压差的测量。

（2）结构形式

电感式压力传感器的原理如图 4－65 所示。铁芯和活动衔铁均由硅钢片等导磁材料制成，衔铁和铁芯之间有空气间隙，工作时衔铁与被测压力传递介质相接触，压力的变化推动衔铁改变空气间隙的大小，从而引起线圈电感的变化，通过一定的电路可以把电感的变化转换成电压、电流或频率，再进行测量或记录。

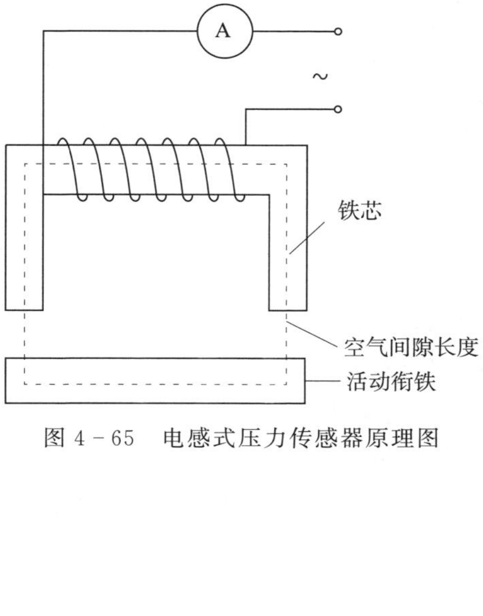

图 4－65　电感式压力传感器原理图

根据电感的计算公式，忽略硅钢片的磁阻，由图 4－65 可得线圈的电感为

$$L=\frac{w^2\mu_0 s}{2\delta} \tag{4－69}$$

式中 δ ——空气间隙长度；

μ_0——空气间隙导磁系数；

s ——空气间隙截面积；

w ——线圈匝数。

由式（4－69）可知，电感量与空气间隙的长度成反比，电感式压力传感器就是利用此种特性来实现压力测量。

上述自感式压力传感器虽然结构简单，但它的特性曲线不通过原点，因而存在起始电流，对测量极为不便。因此，实际工程中常采用差动自感式压力传感器。将两支完全对称的简单自感式传感器合起来，共用一个活动衔铁，便构成了差动自感式压力传感器（如图 4－66 所示）。

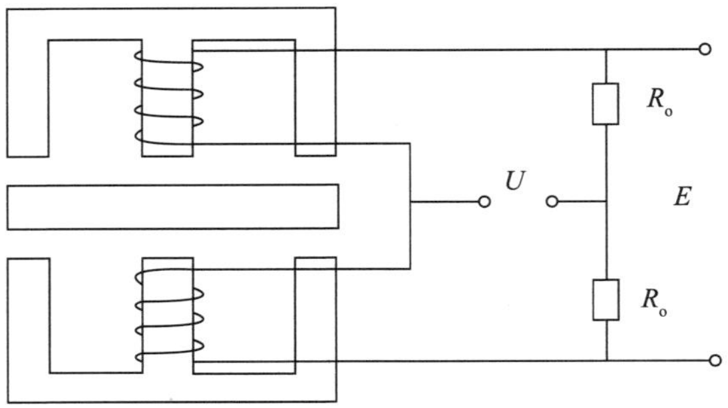

图 4－66　差动自感式压力传感器

当衔铁处于中间位置，即位移为零时，两线圈的电感相等，电桥平衡。当衔铁有位移时，一侧的空气间隙增大、电感减小，另一侧则相反，于是电桥失去平衡，在测量端有输出电压。输出电压的幅值与衔铁的位移量成比例，而其相位则与衔铁位移的方向有关。因此，测出输出电压的大小和相位，就能判断位移的大小和方向。

通常，采用带相敏整流的电桥进行测量。电感式压力传感器的特性可用其测量电桥的输出灵敏度表征。设衔铁处于初始位置时，两边的气隙相等（$\delta_1=\delta_2=\delta$），两个线圈的电感均为 L 。当衔铁向一侧移动 $\Delta\delta$ 时，电感的变化为

$$\Delta L_1=L_1-L=L\frac{\Delta\delta}{\delta-\Delta\delta} \tag{4-70}$$

$$\Delta L_2=L_2-L=L\frac{\Delta\delta}{\delta+\Delta\delta} \tag{4-71}$$

把式（4-71）和式（4-72）展成级数，得

$$\frac{\Delta L_1}{L}=\frac{\Delta\delta}{\delta}+\left(\frac{\Delta\delta}{\delta}\right)^2+\left(\frac{\Delta\delta}{\delta}\right)^3+\cdots \tag{4-72}$$

$$\frac{\Delta L_2}{L}=\frac{\Delta\delta}{\delta}-\left(\frac{\Delta\delta}{\delta}\right)^2+\left(\frac{\Delta\delta}{\delta}\right)^3+\cdots \tag{4-73}$$

电感的总变化为

$$\Delta L_1+\Delta L_2=2L\left[\frac{\Delta\delta}{\delta}+\left(\frac{\Delta\delta}{\delta}\right)^3+\cdots\right] \tag{4-74}$$

对图 4-66 所示线路，电桥的输出电压为

$$U=\frac{Ejw}{4(R_s+jwL)}(\Delta L_1+\Delta L_2)=\frac{E}{4}\frac{1+j\dfrac{1}{Q}}{1+\dfrac{1}{Q^2}}\frac{\Delta L_1+\Delta L_2}{L}$$

$$Q=wL/R_s \tag{4-75}$$

式中　Q ——传感器的品质因数；

R_s ——电感线圈的铜耗电阻。

电感式压力传感器灵敏度高、分辨力强，可以测出小到微米量级的位移，输出电压可达数百毫伏，故有利于信号的传输与放大，抗干扰能力强。

（3）主要指标

- 量程：0～100 kPa～25 MPa（表压、差压）；
- 抗过载能力：300% F. S.；

· 测量误差：≤1% F. S. 。

（4）应用情况

电感式压力传感器在航天器遥测系统中主要用于各种管路、舱段、伺服两腔压差等压力和压差测量。

4.2.4.5　压电式压力传感器

（1）工作原理

压电式压力传感器是利用压电材料的压电效应来测量压力的传感器。压电效应是指某些材料在受到外力作用而变形时，其内部会产生极化现象，在表面产生电荷，当去掉外力后，又重新回到不带电的状态。反之，若在压电材料的极化方向上施加电场，则可以使它产生变形，这称之为逆压电效应。

（2）结构形式

图 4-67 是压电式压力传感器的原理结构图。图中压电元件被夹在两块膜片之间，当压力 **P** 作用于膜片上时，将在压电元件的上下表面产生电荷，这种结构有利于消除振动对传感器输出的影响。

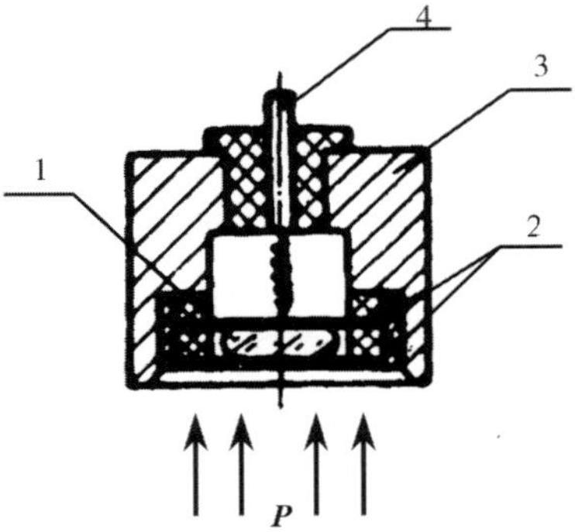

图 4-67　压电式压力传感器

1—石英晶体；2—膜片；3—壳体；4—引线

选用合适的压电材料是设计高性能传感器的关键。主要考虑以下几个方面：具有大的压电常数 d 和 g；机械强度高、刚度大，以便获得高的固有振动频率；高电阻率和大介电系数；高的居里点；温度、湿度和时间稳定性好。

目前，主要的压电材料有石英晶体、铌酸锂晶体、压电陶瓷等。一般，用石英晶体作为压电式压力传感器的压电元件。

（3）主要指标

· 测量范围：0～1 MPa～100 MPa；

· 工作频率：0.1 Hz～100 kHz；

· 精度：1%F.S.。

（4）应用情况

压电式压力传感器在航天器遥测系统中主要用于管路脉动压力测量。

4.2.4.6　谐振式（石英谐振、硅谐振）压力传感器

谐振式压力传感器具有灵敏度高、精度高、适应性强、低功耗、寿命长兼数字输出等优点，因不采用模拟量而提高了抗干扰能力，且适宜远距离传输；因具有数字量输出，不仅节省了模/数转换器，简化了系统，还提高了系统的精度和可靠性。以下分别介绍以石英和硅材料作振动敏感元件的谐振式压力传感器。

（1）石英谐振式压力传感器

①工作原理

石英谐振式压力传感器主要包括压力敏感元件和频率调理测试电路两部分。其中，压力敏感元件主要由石英谐振梁和压力传递结构组成，当外界压力作用于压力传递结构时，该结构单元会将力传递到石英谐振梁上，谐振梁的频率随作用力的变化发生改变，因此利用谐振梁的频率变化可以实现对压力的精确测量。

②结构形式

石英谐振式压力传感器的具体结构（三明治结构）如图 4-68 所示，主要包括三个部分，分别为石英谐振梁（DETF）、石英弹性膜片和石英背腔结构。该方案具有结构简单，易于利用 MEMS 技术实现批制造，器件的一致性好等优点。另外，该结构方案通过对石

英弹性膜片厚度的控制，即可实现不同量程的压力传感器，易于实现产品化和产品系列化。

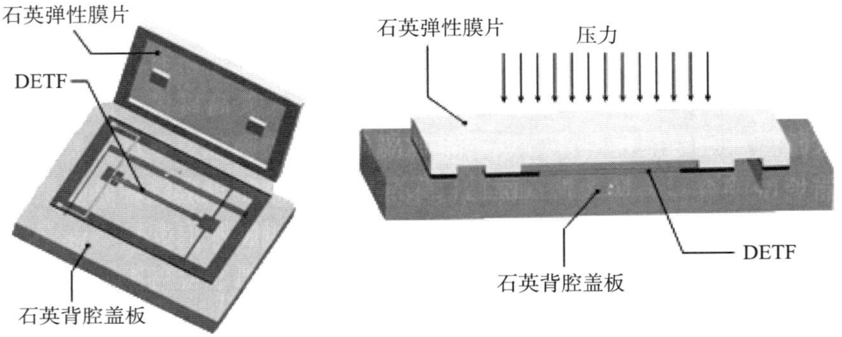

图 4-68 石英谐振式压力传感器结构示意图

为了获得高精度和良好长期稳定性的石英谐振式压力传感器，须从材料选择、结构设计等多方面，综合保障石英谐振式压力传感器的优良性能。在材料选择方面，严格遵守材料热匹配原则，在谐振梁的材料确定为石英晶体的前提下，压力传递结构同样采用石英晶体材料，以获得完全一致的温度特性，而谐振梁结构与力传递结构的连接材料选用与石英晶体热匹配的密封玻璃，从而保障敏感元件芯片的热稳定性。在结构设计方面，谐振梁结构一般采用真空型的轴对称双端固支结构（DETF），以获得极高的 Q 值，从而确保实现传感器的高分辨率。该 DETF 结构与压力传递结构的连接设计为刚性连接，可消除结构迟滞的影响。另外通过优化设计应力衰减结构，可大幅降低敏感元件与封装壳体连接界面的热应力影响。

③性能指标

石英谐振式压力传感器具有高精度、高分辨率和良好的长期稳定性。其主要性能指标如下：

- 测量压力范围：0～120 kPa～7 MPa（绝压）；
- 全温精度：≤0.01% F.S.；
- 长期稳定性：≤0.01%/年。

④应用情况

石英谐振式压力传感器具有广泛的应用前景。在航天型号中常应用于卫星的推进测量系统，通过对卫星推进剂的精确测量，核算卫星的剩余寿命；也可应用于载人航天器舱内压力的精确测量，可保障航天员和仪器设备的安全。

（2）硅谐振式压力传感器

①结构形式

硅谐振式压力传感器主要由硅谐振式敏感元件和谐振驱动电路、调理整形电路等组成，组成框图如图 4－69 所示。

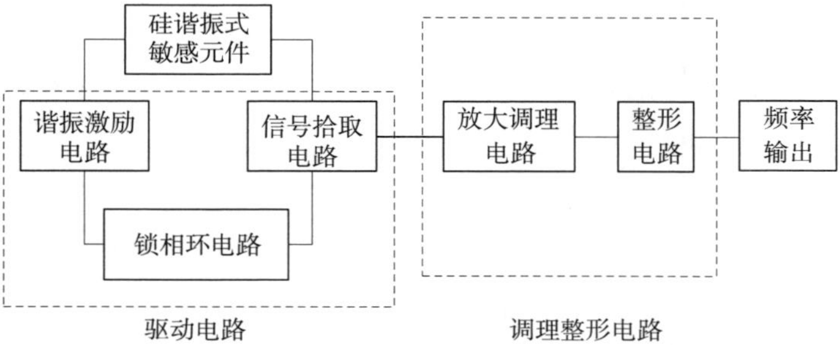

图 4－69　硅谐振式压力传感器组成框图

谐振驱动电路：其作用是为谐振式压力敏感元件提供静电力驱动，使敏感元件产生谐振。谐振驱动电路主要由三部分组成，即谐振激励电路、信号拾取电路以及锁相环电路。其工作原理是通过谐振激励电路产生偏置的正弦波电压来驱动敏感元件产生振动。通过信号拾取电路拾取响应波形反馈给驱动。在反馈环节中加入锁相环电路，当驱动和拾取信号之间相位差为 90°时，敏感元件产生谐振。

谐振式传感器为了使谐振子振动，需要用某种激励方式激励谐振子起振并维持谐振子的谐振，称为激励，同时，还要用某种方式检测谐振子的振动，称为拾振。根据谐振子激励与检测方式不同，硅微谐振式压力传感器工作机制大致可分为 7 种，分别为静电激励/电容拾振、电热激励/压阻拾振、静电激励/压阻拾振、电磁激励/电磁拾振、逆压电激励/压电拾振、光激励/光拾振和介质激励/介质拾振，其分类与比较见表 4-6。

表 4-6 硅微谐振式压力传感器不同工作机制分类与比较

激励与检测方式	优点	缺点
静电激励与电容拾振	体积小，非接触激励与检测，响应快，功耗低	结构与工艺复杂，微小电容信号检测困难
电热激励与压阻拾振	体积小，结构简单，利于检测	接触激励与检测，工艺依赖性强，响应速度、抗干扰能力和温度特性较差
静电激励与压阻拾振	体积小，功耗低，电路简单	结构与工艺复杂
电磁激励与电磁拾振	非接触激励与检测，响应快	体积大，磁体集成困难，信号微弱
逆压电激励与压电拾振	体积小，结构与工艺简单	接触激励与检测，对湿度、光和热处理过程敏感，与集成电路工艺不兼容，温度灵敏度较高
光激励与光拾振	非接触激励与检测，适用于恶劣环境	体积大，结构复杂，制作精度要求高
介质激励与介质拾振	体积小，结构简单	介质材料要求严格，信号非常微弱，难于检测

信号拾取电路：其作用是拾取应变电阻的响应信号，将其转化为电压信号，提供给谐振激励电路作为反馈信号，同时提供给调理整形电路进行整形和最后的频率输出。信号拾取电路主要由桥式差动放大电路组成，其工作原理是通过桥式差动放大电路将电阻的变化转换为电压的变化。

调理整形电路：其作用是将信号拾取电路拾取出来的正弦波形进行放大整形，输出最终的频率信号。调理整形电路由放大调理电路、整形电路组成。其工作原理是通过放大调理电路将信号拾取电路拾取出的波形进行适当的放大调理，然后将其进行偏置处理，使其波形适合于输出，最后通过整形电路，将输出整形为方波，输出频率信号以进行电压检测。

②工作原理

硅谐振式压力传感器组成框图如图 4 - 70 所示，主要由感压膜片层、谐振元件层、腔室层和基底层组成。硅谐振式压力传感器的主要原理是敏感元件在变化静电力驱动下产生谐振，安装在谐振梁上的应变电阻也随之振动，当敏感元件承压时，谐振梁发生形变，其谐振频率发生变化，安装在谐振梁上的应变电阻振动频率也随之变化，通过检测应变电阻的频率变化，可以检测压力的变化，从而进行压力的测量。

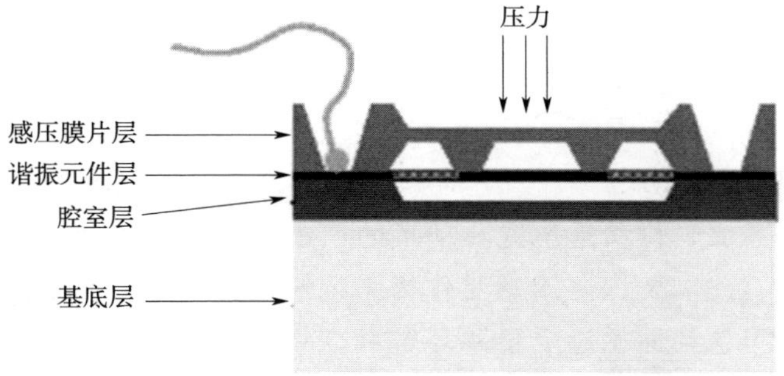

图 4 - 70　硅谐振式压力传感器组成框图

因为单晶硅结构的力学特性，硅谐振式压力传感器比压阻式以及许多其他压力测量技术更加精确和稳定。主要的特性在于硅在其断裂点之前的完全弹性，完美的力学特性为传感器带来一个高品质的谐振（高 Q 值因子），其频率稳定性不受产品内电子特性的影响。相比之下，压阻技术需要把电阻元件引入到硅晶体结构中。这些应力灵敏电阻的电学性能不稳定，对电学增益敏感。由于谐振传感器充分利用硅的机械性能，具有很低的滞后和重复性错误以及非常好的长期稳定性能。温度特性的可重复性使其可以被修正。这些方面的特性一起造就了沟槽刻蚀谐振式压力传感器在压力和温度变化下极高的性能。

③性能指标

硅谐振式压力传感器精度主要受结构机械特性的影响，因此其抗干扰能力很强，性能稳定。主要技术指标如下：

· 压力测量范围：0～120 kPa～7 MPa；

· 常态精度：≤0.01%F.S.；

· 长期稳定性：≤0.01%/年。

④应用情况

硅谐振式压力微传感器是当今世界水平最高和最具综合技术优势的传感器，在航空航天、遥感、医疗和工业自动化等领域都有广泛应用。

4.2.5　位移传感器

4.2.5.1　基本概念

顾名思义，位移是位置移动量的大小。在位移测量系统的一般结构中，首先需要探测或感受作为系统输入信号的被测量。结构中第一阶段可包括原始感受位移环节和变量转换环节，完成这些作用的部件称为位移传感器，组成框图如图 4-71 所示。

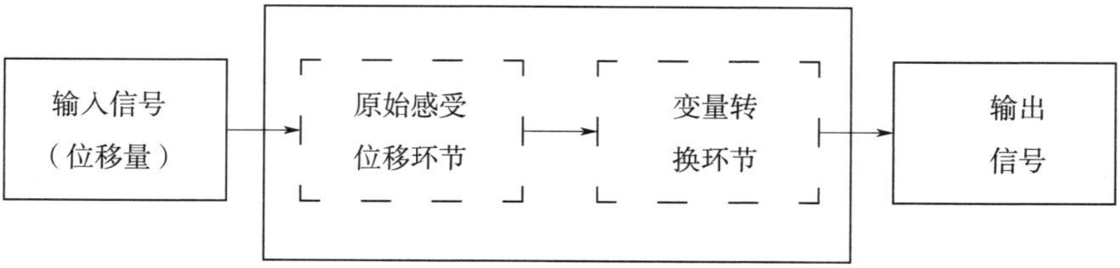

图 4-71　位移传感器构成框图

要测出位移量，必须首先感受它的大小，然后设法与标准量相比较。但大多数情况下，位移量不能直接与标准量比较，故需要转换成能与标准量相比较的物理量，如长度、角度、时间、频率、电阻、电压、电流等。在位移测量中所用的传感器元件可分为两种类型，第一类型是由位移量转换成另一种机械量，第二类型是由机械量转换成电量。表 4－7 列举了两种类型中一些常用的与位移测量有关的例子。从表中可以看出，在第一类型中典型元件通常是将位移量转换成另一种机械量，而在第二类型中则由机械量转换为电量，或者也可以是直接由位移量转换为电量。

表 4－7　常用位移传感元件及其作用

第一类型		第二类型	
典型元件	作用	典型元件	作用
弹簧	位移转换成力	电阻应变丝	位移转换成电阻
膜片	力转换成微应变	可变导体变形	变形转换成电阻
水压计程仪	位移经动压转换成速度	电阻电位器	位移转换成电阻
浮子油量表	线位移转换成角位移	电感式可变线圈尺寸、可变气隙、改变线圈位置、改变铁芯位置	位移转换成电感
排线轮	线位移转换成角位移	电容式改变气隙、改变面积、改变电介质	位移转换成电容
—	—	压电式	位移转换成电压

位移分为线位移和角位移。直接测量线位移或角位移的传感器很多，用在长度测量中的光栅、磁栅和感应同步器等实际上都是测量线位移或角位移，因为这些元件只有在运动中才能给出信号。在长度测量中的某些仪器，也是测量位移，如激光光波比长仪、表面粗糙度的电动轮廓仪、圆度仪等。单面啮合齿轮综合检查仪则是测量角位移。

线位移与角位移是密切相关的，所以在很多情况下往往把线位移转换成角位移，然后，将角位移的角度换算成线位移读数。汽车里程表是从车轮的转数中得出里程的长短的。船舶上的水流式计程仪也是用回转子的转数来得出航程的。航天飞行器级间分离相对位移传感器是通过电位器转角测得电阻分压后得出相对位移的。所以，很多实际应用的产品都是由角位移换算成线位移的。

位移也可以通过压力进行测量。小量程的动态间隙测量传感器是将线位移转换成压力，再经溅射膜片转换为微应变，产生应变电阻变化量而测得间隙。

此外，位移和速度也是密切相关的，把速度对时间积分就可得出位移。船舶上的水压式里程计就是用航速对时间积分来求得航程的。位移测量的原理和种类有很多。本节对位移测量装置的种类作一个概括介绍，对应用于航天遥测系统的位移测量原理及典型产品进行详细阐述。

4.2.5.2　位移传感器的分类和原理

测定直线位移是一种最基本的测量工作。测定位移的特征是测量空间距离的大小。位移单位的形式可以是线位移或应变的尺度，也可以是角位移的尺度。

（1）位移传感器分类

到目前为止，已经普及应用的位移测量方法及测量仪器种类有很多种。如低分辨率的装置有钢皮尺、卡尺、分规、平面规、厚薄规；中等分辨率的装置有千分表、游标仪器、专用量规、刻度指示器、测量显微镜；高分辨率的装置有机械比较仪、电子比较仪、气动比较仪、光学平晶和单色光源、干涉仪；光学仪器有准直望远镜、平行光管、自动准直仪、激光干涉仪、激光测距仪；机电一体传感器有拉线或拉绳式位移传感器、动态间隙测量传感器、电涡流式位移传感器等。这些装置有的适合静态环境使用，有的适合动态环境使用，有的两种环境均可使用。

在这些测量装置中，传感元件是不可缺少的组成部分。常用的位移敏感元件（即位移传感器）有：电阻电位器式传感器、差动变压器传感器、可变电感传感器、电容传感器、压电传感器、电子传感器、电离传感器等。其中，可变电感传感器、电容传感器、压电传感器和电子传感器通常仅适合于进行小位移测量（几十微米到几毫米）。差动变压器和电离传感器可用于中等尺寸测量，就是说从几十微米到一二百毫米。虽然，电阻电位器对小位移的敏感不如其他大多数传感器，但实际上它能测量的最大位移范围没有限制。除了压电传感器外，其他各种传感器均能用来测量静态位移或动态位移。

在航天遥测系统中，位移测量参数主要是飞行器级间分离距离。这个距离范围一般为 0.5～5.0 m。因此，在上述位移敏感元件中，除电阻电位器以外，其他适用于小位移、中等位移测量的敏感元件，均不适宜用作级间分离位移测量敏感元件。遥测系统中还有一种动态间隙测量参数，它的范围与级间分离距离不同，位移量在 10 mm 以下。系统对敏感元件及传感器的要求，除了要适应严酷的环境以外，还有特殊的安装方式，即传感器只能装在被测的两个相对运动物体之一上，所以大多数位移敏感元件都不能满足此要求。下面重点介绍电阻电位器式位移传感器、弹簧变形-膜片微应变式位移传感器的工作原理和特性。

（2）电阻电位器式位移传感器

①工作原理

电阻电位器是在一个电阻元件上装一个滑动触头。触头的运动可以是直线的、旋转的，或沿着多圈的螺旋线运动，电位器式位移传感器原理如图 4－72 所示，因此，可用来测量线位移或角位移。如果电阻元件的电阻是线性变化的，则空载的输出电压将真实反映输入线位移或角位移。但在一般实用情况下，电位器的输出电压就是指示仪表的输入电压，指示仪表要从电位器中抽取一些电流，其电路如图 4－73 所示。这个电路的分析式可写成

$$\frac{e_0}{e_{ex}}=\frac{1}{\dfrac{x_t}{x_i}+\dfrac{R_p}{R_m}\left(1-\dfrac{x_i}{x_t}\right)} \tag{4-76}$$

在空载条件下，可设 $R_m=\infty$，即 $R_p/R_m=0$，则可得出

$$\frac{e_0}{e_{ex}}=\frac{x_i}{x_t} \tag{4-77}$$

但在实际情况中指示仪表的 R_m 不可能无穷大，因此 e_0 与 x_i 之间的关系是非线性的。对一个给定的电阻 R_m 的指示仪表，为达到良好的线性，应选择总电阻 R_p 足够小的电位器。如果 $R_p/R_m=1$，则最大误差约为满刻度的 12%，这当然是不能用的。当 $R_p/R_m=0.1$ 时误差可下降到 1.5%，当 $R_p/R_m<0.1$ 时，最大误差的位置约

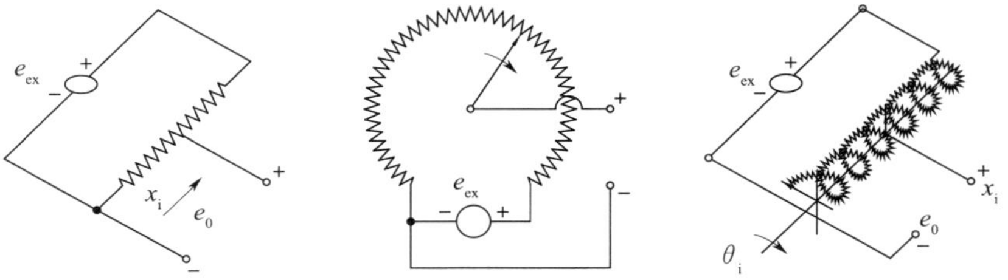

图 4-72　电位器式位移传感器原理

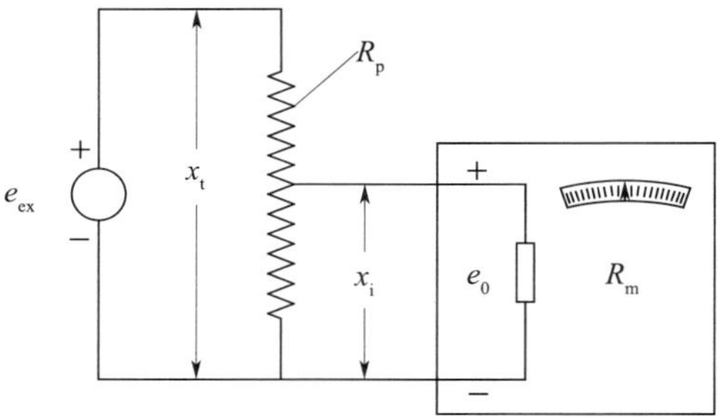

图 4-73　电位器式位移传感器电路图

在 $x_i/x_t=0.67$ 的附近，而其值约为满刻度的 $15R_p/R_m\%$ 。

②典型应用

在现代航天遥测系统中，电阻电位器式位移传感器的典型产品为拉线式位移传感器。

1）结构组成。拉线式位移传感器通常由敏感引线、排线轮、传动机构、电位器、返回机构及壳体结构组成，结构原理如图 4-74 所示。

敏感引线用来传递两个运动物体之间的相对位移。工作时，传感器主体安装在一个运动物体上，敏感引线安装在另一个运动物体上。测量前，敏感引线呈单排紧密地排列在排线轮内。当两个运动物体之间的相对位移增大时，敏感引线从传感器内部被拉出，并且同时带动排线轮旋转。通过主轴及减速机构传动，将线位移转换成

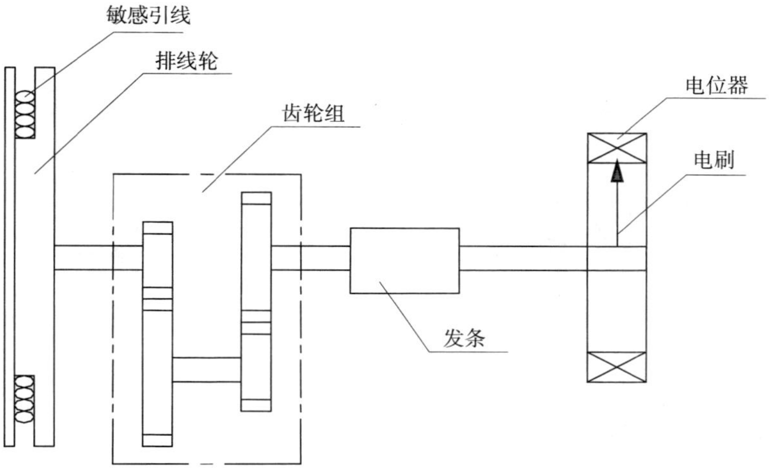

图 4－74　拉线式位移传感器结构原理图

合适的角位移。电阻电位器的电刷转动与角位移同步，使电刷沿着电位器表面滑动，改变输出电阻值。电阻电位器将所测得的角位移量转换成相应的电压信号。由发条（弹性元件）构成的返回机构使敏感引线保持一定的张力，使传感器产生稳定的输出，并及时跟随被测物体的运动。

在 5 V 供电电压条件下，传感器输出与敏感引线相对位移成正比的电压信号。当两个运动物体之间的相对位移减小时，由于发条扭转力矩的作用，通过主轴带动排线轮及电刷做反向转动，使敏感引线收回到排线轮的槽内，同时，电位器输出反方向电压信号。

单排排列的拉线式位移传感器，外形以阶梯式圆柱形为主，如图 4－75 所示。

拉线式位移传感器的机械接口一般采用法兰安装形式。在安装法兰面序号 1 上均匀分布着 3 或 4 个安装凸台。每个凸台上有一个螺纹盲孔，根据传感器的体积和质量确定螺纹尺寸，一般为 M3～M5，螺纹深度 4～7 mm，最大外形尺寸约为 $\phi102\times60$ mm。

拉线式位移传感器的电气接口有两种形式，一种是插座式输出，

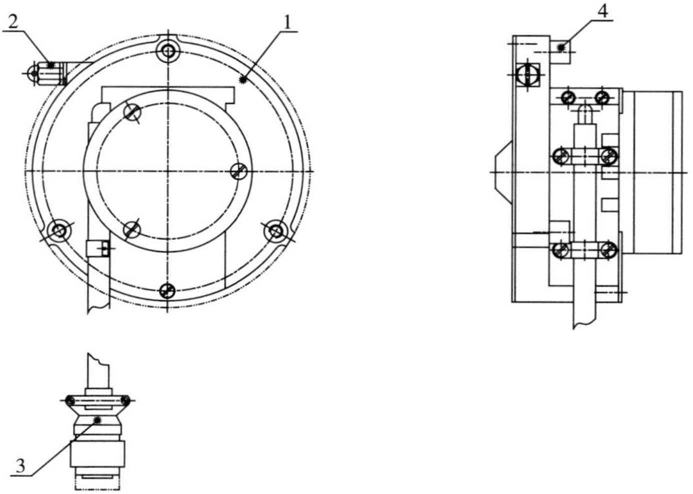

图 4-75　拉线式位移传感器外形特征

1—安装法兰面；2—敏感引线的端头固定座；3—电连接器；4—安装凸台

另一种是插头式输出。选用插头时，插头与传感器壳体之间通过电缆连接。电缆型号又分为普通传感器野外电缆和耐瞬时高温电缆两种。电缆长度一般不超过 1 m。选用插座时，插座直接安装在传感器壳体上，无需电缆连接。电阻电位器分压原理决定了电气接点共有 3 个，即电源正、信号地和信号输出。

2）技术指标。拉线式位移传感器主要随着测量范围的不同而构成系列产品。表 4-8 给出了典型产品的主要技术指标。

表 4-8　典型拉线式位移传感器的主要技术指标

序号	名称	技术指标
1	测量范围/mm	0～5 000
2	测量精度/（% F.S.）	0.5～1
3	电源电压/V	5±0.1
4	起始电压/V	0.1～0.2
5	耗电电流/mA	≤3

续表

序号	名称	技术指标
6	输出电压/V	0～5
7	质量/kg	0.3～0.5

3）静态校准方法。拉线式位移传感器的测量精度表征传感器的综合误差。它包括非线性度、迟滞和重复性三项误差。

定义测量精度

$$A = \pm\sqrt{(\Delta L_{\max})^2 + (\Delta H_{\max})^2 + (\Delta R_{\max})^2} \qquad (4-78)$$

式中　A ——传感器测量精度（%）；

ΔL ——非线性误差（%）；

ΔH ——迟滞误差（%）；

ΔR ——重复性误差（%）。

定义特性方程

$$L = kX + b \qquad (4-79)$$

式中　L ——被测位移量（mm）；

k ——特性方程斜率（mm/V）；

X ——输出电压值（V）；

b ——特性方程截距（mm）。

获取原始测量数据步骤如下：

a. 设采样点数为 n，量程为 L（mm）。从传感器敏感引线的起始点拉出引线，每隔 $L/(n-1)$ 测量一点，直至满量程终点。分别测量正、反行程各点输出电压值 3 次，取其平均值作为校准值 $\overline{y_i}$；

b. 用误差不大于 1 mm 的标准卷尺，或专用位移测试设备，测量引线长度；

c. 记录输出电压测试值。

最大非线性误差 $\Delta L_{\max}$ 按照式（4－80）计算

$$\Delta L_{\max} = \frac{|\overline{y_i} - y|_{\max}}{y_{F.S.}} \times 100\% \qquad (4-80)$$

式中 $y_{F.S.}$ ——工作范围内输出的平均电压值，$y_{F.S.}=y_B-y_A$；

y_A ——起始点 A 点的输出电压值；

y_B ——终点 B 点的输出电压值；

$|\overline{y_i}-y|_{max}$ ——校准曲线与理论直线之间的最大偏离值；

$\overline{y_i}$ —某点校准值（校准值为某点正、反行程的总平均值）；

y——某点理论直线值（用最小二乘法计算）。

最大迟滞误差 ΔH_{max} 按照式（4-81）计算

$$\Delta H_{max}=\frac{y_{H_{max}}}{y_{F.S.}}\times 100\% \quad (4-81)$$

式中 $y_{H_{max}}$ ——各校准点上正行程与反行程平均值之间的最大差值。

最大重复性误差 ΔR_{max} 按照式（4-82）计算

$$\Delta R_{max}=\frac{y_{R_{max}}}{y_{F.S.}}\times 100\% \quad (4-82)$$

式中 $y_{R_{max}}$ ——各校准点上输出值的最大非重复性差值。

按最小二乘法求解式（4-79）中的 k 和 b。按照式（4-78）计算传感器测量精度。

③航天应用

自 1982 年，国内首次研制出单排排列多圈拉线式位移传感器，并投入使用以来，随着测量需求的不断增加和制造技术的不断进步，在经过了 30 年的发展之后，传感器的设计和工艺水平已有了显著的提高。此种结构形式的位移传感器由最初的单一测量范围逐渐扩展到 0.5～5.0 m 多种量程系列产品。

拉线式位移传感器主要用于飞行器级间分离时分离距离的测量。这类传感器已在多个航天型号上成功应用，为遥测系统获取了重要的参数信息。拉线式位移传感器也可用于缓变位移测量，载人航天器在轨推进剂剩余量的测量是其典型的应用。

（3）弹簧变形-膜片微应变式位移传感器

①工作原理

测量弹簧变形-膜片微应变是一种组合测量线位移原理。图 4 - 76 是组合测量线位移原理框图。

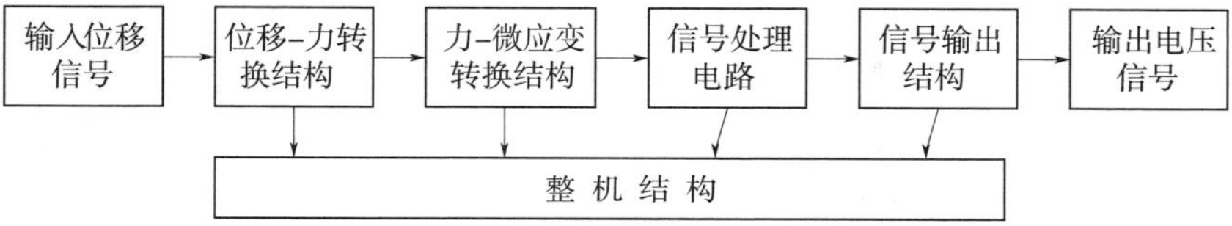

图 4 - 76　组合测量线位移原理框图

利用测量弹簧的力-变形线性关系，将被测位移转换为力。力作用在膜片上，经膜片转化为线性变化的微应变。微应变使膜片上的惠斯通电桥失衡，产生电压信号。信号处理电路将电压信号调理成 0～5 V，由电缆和电连接器输出。

②典型应用

在现代航天遥测系统中，弹簧变形-膜片微应变式位移传感器的典型产品为动态间隙测量传感器。

1）结构组成。动态间隙测量传感器主要由测杆、测量弹簧、溅射膜片、信号处理电路、电气接口及整机结构组成，如图 4 - 77 所示。

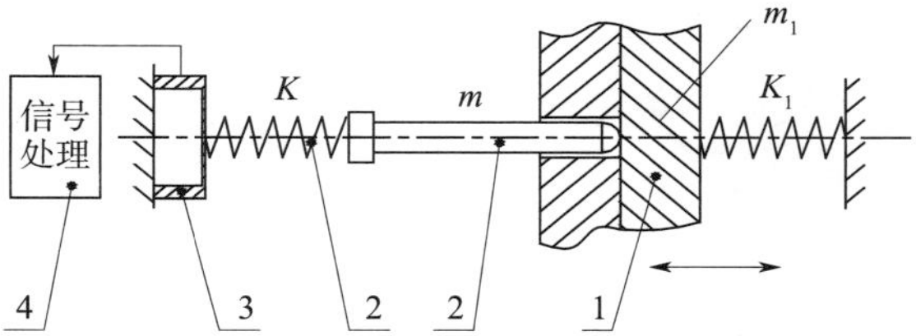

图 4 - 77　组合测量线位移结构原理图

1—被测体；2—位移-力转换结构；3—膜片；4—信号处理电路

序号 1 是被测体，m_1 是其质量，K_1 是其刚度；序号 2 是由测量弹簧和测杆等（简称测量弹簧）组成的位移-力转换结构，测杆与被测体刚性接触；测量弹簧另一端与序号 3 膜片的硬心连接；膜片的惠斯通电桥输出电压接序号 4 信号处理电路。工作时，传感器初始零位为测量弹簧被压缩状态。当被测体沿着箭头方向向右发生间隙变化时，弹簧预紧力使测杆移动并保持与被测体接触，同时，膜片的微应变随着测杆移动而发生变化。

2）技术指标。动态间隙测量传感器一般测量 10 mm 以内的位移量。表 4－9 给出了典型产品的技术指标。

表 4－9　动态间隙测量传感器主要技术指标

序号	名称	技术指标
1	测量范围/mm	0～5，0～8
2	静态精度/（% F.S.）	±2
3	响应时间/ms	≤10
4	电源电压/V	±（15±1）
5	零位电压/V	0.3±0.2
6	耗电电流/mA	±15V 时分别≤20
7	输出电压/V	0.3～4.7
8	质量/kg	≤0.5

3）静态校准方法。动态间隙测量传感器用于测量两运动物体之间单向位移，所以静态精度采取正、反行程分别校准的方法。

a. 定义测量精度。按照 QJ 28A－98《压力传感器静态性能不确定度计算方法》确定不确定度 $U_{正}$，$U_{反}$。

定义特性方程

$$L = kX + b \tag{4-83}$$

式中　L ——被测位移量（mm）；

k ——特性方程斜率（mm/V）；

X ——输出电压值（V）；

b ——特性方程截距（mm）。

b. 获取原始测量数据：

·设采样点数为 n，量程为 L（mm）。从传感器测杆的零位起点，每隔 $L/(n-1)$ 测量一点，直至满量程终点。分别测量正、反行程各点输出电压值 3 次，取其平均值作为校准值；

·用专用检测装置的游标卡尺度量；

·记录输出电压测试值。

c. 按最小二乘法求解式（4-83）中的 k 和 b。

d. 按照 QJ 28A-98《压力传感器静态性能不确定度计算方法》计算正、反行程的不确定度 $U_{正}$，$U_{反}$。

③航天应用

应用测量弹簧变形-膜片微应变组合测量原理的动态间隙测量传感器。目前，已研制出 0～5 mm 和 0～8 mm 量程的产品。传感器静态精度优于 2%，动态响应时间不大于 7 ms。

两种量程的传感器已多次参加航天型号飞行试验，均测得了满意的遥测数据。

4.2.6　热流传感器

热传递广泛地发生在各个生产、科研、生活及各种自然现象中，如建筑、冶金、电力、石化、机械、能源、冷冻冷藏、环境工程、医学卫生以及航空航天等各个领域。但是，长久以来，人们在涉及有关热信息的检测处理和控制时，都是通过温度参数进行的。随着现代科学技术的不断发展，能源问题的日益突出，以及节能降耗工作的不断开展，仅仅把温度作为唯一的热信息是远远不够的。因此，热流测量技术越来越受到重视，作为测量热流参数的热流传感器研究也更加深入，应用更加广泛。

4.2.6.1　基本概念

热流定义为单位时间内穿过单位表面的热量，单位为 W/m^2。

4.2.6.2　热流传感器的测量原理和分类

常用的热流传感器测量原理主要分为两类：

1）差分温度法。通过一定空间距离的热流可以用测量多个离散点温度的方法来推算，热流大小与温度梯度和材料热物性有关。

2）热量计法。传感器局部区域运用热平衡理论，可建立热流与温度的时间历程之间的函数关系。

（1）差分温度法热流测量原理

这种测量技术的基本原理是检测敏感元件上两位置的温度差，用一维热传导模型计算热流。许多热流计是基于这种原理的，典型产品有圆箔式热流传感器和热电堆式热流传感器。

①圆箔式热流传感器

圆箔式热流传感器是一种量程极宽的传感器，它的测量上限可以达 kW/cm^2 数量级甚至更高。图 4－78 是它的结构原理图。

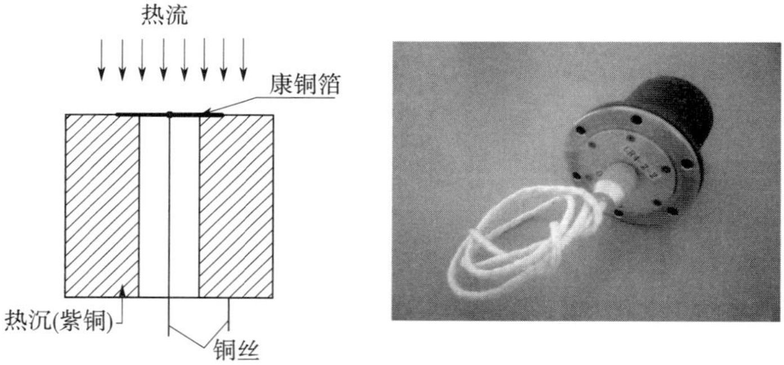

图 4－78　圆箔式热流传感器

在紫铜制的热沉体上有一通孔，孔的端面沿周边焊上一块极薄的康铜箔，箔中心焊有一根细铜丝，在热沉上再焊一根铜丝，就组成了一对差动热电偶。它测量的是康铜箔中心与边缘的温差。当康铜箔表面受到均匀的辐射或对流加热时，热流 q 与上述温差 ΔT 的关系为

$$q=\frac{4kd}{R^2}\Delta T \tag{4-84}$$

式中　d，R——箔的厚度和半径；

k——箔材的热导率。

圆箔式传感器具有快速响应特性，时间常数约为 10^{-1} s 数量级，因此，适于测量瞬变热流。

圆箔式热流传感器主要用于测量火焰、核辐射热与瞬变气动加热等方面。在航空航天领域主要用于瞬间分离热流，航天发动机燃气回流等参数的测量。圆箔式热流传感器典型的性能参数见表 4－10。

表 4－10　圆箔式热流传感器典型的性能参数

性能参数	指标
量程	30 kW/m^2 到 50 MW/m^2
输出信号	线性输出，满量程输出的名义值为 10 mV
最大本体耐温	200 ℃
非线性	±3% F. S.
重复性	±1%
时间常数（63.2%）	250～4 000 W/cm^2：<50 ms 50～200 W/cm^2：<100 ms 5～30 W/cm^2：< 250 ms

②热电堆式热流传感器

根据稳态条件下的傅里叶定律，对于一定厚度的无限大平板，当有恒定的热流垂直流过时，平板两面就存在一定的温差。如果已知平板材料的热导率和平板厚度，只要测量平板两表面的温差，就可以由傅里叶定律计算得到流过平板的热流密度。

热电堆是由多对温差热电偶串联组成的测温元件，其总输出为各对热电偶输出电势之和。热电堆（如镍铬合金/康铜或铜/康铜）热冷接合处分别固定在热电绝缘基板的两个相对面，如图 4－79 所示。当整个封装件被粘接在表面上时，任何热传递都必须经过该基板，沿径向各个截面形成温度梯度，每对热电偶的输出与截面温差成正比，热电堆的总输出与基板接收的热流密度成正比。热电堆敏感元件具有灵敏度大的特点，满量程输出信号一般可达 10～100 mV。响应时间为毫秒级。

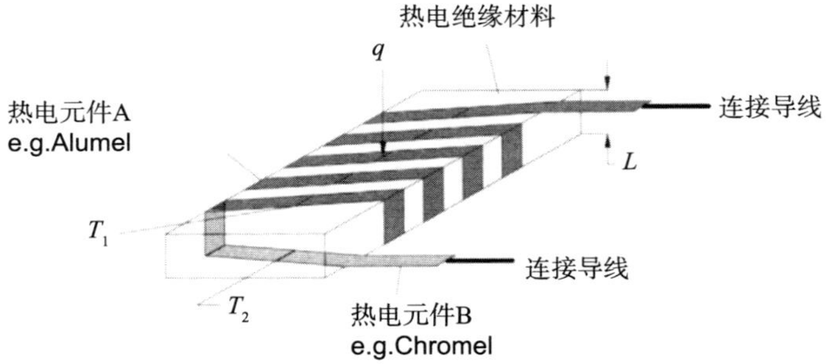

图 4-79 差分热电堆热流计

因敏感结构、材料、加工工艺不同，热电堆式热流传感器又可分为薄膜热电堆式热流传感器、线绕式热电堆式热流传感器、厚膜热电堆式热流传感器以及其他结构形式的热电堆式热流传感器。此类传感器适于含辐射、对流成分的总热流测量，一般包含温度元件，既可以计算对流换热系数，还可以补偿传感器输出特性。

本节主要介绍一下在航空航天领域有较大应用需求的薄膜热电堆式热流传感器。

薄膜热电堆式热流传感器是一种新型热流传感器，典型的薄膜型热流传感器敏感元件采用 MEMS 加工工艺溅射在高热导陶瓷基片上，总厚度小于 2 μm，比常规热电堆式热流传感器敏感元件的厚度小的多，即使是测量大热流，通过热阻层的温差也非常小，为得到可测量到的信号，需要铺上许多对差分热电偶。薄膜热电堆敏感元件由基片、热阻层、下层热电偶、上层热电偶和保护层组成，上下层热电偶与热阻层形成高低点差分热电偶，将这些差分热电偶串联在一起，形成薄膜热电堆，典型薄膜热电堆式热流传感器示意如图 4-80 所示。

薄膜型热电堆式热流传感器测量气动热流，不仅不会扰动气流，而且造成的表面温度干扰很小。这种传感器响应速度很快，响应时间常数可达 10^{-4} s 数量级，非常适用于瞬态热流测量。薄膜热电堆式热流传感器典型的性能指标，见表 4-11。

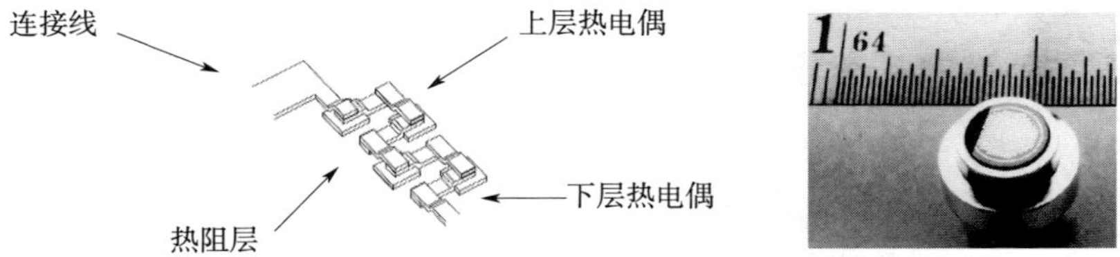

图 4－80　典型薄膜热电堆式热流传感器（HFM）

表 4－11　薄膜热电堆式热流传感器典型的性能指标

测量范围	>10 MW/m^2
最大表面温度	850 ℃
无涂层响应时间	20 μs
有涂层响应时间	300 μs

NASA 新研制的薄膜型热流传感器如图 4－81 所示，采用新型温差电桥测量原理、MEMS 加工工艺，所达到的性能指标与表 4－11 所示的薄膜热电堆式热流传感器指标相当。

图 4－81　NASA 薄膜型热流传感器示意图

（2）热量计法热流测量原理

热量计法热流测量原理是利用热容元件受热后产生的温差变化率来检测热流密度，即建立传至物体的热量与该物体热容量和温升率的关系式，基于这种测量原理的产品主要有嵌块热量计（Slug Calorimeters）、圆塞式热流计（Plug gauge）、零点热量计（Null

Point Calorimeters)、同轴热电偶热量计、薄膜热量计等。一般用于风洞试验设备中，测量原理不再详细展开叙述。

4.2.6.3 热流传感器的标定

在工程上遇到的热流测量问题，涉及辐射、对流、传导等多种传热方式。对热流传感器的标定，不仅要求准确地知道传感器接收的热流值，而且要求在标定时保持传感器赖以工作的热边界条件。目前，各计量单位、相关机构公司拥有各种各样的标定方法，这些方法所依据的原理各不相同，系统的误差源也不同，并且一般说来，每种方法只能适用于一定类型的传感器和一定的热流范围。本节主要介绍一些常用的热流标定方法。

（1）热流传感器静态标定

①黑体辐射法

黑体辐射法以温标为传递基准，它在计量学上具有严格的溯源体系，应用十分广泛。美国 NIST 机构，美国 RDF、HyCall、Vatell、Medtherm 公司，英国兰德公司及苏联热工研究所的热流校准系统都属于此类。

黑体辐射法是一种根据斯蒂芬-玻耳兹曼（Stefan - Boltzmann）定律将辐射热流标准溯源到温度标准上来的热流校准方法。根据斯蒂芬-玻耳兹曼（Stefan - Boltzmann）定律，可得黑体辐射热流 q_b

$$q_b = \varepsilon_b \sigma T_b^4 \tag{4-85}$$

式中 ε_b ——黑体黑度；

T_b ——黑体绝对温度；

σ ——斯蒂芬-玻耳兹曼常数。

典型的黑体辐射热流源有双腔式黑体炉、球形黑体炉和石墨平板炉。

双腔式黑体炉标定装置及方法：双腔式黑体炉为一管状石墨炉，中间有隔板，一侧用一等标准光学高温计测量，另一侧放标准热流计，如图 4 - 82（a）和（c）所示。双腔式黑体炉工作温度范围 800～2 800 ℃，理论上所产生的热流范围为 50 kW/m^2～5 MW/m^2。为使传感器表面感受较大热流，采用插入式热流传感器的校准方式，如图 4－82（c）所示，黑体炉与传感器之间的角系数接近于 1，接收到的辐射热流大，理论上可以校准到 4 MW/m^2 以上。对于腔外传感器的比较校准，如图 4－82（b）所示，黑体炉与传感器之间的角系数仅 10^{-2} 量级，传感器接受的辐射热流仅为 50 kW/m^2。

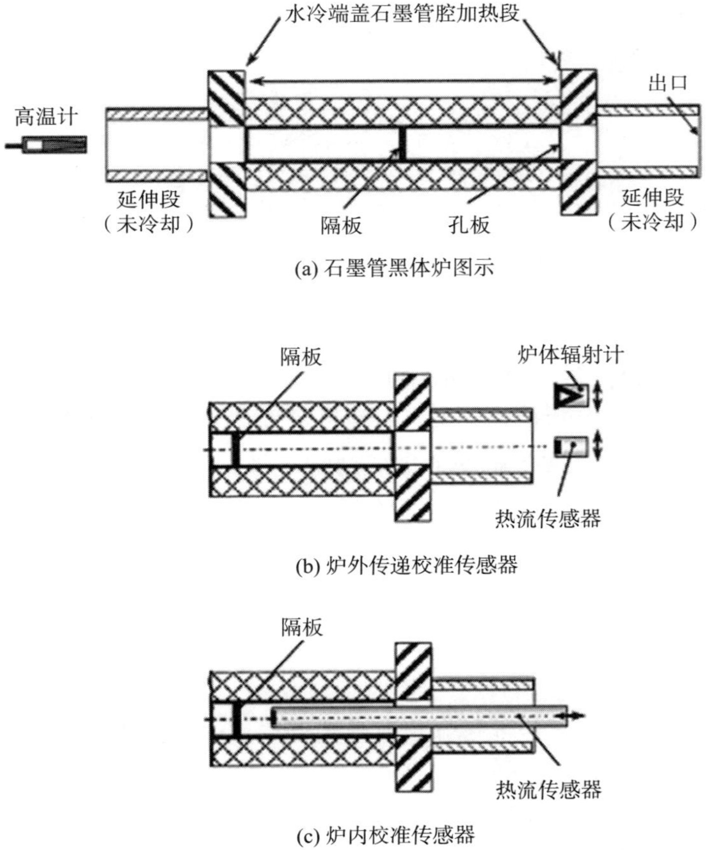

(a) 石墨管黑体炉图示

(b) 炉外传递校准传感器

(c) 炉内校准传感器

图 4－82　可变温双腔式黑体炉－NIST 辐射校准装置

球形黑体炉绝对法标定装置，如图 4－83 所示，加热温度为 1 373 K，最大校准热流为 100 kW/m^2。

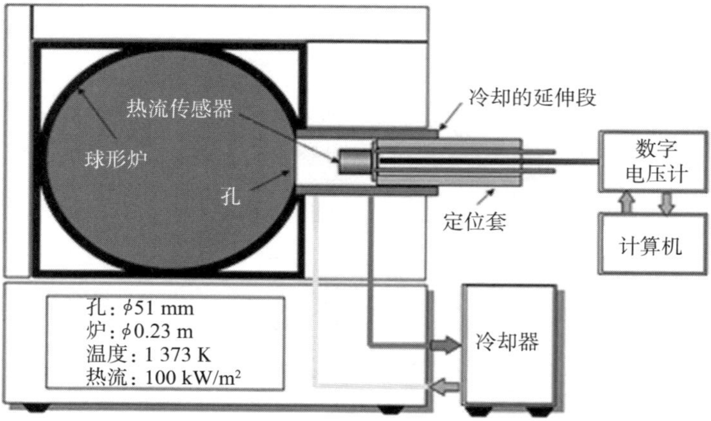

图 4-83　球形黑体炉-NIST 辐射校准装置

石墨平板炉比对法标定装置及方法：利用石墨平板炉比对法标定大量程热流传感器，将标准热流传感器和被标热流传感器分别固定在平板炉两侧对称位置。由于石墨平板温度不均匀，要求被标热流传感器与标准热流传感器的敏感结构尽量相同，减少校准误差。为提高校准热流范围，可将石墨平板炉处于真空环境中，减小空气对石墨板的氧化，同时避免石墨板的燃烧，可产生的最大热流大于 5 MW/m^2，系统标定不确定度 $U=\pm4\%(k=2)$。石墨平板炉比对法标定系统如图 4-84 所示。

②激光能量法

激光能量法是一种将热流溯源到光束能量的校准方法。基于激光能量法的静态热流校准装置，如图 4-85 所示，激光源为 CO_2 激光器，激光光束通过扩束、整形、过滤后，光束能量较为均匀，光功率计用于检测光束能量 P_{Laser}，除以有效面积 a_{ref}，得到光束的能量密度 $i=P_{\text{Laser}}/a_{\text{ref}}$，移去光功率计，同样能量密度激光光束作用在热流传感器上，记录传感器输出。这种校准装置比较容易产生 1 MW/m^2 以上的热流。

图 4－84　石墨平板炉比对法标定系统

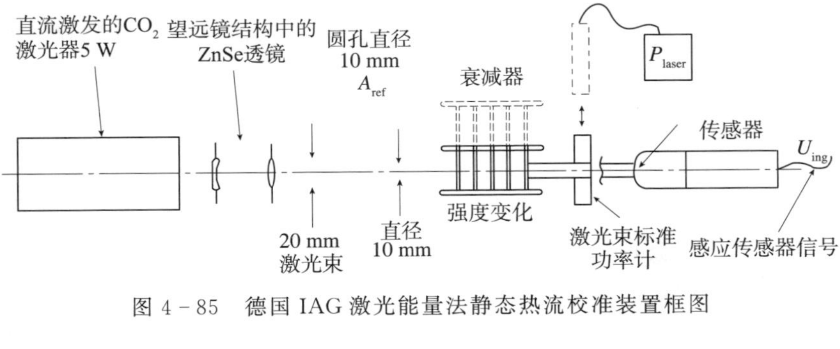

图 4－85　德国 IAG 激光能量法静态热流校准装置框图

传感器校准灵敏度

$$s=\frac{U_{ind}}{\alpha_a i}=\frac{U_{ind}a_{ref}}{\alpha_a P_{laser}} \tag{4-86}$$

式中　U_{ind}——传感器输出；

α_a——传感器表面吸收率。

德国 IAG 激光能量法静态热流校准装置校准不确定度为 5.5%，

主要影响因子有传感器表面吸收率、激光能量、光束有效面积、传感器输出信号采集。其中，最大的是传感器表面吸收率，不确定度接近5%。

③弧光灯、石英灯比对校准法

弧光灯、石英灯等作为热流源，在相同位置上分别放置标准热流传感器与被测热流传感器，热流源稳定后，迅速移开隔板，比对两个传感器输出。为提高热流传感器接受的热流值，可以在热流源与传感器之间增加聚光镜，如图4-86所示。

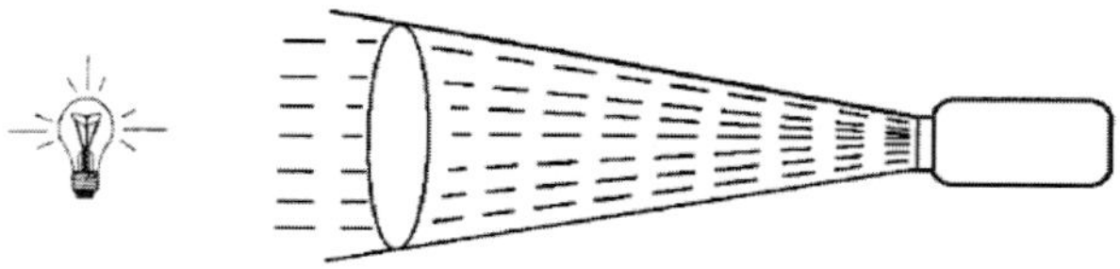

图4-86 弧光灯校准装置示意图

NASA LRC利用Vortek弧光灯校准设备实现0.02～5 MW/m^2范围的校准。

(2) 热流传感器的动态标定

①阶跃响应测试

为测量传感器的一阶响应时间，一般情况下，热流源与传感器之间有电动隔板，热源稳定后，瞬间移开隔板，同时记录传感器输出，可得到传感器的响应时间。

对于圆箔式热流传感器，其响应时间在10 ms以上，适合应用此法。

②频率响应测试

为制造不同频率的热流源，一般采用两种方法，一种是在热流源与传感器之间安装机械斩波器，另一种是用频率发生器控制激光器。典型应用如图4-87、图4-88所示。前者主要用于100～1 000 Hz的频率响应测试，后者主要用于1 kHz～1 MHz的频率响应测试。频率响应测试适用于快速响应的薄膜型热流传感器。

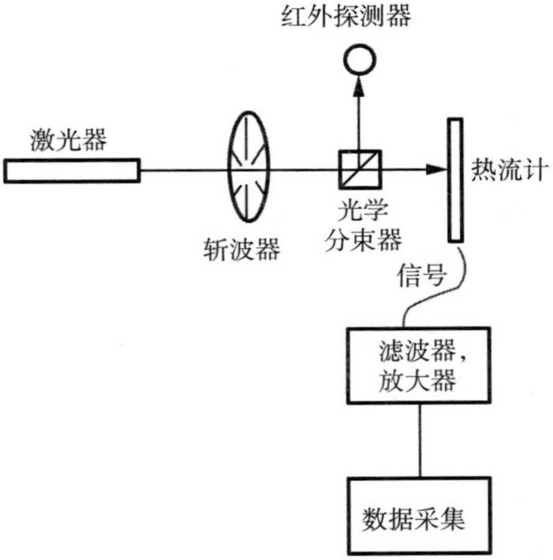

图 4-87　NASA LRC 基于机械斩波器的动态测试装置框图

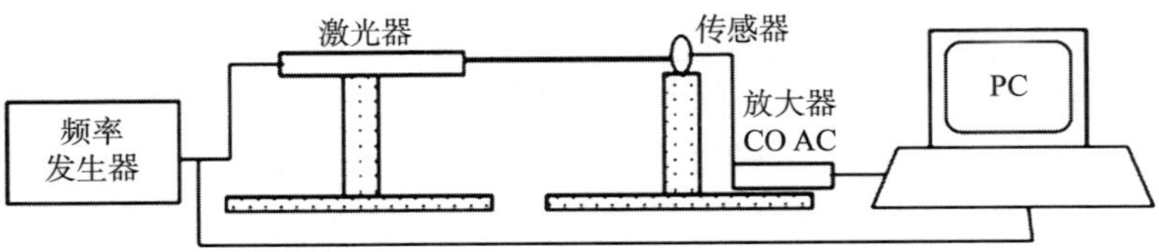

图 4-88　德国 IAG 热流传感器动态测试装置框图

4.2.7　烧蚀传感器

4.2.7.1　烧蚀概念

再入式飞行器以极高的飞行速度重返（进入）大气层时，它所经受的环境条件为驻点压力 200 个标准大气压，表面温度可达 3 900 K，加热率为 2.2×10^5 W/m^2（非驻点的压力为驻点的 5%～10%；加热率为 2.5%～12%）。为阻止高热高压对飞行器的破坏，迄今最有效的措施是用烧蚀材料作为防护层。烧蚀材料在气动热、力的作用下，由外向内逐层地产生一系列物理和化学变化，吸收了一部分热量，降低了飞行器外表面的温度，与此同时，材料本身也逐层地从飞行器上消失，这一过程称之为烧蚀。

在国内外不同烧蚀防热材料的各个发展阶段，模拟再入烧蚀环境的地面设备总是跟不上再入飞行器的研制速度。通常，只能局部模拟，尤其不能兼顾气动加热及气动力条件。因此，在飞行试验时，实测防热层烧蚀量就有着特殊意义，是防热层设计的重要依据。

4.2.7.2　国外烧蚀测量的发展状况

自 20 世纪 60 年代起，有大量资料报导国外各种烧蚀测量技术的进展，其中绝大多数是美国的文献，其他国家如法、德的资料只是凤毛麟角。

美国的烧蚀测量技术始于 20 世纪 50 年代末，1963 年后发展迅速。大量成果产生于 1965—1975 年间。其背景是这段时间烧蚀材料发展迅速，为保证及时应用采取了多种方案同时并举，甚至用专门的飞行试验来选择烧蚀方案。有如通用电气、桑地亚实验室等多家知名单位，参与竞争的方案多达十余种。

用于飞行试验烧蚀测量的传感器虽然种类繁多、原理各异，但其测量目标都是防热材料的厚度，应属于线位移（长度）检测的范畴。各种方案的基本思路可归为两类：1）用不同敏感元件感受防热层内不同界面因烧蚀而发生的物理效应，如材料电阻值突变，出现光、热、力的阶跃；2）检测外加的能量通过防热材料时因烧蚀而发生的变化信息。前者多为间断的点式测量，如通-断或断-通式、热偶式、光纤式、弹簧开关式等。后者多为连续式测量，如放射性式、超声式、微波式等。通常，前者在使用时需要在被测体上打安装孔，破坏了结构的完整性，从而被称为有损方案。后者则无需打孔即所谓无损方案。

美国对烧蚀测量的基本技术要求可分为三个阶段：20 世纪 60 年代初，确定再入体的生存高度，以求最佳引爆高度（时间）；20 世纪 60 年代中期至 70 年代中期，主要测量烧蚀面的后退，以检验防热层设计的合理性；20 世纪 70 年代中期至今，研究影响落点精度的再入体烧蚀对称性而要求遥测再入体外形的变化过程，以点式测量提高到阵列式测量。

4.2.7.3　国内烧蚀测量的发展状况

国内从 20 世纪 60 年代开始研究烧蚀测量。最初的测量产品被称为玻璃钢烧蚀传感器。虽然时间上晚于国外，但为国内烧蚀测量技术的发展奠定了基础。在碳基复合材料取代增强塑料后，烧蚀测量研究进入到新的发展阶段。玻璃钢烧蚀传感器的原理已不适用导电的碳基材料，对允许打孔的锥面开设了光纤、弹簧开关、多层热偶等多方案的研究。20 世纪 70 年代末，出现了超声无损检测烧蚀技术，解决了烧蚀材料表面不允许打孔的端头帽驻点烧蚀测量问题，地面模拟和飞行试验都获得了预期的数据。

4.2.7.4　烧蚀传感器的分类和原理

防热层烧蚀参数对于飞行器总体设计来说，是重要的参数之一，是飞行器设计和定型的有力依据。烧蚀传感器用于飞行器再入大气层时防热层的烧蚀厚度测量。

飞行器再入大气层时，速度高达 10～25 倍声速，须承受自身重力 30～50 倍的空气动力载荷、几到几十兆帕的局部压力以及上万摄氏度的气动加热，因此必须在壳体承力结构外面设置防热层，以保证承力结构及内部装置处在给定的温度范围内。在高热流条件下，烧蚀式防热是各种防热方式中最有效的方式之一。它利用材料在热流作用下能分解、熔化、蒸发、升华及侵蚀等物理化学变化吸热的特性，并借助材料表面的质量消耗带走大量热量，从而达到防热的目的。

(1) 烧蚀传感器的种类

目前，按测量部位的不同，飞行器上使用的烧蚀传感器将烧蚀测量分为大面积烧蚀测量和端头帽驻点烧蚀测量两类。根据烧蚀材料的特性不同，大面积烧蚀测量又分为三种：一种是用来测量碳-碳类材料的弹簧-触点式烧蚀传感器，一种是用于测量高硅氧类材料的应变片式烧蚀传感器，还有一种是用于测量酚醛树脂基防热材料的连续烧蚀测量传感器。前两种大面积烧蚀测量的特点决定了烧蚀测量数据是非连续的，只能获得在一定测量范围内的几个测点数据。另外，敏感部分尺寸较大，安装时对防热层会产生一定的损伤；由于防热需要，传感器敏感部分采用的材料必须与防热材料一致，加工周期受防热材料生产、供货制约，第三种大面积测量原理可获得连续的烧蚀测量数据，传感器生产不受防热材料制约。但要求被测烧蚀的防热材料必须是酚醛树脂基类。

①弹簧-触点式烧蚀传感器

传感器由塞子、壳体、电缆及电连接器构成。

弹簧-触点式烧蚀传感器是利用碳-碳材料导电的特性，使对应不同测点深度的变换器开关电路闭合，输出与烧蚀厚度对应的等幅阶跃电信号。传感器功能的具体实现是利用与被测材料相同的碳-碳材料上钻孔，各个孔的深度与测点深度分布一一对应，各直孔内穿过不同长度的钼丝，一端将金属丝在侧孔内固定，另一端缠绕在动触点上，并利用它将弹簧压紧。当防热材料再入烧蚀时，相应测点处的金属丝熔断，弹簧恢复原状，使动触点与静触点接触，由于烧蚀材料有导电性，因此可以使变换器的开关电路闭合，输出相应的阶跃信号。防热材料不断地由表及里被烧蚀，埋置在毛细孔内的金属丝不断被烧损，使对应不同测点深度的变换器开关电路闭合，输出与烧蚀厚度对应的等幅阶跃电信号。

传感器外形特征如图 4 - 89 所示。序号 1 为塞子，序号 2 为安装定位螺纹，序号 3 是壳体，序号 4 是引出电缆，序号 5 是电连接器。塞子直径一般不大于 13 mm，而长度则与防热材料厚度相关。传感器的测点数一般为 6 个。

传感器使用时，塞子部分插入防热材料上预先钻好的孔内，在序号 2 上用螺母调节轴向安装位置。位置确定后，用专用胶粘剂粘接传感器与防热材料之间所有的接触部位。

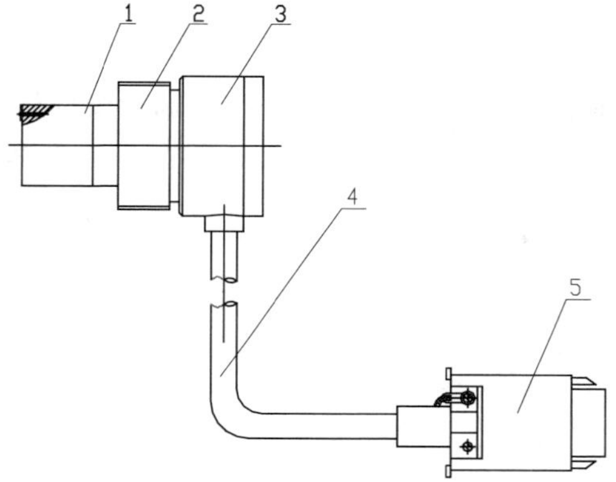

图 4－89　弹簧-触点式烧蚀传感器

1—塞子；2—安装定位螺纹；3—壳体；4—引出电缆；5—电连接器

②应变片式烧蚀传感器

应变片式烧蚀传感器是利用高硅氧类材料在烧蚀过程中能碳化导电的特性，使嵌在传感器烧蚀材料中不同深度的金属丝与地逐一短路，从而使变换器的开关电路输出与烧蚀厚度对应的等幅阶跃电信号，传感器内金属丝的长度视测点位置而定。应变片式烧蚀传感器原理如图 4－90 所示。

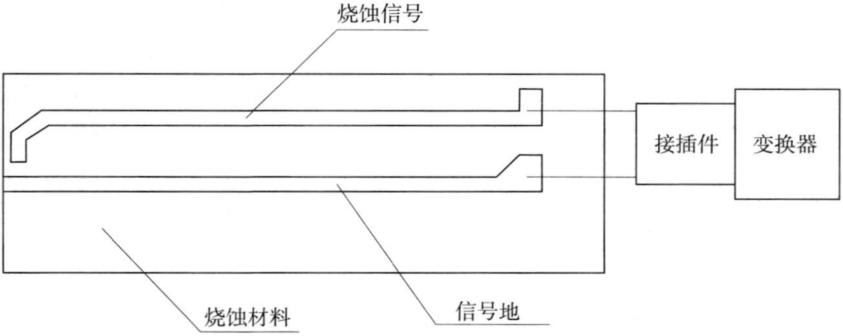

图 4－90　应变片式烧蚀传感器原理示意图

传感器外形特征与弹簧-触点式烧蚀传感器相似，如图 4－91 所示。序号 1 为塞子，序号 2 为安装定位螺纹，序号 3 是壳体，序号 4 是引出电缆，序号 5 是电连接器，序号 6 是箭头标记。当制造塞子的材料有缠绕方向时，箭头指向用于确定传感器的安装方位。这种传感器的塞子直径均为 12 mm，长度也与防热材料厚度相关。传感器的测点数一般为 8～12 个。

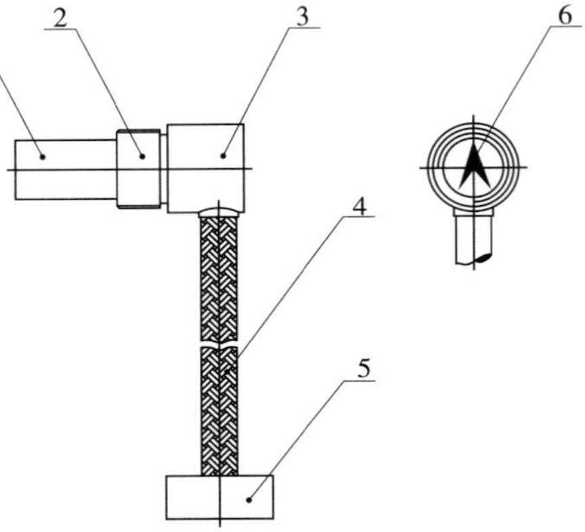

图 4－91　应变片式烧蚀传感器

1—塞子；2—安装定位螺纹；3—壳体；4—引出电缆；5—电连接器；6—箭头标记

传感器使用时的安装方法与弹簧-触点式烧蚀传感器相同。

③连续测量烧蚀传感器

这是一种可进行连续测量的大面积烧蚀传感器。这种传感器能输出与防热层烧蚀厚度成正比的信号。传感器采用镍铬基精密合金电阻丝，密绕在芯线上，电阻丝和芯线之间填充酚醛树脂。当传感器随防热层烧蚀时，酚醛树脂开始碳化导电，使传感器的输出阻值随敏感部分的烧蚀长度不断发生变化，从而测出防热层的烧蚀厚度。图 4－92 是传感器工作原理图，图中 1，3 点之间供电，2 点输出电压信号。图 4－93 是传感器外形图。

连续测量烧蚀传感器安装尺寸小，一般为 $\phi 1.6\times$工作长度，可减轻对防热层的破坏。其次，对于酚醛树脂基防热材料，无须采用

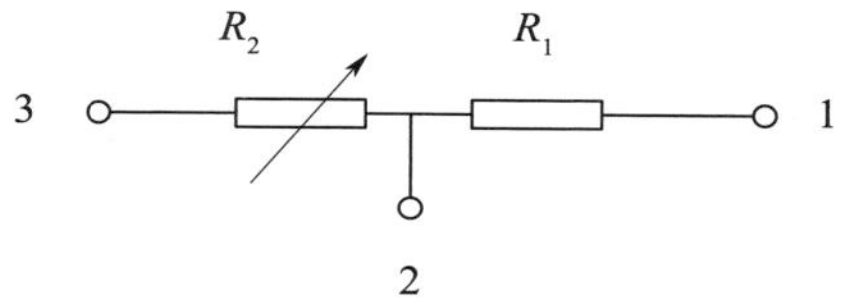

图 4－92　连续测量烧蚀传感器工作原理示意图

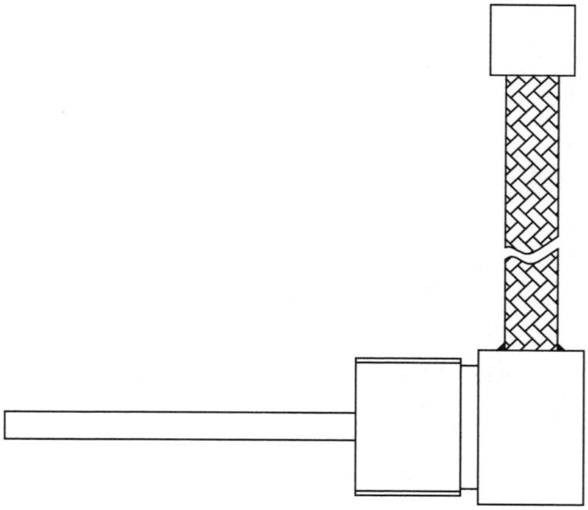

图 4－93　连续测量烧蚀传感器

与防热层同批次的防热材料，能够降低制造成本并缩短生产周期。

（2）超声式驻点烧蚀测量系统

超声式驻点烧蚀测量系统目前主要用于远程飞行器再入大气层时端头帽驻点烧蚀后退量的测量。其测量介质为碳/碳复合材料。

1）工作原理。超声式驻点烧蚀测量系统由传感器、变换器、地面数据处理软件构成，测量原理如图 4－94 所示。

传感器安装在被测体背面，用同轴电缆与信号处理器连接，传感器同时又是接收器，被一高压脉冲激励产生一束超声波，沿被测材料传播，再接收由烧蚀外表面反射来的回波并转变成电信号。

设烧蚀前耦合面到端头帽驻点的距离为 H_0，根据超声脉冲回波测厚原理有

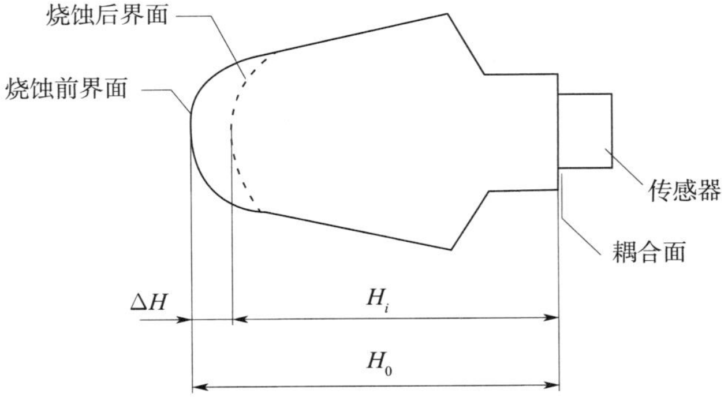

图 4-94　超声式驻点烧蚀测量系统原理

$$t_i = \frac{H_i}{C} \tag{4-87}$$

式中　H_i——某时刻耦合面到端头帽驻点的距离；

C——端头帽材料的声速；

t_i——超声波通过 H_i 的传输时间。

在一个发射和接收周期内，发射波与接收回波经过相同距离 H_i，超声波从耦合面出发，到达端头帽外表面后再返回到耦合面的时间间隔 $T_i = 2t_i$ ，即有

$$T_i = \frac{2H_i}{C} \tag{4-88}$$

经过电—声、声—电转换后，发射、接收信号的关系如图 4-95 所示。

在未烧蚀前，H_i 即为 H_0，对应 T_0；烧蚀过程中，某一时刻由于表面烧蚀退行，H_0 变小为 H_i，其改变量 ΔH 即烧蚀后退量可由 T_i 的变化来度量，即

$$\Delta H = H_0 - H_i = \frac{C}{2}(t_0 - t_i) = \frac{C\Delta T}{2} \tag{4-89}$$

2）数据处理方法。变换器周期地发送、接收超声脉冲，每隔 0.5 s 向记录器输出一幅如图 4-96 所示的信号，变换器输出信号频

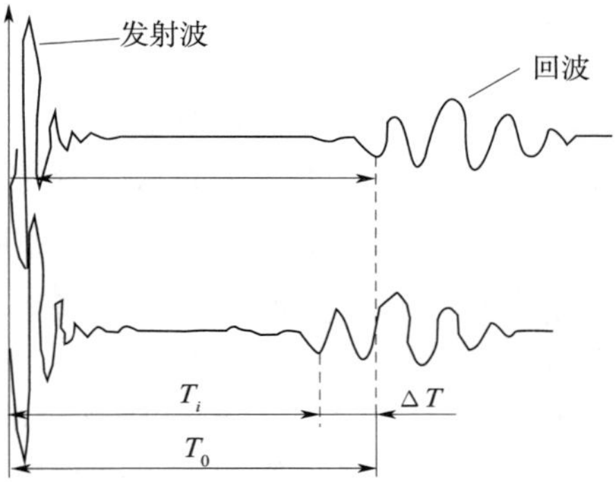

图 4-95　发射、接收信号的关系

率压缩了 8 000 倍，从变换器输出不同幅信号波形，可求得 ΔT ，则有

$$\Delta T = \Delta T'/8\ 000 \tag{4-90}$$

代入式（4-89）算出相应飞行时间间隔的烧蚀后退量 ΔH

$$\Delta H = H_0 - H_i = \frac{C}{2}(t_0 - t_i) = \frac{C\Delta T'/8\ 000}{2} \tag{4-91}$$

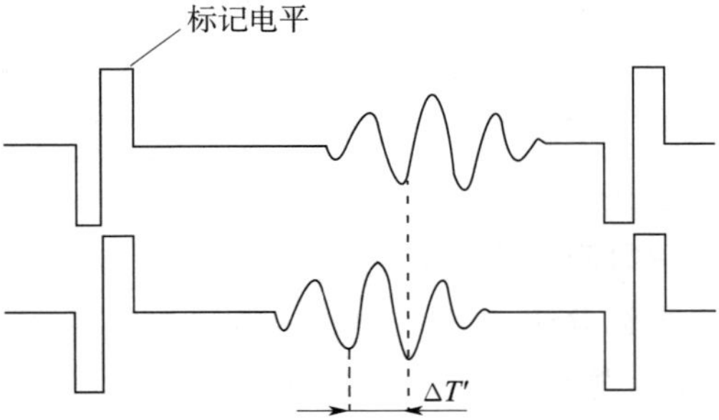

图 4-96　变换器输出波

4.2.8 流量传感器

流量测量在工业生产及过程控制、节能、环境监测和保护，以及科学试验中都起着重要作用。在航天领域，对飞行器推进系统的流量参数进行精确测量对于保证飞行器的飞行精度非常重要，因此，流量参数一直是飞行器遥测系统中的一项重要参数。

流量测量与其他物理参数相比，具有如下特点：1）流量测量的对象是流体，流体的流动状态直接影响流量测量的准确性，因此，为保证测量准确性，流量传感器的结构设计必须能适应流体流动状态的变化，并能消除流量传感器上游局部阻力件造成的流态扰动以及通流管道界面上流速不均匀分布带来的影响；2）不同流体的物理和化学性质不同，因此，对流量测量的要求也不同，有的需要做特殊处理，如对有腐蚀性或高黏性流体的测量，多相流、脏污流的测量，都需要采取特殊的方法；3）为减少流体介质状态变化或组分变化引起的流量测量误差，必须根据状态和组分变化范围对测量结果进行补充。

4.2.8.1 流量测量中的基本概念

流量测量以及流量传感器设计中常用的物理参数包括流体的密度、黏度、绝热指数、体积压缩系数以及雷诺数、马赫数等，这些物理参数都与温度、压力密切相关。

（1）流量的定义

流量是指单位时间内通过管道或通道中某一截面的流动介质的量，一般分为体积流量 q_V（单位为 L/s 或 m^3/h）和质量流量 q_m（单位为 kg/s 或 t/h）。体积流量 q_V 的定义如下

$$q_V = \int_S V \mathrm{d}S \tag{4-92}$$

质量流量 q_m 可以用体积流量 q_V 和流体的密度 ρ 之积来表示，即

$$q_m = \rho q_V \tag{4-93}$$

（2）流体的密度

流体的密度 ρ 是流体的重要参数之一，它表示单位体积内流体的质量，国际单位为 kg/m^3。各种流体的密度都随温度、压力改变而变化。在低压及常温下，压力变化对液体密度的影响很小，所以，在工程上往往将液体视为不可压缩流体。而对于气体，温度和压力的变换对其密度的影响较大，气体流量测量时必须考虑压力和温度的实际工况。

（3）流体的黏度

流体的黏度是表示流体内摩擦力的一个参数。各种流体的黏度不同，表示流动时的阻力不同。黏度是温度和压力的函数。一般说来，温度上升，液体的黏度下降，气体的黏度上升。在工程实际中，液体的黏度通常只需要考虑温度的影响，仅在压力很高的情况下才需要考虑压力的影响。气体的黏度与压力和温度之间的关系十分密切。

流体的黏度可以采用动力黏度 η 和运动黏度 υ 表征。对于牛顿流体，动力黏度 η 的定义如下

$$\eta = \frac{\tau}{\frac{dv}{dh}} \tag{4-94}$$

式中　τ ——单位面积上的内摩擦力（Pa）；

v ——流体流动速度（m/s）；

h ——两流体层之间的距离（m）；

dv/dh ——速度梯度（1/s）；

η ——流体的动力黏度（Pa·s）。

由于流体的黏度和密度有关，将动力黏度 η 与流体密度 ρ 之比称为运动黏度 υ，即 $\upsilon=\eta/\rho$，运动黏度的国际单位制（SI）单位为 m^2/s。

（4）马赫数

流体的流动速度 v 和声音在该流体内传播的速度 c 之比，称为

马赫数 Ma ，即 $Ma = v/c$ 。在气体动力学中，马赫数既是划分气体流体类型的一个标准，又是判断气体压缩性的一个尺度。当马赫数 $Ma > 1$ 时，称为超声速流动；当马赫数 $Ma < 1$ 时，称为亚声速流动。在超声速和亚声速流动情况下，气体表现的特性有本质的区别。

实验证明，随着气体流速的增加，气流中的压力梯度也增加，则流体的密度就不能视为常数。流体在流场中相对密度的变化 ρ/ρ_0 与马赫数 Ma 的关系如下

$$\frac{\rho}{\rho_0} = \left(1 + \frac{\gamma - 1}{2} Ma^2\right)^{-\frac{1}{\gamma-1}} \tag{4-95}$$

式中　γ ——等熵指数；

Ma ——马赫数；

ρ ——气体在流动状态下的密度；

ρ_0 ——气体在滞止状态（流速等于零）下的密度。

由式（4－95）可知，气体在流场中密度的变化是马赫数的函数，并和气体的性质有关。对于同一气体，马赫数越大，密度越小。

（5）雷诺数、层流、紊流及流速分布

雷诺数 Re 是表征流体流动特性的一个重要参数，雷诺数的大小取决于3个参数，即流体的速度、流束的定型尺寸以及工作状态下的黏度，其定义如下

$$Re = \frac{\rho l v}{\eta} = \frac{l v}{\upsilon} \tag{4-96}$$

式中　l ——流束的定型尺寸；

v ——流体的平均速度；

υ, η ——在工作状态下流体的运动黏度和动力黏度；

ρ ——被测流体密度。

雷诺数较小时，流体流动时各质点间的黏性力占主要地位，流体各质点平行于管路内壁有规则地流动，呈层流流动状态。雷诺数较大时，流体流动时惯性力占主要地位，流体呈紊流流动状态，一般管道雷诺数 $Re < 2\ 000$ 为层流状态，$Re > 4\ 000$ 为紊流状态，

Re＝2 000～4 000 为过渡状态。在不同的流动状态下，流体的运动规律、流速的分布等都不相同。试验表明，外部条件几何相似时，若它们的雷诺数相等，则流体流动状态几何相似。这一相似规律正是流量节流装置标准化的基础。

当管路内的流动为层流时，流速变化是抛物线分布，在管路中心轴上达到最大流速 v_{max}，在半径方向上距管路中心轴为 r 处的流速 v_x 可用下式表示

$$v_x = v_{max}\left(1 - \frac{r^2}{R^2}\right) \tag{4-97}$$

式中　v_{max}——管路中心轴上的速度；

R——管路的半径。

在层流中，流速分布形状不随雷诺数的变化而改变。

当管路内的流动为紊流时，流速分布如下

$$v_x = v_{max}\left(1 - \frac{r^2}{R^2}\right)^{1/n} \tag{4-98}$$

式中，指数 n 随雷诺数 Re 的变化关系见表 4-12。

表 4-12　雷诺数 Re 和 n 的关系

雷诺数 Re	n	雷诺数 Re	n	雷诺数 Re	n
2.56×10^4	7.0	42.8×10^4	8.6	110.0×10^4	9.4
10.54×10^4	7.3	53.6×10^4	8.8	152.0×10^4	9.7
20.56×10^4	8.0	57.2×10^4	8.8	198.0×10^4	9.8
30.2×10^4	8.3	64.0×10^4	8.8	235.2×10^4	9.8
38.4×10^4	8.5	70.0×10^4	9.0	278.0×10^4	9.9
39.56×10^4	8.5	84.4×10^4	9.2	307.0×10^4	9.9

紊流中包括微小的涡流，从平均流速变化来看，其流速分布在管路内壁的近旁比层流时的流速大，在中心部比层流时的流速小。紊流中的流速分布形状随雷诺数变化而发生变化。

无论是层流还是紊流，流速分布都是指在流经直管部的场合下，在弯管和阀门附近，流速分布则较为杂乱，因此，流量传感器通常

都有前后直管段的要求。

4.2.8.2 流量测量方法和特性

测量流体流量的仪表统称为流量计或流量传感器，流量计是工业测量中的重要仪表之一。随着工业生产的发展，对流量测量的准确度和范围要求越来越高，流量测量技术日新月异。为了适用各种用途，各种类型的流量计相继问世。目前，投入使用的流量计已超过 100 种。流量传感器的性能指标包括准确度、测量范围、重复性、线性度、压力损失和响应时间等。

按照结构原理，流量计大致上可以归纳为以下 8 种类型。

（1）容积式流量传感器

容积式流量计相当于一个标准容积的容器，将流体分成可测的几部分，然后，分别加以推进，通过一个连接寄存器对各部分流体进行计数。流量越大，度量的次数越多，输出的频率越高。容积式流量传感器主要用于需要高精度和高可调比，且持续压力损失不会引起过度能量损耗的场合，非常适用于黏性流体流动的测量和需要单个机械流量计的应用场合。根据回转体形状不同，可以分为适应于测量液体流量的椭圆齿轮流量计、腰轮流量计（罗茨流量计）、旋转活塞和刮板式流量计，适用于测量气体流量的伺服式容积流量计、皮膜式和转筒流量计等。但是，由于容积式流量计的运动部件之间需要有较严格的公差，因此，很容易出现由流体中悬浮固体引起的机械问题。

（2）涡轮流量计

涡轮式流量计属于速度式流量计，其工作原理是将叶轮置于被测流体中，利用叶轮旋转角速度与流体流速成比例的关系，通过测量叶轮的转速来反映通过管道的流体体积和流量大小，是目前流量仪表中比较成熟的高准确度仪表之一。涡轮流量计由涡轮流量传感器和流量显示二次仪表组成，可实现瞬时流量和累计流量的计量。传感器输出与流量成正比的脉冲频率信号，该信号通过传输线路远距离传送给显示仪表，进行累积和显示。

涡轮流量计的优点：

1）测量准确度高，线性度、重复性和稳定性好；

2）量程范围宽，量程比可达（10 ～ 20）：1；

3）耐高压，压力损失小；

4）对流量变化反应迅速，可测脉动流；

5）抗干扰能力强，信号便于远距离传输，以及便于与计算机相连。

涡轮流量计的缺点是制造困难，成本高。

（3）差压流量计

差压流量计是最普遍的流体测量传感器之一。差压流量计利用流量计上的压降与流速的平方成正比的关系，通过测量压差获得流速。差压流量计包含一个基本元件和一个二级元件，基本元件引起动能的变化，在管道内产生一个差压。该基本元件必须与管道尺寸、流动条件以及被测液体的特性正确匹配。另外，该元件必须在某个合理的范围内都保持良好的测量精度。二级元件则对上述差压进行测量，经过转换后输出一个实际流量信号。差压测量传感器技术可用于气体流量和液体流动的测量。利用差压测量流量的方法历史悠久、技术成熟，该类产品约占流量测量市场的 70%左右。

（4）涡阶流量传感器

涡阶流量传感器利用冯·卡门原理，即当流体流经流路中的非流线型障碍物时，会在物体下游产生两列交错排列的漩涡。漩涡的分离频率与流体的流速成正比。在较小的管道中可以使用单个传感器，而在较大的管道和其他类型的气体流量测量仪器中则需要使用一系列传感器。涡阶流量传感器既适用于流速测量，也适用于流体总量测量，但不推荐在泥浆或高黏度流体中使用。涡阶气流传感器常用于测量 350～6 000 ft/min 的空气流速。

（5）质量流量计

质量流量计有很多种类，但最普遍的是科氏质量流量计（简称科氏计）。科氏计是真正的质量计，因为它直接测量流量的质量速度而不是测量它们的体积流量。由于质量是不变的，因此质量计是线性的，不需要因为液体特性的变化而进行调整。另外，也不需要对变化的温度和压力条件进行补偿。此类流量计尤其适合于给定温度和压力条件下黏度随速度变化的液体的测量。

（6）电磁式流量传感器

电磁式流量传感器的工作原理基于法拉第电磁感应定律，即当导体经过一个磁场时将感应出一个电压。液体是导体，且磁场由流量管外的激励线圈产生。感应电压与流速成正比。安装在管壁的电极感知该感应电压，并由二级元件对它进行测量。电磁式流量传感器用于需要高质量和低维护成本的系统中测量导电液体的流速。磁性流量计的成本相对其他类型流量计来说较高，但它具有许多优势，包括能够测量其他方式难以测量且具有腐蚀性的液体和泥浆，以及测量方向流等。

（7）超声流量传感器

超声流量传感器可分为多普勒传感器和渡越传感器。多普勒传感器测量液体流动引起的频移。两个变送器安装在与管道一侧相连的外壳上，将一个频率已知的信号作用到被测液体中。泡沫、固体或液体中的任意其他非连续体都将使该脉冲反射到接收元件上。由于引起反射的液体处于运动状态，因此，返回脉冲的频率也将变化，且该频移与液体的速度成正比。超声流量计的优势在于它是非插入式的，而且成本适中。许多超声流量计都直接夹在现成的管道上。

（8）激光多普勒流量计

激光多普勒流量计是一种非常成熟的技术，它已经被广泛用于液体和气体的流体动态测量中。激光多普勒流量计对方向的敏感性以及非插入特性使它可用于那些物理传感器难于或不可能使用的场合，但该技术需要流体中有示踪粒子。测量时，激光多普勒流量计向目标发送一个单色激光束，并采集其反射光。根据多普勒效应，反射光波长的变化是目标对象相对速度的函数。因此，可以通过测量反射激光波长的变化来获得目标对象的速度。这是通过将原始信号和反射信号叠加从而形成一个干涉条纹图案来实现的。

4.2.8.3　典型流量传感器

本节重点介绍航天型号中常用的两种流量传感器：涡轮流量传感器和差压式流量传感器。

（1）涡轮流量传感器

①涡轮传感器的构造及原理

涡轮传感器的内部结构如图 4－97 所示。流体从壳体入口处流入，推动涡轮叶片旋转，其转速正比于通过涡轮的流量。在涡轮流量传感器中，其上游与下游通常装有整流孔板或导流架，以保证流场的稳定。涡轮的转动频率通过与涡轮叶片产生电磁感应的传感器线圈进行检测。传感器线圈的电信号在前置放大后，经过滞回比较、单稳触发、频压转换，转变为电压信号输出。

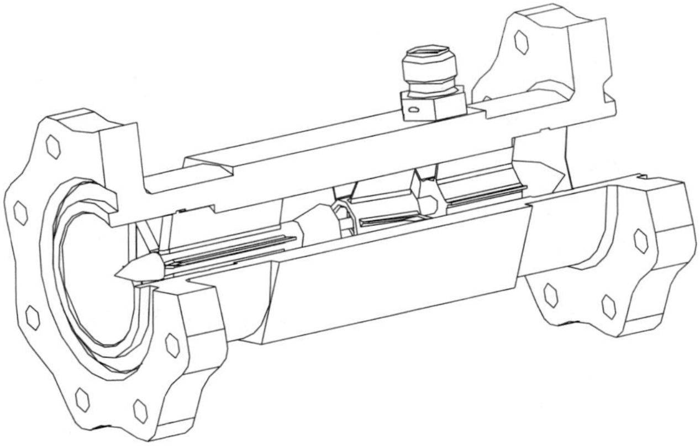

图 4－97　涡轮流量计内部结构图

涡轮流量传感器主要由如下几部分组成：

1）涡轮。涡轮的叶片数与流量传感器的直径有关，通常在 2～8 片之间。为了使其对流速变化具有更好的响应，涡轮要尽可能地轻。为了能够用电磁方法检测叶轮旋转的情况，叶片材料一般采用铁氧体或马氏不锈钢。

2）轴承。涡轮传感器的轴承可以分为球形轴承和空心轴承两种。球形轴承的旋转阻力小，即使对特小口径的涡轮传感器在低流量下测量精度也较高。但这种材料易受腐蚀，同时，当球之间存在异物时，轴承会产生急剧的磨损。因此，目前采用耐磨性好的空心套形轴承。

3）前置放大器。为了将涡轮旋转的次数变换成脉冲输出，通常采用电磁式前置放大器。传感线圈由在铁芯上绕制的线圈和磁铁组成。涡轮叶片材料均为有磁性的不锈钢，当叶片通过传感线圈下部时，会使线圈的磁感应强度发生变化，产生磁交流信号。为了使磁力线能自由地通过机壳，机壳材料采用无磁性的奥氏体不锈钢。交流信号经前置放大器放大后，由滞回比较器和单稳触发器变换为脉冲信号，脉冲信号再经过频压转换电路后变换为电压信号输出。

对于小口径的涡轮传感器，驱动涡轮旋转的力矩较小，传感线圈的磁铁引力将会破坏低流量的线性范围，这个问题可以采用高频调制的方式加以解决，高频调制利用振荡器的能量被叶片内的涡电流吸收从而调制振荡器振幅的原理，对涡轮的旋转无任何影响。但是由于结构复杂，且温度范围狭窄，仅用于小口径的涡轮流量传感器中。

②涡轮传感器的理论模型

如图 4－98 所示，涡轮流量传感器内的流体流向与叶轮叶片成 θ 倾斜角，当密度为 ρ 的流体以速度 v 冲击叶片时，将产生与 $\rho q_v v\tan\theta$ 成比例的力，此外，由于涡轮以角速度 ω 旋转，故实际的涡轮驱动力 f 为

$$f = C\rho q_v (v\tan\theta - \omega\bar{r}) \tag{4-99}$$

式中　$\bar{r}$ ——涡轮的平均旋转半径；

C——比例常数。

因为涡轮驱动力矩 T_r 与 f_r 成正比，v 与 Q/S（S 为流路面积）成正比，故将这些关系代入式（4－99）得

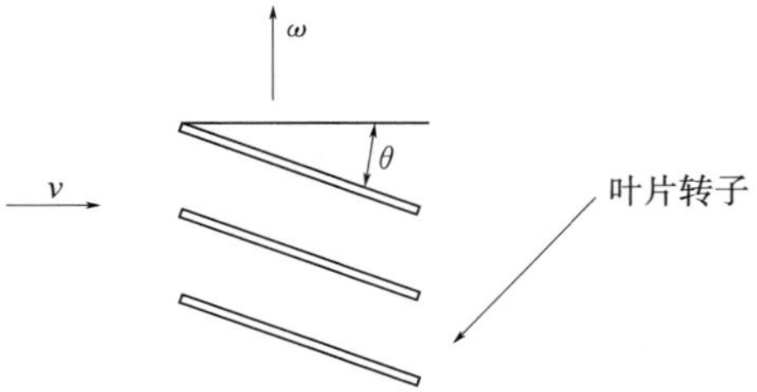

图 4-98　涡轮式流量传感器原理示意图

$$T_r = C_1 \frac{\bar{r}\tan\theta}{F}\rho q_v^2 - C_2 \bar{r}^2 \rho q_v \omega \tag{4-100}$$

涡轮在正常状态下旋转时，涡轮的驱动力矩 T_r 等于轴承摩擦等产生的机械反抗力矩 T_{rm} 和由流动阻力产生的反抗力矩 T_{rf} 之和，即

$$T_r = T_{rm} + T_{rf} \tag{4-101}$$

整理上述三个公式得

$$\frac{\omega}{q_v} = C_3 \frac{\tan\theta}{\bar{r}F} - C_4 \frac{T_{rm}}{\bar{r}^2 \rho q_v^2} - C_4 \frac{T_{rf}}{\bar{r}^2 \rho q_v^2} \tag{4-102}$$

式中

$$C_3 = C_1/C_2\ ,\ C_4 = 1/C_2$$

流量很大时，机械反抗力矩 T_{rm} 相对变小，而由流体产生的反抗力矩成为主导因素，在层流状态时，由流体产生的反抗力矩可认为是与流体黏度 η 和涡轮旋转的角速度成正比的。又因涡轮的旋转角速度与流量近似成正比，取比例常数为 C_5，得

$$T_{rf} = C_5 \eta q_v \tag{4-103}$$

将式（4-103）代入式（4-102），且令 $T_{rm} \approx 0$，得

$$\frac{\omega}{q_v} = C_3 \frac{\tan\theta}{\bar{r}F} - C_6 \frac{\eta}{\bar{r}^2 \rho q_v} \tag{4-104}$$

这里 $C_6 = C_4 \cdot C_5$，把运动黏度 $v = \eta/\rho$ 代入式（4-104）得

$$\frac{\omega}{q_v} = C_3 \frac{\tan\theta}{\bar{r}S} - C_6 \frac{v}{\bar{r}^2 q_v} \tag{4-105}$$

从式（4-105）可知，涡轮周围的流体为层流时，ω/q_v 随着 q_v/v 的

减小而减小。

当涡轮周围的流体为紊流时，将 C_7 取作比例常数，则 T_{rf} 为

$$T_{rf}=C_7\rho q_v^2 \tag{4-106}$$

同样，假设 $T_{rm}=0$，同时将式（4-106）带入式（4-101），而且取 $C_8=C_4\cdot C_7$，则得

$$\frac{\omega}{q_v}=C_3\frac{\tan\theta}{\bar{r}S}-C_8\frac{1}{\bar{r}^2} \tag{4-107}$$

即在湍流状态下，不论 q_v/v 如何，ω/q_v 总是一定的，表明在紊流状态下流量系数 ω/q_v 趋于稳定。

从上述理论分析可知涡轮流量传感器的最小灵敏流量 $q_{\min}$。当涡轮启动时，角速度小，故可以忽略流动阻力产生的反抗力矩 T_{rf}，而式（4-102）变为

$$\frac{\omega}{q_v}=C_3\frac{\tan\theta}{\bar{r}S}-C_4\frac{T_{rm}}{\bar{r}^2\rho q_v^2} \tag{4-108}$$

最小灵敏流量 $q_{\min}$ 是式（4-108）右边第一项和第二项相等时的流量，即得

$$q_{\min}=\sqrt{\frac{C_4T_{rm}S}{C_3\bar{r}\tan\theta}}\cdot\frac{1}{\sqrt{\rho}} \tag{4-109}$$

从式（4-109）可知，机械性反抗力矩 T_{rm} 越小，$q_{\min}$ 也越小，而流体密度越大，$q_{\min}$ 也越小。因此，本式仅适用于密度随其状态参数如压强、温度变化较小的流体。

（2）差压式流量传感器

①差压式流量传感器的构造及原理

差压式流量传感器是使用历史最长、应用范围最广的经典流量传感器，具有结构简单、性能稳定、使用寿命长、安全可靠等优点。其中，文丘里管差压流量计是根据文丘里效应设计的一种依据压差来衡量流量大小的节流式流量传感器，通常由能将被测流体的流量转换成压差信号的文丘里管，以及用来测量压差并显示流量的差压传感器组成，如图4-99、图 4-100 所示。利用文丘里管的管径收

缩造成管道的局部流通截面缩小，使流速提高，动能增加，静压降低，从而产生较大压差。喉部之后的扩径段，一般称为压力恢复段。这种设计既保证了流量测量精度，又降低了气体经过文丘里管的压力损失。

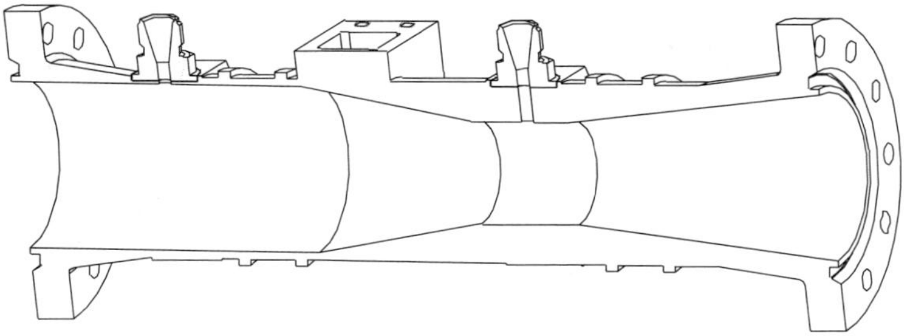

图 4－99　一次装置

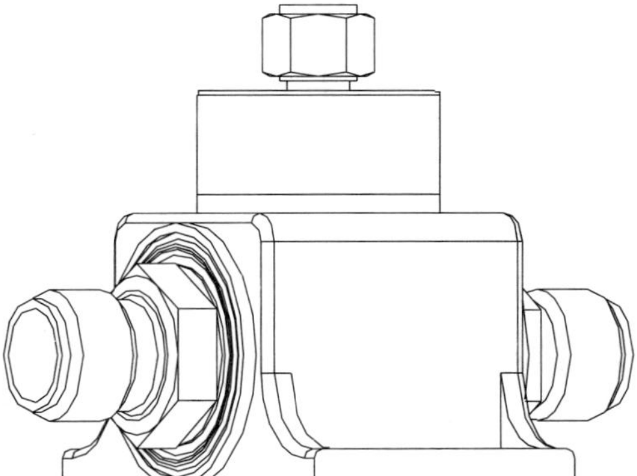

图 4－100　二次装置

当管道雷诺数超过 10^5 时，文丘里管的流出系数将是一个常数可以计算。随着结构的不同，计算精度在 ±(0.5％～2％)之间。除非容许流出系数有较差的精度，通常不把文丘里管差压式流量传感器用于低雷诺数区的流量测量。

②流量计算公式

差压式流量传感器所依据的基本原理是伯努利方程。当流体的通道逐渐或突然收缩，将使流体动能增大，在充满流体的管道上游取压孔和在喉部直管段取压孔之间所产生的压差与流速的平方、流体的性质以及收缩的突变程度有关。

在流动方向上，如图 4-101 所示，作用于流体单元的外力有：1）由于作用单元的上游和下游截面上的静压力所造成的净推力；2）非水平单元的体积力（重力）；3）作用于单元外周面的黏性剪切力。

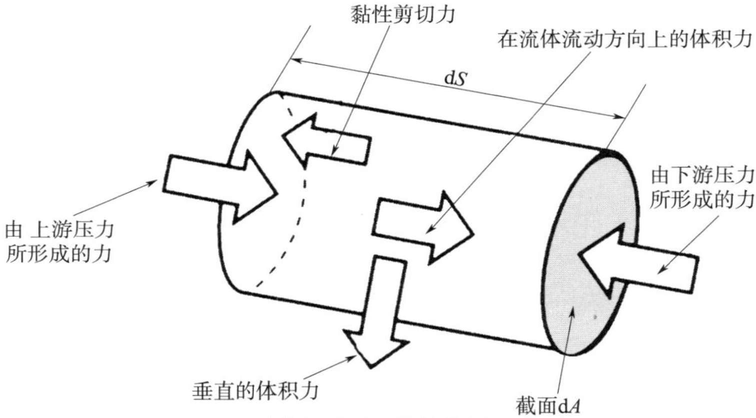

图 4-101　流体单元

由压力产生的表面力可由下式表达

$$-\frac{\partial P_{\mathrm{f}}}{\partial S}\mathrm{d}S \cdot \mathrm{d}A \tag{4-110}$$

由重力产生的体积力可由下式表达

$$-\rho_{\mathrm{f}} g_1 \cdot \mathrm{d}S\mathrm{d}A \frac{\partial H}{\partial S} \tag{4-111}$$

式中　g_1——当地的重力加速度。

由黏性造成的剪切力可由下式表达

$$-2\pi r S_{\mathrm{s}} \cdot \mathrm{d}S \tag{4-112}$$

以上三式中的负号，表明力是沿着流动方向减小的，剪应力是与流动方向相反的，由于随着高度的改变，体积力是减小的。如图

4 -102 所示，将牛顿第二定律应用于这个流体单元，则得

$$-\frac{\partial P_{f}}{\partial S}\mathrm{d}S\mathrm{d}A-\rho_{f}g_{1}\mathrm{d}S\mathrm{d}A\frac{\partial H}{\partial S}-2\pi rS_{s}\mathrm{d}S=\rho_{f}\mathrm{d}S\cdot\mathrm{d}A\alpha_{s} \tag{4-113}$$

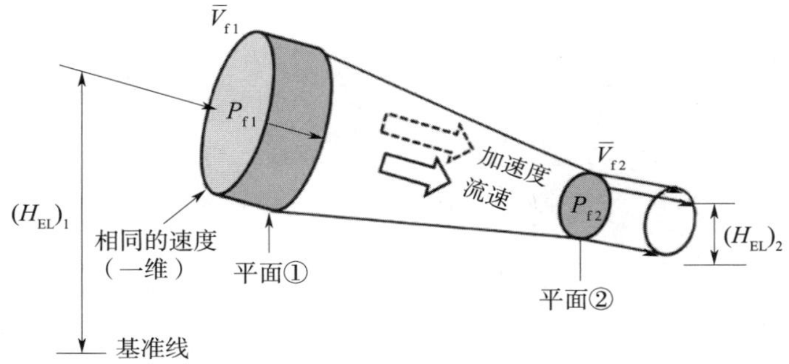

图 4 - 102　受力示意图

由于 $\alpha_{s}=\frac{\partial}{\partial S}\left(\frac{\bar{V}_{f}^{2}}{2}\right)$ ，所以对于非黏性流体，式（4 - 113）将变成如下形式

$$-\frac{\partial P_{f}}{\partial S}-\rho_{f}g_{1}\frac{\partial H}{\partial S}=\rho_{f}\frac{\partial}{\partial S}\left(\frac{\bar{V}_{f}^{2}}{2}\right) \tag{4-114}$$

将式（4 - 114）除以密度，则得单位质量的流体在一维流动下的动力学方程式，即

$$-\frac{1}{\rho_{f}}\frac{\partial P_{f}}{\partial S}-g_{1}\frac{\partial H}{\partial S}=\frac{\partial}{\partial S}\left(\frac{\bar{V}_{f}^{2}}{2}\right) \tag{4-115}$$

这就是欧拉（Euler）公式。

假定密度是恒定不变的，沿流线求式（4 - 115）的积分则得伯努利方程

$$\frac{P_{f}}{\rho_{f}}+\frac{\bar{V}_{f}^{2}}{2}+g_{1}H_{EL}=常数 \tag{4-116}$$

式（4 - 116）是按照单位质量所具有的能量来表示的，它表明：对于一种不可压缩的非黏性流体，沿线的能量始终保持恒定。当流体因管道收缩而产生差压时，且假定在所有的截面上，流体的密度

与速度不变，则静压能、动能与位能之和是一个常量。假设一稳定流体，当流体由平面 1 流至平面 2 时，由于截面收缩，流速将增大，此时动能增加，为保持能量平衡，流体的静压能将降低。如果在上述两平面的位置进行压力测量，则下游的静压将小于上游的静压。把伯努利的能量守恒公式用于平面 1 和平面 2，可得

$$\frac{P_{f1}}{\rho_f}+\frac{\bar{V}_{f1}^2}{2}+g_1(H_{EL})_1=\frac{P_{f2}}{\rho_f}+\frac{\bar{V}_{f2}^2}{2}+g_1(H_{EL})_2 \quad (4-117)$$

对于恒定密度的流体，可将式（4－117）化简成如下形式

$$\frac{P_{f1}-P_{f2}}{\rho_f}=\frac{\bar{V}_{f2}^2-\bar{V}_{f1}^2}{2} \quad (4-118)$$

在平面 1 和平面 2 之间运用质量流的连续性方程可得

$$q_{pps}=\rho_{f1}A_1\bar{V}_{f1}=\rho_{f2}A_2\bar{V}_{f2} \quad (4-119)$$

对于恒定密度的流体，有

$$q_{cfs}=A_1\bar{V}_{f1}=A_2\bar{V}_{f2} \quad (4-120)$$

将式（4－120）带入式（4－118），得

$$\frac{P_{f1}-P_{f2}}{\rho_f}=\frac{[1-(A_2/A_1)^2]\bar{V}_{f2}^2}{2} \quad (4-121)$$

如果平面 1 和平面 2 都是圆形的，工作温度下的直径分别为 D_r 和 d_r，可将式（4－121）写成

$$\frac{P_{f1}-P_{f2}}{\rho_f}=\frac{[1-(d_r/D_r)^4]\bar{V}_{f2}^2}{2} \quad (4-122)$$

将式（4－119）整理，可得在平面 2 处的速度

$$\bar{V}_{f2}=\frac{q_{pps}}{\rho_f A_2}=\frac{q_{pps}}{\frac{\pi}{4}d_r^2\rho_f} \quad (4-123)$$

将式（4－123）带入式（4－122）整理，推导出产生差压装置质量流量的理论公式为

$$(q_{pps})_{theo}=\sqrt{2}\ \frac{\pi}{4}d_r^2\sqrt{\frac{1}{1-(d_r/D_r)^4}}\sqrt{\Delta P\rho_f} \quad (4-124)$$

对于气体，流体的密度在差压流量传感器内不是恒定的。当流

体的动能增大时，气体的压力必然减小，此时流体的密度也减小。这样关于密度恒定不变的假设已不再适用。

根据平面 1 和平面 2 之间的能量平衡，对于绝热过程，即没有进入或离开该系统的功，忽略高度差，可用下面的方程推导气体膨胀系数

$$\frac{\overline{V}_{f2}^2-\overline{V}_{f1}^2}{2}=e_1-e_2=\int_{\rho_{f1}}^{\rho_{f2}}\frac{1}{\rho}\mathrm{d}P \tag{4-125}$$

式中，e_1-e_2 是两个测量平面之间焓的差值。

先假定从平面 1 至平面 2 时等熵膨胀，然后利用这一假定进行积分计算。可以用下式来表示等熵系数

$$P\left(\frac{1}{\rho}\right)^{K}=常数 \tag{4-126}$$

将式（4-126）代入式（4-125），可得

$$e_1-e_2=\int_{\rho_{f1}}^{\rho_{f2}}\frac{1}{\rho}\mathrm{d}P=\frac{P_{f1}}{\rho_{f1}}\frac{k}{k-1}\left[1-\left(\frac{P_{f2}}{P_{f1}}\right)^{(k-1)/k}\right] \tag{4-127}$$

将式（4-127）代入式（4-96）整理、比较，可以得到如下气体膨胀系数的表达式

$$\varepsilon=\sqrt{\left(\frac{\kappa\tau^{2/\kappa}}{\kappa-1}\right)\left(\frac{1-\beta^4}{1-\beta^4\tau^{2/\kappa}}\right)\left(\frac{1-\tau^{(\kappa-1)/\kappa}}{1-\tau}\right)} \tag{4-128}$$

式中 κ——气体的等熵指数；

τ——下游取压口处的绝对静压与上游取压口处的绝对静压之比。

因此，对于气体可由下式建立差压信号同气体流量的关系

$$q_m=C\varepsilon\sqrt{2}\ \frac{\pi}{4}d_r^2\sqrt{\frac{1}{1-(d_r/D_r)^4}}\ \sqrt{\Delta P\rho_f} \tag{4-129}$$

对于文丘里管，可以定义 $\beta=d_r/D_r$，β 又称节流比，需根据传感器条件进行设计，为文氏管的关键参数。关于 β 的设计，可以参考 GB/T 2624-2006 中的相应标准。

4.2.8.4 流量传感器的检定

流量传感器检定的目的，是确定实际使用时流量传感器的主要特征是否符合技术要求，但是，检定流量传感器一般要求在特定的条件下进行，因此，必须考虑下列问题：

1）检定介质的物理性质对流量传感器特征的影响；

2）流体的流动特性对流量传感器的影响；

3）流量量值的溯源性和一致性。

只有解决了上述几个问题，才能使实验室中标定得到的流量传感器计量特性转变为使用现场的流量传感器的计量特性。流量传感器的检定方法有以下几种。

1）直接测量法：将被检量与标准量进行比较的测量方法。流量传感器在流量标准装置上进行检定，将装置上的流量标准量与被检测流量示值进行比较。

2）间接测量法：通过对与被测量有函数关系的其他量进行测量，以确定被测量的方法。

3）综合测量法：采用相似模型先做实际流体的模拟检定，然后，用相似原理推算。对于大管径流量传感器或特殊介质和特殊状态下的流量传感器，多采用此法进行检定。

由于气体涡轮流量传感器具有较大的测量范围，因此，通常使用标准表法进行检定，所涉及的标准器一般有速度式流量传感器、临界流流量传感器、质量流量传感器和容积式流量传感器，由它们单独或组合完成对气体涡轮流量传感器量程范围内各流量点的测量。对于口径较小的涡轮流量传感器（DN80 及以下），也可采用钟罩式气体标准装置对其进行检定。

流量传感器的检定项目包括外观和随机文件、仪表系数和重复性。仪表系数可由式（4－130）获得

$$K_{ij}=\frac{N_{ij}[(P_{a})_{ij}+(P_{m})_{ij}][273.15+(\theta_{s})_{ij}](Z_{s})_{ij}}{V_{ij}[(P_{a})_{ij}+(P_{m})_{ij}][273.15+(\theta_{s})_{ij}](Z_{s})_{ij}} \tag{4-130}$$

式中　K_{ij}——检定的系数；

N_{ij}——仪表测得的脉冲数；

V_{ij}——标准装置测得的实际体积；

i——检测的点数；

j——检定的次数；

P_a——大气压；

P_m——流量计处的气体压力；

θ_s，θ_m——标准装置和流量计处的气体温度；

Z_s，Z_m——标准装置和流量计处的压缩系数。

流量计重复性的计算公式如下

$$E_r = [(E_r)_i]_{max} \tag{4-131}$$

式中

$$(E_r)_i = [\frac{1}{n-1}\sum (E_{ij} - \overline{E_i})^2]^{\frac{1}{2}} \tag{4-132}$$

对于气体涡轮流量计，在规定的流量范围内准确度等级、最大允许误差应符合表 4-13 的规定，分界流量 q_t 的规定见表 4-14。

表 4-13　准确度等级规定

准确度等级		0.2	0.5	1.0	1.5
最大允许误差	$q_t \ll q \ll q_{max}$	±0.2%	±0.5%	±1.0%	±1.5%
	$q_{min} \ll q \ll q_t$		±1.0%	±2.0%	±3.0%

表 4-14　分界流量规定

量程比	5∶1	10∶1	20∶1	30∶1	≫50∶1
q_t		$0.20q_{max}$	$0.20q_{max}$	$0.15q_{max}$	$0.10q_{max}$

流量传感器的重复性不得超过相应准确度等级规定的相应最大允许误差绝对值的 1/3。

4.2.8.5　流量传感器的新发展

最近，由 Flow Rsearch 公司和 Ducker Worldwide 公司发起的一项研究表明，流量计量领域内的重心在向新技术流量计移动。新技术流量计定义为磁性流量计、超声流量计、科氏流量计、涡阶流量计和多变量差压式流量计。它们具有4个共同的特征：

1）它们都是在最近50年内引入；

2）它们利用了能够解决旧式流量计测量件中某些内在问题的技术进展；

3）它们是制造商开发新产品的主要焦点；

4）它们的性能（包括精度）比传统流量计更好。

这些类型的流量传感器具有更多的代表性特征，包括软件能力，更多与应用相关的封装以及极其耐用的施工方法。其中，自诊断就是用户期待流量计具有的特性之一。

最近，差压流量计出现了一系列创新，包括开发了高精度的差分变送器，采用了多变量变送器和包含一个集成基本元件的差压变送器。一个非常显著的进展是集成差分流量计的出现。最近的趋势是朝着更智能和更精确变送器的方向发展。

在超声流量计方面，出现了一类新的针对微小直径（直径为1/4～2 in）管道的精确且低成本的器件，它基于微机电系统（MEMS）超声传感器和一个混合信号的与应用相关的集成电路（ASIC）控制芯片。在更小直径管道中应用，该技术可以替代传统的机械流量计或更昂贵的涡阶或质量流量计，其电气输出可以直接反馈到过程控制或监视设备中。另外，该传感器具有自测试功能，非常适合于测量洁净的大气流量。

4.2.9　噪声传感器

当物体在空气中振动，使周围空气发生疏、密交替变化并向外传递，从而产生声音。在所有的声音中，凡是让人感觉到不需要的声音，就是噪声。从物理现象判断，一切无规律的或随机的声信号叫噪声。

环境噪声的来源有4种：一是交通噪声，包括汽车、火车和飞机等产生的噪声；二是工厂噪声，如鼓风机、汽轮机、织布机和冲床等产生的噪声；三是建筑施工噪声，像打桩机、挖土机和混凝土搅拌机等发出的声音；四是社会生活噪声，例如高音喇叭、收录机等发出的过强声音。噪声会干扰人们的工作、学习和睡眠，强噪声会使人听力损失，超强噪声会杀伤人体。而在航天领域，火箭在飞行过程中因发动机工作、级间分离以及空气动力等激励引起结构的振动，强烈而持续的振动会产生较大的噪声。为了确定弹上噪声环境，以便提供火箭结构设计的依据和仪器设备试验的条件，必须对弹上噪声环境进行测量。噪声的本质是振动，在某些难以直接进行振动测量的场合，通过噪声测量可以反映目标的振动状态。

4.2.9.1　基本概念

噪声的主要参数：频率、声压、声强、声功率和方向系数等。人们日常遇到的声音，从弱到强范围很宽，若以声功率表示，人们通常讲话的声功率为 10^{-5} W，而强力火箭噪声功率可高达 10^{9} W，两者相差 10^{14} 倍；若以声压表示也有 10^{7} 量级的变化，如此广阔范围的变化使用不方便，若用对数标度以突出数量级的变化，则更明了一些。而且，人耳对声音的接受并不是正比于声强的绝对值，更接近于正比其对数值。因此，在声学中普遍使用对数标度来测量声压、声功率和声强，分别称为声压级、声功率级和声强级，单位用分贝（dB）表示。

（1）声压和声压级

声压是由于声波存在而引起的压力增值，单位为 Pa。声波在空气中传播时形成压缩和稀疏交替变化，所以，压力增值是正负交替的。但通常讲的声压是取均方根值，称为有效声压，故实际上总是正值。

定义声压级

$$L_p = 20\lg\frac{p}{p_0}\ (\text{dB}) \tag{4-133}$$

在空气声学中基准声压 p_0 规定为 2×10^{-5} Pa，这个数值是正常人耳朵对频率为 1 000 Hz 的声波刚能觉察到的最低声压值。声压级是反映声信号强弱的最基本参量。定义中，p 为声压的有效值。

（2）声强和声强级

声强是在垂直于声波传播方向的单位面积上、单位时间内通过的声能量，单位为 W/s^2。

定义声强级

$$L_I = 10\ \lg \frac{I}{I_0}\ (\mathrm{dB}) \tag{4-134}$$

在空气中，基准声强 I_0 取为 $10^{-12}\ \mathrm{W \cdot m^{-2}}$。

（3）声功率和声功率级

声功率是声源在单位时间内辐射的总声能量。声功率用 W 表示，单位为 W。定义为

$$W = IS\ (\mathrm{W}) \tag{4-135}$$

式中　I ——声强；

S ——围绕声源的传播面积。

定义声功率级

$$L_W = 10\ \lg \frac{W}{W_0}\ (\mathrm{dB}) \tag{4-136}$$

在空气中，基准声功率 W_0 取 10^{-12} W。

4.2.9.2　噪声传感器的原理和分类

传声器是一种将声音信号转变为电信号的换能器件，通常称作话筒或麦克风。传声器是噪声传感器的最关键部件，其性能决定了噪声测量的性能。航天遥测系统要求噪声传感器性能高度稳定，灵敏度高，频率响应好，对声场影响小，环境适应性好。

噪声传感器有多种类型，它们的原理及结构各不相同，按照传声器换能的物理效应分类，可分为电动（动圈）式、电容式、驻极体式、压电（晶体、陶瓷）式等。

（1）电容式噪声传感器

如图 4－103 所示，电容式噪声传感器由一个张紧金属薄膜片（或金属镀层的非金属膜片）和相距很近的后极板组成。膜片和后极

板之间绝缘，构成了一个电容器。在两个电极板上加极化电压 E_0，传声器未受到声压作用时，极板上电荷量为 $Q_0=E_0 \cdot C_0$；当声压作用在膜片上时，膜片产生位移，使膜片与后极板之间的距离发生变化，从而使电容器的容量发生变化，由于极板间电荷变化很小，可得到传声器的输出电压变化值与两个电极板电容变化值成正比，从而实现噪声信号到电压信号的转换。

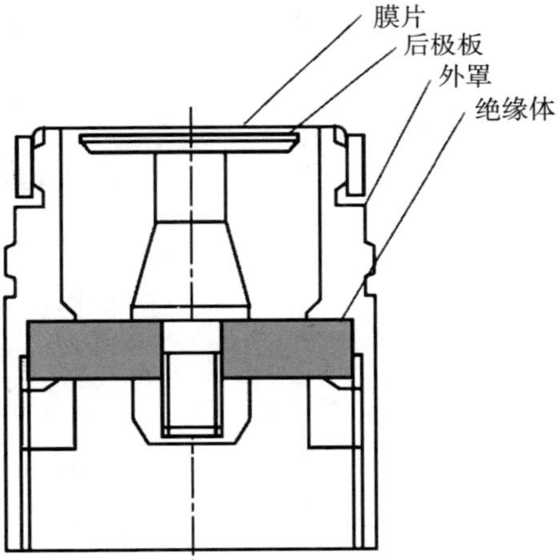

图 4-103　电容式传声器示意图

电容式传声器一般与前置放大器一起使用组成电容式噪声传感器。前置放大器起阻抗变换作用，以减少后接长电缆的电压损耗。前置放大器的前端带有螺纹，与传声器直接拧紧，另一端通过电缆及插件与分析仪器相连接。后端分析仪器不仅要接受前置放大器的输出信号，而且要提供电容式传声器所需要的极化电压和前置放大器需要的电源电压，因此连接电缆为多芯，通常采用 7 芯的带 LEMO 插头的电缆。

电容式噪声传感器的频率特性好，频率响应宽而平坦，电声性能极好，灵敏度高，失真小，噪声低，是高性能的传感器，但其制作工艺复杂，使用时需要加极化电压，机械强度低，防潮性能差，一般在专业领域使用较多，航天型号中应用较少。

（2）驻极体式噪声传感器

驻极体式噪声传感器的传声器采用驻极体材料做成。驻极体材料是经过特殊处理的高分子材料，它的内部电子排列不平衡，使高分子材料表面出现永久电荷。在驻极体传声器中，驻极体材料可以做振膜，也可以做后极板。因后极板已带电，所以这种传感器不用外加笨重的极化电源，简化了结构。

驻极体传声器由单面涂有金属层的驻极体薄膜与金属电极构成，二者之间有一极小的空气隙，形成一个平板电容。当被测量的声压引起驻极体薄膜振动而产生位移时，改变了电容极板之间的距离，引起电容量变化，而驻极体上极化的自由电荷数恒定。这样，电容的变化导致电容两端电压的变化，从而输出声-电转换后的电信号，通过前置放大器进行阻抗变换，输出电压信号由接插件电缆组合件传送给信号调理电路。

驻极体传声器结构简单，电声性能较好，抗振能力强，价格低，易小型化。采用驻极体传声器制成的噪声传感器具有灵敏度高、频响宽、振动灵敏度小、体积小、质量小、电路简单等优点。航天遥测系统一般采用驻极体式噪声传感器测量箭体内部噪声环境。

（3）压电式噪声传感器

压电式噪声传感器是一种利用压电晶体（或陶瓷）正压电效应感受声信号的声传感器。其结构形式多样，但基本原理一致：由膜片感受声压后再传递给压电体，压电体受力输出电荷，实现声-电转换。

压电式噪声传感器一般由声敏感部件和补偿部件两部分组成。声敏感部件主要由带硬芯膜片和压电堆构成，声压作用在膜片上，通过硬芯传递给压电堆，压电堆受到压力产生电荷，从而实现声电转换，输出电荷信号给变换放大器。补偿部件实际上是一个加速度计，测量振动用于补偿因振动而引起的误差。

压电式噪声传感器结构简单牢固，输出电平高，价格高，耐高温，抗损坏能力强，可用于测量高声强噪声和极低的压力脉动，适合于不同高度等各种环境条件。航天遥测系统常采用压电式噪声传感器测量箭体表面高声强外噪声。

（4）电动式噪声传感器

电动式传感器是一种以电磁感应为原理，以在磁场中运动的导体上获得输出电压的传感器，常见的有动圈式和带式两种。

带式传声器的振动系统是一条悬挂在强磁场中的波状合金箔。它的频率响应极好，特别是瞬态特性好，音色柔和自然，指向性为双向，但输出电平极低，而且防风耐震性差，易损坏，不宜在室外使用。目前除特殊用途外，已很少使用。

动圈式传声器以悬浮于磁路系统中的音圈切割磁力线而产生电压输出。它的结构牢固，性能稳定，电声性能好，能承受强音而不失真，价格较为便宜，是一种耐用的传声器，广泛应用于一般音响系统。

总的来说，电动式传声器结构简单、稳定性好、使用方便、固有噪声小，但是灵敏度较低，频率响应范围较窄。一般电动式传声器频率响应范围在 50 Hz～15 kHz。在航天型号中很少使用。

4.2.9.3　噪声传感器的性能指标

噪声传感器的性能指标很多，其特性参数概括起来可分为两大类：静态特性和动态特性。噪声传感器的静态特性主要是指灵敏度、线性度和动态范围。动态特性主要是指传感器的频率响应特性。

（1）灵敏度

噪声传感器的灵敏度有三种：声场灵敏度、声压灵敏度和扩散声场灵敏度。

1）自由场灵敏度。声场灵敏度就是传声器的自由场灵敏度。传声器输出端开路电压 e_{oc}（V）与在传声器放入平面波自由声场之前测点处的声压 p_f（Pa）之比，以 M_m（$V \cdot Pa^{-1}$）表示

$$M_m = \frac{e_{oc}}{p_f} \qquad (4-137)$$

2）声压灵敏度。声压灵敏度是传声器输出端开路电压 e_{oc}（V）与作用在传声器膜片上的声压 p_d（Pa）的比值，以 M_d（$V \cdot Pa^{-1}$）表示

$$M_{\mathrm{d}}=\frac{e_{\mathrm{oc}}}{p_{\mathrm{d}}} \tag{4-138}$$

3）扩散声场灵敏度。扩散声场灵敏度是在扩散声场中传声器输出端开路电压 e_{oc}（V）与在传声器放入扩散声场之前测点处的声压 p_{df}（Pa）之比，以 M_{df}（$\mathrm{V\cdot Pa^{-1}}$）表示

$$M_{\mathrm{df}}=\frac{e_{\mathrm{oc}}}{p_{\mathrm{df}}} \tag{4-139}$$

为了计算方便，传声器的灵敏度常用相对灵敏度来表示，对灵敏度取对数，则得灵敏度级

$$L_{\mathrm{M}}=20\ \lg\frac{M}{M_{\mathrm{ref}}} \tag{4-140}$$

式中　M_{ref}——基准灵敏度，取值为 $1\ \mathrm{V\cdot Pa^{-1}}$。

目前，国内生产厂家对灵敏度的定义各不相同，三种灵敏度都有使用。声场灵敏度（自由场灵敏度）用于消声室等自由环境下测试，多数户外测量和有些室内测量，声音只来自一个方向，这时使用声场灵敏度；在耦合腔等腔体中声测量使用声压灵敏度；在扩散声场（混响场）中使用扩散声场灵敏度。当传声器的尺寸远小于声波波长时，三种灵敏度的差异可忽略不计，但传声器的尺寸与声波波长相当时，三种灵敏度之间差异较大，频率越高，差异越大。声场灵敏度是在消声室中采用互易法校准，声压灵敏度在耦合腔中采用互易法校准，而扩散声场灵敏度实际上是将在消声室中测得的值综合而来。

（2）线性度和动态范围

噪声传感器动态范围的下限是指传感器电噪声的等效噪声级，上限一般是指输出信号产生3%畸变时的输入总声压级。

线性度是指在规定条件下（一般是指动态范围内）传感器校准曲线与拟合直线间最大偏差与满量程（F.S.）输出值的百分比。用 δ 表示线性度，则

$$\delta=\frac{\Delta Y_{\max}}{Y_{\mathrm{F.S.}}}\times 100\% \tag{4-141}$$

式中　$\Delta Y_{\max}$ ——校准曲线与拟合直线间的最大偏差；

$Y_{\mathrm{F.S.}}$ ——传感器满量程输出。

由定义可知，线性度（非线性误差）是以拟合直线为基准计算出来的，基准直线拟合方法不同，算出的线性度也不同。目前国内关于拟合直线的计算方法各不相同，不同噪声传感器的线性度指标不能笼统地直接比较。噪声传感器一般采用最小二乘法规则拟合直线，其精度较高。

（3）频率响应特性

频率响应特性是指灵敏度随频率变化的关系曲线，如图 4－104 所示，频率响应曲线的平直范围越宽越好，平直部分所对应的频率都具有相同的灵敏度，这也基本上就是传感器的测量频率范围。噪声传感器的频率测量范围上限受到传声器共振频率的影响。传声器的半径越小，固有频率越高，测量范围越宽，但灵敏度相对下降；频率测量范围下限取决于测量电路，对电容传声器而言，频率响应的低端决定于无信号时的总电容量和负载电阻。

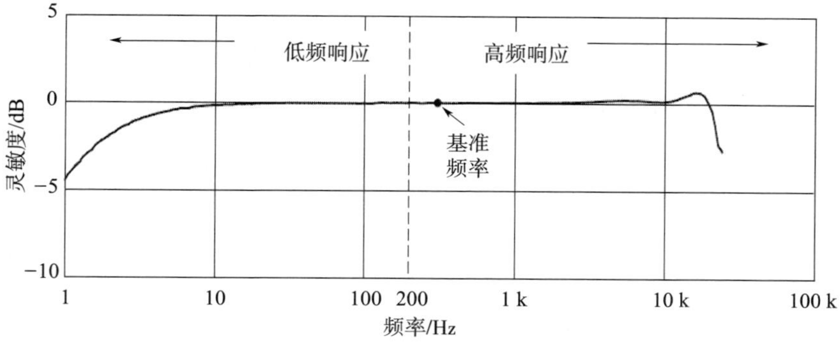

图 4－104　噪声传感器频率响应曲线

4.2.9.4　噪声传感器的校准

（1）声压灵敏度校准

噪声传感器校准方法较多，通常采用活塞发生器或声级校准器来进行校准，如图 4－105 所示。

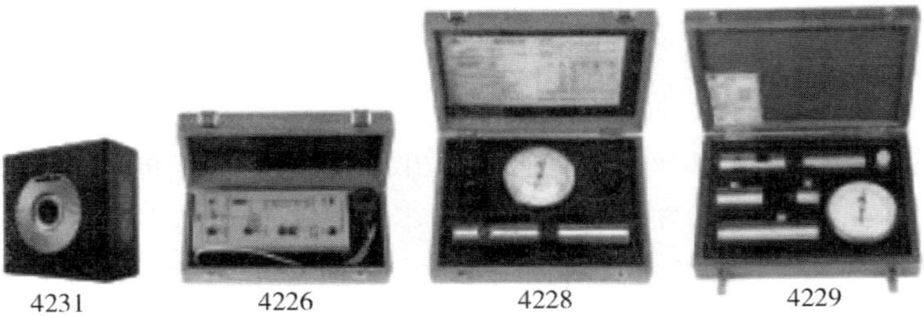

图 4-105 活塞发生器 B&k4228、4229 和声级校准器 B&k4231、4226

在温度为（20±5）℃，相对湿度低于70%，背景噪声小于40 dB的环境条件下，将活塞发生器或其他标准声源的标准声压级信号加载在传声器膜片上，记录噪声传感器的输出电压。标准声源声压级一般采用94 dB和124 dB，校准频率通常采用250 Hz和1 kHz。按声压灵敏度计算公式计算出灵敏度。改变传声器与声源的位置（0～360°），测量多次取其算术平方根。

（2）线性度校准

将噪声传感器装在高压传声器校准仪的耦合腔上，使用闭腔测量，在传感器的动态范围内取 n 个测点（要包括动态范围的最低点和最高点，一般选取5～8个测点）。记录每个声压级对应的传感器输出电压。幅值线性度一般采用最小二乘法计算。

用 δ 表示线性度，则

$$\delta=\frac{\Delta Y_{\max}}{Y_{\mathrm{F.S.}}}\times 100\% \tag{4-142}$$

式中 $\Delta Y_{\max}$——校准曲线与拟合直线间的最大偏差；

$Y_{\mathrm{F.S.}}$——传感器满量程拟合直线输出。

拟合直线具有下列形式

$$Y=kX+b \tag{4-143}$$

式中 Y——拟合直线的输出电压；

X——传声器输入声压级；

k——拟合直线的斜率；

b——拟合直线的截距。

k 和 b 可以按下式计算

$$k=\frac{n\sum X_iY_i-\sum X_i\sum Y_i}{n\sum X_i^2-(\sum X_i)^2} \tag{4-144}$$

$$b=\frac{\sum X_i^2\sum Y_i-\sum X_i\sum X_iY_i}{n\sum X_i^2-(\sum X_i)^2} \tag{4-145}$$

式中　X_i——第 i 次测量时传声器输入声压级；

Y_i——第 i 次测量时传声器输出电压；

i—— 测量次数，$i=1,2,\cdots,n$ 。

(3) 声压灵敏度频率响应校准

在温度为（20±5）℃，相对湿度低于 70%，背景噪声小于 40 dB 的环境条件下，将不同频率的标准声信号加载在传声器膜片上，记录噪声传感器的输出电压，按声压灵敏度校准方法计算出不同频率下的声压灵敏度 M_f，声压灵敏度频率响应可表示为

$$L_f=20\lg(M_f/M_{ref}) \tag{4-146}$$

式中　L_f——相对灵敏度（dB）；

M_f——不同频率下噪声传感器的声压灵敏度；

M_{ref}——参考频率下噪声传感器的声压灵敏度。

4.2.9.5　噪声测量信号处理和分析方法

由于被测声信号的特性和测量的目的不同，采取的测量分析方法也有所不同。这里仅介绍一些通用的声学测量分析方法。

(1) 声级计模式分析

声级计是最基本的噪声测量仪器，在把声信号转换成电信号时，可以模拟人耳对声波反应速度的时间特性；对高低频有不同灵敏度的频率特性以及不同响度时，改变频率特性的强度特性。因此，声级计是一种主观性的电子仪器。

①计权声级

为了使声音的客观量度能与人耳听觉的主观感受近似一致，测

量仪器必须模拟人耳听觉在不同频率时有不同的灵敏度，因此在声音测量仪——声级计中设计一种特殊滤波器，即计权网络。通过计权网络测得的声压级已不再是客观物理量的声压级，而称为计权声级，通用的有 A、B、C、D 四种计权声级：A 计权声级是模拟人耳对 55 dB 以下低强度噪声的频率特性，对低频率（1 000 Hz 以下）噪声衰减最多；B 计权声级是模拟人耳对 55～85 dB 的中等强度噪声的频率特性，它对低频率噪声的衰减较 A 计权声级少一些；C 计权声级是模拟人耳对高强度噪声的频率特性，对低频率噪声衰减最少；D 计权声级专用于飞机噪声的测定。

A 计权声级表征人耳主观听觉较好，因此近年来主要用的是 A 声级计测噪声，A 计权声级用 L_{PA}或 L_{A} 表示，其单位为 dB（A）。

②等效连续声级

A 计权声级能够较好地反映人耳对噪声强度与频率的主观感觉，因此对一个连续的稳态声，它是一种较好的评价方法，但对一个声音起伏或不连续的噪声，A 计权声级就显得不合适了。例如，交通噪声随车流和种类而变化，单靠声级计指示值就很难说该地区交通噪声是多大；还有两台机器，在开动时噪声是稳定且相同的，但当其中一台机器稳定工作连续 8 h，而另一台机器工作 1 h 停 1 h，这两台机器在 8 h 内对人的影响是不同的，因为在相同时间内作用于人的噪声能量不同，因此提出了一个用噪声能量按时间平均的方法来评价噪声对人的影响，称等效连续声级（符号 $L_{\mathrm{eq}T}$ 或 $L_{\mathrm{Aeq}T}$），也就是说用一个在相同时间内声能与之相等的连续稳定声级来表示该时段内不稳定噪声的声级大小。例如两台机器开动时噪声同为80 dB，第一台连续工作 8 h，第二台间歇工作，其有效工作时间为4 h，显然作用于操作工人的平均能量前者比后者大一倍，即大3 dB，也就是第二台机器相当于连续 8 h 都发出 77 dB（A）的噪声级，即 $L_{\mathrm{eq}}=$ 77 dB(A)。

等效连续声级是反映声级不稳定的情况下，人们实际所接受的噪声能量的大小，它是用来表示随时间变化的噪声的等效量

$$L_{AeqT}=10\ \lg\left[\frac{1}{T}\int_{0}^{T}10^{0.1L_{PA}}\cdot \mathrm{d}t\right]=10\ \lg\left[\frac{1}{T}\sum_{i=1}^{T}10^{0.1L_{pi}}\right] \tag{4-147}$$

式中　L_{pi}——某时刻（t）的 A 计权声级。

③累积百分声级

等效连续声级 L_{eq} 是表达非稳定态环境噪声的平均能量，但对噪声随机的起伏程度没有表达出来，因此用统计的方法，以噪声级出现的累积概率表示累积百分声级（L_x），它表示 x%的测量次数内所超过的噪声级。

L_{10} =70 dB 表示所测量的次数内有 10%的噪声级超过 70 dB，相当于噪声的平均峰值；L_{50} =60 dB 表示所测量的次数内有 50%的噪声级超过 60 dB，相当于噪声的平均值。L_{90} =50 dB 表示所测量的次数内有 90%的噪声级超过 50 dB，10%的噪声级低于 50 dB，相当于噪声的背景值。数据从大到小排列，10%位置的数据即为 L_{10} 的数据，中间（50%）位置的数据即为 L_{50} 的数据，90%位置的数据即为 L_{90} 的数据。

④噪声污染级

实践证明，非稳态噪声所引起人的烦恼程度比等能量的稳态噪声要大，并且与噪声出现变化率和平均强度有关，试验证明在等效连续声级基础上加上一项表示噪声变化幅度的量，更能反映实际污染情况，用这种方法来评价交通噪声更切合实际，这种用等效连续声级加上一项表示噪声变化幅度的量的修正值来表示噪声污染程度，称噪声污染级，符号为 L_{NP}

$$L_{NP}=L_{eq}+K\sigma \tag{4-148}$$

其中

$$\sigma=\sqrt{\frac{1}{n-1}\sum_{i=1}^{n}(\bar{L}_{PA}-L_{PAi})^{2}}$$

$$\bar{L}_{PA}=\frac{1}{n}\sum_{i=1}^{n}L_{PAi}$$

式中 K——常数，对交通和飞机噪声取值 2.56；

σ——测定过程中，瞬时声级的标准偏差；

n——测得总数；

$\overline{L}_{PA}$——所测声级的算术平均值。

噪声污染级在合乎正态分布的条件下，可用累积百分声级表示

$$L_{NP}=L_{AeqT}+d \tag{4-149}$$

$$L_{NP}=50+\frac{d^2}{60}+d \tag{4-150}$$

$$d=L_{10}-L_{90} \tag{4-151}$$

⑤昼夜等效声级

考虑到夜间具有更大的烦扰程度，所以夜间（22：00～6：00）测得的L_{eq}需要加权 10 dB（A）作为实际烦扰噪声级。昼夜等效声级（即昼夜平均声级）反映社会噪声一天 24 h 平均对人的烦扰程度

$$L_{dn}=10\lg\left[\frac{16\times10^{0.1L_d}+8\times10^{0.1(L_n+10)}}{24}\right] \tag{4-152}$$

（2）噪声的频谱分析

一般声源所发出的声音，不会是单一频率的纯声，而是由许多不同频率、不同强度的纯音组合而成。将噪声的强度（声压级）按频率顺序展开，使噪声的强度成为频率的函数，并考查其波形，称噪声频谱分析。研究噪声频谱是为了深入了解噪声源的特性，帮助寻找主要的噪声污染源，为噪声控制提供依据。

（3）航天遥测领域噪声信号处理

在航天遥测领域，供电和信号处理方面受限较大，噪声测量目的也不相同，采用的信号处理方法与传统的噪声测量区别较大。

噪声传感器的输出经过噪声变换器进行信号调理后，送入测量分系统采编单元，再经采编单元送入环境测量分系统测量数据综合处理单元，以供后续的数据处理、存储及下行。在数据处理环节，通过软件算法实现各种功能。噪声传感器与噪声变换器工作原理如图 4－106 所示。

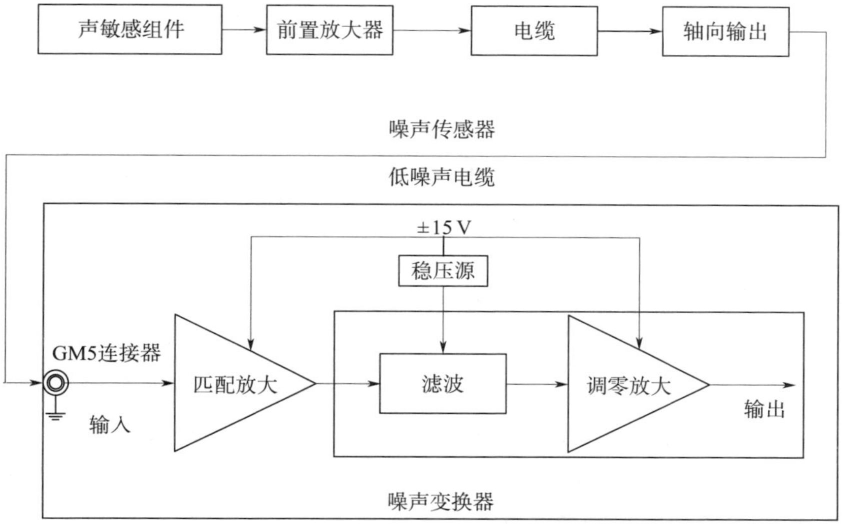

图 4-106　噪声传感器与噪声变换器工作原理图

4.2.10　信号变换器

传感器能将温度、位移等物理量转换成电压或电阻等电量，这些电量一般各具特点，不易直接处理，例如热电偶温度传感器输出为差模电压，铂电阻温度传感器输出为非线性的电阻信号。信号变换器就是将传感器输出的电量进行处理，转变为标准信号，如 0～5 V电压信号或 4～20 mA 电流信号等。

信号变换器一般具有以下特点：

1）信号变换器内部噪声小，也不易受外来噪声的影响；

2）信号变换器的输入阻抗要比传感器的输出阻抗高得多，因此获得优良的信噪比；

3）信号变换器增益-频率特性能够覆盖必要的频带；

4）信号变换器具有必要的增益，并且当温度等因素变化时具有良好的稳定性；

5）信号变换器具有良好的线性增益，失真小；

6）信号变换器输出阻抗小，不易受负载的影响。

4.3 传感器在航天型号中的典型应用

航天型号用传感器与民用、工业用的传感器相比，有一些明显的特点：

1）高可靠。重要单机可靠性在0.999 9以上。

2）耐环境要求高。对力学、热学、电磁环境等都有很高的要求。

3）小型化。对单机质量、体积、安装都有较高的要求。

4）技术指标要求高。高精度，高稳定性，结构特殊。

5）有一些特殊参数。例如高 g 冲击、大冲击下低频振动、烧蚀厚度、分层温度、液氢液氧液位测量等。

6）多品种，小批量，生产周期短。传感器品种规格有数百种，定制要求，交付时间短。

7）军工质量保证体系。采用军品元器件，环境试验附加值高，长期技术支持、维护。

下面介绍航天传感器的一些典型应用。

4.3.1 液位传感器典型应用

液体火箭、导弹的推进剂液位传感器设置在贮箱内，通常标定一个或几个不连续的位置或连续地测量。

推进剂液位测量参数用于推进剂加注时液位高度监测，飞行中利用系统液位测量，推进剂耗尽时发出关机信号，飞行后剩余液位分析。因此，航天型号液位传感器按用途分为4种：加注液位传感器、利用液位传感器、耗尽关机液位传感器、剩余液位传感器。

（1）加注液位传感器

加注是运载火箭发射前重要的一环，控制推进剂加注量最为关键，这主要靠液位传感器来保证。

当加注推进剂到达预定的液位时，液位传感器的敏感元件感受并发出液位信号，再经液位测试仪向推进剂加注控制设备发出信号，使加注减速或停止。加注精度主要取决于液位传感器的灵敏度。目前，应用于运载火箭、导弹上的液位传感器是多种多样的。如美国宇宙神运载火箭的燃料箱采用压电式液位传感器，氧化剂箱采用热电阻丝液位传感器。我国常规推进剂（氧化剂为四氧化二氮，燃烧剂为偏二甲肼）的加注液位传感器通常采用干簧浮子式液位传感器。

加注液位指示器主要由箭上加注液位传感器，地面加注液位测试仪及配套连接电缆组成。每个推进剂贮箱安装一台液位传感器。

干簧式加注液位传感器的原理是基于干簧管在随液面漂浮的浮子中磁钢磁场作用下触点闭合的原理工作的。每个测点的干簧管按测点高度要求焊接在一块长条形印制板上，印制板放置在导管内，浮子装在导管上，浮子内装有磁钢。浮子随着液位的变化在导管上自由滑动。加注时浮子到达干簧管触点时，干簧触点在磁场作用下，由常开变为闭合。地面测试仪接收到闭合信号后，点亮相应液位信号指示灯，表示贮箱内推进剂加注到预定液位点高度。地面加注液位测试仪以单片机为核心，对传感器的信号进行采样、记忆、显示，完成对加注液位信号的测量。

加注液位传感器壳体材料为不锈钢和防锈铝，与四氧化二氮、偏二甲肼介质兼容。传感器采用法兰盘与箱体对接，并使用专用密封圈实现安装密封。传感器设置有 11 个工作点，每个液位工作点的测点高度误差为±2 mm。为提高产品可靠性，每个测点采用两个干簧管并联，信号输出线采用双点双线的冗余设计。传感器在0.7 MPa的压力下可以正常工作。

传感器通过法兰盘与贮箱固定，并配有专用密封圈实现安装密封。在贮箱内的端头部分有涨线拉紧支撑，以防法兰盘根部受力过大，保证传感器与箭体轴线平行，并使浮子滑动流畅。

传感器装箭前、后要进行绝缘电阻检查，连接导线的通路检查，液位点信号检查。传感器装箭后进行液位点信号检查时由于传感器已入贮箱，必须连同贮箱一起倾斜。

在靶场发射区进行加注液位测试以对电缆进行绝缘、导通检查。加注液位测试仪进行自检。在发射区，测试仪与加注信号台及库房进行加注信号联试。塔上打回流时，由加注测试仪模拟发液位点信号。先加注燃烧剂（偏二甲肼），后加注氧化剂（四氧化二氮）；贮箱顺序为芯一级→芯二级→Ⅰ、Ⅲ助推→Ⅱ、Ⅳ助推。加注过程中，观察测试仪前面板指示灯，Ⅱ液位点灯亮时开始减速加注。在－3 h时断开与箭体连接的电缆插头，撤收加注液位电缆。

（2）利用液位传感器

运载火箭的二级或三级设置利用系统，使推进剂燃烧比处于最佳比例，可以提高推进剂利用率和有效载荷质量。在飞行过程中，利用系统液位传感器敏感贮箱内推进剂液位下降的情况，经控制器计算后控制发动机调节活门，调节推进剂混合比以保证剩余推进剂处在预定混合比的最佳状态。利用液位传感器在推进剂利用系统中发挥重要角色。

载人航天火箭的二级采用常规推进剂利用系统，利用系统液位传感器采用干簧浮子式液位传感器。

传感器主要由敏感组件和防晃筒组成，敏感组件包括干簧管组件、导管组件和浮子组件。浮子组件由铝合金的薄壁筒和磁钢组成，在推进剂的浮力作用下随液面上下移动，驱动预置液位点位置的干簧管闭合或断开。防晃筒是为了减少因推进剂液面晃动而引起的测量误差。

传感器的工作原理是基于推进剂对浮子组件的浮力作用和干簧管的磁性开关特性而工作的。浮子组件套在与其同心的不锈钢导管上，干簧管安装在导管内的印制板上。通常情况下，干簧管的触点处于常开状态，当浮子组件跟随液面上升或下降并经过干簧管所在位置时，在浮子组件中磁钢的驱动下干簧管的触点闭合，外电路接通，表示液面到达干簧管所在的位置。

传感器长度约 5 m，分布有 6 行 7 列矩阵 41 个工作点，每个测点采用 4 个干簧管并串联组成。测点误差为±2 mm。

载人航天火箭利用系统液位传感器在技术厂房进行吊装倾斜测试。先使用传感器模拟单元对利用系统液位传感器地面测试仪进行自检。二级火箭水平推入垂直技术厂房，连接好 1E4 测试电缆，开机进入“倾斜测试”之“R 箱和 Y 箱同时倾斜测试”程序，火箭初始倾斜先抬高二级顶端，直到自检电压约 2.37 V（表明上、下浮子已落到法兰盘一端）。点击显示屏“开始测试”按钮，抬高二级尾端，火箭倾斜过程中观察电脑屏幕显示灯状态，全部变为绿色，检测到自检电压为 4.43 V 且“20”点闭合后，信息窗显示测试正常结论，停止火箭倾斜，数据存盘。

在推进剂加注过程中，对利用系统传感器液位点信号进行监测，随着液面的升高，依次记录并显示 41 点至 1 点的液位信号。注意：开始加注时由于液面晃动，下面几个测点可能会闭合断开多次，属正常现象。

在西昌卫星发射中心发射的 CZ－3A 系列火箭，其三子级采用的是液氢、液氧推进剂。三级上采用了低温推进剂利用系统，其利用系统液位传感器采用分节电容式液位传感器。分节电容式液位传感器结构简单可靠，在液氧、液氢推进剂加注时，分节电容式液位传感器及配套变换器输出连续的三角波电压，通过地面利用系统测试机柜，实时监测液位变化，并将加注量信息实时传送给氢氧加注系统，准确控制加注量。在三级火箭两次飞行段，准确测定贮箱中液氢、液氧推进剂剩余量，经计算并根据控制方程，控制液氧调节活门开或闭，保持贮箱中液氢、液氧混合比在规定范围内。

低温传感器自身特点显著，外电极有 10 组分节单元，具有测量精度高，结构简单，有温度补偿和自校功能等显著优点，液位测量精度可达到±2 mm，产品可在液氢（－253 ℃）、液氧（－183 ℃）中可靠工作，整根传感器及输出电缆都浸泡在液氢、液氧中，信号通过箱体上的专用低温密封插座引出。

低温液位传感器还将在新一代运载火箭贮箱推进剂液位测量应

用中发挥重要的作用。

(3) 耗尽关机传感器

多型运载火箭采用了耗尽关机系统，其功能是当贮箱内推进剂液位消耗到预定位置时，向控制系统发出推进剂即将耗尽的关机信号。耗尽关机信号是影响到火箭飞行成败的重要参数。

耗尽关机传感器的工作原理是基于光线在两种介质中传播特性的不同而使光电组件的光敏三极管处于导通或截止两种状态。当传感器光电换能头浸没在推进剂中（液相），发光管发出的光线照在光学棱镜和液体分界面上，光线产生折射，传感器中的光敏三极管收不到光信号，处于截止状态，不发关机信号。反之，当推进剂液位下降到工作点高度时，棱镜光学面露出液面位于空气中，这时光线产生全反射，光电三极管接收到光信号，饱和导通，发出关机信号。

每个推进剂贮箱各安装两个传感器和一个变换器。每发箭共安装 20 个耗尽关机传感器和 10 台变换器及连接电缆。每个耗尽关机传感器上有两路独立的光电敏感头。同一传感器上的两路信号通过耗尽关机变换器电路以并联方式连接，同一贮箱内两个传感器的信号通过变换器电路以串联方式连接，即 4 套敏感元件采用并串联方式发出信号，氧化剂箱与燃烧剂箱信号并联输出，使耗尽关机信号的可靠性满足 0.999 9 的要求。地面测试配套专用的耗尽关机单元测试仪。

耗尽关机传感器工作点高度精度为±2 mm。在气相中时的亮电压≤1.2 V；在液相中的暗电压≥11 V。配套耗尽关机变换器供给 4 路发光管电压为（6±0.5）V；发出关机信号时，继电器触点闭合，不发信号时，继电器触点开路。

耗尽关机传感器安装在贮箱内底部，与推进剂接触材料兼容，耐介质腐蚀。采用法兰盘安装结构与箱体连接，使用专用密封圈实现箱体的密封。传感器密封结构设计是传感器设计中的一项关键技术，传感器泄漏将导致严重的后果。耗尽关机传感器的光电组件密封结构，经过多次的摸索试验，采用了双道密封结构，通过螺母压紧在壳体内。第一道密封结构用氟塑料锥形衬套压紧锥形棱镜，使介质只能渗透。当衬套受力后就会越压越紧，同时增加了介质所经过的行程，第二道密封结构采用耐四氧化二氮和耐偏二甲肼腐蚀的专用 O 形密封圈，使棱镜与壳体密封。O 形材料在低温中能克服冷流，对保证传感器气密起了主要作用。这样，这种双道密封结构既能保证气密、防止介质渗漏，又可保证锥形玻璃棱镜受力均匀，不会碎裂。传感器在偏二甲肼和四氧化二氮介质中高压 24 h，常温常压下浸泡 8 个月后，仍能正常工作。

光电式耗尽关机传感器照片如图 4－107 所示，其具有无活动部件、检查测试性好、响应时间短、可靠性高等优点。

图 4－107　光电式耗尽关机传感器照片

在发射场用耗尽关机单元测试仪对箭上耗尽关机传感器和变换器进行单元测试。先自检查耗尽关机单元测试仪工作正常。然后进舱连接测试电缆插头，测试仪加电进行测量。要求信号指示灯正常，暗电压大于 11 V，亮电压小于 0.5 V；激励电压（6.0±0.5）V，光电流 0.5～3 mA，最后打印数据存档。

光电式耗尽关机传感器已成功应用于多个液体火箭型号。最近，在新一代运载火箭的耗尽关机传感器研制中，由于推进剂采用液氧、煤油环保型推进剂，光电式耗尽关机传感器已不再适用，而采用电容式耗尽关机传感器，其原理与电容式液位传感器类似，可以用于液氢、液氧、煤油介质中，已圆满完成多发新一代运载火箭的飞行试验任务。

4.3.2 温度传感器典型应用

航天型号上温度传感器的敏感元件常用的有 3 种：铂电阻、热敏电阻、热电偶。配套温度变换器转换成适于传输、测量且符合遥测标准规定的电信号，属于缓变参数。

温度传感器、变换器在航天型号中配套数量最大，技术比较成熟，可以满足运载和武器型号的各种测温需求。由于各型号应用环境的多样性，总体对温度传感器的外形尺寸、材料、量程、精度、安装接口、可靠性等方面的要求各不相同，目前配套的温度传感器和变换器的品种规格有数百种。

新一代运载火箭在选型研制思路上贯彻可靠性第一结合三化的准则进行设计，统一敏感元件、接插件、导线颜色和长度，优化温区、安装结构，变换器已经实现三化基本型。

铂电阻传感器有 CW1 系列表面温度传感器、CW2 系列空间或容器温度传感器，铂电阻是一种精度较高的测温元件，其电阻随温度成正比变化，它的标定、测试以及试验方法国内外均已有标准，互换性好，可靠、稳定。CW3 系列、CW4 系列热电偶温度传感器的特点是结构简单、测量范围广，并可以测量点温。

热敏电阻测温元件的特点是灵敏度高、响应快、精度高、测量线路简单，但其非线性较大，因而适于较窄温区测量。下面介绍几种典型温度传感器的应用情况。

（1）表面温度传感器

几种表面温度传感器照片如图 4－108 所示。

①CW1－11 薄膜铂电阻表面温度传感器

· 敏感元件：Pt100 薄膜铂电阻；

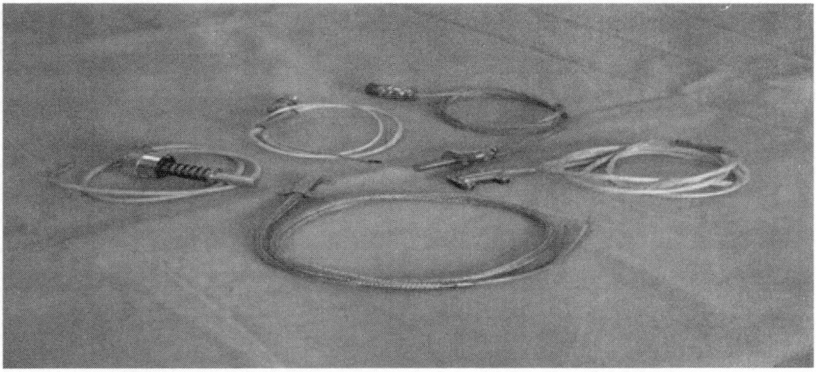

图 4－108　几种表面温度传感器照片

· 测量范围：－40～500 ℃；

· 测量精度：±（0.5＋0.005｜t｜）℃；

· 传感器 0 ℃电阻值：R_0＝（100±0.12）Ω；

· 绝缘电阻：常温常湿下不小于 20 MΩ；

· 安装方式：螺钉或点焊安装，安装面为 20 mm×26 mm 的平面，三线输出；

· 应用情况：用于测量金属或非金属表面的温度，适于平面安装，广泛用于运载、武器型号上各种壁温测量，安装使用方便，测量精度较高。

②CW1－21－1/2 低温表面温度传感器

· 敏感元件：Pt100 薄膜铂电阻，低温专用分度表；

· 测量范围：CW1－21－1，20～120 K；CW1－21－2，85～273 K；

· 测量精度：±0.5 K；

· 常温通路电阻：约（110±5）Ω；

· 绝缘电阻：常温常湿下不小于 100 MΩ；

· 安装方式：粘贴式安装，安装面为 3.1 mm×12 mm 的平面，需金属压片压紧，三线输出；

· 应用情况：专用于低温发动机泵壳外壁温度测量，需要配套变换器使用，安装后发泡隔离外界热影响。与低温热敏电阻温度传感器 CW6－4－1/2 比对使用。

③CW3－32－3 塞式热电偶表面温度传感器

· 敏感元件：K 型热电偶；

· 测量范围：－40～1 000 ℃；

· 测量误差：±0.75% | t | ℃；

· 绝缘电阻：本产品不浮地，无绝缘电阻要求；

· 安装方式：胶粘接安装，无接插件，红线（＋），白线（－）；

· 应用情况：用于测量箭体外壁玻璃钢壳体温度，塞式螺纹安装。

（2）空间气体温度传感器

几种空间气体温度传感器照片如图 4－109 所示。

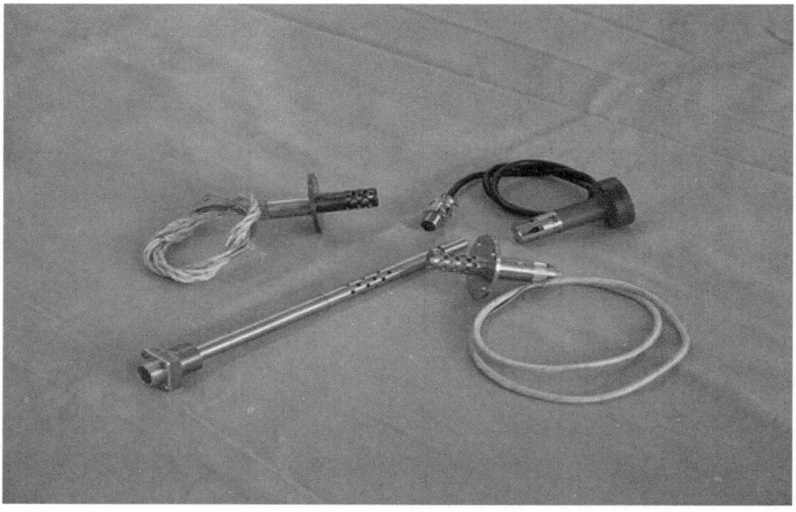

图 4－109　几种空间气体温度传感器照片

①CW2－75 空气铂电阻温度传感器

· 敏感元件：Pt100 陶瓷铂电阻；

• 测量范围：−40～400 ℃；

• 测量精度：±（0.5+0.005 | t | ）℃；

• 传感器 0 ℃电阻值：R_0=（100±0.2）Ω；

• 绝缘电阻：常温常湿下不小于 20 MΩ；

• 安装方式：法兰安装，插入深度 23 mm，采用压接方式连接电缆网，3 根引线输出；

• 应用情况：用于空间气体温度测量，陶瓷铂电阻测温部分有金属孔罩保护，测温响应速度与周围气体流速有关，一般为 3～5 s。在陶瓷铂电阻元件头部增加了支撑环后，产品的抗振能力大为加强，避免再出现元件根部断裂现象。

②CW2-43-1/7 低温气体温度传感器

• 敏感元件：Pt100 铂电阻；

• 测量范围：20～200 K；

• 测量精度：±0.5 K；

• 传感器 0 ℃电阻值：R_0=（100±0.5）Ω；

• 绝缘电阻：常温常湿下不小于 20 MΩ；

• 安装方式：采用外套螺母安装，球头密封，无接插件，3 根引线输出；

• 应用情况：用于氢氧发动机排气管等部位内低温气体温度的测量，陶瓷柱状铂电阻元件采用玻璃烧结密封，探头外径 ϕ4～ϕ6，耐压 0.6 MPa，插入深度 34～125 mm，产品逐支分度，测量精度较高。

③CW6-28-1/6 热敏电阻空气温度传感器

• 敏感元件：热敏电阻；

• 测量范围：−40～150 ℃；

• 冰点校验误差：±0.5 ℃；

• 通路电阻：接点 1 与接点 2 之间符合相应温度下的分度表，接点 2 与接点 3 之间为 5 kΩ；

• 绝缘电阻：常温常湿下不小于 20 MΩ；

·安装方式：法兰螺钉安装，接插件为 Y4－4ZJLM，接点分配 1（＋5 V）、2（输出）、3（地）、4（屏蔽）；

·应用情况：用于常温区空气温度测量，不同的温区可以选用相应的产品代号，无需配套变换器，电阻分压输出，使用方便。

④CW3－100－1/6 分层温度传感器

·敏感元件：镍铬-镍硅 K 型热电偶（1 100 ℃及以下温区使用）、钨铼型热电偶（W/Re3～ W/Re25，1 100 ℃以上温区使用）。

·测量范围：0～2 500 ℃；

·测点深度：0.0 mm，2.0 mm，4.0 mm，8.0 mm；

·误差：±4.0℃ 或 ±1% $|t|$ ℃；

·通路电阻：(0.9±0.5) Ω～ (6.1±0.5) Ω；

·绝缘电阻：常温常湿下不小于 100 MΩ；

·安装方式：采用与防热层材料相容的粘接剂把传感器固定在测量部位，其压入深度以传感器的端面与部件防热层外表面齐平为止。压入时，要求传感器端面箭头方向指向弹头方向，以保证传感器与防热层布纹方向的一致性；

·应用情况：用于弹头防热层材料温度分布梯度的测量，4 个分层面依次布置热电偶测点，安装过程中不得碰触传感器的敏感端面，避免电缆及插头扭动受力，安装后电缆应固定牢靠。当电缆使用环境温度超过 200 ℃时，需要进行专门的热防护，配套变换器使用。

(3) 推进剂温度测量传感器

①CW2－53 铂电阻温度传感器

·敏感元件：Pt100 薄膜铂电阻；

·测量范围：－30～50 ℃；

·测量精度：± (0.3＋0.005 · $|t|$)℃ ；

·传感器 0 ℃电阻值：R_0＝ (100±0.12) Ω；

·绝缘电阻：常温常湿下不小于 20 MΩ；

·安装方式：法兰安装，使用时需要在法兰面与被测箱体之间增加密封措施，接插件为 Y4－4ZJLM，三线制输出，电缆长度

1.5 m；

· 应用情况：用于贮箱内常规推进剂（偏二甲肼、四氧化二氮）液体温度测量，敏感元件铠装结构，与箱体采用专用密封圈进行密封，广泛应用于液体火箭型号，与地面温度测试仪配套使用以监测加注后贮箱推进剂的温度。

②CW6-19-1、CW6-20-1 低温热敏电阻温度传感器

· 测量范围：19～30 K（CW6-20-1），82～110 K（CW6-19-1）；

· 液氢（液氧）点校验误差：±0.25 K；

· 绝缘电阻：常温常湿下不小于 100 MΩ；

· 安装方式：球头安装，无接插件，红线（+），白线（-）；

· 应用情况：用于液氢、液氧输送管内液体温度测量，管路球头密封方式，每只传感器低温热敏电阻元件单独分布，测量精度高，配套变换器使用。

4.3.3　加速度传感器典型应用

加速度传感器从原理上，主要分为机械式过载开关、石英加速度传感器、硅电容式加速度传感器、压阻式加速度传感器四类。以 CG3-12-14 石英加速度传感器为例：

· 测量量程：$-1\,g \sim +6\,g$；

· 静态精度：≤0.1%；

· 电源波动：≤0.2%；

· 自重电流：（1.25±0.25）mA；

· 安装偏差角：≤18′；

· 输出电压：（0.15±0.1）～（4.85±0.1）V；

· 限幅电压：上限：≤+6.5 V，下限：≥-0.4 V；

· 噪声电压：≤10 mV；

· 电源功耗：正、负电源均≤30 mA；

· 输出阻抗：≤10 Ω；

· 绝缘电阻：常态≥100 MΩ；

· 频率响应：0～8 Hz 时≤0.5 dB，8～10 Hz 时≤1 dB，>30 Hz 时≥12 dB；

· 质量：≤350 g；

· 安装方式：4×M4 螺钉安装，产品外形尺寸为 55 mm×55 mm×67 mm。安装面的粗糙度优于 1.6，被测体的加速度测试方向与产品箭头指示方向一致；

· 应用情况：加速度传感器 CG3－12－14 用来完成航天载人火箭轴向过载的测量，该参数为Ⅰ类测量参数。参数测量结果由遥测系统传给故障检测系统进行判别，判别火箭是否发生灾难性故障，航天员是否逃逸。产品具有体积小、精度高、长期稳定性好等特点。在使用过程中，采用三个传感器并联的冗余方式，当其中两个传感器同时达到门限值时，才会发出逃逸信号。该产品在航天载人火箭飞行试验中工作正常，保证了任务圆满成功。

4.3.4 热流传感器典型应用

CR4 系列圆箔式热流传感器的圆柱形纯铜件热沉与康铜圆箔构成铜-康铜热电偶，康铜圆箔表面涂黑以吸收热通量。入射的热流被康铜圆箔吸收后，沿着圆箔径向向纯铜热沉传导热量。康铜圆箔因其薄而导热快，纯铜热沉件因其厚重而导热慢，从而在康铜圆箔中心与纯铜热沉件之间建立起与入射热流成正比的温差，差动热电偶输出的电动势与热通量成正比。

· 测量范围：从小量程 0～3 W/cm^2 到较大量程 0～300 W/cm^2 成系列化，还可扩展；

· 测量精度：±5%；

· 输出特性方程：专用设备校准后给出系数；

· 输出电压范围：0～18 mV；

· 安装方式：螺钉安装；

· 应用情况：热流传感器主要用于测量各种辐射热流。

4.3.5　烧蚀传感器典型应用

（1）CH1－46－5 点式烧蚀传感器

传感器由塞子部分、壳体部分、电缆插头组件组成。传感器烧蚀材料中间有一层 0.05 mm 厚的金属箔，14 根金属丝是用光刻的方法在金属箔上腐蚀出来的，在烧蚀过程中碳化导电使嵌在烧蚀材料内不同长度的金属丝片逐一短路，通过变换器的分压开关电路输出与烧蚀厚度对应的等幅阶跃电信号。

· 测量范围与测点分布：12 个点（5 mm 间距的 1 点、2 mm 间距的 3 点、1 mm 间距的 8 点）；

· 输出信号：传感器与变换器配套测试，输出的信号幅值为 0～5 V；

· 绝缘电阻：常温常湿下不小于 20 MΩ；

· 质量：≤170 g；

· 安装方式：传感器的基体采用与被测防热层同批次的烧蚀材料加工而成，壳体中间用环氧胶填充。传感器的侧面为引出电缆，通过 J14A－15TK 孔式插头与变换器连接。传感器压入深度以传感器的端面与部件防热层外表面齐平为止。压入时，要求传感器端头箭头标记对着弹头小头一侧，以保证传感器与弹头布纹方向一致；

· 应用情况：用于航天器防热层烧蚀厚度的测量，传感器基体与被测防热层材料相同以保证烧蚀速率相同，测点位置靠印制线，与变换器配套使用输出与烧蚀厚度测点位置对应的等幅阶跃电压信号。

（2）CH1－44－4 连续式烧蚀传感器

一种新原理的大面积烧蚀传感器，传感器敏感部的外形尺寸很小，可以实现烧蚀测量的连续性和与防热层的烧蚀同步性，输出信号与烧蚀厚度有良好的线性关系。

传感器采用镍铬基精密合金电阻丝，使之密绕在芯线上，电阻丝和芯线之间填充酚醛树脂，当传感器随防热层烧蚀时，酚醛树脂开始碳化导电，使传感器的输出阻值随敏感部分的烧蚀长度不断发生变化，从而测出防热层的烧蚀厚度。

· 测量方式：连续测量；

· 量程：20 mm；

· 全电阻：≥2 800 Ω；

· 分辨率：≥140 Ω/mm；

· 安装方式：胶粘；

· 应用情况：传感器测量原理利用了酚醛树脂碳化导电的性能，通过实验验证传感器电阻丝随温度的变化影响较小，可忽略不计。

从防热角度考虑，传感器敏感部的外形尺寸为 ϕ1.6×20 mm，采用 ϕ0.02 mm 镍铬基精密电阻丝均匀地缠绕在芯线上，同时芯线和电阻丝之间填充酚醛树脂，既能在常温下起到绝缘的作用，又能在高温烧蚀时形成碳化层，起到碳化导电和阻塞热流的作用，达到连续测量的目的。连续测量传感器的敏感部填充材料选用与防热材料相同的酚醛树脂，从而保证烧蚀的同步性。

4.3.6 相对行程传感器典型应用

相对行程传感器为机械结构型产品，由排线轮机构、减速机构、发条回收机构、电位器机构、钢丝绳端头固定结构及整机壳体结构组成。拉线带动专用高精密电位器使输出电阻变化正比于拉线长度。

· 测量范围：0～4 000 mm 分段测量；

· 非线性误差：0.5%；

· 迟滞误差：0.5%；

· 绝缘电阻：≥100 MΩ；

· 质量：≤0.4 kg；

· 安装方式：螺钉安装；

· 应用情况：相对行程传感器用于两个相对运动物体之间相对位移的测量，在航天型号上主要用于箭体级间分离的测量。当用于大量级振动、冲击的工作环境中时，应增加减振安装结构。近年来，北京遥测技术研究所新研制的激光位移测量仪在航天型号中取得成功应用，与传统的相对行程传感器相比，技术指标相当，但由接触式测量变成了非接触式测量，确保了测量过程中对被测物无外力作用。

4.3.7　光学传感器典型应用

（1）光纤传感器

光纤传感器主要包含光纤光栅传感器和干涉型特种光纤传感器，光纤光栅类传感器目前应用较多。

光纤光栅传感器采用光纤光栅作为敏感元件，可以同时测量温度及应变参量，具有准分布式测量，抗电磁干扰等优点。航空航天用光纤光栅传感器采用无胶化、自动化封装，应变量程覆盖 −5 000～18 000 $\mu\varepsilon$，温度量程覆盖 −40～500 ℃，信号解调仪集成度高，能够适合航空航天器飞行要求。目前广泛应用于结构健康监测和重要部位的温度场应变场测量。以 CW9－1 光纤温度传感器及 CYB19－1 光纤应变传感器为例，具体参数指标如下：

①CW9－1 光纤温度传感器

· 敏感元件：光纤光栅，配合分度表使用；

· 测量范围：CW9－1－1 −40～120 ℃，CW9－1－2 −40～270 ℃；

· 测量精度：±1 ℃；

· 安装方式：表贴安装或焊装；

· 应用情况：应用于贮箱、发动机、级间段、整流罩等结构体温度场监测，配套光纤解调仪使用。

②CYB19－1 光纤应变传感器

· 敏感元件：光纤光栅；

· 测量范围：−2 000～18 000 $\mu\varepsilon$；

· 测量精度：1%F. S.；

· 安装方式：表贴安装或焊装；

·应用情况：应用于贮箱、发动机、级间段、整流罩、卡箍等结构体应变场监测，当测量处有温度变化时，通常结合光纤温度传感器一起使用并进行温度补偿。需配套光纤解调仪进行信号解调。

（2）激光传感器

激光传感器可以利用输出激光实现对被测体的无损、非接触测量。激光位移传感器相较于传统的位移传感器，具有精度高，安装简单，非接触测量等特点。以 YK2－393 激光位移测量仪为例，具体参数指标如下：

·激光光源：750 nm 红光激光器；

·测量范围：0～50 m；

·测量精度：±2.5 mm；

·测量速率：50 Hz；

·安装方式：螺钉安装；

·应用情况：应用于火箭整流罩分离动态测量。

通过上面一些传感器在航天型号的应用情况，可以看出航天传感器具有高质量、高可靠、高抗力热环境要求，安装使用定制要求等军工特点，近年来，正在加速向数字化、智能化、集成化方向发展。随着中国航天事业的迅速发展，航天遥测传感器必将得到大力发展，应用前景广阔，能更好地服务于航天型号任务。

4.4　遥测传感器的发展趋势分析

总体上，航天遥测传感器技术呈现以下发展态势：

1）传统航天遥测传感器技术仍具有旺盛的生命力。传感器技术一旦成熟，便不易退出竞争舞台，其具有旺盛的生命力，如应变式、压阻式、压电式及热电式等传感器均有数十年历史，现仍在继续展现活力，且稳居重要地位。

2）MEMS 传感器正在进入成熟期。MEMS 传感器固有的微型化、小质量、低功耗、低成本、集成化等优势，特别适合于航天飞行器应用。目前，MEMS 传感器正在进入成熟期，已经有越来越多的 MEMS 传感器进入航天遥测领域。

3）总线传感器和无线传感器网络技术已经成为航天遥测传感器的发展趋势。传感器数字化、智能化、网络化是现代传感器技术的发展方向，总线技术在型号上的应用已经势在必行。为了减少航天器布线，降低电缆质量，提高测量的灵活性和全生命周期的测试覆盖性，无线传感器技术近年来得到了迅猛发展。

近年来，随着载人航天、探月工程等国家重大型号的相继成功，我国航天事业又迎来了新一轮的快速发展时期。重型运载火箭、空间站、深空探测等国家重大科技专项的陆续开展，对传感器提出了更新、更高的要求，未来遥测传感器技术的发展方向可归纳为以下几点：

（1）向高精度方向发展

随着航天器设计要求的不断提高，对传感器技术的要求也在不断提高，必须不断通过敏感机理、敏感材料、功能结构、制造工艺等基础技术创新，研制出具有灵敏度和精确度高、响应速度快、互换性好的新型传感器以确保航天器的可靠性。

（2）向高可靠性、高环境适应性发展

传感器的可靠性直接影响到电子设备的性能。研制高可靠性、宽温度范围的传感器将是永久性的方向。大部分军用、航天用传感器的工作范围都在－40～85 ℃，而某些新型号航天器，如临近空间飞行器等对传感器的工作温度要求更高，因此发展新兴材料（如 SiC 材料、陶瓷）的传感器将很有前途。

（3）向微型化发展

以往常规的传感器由于体积、质量、功耗都相对比较大，其应用空间越来越小。许多新型号航天器都对传感器提出了更小的体积、质量、功耗限制，为此，必须采用新材料、新工艺，将传感器向微型化发展。

（4）向智能化、网络化、无线化方向发展

智能型传感器把传感器与微处理器有机地结合成一个高度集成化的新型传感器。它与结构型、物性型传感器相比，能瞬时获取大量信息，对所获得的信息还具有信号处理的功能，使信息的质量大大提高，其功能也扩展了。传感器由单一功能、单一检测向多功能和分布式检测发展，从被动检测向主动进行信息处理方向发展，从孤立元件向系统化、网络化发展，从就地测量向远距离实时在线测控发展，已成为传感器技术发展的主要方向。而与无线传感网络技术、人工智能技术相结合，使传感器发展成为自适应、自学习、自诊断的智能传感网络则是传感器技术未来的重要发展方向。

参考文献

[1] 王魁汉．温度测量实用技术［M］．北京：机械工业出版社，2007.

[2] 秦永烈．表面温度测量［M］．北京：中国计量出版社，1989.

[3] P·P·本尼迪克特．温度、压力、流量测量基础［M］．周志烈，朱征云，罗果安，译．北京：国防工业出版社，1985.

[4] 国家技术监督局．工业用热电阻检定规程 JJG 229－2010，工业用钨铼热电偶检定规程 JJG 576－1988，工作用廉金属热电偶检定规程JJG 351－1996，温度传感器动态响应校准规范 JJF 1049－1995［S］.

[5] 张洪润，等．传感器技术大全［M］．北京：北京航空航天大学出版社，2007.

[6] 哈里斯．振动与冲击手册［M］．刘树林，等，译．北京：中国石化出版社，2007.

[7] 王化祥，等．传感器原理及应用［M］．天津：天津大学出版社，2007.

[8] 刘迎春，等．传感器原理设计及应用［M］．长沙：国防科技大学出版社，2002.

[9] Gardon R. An Instrument for the Direct Measurement of Intense Thermal Radiation［J］．Review of Scientific Instruments，1953，24（5）：366－370.

[10] http：//www. vatell. com/.

[11] Fralick G C，Wrbanek，John D，Blaha，Charles. Thin Film Heat Flux Sensor of Improved Design［P］．NASA/TM－2002－211566，2002.

[12] 陈康琪．热流传感器标定方法述评［J］．计量学报，1986.

[13] Annageri V M. In－Cavity Calibration of High Heat－flux Sensors：Experimental Validation［P］．AIAA 2005－5323，2005.

[14] Helmut Knauss，Tim Roediger，Uwe Gaisbauer，Ewald Kraemer. A Novel Sensor for Fast Heat Flux Measurements［P］．AIAA 2006－3637，2006.

［15］ 100，000WArc - Lamp（Model107），Vortek Industries，Ltd.［J］. Industrial Research and Development，1983，25（10）：107.

［16］ Christopher S C. Steady - State and Frequency Response of a Thin - Film Heat Flux Gauge［J］. Journal of Spacecraft and Rockets，1997，34（6）.

［17］ 宋宗炎．航天遥测传感器的发展概况［J］．遥测遥控，1998（19）：10 - 13.

［18］ 宋宗炎，邹江波．航天飞行器中的测控仪表传感器技术［J］．遥测遥控，2007（28 Suppl.）：1 - 10.

［19］ 刘建华，陈碧海，陈青松．冲击传感器内装电路的减振分析［J］．仪表技术与传感器，2009（Suppl.）：81 - 83.

［20］ 李小换，邹其利，张世名．超低温薄膜压力传感器的研究［J］．仪表技术与传感器，2009（Suppl.）：171 - 174.

［21］ 彭泳卿，陈青松，邹江波．电容式加速度传感器的压膜阻尼分析与设计［J］．仪器仪表学报，2010（31 - 8）：92 - 99.

［22］ 彭泳卿，端木丹丹，陈青松．薄膜铂电阻温度传感器的热响应分析［J］. 测控技术，2011（30 Suppl.）：304 - 307.

［23］ 彭泳卿，陈巍，陈青松．高精度电容式微振动传感器的设计与实现［J］. 遥测遥控，2012（33 - 2）：67 - 72.

［24］ 彭泳卿，宋宗炎．传感器技术与产业发展的几点思考［C］．第十二届全国敏感元件与传感器学术会议，2012，昆山，中国.

［25］ 高阳，李庆丰，陈艳，杨贵玉，彭泳卿，金小锋．飞行器用高精度小量程石英微加速度计研究［J］．传感技术学报，2015（28 - 6）：792 - 797.

［26］ 何文涛，李艳华，邹江波，张世名，赵和平，金小锋，杨龙．高温压力传感器的研究现状与发展趋势［J］．遥测遥控，2016（37 - 6）：61 - 71.

［27］ 何文涛，李艳华，邹江波，张世名，赵和平，杨龙．基于 4H - SiC 的 LC 谐振式高温无线压力敏感芯片的设计与优化［J］．纳米技术与精密工程，2017（15 - 2）：79 - 86.

［28］ Yongqing Peng，Qingsong Chen，Jiangbo Zou. Experimental and Analytical Study on Hysteresis Error of Capacitive Liquid - Level Sensor［C］. 2011，IEEE Sensors 2011 Conference，Ireland.

［29］ Jianfa Zhou，Yongqing Peng，Gui Meng，Hanqing Zhao，Qingsong Chen，Jiangbo Zou. Early Fire Detection Technology for Manned

Spacecraft [C]. 64th International Astronautical Congress, 2013, Beijing, China.

[30] Leibo Zhang, Yongqing Peng, Jiangbo Zou, Ronghua Zhang, Shi Chen, Xiaofei Yang. Tungsten - rhenium Thermocouple Sensor for in - situ Ultra - high Temperature Measurement of Hypersonic Aircraft Surface [C]. The 60th International Instrumentation Symposium, 2014, London, UK.

[31] Yongqing Peng, Hanqing Zhao, Jiangbo Zou. Gaseous Oxygen Flowmeters in Autogenous Pressurization Systems [C]. The 60th International Instrumentation Symposium, 2014, London, UK.

[32] Weikui Wang, Yongqing Peng, Jiangbo Zou. A Continuous Acoustic Emission Source Orientation Method Based on Wave Field Mapping [C]. The 61th International Instrumentation Symposium, 2015, Huntsville, AL, USA.

[33] Jianfa Zhou, Gui Meng, Yi Zheng, Yongqing Peng, Jiangbo Zou. Advanced Photoacoustic Spectrometer for Air Monitoring in Manned Spacecraft [C]. 45th International Conference on Environmental Systems, 2015, Washington, USA.

[34] Hanqing Zhao, Xiantao Yang, Gui Meng, Hongzhu Xi, Tao Yu, Jianfa Zhou, Yongqing Peng, Jiangbo Zou. Experimental Analysis of Multi - trace Gas Analyzer based on Photoacoustic Spectrometer for Manned Spacecraft [C]. 46th International Conference on Environmental Systems, 2016, Vienna, Austria.

第 5 章　数据采编与调制发射

5.1　遥测数字信息的传输

5.1.1　常规遥测信息传输

常规遥测信息的定义：常规遥测信息是指在遥测系统中需要采集的常规性参数信息量，在不同环境、不同系统下均需要进行采集及传输的各种参数。按信息的特性，常规遥测信息包括三大类，即模拟量信息、数字量信息、脉冲量信息。模拟量信息是指由传感器将导弹、火箭的总体和各分系统的各种环境参数、状态参数和高空物理参数转换成的模拟电信号。数字量信息是指由系统中其他设备生成的数字信号。脉冲量信息是指将脉冲信号的特性提取并转化为相应的数字信号。常规遥测信息传输的目的，就是将所有数字化的被测信号与各种辅助信号一起按相关规则编排成综合数字信号，并将其传送给发射装置调制下传。

5.1.1.1　模拟量信息采集与传输

模拟量是指变量在一定范围连续变化的量，也就是在一定范围（定义域）内可以取任意值。遥测模拟量信息是指由传感器将导弹、火箭、卫星、飞船的总体和各分系统的各种环境参数、状态参数和高空物理参数转换成的模拟电信号。基于模拟量采集数据的结果，通过相关信息还原技术，可知当前时刻导弹、火箭、卫星、飞船等内部各状态情况，如燃料液位高度、当前飞行时刻下环境参数（振动、温度、湿度、压力、噪声等）。

模拟量采集的目的是，将模拟量转换为数字量插入到综合数据流中，通过数据调制及发射技术将其下传至地面，以获取相关信息。

模拟量转换为数字信号，其实质上是完成对采样点信号的编码过程，通常按 4 步走进行，即采样、保持、量化和编码。采样就是将一个时间上连续变化的模拟量转换为时间上离散的模拟量，或者说，采样是把一个时间上连续的模拟量转换为一串脉冲，这些脉冲通常是等宽的，脉冲幅度等于该时刻的模拟量。由采样定理可知，用数字方式处理模拟信号时，只用取样点上的取值，就能在处理完成后，无畸变地恢复原始输入信号。但是，由于采样脉冲的采样时间通常很短，因此，采样输出是断续的窄脉冲，要完成一个采样信号的数字化，必须有相应的一段时间，这段时间即为采样信号保持时间。通过不同 A/D 转换方案，实现对采样-保持信号的量化及编码，最终将模拟量转换为数字量。

模拟量采集工程实现原理框图如图 5－1 所示。

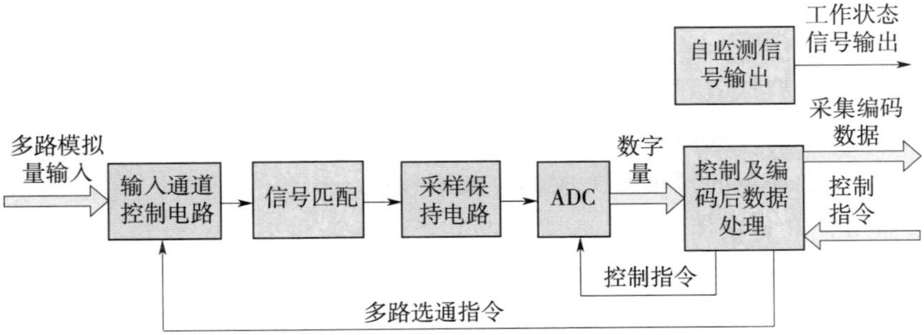

图 5－1　模拟量采集工程实现原理框图

（1）输入通道控制电路

随着电子技术的高速发展，芯片体积越来越小、集成度越来越高，但是由于在遥测采集系统中被测模拟量数量巨大，在无特殊测量要求的前提下，为减小产品体积，在输入信号调理电路后端增加输入通道控制电路，即多路模拟开关，以达到后端电路分时复用的功能。

模拟开关又称为交换子，它由 n 个传输门组成，每个传输门具有一个输入端和一个控制端。各路被测信号分别接到相应传输门的输入端。各传输门的输出端连接在一起。当控制端无控制脉冲时，传输门处于断开状态，被测参数不能通过传输门输出；当控制端加上控制脉冲时，传输门处于导通状态，被测信号通过传输门输出。当 n 个控制脉冲依次接入相应传输门的控制端时，在传输门的输出端便可得到 n 个按顺序输出的采样脉冲。

控制地址选通与模拟开关输出如图 5－2 所示。

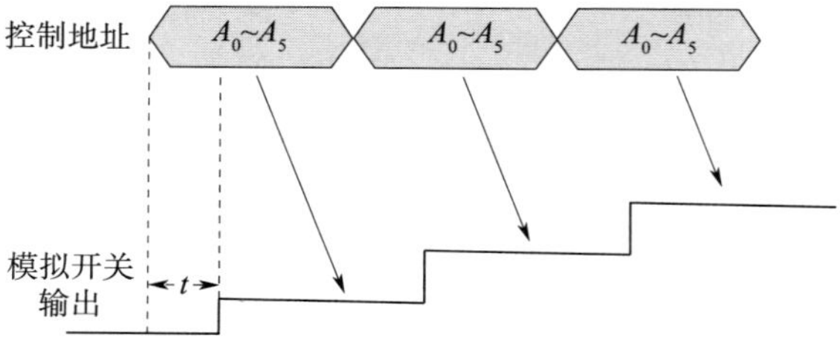

图 5－2　控制地址选通与模拟开关输出

地址切换后，模拟开关经过 t 时间延迟后输出才稳定，后端模/数变换采集时间需要等到模拟量输出稳定后开始。

一个理想的模拟开关应具有如下性能：

1）开关接通时阻抗为零，即开关两端的残余电压为零；

2）开关断开时阻抗为无穷大，其漏电流为零；

3）开关应无延时地传送采样信号。

实际上，理想模拟开关实际是不存在的，图 5－3 所示是理想模拟开关和实际模拟开关等效电路。从图 5－3 中可以看出，对于理想开关，A、B 两点之间阻抗在断开时为无穷大，接通时为零，从开关的 A 点或 B 点到地之间的电阻也是无穷大。对实际开关，当接通时会存在一定的导通电阻 R_{on}，断开时开关两端将呈现一个有限量值的阻抗和一个电容；此外，还存在一个由噪声引起的电压 U_n；最后，在实际开关的输入端和地端还存在一定电阻 R_{in} 和电容 C_{in}。

根据以上情况，可以对实际模拟开关提出如下主要要求：

1）断开时，电阻 R_{off} 要大；

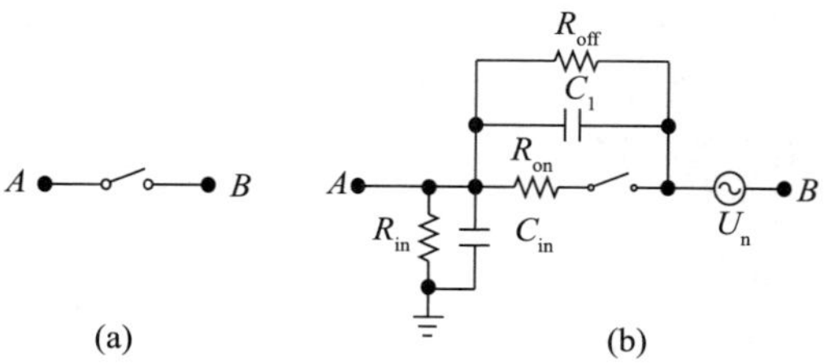

图 5－3　理想模拟开关和实际模拟开关等效电路

2）导通时，电阻 R_{on}要小；

3）输入端到地之间绝缘电阻要大；

4）开关引入的噪声 U_n 要小；

5）具有较高的开关速度，以适应高采样速率；

6）开关的输出电容 C_1 和输入端对地电容 C_{in}要小；

7）开关的控制信号对被采样信号要小。

（2）信号匹配电路

信号匹配器，一般选用高阻输入的运算放大器，对其提出如下基本要求：

1）应有足够高的输入阻抗，以减小传感器负载变化引起的测量误差；

2）增益稳定、线性度好；

3）内部噪声低；

4）抗交互干扰性强。

（3）采样保持电路

任何形式的编码器完成一次 A/D 转换都需要经历一定时间。我们把完成一次完整的模拟量转换为数字量所需要的时间称为孔径时间。有时候，采样脉冲较窄，如果采样脉冲宽度小于 ADC 转换的孔径时间，则来不及完成数字转换，这就要求将采样值保持一段时间，直至完成 A/D 转换为止。由于孔径时间存在，若采样值在 A/D 转换过程中有变化，则转换将产生误差。

例如，图 5－4 所示为正弦模拟信号，拟将某一时间 T_0 的模拟量转换为数字量。若转换时间为 $T_{A/D}=T_1-T_0$，此时模拟信号已变化了 ΔU_{in}，A/D 转换后的数字信号必然产生误差，这种误差称为动态误差。孔径时间越长，即 A/D 转换速度越慢，可能产生的误差越大。

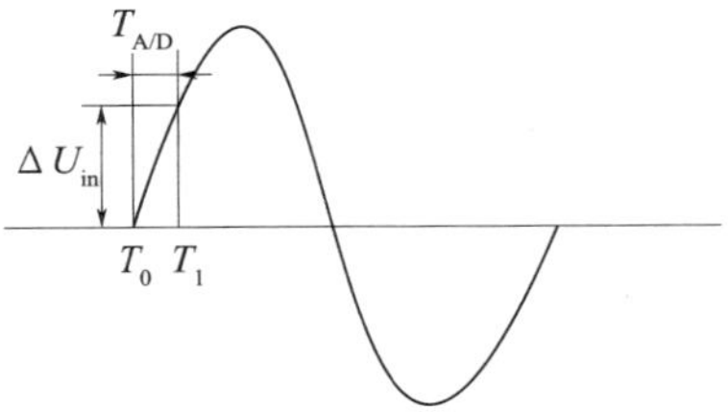

图 5-4　正弦电压 A/D 转换的动态误差

解决上述问题可采用采样保持电路。所谓采样保持，就是在一个特定时间内加上采样脉冲，取出一个正在变化的模拟信号值，并将这个值存储起来保持不变，直到下一次采样为止。在上例中，就是利用很窄的脉冲在 T_0 时刻采样，并使采样值一直保持到 T_1 时刻后再进行下一次采样。显然，采样脉冲越窄，采样值越精确，产生的动态误差也越小。

（4）ADC 编码电路

一般，A/D 转换方案从选择 A/D 芯片的电路形式上，通常可以分为两类，即直接法和间接法。直接法，就是通过一组基准电压直接与采样-保持信号电压进行比较，进而将各比较器的输出编码成相对应的数字量。间接法，是先将采样-保持的模拟信号电压转换成时间或频率，然后，再将中间量时间或频率通过计数器等时序网络转换成对应的数字量。两种方法各具特点：直接法，工作速度快，转换精度由基准电压和比较器的精度保证；间接法，转换精度可以做得很高，抗干扰能力强，但工作速度低。根据工程应用环境，可选择不同种类的 A/D 芯片，完成 A/D 转换工作。在模拟量转换为数字量的过程中，模/数转换器（ADC）是核心器件，它把采集到的采样模拟信号量化和编码，转换成数字信号输出。ADC 的精度是整个电路和系统精度至关重要的部分。编码精度是指转换后所得结果相对实际值的准确度；分辨率是指转换器所能分辨的模拟信号最小变化值。ADC 分辨率的高低取决于编码位数的多少。设 ADC 的位数为 n（一般，有 8,10,12,14,16 位等），满量程电压设为＋5 V。编码位数与分辨率关系如下

$$\text{编码位数} = 2^n$$

$$\text{满量程下分层数} = 2^n - 1$$

$$\text{分辨率} = \frac{\text{满量程电压}}{\text{满量程下分层数}}\ (\text{单位:mV})$$

假设，ADC 为 8 位编码，编码位数为 $2^8 = 256$，其分层数为 255，根据上述公式可得 ADC 分辨率为 5 000/255＝19.608 mV。

ADC 分辨率与位数之间对应关系见表 5－1。一般地讲，分辨率越高，转换衰减越小，但影响精度的因素较多，分辨率很高的 ADC 可能并不一定具有很高的精度。影响 ADC 精度的因素之一就是量化误差，这是无法减小的，一般在 ±1 LSB/2 范围内。另外，还包括偏移误差、传输误差、非线性误差和电源误差等。

表 5－1　ADC 分辨率与位数之间对应关系（＋5 V 满量程电压）

ADC 编码位数	码数	分辨率（mV/1 LSB）	备注
8	256	19.608	
10	1 024	4.902	
12	4 096	1.225	
14	16 384	0.306	
16	65 536	0.077	

根据模拟量采集工程实现原理框图（图 5－1），可知模拟量采集系统误差大约由 4 个部分组成：

1）模拟量传输过程中发生的传导误差；

2）输入调理电路及通道控制电路传导误差；

3）运放电路参数的影响；

4）A/D 变换器的误差。

为保证系统误差，对每一环节的误差需要进行合理分配。

采样频率，也称为采样速度或采样率，是指在模拟量采集过程中，采样时间间隔的倒数。其定义为每秒从连续信号中提取，并组成离散信号的采样个数。采样频率的倒数是采样周期（或者叫采样时间），它是采样之间的时间间隔。在工程实现上，模拟量采集的关键指标是采集速率及转换精度，两个指标相互制约。

在设计过程中，根据不同的需求，制定不同的实施方案。同时，提高遥测系列产品的可靠性，需要增加产品工作状态以指示自诊断信号，提高故障判断与定位能力。

由于 ADC 是 EMC 敏感器件，在工程实现过程中，需要对其抗 EMC 干扰特性进行专门设计。设计中需要注意以下要求：

1）使用多层板，用电源平面代替电源线，降低供电线路上的引线电感，用接地平面代替地线，降低其引线电感。

2）从信号走线来看，好的分层策略应该是把所有的信号走线放在一层或若干层，这些层紧挨着电源层或接地层。对于电源，好的分层策略应该是电源层与接地层相邻，且电源层与接地层的距离尽可能小，电源和地的管脚就近打过孔，过孔和管脚之间的引线越短越好。

3）放置去耦电容，0.01～10 μF 电容放置在电路板的电源输入端，电容放置在电路板的每个有源器件的电源引脚和接地引脚上，放置位置尽量贴近电源管脚。

4）保证大电流器件电源的回流路径畅通无阻。

5）把数字电路和模拟电路分开，有条件时将数字电路和模拟电路安排在不同层内，如果一定要安排在同层，可采用开沟、加接地线条、分隔等方法补救。模拟的和数字的地、电源都要分开，不能混用。

6）时钟电路和高频电路是主要的干扰源和辐射源，一定要单独安排、远离敏感电路。

5.1.1.2 数字量信息采集与传输

数字量信息是指由系统中其他设备生成的数字信号，是指分立量不是连续变化量，即其变化在时间上和数量上都是离散的，不存在中间值的量。一般，遥测系统中，有许多功能设备完成不同功能，其生成的数据需要通过遥测数据链路下传。它们产生的数据都由数字量组成，通过数字量采集将其插入综合数据流中，以便进行数据调制及功率放大。

数字量采集传输分为硬件接口与软件协议接口。硬件接口是指数字量传输与接收过程中，采用的物理接口形式，如差分接口、TTL 电平接口、光耦接口等；软件协议接口是指数据接收、发送方事先约定好的信号传输协议。

(1) 硬件接口电路

RS-422 标准接口：即平衡电压数字接口电路的电气特性，其信号采用差模传输，即逻辑“1”以两线间电压差为“+”表示，逻辑“0”以两线间电压差为“-”表示，抗干扰能力强。RS-422 最大传输距离为 4 000 英尺（约 1 219 m），最大传输速率为 10 Mb/s。其平衡双绞线的长度与传输速率成反比，在 100 Kb/s 速率以下，才可能达到最大传输距离。只有在很短距离下才能获得高速率传输。一般地，100 m 长的双绞线上所能获得的最大传输速率仅为 1 Mb/s。RS-422 需要一个终端电阻 R_T，要求其阻值约等于传输电缆的特性阻抗。在短距离传输时，也可不接终端电阻 R_T，终端电阻 R_T 接在传输电缆的最远端，其发送端与接收端电路如图 5-5 所示。

RS-422 差分信号相位翻转敏感度为 200 mV，即接收器正负端压差高于 200 mV，输出逻辑“1”；接收器正负端压差低于 -200 mV，输出逻辑“0”。当接收器正负端压差在 -200～+200 mV 之间时，输出为不稳定状态。当 RS-422 驱动器三态或者 RS-422 接收器上的电缆没有连接到驱动器上时，它并没有提供在噪声环境中的可靠性保证。在此情况下，电缆就变成浮动的天线，如果电缆感应到的噪声超过 RS-422 相位翻转敏感度，接收器就会输出不稳定状态。

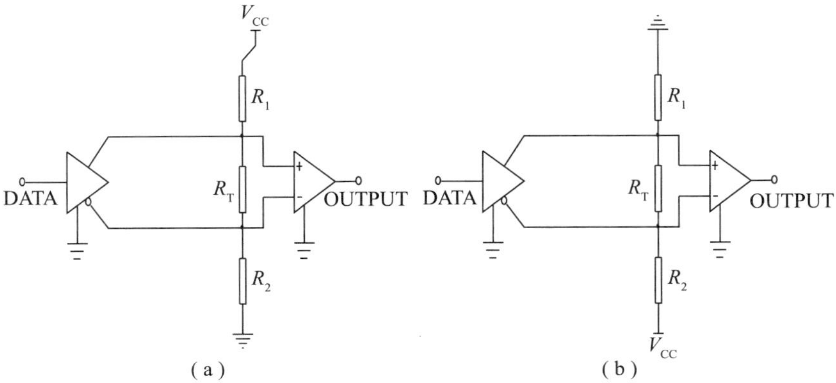

图 5-5　RS-422 典型使用电路图

为避免此种情况发生，建议使用平衡或者屏蔽电缆。另外，也可以外加电阻来提高噪声容限，如图 5-5 电阻 R_1 及 R_2。当输入端悬空时，图 5-5（a）输出端 OUTPUT 输出逻辑“1”，图 5-5（b）输出端 OUTPUT 输出逻辑“0”。

LVDS 接口：低压差分信号（Low - Voltage Differential Signaling），LVDS 输出接口利用非常低的电压摆幅（约 350 mV，250 mV MIN and 450 mV MAX）在两条走线或一对平衡电缆上通过差分进行数据传输。它是电流驱动，通过在接收端放置一个负载而得到电压，当电流正向流动，接收端输出为逻辑“1”，当电流负向流动，接收端输出为逻辑“0”。LVDS 传输数据具备快速过渡时间，可达到 100 Mb/s（甚至超过 1 Gb/s 的传输速率），它在提供高速数据传输率的同时会有很低的功耗。另外，它还具有低电压电源、低噪声、高噪声抑制、高抗电磁干扰（EMI）能力、可靠的信号传输等优势。LVDS 传输媒质无论是 PCB 印制线还是电缆，都必须采取措施防止信号在媒质终端发生反射，同时，减小电磁干扰，即要求使用一个与媒质相匹配的终端电阻 R_T［（100±20）Ω］，该电阻 R_T 终止环流信号，应该将它尽可能靠近接收器输入端放置。LVDS 驱动器能以超过 155.5 Mb/s 的速度驱动双绞线对，距离超过 10 m。

对速率的限制要求，一是送到驱动器的 TTL 数据速度；二是媒质的带宽性能。其接口电路图如图 5－6 所示。

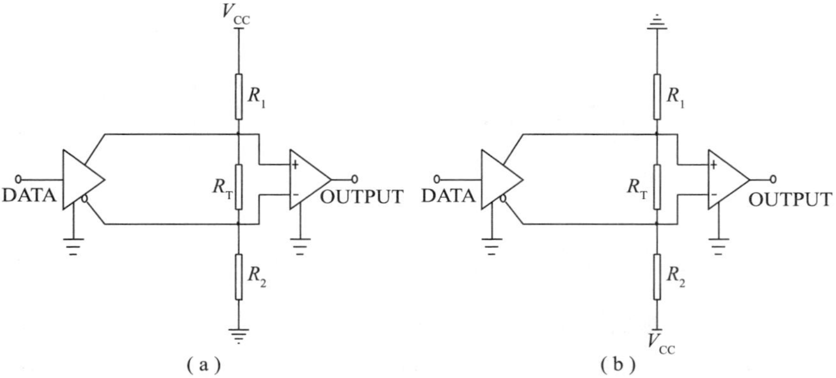

图 5－6　LVDS 典型使用电路图

LVDS 接收器在内部提供可靠性线路，用以保护在接收器输入悬空、接收器输入短路以及接收器输入匹配等情况下可靠地输出。但是，当驱动器三态或者接收器上的电缆没有连接驱动器时，并没有提供在噪声环境中的可靠性保证。在此情况下，电缆就变成浮动的天线，如果电缆感应到的噪声超过 LVDS 内部可靠性线路的容限时，接收器就会开关或者振荡。为避免此种情况发生，建议使用平衡或者屏蔽电缆。另外，也可以外加电阻来提高噪声容限，如图 5－6 中电阻 R_1 及 R_2。

光耦接口：采用光耦作为信号接收器的接口。光耦，又称光耦合器，亦称光电隔离器或光电耦合器。它是以光为媒介来传输电信号的器件，通常把发光器与受光器封装在同一管壳内。当输入端加电信号时，发光器发出光线，受光器接受光线之后，就产生光电流，从输出端流出，从而实现电-光-电转换。由于它具有抗干扰能力强，输入、输出之间绝缘，输入、输出端信号不会互相影响，广泛地应用于遥测系统中需要进行信号隔离传输的场合，其典型使用电路图如图 5－7 所示。

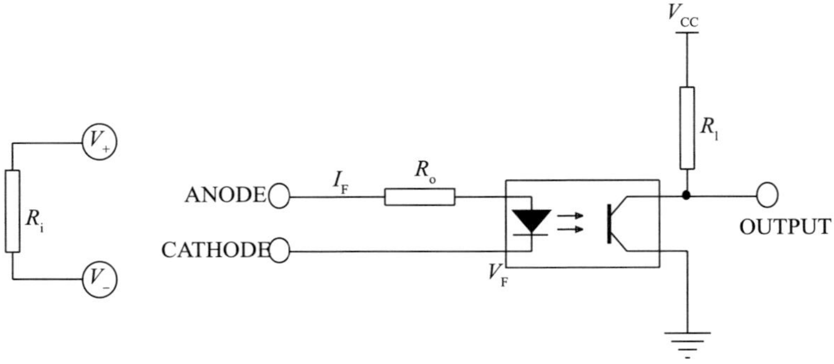

图 5-7　光耦典型使用电路图

假设信号驱动端输出负载为 R_i，信号正端 V_+ 接光耦输入阳极（ANODE），信号负端 V_- 接光耦输入阴极（CATHODE）。光耦的导通电流为 I_F，其导通后二极管压降为 V_F。则整个回路满足

$$(V_+)-(V_-)=I_F\times(R_i+R_o)+V_F$$

式中，I_F 和 V_F 值均可由选用的光耦器件手册查出，通过上述公式选择负载电阻 R_o 的值。

TTL 接口：通信接口接收及驱动采用 TTL 器件完成。它具有接口电路简单的特点，但其缺点也是极其明显的。单极 TTL 信号传输，传输距离长后信号衰减严重，且抗干扰能力差。在高速率信号传输下，信号传输质量无法保证。一般，不建议选用这种接口传输信号，其接口典型使用电路如图 5-8 所示，为防止接收器输入端悬空，在接收器输入端接（上拉或下拉）保护电阻 R。

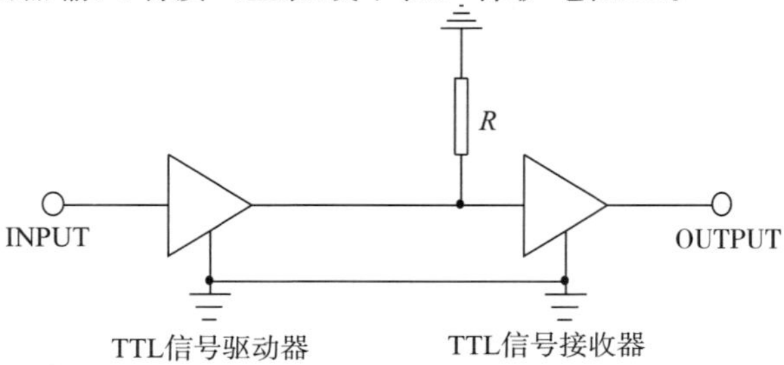

图 5-8　TTL 典型使用电路图

（2）信号传输协议

信号传输协议用于约束信号发送与接收双方，信号发送方按协议格式发送数据，信号接收方按协议规定接收数据，这样信号才能有序、正确传输。在数据通信中，一个十分重要的问题就是同步问题。为使发送、接收的信息准确，发、收两端的动作必须相互协调配合。倘若两端互不联系、不协调，则无论怎样提高发送和接收动作的时间精度，它们之间也会有极微量的误差。随着时间的增加，就会有误差积累，最终会产生不同步。收、发动作一旦不同步，就不能正确地传输信息，结果会产生差错。因此，整个通信系统能否正确工作，在很大程度上取决于收、发两端能否很好地同步。所谓同步，就是互相通信的双方协调发送和接收之间的动作。为了实现同步，互相通信的双方必须就数据传输方式、同步控制方式、差错处理、应答方式和信号格式等问题做出共同遵守的一组规定，这种规定称为通信协议。目前，在串行通信中，数据传输的同步方法有两种，即异步方式和同步方式，相应的有异步通信协议和同步通信协议。

同步数据传输协议是指数据通信过程中带时钟传输。数据收、发两端设备在数据通信过程中由同一时钟控制协调完成。该时钟由数据接收端或数据发送端产生均可，信号的接收端通过时钟信号对数据进行采集。根据需要，除被测数字量信号和时钟外，还可以增加如字同步、帧同步等握手信号。图 5-9 所示为一同步传输典型时序协议。

数据收、发两端均按规定时序协议执行。数据接收方向，数据发送端送出字同步信号、码同步（时钟）信号；数据接收端按发送端的码同步（时钟）信号规定的时刻返回数据，如图 5-9 所示，数据以码同步（时钟）上升沿返回数据，接收方以码同步（时钟）下降沿来进行数据采样。

异步方式通信 ASYNC（Asynchronous Data Communication），又称起止式异步通信，是串行通信中最常用的数据信息传输方式。

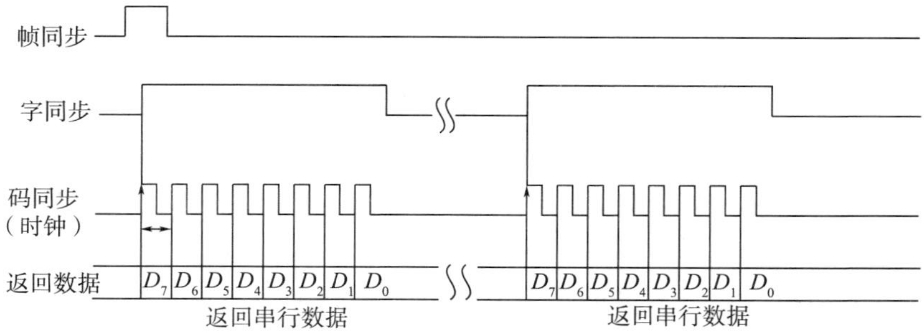

图 5-9　同步传输典型时序协议图

它是以字符为单位进行传输的，字符之间没有固定的时间间隔要求，而每个字符中的各位则以固定的时间传送。收、发双方取得同步的方法是采用在字符格式中设置起始位和停止位。在一个有效字符正式发送前，发送器先发送一个起始位，然后，发送有效字符位，在字符结束时，再发送一个停止位，起始位至停止位构成一帧。串行异步传输时数据格式如图 5-10 所示。

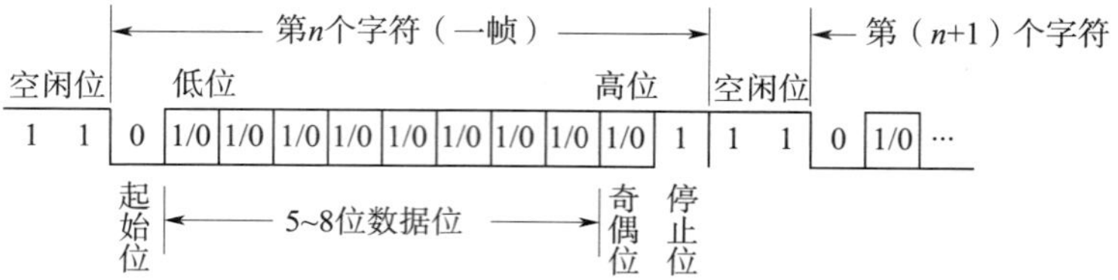

图 5-10　串行异步传输时数据格式

起止式异步协议的特点是逐比特传输，且传送一个字符总是以起始位开始，以停止位结束，字符之间没有固定的时间间隔要求。每一个字符的前面都有一位起始位（低电平，逻辑值“0”），字符本身由 5～8 位数据位组成，接着字符后面是一位校验位（也可以没有校验位）。最后，是一位或二位停止位，停止位后面是不定长度的空闲位。停止位和空闲位都规定为高电平（逻辑值），这样就保证起始位开始处一定有一个下跳沿。从图 5-10 中可以看出，这种格式是靠起始位和停止位来实现字符的界定或同步的，故称为起始式协议。传送时，数据的低位在前，高位在后。

起/止位的作用：起始位实际上是作为联络信号附加进来的，当它变为低电平时，告诉接收端传送开始。它的到来，表示下面接着是数据位来了，要准备接收。而停止位标志着一个字符的结束，它的出现，表示一个字符传送完毕。这样，就为通信双方提供了何时开始收发，何时结束的标志。传送开始前，收/发双端把所采用的起止式格式（包括字符的数据位长度，停止位位数，有无校验位，以及是奇校验还是偶校验等）和数据传输速率做统一的规定。传送开始后，接收设备不断地检测传输线，看是否有起始位到来。当收到一系列的“1”（停止位或空闲位）之后，检测到一个下跳沿，说明起始位出现，起始位经确认后，就开始接收所规定的数据位和奇偶校验位以及停止位。经过处理将停止位去掉，把数据位拼装成一个并行字节，并且经校验后，无奇偶错才算正确地接收一个字符。一个字符接收完毕，接收设备继续测试传输线，监视“0”电平的到来和下一个字符的开始，直到全部数据传送完毕。

串行异步通信时，接收端不断地检测或监视串行输入线上的电平变化，当检测到有效起始位出现时，便知道接着是有效字符位的到来，并开始接收有效字符，当检测到停止位时，就知道传输的字符结束了。经过一段随机时间间隔之后，又进行下一个字符的传送过程。

通常，接收端的采样时钟周期要比传输字符的位周期短，常用的采样时钟频率为位频率的 16 倍左右，采取这种措施是为了提高抗干扰能力，参看图 5 - 11。从图 5 - 11 中可知，传输字符的位周期 T_d 等于采样时钟周期 T_c 的 16 倍。接收端的采样时钟每个上升沿对输入信号进行采样，检验接收数据线上的低电平是否保持 8 或 9 个连续的时钟周期，以确定传输线上的低电平是否是真的起始位。这样，就可以避免噪声干扰引起的误操作，从而删除假的起始位。相当精确地确定起始位的中间点，从而提供一个时间基准，从这个基准开始，每隔 16 个 T_c 对其余数据位采样，以确保传输数据的正确性。

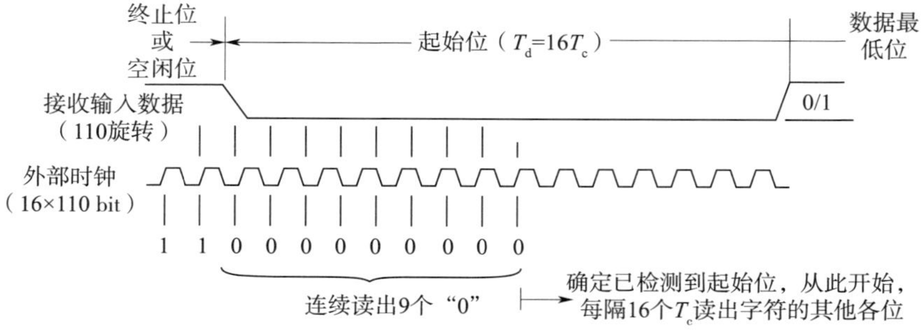

图 5－11　外部时钟和接收数据起始位同步

5.1.1.3　脉冲量信息采集与传输

脉冲量的测量是指对脉冲参数的特性进行采集。如图 5－12 所示，需要将脉冲幅度 A、脉冲宽度 W，脉冲与脉冲之间时间间隔 T，约定时间间隔内脉冲的个数等，根据采集需求，组成 n 个字节数据下传。假设以 2 个字节（即 16 bit）下传本次脉冲量采集结果。2 bit 标志，指示本次数据含义。脉冲幅度占 4 bit，脉冲宽度占 4 bit，与上一脉冲时间间隔占 4 bit，约定时间内脉冲计数值占 2 bit，整个数据格式如图 5－13 所示。数据格式的定义非常灵活，只要事先约定即可。

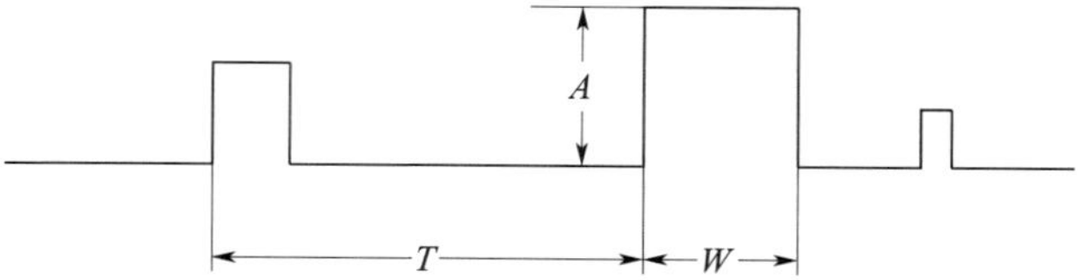

图 5－12　脉冲参数

图 5－13　脉冲采集数据格式示例

5.1.2　图像信息传输

图像定义为景物在某种介质上的再现，把图像信息按规则插入到综合遥测数字信号中，将其传送到远方或存储图像信息的过程称为图像信息传输。图像包含数据量巨大，由于遥测信道容量的限制，图像信息必须进行压缩，去除冗余信息，以较少的比特有损或者无损地表示原来的像素矩阵，以减少表示数字图像时需要的数据量，从而以更加高效的格式存储传输数据。压缩后的图像信息形成数字量，通过预设的规则将其传输到数据综合装置中，与其他信息共同编码汇总下传至地面，完成图像信息的传输。

随着电子科学技术的发展，遥测系统的测量范围不仅只限于传统遥测参数的采集与传输，图像数据的实时采集与传输也成为组成遥测数据的重要一环。通过实时的图像，可以从地面直观看到太空中飞行的航天器影像。2012 年，成功执行载人航天飞行任务的某运载火箭上，在火箭的关键位置均安装摄像装置。通过火箭上的图像采集系统将实时影像处理后插入综合数据流中，调制及功率放大后，由地面接收并进行解调，即可看到在太空中飞行火箭的实时视频。

但是，由摄像装置录取的图像信息，其包含数据量巨大，直接将其下传至地面需要占用巨大信道资源，这在工程上是无法实现的。只有把图像进行压缩处理，压缩后的图像信息形成数字量。通过预设的规则，将其传输到数据综合装置中，与其他信息共同编码汇总下传至地面，完成图像信息的传输。

图像信息之所以能够被压缩，就是因为数据中存在冗余信息。图像数据的冗余主要表现为图像中相邻像素间的相关性引起的空间冗余，图像序列中不同帧之间存在相关性引起的时间冗余，不同彩色平面或频谱带的相关性引起的频谱冗余。数据压缩的目的就是通过去除这些数据冗余来减少表示数据所需的比特数。

图像压缩的基本方法有两种，即无损数据压缩和有损数据压缩。有损数据压缩方法，是经过压缩、解压的数据与原始数据不同，但是非常接近的一种压缩方法。有损数据压缩又称破坏型压缩，即将次要的信息数据压缩掉，牺牲一些质量来减少数据量，使压缩比提高。无损数据压缩是指使用压缩后的数据进行重构，重构后的数据与原来的数据完全相同，其主要应用于要求重构的信号与原始信号完全一致的场合，这种压缩通常压缩比小于有损数据压缩的压缩比。

图像数据传输链路框图如图 5－14 所示。视频输入由视频压缩编码模块完成图像压缩编码，压缩后的码流进入数字量采集传输模块进行采样，再由数据汇总综合模块完成数据综合，经过数据调制及放大后下传至地面。

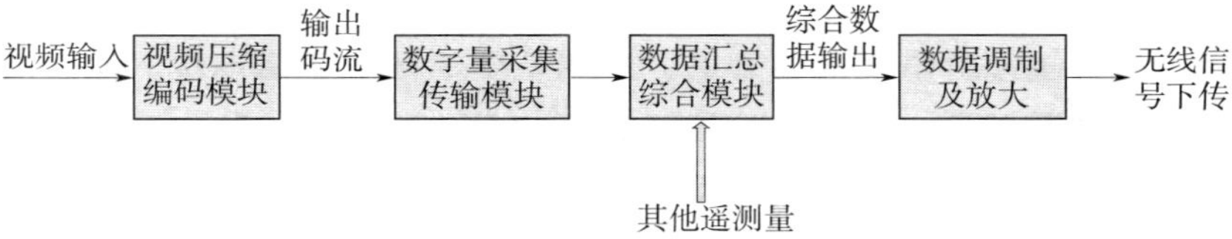

图 5－14　图像数据传输链路框图

视频压缩编码模块主要完成对视频信号的压缩及编码，其功能框图如图 5－15 所示。

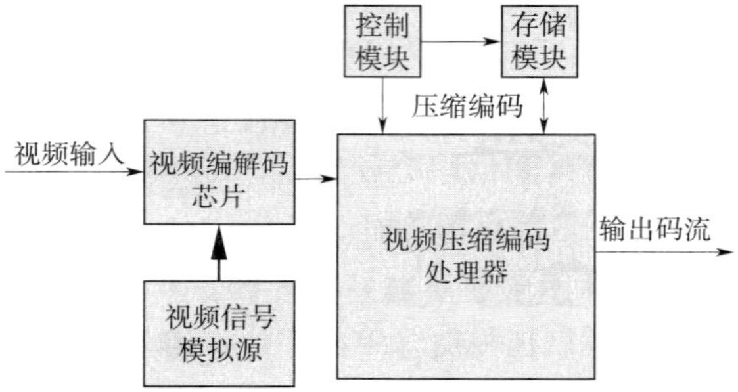

图 5－15　视频压缩编码模块功能框图

视频信号采集端传送过来的实时视频信号，经视频编解码芯片转换成数字信号，主控制器将数字视频数据存储到片外内存 SRAM 中，由视频压缩编码处理器从 SRAM 中读取数据并进行压缩编码处理，主控制器将处理后的码流输出至测量总线；视频模拟信号源用于实现该视频编码器的检测保障功能；控制模块完成对视频编码模块的控制功能，支持系统控制信息、系统参数以及编码参数的在线注入。

5.1.3　内测弹道信息传输

内测弹道信息，即通过惯性导航组合等进行弹道测量产生的各种数据，是依据牛顿惯性原理，利用惯性元件来测量航天器本身的加速度，经过积分和运算得到速度和位置信息，从而达到对航天器导航定位。惯性导航组合安装在导弹（火箭）内部，工作时不依赖外部信息，也不向外界辐射能量，不易受到干扰。产生的数据通过遥测信道下传，可对关注的惯性组合关键数据进行实时监测和控制。本节介绍内测弹道信息的采集、处理和传输。控制和测量火箭、导弹等载体的飞行姿态及运行轨迹的关键技术是导航与制导技术。其中，载体的速度、位置、姿态等弹道测量信息是通过箭载或弹载的遥外测系统进行采集、编码并下行传输的。载体的弹道测量信息主要是指载体的导航定位信息。根据其应用需求不同，下行传输的弹道信息包括载体飞行过程中实时导航解算得到的位置、速度、时间等遥测信息，以及弹载转发的导航射频信号等。通常，实时解算的导航定位信息流是由载体弹道测量装置即惯性导航系统产生的，而转发导航射频信号则通常是由弹载导航转发器装置产生的，如 GPS 转发器等。它是将导航信息编码调制为射频信号输出，下行至遥测地面站进行差分处理。载体弹道测量信息是通过惯性导航系统（INS）进行测量产生的，惯性导航系统是一个使用加速度计和陀螺仪来测量物体的加速度和角速度，并连续地估算运动物体位置、姿态和速度的辅助导航系统。它不需要外部参考系，并常被用在火箭、导弹、飞机、潜艇和各种航天器上。

5.1.3.1　惯性导航系统的背景及应用

17 世纪时，牛顿研究高速旋转刚体的运动力学问题。牛顿力学定律是惯性导航的理论基础，这种刚体后来制成供姿态测量用的陀螺仪。1923 年，M·舒拉发表“舒拉摆”理论，解决在运动载体上建立垂线的问题，使加速度计的误差不致引起惯性导航系统误差的发散，为工程上实现惯性导航提供理论依据。

1942 年，德国在 V2 火箭上首先应用惯性导航原理，即采用 2 台陀螺仪和 1 台横向加速度表，再加上 1 台模拟计算机来调整火箭飞行的方位。根据测量数据，模拟计算发出信号调整 4 个位于直尾翼上的外部方向舵来控制火箭的飞行，是闭环导航系统的一个创新。20 世纪 50 年代早期，美国空军设计一种独立导航系统，该导航系统安装在 Atlas 洲际弹道导弹上，Atlas 导航系统中包含机载自主导航系统与地基跟踪指挥系统，在洲际导弹上主要采用自主导航系统，而在空间探索过程中，采用两种导航系统的混合物。1954 年，惯性导航系统在飞机上试飞成功。其工作原理是将载体当前的运行轨迹与预先设置的运行轨迹进行比较，然后，调整火箭的姿态以保证实际运行轨迹与预先设置的运行轨迹重合。不过，由于当时的计算机处理能力和惯性导航系统的测量精度问题，火箭的偏差非常大。后来，德尔它（Delta）火箭利用自导驾驶仪中速度与方向信号直接进行计算，获得相关导航参数，解决了这个问题，该系统至今仍在导弹中广泛地使用。在过去几十年里，应用于航天领域的导航系统经过多次升级改善，并加上 GPS 导航系统及预测校正功能，使得惯性导航系统的精确度和可靠性更高。

我国的惯性导航技术研究起步相对较晚，从 1956 年才开始研制惯性导航系统。自 1970 年以来，在多次发射的人造地球卫星和火箭上，以及各种飞机上，都采用我国自主研制的惯性导航系统。国内多家厂商也已经有多种惯性导航装置，比如液浮陀螺平台惯性导航系统、动力调谐陀螺四轴平台系统相继应用于长征系列运载火箭；其他各类小型化捷联惯导、光纤陀螺惯导、激光陀螺惯导以及匹配 GPS 修正的惯导装置等也大量应用于战术制导武器、飞机、舰艇、运载火箭、宇宙飞船等；资源卫星上使用的新型陀螺稳定平台，显著改善遥感分辨率和测量精度；漂移率 0.01 ～ 0.02 (°)/h 的新型激光陀螺捷联系统已应用到新型战机上；漂移率 0.05 (°)/h 以下的光纤陀螺、捷联惯导在舰艇、潜艇航海上广泛应用；小型化挠性捷联惯导在各类导弹制导武器上应用等，这些惯性导航技术的应用都极大地改善了航空航天军用武器装备的性能，反映了惯性导航测量装置在国防领域中的重要作用。

5.1.3.2　惯性导航系统的工作原理

(1) 惯性导航系统的组成

组成惯性导航系统的设备都安装在飞行器内，工作时不依赖外界信息，也不向外辐射能量，不易受到干扰，是一种自主式导航系统。惯性导航系统通常由惯性测量装置、计算机、控制显示器等组成。惯性测量装置包括加速度计、陀螺仪或其他运动传感器的平台（或模块），又称惯性导航组合。惯性导航系统的组成如图 5－16 所示。

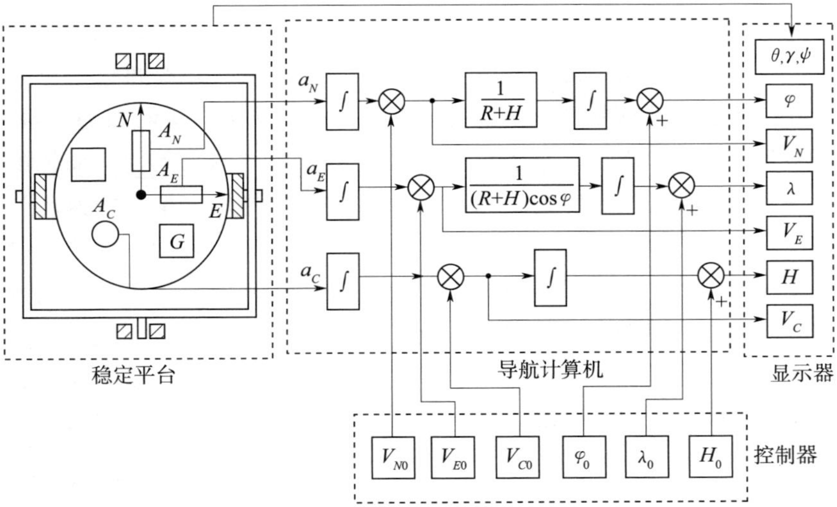

图 5－16　惯性导航系统组成图

(2) 惯性导航系统的工作原理

惯性导航系统的工作原理是依据牛顿惯性原理，即利用惯性元件（加速度计）来测量载体在惯性参考系下的加速度（惯性），将它对时间进行积分，且把它变换到导航坐标系中，得到在导航坐标系中的瞬时速度、偏航角和瞬时位置等信息，从而达到对载体导航定位的目的。

惯性导航系统实际上就是对载体进行航迹推算，即从一已知点的位置根据连续测得的运动体航向角和速度推算出下一点的位置，因而，可连续测出运动体的当前位置。

开始时，由外界（GPS 接收机等）给 INS 提供初始位置及速度，此后，INS 通过对运动传感器的信息进行整合计算，不断更新当前的位置及速度。INS 的优势在于给定初始条件后，不需要外部参照就可确定当前位置、方向及速度。通过检测系统的加速度和角速度，惯性导航系统可以检测位置变化（如向东或向西的运动）、速度变化（速度大小或方向）和姿态变化（绕各个轴的旋转）。它不需要外部参考的特点使其自然地不受外界干扰和欺骗。

惯性导航系统中，陀螺仪在惯性参照系中用于测量系统的角速率。以惯性参照系中的系统初始方位作为初始条件，对角速率进行积分，使加速度计的测量轴稳定在该坐标系中并给出航向和姿态角，得到系统的当前方向。加速度计在惯性参照系中用来测量运动体的加速度，但只能测量相对于系统运动方向的加速度（由于加速度计与系统固定并随系统转动，不知道自身的方向），通过跟踪系统当前角速率及相对于运动系统测量到的当前加速度，确定参照系中系统当前加速度。以起始速度作为初始条件，应用正确的运动学方程，对惯性加速度进行积分就可得到系统惯性速率，然后，以起始位置做初始条件再次积分，就可得到惯性位置。可以用如下公式表示

$$a=\frac{\mathrm{d}V}{\mathrm{d}t}=\frac{\mathrm{d}^2 s}{\mathrm{d}t^2} \tag{5-1}$$

$$V=V_0+\int_0^t a\,\mathrm{d}t \tag{5-2}$$

$$S=S_0+\int_0^t V\mathrm{d}t=S_0+V_0 t+\int_0^t\int_0^t a\,\mathrm{d}t^2 \tag{5-3}$$

式中　a——运动体加速度；

V——运动体速度；

S——运动体移动距离。

（3）惯性导航系统工作原理的数学描述

设某飞行器以一定的加速度 a 运动，其初始速度为 $V(t_0)$。其速度可以表示为

$$v(t_k)=v(t_0)+\int_{t_0}^{t_k}a(t)\mathrm{d}t \tag{5-4}$$

飞行器的瞬时位置可表示为

$$r(t_k)=r(t_0)+\int_{t_0}^{t_k}v(t)\mathrm{d}t \tag{5-5}$$

式中　$r(t_0)$——飞行器的初始位置。

若在载体运动过程中，利用陀螺使平台始终跟踪当地水平面，三个轴始终指向东、北、天顶方向。在这三个轴上分别安装上加速度计测量东向加速度 a_e、北向加速度 a_n、天顶方向加速度 a_u。将这三个方向上的加速度分量进行积分，便可得到载体沿三个方向的速度分量为

$$\begin{cases}v_e=v_e(t_0)+\int_{t_0}^{t_k}a_e\mathrm{d}t\\ v_n=v_n(t_0)+\int_{t_0}^{t_k}a_n\mathrm{d}t\\ v_u=v_u(t_0)+\int_{t_0}^{t_k}a_u\mathrm{d}t\end{cases} \tag{5-6}$$

载体在地球上的位置，可用经度、纬度和高程表示，通过对速度积分可得到，即

$$\begin{cases}\lambda=\lambda_0+\int_{t_0}^{t_k}\dot{\lambda}\mathrm{d}t\\ L=L_0+\int_{t_0}^{t_k}\dot{L}\mathrm{d}t\\ h=h_0+\int_{t_0}^{t_k}\dot{h}\mathrm{d}t\end{cases} \tag{5-7}$$

式中 λ_0, L_0, h_0——载体的初始位置；

$\dot{\lambda}, \dot{L}, \dot{h}$——经度、纬度和高程的时间变化率。

载体的位置可由运动速度计算，即

$$\dot{\lambda} = \frac{v_e}{(R_N + h)\cos\varphi}$$

$$\dot{L} = \frac{v_n}{R_M + h}$$

$$\dot{h} = v_u$$

式中 R_M, R_N——地球子午圈、卯酉圈的曲率半径，初始位置应事先给出，并输入惯导系统。

5.1.3.3 惯性导航系统的分类

惯性导航系统按照惯性导航组合在载体上的安装方式，可分为平台式惯性导航系统（惯性导航组合安装在惯性平台的台体上）和捷联式惯性导航系统（惯性导航组合直接安装在飞行器上）。

(1) 平台式惯性导航系统

平台式惯性导航系统有实体的物理平台、陀螺，加速度计置于由陀螺稳定的平台上，该平台跟踪导航坐标系，以实现速度和位置解算，姿态数据直接取自于平台的环架上。根据建立的坐标系不同，又分为空间稳定和本地水平两种工作方式。空间稳定平台式惯性导航系统的台体相对惯性空间稳定，用以建立惯性坐标系。地球自转、重力加速度等影响通过计算机加以补偿，这种系统多用于运载火箭的主动段和一些航天器上；本地水平平台式惯性导航系统的特点是台体上两个加速度计输入轴所构成的基准平面，能够始终跟踪飞行器所在点的水平面（利用加速度计与陀螺仪组成舒拉回路来保证），因此加速度计不受重力加速度的影响，这种系统多用于地球表面做等速运动飞行器（如飞机、巡航导弹等）。在平台式惯性导航系统中，物理平台能隔离飞行器的角振动，设备工作条件较好。平台能直接建立导航坐标系，计算量小，容易补偿和修正仪表的输出，但结构复杂，尺寸大，其原理框图如图 5－17 所示。

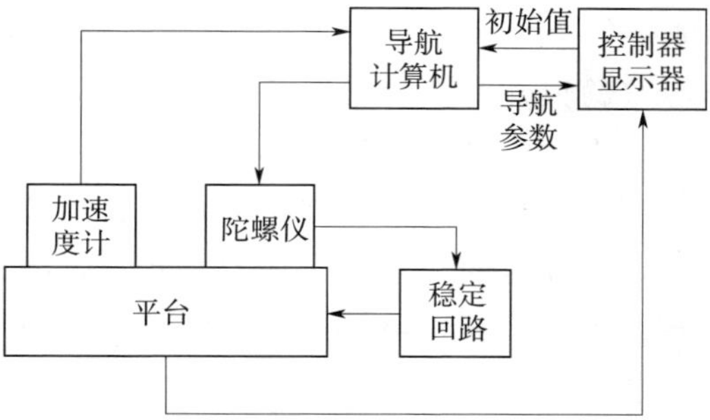

图 5－17　平台式惯性导航系统原理框图

(2) 捷联式惯性导航系统

在捷联式惯性导航系统中，陀螺和加速度计直接固连在载体上。惯性平台的功能由计算机完成，故有时也称作数字平台，它的姿态数据是通过计算得到的。根据所用陀螺仪的不同，分为速率型捷联式惯性导航系统和位置型捷联式惯性导航系统。前者使用速率陀螺仪，输出瞬时平均角速度矢量信号；后者使用自由陀螺仪，输出角位移信号。捷联式惯性导航系统省去了平台，所以其结构简单、体积小、维护方便，但陀螺仪和加速度计直接装在飞行器上，工作条件不佳，会降低设备的精度。这种系统的加速度计输出的是载体坐标系的加速度分量，需经计算机转换成导航坐标系的加速度分量，计算量较大，原理框图如图 5－18 所示。

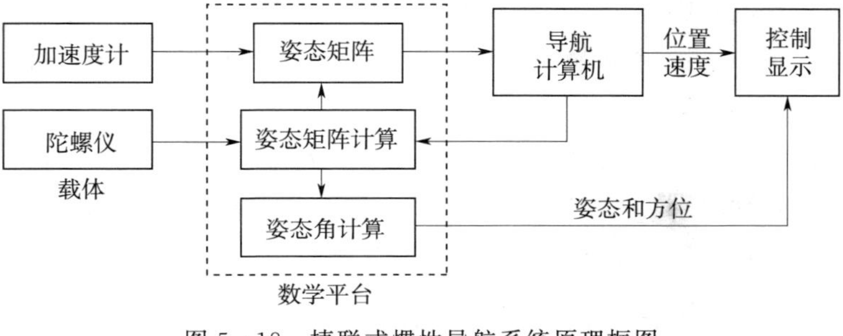

图 5－18　捷联式惯性导航系统原理框图

5.1.3.4 惯性导航系统的误差

惯性导航系统的惯性测量装置通常有固定的漂移率，会造成物体运动的误差。陀螺仪的漂移将使测角误差随时间成正比增大，而加速度计的常值误差又将引起与时间平方成正比的位置误差。这是一种发散的误差，会随时间积累成大误差，并与时间成正比，需要不断地进行修正。可通过舒拉回路、陀螺罗盘回路和傅科回路三个负反馈回路的方法来修正这种误差，以获得准确的位置数据。舒拉回路、陀螺罗盘回路和傅科回路都具有无阻尼周期振荡的特性。惯性导航系统常与无线电导航、多普勒导航和天文导航等导航系统组合，构成高精度的组合式导航系统，使系统既有阻尼又能修正误差。

现代惯性导航系统，通常使用如 GPS、磁罗盘等各种信号修正惯导误差，采取控制论原理对不同信号进行权级过滤，由此保证 INS 的精度及可靠性，如长射程的武器，通常会采用指令、GPS 等对惯导进行定时修正，以获取持续准确的位置参数；中距空空弹中段采用捷联式惯导＋指令修正；JDAM 采用自主式的卫星定位/惯性导航组合（GPS/INS）；战斧采用 GPS/INS＋地形匹配技术；多数运载火箭采用平台式惯导等。

5.1.3.5 惯性导航系统的优缺点

惯性导航系统具有以下主要优点：由于它是不依赖于任何外部信息，也不向外部辐射能量的自主式系统，故隐蔽性好且不受外界电磁干扰的影响；可以全天候和全球范围地工作于空中、地球表面，乃至水下；能提供位置、速度、航向和姿态角等数据，所产生的导航信息连续性好且噪声低；数据更新率高、短期精度高和稳定性好。

惯性导航系统具有以下缺点：由于导航信息经过积分而产生，定位误差随时间而增大，长期精度差；每次使用前，需较长的初始对准时间；设备的价格较昂贵；不能给出时间信息。

5.1.3.6 惯性导航系统的设计原则

满足应用的需求，其中，导航性能（尤其是精度）和价格成本是首要的两个特性指标。价格成本包含系统自身成本、维护成本和使用寿命。因此，对于很多导航应用，合理的价格仍然被置于应用要求的最前面。导航性能包括导航的精确性、连续性、完整性、易用性、应用性，以及系统的自主性等；实际的应用环境，系统的体积、功耗、精确性和可用性会关系到惯性导航系统能否在具体的应用环境中被采用；提高惯性导航系统的通用性，拓展应用领域。

5.1.3.7　惯性导航系统的发展趋势

惯性元件陀螺仪与加速度计是惯性导航系统的基本支撑元件。惯性导航的发展历史与惯性元件的发展是息息相关的。目前，惯导系统已经发展成挠性惯导、光纤惯导、激光惯导、微固态惯性仪表等多种方式。根据环境和精度要求的不同，广泛应用于航空、航天、航海和陆地机动的各个方面。惯性导航系统发展和技术进步呈现出如下特点：

1）在无法接受 GNSS 信号或需要高度导航可靠性的应用场合，高性能的自主 INS 仍具有不可替代的作用。

2）GNSS 技术的快速发展和进步，将取代部分传统的 INS 应用领域。如 Raytheon Anschutz 采用 GPS 和固态速率传感器研制的 GPS 罗经，可以实现 0.5°（RMS）的航向精度。上海交大导航、制导与控制研究所研制 GPS 姿态测量仪，在 1 m 基线的情况下，可获得优于 0.2°的 2 - D 姿态测量精度。

3）INS 与其他多种导航手段组合，尤其是 GNSS/INS 组合导航系统，受到普遍关注。

4）从系统的性能和可靠性考虑，需不断地提高惯性导航系统自身的集成度，使其具备与其他导航手段协同工作的组合导航模式，并提供与其他操作控制或导航设备灵活接口。

在惯性导航系统中，陀螺装置起到了至关重要的作用。各种对于惯性导航系统的改进也大多从陀螺装置入手。现今，以激光来做方位侧向器的陀螺，逐渐地取代传统的机械陀螺已是大势所趋。目前，世界上许多国家都在研制激光陀螺。激光陀螺已被用于苏-

30MK、苏-32FN、苏-34等战斗机和弹道导弹的制导与控制系统中。将激光陀螺与全球定位系统（GPS）结合，作为精确导航系统的核心组件的方法，正被广泛地应用于核潜艇、飞机、巡航导弹、洲际导弹及卫星制导中。对于不同的军事需求，可以应用不同精度的陀螺，如用于战略导弹、空间飞行器、自主式潜艇导航、高能激光武器的瞄准、跟踪等，则需要漂移角速度小于0.001 5（°）/h的高精度惯性陀螺；用于测定空中、地面、海上平台的导航系统和姿态著基准系统等，则需要漂移角速率为0.001 5～15（°）/h的中等精度惯性陀螺；而用于战术导弹、中段制导、灵巧弹药及旋转弹药等，则可采用漂移角速率为15（°）/h的惯性陀螺。展望未来，激光陀螺型捷联式惯性导航系统将有较快发展，精度也会有所提高；高性能静电陀螺型惯性导航系统也会得到广泛的应用；捷联式惯性导航系统与GPS全球定位系统的组合更有广阔的前景；光纤陀螺、半球谐振子陀螺和核磁共振陀螺技术的研究结果将进一步地推动导航系统的发展。

5.2 数据综合技术

5.2.1 多路信号采集

本节主要介绍遥测系统多路信号采集的方法、实现途径和工程设计中的注意事项。由于导弹（火箭、卫星）环境复杂，被测参数众多，在测试时，这些信号需要连接到各种接口上，且能被检测，进行分析和控制。多路复用装置将各路遥测信号按一定程式集合到一起，以便沿单一的信道传送。

针对多路信号采集，通过对信号传输中选择多路开关和通道实现信号的采集及开关控制，采集及开关的控制由事先存储好的相关指令完成；为保证处理信号的精度，根据环境特点可在多路信号输入端增加信号滤波，以降低输入信号的噪声。为满足复杂多样的被测参数测量要求，增加输入信号调理设计。

由于导弹（火箭、卫星、飞船）环境复杂、被测参数众多，实时数据的获取是依靠信号调制及功率放大下传至地面站接收解调及还原，如果每一个数据通道都独立采集及传输，则需要占用大量的信道资源，在工程上显然是不可能实现的。因此，多路数据必须通过数据综合技术将其整合成一个数据流进行下端调制及功率放大，共同使用一个无线信道。而且，如果对遥测数据采集，则需要每一通路均有相关芯片独立完成工作，那么假设遥测系统共有 64 路模拟信号需要测试，如果每一路模拟量均独立采集及下传，需要有 64 路输入及输出接口、64 个运算放大器、ADC 芯片以及更多的外围电路才能完成工作。模拟量采集电路只需要在采样时刻工作，其他时刻均处于闲置状态。这样设计，不但电路工作效率极低，且设计的产品功耗、体积巨大，尤其对航天遥测系统来说，其产品的体积、质量及功耗都有严格的规定，这样设计无法满足要求。

多路复用信号采集系统，就是将各路遥测信号按一定程式集合到一起，以便沿单一的信道传送。这些遥测信号可能是模拟量、数字量、图像等不同类型的数据。多路复用信号采集系统功能框图如图 5－19 所示。

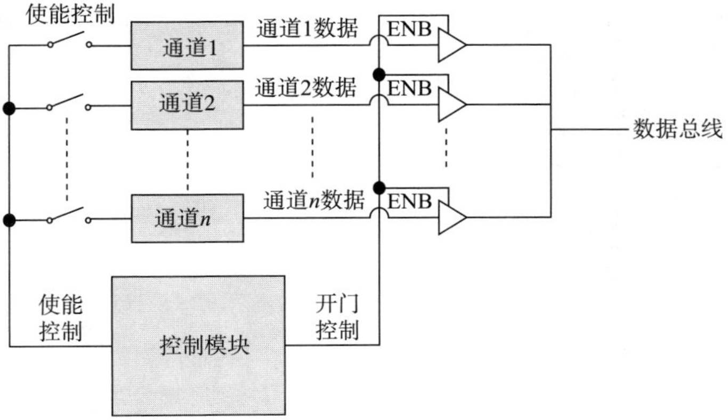

图 5－19 多路复用信号采集系统功能框图

由控制模块发出控制指令，将时间划片，不同时间激活不同通道以控制协调不同通道分时工作，各通道产生的数据通过三态门连接到数据总线上。三态门也分时开启，达到多路复用功能。为更好地提高产品工作效率，可以在复用数据采集系统中，再设计子复用数据采集模块，将已分割的时间片再次分割。如一个遥测数据采集装置，需要完成模拟量、数字量、脉冲量等各种数据采集，其生成的数据最终均上传到数据总线，占用一个数据链路，组成一个多路复用系统。在模拟量采集的功能上，还可以再划分时间片，将其进行二次分时复用处理。图 5-20 所示为一个 64 路输入模拟量采集分时复用系统功能原理框图，完成对 64 路模拟量的采集。模拟量输入端由两级模拟开关（交换子）组成，根据控制信号完成对 64 路输入通道的选择。第一级由 4 片 16 选一模拟开关芯片组成，每一个芯片完成对 16 路模拟量选通控制。64 路模拟量共选择 4 路输出，进入二级模拟开关。第二级由 1 片 4 选一模拟开关芯片组成，在控制信号控制下最终选通一路模拟量进入后端模数转换模块完成 A/D 转换功能。这样，后端的模拟信号采集模块由所有模拟量分时复用，随着

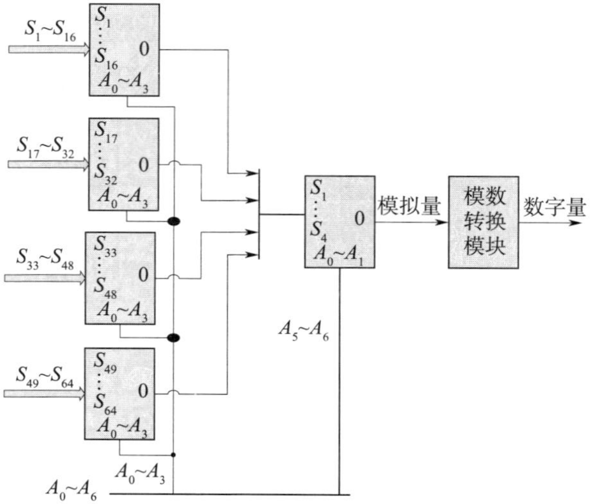

图 5-20　64 路输入模拟量采集分时复用系统功能原理框图

控制信号的变化完成对 64 路模拟量分时采集。

64 路模拟量选通的控制信号线需要 6 根，如图 5 - 20 所示，$A_0 \sim A_6$，要求满足

$$采集路数=2^n$$

根据上式可知，一般工程设计中，将模拟量采集规模设计为 2^n，这样才能保证控制地址线的最大使用效率。

5.2.2　高速总线互联

本节主要介绍高速总线互联在遥测系统中的重要作用和当前发展情况。随着遥测通信技术的飞速发展，为减轻电缆的质量，增大导弹的射程和运载火箭的运载能力，总体设计已经出现在导弹上和火箭上采用总线技术替换传统电缆传输的需求。本节将详细介绍各种参数信号的采集和大量数据的传输，以及苛刻环境条件需要应用速率高、抗干扰能力强、可靠性高的测量总线；详细阐述高速总线互联方式，在各终端之间提供一条信号数据通道，包括线缆、连接器、耦合器、发送器、接收器等传输网络硬件，同时，还包括通信协议和拓扑结构形式。

5.2.2.1　高速数据总线产生背景

随着航空航天领域中测控通信技术的飞速发展和高速数据传输技术的不断需求，高速总线技术也在不断发展，并在航天器分布式遥测系统中具有举足轻重的地位，数据总线的速度、使用灵活性、可靠性直接影响航天器的整体性能。数据总线的类别很多，按其传送数据的方式可分为串行总线和并行总线两大类。并行总线传输速度快，但同步困难，接口相对复杂，一般用于设备内的简单数据传输，而不用作系统总线；串行总线一般接口较简单且适用于在距离较远的分系统间进行数据交换，因此作为系统总线应用广泛。

传统遥测系统采用集中式控制，各设备间互联常采用点对点连接的电缆网进行信号传输，因此，产生了大量的电缆线路和连接器。且随着功能扩展，设备随之增多，系统变得复杂而庞大，复杂的连

接线路降低了系统的可靠性。电缆中传输的大量模拟信号很容易受到干扰，有的本身就是强干扰源，降低了系统的电磁兼容与抗毁能力。同时电缆网与连接器的质量对航天器的运载能力影响显著，制约系统整体性能，成为限制遥测系统设备小型化、模块化和标准化发展的瓶颈。于是，以数据总线为核心的新型遥测通信技术在这种背景下应运而生，通过数据总线实现系统各设备间的信息交联和共享。

数据总线是一种数字式数据传输技术，它使用数据链路来传输各设备间的数字式数据流。这种数据链路仅由几根连线组成，大大地减少了系统内部的连接线，减轻了系统质量，增加了可靠性。数据总线本质上还是一种控制网络，遥测系统中单个分散的测量设备作为总线网络的节点挂接在网络上，通过总线网络各设备节点可进行各种数据和命令的传送。不仅简化设备间的连接关系，实现系统综合，还确保了不同测量通道的独立性，提高了系统的可靠性。

5.2.2.2 高速数据总线主要技术指标

数据总线主要包括硬件、协议和拓扑结构。具体指标有数据速率、传输延时、可靠性、传输介质、拓扑结构、网络管理方式以及通信协议等。

1）总线带宽（总线数据传输速率）：单位时间内总线上传送的数据量，即每秒钟传送多少 MB 的最大稳态数据传输率。其公式表示为

$$总线带宽=总线工作频率\times总线位宽/8$$

其中，总线位宽为总线能同时传送的二进制数据的位数；总线位宽越宽，每秒钟数据传输率越大，总线带宽越宽。总线工作频率为总线的工作时钟频率；时钟频率越高，总线工作速度越快，总线带宽越宽。

2）传输延时：传输延时是指消息从进入源节点的发送缓冲区开始，经过链路广播时延，进入中间节点的旁路缓冲区等待发送，最后到达目的节点的接收缓冲区为止所经历的平均时间，即所谓的端

到端的平均传输延时。传输延时不包括消息从源节点的应用层到发送缓冲区，以及从目的节点的接收缓冲区到应用层的时间。总线传输延时由总线的硬件性能和传输协议共同决定，与总线响应速度、传输带宽和传输效率等指标有关。

3）可靠性：数据总线传输的可靠性，包括单一链路上的检错和纠错能力、总线系统的故障节点识别、隔离和系统重构能力、总线仲裁策略以及链路的冗余链接等，反映总线传输误码率、带载能力等指标。

4）传输介质：数据总线常用的传输介质有屏蔽双绞线、同轴电缆和光纤。传统弹、箭、星载电子系统多采用屏蔽双绞线和同轴电缆传输数据信号。虽然，可通过采用多余度技术解决可靠性，但不能防止雷电干扰、电磁干扰（EMI）、电磁冲击（EMP）等。同时，采用电缆传输信号会导致线路布局复杂，增加各线路间串扰和地环流的相互影响，很难满足高性能、高可靠性和高速数据传输的要求。与屏蔽双绞线以及同轴电缆相比，光纤具有带宽高、损耗低、抗电磁干扰、质量小、结构小等优势，非常适合现代航空航天电子系统数据通信的使用。

5）拓扑结构：数据总线的拓扑结构主要分为总线拓扑和自由拓扑两种。总线拓扑结构中所有节点不需交换设备，直接连接在总线上共享一条公共传输线路，任何站点均可发送传播，但在同一时刻只能有一个站点发送数据，所有站点的发送竞争是通过载波监听多路访问/冲突检测的媒体访问控制器实现，总线拓扑需要配备终端电阻以消除总线上的信号反射；自由拓扑结构通信网络上只有一个终端匹配器，结构可以是星形、环形或混合形，信息传输通过权限分配实现，站点间的寻址则由总线通信协议解决，在网络配置上更为灵活简单。

6）网络模型：数据总线的网络模型遵循 ISO 7498 定义的开放系统互联七层模型，实际应用过程中，大多数总线将网络模型简化为三层，即物理层、数据链路层和应用层。

7）通信协议：为确保总线系统可靠工作，不仅在设备硬件上采取隔离、冗余等措施，总线通信协议上也要具备多种错误检测与故障恢复机制等能力，加强可靠性设计。另外，设计时通常关注的是最坏情况下的数据延迟，而不是平均延迟。数据总线的传输流量大多是阵发性的，巨大的时窗内可能很少或没有数据发送，随后，又可能有一个比平均数据流量大几个量级的高峰流量时期。因此，通信协议必须为高优先级的消息提供有保证的延迟，同时，将低优先级的消息积存起来，从而完善地处理好此高峰时期。数据总线常用的通信协议有以下几种。

a. 指令/响应方式。这类协议中的消息传输由总线控制器控制，相关终端节点对指令给予响应，一般为满足实时集中控制需求并考虑总线网络传输量的不均匀性，可选用指令/响应方式，如 MIL－STD－1553B、SpaceWire 等。我国也制定相应的国家标准GJB 289A 和 GJB 2633，行业标准 SJ 20539 是针对机载多路传输的光纤数据总线标准。

b. CSMA/CD 式。CSMA/CD 即载波监听多路访问/冲突检测，是一种占用型介质访问控制协议，网络中各个节点都能独立地决定数据帧的发送与接收。每个节点在发送数据帧前，先要进行载波监听，只有总线空闲时，才允许发送帧。当两个以上的节点同时监听到总线空闲并发送数据帧，则会产生冲突现象，使发送的帧都成为无效帧，发送失败。每个节点具备随时检测冲突是否发生的能力，一旦发生冲突，则停止发送，以免总线带宽因传送无效帧而被白白地浪费。然后，随机延时一段时间后，再重新占用总线，重发送帧，如 CAN、AFDX、IEEE802.3 以太网等。CSMA/CD 协议比较简单，技术上易实现，网络中各节点处于平等地位，不需集中控制，不提供优先级控制。但在网络负载增大时，发送时间将增长，发送效率急剧下降。

c. 令牌传递式。在分布式控制方式的通信总线网络中，最为成熟且适应于弹、箭、星载环境的通信网络就是线性令牌总线和令牌环。SAE 的线性令牌总线标准（LTPB）和 ANSI 的令牌环标准（FDDI）是最典型的两种。总线上只有正在握有令牌的节点才能发送消息，且总线上每个节点都给定一个传输数据的时间段，在安排的时间期满后，将令牌传送到其他节点。令牌传递协议排除指令/响应型总线所必需的总线控制器终端，实现分布式控制与分布式处理。

5.2.2.3　高速数据总线航天应用现状

目前，在航空航天领域较常用的数据总线主要有 3 类：第一类，是专门为军事目的设计的数据总线，如 MIL - STD - 1553B、SpaceWire 等；第二类，是利用成熟的工业现场总线或商业总线，改造后应用到航空航天领域，如 RS - 232、RS - 485、CAN、Ethernet、IEEE1394、USB、蓝牙等；第三类，是比较新颖的，如光纤通信总线等。

国内传统箭（弹、星）载遥测系统的设计采用的是分布式数据采集和集中处理传输工作模式，遥测参数主要有工作电压、工作电流、温度、压力、过载、功率等，采集数据量和信息传输实时性要求不太高，应用的数据总线通常有 RS422/485、MIL - STD - 1553B、CAN 总线等速率较低的数据总线。其中，MIL - STD - 1553B 是应用最为广泛的一种军事数据总线。

传统航空航天、军用等领域使用的数据总线存在以下主要问题：

1）不能满足远程传感数据控制的应用需求；

2）绝大多数现存的总线网络标准要么不支持实时信号处理的应用，要么只具有有限的信号传输容量；

3）还有一些标准并不是针对航天环境的使用，由于其结构复杂、功耗较大等原因，将其改进也很难满足航天环境要求。

5.2.2.4　高速数据总线设计原则

数据总线设计的基本依据是控制方案和网络布局。根据控制方案提出的延时指标，在测算相应通道数据传输量的基础上，确定总线数据速率等实时性指标参数，根据网络布局确定节点数和传输距离等，设计原则如下：

1）可靠性高。具有很好的抗电磁干扰性能和空间环境适应能力（太空粒子撞击、辐射、急剧热变化等），具有传输链路冗余设计，保证数据传输的正确性。

2）带宽高。由于系统功能不断增强、系统越来越复杂、各节点间通信越来越多、总线传输速率至少在几百 Mb/s 甚至 1 Gb/s 以上。

3）实时性好。低延迟、数据响应时间限定在微秒级，同时，数据链路层协议能够保证消息传输延迟的确定性，确保数据传输的效率，合理分配各节点带宽容量，使实时信息能及时交换处理。

4）容错性好。数据总线要有较强的容错能力和重构能力，能够消除可能存在危及整个系统生存的单点故障。设计合理的流控制和速率控制机制，减轻数据接收缓冲器中的接收拥塞；高效的容错故障机制可以将系统中的故障快速检测、隔离和修复，保证系统的完整性和维护性。

5）技术规范标准化。为使不同供应商的产品间能够互换，给用户更多的选择，选择技术规范标准化的数据总线。包括机械结构规范（模块尺寸、总线插头、总线接插件以及安装尺寸），功能规范（信号线的名称、功能以及工作过程），电气规范（信号线的有效电平、动态转换时间、负载能力等）。

6）开发简单、成本低。在满足功能要求前提下，尽量选择成本低、体积小、质量小、功耗低、灵活性较好的数据总线。

5.2.2.4　常用高速数据总线简介

国际上，现在有很多高速总线技术广泛应用在航空航天、军事等领域中，包括 IEEE 1335 Spacewire、IEEE 1394、光纤通道 FC、光纤分布式数据接口 FDDI、IEEE 802.3 Ethernet、新型航天光纤数据总线 SFODB、线性令牌总线标准 LTPB、全双工航空设备以太网 AFDX 等。其中，某分系统中就应用了 IEEE 1394 串行总线，通信速率为 100 Mb/s。航天某卫星上采用 Ethernet 作为星载计算机与对地成像系统（EIS）传输大批量数据的总线。国内，也有一些空间领域的试验项目采用 SpaceWire、SFODB 总线，航空领域中也有些项目采用了 FC、FDDI、LTPB 等总线。下面进行几种数据总线的简介。

（1）MIL－STD－1553B

MIL－STD－1553B（简称 1553B）总线是 20 世纪 70 年代后期发展起来的一种集中式控制、分布式处理的时间分割串行多路数据传输总线，按指令/响应（主/从）模式工作，信号传输调制方式采用曼彻斯特 II 双相电平编码，传输速率为 1 Mb/s，信息传输吞吐量为 200～300 Kb/s，能挂接终端节点最多 31 个，采用双冗余信道、奇偶校验等容错与检错措施。

该总线采用线性拓扑结构，通过直接耦合方式或变压器耦合方式，用电缆总线介质（双绞屏蔽电缆、总线耦合器、总线端接器等）将总线控制器（BC）、远置终端（RT，又称节点）和总线监视器（BM）等连在一起。其中，总线控制器为总线控制中心，负责总线调度和组织管理，包括发起和组织所有的总线通信；远置终端用于连接各子系统进行数据通信；总线监视器（MT）可选，用于监视总线的运行状况。1553B 总线系统组成如图5－21 所示。

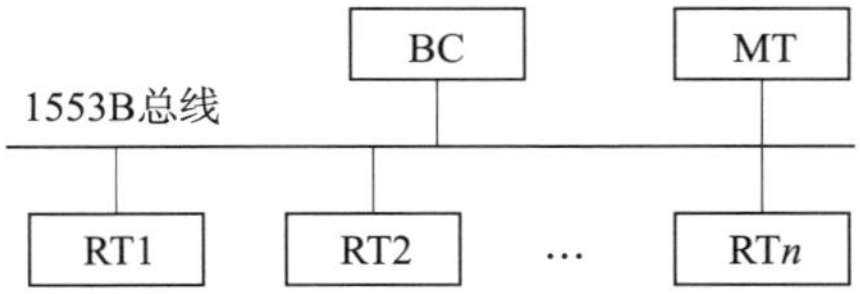

图 5－21　1553B 总线系统组成

1553B 总线数据传输的基本单元是消息，共有 11 种不同类型的消息，每次传输一个消息的完整过程应包括指令字、数据字、状态字三个部分。数据位在总线上以曼彻斯特码的形式进行传输，每位占用的时间为 1 μs。根据 1553B 通信协议，指令字只能由现行激活的总线控制器发送，它的内容规定了该次传输消息的具体要求，包括总线控制器要与哪个终端对话，该终端是发送还是接收消息，以及消息数据字的长度等。数据字既可以由总线控制器传输到某终端，也可以从终端传输至总线控制器，或者从某终端输往另一终端，由指令字和相应的消息格式决定，状态字只能由终端发出。

在 1553B 系统中，任一 RT 的故障都不会造成整个系统的瘫痪，而 BC 应保证能可靠地工作，因为一旦 BC 不能正常工作，则会造成整个系统的瘫痪。为了保证 BC 可靠地工作，一般采用激活的和备份的两个总线控制器。在正常工作情况下，备份的 BC 处于潜伏状态，不参与总线控制工作，只有当激活的总线控制器发生严重故障，不能行使总线控制的职责时，备份的 BC 才从潜伏状态转化为激活状态，取代原有的 BC 工作。

1553B 总线的优点有：由于总线上每条消息最多包含 32 个字的特点，传输一条消息的时间比较短，确保了总线传输的实时性；总线按指令/响应的方式异步操作，通过校验、重传的机制保证了消息传输的正确性，信息传输错误概率为 1×10^{-7}，可以通过奇偶校验的方式进行错误检测；双冗余总线总处于热备份状态，完成故障容错；高集成度的协议芯片优化总线的通信接口，提高系统的可靠性。

1553B 总线的缺点有：对于在大处理容量和高数据传输速率的复杂系统上应用，1553B 总线的数据传输速率、信息传输吞吐量相对较低，能挂接终点节点数目少；体积、质量、功耗较大，价格较昂贵；传输匹配严格（需要匹配耦合器），连线要求较高，这些限制了它的应用。总之，1553B 总线由于具有很好的抗辐射性能，数据传输可靠性高，已广泛地应用于环境条件苛刻的航空航天、军事等领域中。但由于 1553B 总线系统实际上是一个查询网络，它的响应时间比较大，并随着节点（RT）数目的增加而明显增加，因此，在航天工程实践中，1553B 总线的节点数不宜过多，否则，会影响系统的实时性能。美国 F-15、F/A-18 等第三代战斗机等广泛应用了这种总线。CAN 是英文 Controller Area Network 的缩写，即控制局域网络，是一种高可靠性、高保密性、有效支持分布式控制或实时控制的串行通信网络。其最初是 1993 年由德国 Bosch 公司为汽车的监测和控制系统设计的多机主局域网系统，是主要应用于汽车监控、开关量控制等工业控制的一种现场总线。总线网络上传输的是小批量数据信息，如检测信息、状态信息、控制信息等，传输速率低，最高数据传输速率为 1 Mb/s，但实时性高。通信介质可以采用双绞线、同轴电缆或光导纤维等。总线上可挂设备数主要取决于总线驱动电路，最多可达 110 个；CAN 总线采用 NRZ 编码/解码方式，并采用位填充（插入）技术，废除传统的站地址编码，对通信数据块进行编码并用 CRC 进行检验，提供错误处理功能，信息传输错误概率为 10^{-11}。总线的介质访问方式为非破坏性位仲裁方式，系统可靠性较高。CAN 总线以报文为单位进行信息传送。报文中包含标识符 ID，它也标志着报文的优先权；CAN 总线上各个节点都可主动发送，省去主从结构需要的查询工作，提高总线的利用效率。如同时有两个或更多节点开始发送报文，采用标识符 ID 进行仲裁，发送具有最高优先权报文的节点赢得总线使用权，而其他节点自动停止发送，在总线再次空闲后，这些节点将自动重发原报文。CAN 系统中，一个 CAN 节点不使用有关系统结构的任何信息（如站地址等）。报文中的标识符一般不指出报文目的地址，而是描述数据的含义。在网络中，所有节点都可由 ID 来决定是否接收该报文。每个节点都有 ID 寄存器和屏蔽寄存器，接收到的报文只有与未屏蔽的 ID 寄存器相符时，该节点才开始正式接收报文，否则，它将不理睬 ID 后面的报文。这使得 CAN 系统非常灵活，可任意扩展或改变网络组成，CAN 总线系统组成如图5－22所示。

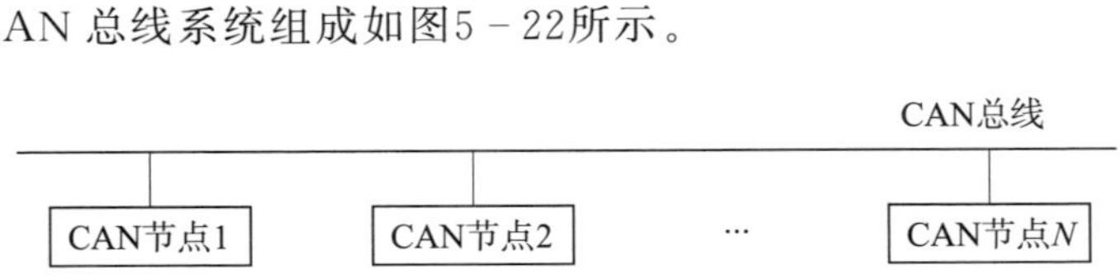

图 5－22　CAN 总线系统组成

CAN 总线具有成本低，应用简单，总线利用率高，消息优先，强大的错误控制，故障限制，中断信息自动重传，配置灵活等优点。

相对于其他总线，CAN 总线的优点很明显，故在全球范围内一直保持高速发展，被公认为是极具发展前途的现场总线之一。

作为工业控制总线技术，CAN 总线的可靠性没有军用总线标准高，军用和航空航天电子系统中控制系统等主要系统很少采用 CAN 总线作为主干线。它主要应用于小型科学试验火箭和试验小卫星上。英国 FASat - Alfa、UOSat - 12、SNAP - 1（2000）小卫星中采用这种总线。

（2）RS - 422/485

RS - 422/RS - 485 串行总线标准采用差分传输方式，即平衡发送和差分接收，具有抑制共模干扰的能力，传输速率可提高到 10 Mb/s。RS - 422 支持点对多的双向通信，最多可接 10 个节点，可与同步串行协议如 HDLC 协同使用，RS - 422 虽然可实现多点传输，但这种总线通常只用于点对点的通信。为扩展应用范围，EIA 在 RS422 基础上制定 RS - 485 标准，增加多点、双向通信能力。

RS - 422/RS - 485 总线在航天领域应用较多，国内运载火箭、武器导弹及空间小卫星的电气系统中都曾采用。它的优点是价格便宜、实现简单、性能可靠等，但同时存在实时性较差、传输速率较低等缺点。由于稳定性弱，相互牵制性强，通常一个节点故障会导致系统整体或局部瘫痪，而且又难以判断，因此需对节点采取隔离手段增强可靠性，使单个节点故障不会影响到整个系统。同时主从结构、命令/响应的通信方式，使得除控制节点外其余节点只能在控制节点的查询下工作，难以满足实时性要求，且浪费系统通信能力，传输速率低。

RS - 422/RS - 485 标准只对通信物理层的电气特性做了规定，不涉及通信协议等高层内容，不是完整的标准总线，当传输码率较高时会增加研制风险性和负担，使用不当会出现噪声干扰、总线冲突、通信电路失控、误码率高等问题，并且无错误检测机制，可靠性无法保障，主要应用在要求不高的系统中。

(3) IEEE 1394

IEEE 1394 串行总线标准是苹果（Apple）公司于 1986 年提出的，1995 年 12 月，国际电气工程师协会（IEEE）正式通过，2000 年发布了 1394a 规范，2002 年又发布 1394b 版本。IEEE - 1394 是点对点的连接通信，传输速率高，连接简单，支持以双绞线或光纤为介质的长距离传输，适用于实时数据传输。IEEE 1394 支持的数据率是 100 Mb/s，200 Mb/s，400 Mb/s，IEEE - 1394b 支持的数据率为 800 Mb/s，1 600 Mb/s，3 200 Mb/s，可以满足多媒体数据的实时同步传输。

IEEE 1394 规定的传输电缆采用 6 芯电缆，其中，2 对双绞线用于进行信号的传输，另外 2 条用于电能的传送。由于带有能源线，使设备在断电或损坏情况下仍能通过该设备进行通信，电源与通信通道可共用一条电缆，为进行一体化设计及减重创造条件。IEEE 1394 中，任何设备都可以完成所需的总线管理功能，保证单个设备的损坏不会破坏整个系统。IEEE 1394 是总线型网络，最多能支持 16 层树型网段，物理拓扑结构为菊花链、树型或这些结构的混合拓扑结构。网络能够在设备加入或移除时在物理层完成网络拓扑结构的动态配置，具有即插即用功能，不影响数据传输。并且，允许具有不同速率的设备同时挂接在一条总线上，单一总线最多可连接 63 个设备，构成独立的子网，这些子网还可以通过网桥连接起来，允许数据跨段传输，其组成示意如图 5 - 23 所示。

IEEE 1394 信号编码采用 DS 自同步编码，非常简单。同时，支持等时和异步-响应方式传输。等时传输模式工作时，占用固定的带宽，要求数据在固定时间间隔进行传递，需要经常访问总线，强调数据的实时性，适合传输延时要求严格的信息流，特别是视频、音频和图像等大容量数据的高速实时传输。异步传输模式可在任何时候进行传输，保证数据传递，不强调实时性要求，这些传输不需要固定的带宽也不需要经常占用总线，可靠性优于时效性，允许重发。用于对正确性要求较高的传输，如指令数据、控制数据等要求正确

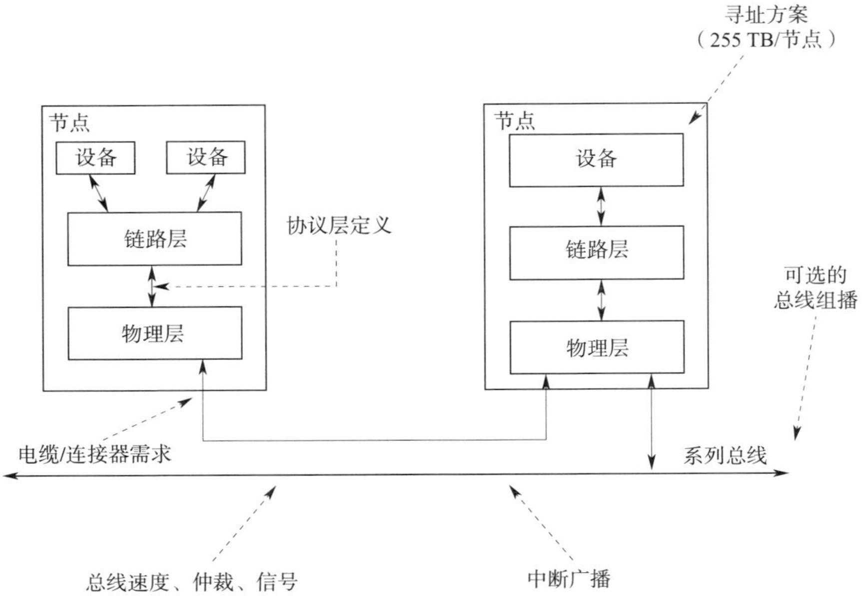

图 5-23　IEEE 1394 组成示意图

性高的传输。

当一个节点想要传输数据时，先向根节点设备（总线管理器）申请仲裁，获得总线控制权。如果是异步传输，含有发送和接收节点地址的数据包被送入总线对所有节点广播，被选定的节点接收数据包后，发送一个响应包返回给发送设备；对于等时传输，发送设备申请传输带宽和通道号，包含通道号的数据包被传送，接收设备检测总线上的数据包，并接受特定通道号的数据包，总线上可同时传输 64 个同步通道的数据。

IEEE 1394 也是一个分层的传输系统，定义三层，即物理层、链路层和传输层。物理层提供初始化服务以及用于确保在同一时刻只有一个节点在发送数据的决策服务，还向链路层提供相应服务。链路层完成包的传输及接收，如 CRC 计算和检查。同时，因为等时传输不使用传输层，因此链路层要完成等时数据的收发及等时通道的周期控制，也向传输层提供相应的服务。传输层实现的是遵循ISO/IEC 13213标准的请求-响应协议，用于进行数据块长度可变的异步传输。

目前，IEEE 1394技术飞速发展，不仅在工业和测控领域被广泛地应用，且已逐步深入到航空航天领域。美国国家极轨道军事环境卫星系统（NPOESS）、地球行星探测器（FPT）和木卫二轨道探测器等空间任务中采用了IEEE 1394高速数据总线，闪电战斗机F-35的综合飞行器管理系统（IVMS）配置了三余度IEEE 1394B总线。

IEEE 1394在功耗、体积和质量上有着优势，但在协议实现上较复杂，版本很多。越复杂的协议在可靠性上越难保证。而且这种总线是商业总线，提供的热插拔、反馈重传机制等在航天和下行大量数据传输上用不到。同时，IEEE 1394网络是采用在特定距离内的树型拓扑结构，当用作骨干网时，会布线复杂、延时较大，也不利于冗余备份。

（4）SpaceWire

SpaceWire是欧洲空间局（ESA）针对航天高速数据传输的需求，于2003年开发出的一种高速、全双工、低功耗、低成本的串行总线网络，如图5-24所示。它以两个商用标准IEEE 1355-1995和IEEE 1596.3（LVDS）为基础，通过对IEEE 1335可靠性、功耗等方面的改变，使其能够更好地满足航空航天应用的要求。SpaceWire总线主要用于处理飞行器内部的有效载荷数据和控制信息，目的是能够将传感器、处理单元、大容量存储器单元及下行遥测子系统等连接到一个统一的高速数据处理结构中。

SpaceWire提供点对点通信或通过路由开关形成大的通信网络，传输速率为2～400 Mb/s，容错能力较强，尤其具有很好的EMC特性，并且采用低电压差分信号发送（LVDS）技术，使得SpaceWire具有更低的功耗和更优秀的电磁兼容性能。在错误检测、异常处理、故障保护、故障恢复及时间确定性方面做了相应加强。该总线采用

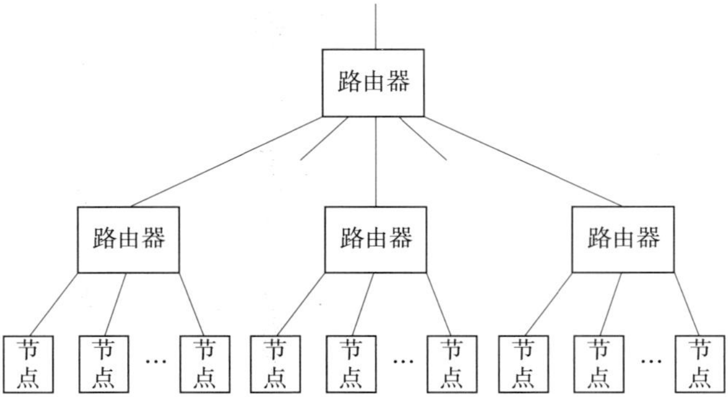

图 5-24　SpaceWire 网络

双绞线进行通信，连线少，延时低，易于控制，开发相对简单，适于高速数据传输要求的系统。SpaceWire 适合设计成 ASIC，总线的信息包大小由信息包最后一位进行定界，因此，可传输任何种类的数据。

SpaceWire 采用 Data - Strobe（DS）编码方案，这种编码将信号按两路发送，一路是原信号，另一路信号仅当在信号连续不变时才发生跳变，便于异步传输恢复时钟信息。并且引入路由器，采用线路切换技术及协议，网络中可同时使用多条总线，增加节点也不会降低网络带宽，使得节点间的连接、网络的扩展变得更灵活。SpaceWire 具有灵活的总线拓扑结构，即使设备间各个连接的数据传输速率不高，仍可通过增加总线数量的方法成倍地提高整个网络的数据传输速率，但总线的总吞吐量受总线最高速度的限制。假设 SpaceWire 能实现的传输速率为 200 Mb/s，引入路由器后只要每个节点的速度不超过这个速度，如果有 5 个节点同时在网络中传输数据，则总线的总吞吐量就能达到 1 Gb/s。

SpaceWire 一般采用主从网络结构，虽然这种方式在一定程度上影响传输效率，但由于其极高的传输能力，仍具有较好的实时性。

SpaceWire 最大的优点是目前已有航天级的元器件，而且 SpaceWire 的研制目的就是专门针对航天高速数据传输应用，因此，在速率、功耗、抗辐射以及简单易用等方面具有其他总线不能比拟的优势。目前，已成功应用在 ESA 的 Mars Express（火星快车）、JAXA 的太空望远镜 NeXT、NASA 的 SMART - 1 月球探测器等多个空间任务中。目前，我国也有正在研制的空间试验项目应用了此总线。

SpaceWire 总线的缺点是协议不够成熟，没有商业支持，导致 SpaceWire 总线的芯片种类单一，构建大型 SpaceWire 网络的路由器芯片到目前为止还没有成熟产品。

（5）光纤通道 FC

光纤通道 FC 是由美国国家标准委员会编制的一个通道与网络标准的集成，美国国家信息技术标准委员会第 T11 分会将开放式标准 FC 扩展成用于飞机航空电子系统环境的一个实施指南 FC - AE。光纤通道航空电子领域（FC - AE，Fiber Channel Avionics Environment）是将光纤通道标准应用到军事领域的一种标准。尽管，它的名字叫光纤通道，但可支持双绞线、同轴电缆和光纤多种串行物理传输媒介。

光纤通道 FC 设计为串行连接，定义一系列协议以提供低延迟、高带宽连接，能够避免并行连接在高速通信中遇到的时钟偏移问题。因此，接口更简单，传输速率更高，可达 133 Mb/s～4 Gb/s，传输距离更远。FC 采用 8B/10B 编码方式，保证传输信号的直流电平基本稳定。为检测所接收到数据帧的有效性，光纤通道 FC 提供定界符正确性、地址、数据帧正确排序、定时器检查等，还包括一个 32 位的 CRC，最大传输错误概率为 1×10^{-12}。FC 的错误处理是在序列等级执行而不是在数据帧等级执行，端到端延迟为 10 μs 以下量级，保证了数据的完整性和高可靠性。

光纤通道的拓扑结构灵活多样，按网络功能和带宽的不同要求，分为开关结构（Fabric Switch）、点对点结构（Point - to - Point）和仲裁环结构（Fiber Channel Arbitrated Loop）。

光纤通道定义一个实时的仲裁环路扩展，实时请求的优先权抢占机制和一个实时同步环路，目的是通过使用定长的包和保障的对环路的存取提供有界的延迟和确定的响应。FC 总线是一个支持多协议的高性能互联总线类型。它不包括本地的上层协议，而是定义各种传输层之间的上层协议映射和特定的一系列光纤通道交换和序列。与 FC 共同使用的上层协议包括用于 LAN 应用的 IP（TCP/IP），用于存储应用的 SCSI 和用于分布式计算群集器的 VIP（虚拟接口结构），还有一个基于 1553 的上层协议映射。2004 年 X3T11 制定完成 FC - AE - 1553 协议，定义 1553 总线协议与 FC 高层协议间的映射关系，可使 1553 网络平滑升级至 1 Gb/s。

在航空军用电子系统中，光纤通道得到较多的应用，尤其受到美国军方的重视，FC - AE 标准就是美国军方专门制定的航空电子版光纤通道，如 F - 35 战机上就采用了该总线。DDC 公司目前已生产出可在 ACTEL 反熔丝军品 FPGA 上运行的光纤通道 IP 核，PMC -SERRA 等一些厂家也提供了多种光纤通道的设备级产品。然而，光纤通道虽然传输速率很高，具有很强的抗干扰能力，但功耗相对也很大，高成本及有限的互操作性，使得光纤通道的广泛应用面临着不小的挑战。

（6）SFODB

SFODB（Spaceborne Fiber Optic Data Bus）标准是 1999 年美国国家航空航天局（NASA）和国防部（DoD）联合开发制定的，是为空间飞行器遥感数据处理的需求而专门设计开发的高速数据网络，非常适合遥感测控等需要高带宽通信的设备使用。

SFODB 是一种基于商用异步传输模式（ATM）电讯标准的高速航天数据总线技术。它既可采用串行传输方式，也可采用并行传输方式。其中，采用串行传输方式的 SFODB 又称为 IEEE 1393 标准，速度为 200 Mb/s～1. 458 Gb/s。拓扑结构是由光纤链路连接多个 FBIU 单元以及单个 CFBIU 单元组成的环形网络，其中，一个为主节点，其余为从节点，如图 5 - 25 所示。CFBIU 主要完成网络配置、控制以及状态监控功能；而 FBIU 主要完成数据收发的功能，各节点间距离不超过 100 m。支持异步和同步操作，节点数为 2～

128 个，可灵活地满足不同的载荷需求；SFODB 网络上有固定时槽和令牌仲裁传输时槽两种数据传输方式。固定时槽方式指分配网络带宽给某一节点，即将时槽分配给 FBIU 单元，当时槽到达时，各 FBIU 就对应着将数据单元发送到网络中。这种固定带宽分配方式主要用于同步或高速率数据传输的需求。这种带宽分配方式还可以支持网络带宽的重新利用。令牌仲裁方式为多个节点共享时槽方式。当时槽通过各个 FBIU 单元时，FBIU 检测令牌的状态。若令牌的状态为"闲"，则 FBIU 发送信元，且用"忙"状态替换掉令牌的"闲"状态。若此 FBIU 单元发送数据完毕，则将用"闲"状态替换掉"忙"状态，使得共享此时槽的其他节点能发送数据。

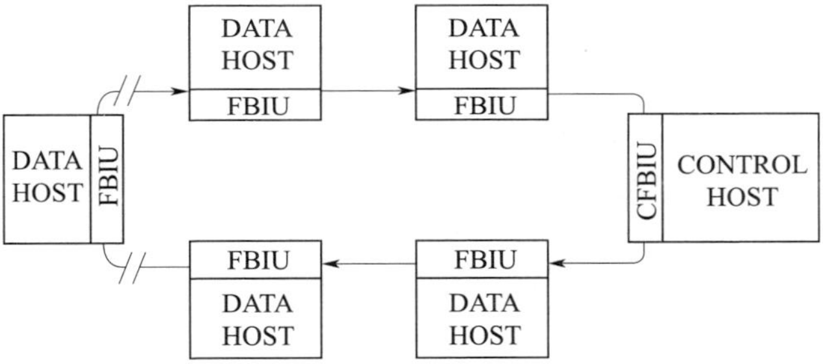

图 5-25　SPODB 总线拓扑结构

当 SFODB 网络中节点发生故障时，采用旁路特性迅速对其隔离，保障系统的可靠运行，每一冗余节点都包括 2 个 FBIU 单元，且每个 FBIU 单元都包含 3 个电光（EO）发射模块以及 3 个光电（OE）接收模块。相邻节点之间共有 8 条光纤连接，分别完成主用、备用、交叉跳接以及旁路等功能，这种结构可提供 3 个错误恢复机制：当探测到主用环路出现故障时，用户空盒子转换器使用备用环路；当探测到主用环上有一节点出现故障时，用户控制交叉跳线来对其隔离并使用备用 FBIU 单元；所有 FBIU 单元均正常工作，使用自动故障检测以及自动故障排除机制确保系统正常工作。该总线具有容错、高可靠性（误码率小于 1×10^{-13}）、低延时、长寿命以及能适应空间恶劣环境的特点，并且由于质量小、功耗低、高速及具有容错光纤网络的优点，非常适用于热、机械和辐射环境非常恶劣的空间环境，但使用成本较高。NASA 于 2000 年 11 月 21 日发射的地球观测-1（EO-1）卫星中使用了这种总线。

（7）光纤分布式数据接口（FDDI）

FDDI 是以光纤为传输媒介，数据在 200 km 内传输的局域网标准，由美国海军研究中心提出，不但支持长距离传输，还支持多用户使用。

FDDI 为环形拓扑结构，节点与节点之间采用环形结构连接成封闭环，沿环形方向节点间互为信号中继器。两个相对旋转的环中，主环路进行网络中正常的数据传输，另一个环为冗余的备份环，处在空闲状态，如图 5-26 所示。当主环路上某个节点或几段环路发生故障，则由节点内的旁路开关进行内/外两个环的切换连接，这两个相对旋转的双环就很容易完成重构任务，因而具有较强的容错能力。数据传输速率为 100 Mb/s，最多可连接 500 个节点，是一种实现分布式控制、分布式处理的光纤总线网络系统。

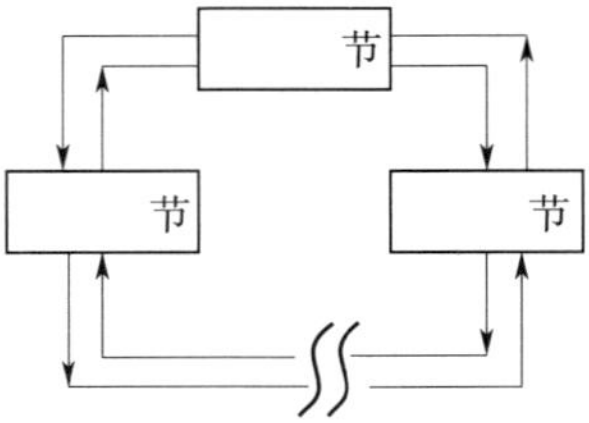

图 5-26 FDDI 双环拓扑结构

FDDI 协议基于令牌环协议传输信息，支持同步和异步传输两种模式，支持双环网的故障监视、环初始化以及报警过程。“令牌”是一个特别定义的信息帧，只有令牌明确寻址的节点才可在总线上发送信息，对总线上每个节点都给定一个握有令牌的时间期，在节点握有令牌的时间期内，节点主控工作，可发送信息给其他节点。FDDI 光纤令牌传输总线网络结构图如图 5-27 所示。

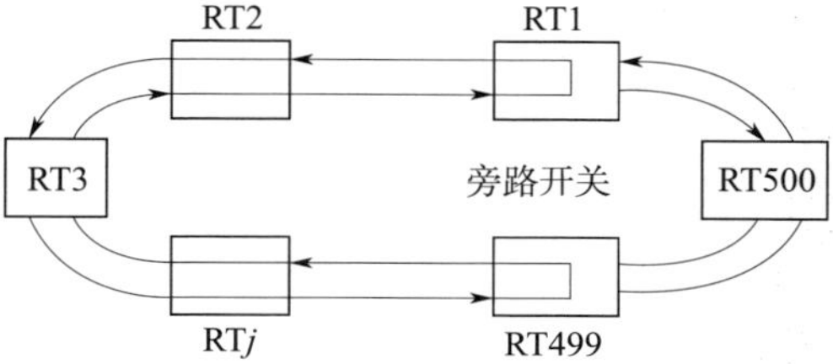

图 5-27　FDDI 光纤令牌传输总线网络结构图

FDDI 的优势是各节点的光收发器的光功率、灵敏度及动态范围要求低，因此设计实现简单、成本低，具有内在的双冗余结构，系统扩展容易，技术很成熟。美国波音 777 及自由号空间站采用了这种总线。缺点是其令牌环的工作方式导致传输速率低，整个环的监视较难，不仅需 FDDI 各节点的各个通信层参与，而且还需各节点共同维护。FDDI 交换机的端口较少，节点适配器价格昂贵，同时，FDDI 本身是共享性网络，限制网络的容量，有发生阻塞的可能，影响网络畅通，其速率不能突破 100 Mb/s 的最高限制，已被快速以太网（Fast Ethernet）和光纤通道等取代。

（8）线性令牌传输总线（LTPB）

LTPB 是 SAE AS4074.1 标准，它采用令牌多优先级传递协议，无需总线控制器，新的节点很容易进入或退出网络，无须修改现存网络，实现真正的分布式控制、分布式处理。

数据传输速率 50 Mb/s，可挂 128 个终端节点，采用光纤传输介质，具有很强的抗电磁干扰能力。LTPB 采用星型或线性拓扑结构，广播式总线网络上的节点共享一条广播式传输介质。当工作时，网络上的节点根据它们的物理地址编码大小组成逻辑环路，令牌沿逻辑环路逐节点传输。环路上获得令牌的节点得到机会向其他节点发送消息，每个节点能够使用的网络带宽（占用总线的时间）受到令牌持有定时器 THT 的限制，而节点中令牌循环定时器 TRT 则确定消息依据优先级别发送的次序。图 5-28 所示为星型耦合线性令牌传输总线网络结构图。

LTPB已确定为美国新一代军用机上的航空电子局域网，线性令牌LTPB高速光纤传输总线为军方RAH－66、F－22“猛禽”第4代战斗机所采用，也用于战斗机-联合攻击机（JSF）。

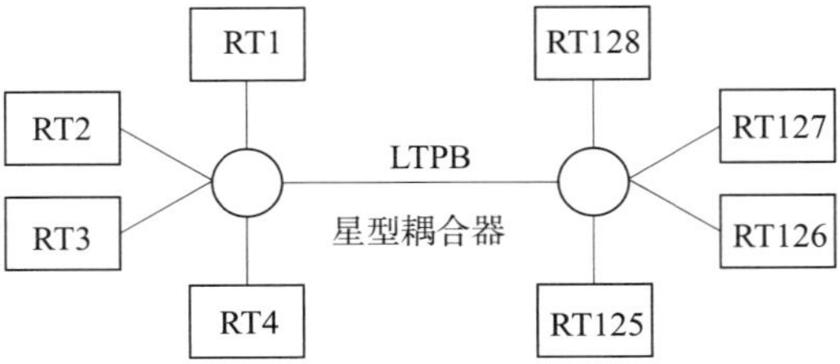

图5－28　星型耦合线性令牌传输总线网络结构图

（9）Ethernet总线

Ethernet以太网是20世纪80年代初开发并提出的，经IEEE修改成为IEEE 802.3标准。Ethernet是办公、商业领域最常用的通信网络之一，具有价格低、多种传输介质可选、高速率（10 Mb/s，100 Mb/s，1 000 Mb/s或更高）、易于组网等优点。另外，基于TCP/IP的Ethernet是一种开放式通信网络，很容易实现不同厂商设备间的互联。不过，Ethernet存在传输实时性、可靠性差，缺乏应用层协议等缺点。对于空间应用来说，以太网存在的缺点主要在于缺乏等时机制，并采用总线竞争式的介质访问方法，导致在数据流量大时易出现传输延迟的问题，不适合传输低延迟要求的实时数据。以太网商业支持很强，但目前还未发现相关军品级器件。

（10）AFDX

AFDX（Avionics Full Duplex Switched Ethernet）是航空电子全双工通信以太网，它基于IEEE 802.3以太网技术标准，为航空电子设备之间的数据交换提供电气和协议规范。AFDX采用星型拓扑结构，每个交换机最大可连接24个节点，交换机可层叠构成较大的网络，其网络组成如图5－29所示。AFDX物理连接媒介是双绞线或光纤，它允许连接冗余（双物理连接）来保证带宽和服务质量。AFDX地址没有采用IEEE 802.3以太网标准，而是采用电信标准的异步传输模式（ATM），克服了 IEEE 802.3 以太网的缺点，消除了传输冲突的可能性。

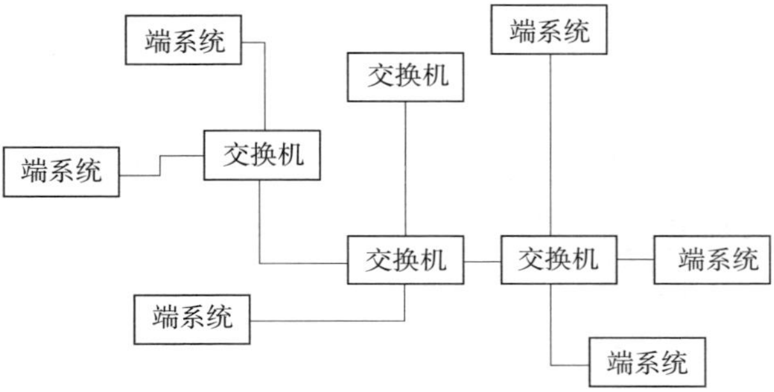

图 5－29　AFDX 网络组成示意图

AFDX 网络的核心是虚拟连接，终端系统的 100 Mb/s 带宽连接可支持多个虚拟连接，每个虚拟连接允许有专用的带宽。一个交换机能够支持的虚拟连接最大数目是 4 096 个，在层叠的交换网络中，系统总的虚拟连接个数受到交换机的边界限制，但创建的虚拟连接带宽总和不能超过网络最大的可用带宽。AFDX 网络的中心是一个交换机，基于帧交换技术，为源端和目的端之间提供一个直接快速的点到点连接，为每个端口提供独占的网络带宽，突破传统的以太网共享带宽的限制，使得每个站点的实际带宽大大地提高。每个站点对应于交换机的一个端口，各个端口间同时形成多个数据通道，它们之间的数据输出和输入不必竞争低层的传输信道，摆脱 CSMA/CD 模式。与其他以太网交换机相比，AFDX 通过带宽分配策略保证其传输延时的确定性，适应实时分布式通信要求，最主要是具有帧过滤和流量管理的功能，并能确保交换机的流量服从虚拟连接的分配。

AFDX 借鉴以太网成熟的技术，采用特殊的协议提供冗余管理，保证带宽和点到点的最小延时连接，保证数据通信的可靠性和安全性，已在 A380、B787、A－400M、C－17 及 AN－70 等飞机上成功地应用。但是，AFDX 的连接和维护较复杂，且以太网内在的一些不确定性和多冲突的特点不适合实时、可靠的航空应用。

还有一些其他数据总线，如 MIL-STD-1773（采用光纤介质的 1553B，速率为 20 Mb/s）、STANAG 3910（欧洲标准，速率为 20 Mb/s，可和 1553B 互联）等航空航天领域中曾采用的数据总线，这些总线速率较低，不再介绍。

目前，存在相当多不同类型的总线标准，各种总线并没有哪一种具有绝对优势，它们都有各自的优势和劣势，要根据不同任务需求进行最适合的选择。如传输测控数据，让多个节点能同时接收所需信息，采用广播型总线，容易监控系统的全部通信。用于传输控制指令的总线，可采用主从结构的总线或点对点的传输方式。

随着对高传输速率与分布式处理的要求，传统的数据总线，如 RS-422/RS-485、1553B 总线、CAN 总线等已不能满足现代航天遥测系统对大数据量传输的需求，逐渐退化为局部控制总线。因此，弹（箭、星）载遥测系统中，高速总线网络布局可根据灵活性原则考虑多条总线网络组合，或采用局部专线网通过总线接口接入骨干数字网。如直接关系飞行器飞行性能的姿控和制导系统等可作为数据传输的骨干网络，而时序、安全、头部、遥测等系统的信号传输可以挂接在骨干网络上，也可单独组成局部网络，通过总线接口与骨干网相连。这种将不同的总线网络在同一系统里进行整合，就是总线的互联异构技术，即将不同总线进行无缝连接。异构的关键技术是不同类型总线间的数据交换问题，包括数据格式转换、数据流速度匹配，这里不进行详述。

例如，我国某运载火箭电气系统就采用了两条 1553B 总线（控制总线和遥测总线）、一条 CAN 总线。1553B 总线作为电气系统的主总线，主要负责传输关键设备的控制信息，构成箭上骨干网络，而 CAN 总线主要完成传感器信息的测量工作，测量得到的数据转到遥测 1553B 总线，然后向地面传输。总线系统如图 5-30 所示。

二者的分工完全是由各自总线的特点决定的，1553B 总线具有高可靠性，但是成本较高，非常适合传输对飞行成败有影响的关键数据；CAN 总线分布性能好，节点配置灵活，价格相对低廉，适合对箭上纷繁复杂的传感器进行数据采集。

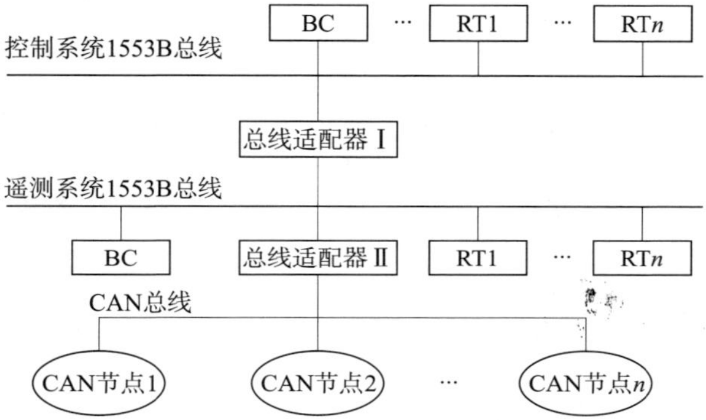

图 5 - 30　总线系统示意图

5.2.2.5　高速数据总线发展

现代航天遥测系统的设计已经向着高度综合化和以信息交换为中心的方向深层发展，通常要求系统在信号一级就实现数据综合，这样采集遥测信号时大量的 A/D 变换就会使得需要处理的数据量急剧增加，而且数据总线上传输的数据不再仅仅是命令和状态数据，而是存在大量中间处理结果的数据。同时随着整个遥测系统功能的不断强大，如实时传输导引头或遥感器的图形图像、音频视频或冗长文件信息等，至少需几十至几百 Mb/s 的带宽，传统的如 MIL - STD - 1553B 等几 Mb/s 带宽的低速率总线已无法满足要求，并且很多系统的总线数据负载率已接近总线允许的负载率上限，难以扩展新功能，因此高速数据总线技术的发展势在必行。近些年来，我国航空航天领域的数据通信系统对光纤技术越来越重视，光纤技术的应用已经渗透到航空电子系统、航天运载火箭、卫星、空间站和导弹武器系统等许多方面。

光纤技术是 20 世纪 70 年代发展起来的，由于光纤通信具有频带宽、数据传输速率高、传输损耗小、无中继通信距离远、抗电磁干扰、电磁冲击能力强，质量小、尺寸小等优点，光纤通信技术已在民用信息传输领域获得广泛应用。采用光纤技术的数据总线在硬件上只需增加光收发器、光耦合器等光电元件，而且光纤、半导体光源和光电检测器等光纤通信关键器件的工作寿命、可靠性、低温效应、调制速度、光电转换效率等都已有了质的发展，光纤信息传输技术完全可以满足弹、箭、星等军事领域的特殊应用需求。近年来，国内新型高速数据总线普遍采用光纤介质和定向数据分配协议，从而具有更高的信息传输速率、传输容量及适应性。

5.2.3 信号存储与处理

本节主要介绍航天器在点火、级间分离、再入等飞行过程中遥测信号发生瞬时中断情况信号存储重发的处理方法，论述不同信号存储方式的区别、所适用的测量环境，实现原理及实现途径。再入地球大气层时形成等离子体鞘套，可能使遥测信号与地面间通信中断，或至少引起信号强度急剧衰减造成通信中断的飞行区域称为黑障区。在黑障区内往往是航天器遇到最恶劣的力学和热学环境的时刻，为不丢掉此段时间的飞行数据，采用信号存储与处理技术解决黑障区丢失数据的情况。它将处于黑障区内的遥测数据暂时存储起来，待航天器飞出黑障区之后再将存储数据向地面站传送。数据存储延时再发送可分为平行延时存储重发、选点重发、快记慢发、慢记快发等。

航天器在执行任务时，有可能发生起飞点火、级间分离、再入飞行等重大动作，在此过程中遥测信号可能发生瞬时中断情况，而这些时刻，往往又是航天器遇到最恶劣的力学和热学环境的时刻，而这些时刻的遥测数据十分关键，丢掉这一段数据显然是不能容忍的。为保证正常获取此时段遥测数据，需要对数据进行存储和加工，在某一适当时候才传给接收端。

根据不同应用场合，信号存储与处理包含平行延时存储重发、慢记快发、快记慢发等几种模式。实现信号存储与重发的方案虽然有很多种，但是它们有着共同的特性，这些特性是设计存储重发的重要依据。

（1）时间的延迟特性

由存储重发的基本含义可知，经过存储重发的数据，其大小应保持不变，仅在时间上有所延迟。这种时间延迟必须是有规律的，存储数据之间的时间关系是可恢复的。也就是说，对于任意一个存储的数据点 $X(t_J)$，必然对应有一个重发数据 $Y(t_F)$，两个数据的大小相等但时间不同，重发数据相对实时数据延迟了一个时间间隔 Δt

$$\Delta t = t_F - t_J \tag{5-8}$$

式中　t_J ——任一存储数据对应的时间；

t_F ——同一数据重发时对应的时间。

任何形式的存储重发都有时间延迟特性，不过对于不同的记忆重发方式，时间延迟特性的具体形式也有所不同。简单的记忆重发工作方式具有简单的时间延时特性。例如平行延时存储重发，延迟时间是一个常量，即任何时刻的重发数据均为该时间以前某一固定时间的存储数据。

（2）存储时间

存储时间 T_J 是指遥测系统要求的数据存储总时间，也就是数据存满存储器所需要的时间，它主要由所需要延时数据大小与延时时间决定。

（3）重发周期

重发周期 T_F 是指存储数据重发一遍所需要的时间。重发周期的选择涉及记忆重发多方面的要求和限制，是存储重发的一个重要参数。

（4）时间压缩特性

存储重发的时间压缩特性表示在存储重发过程中对数据速率的改变，它可用时间压缩比表示。设一路记忆数据的速率为 V_J、读出数据的速率为 V_F，则存储重发的时间压缩比或简称存储重发压缩比

n_F 为

$$n_F = \frac{V_F}{V_J} \tag{5-9}$$

若记满存储器所需要时间为 T_J，而将存储数据重发一遍所需要时间为 T_F，则有

$$\frac{V_F}{V_J} = \frac{T_J}{T_F} \tag{5-10}$$

由式（5-10）可知

$$n_F = \frac{T_J}{T_F} \tag{5-11}$$

若 $n_F = 1$，则 $V_F = V_J$，$T_F = T_J$。说明重发数据速率等于存储数据速率，重发时间等于记忆时间，即存储重发采用平行延时存储重发工作模式。

平行延时存储重发工作模式：$n_F = 1$，即重发数据速率等于存储数据速率，重发时间等于记忆时间。将任何时刻的实时数据延迟一个固定时间后再进行传输。假设存储器记满数据需要时间 T_S，数据按顺序存储，重发方式是按存储的先后次序排列重发。

平行延时存储重发有以下特点：

1）在外部读写控制指令的控制下可以连续边记边发；

2）记忆数据和重发数据速率相同，延时时间固定；

3）延时特性简单，记忆重发器的控制程序简单。

因此，平行延时存储重发一般应用在数据固定延时时间间隔的测量环境。

若 $n_F > 1$，则 $V_F > V_J$，$T_F > T_J$。说明重发数据速率大于存储数据速率，即存储重发采用慢记快发工作方式，使重发时间小于记忆时间。

慢记快发工作方式：$n_F > 1$，重发数据速率大于存储数据速率，重发时间小于记忆时间。如当航天器需要获取黑障区数据，且飞过黑障区后航天器马上到达目标着陆点，结束任务，需要采用这类快记慢发数据延时重发工作模式。这样有时间压缩的工作方式，可以

缩短数据重发时间。

若 $n_F<1$，则 $V_F<V_J$，$T_F<T_J$。说明重发数据速率小于存储数据速率，即存储重发采用快记慢发工作方式，使重发时间大于记忆时间。

快记慢发工作模式：$n_F<1$，说明重发数据速率大于存储数据速率，重发时间大于记忆时间。当遥测测量系统需要测量某些特殊信号，如瞬时突发的信号，此时可以采用快记慢发数据存储工作方式。在极快时间内将瞬发信号采集并存储在存储器中，事后再将处理后的数据按规则缓慢回放。

（5）存储容量

存储容量 C_J 是指存储器能够存储的最大数据量。若存储数据路数为 N_J，存储速率为 V_J（单位：b/s），要求存储数据的时间为 T_J（单位：s），则所需要的存储容量可表示为

$$C_J=N_JV_JT_J \tag{5-12}$$

当各路存储数据速率不同时，存储容量可表示为

$$C_J=\sum_{i=1}^{N_J}V_iT_i \tag{5-13}$$

（6）数据延时处理基本组成

数据延时处理基本组成如图 5-31 所示，它可以划分为四个基本组成部分，即输入电路、数据存储器、程序控制器和输出电路。

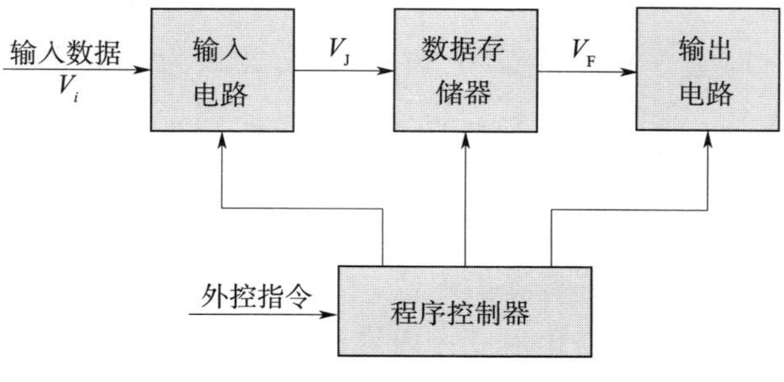

图 5-31　数据延时处理基本组成框图

输入电路指实时数据的输入接口，将其转换为后端芯片能处理的信号，包括信号电平转换、信号属性转换等。

数据存储器是数据延时存储的主体，它在程序控制器的控制下将来自输入电路的存储数据按规定的地址写入存储单元或从存储单元中读出。数据的延迟重发特性都是通过对数据的存、取来实现的。存储数据在存储器中的排列，对记忆重发及恢复存储数据序列的复杂性有重要影响。由于静态 RAM 不需要数据刷新电路，且读写速率较快、控制电路简单，一般中小规模容量的数据存储选用静态 RAM 作为数据存储介质。在高速率、长时间、大容量数据存储的应用场合，选用 FLASH 芯片作为数据存储介质。FLASH 芯片存储容量大，但控制电路复杂，数据读写操作前需要进行 FLASH 芯片擦除及坏块检查。

程序控制器是数据延时与处理的管理中心，它产生各种指令控制信号，协调数据延时处理器各部分的工作。输出电路的任务是完成重发数据和传输通道之间的接口，达到数据传输目的。

5.2.4 遥测格式及生成

本节主要介绍遥测格式的定义和相关标准，以及遥测格式生成中对帧同步、副帧同步、等周期采样、信道利用率等相关注意事项。

遥测系统中，一个固定数目的二进制码构成一个字，一个固定数目的字构成一个数据帧，每个字代表从信道来的经数字化的采样点，或者有固定含义的特殊字。在信号传输期间，帧连续地以某一固定速率重复。遥测帧格式，指遥测数据序列中各路数据以一定次序排列，在相关位置插入标识码，并且对于地面站而言属于已知，因此可以对接收的无线信号进行数据恢复，从而获取相关信息。书中对帧格式的设计与分析提出看法，详细介绍了帧同步、副帧同步、帧同步字、帧格式自动化生成等内容。

5.2.4.1 CCSDS 格式

为了更好地解决空间与地面的信息处理与传输问题，世界上主要的一些空间组织于 1982 年成立空间数据系统咨询委员会（CCSDS，The Consultative Committee for Space Data System）。它是世界各主要空间组织为了相互支持而建立的技术协商机构，其职责是开发空间数据系统标准化的通信体系结构、通信协议与业务，使未来空间任务能以标准化的方式进行数据交换与处理，同时也加速了空间数据系统的开发。

CCSDS 标准是为适应日益复杂化的航天任务，针对空间数据类型增多、数据量加大、数据流传递多样化、传输信息动态变化等问题，产生的一个全新的开放互联国际空间数据网络概念。具有以下技术特点：

1）面向多信源、多用户，能满足同时对多航天器进行测控管理的要求；

2）采取了新一类数据传输格式和体系结构，对种类空间信息进行标准化封装，从而达到测控过程透明并面向最终用户的目的；

3）采取了新一类的信息编码方式、信息差错控制模式等技术，有效地提高了包括空间传输速率、精度、容量和有效性等方面的空间传输能力，从而完成对不同种类空间目标的测控。

自 1982 年成立以来，CCSDS 已经制订和出版了 24 项以上有关空间数据系统标准的建议书，其中大部分已成为国际标准，并已广泛应用于各国际空间团体。目前，CCSDS 推出的建议书分为遥测系统、遥控系统、辅助数据、射频与调制系统、跟踪与导航系统、信息获取与交换系统、高级在轨系统（AOS）和交互支持业务和结构共八类，其中有关遥测系统的主要有 CCSDS 101.0－B－3 遥测信道编码（Telemetry Channel Coding）、CCSDS 102.0－B－4 分包遥测（Packet Telemetry）、CCSDS 103.0－B－1 分包遥测业务（Packet Telemetry Serves）。

其中，分包遥测建议书中描述了从空间运载工具数据源到地面数据终端进行数据传输的数据结构，是将从空间获取的原数据以标准化和高度自动化的方式传输到用户的一种遥测数据传输结构的机制和规约。分包遥测概念的本质是允许航天器内运行的多个应用系统创建各自的单元数据，允许航天器各数据系统通过空-地通信通道传输这些数据单元，这种方式能保证地面系统可靠地恢复单个数据单元，而且有序地把它们提供给数据终端。该协议用一种可变长的数据单元-源包来有效地发送遥测数据，源包由航天器上的各种仪器和子系统组成，以连续、定长的数据流即传输帧的方式传输到地面，这种标准被许多航天工程采用，用来共享航天器和地面的数据处理设备。

在分包遥测中，一个实在的物理信道被设计为逻辑上的64个虚拟信道。所谓虚拟信道，就是利用信号分时传输原理，向用户提供64个性能相同的信道，多个用户可以同时使用其中的一个或几个信道来传输自己的数据，但在航天器下行信道管理单元的控制下，在一段时间内仅有一个虚拟信道的数据被物理信道所传送。为完成这些功能，分包遥测定义了两种数据结构，数据包和传输帧，在一个多路过程中，用来把不同应用过程的源包插入到传输帧中。

源包：由航天器内的应用系统根据数据处理的需要生成，数据结构如图5-32所示，它按固定或可变的间隔和长度生成，除标识数据源和包特征的包头外，数据内容完全由数据系统控制，源包允许包含数据源的每个应用系统优化它的数据结构和长度，这样每个数据源就可以独立于其他数据源定义与自身系统相适应的数据结构。源包的主包头包含了应用系统把包路由到其上的接收器标识，该头

图5-32　源包数据结构

同时传输长度、顺序以及其他包特征信息。源包的副包头可选，提供把源包标准化的时间标识，以及标识唯一应用系统的辅助数据。

传输帧：为了便于数据包的传输，在数据包的上层又定义了一种新的数据结构，即传输帧。传输帧由数据包、闲置数据和专门定义数据组成。这种数据结构适合于由航天器到地面站的下行信道上实现。其中，专门定义数据是指一些不适合 CCSDS 数据包结构的特定高速数据或其他数据。传输帧结构如图 5－33 所示，它提供了这样的封装机制，即通过含有噪声的天地通道传输分包数据。传输帧的主包头包含把一系列传输帧路由到所需目的地的地址。传输帧对于在任务期间给定的物理信道长度固定，与 CCSDS 遥测通道编码建议书规定一致，这样数据就可以极高地可靠恢复。

传输帧主头										
传输帧版本号	传输帧标识			主通道帧记数	虚拟通道帧记数	传输帧域状态				
	航天器标识	虚拟通道标识	操作控制域标识			传输帧副头标志	同步标志	包顺序标志	段长度标识	第一头指针
2位	10位	3位	1位	1字节	1字节	1位	1位	1位	2位	11位
2字节						2字节				

传输帧副头（可选）			传输帧数据域		
传输帧副头标识		传输帧副头数据	航天器应用数据	操作控制域数据（可选）	帧错控制域数据
传输帧副头标识	传输帧副头长度				
2位	6位	最大63字节		4位	2位
1字节			变长		

图 5－33　传输帧格式

虚拟信道：分包遥测标准中一个重要的概念就是虚拟信道，虚拟信道在空间链路层可分为虚拟信道链路控制子层（VCLC）和虚拟信道访问子层（VCA），而每一个虚拟信道有自己的业务等级。虚拟信道使多个用户的上层数据流共享同一物理信道。分包遥测数据在空间的传输流程如图 5-34 所示。

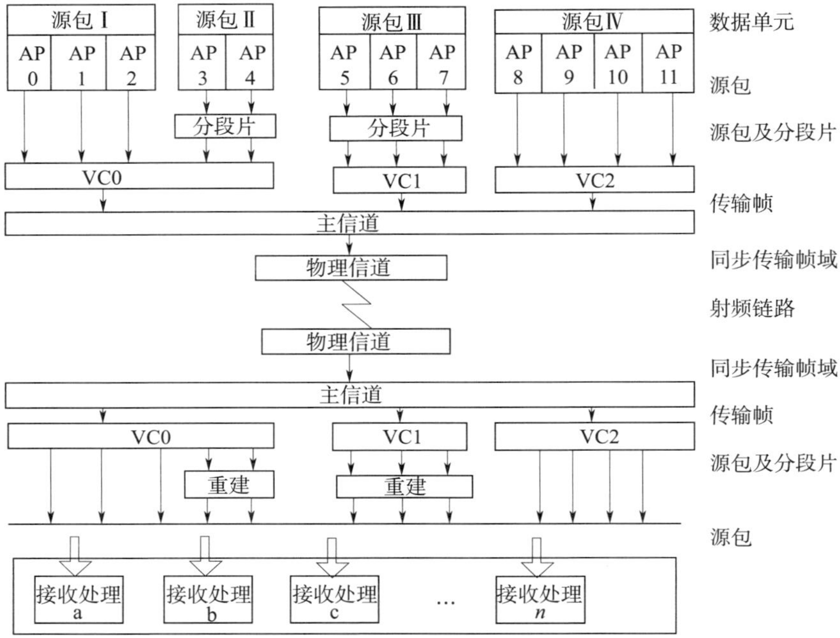

图 5-34　分包遥测数据传输流程

5.2.4.2　遥测帧格式

在遥测系统中，各个参数是按时分制进行采样的，由数据综合装置对各个参数及不同数据采集设备反馈的数据进行综合与汇总。在这种遥测数据采集系统中，每一个产生数据的设备自成一个分系统，其产生的数据均按一定规则排序。

在运载火箭、导弹遥测中，天地之间的信道是相对固定的点对点通信链路。我国武器及运载工具的遥测制定专用的遥测标准，该标准适应于各种导弹、运载火箭等航天飞行器，其技术条文明确、成熟。遥测标准面向单个数据，由单个数据直接编排成格式固定的帧，即在时分多路遥测系统中，将各路遥测数据至少采集一遍而构成的循环数据格式，称为帧格式。帧格式中，由一个固定数目的二进制码构成一个字，由一个固定数目的字构成一个数据帧，每个字代表从信道来的经数字化的采样点，或者有固定含义的特殊字。在信号传输期间，帧连续地以某一固定速率重复。遥测帧格式，指遥测数据序列中各路数据以一定次序排列，在相关位置插入标识码，并且对于地面站而言属于已知，因此可以对接收的无线信号进行数据恢复，从而获取相关信息。

遥测数据以数字形式（通常用二进制数字）来表示的时分制遥测调制体制称为脉冲编码调制（PCM）。遥测数据以脉冲幅度形式来表示的时分制遥测调制体制称为脉冲幅度调制（PAM）。目前，PAM 调制方式已逐渐被 PCM 调制方式所取代，下面只介绍 PCM 调制体制下帧格式要求。

脉冲编码调制体制中，全部数据循环传送一周称为全帧，从某一子帧同步的起点到下一个子帧同步的起点，称为一个子帧。将帧的一路再分割为若干路，这些再分割路循环一周称为一个副帧。副帧的循环速率是子帧循环速率的一个分数。固定格式的最大子帧长度为 8 192 码位，变格式的最大子帧长度为 16 384 码位。一个全帧包括 $N \times Z$ 字，其中，Z 为最长副帧（不超过 256）的被除数，N 为子帧的字数，子帧同步码组当作一个字而不管其长度。图 5－35 所示为帧格式示意。

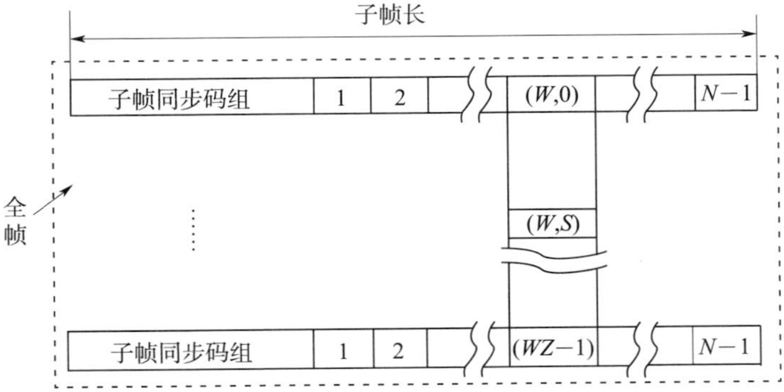

图 5－35　帧格式示意图

子帧同步码组长度不超过 48 bit 也不小于 16 bit，由于帧同步码是地面解调同步的基础，因此，选择依据是在全帧数据中出现概率最低的码元组成帧同步码组，根据计算最佳帧同步码组见表 5－2。子帧同步码组应优先选用 16 bit，24 bit，32 bit，不管子帧同步码组包含多少码位，只当作一个字，即 0 号字。横向为子帧长度 N 个字，纵向为副帧长度 Z 个字。在此平面内，任一字以（W，S）表示。其中 W 为横向，$W \leqslant N$；S 为纵向，$S \leqslant Z$；W 和 S 的编码均从 0 开始。例如字的编号为 W_8S_4，是指平面内子帧方向第 8 副帧方向第 4 个字。

表 5－2　最佳帧同步码组

码组长	码组											
7	1011	000										
8	1011	1000										
9	1011	1000	0									
10	1101	1100	00									
11	1011	0111	000									
12	1101	0110	0000									
13	1110	1011	0000	0								
14	1110	0110	1000	00								
15	1110	1100	1010	000								
16	1110	1011	1001	0000								
17	1111	0011	0101	0000	0							
18	1111	0011	0101	0000	00							
19	1111	1001	1001	0100	000							
20	1110	1101	1110	0010	0000							
21	1110	1110	1001	0110	0000	0						
22	1111	0011	0110	1010	0000	00						
23	1111	0101	1100	1101	0000	000						
24	1111	1010	1111	0011	0010	0000						
25	1111	1001	0110	1110	0010	0000	0					

续表

码组长	码组											
26	1111	1010	0110	1011	0011	0000	00					
27	1111	1010	1101	0011	0011	0000	000					
28	1111	0101	1110	0101	1001	1000	0000					
29	1111	0101	1110	0110	0110	1000	0000	0				
30	1111	1010	1111	0011	0011	0100	0000	00				
31	1111	1110	1100	0110	1001	0001	0100	000				
32	1111	1101	1011	0001	1000	0101	0100	0000				
33	1111	1110	1101	1000	1100	0010	1010	0000	0			
34	1111	1001	1110	1100	1101	0101	1000	0000	00			
35	1111	1101	1011	0110	0011	0001	0101	0000	000			
36	1111	1100	1110	1101	0101	1001	0110	0000	0000			
37	1111	1110	1010	1101	0011	0110	0011	0000	0000	0		
38	1111	1101	1110	0011	0111	0100	0101	0010	0000	00		
39	1111	1110	1101	0111	0100	0100	1110	0001	0000	000		
40	1111	1110	1101	1001	0101	1110	0001	1000	1000	0000		
41	1111	1110	1110	0111	1000	0101	0110	0100	1000	0000	0	
42	1111	1110	1101	1001	1010	1101	0100	0111	0000	0000	00	
43	1111	1110	1101	1101	1101	0000	1110	0101	0010	0000	000	
44	1111	1110	1110	1011	1000	1101	1000	1011	0100	0000	0000	
45	1111	1111	0110	0110	1011	1000	1011	0100	0011	0000	0000	0
46	1111	1111	0110	0110	1011	1000	1011	0100	0001	0000	0000	00
47	1111	1111	0101	1101	1001	1000	1110	0001	0110	1000	0000	000
48	1111	1111	0111	1010	0101	1100	1100	1010	0010	1100	0000	0000

变帧格式是指子帧长度、副帧长度、同步码组、字长、字的位置、交换顺序、采样间隔，甚至测量参数等诸项中任意一项发生变化或多项同时发生变化。为了识别帧格式是否发生变化，在子帧的特定位置上（或全帧的特定位置上）设置帧格式标号字，每种帧格

式有一个特定的标号。标号的字长与格式中一般的字长相同。各个采用标号的码距要尽可能大，以便发生误码时不影响识别，帧格式改变时标号字的位置不应改变。

副帧中各路传送一个循环构成一个完整的副帧。副帧同步采用以下 3 种方法：

1）ID 副帧同步。用副帧计数码（ID）表示帧同步。此计数码应位于子帧的某个固定位置上，按子帧速率计数。可以是加计数，也可以是减计数。如果是加计数，全帧开始时 ID 为 0；如果是减计数，全帧开始时 ID 为最大。

2）反码副帧同步。用取代帧同步码组的专用码组（最方便的是用帧同步码组的反码）来标志副帧的起始。

3）循环副帧同步。在副帧中安排专用字来标志副帧的起始，其字长与该副帧的原有字长相同。每个副帧序列与副帧标志保持固定的已知关系。

5.3　调制与发射技术

随着高码率、大容量综合遥测、测控技术的发展，遥测调制体制呈现多样化发展趋势，从传统 FM 调制体制，发展到 BPSK、QPSK、UQPSK 等多种体制的综合应用，对调制性能的要求不断提高，而射频信号的传输更加注重频带利用率、功率发射效率以及电磁兼容性能的提升，本节结合遥测技术发展现状，从调前滤波技术、载波调制技术以及发射信道技术三方面对现代遥测调制及发射技术进行讨论。

5.3.1　调前滤波

遥测传输码率的不断提高使得遥测射频频带资源变得愈发紧张，调前滤波位于射频调制之前，完成对基带调制数据的预先滤波处理，以压缩基带数据带宽，提高射频频带利用率，减小发射信号辐射干扰，同时提高射频功率发射效率。本节依据国内外遥测标准对于射频频谱带外衰减要求，对调前滤波的性能需求、实现技术以及效能评估等方面进行分析。

5.3.1.1 射频频谱占用带宽的估算与测量

没有带宽限制的射频信号，其带宽的测量和估计有各种方法。常使用频谱分析仪进行带宽测量，按照遥测标准，其具体设置为30 kHz分辨率带宽，300 Hz 视频带宽，并且不做最大保持或者平均检测。射频频谱占用带宽和频谱效率可通过两个重要指标进行估算和度量，即 99%功率带宽及−25 dBm 带宽。具体测量方法可参照美国靶场遥测标准 IRIG 106 进行，这里不作详述。

(1) 99%功率带宽

对于一个射频信号，划定信号的占有带宽，在该带宽的下限频率之下和上限频率之上的发射平均功率与给定的总发射平均功率成一特定的比率关系，除国际通信协会（TTU）对适当类型的射频信号另有规定外，这个特定的比率定为 0.5%，该划定的占有带宽称为 99%功率带宽，该带宽包含射频信号 99%的总功率。

99%功率带宽一般用频谱分析仪进行测量，或用调制类型和码速率进行估算。表 5-3 所示为用信号码率（R）表示的几种数字调制方法的 99%功率带宽。

表 5-3 几种数字调制方法的 99%功率带宽

种类	99%功率带宽
NRZ PCM-FM 有预调滤波器，$BW=0.7R$，$\Delta f=0.35R$	$1.16R$
NRZ PCM-FM 没有预调滤波器，$\Delta f=0.25R$	$1.18R$
NRZ PCM-FM 没有预调滤波器，$\Delta f=0.35R$	$1.78R$
NRZ PCM-FM 没有预调滤波器，$\Delta f=0.40R$	$1.93R$
NRZ PCM-FM 有预调滤波器，$BW=0.7R$，$\Delta f=0.40R$	$1.57R$
最小频移键控（MSK），没有滤波器	$1.18R$
FQPSK-B，FQPSK-JR 或者 SOQPSK-TG	$0.78R$
ARTM CPM	$0.56R$

(2) -25 dBm 带宽

-25 dBm 带宽是指所有包含 -25 dBm 以上频率分量的带宽，发射机发射功率按 $[55+10\times \lg(P)]$dB 衰减后的功率电平精确等于 -25 dBm，其中 P 为发射机功率，单位为 W。5 W 发射机，按 $[55+10\times \lg(5)]$dB ≈ 62 dB 衰减后功率为 -25 dBm。所以，-25 dBm 带宽也可理解为射频信号带外抑制度等于 $[55+10\times \lg(P)]$dB 时的带宽。-25 dBm 带宽可作为射频信号频谱占用带宽限制的基本度量。

-25 dBm 带宽主要是调制方法、发射功率和信号码速率的函数。发射机的设计结构和设计方法也会很大程度上影响 -25 dBm 带宽。经过参数优化的 NRZ PCM - FM 系统在 5 Mb/s 码率和发射功率为 5 W 的情况下，它的 -25 dBm 带宽约为 13.3 MHz；而相同条件下的 FQPSK - B 系统约为 7.5 MHz，ARTM CPM 系统约为 5.8 MHz。

(3) 频谱占用限制

美国靶场遥测标准 IRIG 106 中采用划定频谱界限的方法来限制射频频谱占用带宽，其界限划定为：发射机输出端所有功率大于 $-[55+10\times \lg(P)]$ dBc（或大于 -25 dBm）的频谱成分，必须在式 (5 - 14) 计算的频谱界限之内

$$M(f)=K-10\lg R-100\lg|(f-f_c)/R| \quad |f-f_c|\geqslant \frac{R}{m} \tag{5-14}$$

式中 $M(f)$ ——频率 f (MHz) 处的功率 (dBc)。对于模拟信号 $K=-20$，对于二进制信号 $K=-28$，对于 FQPSK - B、FQPSK - JR、SOQPSK - TG 则 $K=-61$，对于 ARTM CPM 则 $K=-73$；

f_c ——发射机中心频率 (MHz)；

R ——数字信号的比特率 (Mb/s)，或者为模拟 FM 信号的 $(\Delta f+f_{max})$ (MHz)；

Δf ——峰值频偏；

$f_{\max}$ ——最大调制频率；

m ——调制信号的状态数目。对二进制信号 $m=2$，对四进制和模拟信号 $m=4$。

对于中心频率附近的功率近似为 $J-10\lg(R)$ dBc，ARTM CPM 信号 $J=-10$，FQPSK 和 SOQPSK－TG 信号 $J=-12$，PCM－FM 信号 $J=-15.5$。当比特率为5 Mb/s，ARTM CPM 信号功率近似为－17dBc，FQPSK 为－19 dBc，PCM－FM 为－22.5 dBc。一般测量中心频率附近的功率值应在±3 dB 范围内，若超出该范围，测量方法可能存在问题，需重新设置载波功率电平（0 dBc）和频谱分析仪分析参数。

－25 dBm 带宽不要求窄于1 MHz。式（5－14）中 $10\lg(R)$ 表示随着调制码率的增加，频谱占用带宽随之增加，而单位带宽内的功率在减小。$100\lg|(f-f_c)/R|$ 表示频谱界限以 30 dB/oct（100 dB/十进制）滚降。为了计算频谱界限，其射频频谱需基于实际发射随机信号的功率谱，任何加在数据流中的检错和纠错码都要计算在内。

例如，基于二进制 NRZ PCM－FM 信号的功率谱，信号的峰值频偏取码速率的 0.35 倍，该峰值频偏使得误码率（BER）达到最佳接收机意义下的最小值。信号的调前滤波器－3 dB 带宽取码速率的 0.7 倍，该滤波器有效压缩了射频频谱，调前滤波器对于误码率的影响只相当于发射功率的十分之几 dB。进一步减小调前滤波器的带宽对射频频谱变窄影响很小，而误码率将显著增加；增加调前滤波器带宽将使射频频谱加宽而对误码率的改善影响很小。对于 NRZ PCM/FM 信号，调前滤波器应选择多极性线性相位滤波器，它的－3 dB 带宽为 0.7 倍的码速率，未滤波的 NRZ PCM－FM 信号以12 dB/oct 滚降，为了使频谱界限达到 30 dB/oct 滚降，滤波器极点需 4 个或更多。

5.3.1.2　调前滤波器原理分析

采编形成的 PCM 数据码元为方波，其频谱是无限宽的，通过有限带宽的信道传输，方波会在时间轴上扩展，造成码间干扰，导致接收机在检测一个码元时发生错误的概率增大。为了减少由此带来的失真和码间干扰，同时，提高射频功率发射效率及系统频带利用率，对采编形成的PCM数据流进行预调滤波是非常有必要的。对于调制指数为0.7的PCM-FM系统，未经预调滤波的已调信号，其99%功率带宽为1.78倍的码速率，而经过预调滤波处理后，已调信号的99%功率带宽为1.16倍的码速率。预调滤波器滤除了PCM码流中的高频分量，使基带能量更加集中，并降低了接收端误码率。在选取预调滤波器时，滤波器带宽越窄，越能减小已调信号占用带宽，但信号高端衰减过大将导致接收误码率变大；而预调滤波器带宽越宽，已调信号带宽越宽，频带利用率降低，接收误码率不会改善多少，所以需要选择适当的预调滤波器带宽。根据IRIG 106-04标准，预调滤波器应为多极点的线性相位滤波器，它的−3 dB带宽为0.7倍的码速率，并以−30 dB/oct滚降，滤波器极点多于4个。在满足频谱占用要求的前提下，最佳预调滤波器是最宽线性相位滤波器。线性相位（即恒定延时：CD）滤波器达到的误码率总等于或好于使用相同−3dB带宽的恒幅（CA）滤波器达到的误码率。

根据以上要求，常选取的预调滤波器有巴特沃兹滤波器（CA型）和贝塞尔滤波器（CD型）。取滤波器的−3 dB带宽为0.7倍的码速率，用巴特沃兹滤波器实现预调滤波，其99%功率带宽为1.19倍的码速率；而用贝塞尔滤波器实现预调滤波，其99%功率带宽为1.16倍的码速率。相比之下，使用贝塞尔滤波器时带宽窄，能获得更高的频带利用率。使用巴特沃兹滤波器时带宽较宽的原因在于巴特沃兹滤波器产生的过冲较大，过冲造成的频偏超过了额定峰值频偏，额定峰值频偏定义为没有过冲时的频偏。而贝塞尔滤波器对于低于−3 dB的截止频率信号衰减比巴特沃兹滤波器更大，高于−3 dB截止频率的情况恰好相反。巴特沃兹滤波器通带（小于0.5倍码速率）内衰减恒定，而贝塞尔滤波器通带内衰减逐渐增大；对于相位特性，贝塞尔滤波器在通带内可获得恒定的相位延时，而巴特沃兹滤波器相位延时不恒定。

5.3.1.3　调前滤波器实现

调前滤波器目前多采用数字化方式实现，其实现方法多样，有传统的数字滤波器实现方法和脉冲成形等方法。而脉冲成形调前滤波方法有多种实现途径，这里主要介绍一种基于波形存储的成形方法，该方法能有效利用 FPGA 丰富的查找表资源，而不耗费乘法器资源，在算法复杂度、运行速率及 FPGA 资源利用率上均优于乘累加算法。

基于波形存储的脉冲成形方法，其实现思想是：根据所选择窗函数设计滤波器，计算滤波器输出相位幅度特性，即滤波器每个采样点的幅值，量化后存入 ROM；再根据 PCM 码流输出量化后的数字幅度值，D/A 转换后即实现滤波。实现原理框图如图 5－36 所示，图中移位寄存器输出为 ROM 地址的高位，根据 PCM 数据前后若干位的出现情况（00..0、00..1、00..10…11..11），将 ROM 分为若干区；计数器的输出作为 ROM 的低位地址连续寻址各个区的数据输出。

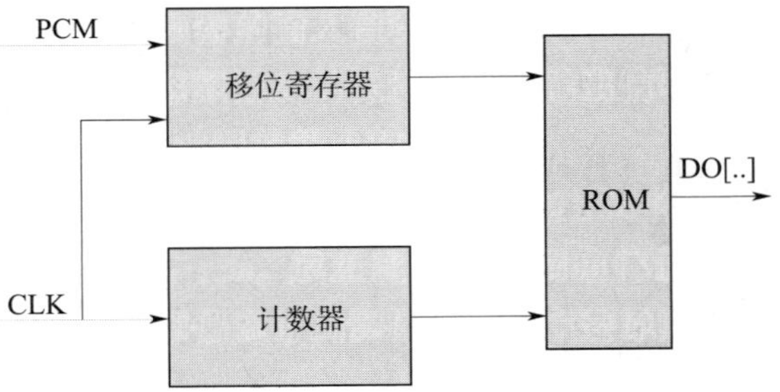

图 5－36　脉冲成形滤波器实现原理框图

据上述分析，在实现预调滤波的同时也完成了对 PCM 信号的量化，假设选取的量化位数为 10 位，即 ROM 输出 10 位数据。量化位数越高，采样精度越高，即越能精确描述每个采样点幅值，减小了量化误差；然而在进行数字 FM 调制时，量化后的数字量幅度值将

作为相位增量 $\Delta\varphi$ 加到后续 DDS 上，量化位数的增加将使 DDS 中正余弦查找表地址位数增加，每增加 1 位，查找表容量将增加 1 倍，所以增加量化位数将需要更多的存储空间，在所选器件 ROM 资源足够的情况下可以考虑增加量化位数来提高采样精度。

加入预调滤波器之后，调制信号的高次谐波被抑制，射频输出频谱中旁瓣滚降很快，频带利用率得到很大提高。同时，对于相同的整机输出功率，未加预调滤波器时相当多的射频功率消耗在无用信号的发射上，这些信号将造成干扰。加入预调滤波器之后，有用信号能量集中，射频功率主要用于发射带内有用信号，射频功率利用率得到了很大提高。

5.3.2 载波调制

传统 FM 调制在靶场测控仍占据主导地位，但遥测码率的提高，TPC 等信道编码技术的采用对 FM 调制性能要求逐步提高，传统模拟调制已无法满足大容量遥测系统传输要求；同时，随着遥测、外测、遥控等多功能一体化综合测控需求不断提高以及相关技术的不断发展，BPSK、QPSK 等易于多通道合成传输的调制体制在靶场测控中逐渐广泛应用。本节主要介绍数字化 FM、BPSK、QPSK 等调制技术，以及在工程中应用方式。

5.3.2.1 模拟调频与调相体制

(1) 基本原理

模拟调频（FM）与调相（PM）通称为角度调制，是遥测载波调制中最常用的体制。设已调的调角信号为

$$s(t)=A\cos[\omega_0 t+\varphi(t)] \tag{5-15}$$

式中 A——信号幅度；

ω_0——信号中心频率；

$\varphi(t)$——调制信号 $g(t)$ 对信号 $s(t)$ 调角后产生的相角变化。

当 $\varphi(t)$ 为信号 $g(t)$ 的线性函数时

$$\varphi(t)=kg(t)+\varphi_0 \tag{5-16}$$

则称为调相（PM）。

当 $\varphi(t)$ 的时间变化率，即 $s(t)$ 的频率变化为信号 $g(t)$ 的线性函数时

$$\frac{\mathrm{d}\varphi(t)}{\mathrm{d}t}=kg(t) \tag{5-17}$$

则称为调频（FM）。

如果调制信号为一正弦函数，即

$$g(t)=a\cos\Omega t \tag{5-18}$$

对 PM 调制，已调信号为

$$s(t)=A\cos[\omega_0 t+k_a\cos\Omega t+\varphi_0] \tag{5-19}$$

式中　k_a——最大相移。

令 $k_a=m_\varphi$，m_φ 为调相波的调相指数。对 FM 制，已调信号的相角变化为

$$\varphi(t)=k\int g(t)\mathrm{d}t+\varphi_0=\frac{k_a}{\Omega}\sin\Omega t+\varphi_0 \tag{5-20}$$

故已调调频信号为

$$s(t)=A\cos[\omega_0 t+\frac{k_a}{\Omega}\cos\Omega t+\varphi_0] \tag{5-21}$$

式中　k_a——最大频率偏移，$k_a=\Delta\omega$，称为最大频偏。

又令

$$\frac{k_a}{\Omega}=\frac{\Delta\omega}{\Omega}=m_f \tag{5-22}$$

式中　m_f——调频波的调频指数。

调频指数 m_φ 与 m_f 是调角体制极重要的参数。当 $m_\varphi\ll 1$ 或 $m_f\ll 1$ 时，称为窄带调制；否则，称为宽带调制。

（2）频谱分布与带宽

设调制信号 $g(t)$ 如式（5－18）所示为一正弦信号。利用贝塞尔函数公式将式（5－19）与式（5－21）展开，整理后得出 FM 信号的谱分布为

$$S_f(\omega)=\pi A\sum_{n=-\infty}^{\infty}J_n(m_f)[\delta(\omega-\omega_0-n\Omega)+\delta(\omega+\omega_0+n\Omega)] \tag{5-23}$$

PM 信号的谱分布为

$$S_\varphi(\omega)=\pi A\sum_{n=-\infty}^{\infty}J_n(m_\varphi)[e^{j\frac{n\pi}{2}}\delta(\omega-\omega_0-n\Omega)+e^{-j\frac{n\pi}{2}}\delta(\omega+\omega_0+n\Omega)] \tag{5-24}$$

式中　$J_n(m)$——第 n 阶贝塞尔函数。

$\delta(x)$ 为 δ 函数

$$\delta(x-x_0)=\begin{cases}\infty & x=x_0\\0 & x\neq x_0\end{cases} \tag{5-25}$$

$$\int_{-\infty}^{\infty}\delta(x-x_0)\mathrm{d}x=1$$

由上述 $S_f(\omega)$ 和 $S_\varphi(\omega)$ 表达式可以看出，模拟调角信号是非线性调制，已调波的频率成分不仅含有调制信号的频率 Ω，而且含有 Ω 的各次谐波 $n\Omega$ 成分。这些谐波分量的幅度与调制指数 m 有关。例如，当 $m\ll 1$ 时，除 $J_0(m)$ 之外，其他 $J_n(m)$ 都可以忽略不计，这时已调信号只有基波 Ω 成分，这就是窄带调频情况，所以窄带调制信号所占的带宽 B 可以取为

$$B=2f_m \tag{5-26}$$

式中

$$f_m=\Omega/2\pi$$

当调制信号 $g(t)$ 为非正弦波时，f_m 为调制信号的最高频率。当调制指数 m 增大时，较高阶的成分 $J_n(m)$ 随之变大，而不能忽略，这时称为宽带调制。一般来说，$n>m$ 的成分 $J_n(m)$ 都可以忽略，所以宽带调制需要考虑的高阶成分（边带）数目 n 可以取稍大于 m 的整数。于是调角信号的带宽可取式（5-27）

$$B=2(1+m)f_m \tag{5-27}$$

对调相信号

$$B_\varphi=2(1+m_\varphi)f_m \tag{5-28}$$

对调频信号

$$B_f = 2(1+m_f)f_m = 2(f_m + f_D) \tag{5-29}$$

$$f_D = \Delta\omega / 2\pi$$

式中　f_D ——最大频偏值。

（3）抗干扰性能

调相信号的抗白噪声干扰性能公式为

$$(s/n)_{oPM} = \sqrt{\frac{B_\varphi}{2f_m}} m_\varphi (s/n)_i \tag{5-30}$$

式中　B_φ ——鉴相器前的中频带宽，如式（5-28）所示；

$(s/n)_i$ ——鉴相器的输入信噪比；

$(s/n)_{oPM}$ ——鉴相器后的低通滤波器输出信噪比；

f_m ——低通滤波器的截止频率。

调频信号的抗白噪声干扰性能公式为

$$(s/n)_{oFM} = \sqrt{\frac{3}{2}}\sqrt{\frac{B_f}{f_m}} m_f (s/n)_i = \sqrt{\frac{3}{2}}\sqrt{\frac{B_f}{f_m}} \frac{f_D}{f_m}(s/n)_i \tag{5-31}$$

式中　B_f ——鉴频器前的中频带宽，如式（5-29）所示；

$(s/n)_i$ ——鉴频器的输入信噪比；

$(s/n)_{oFM}$ ——鉴频器后的低通滤波器输出信噪比；

f_m ——低通滤波器的截止频率。

由式（5-30）和式（5-31）知，FM 与 PM 体制的抗白噪声干扰能力与调制指数 m_f，m_φ 成正比。这是调角体制最根本的优点，也是遥测系统采用大频偏宽带调频体制的最主要原因。

5.3.2.2　数字化调频

在国内外靶场测控领域，PCM-FM 体制是最普遍的遥测调制方式，一直占据主导地位，这种调制方式也称为滤波连续相位频移键控（CPFSK）。调制过程通常是先对 NRZ-L（非归零码）基带信号进行调前滤波，然后对压控振荡器（VCO）进行频率调制。该体制最优的峰值频偏是比特率的 0.35 倍，即调制度 $h=0.7$，调前滤波器应选择−3 dB带宽、0.7倍码率的多极点线性相位滤波器。

基带数据码率为5 Mb/s伪随机码PCM-FM信号功率谱，其峰值频偏1.75 MHz，调前滤波器为3.5 MHz线性相位低通滤波器。从−0.5倍到0.5倍码率频率点之间的频谱接近平坦。频谱分析仪采用标准设置，5 Mb/s码率中心频率附近的功率是−22 dBc。

目前，国内靶场遥测系统中，PCM-FM体制传输码速率多为2 Mb/s，随着航天测控技术的发展，遥测参数剧增，2 Mb/s传输码率已无法满足遥测容量需求，在新一代运载火箭等新型号中已将传输码速率扩展至10 Mb/s以上。相比之下，国外靶场遥测传输码率最高达20 Mb/s，并在IRIG标准中进行了相关介绍。

传统的模拟调频技术受模拟器件频率响应及分布参数等限制，无法实现高码率调制，且稳定性、一致性较差。随着软件无线电技术的发展，数字化调制技术在遥测发射机中得以应用，使得遥测发射机数字化实现成为可能。这也使遥测系统数字化处理进一步靠近天线，有利于构建一个具有开放性、标准化、模块化、通用、统一的硬件平台。将各种功能模块，如遥测频率、调制体制、数据加密、信道编码、通信协议等用软固件来实现，以研制出具有高度灵活性、开放性的遥测发射机平台，同时实现高码率调制。

数字化调频技术是基于直接数字频率合成（DDS）技术实现的。DDS是从相位概念出发直接合成所需要波形的一种新频率合成技术，其显著特点是在保证较高频率分辨率和连续相位的基础上完成频率的快速变换。

图5-37为DDS原理框图，其核心是相位累加器，每来一个时钟脉冲，它的内容就更新一次。在每次更新时，相位增量寄存器的相位增量$\Delta\varphi$就加到相位累加器中的相位累加值上。相位累加器的输出作为正、余弦查找表的查找地址。查找表的每个地址代表一个周期的正、余弦波的一个相位点，每个相位点对应一个量化振幅值。因此，这个查找表相当于一个相位/振幅变换器，它将相位累加器的相位信息映射成数字振幅信息，再由D/A转换为模拟波形输出。

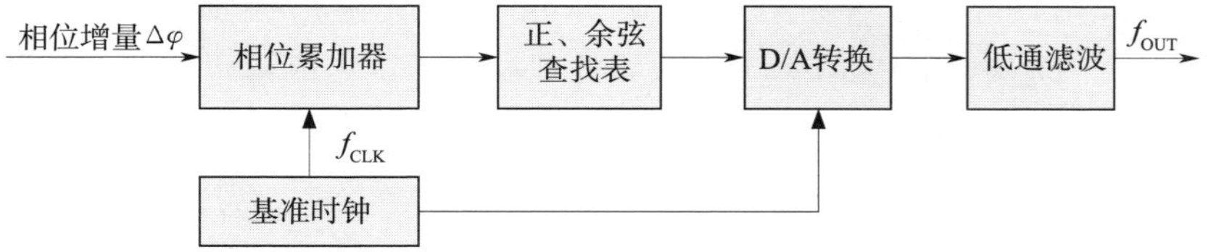

图 5－37　DDS 原理框图

设 N 为相位累加器位数，输出信号频率为 f_{OUT}，参考时钟为 f_{CLK}，相位增量为 $\Delta\varphi$，则三者的关系如下

$$f_{\text{OUT}}=f_{\text{CLK}}\times\frac{\Delta\varphi}{2^N}\tag{5-32}$$

由上式可知，DDS 的输出信号频率 f_{OUT} 与相位增量 $\Delta\varphi$ 成正比，当 $\Delta\varphi$ 随时间变化时，DDS 将输出时变频率信号。

在进行数字化调频时，将经过调前滤波及采样量化后的调制信号作为相位增量 $\Delta\varphi$ 加到 DDS 上，DDS 将输出正比于调制信号的时变频率信号，由此即实现调频。其实现原理如图 5－38 所示。

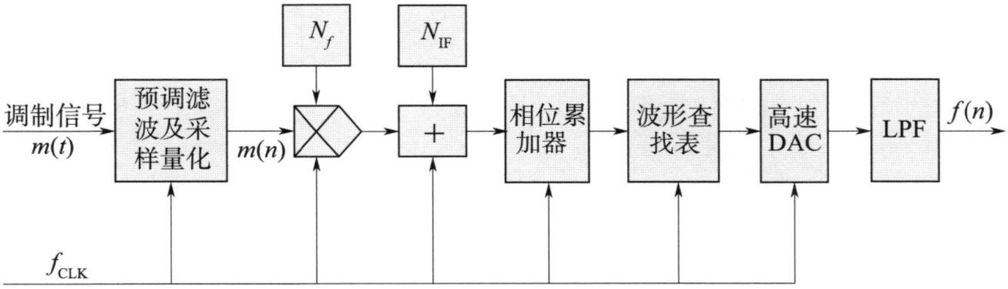

图 5－38　数字化调频实现原理

图 5－38 中，调制信号 $m(t)$ 经预调滤波，采样量化后转换为数字信号 $M(n)$；为调整调制指数，将 $M(n)$ 与常数 N_f 相乘，乘积再加上一定的偏移量 N_{IF}（相当于在调制信号上加一直流偏置），输出作为 DDS 的相位增量送入相位累加器，截取累加器 N 位输出中的部分高位，作为波形查找表的输入地址进行查表。查表输出的数字量幅度值经 D/A 转换输出模拟信号，再经平滑滤波后输出已调信

号。此时 DDS 将输出一中频调频信号，设输出频率为 $f(n)$，$M(n)=F[m(nT)]$，$F(t)$ 为预调处理及采样量化传输函数，f_{CLK} 为系统时钟。将 $M(n)$，N_f，N_{IF}，f_{CLK} 代入式（5-32）得

$$
\begin{aligned}
f(n) &= \frac{f_{\mathrm{CLK}} \times (N_f \times M[n] + N_{\mathrm{IF}})}{2^N} \\
&= \frac{f_{\mathrm{CLK}} \times N_f \times M[n]}{2^N} + \frac{f_{\mathrm{CLK}} \times N_{\mathrm{IF}}}{2^N} \\
&= \frac{f_{\mathrm{CLK}} \times N_f \times M[n]}{2^N} + f_{\mathrm{IF}}
\end{aligned} \tag{5-33}
$$

$$
f_{\mathrm{IF}} = \frac{f_{\mathrm{CLK}} \times N_{\mathrm{IF}}}{2^N} \tag{5-34}
$$

式中　f_{IF} ——DDS 输出中频调频信号的中心频率。

如式（5-33）所示，输出信号频率 $f(n)$ 与 $M(n)$ 呈正比变化，也即与 $m(t)$ 呈正比变化，当 $m(t)$ 随时间变化时，输出已调信号频率以 f_{IF} 为中心随时间变化，完成调频。根据所选中频，由式（5-34）可确定常数 N_{IF}。

由式（5-35）得已调信号最大调频频偏

$$
\Delta f = \frac{f_{\mathrm{CLK}} \times N_f \times \max[M(n)]}{2^N} \tag{5-35}
$$

设调制信号频率为 Ω，对于调频体制，调制指数 $m_f = \dfrac{\Delta f}{\Omega}$，根据调制信号频率及调制指数要求可确定最大频偏，再由式（5-35）即可确定常数 N_f，常数 N_f 可用于调整调制指数 m_f。

根据测试结果，基于 DDS 技术的数字化调频技术可实现高码率调制。

（1）二相相移键控调制

二进制序列的数字信息“1”和“0”，分别用载波的相位 0 和 π 这两个离散值来表示，这种调制方式叫作二相相移键控（2PSK）。其表达式为

$$
S_{\mathrm{p}}(t) = A\cos[\omega_c t + \Phi(t)] \quad \Phi(t) = 0, \pi(b_k = 0, 1) \tag{5-36}
$$

按照选用的参考相位标准不同，相移键控分为绝对移相和相对移相两种。

①二相绝对相移键控 BPSK

采用未调制载波的相位作为参考基准的调相，即利用载波相位的绝对数值来传送数字信息，叫作绝对移相，即二相绝对相移键控（记为 BPSK）。

实际应用中通常定义数字信号 b_k 为 0 时，载波相位 $\Phi(t)$ 为 0；数字信号为 1 时，载波相位为 π，BPSK 调制的一般表达式可写作

$$S_{\mathrm{p}}(t)=\begin{cases}A\cos(\omega_c t+0)=-A\cos\omega_c t, b_k=0\\A\cos(\omega_c t+\pi)=A\cos\omega_c t, b_k=1\end{cases}\tag{5-37}$$

上式可写作

$$S_{\mathrm{p}}(t)=D(t)A\cos\omega_c t\tag{5-38}$$

其中

$$D(t)=\begin{cases}-1, & b_k=0\\+1, & b_k=1\end{cases}$$

在实现 PCM - BPSK 数字调制时，数字调制模块首先对输入的 PCM 信号进行调前滤波，滤波输出的数据再与载波相乘就完成 BPSK 调制。实现原理框图如图 5 - 39 所示。BPSK 是不连续相位路径的数字调制，在相干解调过程中存在相位模糊问题。

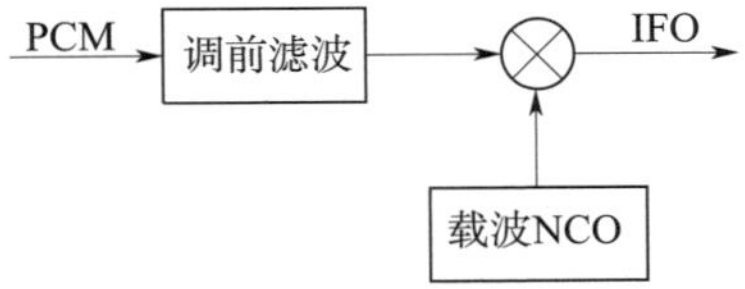

图 5 - 39　PCM - BPSK 调制原理框图

②二相相对相移键控（DPSK）

为了克服 BPSK 调制中载波恢复的相位模糊问题，通常采用相对调相，或叫作差分相移键控，记为 DPSK。它的调制规律与 BPSK 区别在于：每个数字比特的载波相位不是以固定的未调载波相位为

基准，而是以相邻的前一比特的载波相位为基准，来确定其相位的取值。也就是说，利用前后两个相邻比特的载波相位差来传送数字信息，这种调制称为差分相移键控。其实现原理只需在 BPSK 调制器前增加一个差分编码器，就构成了 DPSK 调制器。差分编码器的作用是把绝对二进制序列 $\{b_k\}$ 变换成相对二进制序列 $\{d_k\}$，$d_k = b_k \oplus d_{k-1}$。

（2）QPSK 调制技术

为了提高信道频带利用率，可将二进制数据变换为多进制（即 M 进制）数据来传输。用 M 进制数据控制载波的相位，就是 M 相相移键控。当 $M=4$ 时，就是四相相移键控（QPSK）。

在 QPSK 系统中，载波相位共有 4 个可能的取值，以参考相位为基础，已调波相位取 $\pi/4$ 的奇数倍，即取 $(2n+1)\pi/4(n=0,1,2,3)$时称为 $\pi/4$ 系统的 QPSK；若已调波相位取 $\pi/2$ 的整数倍，则称为 $\pi/2$ 系统的 QPSK；无论选用哪种系统，QPSK 信号都可看成是载波相互正交的两个二相 PSK 信号之和。

QPSK 调制的一般表达式如下（以 $\frac{\pi}{4}$ 系统为例）

$$
\begin{aligned}
S_Q(t) &= A\cos\left[\omega_c + (k-1)\frac{\pi}{2} + \frac{\pi}{4}\right] \\
&= A\cos\omega_c t\cos\left[(k-1)\frac{\pi}{2} + \frac{\pi}{4}\right] - A\sin\omega_c t\sin\left[(k-1)\frac{\pi}{2} + \frac{\pi}{4}\right] \\
&= I(t)\cos\omega_c t - Q(t)\sin\omega_c t
\end{aligned}
\tag{5-39}
$$

其中 $k=1,2,3,4$

$$I(t) = A\cos\left[(k-1)\frac{\pi}{2} + \frac{\pi}{4}\right]$$

$$Q(t) = A\sin\left[(k-1)\frac{\pi}{2} + \frac{\pi}{4}\right]$$

在实现 PCM－QPSK 调制时，数字调制单元接收 PCM 数据流，为将二进制的 PCM 码流与四进制的相位对应起来，须将二进制数据变成四进制数据，即将二进制每 2 bit 分成一组，将 4 种组合（00,01,10,11）与 4 种相位值对应起来，常用的是将二进制码变成格雷码（仅有两种逻辑 xy 或 yx），再与相位相对应。对应关系见表 5-4。

表 5-4　相位关系对应表

相位	$\frac{\pi}{4}$	$\frac{3\pi}{4}$	$\frac{5\pi}{4}$	$\frac{7\pi}{4}$
四进制码	0	1	2	3
双比特码	00	10	11	01

QPSK 调制原理框图如图 5-40 所示。

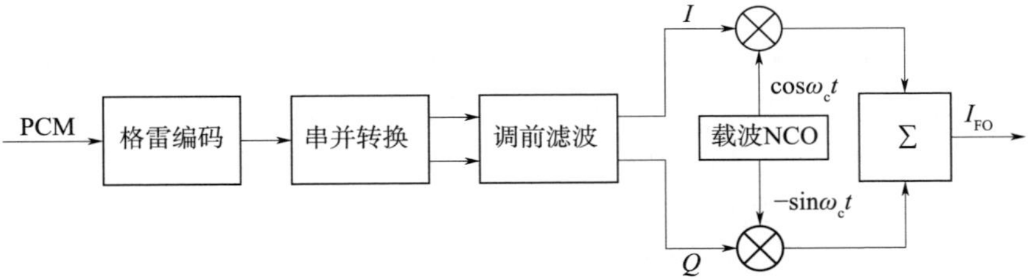

图 5-40　PCM-QPSK 调制原理框图

输入的二进制 PCM 数据流经格雷编码和串并转换输出 I、Q 两路串行数据流，I、Q 两路数据流经调前滤波后分别与正交载波相乘，然后再合成完成 QPSK 调制。对应的信号星座图如图 5-41 所示。

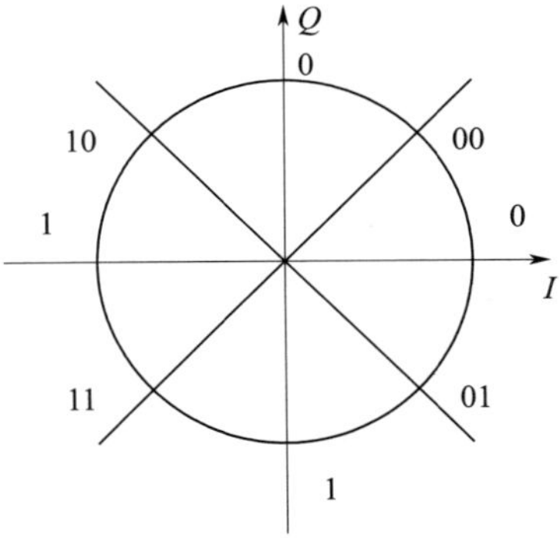

图 5-41　$\frac{\pi}{4}$ 系统 QPSK 调制信号星座分布图（相位分布）

如果二进制随机数据速率为 r_b，用二相 PSK 方式传输时所需信道带宽约为 $2r_b$。若用 QPSK 方式传输，它的二进制序列中每相邻两个比特分成一组，称为双比特码元，然后，双比特码元以四进制码元（符号）速率 r_s 在信道上传输，由于四进制码元速率 $r_s = \frac{r_b}{2}$，因此所需信道带宽约为 $2r_s = r_b$。这样，QPSK 传输方式的信道频带利用率要比 BPSK 方式高一倍。

（3）几种新型数字调制体制

随着高速数字传输、卫星通信、移动通信等的快速发展，新型数字调制体制不断涌现，主要以压缩传输频谱宽度、提高频谱利用率、降低带外功率、减少码间干扰、保持信号包络恒定等方面为研究重点。这里着重介绍 CCSDS 所建议的、将来可能成为航天遥测标准的几种新型数字调制体制，即 OQPSK、MSK、GMSK 及 UQPSK 体制。

①OQPSK 调制体制

在前面提到的 QPSK 体制中，同相支路 $I(t)$ 和正交支路 $Q(t)$ 中的码元起始时刻是相同的，所以在码元转换瞬间合成信号 $s(t)$ 可能出现±180°的相位跃变。OQPSK 则是把 QPSK 的同相分量 $I(t)$ 与正交分量 $Q(t)$ 的码元转换时间错开一个数据码元宽度 T_b，即 I 相与 Q 相码元转换时间不同时发生。这样，合成调相信号的相位突变最大值为±90°，因此，此调相信号的频谱宽度小于 QPSK 信号的频谱，记为 OQPSK，也有人将这种码元转换时间错开称为参差（Stagger），所以把这种体制也称为 SQPSK。OQPSK 信号的功率谱密度分布与 QPSK 相同。

②MSK 调制体制

把 OQPSK 的 I 相与 Q 相的矩形码元脉冲改变为半正弦波形的脉冲，则合成信号将不发生相位跃变，因此频谱分布更窄，这种调制方式称为正弦- OQPSK。后面分析可看出，其调制指数比最小调制指数的 FSK 还小一半，因此，这种体制又称为最小频移键控（Minimum Shift Keying）调制，即 MSK 体制。

MSK 信号的同相分量 I 的脉冲形式为

$$I(t)=Y_I\sin\frac{\pi}{2T_b}t \tag{5-40}$$

正交分量 Q 的脉冲形式为

$$Q(t)=Y_Q\cos\frac{\pi}{2T_b}t$$

上两式中的 $Y_I=\pm1, Y_Q=\pm1$，代表输入数据所承载的二进制信息。MSK 的调制输出信号为

$$m(t)=Y_Q\sin\frac{\pi}{2T_b}t\cos\omega t+Y_I\cos\frac{\pi}{2T_b}t\sin\omega t \tag{5-41}$$

式（5-41）可改写为

$$m(t)=Y_Q\cos\left[\omega t+(Y_Q\oplus Y_I)\frac{\pi}{2T_b}t\right] \tag{5-42}$$

由于 $Y_Q\oplus Y_I$ 为二进制数的模二相加，所以式（5-42）可写成更直观的形式

$$m(t)=\pm\cos\left(\omega\pm\frac{\pi}{2T_b}\right)t \tag{5-43}$$

由此式可以看出，MSK 显然是一种 FSK 体制，其最大频偏为 $\frac{1}{2T_b}$，输入信号码率为 $\frac{1}{T_b}$，所以它的调制指数 $m=1/2$。

MSK 已调信号的功率密度谱为

$$W(f)=\frac{8A^2T}{\pi^2}\left\{\frac{\cos2\pi(f-f_0)T}{1-[4-(f-f_0)T]}\right\}^2 \tag{5-44}$$

式中　A——信号振幅；

T——码元宽度。

根据式（5-44）可求出，MSK 已调信号的 99%能量落入通带 $B=1.15/T$ 之内。MSK 功率谱的第一过零点在 $0.75/T_b$ 处，而 OQPSK 谱的第一零点在 $0.5/T_b$ 处，故前者的带宽比后者宽。当取带宽 $\geqslant 0.75/T_b$ 时，MSK 的带外功率要比 OQPSK 小；而当带宽在 $(0.5\sim0.75)/T_b$ 时，则相反。所以当通信系统带宽 $B\geqslant2\times0.75/T_b$ 时，在同等信道条件下，MSK 的接收功率大于 OQPSK，MSK 的误码率低于

后者；而当系统带宽在（1.0～1.5）/T_b 时，则相反。

③GMSK 调制体制

当把 OQPSK 的 I 相和 Q 相的矩形脉冲改变为高斯函数形脉冲，形成的调制方式称为高斯 MSK 或 GMSK 体制。把 OQPSK 的 I 相和 Q 相的矩形脉冲通过一个频率响应如式（5-45）所示的高斯型低通滤波器，即可形成高斯脉冲

$$G(f) = \frac{1}{2T}\exp\left[-\frac{f^2\ln 2}{2B_b^2}\right] \tag{5-45}$$

式中　T——I 相、Q 相的矩形脉冲宽度；

B_b——高斯型滤波器的半功率宽度。由于高斯函数的傅里叶变换仍为高斯函数，所以通过此滤波器后的波形为高斯型。

④非平衡四相相移键控（UQPSK）体制

非平衡四相相移键控体制广泛应用于 TDRSS、GPS、航天飞机 S 频段与 Ku 频段通信信道以及深空网（DSN）中，从理论上讲，这种体制仅是 QPSK 体制的一种变态，UQPSK 信号的表达式为

$$s(t) = \sqrt{2P_1}m_1(t)\cos\omega_c t + \sqrt{2P_2}m_2(t)\sin\omega_c t \tag{5-46}$$

式中　P_1, P_2——两个正交分量的功率；

$m_1(t), m_2(t)$——被传输的两个独立的二进制信号波形。

设 $m_1(t)$ 的码元宽度为 T_1，$m_2(t)$ 的码元宽度为 T_2，一般情况下，$T_1 \neq T_2$。为了使两个分路信号能获得同样的检测性能，应该使

$$P_1T_1 = P_2T_2 = E_b \tag{5-47}$$

式中　E_b——码元能量。

信道的传输总功率为

$$P = P_1 + P_2 \tag{5-48}$$

在理想信道条件下，UQPSK 每一正交分量的误码率为

$$p_{ei} = \frac{1}{2}\mathrm{erfc}\left[\sqrt{\frac{P_iT_i}{N_0}}\right] \quad i = 1,2 \tag{5-49}$$

当 $T_1 = T_2$ 时，由式（5-49）知，$P_1 = P_2$，此时 UQPSK 还原

为 QPSK，式（5－49）简化为 QPSK 的误码率公式。当 $T_1 \approx T_2$ 时，UQPSK 类似于 OQPSK。这是由于当 $T_1 \approx T_2$ 时，$P_1 \approx P_2$，但由于 $T_1 \neq T_2$，故两个正交分量的相位跃变一般不在同一时刻发生，这类似于 OQPSK。与 OQPSK 的区别在于，UQPSK 两个正交分量相位的跃变时刻并不严格且相差半个码元宽度，是不固定的。可以估计，在此情况下，UQPSK 的性能必接近于 OQPSK。

（4）几种常用调制体制频谱方程

未经滤波的随机 NRZ PCM－FM 频谱方程如式（5－50）所示

$$S(f)=\frac{4B_{\mathrm{SA}}}{R}\left[\frac{D}{\pi(D^2-X^2)}\right]^2\frac{(\cos\pi D-\cos\pi X)^2}{1-2\cos\pi D\cos\pi X+\cos^2\pi D},\cos\pi D<Q \tag{5-50}$$

随机 NRZ PCM－BPSK 频谱方程如式（5－51）所示

$$S(f)=\frac{B_{\mathrm{SA}}}{R}\frac{\sin^2\left(\frac{\pi X}{2}\right)}{\left(\frac{\pi X}{2}\right)^2} \tag{5-51}$$

随机 NRZ PCM－QPSK 和 PCM－OQPSK 频谱方程如式（5－52）所示

$$S(f)=\frac{2B_{\mathrm{SA}}}{R}\frac{\sin^2(\pi X)}{(\pi X)^2} \tag{5-52}$$

其中

$$D=2\Delta f/R$$

$$X=2(f-f_c)/R$$

$$n=0,\pm1,\pm2,\cdots$$

式中　$S(f)$——频率为 f 时的功率谱（dBc）；

BSA——频谱分析仪的分辨带宽（RBW）；

R——传输码速率；

Δf——峰值频偏；

β——用弧度表示的峰值相位偏差；

f_c——载波频率；

Q ——相对于窄带频谱峰值的品质因子（当 $D \approx 1,2,3,\cdots$ 时）。

$Q \approx 0.99$（BSA=0.003R），$Q \approx 0.9$（BSA=0.03R）。

5.3.2.3　新型调制体制的选择

航天遥测信道的重要特点之一是非线性。为提高射频功率的利用率，发送端的功率放大器一般工作于饱和区。另一个特点是，都采用带限信道传输，以限制带外功率和抑制谐波。所以，新型调制体制的选择应满足以下的要求：传输带宽窄，功率利用率高，信号包络恒定，带外功率低，码间干扰小。

为节约传输频带，航天遥测应采用四元调制体制，四元调制体制中能适应载人航天遥测信道要求的新体制有 QPSK、OQPSK、MSK 和 GMSK 4 种。

QPSK、OQPSK、MSK 和 GMSK 4 种调制体制的性能比较结果汇总于表 5－5 中。

表 5－5　4 种体制性能比较

	比较性能	QPSK	OQPSK	MSK	GMSK①
1	$B_{IF}=1.5/T_b$ 内的功率	94%	94%	99.5%	99.9%
2	带限信号的包络变化	100%	30%	0%	0%
3	相对于线性信道的理想 QPSK 误码率性能损失	0 dB	0 dB	0 dB	0.1 dB
4	相对于非线性信道的理想 QPSK 误码率性能损失	1.1 dB	1.0 dB	0.3 dB	0.5 dB
5	经带通限幅后再产生的旁瓣电平	－15 dB	－25 dB	－30 dB	－35 dB
6	在末级功放前是否需要 RF 滤波	是	是	是	否
7	误码率性能对同步误差的敏感性	中等	中等	低	低
8	硬件复杂性	100	110	120	120

注：①GMSK 不用 IF 或 RF 滤波，只用基带滤波，表中的性能对应于基带带宽取为 $B_b=0.5/T_b$；其他三种体制要用 RF 滤波。

5.3.2.4　发射信道

现代遥测系统中遥测参量不断增加，传输码率不断提高，从而使遥测频段内频谱资源分配利用紧张。有效利用频谱资源不仅与采用的调制体制有关，而且与发射信道的性能、指标密切相关。在遥测系统中，发射信道完成对频谱的搬移、滤波及功率放大，最终送遥测系统天线发射。本节将结合调制体制部分内容对发射信道的作用、原理、组成、性能、指标及发展现状展开论述。

弹箭载遥测发射机的作用是将弹箭载上的遥测信息以高频电磁波形式辐射到空间。就基本功能来说，弹箭载遥测发射机与其他无线电系统中的发射机没什么本质区别，但由于弹箭上特定的工作条件，决定了弹箭载遥测发射机的某些特殊性，即除了要求可靠性高、质量小、体积小之外还要求高效率，因为在弹箭载遥测设备中，发送设备（包括发射机和功率放大器）是主要的耗电设备。此外，效率的高低还直接影响到发射设备本身的热状态（因为消耗的电能变成的热能需经壳体消耗掉），而热状态又会影响设备的可靠性。所以，提高发送设备直流到射频的功率转换效率是很重要的。

弹箭载遥测发射机按工作频段，可分为 P、L、S、C…频段发射机；按调制体制，可分为调频、数字调相等发射机；按输出功率大小，可分为小功率（$P_o \leqslant 1$ W）、中功率（$1\ \mathrm{W} < P_o \leqslant 10$ W）、大功率（$P_o > 10$ W）发射机；还可按工作信道，分为单信道和多信道发射机等。

现有的弹箭载遥测发射机以 P、S、C 波段，单信道，调频、数字调相的居多；输出功率一般在 20 W 以下。

遥测发射机中发射信道的组成框图如图 5－42 所示，由混频电路、本地振荡电路、滤波电路、功率放大电路组成。完成对中频已调信号的频谱搬移、滤波及功率放大。

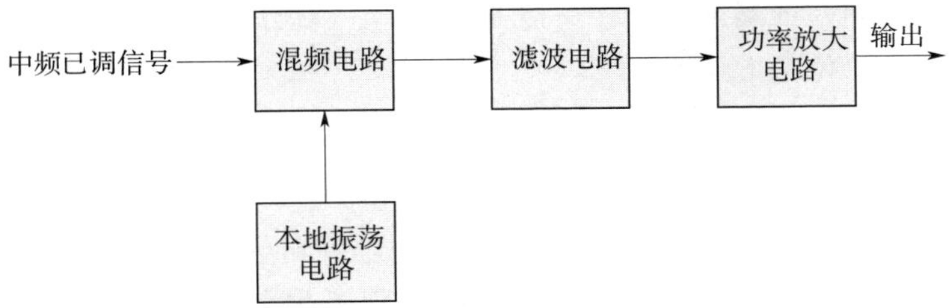

图 5－42　发射信道组成框图

发射信道的主要电气指标有以下 4 种。

1）工作频段。发射机的工作频段是根据使用要求由系统设计选取的，但必须符合国际和我国的规定。

2）输出功率。它是根据工作频段、接收机灵敏度（包括天线增益）、电波传播特性、通信容量、距离等各项指标综合考虑的。在满足系统指标要求的前提下越小越好，一般在几百 mW 到几十 W 之间。L 频段和 S 频段遥测发射机的功率不大于 20 W，C 频段遥测发射机的功率不大于 15 W。

3）频率准确度与稳定度。评价振荡器频率的主要指标有两个，即准确度与稳定度。振荡器实际工作频率 f 与标称频率 f_0 之间的偏差，称为振荡器频率准确度。通常分为绝对频率准确度与相对频率准确度两种，绝对频率准确度表达式为

$$\Delta f = f - f_0$$

相对频率准确度为

$$\Delta f / f_0 = (f - f_0) / f_0$$

在给定环境条件下，调频发射机的实测载波频率与标称载波频率的相对偏差应优于$\pm 5 \times 10^{-5}$。其他调制体制的发射机实测载波频率与标称载波频率的相对偏差应优于$\pm 1 \times 10^{-5}$。

振荡器的频率稳定度分为温度频率稳定度和时间频率稳定度。时间频率稳定度又分为长期频率稳定度、短期频率稳定度和瞬间频率稳定度。

温度频率稳定度是指当温度每变化 1 ℃，频率的相对准确度变化情况。频率准确度的单位一般是 ppm（一百万分之一），温度频率稳定度的单位是 ppm/℃。

长期频率稳定度，一般指一天以上乃至几个月的相对频率变化的最大值。它主要用来评价天文台或计量单位的高精度频率标准和计时设备的稳定指标。

短期频率稳定度，一般指一天以内频率相对变化的最大值。外界因素引起的频率变化大都属于这一类，通常称为频率漂移。短期

频率稳定度一般多用来评价测量仪器和通信设备中主振器的频率稳定指标。

瞬间频率稳定度，指秒或毫秒内随机频率变化，即频率的瞬间无规则变化，通常称为振荡器的相位抖动或相位噪声。

频率稳定度的定量表示法通常采用建立在大量测量基础上的统计值来表征，较为合理。经常采用的方法之一是均方根值法，它是用在指定时间间隔内，测得各频率准确度与其平均值偏差的均方根值来表征的，即

$$\sigma_n = \sqrt{\frac{1}{n}\sum_{i=1}^{n}\left[\left(\frac{\Delta f}{f}\right)_i - \overline{\left(\frac{\Delta f}{f}\right)}\right]^2} \tag{5-53}$$

式中　n ——测量次数；

$\left(\frac{\Delta f}{f}\right)_i$ ——第 i 次（$1 \leqslant i \leqslant n$）所测得的相对频率稳定度；

$\overline{\left(\frac{\Delta f}{f}\right)}$ —— n 个测量数据的平均值。

4）电磁发射和敏感度要求。为了经济地利用频谱并避免设备间相互干扰，只允许发射机在规定频带内输出能量。对于规定频带以外的频谱分量，必须有足够的抑制。谐波抑制度可用公式表示为

$$\alpha_n = 20\ \lg(U_1/U_n)\quad（单位为\ \mathrm{dB}） \tag{5-54}$$

式中　U_1——未调制时，载波分量的大小；

U_n ——未调制时，输出信号中第 n 次谐波（或杂波）分量的大小。

按我国遥测标准规定，除二次和三次谐波以外的所有谐波发射和乱真发射均应至少低于基波电平 80 dB；二次和三次谐波应抑制 $50+10\lg P$（P 为基波峰值输出功率，单位为 W）或 80 dB，取抑制要求较小者。

随着科技的不断进步，新材料、新工艺的出现使大规模集成电路得到飞速发展，采用软件无线电技术和高速 DAC 将信号直接调制至射频频段输出已成为可能，图 5 - 43 就是这种方式的原理框图。

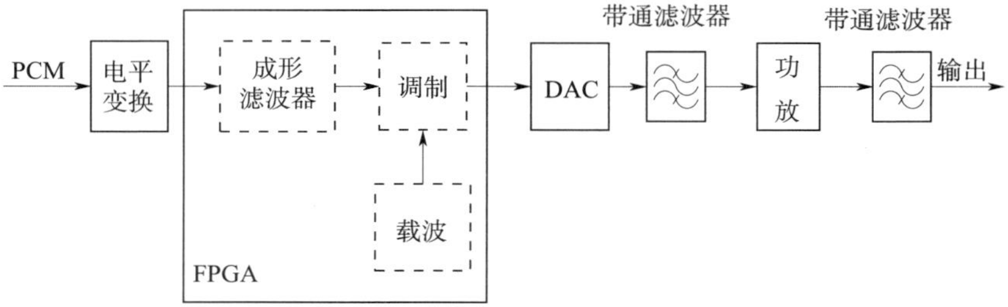

图 5-43　全数字发射机原理框图

采用这种方式的遥测发射机免除了传统的上混频部分。系统中的调制信号接收、调制过程全部在 FPGA 内部实现。但是，DAC 有限分辨率和非线性特性造成的杂散问题是全数字化发射机方案所需要解决的最大问题。因此，这种方式的遥测发射机未被广泛采用，但将成为未来遥测发射机中发射信道的发展趋势。

本节将重点介绍传统发射信道内容。

（1）混频电路

混频电路框图如图 5-44 所示，有 3 个端口，分别为中频端口（IF 端）、本振端口（LO 端）和射频端口（RF 端）。在发射信道中，IF 端和 LO 端为输入端口，RF 端为输出端口。它们的关系为

$$f_{\mathrm{RF}}=f_{\mathrm{LO}}+f_{\mathrm{IF}} \tag{5-55}$$

或

$$f_{\mathrm{RF}}=f_{\mathrm{LO}}-f_{\mathrm{IF}} \tag{5-56}$$

以上两种关系均为上混频，式（5-55）称为低本振上混频，式（5-56）称为高本振上混频。本振的高低是相对 RF 端口频率而言的，本振频率低于射频频率为低本振，本振频率高于射频频率为高本振。高低本振选择的原则是不能改变发射机调制极性。调制极性规定为：调制信号电平增大时，载波频率应增加或载波相位应超前；调制信号电平减小时，载波频率应降低或载波相位应滞后。举例说明：当中频已调信号的调制极性为负极性时，为不改变发射机的调制极性，发射信道应选择高本振上混频方式，即式（5-56）所示混

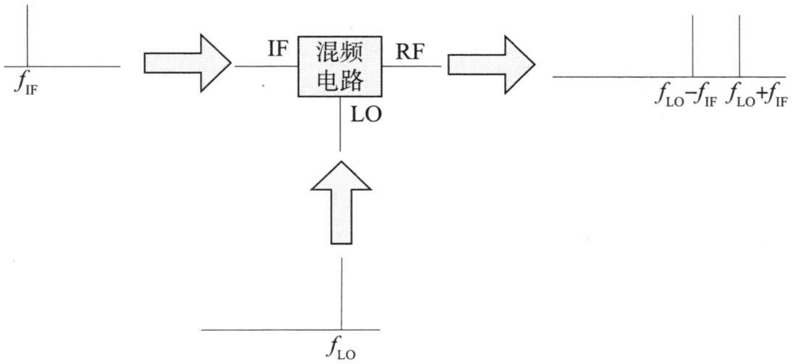

图 5-44　混频电路框图

频方式。

在发射信道中，混频电路的作用是把中频已调信号频谱搬移到频率更高的适合遥测系统传输的射频频段。由图 5-44 可知，混频器将本振信号频率与中频信号做和频（$f_{LO}+f_{IF}$）与差频（$f_{LO}-f_{IF}$），从而把频率较低的中频信号搬移到频率较高的射频频段。最后，根据需要通过混频电路后端的选择滤波器取出和频或差频分量，滤除不需要的边频分量。

混频器的主要指标如下。

①变频增益（损耗）

在发射信道中，混频器输出端口（RF 端）的信号功率与输入端口（IF 端）的信号功率之比

$$AVC=10\lg(P_R/P_I)=10\lg(\text{RF 输出信号功率}/\text{IF 中频输入功率}) \tag{5-57}$$

②噪声系数

混频器是三端口器件，三个口的输入或输出频率不一样，这与放大器不同。放大器是二端口器件，输入与输出频率相同。为适应多端口网络噪声分析，定义噪声系数如下

$$NF=P_{no}/P_{ns} \tag{5-58}$$

式中　P_{no}——当系统输入端噪声温度在所有频率上都是标准温度

$T_0 = 290$ ℃时，系统传输到输出端的总噪声资用功率；

P_{ns}——仅有用信号输入所产生的那部分输出噪声资用功率。

③动态范围

动态范围是指混频器正常工作时的输入信号功率范围。动态范围的下限通常指信号与基底噪声电平相比时的功率，可用下式表示

$$P_{min} = MKT_0 \mathrm{AVC} N_{FI} \Delta f_I \tag{5-59}$$

式中　AVC——混频器变频损耗；

N_{FI}——中频放大器噪声系数；

f_I——中频带宽；

M——识别系数。

例如，混频器的编排损耗 AVC=7 dB，中放噪声系数为 1 dB，中频带宽为 2M，要求信号功率比热噪声功率高 10 倍，即 $M=10$，此时混频器的动态范围下限是

$$P_{min} = 10 \times 1.38 \times 10^{-23} \times 300 \times \lg^{-1}(7/10) \times \lg^{-1}(1/10) \times 2 \times 10^6$$
$$= 5.2 \times 10^{-13}\ \mathrm{W} \approx -93\ \mathrm{dBm} \tag{5-60}$$

以上是较为理想的情况。实际上，由于混频器的组合谐波泄漏到输出端或二阶、三阶交调产物使动态范围下限恶化，混频器的上限受输出饱和限制。上限通常指 1 dB 压缩的 IF 输入信号功率 P_{max}。现在高质量的混频器的 P_{1dB}已高达 24 dBm，一般的平衡混频器 P_{1dB} 在 2～10 dBm。

④工作频率

工作频率指混频器每个端口的工作频率范围。

⑤隔离度

隔离度指混频器各个端口之间的隔离程度，包括 RF 口与 LO 口隔离度，RF 口与 IF 口隔离度，以及 LO 与 IF 隔离度。隔离度定义为 RF 或 LO 信号功率泄漏到其他端口功率与原有功率之比。例如，信号至本振的隔离度定义为

LIL＝10 lg(IF 信号输入到混频器 IF 口的功率/在本振口测得的 IF 信

号功率）　　(5 - 61)

$$LLI = 10\ \lg(\text{LO 口本振功率 /IF 口测得的 LO 功率}) \quad (5-62)$$

信号与本振之间的隔离度是一个重要的指标。在共用一个本振的多通道发射系统中，一个通道的信号通过混频器本振通路会泄漏到另一个通道，产生交叉调制干扰。本振功率是大信号，当本振口与信号口隔离不良时，大的本振功率会窜到信号口，从天线辐射出去，造成对其他设备的干扰。

⑥本振功率

本振功率指混频器获得最佳性能时的本振功率范围。

⑦端口性能

端口性能指 IF 口、LO 口和 RF 口的回波损耗。这种参数主要衡量端口的匹配性能，直接影响混频器的变频损耗。混频器很少产生自激振荡，但对本振输入而言，应具有良好的匹配端口。

（2）本地振荡电路

本地振荡电路（简称本振）的作用是产生本地振荡信号供混频器变频使用。在发射信道中，本振信号的形式为正弦波。

遥测发射机的工作频段以 P、S、C 频段为主，因此本振频率也应工作在相应的频段。由于本振信号频率较高且频率范围较宽，因此需要借助频率合成技术产生本振信号。频率合成是将一个高精确度和高稳定度的标准参考频率，经过混频、倍频与分频等对它进行加、减、乘、除的四则运算，最终产生大量具有同样精确度和稳定度的频率源。本振电路的主要技术指标是频率准确度和稳定度，在发射信道指标已作过论述，这里不在赘述。

（3）频率合成电路

频率合成的方法主要有 3 种。

①直接频率合成

最早的合成方法被称为直接频率合成，它利用混频器、倍频器、分频器和带通滤波器来完成对频率的四则运算。典型的一种直接合成模块为双混频——分频模块，如图 5－45 所示。模块输入为固定的频率 f_i 和离散的频率 f_*，输出即为所需的 $f_i+f_*/10$。图 5－45 中，f_1 和 f_2 为辅助频率，其作用是使得混频器输出的和频与差频间隔加大，以便带通滤波器将不需要的差频成分滤除。f_1 和 f_2 的选取应满足 $f_i+f_1+f_2=10f_i$ 的关系式。

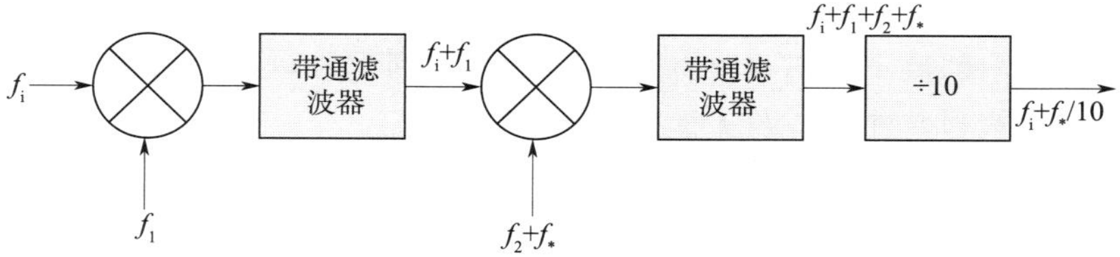

图 5－45 直接频率合成的基本框图

②双混频——分频模块

直接频率合成能实现快速频率变换、几乎任意高的频率分辨力、低相位噪声以及很高的输出频率。但是，直接合成要使用较多的硬件设备（振荡器、滤波器、带通滤波器等），因而体积大、造价高，不能满足遥测发射机使用要求。

③间接合成

应用锁相环路的频率合成方法称为间接合成。它是目前应用最为广泛的一种频率合成方法。锁相频率合成的基本框图如图 5－46 所示。在环路锁定时，鉴相器两输入的频率相同，即

$$f_r=f_d \tag{5-63}$$

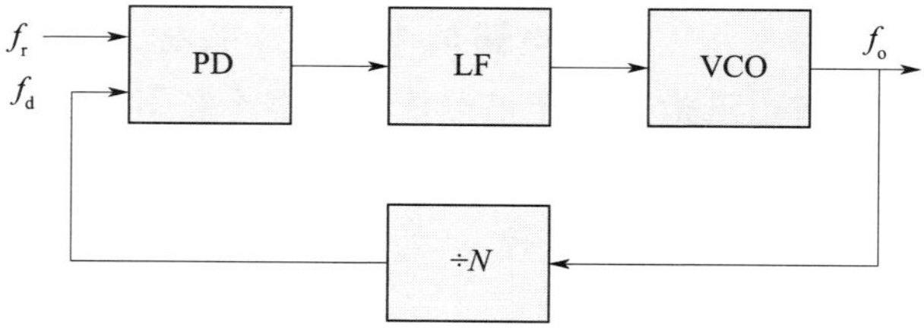

图 5－46 锁相频率合成的基本框图

f_d 是 VCO 输出频率 f_o 经 N 次分频后得到的，即

$$f_d = f_o / N \tag{5-64}$$

所以，输出频率

$$f_o = N f_r \tag{5-65}$$

是参考频率 f_r 的整数倍。

这样，环中带有可变分频器的 PLL 就提供了一种从单个参考频率获得大量频率的方法。环中的除 N 分频器用可编程分频器来实现，这就可以直接按增量 f_r 来改变输出频率。

直接数字频率合成：最新的频率合成方法是直接数字频率合成，它用数字计算机和数模变换器来产生信号。完成直接数字频率合成的办法，或者是用计算机求解一个数字递推关系式，或者是查阅表格上所存储的正弦波值，目前用得较多的是查表法。这种合成器体积小、功耗低，并且可以几乎是实时地以连续相位转换频率，给出非常高的频率分辨力。

(4) 滤波电路

滤波电路在发射信道的作用是取出混频后的有用信号分量，滤除不需要的边频分量及其他杂散。根据基本电路理论，滤波器大致分为四类，即低通、高通、带通和带阻滤波器。发射信道中，混频器后端的滤波器通常为带通滤波器。

根据制作原理与材料的不同，滤波器的形式较多，发射信道中通常采用介质和腔体两种形式的滤波器。

滤波器的主要技术参数如下。

①RF 插入损耗

在理想情况下，插入到射频电路中的理想滤波器，不应在其通带内引入任何的功率损耗。然而在现实中，我们无法消除滤波器固有的、某种程度的功率损耗。插入损耗定量地描述了功率幅度与 0 dB 基准的差值，其数学表达式为

$$\mathrm{IL} = 10\ \lg \frac{P_{\mathrm{in}}}{P_{\mathrm{out}}} \tag{5-66}$$

式中　P_{out} ——滤波器向负载输出的功率；

P_{in} ——滤波器从信号源得到的输入功率。

②纹波

通带内信号响应的平坦度可以采用以下方法定量，定义纹波系数；采用 dB 或奈贝（Neper）为单位表示响应幅度的最大值与最小值之差。

③带宽

对于带通滤波器，带宽的定义是通带内对应于 3 dB 衰减量上边频和下边频的频率差

$$BW^{3\ dB} = f_U^{3\ dB} - f_L^{3\ dB} \tag{5-67}$$

④矩形系数

矩形系数是 60 dB 带宽与 3 dB 带宽的比值，它描述了滤波器在截止频率附近响应曲线变化的陡峭程度

$$SF = \frac{BW^{60\ dB}}{BW^{3\ dB}} = \frac{f_U^{60\ dB} - f_L^{60\ dB}}{f_U^{3\ dB} - f_L^{3\ dB}} \tag{5-68}$$

⑤阻带抑制

在理想情况下，我们希望滤波器在阻带频段内具有无穷大的衰减量。但是，实际上我们只能得到有限衰减量。在实际情况中，为使阻带抑制与矩形系数建立联系，通常以 60 dB 作为阻带抑制设计值。当然，根据发射信道要求的指标不同，也应在某些特定频段提出抑制度要求。

⑥功率容量

功率容量通常指滤波器能够承受的输入信号功率大小。由于制作材料、工艺和应用场合不同，滤波器的功率容量差异较大。对于腔体滤波器，当其工作在低气压环境下且通过较大功率的射频信号时，若滤波器设计不合理，很容易产生放电现象，给设备造成永久性损坏。

（5）功率放大电路

功率放大器是发射链路中重要的构件之一，位于发射机的末级，而且是电子设备功耗的主要部分，也是成本最高的部分。功放主要

是在要求的发射频率上将低电平信号放大到足够的功率电平，以实现远距离的传输。因此，功放对整个系统的通信性能起着重要的作用，一个符合要求的功放必须满足额定输出功率、增益、增益平坦度、线性度、效率等各方面的要求。

一般情况下，遥测发射机中的功率放大电路框图如图 5 - 47 所示，主要由功率驱动级电路、隔离器、功率放大级电路和滤波器组成。

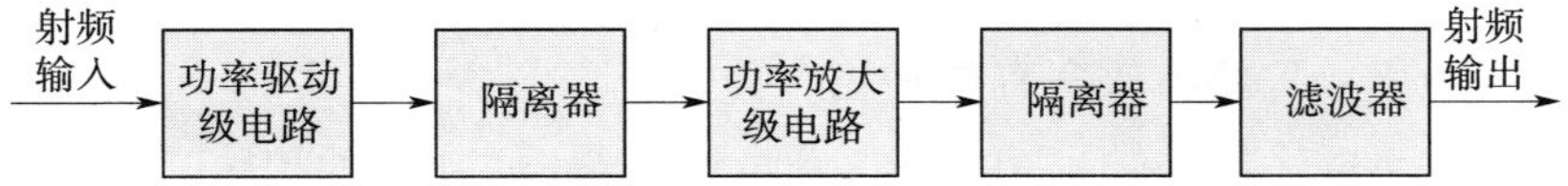

图 5 - 47　功率放大电路框图

功率驱动级电路和功率放大级电路对输入的射频信号进行功率放大；隔离器保护功率驱动级电路和功率放大级电路不被反射信号烧毁；滤波器的作用与混频电路后端的滤波器作用略有不同，此处滤波器的主要作用是滤除由于功率放大器非线性产生的谐波分量，以及抑制特定频段内的底噪声信号功率，从而避免遥测发射机干扰系统内其他设备。

功率放大器的主要技术指标如下。

①输出功率

功率放大器的输出功率一般是指它的最大输出功率。对于遥测发射机在满足系统指标要求的前提下输出功率越小越好，一般在几百 mW 到几十 W 之间。L 频段和 S 频段遥测发射机的功率不大于 20 W，C 频段遥测发射机的功率不大于 15 W。

②工作频段

工作频段通常指满足功率放大器全部性能指标的连续频率范围。

③功率增益

功率增益是指功率放大器的输出功率和输入功率的比值，即

$$G = \frac{P_{\text{out}}}{P_{\text{in}}} \tag{5-69}$$

最大功率增益是指将接收到的信号放大到最大输出功率时，最大输出功率和接收到的信号功率之比。

④增益波动（增益平坦度）

增益波动是指频带内最高增益与最低增益的分贝数差的平均，可由下式表示

$$\Delta G=\pm\frac{G_{\max}-G_{\min}}{2}(\mathrm{dB}) \tag{5-70}$$

⑤效率

功率放大器的效率有两种定义方法。一种是集电极效率 η_c，它等于功率放大器的输出功率 P_{out} 和电源供给功率 P_{dc} 的比值；另一种是漏极效率 η_d，它等于功率放大器的输出功率 P_{out} 和电源供给功率 P_{dc} 的比值，这种定义效率的方式并没有考虑功率放大器的功率增益，因此，通常会采用功率附加效率来定义功率放大器的效率。

功率附加效率（PAE，Power - Added Efficiency）定义为功率放大器的输出功率 P_{out} 与其输入功率 P_{in} 之差，与电源供给功率 P_{dc} 的比值，即

$$\eta_{\mathrm{PAE}}=\frac{P_{out}-P_{in}}{P_{dc}}=\left(1-\frac{1}{A_{\mathrm{P}}}\right)\eta_c \tag{5-71}$$

可见，功率附加效率的定义中考虑了器件的集电极和漏极效率，以及为达到某一输出功率需要多大的输入射频功率，这些都很好地反映器件的功率增益因素，因此，功率附加效率是衡量功率放大器将直流功率转换成射频功率的重要指标。功率放大器的功率附加效率越高，表明它将直流电源供给的功率转换成射频信号输出的功率就越高，而其转换成热能耗散的功率相对来说就越小。因此，这样的功率放大器会在很大程度上提升系统的效率。

功率放大器效率是一个很突出的问题，从非线性功放与输出功率的关系而言，高效率意味着不尽人意的线性工作状态，意味着低输出功率，这似乎是一对矛盾，因此设计过程中，如何兼顾功放的效率和输出功率一直都备受关注。目前，提高效率的常用方法有

Kahn 包罗分离和恢复技术、包络跟踪技术（EER）、异相功率放大器（LINC），Doherty 功放，D、E 类功放和电压转换技术等。

⑥线性度

射频功率放大器的线性度是指它的输出信号线性地跟随其输入信号变化的程度。当功率放大器处于线性工作状态时，它的线性包含两层意义：一是在它的输出信号中仅仅包含有与输入信号频率相同的频率成分；二是功率放大器的功率增益与输入信号的大小无关。

在实际应用中，由于各种各样系统的和非系统的因素的共同作用，在射频功率放大器中总是存在着一些非线性影响。它的输出信号总是会出现一定的失真。从频域的角度来看，非线性失真表现为输出信号会产生很多新的频谱分量。其中，包含有谐波分量和互调分量等，它们不仅干扰有用信号，且还使被放大的信号频谱发生变化，频带展宽。从时域的角度来看，非线性失真一方面表现在输出信号的包络不再是对输入信号包络的线性跟随，而是发生变化，引起波形失真；另一方面，则表现在输出信号的相位发生了根本改变，这些相位的变化有一部分是由幅度变化引起的。

目前，国内外已经研究多种用于射频功率放大器的线性化技术，其中最重要的是前馈技术和预失真技术。前馈技术比较成熟且性能稳定、可靠，但是，这些优点是用高成本换来的。由于在前馈电路的第二个环路中，需要辅助功率放大器，反而使得总效率有所降低。预失真技术电路结构较为简单，性能适中且成本较低，故在小功率射频功放的设计中得以广泛应用。预失真技术可以用模拟器件实现，能对放大器的低阶非线性进行有限补偿，但存在着局限性，线性化性能也不太理想，数字信号处理技术的突破性发展为预失真技术注入了新的活力。现在，预失真技术已从模拟走向数字，从开环走向闭环，从射频、中频走向基带，基带自适应数字预失真是现在预失真技术的研究热点。但是，由于设备比较复杂，一定程度上限制了它的广泛发展与应用。

5.4　数据压缩

数据压缩按照应用类型主要分为一般数据压缩、图像压缩、视频压缩；按照压缩过程是否有信息失真分为有损压缩和无损压缩。有损压缩的优势在于极大地提升压缩倍数，如视频压缩编码标准H.264的压缩倍数可达到200以上，而无损压缩一般只有3～5倍。一般数据压缩主要采用无损压缩，航天应用方面可用于遥测数据压缩；图像压缩和视频压缩主要采用有损压缩。

5.4.1　数据压缩指标

数据压缩技术有三个主要指标，一是压缩前后所需的信息存储量之比要大；二是实现压缩的算法要简单，压缩解压缩速度要快，尽可能做到实时压缩，实时解压；三是恢复效果要好，要尽可能地完全恢复原始数据。

5.4.2　无损压缩

无损压缩技术可以在保证信息不失真的前提下显著降低遥测数据的传输带宽和存储空间，并在一定程度上提高数据传输的可靠性和安全性。无损压缩编码方式主要有游程编码、霍夫曼编码、算术编码、LZW 编码、RICE 编码和 LZMA 编码。

5.4.3　图像压缩标准 JPEG2000 工作原理

JPEG2000 标准编码按照功能模块可以分为以下六个部分：预处理、小波变换（Discrete Wavelet Transform，DWT）、量化、熵编码、码率控制和码流组织，JPEG2000 标准编码工作原理如图 5－48 所示。

预处理是在图像数据进行小波变换前，对原始图像进行的工作。这个阶段包括片分割、DC 电平平移和分量间变换。

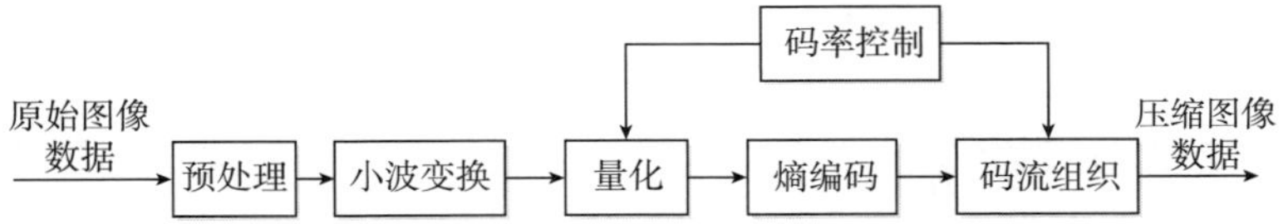

图 5－48　JPEG2000 标准编码工作原理

小波变换包括 5/3 小波和 9/7 小波两种变换算法，JPEG2000 标准采用提升算法实现上述两种变换算法，避免了卷积运算计算量大的缺点，提高了算法的实时性。5/3 小波变换算法完全是整数运算，可用于有损压缩和无损压缩。9/7 小波变换算法为浮点运算，仅适用于有损压缩。比较两种小波变换算法可知：5/3 小波变换算法具有结构简单、易于硬件实现、可同时应用于有损压缩和无损压缩的优点；9/7 小波变换算法在保持图像细节信息上要优于 5/3 小波，但 9/7 小波变换算法具有算法复杂、不利于硬件实现且仅可用于有损压缩的缺点。

小波变换在 JPEG2000 标准中主要用于提高某一空间内图像数据之间的相关性，以便于后续的去相关编码操作。

作为 JPEG2000 标准规定的小波类型之一，5/3 DWT 的低通滤波器系数为 $\left\{-\frac{1}{8}, \frac{2}{8}, \frac{6}{8}, \frac{2}{8}, -\frac{1}{8}\right\}$，高通滤波器系数为 $\left\{-\frac{1}{2}, 1, -\frac{1}{2}\right\}$。为了克服卷积运算量大、降采样导致数据使用率低的缺点，JPEG2000 标准采用提升 DWT。通过提升小波，5/3 DWT 的时域表达式如下所示，其中 HP 表示高频系数，LP 表示低频系数。

$$HP[2*n+1]=X[2*n+1]-\left\lfloor\frac{X[2*n]+X[2*n+2]}{2}\right\rfloor$$

$$LP[2*n]=X[2*n]+\left\lfloor\frac{HP[2*n-1]+HP[2*n+1]+2}{4}\right\rfloor$$

需要注意的是：对于图像边界，需要采用周期性对称延拓的方法进行处理。水平方向上，图像边界是指图像的起始位置和结束位置的像素；垂直方向上，图像边界是指第一行图像和最后一行图像。因为行变换和列变换的边界处理思路相同，这里仅论述小波行变换的边界处理思路。若一行图像的起始序号为 0，那么高频系数 HP 对应的序号为奇数，而低频系数 LP 对应的序号为偶数。

对于起始序号 0 来说，DWT 产生低频系数 $LP[0]$，那么就需要 $HP[-1]$、$HP[1]$ 和 $X[0]$ 这三个变量。$HP[1]$ 可以根据 $X[0]$、$X[1]$ 和 $X[2]$ 算出。根据周期对称延拓的思路，$HP[-1]=HP[1]$，那么 $LP[0]=X[0]+\left[\frac{HP[1]+1}{2}\right]$。

对于结束序号 m 来说，如果 m 为奇数，DWT 则产生高频系数 $HP[m]$，根据周期对称延拓的思路，$X[m+1]=X[m-1]$，因此 $HP[m]=X[m]-X[m-1]$。如果 m 为偶数，则 DWT 产生低频系数 $LP[m]$，同样根据周期对称延拓的思路，$X[m+1]=X[m-1]$，$X[m+2]=X[m-2]$，因此 $LP[m]=X[m]+\left[\frac{HP[m-1]+1}{2}\right]$。

JPEG2000 标准采用了标量量化。量化降低了系数的精度，量化操作一般是有损的。在量化过程中，既要保证在解码端能够恢复出预期的图像质量，同时又能获得更高的压缩率，所以必须选择合适的步长。考虑到各个子带的动态范围都不一样，因此不同的子带可以使用不同的量化步长。

5.4.4 视频压缩标准 H.264 工作原理

H.264 视频编码设计采用帧内（Intra）和帧间（Inter）两种编码模式。编码都以宏块为单位进行，对于 I（Intra Prediction）帧图像采用帧内模式编码，对于 P（Prediction）帧和 B（Bi - directional Prediction）帧图像则采用帧间模式编码，通过复杂的帧间预测来减少运动图像的时间冗余，通过对预测残差进行 DCT 变换来减少空间冗余。Intra 编码的工作原理为：选择宏块的帧内预测模式——帧内

编码——对残差数据进行变换和量化——对量化后的系数进行变长编码和算术编码——生成重构块（用于后继块编码时的参考）。Inter 编码流程为：多模式运动估计——根据率失真优化算法选择编码模式——运动补偿产生残差数据——对残差数据进行变换、量化和编码。H. 264 视频压缩编码处理模块工作原理如图 5 - 49 所示。

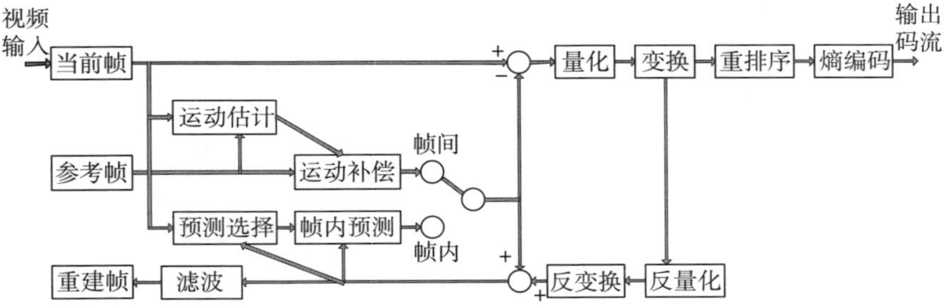

图 5 - 49　H. 264 视频压缩编码处理模块工作原理

编码时，首先把当前帧划分为宏块。宏块有帧内和帧间两种模式，帧内模式使用当前帧内已编码的宏块进行预测；帧间模式使用以往一个或多个帧作为参考进行运动预测。然后对预测值和原始值的差值进行整型变换、量化、重新排序和 VCL 编码，最后将运动矢量 MV 和每个宏块的头信息进行熵编码，产生压缩数据流进行传输。对量化系数进行逆量化、反变换后，与预测系数相加，再经过滤波，得到当前重构帧。重建帧被用作下一帧的帧间预测参考。

H. 264 视频压缩编码处理模块中的核心部件为帧内预测、帧间预测、整数变换和量化、熵编码、去方块效应滤波，它们主要完成对输入视频数据的压缩处理。

由于视频内容要求更高的彩色逼真度、更高的清晰度、更高的压缩比，因而对视频编码提出了更高的要求。为了满足这些要求，新的压缩标准 H. 265 已经被提出，并分别在华为海思的芯片和 ffmpeg 开源软件中得到支持，在未来有望取代 H. 264 成为国际主流标准。

参考文献

［1］ 高虎．数据编码与压缩技术综述［J]，软件导刊，2008，7（1)：25－27.

［2］ ITU－T－2005. H.264 标准［S］.

［3］ ISO/IEC15444－1－2004. JPEG2000 标准［S］.

［4］ 毕厚杰，王健．新一代视频压缩编码标准- H.264/AVC（2版）［M］．北京：人民邮电出版社，2009.

目　录

第 6 章　遥测天线

遥测天线的作用是进行自由空间中传播的电磁波与电路中电磁信号之间的转换，是任何一个现代航天遥测系统不可或缺的重要组成部分，遥测天线性能直接影响并制约着整个遥测系统的性能和功能。随着现代航天遥测系统性能的不断提高和功能的持续改进，遥测天线技术的进步已经成为促进现代航天遥测技术进步和空间应用发展的重要因素。

6.1　概述

遥测天线是现代航天遥测系统的重要组成部分，它的任务就是与地面遥测站一起建立满足预定要求的、稳定可靠的无线电传输通道，保证运载火箭、导弹、卫星的无线遥测、控制，以及跟踪信息的发射、接收与传输。

随着现代航天遥测系统的发展，遥测天线有以下技术特点：1）遥测天线没有固定的形式，遥测天线可具有不同载荷、不同载体以及不同的任务要求，遥测天线的形式各异、差别很大，而且不断更新和变化是它的一大特点；2）遥测天线要经历严酷的力学与空间环境，环境因素直接影响其设计和性能，对遥测天线除电性能要求外，必须考虑环境因素带来的电性能、机械结构、材料特性、热特性和寿命的特殊影响及防护；3）执行各自任务的天线同时安装在一个载体上，形成高密度、宽频谱、强信号发射和弱信号接收同时存在，再加上天线周围物体的散射、反射和绕射影响，使其电磁环境复杂，电磁兼容问题变得非常突出；4）星载遥测天线的在轨不可维修性和长寿命要求，特殊的环境条件以及单点失效的工作模式均对天线的可靠性提出了挑战。高可靠性要求使它对材料、元器件选择、设计、验证和研制流程都具有特殊性。

因此，现代航天遥测天线设计要从系统的高度考虑，进行电、机、热的一体化并行设计。

6.2 遥测天线基本参量

6.2.1 天线方向图

6.2.1.1 方向性函数和方向图

将天线置于图 6－1 所示的球坐标系中，由于天线的定向辐射（或接收）作用，它的距离为 r（满足远场距离条件）的球面上各点的辐射（或接收）强度是不同的，即是角坐标 (θ,φ) 的函数，可写为

$$E=Af(\theta,\varphi) \tag{6-1}$$

式中 A ——比例常数；

$f(\theta,\varphi)$ ——天线的方向性函数。

为便于将各种天线的方向图进行比较以及绘图，一般，取方向性函数的最大值为 1，即得归一化方向性函数，记为

$$F(\theta,\varphi)=\frac{f(\theta,\varphi)}{f_{max}} \tag{6-2}$$

式中 f_{max} ——方向性函数 $f(\theta,\ \varphi)$ 的最大值。

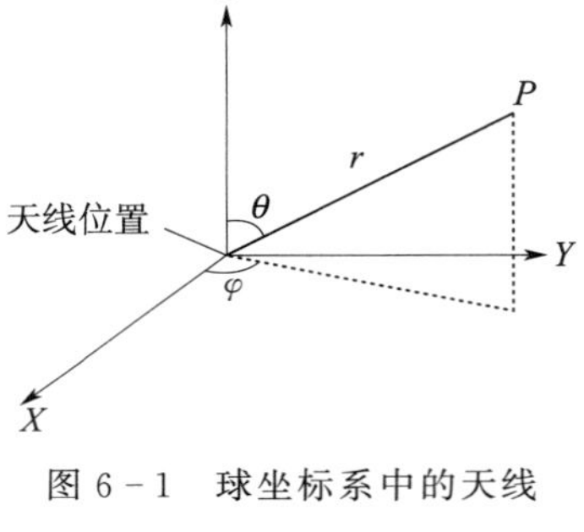

图 6－1 球坐标系中的天线

根据方向性函数 $F(\theta, \varphi)$ 或 $f(\theta, \varphi)$ 绘制的图形，称为天线的方向图。表示辐射（或接收）场强振幅方向特性的称为场强振幅方向图，表示辐射（或接收）功率方向特性的称为功率方向图，表示相位特性的称为相位方向图，表示极化特性的称为极化方向图等。若未作特殊说明，本书中谈及的方向图均指场强振幅方向图。

一般，天线方向图是一个三维空间的曲面图形。但工程上为了方便，常采用两个相互正交主平面上的剖面图来描述天线的方向性。通常，取 E 平面（即电场矢量与传播方向构成的平面）和 H 平面（即磁场矢量与传播方向构成的平面）内的方向图。

绘制某一平面的方向图，可采用极坐标或直角坐标两种方式。典型的天线方向图如图 6－2 所示，其中图 6－2（a）是极坐标方向图，图 6－2（b）是直角坐标方向图，图 6－2（c）是以对数刻度标注的直角坐标方向图。由于它呈现花瓣形状，所以有时也称波瓣图。其中，最大的波瓣称为主瓣，其余的波瓣称为副瓣或旁瓣。极坐标方向图直观性强，直角坐标方向图易于表示出低副瓣性能和窄主瓣性能。前者多用于绘制低、中增益天线的方向图，后者多用于高增益或低副瓣天线的方向图。

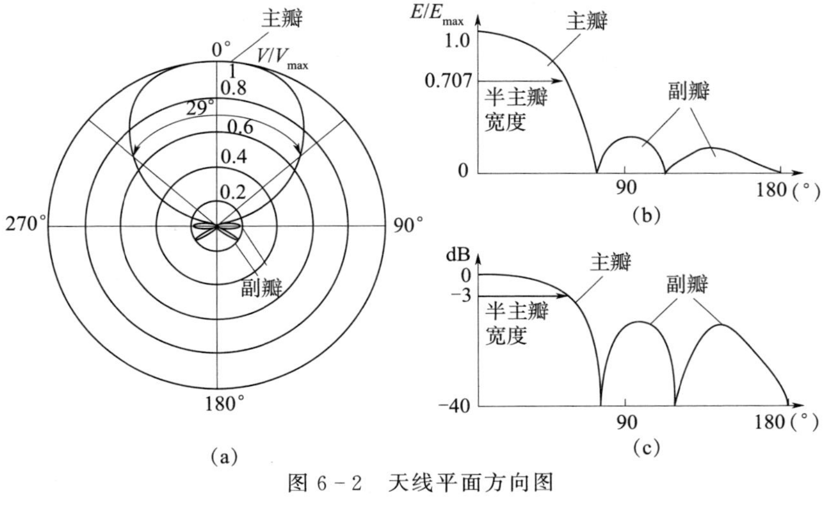

图 6－2　天线平面方向图

6.2.1.2　主瓣宽度、副瓣电平与前后比

主瓣宽度是指方向图主瓣上两个半功率电平点（即场强从最大值降至 0.707 最大值处）之间的夹角，记为 $2\theta_{0.5}$，有时也称主瓣宽度为半功率波束宽度，如图 6－2 所示。显然，主瓣宽度愈小，说明天线辐射能量愈集中（或接收能力愈强），定向作用或方向性愈好。

副瓣电平是指副瓣最大值与主瓣最大值之比，通常用分贝数表示为

$$\text{副瓣电平(dB)} = 20\ \lg \frac{\text{副瓣最大场值}}{\text{主瓣最大场值}}\text{(dB)} \tag{6-3}$$

通常，副瓣方向是不需要辐射（或接收）能量的方向，因此天线副瓣电平愈低，表明天线在不需要方向上辐射的能量愈弱，或者在这些方向上对杂散来波的抑制能力愈强。

前后比是指最大辐射（或接收）方向（设为 0°方向）的场值与（180°±60°）方向内的最大场值之比，通常以符号 F/B 表示，因此前后比的分贝值为

$$\frac{F}{B} = 20\ \lg \frac{\text{前区最大场值}}{\text{后区最大场值}}\text{(dB)} \tag{6-4}$$

6.2.1.3　各种特殊应用的方向图形

根据各种不同应用场合的要求，天线方向图有很多类型，但是最常用的有：全向（水平面）波束方向图、笔形波束方向图和扇形波束方向图。

（1）全向波束方向图

全向波束天线广泛用于移动通信（基台及移动台）、电视、广播系统中。它的水平面方向图是一个圆，而垂直面内有一定方向性，以提高天线的增益，如图 6－3 所示。

（2）笔形波束方向图

笔形波束方向图多用于需要高增益天线场合，它的主瓣仅包含在一个很小的空间立体角内。一般，这种波束是绕其波瓣最大值方向旋转对称的，有时横截面呈现椭圆状，故称为笔形波束，如图 6－

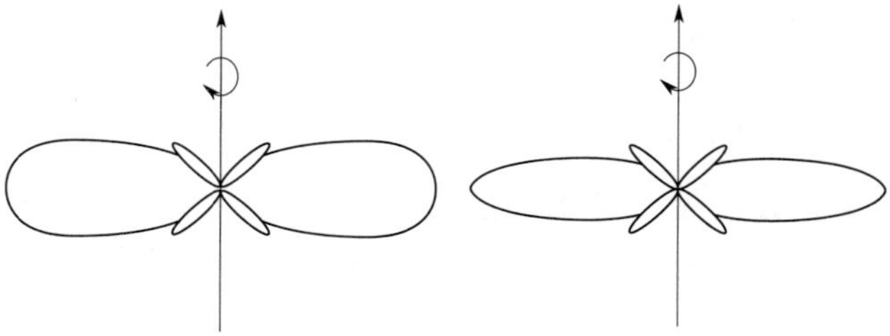

图 6－3　全向波束方向图

4 所示，这种波束方向图多用于雷达、射电天文及远程微波通信系统等。

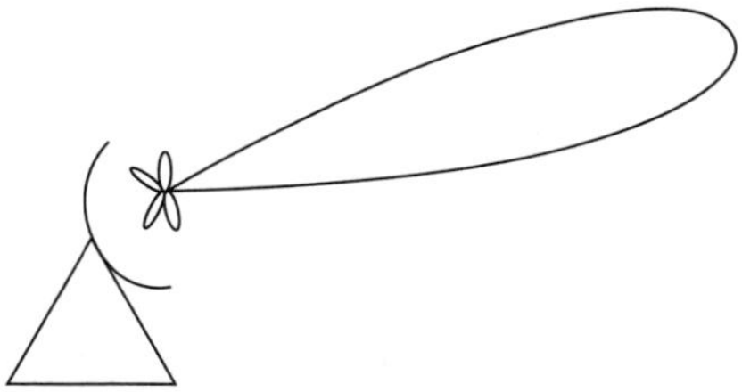

图 6－4　笔形波束方向图

（3）扇形波束方向图

扇形波束是指在一个面内较宽，在另一个正交面内较窄，形似扇子的方向图。扇形方向图的典型应用是搜索雷达、监视雷达和测高雷达系统。前者，要求垂直面宽、水平面窄，进行方位扫描；后者，则要求水平面宽、垂直面窄，进行俯仰扫描，如图 6－5 所示。

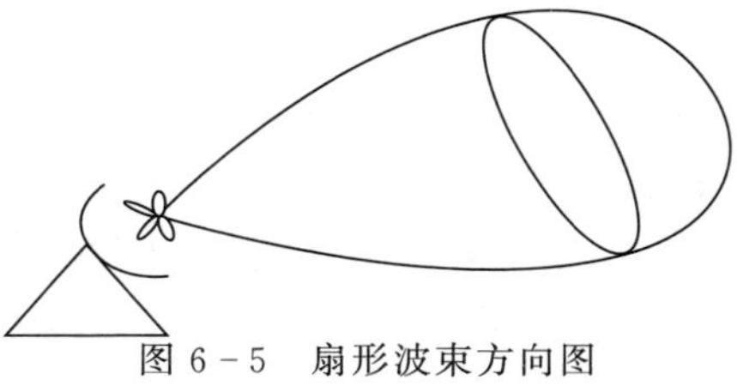

图 6－5　扇形波束方向图

6.2.2 方向性系数

6.2.2.1 发射天线的方向性系数

方向性系数是表征天线辐射的能量在空间分布集中能力的量。方向性系数的定义为在相同辐射功率情况下，天线在给定方向的辐射强度 $\Phi(\theta,\varphi)$ 与平均辐射强度 Φ_0 之比，即

$$D(\theta,\varphi)=\frac{\Phi(\theta,\varphi)}{\Phi_0} \tag{6-5}$$

由于辐射强度与电场强度的平方成正比，因此方向性系数也可以定义为

$$D(\theta,\varphi)=\frac{E^2(\theta,\varphi)}{E_0^2}\text{（相同辐射功率）} \tag{6-6}$$

式中 $E(\theta,\varphi)$ ——该天线在 (θ,φ) 方向某点产生的场强；

E_0 ——全方向性点源天线在同一点产生的场强。

另外，方向性系数也可以定义为在同方向同一点产生相同电场强度条件下，点源天线的辐射功率 P_{0t} 与该天线的总辐射功率 $P_t(\theta,\varphi)$ 之比，即

$$D(\theta,\varphi)=\frac{P_{0t}}{P_t(\theta,\varphi)}\text{（相同电场强度）} \tag{6-7}$$

一般情况下，方向性系数均指最大辐射方向的方向性系数，因此式（6－5）、式（6－6）、式（6－7）可以写为

$$D=\frac{\Phi_m}{\Phi_0}=\frac{E_m^2}{E_0^2}\text{（相同辐射功率）}=\frac{P_{0t}}{P_{mt}}\text{（相同电场强度）} \tag{6-8}$$

6.2.2.2 接收天线的方向性系数

对接收天线而言，方向性系数是表征天线从空间接收电磁能量的能力，定义为在相同来波场强的情况下，该天线在某方向接收时向负载（接收机）输出功率 $P_r(\theta,\varphi)$ 与点源天线在同方向接收时向负载输出的功率 P_{0r} 之比，即

$$D(\theta,\varphi)=\frac{P_r(\theta,\varphi)}{P_{0r}}\text{（相同来波场强）} \tag{6-9}$$

发射天线方向性系数与接收天线方向性系数虽然含义不同，但是数值上是一样的。因此本书中谈及天线方向性系数时，就不再说明是发射或接收。

通常，方向性系数 D 用分贝表示。有时，又称为方向增益。

6.2.2.3　方向性系数的近似计算

（1）方向图直接积分法

方向性系数与方向图之间的关系为

$$D=\frac{4\pi}{\int_0^{2\pi}\int_0^{\pi}F^2(\theta,\varphi)\sin\theta\mathrm{d}\theta\mathrm{d}\varphi} \tag{6-10}$$

式中　$F(\theta,\varphi)$——天线的归一化方向性函数。

当天线的空间立体方向图是轴对称时，则式（6－10）可简化为

$$D=\frac{2}{\int_0^{\pi}F^2(\theta)\sin\theta\mathrm{d}\theta} \tag{6-11}$$

方向性系数可以由式（6－10）或式（6－11）直接积分计算得到，采用数值积分或图形积分方法均可。

（2）辐射电阻计算法

如果天线的辐射电阻已知，则可用下式计算天线的方向性系数

$$D=\frac{120f_{\mathrm{m}}^2}{R_{\mathrm{r}}} \tag{6-12}$$

式中　f_{m}——方向性函数最大值；

R_{r}——辐射电阻。

（3）主瓣宽度计算法

若已测量或计算求得天线 E 平面和 H 平面方向图的主瓣宽度为 $2\theta_{0.5E}$ 和 $2\theta_{0.5H}$，则可用下式计算天线的方向性系数

$$D=\frac{C}{2\theta_{0.5E}2\theta_{0.5H}} \tag{6-13}$$

式中　C——常数，一般取值范围为 15 000～40 000。

表 6－1 给出了一些典型天线的 C 值。

表 6-1 抛物面天线

孔径 λ	$2\theta_{0.5E}/(°)$	$2\theta_{0.5H}/(°)$	C
2.3	35	30.7	27 900
4.5	20.6	16.5	34 000
6.8	13.5	11.9	35 600
9.1	10.5	9.2	35 700

可以看出，一般抛物面天线，常数 C 可选为 35 000。对于副瓣电平相似于振幅均匀分布情况（−13.2 dB）或者是具有 −15～−25 dB副瓣电平的切比雪夫分布情况，C 可选为 33 000。若副瓣电平相当高（比−10 dB 还高），则 C 应选 28 000 以下。另外，螺旋天线、对数周期天线以及八木天线一类行波天线，视其具体副瓣的大小，可在 28 000～32 000 之内选值。按上述原则选取 C ，由式（6-13）计算得到的方向性系数与实际之间的误差一般不大于 0.3 dB。

6.2.3 天线增益

方向性系数是以辐射功率为基点，没有考虑天线的能量转换效率。为更完整地描述天线性能，改用天线输入功率为基点来定义天线增益，即在输入功率相同的条件下，天线在某方向某点产生的场强平方与点源天线在同方向同一点产生场强平方的比值，于是天线的增益为

$$G(\theta,\varphi)=\frac{E^2(\theta,\varphi)}{E_0^2}\text{(相同输入功率)} \tag{6-14}$$

或者，定义为在某方向某点产生相同场强的情况下，点源天线的输入功率 $P_{0\text{in}}$ 与该天线输入功率 $P_{\text{in}}(\theta,\varphi)$ 的比值，即

$$G(\theta,\varphi)=\frac{P_{0\text{in}}}{P_{\text{in}}(\theta,\varphi)}\text{(相同电场强度)} \tag{6-15}$$

通常，天线增益均指最大辐射方向的增益，因此式（6-14）和式（6-15）可写为

$$G=\frac{E_{\text{m}}^2}{E_0^2}\text{(相同输入功率)}=\frac{P_{0\text{in}}}{P_{\text{in}}}\text{(相同电场强度)} \tag{6-16}$$

同理，接收天线的增益可写为

$$G(\theta,\varphi)=\frac{P_{\mathrm{in}}(\theta,\varphi)}{P_{0\ \mathrm{in}}}（相同来波场强） \tag{6-17}$$

主瓣最大值方向接收时，则有

$$G=\frac{P_{\mathrm{in}}}{P_{0\ \mathrm{in}}}（相同来波场强） \tag{6-18}$$

发射的接收天线增益尽管含义不同，但数值是一样的。因此，今后谈及天线增益也不再区分是发射或者接收。通常，天线增益用分贝数表示。有时，也称为增益系统或者功率增益。

6.2.4　天线阻抗

6.2.4.1　输入阻抗

天线输入端电压与输入端电流的比值定义为天线的输入阻抗，即

$$Z_{\mathrm{i}}=\frac{V_{\mathrm{i}}}{I_{\mathrm{i}}} \tag{6-19}$$

当输入电压与输入电流相同时，输入阻抗呈纯阻性。一般情况下，输入阻抗具有电阻及电抗两个部分，即

$$Z_{\mathrm{i}}=R_{\mathrm{i}}+\mathrm{j}X_{\mathrm{i}} \tag{6-20}$$

发射机或者接收机的天线，其输入阻抗则等效为发射机或者接收机的负载。因此输入阻抗值的大小，就表征天线发射机或者接收机的匹配状况，即表示导行波与辐射波之间能量转换的好坏，故是天线的一个重要电路参数。

6.2.4.2　辐射电阻

将天线所辐射的功率看成被一个等效电阻所吸收的功率，这个假想的等效电阻就称为天线的辐射电阻。

辐射功率与辐射电阻的关系为

$$R_{\mathrm{r}}=\frac{P_{\mathrm{r}}}{I^{2}} \tag{6-21}$$

式中　I——天线上某参考点处电流的有效值。

当天线辐射功率已知时，则辐射电阻 R_r 的大小就与电流 I 参考点的取值有关。一般，天线电流驻波的波腹电流 I_m 或输入电流 I_i 作为归算电流，由此得到的电阻分别称为归于波腹点电流的辐射电阻和归于输入点电流的辐射电阻。前者用 R_{rm} 表示，后者用 R_{ri} 表示，对于正弦电流分布的线天线情况，它们之间的关系为

$$R_{rm}=R_{ri}\sin^2\beta l \tag{6-22}$$

式中　l——天线的臂长。

辐射电阻的大小表征天线辐射能力或者接收能力的强弱。

6.2.4.3　损耗电阻

如果把天线系统中的损耗功率（包括导体中的热损耗、绝缘介质中的介质损耗、地电流损耗等）也看成是被一个等效电阻 R_l 所吸收的功率，则损耗电阻为

$$R_l=\frac{P_l}{I^2} \tag{6-23}$$

式中　P_l——损耗功率；

　　I——天线上某参考点电流的有效值。

计算损耗电阻时，参考点多取腹点电流 I_m 为归算电流。显然，天线输入电阻 R_i 、辐射电阻 R_r 及损耗电阻 R_l 有如下关系

$$R_i=R_r+R_l \tag{6-24}$$

6.2.4.4　驻波系数与反射功率

对于中、低频率天线而言，阻抗概念特别有用。在中、低频率天线中，易于确定一对输入点，阻抗是单值的且测量并不难。阻抗概念虽在较高频率上也仍有效，但直接确定和测量阻抗值却较困难。例如，在微波频率上，天线大都与波导相联，波导阻抗具有多值性。因此，直接测取天线的阻抗值几乎不可能，而是采用测量驻波系数或反射损耗的办法来计算出天线的输入阻抗。由于

$$Z_i=Z_c\frac{1+\Gamma}{1-\Gamma} \tag{6-25}$$

式中　Z_c——传输线特性阻抗；

Γ——反射系数，它是一个复数。

工程上，常用电压驻波系数 VSWR 表征天线与馈线匹配情况，它与反射系数模的关系为

$$\text{VSWR}=\frac{1+|\Gamma|}{1-|\Gamma|} \tag{6-26}$$

从驻波系数或反射系数的大小就可推算出从天线反射回发射机（或接收机）的功率多少，也可直接在阻抗圆图上得到具体的天线阻抗值。

6.2.5　天线极化

6.2.5.1　波的极化

天线极化是描述天线辐射电磁波场矢量空间指向的参数。由于电场与磁场有恒定的关系，故一般都以电场矢量的空间指向作为天线辐射电磁波的极化方向。

电场矢量在空间取向固定不变的电磁波叫线极化。有时以地面为参数，电场矢量方向与地面平行的叫水平极化，与地面垂直的叫垂直极化。电场矢量与传播方向构成的平面叫极化平面。垂直极化波的极化平面与地面垂直，水平极化波的极化平面则垂直于入射线、反射线和入射点地面法线构成的入射平面。

当电场矢量取向随时间而变化，其矢量端点在垂直于传播方向的平面内描绘的轨迹是一个椭圆，就称为椭圆极化；描绘的轨迹是一个圆，则称为圆极化。椭圆极化波和圆极化波都有左、右旋向特性。工程上规定：沿电磁波传播方向看去，电场矢量随时间向右（即顺时针）方向旋转的称为右旋极化波，向左（即反时针）方向旋转的称为左旋极化波。

图 6－6 是三种极化波的示意图。不论圆极化波或椭圆极化波都可以由两个相互正交的线极化波合成。当两正交线极化波振幅相等相位相差 90°时，则合成圆极化波；当振幅不相等或者相位相差不是

90°时，则合成椭圆极化波。

圆极化和线极化都是椭圆极化的特例，描述椭圆极化波的共有如下 3 个参数：

- 轴比——极化椭圆长轴与短轴的比；
- 倾角——极化椭圆长轴与水平坐标之间的夹角；
- 旋向——左旋或者右旋。

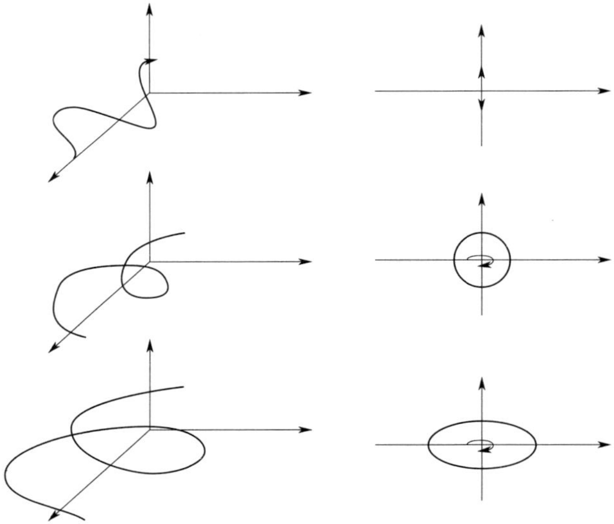

图 6-6　三种极化波的示意图

6.2.5.2　交叉极化

天线可能会在非预定的极化上辐射（或接收）不需要的极化分量能量，例如，辐射（或接收）水平极化波的天线，也可以辐射（或接收）不需要的垂直极化波，这种不需要的辐射极化波称为交叉极化。对线极化天线来说，交叉极化与预定的极化方向垂直；对圆极化波来说，交叉极化与预定的极化旋向相反；对椭圆极化来说，交叉极化与预定极化的轴比相同、长轴正交、旋向相反。所以，交叉极化又称为正交极化。

6.2.5.3　极化损失

极化损失是指接收天线的极化与发射天线辐射的来波极化不匹配时，接收功率的损失。表 6－2 给出了几种典型的情况。

表 6－2　极化损失的典型实例

发射（或接收）天线	接收（或发射）天线	接收功率 P/P_{max}
垂直（或水平）极化	垂直（或水平）极化	1
垂直（或水平）极化	水平（或垂直）极化	0
垂直（或水平）极化	圆极化	0.5
左旋（或右旋）圆极化	左旋（或右旋）圆极化	1
左旋（或右旋）圆极化	右旋（或右旋）圆极化	0

一般情况下，对于椭圆极化波之间的极化损失，可以采用下式进行计算

$$\frac{P}{P_{max}}=\frac{1}{2}\pm\frac{2AR_1AR_2}{(AR_1^2+1)(AR_2^2+1)}+\frac{(AR_1^2-1)(AR_2^2-1)}{2(AR_1^2+1)(AR_2^2+1)}\cos2\alpha \tag{6-27}$$

式中　AR_1,AR_2——收、发天线的轴比；

　　α——收、发天线的极化椭圆长轴间的夹角。

收、发极化波的旋向相同时，式（6－27）中取“＋”号，旋向相反时，式（6－27）中取“－”号。

6.2.6　天线效率

一般，天线效率定义为天线的辐射功率与输入功率之比，即

$$\eta=\frac{P_r}{P_i}=\frac{P_r}{P_r+P_l} \tag{6-28}$$

相应地，电阻关系表示为

$$\eta=\frac{R_r}{R_i}=\frac{R_r}{R_r+R_l} \tag{6-29}$$

由于天线效率是辐射功率与输入功率之比，自然地，它就把方向性系数和增益联系起来，其关系式为

$$G=\eta D \tag{6-30}$$

对增益孔径天线而言，天线总效率 η_{α} 与天线增益之间的关系为

$$G=\frac{4\pi}{\lambda^{2}}A\eta_{\alpha} \tag{6-31}$$

式中　天线效率 η_{α} 应是多个因子的乘积，即

$$\eta_{\alpha}=\eta\eta_{i}\eta_{1}\eta_{2}\eta_{3}\cdots \tag{6-32}$$

式中　η ——辐射效率；

η_{i} ——孔径效率；

η_{1}，η_{2}，η_{3}，… ——其他影响天线增益的因子，如照射漏失、孔径遮挡、表面公差和去极化损失等。

6.2.7　天线带宽

通常，根据系统提出的要求和给定的中心频率，人们可以设计满足指标要求的天线。但在偏离中心工作频率时，天线的某些电性能将会下降，电性能下降到容许值的频率范围，就称为天线的频带宽度。

不同系统对天线工作频带的要求不同。例如，中波广播发射天线对频带要求不高；短波定点通信天线因为电波昼夜、四季变化需要经常更换工作频率，则需要有一定的带宽；电子对抗设备为了进行干扰或抗干扰，往往需要天线有很宽的工作频带。

不同形式天线的电性能对频率的敏感程度也不尽相同。例如，当频率变化时，一般对称振子天线的方向图、增益等参数变化不大，但它们的输入阻抗则变化很大。因此，匹配程度受频率变化的影响较大。在一些对方向图要求不高的系统中，主要解决阻抗带宽的问题。在某些天线阵中，频率变化会使主瓣指向偏离预定方向、副瓣电平增高，甚至可能出现栅瓣，此时主要矛盾就成了方向图带宽的问题。

可见，对不同系统、不同用途的天线，提出的带宽标准是不同的。有的称之为方向图带宽，有的称阻抗带宽，有的称增益带宽等，

并没有一个统一的规定。

天线带宽的表示方法有两种：一种是绝对带宽，它是指天线能实际工作的频率范围，即高端频率与低端频率之差；另一种是相对带宽，它是绝对带宽与中心频率之比的百分数，即

$$\text{天线相对带宽} = \frac{f_{\max} - f_{\min}}{f_0} \tag{6-33}$$

式中　f_0——中心工作频率。

6.3　遥测天线类型

6.3.1　地面遥测天线

地面遥测天线是遥测地面站系统最重要的组成设备之一，它是决定遥测地面站品质因数（G/T 值）的关键设备。地面遥测天线一般由照射器、馈线网络和跟踪系统三个部分组成，其功能主要是完成远距离遥测信号的接收、放大以及对目标的跟踪。

地面遥测天线分类按照不同标准有多种类型。按增益，可分为高增益、中增益、低增益天线；按方向图，可分为全向天线、定向天线、方向图赋形天线；按频带可分为窄带、宽带、超宽带、多频天线。

在测控起始端和尾端，目标飞行器动态大且仰角低，一般采用低增益、宽波束地面遥测天线完成对目标遥测，这类天线类型有微带天线、八木天线、振子天线、背射天线等。在测控中段，为保证作用距离和准确测角，常采用单脉冲自跟踪天线，单脉冲自跟踪天线是地面遥测天线中最重要的天线类型。这类天线的作用是当目标进入视线范围内时，使接收天线自动搜索并捕获目标，并以一定的精度连续跟踪目标，使目标始终处于主波束的中心线附近，从而以最大的接收增益可靠地连续接收遥测信号。特别是当飞行器出现故障，偏离预定飞行轨道时，天线自跟踪系统能在较大的空域范围内，搜索捕获目标并进行跟踪，获得重要的遥测数据，以分析和判断飞

行器的故障。这类天线最常见的是反射面天线、背射天线阵、微带阵列天线等。

单脉冲法的实质，在于同时比较几个通道接收到的目标回波信号，根据比较对象，可分为比幅单脉冲（幅度单脉冲）、比相单脉冲（相位单脉冲）以及这两种方法的混合方式。普遍采用的是比幅单脉冲天线。

下面，以抛物面天线为例说明单脉冲天线的工作原理：在抛物面天线中，如果馈源相位中心有横向偏焦，则抛物面的次级波束将不对天线轴线对称，其最大值将偏离天线轴向一个角度。在偏离距离不大的情况下（通常实际情况如此），偏离角随馈源偏焦距离增加而接近线性增加，偏离方向则与馈源偏焦方向相反。图 6 - 7（a）表示对称地置于抛物面焦点两侧的两个喇叭馈源及所产生的次级偏轴波瓣。在馈源喇叭组之后，假定有一个能将这两个波瓣“A”与“B”所接收的目标回波信号进行直接加减处理的部件——和差器（比较器），则和差器把加减处理后的信号沿二路输出：和路信号（$A+B$）和差支路信号（$A-B$）。

为使分析简单起见，设图 6 - 7 所示的为俯仰面的情况。其中，图 6 - 7（b）图用直角坐标表示出了两交叉的偏轴波瓣“A”与“B”，以及将它们相加得到的和波瓣（$A+B$）和将它们相减得到的差波瓣（$A-B$）。当目标位于天线轴向时，两喇叭接收到的回波信号强度相等，差支路无误差信号输出；当目标位于天线轴下侧而偏离角为 θ 时，则“A”接收的信号比“B”大，此时差支路将有信号输出，误差信号（$A-B$）为正。而且目标偏离角 θ 越大，误差信号的幅度也越大（指目标偏离轴向有限的范围内）。当目标位于天线轴上侧而偏离这一角度时，则“A”接收的信号比“B”的小，此时，差支路仍有信号输出，但误差信号（$A-B$）为负。不难看出，目标无论位于天线轴上侧还是下侧，和支路的输出信号（$A+B$）总是为正。

如果以和信号的极性为基准，把和信号作为参考信号，将目标偏轴时所接收的差信号极性和它比较，由两者同相还是反相，即可

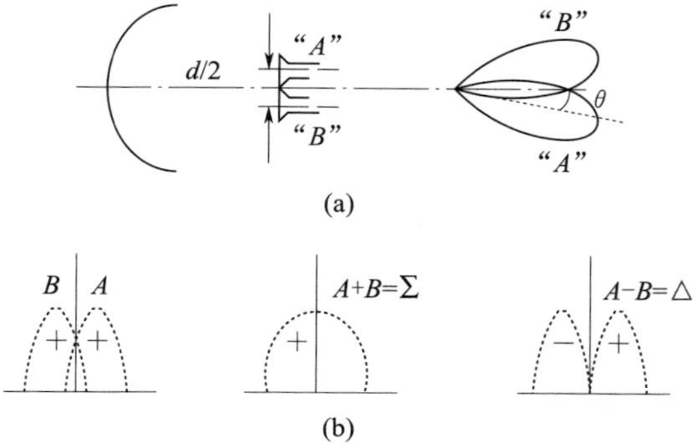

图 6－7　单脉冲天线的工作原理

确定目标是偏向天线轴的下侧，还是上侧。而由差信号的大小，可确定目标偏离程度。也就是说，把位于俯仰平面内的对称横向偏焦喇叭组“A”、“B”所接收的目标回波信号，经和差器进行加、减处理后，即可得到目标在俯仰平面内的角度信息。类似地，如在方位平面内，装置另一横向偏焦喇叭组及相应和差器，同样地，可获取目标在方位平面内的角度信息。

在地面遥测天线中，有一类天线是在执行测控任务之前，用于遥测系统的测试标校，这类天线称为测试标校天线，它与其他测试标校分系统设备完成上、下行信道性能的自动化检查、标定、相关指标测试、系统常规角度标校及距离零值标定等。系统常规角度标校主要标定角度零值误差、跟踪系统定向灵敏度、光电轴失配。测试标校天线一般是线极化宽波束天线，如微带天线、振子天线、背射天线等。

6.3.2　弹载遥测天线

弹载遥测系统是导弹飞行试验中重要的测量手段，在导弹研制与发射试验中，利用无线电遥测技术，可以实时地获取导弹内部各系统的工作状态和导弹飞行轨迹。弹载遥测天线作为遥测系统的重要组成部分，对实时信号的传输起着非常重要的作用。

根据弹体的速度、转速、传输码率以及遥测体制的不同，天线形式也不尽相同。早期，导弹运行速度慢，旋转速度低或不旋转，一般采用传输线型天线，俗称“耳朵”天线。随着弹体运行速度的提高以及弹体具有大加速度和极高转速的特点，不允许弹上天线超过弹体的横截面尺寸。因为在高转速情况下，即使刚性很强的外凸型天线，也会在弹体飞行过程中，存在被甩掉的隐患；另外，类似“耳朵”天线的外凸型天线无法通过发射筒发射，已经不能满足现代武器型号的机动要求。

目前，弹载遥测天线主要采用微带天线的形式，微带天线具有半球形方向图，通过在弹体两侧各安装一副天线，可实现对地面或者全空域的覆盖，如图 6－8 所示。同时，微带天线具有剖面低、体积小、质量小的优点，可以满足遥测天线与弹体的共形要求。

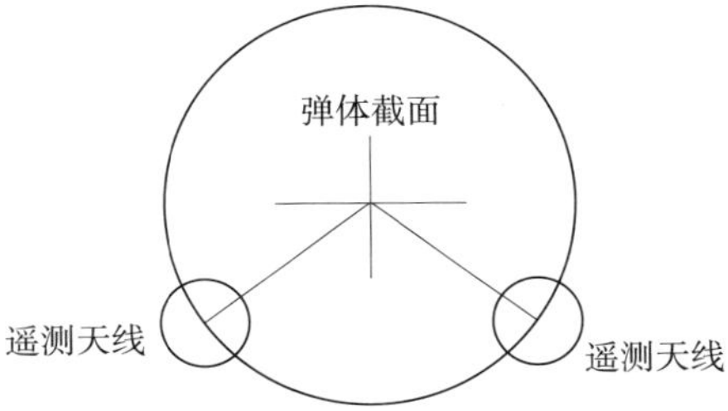

图 6－8　弹载遥测天线安装示意图

通常，弹载微带遥测天线由天线罩、印制板、底座和射频插座组成，为减小结构质量，提高结构刚度和强度，最直接、最有效的途径是选择密度小而模量和强度高的材料。类似地，为减小结构热变形和热应力，应该选用线膨胀系数小的结构材料。常用的天线罩材料有氟塑料、尼龙、环氧酚醛层压玻璃布板（简称玻璃钢）等。根据环境不同，也有采用石英纤维增强复合材料、氧化硅、氮化物陶瓷、酚醛高硅氧层压板等耐高温材料而制成的高温天线罩，以抵御弹体高速飞行过程中产生的高温。图 6－9 为微带弹载遥测天线的基本组成。

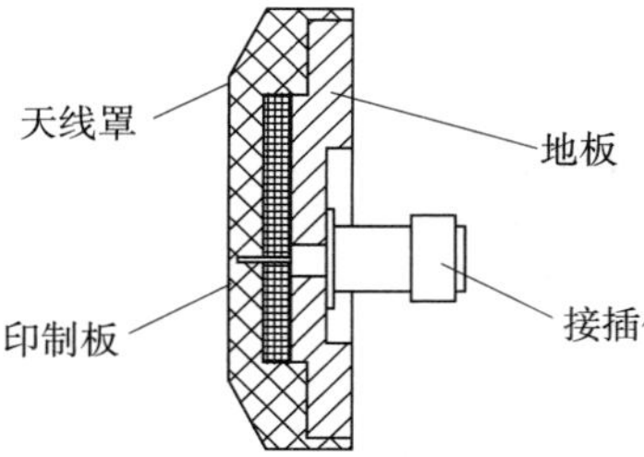

图 6－9　微带弹载遥测天线的基本组成

另外，通过采用微带共形天线阵的形式，可实现在特定方向上天线的高增益，满足高码率信号传输。通过控制阵列天线各单元的激励相位，在接收站或者中继卫星方向上，得到同相合成高增益波束，将电磁信号实时地发送给接收站或者中继卫星，完成与接收站或中继卫星系统之间无线信号传输，实现弹载设备遥测通信。

一般，遥测共形天线阵主要包括无源天线单元阵列、发射组件、功分网络、波束控制器和电源模块等。

6.3.3　箭载遥测天线

由于载体环境的特殊性，箭载遥测天线具有自身特点：1）具有低安装高度，最好是与箭体共形的结构；2）火箭在高速飞行过程中，会带来极强的热效应和振动、冲击，因而要求天线尽量具有流线型的外形、很低的安装高度，最好是不突出箭体表面的共形结构；3）进行箭载遥测天线设计时，必须综合考虑箭体环境对天线性能影响。

首先，箭载遥测天线直接安装在金属壳体上，进行天线设计时，必须考虑箭体对天线性能的影响。其次，火箭高速飞行带来的热效应是无法回避的，常常需要利用隔热天线罩对天线进行热防护，隔热天线罩对天线性能的影响，也是进行天线设计时需要考虑的因素之一。此外，火箭上往往装有很多不同用途的天线，需要解决遥测天线与其他天线之间的隔离问题 。最后，还要考虑天线的材料、结构强度等问题。

随着计算机和仿真软件的发展，电、热、力学综合仿真软件，已成为箭载遥测天线研制的有力工具。

6.3.3.1　地基箭载遥测天线形式

地基测控系统是我国测控系统的重要组成部分。利用地基测控系统执行火箭的测控任务时，箭载测控终端利用遥测天线与地面站、测量船建立无线通信链路，地基箭载遥测天线往往采用低剖面、宽波束的天线，常用天线形式包括振子天线、开槽天线、螺旋天线、微带天线和波导天线。上述天线均为传统天线形式，其外形结构、性能指标、设计方法在天线教科书上有详细介绍，在此不再赘述。

6.3.3.2　天基箭载遥测天线形式

天基测控系统能够克服地基测控系统的局限性，缩小测控盲区，以中继卫星系统为代表，天基测控系统已成为我国测控系统的重要发展方向。在天基测控系统中，箭载测控终端利用天线与卫星建立前向、返向无线链路。箭星距离远，为满足星箭间指向精度、数据传输速率等要求，天基箭载遥测天线需要具备高增益、宽波束覆盖范围的性能指标，并满足火箭气动外形要求。综合考虑以上因素，相控阵天线成为天基箭载遥测天线常用的形式。

相控阵天线属于电扫天线，即在扫描过程中，天线本身不需作机械运动，而是通过控制阵列天线中各个单元上电流的幅度和相位，改变天线的波束指向和波束形状。其优势在于：

1）具备天线波束快速扫描能力。相控阵天线依靠改变天线单元的馈电相位来改变波束指向，不存在机械扫描天线波束指向转换的惯性问题，天线波束指向的切换速度主要取决于移相器的反应速度以及波控码的计算、传输与转换速度。采用半导体开关二极管的数字移相器的开关转换时间是纳秒量级，铁氧体移相器的转换时间是微秒量级。对于一个大型的相控阵天线，波束指向的切换速度往往可以保证在毫秒量级。

2）具备天线波束形状的捷变能力。天线波束形状的捷变能力是指相控阵天线波束形状的快速变化能力。天线方向图函数是天线口径照射函数的傅里叶变换，通过改变阵列中各单元的激励信号幅度、相位，即可改变天线的波束形状，这在相控阵天线中非常容易实现。天线波束形状的捷变能力使相控阵天线可以快速实现波束赋形，具有快速自适应空间滤波的能力。

3）具备空间功率合成能力。这是有源相控阵天线的一个重要特点。在每一个单元通道或每一个天线子阵设置一个发射信号功率放大器，依靠移相器的相位变化，使发射天线波束定向发射，即将各单元通道或各子阵通道中的发射信号聚焦于某一空间方向，从而在空间将各单元的发射功率合成。相控阵天线的这一特点使得系统输出大功率发射信号成为可能，能够大幅度增加系统的作用距离。

4）具备与载体共形的能力。为扩展天线的波束扫描范围，或减小相控阵天线对载体平台的空气动力学性能影响等，相控阵天线可以设计成与载体共形，这已成为相控阵天线的一个重要发展方向。

由于相控阵天线具备上述优点，因此在天基测控系统中，相控阵天线能够根据系统的指向信息，实时地调整波束指向，始终在卫星方向形成窄波束、高增益的定向波束，从而满足天基箭载遥测天线高增益、宽波束覆盖范围的需求。

6.3.4　星载遥测天线

星载遥测天线是指用于卫星遥测信息无线传输的天线。现代卫星平台和有效载荷的功能和形式多种多样，星载天线根据不同载体、不同任务要求，可以选取多种天线形式，其形状与形式需要根据具体工作频率、天线增益、波束宽度等性能指标，进行选择与适应性设计。

星载天线有单独工作的形式，也有多个单元组成阵列天线的形式。依据天线特点，还可以有多种方法进行分类。按安装及工作方式，可分为两类，附着安装在卫星主体结构上的固定天线，以及利用机构展开或相对载体可转动的活动天线。按波束形状，可分为全向性天线、半球波束天线、定向性天线以及赋形波束天线。按工作频率，有多个工作频段的分类。

表 6－3 列举了各个频段可供选择的常用星载天线形式。

表 6－3 各个频段的常用星载天线形式

工作频段	天线形式
UHF/VHF	螺旋天线
L	八木天线、螺旋天线
S	反射面天线、振子天线、微带天线
C	反射面天线、喇叭天线、微带天线
X	反射面天线、喇叭天线、微带天线
Ku	反射面天线、喇叭天线、微带天线、波导缝隙天线
Ka	反射面天线、喇叭天线、透镜天线、波导缝隙天线

6.3.4.1 星载天线的特殊要求

（1）质量限制要求

卫星靠火箭运送至相应运行轨道，需要极大的推力，星载天线质量的减小可以节约较多的推进剂，从而降低发射成本。然而天线又是星体上比较大的部件，因此减小天线质量很重要，必要时要进行轻质化设计。例如，大口径抛物面天线采用蜂窝夹层碳纤维结构形式，或采用耐高温金属丝网替代实体反射面结构，都是为了减小质量。

（2）极限尺寸要求

星载天线的安装位置一般在卫星载体的外表面，为了减小飞行时的阻力，卫星发射时，天线缩放在火箭的整流罩内，天线的体积轮廓都要有严格限制。为了提高天线的增益性能，往往对于大口径尺寸天线进行可展开结构设计，发射时收拢，到达指定轨道位置后展开到工作姿态。

（3）高、低温环境适应性要求

由于天线的工作特点，通常星载天线在卫星舱外工作，处于近似真空环境。由于暴露在舱外，工作的温度环境较为恶劣。当天线受太阳直接照射时，温度可能升至 150 ℃；当卫星转至地球的背面阴影区时，温度降至零下 150 ℃，因此星载天线的设计以及材料选择，要适应大范围的温度变化。

（4）功率容量要求

主动段工作的天线要防止 20～90 km 高度范围内的低气压击穿，在轨飞行工作的天线在大功率发射时一定要防止微波器件、组件及天线的电子二次倍增引起的微放电击穿。

（5）高可靠性要求

一般，星载天线具有不可维修性和长寿命要求。星载天线研制周期长、制造成本高，且装星发射后一般无法进行维修，所以必须具备高可靠性。根据具体工作模式及寿命要求，往往需要综合考虑单点失效与冗余备份等因素，通过可靠性计算与分析满足产品寿命末期的可靠度要求。星载天线在材料选择、元器件选用、设计验证、环境试验以及研制流程等方面都具有更高的要求，一般需要进行风险分析、可靠性设计、安全性设计、失效性影响分析（FMEA）等专题工作。

（6）电磁兼容性要求

星载天线不是孤立的天线，为了充分利用卫星载体，一般在卫星平台和有效载荷上，需要同时安装使用多种天线，用来执行不同的任务。天线之间以及周围物体的散射、反射和绕射影响使其电磁环境复杂。为了满足结构安装及部件的各种约束条件，并保证性能不受影响，星载天线需要进行电磁兼容性设计。

（7）指向精度要求

具有定向波束的星载天线一般需要指向特定方向，有指向精度的要求。可展开天线除了天线自身精度要求，还应包括机构展开精度等内容。波束指向的偏差会影响遥测通信中的重要参数，例如等效全向辐射功率（EIRP），其定义是星上发射机的辐射功率 P 与该方向上天线增益乘积，因此，最大 EIRP 值就是辐射功率与天线最大方向上的天线增益乘积，是有方向性的。极限情况下，天线指向的角度变化会超过天线的波束宽度，使天线增益大为下降，造成通信误码率增加，甚至信号中断。

6.3.4.2　星载天线实例

（1）星载掩星探测双频 GPS 接收天线

“十五”期间，北京遥测技术研究所成功研制星载掩星双频 GPS 接收机，用于掩星探测任务，如图 6－10 所示。

图 6－10　星载掩星探测双频 GPS 接收机

星载掩星探测双频 GPS 接收机主要指标：

- 16 个双频通道，接收 GPS 的 L_1 和 L_2 信号；
- 载波相位精度为 L_1 时 1 mm，L_2 时 2 mm；
- 位置精度为 10 m；
- 速度精度为 0.1 m/s；
- 天线相位中心准确度为 2 mm；

· 掩星天线增益为 10 dBi；

· 温度反演精度为 1 K。

（2）卫星中继天线

2005 年，北京遥测技术研究所成功研制卫星中继用户终端，用于卫星与中继星间的双向数据传输。图 6 - 11 是所研制的卫星中继用户终端 S/Ka 双频段天线与馈源的相关照片。图 6 - 12 是伺服机构实物照片。

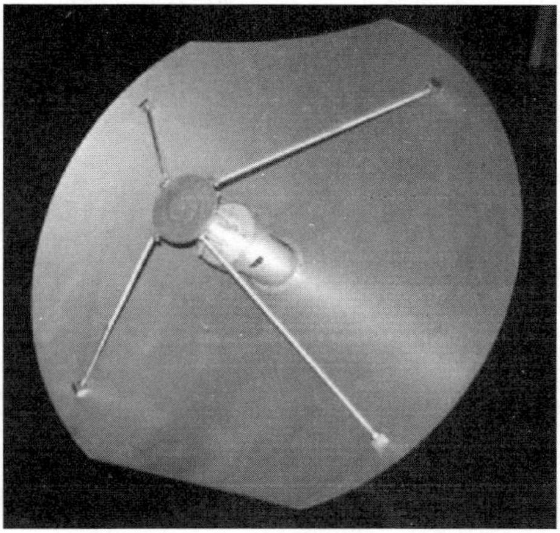

图 6 - 11　XX - 5 卫星中继用户终端 S/Ka 双频段天线与馈源

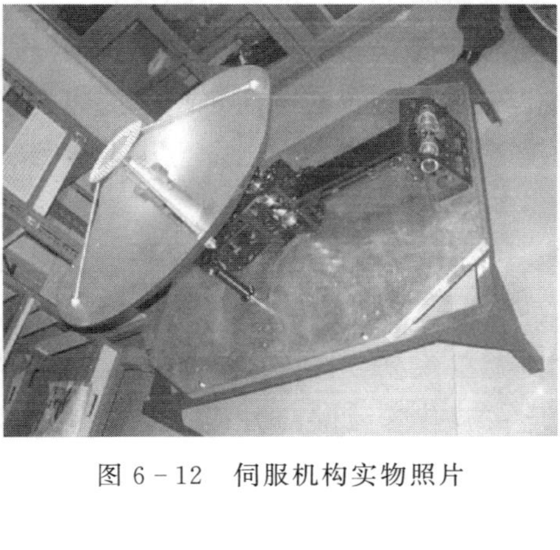

图 6 - 12　伺服机构实物照片

6.4　遥测天线设计

6.4.1　波导裂缝阵天线设计

波导裂缝阵天线具有口面分布便于控制、辐射效率高、结构紧凑、性能稳定可靠、加工与安装便捷等诸多优点，因此在遥测设备中获得广泛的应用。

本节首先叙述波导裂缝阵的基本形式和分类，然后着重介绍两种应用广泛的波导裂缝阵天线设计方法，包括平板裂缝阵天线（驻波阵）和低副瓣窄边波导裂缝阵（行波阵）。本节介绍的设计方法都是基于目前最先进的软件仿真设计方法，侧重于工程实践。对各类波导裂缝阵设计流程、裂缝参数提取、组阵方法等关键技术进行详细描述，并给出设计实例及测试结果。

6.4.1.1　波导裂缝阵分类

根据电磁波在波导中的传输形式来分，波导裂缝阵主要有驻波阵（谐振阵）和行波阵（非谐振阵）两种阵列形式。驻波阵顾名思义，即通过在波导终端加短路板，从而使波导里传输驻波的裂缝阵；而行波阵则在终端加匹配负载使波导里传输行波。驻波阵的带宽与单根波导上的缝隙数量成反比，即缝隙越多，带宽越窄，反之，则带宽越宽。行波阵的驻波带宽，不受单根波导上缝隙数目的限制，与驻波阵相比带宽较宽。但行波阵方向图的波束指向相对于阵面法线偏移一定的角度，且会随频率变化发生指向偏移，因此，有时会用作频扫天线。

根据波导裂缝天线辐射缝的开缝形式来分，主要有宽边偏置缝和窄边倾斜缝两种类型，如图 6－13 所示。对于相控阵天线，为避免波束扫描时方向图出现栅瓣，阵元间距必须小于某个特定值。因此，窄边开缝波导在调节阵元间距方面比宽边开缝波导具有更大的灵活性，被广泛用作一维相位扫描或频率扫描天线阵的天线单元。

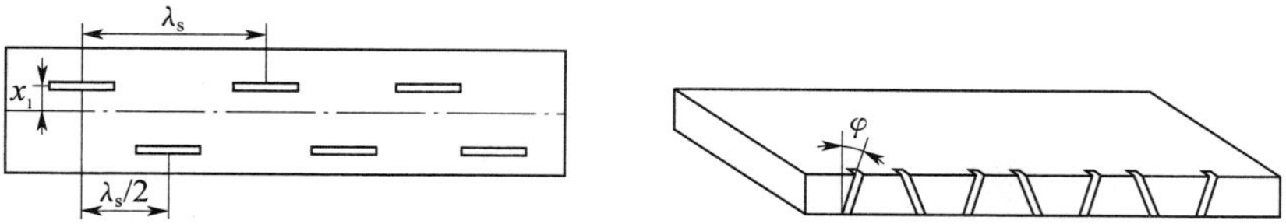

(a) 矩形波导宽边偏置缝　　(b) 矩形波导窄边倾斜缝

图 6－13　辐射波导的两种开缝形式

6.4.1.2　设计流程

波导裂缝阵天线设计中的主要问题，是如何设计各缝隙尺寸，来实现所选定的口径分布。由于波导裂缝阵中，缝隙之间存在很强的外部互耦。因此，在设计过程中，阵列环境必须予以考虑。无论是驻波阵还是行波阵，它们的设计流程都是相似的。一般分为两个步骤：第一步，传统设计通过缝隙电导函数来计入单元间的互耦，这种设计方法脱离实际阵列环境，对于边缘效应考虑得不够充分，但可以作为初始设计；第二步，初始设计之后，对整阵仿真，进行修正设计，使各单元幅度、相位逼近理论口径分布。这样就将实际阵列环境考虑在内，以得到接近理论副瓣的仿真值。

6.4.1.3　驻波阵设计

首先，根据副瓣要求来确定每个缝隙的激励幅度。工程上，比较常用的口径分布是泰勒（Taylor）分布。已知每个缝隙单元所需的激励后，通过不同倾角的缝隙来实现口径分布。

驻波阵在波导末端用金属片予以短路，最后一缝距离短路片应为 $\lambda_g/4$，相邻两缝间距为 $\lambda_g/2$，等效为并联导纳，等效电路如图 6－14 所示。

以 U_{sm} 表示第 m 缝的激励幅度，g_m 代表第 m 缝的归一化等效电导，则缝隙的等效电导与激励幅度之间存在如下关系

$$g_m = \frac{U_{sm}^2}{\sum_{m=1}^{N} U_{sm}^2} \tag{6-34}$$

由式（6－34），即可求得每个缝隙单元所需要实现的归一化等

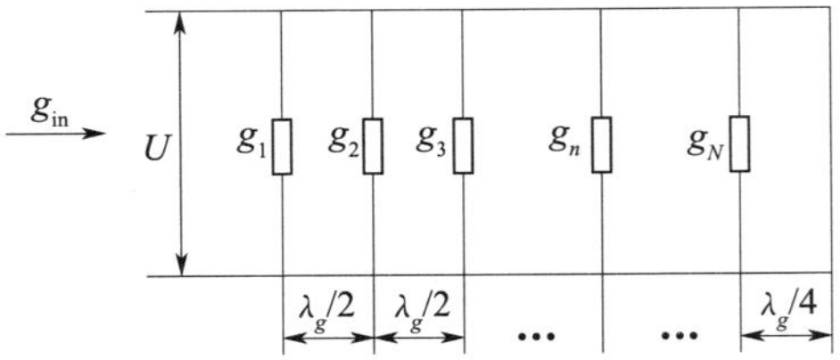

图 6－14　窄边波导缝隙驻波阵的外观及等效电路图

效电导。下一步，主要是确定缝隙尺寸和等效电导之间的关系，这是设计波导缝隙阵天线的关键步骤。

（1）裂缝参数提取

虽然，波导裂缝阵天线在工程上有了许多成功的设计，然而，时至今日对于裂缝导纳特性的理论研究还不成熟，计算结果和实际测试结果还存在较大出入。即便孤立的裂缝在理论上获得解决，但由于未考虑互耦作用同样不适于波导缝隙阵天线的设计。利用实测方法来确定缝隙尺寸，以实现所选定的口径分布是以往缝隙阵天线的主要设计方法。

由于要测得计入互耦的缝隙电导，可用 n 个尺寸完全相同的缝隙组成的实验段进行测试，各缝隙尺寸、排布方式与实际相同。但为了得到电导数据，要加工多根实验段（每根对应不同的缝隙尺寸）进行测试。实际测试虽然可行，但需要加工大量实验段，这势必会增加成本、延长周期，是工程中一个不可回避的问题。随着计算机的发展，使得一些全波电磁数值算法的应用前景变得越来越广阔。当前，主要的全波电磁数值计算方法包括有限元法（FEM）、矩量法（MOM）以及时域有限差分法（FDTD）等。这些算法各有特点，在电磁仿真领域内，皆有成功的应用。众多商业软件的计算结果，处于工程允许的精度范围之内，对于天线设计有很强的指导作用。

（2）窄边斜缝

为了计入缝隙之间的互耦，我们在同一根波导上开相同尺寸的 n 个缝隙，相邻两缝交替倒向，缝隙间距与实际阵列相同，波导末端同样用金属片予以短路，短路片距离最后一个缝隙的距离仍旧为 $\lambda_g/4$。由图 6－14 的等效电路可知，当端口距离第一个缝的距离为 $\lambda_g/2$ 时，归一化输入电导 $\overline{Y}_{in}=n\cdot\overline{Y}_t$，$\overline{Y}_t$ 为每个缝隙的归一化等效导纳。根据这个思路建模仿真固定缝隙倾角和缝隙宽度，不断改变缝深使 $\overline{Y}_t$ 的虚部为 0，此时该切入深度的缝隙达到谐振，记录其归一化电导值。仿真模型如图 6－15 所示。

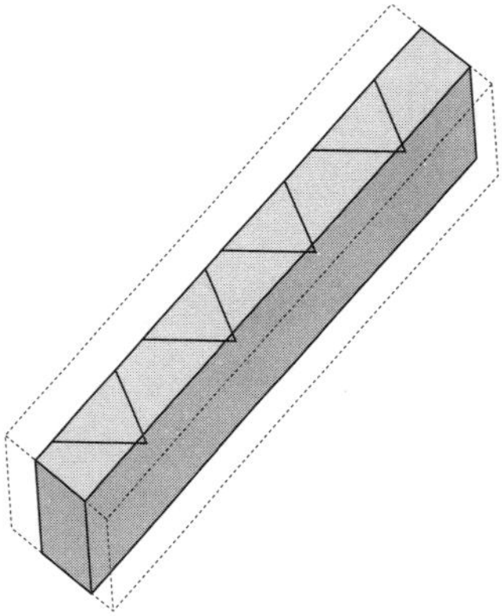

图 6－15　辐射波导缝隙电导函数仿真模型

每隔一定的角度，重复一次上述过程。求得不同倾角下的归一化等效电导和谐振缝深，然后对所得数据求插值，即可得到任意倾角下的归一化等效电导和谐振缝深。这样，就可以根据所需要的归一化等效电导来求得每一个缝隙单元的尺寸。

（3）宽边纵缝

1948 年，Stevenson 推导出的波导宽边纵缝的归一化谐振电导公式如式（6－35）所示

$$g=2.09\,\frac{a}{b}\,\frac{\lambda_g}{\lambda}\cos^2\left(\frac{\pi\lambda}{2\lambda_g}\right)\sin^2\left(\frac{\pi d}{a}\right) \tag{6-35}$$

式中　g ——缝隙的归一化电导；

a,b ——波导的宽边和窄边尺寸；

λ_g ——波导内波长；

λ ——自由空间中波长；

d ——缝隙偏离波导中心线的距离。

令

$$G_0 = 2.09\,\frac{a}{b}\,\frac{\lambda_g}{\lambda}\cos^2\left(\frac{\pi\lambda}{2\lambda_g}\right) \tag{6-36}$$

则

$$g = G_0 \sin^2 \frac{\pi d}{a} \tag{6-37}$$

式（6－37）即为辐射缝隙电导与偏移距离的简化公式。由简化公式可知，只要求得 G_0，便可求得任意偏移距离 d 对应的归一化谐振电导 g 。

因为缝隙间存在很强的互耦，对方向图及驻波有很大的影响，因此等效导纳必须为计入互耦作用的等效导纳。为此，我们在一根波导的宽边上开相同尺寸的 n 个纵缝，缝隙间距与阵列的实际间距相同，相邻缝隙也是依次排列在波导宽边中线两侧。

与窄边斜缝相似，当端口与第一个缝的距离为 $\lambda_g/2$ 时，归一化输入导纳 $\overline{Y}_{in}=n\cdot\overline{Y}_t$ ，$\overline{Y}_t$ 为每个缝隙的归一化等效导纳。根据这个思路建模，先固定缝隙相对于中线的偏移距离，调整缝长，直至缝隙等效导纳的虚部为 0，此时的缝长即为谐振缝长，电导即为归一化谐振等效电导。

根据谐振电导值和缝隙偏移距离，便可以求得 G_0。为避免一次仿真误差，也可以求解多种偏移距离对应的 G_0，然后取平均值。用这种方法得到的 G_0 值，已经将阵内缝隙间的互耦考虑在内。求得 G_0 之后，就可以得到任意归一化电导值对应的偏移距离。根据口径电导分布，就可以求得每个辐射缝隙的偏移距离。

（4）辐射阵面设计

首先，根据设计输入（比如增益、副瓣电平等）来确定天线的尺寸以及口径分布；再根据口径分布，来推导天线电导分布。此时，也应对缝隙排布方式、子阵划分、各通道出口位置等进行详细设计，确定后，再进行缝隙电导函数的求解，如图 6－16 所示。

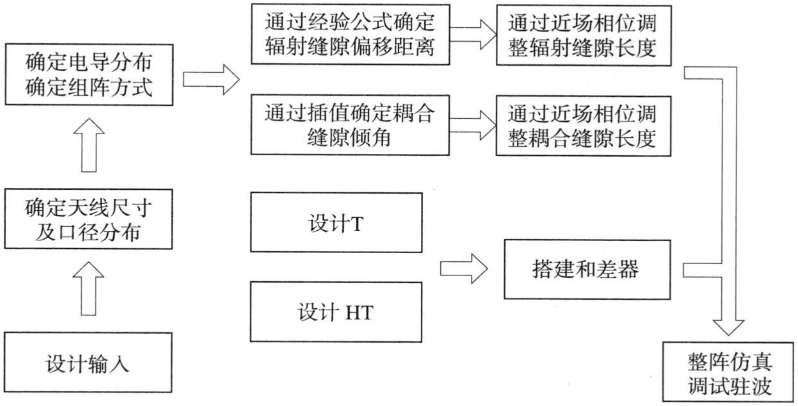

图 6－16　设计流程图

①缝隙类型的选择

波导缝隙主要有宽边开纵缝和窄边开斜缝两种类型，这两种缝隙主要依据所要求的极化以及阵列的结构（比如阵列的高度，以及馈电端口的位置）来进行选择。

②波导型号的选择

波导型号主要是依据工作频率、衰减以及功率容量的要求来进行选择。对窄边斜缝而言，当不同型号的波导在上述三方面差别不大的时候，则根据相同缝隙倾角所实现的等效导纳大小进行选择。等效导纳大小依据下式判断

$$G_0 = \frac{30}{73.1\pi}\frac{\lambda}{\lambda_g}\frac{\lambda^4}{a^3 b} \tag{6-38}$$

式中　a ——波导宽边尺寸；

b ——波导窄边尺寸；

λ ——工作波长。

G_0 越大，则意味着该尺寸波导相对于其他型号的波导能够以较小的倾角，来实现较大的等效导纳。缝隙倾角越小，则交叉极化分

量越小，带宽越宽。

③缝隙个数的确定

驻波阵缝隙个数主要是由带宽、增益以及波瓣宽度来决定的。

谐振式波导缝隙天线阵的缺点是只能用于窄频带。带宽要求限制了任何一段波导上的裂缝数目。在波导较长时，频率的变化会使驻波的峰值离裂缝位置很远，从而使阵列的激励幅度和输入阻抗大大偏离理想值。这就使辐射方向图变化，并产生了较大驻波。为了减小这种影响，把阵列分成若干个子阵。用一个宽带馈电网络，如集总波导功分系统将各个子阵连接起来。

要确定子阵的最佳分割方式，需要仔细分析工作频段内的驻波和方向图。但是表 6-4 中列出了相对带宽与裂缝数目之间十分粗略的关系。

表 6-4 相对带宽与裂缝数目的关系

谐振馈电辐射裂缝数目	相对带宽/%
12	3
25	1.5
50	0.8

在这样的带宽内，希望阵列的副瓣电平至少能低于 20 dB，驻波比小于 2，且有合适的口径效率（其他性能要求准则可能会使带宽稍宽些）。注意到这些子阵的大小仅仅是近似的，它们可用于线阵或二维阵列。例如，在一个线阵内有 12 个裂缝或在一个栅格内有3×4个裂缝时，预计带宽可能为 3%。此时，假定各行裂缝均靠近其中心处馈电，若用端馈，带宽将更窄。

驻波阵的带宽与缝隙单元的个数成反比，它跟输入驻波比 SWR 以及缝隙个数 N 存在如下近似关系

$$\mathrm{SWR}=1+\frac{2}{a^2}+\frac{2}{a}\sqrt{1+\frac{1}{a^2}} \tag{6-39}$$

其中

$$a=\frac{1+\frac{(\pi NB)^2}{3\cdot 10^4}}{\frac{\pi NB}{300}\left[1+\frac{(\pi NB)^2}{2\cdot 10^4}\right]} \tag{6-40}$$

式中　B ——以百分比表示的带宽。

天线的等效面积与增益之间存在如下近似关系

$$G=\frac{4\pi}{\lambda^2}A \tag{6-41}$$

式中　G ——增益；

　　A ——天线的等效面积。

因为缝隙间距一定，所以根据式（6－41）可以估算出所需缝隙个数。

阵列的半功率波瓣宽度 $BW_{0.5}$ 与缝隙个数 N 及缝隙间距 d 的关系近似由式（6－42）决定

$$BW_{0.5}=\frac{\lambda}{Nd} \tag{6-42}$$

若已知 $BW_{0.5}$ 和 d ，则可反推出阵列的缝隙数目。

6.4.1.4　单脉冲宽边波导缝隙阵设计实例

（1）仿真模型

电磁仿真模型如图 6－17 所示。

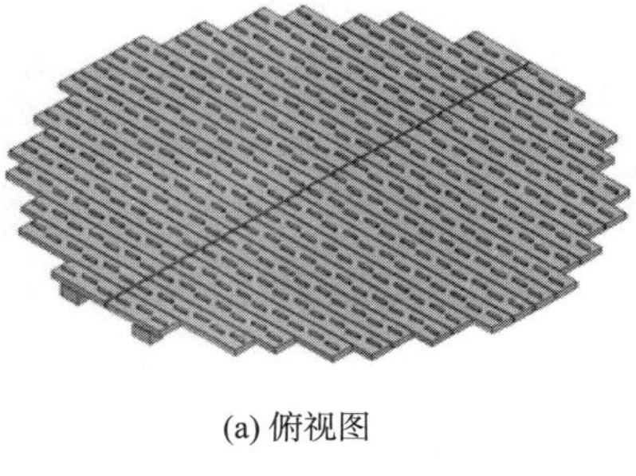

(a) 俯视图

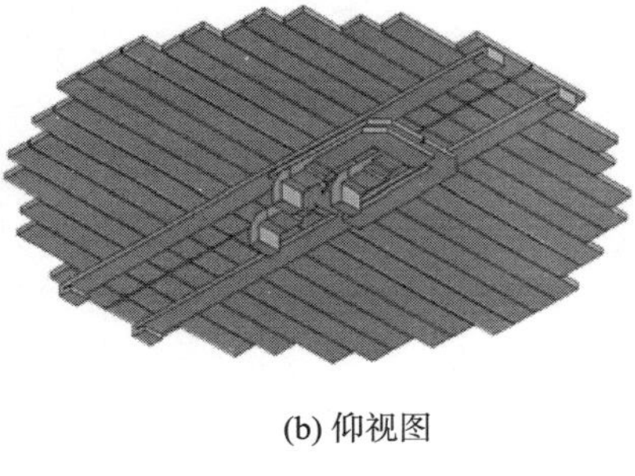

(b) 仰视图

图 6－17　仿真模型

（2）仿真方向图

仿真和、仿真差方向图如图 6－18 和图 6－19 所示。

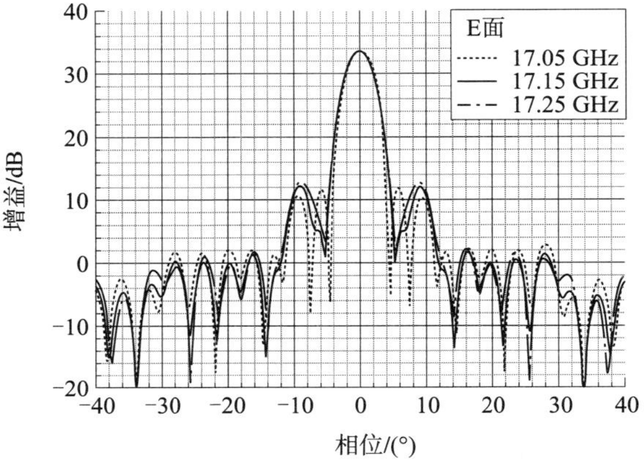

(a) E面

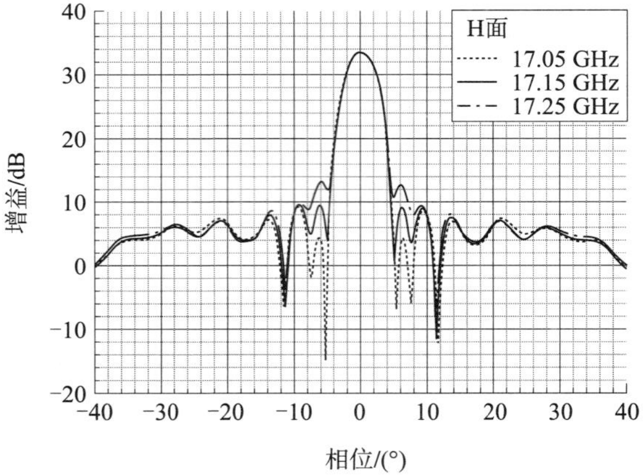

(b) H面

图 6－18　仿真和方向图

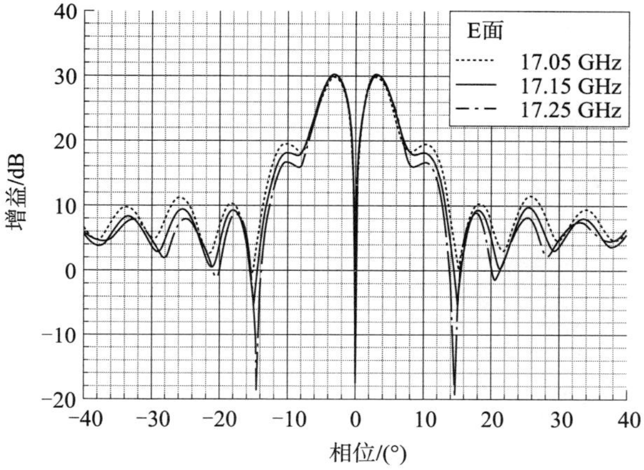

(a) E面

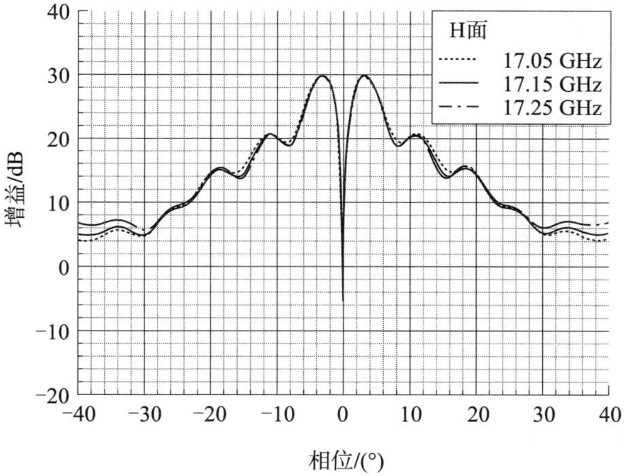

(b) H面

图 6 - 19　仿真差方向图

（3）仿真驻波曲线图

驻波曲线如图 6 - 20 所示。

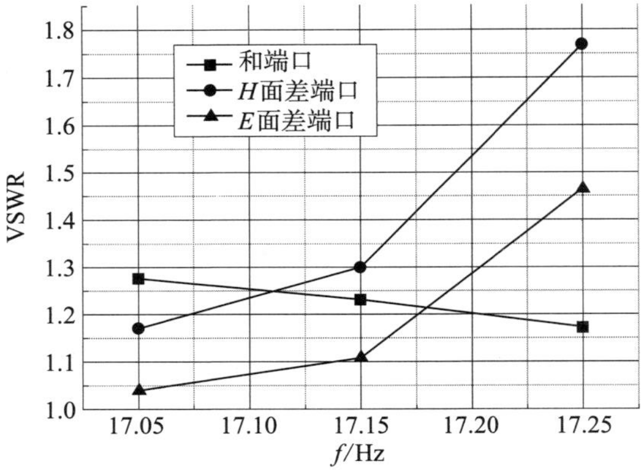

图 6-20　驻波曲线

表 6-5 为仿真指标汇总表。

表 6-5　仿真指标

频段	Ku
驻波比	≤1.76
极化方式	线极化
和波束增益	≥33.5 dB
和波束副瓣电平	≤-20.3 dB
和波束波瓣宽度	≤4.0°
差波束零深	≤-35.8 dB
和差矛盾	≤3.6 dB

（4）测试结果

①实物图

天线实物如图 6-21 所示。

②实测方向图

各频点和、差方向图测试结果如图 6-22 和图 6-23 所示。

(a) 正面

(b) 背面

图 6－21　天线实物图

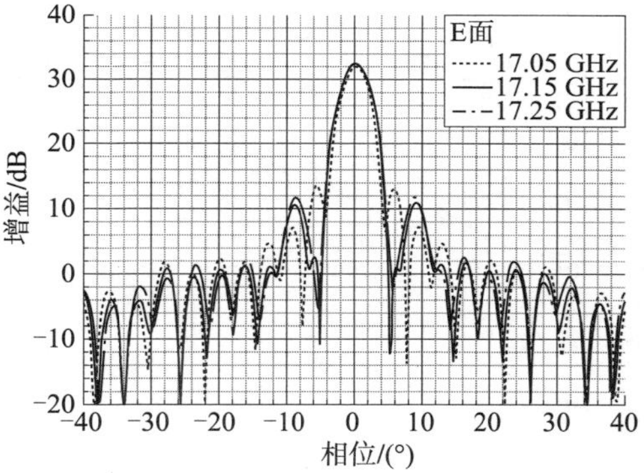

(a) E面

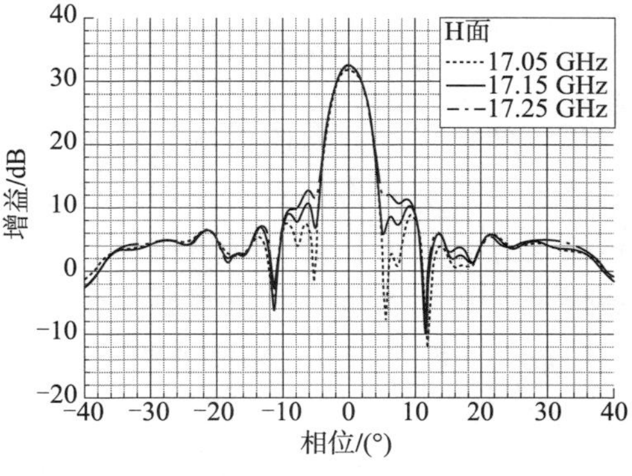

(b) H面

图 6－22　和方向图

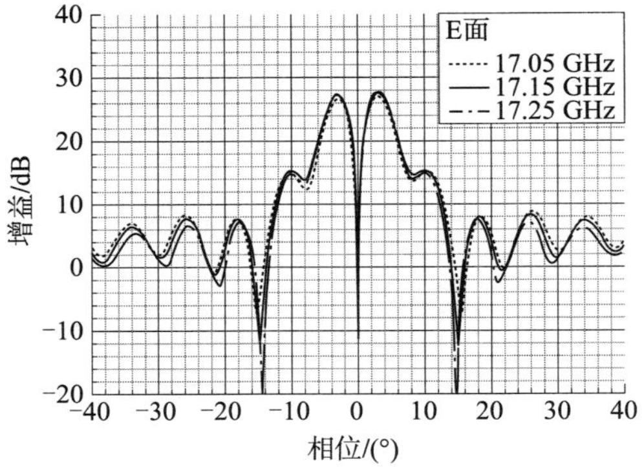

(a) E面

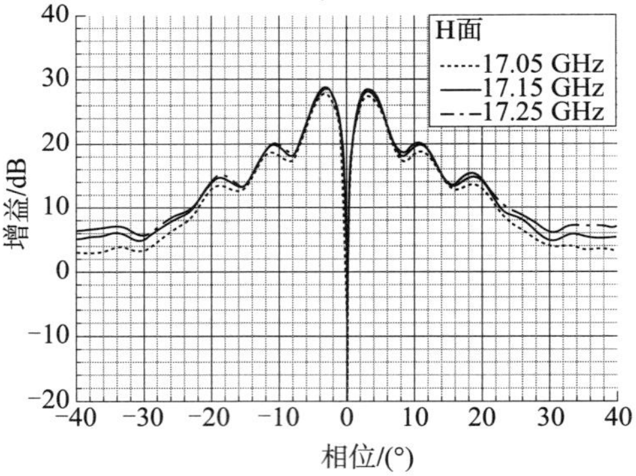

(b) H面

图 6-23　差方向图

对比仿真结果可知，实测方向图形状与仿真结果基本一致。实测增益低于仿真值，主要是因为仿真是在理想情况下进行的，而实际上波导能量传输是存在热损耗的，其热损耗的大小受加工精度的影响。实测副瓣电平、和差矛盾、波瓣宽度与仿真值略有差别，这都是由加工误差引起的，在工程允许范围之内。

③实测驻波曲线

测试驻波曲线如图 6-24 所示，实测指标见表 6-6。

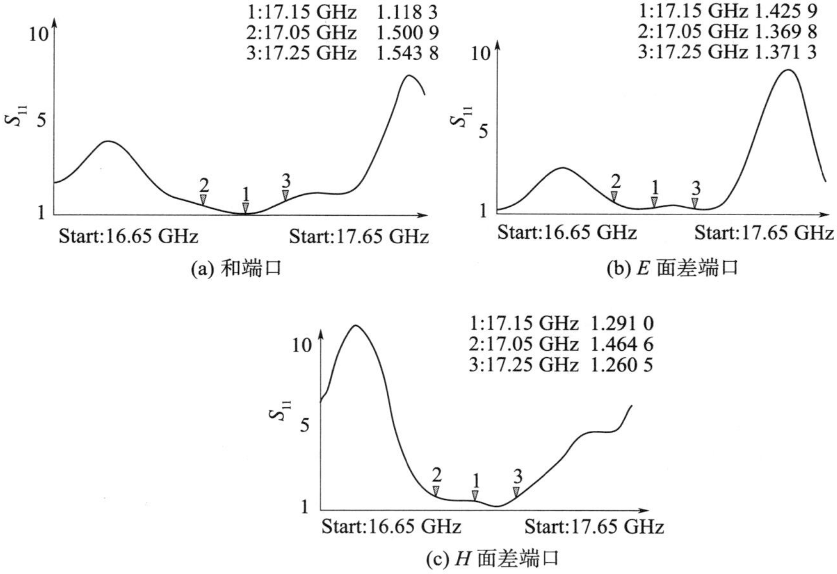

图 6－24　测试驻波曲线

表 6－6　实测指标

驻波比	≤1.54
极化方式	线极化
和波束增益	≥32 dB
和波束副瓣电平	≤－18.3 dB
和波束波瓣宽度	≤5.0°
差波束零深	≤－30.9 dB
和差矛盾	≤4.9 dB

6.4.1.5　行波阵设计

设计这类天线时，一般，先根据方向图要求（如主瓣宽度和副瓣电平）选定口径分布及阵列长度。这一问题可分两步来解决：1）根据选定的口径分布计算所要求的各缝隙电导，即计算缝隙电导分布；2）确定缝隙电导与其尺寸的关系——缝隙电导函数，从而依据缝隙电导分布确定各缝隙尺寸。

设有一根 N 个等倾角的终端接匹配负载的窄边波导缝隙阵，其等效电路如图 6－25 所示。

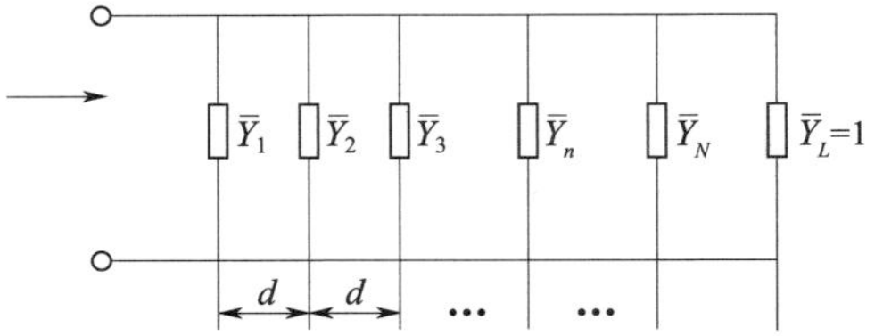

图 6－25　N 个等倾角的终端接匹配负载窄边波导缝隙阵等效电路图

其中，$\overline{Y}_n = g_n + \mathrm{j}b_n$ 为第 n 个缝隙计入外部互耦后的归一化等效导纳，则缝隙导纳与激励幅度存在如下关系

$$g_i = \frac{E_i^2 q^{-i+1}}{\frac{1}{\eta}\sum_{j=1}^{N} E_j^2 - \sum_{j=1}^{i} E_j^2 q^{-j+1}} (i = 1,2,3,\cdots,N) \tag{6-43}$$

式中　E_i ——给定的第 i 个缝隙的口径激励系数；

η ——天线效率。

设波导衰减常数为 α ，则 q 的表达式为

$$q = \mathrm{e}^{-2\alpha d} \tag{6-44}$$

表示波导内传输的行波功率经过间距 d 后减小到原来的 $1/q$ 。在理想情况下，$q = 1$。

由式（6－43）可知，若已知每个缝隙单元的激励系数和天线的效率，即可求得每个缝隙所需的等效导纳。因此，设计该缝隙阵的关键在于确定缝隙尺寸与等效导纳之间的关系，即确定缝隙电导函数。

（1）缝隙参数提取

为了得到计入互耦的缝隙电导，可在波导窄边上开 N 个尺寸完全相同的缝隙，各缝隙间距与实际间距相同，相邻缝隙也交替倒向。只需知道散射参数 S_{21} ，便能求得单个缝隙在阵中的平均电导值。计算公式如下

$$g = qr^{-\frac{1}{n}} - 1 \tag{6-45}$$

其中

$$r = \frac{|S_{21}|^2}{1 - |S_{11}|^2} \tag{6-46}$$

固定缝隙倾角，调整缝深，直至等效电导在随频率变化的曲线上的最大值对应于工作频率，此时缝深即为谐振缝深，记录谐振缝深和等效电导。然后，每隔一定角度重复一次上述过程。最后，对缝深和等效电导做插值，就可以得到以缝隙倾角为变量的缝隙电导函数。

（2）低副瓣设计

将初始设计得到的各缝隙尺寸代入模型进行仿真，得到此时的口径分布。根据仿真口径分布与理论口径分布之间的差异整体调整缝隙尺寸，使设计口径分布一步一步逼近理论值，这个过程是一个迭代的过程。因为，每一次缝隙尺寸的改变也就意味着阵列环境的改变，如果修正量过大，则上一次得到的结果对当前设计参考价值不大。因此，尽量采用小的步进，然而步进小了，迭代次数也相应增加，步进的选取需要综合考虑，根据经验确定。

（3）低副瓣窄边波导缝隙行波阵设计实例

理论口径分布为 Taylor 分布（SLL＝－40），缝隙单元个数为 159。

①初始设计

图 6－26 为初始设计得到的口径场幅度、相位分布与理论幅相分布的差值。由图 6－26（a）可知，初始设计幅度分布与理论分布相差较大，最大接近 6 dB，两端有较大振荡。从图 6－26（b）中可以看出，相位整体与理论值相比有较大偏差，最大接近 40°。图 6－26 为初始仿真得到的远场方向图，副瓣低于－35 dB。

②修正设计

图 6－27（a）、（b）为修正设计得到的口径场幅度、相位分布与理论幅相分布的差值。从图 6－27（a）中可知，幅度分布与理论分

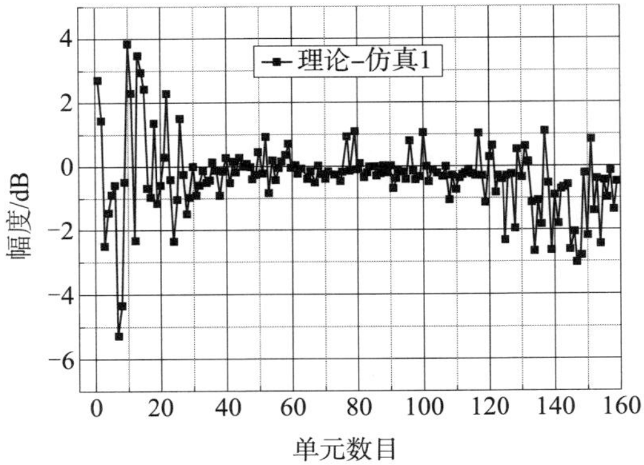

(a) 幅度

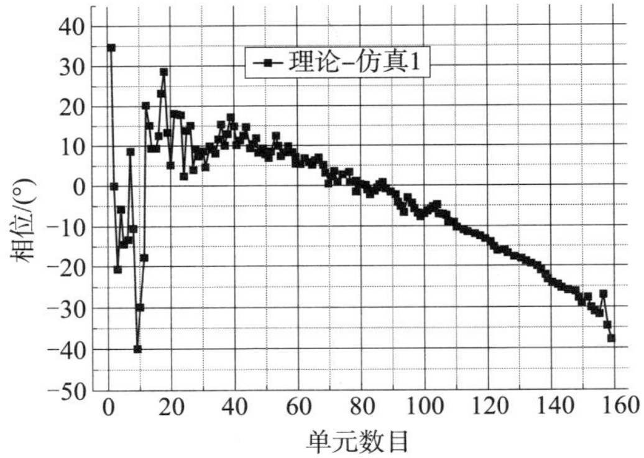

(b) 相位

图 6 - 26　初始设计得到的口径分布与理论分布的差值

布仍存在较大差异，最大接近 6 dB，与初始设计结果相仿。从图 6 - 27（b）中可以看出，相位除了前 20 个缝隙单元与理论值有较大偏差外，其余单元都接近理论相位，最大不超过 5°。图 6 - 28 为初始设计后的仿真方向图。图 6 - 29 为修正设计后的仿真方向图，即为修正仿真得到的远场方向图，其副瓣低于－38 dB。

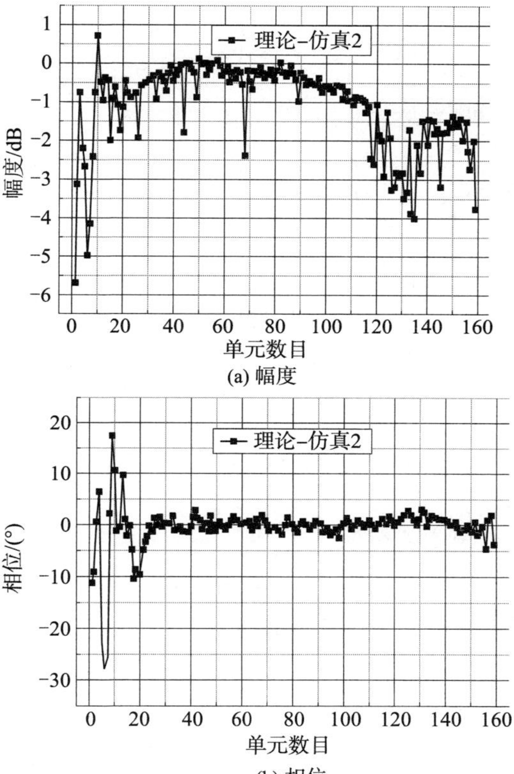

图 6－27　修正设计得到的口径分布与理论分布的差值

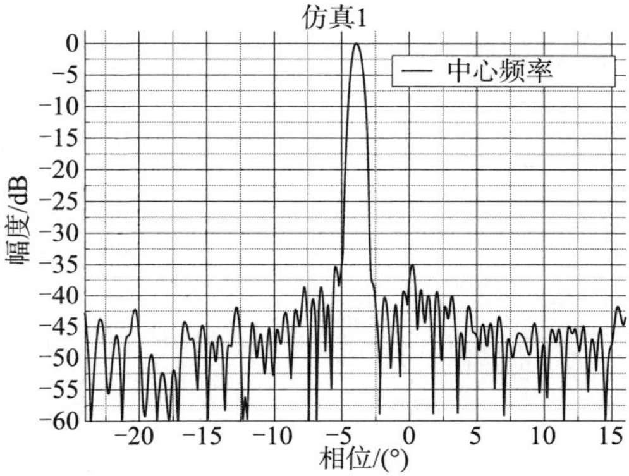

图 6－28　初始设计后的仿真方向图

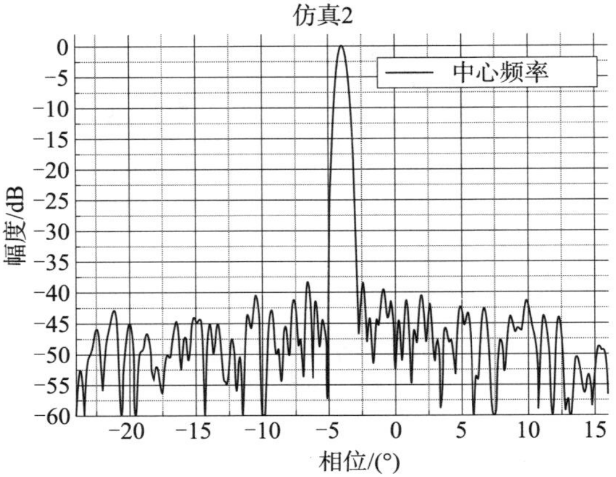

图 6-29　修正设计后的仿真方向图

可见在该频率上，影响方向图副瓣的主要因素是相位，幅度的影响较弱。因此，在初始设计后通过调整缝深，将仿真相位分布逼近理论分布就可以再次将副瓣压低 3 dB。

③实测方向图

图 6-30 为实测方向图。从图中可以看出，方向图副瓣低于 —35 dB，考虑到加工及装配的误差，此测试方向图较为理想。

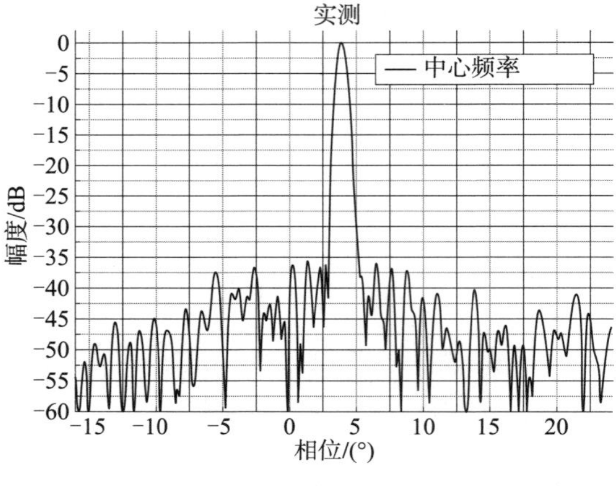

图 6-30　实测方向图

6.4.2　微带天线设计

微带天线是一种传输天线，它是以微带传输线为基础的。微带天线的思想早在 20 世纪 50 年代初就提出，在此后的数十年内，许多学者也相继发表一些文章，随着微波介质材料与微波集成技术的发展及低剖面天线需求的剧增，微带天线不断发展并广泛应用于飞机、导弹、火箭、飞船、卫星的遥测、导航、高度测量、微波成像等系统中。

微带天线按结构特性可基本分为三类：微带贴片天线、微带行波天线和微带缝隙天线。以下给出三类天线的示意图，如图 6－31、图 6－32 和图 6－33 所示。

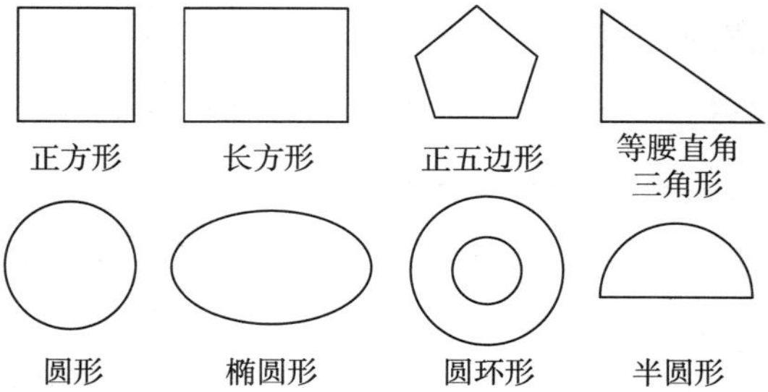

图 6－31　常用的各种微带贴片天线

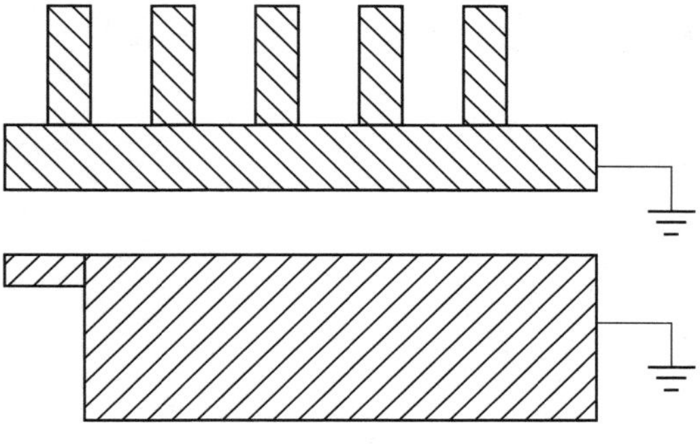

图 6－32　微带行波天线

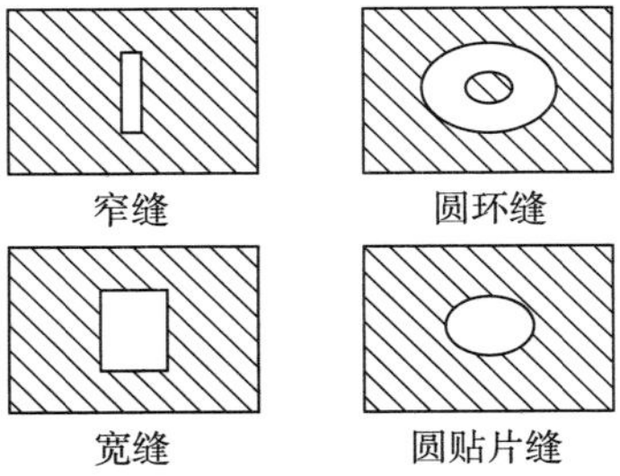

图 6-33　微带缝隙天线

微带天线体积小、剖面低，易于与载体表面共形；微带天线结构简单稳定，质量小、成本低，易于实现高可靠批量生产；微带天线馈电结构简单多样，易于实现集成；通过刻蚀不同贴片形状及设计馈电，可轻松实现多种极化方式与不同方向图需求。但微带天线同样存在工作频带窄、损耗大、耐受功率低等缺点。

6.4.2.1　微带天线的分析方法

最早出现的简单分析方法是等效传输线分析法，其物理模型如图 6-34 所示。此方法对微带天线模型做如下假设：1）微带贴片和地板构成一段微带传输线，传输准 TEM 波，波的传输方向决定于馈电，线段长度 $L \approx \lambda_m/2$，λ_m 为准 TEM 波的波长。场在传输方向上是驻波分布，在其垂直方向上是常数。2）传输线的两个开口端等效为两个辐射缝，长为 W，宽为 h，缝口径场即为传输线开口端场强。

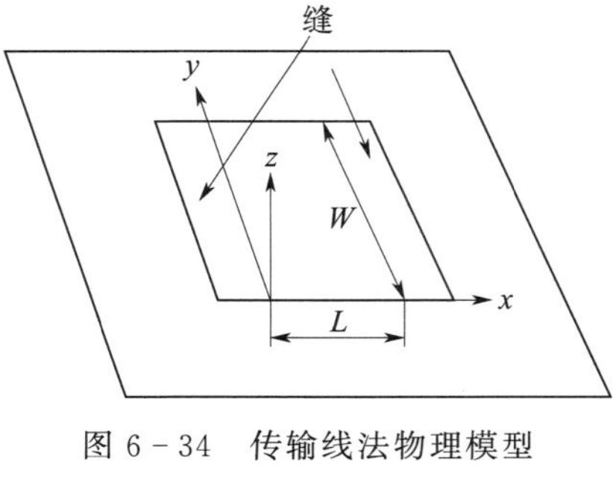

图 6-34　传输线法物理模型

传输线分析法简明、物理直观性强，但它的应用范围受到很大的限制。传输线模型只适用于矩形微带天线及微带振子。传输线法除谐振点外，输入阻抗随频率变化的曲线并不精确，近似性大。传输线模型是一维模型，当馈电点位置在与波垂直的方向变化时，阻抗不变。传输线模型相当于一个单谐振回路，在谐振频率附近，阻抗的频率特性是对称的，用圆图表示的阻抗特性曲线对称于实轴，上述因素与实际均不符，这表明传输线法本身存在严重缺陷。微带天线，并非只存在最低阶的传输模式，还有其他高次模存在。一般说来，传输线分析法对馈电要求较高。一般，馈电为边馈且位于该边的对称轴上，此时用传输线分析法估算的阻抗与实际较为接近。在传输线分析法中，关于缝隙导纳计算在高频条件下误差较大。

腔模理论是在 20 世纪 60 年代提出的，它是在微带谐振腔分析的基础上发展起来的。腔模理论的物理模型如图 6－35 所示，微带贴片和接地板之间的盒形区域形成谐振腔，微带贴片和同面积接地板为谐振腔的上下，周围的柱形面为侧壁。在腔模理论模型中，作出如下假设：1）由于腔高度 $h \ll \lambda$，腔内电场仅有 E_z 分量，该分量不随 z 变化。假设腔内场是与 z 无关的二维场，对 z 轴而言，腔内仅存在 TM 波；2）在微带贴片的周界上，贴片电流没有垂直于周界的分量，因此侧壁 H 的切向分量为零，腔的侧壁为磁壁。谐振腔可看作是上下为电壁，周围为磁壁的腔体。从腔模理论这些假设中可看出，此分析方法中存在近似假设，如微带贴片内壁面的电流可通过周边流向外壁面；内壁面法向电流严格地说不是零。从严格意义上说，微带天线腔内的场函数是三维的。在腔模理论中，二维场的假设仅存于 TM 波中，这些都是近似的。

随着数值分析方法的发展，学者们在基于电磁边值问题的数值求解算法中，演化出多种全波分析方法与积分方程法，如空域矩量法、谱域矩量法、谱域导抗法、混合位积分方程法、时域差分法等。与传输线法、空腔模分析法等经验模型法相比，全波分析方法适用的模型更宽泛，但计算方法更复杂。此外，学者们也在经验模型的

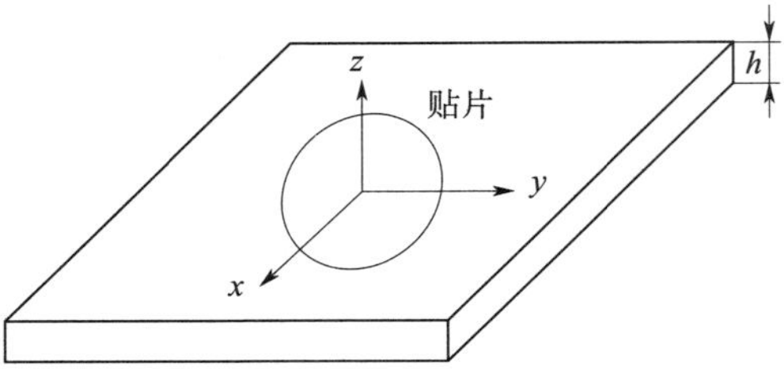

图 6-35　腔模理论物理模型

基础上，融入电流或磁流分布分析，提出格林函数法、多端网络法等分析方法。

6.4.2.2　矩形微带天线

如图 6-36 所示，矩形微带贴片尺寸为 $L \times W$，基片厚度为 h，基片厚度远小于自由空间波长。该贴片可看作长 L 宽 W 的一段微带传输线，沿 L 边终端处呈现开路，将形成电压波腹。一般，取 L 为二分之一介质波长，于是 L 边另一端也呈电压波腹。天线的辐射主要由贴片与接地板之间沿这两端的 W 边缝隙形成。于是，矩形贴片可表示为相距 L 的两条具有复导纳的缝隙。其 H 面、E 面方向图为

$$f_H(\theta) = \frac{\sin\left(\frac{\pi W}{\lambda_0}\cos\theta\right)}{\frac{\pi W}{\lambda_0}\cos\theta}\sin\theta \tag{6-47}$$

$$f_E(\varphi) = \frac{\sin\left(\frac{\pi h}{\lambda_0}\cos\varphi\right)}{\frac{\pi h}{\lambda_0}\cos\varphi}\cos\left(\frac{\pi L}{\lambda_0}\sin\varphi\right) \tag{6-48}$$

式中　(θ,φ)——场点球坐标系；

θ——从 z 轴算起的极角；

φ——从 x 轴算起的方位角。

H 面和 E 面半功率宽度的近似值如下

$$2\theta_H = 2\cos^{-1}\sqrt{\frac{1}{2(1+\pi W/\lambda_0)}} \tag{6-49}$$

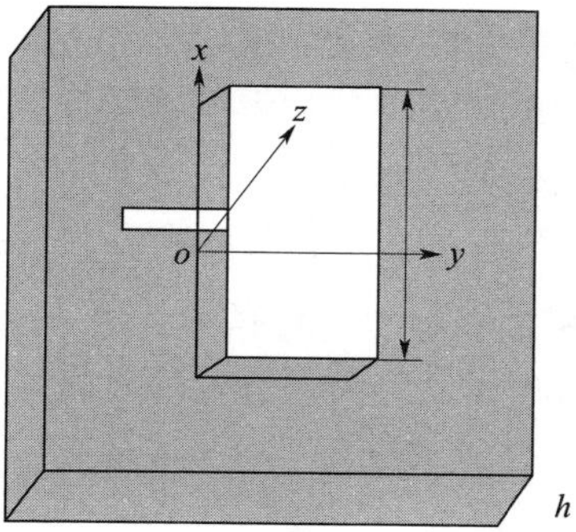

图 6－36　矩形微带贴片天线模型

$$2\varphi_E = 2\cos^{-1}\left(\frac{\lambda_0}{2\pi}\sqrt{\frac{7.03}{3L^2 + h^2}}\right) \tag{6-50}$$

对于 $h \leqslant 0.03\lambda_0$，$\varepsilon_{re} \leqslant 5$ 条件下，天线方向性系数为

$$D = \frac{\varepsilon_{re}}{3\,600 I_2}\left(\frac{Z_0 k_0 W}{\pi}\right)^2 \tag{6-51}$$

式中　Z_0——特性阻抗。

k_0，ε_{re}，I_2 如下

$$k_0 = 2\pi/\lambda_g \ \sqrt{\varepsilon_{re}} \tag{6-52}$$

$$I_2 = (k_0 h)^2[0.53 - 0.037\,95(k_0 W/2)^2 - 0.035\,53/\varepsilon_{re}] \tag{6-53}$$

$$\varepsilon_{re} = \frac{\varepsilon_r + 1}{2} + \frac{\varepsilon_r - 1}{2}A \tag{6-54}$$

$$A = \begin{cases} \left(1 + 12\dfrac{h}{L}\right)^{-0.5} + 0.04\left(1 - \dfrac{L}{h}\right)^2 & \dfrac{L}{h} \leqslant 1 \\ \left(1 + 12\dfrac{h}{L}\right)^{-0.5} & \dfrac{L}{h} \geqslant 1 \end{cases} \tag{6-55}$$

由此看出，对于给定谐振频率的微带贴片单元，天线的波瓣宽度随着单元尺寸减小而变宽，但方向性系数随之而降低。

6.4.2.3 圆形微带贴片天线

本节采用腔模理论对圆形贴片天线辐射特性进行分析。图 6 - 37 为圆形贴片微带天线模型，假设 $h \ll \lambda$ ，腔内仅有 E_z 模，它不随 z 改变；$H_z=0$，腔内场是一个与 z 无关的二维场；贴片周边的电流只有周向分量，场的侧壁为磁壁，在这些假设下，圆形微带贴片天线形成了一个上下壁为电壁，周围为磁壁的谐振腔。

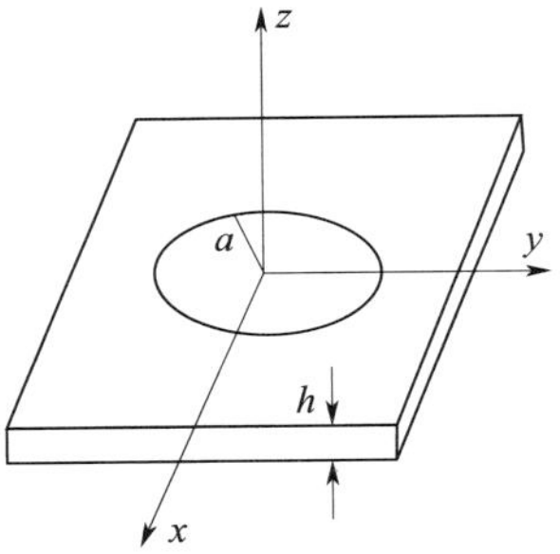

图 6 - 37 圆形微带天线模型

依据等效源定理以及边界条件，可解出主模的 E 面、H 面归一化方向性函数如下

$$f_H(\theta)=J_0(k_0 a\sin\theta)-J_2(k_0 a\sin\theta) \tag{6-56}$$

$$f_H(\theta)=[J_0(k_0 a\sin\theta)+J_2(k_0 a\sin\theta)]\cos\theta \tag{6-57}$$

圆形贴片微带天线需要满足以下边界条件

$$\left.\frac{\partial E_z}{\partial \rho}\right|_{\rho=a}=0 \tag{6-58}$$

由此，可确定谐振频率为

$$f_r=\frac{x_{mn}c}{2\pi a_e\sqrt{\varepsilon_r}} \tag{6-59}$$

式中 c ——自由空间光速。

对 TM_{11} 模的圆形贴片谐振的有效半径 a_e 和物理尺寸 a 间的关系为

$$a_e = a\left[1 + \frac{2h}{\pi a \varepsilon_r}\left(\ln\frac{\pi a}{2h} + 1.7726\right)\right]^{1/2} \quad (6-60)$$

6.4.2.4　三角形微带贴片天线

如图 6－38 所示，等边三角形贴片边长为 a，其谐振频率为

$$f_{mn} = \frac{2c}{3\mu_r\sqrt{\varepsilon_r}}(m^2 + mn + n^2)^{1/2} \quad (6-61)$$

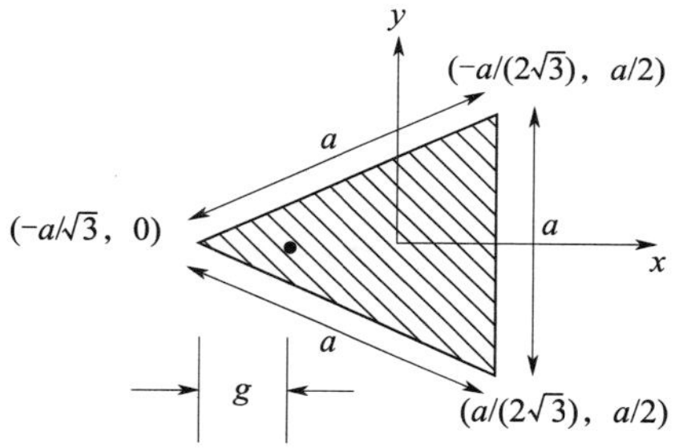

图 6－38　三角形微带贴片示意图

计入边缘效应后，等效边长 a_e 为

$$a_e = a + h/\sqrt{\varepsilon_r} \quad (6-62)$$

假设馈电探针位于 $(g - a/\sqrt{3}, 0)$ 处，腔内电场见式（6－63）

$$E_z = jk_0\eta_0\sum_{n=0}^{\infty}\sum_{m=0}^{\infty}B_{mn}\left[\cos\frac{2\pi l x_1}{\sqrt{3}a}\cos\frac{2\pi(m-n)y}{3a} + \cos\frac{2\pi m x_1}{\sqrt{3}a}\cos\frac{2\pi(n-l)y}{3a} + \cos\frac{2\pi n x_1}{\sqrt{3}a}\cos\frac{2\pi(l-m)y}{3a}\right] \quad (6-63)$$

其中

$$x_1 = x + a/\sqrt{3}$$

6.4.2.5 微带贴片天线的馈电

微带线共面馈电是最常用的馈电方法，此方法是在辐射边直接加馈电线的结构来实现的，既经济又简单，其等效电路如图 6－39 所示。

但馈线本身的辐射，会导致交叉极化和旁瓣电平的升高。此外，还可以采用共面微带线与贴片的耦合缝激励，其等效电路如图6－40所示。

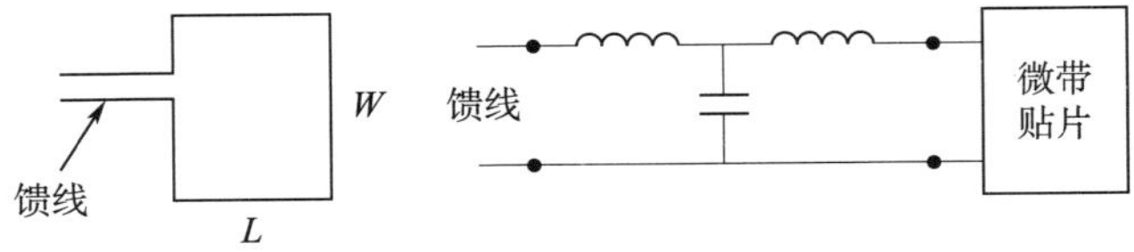

图6－39　微带馈线直接馈电模型示意图及等效电路

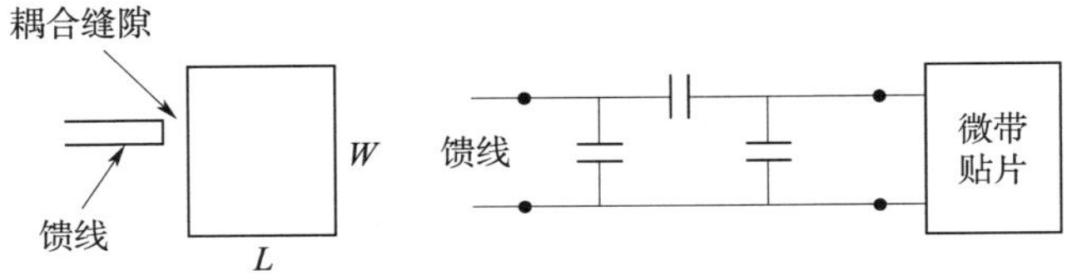

图6－40　微带共面耦合缝隙馈电模型示意图及等效电路

同轴馈电是另一种常见的馈电方式，它将同轴插头的外导体与贴片天线的接地板相连，内导体延伸至贴片层，与贴片相连构成同轴激励模式，馈电模型及其等效电路示意图如图6－41所示。馈电可根据需要选在贴片区域内，后部的同轴电缆置于接地板的下方，不会干扰天线面的辐射。

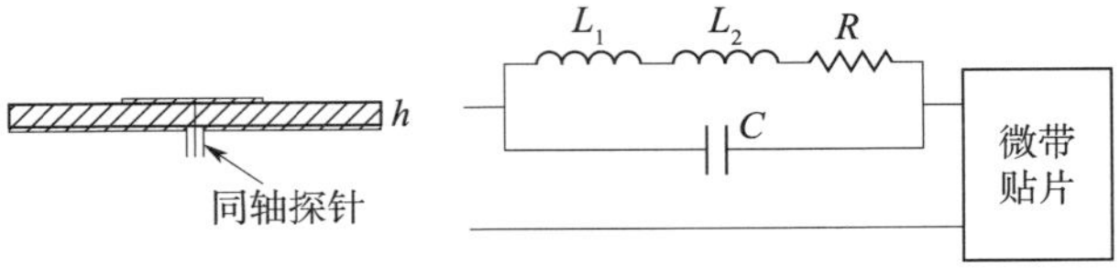

图6－41　同轴馈电模型示意图及等效电路

如图6－42所示，微带线耦合馈电模型采用两层介质板，微带线在下层，上层是贴片，贴片与微带线的耦合靠耦合电容实现，耦合电容的设计要考虑与天线间的匹配等问题，这样的方式有利于展宽频带，同时减少寄生辐射，但此种馈电对微带线与贴片的对位精度要求较高，加工工艺控制严格。另一种耦合馈电方式如图6－43所示，通过接地板上的一个公共孔径形成耦合，由于口径开在接地板上，这使得馈电线与贴片完全隔离，因而，避免了馈电网络辐射干扰，可实现对天线功能和馈电电路的分别优化。

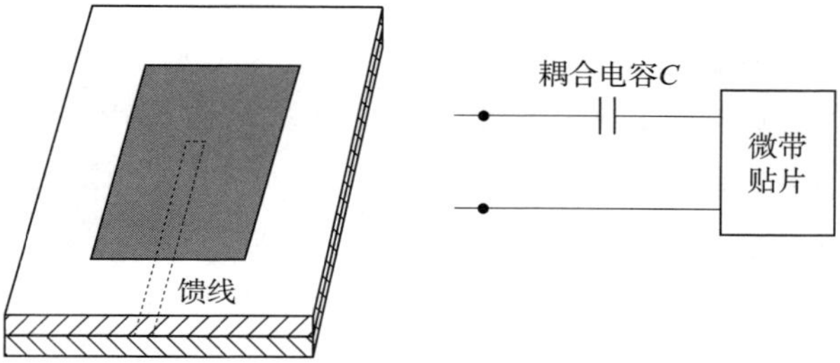

图 6-42　微带线耦合馈电模型示意图及等效电路

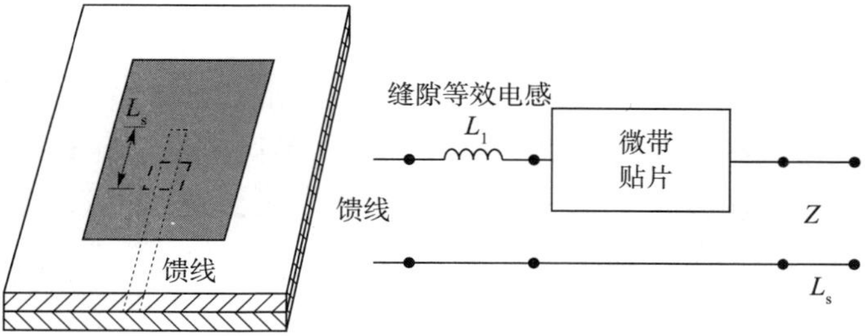

图 6-43　口径耦合馈电模型示意图及等效电路

6.4.2.6　微带天线的宽频带技术

随着微带天线在通信、雷达、遥感、导航等领域应用的不断扩展，常规微带天线的窄带宽问题成为影响其应用推广的一大因素。微带天线宽频带设计手段可分为多种，常见的基本手段有增大基板厚度、降低基板介电常数等。增大基板厚度可增加频带宽度，但够厚的基板会引起表面波激励，降低基板介电常数会增加天线单元尺寸及质量，不利于小型化要求。

优化改变天线的结构是展宽微带天线频宽的重要手段，如附加寄生贴片、采用电磁耦合馈电、使用非线性调制元件、附加阻抗匹配网络等。附加寄生贴片与采用电磁耦合馈电两种方法都是通过优化等效谐振电路，把普通单层微带天线的简单 RLC 等效电路又转化成多频点耦合谐振电路，从而实现频带展宽，但是这些方法都会增大天线单元体的厚度，多层结构对工艺加工的要求较复杂。使用非线性调制元件相当于调谐边缘效应，如在辐射端并联变容管，通过控制加载电压来调整工作频率，从而加大天线的工作频率范围。通常，阻抗匹配网络是在馈电端附加的一种匹配电路或馈电匹配结构，合理的电路或馈电结构设计可使天线工作在较宽的频带范围内。

采用非常规形状的介质基板，如楔形或阶梯形基板，两辐射端口处基板厚度不同的两个谐振器，经阶梯电容耦合产生双回路现象，也能够展宽天线工作带宽。

6.4.3　相控阵天线设计

6.4.3.1　概述

相控阵天线的发展，始于 20 世纪 60 年代初，根据其工作机理的不同，可将相控阵天线划分为无源相控阵天线（PESA）和有源相控阵天线（AESA）两大类。相控阵天线的原理框图如图 6 - 44 所示。

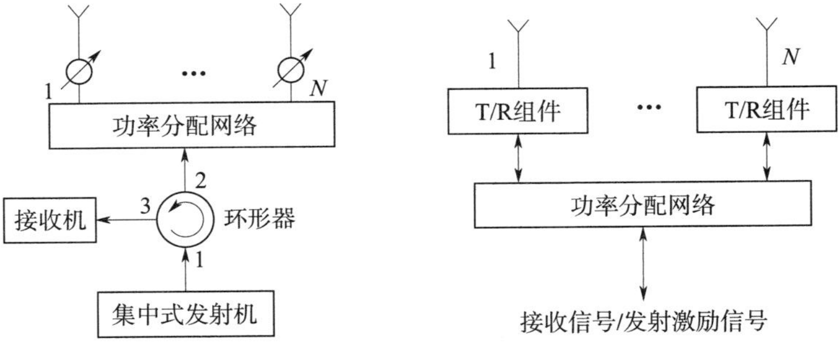

(a) 无源相控阵天线原理框图　　(b) 有源相控阵天线原理框图

图 6 - 44　相控阵天线原理框图

无源相控阵天线和有源相控阵天线的优缺点对比见表 6 - 7。

表 6－7　无源相控阵天线与有源相控阵天线优缺点对比

	无源相控阵天线	有源相控阵天线
优点	1）采用电真空发射机，输出功率高； 2）发射机能够与天线阵面分离，可以独立设计发射机的热控、安装及维护； 3）易于实现冷天线阵面，利于实现天线伪装； 4）成本较低	1）T/R 组件与天线单元连接紧密，传输路径短，射频传输损耗小，使发射功率放大器的效率和接收系统的 G/T 值得到提高； 2）能够利用空间功率合成原理，实现高功率信号输出的要求； 3）功率放大器的输出功率要求低，可采用固态放大器，天线系统能够工作于低电压状态下，对初级电源的要求降低； 4）降低发射馈线网络的耐功率要求，天线的体积和质量指标得到改善，结构设计的难度降低； 5）天线系统由独立的辐射单元和 T/R 组件组成，少数单元的失效对系统性能影响不大，系统的可靠性得到提高
缺点	1）馈线损耗增加，导致发射机的效率和接收系统的 G/T 值降低； 2）发射馈线网络中，微波传输线需要承受高功率，结构设计的难度增加； 3）在发射阵面上，馈线网络和移相器的损耗，会导致天线阵面温度的上升，需要设计良好的天线阵面通风散热系统； 4）电真空器件存在缺点： ·电真空器件需要高电压，行波管、速调管的收集极电压一般均在 10 kV 至数十千伏以上； ·难以实现很大的带宽； ·可靠性差、寿命较短。屏蔽、绝缘、隔离和密封不慎，还会导致一系列诱发故障	1）对 T/R 组件的幅相一致性、稳定性要求高； 2）成本较高

与无源相控阵天线相比，有源相控阵天线具有明显的优势：随着固态功率器件、混合微波集成电路（HMIC）与单片微波集成电路（MMIC）的发展，固态功率放大器件广泛应用于相控阵天线中，固态有源相控阵天线得到了迅猛的发展。本节主要针对有源相控阵

天线进行介绍。

6.4.3.2　相控阵天线基本指标

相控阵天线作为天线的一种，增益、方向图、极化、工作带宽都是其重要的指标要求，但相控阵天线作为一种电扫阵列天线，其某些衡量指标有别于其他天线。对相控阵天线特有的指标进行如下介绍。

（1）增益与有效口径

天线增益表征天线辐射能量集中照射在某个方向的能力，相控阵天线的增益可以表示为

$$G=\varepsilon_L \cdot \varepsilon_{ap} \cdot \frac{4\pi A}{\lambda^2}\cos\theta_0 \tag{6-64}$$

式中　A —— 天线的物理面积；

ε_{ap} —— 天线的口径效率因子；

θ_0 —— 天线的扫描角；

ε_L ——效率因子（包含馈线损耗、反射损耗），当天线扫描角发生变化时，会导致阵元之间的互耦影响发生变化、输入阻抗发生变化，因此 ε_L 也随之变化；

λ —— 信号在自由空间的波长。

由式（6-64）可以看出，随着扫描角度的增加，相控阵天线的增益下降。

定义

$$A_e=\varepsilon_{ap} \cdot A \cdot \cos\theta_0$$

为天线的有效口径。

（2）工作带宽

天线的工作带宽是指天线的主要电指标等均满足要求时的频率范围，衡量的指标包括方向图带宽、增益带宽、阻抗带宽等，相控阵天线还存在一个额外的衡量指标，即信号的瞬时带宽。

信号的瞬时带宽受相控阵天线的孔径效应和孔径渡越时间限制。

(3) 相控阵天线的孔径效应

对于由 N 个结构形状、电流分布和安装姿态一样的相似元组成的均匀直线阵，天线的方向图函数可表示为

$$\bar{E}(\theta,\varphi)=f_0(\theta,\varphi)\sum_{n=1}^{N}a_n \mathrm{e}^{\mathrm{j}\left[\frac{2\pi f}{c}(n-1)d\sin\theta+\varphi_n\right]} \tag{6-65}$$

式中　$f_0(\theta,\varphi)$ ——天线单元的方向图函数；

d ——相邻天线单元的间距；

f ——天线的工作频率；

f_0——天线工作频带的中心频率；

$\frac{2\pi f}{c}(n-1)d\sin\theta$ ——相控阵天线的空间相位差；

a_n,φ_n —— 第 n 个天线单元激励电流的幅度和相位。

在相控阵天线中，依靠数字移相器来改变波束的指向，天线单元激励电流的相位可表示为

$$\varphi_n=-\frac{2\pi f_0}{c}(n-1)d\sin\theta_0$$

当信号频率为中心频率时，即 $f=f_0$，天线的空间相位差与移相器的相移值平衡，天线波束的最大值指向 θ_0；当信号的频率由 f_0 变到 $f_0+\Delta f$ 后，相控阵天线的方向图函数可表示为

$$\bar{E}(\theta,\varphi)=f_0(\theta,\varphi)\sum_{n=1}^{N}a_n \mathrm{e}^{\mathrm{j}\left[\frac{2\pi(f_0+\Delta f)}{c}(n-1)d\sin\theta-\frac{2\pi f_0}{c}(n-1)d\sin\theta_0\right]} \tag{6-66}$$

天线波束指向 θ_0 时，产生的空间相位差 $\frac{2\pi(f_0+\Delta f)}{c}(n-1)d\sin\theta_0$ 大于移相器的相移值 $\frac{2\pi f_0}{c}(n-1)d\sin\theta_0$，导致波束最大值指向发生偏转，指向 $\theta_0-\Delta\theta_f$ ，这种反映天线波束指向随信号频率的改变在空间摆动的现象，称之为相控阵天线波束在空间的色散现象，又称为相控阵天线的孔径效应。

波束指向的偏移量 $\Delta\theta_f$ 可表示为

$$\Delta\theta_f = -\frac{\Delta f}{f_0}\tan\theta_0 \tag{6-67}$$

若扫描角为 θ_0 时，允许的最大波束偏移角 $\Delta\theta_{f\max}$ 为半功率点波束宽度的 1/4，则相应的信号带宽为

$$\frac{\Delta f_{\max}}{f_0} = \frac{\Delta\theta_{1/2}}{4\sin\theta_0} \tag{6-68}$$

式中 $\Delta\theta_{1/2}$ ——相控阵天线在阵面法线方向的半功率波束宽度。

此时，允许的最大天线阵面尺寸 L 为

$$L = \frac{0.886 \cdot B_b \cdot c}{4 \cdot \Delta f_{\max} \cdot \sin\theta_0} \tag{6-69}$$

式中 B_b ——波束展宽因子（在均匀照射阵的情况下，$B_b \approx 1$）。

天线的阵面尺寸增加或扫描角度增大均会限制天线的信号带宽。

（4）相控阵天线的孔径渡越时间

相控阵天线的孔径渡越时间定义为

$$T_{A0} = \frac{L\sin\theta_0}{c} \tag{6-70}$$

式中 L ——阵列尺寸；

θ_0——天线的最大扫描角度；

c——真空中的光速。

当 T_{A0} 大于信号瞬时带宽 $\Delta f_{\max}$ 的倒数 τ 时，对于发射阵列，阵列两端天线单元所辐射的信号，将不能同时到达 θ_0 方向上的目标。对于接收阵列，阵列两端天线单元所接收到的信号，将不能同时相加。孔径渡越时间与信号带宽的关系应满足式（6－71），即

$$\Delta f_{\max} \leqslant \frac{1}{K_D \cdot T_{A0}} \tag{6-71}$$

式中 K_D ——大于 1 的整数。

（5）波束跃度

相控阵天线通过改变天线单元激励电流的相位，实现波束指向的扫描。通常，依靠数字移相器实现馈电相位的改变。数字移相器的移相量以二进制方式步进改变，所以天线波束指向也将跳跃式地

改变。波束在两个相邻指向之间的增量称为波束跃度，波束跃度决定于数字移相器的位数。若数字移相器的位数为 k 位，则其最小的移相量 Δ 为

$$\Delta = \frac{2\pi}{2^k} \tag{6-72}$$

对于阵元间距为 d 的均匀阵列天线，波束由阵列法线方向往侧边扫描到第一个波位 θ_1 时的波束跃度为

$$\Delta\theta_1 = \frac{\lambda}{d \cdot 2^k} \tag{6-73}$$

p 号波束的波束跃度为

$$\Delta\theta_p = \frac{1}{\cos\theta_{B(p-1)}} \cdot \Delta\theta_1 \tag{6-74}$$

阵元间距 d 为 0.5λ 时，相控阵天线的法向波束跃度 $\Delta\theta_1$ 与数字移相器位数 k 的关系见表 6-8。

表 6-8　法向波束跃度 $\Delta\theta_1$ 与数字移相器位数 k 的关系 $\Delta\theta_1$ ($d = 0.5\lambda$)

k	$\Delta\theta_1/(°)$
3	14.32
4	7.16
5	3.58
6	1.79

由表 6-8 可以看出，数字移相器的位数越高，相控阵天线的波束跃度越小。目前，常用的数字移相器最高位数可达到 6 位，高于 6 位的数字移相器成本会大幅地增加，故相控阵天线往往采用虚位技术来实现更小的波束跃度。

当只改变相控阵天线一个阵元的馈电相位时，天线具有最小波束跃度。对于一个间距为 d 的 N 元均匀线阵，只有第 $n(n > N/2)$ 号单元有最小相移值 $-\Delta$ ，其余单元的相移值为零时，波束指向向侧边偏移一个波位的最小波束跃度 $\Delta\theta_n$ 为

$$\Delta\theta_n \approx \frac{\lambda}{d} \cdot \frac{6}{2^k} \cdot \frac{1}{N^2}\left[\left(\frac{2n}{N} - 1\right) - \frac{1}{N}\right] \tag{6-75}$$

由式（6-75）可以看出，n 在定义域中取最小值时，有最小的波束跃度。最小波束跃度 $\Delta\theta_n$ 与阵元 n 的关系见表 6-9。

表 6-9　最小波束跃度 $\Delta\theta_n$ 与阵元 n 的关系

（间距 $d=0.5\lambda$ 的 10 元均匀线阵，数字移相器位数 $k=6$）

n	$\Delta\theta_n$/(°)
6	0.011
7	0.032
8	0.054
9	0.075
10	0.097

（6）波束转换时间

波束转换时间定义为从波束控制器接收到波束指向角信息开始，到完成波束转换的时间。其中，包括波束控制器计算波控码的时间、波控码从波束控制器至 T/R 组件的传输时间、T/R 组件内对波控码的反应时间等。

波束转换时间是系统根据工作场合确定的，波束转换时间会影响到相控阵天线中波控系统的设计，涉及到波束控制器的软硬件设计、波控码传输方式的选择等。

6.4.3.3　阵列单元

相控阵天线的性能在很大程度上取决于辐射单元的性能。相控阵天线常用的辐射单元有对称振子、波导口辐射器、波导裂缝以及微带贴片等形式。

（1）对称振子

对称振子是振子类辐射元的最基本形式。由它衍生的构型有伞形振子、微带振子、折叠振子、单极振子等。对称振子的典型方向图如图 6-45 所示。

（2）波导口辐射器

C、X 及以上频段的阵列天线常用工作于主模的开口矩形波导、

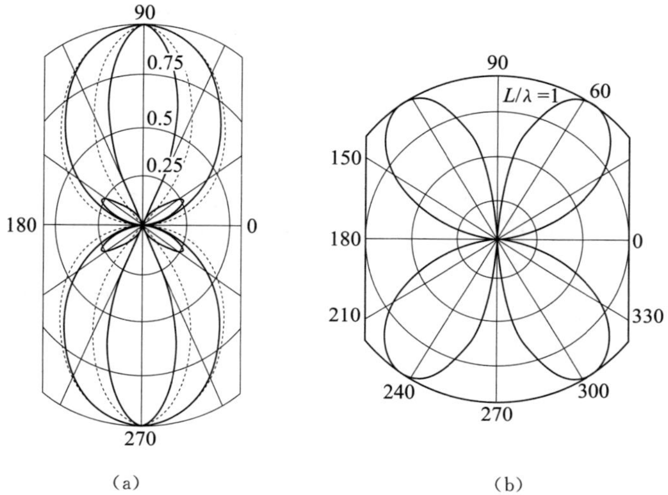

图 6 - 45　不同电长度对称振子的方向图

圆波导及矩形波导裂缝作为辐射单元。矩形波导口辐射器如图 6 - 46 所示，其 TE_{10} 模功率方向图如图 6 - 47 所示。

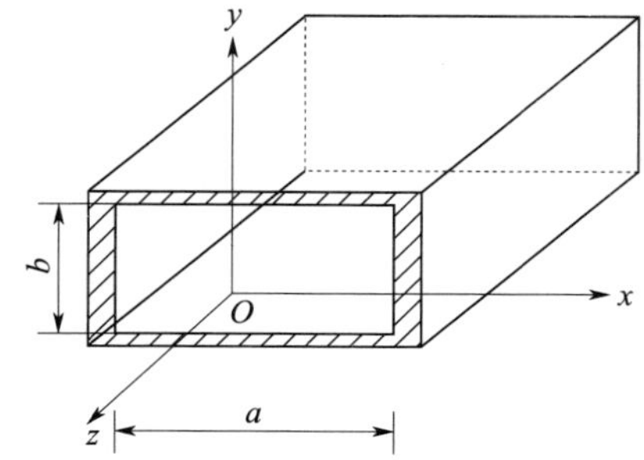

图 6 - 46　矩形波导口辐射器

矩形波导的主模（H_{10} 或 TE_{10} 模）的主要优点是极化纯度高(即同一截面上只存在一种极化)，极化面稳定。与其相反，圆波导存在两个主要问题是极化不纯且极化面不稳定，当截面场稍有扰动，极化面就有可能绕传播轴旋转。

开口波导辐射时将在口径处产生反射和高次模。开口波导作为相控阵天线的阵元时，不能忽略高次模对天线性能的影响，因它可能造成扫描盲点。

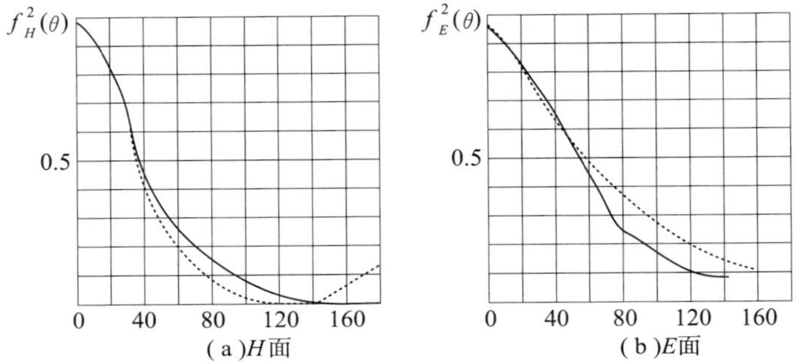

图 6-47　矩形波导口辐射器 TE_{10} 模功率方向图

(3) 波导裂缝

矩形波导裂缝阵列天线的效率较高，目前已应用于地面和机载雷达系统。常用的 4 种裂缝形式包括：1）宽壁纵向并联缝；2）宽壁横向偏移缝；3）宽壁倾斜串联缝；4）窄壁倾斜缝，其等效电路图如图 6-48 所示。

矩形波导裂缝阵列天线的主要缺点在于频带窄，较难实现圆极化。

(4) 微带贴片

空间技术的发展与对低剖面天线的需要，使微带天线获得进一步应用，并成为天线领域的一个重要分支。可以说，微带天线的发展是现代微波集成电路技术理论和实践在天线领域的重要应用。微带贴片天线的辐射原理如图 6-49 所示。

微带贴片天线主要特点如下：1）体积小，质量轻，剖面低且能共形；2）易得到多种极化，可双频或多频工作，最大辐射方向可调整；能与有源器件集成，增加了可靠性，并降低了造价；3）工作频带窄；4）损耗大、效率低，主要有介质损耗、导体损耗和表面波损

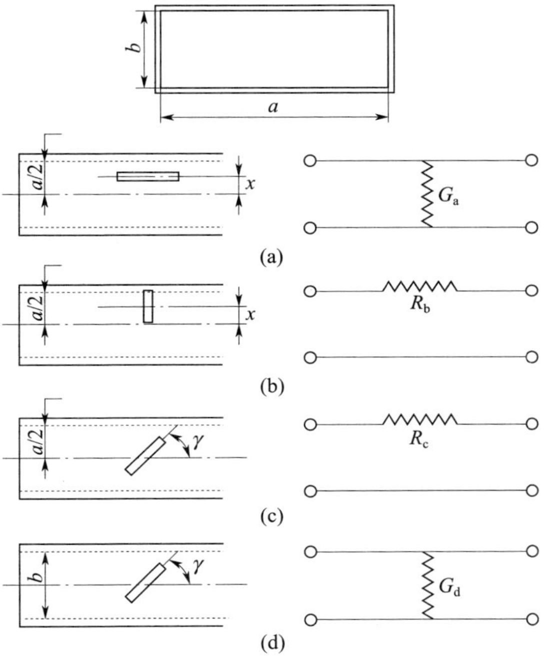

图 6-48　常用的 4 种裂缝等效电路图

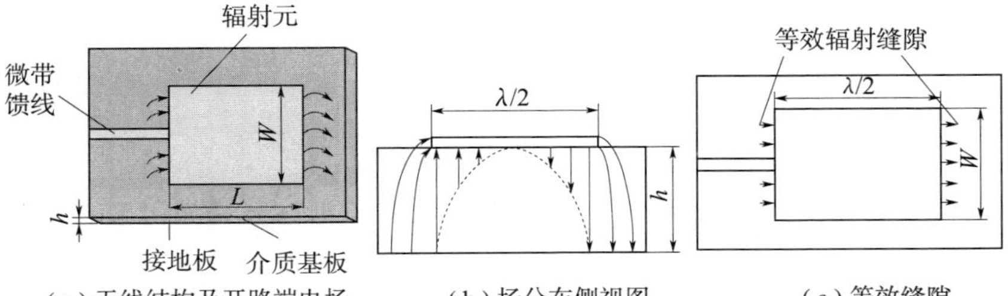

(a) 天线结构及开路端电场　(b) 场分布侧视图　(c) 等效缝隙

图 6-49　微带贴片天线的辐射原理

耗；5）功率容量小，主要取决于介质基片材料；6）介质基片性能对天线性能影响大；7）极化纯度低，交叉极化高。前三项特点使其在星载、机载雷达应用中获得重视，特别在毫米波段的天线阵。

6.4.3.4　阵列设计

(1) 线阵

线阵是阵列天线的基本构型，也是研究复杂阵列的基础。相控阵天线教科书中均对线阵进行详细分析，为简化起见，本书仅对线阵的主要性能及基本设计公式进行介绍。图 6－50 所示为 N 元线阵示意图，阵元沿 y 轴按等间距方式排成一直线，阵元间距为 d。

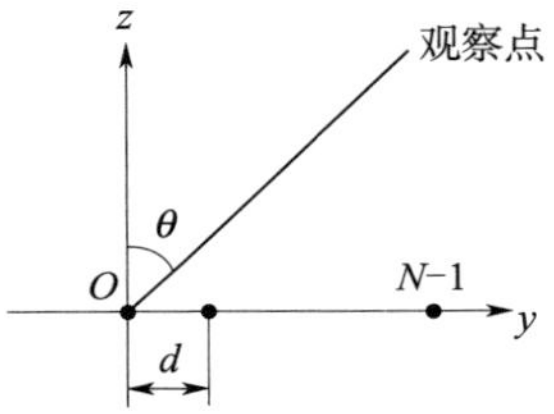

图 6－50　N 元线阵示意图

阵列天线中，相邻阵元接收到来自 θ 方向信号的相位差 $\Delta\varphi$（称为相邻单元的空间相位差）为

$$\Delta\varphi = \frac{2\pi}{\lambda} d \sin\theta \tag{6-76}$$

若阵中第 i 个阵元的激励电流为

$$\begin{cases} \dot{I}_i = a_i \mathrm{e}^{-\mathrm{j}i\Delta\varphi_\beta} \\ \Delta\varphi_\beta = \dfrac{2\pi}{\lambda} d \sin\theta_0 \end{cases} \tag{6-77}$$

式中　$\Delta\varphi_\beta$ ——相邻单元的阵内相位差。

线阵的方向图函数可写为

$$F(\theta,\varphi) = \sum_{i=0}^{N-1} a_i f_i(\theta,\varphi) \mathrm{e}^{\mathrm{j}i\frac{2\pi}{\lambda}(\sin\theta - \sin\theta_0)} \tag{6-78}$$

式中　$f_i(\theta,\varphi)$ ——第 i 个阵元在阵中的单元方向图。

若单元方向图一致，则式（6－78）可写为

$$F(\theta,\varphi) = f(\theta,\varphi) \sum_{i=0}^{N-1} a_i \mathrm{e}^{\mathrm{j}i\frac{2\pi}{\lambda}(\sin\theta - \sin\theta_0)} = f(\theta,\varphi) F(\theta) \tag{6-79}$$

式（6－79）反映天线方向图的乘法定理，即阵列天线方向图等于天线单元方向图与阵因子的乘积。相控阵天线的性能主要由阵因子来反映。

若天线阵元不进行幅度加权，即阵元的激励电流等幅，则阵因子可写为

$$\begin{cases} F(\theta)=\dfrac{\sin\dfrac{N}{2}X}{\sin\dfrac{1}{2}X}\mathrm{e}^{\mathrm{j}\frac{N-1}{2}X} \\ X=\dfrac{2\pi}{\lambda}d\sin\theta-\Delta\varphi_{\beta}=\dfrac{2\pi}{\lambda}d(\sin\theta-\sin\theta_{0}) \end{cases} \tag{6-80}$$

天线波束最大值指向为 θ_0，改变相邻单元之间的相位差 $\Delta\varphi_\beta$，即可改变天线波束最大值指向。

①天线波束的主瓣/旁瓣位置

当阵元之间的阵内相位差与空间相位差平衡时，得到天线方向图最大值。可能出现的天线方向图最大值取决于式（6－81），即

$$\frac{2\pi}{\lambda}d\sin\theta_{m}-\Delta\varphi_{\beta}=0\pm 2\pi m \quad (m=0,\pm 1,\pm 2,\cdots) \tag{6-81}$$

式中 θ_m——可能出现的波束最大值指向角。

由式（6－81）可得

$$\sin\theta_{m}=\pm\frac{\lambda}{d}m+\sin\theta_{0} \tag{6-82}$$

数值 m 表示方向图内最大值可能出现的数量。当 $m=0$ 时，波束最大值指向 θ_0，为天线的主瓣；当 $m\neq 0$ 时，波束最大值的指向，将出现在 θ_m 处，即出现栅瓣。如果一个方向图中，出现两个以上的最大值，则必然引起能量的分散。所以在相控阵天线的设计中，要避免栅瓣出现在“可见区域”，消除栅瓣的方法是正确选择间距 d 的大小。

在相控阵天线的波束扫描至 θ_{max} 时，仍不出现栅瓣的条件为

$$d<\frac{\lambda}{1+|\sin\theta_{max}|} \tag{6-83}$$

②天线波束的零点位置

天线波束的零点位置取决于式（6-84），即

$$\frac{N}{2}\left(\frac{2\pi}{\lambda}d\sin\theta-\Delta\varphi_{\beta}\right)=p\pi \quad (p=\pm 1,\pm 2,\cdots) \tag{6-84}$$

式中　p ——零点位置的序号。

第 p 个零点位置用 θ_{p0} 表示，即

$$\sin\theta_{p0}=\frac{\lambda}{2\pi d}\left(\frac{2p\pi}{N}+\Delta\varphi_{\beta}\right) \quad (p=\pm 1,\pm 2,\cdots) \tag{6-85}$$

③半功率点波束宽度

线阵天线的半功率波束宽度 $\Delta\theta_{1/2}$ 与天线波束扫描角 θ_0 的余弦成反比，可表示为

$$\Delta\theta_{1/2}\approx\frac{1}{\cos\theta_0}\times\frac{51\lambda}{Nd} \tag{6-86}$$

（2）平面相控阵天线

平面相控阵天线发展相对成熟，所有阵元分布在一个 2D 平面内，阵列形式主要包括：矩形口径阵列、圆形口径阵列、环形阵、椭圆阵、正六边形阵等。平面相控阵天线的优缺点对比见表 6-10。

表 6-10　平面相控阵天线的优缺点对比

优点	缺点
1）分析理论、方向图综合理论成熟； 2）结构设计简单； 3）波控算法简单	1）波束扫描角度有限，最大扫描角度±60°左右； 2）在空气动力学性能苛求和隐蔽伪装方面需要天线与非平面载体共形时，平面相控阵天线无法使用

有源相控阵天线阵元数量的多少，直接影响着相控阵天线的成本。因此如何在不影响天线性能的前提下，降低阵元的数量成为相控阵天线的一个研究方向，阵元的排布方式是研究重点。

①矩形栅格平面阵

在平面阵天线中，采用矩形栅格方式布阵的平面阵结构最为简单，应用也极其广泛，对它的分析具有典型意义。矩形栅格平面阵

如图 6－51 所示。

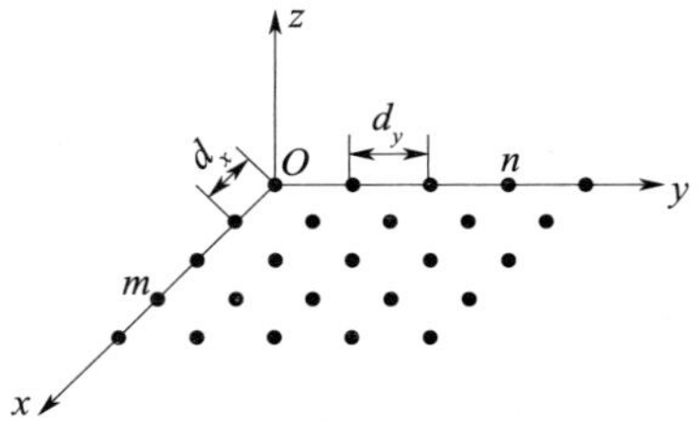

图 6－51　矩形栅格平面阵

天线阵列分布在 xOy 平面，$m \times n$ 个阵元以矩形栅格排列，x、y 方向的阵元间距分别为 d_x、d_y。其中，第（0，0）号阵元位于坐标原点。假设，目标所在的方向以方向余弦表示为（$\cos\alpha_x$，$\cos\alpha_y$，$\cos\alpha_z$），则相邻单元之间的空间相位差为

$$\begin{cases}\Delta\varphi_x = \dfrac{2\pi}{\lambda}d_x\cos\alpha_x \\ \Delta\varphi_y = \dfrac{2\pi}{\lambda}d_y\cos\alpha_y\end{cases} \tag{6-87}$$

第（m，n）号阵元与第（0,0）号阵元之间的空间相位差为

$$\Delta\varphi_{mn} = m\Delta\varphi_x + n\Delta\varphi_y \tag{6-88}$$

第（m，n）号阵元的激励电流可表示为

$$\begin{cases}\dot{I}_{mn} = a_{mn}\mathrm{e}^{-\mathrm{j}\Delta\varphi_{\beta mn}} \\ \Delta\varphi_{\beta mn} = m\alpha + n\beta\end{cases} \tag{6-89}$$

式中　α，β——天线阵内由移相器提供的相邻单元之间的阵内相位差。

$$\begin{cases}\alpha = \dfrac{2\pi}{\lambda}d_x\cos\alpha_{x0} \\ \beta = \dfrac{2\pi}{\lambda}d_y\cos\alpha_{y0}\end{cases} \tag{6-90}$$

在忽略单元方向图影响的条件下，相控阵天线的方向图函数可写为

$$F(\alpha_x,\alpha_y)=\sum_{m=0}^{M-1}\sum_{n=0}^{N-1}a_{ik}\,\mathrm{e}^{\mathrm{j}(\Delta\varphi_{mn}-\Delta\varphi_{\beta mn})}$$
$$=\sum_{m=0}^{M-1}\sum_{n=0}^{N-1}a_{mn}\,\mathrm{e}^{\mathrm{j}\frac{2\pi}{\lambda}[md_x(\cos\alpha_x-\cos\alpha_{x0})+nd_y(\cos\alpha_y-\cos\alpha_{y0})]}$$

(6-91)

因为

$$\begin{cases}\cos\alpha_x=\sin\theta\cos\varphi\\ \cos\alpha_y=\sin\theta\sin\varphi\end{cases}\tag{6-92}$$

若令

$$\begin{cases}\cos\alpha_{x0}=\sin\theta_0\cos\varphi_0\\ \cos\alpha_{y0}=\sin\theta_0\sin\varphi_0\end{cases}\tag{6-93}$$

则相控阵天线的方向图函数可改写为

$$F(\theta,\varphi)=\sum_{m=0}^{M-1}\sum_{n=0}^{N-1}a_{mn}\,\mathrm{e}^{\mathrm{j}\frac{2\pi}{\lambda}md_x(\sin\theta\cos\varphi-\sin\theta_0\cos\varphi_0)}\,\mathrm{e}^{\mathrm{j}\frac{2\pi}{\lambda}nd_y(\sin\theta\sin\varphi-\sin\theta_0\sin\varphi_0)}$$

(6-94)

天线的波束最大值指向（θ_0，φ_0），因此改变相邻天线单元之间的相位差，即阵内相位差 α，β，即可实现天线波束的相控扫描。

当天线口径照射函数为等幅分布，即不进行幅度加权，可以表示为

$$F(\theta,\varphi)=\sum_{m=0}^{M-1}\mathrm{e}^{\mathrm{j}\frac{2\pi}{\lambda}md_x(\sin\theta\cos\varphi-\sin\theta_0\cos\varphi_0)}\sum_{n=0}^{N-1}\mathrm{e}^{\mathrm{j}\frac{2\pi}{\lambda}nd_y(\sin\theta\sin\varphi-\sin\theta_0\sin\varphi_0)}$$

(6-95)

天线波束的主瓣/栅瓣的位置取决于式（6-96），即

$$\begin{cases}\dfrac{2\pi}{\lambda}d_x(\sin\theta\cos\varphi-\sin\theta_0\cos\varphi_0)=p(2\pi)\\[2ex] \dfrac{2\pi}{\lambda}d_y(\sin\theta\sin\varphi-\sin\theta_0\sin\varphi_0)=q(2\pi)\end{cases}\quad(p,q=0,\pm1,\pm2,\cdots)$$

(6-96)

当 $p,q=0$ 时，波束最大值指向（θ_0,φ_0），为天线的主瓣。p，

$q \neq 0$ 时，出现栅瓣。

令

$$\begin{cases} k_{xp} = k\sin\theta\cos\varphi = \dfrac{p(2\pi)}{d_x} + k\sin\theta_0\cos\varphi_0 \\ k_{yq} = k\sin\theta\sin\varphi = \dfrac{q(2\pi)}{d_y} + k\sin\theta_0\sin\varphi_0 \end{cases} \tag{6-97}$$

其中

$$k = \frac{2\pi}{\lambda}$$

当满足

$$k_z = \sqrt{k^2 - k_{xp}^2 - k_{yq}^2} = k\sqrt{1 - \left[\left(\frac{k_{xp}}{k}\right)^2 + \left(\frac{k_{yq}}{k}\right)^2\right]} \geqslant 0$$

时，天线阵列在 $Z > 0$ 的自由空间才能辐射波束，即当 $\dfrac{k_{xp}}{k}$，$\dfrac{k_{yq}}{k}$ 位于

$$\left(\frac{k_{xp}}{k}\right)^2 + \left(\frac{k_{yq}}{k}\right)^2 \leqslant 1$$

单位圆内时，天线波束处于可见区域。将栅瓣图表示在 $k_{xp} - k_{yq}$ 波数平面内，如图 6-52 所示。

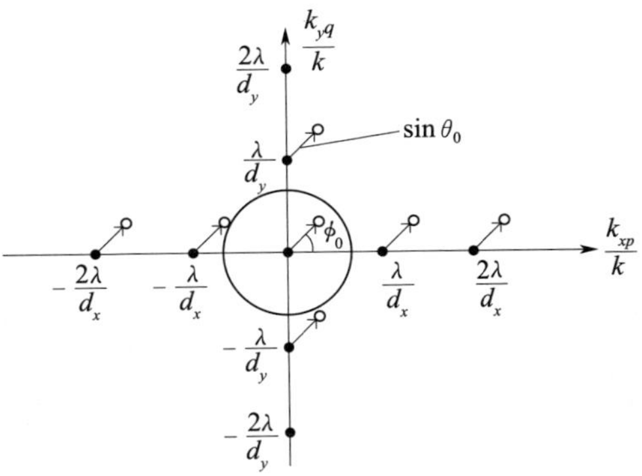

图 6-52　波束在半空域扫描栅瓣图（矩形栅格）

天线波束扫描到（θ_0,φ_0），在栅瓣图上表现为天线的主瓣、栅瓣沿与 k_{xp}/k 轴成 φ_0 角的方向上移动距离 $\sin\theta_0$，由图 6－53 可以看出，栅瓣是否进入可见域决定于 $\sin\theta_0$ 的大小。

在每一个栅瓣位置上作单位圆，就决定了栅瓣的扫描范围。若 $\frac{\lambda}{d_x}\left(\frac{\lambda}{d_y}\right)\geqslant 2$，在整个半空域内，栅瓣不会进入可见区域。矩形栅格平面阵波束扫描到 $\theta_{\max}$ 时，仍不出现栅瓣的条件为

$$d_x(d_y)\leqslant\frac{\lambda}{1+|\sin\theta_{\max}|}\tag{6-98}$$

②三角形栅格平面阵

阵列孔径一定时，正三角形栅格阵元占有的面积最大，孔径内的阵元数最少。正三角形排布的阵元数比正方形的少 13.4%。从通用性角度出发，对采用三角形栅格方式布阵的平面阵天线进行分析。三角形栅格平面阵如图 6－53 所示。

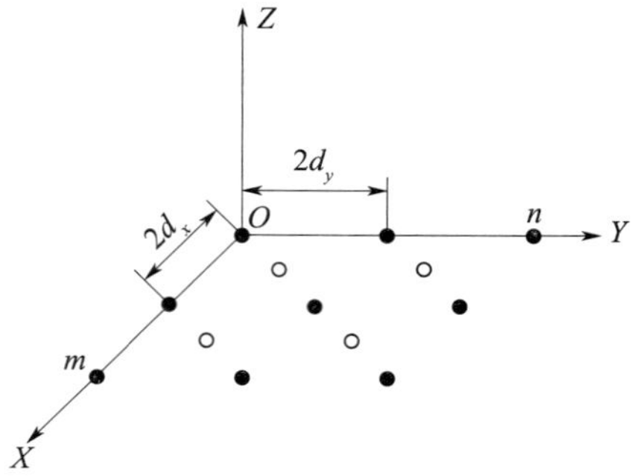

图 6－53　三角形栅格平面阵示意图

天线阵列分布在 XOY 平面，可以看作由两个矩形栅格阵列组成。阵列 1 由图 6－53 中实心点组成，阵列 2 由图 6－53 中空心点组成。阵列 1 和阵列 2 在 X 轴、Y 轴的阵元间距分别为 $2d_x$，$2d_y$ 。阵列 1 和阵列 2 的行间距（ X 轴方向）d_x ，列间距 d_y（Y 轴方向）。

在忽略单元方向图影响的条件下，阵列 1 的方向图函数可写为

$$F_1(\theta,\varphi)=\sum_m \mathrm{e}^{\mathrm{j}m\frac{2\pi}{\lambda}(2d_x)(\sin\theta\cos\varphi-\sin\theta_0\cos\varphi_0)}\sum_n \mathrm{e}^{\mathrm{j}n\frac{2\pi}{\lambda}(2d_y)(\sin\theta\sin\varphi-\sin\theta_0\sin\varphi_0)} \tag{6-99}$$

阵列 2 的方向图函数可写为

$$F_2(\theta,\varphi)=F_1(\theta,\varphi)\mathrm{e}^{\mathrm{j}\frac{2\pi}{\lambda}[d_x(\sin\theta\cos\varphi-\sin\theta_0\cos\varphi_0)+d_y(\sin\theta\sin\varphi-\sin\theta_0\sin\varphi_0)]} \tag{6-100}$$

则三角形栅格阵列天线的方向图函数可写为

$$\begin{aligned}F(\theta,\varphi)&=F_1(\theta,\varphi)+F_2(\theta,\varphi)\\&=\sum_m \mathrm{e}^{\mathrm{j}m\frac{2\pi}{\lambda}(2d_x)(\sin\theta\cos\varphi-\sin\theta_0\cos\varphi_0)}\sum_n \mathrm{e}^{\mathrm{j}n\frac{2\pi}{\lambda}(2d_y)(\sin\theta\sin\varphi-\sin\theta_0\sin\varphi_0)}\times\\&\quad\{1+\mathrm{e}^{\mathrm{j}\frac{2\pi}{\lambda}[d_x(\sin\theta\cos\varphi-\sin\theta_0\cos\varphi_0)+d_y(\sin\theta\sin\varphi-\sin\theta_0\sin\varphi_0)]}\}\end{aligned} \tag{6-101}$$

天线波束的主瓣/栅瓣的位置取决于式（6-102），即

$$\begin{cases}\dfrac{2\pi}{\lambda}(2d_x)(\sin\theta\cos\varphi-\sin\theta_0\cos\varphi_0)=p(2\pi) \quad (p=0,\pm1,\pm2,\cdots)\\ \dfrac{2\pi}{\lambda}(2d_y)(\sin\theta\sin\varphi-\sin\theta_0\sin\varphi_0)=q(2\pi) \quad (q=0,\pm1,\pm2,\cdots)\\ \dfrac{2\pi}{\lambda}[d_x(\sin\theta\cos\varphi-\sin\theta_0\cos\varphi_0)+d_y(\sin\theta\sin\varphi-\sin\theta_0\sin\varphi_0)]\\ \quad =(p+q)\pi \quad (p+q=\text{偶数})\end{cases} \tag{6-102}$$

当 p，$q=0$ 时，波束最大值指向（θ_0，φ_0），为天线的主瓣。p，$q\neq0$ 且满足 $p+q=$偶数时，出现栅瓣。

令

$$\begin{cases}k_{xp}=k\sin\theta\cos\varphi=\dfrac{p(2\pi)}{2d_x}+k\sin\theta_0\cos\varphi_0\\ k_{yq}=k\sin\theta\sin\varphi=\dfrac{q(2\pi)}{2d_y}+k\sin\theta_0\sin\varphi_0\end{cases} \tag{6-103}$$

其中

$$k=\frac{2\pi}{\lambda}$$

当满足

$$k_z = \sqrt{k^2 - k_{xp}^2 - k_{yq}^2} = k\sqrt{1 - \left[\left(\frac{k_{xp}}{k}\right)^2 + \left(\frac{k_{yq}}{k}\right)^2\right]} \geqslant 0$$

时，天线阵列在 $Z > 0$ 的自由空间才能辐射波束，即当 $\frac{k_{xp}}{k}$，$\frac{k_{yq}}{k}$ 位于

$$\left(\frac{k_{xp}}{k}\right)^2 + \left(\frac{k_{yq}}{k}\right)^2 \leqslant 1$$

单位圆内时，天线波束处于可见区域。将栅瓣图表示在 $k_{xp} - k_{yq}$ 波数平面内，如图 6－54 所示。

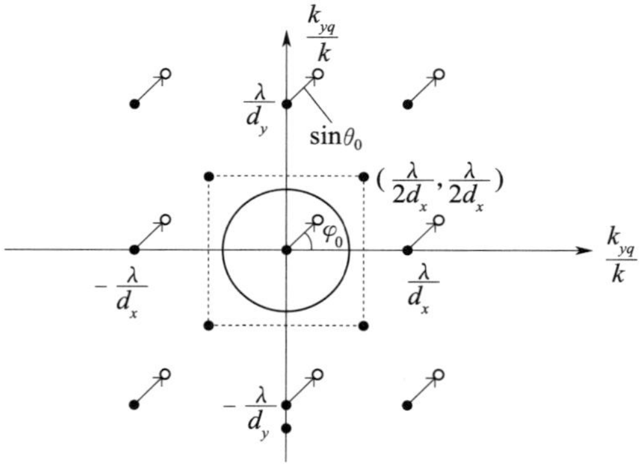

图 6－54　波束在半空域扫描栅瓣图（三角栅格）

天线波束扫描到（θ_0，φ_0），在栅瓣图上表现为天线的主瓣、栅瓣沿与 k_{xp}/k 轴成 φ_0 角的方向上移动距离 $\sin\theta_0$，由图 6－54 可以看出，栅瓣是否进入可见域决定于 $\sin\theta_0$ 的大小。

设阵列采用等边三角形栅格布阵，即满足 $2d_y = d$，$2d_x = \sqrt{3}d$（Y 方向为三角形底边，d_y 为 Y 方向单元间距，d_x 为 X 方向单元间距）栅瓣不进入可见域的条件为

$$d \leqslant \left\{\frac{2\lambda}{\sqrt{3}(1 + |\sin\theta_x|)}, \frac{2\lambda}{(1 + |\sin\theta_y|)}\right\}_{\min}$$

阵列采用 X 方向为底边的等边三角形栅格布阵，即

$$\begin{cases} 2d_x = d \\ 2d_y = \sqrt{3}\,d \end{cases} \tag{6-104}$$

当天线在 X 方向的最大扫描角度为 $\theta_{x\max}$，在 Y 方向的最大扫描角度为 $\theta_{y\max}$，栅瓣不进入可见域的条件为

$$d \leqslant \left\{ \frac{2\lambda}{(1+|\sin\theta_{x\max}|)}, \frac{2\lambda}{\sqrt{3}(1+|\sin\theta_{y\max}|)} \right\}_{\min} \tag{6-105}$$

当 $d \leqslant \dfrac{\lambda}{\sqrt{3}}$ 时，在整个半空域内，栅瓣不会进入可见区域。

（3）共形相控阵天线

共形相控阵天线的阵元分布于空间曲面上，具有真正的 3D 结构，它克服了平面相控阵天线的不足。因而随着工程领域和应用场合的扩展、天线理论和技术的发展，共形相控阵天线得到迅速地发展。共形相控阵天线的优缺点对比见表 6-11。一般根据要求的波束覆盖范围及载体外形，来选择共形相控阵天线的结构。

表 6-11　共形相控阵天线的优缺点对比

优点	缺点
1）波束扫描角度可以达到半球乃至 3/4 球域； 2）易于实现与载体共形； 3）利于提高设备的结构强度，减小体积和质量	1）分析理论和方向图综合理论不成熟； 2）在共形曲面上，阵元、馈电网络的设置有拓扑困难； 3）馈电网络、波束控制设计复杂； 4）共形阵中，不同位置阵元有各异的电环境，阵列扫描时，需解决阵元有源输入阻抗匹配问题； 5）共形阵辐射场极化纯度差

①二维棱柱天线形式

在工程领域中，二维棱柱天线得到较为广泛的应用，棱柱的平面数量越多，要求每个平面实现的扫描角度越小，二维棱柱天线的性能对比见表 6-12。

表 6-12　二维棱柱天线性能对比

面的数量	最大扫描角度
3	60°
4	45°
5	36°
6	30°
8	22.5°

对于一个 N 棱柱，高度为 h 且内接于半径为 R 的圆柱体，则每个平面的面积为

$$A = 2hR\sin\frac{\pi}{N} \tag{6-106}$$

每个平面要求覆盖的最大扫描角为 $\frac{\pi}{N}$，所以天线的最小有效面积为

$$A_{\text{eff,min}} = hR\sin\frac{2\pi}{N} \tag{6-107}$$

由式（6-107）可以看出，当 $N=4$ 时，天线的有效面积最大。

天线阵元数目反映相控阵天线的成本，因此在相控阵天线的设计中，引入指标归一化性价比 q_p，即天线的最小有限面积除以阵元数目。对于 N 棱柱天线，其归一化性价比与天线平面数量关系如图 6-55 所示。

图 6-55 中，α 反映阵元在扫描区域内的阻抗匹配情况，$\alpha=1$ 表示良好匹配，此时 4 个面为首选，若不是良好匹配，则需要用更多的面来补偿。

②圆柱阵列天线形式

圆柱阵列天线如图 6-56 所示，通过激活阵列天线的不同部分，可以实现 360°的波束覆盖范围。

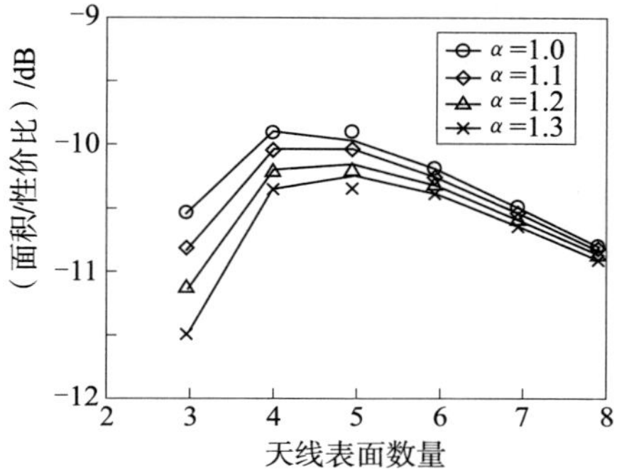

图 6 - 55　天线归一化性价比与天线平面数量关系

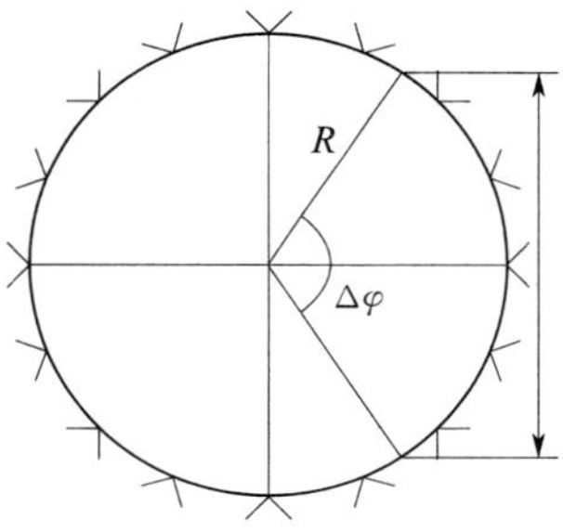

图 6 - 56　圆柱阵列天线

阵列半径为 R，高度为 h，天线总面积为

$$A = 2\pi Rh$$

圆柱阵列天线的有效口径取决于所使用的圆柱体扇面（激活区域）角度 $\Delta\varphi$ ，即

$$A_{\mathrm{eff,min}} = 2Rh\sin\frac{\Delta\varphi}{2} \tag{6 - 108}$$

将激活扇区角设置为 120°比较合理，阵元的最大视角为 60°。激活扇区越大，阵元间距越小，阵元数目越多，将导致成本增加。一般，圆柱面方案优于平面交替方案 1.5 dB。

③半球覆盖

当要求波束实现半球覆盖，可以采用多棱锥形、半球形、圆锥形、椭球形和抛物面形天线形式，几种形式天线的性能对比如图 6-57 所示，为比较起见，图中同时列出平面阵列的性能指标。

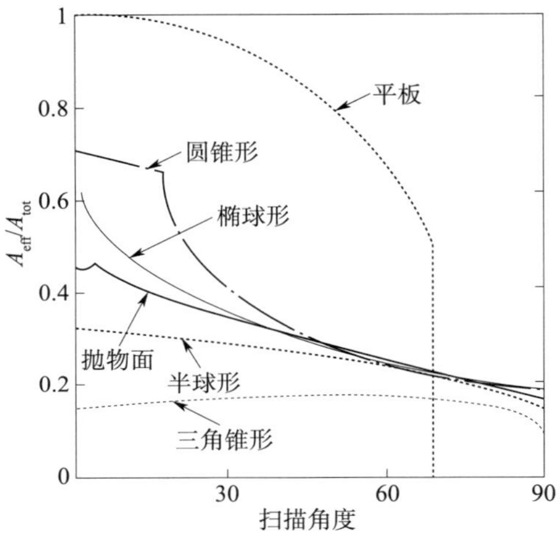

图 6-57　$h/R=1$ 时，归一化有效面积与扫描角（自顶点）的关系

由图 6-57 中可知，平面阵列天线对天线口径的利用率最高，但扫描角度有限；在共形阵列中圆锥阵列对天线口径的利用率最高，三角锥对天线口径的利用率最低。在天线的设计中，这是重要的选型依据。

6.4.3.5　相控阵天线的馈线系统

从馈电方式上看，相控阵天线主要有强制馈电、空间馈电和数字馈电等三种方式。

（1）强制馈电

强制馈电系统采用波导、同轴线、板线、微带线等传输线实现功率分配网络（发射阵列）或功率合成网络（接收阵列），完成发射功率分配或接收信号的相加。功率合成/分配网络可以是等功率或不等功率合成/分配网络，可以采用隔离式，一个网络的功率分配路数视具体情况而定。强制馈电网络系统设计中，影响传输线类型选择的主要因素有：1）承受高功率能力（峰值和平均值）；2）馈线部件和整个馈电系统损耗；3）各单元通道之间信号幅度、相位一致性；4）信号工作频率和系统带宽的保证；5）移相器（衰减器）等部件的控制方式；6）馈线部件的结构设计与工艺性，便于批量生产的工艺技术；7）馈电部件数量及馈线系统成本；8）馈线系统自动监测与保护等。

随着光电子技术和光纤技术的发展，已开始采用光纤作为相控阵馈线中的传输线，但它只能在低功率电平上使用，因此可以在相控阵接收天线或有源相控阵发射天线中采用。

（2）空间馈电

空间馈电亦称光学馈电，它是采用空馈的功率合成/分配网络。采用空间馈电节省了许多加工要求严格的微波高频器件，传输路径损耗小，对于高频（如 S、C、X、Ku 和 Ka 波段），这种馈电方式比强制馈电方式优点更为明显。空间馈电方式相控阵天线又可划分为透镜式和反射式相控阵天线两种，如图 6－58 所示。

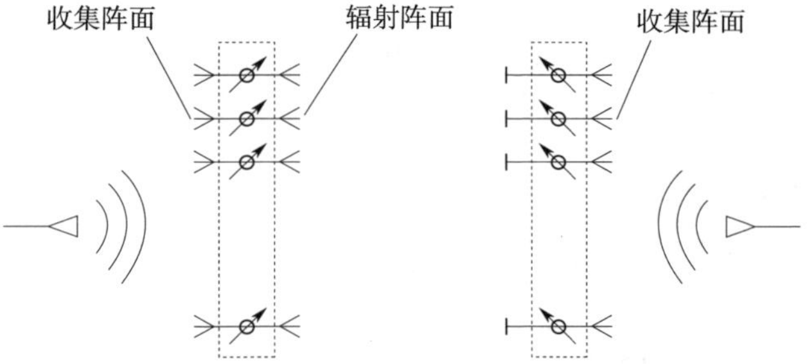

(a) 透镜式相控阵天线　　(b) 反射式相控阵天线

图 6－58　空间馈电方式相控阵天线

透镜式空间馈阵包括辐射和收集两个阵面，辐射阵面可称为外天线阵面，收集阵面称为内天线阵面。与透镜式空间馈阵不同，反射式空间馈阵的辐射与收集是同一阵面。

（3）数字馈电

数字馈电又称为视频馈电，是近几年来出现的新型馈电方式，采用这种新型技术可构成全数字化相控阵天线。它的出现和数字与模拟集成电路技术发展紧密相关。数字化相控阵天线的核心部件是基于数字式直接频率综合器（DDS）的数字 T/R 组件，该系统中因没有复杂的功率合成/分配网络，可以减少调试馈线网络带来的许多麻烦。在经典相控阵天线中，波束形成所需的幅度加权和移相是在射频阶段通过衰减器和移相器来实现的；从物理概念上讲，幅度加权和移相可以在信号产生至天线阵元之间整个传输通道的任意一级实现，而数字化相控阵天线系统收发波束的形成就是在数字部分完成的，它具有显著的优点。典型的基于 DDS 的数字式 T/R 组件工作原理如图 6－59 所示。

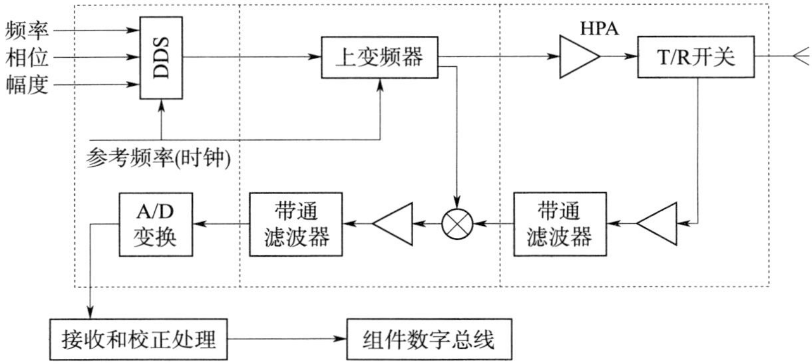

图 6－59　基于 DDS 的数字式 T/R 组件工作原理

在数字 T/R 组件中，没有移相器和衰减器，波束控制在数字域完成。数字 T/R 的代价是在 T/R 组件中，增加了 DDS、ADC、变频器、中频放大器和滤波器等数字模拟集成电路。由于增加的这些电路部件的体积较大，目前数字 T/R 组件主要应用于较低的 S 频段以下频率。

作为一个完整的相控阵天线系统，T/R 组件、波控系统、热控系统、监测校准系统是其重要的组成部分，其性能指标直接影响着相控阵天线的性能，这些组成部分的设计属于其他专业范畴，在此不再进行赘述。

6.4.4　反射面天线设计

反射面天线是遥测天线的主要类型之一，广泛应用于各类固定站、车载站、船载站等。反射面天线的特点是具有较高增益和高度定向（窄的）波束，可达到所需的角精度。反射面天线的这一重要特性可定量地用波束宽度来表示，也可表示为发射增益和有效接收孔径。后两个参量相互成正比，并且与检测距离和角精度有直接关系。通过选择适当物理尺寸的反射面天线口径，就能获得满足要求的窄波束宽度和高增益。

反射面的分类方法很多，按反射面的数量，可分为双反射面天线和单反射面天线；按馈源的数量，可分为单波束反射面天线和多波束反射面天线；按馈电方式，可分为正馈天线和偏馈天线；按频段，可分为单频段天线和多频段天线；按反射面的形状，可分为平板天线和抛物面天线等。下面对一些常用的天线作简单介绍。

6.4.4.1　抛物面天线

抛物面天线的原理和设计参见其他文献，它的基本几何关系如图 6 - 60（a）所示。假定导体抛物反射面的焦距为 f，焦点 F 处有一个馈源。由几何光学原理可以证明，从 F 入射到反射面的球面波，经反射后变成沿 $+Z$ 方向传播的平面波，在波束轴向可获得最高的增益，如图 6 - 60（b）所示。抛物面天线实例如图 6 - 61 所示。

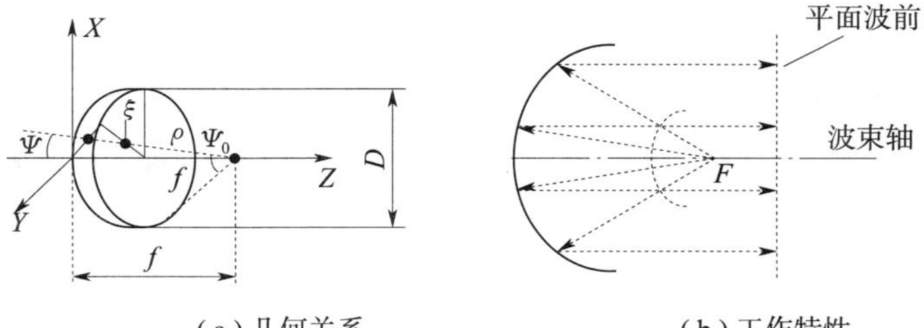

(a) 几何关系　　(b) 工作特性

图 6 - 60　抛物反射体的几何表示

图 6-61　抛物面天线

抛物面天线的优点是结构简单，较双反射面天线便于装配调试。缺点是天线噪声温度较高，效率较低（45%～50%）；由于采用前馈，会对能量造成一定的遮挡。

6.4.4.2　卡塞格伦天线

卡塞格伦天线（如图 6-62 所示）来源于望远镜的设计，是最普通的采用多反射面的天线。馈源照射双曲面子反射面，反射后再照射抛物面主反射面。馈源置于双曲面的一个焦点处，抛物面焦点位于双曲面的另一焦点处。从馈源辐射出来的电磁波被副反射面反射向主反射面，在主反射面上再次被反射。由于主反射面的焦点与副反射面的焦点重合，经主、副反射面的两次反射后，电波平行于抛物面法向方向定向辐射。对经典的卡塞格伦天线来说，副反射面的存在遮挡了一部分能量，使得天线的效率降低 0.5～0.55，能量分布不均匀。修正型卡塞格伦天线通过天线面修正后，天线效率可提高至 0.7～0.75，且能量分布均匀。

卡塞格伦天线的优点是天线的效率高、噪声温度低，馈源和低噪声放大器可以安装在天线后方的射频箱里，这样可以减小馈线损耗带来的不利影响，纵向尺寸短。缺点是副反射面及其支杆会造成一定的遮挡。卡塞格伦天线实例如图 6－63 所示。

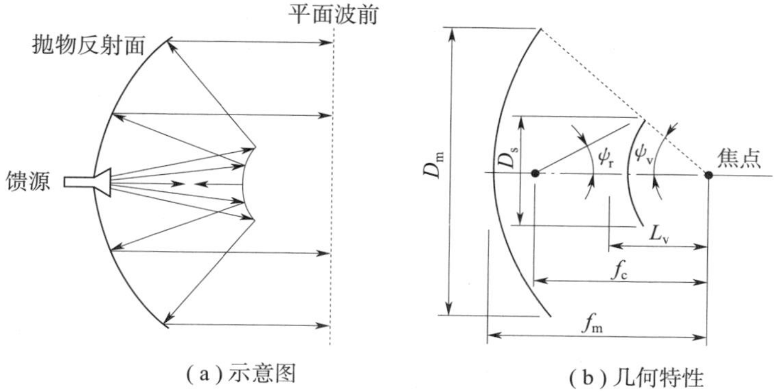

图 6－62　卡塞格伦反射面天线

图 6－63　卡塞格伦天线

6.4.4.3　格里高利天线

格里高利天线也是一种双反射面天线，也由主反射面、副反射面及馈源组成，如图 6－64 所示。与卡塞格伦天线不同的是，它的副反射面是一个椭球面。馈源置于椭球面的一个焦点 F_1 上，椭球面的另一个焦点 F_2 与主反射面的焦点重合。格里高利天线的许多特性都与卡塞格伦天线相似，不同的是椭球面的焦点是一个实焦点，所有波束都汇聚于这一点。

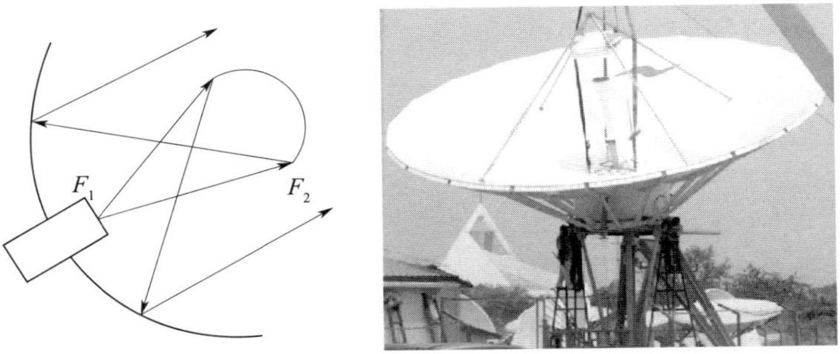

图 6－64　格里高利天线

6.4.4.4　环焦天线

环焦天线由主反射面、副反射面和馈源喇叭三部分组成，结构如图 6－65 所示。主反射面为部分旋转抛物面，副反射面由椭圆弧 CB 绕主反射面轴线 OC 旋转一周构成，馈源喇叭位于旋转椭球面的一个焦点 M 上。由馈源辐射的电波，经副反射面反射后汇聚于椭球面的另一焦点 M'，M'是抛物面 OD 的焦点，因此经主反射面反射后的电波平行射出。由于天线是绕机械轴的旋转体，因此焦点 M'构成一个垂直于天线轴的圆环，故称此天线为环焦天线。环焦天线的设计可消除副反射面对电波的阻挡，也可基本消除副反射面对馈源喇叭的回射，馈源喇叭和副反射面可设计得很近，这样有利于在宽频带内降低天线的旁瓣和驻波比，提高天线效率，其缺点是主反射面利用率低，如图 6－65 所示，AA'间的区域没有作用。

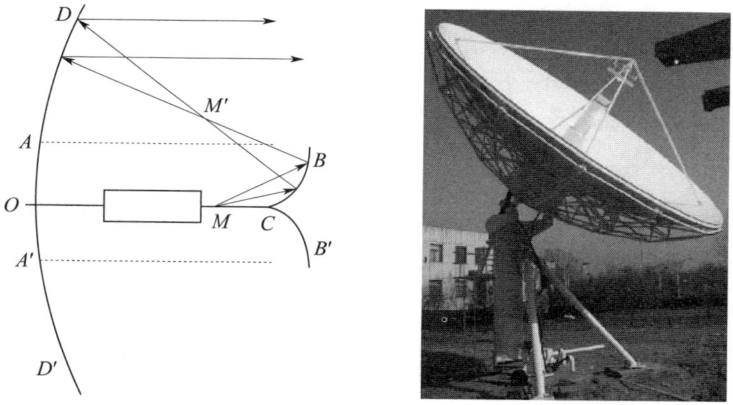

(a)　　(b)

图 6－65　环焦天线

环焦天线解决了副反射面遮挡，对主面的照射锥削更均匀，因此环焦天线具有较高的效率（60%～65%）和较低的副瓣电平，广泛应用于地面遥测系统中。

6.4.4.5　偏馈型天线

无论是抛物面天线，还是卡塞格伦天线，都有一个缺点，即总有一部分电波能量被副反射面阻挡，造成天线增益下降，旁瓣增益增高。可使用天线偏馈技术来解决此问题。所谓偏馈天线，就是将馈源和副反射面移出天线主反射面的辐射区，这样就不会遮挡主波束，从而提高天线效率，降低旁瓣电平。这类天线的几何结构比轴对称天线的几何结构要复杂得多，特别是双反射面偏馈型天线，其馈源、焦距的调整要复杂得多，如图 6－66 所示。

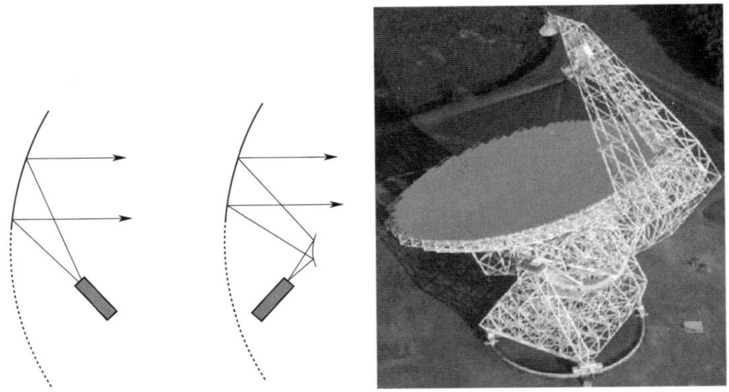

(a)　　(b)

图 6－66　偏馈天线

6.4.4.6　双频段天线

如果使用频率选择表面（FSS）作副反射面，就可构成双频段天线。FSS 是一种空间滤波器，通过在空间放置周期性的金属贴片或金属缝隙构成，它在某些频率上可让电磁波无衰减地通过，而在另外一些频率上将电磁波完全反射。其结构及电磁特性如图 6－67 所示，在频率 f_1 电磁波被完全反射，在频率 f_2 电磁波完全通过。如果我们使用这样的 FSS 作副反射面，并使馈源 1 工作在 f_1，馈源 2 工作在 f_2，则两个馈源可无干扰地工作在同一副天线上，如图 6－68 所示。利用相同的工作原理，可制成多频段天线。这种天线的优点是可有效利用反射面，来降低天线的质量。

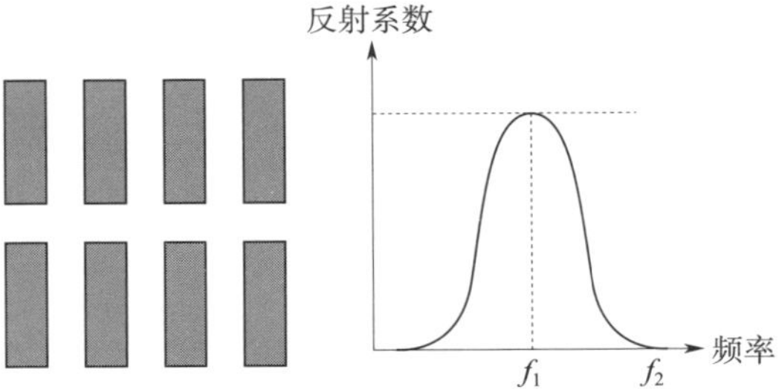

图 6－67　FSS 的结构及电磁特性图

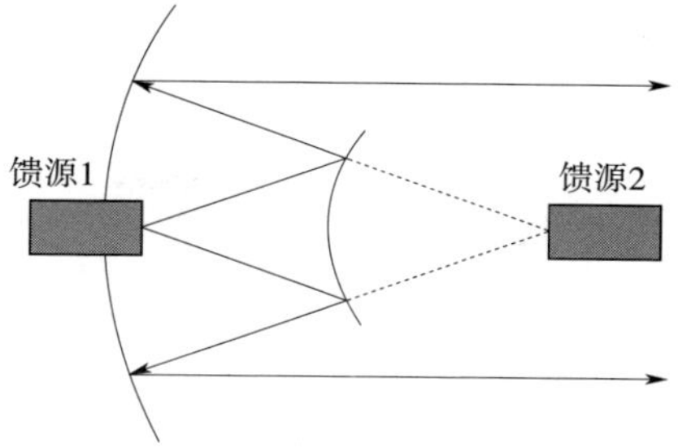

图 6-68　双频段反射面天线

6.4.4.7　多波束天线

抛物面焦点处的馈源将形成与焦轴平行的波束。偏离焦点的附加馈源则形成与焦轴呈一定角度的附加波束，这是反射面天线的一种强有力能力，即通过适当增加硬件可以延伸天线覆盖范围。每一附加波束几乎都能够具有全增益（偏焦距离不大时），并且相邻波束能通过相互比较获取角度信息。

馈源在焦点上时，抛物面才能将球面波反射成平面波。馈源偏离焦点时，则有相位的畸变，并将随角位移的增大而增大，随焦距的增大而减小。图 6-69 显示了当馈源偏轴移动时这一畸变对典型

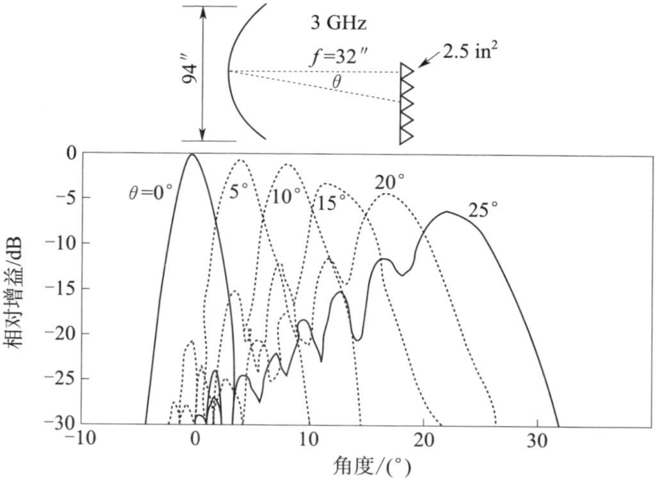

图 6-69　偏轴馈源的方向图

天线方向图的影响。具有长焦距的平碟形天线具有最小的相位畸变。随着馈源的移动而不断减少照射的反射面部分，可实现同样的目的。

6.5 新型遥测天线

6.5.1 透镜天线

透镜天线的作用是将焦点 F 处的馈源所辐射的球面波，经透镜折射后转变为口径处的平面波，如图 6－70 所示。当用作接收时，外来的平面波经透镜折射后，便聚焦在焦点 F 上。

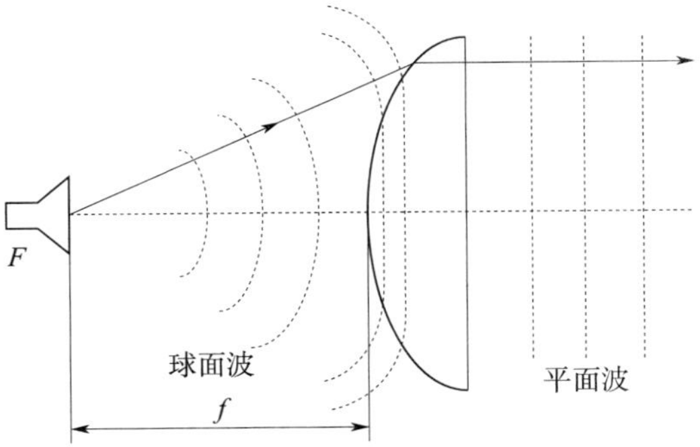

图 6－70　透镜天线工作原理

透镜天线的聚焦作用其实与人眼所起的作用是完全类似的。成年人眼球直径约为 24 mm，其中以折射率 $n=1.39\sim1.41$ 的晶状体为主，形成一幅完整而复杂的凸透镜图像，其光学中心在角膜前表面后 7 mm，而在视网膜前 15 mm 处。该透镜的主焦点就在其光学中心后 15 mm 处，因此具有正视眼的人，当平行光线入眼时，聚焦于透镜主焦点，恰能成像在视网膜上，如图 6－71（a）所示；而近视眼者，当平行光线入眼时，却成像在视网膜前，如图 6－71（b）所示；对远视眼者，成像在视网膜之后，如图 6－71（c）所示，但如人为地再加一适度的凸透镜（眼镜），可使主焦点仍落在网膜上，如图 6－71（d）所示；同理地，对近视眼，可加一适度的凹透镜来矫正视力。

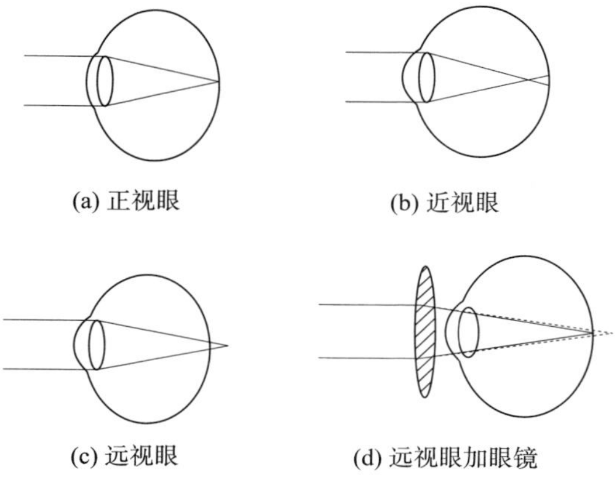

图 6-71　人眼类型

与人的眼镜一样，微波透镜也有不同形状，这与其材料的折射率 $n=\sqrt{\varepsilon_r}$ 有关，ε_r 为透镜材料的相对介电常数。因此，电磁波在透镜媒质中的传播速度 $v_\varphi=c/\sqrt{\varepsilon_r}=c/n$ 也随透镜材料而变化。典型的透镜有三大类，一类折射率大于 1，即 $n>1$，一般由天然或人工介质制成，故称为介质透镜，此时 $v_\varphi<c$，其中电磁波的传播速度小于空气中的光速，又称为减速透镜；另一类，$n<1$，需由平行板金属波导排列而成，且电磁波的电场矢量平行于金属板，这样其中传播的电磁波相速 $v_\varphi>c$，称为金属透镜，或称加速透镜；第三类具有可变的折射率 n。下面研究主要基于几何光学，即假定波长无限短，因此对微波透镜是近似的，并要求工作波长远比透镜尺寸小。

6.5.1.1　介质透镜天线

（1）剖面天线

剖面天线一般采用单面透镜，即只有一个面是曲面，另一面为平面，如图 6-72 所示。若两个面均为曲面，称为双面透镜。透镜的剖面曲线可以利用等光程原理得出。如图 6-72 所示，为使 F 处点源发出的球面波在透镜口径平面上同相，应有

$$FP = FQ + nQQ' \tag{6-109}$$

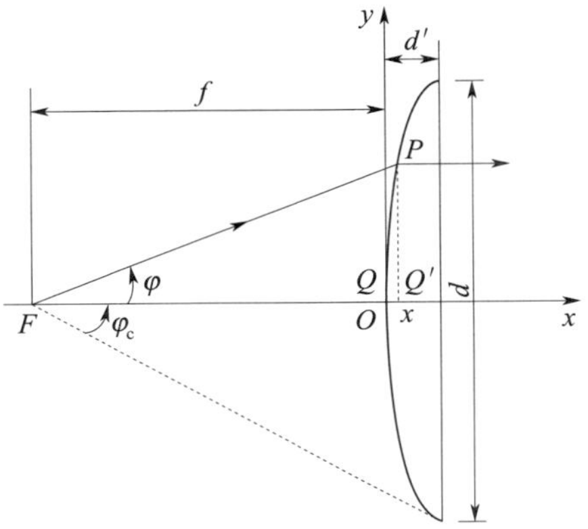

图 6-72　介质透镜的几何关系

P 点极坐标为 (ρ,φ)，$FQ=f$，故上式可写为

$$\rho = f + n(\rho\cos\varphi - f)$$

即

$$\rho = \frac{(n-1)f}{n\cos\varphi - 1} \tag{6-110}$$

若点 P 采用以 O 点为原点的直角坐标 (x,y)，则

$$\rho^2 = (x+f)^2 + y^2$$

$$\rho\cos\varphi = f + x$$

利用上式，式（6-110）化为

$$(n^2-1)x^2 + 2(n-1)fx - y^2 = 0 \tag{6-111}$$

这是双曲线方程。由此可方便地绘出曲线

$$y = \sqrt{(n^2-1)x^2 + 2(n-1)fx} \tag{6-112}$$

（2）分区透镜

为减轻透镜的质量，降低介质损耗，可采用分区透镜，如图 6-73 所示。分区的原则是选择宽度 t_k 使相邻射线 1 和 2 之间的相位差等于 2π，即

$$\frac{2\pi}{\lambda}(nt_k - t_k\cos\varphi_k) = 2\pi$$

$$t_k = \frac{\lambda}{n - \cos\varphi_k} \tag{6-113}$$

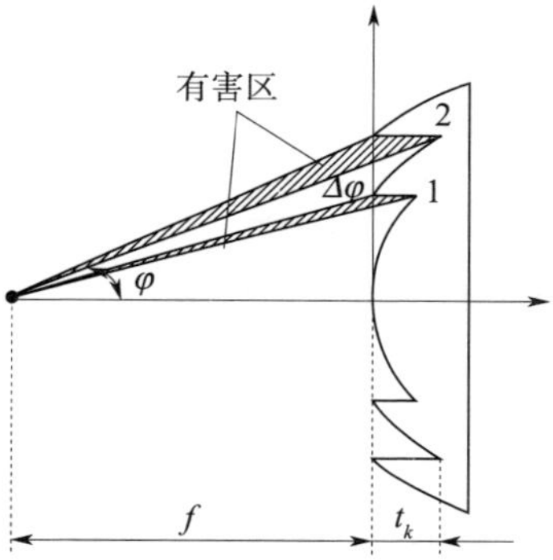

图 6-73　介质透镜的分区

第 k 区的剖面曲线仍由式（6-110）求出

$$\rho_k = \frac{(n-1)f_k}{n\cos\varphi_k - 1}$$

$$f_k = f - \frac{k\lambda}{n-1} \tag{6-114}$$

式中　$k = 0,1,2,3,\cdots,M-1$。

在直角坐标中，第 k 区的剖面方程由式（6-111）可得

$$(n^2-1)\left(x+\frac{k\lambda}{n-1}\right)^2 + 2(n-1)\left(f-\frac{k\lambda}{n-1}\right)\left(x+\frac{k\lambda}{n-1}\right) - y^2 = 0 \tag{6-115}$$

故有

$$y = \sqrt{(n^2-1)x^2 + 2(n-1)fx + 2k\lambda nx + 2kf\lambda + k^2\lambda} \tag{6-116}$$

当 $k=0$ 时，式（6-116）即普通透镜的剖面方程；当 $k=0,1,2,3,\cdots,M-1$ 时，便得到沿 x 轴彼此相差 $\lambda/(n-1)$ 的各双曲线

方程。

分区透镜的优点是减小了质量和损耗，但也带来不可忽视的缺点。首先，形成了有害区，对应于图 6－73 中的 $\Delta\varphi$ 区。馈源在这些 $\Delta\varphi$ 区域上的辐射并不能在口径平面形成 x 向的平面波，结果使得天线效率降低，旁瓣电平升高。同时，由于 t_k 与波长 λ 有关，这使天线工作频带减小。若要求口径误差小于 $\lambda/8$，分区透镜的相对带宽为

$$B_r = \frac{2\Delta\lambda}{\lambda} \approx \frac{0.25}{M} \tag{6-117}$$

式中　M ——从透镜中心到边缘的区域数。

6.5.1.2　金属透镜天线

（1）金属透镜结构

金属透镜由相互平行的金属板组成，这些金属板组犹如工作于主模 TE 波的平行板波导。平板间隔 a 限定于 $\lambda/2 < a < \lambda$ 。平板空间等效于折射率 $n < 1$ 的媒质

$$n = \frac{c}{v_\varphi} = \sqrt{1 - \left(\frac{\lambda}{2a}\right)^2} < 1 \tag{6-118}$$

金属透镜可用来矫正喇叭的口径相差，图 6－74 所示是球形的金属透镜。

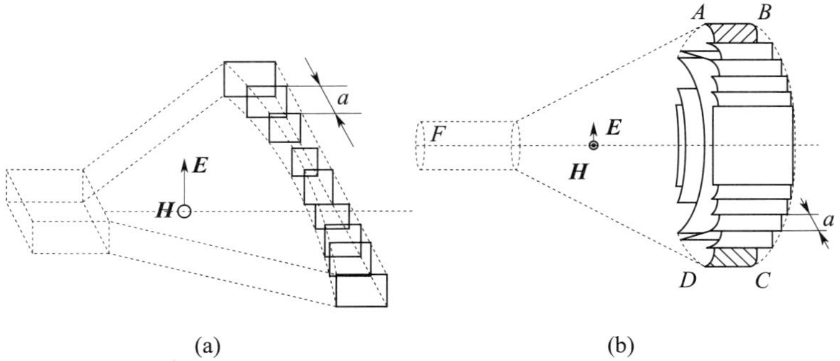

图 6－74　球形的金属透镜

（2）剖面曲线

图 6－74（b）中透镜的剖面 $ABCD$ 如图 6－75 所示。由等光程

原理得

$$FO = FP + nPP' \tag{6-119}$$

用极坐标表示

$$f = \rho + n(f - \rho\cos\varphi)$$

即

$$\rho = \frac{(1-n)f}{1-n\cos\varphi} \tag{6-120}$$

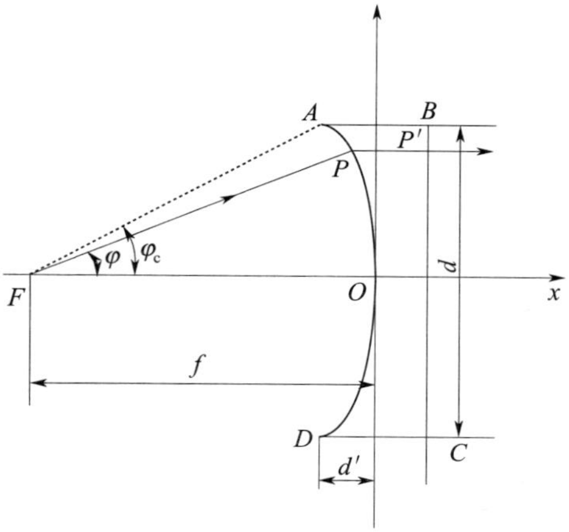

图 6-75　金属透镜的几何关系

如采用以 O 为原点的直角坐标，有下列关系

$$\rho^2 = (f + x)^2 + y^2$$

$$\rho\cos\varphi = f + x$$

将上式代入式（6-120）得

$$(1 - n^2)x^2 + 2(1-n)fx + y^2 = 0 \tag{6-121}$$

这是椭圆方程。由此有

$$y = \sqrt{-2(1 - nfx) - (1 - n^2)x^2} \tag{6-122}$$

（3）参数选择与分区

为减小质量，一般要求透镜厚度 d' 小。令 $y = d/2$，$x = -d'$（如图 6-75 所示），由式（6-122）得

$$d' = \frac{f}{1+n} - \sqrt{\left(\frac{f}{1+n}\right)^2 - \frac{(d/2)^2}{1-n^2}} \tag{6-123}$$

为使上式所得 d' 为实数，要求根号内为正值，即

$$f > \frac{(1+n)d/2}{\sqrt{1-n^2}} \tag{6-124}$$

因此，f 需要取大些。对不同的 d/f ，d'/d 随折射率 n 的变化曲线如图 6－76 所示。可见，f 大，n 小，则厚度 d' 小。由式（6－118）可知，$\lambda/2 < a < \lambda$ 的 n 范围为 0～0.866，实用上一般取 $n=$ 0.5～0.6，并取 $f \approx d$ 。

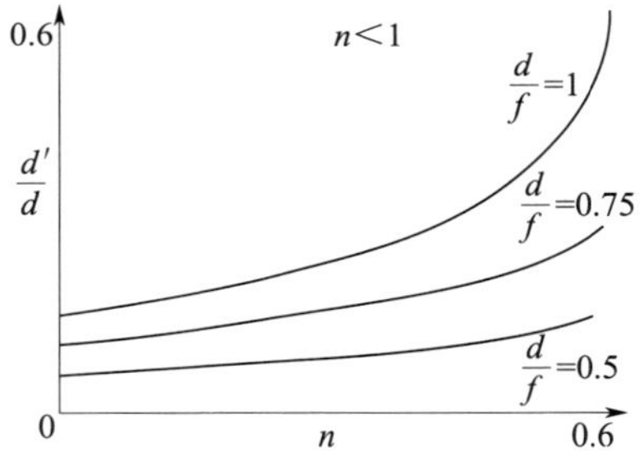

图 6－76　透镜厚度 d' 随折射率 n 的变化

与介质透镜一样，可对金属透镜分区以减小质量，如图 6－77（a）所示。分区台阶宽度 t_k 仍由相邻射线的相位差 2π 得出

$$t_k = \frac{\lambda}{1-n\cos\theta_k} \tag{6-125}$$

第 k 区的剖面方程为

$$\rho_k = \frac{(1-n)f_k}{1-n\cos\varphi}$$

$$f = f + \frac{k\lambda}{1-n} \tag{6-126}$$

由图 6－77（a）可见，这样分区出现了明显的有害区。另一种分区形式如图 6－77（b）所示，消去了有害区。其中，台阶宽度 t_k 须为 λ（或其倍数），其剖面方程仍为式（6－121）。

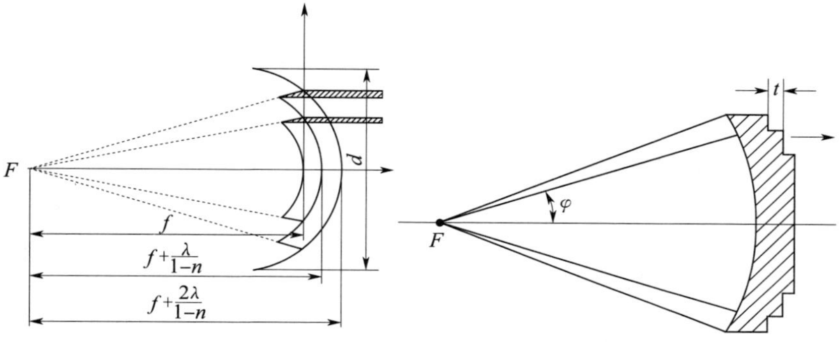

(a) 出现有害区　　(b) 消去有害区

图 6－77　分区金属透镜的剖面图

6.5.1.3　变折射率透镜天线

变折射率透镜天线中最常用的是龙伯透镜，可做宽角扫描。1944 年，龙伯（R. K. Luneburg）提出球形透镜的折射率按下式变化

$$n(r)=n_R\sqrt{2-(r/R_0)^2}$$
$$R_0=d/2 \tag{6-127}$$

式中　r ——离球心的径向距离；

R_0——球面半径；

n_R —— $r=R_0$ 处的折射率。

为避免在透镜表面出口处波的反射，取 $n_R=1$。这样在球面上（$r=R_0$）折射率为 1，而在球心处（$r=0$），折射率等于 $\sqrt{2}$ 。

龙伯透镜把位于球面处的馈源辐射变换为在该馈源径向对边的平面波。其射线轨迹如图 6－78 所示。利用这一功能，沿表面移动馈源可有效地把波束扫描到任意方向。实际馈源需置于球面外某一距离处，此时透镜内折射率的变化与式（6－127）有所不同。以馈源位置 r/R_0 为参变数，透镜中相对介电常数 ε_r 随归一化半径 r_0/R_0 变化的曲线如图 6－79 所示。式（6－127）也可应用于圆柱龙伯透镜，这时等折射率曲面是同心圆柱。

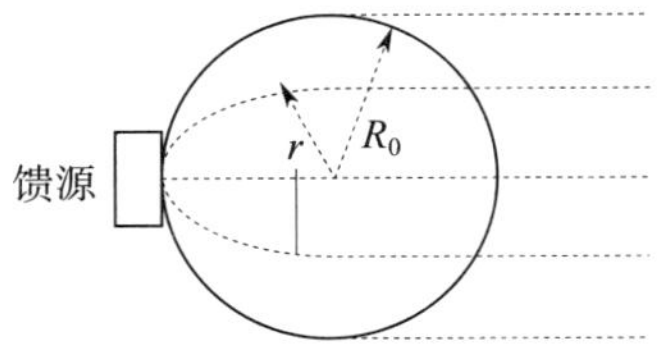

图 6－78　龙伯透镜的射线轨迹

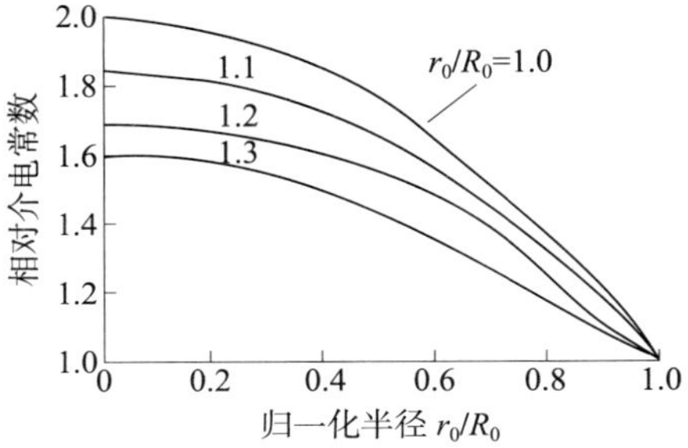

图 6－79　龙伯透镜内介电常数分布

6.5.2　可重构天线

可重构天线（Reconfigurable Antenna），又称为自组构天线（Self－Structuring Antenna），一般指的是天线结构可重构。这里，天线的可重构是指通过其电流或口径场的再分布，来求得天线电性能的改变。因此从实用的观点来看，可重构天线所增加的性能正是以其复杂性和造价为代价的。可重构天线的研究已有很多年，随着多功能无线设备、多入多出（MIMO）和超宽带系统及抗干扰与安全通信等应用的需求不断增多，它已成为新的研究热点之一。特别地，20 世纪末密执安大学的科尔曼（C. M. Coleman）和罗思韦尔（E. J. Rothwell）率先提出自组构天线的概念，2000 年在国际会议上发表了相关论文，并在密执安大学首先建立自组构天线系统。

可重构天线改变传统天线具有固定结构的设计思想，它不需要经过常规的设计，而只要给定天线的性能指标就可依此设计出自适应的天线结构，或智能地设计出所需的天线结构，因而它又被称为非设计天线。它从单元天线自身结构出发实现智能化的目的，不仅可制成自组构的宽频带、小型化的天线，而且可实现宽带的智能化天线。

6.5.2.1　组成原理

一般，可重构天线由自组构天线模板、反馈探头和微处理器组成，如图 6 - 80 所示。天线模板由一系列带有微波电子开关或微机电（MEMS，Micro - Electro - Mechanical System）开关的导线段或辐射片、辐射体组成，包括线天线、微带天线和其他天线等多种形式。其结构形状可依据对天线性能（工作频率、驻波比、方向图、极化控制、信号强度等）的实际需求而变。反馈探头则是一个传感器，该传感器以信号质量或反射信号强度、信号清晰度等作为依据向微处理器提供控制信息。反馈探头并不是必须有的，对于极化可重构和方向图可重构等系统，可利用预先存储的信息来实现反馈探头的作用。微处理器用来收集相关信息，据此可控制开关，并自我形成天线结构以及波束形式，满足各种天线的性能要求。

我们对可重构天线的研究是在天线辐射结构可以重构的基础上开始，如图 6 - 80 所示。通过实时改变天线的有效长度，从而调节天线的谐振频率。自组构天线口径中，集成有 m 个可控开关，那么天线就存在 2^m 种可能的结构状态。当 m 逐渐增大时，寻找一个快

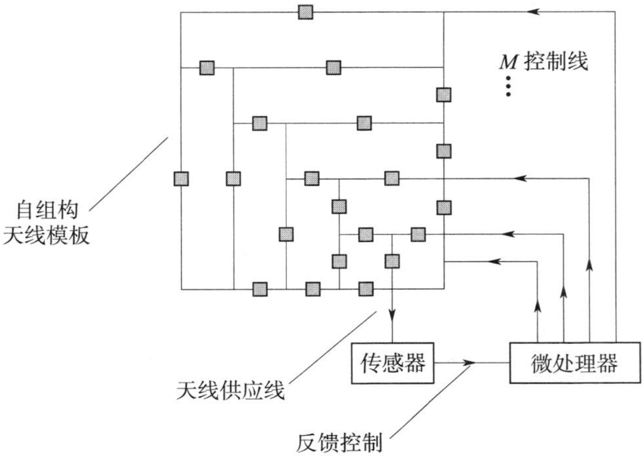

图 6 - 80　自组构天线的框图

速算法，使自组构天线能够快速地找到最佳工作状态，是该天线正常工作的保证。

6.5.2.2 辐射结构与典型设计

（1）辐射结构

可重构天线的辐射结构分为线形、面形和体形等。一般，辐射结构的选择要保证能得到所需的电参数，从而确定口径的形状和电流分布。

线形辐射器主要指辐射器上的电流分布可近似为线电流，也就是说，辐射体半径远小于其长度，而且远小于工作波长。线形辐射器的例子有载电流导线、开在平面屏上或波导管壁上的窄缝隙、沿某折线分布的辐射器系统等。几种常见形式如图 6－81 所示。图 6－81（a）为自组构单极子天线的结构图，在单极子天线的中间，加上射频开关，通过改变开关的工作状态，就可改变单极子工作频率；图 6－81（b）为三角环形自组构天线的结构图，该天线由 5 个等腰三角形组成，其

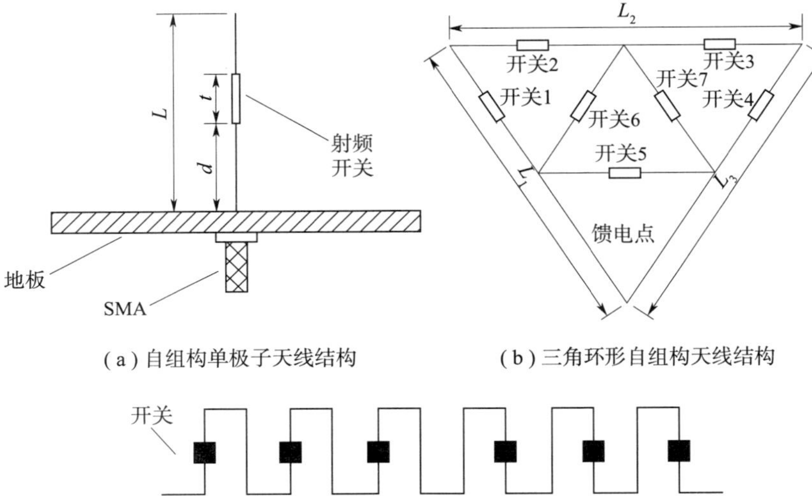

(a) 自组构单极子天线结构　　(b) 三角环形自组构天线结构

(c) 蛇形线偶极子天线

图 6－81　线形辐射器自组构天线

天线口径中集成了 7 个可控制开关，通过改变这些开关的工作状态，就可以改变天线的有效长度，从而改变天线的工作频率；图 6－81（c）为蛇形线偶极子天线，同样地，通过控制天线口径中集成的开关工作状态，就可以改变天线的工作频率。

图 6－82 给出两种适用于可重构天线的平面辐射器形式。图 6－82（a）的圆极化圆形贴片天线结构实现极化重构，该天线只用了一个馈电点，在 x 和 y 方向上都有调谐短截线段。当 A 开关闭合时，实现右手圆极化（RHCP）；当 B 开关闭合时，实现左手圆极化（LHCP）。图 6－82（b）的分形天线中，在每个短路点和贴片的缝隙处放置一个 MEMS 开关，由它来控制贴片和地板之间的连接状态，从而改变电流的分布来实现方向图重构。

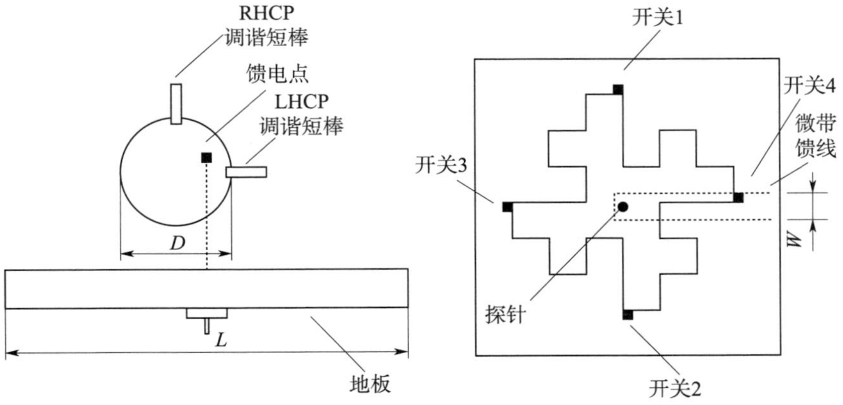

（a）圆极化圆形贴片天线结构　　（b）分形天线结构

图 6－82　两种适用于可重构天线的平面辐射器形式

体形辐射器主要是指辐射器上的电流分布可以近似为立体状的，也可以由多种线电流组成立体状的辐射结构。当然，立体的阵列天线也可以看成体形的可重构天线。然而，不管天线的结构如何，天线上的电流分布决定天线的性能，其基本的辐射机理都是一样的，所以关于体形的可重构天线不再赘述。

(2) 典型设计

可重构天线可分为频率可重构、极化可重构、方向图可重构以及多电参数可重构天线。频率可重构天线可以在宽频带或者超宽频带范围内改变工作频率，而具有近似相同的辐射方向图；而方向图可重构天线可适时地改变方向图的波束形状，工作频率保持不变；极化可重构天线可适时地改变天线的极化方式，其方向图的波束形状和工作频率保持不变。

在图 6－83 中，给出两种频率可重构天线的结构示意图。其中，图 6－83（a）所示为微带偶极子天线。在微带偶极子两臂中间部位分别有 3 个缝隙，在缝隙中安装有 MEMS 开关；图 6－83（b）所示天线为环形可重构天线，该可重构天线在中心小环的 4 个顶点位置各设置两个开关。当开关状态转换时，图 6－83（a）中微带偶极子天线臂的长度发生变化，图 6－83（b）中环形天线的大小发生变化，因此其各自的工作频率也将发生变化。

(a) 微带偶极子天线　　(b) 环形可重构天线

图 6－83　两种频率可重构天线

P. F. Wahid 等人设计了一个频率可重构的微带八木天线。它由两个工作在不同频率的八木天线阵重叠起来构成，两种状态通过安装在辐射振子上的开关来控制。当开关断开时，所有的短振子起作用，天线工作频率为 5.78 GHz；当开关闭合时，较长振子起作用，天线工作频率为 2.4 GHz。

此外，还采用辐射体本身具有方向性的天线来实现方向图的可重构。P. J. B. Clarricoats 等人介绍用于卫星通信的可重构孔反射面天线，通过实时改变反射面各部分之间的相互关系，实现波束扫描和赋形功能。J. C. Chiao 等人用两支可由微机械控制转动的金属臂构成 V 形天线，通过实时转动 V 形天线张角和夹角实现方向图重构，其结构如图 6－84 所示。自然地，由于采用机械转动方式，该天线的方向图扫描速度较慢。

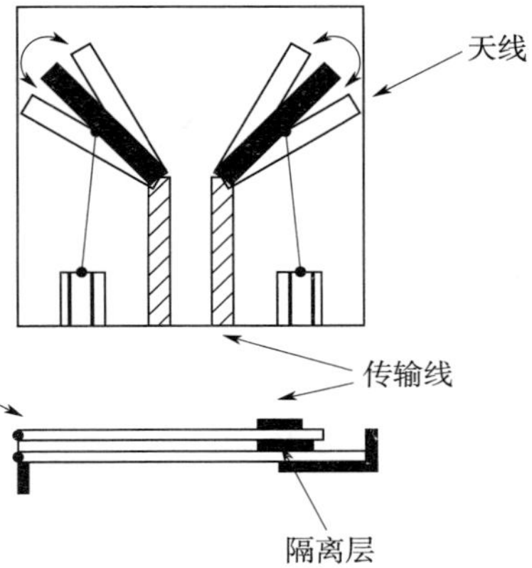

图 6-84　方向图可重构的 V 形天线

频率和方向图同时可重构的天线是可重构天线研究的最终目标。目前，这类天线的研究，仍处在起步阶段，还没有性能优良的工作频率和方向图二者同时可重构的天线出现。但是，已有的一些成果为可重构天线的进一步研究，积累了丰富的经验。C·M·科尔曼在其博士论文中，提出一种自组构天线，其结构如图 6-85 所示，这是目前频率和方向图同时可重构天线的代表。自组构天线设计中，采用遗传算法优化技术，能够使天线在其金属平面上，实现最大辐射方向扫描，但是天线的增益较低，波瓣较宽。D. S. Linden 的研究与此自组构天线的研究类似，采用不同布局的金属网格，甚至是立体球面状的金属网格，通过开关改变各网格之间的连接关系，最终重构频率和方向图。该天线设计也借助遗传算法的优化方法，同时，天线存在较多的冗余开关，即使某些开关损坏，天线仍能正常工作。这些研究没有形成简单有效的综合设计方法，必须依赖于遗传算法等现代优化技术。

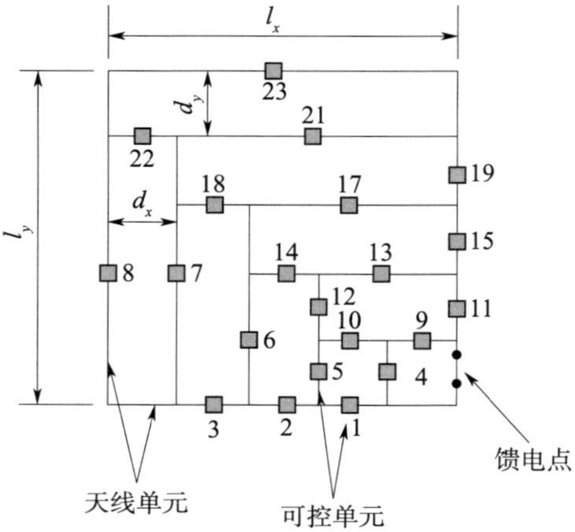

图 6-85　矩形环可重构天线

6.6　遥测天线的结构、热设计

6.6.1　遥测天线的结构设计

天线广泛应用于各种无线电设备中，天线的形式与种类繁多。随着天线的用途、工作状态、形式和尺寸的不同，对它的要求也各不相同，每一种情况都有它特殊的要求。但是归纳起来，总有几个方面是必须考虑的。在设计天线结构时，一般应满足以下要求。

（1）天线电性能的要求

天线应满足电性能的各项指标，这些指标是根据无线电设备的战术和技术要求决定的。在总体方案论证时，对于天线的形式与尺寸大致已经确定。例如，工作波长确定之后，天线的形式往往就可以决定。在进行方案论证时，结构人员应与电气人员密切协商，来确定合适的结构形式，以及如何从结构上来保证电性能的要求。结构与电性能密切相关，结构形式固然要保证电性能的各项指标，但是在某些情况下，在结构上难以实现或导致结构的不合理时，也就不得不降低某一项电性能指标而采用合理的结构，以使天线的整体性能最佳。

一个具有良好电性能的天线要求有较高的增益、一定的方向图形状和低的旁瓣电平等，结构应设法满足电性能的要求。例如，对于反射面天线要求有一定的表面精度，即对于变形和制造精度提出一定的公差要求。又如，馈源支架的遮挡要小，馈线要短等。

（2）工作状态的要求

天线在工作时，视用途的不同而有固定的与运动的两种。例如，微波接力通信天线，在安装调整好后就固定不动，电子扫描天线也是固定不动的。而跟踪天线就要求随着目标的运动而运动。有的雷达天线要作扫描运动，例如测高雷达天线要作点头运动。要完成这些运动就需要合适的天线座与驱动装置，这种运动的天线要考虑惯性力，因此力求质量轻、惯量小。

有的无线电设备在使用时，并不是固定在某一地点，而是经常移动。这种天性要经常拆卸、运输和架设，因此要求架设、拆卸时间短且方便，不需要另外的起重设备即可架设。这就要求选择合适的结构形式及采用快速连接装置，折叠式天线和充气式天线在这方面具有很大的优越性，不过精度低。此外，还有其他方面的问题亟待解决，如充气式天线易被风吹动，尚未被广泛采用。

（3）天线结构机械性能的要求

天线在各种载荷下应具有足够的强度，保证不发生破坏。天线在工作时应具有足够的刚度，即在各种载荷下，结构变形限制在允许的范围内。另外，希望结构本身的固有频率要高，防止发生结构谐振。对于抛物面天线，副面支撑系统的谐振频率往往较低，是一个薄弱环节。结构的质量小，这点对于飞机上及舰上的天线特别重要。但是，质量与强度或刚度的要求往往是矛盾的，因此在材料选择与结构形式上应力求先进，如采用薄壁结构、桁架结构以及强度大而质量小的材料等。结构所受的风阻力也应尽量小。

（4）天线结构的可靠性要求

天线应能适应各种环境条件与战争条件，应能防腐蚀、耐热、耐低温、抗轰炸，以及抗原子弹热辐射与冲击波等。例如，海用天线特别要注意抗盐雾的腐蚀；有的玻璃钢天线易燃烧，容易被炮火烧毁；低碳钢在低温时变脆；潜水艇天线要求耐海水腐蚀等。

（5）天线结构制造工艺的要求

结构设计与制造工艺密切相关。设计的工艺性不好，会给加工带来许多困难，费工时、加工周期长，还可能需要专门的加工设备，造成不必要的浪费。如某天线反射体原来设计时是铸造（铸铝）后再在立式车床上车出抛物面，以后改为铝板成形后再进行铆接的结构，不但加工周期缩短，且天线的质量也减小了许多。

上述这些要求，往往互相矛盾，例如精度要求与加工方便可能会有矛盾，要求运输和架设方便可能会与精度要求及加工方便发生矛盾，又如强度和刚度要求与质量小的矛盾。设计者应尽量解决这些矛盾，创出一条新路。在不能兼顾时，只有抓住主要矛盾，集中力量予以解决，并尽量照顾其他方面的要求。

6.6.2 遥测天线的电、机、热一体化设计

从无线电角度看，遥测天线是一个射频电系统；从力学载荷环境看，遥测天线又是一个结构部件或结构系统，必须能承受各种力学环境，同时也必须承受热环境。因此，遥测天线必须是充分满足要求的电、机、热的统一体。

（1）力学分析

天线结构的力学分析主要包括刚度分析和强度分析两方面的内容，其目的是验证天线对刚度要求及适应载荷条件的满足程度，一般采用有限元法进行分析：1）刚度分析，利用有限元法进行天线结构的刚度分析，应特别注意集合模型和有限元模型的合理性和准确性；2）强度分析，天线强度分析是通过数学的方法，预计天线部件在各种力学环境条件下的安全裕度。利用有限元法进行天线强度分析时，应使用经刚度分析检验过的天线有限元模型，并选择适当的阻尼系数。

（2）热分析

天线只有在适当的温度范围内才能正常、可靠地工作。对于天线使用的展开机构、指向机构、跟踪机构等，由于有电机和其他电子元器件的存在，器件工作温度范围、储存温度范围也都必须得到严格的控制。通过采用主动或被动热控测试将天线各部件的温度分布控制在适当的范围内是天线热控的任务，而天线热控的基础是天线结构的热分析。天线结构的热分析包括温度场分析、热变形分析和热应力分析。

温度场分析的结果是天线上不同时刻的温度分布。利用有限元法进行天线热变形及热应力分析时，应使用经刚度分析检验过的天线有限元模型。为了评价热变形误差对天线电性能的影响，需要将变形后的天线结构数据提供给天线射频分析软件，利用天线射频分析软件计算出热变形对天线增益的影响，以及热变形对天线指向的影响。当分析结果表明天线的热变形或热应力超出了允许的范围时，必须采取热控措施改变天线表面的光学特性，或者采取措施提高天线刚度、强度，重新进行温度场分析和热变形、热应力分析，直到满足设计要求。

6.6.3　遥测天线的环境试验

环境产生的瞬态作用和长期积累效应，可使元器件和材料特性改变、变形、机械失灵、性能恶化，甚至出现严重故障。根据天线特有的功能和任务，对环境进行适当剪裁提出环境模拟试验项目。环境试验的目的归纳起来有：1）检验或验证产品的设计质量、产品设计方案、工艺方案是否合理，试验中可以暴露设计和工艺方面问题，产品在元器件、材料选择方面的缺陷和隐患，可排除早期失效，提高可靠性；2）检验产品完成预定任务的能力。

遥测天线试验通常分为以下几个方面：

（1）力学环境试验

主要模拟振动、冲击、加速度环境。

1）振动试验。主要用于模拟运输、噪声等引起的随机振动环境。一般分为正弦振动和随机振动两大类。

2）冲击试验。主要用于模拟火工装置工作引起的高频振荡。高频振荡衰减快，柔性设备对冲击不敏感，而脆性材料设备较敏感，天线及其相关微波设备都要进行冲击试验。冲击也同样要在 3 个正交方向双向（3 个正交轴，2 个正负方向）上进行试验。

3）加速度试验。主要模拟准稳态和瞬态加速度环境。在此过程中，加速度值随时间变化，它相对于振动、冲击、加速度变化是缓慢的，故称准稳态加速度环境，一般用离心机做加速度试验。同样需进行 3 个正交轴方向、2 个正负方向的试验。

（2）空间环境试验

空间环境试验是模拟空间运行环境的试验。卫星天线需做空间环境试验。卫星空间环境是由多种环境因素构成的，比如对低气压（高度为 90～120 km），电子设备、天线馈电部位易出现低气压击穿，发生电晕、击穿和飞弧，造成功能退化和损坏。微波大功率辐射，当气压小于 1.3×10^{-2} Pa 时，会出现二次电子倍增引起的微放电击穿，造成性能恶化和设备损坏。在超高真空环境（气压小于 1.3^{-7} Pa），星上活动部件（如天线转动机构、轴承、伸展机构……）会出现摩擦力增大，甚至出现冷焊。材料蒸发、升华及分解造成材料变形。挥发沉积物又会污染光学器件表面，活动部件的活动接触面污染会危及设备功能。同样，太阳辐射环境、空间辐射环境和热环境都会影响到星上设备的功能和性能，甚至造成失效与损坏。对地面模拟空间环境的试验大致包括以下内容：

1）热真空试验。模拟热环境采用等效温度条件，以温度等效作为控制试验的指标。用于检验试验功能，暴露设计、工艺缺陷等。在进行热真空试验过程中，可以进行高真空过放电试验，当压力降至 1.3×10^{-1} Pa，就可以完成真空放电试验。可以观察在电极表面有无辉光放电、电晕和打火现象出现。

2）热平衡试验。采用热流模拟方法，可分为稳态热流模拟与瞬态热流模拟。它是以热流值控制试验的指标，主要用于验证热设计的正确性，修正热分析模型。适用于热控分系统、整星及暴露于星体外部的仪器设备。

3）真空环境试验。主要模拟真空环境，观察对星上设备器件的影响。其中，超真空冷焊试验用于检验活动部件、机构是否有粘连，摩擦力是否增大，转动阻力是否增大，这一般要求试验真空度小于 1.3×10^{-7} Pa。这种超高真空试验多在部件与组件级上进行。

环境模拟试验可分为初样阶段的鉴定试验和产品交付前的验收试验。不同天线所承受的载荷是不同的，因此一般应按其环境规范完成规定的环境模拟试验。

6.6.4　可靠性工作

天线的可靠性工作贯穿天线研制的全过程。在设计过程中，EMC 设计、热设计、抗力学环境设计、空间环境防护设计和元器件的降额设计等都属于可靠性设计范畴，因为这些都是产品提高可靠性的手段和方法。在初样阶段除完成详细设计外，需进行与这些设计相关联的验证试验。顺利通过环境及 EMC 的鉴定试验是完成初样可靠性工作的重要标志。

可靠性指标的分配是根据总的任务和系统配置，总体会给天线分系统下达可靠性指标。天线分系统首先将这些指标分配到天线各设备、部件上。对于不能避免的单点失效或失效后果严重的，应提高其可靠度要求。

可靠性设计包括可靠性框图、可靠度预计和 FMEA 等内容。对于活动部件和有展开与转动机构的部件和组件，按其功能模块进行可靠性框图的分析与预估。确定关键项目，并实施过程管理和质量控制。进行可靠性增长试验，其中包括应力筛选以剔除早期失效器件。

6.7 遥测天线的测量

天线测量是天线研制过程中的关键环节，是对天线的各种参数进行测量的总称，包括天线的电性能参数测量和天线物理尺寸参数测量两个部分。一般意义上的天线测量主要指对天线电性能参数的测量，但在实际工程中，对天线物理尺寸参数的测量也是天线测量的重要组成部分。

天线电性能参数的测量一般主要指对天线的远场辐射参数（幅度方向图、相位方向图、极化方向图、EIRP 及 G/T 值等）的测量。测量的主要目的是对天线的设计理论进行检验，例如理论上还不成熟需要通过试验来确定的工程问题，检验产品是否达到设计要求，确定产品安装在载体上后的实际性能。

天线物理尺寸参数的测量是指对天线零件的几何尺寸、天线装配后的几何尺寸、天线在特殊环境下的形变尺寸进行测量，是与天线制造、调试紧密联系的重要环节。

6.7.1 天线电参数测量

天线的场分为电抗近场区、辐射近场区和辐射远场区。一般认为，电抗近场区为距离天线一个波长内的区域，辐射远场区的分界点距离天线 $R=2\times D^2/\lambda$（即远场条件），电抗近场区与辐射远场区之间的区域为辐射近场区。

天线的测试一般在辐射近场区和辐射远场区进行。在辐射近场区，场的相对角分布除与角度有关外，还与距离有关。在辐射远场区，场的相对角分布只与角度有关，与离开天线距离无关。严格来说，只有距离天线无穷远才是天线辐射远场区，但在某个距离以外，场的角分布与无穷远的角分布误差在容忍范围以内时，把该点至无穷远的区域称为天线的辐射远场区，如图 6-86 所示。

在一般的遥测和通信系统中，天线均使用在远场条件下，所以

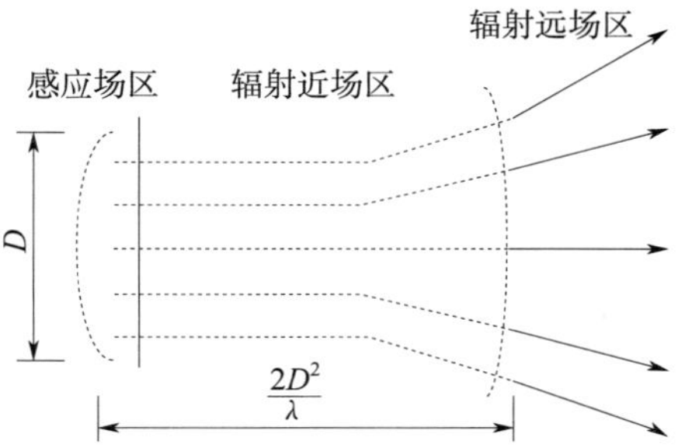

图 6-86　天线场区划分

从这个实际使用的情况出发，传统的天线测试采用了远场测量技术。远场测量系统首先要满足远场条件，随着大口径天线及天线安装在载体上性能测试的需要，测试所需的远场距离达到了几千米，远场测试场几乎不能实现。为了解决远场测试距离的问题，出现了在近距离上模拟远场测试条件的紧缩场测试技术。随着相控阵天线、多波束天线等特殊形式天线的出现，出现了通过对天线口面上的场进行测量来推算天线远场的近场测试技术，这种技术在平面天线阵列、多波束等天线测量领域发挥着越来越重要的作用。

6.7.2　远场测量技术

天线远场测量技术就是在辐射远场区对天线的辐射参数进行测量的技术。在这个区域，由于天线的辐射场分布只与角度有关，与测试距离无关，因此可以通过直接采集天线辐射的场来绘制天线的方向图。

天线远场测量系统是一种最简单的天线方向图测量系统，具有系统搭建简单、测试结果直观的优点，但由于测试距离受限于远场条件，室内远场能够测试的天线电尺寸和几何尺寸都不大，室外远场可以进行大尺寸天线的测量，但是外场环境很难建设，维护成本较高。国内单位具有外场测试场地的也比较少。

天线远场测量系统主要由转台系统、射频系统和测试软件构成。

图 6-87 为某天线远场测试系统的示意框图。图 6-88 为某室外远场的标校塔。

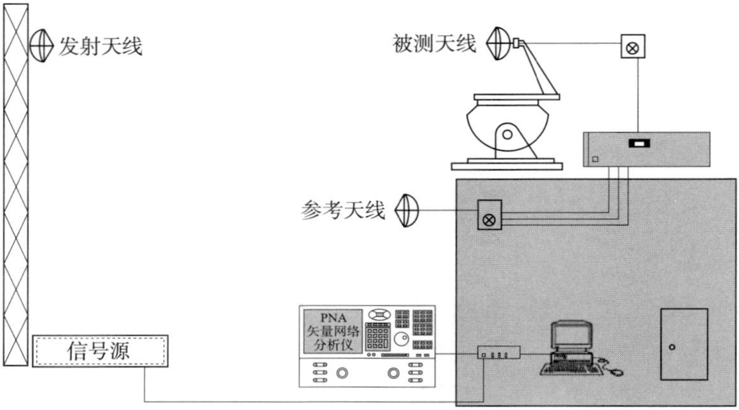

图 6-87　某天线远场测试系统示意图

图 6-88　某室外远场的标校塔

6.7.3　紧缩场测量技术

紧缩场测量技术是通过反射面系统，将馈源所发出球面波校准为平面波，达到模拟远场条件的一种测试技术，从本质上讲，紧缩场测量技术是一种远场测量技术。目前，应用较多的紧缩场主要是单反射面紧缩场（如图 6－89 和图 6－90 所示）和双反射面紧缩场（如图 6－91 所示）。

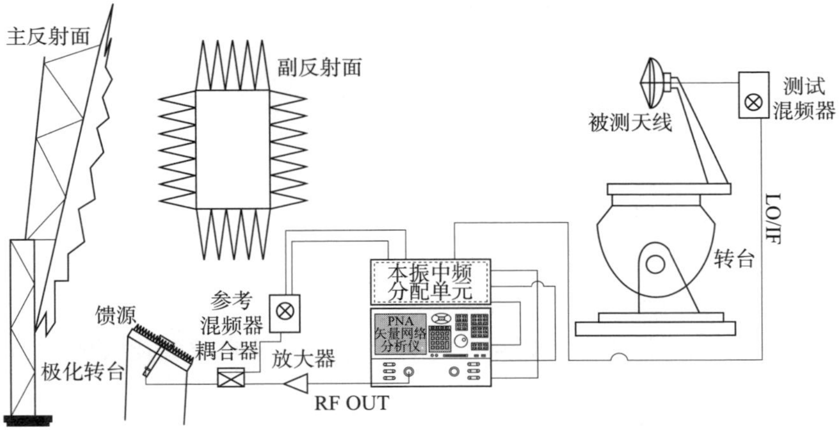

图 6－89　某单反射面紧缩场测试系统示意图

图 6－90　单反射面紧缩场测试系统

图 6－91　双反射面紧缩场测试系统

紧缩场测量技术与远场测量技术相比，具有以下特点：

1）可以在短距离上产生平面波，解决了天线远场测试所必需的远场距离问题；

2）测试静区大，可以用于电大尺寸天线及有效载荷天线等的测量；

3）测试覆盖频率高，反射面精度高；

4）紧缩场测量技术的缺点是反射面精度要求高，加工工艺复杂，测试系统造价昂贵，低频性能差；

5）紧缩场测试系统主要由馈源、反射面系统、转台系统、射频系统和测试软件等构成，紧缩场的测试频率可以覆盖到 300 GHz，甚至更高频率；

6）紧缩场测量技术不仅广泛应用于天线测试领域，而且在系统性能测试中也得到应用，用于测试系统的等效全向辐射功率（EIRP值）、饱和功率通量密度（SPFD）、接收系统品质因素（G/T值）等。

6.7.4 平面近场测量技术

平面近场测试技术是用一个特性已知的探头，对天线近场区某一平面上的幅度、相位进行采样，再利用模式展开法对采集的数据进行推算，得到天线的远场辐射特性的一种天线测量技术。

平面近场测量技术与常规的远场测量技术相比，具有以下特点：

1）一次测量就可以得到天线前半空间的幅度、相位、极化等辐射特性，测试效率高，是相控阵天线和多波束天线的理想测试系统；

2）得到的方向图精度与直接远场测量得到的精度相当；

3）测量在天线的近场进行，无需满足远场条件，使得大型天线测试可以在室内进行；

4）测量过程中，天线不需要转动，减小了远场测试过程中转台转动引入的误差；

5）平面近场测量技术的缺点是只能测试前半空间的方向图，存在可信远场区域，测试时间长；

6）平面近场测量系统主要由扫描架、射频仪器、测试软件组成，图 6-92 是某平面近场测量系统示意图。

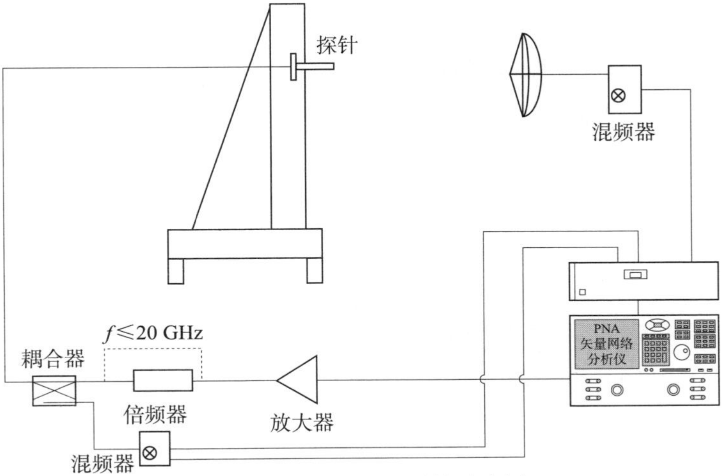

图 6-92 近场测量系统示意图

为提高测试精度，平面近场天线测试系统必须对探针进行补偿。在测试时，天线口面与探针口面距离为3～10个自由空间波长。探针采样间隔不大于半个波长，采样区域由可信远场角、探针与天线距离决定。平面近场测量技术适用于高增益笔状波束天线的测试，广泛应用于相控阵天线、多波束天线等测量。图6-93为某小型平面近场天线测试系统。图6-94为某大型平面近场天线测试系统。

图6-93　某小型平面近场天线测试系统

图6-94　某大型平面近场天线测试系统

6.7.5 球面近场测量技术

球面近场测量技术与平面近场测量技术不同的是，它的测试采样面是球面，优点是克服了平面近场测量技术只能测量天线前半空间方向图的缺点，通过一次测量就可以获得完整立体角范围内的方向图；缺点是球面波模式展开计算复杂，工程实现不多，测试时间长。球面近场测量系统由转台、射频系统、测试软件组成，如图 6-95 所示。该技术适用于宽波束天线的测试。

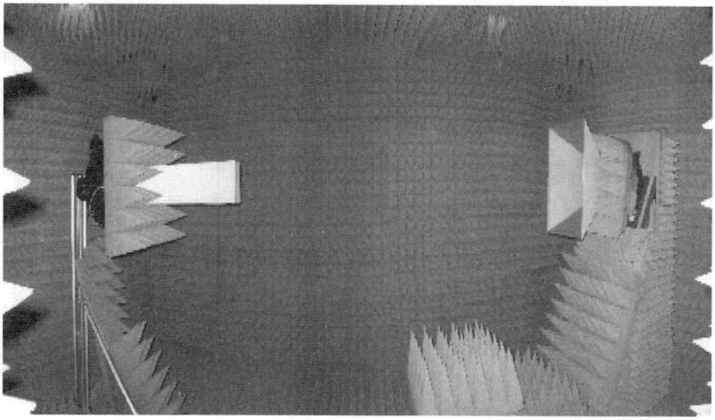

图 6-95　某球面近场测试系统

6.7.6 天线几何量测量技术

天线几何量测量主要指对天线的几何尺寸、安装精度等的测量，天线几何量直接影响天线的口面效率，还影响天线方向图的主瓣宽度和旁瓣电平等。天线几何量测量主要在三个方面：天线组件的装配和校准，电性能测试场内机械轴和电轴的标定，天线安装在载体上的测量和调整。

天线几何量测量的方法主要有传统测量方法和工业测量系统方法等。

（1）传统测量方法

传统测量方法中应用最多的是机械测量法，现在仍在使用。机械测量法是用机械的方法对反射面进行检测，有样板法和数控机床法两种，样板法只适合天线朝天状态下测量，数控机床只适合小型天线测量。

传统测量方法的主要特点是量程比较小、测量速度慢、自动化程度低、劳动强度大、对天线的姿态有限制等。

（2）工业测量系统方法

工业测量系统可以分为正交坐标系测量系统和非正交坐标系测量系统两种。

正交坐标系测量系统以三坐标测量机为代表，它的测量精度高，可达微米量级，但测量范围小，不易移动，对环境要求高，只能在室内完成中小天线的测量。

非正交坐标系测量系统与正交坐标系相比，具有较大的灵活性，测量范围大，对环境条件要求不高，测量方法多样，可移动信号，可以完成不同口径 、精度和工作条件下的天线安装和检测。根据传感器的不同，常用的非正交坐标系测量系统有经纬仪测量系统、全站仪测量系统、激光跟踪测量系统、摄影测量系统等，其中经纬仪测量系统具有非接触、精度高、测量范围大的特点，在天线电性能测试场内机械轴和电轴的标定方面具有独特优势，应用广泛。常用非正交坐标系测量系统对比见表 6－13。

表 6－13　常用非正交坐标系测量系统对比

	经纬仪测量系统	全站仪测量系统	激光跟踪测量系统	摄影测量系统
传感器类型	两台或两台以上的高精度电子经纬仪	单台高精度全站仪	单台激光跟踪仪	单台或多台高精度测量相机
测量原理	角度交会测量原理	极坐标测量原理	极坐标测量原理	交会测量原理
是否接触	无接触式测量	接触式测量	接触式测量	无接触式测量
测量精度	高，可达±0.05 mm	可达±0.2 mm	最高，可达±0.01 mm	可达±0.2 mm

续表

	经纬仪测量系统	全站仪测量系统	激光跟踪测量系统	摄影测量系统
测量范围	2～50 m	2～200 m		
适用范围	适用于天线加工和装配测试，也用于天线电轴与机械轴的标定	适用于天线的加工和装配测试	适用于中、小尺寸天线模型及单块面板的测量及质量评定	适用于天线工作姿态下的测量场合，在星载可展开式柔性天线的表面精度测量方面有独特优势

参 考 文 献

[1] 谢处方，邱文杰．天线原理与设计［M］．西安：西北电讯工程学院出版社，1985.

[2] 林昌禄，聂在平．天线工程手册［M］．北京：电子工业出版社，2002.

[3] 叶云裳．航天器天线（下）［M］．北京：中国科学技术出版社，2007.

[4] Durden S L，Im E，et al. The 94 GHz Cloud Profiling Radar For the Cloud Sat Mission［C］. 2001 IEEE Aerospace Conference Proceedings，March 10 - 17，2001.

[5] Elliott R S. The Design of Small Slot Arrays［J］. IEEE Trans，1978，AP - 26（2）：214 - 219.

[6] Elliott RS. An Improved Design Procedure for Small Arrays of Shunt Slots［J］. IEEE Trans，1983，AP - 31（1）：48 - 53.

[7] Das BN，et al. Resonat Conductance of Inclined Slots in the Narrow Wall of a Rectangular Waveguide［J］. IEEE Trans，1984，AP - 32（7）：759 -761.

[8] Powen Hsu，et al. Admittance and Resonant Length of Inclined Slots in the Narrow Wall of a RecGngular Waveguide［J］. IEEE Trans，1989，Ap - 37（1）：45 - 49.

[9] Raju G S N and Das B N. Studies on Wide Inclined Slots in the Narrow Wall of Rectangular Waveguide［J］. IEEE Trans，1990，AP - 38（1）：24 - 29.

[10] Jan C G，Powen Hsu and Wu RB. Moment Method Analysis of Side - wall Indined Slots in Rectangular Waveguide［J］. IEEE Trans，1991，AP - 39：68 - 73.

[11] Jan C G ，Wu R B and Powen Hsu. Variational Analysis of Inclined Slots in the Narrow Wall of a Rectangular Waveguide［J］. IEEE Trans，1994，AP - 42：1455 - 1458.

[12] 钟顺时．波导窄边缝隙阵天线的设计［J］．西北电讯工程学院学报，1976（1）：165－184.

[13] 金林，何国瑜．平板裂缝天线阻抗匹配设计的研究［J］．微波学报，200，16（4）：373－377.

[14] 顾卫军．平板裂缝天线子阵激励装置设计及带宽分析［J］．现代雷达，2001，23（4）：77－81.

[15] 金林，何国瑜．平板裂缝天线阻抗匹配设计探讨［J］．微波学报，2001，14（4）：67－71.

[16] Garg R，etc. Microstrip Antenna Design Handbook［M］. Artech House，2001：399－416，771－810.

[17] 张贤铎，等．微带天线理论与设计［M］．北京：国防工业出版社，1988.

[18] Wong and Chiou. Broad－Band Dual－Polarized Patch Antennas［J］. IEEE Trans. On Antennas and Propagation，March，2002，50（3）：340－349.

[19] Silver R，Microwave Antenna Theory and Design，MIT Radiation Lab［J］. Mcgraw－Hill，New York，1949（2）：92－95.

[20] 张光义．相控阵雷达系统［M］．北京：国防工业出版社，1994.

[21] Robert J. Mailloux. 相控阵天线手册［M］．南京电子技术研究所，译．北京：电子工业出版社，2007.

[22] 束咸荣，何炳发，高铁．相控阵雷达天线［M］．北京：国防工业出版社，2007.

[23] Josefesson Lars，PERSSON Patrik. Conformal Array Antenna Theory and Design［M］. New Jersey：John Wiley and Sons，Hoboken，2006.

[24] 章日荣．反射镜天线及高效率馈源［M］．北京：人民邮电出版社，1977.

[25] 杨可忠，杨智友，章日荣．现代面天线新技术［M］．北京：人民邮电出版社，1993.

[26] Jasik H，ed. Antenna Engineering Handbook［M］. McGraw－Hill，New York，1961.

[27] 斯科尔尼克．雷达手册．第六分册［M］．谢卓，译．北京：国防工业出版社，1974.

[28] Coleman C M，Rothwell E J，and Ross J E. Self－structuring Antennas

[C] . IEEE AP - S International Symposium, Salt lake City, Utah, July 2000, 3: 1256 - 1259.

[29] Coleman C M, Rothwell E J, Ross J E, and Nagy L L. Self - structuring Antennas [C] . IEEE Antennas and Propagation Magazine, June 2002, 44 (3): 11 - 23.

[30] 肖绍球．平面可重构天线研究 [D]．成都电子科技大学应用物理研究所，2003.

[31] 杨雪松，王秉中．可重构天线的研究进展 [J]．系统工程与电子技术，2003，25 (4)：417 - 421.

[32] Yumei Guo, Yingzeng Yin, Huili Zheng, and jingli Guo. Self - structuring Antenna for Multi - band Operation [C] . IEEE MAPE 2005 on Microwave, Antenna, Propagation and EMC Technologies for Wireless Communications, Beijing, China, Aug 2005, 1: 350 - 353.

[33] Gupta K C, Li J, Ramadoss R, and Wang C. Design of Frequency - reconfigurable Rectangular Slot Ring Antenna [C] . IEEE AP - S International Symposium, Salt Lake City, Utah, June 2000, 1: 326.

[34] Wahid P F, Ali M A, and Deloach B C, Jr. A Reconfigurable Yagi Antenna for Wireless Communications [J] . IEEE Microwave and Optical Technology Letters, 2003, 38 (2): 140 - 141.

[35] Clarricoats P J B, Zhou H. Design and Performance of a Reconfigurable Mesh Refector Antenna. Part 1: Antenna design [C] . IEEE Proc H, Microwaves Antennas and Propagation, 1991: 485 - 492.

[36] Chiao J C, Fu Y, Chio I M, et al. MEMS Reconfigurable Vee Antenna [C] . IEEE MTT - S, 1999: 1515 - 1518.

[37] Linden D S. In - site Evolution of a Reconfigurable Antennas [C] . IEEE Proc of Aerospace Conference, 2001: 2333 - 2338.

[38] 朱钟淦，叶尚辉．天线结构设计 [M]．陕西：西安电子科技大学出版社，1986.

[39] 袁家军．卫星结构设计与分析（下） [M]．北京：中国宇航出版社，2004.

[40] 毛乃宏，俱新德，等．天线测量手册 [M]．北京：国防工业出版社，1987.

[41]　叶云裳．航天器天线（下）［M］．北京：中国科学技术出版社，2007.

[42]　何国瑜，卢才成，等．电磁散射的计算和测量［M］．北京：北京航空航天大学出版社，2006.

[43]　张福顺，焦永昌，等．天线近场测量的综述［J］．电子学报，1997（25）：74.

[44]　林昌禄．天线工程手册［M］．北京：电子工业出版社，2002.

[45]　电子工业部标准化所译．天线测试方法［S］，IEEE 标准．1984.

[46]　中华人民共和国国家军用标准．遥测系统及分系统测试方法—遥测天线测试方法（GJB 383.11－88）［S］．国防科工委出版发行部，1989.

[47]　李宗春，李广云．天线几何量测量理论及其应用［M］．北京：测绘出版社，2009.

第 7 章　遥测信道

7.1　概述

现代航天遥测系统中，遥测信道包含弹、箭、星、船的遥测收发设备和地面遥测系统，完成航天器遥测设备与地面接收解调系统的数据传输功能。遥测信道是无线信道，包含上变频器、发射机、低噪声放大器、下变频器等设备。

传统的航天遥测信道为空-地间的传输，随着近代航天技术的发展，航天器的应用领域也随之扩展，遥测信道不仅完成空-地传输，还需要具备空-空传输及长期工作的能力，从图 7-1 中可以看出现代遥测系统的主要应用领域。

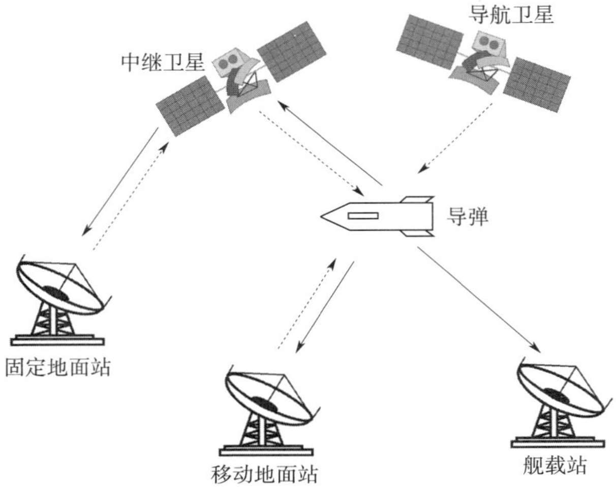

图 7-1　现代航天遥测系统应用领域

航天遥测系统的变化，给遥测信道的发展带来新的挑战，传统的遥测频段主要集中在 L 和 S 频段，遥测设备的大量应用使得这两个频段已经十分拥挤，相互干扰严重，只有向更高的频率扩展，才能适应新型遥测设备大数据容量传输的要求；航天遥测系统应用领域的扩展要求空载遥测信道设备体积小、质量小、能耗比高并具备高可靠性，以适应遥测设备在恶劣环境下，远距离、高精度的工作要求。

现代航天遥测信道设计也引入微波工程设计的新技术、新材料，将信道设备的工作频率从 L 与 S 频段扩展到 X 与 Ka 频段，同时，为提高信道设备的集成度，将射频集成电路（RFIC）及微波集成电路（MIC）工艺引入到微波电路的设计中。但是作为航天产品，可靠性贯穿产品设计的整个过程，新技术的工程化还需要继续摸索。

在这一章中，将分几部分介绍遥测信道的主要参数、组成部分、新技术及测试方法等相关内容。

7.2　主要参数

遥测信道的主要功能是将遥测数据无失真地变频到发射频率上，以便于空间传播；将接收到的无线电波无失真地变频到基带频率。因此，在遥测信道中，需要仔细考虑以下主要参数以及对遥测信道的影响。

7.2.1　增益

在射频电路设计中，当一个微弱信号通过某射频模块时，需要将这个信号放大到一个适合的功率大小传递给负载 Z_L ，这个微弱信号输出功率和输入功率比值就是射频模块的增益，其表达式为

$$G=\frac{P_{out}}{P_{in}} \tag{7-1}$$

式中　G ——射频模块增益；

　　P_{in} ——输入信号功率；

P_{out} ——输出信号功率。

根据不同的应用场合，可引申出以下不同的增益定义模式。

（1）功率增益 G_p

功率增益是耗散在射频模块负载 Z_L 的功率与传送至射频模块输入端的输入功率之比，通常用 dB 值来表示

$$G_p(\text{dB}) = 10\lg\frac{P_L}{P_m} \tag{7-2}$$

式中 P_L ——射频模块负载 Z_L 得到的功率。

（2）转换功率增益 G_T

转换功率增益是耗散在负载 Z_L 的功率与来自源的可用输入功率之比，通常用 dB 值来表示

$$G_T(\text{dB}) = 10\lg\frac{P_L}{P_S} \tag{7-3}$$

（3）系统增益

在对多个射频模块或单个射频子系统的系统分析中，系统功率增益是由各个单独的射频模块增益共同贡献的，系统增益表达式为

$$G_{sys} = G_1 \times G_2 \times \cdots \times G_n \tag{7-4}$$

或

$$G_{sys,dB} = G_1 + G_2 + \cdots + G_n(\text{dB}) \tag{7-5}$$

（4）增益平坦度

增益平坦度是指在某一频率范围内，增益不同峰值的差值，通常用±dB 来表示。

（5）增益斜率

增益斜率是指射频模块在指定的输出功率条件下，信号通带内增益对频率的变化率，单位是每兆赫兹带宽内的增益变化量。例如，用于卫星地面站的 5 W 功率放大器，带宽 500 MHz，增益斜率≤0.02 dB/MHz（在任意 40 MHz 内、输出功率 5 W 时）。

航天遥测系统中，接收信道增益一般是指从 LNA 输入端至接收机输入端的增益，该增益必须满足系统的最高灵敏度（即最小输入

电平时）接收时，接收机输入端的电平应在 AGC 的起控点以上。发射信道也应具有较高的增益，将调制信号放大成为大信号，这样调制信号才能由天线发射出去，并传播到相隔几千千米以外的接收机。

7.2.2　1 dB 压缩点及饱和输出功率

现以放大器为例介绍该参数：放大器增益压缩 1 dB 时，所对应的输出功率称为 1 dB 压缩点输出功率，记作 $P_{\mathrm{ldB_{out}}}$；放大器增益压缩 1 dB 时，所对应的输入功率称为 1 dB 压缩点输入功率，记作 $P_{\mathrm{ldB_{in}}}$；当放大器的输入功率加大到某一值后，再增大输入功率，并不会改变输出功率的大小，该输出功率称为功率放大器的饱和输出功率，记为 P_{sat}。

现代遥测系统中，1 dB 压缩点反映的是遥测接收信道可线性工作的最大输入功率或输出功率，影响遥测系统的动态范围；饱和输出功率反映的是遥测发射信道的最大输出信号能力。

7.2.3　噪声系数

一个二端口网络的噪声系数定义为输入信噪比与输出信噪比之比

$$F=\frac{(\mathrm{SNR})_{\mathrm{i}}}{(\mathrm{SNR})_{\mathrm{o}}} \tag{7-6}$$

如果二端口网络本身不存在噪声，则输出信噪比等于输入信噪比，这时噪声系数等于 1。但是，一个实际的二端口网络如放大器，会在输出信号中加入额外的噪声，所以其噪声系数总是大于 1。

在下面的例子中，输入信号功率比输入噪声功率大 40 dB。放大器对输入信号和输入噪声均放大 20 dB，同时加入额外的噪声。此时，输出信号功率仅比输出噪声功率大 30 dB，信噪比恶化 10 dB，即放大器的噪声系数为 10 dB，如图 7－2 所示。

下面，进行详细的讨论，输入信噪比为

$$(\mathrm{SNR})_{\mathrm{i}}=\frac{P_{\mathrm{s}}}{kT_{0}B_{\mathrm{n}}} \tag{7-7}$$

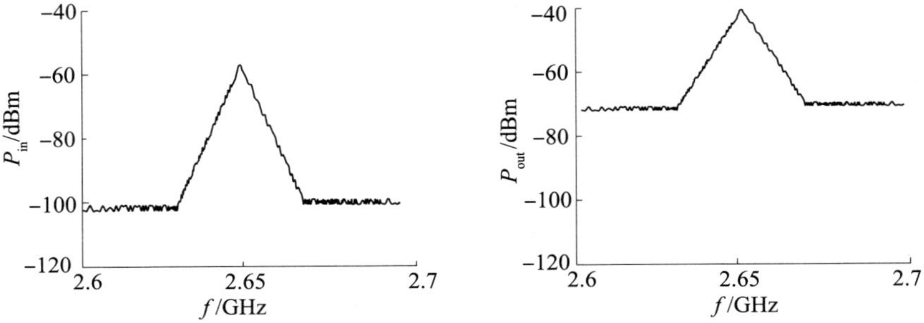

(a) (b)

图 7-2 噪声系数对信噪比影响

式中 P_s ——信号功率；

$P_n = kT_0B_n$ ——输入噪声功率。

$$(\mathrm{SNR})_o = \frac{GP_s}{GkT_0B_n + G \times P'_n} \tag{7-8}$$

式中 P'_n ——内部产生的噪声功率，需折合到输入端。

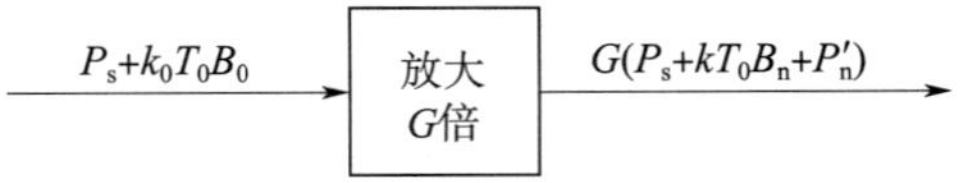

图 7-3 信号与噪声放大示意图

根据式（7-6）～式（7-8），得

$$F = \frac{G(kT_0B_n + P'_n)}{GP_s} \cdot \frac{P_s}{kT_0B_n} = 1 + \frac{P'_n}{kT_0B_n} \tag{7-9}$$

由此可得到

$$P'_n(\text{在系统的输入端}) = (F-1)kT_0B_n \tag{7-10}$$

如果用 T_e 表示由系统内部产生的噪声功率等效噪声温度，即

$$P'_n = kT_eB_e = (F-1)kT_0B_n \tag{7-11}$$

则

$$T_e = (F-1)T_0 \text{ 或 } F = 1 + \frac{T_e}{T_0}$$

这就是 T_e 与 F 的关系。通常取 $T_0=290$ K 。如 $T_e=400$ K ，则 $F=1+\frac{400}{290}=2.4$。

当一个系统由几个部件串联而成，如图 7－4 所示，其增益、噪声系数和等效噪声温度分别为 G_1，F_1，T_{e1}，G_2，F_2，T_{e2}，…，G_n，F_n，T_{en} ，则（在输入端）有

$$F=F_1+\frac{F_2-1}{G_1}+\frac{F_3-1}{G_1G_2}+\cdots \tag{7-12}$$

$$T_e=T_{e1}+\frac{T_{e2}}{G_1}+\frac{T_{e3}}{G_1G_2}+\cdots \tag{7-13}$$

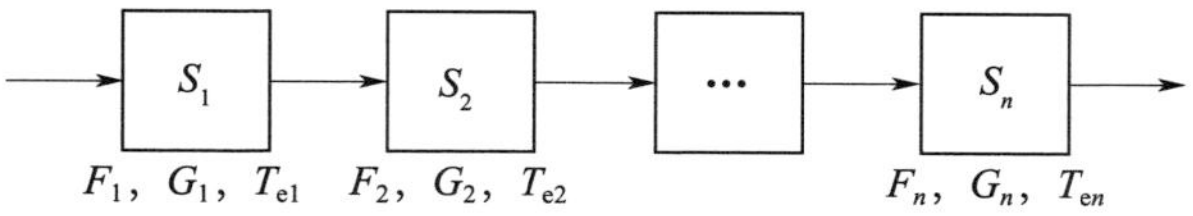

图 7－4　系统噪声系数示意图

由上式可见，如第一级增益 G_1 很大，则噪声系数基本上由第一级决定，其他级的贡献可以忽略不记。一般，噪声系数用对数表示，此时则有

$$NF=10\lg F(\mathrm{dB}) \tag{7-14}$$

在现代遥测系统中，遥测信道噪声系数主要影响系统的信噪比，它与系统的动态范围、低噪声放大器的质量以及低噪声放大器之前的损耗有关。当系统灵敏度要求较高时，在接收前端采用高增益、低噪声的场放，从而降低系统内部噪声，提高系统的接收灵敏度。

7.2.4　幅频特性

有一定带宽的信号谱，经过射频系统后，会输出一个与输入信号功率谱特性不一致的信号谱，输入和输出信号功率谱的变化，就是此射频系统的幅频特性响应，以标准等幅宽带信号输入为例说明频谱特性，从图 7－5 中，可以看出不同频点的输入功率相等，但输出功率不再相等，其变化曲线就是该射频系统的幅频特性响应。

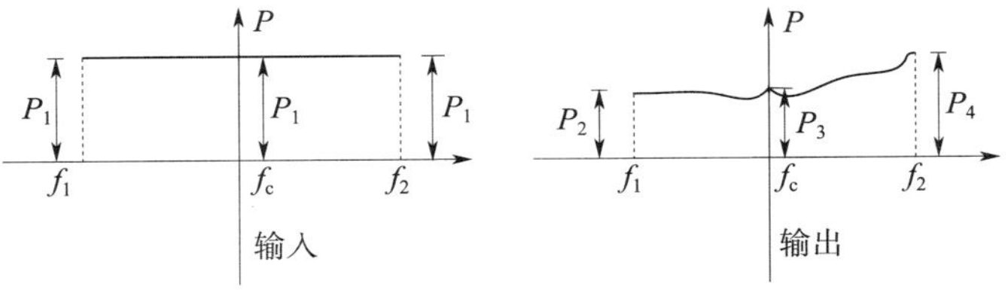

图 7－5　射频系统幅频特性

在现代遥测系统中，希望遥测信道的幅频特性是一条直线，即通带内任何频点的幅度响应均相等，但工程上是无法实现的，射频放大器的增益是随频率增加而降低的，频带选择滤波器会在选通频带内引入纹波。类似地，脉冲幅度调制-调频体制等幅频敏感体制，幅频波动会影响系统误码率，对于要求较高的遥测信道，可以增加均衡措施来改善信道的幅频特性。

7.2.5　相频特性

有一定带宽的信号谱，经过射频系统后，会输出一个与输入信号相位变化不成线性的信号谱，输入输出信号相位变化的非线性就是此射频系统的相频特性响应。群时延可以很直观地描述射频系统的相频特性，假设系统的频率特性函数为

$$H(e^{j\omega}) = A(\omega)\exp[j\Phi(\omega)] \tag{7-15}$$

式中　$A(\omega)$——系统的幅频响应；

$\Phi(\omega)$——系统的相频响应。

若要使信号无失真地传输，传输除了应具有所希望的幅频响应外，还必须具有线性相位。但是实际上，信道相频特性不可能是线性的，且存在着各种各样的群时延，故定义群时延 $\tau(\omega)$ 为

$$\tau(\omega) = -\frac{d\Phi(\omega)}{d\omega} \tag{7-16}$$

式中“—”说明系统的输出信号对其输入信号总是滞后的。

若信号的相频特性，可以展开为

$$\Phi(\omega) = b_0 + b_1\omega + b_2\omega_2 + b_3\omega_3 + b_4\omega_4 + \cdots \quad (7-17)$$

其中，$b_0 \sim b_4$ 为各次相位系数，则群时延可以表示为

$$\tau(\omega) = -b_1 - 2b_2\omega - 3b_3\omega_2 - 4b_4\omega_3 - \cdots \quad (7-18)$$

上式中 b_0 是常数，使相位产生固定的偏移，对群时延不产生影响，不会造成信号的失真。在线性相位关系的系统中，若 $\Phi(\omega) = b_1\omega$，则 $\tau(\omega) = b_1$ 与 ω 无关。此时信号的不同频率部分具有相同的群时延，因此信号不会产生畸变；反之，$\tau(\omega)$ 不为常数，则信号不同频率的部分到达接收端的时间不同，信号产生群时延畸变。其中，式（7－18）中第二项为线性失真，它是 ω 的线性函数，第三项与 ω_2 成正比，称抛物线失真。在遥测系统信道链路中，群时延失真主要是线性群时延和抛物线群时延，第四项以上高阶分量对失真贡献很小，均可以忽略，在图 7－6 中，简洁地描述了畸变特点。

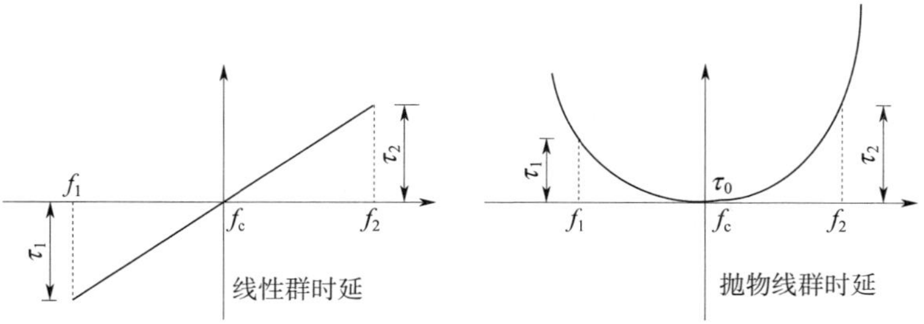

图 7－6　遥测系统信道链路中的主要群时延

群时延对系统性能的影响，可以表示如下

$$一次线性失真 = \frac{\tau_2 - \tau_1}{2\pi(f_2 + f_1)}(\mathrm{ns/MHz}) \quad (7-19)$$

$$二次线性失真 = \frac{\dfrac{\tau_2 + \tau_1}{2} - \tau_0}{4\pi(f_2 + f_1)^2}(\mathrm{ns/MHz^2}) \quad (7-20)$$

通过对遥测信道链路各部分的分析和测试，对相位失真贡献最大的主要集中在滤波器上，常用滤波器多为慢波结构，影响滤波器带内群时延的有以下几个方面：滤波器的原始模型、滤波器的谐振

阶数及滤波器的相对带宽。因此，在高精度测量等遥测系统中，对相位敏感的调制体制，需要增加均衡措施，来改善系统误码率指标。

7.2.6　频率准确度与稳定度

（1）频率准确度

频率准确度是指频率实际值对其标称值的相对偏差，即

$$A=\frac{f_x-f_0}{f_0}=\frac{\Delta f}{f_0} \tag{7-21}$$

式中　f_x——实际频率值；

f_0——标称频率值。

（2）频率稳定度

由于频率基准源内部因素的影响和所处外界条件的变化，频率标准产生的频率，在一定时间间隔内，其频率准确度也会发生变化，即不稳定。频率稳定度是频率源在整个规定的时间范围内产生相同频率的一种量度，表示频率源维持其工作于恒定频率上的工作能力，可以从以下两个独立方面进行考虑。

1）长期频率稳定度。在这种情况下，是以分、小时、天，甚至年为单位计算的。通常，这种频率稳定度受元器件热稳定系数和老化率的影响。一般，一天内的平均相对漂移，称为日老化率，一月或一年的平均相对漂移称为月或年老化率。

2）短期频率稳定度。频率源内，由于供电电源波动、温度波动、内部电路参数的变化及电路噪声，会对频率源输出信号产生寄生调频或调相，从而使输出频率值产生随机起伏，这种起伏变化是很快的，因此需要用统计方法来描述噪声对输出频率的影响。

一种方式是频域内系统的相位变化。这里，相位稳定和频率稳定是同义的。它指的是随着开环系统的小相移变化，而引起频率怎样的变化。频域可以用相位噪声来表征。在时域内，用统计学的方法来描述。它描述的稳定度与测量时所使用的采样时间、采样周期以及统计时所采用的采样数等有很大关系。与长期稳定度相比，短

期稳定度是指在较短的时间内，考察频率源的稳定度。时域常采用阿伦方差来表征。

(3) 相位噪声

信道系统相位噪声的要求常常是系统的限制因素。它直接影响了现代电子系统的性能，如通信线路误码率、接收机的检测能力等。

相位噪声是指相位或频率的随机起伏，表征频率短期稳定性的频域特性。由于相位噪声的存在，引起载波频谱的扩展，其偏离载波范围从小于 1 Hz 一直延伸到 MHz 量级。

在频域中，频谱不再是离散的谱线，而是以调制边带的形式连续地分布在载波的两边，如图 7-7 所示。频谱曲线是以载波频率为中心对称且为双边的。为研究问题，只要取单边带频谱即可，故把所取单边带称为单边带相位噪声（SSB）。

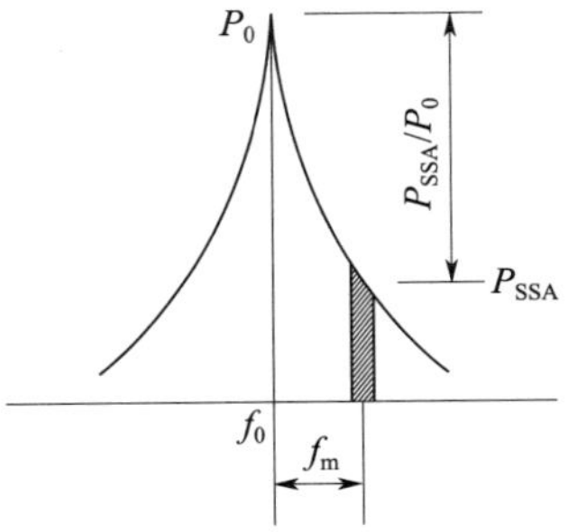

图 7-7　相位噪声边带

用来定义 SSB 的符号为 $\mathcal{L}(f_m)$，是指在偏离载波频率 f_m 处 1 Hz带宽内，一个相位调制边带的噪声功率相对于总载波功率之比，即

$$\mathcal{L}(f_m)=\frac{P_{SSB}}{p_0}=\frac{\text{功率密度(1 个相位调制连带,1 Hz)}}{\text{总载波功率}} \tag{7-22}$$

式（7-22）中 $\mathcal{L}(f_m)$，通常用相对于载波 1 Hz 带宽的对数来表示，单位为 dBc/Hz。

相位起伏谱密度 $S_{\Delta\Phi}(f_m)$ 是相位噪声的最基本表示形式。在这里，$S_{\Delta\Phi}(f_m)$ 定义为 1 Hz 带宽内的均方功率

$$S_{\Delta\Phi}(f_m)=\frac{\Delta\Phi_{rms}^{2}(f_m)}{B_m}(rad^2/Hz) \tag{7-23}$$

式中　B_m ——测量带宽；

$\Delta\Phi_{rms}(f_m)$ ——调制指数 $\Delta\Phi_p(f_m)$ 的均方根值。

上式用对数来表示，则是

$$S_{\Delta\Phi}(f_m)\big|_{dB}=10\lg\frac{\Delta\Phi_{rms}^{2}(f_m)}{B_m} \tag{7-24}$$

由于单边带相位噪声 $\mathcal{L}(f_m)$ 可以表示为

$$\mathcal{L}(f_m)=\frac{P_{SSB}}{P_0}\bigg|1\ Hz=\frac{1}{2}\Delta\Phi_{rms}(f_m) \tag{7-25}$$

则

$$S_{\Delta\Phi}(f_m)\big|_{dB}=3\ dB+10\lg\mathcal{L}(f_m) \tag{7-26}$$

在实际应用中，振荡器输出信号的相位噪声尤为重要。它的幂函数模型

$$S_{\Delta\Phi}(f_m)=f_0^2(h_{-2}f_m^{-4}+h_{-1}f_m^{-3}+h_0f_m^{-2}+h_1f_m^{-1}+h_2f_m^{0}) \tag{7-27}$$

式中　f_m ——频偏。

由此可见，随着 f_m 的降低，$S_{\Delta\Phi}(f_m)$ 表示出强烈的短期噪声效应。也就是说，f_m 越接近载波频率，$S_{\Delta\Phi}(f_m)$ 的值就越大，甚至趋近于无穷。

图 7-8 所示为相位起伏谱密度与 f_m 的关系曲线，相位噪声作为频率源的典型指标，与频率合成方案有很大的关系。

在现代遥测系统中，往往采用原子频标和晶振作为频率基准源，产生系统、分系统或分机统一的时间频率基准，确保全系统或分机在同一时间尺度下进行工作。因此，频率的准确度和稳定度对确保系统以及分机稳定地、可靠地、有效地工作是至关重要的。

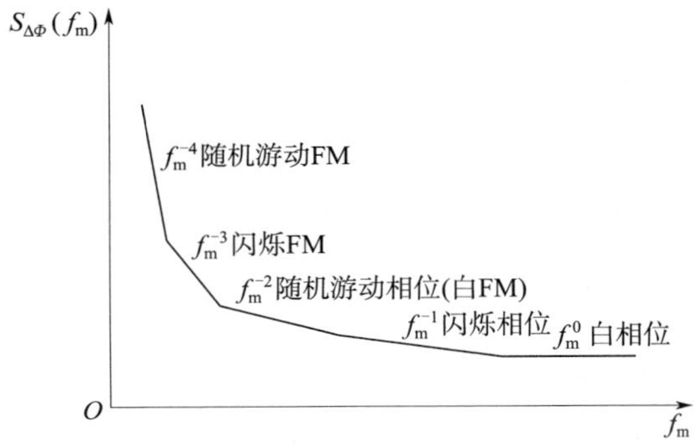

图 7-8　相位起伏谱密度与 f_m 的关系曲线

7.2.7　组合频率

组合频率的产生是由于射频器件固有的非线性造成的，它的非线性产生的是杂散分量，所有的杂散分量都是信号的干扰源，并最终导致信号失真。

一般，非线性系统其输出响应都可以表示为一个幂级数形式。为分析方便，以非线性混频器为例，如果输入信号为两个信号

$$e_{in}=e_1\cos\omega_1 t+e_2\cos\omega_2 t$$

即

$$E_{out}=\sum_{m=0,n=0}^{\infty}A_{mn}\cos(m\omega_1\pm n\omega_2)t \tag{7-28}$$

式中　A_{mn}——角频率 $m\omega_1\pm n\omega_2$ 的谐波幅度。

此时非线性系统的输出响应展开式为

$$\begin{aligned}E_{out}=&\frac{1}{2}k_2(e_1^2+e_2^2)+\left[k_1e_1+\frac{3}{2}k_3e_1e_2^2+\frac{3}{4}k_3e_1^3\right]\sin\omega_1 t+\\&\left[k_1e_2+\frac{3}{2}k_3e_1^2e_2+\frac{3}{4}k_3e_2^3\right]\sin\omega_2 t-\frac{1}{2}k_2e_1^2\cos2\omega_1 t-\\&\frac{1}{2}k_2e_2^2\cos2\omega_2 t-\frac{1}{4}k_3e_1^3\sin3\omega_1 t-\frac{1}{4}k_3e_2^3\sin3\omega_2 t+\\&k_2e_1e_2\cos(\omega_1-\omega_2)t-k_2e_1e_2\cos(\omega_1+\omega_2)t+\end{aligned}$$

$$\frac{3}{4}k_3e_1^2e_2\sin(2\omega_1-\omega_2)t-\frac{3}{4}k_3e_1^2e_2\sin(2\omega_1+\omega_2)t+$$

$$\frac{3}{4}k_3e_1e_2^2\sin(2\omega_2-\omega_1)t-\frac{3}{4}k_3e_1e_2^2\sin(2\omega_2+\omega_1)t \quad (7-29)$$

从以上分析可以看出，混频器的输出频谱相当复杂，杂散分量的频率可以归纳为

$$\omega_{\text{spur}}=|m\omega_1 \pm n\omega_2| \quad (7-30)$$

式中的 m 和 n 都为正整数，当 m 和 n 都等于 0 时，输出电压为直流；当 m 和 n 一个等于 0，另一个不为 0 时，输出是输入信号和它的谐波分量；当 m 和 n 都非零且为正整数时，输出包含组合频率分量，下面是常用组合分量的定义。

（1）交调失真

交调失真是指具有不同频率的两个或更多的输入信号，经过射频模块后，产生的混合频率分量。它是由于射频模块的非线性造成的。若输入信号频率分量有 $f_1, f_2, \cdots, f_k$，由于射频模块的非线性作用，输出分量中将包含许多混合频率分量

$$mf_1 \pm nf_2 \pm \cdots \pm pf_k \quad (7-31)$$

其中 m，n，$p=0$，1，2，…，各分量分别称为 $(m+n+\cdots+p)$ 阶交调分量。

（2）交调系数

交调分量的大小可以用交调系数来表示。假如，输入 k 个等幅输入信号，则射频模块的 $(m+n)$ 阶交调系数可以写成

$$M_{m+n}=10\lg\frac{P_{m+n}}{P} \quad (7-32)$$

式中　P_{m+n} ——频率为 f_m 和 f_n 输入信号的组合分量输出功率；

　　P ——输入信号功率。

交调系数的单位是 dBc，它的含义是交调分量功率与任意一个输入载波功率的分贝比。

（3）三阶交调系数

三阶交调系数定义见下式

$$M_3 = 10\ \lg \frac{P_3}{P_1} \tag{7-33}$$

式中　P_1——两个等幅基波信号的输出功率；

P_3——三阶交调频率 $(2f_1 - f_2)$ 或 $(2f_2 - f_1)$ 处的三阶交调输出功率。

（4）$P_{1\ dB}$ 点三阶交调系数 $M_{3(1\ dB)}$

$P_{1\ dB}$ 和 $M_{3(1\ dB)}$ 是度量射频模块非线性的两个不同指标，它们之间有一定联系。假定射频模块是一个无惯性非线性网络，且在 $P_{-1\ dB}$ 点的幅度非线性很小，在上述两个假设条件下，两个频率为 f_1 和 f_2 的等幅信号输入时，$P_{1\ dB}$ 点的三阶交调系数近似为

$$M_{3(1\ dB)} = -23.75\ \text{dBc} \tag{7-34}$$

由于理论分析中的假设，实际测量的误差以及微波晶体管实际非线性特性优劣程度的不一致，在工程估算时，常取 $M_{3(1\ dB)}$ 为 -20 dBc。

（5）任意输入功率的三阶交调系数 M_3

三阶交调产物与基波信号输入功率是 3∶1（dB）变化关系，即基波信号输入功率增加 1 dB，使三阶交调系数 M_3 恶化 2 dB。

根据上述变化特性，任意输入功率 P_{in} 时，三阶交调系数 M_3 可由下式估算

$$M_3 \approx 2(P_{in} - P_{1\ dB(in)}) - M_{3(1\ dB)}\ (\text{dBc}) \tag{7-35}$$

式中　P_{in}——基波信号（f_1 或 f_2）的输入功率；

$P_{1\ dB}$——基波信号 1 dB 增益压缩点的输入功率。

（6）三阶交调交截点

在图 7-9 中，基波信号输出功率特性延长线与三阶交调特性延长线的交点，称为三阶交调交截点，用符号 IP_3 表示，其对应的输出功率是 P_3，它也反映了微波功率放大器的非线性；当输出功率一定时，三阶交调交截点输出功率 P_3 越大，其微波功率放大器的线性

就越好。由 P_3 也可以估计三阶交调系数。

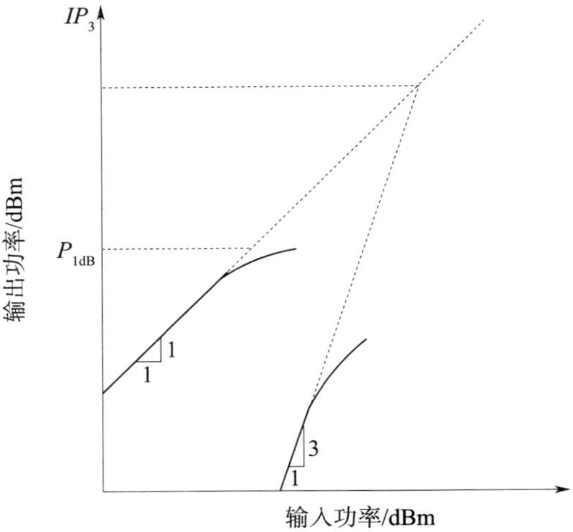

图 7-9　三阶交调交截点示意图

(7) 寄生杂波

寄生杂波是系统中不需要的那些信号，是功率放大器放大过程中引起的一种信号失真，它与输入信号不是谐波关系。这些寄生杂波绝大部分是在高驱动电平或输入与输出严重失配时出现的。寄生杂波是以载波为参考电平，以 dBc 为单位，一般要求在 −60 dBc 以下。

在遥测系统中，考虑到空间损耗及传输频率间的相互干扰，空间传输频率和数字基带处理频率是不一致的。在遥测信道的变频过程中，必然会引入组合频率杂波分量，只有合理地选择信道内的混频频率及选通滤波器，才能有效抑制组合频率对有用信号的干扰。

7.3　遥测信道主要组成部分

根据系统复杂程度不同，遥测信道可以有不同的功能。地面遥测站为提高测量精度，设备功能组成较全面，信道设备技术复杂，造价高且使用寿命长。充分考虑通用化，可适应不同型号的不同场合。在图 7－10 中，清晰描述了传统地面遥测信道各部分功能以及组成。

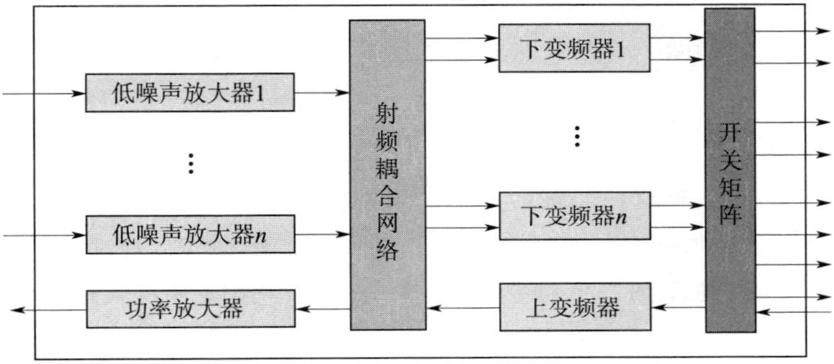

图 7－10　传统地面遥测系统信道各部分功能及组成

遥测系统信道分系统的工作信号流程：天线接收的射频信号（左右旋或 n 通道）经低噪声放大器输出，进入射频耦合网络，射频耦合网络输出 n 路射频信号后，再分别进入 n 台下变频器。在下变频器中，将射频信号下变频为中频信号输出。最后，多路中频信号送到中频开关矩阵，选择输出送到后端的基带单元，进行解调和记录器记录。另外，调制器输出的中频信号经上变频器，作为自校信号通过功率放大器和校验天线发射，完成系统的无线自校功能。

飞行器上的遥测信道设备尺寸受限，功能在满足系统要求的前提下，尽量简化，且不同功能的设备高度集成，均一体化设计，射频网络、开关矩阵等多通道辅助设备将不再使用。

随着电子技术的发展，遥测系统开始大量使用相控阵天线，对遥测信道提出了新的功能要求，T/R 组件以及支撑该类产品的新工艺、射频芯片也成为遥测信道的新成员。本节将重点介绍遥测信道中主要组成部分及其功能。

7.3.1 低噪声放大器

低噪声放大器是将接收天线接收到的微弱信号放大，并送给后端接收机处理的重要部件。对于低噪声放大器而言，噪声系数和增益是最重要的两个参数。为降低低噪声放大器内部产生的噪声功率，低噪声放大器的噪声系数必须尽量小。为抑制后端设备（如混频器）引入的噪声功率，低噪声放大器的增益必须足够高。为降低低噪声放大器的噪声系数，通常采取以下措施：

1）选用低噪声器件和元件。在高频放大电路中，电子器件的内部噪声起重要作用。低噪声放大器一般采用低噪声场效应管制造，某些采用特殊掺杂工艺和特殊结构制造的低噪声场效应管，其噪声系数在 12 GHz 频段可低至 0.3～0.4 dB。

2）选择正确的直流工作点。放大器的噪声系数与其直流工作点有较大关系，设计时必须根据所选器件的参数特性，确定最佳的直流工作点，以保证放大器有最低的噪声系数和足够高的增益。

3）阻抗匹配。低噪声放大器与天线直接连接，天线的输出阻抗必须与放大器的最佳信号源内阻匹配，通常需要在放大器前面设计合适的阻抗变换网络，达到最佳噪声匹配。

4）降低放大器的工作环境温度。放大器内部噪声与环境温度相关，降低放大器的工作环境温度可以使噪声系数降低。

5）降低天线与低噪声放大器之间的馈线损耗。

下面，简要介绍几种遥测信道常用的低噪声放大电路：第一种是晶体管低噪声放大器，因为常规晶体管的截止频率较低，噪声系数较大，采用常规晶体管制造低噪声放大器已不多见，一般用于对噪声系数要求不高的场合。第二种是参量放大器，该放大器具有很低的噪声温度，致冷式参量放大器噪声温度可低至 10 K 以下，曾经一度是高性能大型通信接收系统的主要选择。致冷式参量放大器的缺点是设备复杂、造价高、维护不方便。随着半导体技术的发展，以特殊工艺制造的砷化镓低噪声场效应管的噪声系数已达到或超过了参量放大器的水平，现在已基本上取代了参量放大器。第三种是场效应管低噪声放大器，场效应管相对于晶体管来说，具有动态范围大、噪声系数低的优点，已被大量应用于各类通信系统的前端低噪声放大器中。目前，采用砷化镓微波场效应管制作的低噪声放大器，工作频率可达 160 GHz，噪声系数低于 5 dB。在 Ku 频段以下，有许多高性能的分立低噪声场效应管，可采用混合集成电路工艺制造超低噪声系数的放大器。一般，在 Ka 以上频段，由于寄生参数的影响，只能采用芯片集成形式的低噪声放大器。

7.3.2　变频信道

不同遥测系统的变频器构成基本一致，多采用超外差变频模式，图 7-11 是变频信道的基本构成，可以看出变频信道完成射频（L/S/C/X/Ku）信号与中频信号之间的变频，并为遥测系统提供增益。

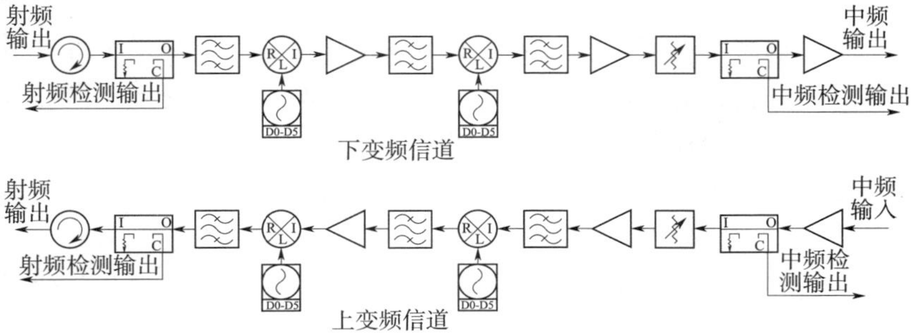

图 7-11　变频信道的构成

1）射频滤波器。主要作用是滤除镜频无关信号和镜频噪声，由于工作频率高多选择腔体结构形式，常用的有金属腔体滤波器、陶瓷介质滤波器、波导膜片滤波器、硅腔滤波器等。

2）放大器。多级放大器的作用是补偿变频器中混频、滤波、端口匹配等引入的插入损耗，同时进一步为系统提供增益，放大器的选择主要由功能来决定，下变频射频输入选用低噪声放大器以降低变频信道噪声，中频选用高增益放大器以补偿系统增益，上变频射频输出选用中功率放大器以驱动后一级高功率放大器。

3）混频器。两次混频的作用是为减少一次混频引入的落在有用信号带内的组合频率，增加对镜频无关频率的抑制。混频器多采用无源互易混频器，由二极管组成，具有工作频率高、组合频率抑制度好、$P_{1\,dB}$ 高等特性。

4）中频滤波器。下变频信道中频滤波器的作用是滤除带外噪声，带宽选择窄可获得最大的输出信噪比，但会牺牲信道的群时延指标影响系统误码率，因此中频滤波带宽的选择需根据遥测系统要求来权衡；上变频器的中频滤波器主要抑制信号数模变换引入的带外杂散信号。

5）可控衰减器。可控衰减器是用于调整系统不同作用距离工作时遥测信道所需的增益量，常用的可控衰减器有数字电平控制和模拟电压控制两种。

地面遥测系统变频器的射频可用带宽，通过设置变频器内射频频综的输出频率，可改变变频器的射频工作频率，这种设计可有效地展宽变频信道的射频工作带宽，同时，变频器具备显示、前面板手动控制及远程控制功能，多采用模块化设计，每个模块均具有独立的功能及较优的性能。因此，变频信道的综合电性能指标优于飞行器变频信道，使其通用性更强。

飞行器上信道应用针对性较强，通常会与数字基带部分一体化设计，体积小、设备内频率分量丰富，热设计和电磁兼容设计是飞行器信道设计的难点。同时，考虑不同飞行器的工作环境，增加抗振、密封及真空度等设计，借助各种新的仿真软件，如 Ansoft、Ansys 等，合理建立仿真模型，可以将各种影响因素综合考虑，让高速计算机系统帮设计师完成复杂计算，加快一体化信道设计的工程进程。

7.3.3　频率基准源及频率合成器

7.3.3.1　频率基准源

频率基准源是系统的核心部件，提供整个系统设备的频率基准，频率基准源的特性，包括频率准确度、温度特性、稳定度、相位噪声，都直接影响系统的性能。通常，频率基准源使用晶体振荡器来实现。当系统对稳定度有极高要求的时候，也采用原子钟作为频率基准。目前，频率基准源的频率范围为几 MHz 至几百 MHz。

单纯的石英晶体振荡器对温度非常敏感，为解决这个问题，根据采取措施的不同，有恒温晶振、温补晶振两种晶振产品形式。恒温晶振使用恒温槽对晶振进行恒温，其优点是具备较高的温度稳定度和更优的相噪特性，其缺点是体积较温补晶振大，启动电流大，功耗较高，且通电之后，需要几分钟的恒温时间才能稳定。温补晶振则采取温度补偿电路，其优点是上电即可使用，且体积小、功耗低，缺点是相位噪声指标及稳定度指标较差。具体采用何种方式的晶振元件作为基准源，取决于系统设备的不同需求。

7.3.3.2　频率合成器

在遥测系统中，频率合成器为收发信号的变频提供本振，是系统设备的核心部件。常见的频率合成器包括直接频率合成、锁相环和直接数字频率合成三种。

早期，直接频率合成技术（Direct Synthesis）依靠大量的晶体、滤波器、混频器等硬件完成频率的合成，可以实现频率捷变，但体积大、难于集成；随之出现的锁相环（PLL，Phase - Locked Loop）频率合成器具有频带宽、杂散低、易程控等优点，但频率转换时间较长，步长不易做得很小。近年来，发展迅速的直接数字频率合成技术（DDS，Direct Digital Synthesis）较好地解决了跳频时间和步长的矛盾，但输出频率又太低，而且频谱纯度不高。

图 7 - 12 是一个直接频率合成的典型框图。它先由一个参考源

产生 4 个频标。然后，通过两路开关来选频。其中，一路倍频之后送到混频器，另一路直接送到混频器，输出信号为混频的和或差

$$f_o = N \cdot f_i \pm f_j,\ 1 \leqslant i, j \leqslant 4 \tag{7-36}$$

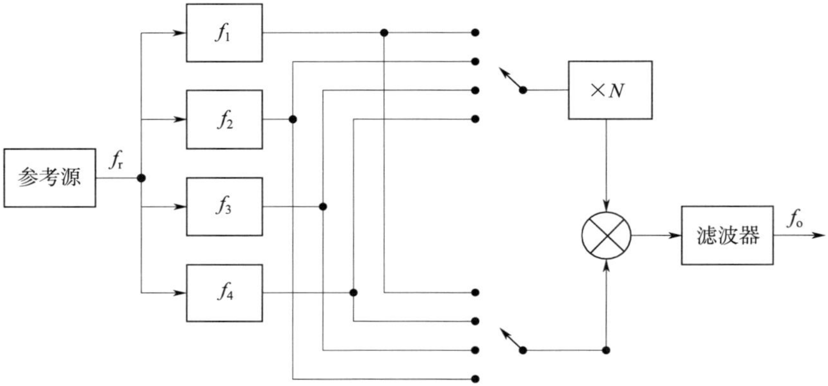

图 7-12　直接频率合成原理框图

锁相环是一个负反馈相位控制系统，其功能是使输出信号的瞬时相位跟踪输入信号的瞬时相位变化，从而实现相位的自动锁定。锁相环包括三个基本组成部分，即鉴相器（PD）（包含数字分频器）、环路滤波器（LF）和压控振荡器（VCO）。图 7-13 所示为锁相环的基本原理框图。

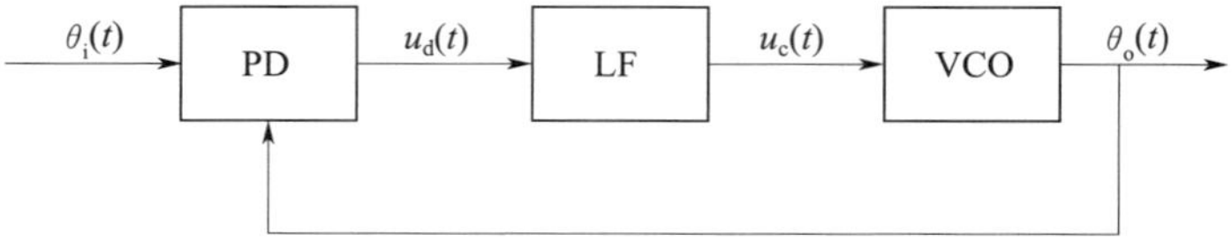

图 7-13　锁相环基本原理框图

图 7-14 所示为直接数字频率合成（DDS）的原理框图，它包括相位累加器、波形存储器、数模转换器（DAC）、低通滤波器（LPF）和参考时钟五部分。在参考时钟的控制下，相位累加器对频率控制字 K 进行线性累加，得到的相位码对波形存储器寻址，使之

输出相位的幅度码，经过数模转换器得到相应的阶梯波，最后经低通滤波器得到连续变化的所需频率波形。

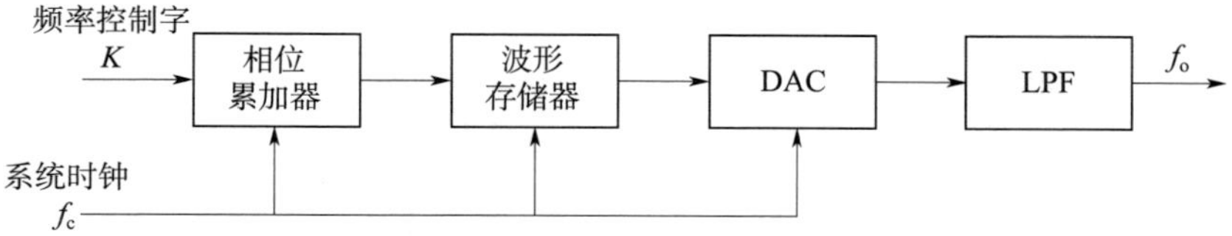

图 7－14　DDS 原理框图

三种频率合成方式中，锁相环以其特有的高准确率、低成本及宽高频输出得到了广泛应用。而直接频率合成与 DDS 则通常出现在更为复杂的频率合成方案中，与锁相环混合使用，从而满足更高的系统指标需求。

7.3.3.3　锁相环路的工作模型

将鉴相器、环路滤波器、压控振荡器三个部件连接起来，得到锁相环的完整数学模型如图 7－15 所示。为了表述清晰，设定环内分频数为 1。

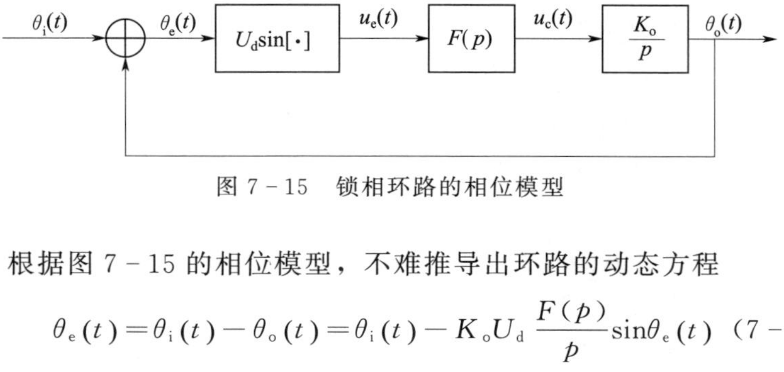

图 7－15　锁相环路的相位模型

根据图 7－15 的相位模型，不难推导出环路的动态方程

$$\theta_e(t)=\theta_i(t)-\theta_o(t)=\theta_i(t)-K_oU_d\frac{F(p)}{p}\sin\theta_e(t) \quad (7-37)$$

即

$$p\theta_e(t)=p\theta_i(t)-K_oU_dF(p)\sin\theta_e(t) \quad (7-38)$$

式中　$p\theta_e(t)$ ——瞬时频差；

$p\theta_i(t)=\Delta\omega_o$ ——输入固有频差；

$K_oU_dF(p)\sin\theta_e(t)$ ——控制电压 $u_c(t)$ 加至 VCO 所引起振

荡频率 ω_v 相对于自由振荡频率 ω_o 的频差，称为控制频差。

于是动态方程式（7－38）可表示成如下关系

瞬时频差＝固有频差－控制频差

这个关系式在闭合环路的任何时候都是成立的。

在环路开始工作的瞬间，控制作用还未建立起来，控制频差等于零，因此环路的瞬时频差就等于输入的固有频差。在捕获过程中，控制作用逐渐增强，控制频差逐渐加大。因固有频差在输入固定频率的条件下是不变的，故瞬时频差逐渐减小。最后，环路的控制作用迫使振荡频率 ω_v 等于输入频率 ω_i，控制频差与输入的固有频差相抵消，最终环路的瞬时频差等于零，环路被锁定。

7.3.4　功率放大器

在遥测系统中，功率放大器是一个重要的组成部分，功率放大器的主要功能是将射频信号放大到所需的功率，输出功率的大小决定了整个系统的作用距离及抗干扰能力等。

目前，遥测系统所选用的功放主要工作在 L 和 S 频段，根据系统的要求不同，功放的输出功率从几瓦到上百瓦。所有功放都包含两个基本组成部分，即射频信号功率放大部分和电源控制部分。当前，遥测系统功放所使用的功率管有如下几类：1）横向扩散金属氧化物半导体（LDMOS）功率管。LDMOS 功率管以其工作电压高、输出功率大、工作效率高等特点被广泛应用于 L、S 频段的功放上，但是考虑到长期可靠性，LDMOS 功率管主要还是应用于遥测系统的地面设备上，弹载设备上很少使用。2）砷化镓（GaAs）功率管。GaAs 是一种重要的半导体材料，由于其电子迁移率比硅大 5～6 倍，故在制作微波器件和高速数字电路方面得到重要应用。用 GaAs 制成的半导体器件具有高频、高温/低温性能好、噪声小、抗辐射能力强等优点。目前，遥测系统弹载功放所用的功率管大都是 GaAs 功率管，GaAs 功率管的工作频率已达到 250 GHz。3）氮化镓（GaN）

功率管。GaN 材料的研究与应用是目前全球半导体研究的前沿和热点，其被称为第三代半导体材料，它具有直接带隙宽、原子键强、热导率高、化学稳定性好（几乎不被任何酸腐蚀）等性质和强抗辐射能力。在光电子、高温大功率器件和高频微波器件应用方面有着广阔的前景。目前，国外 GaN 功率管已经开始了商业化应用，在国内由于对于其可靠性的数据不多，因此该类功率管大都还停留在实验室电性能的摸索阶段。

近年来，随着技术的不断进步，遥测系统的工作频段已经扩展到毫米波频段，输出功率也不断地提高，功放输出功率的要求已远远超过单个半导体功率管的输出能力，因此在功放的设计实现过程中，需要用到功率合成技术。目前，功放常用的功率合成技术有平面功率合成技术和空间功率合成技术两种。

当遥测系统有特殊要求时，会增加其他功能组成部分，常见的主要有以下几类：1）功放带外杂散信号和噪声信号的滤除功能。以前的遥测系统大都是功能单一的系统，不过随着技术的不断进步以及用户对各种功能要求的不断增加，使得目前遥测系统变得比较复杂，很多时候需要多系统同时工作，为保证各系统能够同时正常工作，就需要保证各系统间不产生相互干扰，这就要求遥测系统的功放在功率放大输出时，其工作带外的杂散信号噪声功率要足够低，以保证周围其他系统不受干扰，能够正常工作，因此在功放设计时要增加功放带外杂散信号和噪声信号的滤除功能。2）功放输出功率稳定功能。有的遥测系统要求功放的输出功率尽量稳定，以减小功放输出功率波动对系统带来的影响，这就要求在功放设计时，增加自动功率控制功能（ALC），但是此功能会带来调幅（AM）信号的严重失真，不适用于传输调幅信号的遥测系统。3）功放工作增益稳定功能。有的遥测系统需要功放的增益稳定性高，因此在功放设计时需要增加温度增益补偿功能或自动增益控制（AGC）功能。根据功能的实现不同，一般温度增益补偿功能不会给各类调制信号带来失真，但是自动增益控制功能会带来调幅（AM）信号的严重失真，因此自动增益控制功能也不适用于传输调幅信号的遥测系统。4）散热功能。当遥测系统需要功放输出功率很大时，功放会带来高的热耗，这些热耗如果不及时散出，长时间工作会降低系统的可靠性，在高功率要求的遥测系统中，需要增加散热功能装置。当前所使用的主要散热功能装置有结构散热、风冷散热和水冷散热等装置。

7.3.5 T/R 组件

随着微波固态集成电路的快速发展，现代航天遥测系统将越来越多地采用有源相控阵天线体制。T/R 组件是有源相控阵天线的核心部件，每个天线阵元（或子阵）后，都连接一个 T/R 组件。每个 T/R 组件都包括独立的发射与接收通道、双工器、耦合电路以及稳压电源和控制电路。一般而言，发射通道包括数控移相器、驱动放大器和功率放大器；接收通道包括低噪声放大器、数控衰减器、放大器和数控移相器。利用数据接口向数控移相器置数，可以改变该通道的相位，实现相位配置，从而完成天线波束的电扫描。接收通道的数控衰减器可控制该通道的增益，配置各接收通道之间的增益关系，以实现波束的低副瓣等要求。相控阵天线 T/R 组件典型框图如图 7－16 所示。

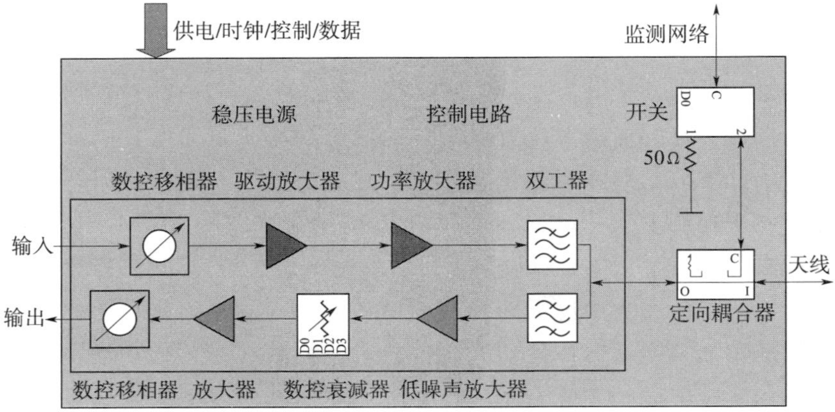

图 7－16　相控阵天线 T/R 组件典型框图

对于测控系统，收、发通道同时分频工作时，发射通道信号会泄露到接收通道，影响到接收通道的噪声系数和线性度，造成基带接收机的误码率显著提高。为抑制发射信号对接收通道的影响，在收发通道之间连接双工器。双工器的收阻滤波器位于功率放大器的输出端，用来抑制发射链路对接收频率白噪声的放大。由于被放大的白噪声处于接收频带内，发阻滤波器无法将其滤出；同时，还能抑制由于发射链路的非线性所产生的落入接收频带内的三阶交调信号。收阻滤波器必须将上述信号抑制到接收白噪声电平以下的某个值，从而对接收通道的噪声信号没有明显影响。双工器的发阻滤波器用于低噪声放大器的输入端，以抑制发射频率信号泄露到接收通道，避免低噪声放大器输入过高的发射信号而处于非线性工作区，无法正常工作；同时，它还抑制发射通道泄露的接收信号混频，混频后的信号落入到接收频带，从而恶化接收通道的噪声系数。

相控阵天线常包括数量众多的T/R组件，为监测每个T/R组件是否处于正常工作状态，可通过内监测的方式实现。在T/R组件内部与天线接口附近有一个定向耦合器，输出端通过一个开关连接到天线的监测网络。对于发射通道监测，直接将某路耦合信号下变频即可；对于接收通道，则需要由系统产生一个信号注入到监测网络，经耦合器进入接收通道，再下变频即可实现。

随着技术的发展，新一代航天遥测系统对T/R组件提出了新的要求：1）提高T/R组件功放的输出功率水平。弹载、箭载环境空间有限，相控阵天线的口径受到严格限制，天线阵元数量不能随意增加，T/R组件数目也会受到限制。为满足天线EIRP值要求，在阵元数不多的情况下，天线增益有限，就要提高单个T/R组件的输出功率水平，以满足整阵的EIRP要求。2）提高T/R组件工作效率。相同的输出功率情况下，T/R组件的效率越高，电源功耗越低，整机热耗越低。可见，提高T/R组件的工作效率，不但能缓解电源的设计压力，还会有利于整机的散热设计。3）提高T/R组件的集成度。航天遥测电子系统向着越来越小的方向发展，这就要求整机设计合理，对 T/R 组件的小型化设计要求越来越迫切，这就需要 T/R 组件提高集成度。同时，随着遥测系统的工作频率越来越高，天线阵元间距越来越小，为了完成 T/R 组件与天线之间的直接对插，T/R 组件的尺寸也越来越小。4）对 T/R 组件的可靠性、可维修性等方面要求也越来越高。为了满足系统对 T/R 组件诸多新的、更高的要求，随着现代固态微波电路技术的快速发展，一些新的技术、材料和工艺不断被提出或发展，可以推动系统整机性能不断地进步。5）以 GaN 材料为代表的第三代半导体器件逐渐成熟。目前，美国、日本等许多公司提供的 GaN 器件已经实现商用，GaN 器件较 GaAs 器件的性能大幅提升，它具有更高的输出功率容量、更高的效率、更高的沟道结温耐热。GaN 器件将逐步取代 GaAs 器件，成为新一代微波、毫米波电路和子系统的主流器件。6）新工艺的不断完善为 T/R 组件性能提升提供保障。半导体芯片的制造工艺不断地进步，微波芯片的工作频率和性能不断地提高；基于 LTCC 技术的多层微波互连工艺得以普遍应用，为单机的小型化提供有力手段；以 Si、SiGe 为代表的高集成器件性能越来越高，可为 T/R 组件的集成设计提供更多的选择。

7.4 遥测信道测试方法

遥测系统最终的性能指标主要体现在作用距离、接收灵敏度、误码率等指标上，但遥测信道设计的合理性将大大地影响系统的指标。经过系统分析分解，可以得到一个合理的遥测信道指标，相应地有一套标准的遥测信道测试方法来检验每一项指标是否合格。

国家军用标准规范制定了一套完整的遥测信道测试方法，对我们的遥测信道测试工作一直发挥着重要的指导作用。但随着微波元器件和仪器设备的飞速发展，集成度及数字化程度越来越高，仪器设备的型号更新和功能更加拓展，原有的测试方法与目前实际使用的仪器种类和方法相比发生很大变化，无法适应当前科技的发展需求。

遥测信道变频器技术指标包括小信号变频增益、输出 $P_{1\,dB}$ 压缩点、饱和输出电平、互调（IM_3）、交叉点 (IP_3) 、AM/PM 转换系数、噪声系数、镜频抑制、幅度平坦度、幅度稳定度、群时延波动、频谱纯度（杂波抑制）等。其中，有些技术参数的测试方法较为成熟。本节重点介绍遥测信道各组成部分关键技术参数的测试方法。

7.4.1　噪声系数的测量

测量噪声系数本质上是通过测量噪声功率来完成的。一般，采用 Y 因子法来测量，所需设备为一台产生噪声功率的噪声源和一台噪声分析仪。图 7－17 为噪声系数测量的基本原理。

图 7－17　噪声系数测量基本原理图

测量时，噪声源分别产生冷、热两种已知的噪声功率，通过被测放大器后，噪声分析仪分别测试两种情况下的总噪声功率，然后通过 Y 因子法换算成被测放大器的噪声系数，并直接显示出来。

7.4.2　同频增益的测量

以放大器为例，放大器的增益等与 S 参数相关的指标测量主要基于网络分析仪进行。图 7－18 为同频增益测量原理框图。

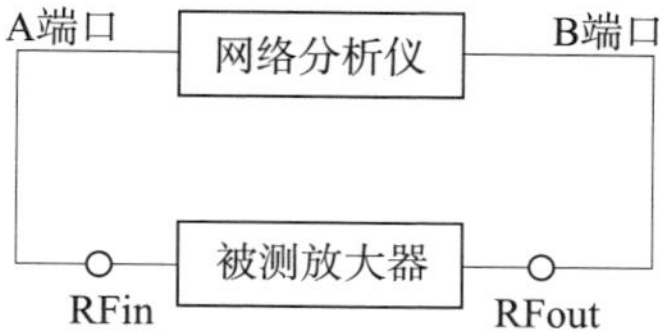

图 7－18　同频增益测量原理框图

在图 7－18 中，网络分析仪 A 端口产生扫描信号，同时在 B 端口接收扫描信号，通过内部接收机进行功率的比较测量，功率的比值即为放大器的增益。现在的网络分析仪两个端口均为互易，可交替产生扫描信号，因此一次测量除了可测量放大器的正向增益，还可以测量放大器的反向增益（反向隔离）。

网络分析仪还可以同时测量端口的反射功率，通过反射功率的大小即可计算出端口的反射系数，即驻波比。以上的测量过程和数值计算、转换均可自动完成，测量结果直接显示在网络分析仪的屏幕上。

放大器除噪声系数、增益、驻波比等主要指标外，有些系统还关心一些其他的指标，如 1 dB 压缩点输出功率、相位抖动、群时延等。现在的矢量网络分析仪，已经集成上述测试功能，1 dB 压缩点输出功率、相位抖动、群时延等指标均可通过矢量网络分析仪完成测试，其过程类似增益指标的测试。

7.4.3　互调和交叉点的测试

按图 7－19 所示连接变频器，将两个信号源输出信号相加后送入待测变频器，然后测量输出频谱，图中衰减器的作用主要是避免信号源之间因隔离不足出现非变频器产生的互调分量，并根据基波与三阶分量的相对幅度计算出三阶交叉点。

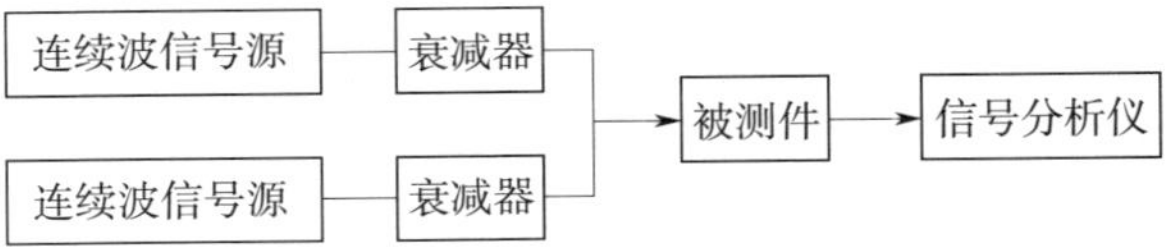

图 7－19　互调和交叉点测试框图

（1）测试程序

把两个微波信号源的输出频率分别设为 f_{in1} 和 f_{in2} ，调整信号源输出频率 f_{in1} 和 f_{in2} ，使其经变频器变频后三阶产物 $2f_1-f_2$ 和 $2f_2-f_1$ 均落在被测件的中频带宽内，调整频率源及频谱仪的设置，使三阶产物在带内且可见，f_1，f_2 基波输出功率与其三阶产物输出功率的比值即为互调指标。

（2）三阶交叉点计算

可以用下式近似计算（各项数值均为 dBm）

$$IP_3=\frac{3}{2}P_0-\frac{1}{2}IM_3 \tag{7-39}$$

式中　IP_3——计算得到的三阶交叉点输出功率（此时三阶互调分量的功率与基波的输出功率相等）；

P_0——测得的基波输出功率（两个测试值中较高者）；

IM_3——测得的三阶互调功率（两个测试值中较高者）。

7.4.4　群时延及变频增益的测试

变频器幅度相位特性测量的方法简化主要基于矢量网络分析仪技术水平的发展，连接方式如图 7 - 20 所示，要求参考本振、矢量网络分析仪、被测变频器共参考频率，且参考混频器为互易混频器。

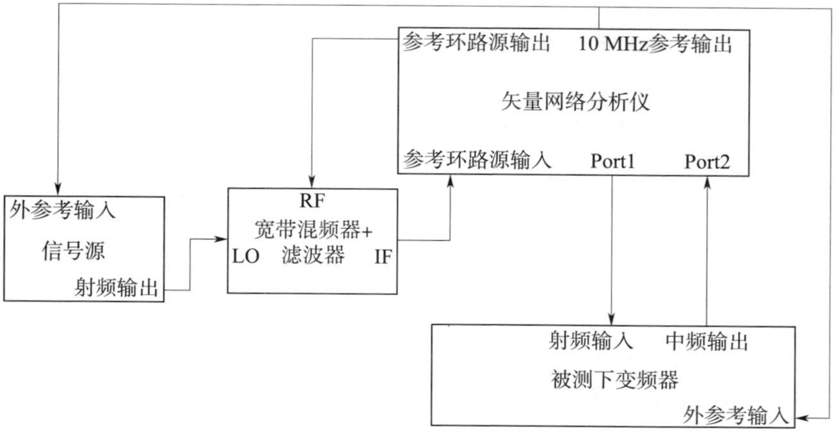

图 7 - 20　矢量网络分析仪变频器测试连接图

（1）测试程序

根据变频器的输入输出频率关系计算出一次变频的本振频率 f_{lo}，设置信号源输出频率为 f_{lo}，输出功率以能满足混频器要求为准，根据技术要求设置矢量网络分析仪的测试频率点、带宽及功率，带宽应大于变频器中频带宽至少10%，以保证频带边缘测试的准确性。按照矢量网络分析仪的校准要求，连接相关外围设备，对矢量网络分析仪进行变频校准。

将变频器及相关外围设备按照图7-20所示连接，变频器使用外参考工作，参考由矢量网络分析仪提供，记录VC21带内时延指标及幅度波动数据。带内绝对时延的最大最小值，其差值即为带内群时延波动；带内绝对增益的最大最小值，其差值即为带内幅度波动。

（2）群时延的线性指标计算

群时延的线性指标计算公式如下

$$\frac{\tau_2-\tau_1}{2\pi(f_2-f_1)}(\mathrm{ns/MHz}) \tag{7-40}$$

式中 f_1——带宽起始频率值；

f_2——带宽终止频率值；

τ_1——带宽起始频率对应的绝对时延指标；

τ_2——带宽终止频率对应的绝对时延指标。

（3）群时延抛物线指标计算

群时延抛物线指标计算公式如下

$$\frac{\left(\dfrac{\tau_2+\tau_1}{2}-\tau_0\right)}{[4\pi(f_2+f_1)^2]}(\mathrm{ns/MHz^2}) \tag{7-41}$$

式中 τ_0——中心频率点对应的绝对时延指标。

7.4.5 相位噪声测试

1）相位噪声测试连接如图7-21所示。

2）测试流程：首先，按图7-21所示连接好测试仪器、电源与待测设备；调整频谱仪测试模式为相位噪声测试模式，并设置好偏移频率等参数，开始测试；设置标识点，自动标识相关测试数值，最后将仪器标识的测试值记录下来。

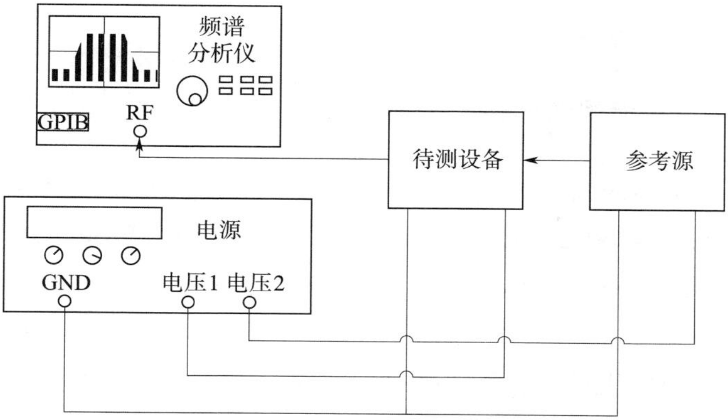

图 7－21　相位噪声测试连接图

7.4.6　频率准确度测试

1）频率准确度测试连接如图 7－22 所示。

2）测试流程：首先，按图 7－22 所示连接好测试仪器、电源与待测设备；调整频率计工作模式，并设置好精度等参数，开始测试；将仪器标识的频率值记录下来。

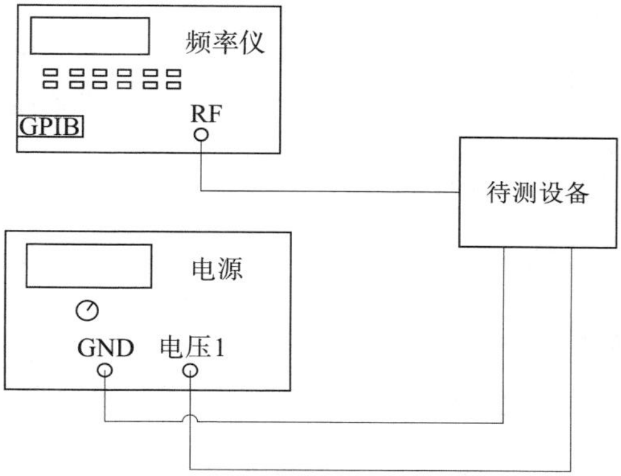

图 7－22　频率准确度测试连接图

7.4.7　功率测试

功率放大器的测试，根据其特点，需要注意以下方面：一般，功率放大器的输出功率较大，超过测试仪表的最大承受功率。因此，在功率放大器的测试过程中，应在功率放大器的输出端始终接有保护衰减器，保护衰减器的承受功率最好是功放输出功率的 2 倍以上。由于功率放大器工作时，会产生很大的热耗，因此在测试时被测功放最好有良好的散热，以保证测试数据准确；由于功率放大器的功耗较大，因此在测试时给功放供电的电源输出功率要大，供电线的线阻要尽量小，供电接触电阻要尽量小。以下是功放主要指标的测试框图：

1）一般，放大器通用指标测试框图如图 7－23 所示，该测试框图主要测试功率放大器的增益、驻波、群时延抖动、调幅-调相转换系数等指标。

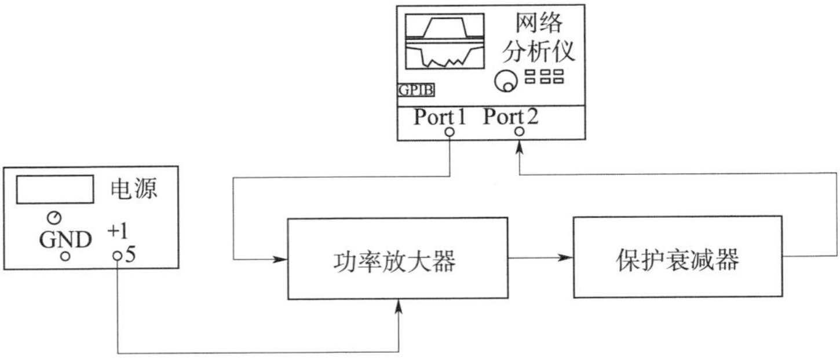

图 7－23　放大器通用指标测试框图

2）功率放大器输出功率测试框图如图 7－24 所示，该测试框图主要测试功率放大器的 P_{sat}、$P_{1dB(out)}$、工作效率、附加工作效率等指标。

3）交调失真测试框图如图 7－25 所示，该测试框图主要测试功率放大器的 IP_3、M_3 等各类失真指标。

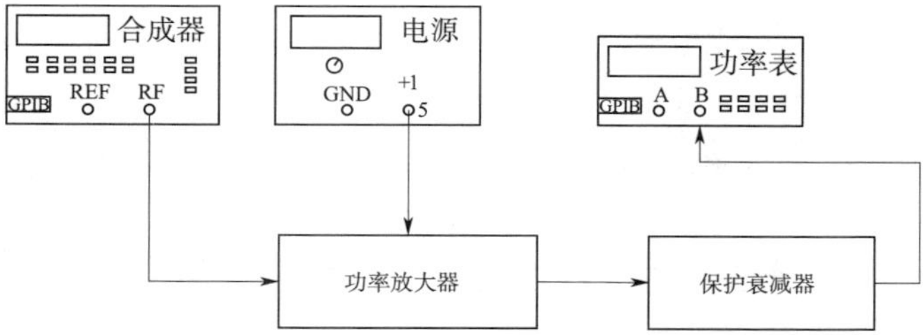

图 7-24　输出功率测试框图

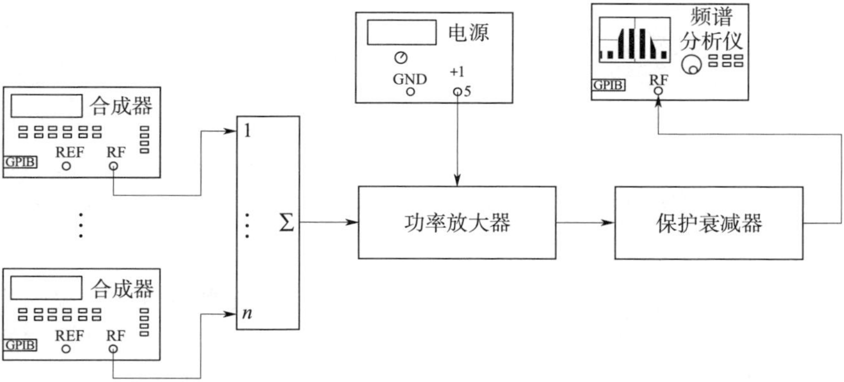

图 7-25　交调失真测试框图

7.4.8　自动化测试

在遥测系统中，一个相控阵天线系统包含 T/R 组件的数量从几十到几万，测试工作已成为 T/R 组件批量生产的一个重要环节。T/R 组件的测试主要包括噪声系数、增益、输出功率、效率、移相特性和衰减特性等参数。每个 T/R 组件待测试的参数多，特别是移相和衰减包含的状态（6 位移相器包含 64 态）较多，增加 T/R 组件测试的工作量和需要记录的数据量，对 T/R 组件的大规模生产提出了挑战。针对这种情况，为满足大规模产量的需要，往往使用自动化测试系统来测试电气特性的 T/R 组件。图 7-26 是一个典型的 T/R 组件自动化测试系统框图。

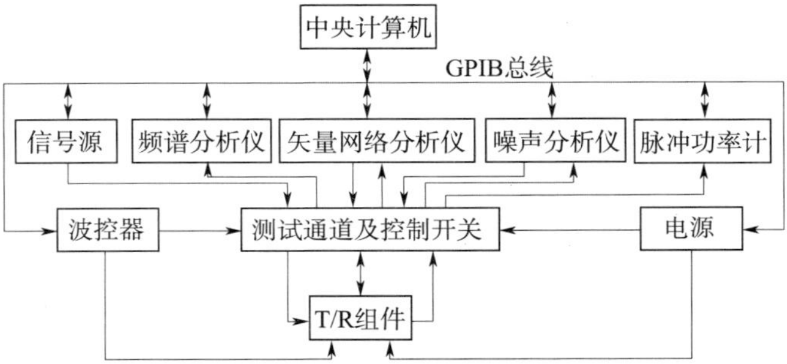

图 7-26 T/R 组件自动化测试系统框图

该自动化测试系统主要包括中央计算机，测试设备，测试通道及控制开关，波控器和电源等五个部分。中央计算机是整个测试系统的核心，它与测试设备、测试通道及控制开关和波控器通过 GPIB 总线连接，完成系统控制指令发出、数据采集、交换处理和测试结果输出等功能，它还管理测试系统的数据库，实施数据查询、编辑、打印等操作。测试设备主要包括信号源、频谱仪、矢量网络分析仪、噪声分析仪和功率计等仪表，负责测试 T/R 组件的各个参数，主要有增益、噪声系数、输出功率、$P_{1\,\mathrm{dB}}$等。它与中央计算机连接，通过中央计算机指令控制仪表的输出参数，如功率和频率等；并将测试结果传回至中央计算机，如功率、增益、噪声系数等。测试通道及控制开关负责将特定仪表与 T/R 组件选通，例如测试增益时，只需要将矢量网络分析仪与 T/R 组件连接，选定对应的控制开关，将矢量网络的两个端口与 T/R 组件的输入口 、输出口连接，再进行参数测试。测试通道及控制开关起连接测试仪表和待测 T/R 组件的作用，避免测试过程中人为的手动拆装操作。波控器用于向 T/R 组件传送控制信号和数据，用于控制 T/R 组件的工作状态，具体包括处于发射还是接收状态，移相器配置哪个相位，衰减器设定衰减量。波控器是 T/R 组件自动测试的重要部分，避免手动设置移相器和衰减器的繁重工作量。电源主要负责向 T/R 组件供电，其输出电压和输出电流能力应满足 T/R 组件正常工作的需求。

7.5 遥测信道新技术

传统的遥测系统工作于微波频段，体积相对较大，传输码率相对较低。伴随着半导体材料和制造技术的飞速发展，微波器件的工作频率上升到毫米波频段，毫米波遥测信道已经出现。随着微波芯片的集成度提高，遥测信道的体积更小，性能也更优越，将会逐渐替代原有的微波遥测信道设备，成为现代遥测系统的主流设备。

7.5.1 微波毫米波材料与工艺

在过去的几十年里，微波电路的器件主要以表贴封装和插装形式为主，这类器件稳定可靠，相对成熟。但它们的体积较大，微波组件的体积也相应较大；它们的高频寄生参数较大，无法工作于更高频段，限制其在高频系统中的使用。

近年来，微波技术的经典理论虽然没有大的进步，仍沿袭 MIT 辐射实验室建立的基本微波技术理论。随着全球数字化时代的到来，计算机运算能力不断加强，处理器存储量和计算速度呈几何量级提高，为微波毫米波电路数值计算提供有力的手段，计算电磁学发展迅速，电磁场仿真软件和微波电路仿真软件的计算能力也大为提高。器件级、电路级和子系统级的仿真已经实现，借助仿真软件的优化功能，还能不断地优化设计各种电气参数。微波电路的仿真设计，已经更为精确，显著减轻调试的工作量，更为复杂电路形式的设计已成为可能。目前，数值仿真设计软件不胜枚举，无源电路的精确优化仿真设计已经完全实现，有源线性电路基本可以实现比较准确的仿真设计，非线性电路则需要仿真与测试相结合的方法来实现，有源电路的设计能力也得到快速的提高。

微波器件逐渐从表贴封装转变为裸芯片形式，工作频率越来越高，国内的微波芯片已工作于 Ka 甚至更高频段。近年来，随着国家对微电子等基础技术的投入越来越大，各种军工电子系统对毫米波频段需求越来越迫切，半导体材料技术进步显著，微波芯片的制造工艺发展迅速，国产微波器件的性能水平飞速提高。在 Ka 频段以下，国产芯片的性能指标已与美国和欧洲的水平相当，已经在很大规模上实现了微波器件的国产化。

相比于国外芯片，国产芯片具有更强的竞争力。它的供货更快捷，沟通更便利，价格更低廉。对一些应用较敏感的芯片实施禁运，而国产芯片有效地突破封锁。国内芯片制造商可以提供各种质量等级的芯片，满足系统各种环境的使用，而国外芯片只提供工业品，使用前需要进一步的筛选。对于很多特殊需求，可以向国内芯片制造商提出定制芯片的要求，定制芯片针对系统的具体要求，可实现更高的集成度，在关心的指标中实现性能最优化，是一些大型军用电子系统的首选。

当然，与欧美比较，国产微波毫米波芯片性能水平还存在一定差距。国内 GaAs 和 GaN 材料的生产和制造技术与国外相比还相对落后，导致成品率和可靠性相对较差，不同批次芯片之间的指标一致性不高，电路参数提取准确性难以保证。从事芯片开发设计和制造的人员数量和素质，还存在一定差距。新品的开发周期相对较长，许多参数无法准确提供，年产量不高。但国产芯片基本可满足国内军用电子系统的需要，并在各方的推动下，发展也更为迅猛。

相比于各种封装器件，芯片的尺寸更小，显著降低电路的尺寸和质量；它的电气性能更优，使得微波电路的性能得以提高；它不存在封装器件寄生参数的问题，高频特性好，X 频段以上的微波电路更好地采用了微波芯片。当然，芯片的装配可靠性较封装器件差，但随着 MIC 电装工艺的进步和成熟，采用芯片的微波电路可靠性已得到明显的提高，完全满足系统的使用要求。

为了解决多芯片之间的互联和封装，低温共烧陶瓷（LTCC）工艺得到快速发展。LTCC 工艺将多层陶瓷板烧结，从而形成多层微波电路。LTCC 技术由于层数较多（最多可达上百层），可以充分利用不同层传输射频信号，形成立体交叉的形式，使微波信号由一维平面传输转变为三维立体传输，由于各层间距较小（通常约为 0.1 mm），显著缩减了平面电路的面积，进而减小了电路的尺寸和质量。利用 LTCC 技术，可以将射频电路和直流电路合理排布在一块印制板上，二者之间的连接线可以通过内部不同层的电路来实现，这样就减少了手工焊接连接线的数目，提高了电路的可靠性；同时，由于直流和射频器件分布在同一块印制板上，可以都使用芯片的形式，从而进一步减小了电路的体积。LTCC 是一种多层微波印制板工艺，此外其高频特性好，在毫米波频段依然保持优异的电性能，促使它在毫米波频段具有更广阔的应用前景。

基于 GaN 材料的器件水平不断提高，2009 年 8 月，雷声公司的新型氮化镓（GaN）芯片完成了 1 000 h 的可靠运行，使得这项技术成为新一代雷达性能的标准。GaN 技术提供了增强的可靠性和效率，减少了功率消耗和冷却需求。以第三代宽禁带材料制作的紧凑而质量小的高效固态微波电路可以满足军用系统的功率输出、功率密度、效率、线性、工作电压和温度的要求，而且在可靠性和寿命周期消费比上更有优势。基于第一代和第二代半导体 Si 和 GaAs 材料的器件只能在 200 ℃以下的热环境下工作，且抗辐射、耐高压性能都无法满足现在军用电子技术发展的要求，以 AlGaN/GaN HEMT 为代表的宽禁带半导体器件的出现较好地符合了这一需求。GaN 具有比 GaAs 更宽的禁带、更高的击穿场强和电子饱和速度，热导率是 GaAs 的 3 倍，用于生长 AlGaN/GaN 外延层的 SiC 热导率是 GaAs 的 9 倍。GaN/SiC 材料的特点决定了其具有优异的微波特性，理论上可以达到几十瓦的输出功率。宽禁带半导体技术研究的重点是 Si、GaN 微波毫米波有源器件和无源器件的建模建库，功率单片电路设计，外延材料生长，单片电路高温测试和封装技术。近年来，国内在 GaN 器件的研究方面也投入了较大的精力，取得了一定的成绩，部分产品也逐渐应用到型号任务中，但与美国相比仍存在较大差距，整体水平有待提升。

随着薄膜工艺的进步，许多基于该技术的微波器件也快速出现，一些滤波器、分路器，甚至新型传输线应运而生。薄膜工艺与微波芯片相辅相成，为微波毫米波电路的小型化提供了有力的支撑。

7.5.2 MIC 工艺

国内外，微组装工艺技术在较高的频段，在各种宽带及超宽带的微波产品以及在军事用途的产品中得到了非常广泛的发展和应用，尤其是在小型化、高集成度、高性能、宽频带和高可靠性等方面，具有非常突出的优点。可以说，与混合集成电路相比，微波集成电路（MIC）是技术水平更高、性能更好的高档技术和产品。其主要具有以下优点。

（1）小型化、高集成度

MIC 电路采用了体积非常小的芯片器件，以及性能稳定且介电常数较高（$\xi_r=9.6$）的陶瓷基片，并且电阻、电感等元件均集成在基片上，其产品的集成度较高，体积小。

（2）高性能

在性能指标方面，MIC 电路不仅优于 MMIC 电路，也同样远远优于混合集成电路。在微波电路中，寄生参数的影响是非常大的，在毫米波段的影响甚至是致命的。对于电路的寄生参数，可以通过各种手段，包括试验和计算机仿真等将其影响考虑进去，但对于器件管壳封装的影响则没有任何办法消除，管壳所引入的寄生参数是客观存在的，其影响也是必然存在的，影响之一是引入了附加的损耗，导致器件的噪声参数恶化；其次是寄生的电抗参数使得宽带的电路设计困难等。显然，最好的解决办法就是去掉封装的管壳。

（3）高可靠性

由于微波集成电路中有关的有源元件都制造在集成电路中，生产过程自动化，和以前的微波真空管与半导体元件相比较，元件本身的可靠性提高了，同时由于各元件间的连接部分减少了，由连接部分引起的故障减少了，因此可以说它的可靠性提高了。在国外的军事和航天用途的微波产品中，大量采用的主要是 MIC 电路。

7.5.2.1　组装流程

微组装工艺技术的大体工艺流程是：检查、清洗器件→贴片→键合→检测→返修→封装→终检。下面简要介绍一下工作流程。

（1）检查、清洗器件

来料检查，主要包括对芯片和基板的检查，以提高成品率。主要检测方法是利用带刻度的显微镜对芯片表面质量和基板图形精度进行检查。对准备焊装件进行清洗，以避免污渍和多余物对电路性能产生不良影响，主要设备是等离子清洗机。

（2）贴片

将管芯及其他表贴元器件贴放并固定在基片相应位置上。从固定方式上，可分为环氧树脂粘固和共晶焊接。共晶焊接必须使用专用设备进行贴片和焊接，环氧树脂粘接可分为人工贴片和机器贴片两种。

（3）键合

键合是通过压焊金丝、金带实现芯片与基板或模块之间连接的工序，使用专用设备进行。

（4）检测

为保证产品可靠性，必须对加工件进行检测，采用键合焊点拉力及芯片剪切力等专用测试设备。

（5）封装

由于微组装工艺是直接将裸芯片装联在基板上，器件上没有封装保护，因此这类产品对整体封装就提出了更高的要求，基本要求是外壳必须密封，腔体内的湿度和洁净度必须符合军标要求，腔体内充惰性气体保护。

7.5.2.2　MIC 工艺可靠性测试

对微波集成电路最根本的要求是其可靠的电性能。因此，在工艺过程中或组装的密封后，所进行的各种试验都是为了一个目标，即确保电路的预期寿命和电性能要求得到满足。要进行的试验数量、类型和次数，应在项目开始时决定。有时候，客户会提出试验要求，而其他时候，我们自己必须确定与特定成本和可靠性要求相称的试验数量。

试验可分为电气（芯片和电路）、目检（内部和外部目检）、热/机械筛选试验。更进一步，试验可以分为非破坏性试验和破坏性试验。非破坏性试验对所有产品100％进行，而破坏性试验仅在质量鉴定或质量一致性检验时对一小部分抽样的样品进行。

7.5.2.3 应用前景

未来相控阵雷达技术的发展趋势是集天线、T/R（发射/接收）组件于一体，对微波组件的小型化、轻型化提出了更加严格的要求。随着雷达工作频率的不断提高，波长越来越短，就必须缩小T/R组件的尺寸。如X波段T/R组件的横向尺寸必须控制在十几毫米量级甚至更小。为了解决T/R组件的功能越来越复杂、电性能指标要求越来越高，而同时体积越来越小、质量越来越小的矛盾，迫切需要发展微波垂直互连和立体组装技术，研制出满足各项要求的高可靠微波立体T/R组件，以满足新一代机载、星载固态有源相控阵雷达的技术要求。LTCC多层基板技术能够适应相控阵雷达对于电路小型化、高密度、多功能、高可靠、高速度、大功率的要求。其优势主要表现为精细线条和间距、精细过孔、低阻抗金属化、良好的高频特性、允许特殊设计要求等方面。

微组装技术的发展动力来源于电子产品的更新换代，一代产品造就一代技术，未来的技术发展还会沿袭这种趋势。从技术层面上分析，微组装技术是生产电子元器件或组件过程中的重要工艺，它是微电子制造技术的延伸，其发展的快慢以所达到的技术水平和生产规模直接影响整机产品或电子系统的发展。微组装技术的另外一个特点是其技术本身的专用性，尤其用于军事比较多，工程人员更应努力发展微组装工艺技术。

7.5.3　CMOS 芯片技术

CMOS 器件最初主要用于数字电路设计，但近 30 年间，在 CMOS 深亚微米工艺的不断进步以及市场需求的推动下，CMOS 技术在射频领域得到越来越多的突破，这主要归功于 3 个方面因素：

1）随着 MOS 晶体管的沟道长度特征尺寸按照 Moore 定律不断等比例缩小，从 0.18 μm，0.13 μm，90 nm，65 nm，45 nm，32 nm，22 nm 到 16 nm，MOS 晶体管的截止频率也在飞速增加，0.18μm MOS 管的 f_T 高达 50 GHz，90 nm MOS 管的 f_T 突破 150 GHz。在有源器件等比例缩小的同时，CMOS 技术的其他改进，如铜互连、高/低 K 介质、高 Q 值片上电感、高密度 MIM 电容、先进的三阱隔离工艺，也使其更适合应用于高频领域。

2）在 CMOS、BiCMOS、Bipolar、砷化镓、异质结（HBT）、SiGe 等众多工艺中，CMOS 工艺最为成熟，成本最低，所以应用也最为广泛。更由于绝大多数射频收发机的基带处理部分都是用 CMOS 工艺实现的，为进一步把数字和射频集成在一起，实现系统集成芯片（SoC，System - on - Chip），需要把射频、模拟、数字及存储等多种电路模块集成在同一硅片上，而 CMOS 技术在集成度、功耗、成本等方面具有绝对优势，成为 SoC 解决方案的首选。

3）得益于 CMOS 技术的不断进步，2004 年，射频电路领域的先驱者 Asad A. Abidi 教授就预言 CMOS 射频集成电路的时代已经来到。硅基 CMOS 技术已经可以扩展到 60 GHz 左右的应用范围，几乎完全覆盖主流电子产品，在更高频率应用方面，SiGe BiCMOS 技术将是很好的选择。

封装技术的发展，使得由于封装引起的寄生效应逐步缩小，电学性能和热学性能都有很大的提高。所有这些都使得 CMOS 射频集成电路成为一种发展趋势。

7.5.3.1　CMOS 器件的基本概念

CMOS（互补金属氧化物半导体）芯片是指同时采用 N 型

MOSFET（NMOS）和 P 型 MOSFET（PMOS）的半导体集成电路，是目前实现单片射频微波集成电路最主要的方式之一。

MOSFET（金属-氧化物-半导体场效应晶体管）是一种单极型晶体管，只靠一种极性的载流子（电子或空穴）传输电流，导电载流子是电子的晶体管称为 NMOSFET，导电载流子是空穴的晶体管称为 PMOSFET。图 7-27 是 NMOSFET 的结构示意图。

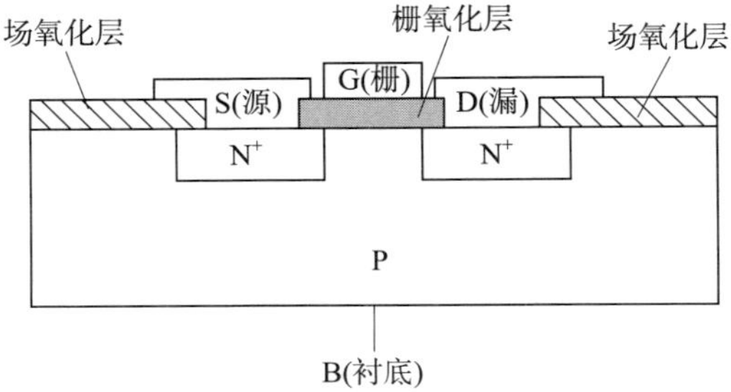

图 7-27　NMOSFET 结构示意图

NMOSFET 的衬底是 P 型单晶硅，上表面的两个 N^+ 区靠扩散或注入掺杂形成，分别称为源区和漏区。在它们之间的半导体表面热生长一层高质量的二氧化硅层，称为栅氧化层。在其上面再覆盖一层金属，由此引出的电极称为栅极，用字母 G 表示。栅氧化层下面的硅表面称为沟道区。从覆盖在源区和漏区接触孔上面金属引出的电极分别称为源极和漏极，通常用 S 表示源极，用 D 表示漏极。第 4 个电极从衬底引出，用 B 表示。源区和衬底间的 PN 结称为源 PN 结，漏区和衬底间的 PN 结称为漏 PN 结。在硅表面，源区、漏区、沟道区一起称为有源区，有源区以外的表面称为场区。NMOS 器件沟道中，导电载流子是电子。

PMOSFET 与 NMOSFET 不同之处是其衬底采用 N 型单晶硅，源区、漏区靠扩散或注入掺杂形成 P^+ 区。PMOS FET 沟道中，导电载流子是空穴。

CMOS 器件的工作原理以半导体表面电场效应为基础，以栅电压来控制漏极电流。从图 7－27 可以看到：位于 MOSFET 源区和漏区之间的中心部分是一个 MOS 结构，如在栅极与衬底间加电压就产生垂直于 S_i/S_iO_2 界面的电场，并在界面的硅一侧感应出表面空间电荷，按栅压的极性及大小不同，表面空间电荷区的载流子可分为 4 种情况。负栅压形成的表面电场吸引空穴排斥电子，使界面附近积累空穴；随着栅压向正方向增加，半导体表面将陆续经历平带、耗尽、弱反型、强反型等状态。强反型是指表面电子密度等于或超过衬底内部空穴平衡态密度，这样，在界面附近出现的与体内极性相反的电子导电层称为反型层，MOSFET 中称之为沟道。正常工作条件下，源 PN 结和漏 PN 结为零偏或反偏，在源漏之间加电压，沟道未形成时，将只有近似于反偏 PN 结漏电流大小的极小电流在漏极到源极间流动。但是，若在栅电压控制下表面形成沟道，它将使漏区和源区连通，在 U_{DS}作用下，出现明显的漏极电流，而且漏极电流大小依赖于栅极电压。

栅极到半导体之间被电绝缘的 SiO_2 层阻挡，源极、漏极到衬底之间为零偏或反偏 PN 结所分开，故源区、漏区、沟道区到栅和衬底可看作是不导电的，器件导通只有从漏极经过沟道到源极这一条通路。MOSFET 是典型的电压控制器件。共源极工作时，栅极输入电压控制漏源电流输出。

若作放大元件应用，叠加在栅源直流偏置电压上的 ΔU_{GS} 将引起输出回路中的 ΔI_D 响应，负载电阻上随之产生 ΔU_{RL} ，由此而获得增益。MOSFET 也是一种良好的开关器件，输入电压可控制器件分别处于截止和导通两种不同状态。

7.5.3.2　CMOS 技术的具体电路实现

目前，利用 CMOS 设计技术可以实现大多数遥测信道中的单元电路集成，并进一步实现信道的集成，满足遥测信道的微小型、低功耗、高可靠的要求，是目前技术发展的主要方向之一。

图 7－28 所示为基于导航应用开发的双通道射频接收芯片原理图，图 7－29（b）为实物照片，芯片采用 TSMC 0.18 um 工艺，每个

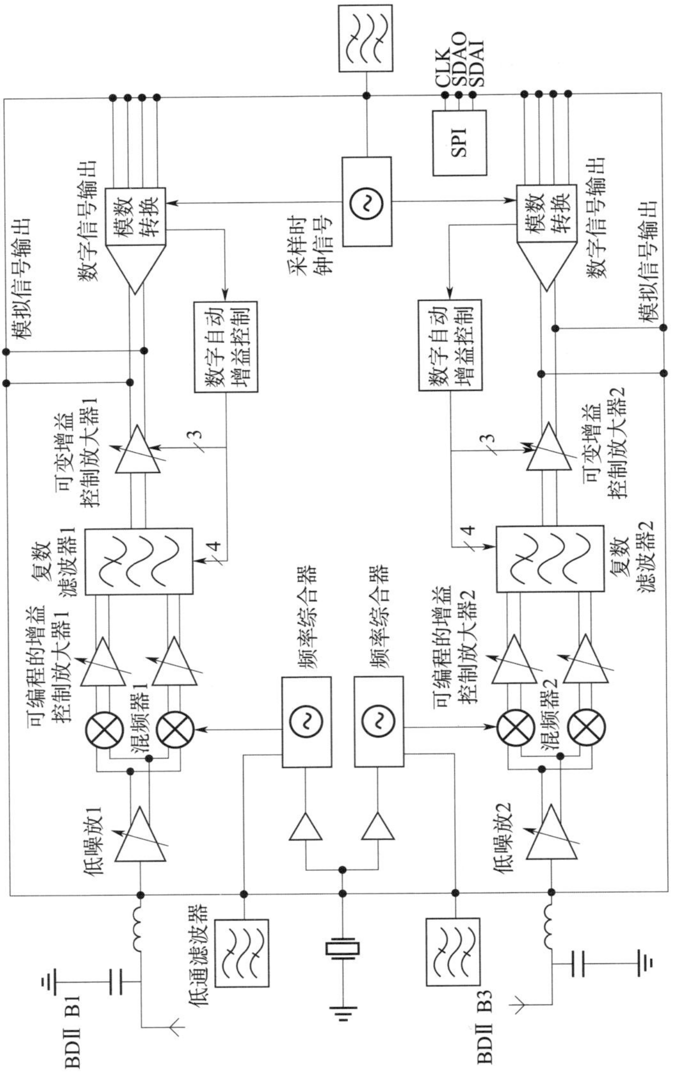

图 7-28　双通道射频接收芯片原理图

通道均可接收 BD Ⅱ B1/B2/B3，GPS L1/L2，Galieo E1/E5 和 GLONASS L1/L2 频点，每个通道集成 LNA、Mixer、PGA、Complex BPF、VGA、4bitADC、AGC、PLL 和 SPI 等单元，指标性能可满足导航接收机的应用需要，详细测试数据见表 7－1。

表 7－1　双通道射频接收芯片测试数据

频点		B1	B3
最大增益		－100 dBm @ 1 561.098 MHz	－100 dBm @ 1 268.52 MHz
中频频率		4.098 MHz	16.02 MHz
噪声系数		5.5 dB	4.5 dB
中频相噪		－82.3 dBc/Hz @ 100 Hz －86.7 dBc/Hz @ 1 kHz －85.9 dBc/Hz @ 10 kHz －91.5 dBc/Hz @ 100 kHz	－80.7 dBc/Hz @ 100 kHz －88.1 dBc/Hz @ 1 kHz －88.3 dBc/Hz @ 10 kHz －93.8 dBc/Hz @ 100 kHz
中频输出幅频特性	3 dB 带宽	4.4 MHz	21.8 MHz
	带内波动	＜1 dB @ $f_0\pm2.046$ MHz	＜1 dB @ $f_0\pm10.23$ MHz
	带外抑制	－25 dB @ $f_{IF}-3.069$ MHz －25 dB @ $f_{IF}+3.069$ MHz	－25 dB @ $f_{IF}-15.345$ MHz －25 dB @ $f_{IF}+15.345$ MHz
输入驻波		$f_{RF}\pm2.046$ MHz 带宽内输入驻波最大值 1.1	$f_{RF}\pm10.23$ MHz 带宽内输入驻波最大值 1.3

图 7－29（a）为应用 TSMC 0.18 μm CMOS 研制的某调谐器射频前端电路原理图，核心电路版图面积 425 μm×335 μm。该调谐器工作于 470～890 MHz，噪声系数 4 dB，输入三阶交调截断点＋3 dBm，增益范围 14～40 dB，信号带宽内增益平坦度为 3.3 dB。

该电路的最大亮点在于应用了电容交叉耦合宽带可变增益低噪声放大器，充分利用差分信号反相 180°的特点，引入电容性 C_c 反馈支路，使真正加载到输入管栅源上的小信号电压提高，进而提升器件的跨导，满足电路在宽带信号应用下的高要求。

目前，CMOS 芯片以其独有技术特色，主要应用于卫星导航、物联网、通信和相控阵雷达等，对微波信道提出大批量、高可靠性、

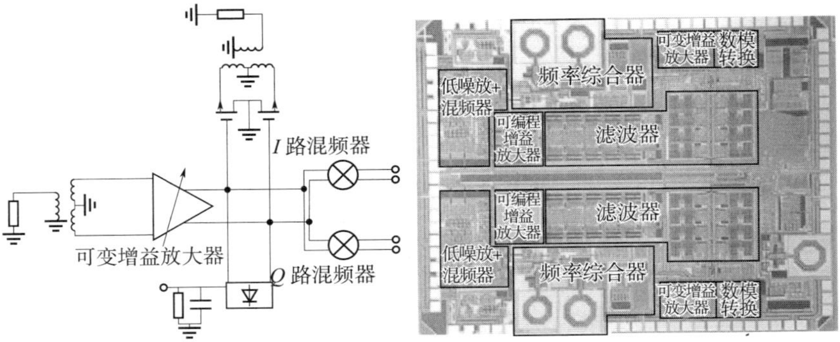

(a) 某调谐射频前端电路原理图　　(b) 双通道射频接收芯片实物照片

图 7-29　某调谐射频前端电路原理图与双通道射频接收芯片实物照片

高一致性的应用需求。随着 CMOS 工艺的不断进步，工作频率的不断提高，其应用范围还将进一步扩大。

7.5.3.3　CMOS 芯片可靠性与应用环境

可靠性是 CMOS 芯片设计中需要重点关注的方面，影响芯片可靠性的主要失效模式和机理包括电迁移效应、辐照引起的性能退化、静电放电损伤、热载流子效应、闩锁效应以及二次击穿效应等。芯片的可靠性设计主要是针对这些失效机理的可靠性加固设计，包括电力设计、版图设计、工艺设计、原材料优选设计、封装设计等。

芯片依照封装不同，可以应用于不同的环境，普通的塑料封装器件是目前成本最低、应用最广泛的半导体器件，但主要是工业应用，满足相应试验要求的塑封器件也可以应用于普通军用地面设备当中；B 级器件采用陶瓷封装，需满足满足 GJB 597B－2012 相应的可靠性考核试验要求，B 级器件可以应用于弹载环境；S 级器件是军用半导体的最高等级，也应满足满足 GJB 597B－2012 相应的可靠性考核试验要求，S 级器件可以满足星、船、箭等航天应用的需要。设计人员应针对具体的器件等级要求，在芯片设计中充分考虑可靠性的问题，同时对器件进行相应的封装与可靠性试验，满足具体的应用需要。

7.5.3.4　CMOS 芯片技术实现难点

虽然，CMOS 技术发展已成如火如荼之势，但由于 CMOS 工艺的固有缺陷，采用 CMOS 工艺来实现射频集成电路存在很多挑战，主要表现在以下几个方面：

1）相比于其他工艺，MOS 晶体管的 $1/f$ 噪声对电路的影响加大，而且由于测试的困难，厂家很难给出准确的射频噪声模型。

2）缺乏高质量的无源器件和准确的无源器件模型。由于衬底损耗的影响，使得集成无源元件（特别是电感）的品质因子都很低，对于某些要求较高的应用，采用集成无源元件很难满足系统要求。而且，芯片制造厂家也很少给出（或仅给出少数）准确的无源元件模型，从而给芯片设计带来困难。

3）衬底损耗问题。CMOS 工艺的衬底不是理想的地平面，一般将其等效为一个电阻性网络，它通过电容性耦合给集成电路各元件及连线带来损耗。特别是在深亚微米技术下，衬底都采用外延性衬底，衬底损耗将更加严重。

4）衬底噪声耦合问题。在 CMOS 工艺中，各个元器件都共用同一个衬底。由于衬底不是理想的地平面，使得各个模块之间会通过衬底互相干扰，特别是数字部分，对模拟、射频部分的影响尤其严重，这是用 CMOS 工艺来实现微波集成的重大挑战。

CMOS 技术的发展日新月异，相信通过工艺水平的不断提升，以及设计能力的不断进步，CMOS 芯片必将延续它飞速发展的脚步，为系统/整机的发展提供更大的支撑。

7.5.3.5　在片测试

CMOS 芯片产品测试主要有两种方法：一种是在片测试，即使用专门的微波测试探针台对晶圆上的裸芯片直接进行测试。探针台提供从测试仪器到裸芯片的接口，它需要与各种微波测量仪器仪表有机地连接，才能完成对裸芯片的测试。这种方法，适用于管脚数量相对较少且功能较为单一的裸芯片，同时，对于晶圆的尺寸也会有一定的要求。另一种是专用测试夹具测试，通过测试夹具实现芯片和测试板的有效连接，再将测试板按测试需求与相关的测试仪器进行连接，完成相应的测试。这种方法需要根据芯片的具体封装形式，选择针对相应封装的测试夹具，并制作专门的测试板，完成相应的测试。由于大量的CMOS芯片产品是需要进行封装的，用测试夹具进行测试，能够全面评价封装对芯片性能的影响，更满足对CMOS芯片的测试需求，所以目前这种方法更为主流。

在此基础上，国内外成熟的芯片研发厂商会基于自动控制系统，开发专门的芯片自动测试流水线，将测试、检验、统计、包装结合在一起，提高测试效率，完善产品流程。

参考文献

[1] 李秉常．航天遥测系统［M］．北京：中国宇航出版社，2001.

[2] 毕查德．拉扎维．模拟 CMOS 集成电路设计．陕西：西安交通大学出版社，2003.

[3] 毕克允．微电子技术（第二版）——信息化武器装备的精灵［M］. 北京：国防工业出版社，2008.

[4] 宋飞．CMOS 移动数字电视射频调谐器芯片设计研究［D］．北京大学博士研究生学位论文，2009.

[5] 池保勇，等．CMOS 射频集成电路分析与设计［M］．北京：清华大学出版社，2006.

[6] 胡明春，周志鹏，严伟．相控阵雷达收发组件技术［M］．北京：国防工业出版社，2010.

[7] Boris Tomasic，John Turtle，Robert Schmied，etc. Transmit - receive Isolation in Phased Array Antennas for Duplex Communication Systems［C］. 17 International Conference on Applied Electromagnetics and Communications，1 - 3 October 2003，Duorovnik，Croatia.

[8] Sarjit S Bharj，Boris Tomasic，John Turtle，etc. A full - duplex，Multi - channel Transmit Receive Module for an S - band Satellite Communications Phased Array［C］. 2010 IEEE International Symposium on Phased Array Systems & Technology，202 - 210.

[9] 有源相控阵雷达技术课程讲义［R］．中航工业雷电院，2010.

[10] 张厥盛，郑继禹，万心平．锁相技术［M］．陕西：西安电子科技大学出版社，1994.

[11] Dean Banerjee. PLL Performance，Simulation，and Design（3rd Edition）［M］. 2003.

[12] Vadim Manassewitsch. Frequency Synthesizers Theory and Design（Second Edition）［M］. A Wiley - Interscience Publication，1980.

[13] 白居宪．低噪声频率合成［M］．陕西：西安交通大学出版社，1994.

[14] 顾墨琳．微波固态电路设计［M］．中电集团第十四研究所，2002.

[15] 清华大学微带电路编写组．微带电路［M］．北京：清华大学出版社，1996.

[16] 甘仲民，等．毫米波通信技术与系统［M］．北京：电子工业出版社，2003.

[17] 薛良金．毫米波工程基础［M］．哈尔滨：哈尔滨工业大学出版社，2004.

[18] Dawn Wang. Enabling Technologies for Analog and RF ICs［C］. IEEE ICSICT 2008，Analog/RF IC Design and Technologies for Communications Short Course，Beijing，Oct. 20－23，2008.

[19] International Technology Roadmap for Semiconductors（ITRS），2007 Edition［R］.

第8章　遥测跟踪系统

8.1　概述

遥测天线自跟踪系统是无线电遥测系统的重要组成部分，可以实现对目标的自动跟踪，使天线能自动地对准高速运动的飞行目标，保证以最高的增益可靠地接收遥测信号，提高遥测接收设备的操作自动化。遥测天线自跟踪系统主要分为机械（面结构天线）自跟踪遥测系统和相控阵（电子扫描天线）自跟踪遥测系统。

随着导弹、火箭及卫星的发展，要求无线电遥测系统具有更高的测量精度、更大的数据容量、更远的作用距离；要求地面遥测设备适应能力和抗干扰能力强、自动化程度高、机动灵活性好。这些要求促使遥测频率提高、遥测地面接收系统的接收灵敏度提高和接收天线的口径增大。

对于常用的厘米波段抛物面天线，其半功率波束宽度可近似地表示为

$$2\theta_{0.5}=65\,\frac{\lambda}{D}\quad (^\circ) \tag{8-1}$$

式中　λ ——工作波长；

　　D ——接收天线直径。

由此可见，接收天线直径越大，工作频率越高，接收波束就越窄。一般，增益较高的遥测接收天线波束在0.5°～5°。为使这样的窄波束天线能自动对准高速运动的飞行目标，保证以最高的增益可靠地接收遥测信号，提高遥测接收设备的操作自动化，必须设计遥测天线自跟踪系统。当然，在一些要求较低的适用场合，仍可使用

人工控制或程序控制，使天线基本对准目标。

8.1.1 遥测天线自跟踪系统的作用及特点

目标（导弹、火箭等）在整个飞行弧段都要求遥测系统能不间断地接收到遥测信号，对飞行情况连续进行监测。对于一次远程飞行任务的遥测，需要多个遥测站在自己的作用距离范围内连续跟踪目标接收遥测信号。遥测天线自跟踪系统的主要作用是自动搜索并捕获目标，以一定的跟踪精度连续跟踪目标，使目标始终处于主波束的中心线附近，从而以最大接收增益连续可靠地接收遥测信号。当目标偏离预定飞行轨道时，天线自跟踪系统能在较大空域范围内搜索捕获目标并进行跟踪，获得遥测数据。

对于大型火箭或导弹系统的飞行试验，地面需要有一个庞大的测控网对飞行目标进行测量及控制，包括雷达、光测、遥测等设备。由于遥测系统的波束较宽，作用距离较远，一般能更早地发现并跟踪目标。因此，可以利用遥测天线自跟踪系统的测角数据引导其他设备跟踪目标。此外，还可以利用两个或两个以上的遥测自跟踪站测角数据进行交会计算，粗略估算出目标的飞行轨迹。在具备测距功能的遥测系统中，还可以利用测角数据进行外弹道测量。

遥测天线自跟踪系统的工作原理类似于连续波雷达，但也有其独自的特点：1）遥测天线自跟踪系统利用飞行目标上遥测发射机发出的射频信号进行跟踪，一般不需要大功率的上行设备；2）遥测天线自跟踪系统能适应各种调制体制，利用遥测信号本身进行跟踪，不需要弹上安装单一载波的信标发射机；3）单纯的遥测系统一般不需要很高的测角精度，跟踪误差为波束角的十分之一即可，因此不需要精密的数据传递装置；4）在采用相控阵天线后，遥测系统可以进行多目标跟踪，扩大动态跟踪范围。

8.1.2　系统组成、功能及主要技术指标

8.1.2.1　遥测天线自跟踪系统的组成

①接收天线及馈源

根据不同的遥测频段及系统所采用的不同跟踪体制，接收天线及馈源有不同的结构和形式。接收天线及馈源是遥测天线自跟踪系统中的关键设备，它的技术性能决定了系统的总体性能，对它的要求是高增益、低旁瓣电平、高测角灵敏度等。

②天线座

在采用面结构天线的遥测天线自跟踪系统中，天线座支撑接收天线、馈源及其他设备。在伺服系统的推动下，控制天线运转，保证天线精确跟踪目标。遥测天线座形式包括方位俯仰型天线座、X-Y 型天线座、TILT＋A＋E 型三轴天线座及六自由度天线座等。无论哪种形式的天线座，都要求具有足够的承载驱动能力、结构强度及轴系刚度，并具有较高的轴系精度及测角数据传递精度，能在恶劣的环境下可靠运转。

在采用相控阵天线（电子扫描天线）的遥测天线自跟踪系统中，天线座仅具有支撑天线的作用。

③跟踪接收机

跟踪接收机对角误差信号进行放大、变换和处理，从被噪声污染的角误差信号中检测出低频角误差电压，送至伺服分系统推动天线运转。根据系统采用的不同跟踪体制，跟踪接收机有圆锥扫描体制跟踪接收机、单通道单脉冲跟踪接收机和双通道跟踪接收机等。同时，根据遥测信号的调制方式，可分为相干跟踪接收机和相关跟踪接收机等。在某些场合，跟踪接收机可以和遥测接收机合并设计，在解调出遥测信号的同时，检测出角误差电压。对跟踪接收机的主要要求是通道间要求幅度、相位一致且相互隔离，抗干扰能力强，精度高，适应能力强，有多种工作状态。

④天线驱动单元

天线驱动单元是天线驱动控制的主体，一般包括天线伺服系统的电流环、速度环的闭环控制功能。天线驱动单元具有合适的驱动及过载能力，可靠有效的保护功能。

⑤天线控制器

天线控制器是天线控制的主体，一般包括天线伺服系统位置环的闭环控制功能。要求其具有稳定的位置回路、强大的数据处理能力等。

⑥标校设备

该设备用于标定和校准自跟踪系统的光电轴一致性。包括标校板、标校天线、标校发射机、光学望远镜、标校电视等。

⑦波束控制器

在采用相控阵天线（电子扫描天线）的遥测天线自跟踪系统中，需要波束控制器对天线的电子扫描进行波束控制。要求其能正确生成天线阵面上各个移相器所需的控制信号，使天线波束准确指向预定的空间方向；要求其能满足天线波束位置快速转换的要求，确保系统的响应速度。

8.1.2.2 遥测天线自跟踪系统的功能

①自跟踪功能

由天线波束与目标的相对位置形成角误差，经跟踪接收机放大和检波以后，形成角误差信号。天线控制器读取角误差的数字量，由数字位置调节器按照给定的控制律产生数字控制量，送给数字稳定回路，通过天线驱动单元控制天线座上的执行元件驱动天线向着减小误差的方向运动，直至天线的波束对准目标，并跟随目标运转，达到自跟踪的目的。

②数字互引导和程控功能

在有其他信息源的情况下，遥测天线自跟踪系统可以作为被引导设备，按照引导信息使天线指向目标。同时，遥测天线自跟踪系统也可以引导其他设备，充分发挥信息共享的优势。

程控功能是可以根据预报的目标运动轨迹预先设置天线运行轨迹，使天线对准目标。数字互引导和程控功能与自跟踪功能正确配合使用，可以提高对目标捕获与跟踪的可靠性。

③多径效应处理功能

在遥测天线自跟踪系统中，当跟踪超低空飞行目标时，由于地平面或海平面反射影响，会产生多路径效应。在这种情况下，不仅造成信号衰落，严重影响信号的接收和解调，而且导致跟踪天线差方向图零点发生偏移，从而影响天线跟踪的平稳准确性，甚至丢失目标。

采用多径效应处理功能后，遥测天线自跟踪系统能在建立目标测量模型的基础上进行数据融合，实现目标位置的最优估计，达到在多径效应影响下平稳跟踪能力，只应用软件措施就可以较为有效地解决多径效应问题。

④搜索功能

遥测天线自跟踪系统能围绕特定的等待角或一条特定的天线运行曲线，进行圆扫描、圆锥扫描或螺旋扫描，以扩大捕获空域。

⑤测试功能

遥测天线自跟踪系统具有性能自动测试功能，可以快速有效、准确地评估系统各项性能，测试结果用图形和数据表示，包括阶跃、等速、正弦等测试。

⑥远程控制功能

在一些特殊的遥测应用场合下，需要遥测天线自跟踪系统具有远程控制功能。将天控器与天线驱动单元间的数据交互采用光端机实现，可以大大地提高天线与天控器间的距离，实现对天线驱动的远程控制。

8.1.2.3　遥测天线自跟踪系统的主要技术要求

①天线增益

根据遥测发射机功率、发射天线增益、遥测数据带宽、遥测作用距离、接收机灵敏度确定地面接收天线的增益。由天线的工作频段及增益可以确定口径及波束宽度，由此决定天线座的负载驱动能力和跟踪精度要求。

②跟踪精度

单纯用于遥测天线自跟踪系统，跟踪角误差应小于天线波束宽度的 1/10。

③角度工作范围

一般，当天线运行角度折算到方位俯仰坐标系下时要求俯仰 $-3° \sim +90°$，方位 $-370° \sim +370°$，也可以设计为方位 360° 无限，俯仰 $-3° \sim +183°$。

④跟踪角速度和角加速度

根据目标飞行的运动轨迹、运动速度、加速度以及目标相对于接收站的距离，可以确定目标相对于接收站的角速度和角加速度。由此确定自跟踪系统的最大角速度和角加速度、保精度角速度和角加速度等。

⑤使用状态

遥测自跟踪系统有车载、船载、机载、固定站等使用状态。针对不同的使用状态，在系统设计上要有不同的考虑，结构上有不同的形式。

8.2 跟踪体制

为了准确地跟踪目标，必须首先从接收到的射频信号中检测出目标相对于天线轴之间的误差角 θ，或检测出与误差角相应的误差电压，如图 8－1 所示。从这个意义上来说，接收天线与馈源构成一个角误差敏感器或角误差传感器。角误差检测的方法称为跟踪方式或跟踪体制。在很大程度上，跟踪体制决定系统的信道结构、跟踪性能和复杂程度。因此，在系统设计时，必须首先根据主要技术要求选定适当的跟踪体制，然后确定系统各部分的结构与要求。

遥测天线自跟踪系统非常类似于连续波雷达自跟踪系统。连续

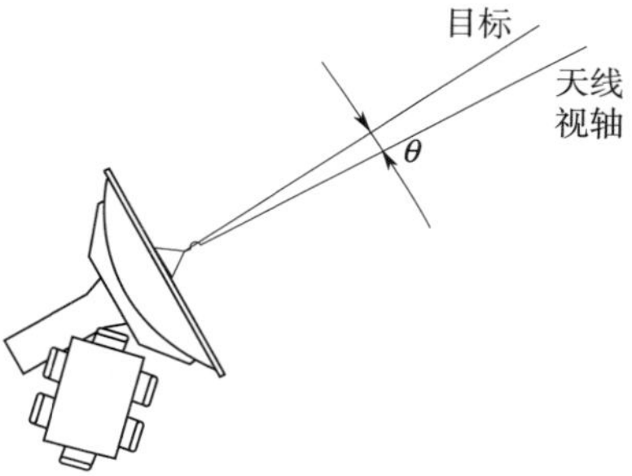

图 8－1　角误差示意图

波雷达的跟踪体制几乎都可应用于遥测天线自跟踪系统。遥测天线自跟踪系统主要有两大类：圆锥扫描体制和单脉冲跟踪体制。在单脉冲体制中又有幅度单脉冲体制、相位单脉冲体制、多模单脉冲体制等。

8.2.1　圆锥扫描体制

圆锥扫描体制是遥测天线自跟踪系统中应用较多的一种体制。它是由早期的波束交叉扫描跟踪体制发展而来的，大多用于抛物面自跟踪天线。当抛物面天线的馈源相对于天线轴线适当偏焦后，可获得偏离天线轴的空间波束。若在一个方向设置两个偏焦馈源，即可获得两个同样的波束，波瓣比较示意如图 8－2 所示。

图 8－2 中，$G_1(\theta)$ 和 $G_2(\theta)$ 分别表示两个相对偏离焦点的波束方向图。当目标处于天线轴位置时，两波束接收信号幅度相等。当目标处于天线轴一侧，则两波束接收信号不同，误差为 $|G_1(\theta)|-|G_2(\theta)|$，由此可获得目标偏离天线轴的角误差信号。当用一个横向偏焦馈源围绕天线轴作快速旋转（围绕天线轴进行章动旋转）时，天线波束也相应地围绕天线轴以相同的速度旋转，比较在空间轮流出现的波束所接收的信号就可获得方位、俯仰的角误差信号，因波束轴在空间描绘出一个圆锥体，所以把这种方法称为圆锥扫描。波束旋转一周，接收信号的幅度受到调制，基本按正弦变化，调制频

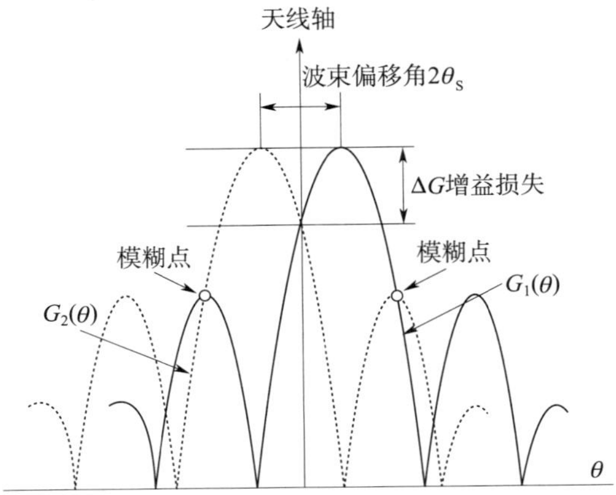

图 8－2　波瓣比较示意图

率即圆锥扫描频率，调制相位代表目标偏离天线轴的方向，圆锥扫描误差信号的产生如图 8－3 所示。

接收信号数学上可简单地表示为

$$E = A_m [1 + K\theta \sin(\Omega t - \beta)] \cos\omega_c t \tag{8-2}$$

式中　A_m ——接收遥测信号的振幅平均值；

ω_c ——遥测载波角频率；

Ω ——圆锥扫描角频率；

K ——与角误差斜率有关的常数；

θ ——目标偏离天线轴的角度；

β ——误差角 θ 与基准线的夹角。

波束的圆锥扫描可以由不同的方法来实现，对于前馈抛物面天线，可以采用使偏焦的辐射正交振子或辐射喇叭作章动旋转的方法；对于后馈抛物面天线，可使偏焦的副反射面旋转，或使后馈辐射喇叭作锥状旋转，来实现波束圆锥扫描；无论哪种方式都需要一台旋转电机和可旋转的馈源部件，一种正交极化、低旁瓣电平的圆锥扫描馈源的结构示意如图 8－4 所示。

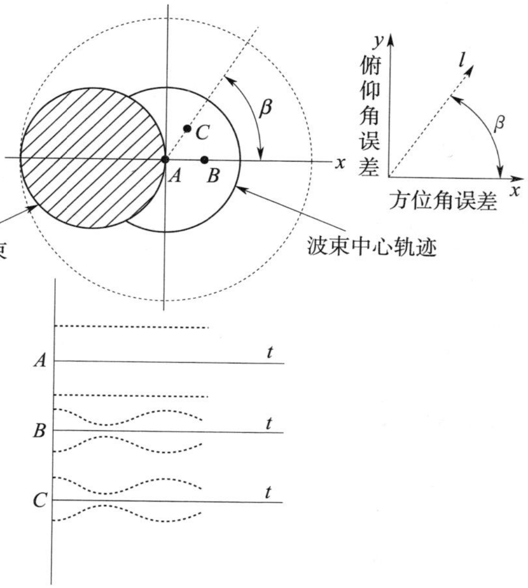

图 8-3　误差信号的产生

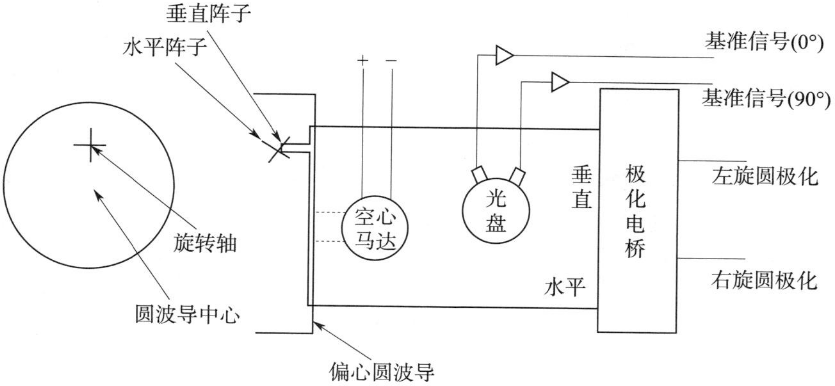

图 8-4　圆锥扫描馈源结构示意图

在旋转的圆波导内，安装一对固定的正交偶极子，用来激励正交的 TE_{11} 模。圆波导的中心轴线偏离旋转轴线，因此圆波导的相位中心相对于旋转轴有偏移。当圆波导高速旋转时，其辐射波束围绕中心轴作锥状扫描，对抛物面天线照射后，在空间形成圆锥扫描波束，正交偶极子可用印刷电路制作，圆波导由空心电机驱动旋转，转速为 1 500 r/min。为取得圆锥扫描基准信号，电机同时带动一光学圆盘，圆盘一半透明一半不透明，一对发光二极管和一对光敏晶体三极管置于圆盘两侧，并在空间相差 90°。两个发光二极管照射旋转的圆盘，两个光敏三极管输出两个相位相差 90°的方波信号，经放大作为基准信号送角误差检出接收机。整个馈源中唯一的旋转部件是电机带动的圆波导，结构紧凑、质量小，这是一个比较新型的圆锥扫描馈源实例。

8.2.2 比相单脉冲跟踪体制

比相单脉冲跟踪体制是单脉冲跟踪体制的一种。单脉冲体制采用同时波瓣比较以取得角误差信号，它与圆锥扫描顺序波瓣比较体制相比，误差信号的获取不受目标信号起伏和目标高速运动的影响，因而跟踪精度较高。

比相单脉冲体制从两个接收天线收到的信号之间的相位差来获得目标偏离天线轴线的角误差信息。为了说明其原理，先考虑一维角误差检出的简单情况。设有两个波瓣图完全相同的单元天线置于一条水平线上，如图 8-5 所示。

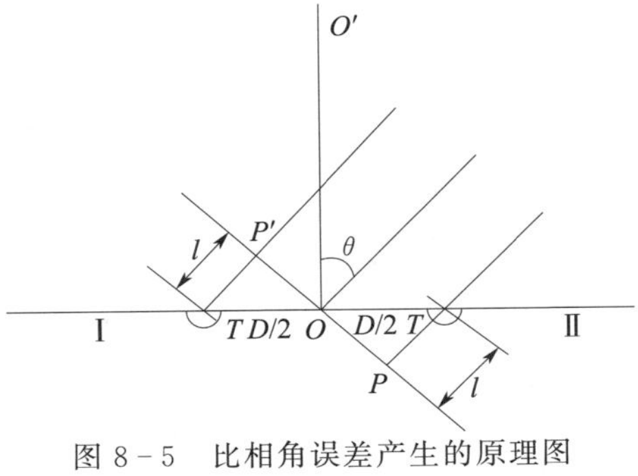

图 8-5 比相角误差产生的原理图

两天线间距为 D，OO' 为中垂线，表示天线轴线，设来波为平面波，其波前为 PP'，目标与天线轴线偏角为 θ。若以 O 点为接收信号的相位参考点，则天线Ⅰ、Ⅱ接收信号的行程差分别为 $+l$ 和 $-l$。则两接收信号可表示为

$$\begin{cases} E_{\mathrm{I}} = E_{\mathrm{m}} F(\theta) \sin\left(\omega_0 t + \dfrac{2\pi l}{\lambda}\right) = E_{\mathrm{m}} F(\theta) \sin\left(\omega_0 t + \dfrac{\pi D}{\lambda} \sin\theta\right) \\ E_{\mathrm{II}} = E_{\mathrm{m}} F(\theta) \sin\left(\omega_0 t - \dfrac{2\pi l}{\lambda}\right) = E_{\mathrm{m}} F(\theta) \sin\left(\omega_0 t - \dfrac{\pi D}{\lambda} \sin\theta\right) \end{cases} \tag{8-3}$$

式中　E_{m} ——最大信号幅度；

$F(\theta)$ ——单元天线方向图因子；

λ ——工作波长。

由式（8-3）看出，两信号的相位差为

$$\Delta\varphi = \frac{2\pi D}{\lambda} \sin\theta = \frac{2\pi D}{\lambda} \theta \quad （当\ \theta\ 很小时） \tag{8-4}$$

即相位差与目标和天线轴之间的偏角 θ 成正比。只需检测出两信号的相位差，即可得到与角误差成正比的误差信号。

检测相位差的方法有两种：干涉仪器法和比相和差法。干涉仪器法是通过接收机直接检测两路信号相位差；比相和差法是将两路信号送入和差器取得和信号与差信号后，再检测差信号幅度。前者适用于增益要求较低，天线间距 D 受到其他条件限制的场合；后者能获得较高的天线增益，因此遥测系统通常采用比相和差法。

8.2.3　比幅单脉冲跟踪体制

比幅单脉冲跟踪体制是用比较偏轴波束所收到的射频信号幅度的方法来获得角误差信号。比幅单脉冲天线大都采用前馈抛物面天线或卡塞格伦天线，并利用比相和差法比较接收信号的幅度，得到和信号与差信号，再通过角误差信号检测系统检测出角误差电压。

在抛物面天线的焦点附近安置一个横向偏焦的喇叭，天线将产生一个偏离天线轴的波束，它的波束偏移角 θ 正比于偏焦距离，为

获得对称于天线轴且具有相同偏移角 θ 的波束，可用两个同样偏焦且对称于天线轴的喇叭来完成，如图 8－6 所示。

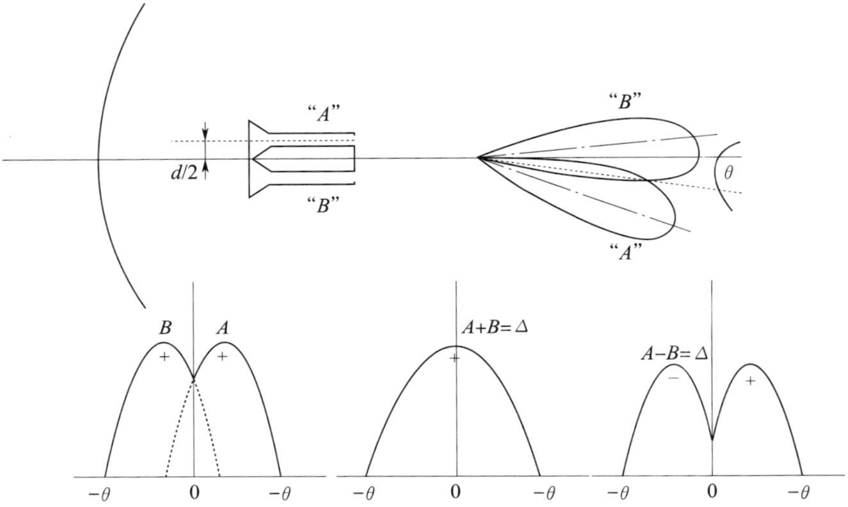

图 8－6　比幅单脉冲天线的工作原理

为比较两波束接收信号的幅度，在馈电喇叭 A、B 后接比较器，通常用波导双 T 接头（魔 T）作比较器，它具有以下性质：当两个信号分别由对称臂输入时，则 H 臂输出两信号之和，E 臂输出两信号之差，且两对称臂互相隔离，H 臂和 E 臂也互相隔离。当目标处于天线中心轴线上时，两波束接收信号相等，差信号为零；当目标偏离天线轴一边时，两波束接收信号幅度不等，差信号输出不为零。差信号的极性代表目标偏离天线轴的方向，在目标偏离天线轴的角度不大时，差信号幅度近似与误差角成正比。对于两维跟踪情况，只需要用 4 个偏焦喇叭馈源即可分别检出方位、俯仰两个方向上的角误差信息。若采用 4 个具有正交极化的偏焦馈源（如正交偶极子）作一次照射器，即可构成双极化比幅单脉冲自跟踪天线，如图 8－7 所示，两组和差器分别对两种极化的信号进行比较，得到 2 路和信号及 4 路差信号，图中 V_1, V_2, V_3, V_4 分别表示四个馈源的垂直极化分量，H_1, H_2, H_3, H_4 分别表示 4 个馈源的水平极化分量；$\sum V$ - $\sum H$ 分别表示垂直与水平极化和信号，$\Delta A_V, \Delta A_H$ 分别表示垂直和水平极化方位差信号，$\Delta E_V, \Delta E_H$ 分别表示垂直和水平极化俯仰差信号，若将 $\sum V, \sum H, \Delta A_V, \Delta A_H, \Delta E_V, \Delta E_H$ 送入 3 个极化电桥，即可获得左旋圆极化和右旋圆极化的 6 路和、差信号。

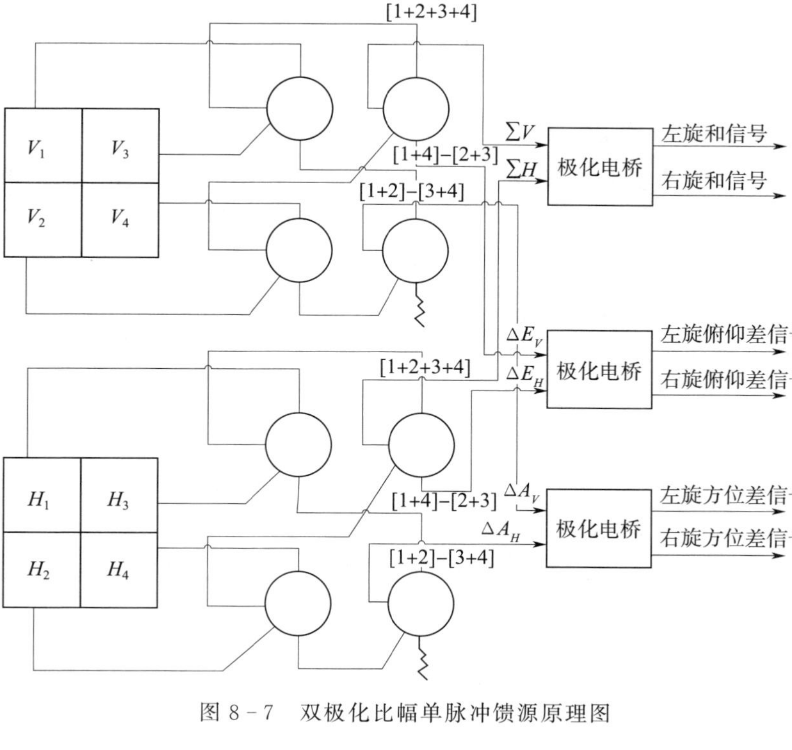

图 8－7　双极化比幅单脉冲馈源原理图

8.2.4　高次模检出跟踪体制

高次模检出跟踪体制是利用圆波导中具有单峰特性的基模作和模，利用具有双峰特性的高次模作差模检测角误差信息，从而进行目标跟踪的一种体制。同时，它属于比较类型的单脉冲体制。作为跟踪用的高次模，根据使用情况，可用 TM_{01}，TE_{21}，TE_{01} 等高次模对圆极化波使用 TM_{01} 模，对线极化波使用 TE_{21} 模。与一般单脉冲体制比较，这种体制的馈源结构较为简单，角误差电压检测系统只需要两个通道，并能获得较好的跟踪性能，比较适合于遥测天线自跟踪系统使用。

8.2.5 多波束跟踪体制

多波束跟踪体制采用多波束抛物面天线来展宽天线的波束角覆盖范围，延长信号在波束范围内的驻留时间，提高信号的捕获概率和跟踪范围。同时，接收系统获得多路馈源的接收信号，再综合预存在设备中的多馈源天线的方向性图参数数据，经过数字信号处理算法得到总波束范围内的能量分布图，该能量分布图的焦点位置，即能量最大点，就是对应信号的来波方向。该点的位置相对于中心馈源法线位置的偏差即是对应信号与中心馈源的角度偏差，将该角度偏差转化为满足伺服控制系统的控制量，并利用该控制量控制伺服机构，可将天线的指向引导到主接收波束的覆盖范围之内。

对于多馈源天线，因难以实现多个天线馈源的自跟踪设计，无法使用自跟踪引导方法，只能通过信号的能量分布来实现波束的引导。所以，低信噪比微弱信号的检测技术是该种方法的关键技术问题。在此模式下，系统根据信号在总波束范围内的能量分布确定信号的位置，故能量检测算法所能达到的指标决定引导成功的概率。

8.2.6 各种跟踪体制的比较

在设计一个跟踪系统时，需要对系统的跟踪精度进行估算，对主要的跟踪误差源和误差大小进行初步的分配，以观察所设计的系统在技术实现上的可行性，这点是非常必要的。影响角跟踪系统精度的误差源主要有热噪声误差、风负荷误差、多径传播误差、对流层折射误差、动态滞后误差、动态滞后变化误差、轴系误差、相移误差等。下面对单脉冲体制的热噪声跟踪误差着重进行一个估算。

双通道单脉冲信号的非相干解调方式，热噪声引起的角跟踪误差由式（8－5）估算

$$\frac{\sigma}{\theta_{0.5}}=\frac{1}{k_{\theta}}\sqrt{\left(1+\frac{N_{0}}{C}B_{\mathrm{IF}}\right)\frac{N_{0}}{C}B_{\mathrm{s}}} \tag{8-5}$$

式中 $\frac{C}{N_0}$——中频信号的载噪比；

k_θ——归一化差斜率，对于传统抛物面天线可取 1.5，对于相控阵天线可取相应的等效值；

B_{IF}——中频信号带宽；

B_{s}——对于抛物面天线为伺服系统带宽，对于相控阵天线可理解为跟踪接收机输出的角误差电压带宽。

双通道单脉冲信号的相干解调方式，热噪声引起的角跟踪误差由式（8－6）估算

$$\frac{\sigma}{\theta_{0.5}}=\frac{1}{k_{\theta}}\sqrt{\frac{N_{0}}{C}B_{\mathrm{s}}} \tag{8-6}$$

式中 $\frac{C}{N_0}$——中频信号的载噪比；

k_θ——归一化差斜率，对于传统抛物面天线可取 1.5，对于相控阵天线可取相应的等效值；

B_{s}——对于抛物面天线为伺服系统带宽，对于相控阵天线可理解为跟踪接收机输出的角误差电压带宽。

一般，要求总的角跟踪误差在主波束范围的 1/10 内。

从热噪声跟踪精度上讲，由于在形成单通道信号的时候有耦合系数的作用，考虑耦合度为 10 dB，单通道信号的热噪声跟踪误差应为双通道体制下的 3 倍。除热噪声源以外，要系统全面地考虑跟踪精度所能达到的指标，则需要对所有的主要误差源进行综合分析。

8.3　角跟踪误差解调

角跟踪误差解调性能直接影响遥测系统天线跟踪精度。由于遥

测系统天线跟踪体制种类较多，角跟踪误差的校准和解调方式存在一定差异。本节结合天线跟踪体制，介绍相应的角误差校准和解调方法，对低信噪比条件下的解调性能和存在的问题进行阐述。

8.3.1 圆锥扫描体制跟踪误差解调

圆锥扫描体制接收信号在数学上可以表示为

$$E = A_m[1 + K_\theta \sin(\Omega t - \beta)]\cos\omega_c t \tag{8-7}$$

式中 A_m ——接收遥测信号的幅度；

ω_c ——遥测载波角频率；

Ω ——圆锥扫描角频率；

K_θ ——与角误差斜率有关的常数；

θ ——目标偏离天线轴的角度；

β ——误差角与基准线的夹角。

将式（8-7）展开可得

$$E = A_m(1 + K_\theta \cos\beta\cos\Omega t + K_\theta \sin\beta\sin\Omega t)\cos\omega_c t \tag{8-8}$$

式中 $K_\theta \cos\beta$ ——方位角误差信号；

$K_\theta \sin\beta$ ——俯仰角误差信号。

接收信号经过接收机取出包络，得到

$$E' = K'K_\theta \sin(\Omega t + \beta) \tag{8-9}$$

再用两个正交的圆锥扫描基准信号 $R\sin\Omega t$ 和 $R\cos\Omega t$ 分别对此信号进行检波，就可得到正比于方位和俯仰角误差的电压 U_A 和 U_E，即

$$U_A = K'K_\theta \sin(\Omega t + \beta)R\sin\Omega t = \frac{KK'R}{2}\theta\cos\beta \tag{8-10}$$

$$U_E = K'K_\theta \sin(\Omega t + \beta)R\cos\Omega t = \frac{KK'R}{2}\theta\sin\beta \tag{8-11}$$

8.3.2 比相单脉冲跟踪体制跟踪误差解调

比相单脉冲跟踪体制的角误差解调有两种形式，即相干检测和

互相关检测。信号中有残留载波时，使用相干检测法解调；无载波分量时，使用互相关检测法。三通道单脉冲、双通道单脉冲的角误差解调需要以和路信号为基准，对差通道的电平、频率及相位进行归一化控制。在和通道中，信号经 AGC 环路、载波同步环路后，获取一个电平稳定、频率准确、相位同步的最佳信号，用于遥测信号的解调。在差通道中，利用和路信号的环路输出进行相应控制，从而获得较稳定的角误差信号。

以标准 TT&C 体制（PCM/PSK/PM）为例，说明角误差信号的解调过程，信号中有残留载波，故采用相干检测法。接收和、差信号形式如下

$$\sum IF = A_{\mathrm{m}} \times \cos[\omega_{\mathrm{c}} \times t + \Delta d(t)\sin\omega_{\mathrm{sc}} t] \tag{8-12}$$

$$\Delta IF = A_{\mathrm{m}} \times \Delta A \times \cos[\omega_{\mathrm{c}} t + \Delta d(t)\sin\omega_{\mathrm{sc}} t] + A_{\mathrm{m}} \times \Delta E \times \sin[\omega_{\mathrm{c}} t + \Delta d(t)\sin\omega_{\mathrm{sc}} t] \tag{8-13}$$

式中　A_{m} —— 接收信号的幅度；

ω_{c} —— 接收载波角频率；

ω_{sc} —— 接收副载波角频率；

Δ —— 遥测信号调制度；

$d(t)$ ——遥测数据；

ΔA ——方位误差；

ΔE ——俯仰误差。

假设和路的载波完全跟上，用恢复的载波对差路信号进行正交下变频和低通滤波，可得

$$I = \Delta IF \times \cos(\omega_{\mathrm{c}} t) = \frac{1}{2} J_0(\Delta) \times A \times \Delta A \tag{8-14}$$

$$Q = \Delta IF \times \sin(\omega_{\mathrm{c}} t) = \frac{1}{2} \times J_0(\Delta) \times A \times \Delta E \tag{8-15}$$

式中　$J_0(\Delta)$ ——0 阶贝塞尔函数。

经过斜率校准后，便可得到方位误差电压和俯仰误差电压。

8.3.3 比幅单脉冲跟踪体制跟踪误差解调

比幅单脉冲跟踪系统中，角误差电压的检测可采用与比相单脉冲跟踪系统相同的方式，此处不再赘述。

8.3.4 高次模检出跟踪体制跟踪误差解调

与其他跟踪体制一样，高次模角误差的检测同样有相干检测和互相关检测两种，解调方法与比相单脉冲解调方法类似。有极化分集接收时，还需要考虑极化分集下的检测方式。

目前，遥测系统常用的跟踪体制还有一种差通道采用四相调制的伪脉冲方式。差信号经四相调制后与和信号合并，在角误差检测时，仅需包络检波，就可提取误差电压

$$\begin{aligned} U = & A_{\mathrm{m}}\sqrt{1-M}\exp\{\mathrm{j}[\omega t+\psi(t)]\}+ \\ & A_{\mathrm{m}}\sqrt{M}\mu\theta\exp\left\{\mathrm{j}\left[\omega t+\varphi+\psi(t)-\frac{\pi}{2}+\beta(t)\right]\right\} \\ & \theta\sin\varphi=\Delta A \\ & \theta\cos\varphi=\Delta E \end{aligned} \tag{8-16}$$

式中　θ,φ ——地面天线电轴为 Z 轴的球坐标中目标角坐标；

A_{m} ——信号幅度；

$\psi(t)$ ——调角信号的瞬时相位偏移；

M ——耦合系数；

μ ——相对差斜率；

$\beta(t)$ ——四相调制。

取出包络，可得

$$\begin{aligned} C(t)=\{ & A^2(1-M)+A^2M(\mu\theta)^2+ \\ & 2A^2\sqrt{(1-M)M}\mu\theta\sin[\varphi+\beta(t)]\}^{1/2} \end{aligned} \tag{8-17}$$

在 θ 很小，且（$1-M$）远大于 M 的情况下，式（8-17）可简写为

$$C(t)=A\sqrt{1-M}\left\{1+\frac{M}{2(1-M)}(\mu\theta)^2+\sqrt{\frac{M}{1-M}}\mu\theta\sin[\varphi+\beta(t)]\right\}^{1/2} \tag{8-18}$$

利用调制端与解调端相对应的 4 种相位关系同步解调，并滤去直流分量，便可得到

$$\beta(t)=0\ 时, C=A\sqrt{M}\mu\theta\sin\varphi=A\sqrt{M}\mu\Delta A \tag{8-19}$$

$$\beta(t)=\frac{\pi}{2}\ 时, C=A\sqrt{M}\mu\theta\cos\varphi=A\sqrt{M}\mu\Delta E \tag{8-20}$$

$$\beta(t)=\pi\ 时, C=-A\sqrt{M}\mu\theta\sin\varphi=-A\sqrt{M}\mu\Delta A \tag{8-21}$$

$$\beta(t)=\frac{3\pi}{2}\ 时, C=-A\sqrt{M}\mu\theta\cos\varphi=-A\sqrt{M}\mu\Delta E \tag{8-22}$$

8.3.5　角误差标校

8.3.5.1　校相

在馈源、馈线和接收机等各种因素的影响下，和、差通道的相位会不一致。相位差包含固定相位差和随机相位差两类。固定相位差是由馈源、馈线的各路元件电长度和驻波比不一致或接收机各路调谐不一致等原因引起的，它使电轴产生固定偏移，造成光电轴不匹配。随机相位差是由信号频率变化、温度变化等原因引起的。固定相位差可在系统联试时标校得到，随机相位误差则是无法消除的，本节仅考虑固定相位差的标校。

以双通道单脉冲体制（遥测为 PCM/PSK/PM 体制）为例，说明校相原理

$$\sum IF=\cos[\omega_c t+\Delta d(t)\sin\omega_{sc}t] \tag{8-23}$$

$$\Delta IF=\Delta A\times\cos(\omega_c t)+\Delta d(t)\sin(\omega_{sc}t+\varphi)+\Delta E\times\sin(\omega_c t)+\Delta d(t)\sin(\omega_{sc}t+\varphi) \tag{8-24}$$

式中　ω_c——接收载波角频率；

ω_{sc}——接收副载波角频率；

Δ——遥测信号调制度；

$d(t)$ ——遥测数据；

ΔA ——方位误差

ΔE ——俯仰误差；

φ ——和差通道之间的相位差。

当和路的载波完全锁定时，可用和路恢复的载波信号偏置一个可变相位作为本振，对差路信号进行正交下变频处理，可得到

$$I = \Delta IF \times \cos(\omega_c t + \theta) = \frac{1}{2}\Delta A\cos(\varphi - \theta) + \frac{1}{2}\Delta E\sin(\varphi - \theta) \tag{8-25}$$

$$Q = \Delta IF \times \sin(\omega_c t + \theta) = -\frac{1}{2}\Delta A\sin(\varphi - \theta) + \frac{1}{2}\Delta E\cos(\varphi - \theta) \tag{8-26}$$

校相可选择校方位或者俯仰。当选择校方位时，ACU 控制天线俯仰指向零点，方位指向正偏一个已知角度，此时 $\Delta E = 0$。当 θ 以一定步进量变化时，I/Q 两条曲线如正弦/余弦变化，寻找曲线中的最大值可得到 $\varphi = \theta$ ，从而完成校相。

8.3.5.2 斜率校准

由于各种因素的影响，角误差解调得到的电压值与真实值可能存在一定偏差，需要进行斜率修正，以获得精确的误差电压。执行任务之前，首先给跟踪接收机输入一个标准值（S）信号，比如 5 V/(°)，从接收机终端得到一个实际测量值（T），那么就可得到斜率修正系数 S/T 。执行任务时，用斜率修正系数乘以输出滤波后的角误差信号，便可得到真实的角误差信号。

8.4 天线座

8.4.1 天线座的种类和用途

天线座是支撑天线探测目标的装置。它通过伺服控制系统，使天线能够按照规定的规律运动或者跟随目标运动，准确地指向目标，

并且通过它精确地测出目标的方向。

随着雷达、通信设备的发展，它们被广泛地应用于天文、气象、航海、航空、航天等领域，天线尺寸小的可随身携带，大的直径可达几百米，对天线座的设计提出更高的要求。雷达通信设备应用很广，天线座的种类也很多，可按下列多种方法进行分类：

1）按使用环境，可分为陆用天线座、海用天线座、近空（大气层内）天线座和深空（大气层外）用天线座。陆用天线座又可分为移动式和固定式两种；

2）按设备用途，可分为搜索、跟踪、制导、气象、通信天线座等；

3）按转轴数目，可分为一轴、二轴、三轴、四轴、六自由度天线座和固定不动的天线座；

4）按座架的形式，可分为俯仰-方位型、$X-Y$ 型、极轴型、直线驱动型天线座；

5）按驱动方式，可分为机电驱动和电液驱动天线座；

6）按设备精度要求，可分为高精度（0.01～0.1 密位）、中等精度（0.1～1 密位）、低精度（几密位）三级精度的天线座；

7）按天线尺寸，可分为大型（10 m 以上）、中型（3～10 m）、小型（3 m 以下）的天线座。

8.4.2　风载荷计算

风载荷是伺服机械结构设计中的主要载荷，在进行结构强度、刚度、伺服电机功率校核时，风载荷占总载荷的 30%～60%。因此，正确计算伺服机械结构上作用的风载荷及分布状态，是结构设计载荷计算的首要问题。自然风是空气流动的一种随机物理现象，对于几何形状极为复杂的伺服机械结构，用求解结构物在黏性流场中的运动微分方程的方法来求风载荷大小及分布状态十分困难，甚至不可能。目前，进行雷达工程结构设计时，都用风洞试验确定风载荷大小及分布状态。空气动力试验证明，各种结构与试验条件不同，取得的试验数据也不相同，故进行风载荷计算时，必须根据选用的结构方案，用风洞试验取得的各种气动参数进行风载荷数值计算，得出的结果才是可靠的。本节介绍舰载雷达天线与天线基座的风洞试验及风载荷计算。

（1）风洞试验与风载荷计算的理论基础

进行风洞试验时，采用量纲分析法的普遍理论——Π 定理作为试验的理论基础。下面给出 Π 定理公式

$$\Pi_0 = (1\cdots 1, \Pi_{k+1}\cdots\Pi_n)$$

$$\Pi_m = \frac{q_m}{q_1^{\lambda 1m} q_2^{\lambda 2m}\cdots q_k^{\lambda km}}$$

$$m = 0, k+1, k+2, \cdots, n \tag{8-27}$$

式中 q_m ——非基本物理量；

$q_i^{\lambda im}$ ——基本物理量；

λ_{im} ——待定系数。

根据空气动力试验得知，当风吹过某一给定结构物时，阻力、风力矩可分别表示为：

阻力（升力）

$$f(R', V, \rho, \mu, L) \tag{8-28}$$

风力矩

$$f(M_0, \mu, \rho, V, L) \tag{8-29}$$

式中 R' ——单位面积阻力（或升力）；

V ——空气速度；

ρ ——空气密度；

μ ——空气黏性系数；

M_0 ——风力矩；

L ——特征长度。

下面，给出上述各参数的量纲，选取 ρ, V, L 为基本物理量，其他为非基本物理量，可按式（8－27）导出计算风载荷的基本公式。

阻力

$$F_{\mathrm{d}} = C_{\mathrm{d}} A \frac{\rho V^2}{2} = C_{\mathrm{d}} A q \tag{8-30}$$

升力

$$F_{\mathrm{L}} = C_{\mathrm{L}} A \frac{\rho V^2}{2} = C_{\mathrm{L}} A q \tag{8-31}$$

力矩

$$M_0 = C_{\mathrm{m}} L A \frac{\rho V^2}{2} = C_{\mathrm{m}} A L q \tag{8-32}$$

$$q = \frac{\rho V^2}{2}$$

式中　C_{d} ——阻力系数；

q ——动压头；

C_{L} ——升力系数；

C_{m} ——力矩系数；

A ——特征面积；

L ——特征长度。

风洞试验时，用测力天平测出阻力、升力及力矩大小后，即可按式（8-30）～式（8-32），计算出 $C_{\mathrm{d}}, C_{\mathrm{L}}$，$C_{\mathrm{m}}$ 这些无量纲系数。

（2）计算风载荷的参考坐标系

风载荷计算时，有两种坐标系，一种是风轴坐标系，另一种是体轴坐标系。

两种坐标系的气动力关系式

$$\begin{cases} F_{x\mathrm{w}} = F_{x\mathrm{t}} \cos E \cos A + F_{y\mathrm{t}} \sin E \cos A - F_{\mathrm{st}} \sin A \\ F_{y\mathrm{w}} = -F_{x\mathrm{t}} \sin E + F_{y\mathrm{t}} \cos E \\ F_{\mathrm{sw}} = F_{x\mathrm{t}} \cos E \sin A + F_{y\mathrm{t}} \sin A + F_{\mathrm{st}} \cos A \end{cases} \tag{8-33}$$

若 $A = 0$，上式可简化为

$$\begin{cases} F_{x\mathrm{w}} = F_{x\mathrm{t}} \cos E + F_{y\mathrm{t}} \sin E \\ F_{y\mathrm{w}} = -F_{x\mathrm{t}} \sin E + F_{y\mathrm{t}} \cos E \\ F_{\mathrm{sw}} = F_{\mathrm{st}} \end{cases} \tag{8-34}$$

各力矩的坐标关系式为

$$\begin{cases}M_{\mathrm{Rt}}=M_{x\mathrm{w}}\cos E\cos A+M_{y\mathrm{w}}\sin E-M_{\mathrm{sw}}\cos E\sin A\\M_{\mathrm{At}}=-M_{x\mathrm{w}}\sin E\cos A+M_{\mathrm{Aw}}\cos E+M_{\mathrm{sw}}\sin E\sin A\\M_{\mathrm{st}}=M_{x\mathrm{w}}\sin A+M_{\mathrm{sw}}\cos A\end{cases}\tag{8-35}$$

式中　F_x ——阻力；

F_y ——升力；

F_s ——侧向力；

M_R ——滚翻力矩；

M_A ——方位力矩；

M_s ——倾覆力矩。

表示两种坐标系的关系以及上述诸式各参数的位置及指向。凡带下标符号“t”的，表示体轴坐标系的力与力矩，带下标符号“w”的，表示风轴坐标系的力与力矩。为使阻力 F_{xw} 、F_{xt} 不带负号，均定义它们沿自身坐标轴反方向为正。

风洞试验时，用六分力天平可同时测出式（8－33）及式（8－35）中的 6 个分量。这 6 个分量通常是 F_x,F_y,F_s,M_R,M_A,M_s 。体轴坐标系对伺服机械结构的风载荷计算方便，因此风洞试验测得的气动参数是风轴坐标系时，必须进行坐标转换。

（3）风载荷计算时应注意的问题

①特征长度与特征面积

计算风载荷时，所选定的特征长度 L 及特征面积 A，必须与风洞试验选定的一致。特征长度的取值，应取风洞模型特征长度值与缩比 β 之积，特征面积应取风洞模型特征值与缩比 β^2 之积。

②设计风速

伺服机械结构的设计风速主要包含工作风速、收藏风速、制动风速及保全风速。如何合理地拟定各种设计风速的量值，目前还没有统一规范，这与雷达天线的工作环境条件差异太大有关。假定风速的概率分布为正态分布，给出设计风速的计算公式

$$V_p=\overline{V}+3\sigma\tag{8-36}$$

式中　V_p ——峰值风速；

$\overline{V}$ ——稳态风速；

σ ——标准差。

用 V_p 作为计算风速，则偏于保守，因它出现的概率很小。以 $\overline{V}$ 作为计算风速，则欠安全。伺服机械结构的设计风速，可参照建筑工程和海港起重机设计中，用阵风系数确定设计风速的办法计算，其计算公式为

$$V_c = \overline{V}\left(1+\frac{K-1}{3}\right) \tag{8-37}$$

式中　V_c ——计算风速；

K ——阵风系数，是峰值风速与平均风速之比，通常取 1.5～1.7；

$\overline{V}$ ——稳态风速，即平均风速。

我国规定的 10 min 平均风速与阵风系数见表 8－1。

表 8－1　10 min 平均风速与阵风系数

10 min 平均风速/(m/s)	13.0～13.9	14.0～14.9	15.0～16.9	17.0～18.0	19.0～20.9	21.0～22.9	23.0～26.9	27.0～31.9	32.0～38.0
阵风系数	1.58	1.56	1.49	1.47	1.46	1.44	1.42	1.40	1.37

③测量参考点位置与轴系的关系

计算风载荷，要考虑气动参数测量的参考点与轴系位置的关系。若测力天平的侧重参考点定在俯仰、方位轴上的某点，或不定在俯仰、方位轴上，计算风载荷时，需要先计算参考点的风载荷，而后必须进行移轴转换，以表示二维平面上风载荷的移轴关系。

在体轴坐标系中，O 点为天线反射体顶点，O' 为俯仰轴心，对 O' 点的风载荷计算公式，可以得出

$$\begin{cases} F_x = F_A\cos\alpha + F_c\sin\alpha \\ F_y = -F_A\sin\alpha + F_c\cos\alpha \\ M'_0 = M_0 + F_c l \end{cases} \tag{8-38}$$

式中　F_A——作用在天线顶点 O 的轴向力；

F_c——作用在天线顶点 O 的切向力；

M_0——作用在天线顶点 O 的力矩；

α——风向与天线轴线的夹角；

l——天线顶点 O 至转轴 O' 的距离；

F_x——作用在转轴 O' 的阻力；

F_y——作用在转轴 O' 的升力；

M'_0——作用在转轴 O' 的力矩。

在风轴坐标系中，作用在天线顶点 O 的阻力 F_D 与风向一致，升力 F_L 与风向垂直，可得出载荷计算公式为

$$\begin{cases} F_x = F_D \\ F_y = F_L \\ M'_0 = M_0 + (l\sin\alpha)F_D + (l\cos\alpha)F_L \end{cases} \tag{8-39}$$

二维平面的风载荷计算原理，同样可以用来解决三维空间风载荷的移轴计算。

④风力及风矩系数的选取

由风洞试验可知，天线姿态对各气动力系数影响较大。同时，各气动力系数的最大值离散度也较大，在同一姿态下，一致性很难达到：配置的测力天平及天线姿态，当保持摇摆角 $\gamma=-10°$ 时，测得的升力/翻滚力矩系数随方位角 A 变化的曲线图都能说明；$\gamma=-10°$，$A=30°$ 时，升力系数 C_{L1} 随天线仰角 E 的变化就有 3 种不同的数值变化。因此，在选取气动力系统时，要选择天线姿态角与其正常跟踪扫描空域角相一致的各气动力系数，然后加权平均作为计算风载荷的计算系数。

⑤天线运动对风载荷的影响

天线运动对风载荷的影响，计算公式为

$$M_r = M + \frac{2}{3}\beta F_D R \tag{8-40}$$

$$\beta = \frac{\Omega R}{v}$$

式中　M_r ——动态风力矩（N·m）；

M ——静态风力矩（N·m）；

F_D ——风阻力或升力、测力（W）；

R —— 天线口面半径（m）；

β —— 相对速度系数；

Ω —— 天线转动的角速度（rad/s）；

v —— 风速（m/s）。

8.4.3　驱动功率计算

遥测系统天线座的设计初期，需要分别估算天线座方位动力驱动装置电机驱动功率和俯仰动力驱动装置电机驱动功率。

天线座方位（俯仰）动力驱动装置电机驱动功率 P 为

$$P = M \times \omega \text{ (W)}$$

式中　M —— 典型载荷折算到天线座方位（俯仰）轴上的最大扭矩（N·m）；

ω —— 天线座方位（俯仰）工作最大角速度（rad/s）。

作用在天线座动力驱动装置上的典型载荷有：风载荷、惯性载荷、摩擦载荷、重力不平衡载荷。

对于没有天线罩的天线座，风载荷是作用在天线座动力驱动装置上的主要载荷。

根据天线反射体形式的不同，风载荷计算的结果通常是作用在圆抛物面顶点或者平板天线平面中心的风力和风力矩，需要经过空间力系的合成，折算到天线座方位、俯仰轴上，分别计算出风载荷产生的最大扭矩值；风载荷产生的最大扭矩值计算结果，与天线座的结构形式和结构布局密切相关。

惯性载荷是由于物体具有加速度产生的。

天线座支撑天线指向目标的运动，是绕天线座方位轴和俯仰轴的回转运动，变速回转时，产生的惯性力矩 M_J 为

$$M_J = J \times \varepsilon \text{ (N·m)} \qquad (8-41)$$

式中　J ——折算到天线座方位（俯仰）轴上的转动惯量（$kg \cdot m^2$）；

ε ——天线座方位（俯仰）工作最大角加速度（rad/s^2）。

目前，三维设计软件得到普遍应用，利用三维设计软件估算转动惯量很方便。另外，还可以利用转动惯量的平行轴定理。

天线座动力驱动装置中减速器的转动惯量（折算到减速器输入轴）和电机转子的转动惯量分别由减速器和电机生产厂家提供，向天线座方位或俯仰轴上折算时，应乘速比（电机转速除负载轴转速）的平方。

由于结构质量相对于回转轴偏心，还可以产生法向惯性力和切向惯性力。法向惯性力由轴承、回转支承承受，切向惯性力产生附加扭矩。一些大动态、高转速的机载、弹载小型天线座，动态不平衡载荷是作用在天线座动力驱动装置上的主要载荷。计算惯性载荷时，还应该考虑载体的动态。

摩擦载荷是在两个互相接触的物体接触面上存在的阻止运动的力或力矩，仅当这两个互相接触的物体有相对运动或相对运动的趋势时产生；天线座动力驱动装置的摩擦力矩，通常由密封件、轴承、回转支承、齿轮副产生，数值很小。估算天线座动力驱动装置的电机驱动功率时，用传动效率体现摩擦力矩的影响。

由于结构布局不均衡，绕天线座俯仰轴回转运动的结构质量中心没有落在俯仰轴上，产生重力不平衡力矩。利用三维设计软件进行结构布局设计，可以将结构质量的偏心控制在允许的范围内，使产生的重力不平衡力矩数值很小，比风载荷产生的最大扭矩值至少小一个数量级。

有些特殊结构形式的小型天线座，如采用平面四杆机构支撑、驱动天线俯仰转动的小型天线座，不进行配平设计。重力不平衡载荷是作用在天线座俯仰动力驱动装置上的主要载荷，应该结合平面四杆机构的设计，针对天线的不同姿态，计算重力不平衡载荷产生的最大扭矩值。

采用峰值综合的原则计算典型载荷折算到天线座方位（俯仰）

轴上的最大扭矩 M 的数值，将各种载荷分别产生的最大扭矩值直接相加。考虑冗余设计，取安全系数 1.2。

公式中代入天线座方位（俯仰）工作最大角速度 ω 的数值，计算得到天线座方位（俯仰）动力驱动装置电机需要的驱动功率 P 的数值。以驱动功率 P 的计算值，作为电机额定功率的参考值初选电机。

根据电机特性曲线，综合考虑天线座动力驱动装置的速比、传动效率等因素，校核电机扭矩和转速的输出，电机应该同时满足最大扭矩和工作最大角速度的需求。最终，确定电机的选型。

8.4.4　天线座设计中的若干问题

天线座是航天遥测系统的重要组成部分，它支撑、驱动天线准确地指向目标，跟随目标运动。天线座的设计需要保证天线的运动范围，保证天线运动的角速度和角加速度，保证轴系精度，保证天线工作的可靠性，具有良好的环境适应性。天线座设计过程中经常遇到的几个问题简述如下。

（1）天线座的结构形式

航天遥测系统通常没有过顶跟踪的要求，天线座需要两根转轴即可覆盖天线工作空域。

俯仰-方位型天线座的俯仰、方位轴分别与地平面平行、垂直，测量标校方便、结构紧凑、承载能力大，是两轴天线座中应用最广的座架形式。航天遥测系统天线座都采用俯仰-方位型天线座。俯仰-方位型天线座有三种基本形式：轮轨式、立轴式和转台式。

轮轨式天线座的方位转动部分采用滚轮和轨道支承，座架采用空间桁架结构，轨道直径通常为天线口径的 1/2～2/3。有些天线口径 10 m 以上的大型通信天线、射电天文望远镜，跟踪速度低、动态小，采用轮轨式天线座。大型天线采用轮轨式天线座，具有结构简单、质量小、造价低、制造安装方便的优点。航天遥测系统天线口径通常在 5 m 以下，跟踪速度高、动态大，多为车载系统，因此不采用轮轨式天线座。

立轴式天线座采用立轴（方位轴）支承方位转动部分，立轴用上下轴承支承。立轴式天线座可以选用标准轴承，方位轴方便安装柱式滑环，有利于超小型、便携式天线座的布局设计。航天遥测系统的超小型、便携式天线座采用立轴式天线座。

转台式天线座采用单排四点接触球式回转支承和方位转台支承方位转动部分。回转支承能同时承受轴向力、径向力和倾翻力矩，承载能力大、回转精度高、低速性能好，对安装结构适应性强。方位末级大齿轮与回转支承的轴承座圈做成一体，结构紧凑，传动精度高，传动链刚度大。回转支承自然形成的大直径内腔，方便动力驱动装置、滑环、旋转变压器等的安装。方位转台通常为径向尺寸较大的筒形或箱形结构，弯曲、扭转刚度大。

图 8－8　某 2.4 m 转台式俯仰-方位型天线座

与立轴式天线座相比，转台式天线座布局灵活、结构刚度大、传动精度高、轴系精度高、加工装配方便，方便模块化设计、生产。因此，航天遥测系统的中小型天线座多采用转台式俯仰-方位型天线座。

中小型转台式俯仰-方位型天线座的俯仰支承转动装置，多采用俯仰箱支承叉臂的结构。

俯仰箱为箱形结构件，结构刚度大，有利于密封防护。宽大的左右叉臂，方便安装高频箱、配重箱、标校望远镜、标校电视。俯仰末级大齿轮直接贴装在叉臂上，动力和运动的传递路径最短，传动链中不包括弹性薄弱环节，显著增加了传动链的刚度。

(2) 天线座的动力驱动装置

天线座的动力驱动装置是克服各种载荷实现天线方位、俯仰运动角速度和角加速度指标的装置，由末级齿轮副、减速器和电机组成。航天遥测系统天线座的动力驱动装置多采用单链驱动。在满足使用要求的同时，大大减少了设备量。增加末级齿轮副的速比，可以减小折算转动惯量，提高传动精度。

目前，天线座设计过程中，很少自己设计减速器。除一些超小型、便携式天线座采用电机直接驱动外，通常选用行星齿轮减速器作为动力驱动装置的主要执行元件。优点是精度高（回差小于 1′）、刚度大、效率高、超载能力强、体积小、质量小、噪声低。

(3) 天线座的轴系精度

天线座的轴系精度是实现航天遥测系统天线指向精度的重要保证。天线座的轴系精度包括方位轴铅垂误差、方位俯仰轴正交误差、光轴与俯仰轴正交误差。方位轴铅垂误差主要取决于单排四点接触球式回转支承的端面跳动精度。目前厂家的制造水平，可以保证端面跳动误差折算角度值小于 7″（包括方位底座的调平残差）。方位俯仰轴正交误差主要由转台、俯仰箱和俯仰轴的加工精度保证。目前厂家的制造水平，可以保证方位俯仰轴正交误差小于 15″。光轴与俯仰轴正交误差通过标校实现，同时依靠标校望远镜的目视分辨率。采用正倒镜法标校光轴与俯仰轴正交误差，可以保证光轴与俯仰轴正交误差小于 15″。

(4) 天线座的轴位检测装置

套轴式旋转变压器直接套装在方位、俯仰轴上，回转运动的传递路径直接，可以保证方位、俯仰轴位数据真实且可靠。

（5）滑环装置

航天遥测系统的天线座通常要求方位连续回转，因此采用滑环装置用于天线座转动部分与固定部分之间功率和低频信号的传输。为传输射频信号，同时采用多路射频旋转关节。

有些特殊的航天遥测系统，需要传输的中高频信号路数太多，甚至有上百路。可以使用组合式光旋设备，通过光纤旋转连接器传输如此多路的中高频信号，保证天线座方位连续回转。

光纤旋转连接器的功能是以最低的损耗和最小的旋转变化使光信号穿越旋转接口而实现光功率的耦合。多通道光纤旋转连接器具有容量大、损耗小、质量轻、直径细、不受电磁干扰、无串扰和不辐射等优点，满足航天遥测系统中高频信号传输增益变化量等指标的要求。

（6）缓冲器

缓冲器的作用是当电气限速、限位开关失灵时，防止机械结构之间的硬碰撞。小型天线座上使用橡胶缓冲器，中型天线座上使用碟型弹簧缓冲器，缓冲效果好，可以避免液压缓冲器漏油的问题。

（7）锁定器

锁定器的作用是保持天线的收藏位置，承受保全风速时的风载荷，承受运输过程的各种载荷。保护天线座传动链和机械结构不损坏。设计锁定器时，注意锁定器销轴与锁定孔座相应孔之间的间隙，应该小于因传动链齿隙的存在使锁定器销轴可能产生的位移。

（8）环境适应性

为保证天线座的防腐蚀能力，天线座各构件的材料及表面涂层系统应该按照相应环境要求选取和设计，并对天线座采取严格的密封措施，天线座内放置干燥剂，采用不锈钢紧固件；为保证天线座的防雨、防沙尘能力，也要求天线座采取严格的密封措施，方位俯仰末级齿轮副的大小齿轮等重要零部件，安装在天线座腔内或专用密封罩内；为适应布站地区的极端低温环境，天线座各构件的材料按相应环境要求选取，天线座内各处润滑油和润滑脂应该满足低温要求。

8.5 伺服控制

8.5.1 概述

伺服系统是遥测系统的重要组成部分，它由天线控制单元(ACU，也可简称天控器)、天线驱动单元（ADU）和天线座等组成，其性能好坏直接影响遥测系统的跟踪性能。

8.5.1.1 遥测跟踪伺服系统的作用及特点

伺服系统是一种闭环反馈控制系统。加在伺服系统上的控制信号是事先不能预知的时间函数。伺服系统的控制量和被控制量通常是机械位移（线位移、角位移）或速度、加速度。伺服系统也叫随动系统。

在遥测系统中，伺服分系统的作用是以一定的控制规律驱动接收天线准确地对准目标，实现对目标的跟踪，以便系统可靠地接收各种测量参数，并且可以实时提供目标跟踪角度数据。自跟踪是遥测跟踪伺服系统的主要工作方式。由跟踪接收机输出的误差信号控制天线的运动。只要目标运动的速度、加速度满足设计指标要求，遥测接收天线都能够准确地对准目标，实现自跟踪。

伺服系统是自动控制理论的典型应用，对它的分析与设计，完全可借助于自动控制理论来进行。但是，遥测跟踪伺服系统与其他类型的伺服系统比较，又有它自己的特点，在系统的分析和设计中，需要特别注意。

第一，遥测跟踪伺服系统属于高精度的伺服系统。因为伺服系统的精度与天线的测角精度密切相关，因此，一般要求遥测跟踪伺服系统设计成二阶无静差系统，有时为了提高系统的精度，甚至需要采用高阶无静差系统。

第二，遥测跟踪伺服系统是一种高动态响应的伺服系统。现代武器、飞机等遥测跟踪目标的飞行速度越来越快，机动性越来越高，这就要求遥测跟踪伺服系统要有足够高的动态响应性能，才能跟踪此类目标。

第三，随着天线探测距离的增大，天线的直径不断增大，造成伺服系统的负载转动惯量随之增大。在大惯量伺服系统中，从执行元件到负载间的传动链不可避免地存在一定的柔性，构成一个结构谐振系统，结构谐振系统的谐振频率随着天线直径的增大而降低，以致成为限制伺服系统动态性能，从而限制系统跟踪精度的主要因素。因此，中、大型遥测跟踪天线伺服系统设计首要考虑结构谐振。

8.5.1.2 遥测跟踪伺服系统的组成及主要技术指标

（1）遥测跟踪伺服系统的组成

遥测跟踪伺服系统的基本组成包括伺服机械结构（控制对象）和伺服控制器两大部分。伺服机械结构包括天线座中的支撑转动装置、动力驱动装置、轴位检测装置、滑环装置、安全保护装置等。伺服控制器主要包括误差检测元件、校正控制元件、功率放大元件、执行元件、反馈测量元件等。伺服机械结构是伺服控制器的控制对象，因此，伺服机械机构和伺服控制器是关系密切、相互配合的统一体。

遥测跟踪伺服系统是靠误差工作的反馈闭环控制系统。误差经过变换、放大校正和功率放大后，控制执行元件带动伺服机械传动装置，驱动天线朝减小误差的方向转动，直至天线对准目标，这就是遥测跟踪伺服系统的基本工作原理。

图 8－9 为遥测跟踪伺服系统的功能框图。θ_{sr} 是控制量，或称输入，也就是目标所在的方向或希望天线轴线瞄准的方向（方位角、俯仰角）。θ_{sc} 是被控制量，或称输出，也就是天线轴线实际瞄准的方向（方位角、俯仰角）。遥测跟踪伺服系统的误差是指输出与输入之间的偏差。该误差可通过误差检测元件或反馈测量元件得到，误差检测元件主要是天线、馈线系统、跟踪接收机，反馈测量元件主要有自整角机、旋转变压器或各种轴角编码器。执行元件主要是伺服电动机。一般情况下，伺服电动机通过减速器与天线座旋转轴连接。微弱的误差信号必须经过电压放大、功率放大以供给电动机所需的功率。在电压放大或功率放大中，还有信号变换，以及为了达到动态性能要求而加入的各种形式的校正网络。

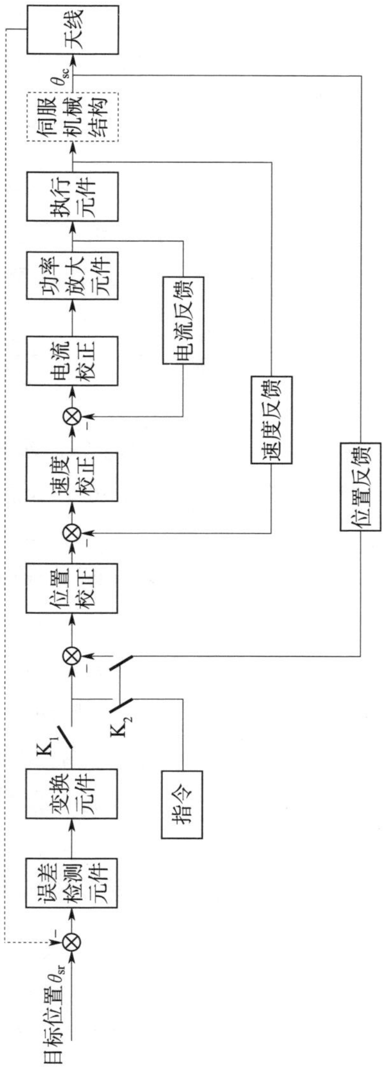

图 8-9　遥测跟踪伺服系统功能框图

随着现代高性能武器系统的发展，对跟踪天线提出高动态性能、高跟踪精度的要求，因此要求伺服系统具有快速响应特性、高跟踪精度和宽调速范围的性能指标。这样，一个高性能的伺服系统通常由电流、速度和位置三个回路组成。

①位置环

遥测跟踪伺服系统可设计成只有位置环的单环系统，也可包含速度环、电流环构成多环路系统。具体由系统给出的技术指标决定，目前遥测跟踪伺服系统通常设计为三环系统。各环路都有其特点，可以满足不同的技术要求，也会引入一些不利因素。在设计伺服系统时，必须合理地确定环路结构，协调各环路的参数，以尽可能简单的系统满足全部性能指标。

位置回路的作用是根据天线的工作方式命令，实现精确定位和位置随动。通常，遥测跟踪天线的位置回路可分为角位置回路和角跟踪回路。在角位置回路下，如图 8－9 所示，K_1 打开，K_2 闭合。伺服控制器读取位置反馈的天线角度信息，与输入指令比较产生误差信号，通过位置校正环节产生速度控制指令，从而最终控制天线座上的执行元件驱动接收天线向着减小误差的方向运动，直至误差趋于零，天线到达指令位置；在角跟踪回路下，如图 8－9 所示，K_1 闭合，K_2 打开。由天线波束与目标的相对位置形成角误差信号，通过误差检测元件和变换元件形成角误差电压，通过位置校正环节产生速度控制指令，从而最终控制天线座上的执行元件驱动接收天线向着减小误差的方向运动，直至天线波束对准目标。

②速度环

速度环是位置环的内环。一般，采用高质量测速发电机或旋转变压器作为速度反馈元件。速度环的作用是消弱功率元件和执行元件的非线性（主要是不灵敏区）和扰动（主要是力矩扰动）的影响。伺服系统的平稳性主要有速度环决定。高质量的速度环具有近似于“理想电动机”的特性。在舰船用或机载伺服系统中，要用速率陀螺作为速度反馈元件，其作用是隔离基座摇摆的扰动作用。

直流伺服电动机在启动或制动时，必须有限流措施，避免极大的冲击电流对电动机本身及功率放大元件（尤其是晶体管放大器或可控硅元件）的损害和机械过载。电流限制环包含在速度环内。

③电流环

对于快速伺服系统（例如采用“砰-砰控制”的时间最优系统），要求在启动和制动过程中保持基本恒定的最大电枢电流，这时应设计电流环。电流环包含在速度环内部，是速度环的内环。利用速度调节器的饱和特性，在一段时间内，把速度反馈作用隔断，使系统在启动或制动过程中基本上表现为一个恒流调节系统。电流环还有抗电源电压波动的良好性能（这对于采用可控硅整流功率放大器时特别明显）。但是，电流环的存在增大了负载力矩扰动的影响，并使伺服系统的低速平稳性变坏。为弥补电流环的不利影响，要求速度环具有更强的抗扰动能力，或者引入部分电流正反馈的补偿控制。

(2) 伺服系统的主要技术指标

①工作范围

一般，要求俯仰角为$-3°\sim+90°$，方位角为 $-370°\sim+370°$或$-420°\sim+420°$。为工作方便，也可设计为方位角 $0°\sim360°$（无限），俯仰角 $-3°\sim+183°$。

②跟踪角速度及角加速度

根据飞行目标的运动轨迹、运动速度和加速度，以及目标相对于接收站的距离，可确定目标相对于接收站的角速度和角加速度。由此，可以确定自跟踪系统的最大角速度和角加速度，保精度角速度和角加速度，最小工作角速度。

③伺服系统稳定性

线性伺服系统稳定的充分必要条件是，系统闭环传递函数特征方程 $1+G(s)H(s)=0$ 的所有根必须在 s 平面纵轴的左半部，但求解特征方程根，特别是求解高阶特征方程的根并不容易。根据

特征方程系数或系统参数来判别系统的稳定性的间接判据具有实用意义，如劳斯判据、古尔维茨判据等。在频率域分析伺服系统时，常用奈奎斯特判据。对开环情况下稳定的系统，在开环对数幅频特性 $20\lg|G(j\omega)H(j\omega)|\geqslant 0$ 的所有频段内，对数相频特性与 $-180°$线的正穿越次数和负穿越次数之差等于零，则闭环系统是稳定的。

在使用数字计算机的条件下，可以直接求出过渡过程曲线，直观地判断系统的稳定性，具有收敛过程的系统是稳定的，否则是不稳定的。伺服系统不但要求稳定，而且还要有足够的稳定裕量，即所谓的相对稳定性。在频域内，常用相位裕度、幅值裕度、振荡度和振荡指标来衡量相对稳定性；在时域内，常用超调量、振荡次数来衡量相对稳定性。

1）相位裕度。在剪切频率（截止频率）ω_c 这一点上，即 $|G(j\omega_c)H(j\omega_c)|=1$ 时，$\gamma=\angle G(j\omega_c)H(j\omega_c)-(-180°)$ 称为伺服系统的相位裕度。最小相位系统要求有正的相位裕度。

2）幅值裕度。在相移 $\angle G(j\omega_g)H(j\omega_g)=-180°$ 的频率 ω_g 上，开环幅频特性 $|G(j\omega_g)H(j\omega_g)|$ 的倒数，称为伺服系统的幅值裕度，即

$$K_g=\frac{1}{|G(j\omega_g)H(j\omega_g)|} \tag{8-42}$$

或者以分贝数表示为

$$20\lg K_g=-20\lg|G(j\omega_g)H(j\omega_g)| \tag{8-43}$$

当只有相位裕度或只有幅值裕度不足以说明系统的相对稳定性时，必须同时考虑两者。

3）振荡指标。也叫相对谐振峰值，即

$$M_r=\frac{|\Phi(j\omega)|_{max}}{|\Phi(0)|} \tag{8-44}$$

式中　$|\Phi(j\omega)|_{max}$ ——闭环幅频特性的峰值；

　　　$|\Phi(0)|$ ——闭环幅频特性的零频值。

使系统的振荡指标不超过某一 M_r 值的条件是，开环频率特性 $G(j\omega)$ 曲线不进入 $M=M_r$ 的等 M 圆图内。根据等 M 圆图，可以绘制一系列等 M 的相位裕量和增益的曲线。根据系统开环对数幅频特性和曲线，绘制对数频率特性的中频禁区。如果开环相频特性不进入中频禁区，其相对稳定性就满足要求。

4）伺服系统典型品质指标。该指标主要分两类，一类是描述系统稳定运动时的状态，即表征系统复现输入信号准确程度的稳态指标；另一类是描述系统从一个状态到另一个状态的过渡过程。伺服系统品质指标要根据具体情况在准确、快速、可靠和成本之间进行折中。

a. 稳态误差。是指系统进入稳态后，实际值与给定值之间的误差。它与系统结构、输入信号类型和加到系统上的位置有关。对于如图 8－10 所示的伺服系统，误差传递函数为

$$\Phi_\varepsilon(s)=\frac{E(s)}{R(s)}=\frac{1}{1+G(s)H(s)} \tag{8-45}$$

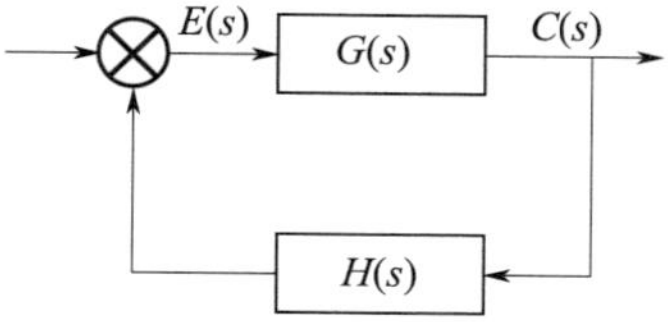

图 8－10　伺服系统方框图

误差的拉普拉斯变换为

$$E(s)=\frac{1}{1+G(s)H(s)}R(s) \tag{8-46}$$

利用拉普拉斯终值定理，稳态误差为

$$\varepsilon=\lim_{t\to\infty}\varepsilon(t)=\lim_{s\to 0}\frac{sR(s)}{1+G(s)H(s)} \tag{8-47}$$

系统对单位阶跃输入的稳态误差为

$$\varepsilon=\lim_{s\to 0}\frac{s}{1+G(s)H(s)}\frac{1}{s} \tag{8-48}$$

静态位置误差系数 K_{p} 定义为

$$K_{\mathrm{p}}=\lim_{s\to 0}G(s)H(s) \tag{8-49}$$

用静态位置误差系数 K_{p} 表示的稳态误差为

$$\varepsilon=\frac{1}{1+K_{\mathrm{p}}} \tag{8-50}$$

对于零阶无差系统

$$K_{\mathrm{p}}=\lim_{s\to 0}\frac{K(b_m s^m+b_{m-1}s^{m-1}+\cdots+b_1 s+1)}{a_n s^n+a_{n-1}s^{n-1}+\cdots+a_1 s+1}=K \tag{8-51}$$

对于一阶或高于一阶无差系统

$$K_{\mathrm{p}}=\lim_{s\to 0}\frac{K(b_m s^m+b_{m-1}s^{m-1}+\cdots+b_1 s+1)}{s^{\gamma}(a_n s^n+a_{n-1}s^{n-1}+\cdots+a_1 s+1)}=\infty(\gamma\geqslant 1) \tag{8-52}$$

系统对于单位速度输入（单位斜坡输入）的稳态误差为

$$\varepsilon=\lim_{s\to 0}\frac{s}{G(s)H(s)}\frac{1}{s^2}=\lim_{s\to 0}\frac{1}{sG(s)H(s)} \tag{8-53}$$

静态速度误差系数 K_v 定义为

$$K_v=\lim_{s\to 0}sG(s)H(s) \tag{8-54}$$

用静态速度误差系数 K_v 表示的稳态误差为

$$\varepsilon=\frac{1}{K_v} \tag{8-55}$$

对于零阶无差系统

$$K_v=\lim_{s\to 0}\frac{sK(b_m s^m+b_{m-1}s^{m-1}+\cdots+b_1 s+1)}{a_n s^n+a_{n-1}s^{n-1}+\cdots+a_1 s+1}=0 \tag{8-56}$$

对于 1 阶无差系统

$$K_v=\lim_{s\to 0}\frac{sK(b_m s^m+b_{m-1}s^{m-1}+\cdots+b_1 s+1)}{s(a_n s^n+a_{n-1}s^{n-1}+\cdots+a_1 s+1)}=K \tag{8-57}$$

对于二阶或高于二阶无差系统

$$K_v=\lim_{s\to 0}\frac{sK(b_m s^m+b_{m-1}s^{m-1}+\cdots+b_1 s+1)}{s^{\gamma}(a_n s^n+a_{n-1}s^{n-1}+\cdots+a_1 s+1)}=\infty(\gamma\geqslant 2) \tag{8-58}$$

系统对于单位加速度输入（单位抛物线输入）的稳态误差为

$$\varepsilon=\lim_{s\to 0}\frac{s}{1+G(s)H(s)}\frac{1}{s^3}=\lim_{s\to 0}\frac{1}{s^2[1+G(s)H(s)]}\tag{8-59}$$

静态加速度误差系数 K_a 定义为

$$K_a=\lim_{s\to 0}s^2G(s)H(s)\tag{8-60}$$

用静态加速度误差系数 K_a 表示的稳态误差

$$\varepsilon=\frac{1}{K_a}\tag{8-61}$$

同样，也可以求出各种系统的加速度误差系数。对于零、一阶无差系统

$$K_a=0,\varepsilon=\infty\tag{8-62}$$

对于二阶无差系统

$$K_a=K,\varepsilon=\frac{1}{K}\tag{8-63}$$

对于三阶或高于三阶无差系统

$$K_a=\infty,\varepsilon=0\tag{8-64}$$

在各种典型信号作用下，各种系统的稳态误差（以增益 K 表示）列于表 8-2。

表 8-2　以增益 K 表示稳态误差

	单位阶跃输入 $r(t)=1$	单位速度输入 $r(t)=t$	单位加速度输入 $r(t)=1/2t^2$
0 型系统	$1(1+K)$	∞	∞
1 型系统	0	$1/K$	∞
2 型系统	0	0	$1/K$

b. 动态误差系数。应用动态误差系数可以提供一些误差随时间变化的信息。

研究一个单位反馈系统，把 $E(s)/R(s)$ 展开成 s 的升幂级数

$$\frac{E(s)}{R(s)}=\frac{1}{1+G(s)}=\frac{1}{K_1}+\frac{1}{K_2}s+\frac{1}{K_3}s^2+\cdots\tag{8-65}$$

式中　K_1——动态位置误差系数；

K_2——动态速度误差系数；

K_3——动态加速度误差系数。

因此

$$E(s)=\frac{1}{K_1}R(s)+\frac{1}{K_2}sR(s)+\frac{1}{K_3}s^2R(s)+\cdots \quad (8-66)$$

这个级数的收敛域是 $s=0$ 的邻域，相当于时域内 $t=\infty$ 。假定所有初始条件为零，并且忽略掉在 $t=0$ 时的脉冲，则对应的时间解（即稳态误差）由下式求出

$$\lim_{t\to\infty}\varepsilon(t)=\frac{1}{K_1}r(t)+\frac{1}{K_2}\dot{r}(t)+\frac{1}{K_3}\ddot{r}(t)+\cdots \quad (8-67)$$

在很多文献资料中，也写成下列表达式

$$\lim_{t\to\infty}\delta(t)=c_0r(t)+c_1\dot{r}(t)+\frac{c_2}{2!}\ddot{r}(t)+\cdots \quad (8-68)$$

其中

$$c_i=\Phi_{\varepsilon}^{(i)}(0)\quad (i=0,1,2,\cdots)$$

也叫误差系数，可看出两者之间的关系，即

$$\frac{1}{K_1}=c_0,\frac{1}{K_2}=c_1,\frac{1}{K_3}=\frac{c_2}{2!},\cdots \quad (8-69)$$

对于单位反馈系统，开环传递函数如下式所示，其误差系数可从表 8-3 中查出。

$$G(s)=\frac{K}{s^{\gamma}}\times\frac{b_ms^m+b_{m-1}s^{m-1}+\cdots+b_1s+1}{a_ns^n+a_{n-1}s^{n-1}+\cdots+a_1s+1} \quad (8-70)$$

对于非单位反馈系统，即

$$\Phi_{\varepsilon}(s)=\frac{1}{1+G(s)H(s)} \quad (8-71)$$

当 $H(s)=K_c$ 时，其误差系数可由单位反馈的误差系数 c_{id} 换算，其关系式为

$$c_i=\frac{1}{K_c}c_{id} \quad (8-72)$$

表 8-3　误差系数计算公式

系统形式	误差系数	计算公式
有误差系统 $(v=0)$	C_{0d}	$\frac{1}{1+K}$
	C_{1d}	$\frac{(a_1-b_1)K}{(1+K)^2}$
	C_{2d}	$2\frac{(a_2-b_2)K}{(1+K)^2}+2\frac{a_1(b_1-a_1)}{(1+K)^3}+2\frac{b_1(b_1-a_1)K^2}{(1+K)^3}$
	C_{3d}	$6\frac{K(a_3-b_3)}{(1+K)^2}-6\frac{K[2a_1a_2-2Kb_1b_2+(K-1)(a_2b_1-a_1b_2)]}{(1+K)^3}+6\frac{K(a_1-b_1)(a_1+Kb_1)^2}{(1+K)^4}$
一阶无误差系统 $(v=1)$	C_{0d}	0
	C_{1d}	$\frac{1}{K}$
	C_{2d}	$\frac{2(a_1-b_1)}{K}-\frac{2}{K^2}$
	C_{3d}	$\frac{6}{K^3}+12\frac{b_1-a_1}{K^2}+6\frac{a_2-b_2}{K}+6\frac{b_1(b_1-a_1)}{K}$
二阶无误差系统 $(v=2)$	C_{0d}	0
	C_{1d}	0
	C_{2d}	$\frac{2}{K}$
	C_{3d}	$6\times\frac{a_1-b_1}{K}$

c. 超调量。在阶跃输入作用下，系统过渡过程中，输出的最大值 $C(t_p)$ 和稳态值 $C(\infty)$ 之差，称超调量，通常以百分数表示为

$$\sigma\%=\frac{C(t_p)-C(\infty)}{C(\infty)}\times 100\% \qquad (8-73)$$

超调量的大小与系统的结构有关。超调量间接地反映系统振荡的程度，超调量大的系统必然振荡剧烈，反之，振荡微弱。

d. 过渡过程时间。这是指从系统承受输入信号起到过渡过程结束，进入新的稳定状态为止的时间，即

$$|C(t)-C(\infty)|\leqslant \Delta C(\infty) \quad (t\geqslant t_s) \qquad (8-74)$$

一般，取 $\Delta=0.05$。

过渡过程时间 t_s，表明系统从一个稳定状态到另一个稳定状态需要的时间长短，代表系统的反应速度。在伺服系统中，常用上升时间 t_r 表示过渡过程时间的快慢，响应曲线从阶跃输入的10%上升到90%所需的时间为上升时间。

e. 振荡次数。指系统的输出量在过渡过程中围绕稳态值振荡的次数（振荡周期数），反映系统的阻尼特性，以上这些品质指标是在时域里定义的。同样地，也从频域系统提出品质指标。常用的，有截止频率、通频带和振荡度等。

5）工作状态。通常遥测自跟踪系统应具有自跟踪、数字引导、程序跟踪、手动、收藏和等待等工作状态。

6）使用状态。遥测自跟踪系统有车载、船载、机载、固定站四种使用状态。针对不同的使用状态，在系统设计上有不同的考虑，结构上有不同的形式。例如，船载自跟踪系统必须克服船摇对伺服系统的影响，车载站必须精心设计天线及天线座的外形尺寸，以适应车载条件。

7）环境条件。一般要求设备承受的风速是6～7级风时，系统能保精度正常工作；12级风时，系统处于收藏状态，设备不致破坏；舱室外的设备应能承受各种恶劣环境条件（温度、湿度、降雨、盐雾、霉菌等）的考验；运输条件为设备应能承受土路、公路、铁路的长距离运输。

8.5.1.3 伺服系统的技术发展

由于天线自跟踪伺服系统是自动控制理论的典型应用，因此，它始终是伴随着自动控制理论及自动控制系统的发展而向前发展的。近年来，随着自动控制理论研究的逐渐深入、电子技术的不断进步、计算机技术的高速发展、新型传感器件的大量涌现，使得天线跟踪伺服系统技术有显著的进步，主要体现在以下4个方面。

（1）实现方式从模拟伺服系统向数字伺服系统发展

自动控制理论和计算机技术是实现数字伺服系统的两大基础。自动控制理论的不断发展，为数字伺服系统提供不少新的控制规律及相应的分析和综合方法。计算机技术的飞速发展，为数字伺服系统提供实现这些控制规律的现实可能性。以计算机为核心控制器、基于现代控制理论的伺服系统，其品质指标无论是稳态精度，还是动态性能都相应地达到前所未有的水平，比模拟伺服系统高得多。

（2）驱动方式从直流伺服驱动系统向交流伺服驱动系统发展

20 世纪以来相当长的时期内，在高性能电气传动技术领域，几乎都是采用直流电气传动系统。随着电子技术、微电子技术、现代电动机控制理论和计算机技术的发展，使得交流传动逐渐地具备了宽调速范围、高稳速精度、快速动态响应等良好的技术性能。同时，由于交流电动机具有制造简单、无碳刷、易维护、体积小等优点，在多数应用场合取代直流电动机传动已是必然的发展趋势。

（3）应用理论从经典控制理论向现代控制理论发展

多少年来，人们一直沿用经典控制理论来进行天线跟踪伺服系统的分析和设计，这无疑是一种有力的工具，今后仍将被广泛使用。但是，20 世纪 60 年代前后发展起来的现代控制理论具有许多经典控制理论难以比拟的优点，随着计算机技术的发展，现代控制理论在天线跟踪伺服系统中将得到广泛的应用。现代控制理论中的重要部分——线性系统、最优控制、卡尔曼滤波、系统辨识等重要理论都是分析、设计天线跟踪伺服系统新的重要工具。

（4）采用性能优良的伺服元件

随着电子技术、微电子技术及计算机技术的发展和应用，伺服元件技术也有快速的发展，且被应用到伺服系统中。目前，机电伺服元件正朝着永磁化、无铁心化、机电一体化和无刷化方向发展。

1）永磁化。随着稀土永磁材料的发展，引起电动机行业的一次大变化。可以预计，各种伺服电动机（直流、交流、步进）都将过渡到永磁电动机。

2）无铁心化。20～30 年来，陆续出现印刷绕组电动机、线绕盘式电动机、空心杯形转子电动机等伺服电动机，这些伺服电动机的特点是电枢无齿槽、力矩波动小、功率变化大，再加上应用高性能稀土永磁体，使得它们将成为伺服电动机的主流。

3）机电一体化。随着电子技术和微电子技术的发展，使数据传输元件由传统的电磁感应元件，转变为以电子技术为基础的固态元件（如固态自整角机、固态感应同步器等），固态数据传输精度取决于芯片位数，理论上应该是无限的，它不像传统的数据传输元件，精度受到结构和加工条件的限制。从控制信号来看，伺服系统接收的指令不应再是模拟量，而是数字量。

4）无刷化。电刷、滑环和换向器是机电伺服元件失效的主要因素，随着各种新型电动机机构的出现，无刷电动机正在取代有刷电动机。

8.5.2 伺服系统设计

本节主要介绍天线跟踪伺服系统的静态设计和动态设计两大部分。伺服系统的设计方法，通常有时间响应分析法、根轨迹法和频率响应分析法三种。工程中，多采用频率响应分析法（简称频率法）对系统进行设计。频率法的特点是简单、直观，有一套成熟的理论，而且是多年工程实践应用的有效方法。

伺服系统设计的关键是制定一个合理的方案。它应满足伺服系统研制任务书的要求。系统方案的不同，主要表现在系统形式和系统无静差阶次的不同。系统无静差阶次在工程上，一般只采用一阶和二阶两种；系统形式有机电型伺服系统和电液型伺服系统两种，本节只介绍直流机电型伺服系统。

8.5.2.1 伺服系统静态设计

伺服系统静态设计是在系统进行方案确定阶段完成的，其内容包括负载力矩的计算，执行元件的选择，功率放大元件的选择，反馈测量元件的选择等。

（1）负载力矩的计算

计算系统负载力矩的目的是为了选择执行元件。遥测跟踪伺服系统的复杂力矩通常包括风力矩、惯性力矩和摩擦力矩等。

电动机轴上的负载转矩为

$$M=\frac{M_{\mathrm{W}}}{\eta}i+M_{f}+\frac{J\ddot{\theta}}{i} \tag{8-85}$$

式中 M ——折算到电动机轴上的全部负载转矩（N·m）；

M_{W} ——风负载对天线座转轴的转矩（N·m）；

M_{f} ——折算到电动机轴上的摩擦力矩（N·m）；

J ——折算到电动机轴上的转动惯量（$\mathrm{kg\cdot m^2}$）；

$\ddot{\theta}$ ——天线座转轴的角加速度（$\mathrm{rad/s^2}$）；

η ——减速器的传动效率；

i ——电动机到天线座转轴之间的传动比。

将上式中各种负载峰值的绝对值相加，就是负载最严重的情况。实际上，各种负载都不是同时发生的，按峰值叠加出现概率很小，故常用均方相加获得负载的均方根值

$$M_{\mathrm{rms}}=\sqrt{\frac{1}{T}\int_{0}^{T}\left(\frac{M_{\mathrm{W}}i}{\eta}\right)^{2}\mathrm{d}t+\frac{1}{T}\int_{0}^{T}M_{f}^{2}\mathrm{d}t+\frac{1}{T}\int_{0}^{T}\left(\frac{J\ddot{\theta}}{i}\right)^{2}\mathrm{d}t} \tag{8-86}$$

或

$$M_{\mathrm{rms}}=\sqrt{M_{\mathrm{Wrms}}^{\prime 2}+M_{f\mathrm{rms}}^{2}+M_{J\mathrm{rms}}^{2}} \tag{8-87}$$

（2）执行元件的选择

选择执行元件是伺服系统静态设计的主要内容。对于机电伺服执行元件，通常情况下有步进电机、直流伺服电动机和交流伺服电动机等。步进电机将脉冲信号转变为相应的角位移或直线位移，主要用于数字控制系统中；直流伺服电动机控制简单、控制特性好，但电动机体积大、有火花，需经常维护；交流伺服电动机控制复杂，控制特性与直流电动机相当，体积小，不需要经常维护。

直流伺服系统在静态设计时，执行元件通常选用高速直流伺服电动机或低速直流力矩电动机。高速直流伺服电动机体积小，加工

方便，配以一定的减速比，便于进行惯量匹配，但由于有减速器，必然带来齿隙，而且传动链的扭转刚度可能会受到影响。而低速直流力矩电动机不需要减速器，没有齿隙的影响，且低速性能要优于高速直流伺服电动机，但由于没有减速器，不便于进行惯量匹配，大扭矩的低速直流力矩电动机加工制造困难。因此，究竟选用何种执行电动机，要权衡利弊、综合考虑。

①高速直流伺服电动机的选择

根据负载转矩 M_L 和负载转速 Ω_L ，可以初步估算电动机的功率

$$P \approx \frac{M_L \Omega_L}{1\ 000} \tag{8-78}$$

式中　P ——所需的电动机功率（kW）；

M_L ——静态和动态负载转矩（N·m）；

Ω_L ——负载的转速（rad/s）。

在初步估算时，没有考虑减速器的效率，对电动机和减速器的惯性、负载或者估算不准，或者没有估算，故所得结果应乘 1.2～2 的安全系数。

在初步选择电动机后，计算减速器的传动比，验算电动机的最大和额定转矩。已知电动机额定转速 Ω_{Dr} 和天线座转轴最大转速 Ω_L 的情况下，可以确定从电动机到天线座转轴之间的传动比 i 为

$$i = \frac{\Omega_L}{\Omega_{Dr}} \tag{8-79}$$

验算电动机的额定转矩时，要求其不小于均方根转矩

$$M_{Dr} \geqslant M_{rms} \tag{8-80}$$

在满足式（8-80）的条件下，电动机可以长期工作而不会过热。电动机允许短时过载，电动机最大允许转矩

$$M_{Dmax} = \lambda M_{Dr} \tag{8-81}$$

式中　λ ——过载系数。

电动机形式不同，过载时间不同，允许的过载系数也不同。对于直流伺服电动机可以取 $\lambda \leqslant 2 \sim 2.5$，而对于交流伺服电动机可以

取 $\lambda \leqslant 1.5 \sim 2$。按峰值叠加的负载转矩应该不超过电动机允许的最大过载转矩，在这种条件下，电动机能正常工作，且不受损害。

②低速直流力矩电动机的选择

低速直流力矩电动机的特点是可以运行在堵转状态（只有力矩输出，而转速为零）。由于输出力矩大、转速低，它可以同天线轴直接相连，而不需动力减速器。力矩电动机的机械特性如图 8－13 所示。

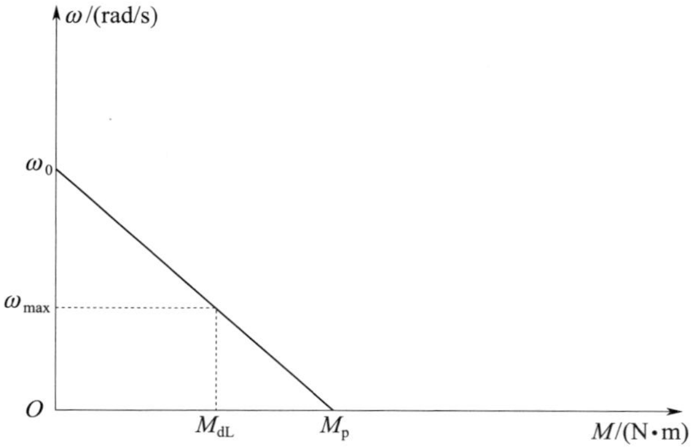

图 8－13　力矩电动机的机械特性

由于系统负载力矩中各个分量的最大值在天线运转过程中均为瞬时出现，所以应根据电动机峰值力矩 M_p 对应的机械特性来选择电动机。负载力矩 M_{Lf} 的合成由下式确定，即

$$M_{Lf} = M_r + M_J + M_f \qquad (8-82)$$

此时，最大堵转力矩 M_p 应满足

$$M_p \geqslant M_{Lf} \qquad (8-83)$$

在力矩电动机的机械特性上，找出最大角速度 ω_{max} 对应的电枢转矩 M_{dL}，并要求

$$M_{dL} \geqslant M_{rms} \qquad (8-84)$$

式中　M_{rms} ——负载力矩。

以上两式，就是选择直流力矩电动机的依据，如果不满足，应重新选择电动机。执行元件的选择，除电动机功率（由转速和转矩确定）的计算和减速器传动比的确定外，还应适当考虑电动机的动态特性，即电磁时间常数和机电时间常数；适应环境条件的能力；可靠性、寿命、体积、质量、外形尺寸和安装尺寸的要求等。

（3）功率放大元件的选择

功率放大元件的作用是将伺服系统的控制信号进行功率放大，以驱动执行元件带动负载运动，功率放大元件的种类很多。目前，常用的有以可控硅为基础的功率放大器和以晶体管为基础的脉冲宽度调制功率放大器。可控硅功率放大器的开关频率相对较低，时间常数大，对电网有污染；而晶体管脉冲宽度调制功率放大器的开关频率高，时间常数小，采用不可控整流，对电网无污染。近年来，随着现代电子技术的发展，在直流伺服系统中，直流脉冲宽度调制（PWM）功率放大器以其优良的性能逐步占据主导地位。

直流 PWM 功率放大器的作用是用脉冲调制的方法，把恒定的直流电源电压调制成频率一定、宽度可变的脉冲序列，从而可以改变平均输出电压的大小，以调节直流电动机的转速。

直流 PWM 功率放大器性能较好，在电枢电压平均值为零时，电动机不转，但加在电枢上瞬时电压不等于零，即使电枢上电流的瞬时值不为零，这个脉动电流也起到平滑干摩擦的作用，由此改善启动和低速性能，使调速范围扩大。这点是其他功率放大器难以达到的。随着电子技术和元器件的发展，直流 PWM 功率放大器将会发展得更完善、可靠，性能更优越，并将广泛地得到应用。

功率放大器的设计，一般应遵循以下原则：

1）功率放大器的输出功率应与执行电动机相匹配，并满足规定的过载能力；

2）功率放大器的死区要小；

3）功率放大器的线性度和对称度要好；

4）功率放大器的线性范围应与伺服系统的线性范围相匹配。

（4）反馈测量元件的选择

①位置反馈测量元件的选取

由于遥测跟踪天线都是做圆周旋转运动，要测量的位置信息都是旋转角度，因此采用的位置反馈测量元件也应是角度测量元件。常用的角度测量元件有机电式和光电式两种。机电式测量元件可靠性高，环境适应性好，安装调试方便，电路简单，有成熟的转换模块，采用双通道组合，精度可达 2″左右，但由于转换电路本身是个闭环系统，因此动态性能受到限制。光电式测量元件由于采用光学玻璃，可靠性和环境适应性都受到一定的限制，但随着刻划精度的提高和细分技术的采用，精度可以做到更高。

对于遥测跟踪天线来说，一般情况下，机电式元件的精度和动态性能可以满足要求，对某些精度要求极高的系统，可选用光电式元件作为位置环反馈元件。

1）自整角机。自整角机是一种机电式角位移传感器。目前，在天线伺服系统中常采用力矩式自整角机做角度指示，它一般是成对应用的。发送机与天线旋转轴做同步运动，接收机和角度指示器连接。自整角机分为 1，2，3 三种精度等级，其最大误差在 0.25°～0.75°之间。

2）旋转变压器。旋转变压器（简称旋变）是一种输出电压随转子角度变化的信号元件。当磁力绕组以一定频率的交流电压形成磁力时，输出绕组的电压幅值与转子转角成正、余弦函数关系，或是保持某一比例关系，或在一定转角范围内与转角成线性关系。按输出电压和转子转角间的函数关系，旋转变压器主要分为三大类：

a. 正-余弦旋转变压器。其输出电压与转子转角之间成正弦或余弦函数关系。

b. 线性旋转变压器。其输出电压与转子转角成线性函数关系。线性旋转变压器按转子结构，又可分为隐极式和凸极式两种。

c. 比例式旋转变压器。其输出电压与转子转角成线性关系。旋转变压器由转子绕组和定子绕组构成，并且两者相互独立，一次线圈和二次线圈都绕在定子上，转子上由两组相差 90°的线圈组成，采用无刷设计，如图 8-14 所示。旋转变压器电气示意如图 8-15 所示。

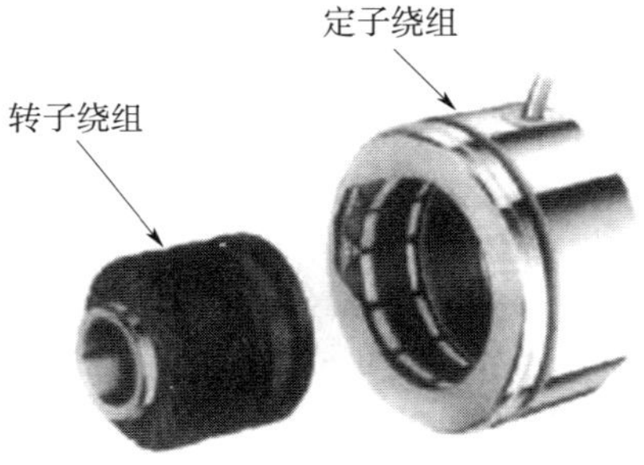

图 8-14 旋转变压器的转子绕组和定子绕组

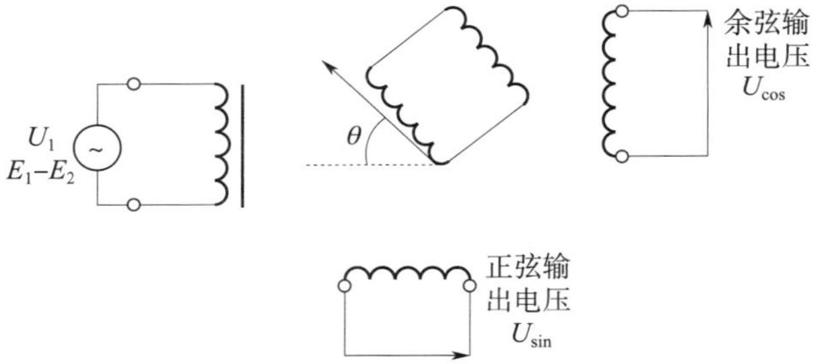

图 8-15 旋转变压器电气示意图

遥测跟踪天线所用的旋转变压器通常采用单相力磁（使用一个励磁绕组，而将另外一个励磁绕组短接）的方式，此时各绕组间的电压由下式表示

$$\begin{cases}U_1(t)=U_m\sin\omega t\\U_2(t)=0\\U_3(t)=kU_m\sin\omega t\sin\theta\\U_4(t)=kU_m\sin\omega t\cos\theta\end{cases} \tag{8-85}$$

式中 θ ——转子位置角；

$U_1(t)$ ——直轴励磁绕组输入电压；

$U_2(t)$ ——交轴励磁绕组输入电压；

$U_3(t)$ ——正弦绕组输出电压；

$U_4(t)$ ——余弦绕组输出电压；

k ——旋转变压器变比。

$U_3(t)$ 和 $U_4(t)$ 两组模拟信号输出后经 RDC（Resolver to Digital Converter）元件解码后输出数字量。目前，常用的 RDC 模块位数有 10 位、12 位和 14 位。为保证旋转变压器的测角精度，要求两相励磁电流严格平衡，即大小相等，相位相差为 90°，故在气隙中产生圆形旋转磁场。

旋转变压器的精度主要由函数误差和零位误差来衡量。函数误差表示输出电压波形和正弦曲线间的最大差值与电压幅值之比，旋转变压器的精度等级分 0,Ⅰ,Ⅱ,Ⅲ级，函数误差通常在±（0.05%～0.34%）之间。零位误差表示理论上的零位与实际电压最小值位置之差，通常在 3′～18′之间。由以上数据可见，旋转变压器的精度高于自整角机，因此在高精度数字随动系统中常用它作为测角元件。

目前，遥测跟踪天线通常采用双通道旋转变压器作为角度测量元件。双通道旋转变压器由粗、精两个通道组成，主轴转一圈，粗通道信号变化 360°，精通道信号变化 $n\times360°$，n 为精通道的极对数。因此从理论上说，精度可以提高 n 倍。以常用的 1∶32 对极的双通道旋转变压器为例，说明信号的组合过程。此旋转变压器转一圈，粗通道信号变化 360°，精通道信号变化 32×360°。从理论上说，粗通道每变化 360°/32，精通道应该变化 360°。若粗、精通道都用 12 位的 RDC 转换，则取粗通道的高 5 位数据和精通道 RDC 的 12 位数据直接就可以组成 17 位数据以表示角度值。但是由于制造上的误差，粗通道、精通道不可能完全同步，也就是说，当粗通道转动 360°/32 时，精通道转过的角度可能大于 360°，也可能小于 360°。因此，粗、精通道的信号经转换后，再进行逻辑纠错处理，才能组合出高精度的数据。组合编码示意如图 8-16 所示。

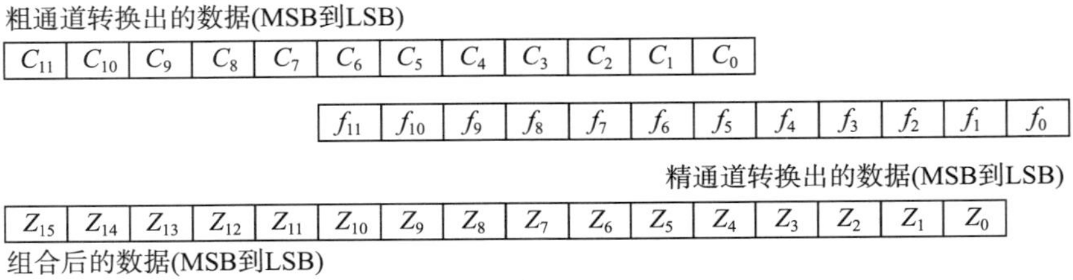

图 8-16 组合编码示意图

设速比为 1∶32，$32=2^5$，则精通道 f_{11} 与粗通道 C_6 权值相同，精通道 f_{10} 与粗通道 C_5 权值相同，以此类推。当精通道 $f_{11}f_{10}=00$，精通道 $C_6C_5=11$ 时，说明粗通道有滞后，精通道已经进位，而粗通道尚未进位，因此纠错后 $Z_{15}Z_{14}Z_{13}Z_{12}Z_{11}=C_{11}C_9C_8C_7C_6+1$；当精通道 $f_{11}f_{10}=11$，粗通道 $C_6C_5=00$ 时，说明粗通道有超前，精通道尚未进位，而粗通道已经进位，因此纠错后 $Z_{15}Z_{14}Z_{13}Z_{12}Z_{11}=C_{11}C_9C_8C_7C_6-1$。

该纠错规则的最大纠错能力为±2.812 5°，即精通道绕组和粗通道绕组之间的零位误差小于 2.812 5°时，纠错电路可以纠错。

3）光电编码器。光电编码器是利用圆形光学码盘及一套光电转换装置，通过数字处理电路的信号处理，将机械转角变换为数字量的角度传感器。

光电编码器一般采用光电扫描原理。对编码器的光电扫描是非接触的，因此无摩擦。这种光电扫描方法能检测到非常细的线条，通常不超过几微米宽，而且能生成信号周期很小的输出信号。编码器栅距越小，光电扫描的衍射现象越严重。角度编码器一般采用两种扫描原理，即成像扫描原理和干涉扫描原理。

a. 成像扫描原理。如图 8-17 所示，简单地说，成像扫描原理是用透射光产生信号，即两个具有相同栅距的光栅尺和扫描光栅彼此相对运动。扫描光栅的基体是透明的，而作为测量基准的光栅尺可以是透明的，也可以是反射的。

当平行光穿过一个光栅时，在一定距离处形成明、暗区。具有

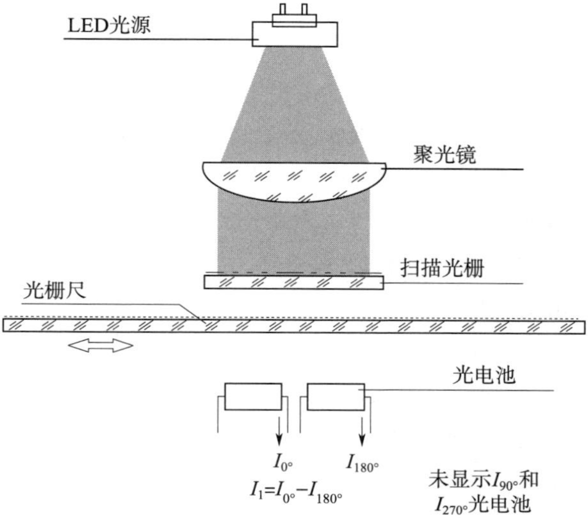

图 8－17　成像扫描原理光学示意图

同栅距的扫描光栅就位于这个位置。当两个光栅相对运动时，穿过光栅尺的光得到调制。如果狭缝对齐，则光线穿过。如果一个光栅的刻线和另一个光栅的狭缝对齐，则光线无法通过。

光电池将这些光强变化转化成电信号。特殊形式的扫描光栅将光强调制为近正弦输出信号。栅距越小，扫描光栅和光栅尺间的间距公差越严。

b. 干涉扫描原理。干涉扫描原理是利用精细光栅的衍射和干涉原理形成移动量的测量信号，如图 8－18 所示。阶梯状光栅的光栅尺为在平反光面上刻上线高 0.2 μm 的反光线。光栅尺的前面是扫描光栅，其栅距与光栅尺的栅距相同，它是透射相位光栅。

当光照到扫描光栅时，光被衍射为三束光强近似的光：－1，0和＋1。光栅尺衍射的光波中，反射光中衍射光强最强的光束为＋1和－1。这两束光在扫描光栅的相位光栅再次相遇，又一次被衍射和干涉。它形成三束光，并以不同的角度离开扫描光栅。光电池将这些交变的光强变化转化成电信号。

扫描光栅和光栅尺的相对运动使第一级的衍射光产生相位移：当光栅移过一个栅距时，前一级的＋1衍射光在正方向上移过一个光波波长，－1衍射光在负方向上移过一个光波波长。由于这两个光波在离开光栅时将发生干涉，光波将彼此相对移动两个光波波长。也就是说，相对移动一个栅距可以得到两个信号周期。

干涉扫描编码器的平均栅距为4 μm，甚至更细。其扫描信号基本没有高次谐波，能进行高倍率细分。因此，这些光栅尺适应于高分辨率和高精度应用。

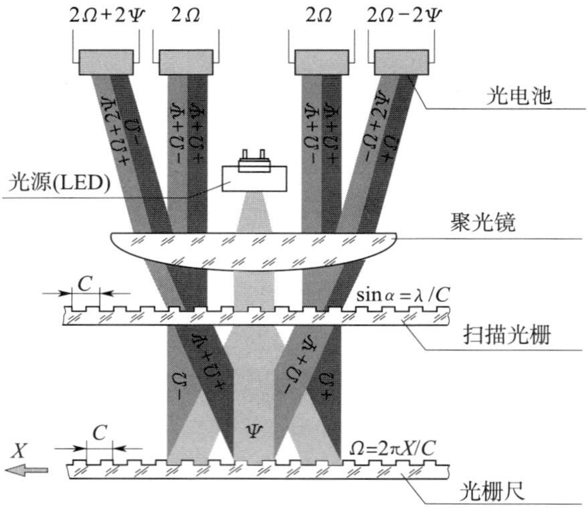

图 8-18　干涉扫描原理光学示意图

C—栅距；Ψ—移过扫描单元时光波的相位变化；Ω—光栅尺在 X 轴方向运动的相位变化

②速度反馈元件的选择

1）直流测速电机。由于遥测跟踪天线多使用直流伺服系统，因此速度反馈元件多采用直流测速电机。直流测速电机是将机械转速变换为电信号的机电装置，分为电磁式和永磁式，实际多用永磁式。测速电机电势（E）公式为

$$E=U+I_aR_a=\frac{pnN}{60a}\Phi\times10^{-8}=K_e \qquad (8-86)$$

式中　U——测速电动机输出电压（V）；

I_a，R_a——测速电机电枢电流（A）、电阻（Ω）；

p，n——测速电机极对数、转速（r/min）；

Φ，N——激磁磁通和电枢中嵌入的导体总数；

a——电枢绕组并联支路。

若令

$$K_e = \frac{pnN}{60a}\Phi \times 10^{-8} \tag{8-87}$$

则称 K_e 为测速电机比电势。

选用测速电机时应注意：选合适的输出斜率；不灵敏区要小；输出要对称、线性好、纹波小，尤其是低速段的线性要好。

2）速率陀螺。在船载或机载遥测跟踪伺服系统中，常用速率陀螺作为陀螺环的反馈元件。速率陀螺用来响应相对于惯性空间的速度。在低于谐振频率的频段内，它的输出电压与角速度成正比。

8.5.2.2　伺服系统动态设计

伺服系统动态设计的目的是通过选择校正环节，以使系统的闭环特性满足伺服系统的主要性能指标——稳定裕量、伺服带宽、跟踪精度、过渡过程品质和调速范围。遥测跟踪伺服系统动态设计有以下一些特点：

1）伺服带宽是限制跟踪误差的主要因素，同时又受到结构谐振特性的限制。

2）跟踪误差是遥测跟踪伺服系统的主要性能指标。跟踪误差的主要分量是动态滞后误差，加速度误差往往是最大的动态滞后误差，为减小加速度误差，加大系统截止频率是动态设计的关键。

3）加大系统截止频率受到伺服带宽和速度回路闭环带宽的双重限制，速度回路闭环带宽又受结构谐振频率的限制。

4）结构谐振特性（由结构谐振频率和结构相对阻尼系数两个参量确定）中，结构谐振频率大小一般与天线口径成反比。在动态设计时，大型天线应考虑结构谐振频率特性的影响。

5）对动态设计影响较大的伺服机械结构性能指标中，除结构谐振特性外，就是机械传动间隙（主要是齿轮传动间隙）。机械传动间隙不仅影响伺服系统的稳定性，而且使系统产生自振静态误差。

6）风力矩与天线直径的三次方成正比。在没有天线罩的情况下，由阵风力矩引起的随机误差是比较大的，由于它不能通过计算机进行补偿，为抑制阵风引起的误差，关键是设计宽带宽的速度回路。

（1）伺服系统期望特性设计

伺服系统动态设计的基础是确定系统的期望特性。在工程上，常采用频域作图法来进行设计，这种方法只适用于线性定常最小相位系统的设计，而且系统必须是用单位反馈构成的闭环系统，若主反馈系数是不等于 1 的常数，则应化为单位反馈系统处理。

①期望特性的设计原则

期望特性的设计原则是能满足系统主要性能指标的要求，这些主要性能指标即稳定裕量、伺服带宽、过渡过程品质和跟踪精度。

稳定裕量：一般系统设计中，要求相位裕度 $\gamma \geqslant 30°$，幅值裕度 $G_m \geqslant 6$ dB 。由于过渡过程的超调量 $\sigma\%$ 与 γ 相关，当 $\sigma\% \leqslant 30\%$ 时，则 $\gamma \geqslant 45°$。

伺服带宽：伺服带宽有固定带宽和变带宽两种要求。

过渡过程品质：常用过渡过程的超调量 $\sigma\%$ 和过渡过程时间 t_T 表示。由于 t_T 与 γ 和 β_n 有关，当相位裕度 γ 较大和伺服带宽 β_n 较宽时，过渡过程时间 t_T 则短，反之亦然。

跟踪误差：在期望特性设计时，一般只考虑动态滞后误差 θ_R ，包括速度误差 Δ_v 和加速度误差 Δ_a 两项，即

$$\theta_R \approx \Delta_v + \Delta_a \tag{8-88}$$

一阶系统为

$$\theta_R \approx \Delta_v + \Delta_a = \frac{\omega}{K_v} + \frac{\varepsilon}{K_a} \tag{8-89}$$

二阶系统为

$$\theta_{R} \approx \Delta_{a} = \frac{\varepsilon}{K_{a}} \tag{8-90}$$

②期望特性设计

遥测跟踪天线通常设计成为Ⅰ型系统或Ⅱ型系统。Ⅰ型系统的结构特点是系统的正向通道包含 1 个积分环节，它的典型开环传递函数的形式为

$$K_{v}W(s) = \frac{K_{v}(1+T_{2}s)}{s(1+T_{1}s)(1+T_{3}s)} \tag{8-91}$$

式中　K_v ——速度常数，即系统开环增益（s^{-1}）；

T_1, T_3——两个惯性环节的时间常数（s）；

T_2——一阶微分环节的时间常数（s）。

Ⅱ型系统的结构特点是系统的正向通道包含两个积分环节，典型开环传递函数的形式为

$$K_{a}W(s) = \frac{K_{a}(1+T_{2}s)}{s^{2}(1+T_{3}s)} \tag{8-92}$$

式中　K_a ——加速度常数，即系统的开环增益（s^{-2}）；

T_2——一阶微分环节的时间常数（s）；

T_3——惯性环节的时间常数（s）。

期望特性设计，就是选择各频段的斜率，确定 K_v 和 K_a 常数，以及选择截止频率 ω_c 和转折频率 ω_1，ω_2，ω_3。期望特性反映系统的各项性能指标，不同形状的特性代表不同的性能指标，低频段（AB 段或 BC 段）的斜率与系统的无静差阶次有关。对于Ⅰ型系统，它反映速度常数 K_v，决定系统的速度误差 Δ_v；对于Ⅱ型系统，它反映加速度常数 K_a，决定加速度误差 Δ_a。

中频段的设计是期望特性设计的关键。中频段与性能指标有如下关系：截止频率 ω_c 的大小反映伺服带宽 β_n 的宽窄；中频段 CD 的长度和对称度确定相位裕度 γ；当 ω_c 一定时，转折频率 ω_2 的大小反映 K_a 常数的大小。

高频段反映系统抑制高频干扰及防止机械结构谐振的能力。

各频段斜率的选择如下。

1）中频段 CD 斜率的选择：遥测跟踪伺服系统是最小相位系统，这种系统的频率特性幅值和相位有一一对应的关系。对于最小相位系统，要使系统稳定，中频段的斜率应取－20 dB/dec。

2）低频段 AB（或 BC）斜率的选择：对于Ⅰ型系统，低频段 AB 的斜率为－20 dB/dec；对于Ⅱ型系统，低频段 BC 的斜率为－40 dB/dec。

3）高频段 DE 斜率的选择：高频段特性由速度回路的闭环特性决定，通常为－40 dB/dec 或－60 dB/dec，但必须满足幅值裕度 $G \geqslant 6$ dB 的要求。

4）过渡段 BC 斜率的选择：Ⅰ型系统才有过渡段，它的斜率为－40 dB/dec 或－60 dB/dec。

从上述各频段的选择可以看出，当系统的无静差阶次确定后，低频段的斜率是固定的，可变部分在过渡段和高频段。

中频段截止频率 ω_c 的选择，是期望特性设计的关键，它的大小影响系统的稳定裕度、跟踪精度和过渡过程品质指标要求。伺服系统 ω_c 的选择受到伺服系统带宽 β_n 的限制，当伺服带宽 ω_B($\omega_B = 2\pi\beta_n$) 确定后，ω_c 的计算式为

$$\omega_c = \left(\frac{1}{1.5} \sim \frac{1}{2}\right)\omega_B \quad (\text{rad/s}) \tag{8-93}$$

转折频率 ω_1，ω_2 及 ω_3 的选择如下。

1）转折频率 ω_1 的选择：ω_1 只有Ⅰ型系统才有，ω_1 的大小由系统开环增益（即速度常数 K_v）确定，一般来说，ω_1 小则 K_v 大，反之亦然。建议 ω_1 的最小值取在对应 K_v 在 500～1 000 s^{-1} 处，如果需要 K_v 更大，可采用Ⅱ型系统。ω_1 为

$$\omega_1 = \frac{\omega_2^2}{K_v} \cdot 10^{-\frac{G}{20}} \tag{8-94}$$

2）转折频率 ω_2 的选择：ω_2 的选择与稳态增益和稳定裕度有关，且两者是相互矛盾的，要折中进行考虑，如图 8－19 所示。通常，取幅值裕度（G）为 6～8 dB，在满足幅值裕度的情况下，尽可能地

提高增益

$$\omega_2 = \omega_c \cdot 10^{-\frac{G}{20}} \tag{8-95}$$

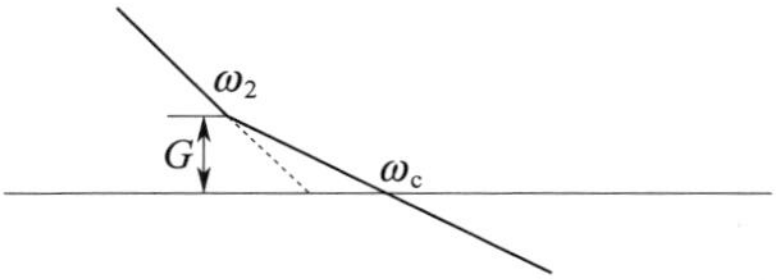

图 8-19　转折频率 ω_2 与截止频率 ω_c 及幅值裕度的关系

3）转折频率 ω_3 的选择：通常 ω_3 由速度回路的闭环特性及结构谐振频率决定，一般要保证 6～8 dB 的幅值稳定裕度。

（2）伺服系统固有环节

在伺服系统固有环节中，执行元件及其负载的传递函数是系统固有环节中最重要、最复杂的传递函数。下面以直流电机为例，介绍其数学模型。

直流电机的等效电路如图 8-20 所示。其中，U_a 为电机外加电压，L_a 和 R_a 为转子绕组的等效电感和等效电阻，U_e 为感应电动势，J 为转子和电机负载的转动惯量。根据电路回路的电压平衡关系，得到

$$U_a - i_a R_a - L_a \frac{di_a}{dt} - C_e \omega_a = 0 \tag{8-96}$$

式中　C_e——由永磁体的磁通密度、转子绕组的数目以及铁芯的物理性质决定的速度常数（电机反电动势系数）；

ω_a——转子旋转的角速度。

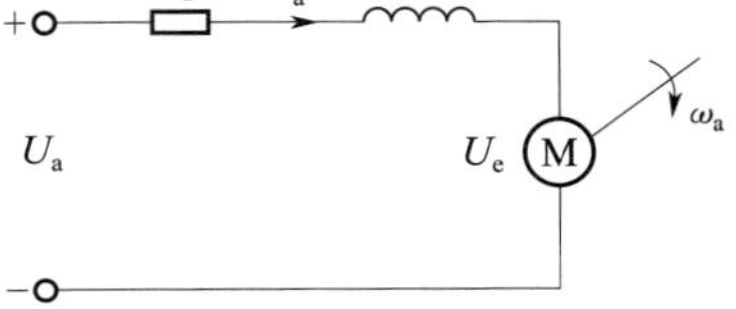

图 8-20　直流电机的等效电路图

根据电机的力矩平衡关系可以得到

$$C_{m}i_{a}-J\frac{\mathrm{d}\omega_{a}}{\mathrm{d}t}-B\omega_{a}-T_{L}=0 \tag{8-97}$$

式中 C_m ——由永磁体的磁通密度、转子绕组的数目以及铁芯的物理性质决定的力矩常数（电机转矩系数）；

B ——旋转系统的黏性阻尼系数；

T_L ——电动机的负载转矩。

联立以上两式，可得到直流电机的完整描述

$$\begin{cases}\dfrac{\mathrm{d}i_{a}}{\mathrm{d}t}=-\dfrac{R_{a}}{L_{a}}i_{a}-\dfrac{C_{e}}{L_{a}}\omega_{a}+\dfrac{U_{a}}{L_{a}}\\ \dfrac{\mathrm{d}\omega_{a}}{\mathrm{d}t}=\dfrac{C_{m}}{J}i_{a}-\dfrac{B}{J}\omega_{a}+\dfrac{T_{L}}{J}\end{cases} \tag{8-98}$$

并写成状态空间形式

$$\frac{\mathrm{d}}{\mathrm{d}t}\begin{bmatrix}i_{a}\\ \omega_{a}\end{bmatrix}=\begin{bmatrix}-\dfrac{R_{a}}{L_{a}} & -\dfrac{C_{e}}{L_{a}}\\ \dfrac{C_{m}}{J} & -\dfrac{B}{J}\end{bmatrix}\begin{bmatrix}i_{a}\\ \omega_{a}\end{bmatrix}+\begin{bmatrix}\dfrac{1}{L_{a}} & 0\\ 0 & -\dfrac{1}{J}\end{bmatrix}\begin{bmatrix}U_{a}\\ L_{a}\end{bmatrix} \tag{8-99}$$

$$\begin{bmatrix}y_{1}\\ y_{2}\end{bmatrix}=\begin{bmatrix}1\\ 0\end{bmatrix}\begin{bmatrix}i_{a}\\ \omega_{a}\end{bmatrix} \tag{8-100}$$

进行拉普拉斯变换后，可得

$$sI_{a}(s)-I_{a}(0)=-\frac{R_{a}}{L_{a}}I_{a}(s)-\frac{C_{e}}{L_{a}}\omega_{a}(s)+\frac{1}{L_{a}}U_{a}(s) \tag{8-101}$$

$$s\omega_{a}(s)-\omega_{a}(0)=\frac{C_{m}}{J}I_{a}(s)-\frac{B}{J}\omega_{a}(s)-\frac{1}{J}T_{L}(s) \tag{8-102}$$

假设电机的初始条件为零，上述方程变为

$$I_{a}(s)=\frac{-C_{e}\omega_{a}(s)+U_{a}(s)}{L_{a}s+R_{a}} \tag{8-103}$$

$$\omega_{a}(s)=\frac{-C_{m}I_{a}(s)-T_{L}(s)}{Js+B} \tag{8-104}$$

由此可得直流电机的模型框图，如图 8－21 所示。

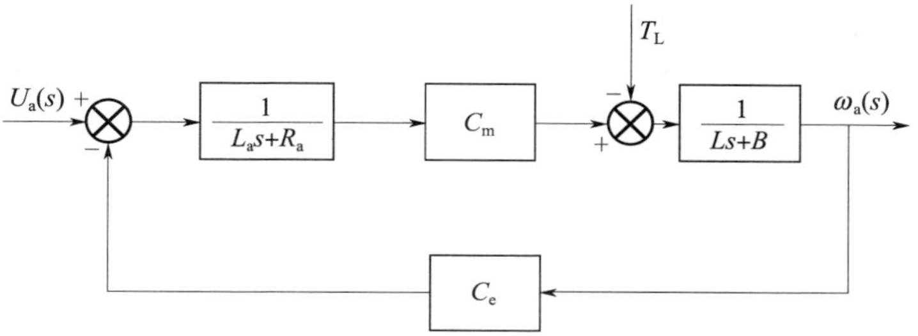

图 8－21　直流电机的模型

（3）电流回路的设计

电流回路和速度回路都是伺服系统的内回路，电流回路又是速度回路的一个环节。

①电流回路的用途及性能指标

电流回路的主要用途是为了减小电枢回路的时间常数，同时可以忽略电动机反电动势的影响，对结构谐振环节有一定的抑制作用。电流回路的性能指标如下：

1）稳定裕量。电流回路只校验相角裕量 γ，电流回路稳定性要求 $\gamma \geqslant 20°$，考虑到回路过渡过程超调量 $\sigma\%$不宜过大，一般对相角裕量提出 $\gamma \geqslant 40°$的要求。

2）闭环带宽。为了提高系统克服负载扰动的能力，通常要求电流回路的带宽尽可能地宽。目前，一般要求 $\beta_{ni} \geqslant 1$ kHz。

②电流回路结构框图

电流回路结构框图如图 8－22 所示。

电动机的反电势相当于电流回路中的一个扰动量，由于电动机的电磁时间常数一般都远小于机电时间常数，因而电动机电枢电流的变化速度远远快于转速的变化速度，反电势扰动实际上不会造成电枢电流的波动，因此电流回路结构框图可以简化为如图 8－23 所示。

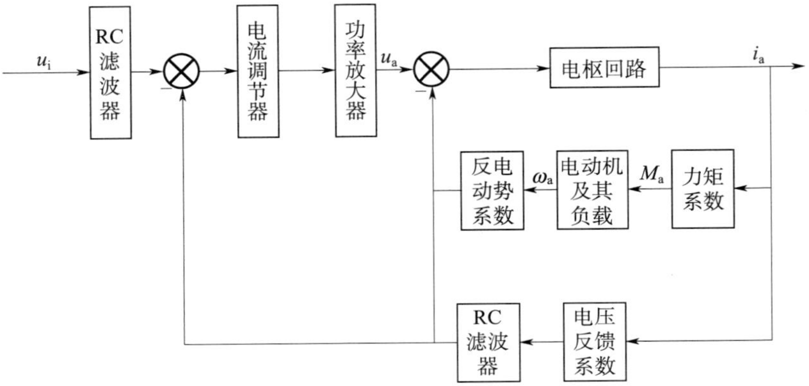

图 8-22　电流回路结构框图

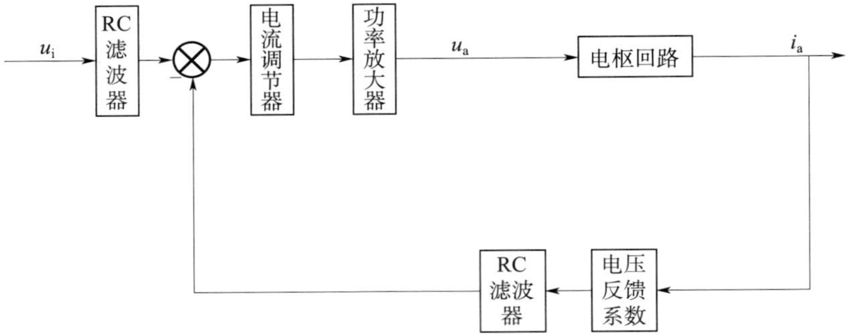

图 8-23　简化电流回路结构框图

(4) 速度回路的设计

①速度回路的作用

速度回路是位置回路设计的基础，它可以减小时间常数，提高回路的动态特性，增加系统的相角裕量，改善系统的过渡过程品质；同时能够提高系统的低速平稳性能，扩大系统的调速范围；还能够提供系统抗外部扰动的能力。

②速度回路的性能指标要求

1) 相角裕量：一般，要求相角裕量 $\gamma \geqslant 35°$。

2）截止频率 ω_{cv}：速度回路的截止频率 ω_{cv} 为

$$\begin{cases}\omega_{cv} \geqslant 4\omega_{c} \\ \omega_{c} = \left(\dfrac{1}{1.5} \sim \dfrac{1}{2}\right)\omega_{B} \\ \omega_{B} = 2\pi\beta_{n}\end{cases} \tag{8-105}$$

因此，若已知伺服带宽 β_n，则可初步确定速度回路的开环截止频率 ω_{cv}。

3）开环增益：为了增强系统的抗负载扰动能力和实现系统的调速范围，速度回路可设计成Ⅰ型系统形式，它的开环增益通常为 $K_v \geqslant 400\ s^{-1}$。

③速度回路传递函数框图

速度回路传递函数框图如图 8-24 所示。

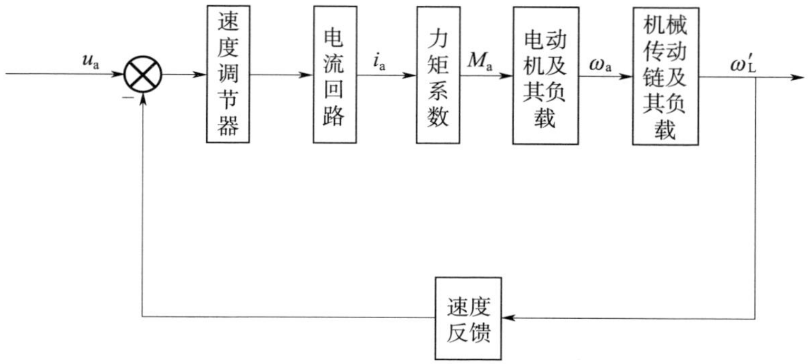

图 8-24　速度回路传递函数框图

④陀螺环

船载遥测伺服系统中，在位置环和速度环中间添加陀螺环。可以把陀螺环称为空间调速环，方位环路和俯仰环路各用一个光纤速率陀螺，两个陀螺都装在天线座俯仰叉臂上。其中，一个陀螺的敏感轴平行于俯仰轴，另一个平行于方位轴（当 E 角等于零时）。当船体摇摆使天线指向发生变化时，陀螺就会敏感这个变化而输出控制信息，这个控制信号通过陀螺环使天线向着与摇摆相反的方向转动，从而保持天线的指向不变。一般说来，陀螺环的隔离度可以达到 20 dB 以上，隔离程度取决于摇摆频率处陀螺环的开环增益。要使陀螺环很好地隔离船体的摇摆，陀螺稳定环应为宽带设计。

(5) 位置回路设计

遥测跟踪天线在工作过程中需要对目标进行引导、搜索和跟踪，它是一个典型的位置随动系统，以上所有功能的实现都是靠位置回路来完成的。

①正割补偿

天线在跟踪目标时的几何关系如图 8-25 所示。

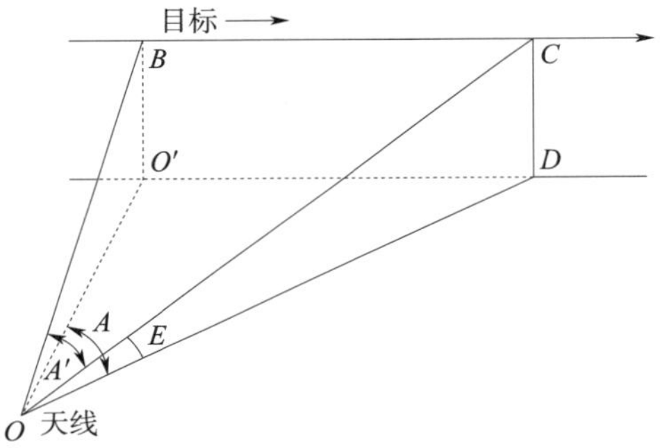

图 8-25　跟踪目标时的几何关系

当俯仰角为 E 时，目标从 B 点移动到 C 点，天线轴线要从 OB 线转动到 OC 线，这时，在 OBC 平面内转过的角度为 A'，要使天线转过 A'，伺服系统方位支路必须带动天线在 $OO'D$ 平面内转过 A 角度，由于方位角 A 和横扫角 A' 是在两个不同的平面内，因而存在坐标变换问题。相同的 A'，在俯仰角 E 不同时，对应的 A 角也不同。

可以证明，方位角 A 等于横扫角 A' 与俯仰角 E 的正割函数 $\sec E$ 之积，即

$$A = A' \sec E \tag{8-106}$$

②变带宽

遥测跟踪天线伺服系统影响系统测角误差的主要因素为动态滞

后误差，动态滞后误差随着距离的增加而减小（角速度和角加速度均随着距离的增加而减小）。由于动态滞后误差与伺服带宽成反比，因此随着跟踪距离的增减，采用改变 β_n 大小的方法可以保证天线的测角精度。

变带宽的本质就是改变系统开环频率特性的截止频率 ω_c 与闭环带宽有如下关系式

$$\begin{cases}\omega_c = \left(\dfrac{1}{1.5} \sim \dfrac{1}{2}\right)\omega_B \\ \omega_B = 2\pi\beta_n\end{cases} \tag{8-107}$$

ω_2 与截止频率 ω_c 有如下关系式

$$\omega_2 = \left(\frac{1}{2} \sim \frac{1}{4}\right)\omega_c \tag{8-108}$$

若 $\omega_2 = (1/2)\omega_c$，则 K_a 大，γ 小；若 $\omega_2 = (1/4)\omega_c$，则 K_a 小，γ 大。当已知 β_n 时，如何选取 ω_c 与 ω_2 的关系，使 K_a 能获得较大的值是系统期望特性设计的关键。当 K_a 值一定时，β_n 与 ω_c 和 ω_2 的关系由下式确定

$$K_a = \frac{2\pi^2}{(\omega_B/\omega_c)^2(\omega_c/\omega_2)^2}\beta_n^2 \tag{8-109}$$

8.5.3　数字伺服系统

随着计算机技术的飞速发展，伺服系统正逐步朝着数字化的方向发展，数字伺服系统以其精确性和灵活性等优点正逐步取代模拟伺服系统。数字伺服系统与模拟伺服系统既有共同点，又有不同点，共同点是这两种伺服系统都是按反馈原理工作的，都属于闭环控制系统，不同点主要在于在数字伺服系统中存在着采样过程。这种系统的特点是，进入系统的控制信号、反馈信号和误差信号都是在特定采样瞬时传递的数字信号。数字伺服系统是一种采样控制系统，而在模拟伺服系统中，这些信号都是以模拟方式传递的连续信号，因此模拟伺服系统也叫连续伺服系统。当控制系统中只要有一部分信号是以脉冲或数字序列的离散形式传递时，那么这种系统就叫作

采样控制系统，或离散控制系统。

8.5.3.1　连续系统数字化方法

在考虑采样保持器相位特性对系统影响的情况下，数字系统的设计可以应用连续系统的设计方法，得到校正网络，再进行数字化。模拟网络数字化的实质是应用了数字滤波技术，将输入信号数字序列处理成输出数字序列，使它们的传递关系符合某种确定的要求。通常数字化的方法有以下 3 种。

（1）脉冲响应不变法（Z 变换法）

脉冲响应不变法的出发点是离散系统 $D(Z)$ 的单位脉冲响应 $h(kT)$ 与连续系统 $D(s)$ 的单位脉冲过渡函数，在各点的采样值 $h_s(kT)$ 相等。对于由下式表示的连续系统有

$$D(s)=\sum_{i=1}^{n}\frac{C_i}{s+p_i} \tag{8-110}$$

其脉冲响应为

$$h_s(t)=\sum_{i=1}^{n}C_i\mathrm{e}^{-p_i t} \tag{8-111}$$

其采样值为

$$h_s(kT)=\sum_{i=1}^{n}C_i\sum_{k=0}^{\infty}\mathrm{e}^{-p_i kT} \tag{8-112}$$

则式（8－112）的 Z 变换为

$$H(z)=\sum_{i=1}^{n}C_i\sum_{k=0}^{\infty}\mathrm{e}^{-p_i kT}z^{-k}=\sum_{i=1}^{n}\frac{C_i}{1-\mathrm{e}^{-p_i T}z^{-1}} \tag{8-113}$$

式（8－113）即为 $D(s)$ 的脉冲响应不变的离散变换，脉冲响应有如下特性：

1）$H(z)$ 和 $D(s)$ 的单位脉冲响应在各采样点的值相等；

2）如 $D(s)$ 稳定，则 $H(z)$ 亦稳定；

3）$H(z)$ 不能保持 $D(s)$ 的频率响应。

（2）零极点变换法

对于由下式表示的连续系统有

$$D(s)=\frac{k\prod_{j=1}^{m}(s+r_j)}{\prod_{i=1}^{n}(s+p_i)} \tag{8-114}$$

零极点变换法是直接将上式中的零点 $s=-r_j$ 和极点 $s=-p_i$ 一一对应地映射到 z 平面上的零点 $z=\mathrm{e}^{-r_jT}$ 和极点 $z=\mathrm{e}^{-p_iT}$ 。

对于实数零（极）点的 Z 变换式为

$$(s+a)\rightarrow(1+\mathrm{e}^{-aT}z^{-1}) \tag{8-115}$$

对于复数零（极）点的 Z 变换式为

$$(s+a+\mathrm{j}b)(s+a-\mathrm{j}b)=(s+a)^2+b^2\rightarrow[1-2\mathrm{e}^{-aT}\cos(bT)z^{-1}+\mathrm{e}^{-aT}z^{-2}] \tag{8-116}$$

式中　若 $n>m$ ，则可用 $z=-1$ 的零点来匹配。

零极点变换法有如下特性：

1）若 $D(s)$ 稳定，则 $H(z)$ 亦稳定；

2）变换增益不能保持不变；

3）最适用于零点和极点一一对应的 $D(s)$ 表达式。

（3）双线性变换

双线性变换又称塔斯廷（Tustin）变换。根据 Z 变换的定义有

$$z=\mathrm{e}^{sT}=\frac{\mathrm{e}^{sT/2}}{\mathrm{e}^{-sT/2}} \tag{8-117}$$

将上式的分子和分母展开成泰勒级数，取前两项近似值可得

$$\mathrm{e}^{sT/2}\approx 1+Ts/2,\mathrm{e}^{-sT/2}\approx 1-Ts/2 \tag{8-118}$$

则

$$z=\mathrm{e}^{sT}=\frac{\mathrm{e}^{sT/2}}{\mathrm{e}^{-sT/2}}=\frac{1+Ts/2}{1-Ts/2} \tag{8-119}$$

可解得

$$s=\frac{2}{T}\times\frac{1-z^{-1}}{1+z^{-1}} \tag{8-120}$$

所以，双线性变换的脉冲传递函数为

$$H(z)=D(s)\big|_{s=\frac{2}{T}\times\frac{1-z-1}{1+z-1}} \tag{8-121}$$

双线性变换有如下特性：

1）若 $D(s)$ 稳定，则 $H(z)$ 亦稳定；

2）变换关系简单、方便；

3）双线性变换是将 S 左半平面变换到 Z 平面单位圆内，因而没有混叠效应；

4）变换精度较高。

（4）各种变换方法的比较

除上述常用变换方法外，还有阶跃响应不变法、零阶保持器法、前向差商法、差商代微商法等，几种方法各有优缺点：1）在增益和相位特性方面，双线性变换性能最好，其次是零极点变换法、脉冲响应不变法；2）在使用零极点变换法时，要使增益保持不变，应加以修正，可以在数字部分进行修正，也可以在连续部分予以修正；3）在采样频率是系统带宽的很多倍时，各种方法区别不大。

8.5.3.2　数字伺服系统几种常用算法

（1）PID 算法

PID 算法即比例-积分-微分算法，其控制原理如图 8-26 所示。

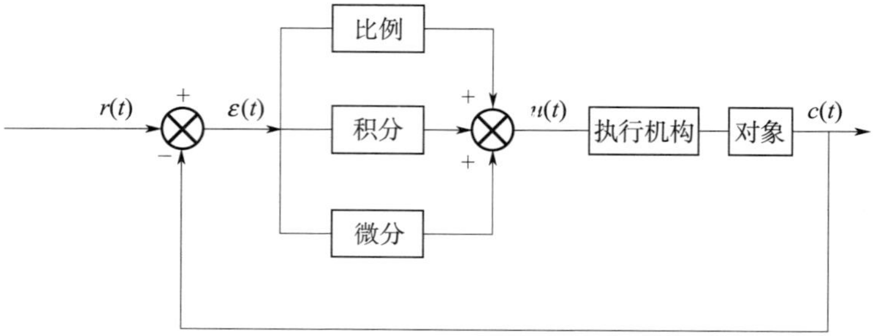

图 8-26　PID 调节器控制原理图

PID 调节器各校正环节作用如下。

1）比例环节：成比例地反映控制系统的偏差信号 $\varepsilon(t)$，系统偏差一旦产生，调节器立即产生与其成比例的控制作用，以减小偏差。比例控制反应快，但对某些系统可能存在稳态误差，加大比例

系数 K_p，系统稳态误差减小，但稳定性可能变差。

2）积分环节：主要用于消除稳态误差（也称静差），提高系统无差度。积分作用的强弱取决于积分时间常数 T_i，T_i 越大，积分速度越慢，积分作用越弱，反之越强。积分环节可能使系统频带变窄，积分控制通常与其他控制规律结合使用。

3）微分环节：微分的作用是能反映偏差信号的变化速率，具有可预见性，能预见偏差信号的变化趋势，并能在偏差信号的值变得太大之前，在系统中引入有效的早期修正信号，从而加快系统的响应速度，减少超调和调节时间。由于微分反映的是变化率，所以当输入没有变化时，微分环节输出为零。微分控制通常与其他控制规律结合使用。

PID 调节器的微分方程为

$$u(t)=K_p\left[\varepsilon(t)+\frac{1}{T_i}\int_0^t\varepsilon(t)\mathrm{d}t+T_d\frac{\mathrm{d}\varepsilon(t)}{\mathrm{d}t}\right] \tag{8-122}$$

式中　K_p,T_i,T_d ——分别为比例系数、积分时间常数和微分时间常数。

PID 调节器的传输函数为

$$D(s)=\frac{U(s)}{\varepsilon(s)}=K_p(1+\frac{1}{T_is}+T_ds) \tag{8-123}$$

选定采样周期 T 后，其离散化的差分方程为

$$\begin{aligned}U(n)&=K_p\left\{\varepsilon(n)+\frac{T}{T_i}\sum_{j=0}^{n}\varepsilon(j)+\frac{T_d}{T}[\varepsilon(n)-\varepsilon(n-1)]\right\}\\&=K_p\varepsilon(n)+K_i\sum_{j=0}^{n}\varepsilon(j)+K_d[\Delta\varepsilon(n)]\end{aligned} \tag{8-124}$$

其中

$$K_i=K_pT/T_i$$

$$K_d=K_pT_d/T$$

$$\varepsilon(n)=R(n)-C(n)$$

$$\Delta\varepsilon(n)=\varepsilon(n)-\varepsilon(n-1)$$

式中　$\varepsilon(n)$ ——第 n 个采样时刻的误差值；

$\Delta\varepsilon(n)$——本次采样时刻误差值与上次采样时刻误差值的偏差。

这种算法是一种位置调节形式，$U(n)$ 是全输出量。由于每次的输出与过去状态有关，这就要求计算机对 $\varepsilon(n)$ 进行累加。计算机的任何故障都会使 $U(n)$ 产生大幅度变化，这是不希望的，目前大多采用增量式算法，即

$$\begin{aligned}\Delta U(n) &= U(n) - U(n-1) \\ &= K_p[\varepsilon(n) - \varepsilon(n-1)] + K_i\varepsilon(n) + \\ &\quad K_d[\varepsilon(n) - 2\varepsilon(n-1) + \varepsilon(n-2)]\end{aligned} \tag{8-125}$$

从应用效果来看，简单地用数字 PID 调节器代替模拟 PID 调节器，很难获得较好的效果，甚至导致相反的结果。要实现其性能上超越模拟 PID 调节器，必须利用计算机运算速度快、逻辑判断功能强等特点，改进其调节算法。

①积分分离 PID 算法

PID 控制器中，积分环节的作用是消除偏差。当系统输出接近参考输入时，积分作用明显，当由于各种原因，系统出现很大偏差时，会造成积分积累，使系统产生很大的超调，甚至引起系统的不稳定。采用积分分离算法，在被控制量由于开启等原因引起较大偏差时，暂时关闭积分作用。当被控制量接近参考输入时，再启动积分环节，保持系统的精度。这种改进方法称为积分分离 PID 控制算法。

以位置型算式为例，写成积分分离控制算法形式

$$U(k) = K_p e(k) + K_a K_i \sum_{j=0}^{k} e(j) + K_d[e(k) - e(k-1)] \tag{8-126}$$

其中

$$K_a = \begin{cases} 1 & |e(k)| \leqslant \varphi \\ 0 & |e(k)| > \varphi \end{cases}$$

式中　K_a——逻辑系数；

φ ——门槛。

当偏差值 $|e(k)|$ 大于 φ 时，积分环节不起作用；当偏差值 $|e(k)|$ 小于等于 φ 时，积分环节起作用，这样达到减少超调、缩短调节时间、提高精度的目的。

②变速积分的 PID 算法

在普通的 PID 控制算法中，由于积分系数 K_i 是常数，所以在整个控制过程中积分增量不变。而系统对积分项的要求是，系统偏差大时积分作用减弱以至全无，而在小偏差时则应加强。否则，积分系数取大会产生超调，甚至积分饱和；取小又迟迟不能消除静差。因此，如何根据系统的偏差大小改变积分速度，这对于提高调节品质是至关重要的。

变速积分 PID 较好地解决了这一问题，它的基本思想是设法改变积分项的累加速度，使其与偏差大小相对应：偏差越大，积分越慢；反之，则越快。为此，设置一系数 $f[e(k)]$，它是 $e(k)$ 的函数，当 $e(k)$ 增大时，f 减小，反之增大。变速积分的 PID 积分项表达式为

$$u(k)=K_i\left\{\sum_{j=0}^{k}e(j)+f[e(k)]e(k)\right\} \tag{8-127}$$

f 与偏差当前值 $|e(k)|$ 的关系可以是线性的或高阶的，如设其为

$$f[e(k)]=\begin{cases}1 & |e(k)|\leqslant B\\ \dfrac{A-|e(k)|+B}{A} & B<|e(k)|\leqslant A+B\\ 0 & |e(k)|>A+B\end{cases} \tag{8-128}$$

$f[e(k)]$ 值在 0～1 区间变化，当偏差大于所给区间 $A+B$ 后，$f[e(k)]=0$，不再继续进行累加［即不再加当前值 $e(k)$］；当偏差值 $|e(k)|$ 小于 B 时，加当前值 $e(k)$，即积分项变成 $u_1(k)=K_i\sum_{j=0}^{k}e(j)$，与一般 PID 积分项相同，积分动作达到最高速；而当

偏差值 $|e(k)|$ 在 B 与 $A+B$ 之间时，则累加进的是部分当前值，其值在 $0\sim|e(k)|$ 之间随 $|e(k)|$ 的大小而变化，因此其积分速度在 $K_{\mathrm{i}}\sum_{j=0}^{k-1}e(j)$ 与 $K_{\mathrm{i}}\sum_{j=0}^{k}e(j)$ 之间。将其代入位置型 PID 算式，可得变速积分 PID 算式的完整形式

$$u(k)=K_{\mathrm{p}}e(k)+K_{\mathrm{i}}\left\{\sum_{j=0}^{k}e(j)+f[e(k)]e(k)\right\}+K_{\mathrm{d}}[e(k)-e(k-1)] \tag{8-129}$$

变速积分 PID 与普通 PID 相比，具有如下优点：

1）完全消除积分饱和现象；

2）大大地减小超调量，可以很容易地使系统稳定；

3）适应力强，某些用普通 PID 控制不理想的过程可采用此方法；

4）参数整定容易，各参数之间的相互影响减小，而且对 A，B 两参数的要求不精确，可做一次性确定。

③不完全微分 PID 控制算法

对于常规的 PID 控制，在具有高频扰动的控制过程中，微分作用响应过于灵敏，容易引起控制过程振荡，降低调节品质。尤其是微机对每个控制回路输出时间是短暂的，而驱动执行器动作又需要一定时间，如果输出较大，在短暂时间内执行器达不到应有的相应开度，会使输出失真。为克服这一缺点，同时又要使微分作用有效，可以在 PID 控制器输出端串联低通滤波器，达到抑制高频干扰的目的，这就组成不完全微分 PID 调节器。

低通滤波器的传递函数为

$$G_{\mathrm{I}}(s)=\frac{U(s)}{U'(s)}=\frac{1}{1+T_{\mathrm{I}}s} \tag{8-130}$$

式中 T_{I}——低通滤波器的时间常数。

将式（8-130）写成微分方程的形式为

$$T_{\mathrm{I}}\frac{\mathrm{d}u(t)}{\mathrm{d}t}+u(t)=u'(t) \tag{8-131}$$

PID 控制器的微分方程形式为

$$u'(t)=K_{\mathrm{p}}\left[e(t)+\frac{1}{T_{\mathrm{I}}}\int e(t)\mathrm{d}t+T_{\mathrm{D}}\frac{\mathrm{d}e(t)}{\mathrm{d}t}\right] \quad (8-132)$$

首先，以 PID 算法位置型形式，将式（8-131）离散化，即

$$T_{\mathrm{I}}\frac{u(k)-u(k-1)}{T}+u(k)=u'(k) \quad (8-133)$$

$$u(k)=\frac{T_{\mathrm{I}}}{T+T_{\mathrm{I}}}u(k-1)+\frac{T}{T+T_{\mathrm{I}}}u'(k) \quad (8-134)$$

$$u(k)=\beta u(k-1)+(1-\beta)u'(k) \quad (8-135)$$

$$\beta=\frac{T_{\mathrm{I}}}{T+T_{\mathrm{I}}}$$

式中　T ——采样周期。

（2）自整定模糊 PID 控制器

常规 PID 控制系统一般只适用于线性系统，且不能根据实际情况在线调整增益系数 K_{p}，K_{i}，K_{d}，致使其不能满足在不同的偏差 $E(k)$ 和偏差变化率 $E_{\mathrm{c}}(k)$ 下，对控制器的 PID 参数进行自整定的要求，从而影响系统的控制精度和系统的稳定性。在实际工程中，许多被控对象随着负荷变化或干扰因素影响，其对象特性参数或结构发生改变，都将可能造成模型参数变化和模型结构的改变，致使系统不能在原规定的工况下工作，偏离控制性能指标。因此，人们将自适应控制原理结合常规 PID 控制技术，形成自适应 PID 控制。在控制器中，它能够自动整定控制器参数，自动适应被控过程参数的变化，成为运动控制中一种较理想的自动化装置。

从理论上讲，模糊控制器的维数越高，控制效果越好，但维数高的控制起来相当复杂和困难。由于二维模糊控制器实现的简易性和快速性，在常规的模糊控制器系统中往往采用这种模糊控制器，这类控制器通常采用系统偏差和偏差变化率作为输入量。由 PID 控制器的各环节知，比例控制作用动态响应快；积分控制作用能消除静态误差，但动态响应慢；微分控制作用可以加快系统的响应，减小超调量。因此，把 PID 控制策略引入模糊控制器，构成模糊 PID 控制，是改善模糊控制器动静态性能的一种途径。

参数自整定模糊 PID 控制器，即找出 PID 三个参数与偏差和偏差变化率之间的模糊关系，在工作中不断检测这两个量，再根据模糊控制原理来对参数 K_p，K_i，K_d 进行在线整定，以满足不同 E 和 E_c 时对控制器参数的不同要求，而使被控对象有良好的动静态性能，而且这种方法计算量小，便于微机实现。该模糊控制器的基本结构如图 8－27 所示。

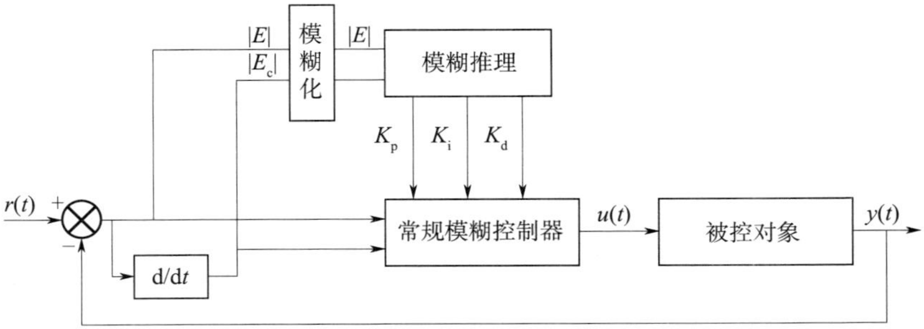

图 8－27　参数自整定模糊 PID 控制器基本结构图

该类型模糊控制器的典型应用是经过模糊推理得出 PID 三个参数的校正量，然后叠加到先前只用 PID 校正的三个固定参数上，以实现参数自调整的目的。

①变量模糊化及其隶属函数确定

由于模糊控制器的输入输出必须是模糊量，在设计控制器时必须对变量进行模糊化。假定以输入变量选择角误差绝对值和角误差的变化量绝对值，输出变量选择 PID 算法的三个参数 K_p, K_i, K_d，通过模糊算法整定出这三个参数后再去执行常规 PID 算法。

角误差变化率的基本论域选择为（0，8），角误差和角误差变化率的模糊论域选择 $E, E_c=\{0\ 1\ 2\ 3\ 4\ 5\ 6\}$，PID 算法三个参数输出的模糊论域为 $K_p, K_i, K_d=\{0\ 1\ 2\ 3\ 4\ 5\ 6\}$。

角误差 $|E|$ 的量化因子为 6/5=1.2，角误差变化率 $|E_c|$ 的量化因子 6/8=0.75。输入输出变量的语言值均选为“零（Z）”、“小（S）”、“中（M）”、“大（B）”。

模糊集合的形状与分布是多种多样的，它们的各种组合构成不同类型的控制器结构。大多数设计者，采用具有模糊集合线性分布的三角形隶属函数。以三角形隶属函数为例，如图 8－28 所示。

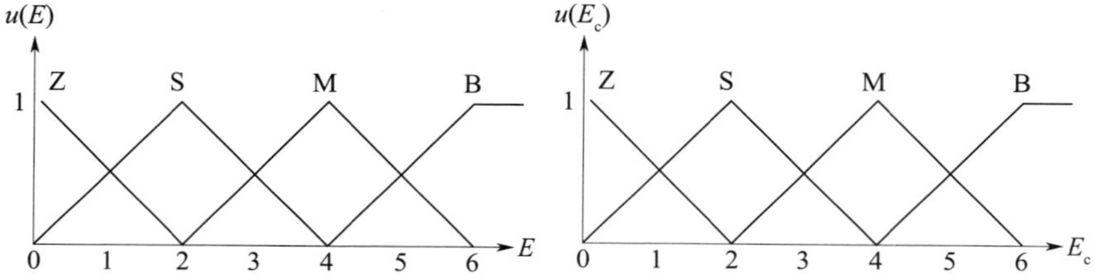

图 8－28　K_p, K_i, K_d 的隶属函数图

比例参数 K_p 的基本论域设定为（1～4），K_i 的基本论域设定为（0.001～0.03），K_d 的基本论域设定为（－5～－1）。其模糊论域均设定为｛0 1 2 3 4 5 6｝，语言变量均选为｛零 小 中 大｝，这里不再考虑比例因子，程序实现时，只要把响应的模糊量对应到基本论域上即可。以 K_p 为例

$$K_p = \frac{\text{模糊值}}{2} + 1 \tag{8-136}$$

所以，输出模糊变量为

$$\begin{cases} K_p = \{Z, S, M, B\} \\ K_i = \{Z, S, M, B\} \\ K_d = \{Z, S, M, B\} \end{cases} \tag{8-137}$$

输出的三个参数隶属函数，均选为线性三角形，如图 8－29 所示。

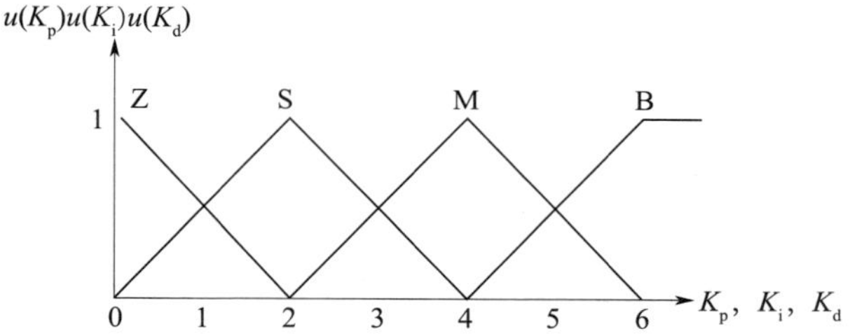

图 8－29　K_p, K_i, K_d 的隶属函数图

②模糊参数规则调整表的建立

E, E_c 对系统的影响见表 8-4。

表 8-4　E, E_c 对系统的影响

E, E_c 对系统影响	A	B	C	D
$e(k)$	>0	<0	>0	<0
$e(k)-e(k-1)$	<0	<0	>0	>0
$e(k)*[e(k)-e(k-1)]$	<0	>0	>0	<0
响应趋势	趋向给定值	偏离给定值	偏离给定值	趋向给定值

当误差符号和误差变化率的符号相同时，系统是偏离控制目标的。这时，由于 PID 的控制作用，误差变化立即朝相反的方向变化。如果按照上述进行规则的整定，势必很麻烦。本例选择误差和误差的绝对值变化率 $|E|$, $|E_c|$ 作为输入量。

对比例参数的校正：当误差较大时，为使系统具有较好的快速跟踪性能，应当取较大的 K_p 值，当 E_c 也较大时，考虑到偏差的瞬间变大可能会引起微分过饱和，综合考虑两种情况，此时，应选取中等的 K_p 。这样，可以避免大的角误差引起的天线失速；当 $|E|$ 为中等大小，即系统跟踪响应处于中期阶段时，为避免产生较大的超调，K_p 的选取不易过大；当 $|E|$ 较小时，为保证天线系统的响应速度和跟踪精度，应选取较大的 K_p ，见表 8-5。

表 8-5　K_p 的模糊规则表

E_c \ E	Z	S	M	B
Z	Z	B	M	B
S	B	B	M	B
M	B	B	M	B
B	M	B	S	M

对积分环节的校正：当天线跟踪角误差较大时，为避免积分环节的累加而导致积分饱和现象出现，此时应选取 $K_i=0$，相当于系统处于 PD 调节中，当 $|E|$ 为中等大小时，由于此时选定的 K_p 较小，所

以应选取适当的 K_i 以增加系统响应速度。当 $|E|$ 较小时，一方面为提高系统的响应速度，另一方面为避免产生较大的超调，应选择稍大的 K_i，见表 8－6。

表 8－6　K_i 的模糊规则表

E_c \ E	Z	S	M	B
Z	B	B	M	M
S	B	B	M	M
M	B	B	S	S
B	B	M	S	Z

对微分环节的校正：当 $|E|$，$|E_c|$ 较大时，K_d 过大会导致微分饱和现象出现，$K_d=0$ 时，由于误差变化率较大，可能会引起天线的失速，所以选择较小的 K_d。当 $|E|$ 为大或者较大，$|E_c|$ 较小时，为提高系统的响应速度，可以选择 $K_d=0$，此时相当于 PI 环节。当 $|E|$ 较小时，选择较大的 K_d 以增加系统的阻尼程度，避免系统在设定值附近出现振荡，见表 8－7。

表 8－7　K_d 的模糊规则表

E_c \ E	Z	S	M	B
Z	B	B	Z	Z
S	B	B	S	Z
M	B	B	S	S
B	B	M	S	M

③模糊蕴涵和模糊推理

模糊蕴涵表示单条模糊规则的前提部分对结论部分的影响，主要有取小蕴涵和乘积蕴涵两种。

乘积蕴涵

$$u_{FRi}=u_{R_{pq}}\cdot u_{P_m} \tag{8-138}$$

取小蕴涵

$$u_{FRi}=\min(u_{R_{pq}},u_{P_m}) \tag{8-139}$$

具体步骤如图 8－30 所示。

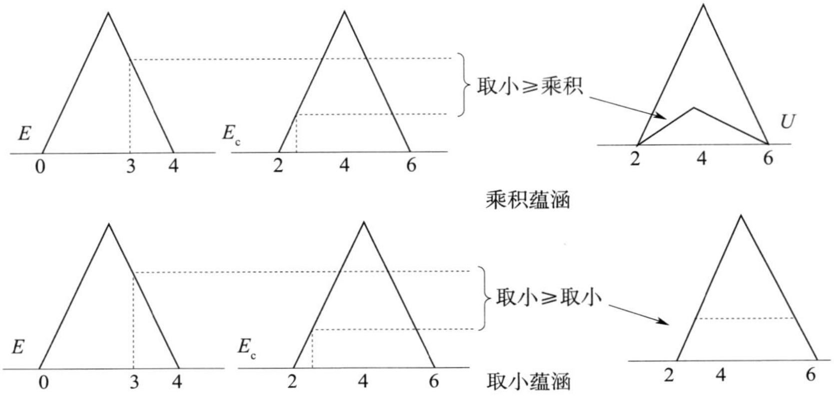

图 8－30　乘积蕴涵和取小蕴涵原理图

模糊推理就是进行模糊蕴涵，然后对多条模糊蕴涵结果叠加，对结果的叠加主要有取大和求和两种。对取小蕴涵后的结果整合，分为取大–取小整合和乘积取小整合。

取大–取小整合

$$\mu_U(x_k,y_k,u)=\mu_{\cup_{i=1}^{r}\mathrm{FR}^i}(x_k,y_k,u)=\max\{\min_{i=1}^{r}[\mu_{RP_q}(x_k,y_k),\mu_{P\mathrm{m}}(u)]\} \quad (8-140)$$

乘积取小整合

$$\mu_U(x_k,y_k,u)=\mu_{\cup_{r=1}\mathrm{FR}^i}(x_k,y_k,u)=\sum\min_{i=1}^{r}[\mu_{RP_q}(x_k,y_k),\mu_{P\mathrm{m}}(u)] \quad (8-141)$$

由于本例中利用 Matlab 进行模糊推理，Matlab 中通常使用 Mamdani 模糊推理方法，所以本算法中选择取小蕴涵（Mamdani 蕴涵），选择取大–取小整合。

④模糊判决（解模糊）

解模糊方法通常用的是面积中心法（COA）和总和重心法（COG）。COA 方法为

$$u_{\mathrm{FC}}(x_k, y_k) = \frac{\sum_i u_i \cdot \mu_u(x_k, y_k, u_i)}{\sum_i \mu_u(x_k, y_k, u_i)} \tag{8-142}$$

式中　$u_{\mathrm{FC}}(x_k,\ y_k)$——模糊控制器输出的精确值；

u_i—— 输出模糊集合的离散元素；

$\mu_u(x_k,\ y_k,\ u_i)$——模糊集合中离散元素的隶属函数。

COG 方法为

$$u_{\mathrm{FC}}(x_k, y_k) = \frac{\sum_i u_i \cdot \sum_{j=1}^{r} \mu_{\mathrm{FR}^j}(x_k, y_k, u_i)}{\sum_i \sum_{j=1}^{r} \mu_{\mathrm{FR}^j}(x_k, y_k, u_i)} \tag{8-143}$$

目前，COA 方法是最常用的解模糊方法，且 Matlab 中完全支持该解模糊方法，所以本例中选择 COA 方法进行解模糊运算。但是，不能否认的是采用取大整合，并且一些激活规则的结论部分相同时，如果采用 COA 方法，那么只有最大隶属函数的那条规则对精确输出有贡献，这样可能造成较大的权重分配给不重要的规则，如图 8－31 所示。

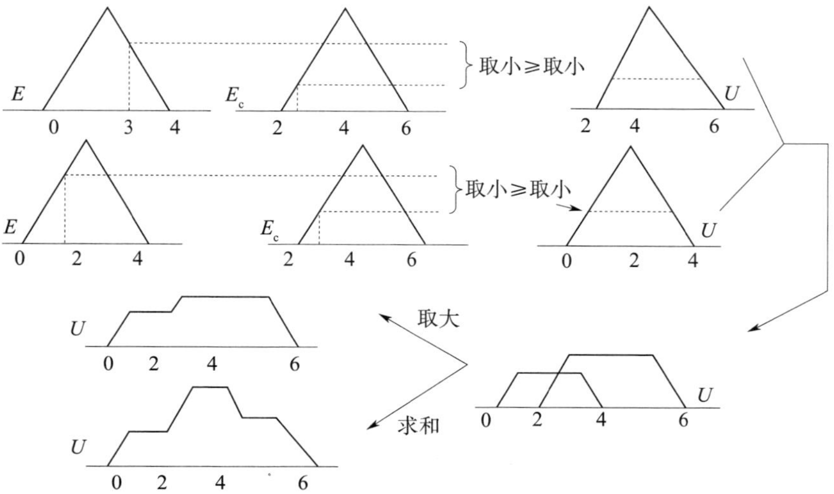

图 8－31　取大-取小整合和取和-取小整合结构图

⑤Matlab 求解

利用 Matlab 计算模糊算法，最终得到模糊状态查询表。首先，建立二输入三输出的模糊控制器；然后，建立输入输出的隶属函数，并输入模糊规则；最后，直接观测由模糊规则生成的曲面图和规则合成图，最终可获得模糊状态查询表，如图 8-32 所示。

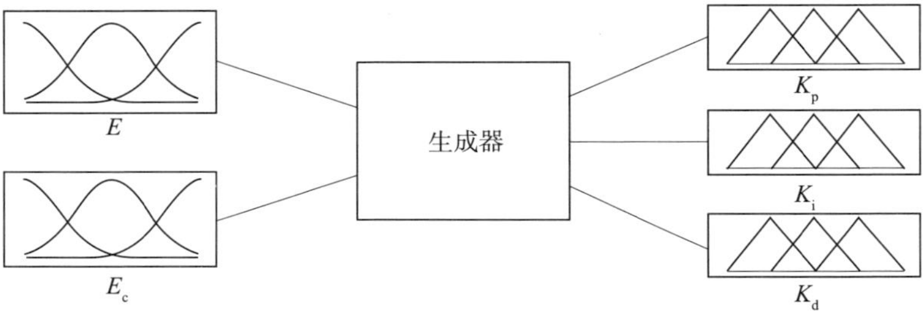

图 8-32　Matlab 中模糊 PID 基本结构图

⑥模糊状态查询表

通过 Matlab 的计算，最终得到一个基于模糊论域上的查询表，实际应用时，只需乘以相应的比例因子和量化因子即可。K_p,K_i,K_d 的模糊状态查询见表 8-8～表 8-10。

表 8-8　K_p 的模糊状态查询表

E_c \ E	0	1	2	3	4	5	6
0	0.647	3	5.35	4.25	4	4.25	5.35
1	3	3	5.24	4.25	4	4.25	5.24
2	5.35	5.24	5.35	4.25	4	4.25	5.35
3	5.24	5.24	5.24	4.25	4	4.25	5.24
4	5.35	5.24	5.35	4.25	4	4.25	5.35
5	4.25	4.25	5.24	3.27	3.01	3.27	4.25
6	4	4.25	5.35	3.1	2.02	3.01	4

表 8-9　K_i 的模糊状态查询表

E_c \ E	0	1	2	3	4	5	6
0	5.36	5.25	5.36	2.99	0.647	0.762	0.647
1	5.25	5.25	5.25	2.99	0.762	0.762	0.762
2	5.36	5.25	5.36	2.99	0.647	0.762	0.647
3	5.25	5.25	5.25	2.8	1.75	1.75	0.762
4	5.36	5.25	5.36	3.09	2	1.75	0.647
5	5.25	4.25	4.25	3.26	2	1.75	0.762
6	5.36	4.25	4	3	2	1.75	0.647

表 8-10　K_d 的模糊状态查询表

E_c \ E	0	1	2	3	4	5	6
0	5.36	5.25	5.36	2.99	0.647	0.762	0.647
1	5.25	5.25	5.25	2.99	0.762	0.762	0.762
2	5.25	5.25	5.36	2.99	0.647	0.762	0.647
3	5.25	5.25	5.25	2.8	1.75	1.75	0.762
4	5.36	5.25	5.36	3.09	2	1.75	0.647
5	5.25	4.25	4.25	3.26	2	1.75	0.762
6	5.36	4.25	4	3	2	1.75	0.647

8.6　角跟踪误差分析

8.6.1　系统误差分析

8.6.1.1　电轴漂移

天线电轴指向目标，在目标不动时，电轴也会出现缓慢的漂移，这种现象称为电轴漂移。产生这种漂移的原因很多，主要有回波极化的变化、幅度不平衡的变化、接收机通道间耦合的变化、频率漂移、单脉冲接收机中相位检波器的零点漂移以及伺服系统的零点漂移。下面就几项主要原因进行分析、计算。

（1）相移误差

单脉冲天线相移误差由馈源、馈线和接收机中和、差支路相移的不一致引起。相移误差可分为高频比较器前相移误差和高频比较器后相移误差。如果没有高频比较器前相移误差，只有高频比较器后相移误差，不会出现跟踪误差，只会引起定向灵敏度的变化。而且，高频比较器前相移误差在馈源和高频比较器安装调整后无法消除。因此，设计时应着重减小高频比较器前相移误差。若高频比较器前相移误差为 τ(rad)，相移引起的测角误差 $\varepsilon_{\theta_\phi}$ 可表示为

$$\varepsilon_{\theta_\varphi}=\frac{\theta_{0.5}\tan\varphi}{k_{\mathrm{m}}\sqrt{G_{\mathrm{n}}}} \tag{8-144}$$

$$\sqrt{G_{\mathrm{n}}}=\frac{1}{\tau}$$

式中　φ——高频比较器后的和、差两路相移误差；

G_{n}——差波束零值深度。

相移误差又可分为固定相移误差和随机相移误差两类。单有固定相移误差只能使电轴产生固定偏移，成为光电轴不匹配的原因之一。产生固定相移误差的原因是馈源和馈线各路元件电长度和驻波不一致，接收机各种调谐不一致（如频率响应对工作频率产生相移），各元件特性不一致等。因此，固定相移误差造成的影响将在光电轴不匹配造成的跟踪误差中讨论。产生随机相移误差的原因包括信号频率的改变，接收回波极化的改变，接收机自动频率微调的剩余及其变化，自动增益控制电压的改变，温度的影响，以及如果高频部分采用软电缆，天线运动时电缆绕曲程度的改变也会产生相移的变化等。随机相移误差经常改变，它所产生的相移误差无法消除。

（2）耦合变化引起的误差

接收机通道间的耦合，主要是和支路对差支路的耦合产生固定误差。但在频率或其他状态变化时，产生电轴或零点漂移，这种耦合主要通过高频混频接头、本地振荡器电路发生，有时当电源引线或接地不良时也会出现。当耦合到差支路的信号与和信号同相时，

耦合误差达最大

$$(\varepsilon_{\theta_c})_{max}=\frac{\theta_{0.5}}{k_m\sqrt{F_1}} \tag{8-145}$$

式中　$(\varepsilon_{\theta_c})_{max}$——耦合误差最大值；

F_1——和、差支路间的隔离度（比率倍数）。

若差支路耦合信号与信号间相角为 φ，则耦合误差 ε_{θ_c} 为

$$\varepsilon_{\theta_c}=\frac{\theta_{0.5}\cos\varphi}{k_m\sqrt{F_1}} \tag{8-146}$$

（3）零点漂移

相位检波器的零点漂移，伺服系统直流放大器和积分器的零点漂移，都会产生跟踪误差。温度对这种漂移的影响是重要的，另外还与电路本身的设计（稳定性）有关。

8.6.1.2　稳态风力矩误差及反射体变形误差

（1）稳态风力矩误差

天线受风的力矩计算是很复杂的问题，因为它与风速、风向、天线口径及其结构、天线转速和转轴位置有关。平均风力矩引起的跟踪系统误差为

$$\Delta=M_0/K_{m_f}\quad(\mu rad) \tag{8-147}$$

式中　M_0——稳态风力矩（N·m）；

K_{m_f}——稳态风力矩误差常数（N·m/rad）。

常用的伺服系统，K_T 与速度误差常数 K_v 有如下关系

$$K_{m_f}=\frac{T_{max}N^2}{\Omega_{max}}K_v=\frac{K_iK_eN^2}{R_A}K_v \tag{8-148}$$

式中　T_{max}——驱动电机在额定输入时的最大力矩（N·m）；

Ω_{max}——电机在额定输入时的最大转速（rad/s）；

K_i——电机力矩常数（N·m/A）；

K_e——反电动势常数（V·S/rad）；

R_A——电枢总电阻（Ω）；

N——传动箱的传动比。

对于Ⅱ型系统，$K_v=\infty$，则有

$$K_{m_f}=\frac{K_i K_e N^2}{R_A}\times\infty \tag{8-149}$$

因此，对于Ⅱ型系统，稳态风力矩误差为0。

(2) 反射体变形误差

反射体变形由自重、额外载荷（冰雪）、风力和温度变化四种原因产生。变形则产生电轴偏移，一般地说，这种变形在大型天线中比较严重，小型天线中变形较小。变形的大小也与反射体的结构设计以及选用的材料有关。采用金属材料的大型天线，因冰雪载荷所产生的变形最为严重，其次是自重。

由反射体变形产生的电轴偏移通过标定、校准进行消除。

8.6.1.3 零点对准误差

零点对准误差是指天线的机械轴向（通常用光学望远镜的光轴来转换）对准角度为零值时，角传感器输出值的偏差值。在现代跟踪天线应用中，使用先进的标校手段可使零点对准误差减小到忽略不计。

8.6.1.4 天线座方位不水平

天线座的不水平是指方位的旋转轴不垂直于地平面。产生方位轴不垂直的原因：基础平面不水平或基础不均匀下沉、外界的振动（如射击的振动）、水平调整不当、日晒引起天线座基础的变形、天线转动时轴承的跳动、风负载产生的轴和轴承弹性变形等。

大盘不水平引起的方位、俯仰角误差分别为

$$\begin{cases}\Delta E_L=\gamma\cos(A-A_m)\\ \Delta A_Z=\gamma\sin(A-A_m)\operatorname{tg}E\end{cases} \tag{8-150}$$

式中　γ ——最大不水平角；

A_m ——最大不水平角所在的方位角。

因此，只要标定出 γ-A_m，即可求出在任意 A,E 角的误差。

8.6.1.5　轴系正交误差

（1）方位、俯仰轴不正交

俯仰轴不垂直于方位轴，常称正交性误差。在天线设计时，应保证不正交角在必需的大小范围内，且加工装配后无法调整。但在有些精度不高的天线中，轴的刚度较差，动态变形较严重，受风、高速转动或其他振动时，会产生较大的抖动，成为不正交角的主要误差源。方位、俯仰轴不正交，只引起方位误差 ΔA_a 为

$$\Delta A_a = \xi \mathrm{tg} E \tag{8-151}$$

式中　ξ ——方位与俯仰轴的不正交度；

E ——当前的俯仰角。

（2）光轴不垂直和光电轴不匹配

电轴必须与俯仰轴相垂直，否则会产生方位误差，如图 8-33 所示，并且无论方位还是俯仰坐标，电轴必须进行标定。由于用电轴进行轴系的调整和坐标定位都很不方便，常利用装在天线上的光学望远镜作为媒介。安装时，尽量使光轴和电轴相一致，并和俯仰轴垂直。

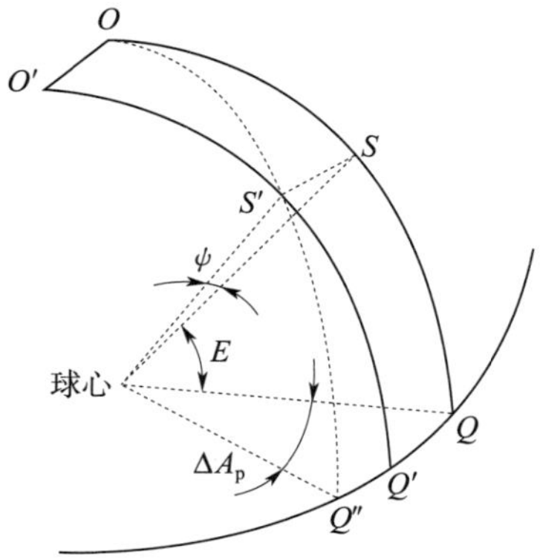

图 8-33　光轴不垂直引起的方位误差

光轴不垂直只引起方位误差。如图 8-33 所示，当仰角 E 抬高时，光轴本应沿大圆弧 QO 移动。因为有光轴不垂直角 ψ ，光轴却

沿 $Q'Q'$ 移动，在仰角 E 时光轴指向 S' ，产生横向角 SS'（即 ψ ），投影到赤道上为 QQ'' ，即为方位角误差 ΔA_{p} ，有

$$\Delta A_{\mathrm{p}} = \psi \sec E \tag{8-152}$$

光电轴不匹配所引起的方位和仰角误差 ΔA_{e} 和 ΔE_{e} 分别为

$$\begin{cases}\Delta A_{\mathrm{e}} = v_{\mathrm{T}} \sec E \\ \Delta E_{\mathrm{e}} = v_{\mathrm{E}}\end{cases} \tag{8-153}$$

式中 $v_{\mathrm{T}}, v_{\mathrm{E}}$ ——方位和俯仰方向的光电轴不匹配角。

根据以上分析，轴系正交误差都可以通过系统标校进行标定。

8.6.1.6 *动态滞后误差*

动态滞后误差是指跟踪系统在天线坐标系中因没能跟上目标的速度、加速度或高阶导数而形成的误差。传统的伺服误差分析表明，总的滞后误差可用目标轨迹泰勒扩展式中的运动参数除以一个跟踪系统的误差常量来表示

$$\varepsilon = \frac{x}{K_{\mathrm{p}}} + \frac{\dot{x}}{K_{v}} + \frac{\ddot{x}}{K_{a}} + \cdots \tag{8-154}$$

式中 K_{p} ——未知误差常量（通常为无限大）；

K_{v} ——速度误差常量；

K_{a} ——加速度误差常量，高阶项通常可忽略不计。

通常，跟踪系统的速度误差量可设计得任意高，不过瞬态效应限制它的实际值。

加速度误差是跟踪天线中由于目标加速度引起的动态滞后误差。该误差为目标加速度 a_1 和环路加速度误差常数 K_a 的比值，即

$$\varepsilon_a = \frac{a_1}{K_a} \tag{8-155}$$

对于一个二阶伺服系统，加速度误差常数可根据闭合环路带宽 β_{n} 来表示，即

$$K_a = 3.5\beta_{\mathrm{n}}^2 \tag{8-156}$$

在跟踪天线中，角度跟踪回路一般都采用二阶系统，因而角度动态滞后误差用下式估算

$$\sigma_{\theta}=\frac{\dot{\theta}}{K_{v}}+\frac{\ddot{\theta}}{K_{a}} \tag{8-157}$$

式中　$\dot{\theta},\ddot{\theta}$ ——目标相对天线的角速度和角加速度；

K_{v},K_{a} ——角跟踪伺服系统的速度误差常数和加速度误差常数。

当天线处于跟踪状态时，接收机给出的角误差信号与天线电轴偏离目标中心的角度成正比，因此可以利用角误差信号进行动态滞后误差补偿，即

$$A'=A+\theta K \tag{8-158}$$

式中　A ——角度编码器输出角度；

θ ——接收机给出的角误差信号；

K ——比例因子；

A' ——补偿后的角度。

采用动态滞后实时补偿后，剩余误差为

$$\Delta=\left(\frac{\dot{\theta}}{K_{v}}+\frac{\ddot{\theta}}{K_{a}}\right)L \tag{8-159}$$

式中　L ——补偿剩余系数，一般 $L=0.05\sim0.1$。

对于Ⅱ型系统，$K_{v}=\infty$，则有

$$\Delta=\frac{\ddot{\theta}}{K_{a}}L \tag{8-160}$$

8.6.1.7　对流层折射

一般，对流层对电波的折射只引起仰角误差。低空时，传播路径的弯曲常可以用等效地球半径来矫正。所谓等效地球半径，是用实际地球半径的 4/3 倍来代替，然后电波传播就可按直线来计算。这样，计算结果的误差不大于 5%，它适用于对流层内低仰角的目标。

根据给出的一些经验计算公式：对仰角 5°以上远超出大气层的目标，折射误差 ΔE_{T} 可近似地表示为

$$\Delta E_{\mathrm{T}}=N_{s}\cot E\times10^{-3}\quad(\mathrm{mrad}) \tag{8-161}$$

式中　N_s ——天线所在地面折射率。

仰角小于 5°时，上式计算的误差较大，需要加以修正，即

$$\Delta E_T = bN_s + a \quad (\mathrm{mrad}) \tag{8-162}$$

其中

$$a = \frac{0.15}{E}\left(\frac{0.02}{E} - 1\right) \times 10^{-3} \cot E \quad (\mathrm{mrad})$$

$$b = \left(1 - \frac{0.005}{E}\right) \times 10^{-3} \cot E \quad (\mathrm{mrad/N})$$

关于对流层内目标，可用下式

$$\Delta E_T = N_s \cot E \cdot \frac{H \times 10^{-3}}{K + H} \quad (\mathrm{mrad}) \tag{8-163}$$

式中　K ——常数，取其为 10.675 km；

H ——目标高度（km）。

仰角小于 5°时，则用

$$\Delta E_T = (bN_s + a)\frac{H}{K + H} \quad (\mathrm{mrad}) \tag{8-164}$$

因对流层折射误差属于系统误差，可以在后续计算中将其修正。

8.6.1.8　电离层折射

电离层折射引起的俯仰误差，可以忽略不计。

8.6.2　随机误差分析

8.6.2.1　热噪声误差

进入天线接收机的热噪声会使角误差检波器输出产生误差，这在低信噪比时极为重要。单脉冲跟踪系统中，由接收机热噪声造成的角误差

$$\sigma_\theta = \frac{1}{K_m}\sqrt{\frac{N_0 \beta_n}{P_n}} \tag{8-165}$$

式中　N_0——系统噪声谱密度；

β_n ——伺服系统带宽；

P_n ——天线基准轴对准目标时，接收到的信号功率；

K_m ——单脉冲体制差波束归一化系数。

定义

$$K_m = \frac{\theta_{0.5}}{\sqrt{G_m}} \frac{2F_d}{2\theta}\bigg|_{\theta \to 0} \tag{8-166}$$

式中　G_m ——和波束最大增益；

F_d ——差波束电压增益。

一般，$K_m = 1.67$。

8.6.2.2　多路径误差

在低仰角跟踪时，天线对目标的照射及反射回波经过两个路径，一个是目标与天线之间的直接路径，另一个是通过地面反射的路径。这样，相当于天线对两个目标进行照射和反射，一个是真实目标，另一个是等效于地面下的镜像目标，从而造成对真实目标的跟踪误差。并且，当仰角足够低时，将会严重影响对目标的跟踪。

多路径对角跟踪误差的影响程度取决于天线波瓣图的“打地”程度，按照仰角的高低，大致可分为 3 个区域——副瓣区、主瓣区和水平区。多路径效应比较显著的区域为主瓣区和水平区，在本项目中，Ka 频段 3.8 m 抛物面天线波束宽度只有 0.2°，多波束测控站在工作时所处的仰角较高，一般不会产生多路径效应。在这里，仅对副瓣区的多路径误差进行分析。

通常，当镜面反射信号处于天线副瓣区时，随仰角变化其多路径误差是周期性的，其均方根值可由下式预测

$$\sigma_E = \frac{\rho \cdot \theta_B}{\sqrt{8G_{se}}} \tag{8-167}$$

式中　θ_B ——天线波束宽度；

ρ ——反射系数；

G_{se} ——擦地角处仰角差波瓣的主、副瓣比值。

8.6.2.3　伺服噪声

伺服噪声来源很多，特别是它们在系统中同时出现、相互作用、

关系复杂，很难用解析的方法估算。由于它们出现的部位不同，常将伺服噪声分为电噪声和机械噪声两种。电噪声是指电路或电元件本身的噪声、不稳定或非线性所产生的噪声，而机械噪声则是指机械传动部分因类似原因所产生的噪声。

（1）电路或元件的噪声

电路或元件的噪声包括电路噪声、调制频率波剩余、电动机碳刷打火、轴承间隙、齿轮传动误差等。

（2）电路、元件或外部条件的不稳定

电路、元件或外部条件的不稳定包括电源电压不稳、功率放大器不稳、反馈的变化、零点漂移、速度变化引起某些参数的变化、负载变化及这些不稳和变化因素相互间的影响。虽然，这些都属于慢变化，但相互组合后不但会有低频，也会有较高的频率成分。

（3）电路或元件的非线性

电路或元件的非线性包括电路的非线性、功率放大和电动机特性的非线性、齿隙和摩擦、机械结构的弹性变形等。当动态变化或存在噪声时，非线性引起的效应比较复杂。

（4）机械噪声

机械噪声会产生传动误差，主要分为周节误差和齿形误差两类。齿形误差是每一齿形上的误差，相邻两齿之间都可能出现误差。周节误差则因各齿分度不准而引起，经过若干齿后误差线性地积累起来。这两种误差都将产生回差。

闭环跟踪时误差的反馈作用可以减弱回差的影响，但由于摩擦或其他负载的影响，仍可能在某些时候使误差达到回差的大小。更重要的是，它的存在影响伺服系统工作的稳定性。因此在自跟踪天线中，需要采用各种方法（机械的或电气的）来消除回差。本系统中，采用双电机消隙（电气消隙）的方式消除回差。

双电机消隙就是两个电机通过齿轮与主齿轮的啮合，并按照双电机消隙控制曲线进行驱动，永远不会出现两个电机输出转矩同时为零的情况，即任何时候两个电机至少有一个对主齿轮施加不为零的转矩，在此转矩的作用下，主齿轮的运动间隙就不可能存在。

由两套 PWM 功率放大器分别驱动两台电动机，两台电动机分别连接两个完全相同的减速器，减速器又各自通过一个小齿轮啮合到最后的大齿轮上，以带动负载。两台电动机的输出力矩与合成力矩的关系设计成如图 8－34 所示的曲线。

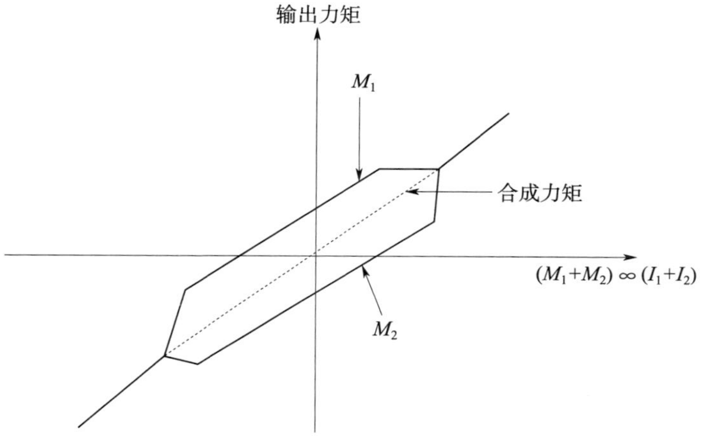

图 8－34　双电机消隙的力矩特性

相对于机械消隙，双电机消隙具有性能上的优势，重复定位精度高；控制灵活，需要加大扭力时，两个电机可以同时驱动，而两个电机反方向驱动可以消除回差；由于是同时使用两个伺服电机，每个伺服电机的功率较小，这样成本就不会高于机械消隙。在伺服系统中应用双电机消隙，可以使得伺服噪声中回差的影响消除为零，为满足系统测角精度的要求提供保障。

8.6.2.4　阵风引起的误差

风可以分为稳态风和阵风。稳态风在天线上产生一固定的力矩。但因为天线在转动，这个力矩实际上还随天线转动的位置变化，并不是固定值，故可分为平均力矩和变动力矩两部分。阵风是在稳态风附近起伏的分量，也在天线上产生变动力矩。阵风与平均风速有

关，一般用阵风系数 γ 表示，γ 定义为

$$\gamma = \frac{\text{最大风速}}{\text{平均风速}} \tag{8-168}$$

根据统计资料显示

$$\gamma = 2.739\bar{V}^{-0.258} \tag{8-169}$$

式中　$\bar{V}$ ——平均风速（m/s）。

风速与高度还有关系，可以表示为

$$V_h = V_{10}\left(\frac{h}{10}\right)^p \tag{8-170}$$

式中　V_h ——高度 h（m）处的风速；

V_{10} ——高度 10 m 处的风速；

p ——常数，正常气象时约为 1/7，气象条件在 1/3（强逆温）～1/9（绝热递减）范围内变化。

在平均风速附近出现阵风 ΔV 时，产生的力矩变化为

$$\Delta T_{\mathrm{W}} = 2C_{\mathrm{W}}V\Delta V \tag{8-171}$$

式中　ΔV ——阵风风速（m/s）；

C_{W} ——风力矩系数（kg · s²/m）；

V ——风速（m/s）。

阵风的功率谱近似有马尔柯夫噪声的形式

$$\phi_{\mathrm{W}}(f) = \frac{W_0^2 f_{\mathrm{a}}^2}{f_{\mathrm{a}}^2 + f^2} \tag{8-172}$$

因此，阵风引起的随机误差均方根值 $\sigma_{\theta\mathrm{W}}$ 为

$$\begin{aligned}\sigma_{\theta\mathrm{W}} &= \left[\int_0^{\infty} \frac{(\Delta T_{\mathrm{W}})^2}{K_{\mathrm{T}}^2(f)}\mathrm{d}f\right]^{1/2} = 2C_{\mathrm{W}}V\left[\int_0^{f_{\max}} \frac{\phi_{\mathrm{W}}(f)}{K_{\mathrm{T}}^2(f)}\mathrm{d}f\right]^{1/2} \\ &= 2C_{\mathrm{W}}V\left[\frac{1}{\pi}\int_0^{\omega_{\max}} \frac{\phi_{\mathrm{W}}(f)}{K_{\mathrm{T}}^2(f)}\mathrm{d}\omega\right]^{1/2}\end{aligned} \tag{8-173}$$

式中　$K_{\mathrm{T}}(\omega)$ ——系统的力矩传输函数；

$\omega_{\max}$ ——阵风的最高频率。

8.6.2.5　量化误差

天线角数据输出后在读取数据时，会出现误差。测读误差决定于数据读取的方法，实时测读一般只能精确到最小刻度的一半，事后测读甚至可以精确到最小刻度的 1/10。

采用数字量输出，读数时不会产生误差，但仍有一个量化误差，因为它给不出比量化单位还小的量。通常，量化误差均方根 σ_q 取

$$\sigma_q = \frac{q}{\sqrt{12}} \tag{8-174}$$

式中　q ——最小量化单位。

8.6.2.6　动态滞后变化

目标在某一点 P_1，其角速度为 $\dot{\theta}$ ，由此测得动态滞后误差为 $\dot{\theta}/K_v$ 。由于信号通过伺服系统有延迟，输出的目标位置数据虽然仍指向 P_1 点，实际目标已运动到 P_2 点。这时，目标的角速度已变为 $\dot{\theta}'$ ，动态滞后误差应为 $\dot{\theta}/K_v$ ，两者的差值（称为动态滞后变化）为

$$\frac{\dot{\theta}}{K_v} - \frac{\dot{\theta}'}{K_v} = \frac{\ddot{\theta}\Delta t}{K_v} \tag{8-175}$$

式中　Δt ——伺服系统的滞后时间，相当于两倍等效通频带的倒数。

同理，可以算出加速度误差的变换。故动态滞后变化误差 $\Delta\varepsilon_{\theta \mathrm{d}}$ 为

$$\Delta\varepsilon_{\theta \mathrm{d}} = \left(\frac{\ddot{\theta}}{K_v} + \frac{\bar{\theta}}{K_a}\right)\Delta t = \left(\frac{\ddot{\theta}}{K_v} + \frac{\bar{\theta}}{K_a}\right)\frac{1}{2\beta_{\mathrm{n}}} \tag{8-176}$$

式中　$\ddot{\theta}$ ——角加加速度。

8.6.2.7　对流层折射不规则

电波在对流层传播时，产生两种误差：一种是对流层折射产生的误差，另一种是大气湍流（局部区域折射率不规则变化）产生的

误差。

对流层折射的不规则产生随机性的角度变化，根据试验做出的功率谱给出近似计算公式，均方根误差 $\sigma_{\theta T}$ 为

$$\sigma_{\theta T} \approx 0.44\sqrt{\frac{L}{\sqrt{W}}} \tag{8-177}$$

式中　L ——经过对流层的路径长度（m，高度在 5 km 以下）；

W ——天线口径宽度（m）。

8.6.2.8　电离层折射不规则

电离层折射只对较长的波长产生折射，频率增高后迅速减小。折射主要由电离层的电子引起，电离层电子密度因昼夜、季节、太阳黑子数的不同可能增大 10 倍或减小到 1/10，故折射误差也可能增大 10 倍或减小到 1/10。电离层折射引起的仰角误差 ΔE_T 与工作频率的平方成反比。

参考文献

［1］ 李邦复．遥测系统［M］．北京：中国宇航出版社，1987.

［2］ 刘蕴才．遥测遥控系统［M］．北京：国防工业出版社，1999.

［3］ 陈宜元，殷礼明．卫星无线电测控技术［M］．北京：中国宇航出版社，2007.

［4］ 周智敏，陆必应，宋千．航天无线电测控原理与系统［M］．北京：电子工业出版社，2008.

［5］ 李邦复，郝建民，等．遥测系统［M］．北京：宇航出版社，1991.

［6］ 何友金．靶场测控概论［M］．济南：山东大学出版社，2009.

［7］ 姜昌，范晓玲．航天通信跟踪技术导论［M］．北京：北京工业大学出版社，2003.

［8］ 吴凤高.天线座结构设计［M］．西安：西北电讯工程学院出版社，1986.

［9］ 龚振邦，陈守春.伺服机械传动装置［M］．北京：国防工业出版社 1980.

［10］ 于志坚．航天测控系统工程［M］．北京：国防工业出版社，2008.

［11］ 王德纯，丁家会，程望东，等．精密跟踪测量雷达技术［M］．北京：电子工业出版社，2006.

［12］ 李连升．现代雷达伺服控制［M］．北京：国防工业出版社，1987.

［13］ 陈伯时．电力拖动自动控制系统［M］．北京：机械工业出版社，1997.

［14］ 刘曙光，魏俊民，竺志超．模糊控制技术［M］．北京：中国纺织出版社，2001.

［15］ 吴晓莉，林哲辉，等．MATLAB 辅助模糊系统设计［M］．西安：西安电子科技大学出版社，2002.

第 9 章　遥测基带

在航天测控系统中，遥测基带是综合基带系统的一部分，属于现代航天遥测系统的核心设备。遥测基带采用标准化、通用化和小型化的硬件架构，可实现卫星、导弹、运载火箭、无人机等遥测中频信号的全部处理功能，即在单台基带设备中完成下行中频信号分集接收、遥测数据解调、时间标记、角跟踪误差解调等全部功能。目前，主流遥测基带都基于软件无线电（Software Radio）概念设计，采用动态可重构技术，实现了硬件功能软件化，即在相同的通用硬件平台上通过加载不同的软件电路和软件算法实现不同的功能。遥测基带设备不仅可以灵活配置成调频、调相等多种传统遥测体制的工作模式，还可以支持 CPM、COFDM 等新型遥测体制。

9.1　发展历程

几十年来，随着科学技术的进步，基带设备经历了多个阶段、多种形式的发展：从分散式终端到小型化、系列化、模块化综合基带，从单一工作模式基带到多模式可重组基带，从单目标遥测基带到多目标遥测基带，从基于模拟器件的硬件处理（模拟基带）到基于软件无线电平台的数字化处理（数字基带），从遥测单机设备到遥测网络化设备。近年来，在数字基带的基础上，又发展出两种新形式：软件基带和智能基带。

20 世纪 60 年代，遥控、遥测、测距、测速等各种功能由各自不同的地面站完成，设备中大量采用模拟电路和分立元件，各终端的信号产生和编解码专业性很强，遥控、遥测、测距、测速相互独立、互不相关。

20 世纪 70 年代末到 80 年代初，我国研制了微波统一测控系统，把 TT&C（Tracking Telemetry and Command）的各项功能综合在一个统一载波的测控系统中，但是终端仍然是分立的，设备采用中小规模集成电路，电路参数基本上是固定的。

20 世纪 80 年代末和 90 年代初，微型计算机和大规模集成电路在测控设备中大量应用，终端中的多个环节开始了不同程度的数字化。遥控、遥测、测距终端中的编码、加解密、数据反演、匹配等核心技术逐渐从硬件电路中脱离出来，由计算机软件来完成，使得各种终端逐渐变为透明的传输平台，淡化了终端的特殊专业性。但是，在这一变化的初期，中频 70 MHz 以下的终端设备仍由分散的遥测、遥控、测距和测速终端组成，每个终端有各自的微机及监控设备，使得基带设备结构分散，体积庞大，接口复杂，计算机的能力没有得到充分发挥。

20 世纪 90 年代以来，随着计算机技术、数字电路技术的飞速发展，信号处理和数据处理能力大大提高，同时遥控、遥测、测距等终端的硬件电路构成也更为相似，测控地面终端功能的综合就成为技术发展的必然。原有基带设备构成方式已难以满足用户使用方便、功能可扩展、高可靠、低成本以及适用不同标准等要求，因而综合基带设备应运而生。综合基带设备将经典微波统一系统的中频以下的所有功能集成到了一个设备内，它的产生主要基于两个因素：1）微波统一系统的载波频段在不断丰富，L、S、C、X、Ka、Ku 等各种频段都有应用；调制体制也多种多样，调频（FM，Frequency Modulation）、频移键控（FSK，Frequency Shift Keying）、相位调制（PM，Phase Modulation）、二进制相移键控（BPSK，Binary Phase Shift Keying）、正交相移键控（QPSK，Quadrature Phase Shift Keying）、偏移四相相移键控（OQPSK，Offset Quadrature Phase Shift Keying）、非平衡四相相移键控（UQPSK，Unbalanced Quadrature Phase Shift Keying）等体制也都有用户。因此，对微波统一系统设备硬件的要求也越来越高。2）高速采集技术和器件的发展、软件无线电技术的出现为综合基带设备的问世提供了技术支持。软件无线电技术的应用为多体制、多标准的互通提供了灵活的解决方案。由软件无线电技术组成的系统使用时间更长，日常使用和维护的费用较低，产品升级换代的周期缩短。目前，综合基带设备呈现出 IP 化、网络化的发展趋势。

21 世纪初，随着电子综合设计技术和超大规模集成电路制造技术的快速发展，综合基带设备高密度集成工作已经提上日程。片上系统（SoC，System on Chip）集成设计技术是解决综合基带设备高集成和小型化的有效手段。近几年，国内航天院所与芯片研制单位开展合作，积极探索 SoC 技术在航天产品中的应用，已经成功研制出多款满足航天任务需求的 SoC 产品。SoC 技术在综合基带中的应用已初露端倪，并将带来革命性的变化。

近年来，随着信号处理技术的不断进步，遥测基带又出现了软件基带和智能基带两种新类型。相比于目前主流的数字基带，它们具有不同的特点和优势。

1）软件基带是从计算机的体系结构出发，充分利用工作站等计算机资源来实现软件无线电的，它脱离了软件无线电中以可编程 DSP 和 FPGA 为主的专用硬件平台，将 A/D 之后的信号直接以通用化计算机为平台，以软件处理方式完成信号的快速、灵活处理。因此，软件基带具有更高的通用性和扩展性。

2）相比于普通数字基带，智能基带具有频谱检测、频谱分析、推理和学习、自适应参数调整等功能，通过动态利用现有授权系统的频谱，能够有效地提高频谱利用率。

9.2　数字化处理

9.2.1　采样理论

软件无线电的核心思想是对由天线感应的射频模拟信号尽可能地直接进行数字化，将其变换为适合于数字信号处理器（DSP，

Digital Signal Processing）或计算机处理的数据流，然后，通过软件（算法）来完成各种功能，使其具有更好的可扩展性和应用环境适应性。软件无线电面临的首要问题就是如何对工作频带内的信号进行数字化，也就是采用什么技术手段对所感兴趣的模拟信号进行采样？采样速率应该取多大？软件无线电中的采样有什么特殊性？本节就这些最基本也是最关键的问题进行详细讨论与阐述。

9.2.1.1　采样定理

（1）Nyquist 采样定理

Nyquist 采样定理：对于一个频带限制在 $(0,\ f_H)$ 范围内的信号 $x(t)$，如果以不小于 $f_s=2f_H$ 的采样速率对 $x(t)$ 进行等间隔采样，得到时间离散的采样信号 $x(n)=x(nT_s)$（其中，$T_s=1/f_s$ 称为采样间隔），则原信号 $x(t)$ 将被 $x(n)$ 值完全确定。

Nyquist 采样定理表明，如果对某一时间连续信号（模拟信号）以不低于信号最高频率两倍的采样速率对带限信号进行采样，那么根据这些采样值就能准确无误地恢复原始信号。

（2）带通采样定理

Nyquist 采样定理只讨论其频率分布在 $(0,\ f_H)$ 上的基带信号采样问题，如果信号的频率分布在某一有限的频带 $(f_L,\ f_H)$ 上时，若仍按照 $f_s>2f_H$ 的采样速率来进行采样，当 $f_H \gg B=f_H-f_L$，即信号的最高频率 f_H 远远大于其信号带宽 B 时，其采样频率会很高，以至于难以实现，或者后处理的速度也满足不了要求。由于带通信号本身的带宽并不一定很宽，采用比 Nyquist 采样速率更低的速率来采样即可满足要求，由此引出带通采样定理。

带通采样定理：设一个频率带限信号 $x(t)$，其频带限制在 $(f_L,\ f_H)$ 内，如果其采样速率 f_s 满足

$$f_s=\frac{2(f_L+f_H)}{(2n+1)} \tag{9-1}$$

式中，n 取能满足 $f_s\geqslant 2(f_H-f_L)=2B$ 的最大正整数（0,1,2,…），则用 f_s 进行等间隔采样所得到的信号采样值 $x(nT_s)$ 能准确地确定

原信号 $x(t)$ 。

9.2.1.2　采样率变换

在实际工作中，经常会遇到采样率转换的问题，即要求一个数字系统能工作在多速率状态。多速率信号处理的目的就是在不使信号失真的前提下改变信号的采样率。减小信号采样率以减少数据冗余的过程称为信号抽取（Decimation）；增大信号采样率以增加数据冗余的过程称为信号内插（Interpolation）。

（1）整数倍抽取

整数倍抽取是指将信号采样率降低整数倍，用符号 $\boxed{\downarrow D}$ 表示，其中“ ↓ ”表示抽取，“ D ”表示抽取的倍数。抽取的简单实现方法是在信号的采样序列中每隔一个固定长度抽取一个点。设抽取前的信号为 $x(n)$ ，抽取后的信号可表示为 $x_D(m)$ ，即

$$x_D(m)=x(mD),m=0,\pm 1,\pm 2,\cdots \tag{9-2}$$

式中，D 为正整数，抽取过程如图 9－1 所示。

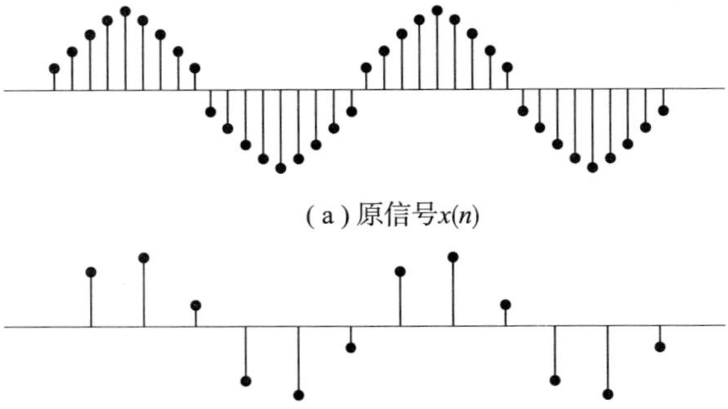

(a) 原信号 $x(n)$

(b) 抽取后的信号 $x_D(m)$

图 9－1　信号抽取示意图，$D=3$，横坐标为抽样点数

为了便于讨论 $x_D(m)$ 和 $x(n)$ 的时域及频域关系，现定义一个中间序列 $x_1(m)$

$$x_1(m)=\begin{cases}x(m) & m=0,\pm D,\pm 2D,\cdots \\ 0 & \text{其他}\end{cases}$$

或

$$x_1(m)=x(m)p(m)=x(m)\sum_{i=-\infty}^{\infty}\delta(m-Di) \tag{9-3}$$

式中　$p(m)$——一脉冲串序列，它在 D 的整数倍处值为 1，其余皆为零。

显然

$$\begin{aligned}X_D(e^{j\omega})&=\sum_{n=-\infty}^{+\infty}x_D(n)e^{-j\omega n}=\sum_{n=-\infty}^{+\infty}x(Dn)e^{-j\omega n}\\&=\sum_{n=-\infty}^{+\infty}x_1(Dn)e^{-j\omega n}=X_1(e^{j\omega/D})\end{aligned} \tag{9-4}$$

而

$$X_1(e^{j\omega})=\sum_{n=-\infty}^{+\infty}x(n)p(n)e^{-j\omega n}=\frac{1}{D}\sum_{k=0}^{D-1}X[e^{j(\omega-2\pi k/D)}]$$

所以

$$X_D(e^{j\omega})=\frac{1}{D}\sum_{k=0}^{D-1}X[e^{j(\omega-2\pi k)/D}] \tag{9-5}$$

式中　$X_D(e^{j\omega}),X(e^{j\omega})$ —— $x_D(n)$ 和 $x(n)$ 的快速傅里叶变换。

这样，$X_D(e^{j\omega})$ 是原信号频谱 $X(e^{j\omega})$ 先作 D 倍的扩展，再在 ω 轴上每隔 $2\pi/D$ 移位叠加，如图 9－2（b）和图 9－2（c）所示，图中 $D=2$。

由抽样定理，在第一次对 $x(t)$ 抽样时，若保证 $f_s\geqslant 2f_c$，那么抽样的结果不会发生混叠，如图 9－2（a）和图 9－2（b）所示。对 $x(n)$ 作 D 倍抽取后得 $x_D(n)$，若保证能由 $x_D(n)$ 重建 $x(t)$，那么 $X_D(e^{j\omega})$ 的一个周期（$-\pi/D\sim\pi/D$）也应等于 $X(j\Omega)$，这样要求频率 f_s 必须满足 $f_s\geqslant 2Df_c$。如果不满足，那么 $X_D(e^{j\omega})$ 将发生混叠，如图 9－2（c）所示。因为 D 是可变的，所以很难要求在不同的 D 下都保证 $f_s\geqslant 2Df_c$。因此，可在抽取之前先对 $x(n)$ 作低通滤波，压缩其频带，然后再抽取，如图 9－2（d）所示。

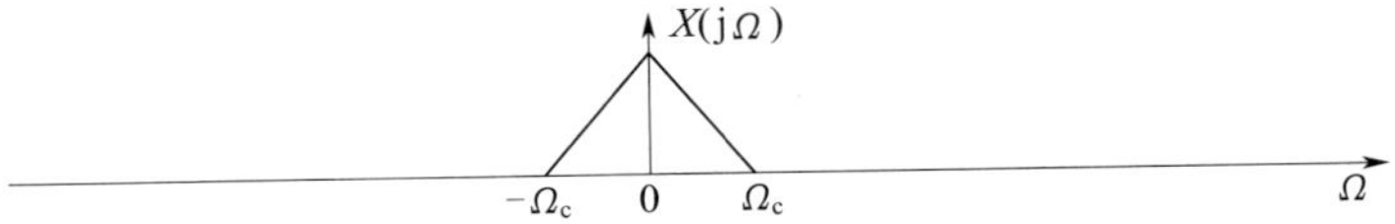

（a）原模拟信号$x(t)$的频谱$X(\mathrm{j}\Omega)$

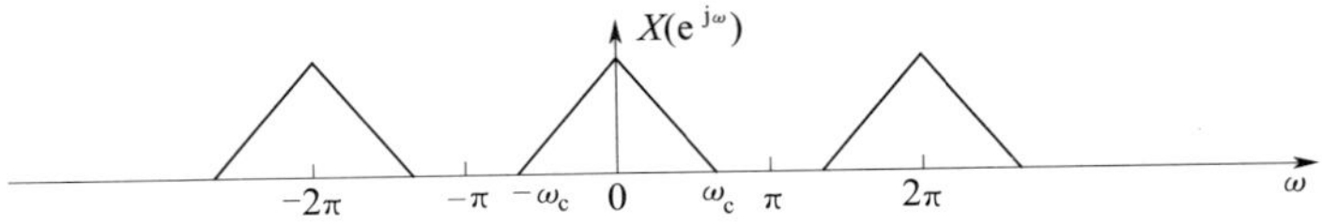

（b）$x(n)$的频谱$X(\mathrm{e}^{\mathrm{j}\omega})$，没有发生混叠

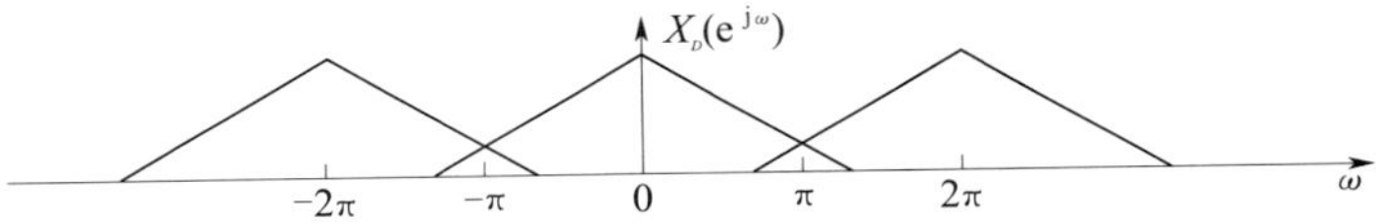

（c）作$D=2$倍的抽取，$X_D(\mathrm{e}^{\mathrm{j}\omega})$ 发生混叠

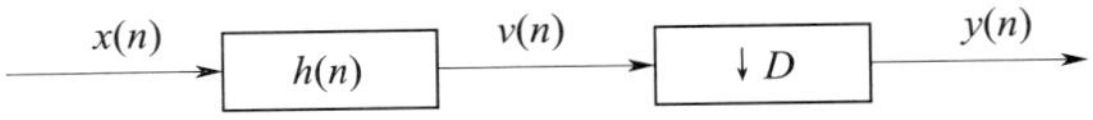

（d）对$x(n)$先作低通滤波再抽取

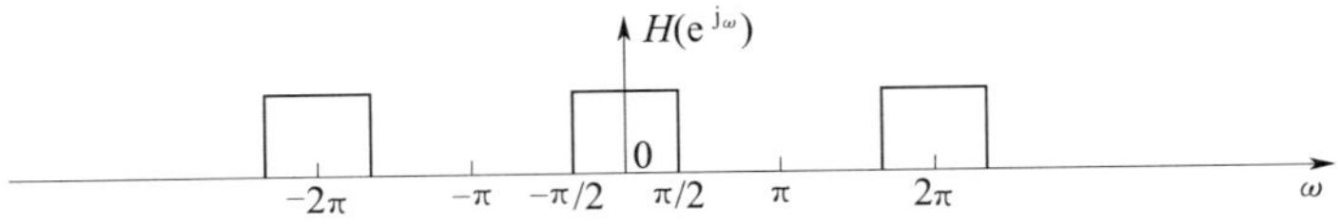

（e）低通滤波器的频谱

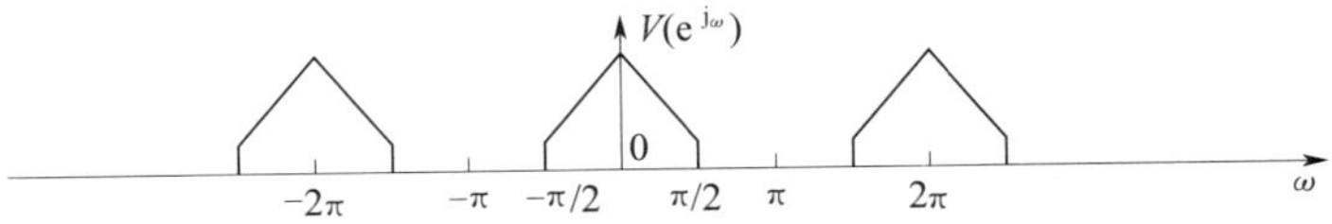

（f）对$x(n)$滤波后的频谱

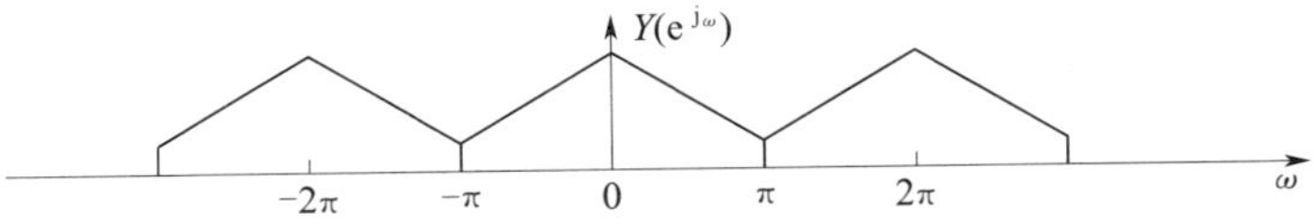

（g）对$v(n)$作抽取得$y(n)$，在（$-\pi/D \sim \pi/D$）内，$Y(\mathrm{e}^{\mathrm{j}\omega})=X_D(\mathrm{e}^{\mathrm{j}\omega})$

图 9－2　抽取后对频域的影响

令 $h(n)$ 为一理想低通滤波器，即

$$H(e^{j\omega})=\begin{cases}1 & |\omega|\leqslant\pi/D\\0 & \text{其他}\end{cases}\tag{9-6}$$

如图 9－2（e）所示。令滤波后的输出为 $v(n)$，则

$$v(n)=\sum_{k=-\infty}^{+\infty}h(k)\cdot x(n-k)\tag{9-7}$$

再令 $v(n)$ 抽取后的序列为 $y(n)$，则

$$\begin{aligned}y(m)&=v(Dm)=v(m)\cdot p(m)\\&=\sum_{k=-\infty}^{+\infty}h(k)\cdot x(Dm-k)\\&=v(Dm)p(m)\end{aligned}\tag{9-8}$$

式中，$p(m)$ 由式（9－3）给出。

（2）整数倍内插

整数倍内插是指在两个原始抽样点之间插入一定的采样点，以整数倍地提高信号的采样率，用符号 $\boxed{\uparrow I}$ 表示，其中"↑"表示内插，"I"表示内插的倍数。内插的方法有很多，如线性内插、二次内插、拉格朗日内插等，最为简单的方法是在相邻采样点之间内插 $I-1$ 个零值。若原始抽样信号序列为 $x(n)$，则内插后的序列 $x_I(m)$ 为

$$x_I(m)=\begin{cases}x\left(\dfrac{m}{I}\right) & m=0,\pm I,\pm 2I,\cdots\\0 & \text{其他}\end{cases}\tag{9-9}$$

内插过程如图 9－3 所示。

设原始抽样信号的频谱为 $X(e^{j\omega})$，内插后的频谱为 $X_I(e^{j\omega})$，由于 $x_I(m)$ 除了 m 为 I 的整数倍处不为零外，其余全部为零，故

$$\begin{aligned}X_I(e^{j\omega})&=\sum_{m=-\infty}^{+\infty}x_I(m)e^{-j\omega m}\\&=\sum_{m=-\infty}^{+\infty}x(m)e^{-(j\omega I)m}=X(e^{j\omega I})\end{aligned}\tag{9-10}$$

由式（9－10）可见，内插后的信号频谱与内插前的形状相同，

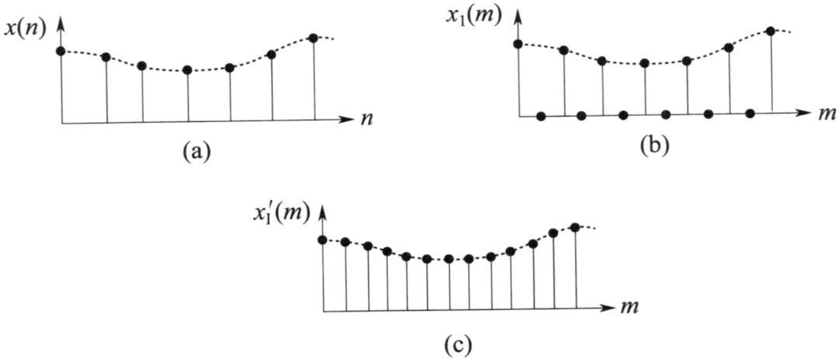

图 9－3　整数倍内插（ $I=2$ ）

但内插后的信号频谱较原始序列频谱压缩了 I 倍，如图 9－4（a）、图 9－4（b）所示。经过理想低通滤波后得到内插信号频谱的基带部分如图 9－4（c）所示。理想低通滤波器的截止频率应满足 $\omega_c \leqslant \pi/I$ 。

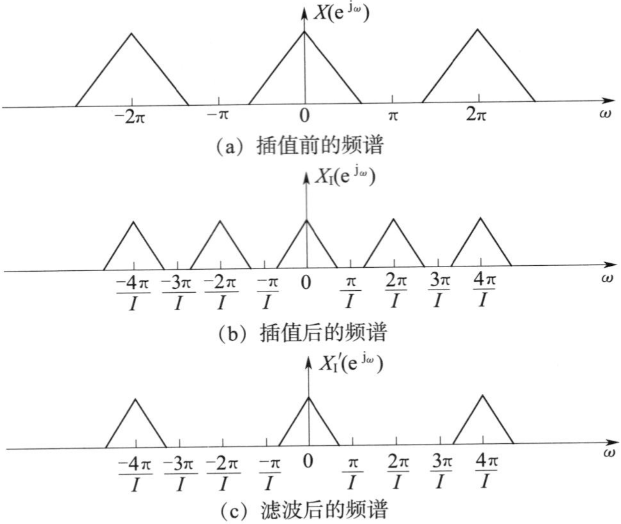

图 9－4　内插（ $I=2$）过程的数字谱

（3）采样率的分数倍变换

前面讨论的抽取和内插实际上是采样率变换的一种特殊情况，即整数倍变换的情况，然而在实际中往往会碰到非整数倍，即分数倍变换的情况。采样率的分数倍变换是指变换倍数 R 可以用分数表示的变换，即变换前后采样率的比值 R 可表示为

$$R = D/I \tag{9-11}$$

这种分数倍变换，可以采用抽取和内插级联的方法来实现。根据级联的不同顺序，系统实现有两种结构，即先将 $x(n)$ 作 D 倍的抽取，再作 I 倍的插值来实现，或是先作 I 倍的插值，再作 D 倍的抽取来实现。一般来说，抽取使 $x(n)$ 的数据点减少，会产生信息的丢失，因此合理的方法是先对信号作插值，然后再抽取，如图 9 - 5 所示。这种结构可以确保其中间序列的基带谱宽度不小于原始输入序列 $x(n)$ 或输出序列 $y(m)$ 的基带频谱宽度，不会引起信号失真。

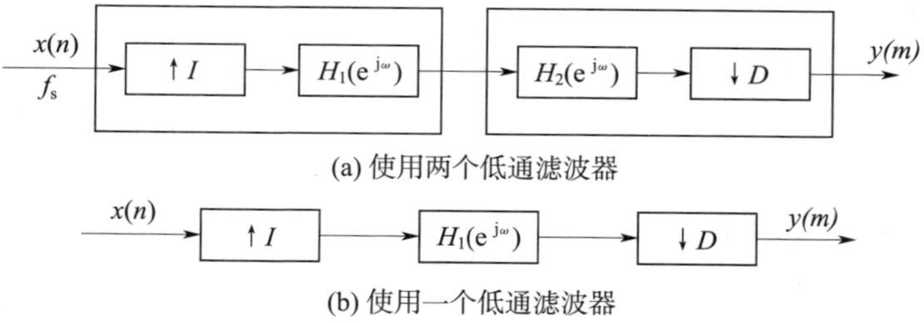

图 9 - 5　插值和抽取的级联实现

图 9 - 5 所示的插值和抽取工作在级联状态，图 9 - 5（a）中两个级联的低通滤波器 $H_1(e^{j\omega})$，$H_2(e^{j\omega})$ 工作在相同采样率 f_s，因此可用一个滤波器来代替，如图 9 - 5（b）所示。组合滤波器 $H(e^{j\omega})$ 的频率特性应满足

$$H(e^{j\omega}) = \begin{cases} I & 0 \leqslant |\omega| \leqslant \min\left(\dfrac{\pi}{I}, \dfrac{\pi}{D}\right) \\ 0 & \text{其他} \end{cases} \tag{9-12}$$

9.2.2 中频采样

采用带通采样，当采样速率 f_s 固定时，处理带宽 B 为采样速率的一半，即

$$B \leqslant \frac{f_s}{2} \tag{9-13}$$

因此，只有采样速率 f_s 取为信号带宽 B_s 的两倍，才能处理（数字化）整个频带上的所有信号（注意要把处理带宽 B 与信号带宽 B_s 相区别）。很明显，这种方法实现起来是比较困难的，因为它要求 A/D 前面的抗混叠在整个频带都保持相同的滤波器带宽和阻带特性。

为此，可以采用前端超外差接收体制，即先用一个本振信号与数字化的模拟信号进行混频，将其变成统一的中频信号，然后进行数字化。但是，这种超外差中频数字化体制的主要缺点是在天线与 A/D 间增加了很多模拟信号处理环节，如混频、本振信号产生、各种滤波等。超外差中频数字化接收体制过多的模拟信号处理环节导致适应性不强、可扩展性差，因此它不是一种理想的软件无线电结构形式。

通过适当增加中频带宽 B 的办法，可以部分解决中频数字化体制对信号的适应性和扩展性。宽带中频带通采样软件无线电接收机模型结构的组成如图 9-6 所示。这时，中频带宽 B 内将包含多个信道（信道数 $N=B/B_{\text{base}}$），至于对带宽 B 内位于某一个特性信道上的信号所需进行的解调、分析、识别等处理，将由后续的信号处理器及其软件来完成，该软件主要完成数字滤波（可变带宽）、数字下变频以及解调等信号处理任务，通过加载不同的信号处理软件就可以实现对不同体制、不同带宽以及不同种类信号的接收解调，以及其他信号处理任务，这样对信号环境的适应性及可扩展能力就大大地提高了。

在现有技术条件下，宽带数字中频接收机是软件无线电接收机一种可以接受的方案。采用宽带数字中频不仅使前端电路设计得以

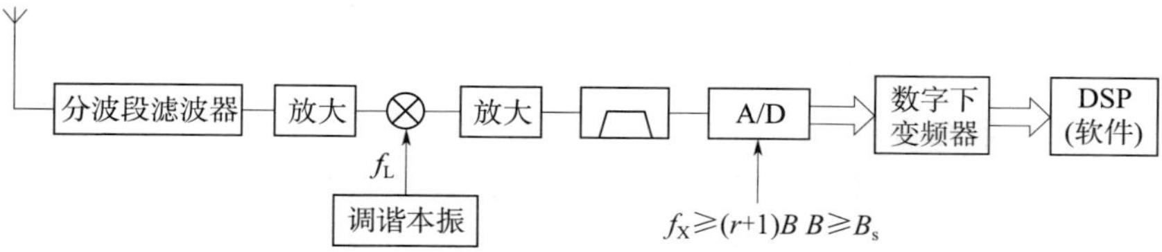

图 9－6　宽带中频带通采样软件无线电接收机模型结构

简化，而且信号经过接收信道后的失真也小。与常规窄带超外差接收机相比，宽带中频结构和相应的后续数字化处理模块，可以获得更好的波形适应性以及可扩展性，由此构成的软件无线电接收机性能上有质的飞跃，是一般窄带结构无法达到的。同理想带通采样模型相比，这种软件无线电接收机较为复杂，射频前端需要把射频信号变换成适于 A/D 采样的宽带中频信号。尽管增加了相对复杂的射频前端，但是把高频信号变换为中心频率和带宽适中的宽带中频信号后，使后续的 A/D 采样数字化负担大大减轻了。

9.2.3　射频采样

软件无线电技术的宗旨就是尽可能地简化射频模拟前端，使 A/D 转换尽可能地靠近天线去完成模拟信号的数字化，而且数字化后的信号要尽可能多地用软件来进行处理，实现各种功能和指标。相对于以往的射频信号经过一级或多级变频至频率较低的中频信号，再进行中频采样；射频信号直接带通采样更加符合软件无线电技术的宗旨，天线与 A/D 之间的模拟信号处理环节减少，使得系统结构更加紧凑、功耗更低、效率更高。

由于天线射频信号数字化，大部分接收功能可通过软件和固件算法实现。因此，整个软件无线电系统可轻松升级，并可方便地引入新型信号分析工具。

9.2.3.1　采样方案

射频直接采样软件无线电结构有两种可选方案：射频全宽开低

通采样软件无线电结构和射频直接带通采样软件无线电结构，下面对这两种结构进行简要叙述及对比分析。

(1) 射频全宽开低通采样软件无线电结构

射频全宽开低通采样软件无线电的组成结构如图 9-7 所示。

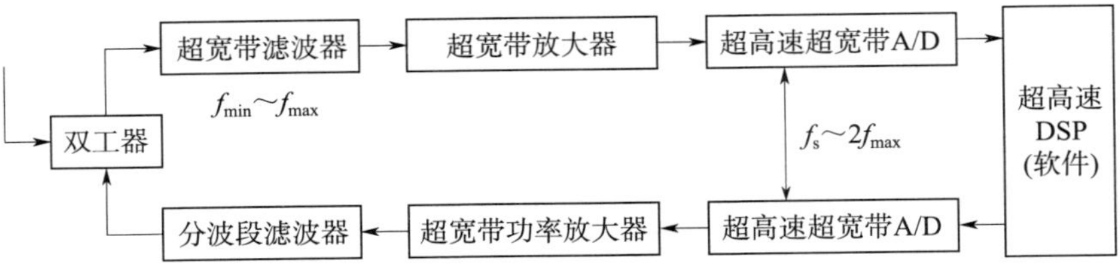

图 9-7 射频全宽开低通采样软件无线电结构

图 9-7 中，f_{min}，f_{max} 分别为所要求的最低和最高工作频率（以 S 频段遥测系统为例，要求 $f_{max} \geqslant 2.4$ GHz），根据 Nyquist 采样定理，则其采样速率 f_s 应满足以下关系

$$f_s \geqslant 2f_{max} \tag{9-14}$$

如果考虑到前置超宽带滤波器的矩形系数 r，则要求

$$f_s \geqslant 2rf_{max} \tag{9-15}$$

例如，当 $f_{max}=2.4$ GHz，$r=2$，时 $f_s \geqslant 9.6$ GHz。即使允许过渡带混叠，最低采样速率也应满足

$$f_s \geqslant (r+1)f_{max}=7.2\ \text{GHz} \tag{9-16}$$

如此高采样速率的 ADC，目前显然是无法实现的，尤其是当需要采用大动态、多位（12 位以上）的 ADC 时就更加困难。而对于这种前端全宽开的软件无线电（前置滤波器带宽为整个工作带宽），由于同时进入接收通道的信号数大幅度上升，对动态要求就更高，给工程实现（无论是前端放大器还是 ADC 等）带来极大的难度。所以，这种射频全宽开的低通采样软件无线电结构一般只适用于工作带宽不是非常宽的场合，例如短波 HF 频段（0.1 ~ 30 MHz）或者是超短波 VHF 频段（30 ~ 100 MHz），而不适用于 S 频段或更高频段。

（2） 射频直接带通采样软件无线电结构

射频直接带通采样软件无线电的组成结构如图 9－8 所示。这种结构的整个前端接收通带并不是全宽开的，而是经过天线后首先由抗混叠滤波器对接收到的信号进行选择，滤出所要的信号再经过放大器进行放大，然后进行 A/D 带通采样，最后由 DSP 对采样后的数字信号进行处理。

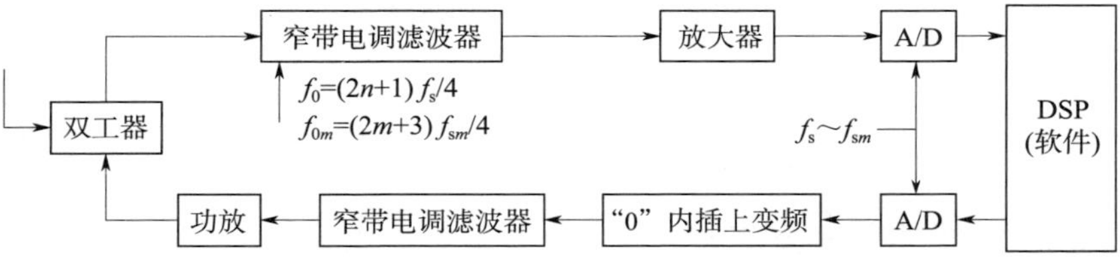

图 9－8 射频直接带通采样软件无线电结构

射频直接带通采样技术以带通信号采样理论为基础，带通采样定理的应用大大降低所需的射频采样速率，不仅为后面的实时信号处理奠定了基础，而且增加了系统的可实现性。根据带通采样定理，采样速率 f_s 须满足

$$f_s = \frac{2(f_L + f_H)}{2n+1} = \frac{4f_0}{2n+1} \tag{9-17}$$

式中，n 取满足 $f_s \geqslant 2(f_H - f_L) = 2B$ 的最大正整数（0,1,2,…），n 的最大值决定了所需采样频率的最小值。

有两点需要注意：一是频带宽度 B 不仅只限于某一信号的带宽，单从对模拟信号的采样数字化来讲，这里的 B 应理解为处理带宽，也就是说在这一处理带宽内可以同时存在多个信号，而不只限于一个信号；二是带通采样定理适用存在一个前提条件，即只允许在其中的一个频带上存在信号，而不允许在不同的频带上同时存在信号，否则将会引起信号混叠。为满足这一前提条件，可以采用跟踪滤波器来解决，即在采样前先进行滤波，如图9－9所示。当需要对某一个中心频率的带通信号进行采样时，先把跟踪滤波器调到与之对应

的中心频率 f_{0n} 上，滤出感兴趣的带通信号 $x_n(t)$，然后再进行采样，以防止信号混叠。这样的滤波器称为抗混叠滤波器。

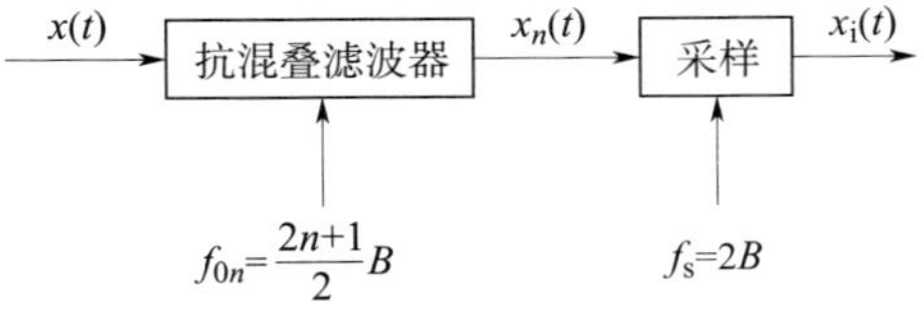

图 9－9　带通信号的采样

（3）两种结构对比

对比图 9－7 和图 9－8 可知，两种结构最大的不同是前置滤波器的差异，前者采用宽带滤波器，而后者是窄带电调滤波器；其次，A/D 的采样速率也不一样，前者为超高速采样（取决于最高工作频率），而后者为中高速采样；最后，两种结构对 DSP 的处理速度要求不一样，前者要求高，后者要求低，如果要求工作带宽很宽，前者往往是无法实现的。由以上分析可以看出，图 9－8 所示的射频直接带通采样的软件无线电结构实现起来要容易得多，这种结构将会成为未来软件无线电的发展主流。

9.2.3.2　光学采样

传统的电子 ADC 存在着瓶颈问题，比如采样时钟精度、采样保持电路持续时间、晶体管开启电压不一致等，这些瓶颈的存在都限制了电子 ADC 的发展，尤其是在高采样率、高量化精度的需求场合下，这种限制变得尤为突出。纵观电子 ADC 发展历史，现有电子 ADC 的模数转换带宽主要集中在 1 GHz 以内，而且随着带宽以及量化精度的增加，其发展变得越来越艰难和缓慢。虽然说已有最高速的电子 ADC 已经可以实现 10 GHz 的带宽，但是其量化精度只有 2 bit左右。由于器件本身的限制，电子 ADC 很难实现 10 GHz 以上带宽的高量化精度模数转换性能。

可以说，电子 ADC 的发展并没有跟上现代数字技术发展的脚步，正越来越成为当今数字技术发展的一个瓶颈。近年来，随着光子技术的长足发展，利用光学手段来突破电子 ADC 的瓶颈问题，实现超高速、高精度模数转换已经成为目前光电技术领域的一个研究热点。

采用光子技术实现模数转换的显著优点在于：1）利用锁模技术可以产生时间宽度为亚皮秒量级的超短光脉冲，用这么窄的光脉冲进行采样，可以实现 100 GS/s（S/s，samples per second）甚至以上的高采样率；2）锁模激光器输出的光脉冲时间抖动非常小，可以达到亚飞秒量级，与电采样、脉冲相比要小两个数量级以上，利用如此高精度的时钟对模拟电信号进行采样可以实现更高的量化精度。因此，光模数转换技术与传统的电子模数转换技术相比具有明显的优势，可以在实现高速率、超宽带采样的同时，达到高量化精度。

按照光子技术在光模数转换中所起作用的不同，可以将现有的光模数转换方式分为以下两大类：一类是光电混合的模数转换，这种方式的特点是光子技术在模数转换的过程中起到一种辅助的作用，其中采样或量化仍然由电子技术来完成；另一类是全光模数转换，这种方式的特点是采样以及量化都是利用光子技术来实现的。

（1）光电混合模数转换技术

光电混合模数转换中，采样或量化仍然由电子技术来完成，依据光子技术所起作用的不同，又可以将其分为光辅助模数转换、光采样电量化模数转换以及电采样光量化模数转换。

①光辅助模数转换

光辅助模数转换器（ADC）就是利用光学特性来辅助电 ADC，从而提高原本电 ADC 的一项或多项性能指标，其采样和量化过程完全是在电学领域内进行的。采用的方法主要利用光时钟跟踪和保持，从而辅助电 ADC；利用光的时域展宽，辅助电 ADC；利用全息空间光谱（Spatial - Spectral Holographic），辅助电 ADC；利用光复制（Optical Replication），辅助电 ADC 等。目前，利用光时钟的采样保持电路在 1 GS/s 时已获得高达 10 bit 的有效比特数。

②光采样电量化模数转换

光采样电量化模数转换是目前比较常见的方式，其原理示意图如图 9－10 所示。这种方式主要是采用锁模激光器产生高速稳定的光脉冲序列并作为采样时钟，然后利用高性能的电光调制器将微波信号加载到光脉冲的幅度（或相位）上，经过高速的光电转换器将调制器后端的信号转变为电信号，最后通过电模数转换器进行量化编码，生成数字信号。

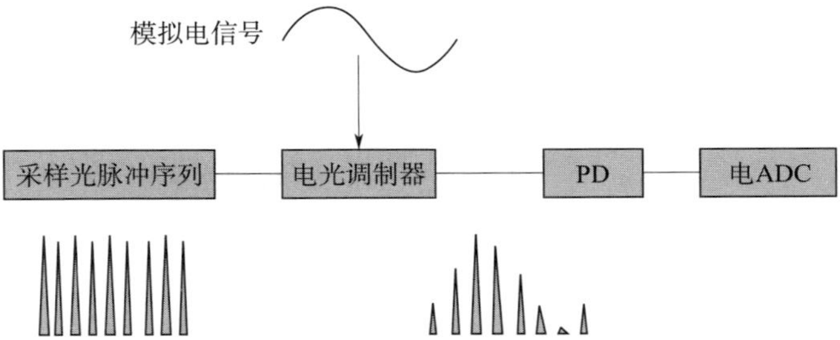

图 9－10　光采样电量化模数转换原理示意图

③电采样光量化模数转换

利用电子技术进行采样，然后量化由光子技术来完成。这种模数转换的方案称为电采样光量化模数转换。这种电采样光量化模数转换抛弃了光脉冲在采样过程中相对于电脉冲的巨大优势，光子技术只是在量化编码过程中得到应用，但无法充分发挥光子技术的优点。因此，该方案自提出以来，很少有这方面的深入研究。

（2）全光模数转换技术

全光模数转换的基本原理如图 9－11 所示，高重复频率的采样光脉冲序列首先通过电光采样对待测模拟电信号进行采样，采样之后的光脉冲通过光子技术进行量化编码，经过阈值判决之后，就可以得到与模拟电信号对应的数字信号。它的特点是采样以及量化编码过程都是通过光子技术来实现的，从而可以从根本上避免电 ADC 的瓶颈问题。

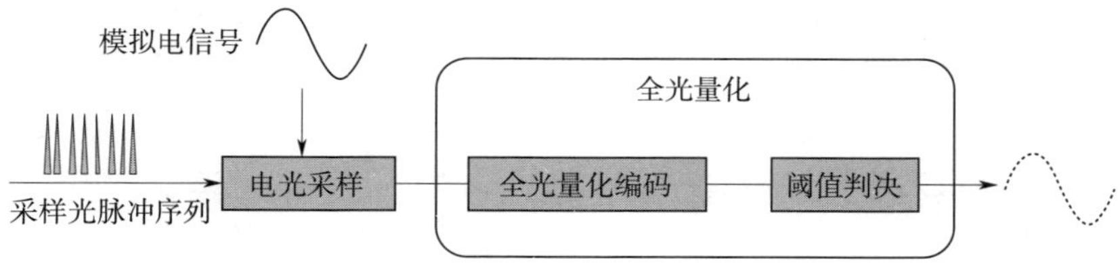

图 9 - 11　全光模数转换原理示意图

全光模数转换的关键技术包括以下几个方面。

①采样光脉冲序列

无论采用哪一种全光模数转换的方案，都首先要利用超短采样光脉冲序列对待模数转换的模拟电信号进行电光采样，采样之后的光脉冲是全光量化编码及其他一切后续处理的基础。采样光脉冲的特性对全光模数转换的性能有着至关重要的影响。能否充分发挥全光模数转换相对于电子模数转换的优势，采样光脉冲是关键。目前，利用锁模技术来实现超短光脉冲产生的技术已经发展比较成熟。

②电光采样

采样光脉冲序列通过电光采样过程来完成对待模数转换的模拟电信号的采样。因此，电光采样性能的优劣将直接影响着整个全光模数转换系统的性能。

目前，电光采样主要是通过电光调制器（相位调制器或者强度调制器）来完成。电光调制器的一个很重要的参数是调制带宽，它也是限制全光模数转换带宽的一个重要因素。当前，商用 $LiNbO_3$ 电光调制器的带宽上限能够达到约 50 GHz，如何能够实现更高的调制带宽，并且保证整个调制带宽内调制特性的一致，以及尽可能低的半波电压和调制过程中的不失真是用于全光模数转换的电光采样技术的研究方向。

③全光量化编码

全光量化编码是全光模数转换技术的核心和最大难点，同时也是全光模数转换相对于光电混合模数转换的本质区别所在。采用光子技术实现量化编码能够从根本上解决电 ADC 的瓶颈问题。目前，关于全光模数转换技术的研究也主要是集中在如何利用现有的光学器件实现高精度的全光量化编码。

④阈值判决

阈值判决与全光量化编码是全光量化的两个重要组成部分。无论采取什么样的全光量化编码方案，为了得到与待模数转换的模拟电信号相对应的数字电信号，最终都需要通过阈值判决技术来对全光量化编码之后的光脉冲进行逻辑判决。因此，阈值判决也是全光模数转换中的一项关键技术。通常情况下，它是通过超高速的电子比较器来完成。如何利用现有的商用电子比较器低误码率地实现全光模数转换中的阈值判决是研究的重点。同时，相比之下，全光阈值判决是一种更为理想的阈值判决方案。对全光阈值判决技术的研究也是一个重要的研究方向。

9.2.4 增益控制

信号电平自动控制电路是接收机的重要组成部分，其种类很多，包括手动增益控制、自动增益控制、瞬时自动增益控制、灵敏度时间控制、对数放大器等。各类增益控制电路都是根据各自系统的实际情况而设计的。在现有的遥测系统接收机中大多采用自动增益控制，有时在自动增益控制的基础上再增加手动增益控制。

在无线电接收机中，其输入的信号强度会随着与发射机间距离的远近、信号传播信道的环境等因素的变化而变化。若接收机的增益是固定的，那么其输出信号的强度就会发生变化，从而影响后续信号处理。为了保持输出信号强度的相对稳定，接收机的增益需要随着输入信号强度的大小自动调整，该技术称为自动增益控制（AGC，Automatic Gain Control）。数字 AGC 的原理如图 9－12 所示，图中虚线表示模拟信号传输，实线表示数字信号传输。

模拟信号经过可控增益放大器对增益进行调节后，送给 A/D 转换器转换为数字信号，数字信号送入包络检波器检测出其包络大小，

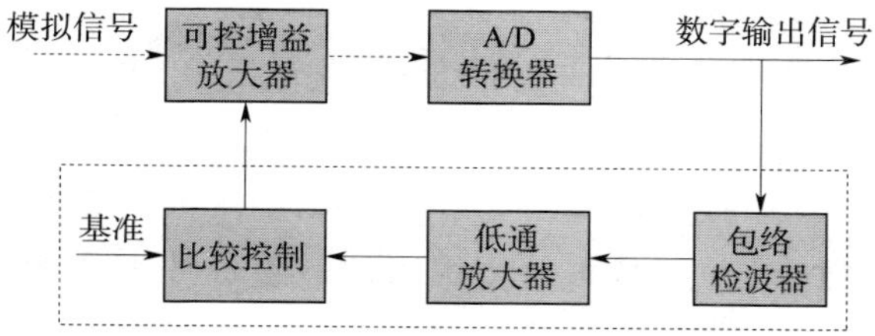

图 9-12　数字 AGC 的原理框图

并经过低通滤波去掉噪声后进入比较控制模块。该模块中与设定门限比较后按负反馈的原则产生控制电压，从而控制可控增益放大器的增益，保持输出信号电平基本不变。在图 9-12 中，除增益控制环节外，包络检波、低通放大、比较控制等环节均是数字处理，在数字前端采用高效的数字算法实现。

数字 AGC 技术具有如下的作用：

1）防止信号强度引起接收机过载。对于卫星、飞船等航天器，一个重要的特点就是飞行距离变化大，从几千米到几万千米。要适应大动态范围接收，自动增益控制是必不可少的，否则在强信号时接收机会严重过载甚至阻塞。

2）保持输出电平一致。与接收机接口的终端设备一般对电平起伏有比较严格的要求，要求接收机必须具有自动增益控制能力，使得输出电平在允许的范围内变化。

3）补偿接收机增益变化。数字 AGC 电路的性能可以从控制范围、控制精度、AGC 时间常数等几个方面去衡量。

a. 控制范围。AGC 的控制范围定义为接收机输出信号在要求范围内变化时，其可接收输入信号允许的最大变化范围。AGC 控制范围的大小与中频放大器的压控衰减器级数有关，一般每级压控衰减器控制增益范围为 20～30 dB，如果要求控制范围在 60 dB 以上，必须采用 2～3 级压控衰减器。当要求 AGC 的线性较好时，须使得压控衰减器每级都工作在线性段，致使每级控制范围减小，还须再增加控制级数，以保证满足 AGC 的控制范围。

b. 控制精度。AGC 的控制精度是指在输入信号变化时，中频放大器输出电平的变化范围。AGC 的控制精度与 AGC 环路的放大量（中频放大量、峰值检波系统、直流放大量及压控衰减器的压控灵敏度）有关，要提高控制精度必须相应提高中频放大量和直流放大器增益，但是需要注意，放大量太大可能会造成放大器饱和，甚至出现自激以及 AGC 环路不稳定等问题，所以需要合理选择放大量，以保证 AGC 正常工作。

c. AGC 时间常数。AGC 时间常数的大小反映 AGC 环路对输入信号变化速率的反应能力。当 AGC 时间常数较大时，只能对变化较慢的输入电平进行控制；当 AGC 时间常数较小时，可以对变化较快的输入电平进行控制。快和慢只是相对而言，须根据实际情况选择 AGC 时间常数。例如对同步卫星目标，由于姿态稳定，仰角较高，电平变化较慢，因此可以选择较大的 AGC 时间常数（如 250 ms）。

当 AGC 时间常数较小时，由于 AGC 环路带宽较宽，检波前中频带宽相应地放宽。此时，在额定弱电平下，检波前中频放大器输出信噪比可能太低以致出现噪声起控现象。因此，在弱电平接收时，不采用宽带 AGC（1 ms，10 ms），而在比额定电平强 20 dB 情况下才采用。

9.2.5 数字滤波

数字滤波器是指完成信号滤波处理功能的、用有限精度算法实现的离散时间非时变系统，其输入是一组（由模拟信号取样量化的）数字量，其输出是经过变换的另一组数字量。数字滤波器具有稳定性高、精度高、灵活性大等突出优点。数字滤波器的设计过程如下：

1）按照实际需要，确定滤波器的性能要求；

2）寻找满足预定性能要求的离散时间线性系统；

3）用有限精度的运算实现所设计的系统；

4）通过模拟验证所设计的系统是否符合给定性能要求。

9.2.5.1　FIR 滤波器

由于有限冲击响应（FIR，Finite Impulse Response）数字滤波器具有精确的线性相位，可以做成任意频率特性的滤波器，设计方法适应性强，实现结构简单，不存在稳定性问题。因此，FIR 滤波器被广泛应用于数字通信系统中的信号重建、相位均衡、自适应处理、图像处理和随机滤波等领域中。

FIR 数字滤波器的运算过程可以表示为

$$y(n)=\sum_{k=0}^{N-1}h(k)x(n-k) \tag{9-18}$$

式中　$x(n)$ ——输入信号；

$h(n)$ ——滤波器的系数；

$y(n)$ ——滤波输出；

N ——滤波器的阶数。

由式（9－18）可知，滤波运算主要由移位寄存器、乘法器和加法器来完成。当采用大规模可编程逻辑器件（FPGA，Field Programmable Gate Array）作为 FIR 数字滤波器的实现载体时，由于 FPGA 器件的资源有限，因此直接采用乘加电路实现的 FIR 滤波器的最大阶数是一定的。将 FPGA 器件所允许实现的滤波器最大阶数作为宽窄带数字滤波器的划分点，若所设计的滤波器阶数小于最大阶数，就采用宽带滤波器的设计方法来设计该数字滤波器；但若设计的滤波器阶数超过了最大阶数，则就要采用窄带滤波器的设计方法来设计该数字滤波器。

FIR 数字滤波器的阶数一般与通带波纹 δ_p 、阻带波纹 δ_s 、数字通带边缘频率 ω_p 和数字阻带边缘频率 ω_s 有关。例如，在采用等波纹法设计低通滤波器时，若 δ_p,δ_s 和矩形系数 r 已经确定，由此估计滤波器的阶数 N 为

$$N=\frac{-10\lg(\delta_p\delta_s)-13}{2.324(\omega_s-\omega_p)}+1=\frac{-10\lg(\delta_p\delta_s)-13}{2.324(r-1)\omega_p}+1 \tag{9-19}$$

其中

$$\omega_{\mathrm{p}}=\frac{2\pi\cdot f_{\mathrm{p}}}{F_{\mathrm{s}}}$$

式中 f_{p} ——绝对的通带边缘频率；

F_{s} ——信号采样率。

定义相对带宽因子 k

$$k=f_{\mathrm{p}}/F_{\mathrm{s}}$$

则有

$$N=\frac{-10\ \lg(\delta_{\mathrm{p}}\delta_{\mathrm{s}})-13}{2.324(r-1)\cdot 2\pi}\cdot\frac{1}{k}+1 \tag{9-20}$$

FIR 滤波器的实现结构一般有直接型结构、级联型结构、频率抽样型结构、格型结构和多相结构。级联型结构将 $H(z)$ 分解为实系数二阶因子的乘积形式，每个二阶节均采用直接型，且每节控制一对零点，所以级联型结构一般可用于需要控制传输零点时，但是采用级联型结构所需要的系数比直接型结构多，因此乘法次数也比较多。采用频率抽样法设计的 FIR 滤波器时，可以采用频率抽样结构，其特点是结构中的各个系数就是滤波器在各个等抽样点处的响应，这样可以很容易控制滤波器的频率响应，但是结构中由于所有极点都在单位圆上，当系数量化时会导致极点移动，从而引起系统的不稳定。格型结构是基于自回归信号建模理论提出的，这种结构效率比直接型结构低，通常适用于自适应滤波技术中。多相结构主要用于多采样率系统中抽取或内插滤波器的高效实现过程中。

目前，FIR 滤波器的设计广泛采用直接型结构。直接型 FIR 滤波器结构又称横截型或卷积型，它直接利用滤波器的差分方程表达式为

$$y(n)=\sum_{m=0}^{N-1}h(m)x(n-m) \tag{9-21}$$

由式（9－21）即可得到滤波器的直接型结构如图 9－13 所示。

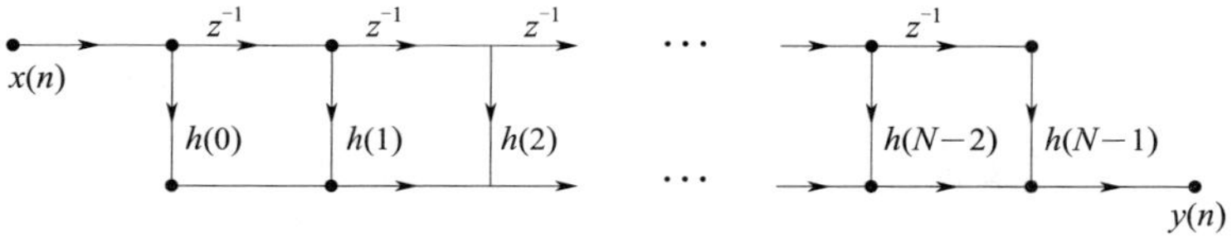

图 9－13　FIR 滤波器的直接型结构

具有线性相位的 FIR 滤波器，其直接型结构还可以进一步简化，使得系数乘法器的数目减半。

采用直接型 FIR 结构主要原因：1）滤波器系数的量化不会影响滤波器的线性相位特性；2）若 $H(z)$ 的零点是密集的，则这些密集的零点位置对滤波器系数的量化误差影响很大，而对大多数线性相位 FIR 滤波器来说，其零点在 z 平面基本是均匀分开的，因此，零点位置对滤波器冲激响应系数量化误差的灵敏度较低。

9.2.5.2　半带滤波器

半带滤波器在多速率信号处理中有着特别重要的位置，因为这种滤波器特别适合于数字实现 $D=2^M$ 倍（即 2 的幂次方倍）的抽取或内插，且计算效率高、实时性强。本节就专门介绍半带滤波器的时、频特性及其在抽取（内插）中的应用与设计方法。

所谓的半带滤波器，是指其频率响应 $H(e^{j\omega})$ 满足以下关系的 FIR 滤波器

$$\omega_c=\pi-\omega_A \tag{9-22}$$

$$\delta_s=\delta_p=\delta \tag{9-23}$$

或者说，半带滤波器的阻带宽度（$\pi-\omega_A$）与通带宽度（ω_c）是相等的，且通带阻带波纹也相等，如图 9－14 所示。可以证明，半带滤波器具有如下性质

$$H(e^{j\omega})=1-H\left[e^{j(\pi-\omega)}\right]$$

$$H(e^{j\frac{\pi}{2}})=0.5$$

$$h(k)=\begin{cases}1, & k=0\\ 0, & k=\pm 2,\pm 4\end{cases} \tag{9-24}$$

也就是说，半带滤波器的冲激响应 $h(k)$ 除了零点不为零外，在其余偶数点全为零，所以采用半带滤波器来实现采样率变换时，只需一半的计算量，有很高的计算效率，特别适合于进行实时处理。下面，我们讨论半带滤波器能否作为 $D=2$ 倍的抽取滤波器。

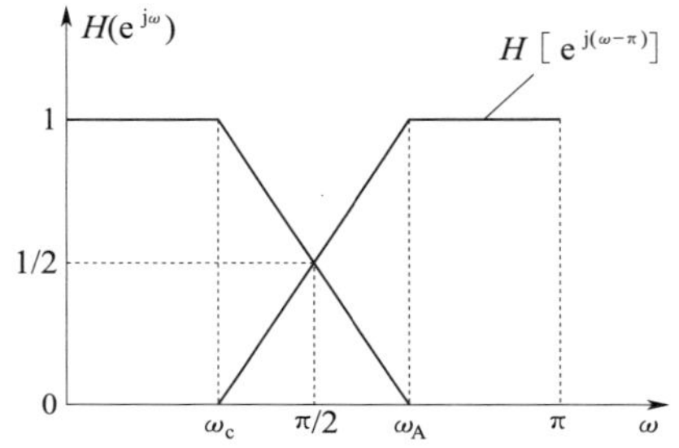

图 9－14　半带滤波器

根据前面对抽取的讨论，我们知道进行 2 倍抽取时的理想抽取滤波器满足

$$H_{\mathrm{id}}(\mathrm{e}^{\mathrm{j}\omega})=\begin{cases}1 & |\omega|\leqslant\dfrac{\pi}{2}\\ 0 & 其他\end{cases}\tag{9-25}$$

如图 9－14 所示，半带滤波器在 $\frac{\pi}{2}\sim\omega_c$ 区间仍不为零（过渡带），是不满足无混叠抽取条件的，这势必产生混叠，如图 9－15 所示。

由图 9－15 可知，经 2 倍抽取后的信号频谱在 $2\omega_c\sim\pi$ 区间（对应于抽前的信号频率为 $\omega_c\sim\pi/2$）是混叠的，位于这一频段的信号经 2 倍抽取后无法恢复。但是，我们注意到只要半带滤波器满足图 9－15（b）的特性，抽取后在其通带即 $0\sim2\omega_c$ 仍无混叠，或者说采用半带滤波器进行 2 倍抽取后，位于通带（$0\sim\omega_c$）内信号仍然是可以恢复的（不会破坏通带内信号的频谱结构）。所以，就其通带信号而言，完全可以采用半带滤波器进行 2 倍抽取，只要根据抽取前后的抽取速率和信号带宽对 ω_c，ω_A 进行仔细设计就行了。

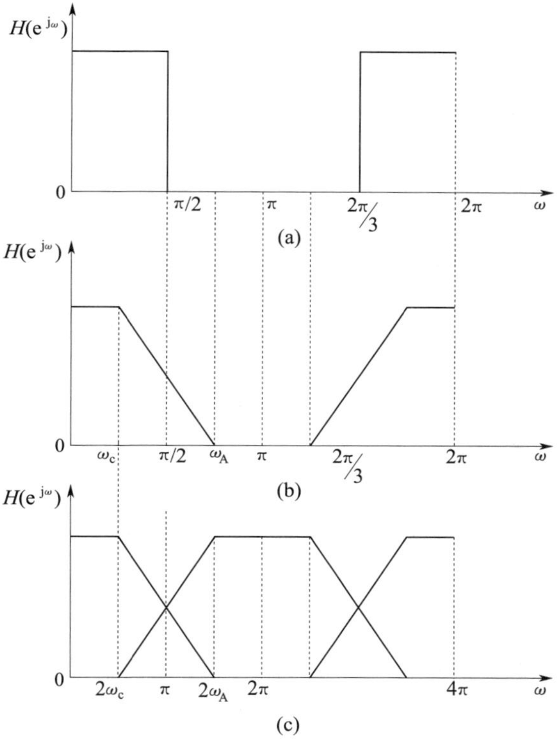

图 9－15　半带滤波器用作 2 倍抽取滤波器时的混叠情况

前面讨论了用单级半带滤波器实现 2 倍抽取的方法，当抽取率为 2 的幂次方时，即 $D=2^M$，就可以用 M 个半带滤波器完成抽取率为 $D=2^M$ 的高倍数抽取，如图 9－16 所示，图中 HB_m（$m=1,2,\cdots,M$）为第 m 级半带滤波器。

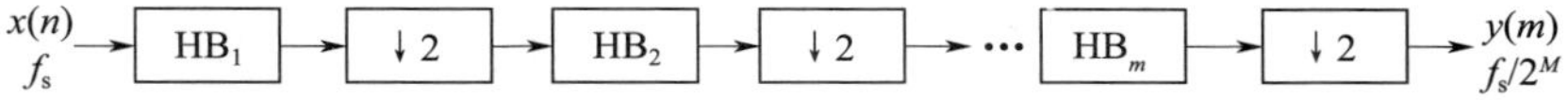

图 9－16　半带滤波器多级抽取实现框图

9.2.5.3　积分梳状滤波器

由 9.2.5.2 节叙述可知，当抽取因子为 2 的幂次方时采用半带滤波器进行抽取的方法，可以说这是一种特殊情况，实际抽取系统中，抽取因子 D 往往不恰好是 2^m 幂，而表现为一个整数与 2^m 幂相乘的形式，这时，可以先进行整数抽取，然后再用半带滤波器进行 2^m 的抽取，第一级的整数抽取就可以用本节要介绍的积分梳状（CIC，Cascade Integrator Comb）滤波器来实现。

所谓积分梳状滤波器，是指该滤波器的冲激响应具有如下形式

$$h(n)=\begin{cases}1 & 0\leqslant n\leqslant D-1\\ 0 & 其他\end{cases} \tag{9-26}$$

式中　D ——CIC 滤波器的阶数（后面将会看到这里的 D 也就是抽取因子）。

根据 Z 变换的定义，CIC 滤波器的 Z 变换为

$$\begin{aligned}H(z)&=\sum_{n=0}^{D-1}h(n)\cdot z^{-n}=\frac{1-z^{-D}}{1-z^{-1}}=\frac{1}{1-z^{-1}}\cdot(1-z^{-D})\\&=H_1(z)\cdot H_2(z)\end{aligned} \tag{9-27}$$

式中

$$H_1(z)=\frac{1}{1-z^{-1}}$$

$$H_2(z)=(1-z^{-D})$$

积分梳状滤波器的实现框图如图 9－17 所示。可见，CIC 滤波器由两部分组成，即积分器 $H_1(z)$ 和梳状滤波器 $H_2(z)$ 的级联，其中，$H_2(z)$ 的频率响应为

$$H_2(e^{j\omega})=1-e^{j\omega D}=e^{-j\omega D}\cdot 2\left(\frac{e^{j\omega\frac{D}{2}}-e^{-j\omega\frac{D}{2}}}{2}\right)=2e^{-j\omega\frac{D}{2}}\cdot\sin\left(\frac{\omega D}{2}\right) \tag{9-28}$$

如图 9－18 所示，其幅频响应特性为

$$|H_2(e^{j\omega})|=2\cdot\left|\sin\left(\frac{\omega D}{2}\right)\right| \tag{9-29}$$

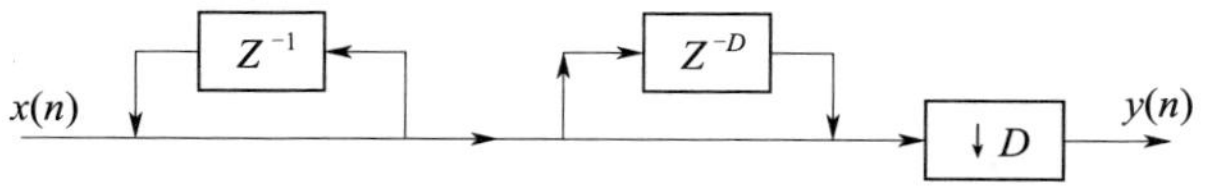

图 9-17　积分梳状滤波器的实现框图

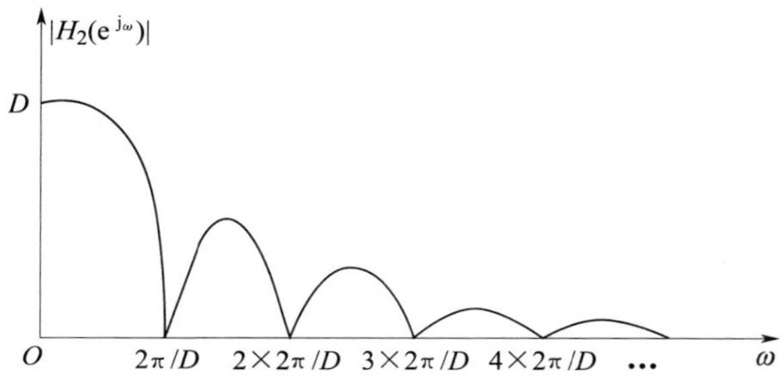

图 9-18　CIC 滤波器的幅频特性

同样地，可以求得积分器 $H_1(z)$ 的频率响应为

$$|H_1(e^{j\omega})|=\frac{1}{1-e^{-j\omega}}=\frac{e^{\frac{j\omega}{2}}}{2}\cdot 2\left[\frac{e^{\frac{j\omega}{2}}-e^{\frac{-j\omega}{2}}}{2}\right]^{-1}=\frac{e^{\frac{j\omega}{2}}}{2}\cdot\left[\sin\left(\frac{\omega}{2}\right)\right]^{-1} \tag{9-30}$$

这样，CIC 滤波器的频率总响应为

$$H(e^{j\omega})=H_1(e^{j\omega})\cdot H_2(e^{j\omega})$$

$$=\frac{\sin\left(\frac{\omega D}{2}\right)}{\sin\left(\frac{\omega}{2}\right)}=D\cdot Sa\left(\frac{\omega D}{2}\right)\cdot Sa^{-1}\left(\frac{\omega}{2}\right) \tag{9-31}$$

$$Sa(x)=\sin(x)/x$$

式中　$Sa(x)$——抽样函数，且 $Sa(0)=1$。

所以，CIC 滤波器在 $\omega=0$ 处的幅度值为 D，即 $H(e^{j0})=D$。

CIC 的幅频特性如图 9-18 所示，称 $0\sim 2\pi/D$ 的区间为 CIC 滤波器的主瓣，而其他区间称为旁瓣。由图 9-18 可见，随着频率的增大，旁瓣电平不断减小。其中，第一旁瓣只比主瓣电平低 13.46 dB，阻带衰减较差，一般难以满足实用要求。为了降低旁瓣电平，可以采用多级 CIC 滤波器级联的办法来解决。例如，用 Q 级 CIC 滤波器的旁瓣抑制为（13.46Q）dB。CIC 抽取滤波器实现起来非常简单，无需一般 FIR 滤波器所需的乘法运算，无论对提高实时性还是简化硬件都具有重要意义。CIC 滤波器在多速率信号处理中占有重要地位。图 9-19 是多级 CIC 抽取滤波器的等效结构。

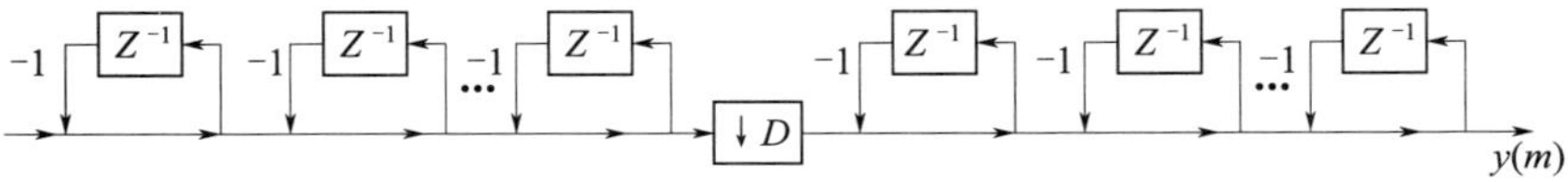

图 9-19　多级级联 CIC 抽取滤波器的等效结构

在使用 CIC 抽取滤波器时，值得注意的问题：Q 级 CIC 滤波器的频率响应为

$$H_Q(\mathrm{e}^{\mathrm{j}\omega}) = D^Q \cdot Sa^Q\left(\frac{\omega D}{2}\right) \cdot Sa^{-Q}\left(\frac{\omega}{2}\right) \tag{9-32}$$

可见，CIC 抽取滤波器有一个处理增益 D^Q。而且，随着级数 Q 的增多和抽取因子 D 的加大，处理增益也越大，在用软件或硬件实现 CIC 滤波时，每一级必须保留足够的运算精度。否则，就有可能引起溢出错误或运算精度降低。需要注意的是，当抽取因子 D 选定后，CIC 滤波器的阶数也就随之确定，两者不可独立地选取。

9.3　信号合成技术

航天器飞行姿态变化等多种因素往往会导致遥测信号起伏，严重时会导致信号中断。分集接收技术是抗信号衰落的有效方法之一。在深空遥测系统中，利用多个小口径天线组阵替代单个大口径天线的天线组阵技术已成为技术发展趋势，应用组阵合成技术可以实现多个天线信号的合成，获取更高的天线接收增益。本节主要介绍遥测分集接收和组阵合成技术及相关算法，并简要介绍数字波束成形和 MIMO 技术。

9.3.1　分集合成

在电波传输过程中，由于传输信道参数的变化，会发生接收信号的衰落现象，引起信号失真，甚至中断。过去为了避免信息丢失，以多重布站来解决，这样必然造成设备复杂，且又不能保证达到预期的效果。针对不同的衰落形式，采取相应的分集接收技术，则会取得明显的改善效果。

分集接收技术是抗信号衰落、提高接收可靠性的一种有效措施。它将携带同一信息的信号，利用不同路径、不同频率、不同时间或不同极化方式进行传送，在接收端将各支路信号按照某种方式加以合成，然后提取信息。如果各支路的信号衰落的互相关性很小，采用合理的信号合成技术，就能提高接收机的输出信噪比。

弹（箭）遥测中所遇到的电波衰落一般为快衰落型，它是由飞行体与接收点相对位置变化、飞行器姿态变化和传播媒质变化所产生的，通常表现为以下两种形式。

1）多径干涉衰落：通常称为多径效应。当接收点所接收的信号从多条路径传输来时，接收点信号由多路径信号组合而成。如果各条传输路径长度不同，或者媒质发生变化，将会造成各路信号的延迟时间不同。很小的延迟差异将会引起合成信号包络的急剧起伏。

在海面、平原和水乡的空域进行遥测测量时，由于海面、水面反射系数接近于 1，多径干涉衰落异常严重。随着飞行体的移动，反射波与直射波的合成呈有规律的衰落，其衰落速率与飞行体的速度、相对角度呈一定函数关系，衰落深度与反射系数成正比，与波长 λ 成反比。采用空间分集接收，选择衰落不相干接收点，会大大减轻多径干涉衰落的影响。

2）极化衰落：弹（箭）遥测一般使用某种线极化或圆极化发射天线。当接收点用单一极化天线接收时，接收天线仰角、通信距离以及飞行体姿态变化时，将引起接收信号的极化衰落，其规律与飞行体发射天线方向图密切相关，这种极化衰落可以通过极化分集接收加以克服。

在分集接收技术中，首先，要建立衰落不相关的信号支路。实际中，衰落完全不相关的情况很少，需要研究如何建立信号支路，使接收到的各支路信号之间衰落的相关性尽量小。假定用 $V_1(t)$ 和 $V_2(t)$ 表示两条支路的信号衰落幅度，它们之间的相关系数用 $\rho(V_1, V_2)$ 表示。当 $\rho(V_1, V_2)=0$ 时，两支路的信号衰落统计独立，完全无关。实际上，当 $\rho(V_1, V_2)<1/\mathrm{e}\approx 0.37$ 时，一般可认为两条支路信号衰落的相关性很小，是互相独立的。

9.3.1.1 分集接收的技术分类

以下是常见的几种分集技术。

(1) 极化分集

极化分集合成是当今遥测系统中应用最广泛的一种分集技术。大多数遥测接收天线都具有常见的左、右旋圆极化或水平、垂直极化两个相互独立的输出。适当地组成检前极化分集合成器，就可使接收系统理想地与输入信号极化相匹配。这种系统与单信道接收系统相比，性能可得到显著改善。

(2) 空间分集

接收端，各支路接收天线分散置于高、低、前、后不同位置上，以降低接收信号的相关性。信号相关性随天线间距离的增大而迅速下降，一般天线间距离应大于 25λ 。实际上，天线分散的方式不同，其效果也不同。天线有水平分散布置与垂直分散布置，相关系数 $\rho(V_1, V_2)$ 随天线之间的距离 D 的增大而减小。垂直方向的相关系数比水平方向的下降速率大，故地面空间分集接收站天线以垂直方向分散布置为宜。

(3) 频率分集

经过同一路径传输的两个不同频率载波包络衰落的相关系数，随着其频率间隔的增加而减小。用不同的载波传送同一信息，在接收端通过适当方式把二者相加起来，就能实现频率分集，但设备较复杂。

频率分集采用检前合成时，应使两台发射机具有相同的频偏，保证合成器的分集锁相环具有理想的性能。如果两台发射机的频偏不相同，就不可能得到最佳的合成效果。可以用一个调频振荡源，经过两个不同的频率变换，产生两个不同频率的发射信号，就可解决使用两个发射机频偏有差别的问题。

(4) 时间分集

如果用 $\rho_v(t)$ 表示信号包络 $V(t)$ 的自相关函数，设 $t=\tau_d$ 时，$\rho(\tau_d)=1/e$，则对 $t>\tau_d$，信号包络可以认为是不相关的。发送端将一个信号发送时，再过时间 t（$t>\tau_d$）重发一次，接收端将先接收到的信号延迟，和后收到的信号进行组合和选择处理，即可实现时间分集，这对在弹（箭）飞行试验中获取某些特殊时段的重要参数，是非常有意义的。

以上这些分集接收技术常常可以几种同时使用。当已知衰落形式，选择满足 $\rho_v<1/e$ 的相应接收方式，使用最大比合成时，四重分集基本上可以克服衰落对系统性能的影响。一般来说，分集重数大于 4，改善效果就不明显了。

9.3.1.2　分集接收的合成方法

各支路信号可以采用不同方式在检波前的高频、中频或检波后的视频等不同位置实现合成。无论合成点在什么地方，合成后的信号 $f(t)$ 都是各支路信号 $f_1(t),f_2(t),\cdots,f_k(t)$ 的加权和，即

$$f(t)=\sum_{i=1}^{k}a_i f_i(t) \tag{9-33}$$

式中　a_i ——加权系数。

a_i 如何确定会直接影响合成后信号 $f(t)$ 的性能，特别是信噪比性能。按 a_i 的工作特点，分集合成技术可分为选择合成、等增益合成和最大比合成 3 种。

(1) 选择合成

在选择合成中，加权系数 a_i 的工作特点为

$$a_i=\begin{cases}1 & i=N\\0 & i\neq N\end{cases} \tag{9-34}$$

由式（9 - 34）可见，无论何时只有一个 a_N 不为零，此时 $f(t)=f_N(t)$ 。$f_N(t)$ 是 $f_i(t)$ 中信噪比最好的。选择合成的分集增益用 $\bar{P}(k)$ 表示

$$\bar{P}(k)=\sum_{i=1}^{k}\frac{1}{i} \tag{9-35}$$

式中　i ——分集支路数，$i=1,2,\cdots,k$

（2）等增益合成

在等增益合成中，要求各分集支路信号相干。加权系数 a_i 的工作特点是 $a_1=a_2=\cdots=a_k=1$。可见，各分集支路的增益是相等的，方便起见，假定各支路 a_i 为 1。等增益合成的分集增益 $\bar{P}(k)$ 为

$$\bar{P}(k)=1+(k-1)r^2 \tag{9-36}$$

式中　k ——分集支路数；

r^2 ——与衰落分布有关的系数。

（3）最大比合成

在最大比合成中，要求各分集支路信号相干。加权系数 a_i 的工作特点为

$$a_i=s_i/n_i^2 \tag{9-37}$$

式中　s_i ——各支路信号有效值；

n_i^2 ——各支路噪声功率。

加权系数 a_i 与支路信号有效值成正比，而与该支路噪声功率成反比。最大比合成的优良性能，是与这种加权特性分不开的。

理论上，最大比合成的分集增益 $\bar{P}(k)$ 可以表示为

$$\bar{P}(k)=k \tag{9-38}$$

式中　k ——分集支路数。

（4）三种分集合成方法的比较

通过对上述三种分集合成方法的比较，可以进一步了解它们在不同条件下各自的优缺点。

①分集增益

当分集支路数 k 为 2,3,4,5 和 6 时，三种分集合成方法的理论增益见表 9－1。

表 9－1　三种分集合成方法的分集增益

合成方式＼分集支路数	2	3	4	5	6
选择合成	1.76	2.63	3.2	3.56	3.9
等增益合成	2.5	4.1	5.26	6.17	6.93
最大比合成	3	4.77	6	7	7.78

由表 9－1 可见，最大比合成的分集增益最大，等增益合成次之，选择合成最小。三种合成方法的性能还可以用图解来比较说明。假定支路数 $k=2$（即二重分集），合成信噪比 $P=s_o^2/n_o^2$，如图 9－20 所示，选择合成为 $\sqrt{P}=s_1/n_1$ 和 $\sqrt{P}=s_2/n_2$ 所限定的正方形面积，等增益合成为 $\sqrt{2P}=(s_1/n_1+s_2/n_2)$ 所限定的三角形，最大比合成为以 $\sqrt{P}\,(P=s_1^2/n_1^2+s_2^2/n_2^2)$ 为半径的圆面积。由图 9－20 可见，最大比合成的面积最小，即对于给定的输出信噪比，最大比合成所需要的输入信噪比最低；图 9－20 中两条虚线之间，即 $0.414<(s_1/n_1)/(s_2/n_2)<1/0.414$，表示浅衰落，两个支路的信噪比相差

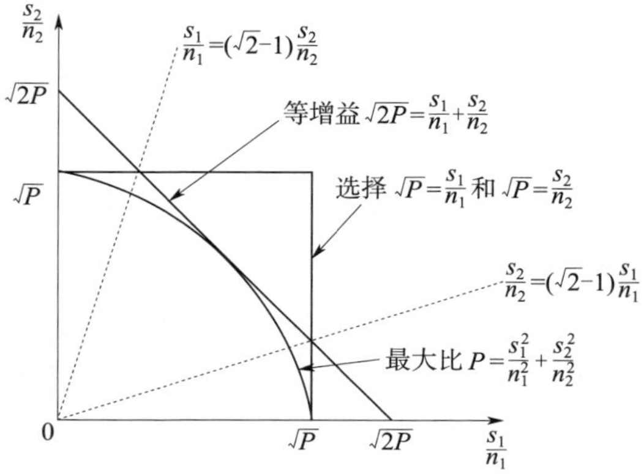

图 9－20　二重分集时三种合成方法的性能比较

较小，等增益合成的面积比选择合成要小，即等增益合成的性能优于选择合成，接近最大比合成的性能；在两条虚线之外，表示深衰落，两个支路的信噪比相差悬殊，选择合成的面积比等增益合成面积小，即选择合成的性能优于等增益合成，接近最大比合成的性能。综上所述，无论在浅衰落还是深衰落时，最大比合成的性能都比其他两种方法好。

②信号衰落分布

在分析三种分集合成性能时，都假定信号衰落为瑞利分布。实际上，只有UHF以上频率远距离对流层传输时，所观察到的衰落才多为瑞利分布；UHF以下频率近距离传输时，衰落很少为瑞利分布。在分集增益 $\overline{P}(k)$ 的表达式中，最大比合成是不受衰落分布影响的，选择合成受到一定影响，等增益合成与衰落分布密切相关。在等增益合成的分集增益 $\overline{P}(k)=1+(k-1)r^2$ 中，r^2 是与衰落分布有关的系数，瑞利分布 $r^2=\pi/4$，矩形分布 $r^2=3/4$，指数分布 $r^2=1/2$。因此，等增益合成的性能受衰落分布影响大。

③信号衰落相关

为了最佳分集接收，总是想办法建立衰落不相关的信号支路。实际中，完全不相关的信号支路是很少的，信号衰落相关对三种分集合成的性能都有影响。但最大比合成和等增益合成受到的影响较小，而选择合成的影响较大，只有当相关系数 $\rho(v_1,v_2)<1/\mathrm{e}$ 时，影响才可忽略。

④噪声功率变化

一般，假定分集支路的噪声功率是恒定不变的。这种假设只有当噪声主要是来自接收机前端时（大多数如此）才正确。如果噪声主要是来自接收系统以外的远距离源时，所接收到的噪声将服从瑞利分布，这时对最大比合成无任何影响，选择合成将受到一定影响，而等增益合成受到的影响较大。

⑤噪声相关

当各分集支路噪声主要来自接收机前端噪声时，它们是不相关

的；当噪声主要来自外部干扰时，各支路的噪声是相关的。当各支路噪声相关时，对选择合成无任何影响，对最大比合成

$$\bar{P}(k)=k/1+(k-1)\rho$$

对等增益合成

$$\bar{P}(k)=1+(k-1)r^2/1+(k-1)\rho$$

式中　ρ——噪声相关系数。

可见，支路噪声相关对最大比合成和等增益合成的分集增益都有较大影响。

由以上比较可见，最大比合成技术对环境变化的适应能力最强，性能最佳，所以也叫最佳分集合成技术。正因如此，最大比合成技术广泛应用于导弹、航天测控接收系统和通信接收系统中。

（5）AM/AGC 加权最大比合成器

由于射频信号的衰落速率可达 25 kHz，接收机 AGC 的动态响应一般没有这么快，不能跟踪这种衰落变化。如果只用接收机 AGC 电压对最大比合成器进行加权，就不能对这种快衰落的射频信号进行最佳分集合成。因此，必须把中频信号未被 AGC 跟踪的 AM 包络检出来，经过处理后，与 AGC 电压相加，去加权最大比合成器，这样就能实现快衰落信号的最佳分集合成。

AM/AGC 加权最大比合成器的原理框图如图 9－21 所示。分集锁相环的作用是调节 $s_1(t)$ 和 $s_2(t)$ 的相位，使其在合成器中以相干的方式相加。由于 VCO1 和 VCO2 的频率在工作过程中总会有较小的差别，所以锁相环也在调节两个 VCO 的频率，使两个 VCO 的频率相同，从而使 $s_1(t)$ 和 $s_2(t)$ 同频同相。环路带宽必须适应 $s_1(t)$ 和 $s_2(t)$ 相位的快速变化，$s_1(t)$ 和 $s_2(t)$ 相位的动态范围跟幅度衰落的动态范围相同，最大可达 25 kHz，平均为 10 kHz，所以环路带宽可设置多挡，根据应用情况进行选取。环路滤波器输出误差电压反相去调节两个 VCO。信道的 AGC 电压与 AM 电压相加之后去加权最大比合成器，以适应幅度的快速衰落。

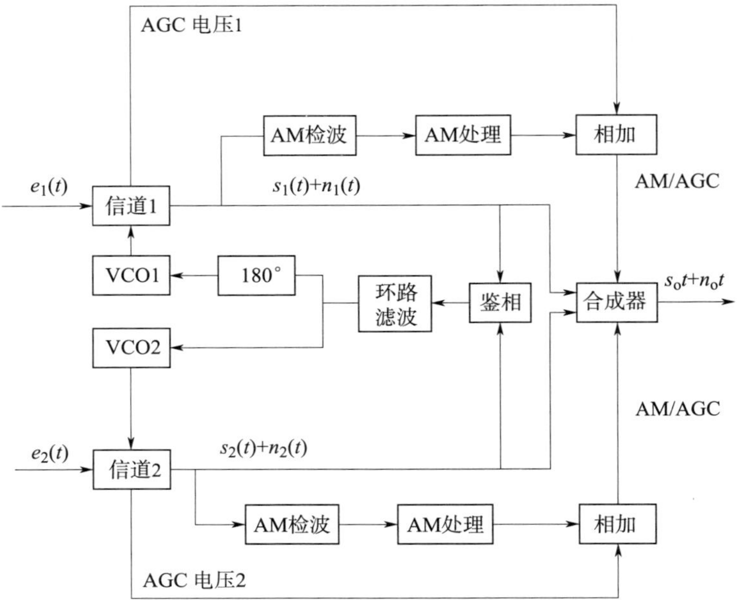

图 9-21　AM/AGC 加权最大比合成器

9.3.1.3　检前合成与检后合成

支路信号在检波前的高频、中频上合成，称为检前合成；支路信号在检波后的视频上合成，称为检后合成。需要说明的是，二者的区别仅在于合成点的位置不同，但这并不能决定合成性能的好坏。检波前合成与检波后合成都可以选用上述三种分集合成方法，即选择合成、等增益合成和最大比合成。检波前、检波后合成都必须满足一个基本要求：必须将不同相位的各分支信号，进行相位校正，以便能够同相位相加。

通常，检前支路信号的合成在中频进行。当信道使用公共的本振信号源时，送检前合成器的分散信号可同频率，为了消除各支路信号相位差，一般有 3 种方法，即相位隔离、互相关锁相、载波相关锁相（三环路锁相）。

当传送信息速率不是很高，且检后分集的各分支信道的接收天线距离不远时，各分散信道视频信号的时延可以忽略不计，视频信号可直接送检后合成器进行合成。如果视频时延不可忽略，则检后分集接收需要增加自适应延迟技术，将视频信号相位对齐再进行合成。

一般而言，检前合成的设备复杂度要比检后合成更高一些。

9.3.2　组阵合成

天线组阵就是利用分布的多个天线组成天线阵列，接收来自同一信号源（深空探测器）发送的信号，并将各个天线的接收信号合成，从而获得高信噪比接收信号。相比于大口径的天线，天线组阵可以减小单个天线口径，获取与更大口径天线等效的增益，增加系统的灵活性和可操作性，且天线阵的成本花费要比制造单个大口径天线小得多。

在深空遥测系统中，利用多个小口径天线组阵替代单个大口径天线的天线组阵技术已成为技术发展趋势，应用组阵合成技术可以实现多个天线信号的合成，获取更高的天线接收增益。从 20 世纪 60 年代起，美国航空航天局（NASA）深空网（DSN）就开始研究天线组阵技术，依靠深空网的地面天线组阵技术来提高接收信号的信噪比，从而提高深空探测器传输信息量。天线组阵技术也是我国深空遥测技术发展的一个重要方向。

9.3.2.1　组阵合成技术

所有的组阵合成技术都可属于信号处理的范畴，目前共有 5 种基本方法，分别称为：1）全频谱合成（FSC）；2）复符号合成（CSC）；3）符号流合成（SSC）；4）基带合成（BC）；5）载波组阵（CA）。

全频谱合成原理如图 9－22 所示。在全频谱合成中，来自每个天线的中频信号被发送到合成地点进行信号合成。为确保相干性，信号必须在合成前进行延迟和相位调整。全频谱合成的主要优点是可以利用信号的频谱特征，但并不依赖其频谱。如果频谱特征是已知的，可以对所接收信号的频谱滤波；如果接收信号的频谱是未知的或者类似噪声，则可以将其作为一个整体来处理。当载波信号非常微弱，以至于不能被跟踪或不可能被一个天线跟踪时，可以使用全频谱合成。

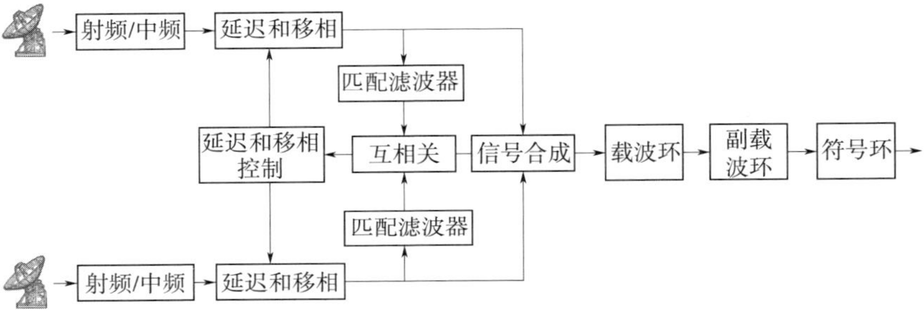

图 9-22　全频谱合成原理示意图

复符号合成原理如图 9-23 所示。来自每个天线的中频信号被发送至接收机，使用最佳载波预测的开环载波跟踪。如果这种跟踪保持在一个比符号率低得多的频率误差范围内，就可以实现符号同步。这些复符号发送至合成地点进行合成。为了确保相干性，在合成前信号也必须进行相位调整。这种技术的优点是将数据以比符号率稍高的速率发送到某一中心地点合成，缺点就是每个天线都必须有载波跟踪、副载波跟踪（存在副载波时）和符号跟踪装置。

符号流合成原理如图 9-24 所示，来自于每个天线的信号通过接收机进行载波和副载波（存在副载波时）跟踪并实现符号的时间同步。符号同步后，相对延迟一个数据流实现符号之间匹配。这种技术的优点是数据可以以符号率发送到中心合成地点，对设备相位稳定性没有严格的要求；缺点是所有的跟踪环都必须锁定，因而要求有较高的环路信噪比。

基带合成原理如图 9-25 所示。在基带合成中，来自每个天线的信号都是载波锁定的。载波环的输出是包括副载波谐波分量的基

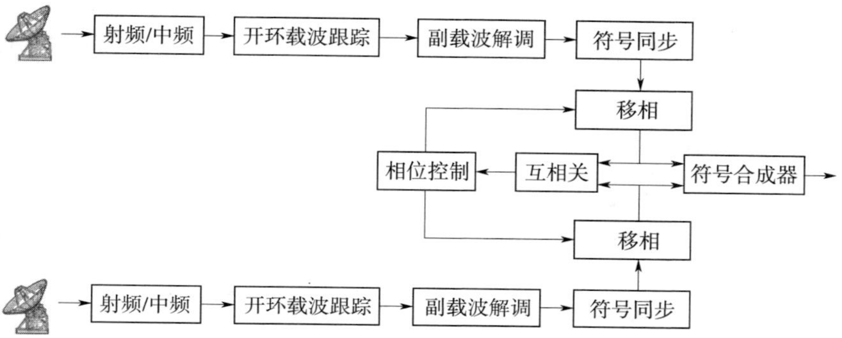

图 9 - 23　复符号合成原理示意图

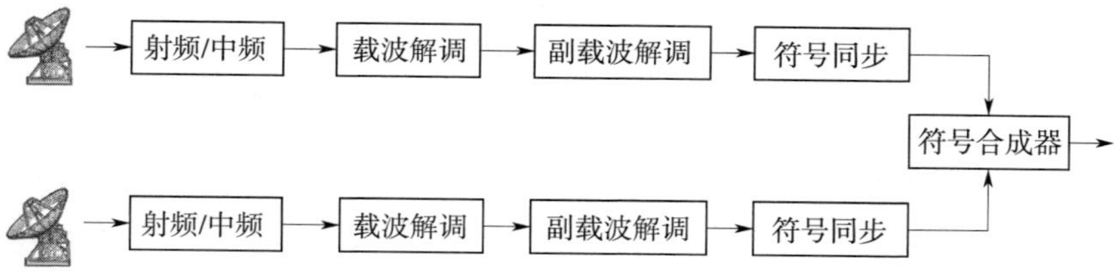

图 9 - 24　符号流合成原理示意图

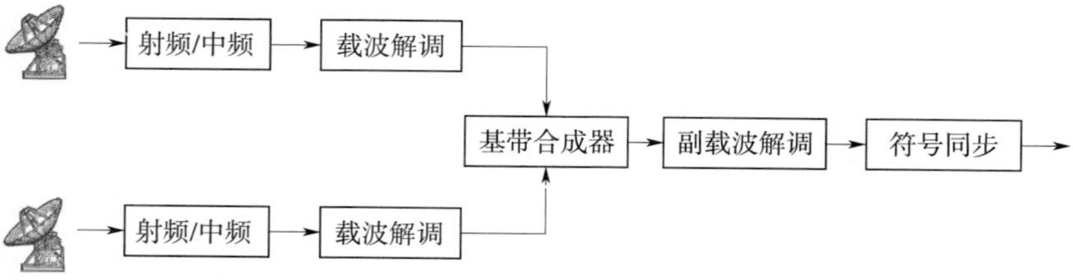

图 9 - 25　基带合成原理示意图

带频率。将基带信号进行数字化，并进行延迟和加权，然后进行合成。延迟量通常是通过来自各不同天线的基带信号正交相干来获得的。这项技术的缺点是要求将来自每个天线的信号进行载波锁定。随着天线直径的减小，载波信噪比也随之减小，必须通过采用更长的积分时间或提高深空探测器载波信号功率进行补偿。

在载波组阵中（如图 9-26 所示），如果在一个天线上载波不能完全锁定，为了提高所接收载波的信噪比，每个阵元素上的载波跟踪环都是成对的。单个大天线可以给多个较小天线提供载波锁定信息。实际的合成可以在中频或基带完成，各有其优缺点。

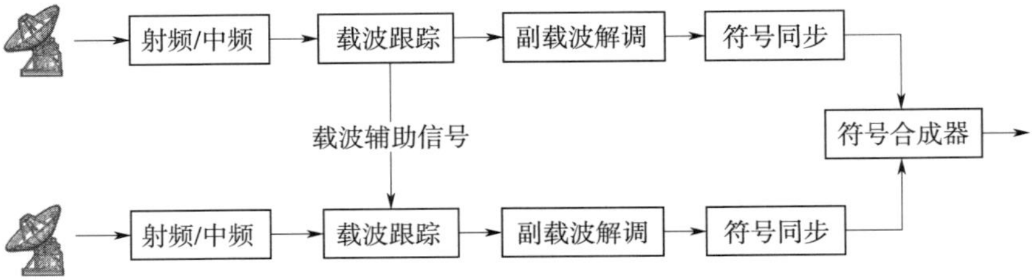

图 9-26　载波组阵原理示意图

5 种天线组阵方案中，对于最佳遥测性能，最佳方案是在中频进行相关的全频谱合成方案。在信号合成后，只需要一个载波环、一个副载波环和一个符号环；性能次之的是复符号合成方案，为达到最佳性能，它需要将 N 个副载波环和 N 个符号环都做成 IQ 正交环，但只需要一个工作在基带上的载波环；使用载波组阵的基带合成可以获得相同的性能；符号流合成是较早的天线组阵方案之一，它的实现最简单，但需要 N 个载波环、N 个副载波环和 N 个符号环。表 9-2 给出了 5 种天线组阵方案的优缺点比较。

表 9-2　5 种天线组阵方案的优缺点比较

天线组阵方案	优点	缺点
全频谱合成（FSC）	不依赖信号的频谱特征，适用于载波非常微弱的情况	全频谱合成时，整个信号带宽必须发送到合成站。对链路要求很高的相位稳定性和较大的带宽
复符号合成（CSC）	数据以比符号率稍高的速率发送到合成站。比较适合于调制度较高的情况	每个天线都必须配备开环载波跟踪、副载波跟踪和符号环跟踪装置，且对设备的相位稳定性有严格要求
符号流合成（SSC）	数据以符号率传送到合成站。对设备的相位稳定性没有严格要求	每个天线都要配备载波跟踪、副载波跟踪和符号环跟踪装置。要求有较高的环路信噪比

续表

天线组阵方案	优点	缺点
基带合成（BC）	没有传输介质引起的天线间射频相位差，基带频率较低，对设备稳定性要求相对较低	基带合成要求对每个天线信号进行载波锁定，一旦载波解调被破坏，它携带的信息都会丢失。基带合成方案适合于调制度比较低的情况
载波组阵（CA）	利用所有的载波跟踪可以达到最佳载波同步的全局估计	载波锁定信息必须发送到合成站，而合成的全局解还要返送回各个天线，因此对设备的相位稳定性有严格要求

9.3.2.2　组阵合成算法

如果各个天线收到信号的信噪比（SNR）足够高，所有天线对都可以进行很强的相关，不需要进行特殊的处理，直接利用相关获得的相位和延迟偏移来对齐信号。然而，当各天线接收信号的 SNR 较低时，需要采用合适的算法来利用所有可能的天线对。天线组阵信号合成的相关算法主要有 Simple 算法、Sumple 算法、Eigen 算法和最小二乘算法等。

Simple 算法主要是在 N 个天线中选择一个 G/T 值最大的天线作为参考天线，将其余 $N-1$ 个天线接收到的信号均与参考天线接收到的信号进行相关运算，利用运算结果修正各个天线信号的延迟和相位偏移，最后对修正后的各路信号进行加权求和。Simple 算法的实现原理框图如图 9－27 所示。

Sumple 算法是在 Simple 基础上发展起来的一种算法，与 Simple 算法的区别在于：相关运算中的参考天线不是某一个特定的天线，而是其他所有天线加权求和后组成的“天线”。Sumple 算法是一种迭代算法，每流转过 N 个天线中的一个，并与参考天线相关加权求和后就完成一次迭代。由于选择不同天线时，参考天线总是在变化的，加权值也是变化的，因此 Sumple 算法的处理过程要比 Simple 算法复杂，但 Sumple 算法可以用于比 Simple 算法更弱的信号。Sumple 算法的实现原理框图如图 9－28 所示。

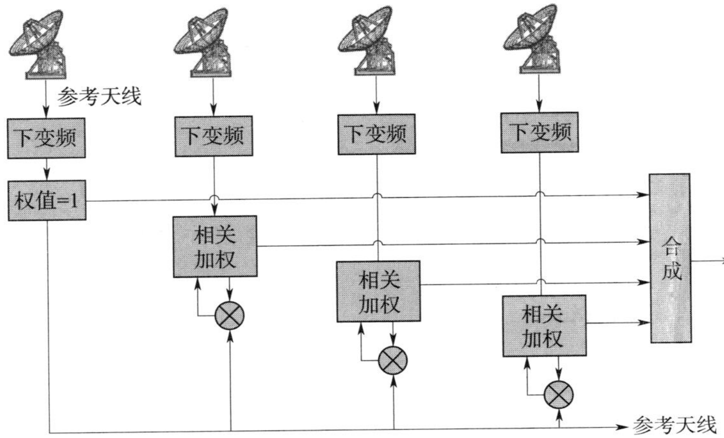

图 9－27　Simple 算法的实现原理框图

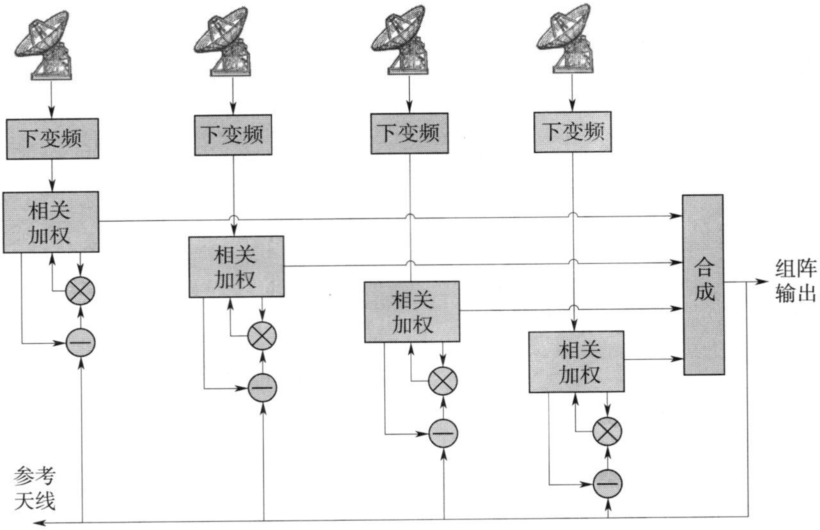

图 9－28　Sumple 算法的实现原理框图

导出复加权的 Eigen 方法使用了信号矩阵和噪声矩阵。该方法所需处理量与天线数量的平方成比例，但该方法考虑了来自诸如背景行星的对角线外噪声。在这种情况下，复加权将通过所需信号的相位对齐和干扰信号（来自行星）的相位不对齐的共同作用使 SNR 最大。

Eigen 理论可以应用在矩阵反馈合成、全频谱合成、复符号合成、符号流合成这些组阵技术中。Eigen 算法所需处理量与天线数量的平方成比例，在矩阵计算量上，远高于其他的算法。在性能上，在低 SNR 时，Eigen 算法约束较少，因此对噪声更敏感，Sumple 算法要优于 Eigen 算法。

9.3.3　数字波束形成

数字波束形成（DBF，Digital beamforming）是指采用数字信号处理技术形成一定形状的波束，以达到通行有用信号或需要方向的信号、抑制不需要方向的干扰信号的目的，因此波束形成又称空域滤波。早期波束形成主要用模拟方式在微波和中频上实现，现在主要用数字方式在基带上实现（即数字波束形成）。

数字波束形成又可以分为确知波束形成、最优波束形成和自适应波束形成。数据独立波束形成是根据系统要求设计的，不需要阵列输入信号的知识。确知波束形成包括多波束和赋形波束。多波束又称为切换波束，在测控通信及雷达系统中应用较多。最优波束形成利用信号和干扰环境的先验知识，并根据一定的最优设计准则进行设计。自适应波束形成是利用当前的输入信号采用自适应算法进行波束形成处理。

9.3.3.1　普通波束形成和多波束形成

考虑由 M 个阵元组成的数字波束形成系统，结构如图 9－29 所示。根据空时等效性原理，阵列可以等效为空间滤波器，其空间滤波响应（即波束图）定义为当阵列输入为平面波时，阵列输出（通常只考虑输出幅度或功率）与平面波入射角的关系。

信号 $s(t)$ 以角度 θ 入射到阵列上，以第一阵元为参考阵元，则阵列接收信号可以表示为

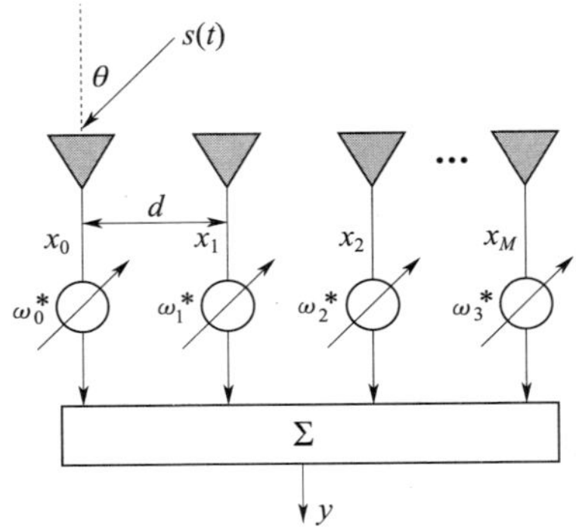

图 9-29　数字波束形成系统

$$x(n)=a(\theta)s(n) \tag{9-39}$$

$$a(\theta)=[1,e^{-j\varphi},\cdots,e^{-j(M-1)\varphi}]^T$$

$$\varphi=2\pi d\sin\theta/\lambda$$

式中　$a(\theta)$——入射信号的导向矢量，与信号的来波方向 θ 有关；

　　φ——空间相位差。

则阵列输出信号

$$y(n)=w^H x(n) \tag{9-40}$$

$$w=[w_1,\cdots,w_M]^T$$

式中　w——波束形成器的权矢量。

在阵列形状确定后，其空间响应完全取决于权矢量 w。若各阵元的权幅度为1，相位按线性规律变化，则可控制波束的指向实现波束的电扫。使波束指向 θ_0 的权矢量为

$$w_{st}=a(\theta_0)=[1,e^{-j\varphi_0},\cdots,e^{-j(M-1)\varphi_0}]^T \tag{9-41}$$

此时，波束形成器产生的波束形状及指向是确切已知的，因此又称为空间匹配滤波器。

对于多目标应用的场合，如果要形成多个波束，则可采用多个指向不同方向的导向矢量的波束形成器。考虑式（9-41），对均匀平面阵，阵列的输出实际上就是各阵元接收信号的离散傅里叶变换（DFT）。因此，采用 DFT 法可以得到多个不同指向的波束。但是对

于 M 元阵，得到的独立波束数量通常少于 M 个。这是由于 DFT 方法，有多个波束指向阵列平面的方向，为了利用这些波束，可以对相移量 φ 进行修正。

如果副瓣有较强的干扰进入时，原有的副瓣电平不足以抑制干扰，可对波束进行赋形处理来达到低副瓣的目的。赋形主要通过对空间匹配滤波器的权矢量进行加权处理来实现，常用的加权窗函数为 Dolph－Chebyshev 窗。

9.3.3.2　最优波束形成和自适应波束形成

确知波束形成并非是真正意义上的自适应空域滤波，即使对空间匹配滤波器进行低副瓣加权处理，也不能抑制较强的副瓣干扰。真正的自适应阵列应该自适应地对空间变化的干扰环境做出反应，在干扰方向形成自适应零陷，以有效滤除干扰，从而保证有用信号的接收。

自适应阵列的权矢量根据阵列接收信号的统计特性求得，一般是在假设阵列接收信号的二阶统计准确已知的情况下进行分析，称为统计最优波束形成，相应地称阵列权矢量为最优权矢量。常见的最优设计准则包括：最小均方误差（MMSE）准则、最大信干噪比（MSINR）准则、最小噪声方差（MNV）准则。这三种准则是在不同应用背景下导出的，都需要知道期望信号的一些先验信息。实际上，在期望信号的方向和阵列接收信号的二阶统计特性准确已知的情况下，这三种准则是等价的。统计最优波束形成是一种分析工具，它为自适应波束形成的实现提供了理论依据。

然而，阵列输入信号的统计特性一般是根据有限的输入数据估计得到的，因此最优权矢量通常是得不到的，在有限的输入数据情况下进行的波束形成称为自适应波束形成。这里，“自适应”指阵列权矢量对输入数据的自适应跟踪过程。自适应波束形成依据权矢量更新的方式可分为两大类，一类是块自适应波束形成，另一类是连续自适应波束形成。块自适应波束形成利用有限个输入信号来估计阵列接收数据的统计特性，从而计算出阵列自适应权矢量。而连续自适应波束形成则指每接收一个信号的采样数据，自适应权矢量就更新一次。

如图 9－30 所示，多数自适应算法都是基于自适应旁瓣对消结构的。其工作原理为：环境中不存在干扰源时，主通道直接输出信号；环境中存在干扰源时，由自适应处理器处理辅助通道接收干扰信号，计算相应自适应权矢量，使辅助通道加权后的合成输出与主通道中的干扰信号进行对消，从而输出期望的有用信号。

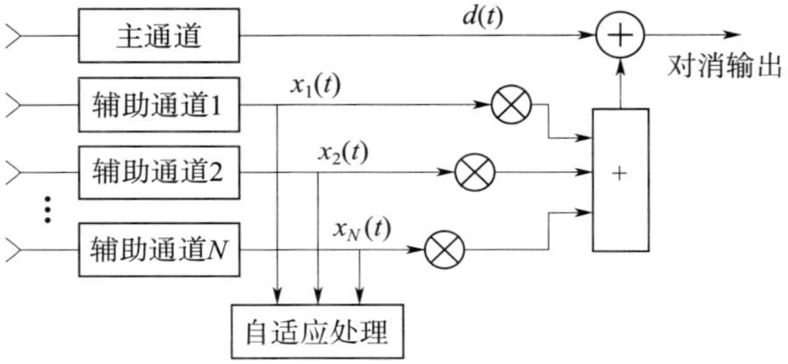

图 9－30　自适应旁瓣对消结构

随着我国航天技术的不断发展，在轨卫星种类和数量迅速增加，我国在轨卫星数量将达到上百颗，同时也将出现导航卫星、微小/微纳卫星、编队飞行卫星群等在轨运行模式；同时无人机在军事上的加快应用，也将越来越多地出现多无人机组网及协同使用模式，这都要求遥测系统具备多目标运行管理、多目标同时测控支持能力。另一方面，航天系统工作的电磁环境也日趋复杂，越来越多地凸显电子对抗能力的需求。目前，数字波束形成技术已由早期的单纯空域滤波发展到空时联合处理，为系统的多目标、大带宽及抗干扰能力设计提供了非常灵活的设计方法。

9.3.4　MIMO 技术

9.3.4.1　MIMO 技术的原理

随着航天遥测需求的快速增长，传统采用单天线收发的无线通信系统正面临着严峻的考验，必须寻求航天遥测领域的革新技术以便从根本上解决航天遥测系统的频谱利用效率和通信质量问题。多入多出（MIMO，Multiple - Input Multiple - Output）技术是遥测领域的一项重要技术突破，它从信号空域信息的探索出发，能在不增加带宽与功率的情况下成倍地提高航天遥测系统的容量和频谱效率。

MIMO 技术又称多发多收天线（MTMRA）技术，是现代航天遥测领域智能天线技术的重大突破，其核心思想是将单个数据符号流通过一定映射（编码、调制）变换成并发的多个数据符号流发射出去，在接收端通过先进的信号处理技术和反变换再恢复出原始数据符号流。根据收、发两端天线数量，相对于普通的单入单出（SISO）系统，MIMO 系统还包括单入多出（SIMO）系统和多入单出（MISO）系统，其原理如图 9 - 31 所示。

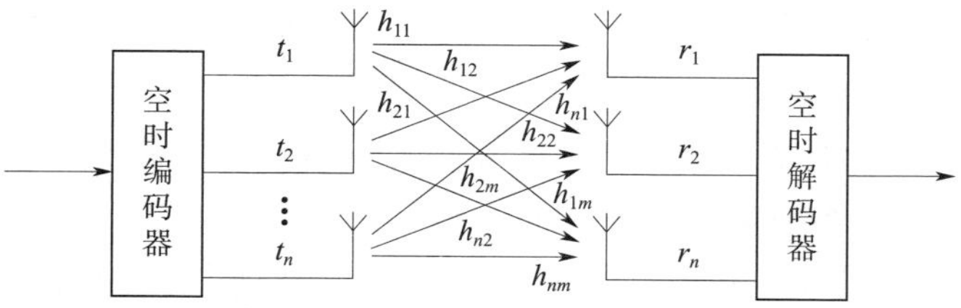

图 9 - 31　MIMO 原理图

在航天遥测系统中，电磁环境极为复杂，多径效应、频率选择性衰落和其他干扰源的存在使得实现高速数据传输比有线传输系统困难。MIMO 系统将多径效应作为一个有利因素加以利用，在发射端和接收端均采用多天线和多通道。传输信息流经过空时编码形成 N 个信息子流，这 N 个信息子流由 N 个天线发射出去，经空间信道后由 M 个接收天线接收。多天线接收机利用先进的空时编码处理能够分开并解码这些数据子流，从而实现最佳的处理。N 个信息子流同时发射，信号占用同一频带，并未增加带宽。若各发射、接收天线间的通道响应相互独立，则 MIMO 系统可以创造多个并行空间信道。通过这些并行空间信道独立地传输信息，通信数据率必然可以提高。

9.3.4.2 MIMO 技术的应用方案

MIMO 系统能够同时提供分集增益与复用增益，其传输方案可分为两类：

1）分集最大化方案，即空时编码（STC）方案。天线分集可以对抗信道衰落，提高航天遥测链路的可靠性，并且联合应用多维天线分集与时间分集，可以获得更好的分集效果，即通过空时编码而增加传输的空时冗余信息，从而提高无线传输的稳健性。空时编码集发射分集、编码与调制于一体。在延时发射分集的基础上，又出现了空时格形码（STTC），它具有卷积码的特征，并将格形编码、调制与发射分集结合在一起，在不增加带宽的情况下，可以同时获得满分集与高编码增益。它利用某种格形图，将同一信息从多副天线发射出去，在接收端采用基于欧式距离的 Viterbi 译码，其复杂度很高，且随传输速率呈指数增加，但其性能较好，抗衰落能力强。空时编码的盛行实际是从空时分组码（STBC）的发现开始的，因为 STBC 的构造比较容易，由于发射信号两两正交，接收端可采用线性最大似然检测，其译码简单。STBC 的性能只与分集阶数有关，它可以获得满分集增益，但是没有编码增益，其抗衰落性能较差，尤其是抗快衰落性能很差，因此，更适于微小区或微微小区环境。

2）数据率最大化方案，即复用方案。因 MIMO 系统的多天线也可实现空间复用。无线信道的多径传播增加了 MIMO 系统可用的自由度，若各对收发天线路径的衰落独立，则空间矩阵信道创建了多个并行的空间传输通道，利用并行通道传输独立的信息流，从而提高系统的数据率。著名的 BLAST 结构，就是将待发射的信息流分解为多路并行子流，对各路独立地进行编码、调制与映射到其对应的发射天线上，在收端采用迫零或迫零结合干扰消除等技术将多路子数据流分离。其实质是将单路高信噪比信道分解为多路相互重叠的低信噪比信道并行传输，达到空间复用的目的，从而提高频谱利用率。

然而，纯粹的天线分集与纯粹的复用方案并非最优方案，因在给定的天线配置下 MIMO 系统本身的自由度是有限的，获取更高的分集增益是以牺牲更大的复用增益为代价的，反之亦然。由于二者的折中方案可以同时获得分集与复用增益，势必是更好的选择。

MIMO 技术在现代无线传输系统中得到了广泛应用，从最早的移动通信系统到后来的无人机通信系统以及卫星通信系统等，MIMO 都发挥着越来越重要的作用。在 4G 通信标准 LTE 中，MIMO 作为一项关键技术加入到系统协议中。在侦察无人机与地面通信中，系统的应用可成倍地提高侦察无人机与地面中心通信的数据传输速率和信号覆盖范围。在由多个卫星和多个地面基站组成的宽带多卫星 MIMO 系统中，如图 9－32 所示，即使在信道恶劣的情况下，通过将不同时延路径信号的干扰消除和最大比合并，该系统相对 SISO 系统仍能获得不小的性能增益。

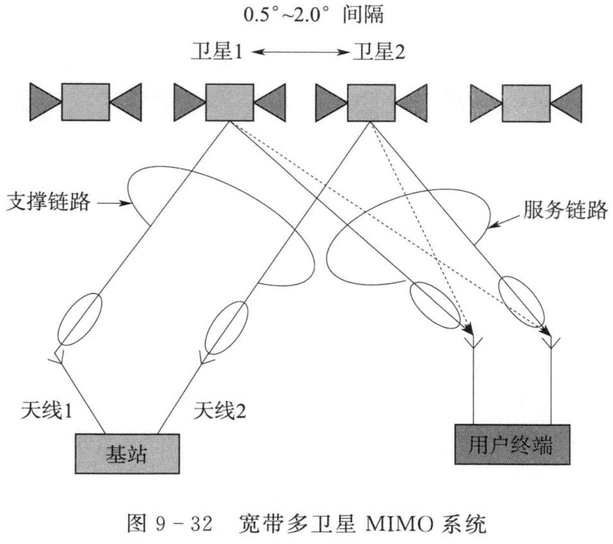

图 9－32　宽带多卫星 MIMO 系统

9.4　解调与同步

遥测基带的解调与同步通常包括载波/副载波解调、码同步、帧同步等环节。本节主要介绍调频、副载波调相等体制遥测信号的解调、数据符号同步和帧/副帧同步技术，同时论述遥测信道译码和时标处理过程。

一般而言，不同体制的遥测信号具有不同的解调与同步算法。基于动态可重构的软件无线电技术，遥测基带可以在相同的通用硬件平台（例如 FPGA 和 DSP）上通过加载不同的软件电路和软件算法来实现不同体制遥测信号的解调与同步。

9.4.1　载波、副载波解调

9.4.1.1　载波解调

载波解调，也称为载波同步，是指接收端从接收信号提取载波，从而实现接收信号去调的过程。提取载波的方法一般分为直接法和插入导频法两种，直接法是一种自同步方法，发送端不需要发送专门的导频，接收端设法从接收信号中提取载波；插入导频法是一种外同步方法，发送端在适当的频率位置上插入一个或多个正弦波作为导频信息，接收端则由导频提取载波信息。目前，应用最广泛的载波同步方法是直接法。

调制体制可以分为调频体制、残留载波体制和抑制载波体制 3 类。下面，分别介绍 3 种体制的载波解调方法。

（1）调频解调

调频信号的载波解调采用自动频率控制（AFC，Automatic Frequency Control）环路实现。AFC 电路的作用是通过控制本振压控振荡器（VCO，Voltage Controlled Oscillator）的频率，使进入鉴频器的中频信号中心频率等于或接近于鉴频器中心频率，保证鉴频器在其设计的线性范围内工作。

AFC 系统原理方框图如图 9－33 所示，它通过鉴频器产生一个与频率偏移量相对应的误差电压，由误差电压控制 VCO，使中频偏移量自动减小。分析表明：当环路输入一个频率阶跃信号达到稳态后，静态误差反比于自动频率微调开环增益。因此，如果希望静态误差（指剩余失谐）减小，则必须提高环路增益；但环路增益增大到一定程度，系统噪声和环路部件零位漂移引起的偏移又成为误差主要原因，故静态误差的合理值约为中频带宽的 5%。

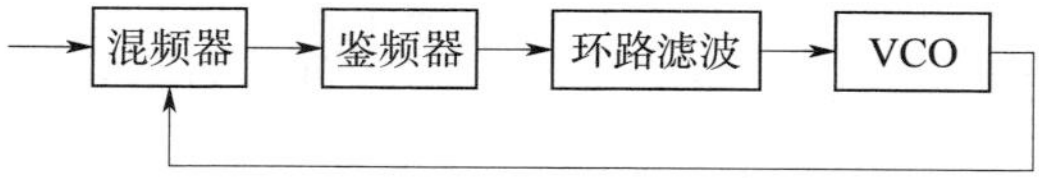

(a) AFC工作原理

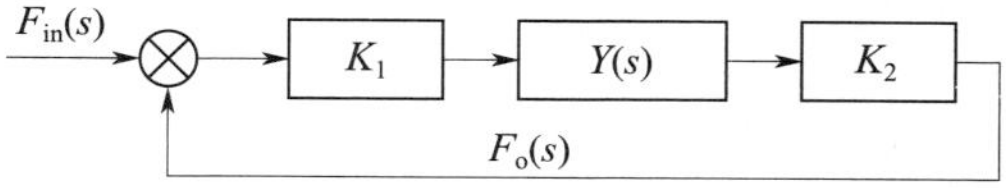

(b) AFC相位关系结构

图 9－33　AFC 系统原理方框图

当接收信号落在中频通带之外时，必须采用辅助的频率搜索电路，它给 VCO 提供一个频率扫描电压，由门限电平信号或其他能指示接收信号进入中频通带的特征信号控制启停。

AFC 环路的主要技术要求有以下几点。

①捕获带和同步带

由发射信号中心频率漂移、接收机本振频率漂移和目标快速运动产生的多普勒频移形成接收机中频信号中心频率的总漂移，AFC 捕获带宽应能覆盖这个总漂移范围。一般，捕获带宽大于±250 kHz。同步带表示频率捕获后保持同步的能力，比捕获带宽得多。

②剩余失谐

剩余失谐 Δf_0 与初始失谐 Δf_i 之间的关系为

$$\frac{\Delta f_0}{\Delta f_i}=\frac{1}{1+K} \tag{9-42}$$

式中　K ——AFC 环路增益，又称为漂移压缩比。

当没有扫描辅助时，压缩比一般在1%～5%之间；当有扫描辅助时，K 可做的较大，压缩比可达0.02%。

③捕获时间

只有当接收机频率捕获后，才能使天线跟踪目标并接收遥测数据，所以希望频率捕获时间越短越好，一般小于1s。

④直流传输

所谓直流传输，就是接收信号的调制信息中有直流分量，要求在解调输出端上直流分量不失真地复现出来。常规的AFC环路，由于环路带宽不可能小至零频率，所以无法进行直流传输。当AFC环路误差信号不是直接从鉴频器输出中滤波取得，而是将鉴频器输出的基带视频信号峰值进行检波，然后再求平均取得环路误差时便可实现直流传输。

（2）残留载波解调

残留载波信号解调主要包括载波捕获和载波跟踪两个功能。残留载波解调原理框图如图9－34所示，由正交混频、载波频率捕获牵引、载波锁相跟踪等部分组成。输入采样信号与本地载波数控振荡器（NCO，Numerically Controlled Oscillator）正交混频后，输出 I、Q 两路正交信号，经过低通滤波后，进行载波频率捕获，并将引导频率置入载波NCO辅助载波跟踪，并解调出遥测副载波。

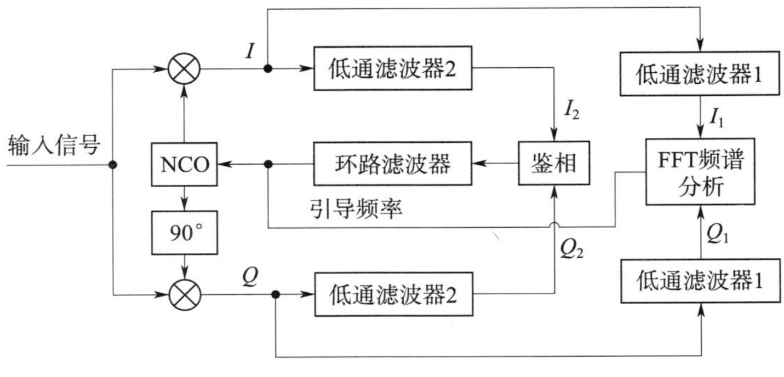

图9－34　残留载波解调原理框图

①正交混频

输入信号经过正交混频，产生同相、正交两路信号，分别通过低通滤波器 1 和低通滤波器 2，滤除高频分量和带外干扰噪声，产生 I_1，Q_1，I_2，Q_2 四路基带信号。其中，I_1 和 Q_1 用于 FFT 捕获，I_2 和 Q_2 用于载波鉴相。

②FFT 频谱分析

经过低通滤波器的 I_1 和 Q_1 两路数据进行 FFT 运算，并对得到的频域数据进行分析比较。对于调相信号而言，其频谱是以载波频率 F_0 为中心的对称频谱，当调制信号为多个副载波 f_n 时，会出现 $F_0 \pm \sum f_n$（$n=1,2,3\cdots$）型类似梳状的对称频谱分布。这些副载波的存在，会降低载波功率，特别是当调相信号调制度 $m>1.5$ 时，将出现副载波单边功率大于载波功率的情况，给载波频率的正确识别带来困难，调相信号频谱（含副载波）示意如图 9－35 所示。不完善的捕获方法可能会把副载波误认为载波，从而导致错锁，一旦错锁，就无法解调出调制信号。

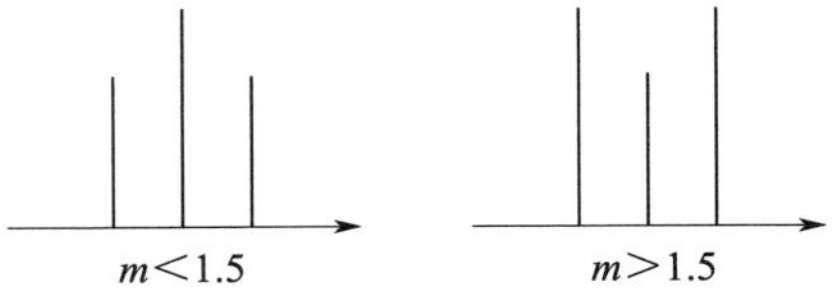

图 9－35　调相信号频谱（含副载波）示意图

根据调相信号频谱对称的特点，可以分析得出载波引导频率，最大限度防止大调制度时载波错锁的发生，完成载波的正确捕获。下面针对两种不同的调制度情况，分别进行论述。

第一，当载波调制度较小时，副载波功率有可能降至噪声附近，受噪声干扰较大，对称性将受到影响。但是，此时载波功率将会比副载波功率高得多，由频谱对称分析法仍能得到正确结果。针对这一特点，接收机首先得到所有具有峰值能量的频率点，比较最高峰和次高峰的能量是否大于 6 dB。如果满足此关系，则可以认为最高峰是载波线谱。

第二，当载波的调制度较大（一般不超过 1.5 rad）时，副载波单边能量小于或等于载波能量。因为，当调制度较大时，一定存在 2 个或 3 个能量相当的峰值（双边副载波和载波）。采用三点分析法，即对峰值能量最高的三个频率点进行对称性分析，如果满足能量均衡和频率对称原则，则认为中间频率点为载波频率。

③载波跟踪

载波的捕获完成后，将捕获到的载波频率置入数控振荡器，环路转入跟踪状态。正交基带信号 I_2 和 Q_2 通过 $\theta = \arctan(I_2/Q_2)$ 的鉴相算法，提取载波相位误差。误差信号经过环路滤波器滤波后形成 NCO 误差控制字，与载波引导频率一起送到数控振荡器，产生与输入信号载波同频、同相的本地数字参考信号，完成载波跟踪的闭环处理，输出副载波信号。

载波环采用理想二阶环，环路滤波器由环路等效噪声带宽 B_L 和环路阻尼系数 ξ 唯一确定，通过下面公式计算环路参数

$$y(n) = y(n-1) + \frac{1}{\tau_1}[T_s \times x(n) + \tau_2 \times x(n) + \tau_2 \times x(n-1)] \tag{9-43}$$

$$\tau_1 = K/\omega_n^2$$

$$\tau_2 = 2\xi/\omega_n$$

$$\omega_n = 8\xi B_L/(1+4\xi^2)$$

式中 K ——环路增益；

T_s ——闭环周期；

ω_n ——环路自由振荡频率。

理想二阶环可以无误差地跟踪频率阶跃信号与相位阶跃信号，在跟踪信号的载波多普勒时，会存在稳态相差，综合考虑载波捕获和跟踪时各项因素，设计最佳的环路带宽参数，确保能够跟踪载波多普勒的变化，且满足稳态相差小于 30°。

(3) 抑制载波解调

抑制载波信号中不包含载波分量，通常对这类信号进行某种非线性变换，直接提取出载波分量。下面介绍两种抑制载波解调的方法。

①平方环法

平方环法提取载波的原理框图如图 9－36 所示。设调制信号 $m(t)$ 中无直流分量，接收端已调信号为 $m(t)\cos\omega_c t$，该信号经过取平方单元后输出信号 $e(t)$

$$e(t)=m^2(t)\cos^2\omega_c t=\frac{m^2(t)}{2}(1+\cos 2\omega_c t) \qquad (9-44)$$

式 (9－44) 中，第二项包含有 $2\omega_c$ 频率分量，经过由鉴相器、环路滤波器和 NCO 组成的锁相环路的作用，可以提取出载波二倍频信号，经过二分频从而恢复出载波信号。由于锁相环路具有良好的跟踪、窄带滤波功能，可以使恢复的载波信号更纯净。

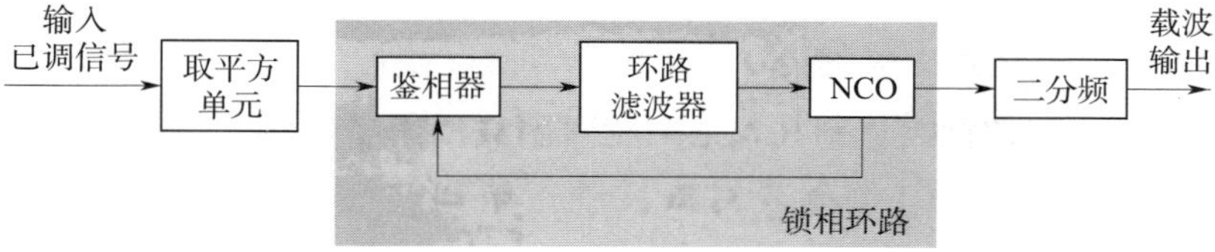

图 9－36　平方环法提取载波原理图

若输入信号是 BPSK 信号，则调制信号 $m(t)=\pm1$，BPSK 信号经过取平方单元后 $e(t)=1/2+1/2\cos 2\omega_c t$，再经过二分频器可以得到 f_c 的频率分量。但是，二分频电路会引起 f_c 信号倒相，提取出的载波相位存在 180°相位模糊问题。对于移相信号而言，可以采用差分移相调制技术来解决这个问题；还可以利用帧同步信息是正码还是反码的方法，来解决解调信息的相位模糊问题。

②同相正交环法

抑制载波信号解调最常用的方法是同相正交环路（Costas 环），其原理框图如图 9－37 所示。环路中载波 NCO 提供两路相互正交的

载波信号 v_1 和 v_2，与输入已调信号分别混频，并经过低通滤波、载波鉴相后得到载波相位的误差控制信号 v_7，之后将鉴相误差经过环路滤波器，送入载波 NCO 控制本地载波，从而完成载波解调过程。

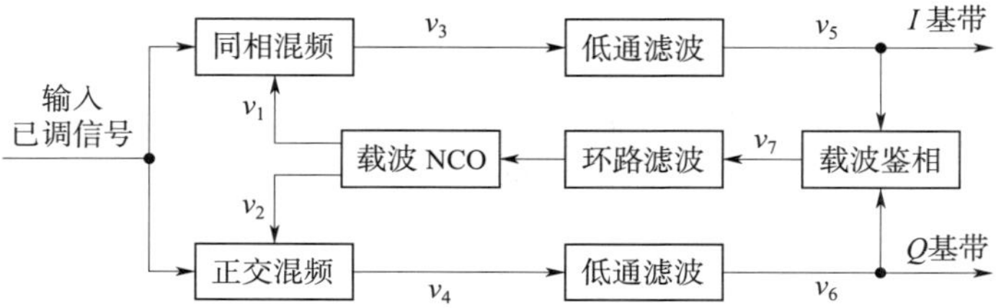

图 9－37　同相正交环法提取载波原理图

同相正交环的优点，其工作频率是载波频率本身，而平方环的工作频率是载波频率的两倍；另外，当同相正交环正常锁定后，同相支路滤波器的输出就是解调的基带信号。因此，同相正交环电路具有提取载波和相干解调的双重功能。

9.4.1.2　副载波解调

残留载波调制体制在发送端先对副载波调制，然后对载波调相，而在接收系统中，必须先对载波进行解调，然后再对副载波进行解调。

副载波解调采用同相正交环路实现，其结构如图 9－38 所示。

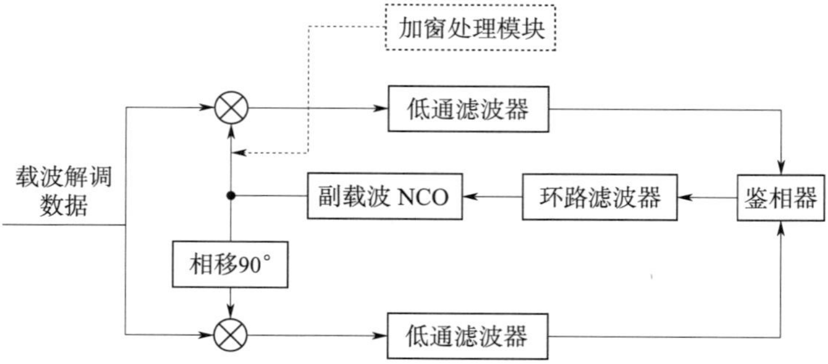

图 9－38　副载波解调原理框图

当载波处于相位锁定时，采用该环路进行副载波解调。若接收机工作在比较恶劣的条件下，甚至要求在载波相位失锁的情况下，具备遥测数据解调功能，可以采用改进的双支路副载波环。

副载波环中的低通滤波器滤除混频信号的高频分量，为了适应不同码率的解调需求，该滤波器也可以采用加权匹配滤波器，通过调整加权匹配滤波器参数以更好地匹配发送信号。在低码率条件下，由于码元跳变点处计算鉴相误差会出现较大抖动，采用加权匹配滤波器可以降低这种抖动的存在，进一步提高环路稳定性。

在相同符号信噪比条件下，方波副载波的解调性能略差于正弦波副载波，因此在副载波解调时，可以采用加窗电路设计，有效减小解调损失。在不改变环路带宽的条件下，加窗处理后，可以使相位方差降低到 $w\sigma^2$，其中 w 是加窗系数，σ^2 是系统未加窗时的相位方差。

9.4.2　均衡器

遥测系统中，调制器幅相不平衡、多径衰落、信道非线性特性等因素会造成码间干扰，码间干扰会引起遥测系统传输性能的下降。理论上消除码间干扰的方法，就是使基带系统的传输总特性满足奈奎斯特第一准则。但实际实现时，由于难免存在滤波器的设计误差和信道特性的变化，无法实现理想的传输特性，故在抽样时刻上总会存在一定的码间干扰，从而导致系统性能下降。为减小码间干扰的影响，通常需要在系统中插入一个可调滤波器来校正或补偿系统特性。这种补偿作用的滤波器称为均衡器。

9.4.2.1　均衡器的分类

均衡器的种类有很多，按研究的角度和领域，可分为频域和时域均衡器两大类。频域均衡器是从校正系统的频率特性出发，利用一个可调滤波器的频率特性去补偿信道或系统的频率特性，使包括可调滤波器在内的基带系统总特性接近无失真传输条件；时域均衡器用来直接校正已失真的响应波形，使包括可调滤波器在内的整个系统的冲击响应满足无码间干扰条件。频域均衡在信道特性不变，且传输低速数据时是适用的；而时域均衡可以根据信道特性的变化进行调整，能够有效地减小码间干扰，所以在数字传输系统中，尤其是高速传输中得到广泛应用。

均衡按实现方式，可以划分为模拟均衡和数字均衡。模拟均衡具体是指中频带限滤波器采用均衡技术实现，数字均衡是指在大规模可编程逻辑器件 FPGA 中采用程序对输入信号进行均衡。随着数字信号处理理论和超大规模集成电路的发展，数字均衡已经成为当今高速传输中适用的主要均衡方法。发达国家，尤其是美国从 20 世纪 90 年代中后期开始了对数字化均衡技术的研究，在理论和实践上取得了丰硕的成果。

按均衡过程中是否采用训练序列，可以分类为盲均衡和非盲均衡。在传统均衡中，需要发送训练序列，在数据率比较高的遥测系统中，频繁地发送训练序列，一方面增加了大量的信道开销，另一方面要求在训练序列和用户数据之间自动切换。为此人们开始致力于盲均衡算法的研究，盲均衡技术不需要发送训练序列，仅利用接收序列本身的先验信息就能够正确恢复发送序列，而且能获得很好的均衡效果，近年来已经成为研究的热点。

9.4.2.2 均衡器的设计

(1) 自适应均衡原理

很多情况下，调制器的输出到接收机匹配滤波器的输入可以用一个 FIR 传输滤波器及引入噪声的加法器表征，如图 9－39 左半部分所示。该滤波器的脉冲响应为 $h(n)$，频率响应为 $H(z)$，如果 $h(n)$ 不是 δ 函数，则将引起信号的失真扩展，这种扩展又将引起信息符号间的干扰，均衡器的作用在于减小这种干扰。设均衡器也采用这种 FIR 滤波器，如图 9－39 的右半部分所示，其脉冲响应为 $\omega(n)$，相应的频率响应为 $W(z)$。如果不考虑噪声的影响，则合成频率响应与合成脉冲响应为

$$H_{合}(z)=H(z)\cdot W(z) \tag{9-45}$$

$$h_{合}(n)=h(n)\times w(n) \tag{9-46}$$

理想的均衡应满足

$$H_{合}(z)=1 \tag{9-47}$$

$$h_{合}(n)=\delta(n) \tag{9-48}$$

如果传输信道是时变的，均衡器的响应应该跟上滤波器的响应，即均衡滤波器的抽头系数是可调的。自适应均衡就是采用各种自适应算法去改变均衡滤波器参数的一种滤波器。

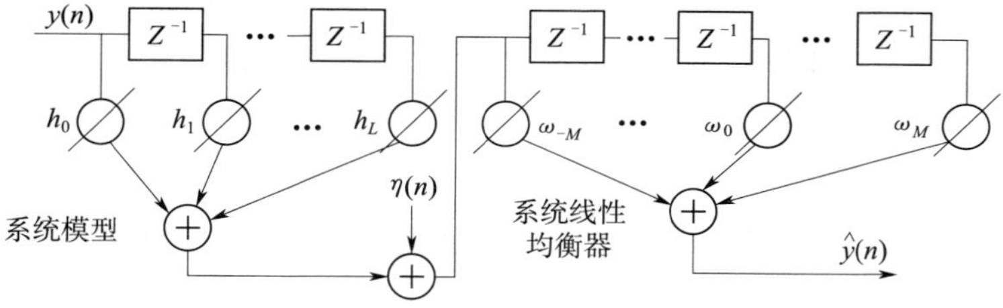

图 9 - 39　横向均衡器

（2）均衡准则和实现

有限长横向均衡器不可能完全消除码间干扰，其输出将有剩余失真。为了反映这些失真的大小，需要建立度量均衡效果的标准。通常采用峰值失真和均方失真来衡量。

峰值失真定义为

$$D=\frac{1}{y_0}\sum_{\substack{k=-\infty \\ k\neq 0}}^{\infty}|y_k| \tag{9-49}$$

式（9 - 49）中，除 $k=0$ 以外各值的绝对值之和反映了码间干扰的最大值。y_0 是有用信号样值，所以峰值失真 D 是码间干扰最大可能值（峰值）与有用信号样值之比。对于完全消除码间干扰的均衡器而言，应有 $D=0$；对于码间干扰不为零的场合，希望 D 越小越好。因此，若以峰值失真为准则调整抽头系数时，应使 D 最小。

均方失真定义为

$$e^2 = \frac{1}{y_0^2} \sum_{\substack{k=-\infty \\ k \neq 0}}^{\infty} y_k^2 \tag{9-50}$$

其物理意义与峰值失真相似。

下面分别介绍基于以上两种准则的均衡实现方法。

①基于最小峰值的迫零调整法

在输入序列 $\{x_k\}$ 给定时，如果设计各抽头系数 ω_k ，可使均衡器输出的各抽样值 $y_k(|k| \leqslant N, k \neq 0)$ 为零，这种调整叫作迫零调整，所设计的均衡器称为迫零均衡器。迫零均衡器的具体实现方法有许多种，一种最简单的方法是预置式自动均衡器，其原理框图如图 9－40 所示。它的输入端每隔一段时间送入一个来自发送端的测试单脉冲波形，根据迫零调整原理，若得到的某一 y_k 为正极性时，则相应的抽头增益 ω_k 下降一个适当的增量；若 y_k 为负极性时，则相应的抽头增益 ω_k 增加一个适当的增量，经过多次调整就能达到均衡的目的。

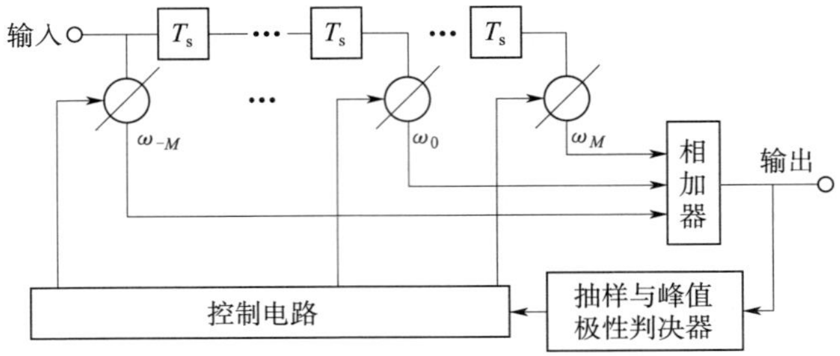

图 9－40　预置式自动均衡器原理图

②最小均方失真自适应均衡器

自适应均衡器与预置式均衡器一样，都是通过调整横向滤波器的抽头增益来实现均衡目的，但是自适应均衡器不需要专门的测试单脉冲进行误差调整，而是在传输数据期间借助信号本身来调整增益，从而实现自动均衡目的。这种不需要外部提供期望信号的均衡器也叫盲均衡器。图 9－41 为一个三抽头的自适应均衡器原理图。

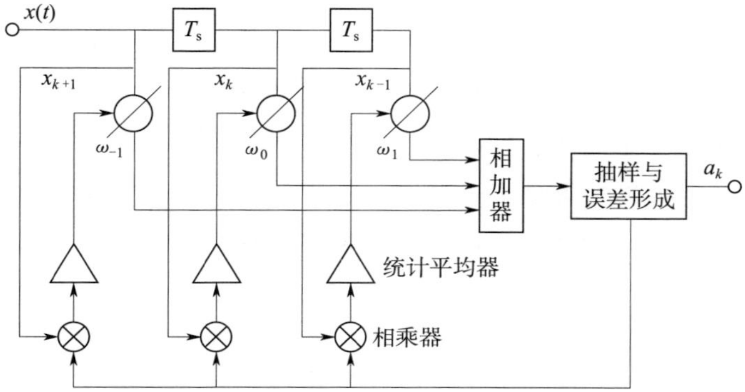

图 9-41　三抽头的自适应均衡器原理图

由于自适应均衡器的各抽头系数可随信道特性的时变而自适应调节，故调整精度高，不需要预调时间。自适应均衡器还有多种实现方案，经典的自适应均衡器准则或算法有：迫零算法（ZF）、最小均方误差算法（LMS）、递推最小二乘算法（RLS）、卡尔曼算法等。

上述均衡器属于线性均衡器，它对于有线信道性能良好，对于无线信道，若信道严重失真造成码间干扰以致线性均衡器不易处理时，可采用非线性均衡器。目前，非常有效的非线性均衡算法有判决反馈均衡（DFE）、最大似然符号检测、最大似然序列估计。其中，判决反馈均衡器被证明是解决该问题的有效途径。

9.4.3　符号同步

符号同步是指在基带信号中提取符号定时脉冲的过程，也称为码元同步。提取的符号定时脉冲频率等于符号速率，相位则根据判决信号波形决定，可能在码元中间或是码元终止等其他时刻。

符号同步的作用是确定码元的起始时刻或初相，以确保正确控制积分清除滤波器和码元判决，并为字同步、帧同步提供基本的定时脉冲。符号同步只要产生一次错位，就可能使一帧数据全部出错，因此符号同步必须准确定时，并且还要具备对频率漂移或抖动接收数据进行跟踪平滑的能力。

符号同步的实现方法主要有插入导频法和直接提取法。插入导频法就是在传送的数字信号频谱中插入符号同步导频，然后在接收端进行复原，这种方法可以解决导频与数字信号之间相互干扰的问题，但需要付出一定频带和功率来传送额外的符号同步信息；直接提取法是利用接收的数字信号本身提取同步信息，这是遥测系统中应用最广泛的一种方法。

从数字信号中直接提取符号同步信号的前提是该数字信号中存在符号同步信息，即数字信号的频谱中存在符号同步频率的谱线分量。分析表明，符号同步谱线存在的充要条件是，数字信号频率在符号同步频率 f_b 上的幅度不为零。

图 9－42 给出了常用的两种基带信号波形——非归零码和归零码的波形信号 $g(t)$ 和功率谱密度信号 $W(f)$。由图 9－41 可知，0 和 1 等概的非归零二进制序列中不存在符号同步谱线分量，而归零码在 $f=f_b$ 处存在同步谱线分量。

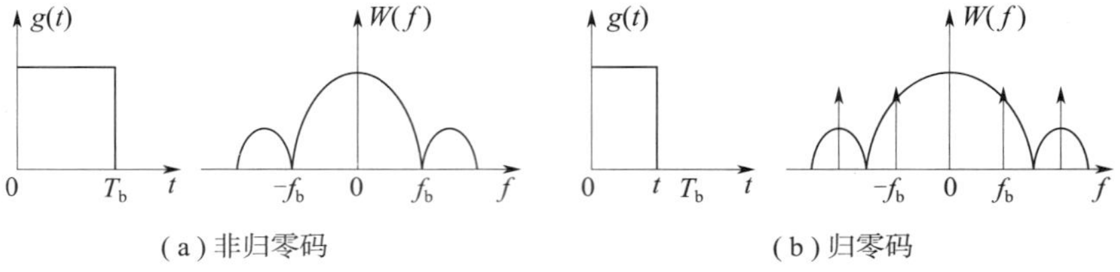

图 9－42　非归零码和归零码的波形及功率谱密度

因此，从基带信号中提取符号同步信号，首先要设法将非归零码变为归零码，需要对其进行非线性处理以产生符号同步谱线分量。常用的非线性变换是微分操作，如图 9－43 所示。脉冲编码调制（PCM，Pulse Code Modulation）波形经过整形放大，进入微分整流器，它将宽脉冲（波形 a）变成频率提高一倍的窄脉冲（波形 b），这时信号频谱中产生了符号同步分量，窄带滤波器取出信号中的码频率分量（波形 c），并经过移相器和脉冲形成器，得到与发射码同相的符号同步信号(波形 d ,e)。

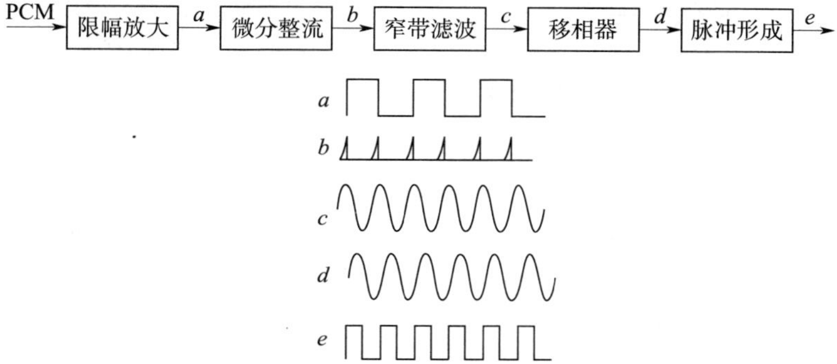

图 9-43　微分型符号同步提取

符号同步器有多种形式，下面从工程实用角度出发，介绍两种常用的符号同步器。

(1) 平方滤波符号同步器

平方滤波符号同步器是一种非线性滤波符号同步器，非线性处理的目的在于获得符号同步的线谱分量，该符号同步器的非线性变换是平方操作。平方滤波符号同步器模型如图 9-44 所示。输入信号首先经过低通滤波器滤除高频噪声，经过非线性平方电路产生倍频信号，并经窄带滤波送入锁相环，锁相环路输出提纯的倍频信号，并经过相位补偿得到符号同步时钟，输入的基带信号在符号同步时钟的作用下，经过积分电路和采样判决，解调出数据信息。

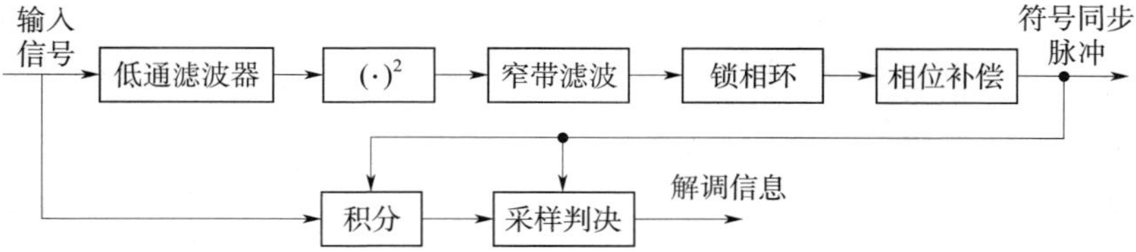

图 9-44　平方滤波符号同步器模型

平方滤波符号同步器是一种比较简单的同步器，特别适用于固定码率遥测系统。如果系统码率发生变化，则必须考虑输入信号与同步参考信号间的相移与带宽切换。如果输入信号是 Biφ 序列，则低通滤波器的带宽应增大，并且环路工作频率将提高一倍，环路经过二分频后方可获得符号同步信号。

（2）数据转换跟踪环符号同步器

数据转换跟踪环（DTTL，Data Transition Tracking Loop）符号同步器也称同相中相符号同步器，它是一种准最佳同步器，与抑制载波恢复采用的 Costas 环类似，工作时同时利用同相与中相相位信息，判断环路误差控制信号。数据转换跟踪环符号同步器主要由同相积分、中相积分、码元判决、鉴相、低通滤波和码 NCO 等部件所组成，如图 9－45 所示。

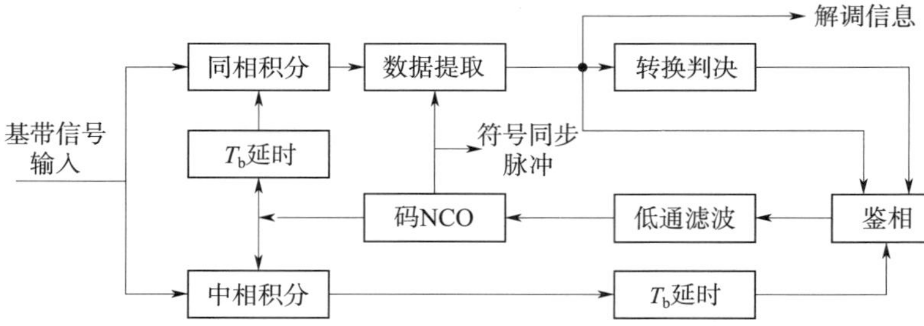

图 9－45　数据转换跟踪环符号同步器

输入的基带信号分别送入同相积分器和中相积分器，积分器的积分时间为 $2T_b$（T_b 为数据码元宽度），但同相积分比中相积分延时 T_b 。每次积分清除完成后，将同相积分结果送至数据提取器，在码 NCO 输出的定时脉冲控制下，解调出数据信息，并送至转换判决单元和鉴相器。鉴相器利用数据转换信息和当前数据消除信号码元转换的影响，获得位同步相位误差信号。此误差信号经低通滤波后去控制码 NCO，用以调整相位，实现同步。同步后，将码 NCO 输出的定时脉冲作为符号同步时钟输出。

数据转换跟踪环符号同步器的性能优于平方滤波符号同步器，

前者带来的定时误差小于后者，若对数据转换跟踪环的积分窗口优化设计，可以进一步减小定时误差。我国航天遥测系统大多采用这种环路。

（3）定时误差对误码率的影响

衡量符号同步性能的好坏，主要看它对恢复数据误码率的影响。在固定定时误差 λ 的条件下，非归零（NRZ，Non Return to Zero）码、交替极性（Biφ）码和归零（RZ，Return to Zero）码的数据误码率分别为

$$P_e^{NRZ}(\lambda)=\frac{1}{4}\text{erfc}\left(\sqrt{E_b/N_0}\right)+\frac{1}{4}\text{erfc}\left[\sqrt{E_b/N_0}\,(1-2|\lambda|)\right],\quad |\lambda|\leqslant\frac{1}{2}$$

$$P_e^{Bi\varphi}(\lambda)=\frac{1}{4}\text{erfc}\left[\sqrt{E_b/N_0}\,[1-2|\lambda|)\right]+\frac{1}{4}\text{erfc}\left[\sqrt{E_b/N_0}\,(1-4|\lambda|)\right],|\lambda|\leqslant\frac{1}{4}$$

$$P_e^{RZ}(\lambda)=\frac{1}{4}\text{erfc}\left(\sqrt{E_b/2N_0}\right)+\frac{1}{4}\text{erfc}\left[\sqrt{E_b/2N_0}\,(1-4|\lambda|)\right],\quad |\lambda|\leqslant\frac{1}{4}$$

（9－51）

以 NRZ 码为例，在随机同步定时误差条件下，通过计算机仿真得出以归一化同步误差 λ 的标准差 σ_λ 为参数的误码率曲线，如图 9－46 所示。

从图 9－46 可以看出，对于 NRZ 码，为使符号同步定时误差造成的损失小于 1 dB，定时误差的标准偏差应控制在 5%以内。为满足这一要求，同步跟踪环的带宽通常要控制在码速率的 1%或更窄。码环带宽变窄还能提高抗连“0”或连“1”序列的能力，但对频率稳定度的要求相应提高。

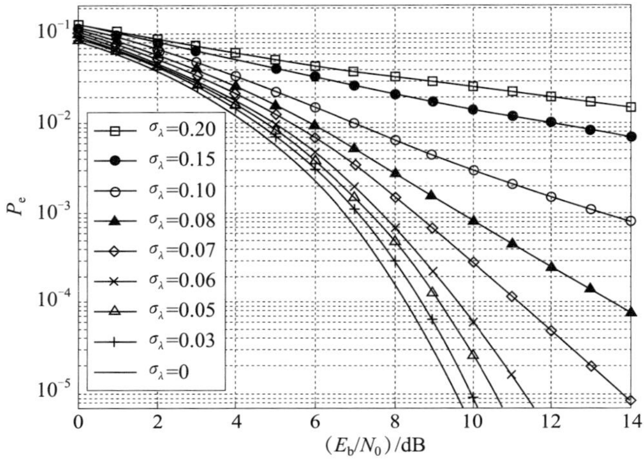

图 9-46　误码率 P_e 与信噪比 E_b/N_0 的关系（NRZ 码）

9.4.4　帧同步

在遥测系统中，为使接收端与发送端保持同步。一般，发射端在被传送的 PCM 信息流中，按一定的周期插入特定的码字作为同步信息，即帧同步码。在接收端，从可能存在误码的数据流中，正确可靠地检出帧同步码的位置，并保持帧同步。帧同步的过程是在正确建立符号同步的基础上进行的。

性能良好的帧同步系统，要求正确识别帧同步码的概率尽可能大，而假同步的概率尽可能小；一旦帧同步建立，应尽可能可靠地维持同步状态。另外，帧同步码属于额外开销，因此，在满足相应同步概率的条件下，要求帧同步码在帧结构中所占比例尽可能小。

检测帧同步码实际上是一个码型已知、出现时刻未知的信号检测问题，通常采用相关检测技术。检测帧同步码的具体方法主要有最大似然法、最大相关法和门限法，无论采用何种方法，都要使在帧同步码位置上检出帧同步码的概率最大，而在非帧同步码位置上检出假同步的概率小。其中，最大似然法是一种最佳方法，它根据已知接收序列求出现概率最大的帧同步码组；最大相关法是一种准最佳方法，它计算收到一帧序列中与帧同步码的相关函数值最大的码组。这两种方法需要的计算量和存储量都很大，实用性较差。最常见的帧同步方法是门限法，它根据接收序列与帧同步码组的相关函数值是否达到预设门限值来判断帧同步码是否出现。若根据数据质量进行门限值的调整，则称为变门限法，否则称为固定门限法。门限法设备简单、实用可靠，能够满足系统性能要求，是目前应用最广泛的方法。

采用门限法检测的帧同步器结构如图9－47所示，主要由检测模块、逻辑判定模块和可控分频模块三部分组成。检测模块对数据码流进行相关和比较运算，根据门限法判决准则从数据流中检出帧同步码的位置；逻辑判定模块用于确定帧同步器的工作状态；可控分频模块在符号同步信号作用下，根据状态逻辑控制，经过分频获得字同步脉冲和帧同步脉冲。

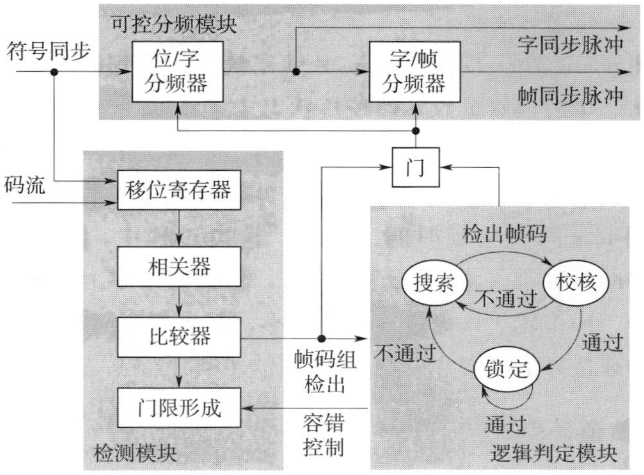

图9－47　帧同步器结构图

帧同步器的工作状态主要包括搜索、校核和锁定三个状态。搜索状态利用已知的帧同步信号与接收数据流进行相关运算，在接收数据流中搜索帧同步信号，校核状态验证是否在连续若干帧中周期性地出现帧同步信号，若连续若干帧中都找到帧同步信号，则进入同步锁定状态（入锁），否则返回搜索状态。当稳定工作在锁定状态时，仍周期性检查帧同步信号，假设连续若干帧未发现帧同步信号，则帧同步器失锁，重新进入搜索状态。帧同步状态转移如图 9-48 所示。

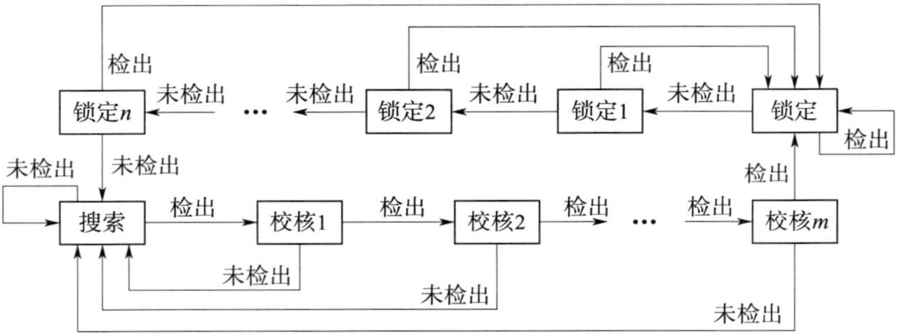

图 9-48　帧同步状态转移图

在图 9-48 中，校核帧数 m 和锁定帧数 n 分别表示在校核状态和锁定状态中的检测帧数，即校核状态中连续 m 帧检出帧同步信号后判定入锁，锁定状态中连续 n 帧未检出帧同步信号，则判定为失锁。m 和 n 值的合理选择可以有效降低漏检概率和假同步概率，也决定了同步时间和失锁时间。另外，检出过程中，还有一个参数——允许的最大错误量 E，E 值越小，漏检概率越大，同时捕获时间也越长；E 值越大，则漏检概率越小，但出现假同步的概率越大，因此要合理选择 E 值。

9.4.5　信道译码

一般来说，前向纠错码的译码算法有两种，即硬判决译码和软判决译码。对二进制通信系统而言，硬判决译码器利用判决为二进制符号 0 和 1 的值来进行译码；软判决译码使用软信息进行运算，这些软信息是经过有限电平的量化值，它们来自信道或者子译码器。

在同等条件下，硬判决译码相比软判决译码有若干 dB 的性能损失。

（1）RS 与卷积译码

①RS 译码

RS 码是多进制 BCH 码，可以采用 BCH 码的通用译码算法。伯利坎普（Berlekamp）迭代算法是应用最广泛的 BCH 码译码算法，该算法是一种硬判决译码，其译码过程主要包括伴随式计算、迭代计算错误位置多项式、计算错误位置和错误值、计算估计码字 4 个主要步骤。近年来，数字信号处理技术飞速发展，利用数字信号处理中的快速变换（如 FFT）技术实现 RS 码的快速译码，可以取得良好的效果。

②卷积译码

维特比（Viterbi）译码算法是卷积码的主要译码算法之一，该算法是一种最大似然译码算法，利用网格（Trellis）图来表示卷积码编译码过程中的状态转移与时间的关系。维特比译码器根据接收数据，寻找出编码器在网格图上所走过的路径，这个过程就是计算、寻找具有最大度量值的最大似然路径的过程。

下面，仍以（2,1,2）卷积码为例。假设接收到的信号序列 $C=$（10 11 00 11 10 11 11）。则其译码过程如图 9－49 所示。图 9－49 中，状态 $S_0 \sim S_3$ 分别对应于前文编码器中移位寄存器的状态，$S_0=$ 00，$S_1=10$，$S_2=01$，$S_3=11$。

在维特比译码算法中，最大似然准则可简化为最小汉明距离准则，将各个分支的输出与接收序列之间的汉明距离作为分支度量值，通过比较各条路径汉明距离的累积和，找出具有最小汉明距离之和的路径，最终选择一条具有最小累积距离的路径作为幸存路径。图 9－49 所示的维特比译码过程中，路径 $S_0 \rightarrow S_0 \rightarrow S_1 \rightarrow S_2 \rightarrow S_0 \rightarrow S_1 \rightarrow S_2 \rightarrow S_0$ 被选择为最佳译码路径，其对应的累积汉明距离为 4，其他任何路径的距离均大于 4。译码输出矢量为 00 11 10 11 11 10 11 00，译码消息为 0 1 0 0 1 0。

以上介绍的是硬判决维特比算法，实际中为了提高译码可靠性，

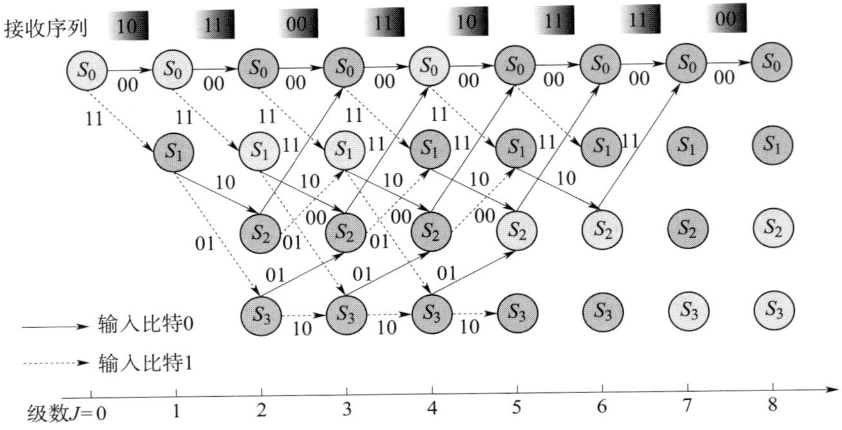

图 9-49　卷积码维特比译码过程示意图

通常对接收数据进行有限电平量化，适应软数据的译码算法称为软判决维特比算法。软判决译码性能优于硬判决译码，且其实现复杂度只是略有增加，因此软判决维特比译码技术应用更加广泛。

（2）Turbo 与 TPC 译码

①Turbo 译码

Turbo 译码器采用迭代的软判决译码方式实现，由两个分量译码器和交织/解交织器组成，其基本结构如图 9-50 所示。每个分量译码器分别接收信息位、校验位和分量译码器输出的外信息。Turbo 译码过程是串联迭代过程，循环反复的迭代过程中，在两个分量译码器之间不断交换外信息，经过多次迭代运算，两个分量译码器有

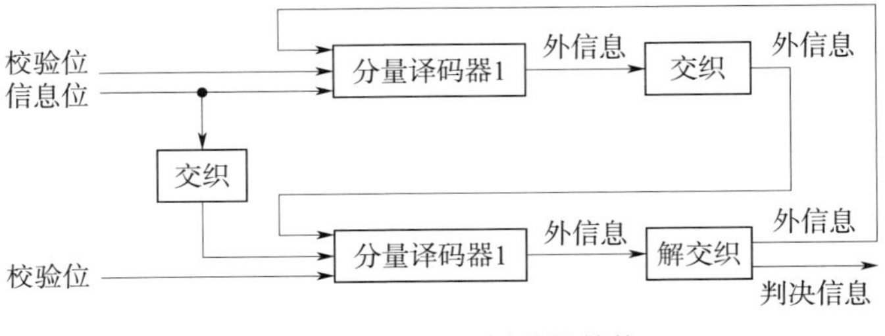

图 9-50　Turbo 译码器结构

望获得一致的判决结果。

分量译码器采用软输入/软输出（SISO）译码器，可以采用最大后验概率（MAP）算法，或者软输出 Viterbi 算法（SOVA 算法）。其中，MAP 算法译码性能最优，但计算复杂度高、存储量大、延时较大；SOVA 算法的运算量明显低于 MAP 算法，但其译码性能相对较差。

为了达到性能与复杂度的折中，出现了基于 MAP 算法的改进算法，主要包括对数域的 LOG－MAP 算法以及 MAX－LOG－MAP 算法等。改进算法的计算复杂度大大降低，但译码性能也略有损失。下面主要介绍 LOG－MAP 算法。

LOG－MAP 译码算法是对接收符号的对数似然比进行估计

$$L(u_k)=\ln\frac{P(u_k=1\mid Y^N)}{P(u_k=0\mid Y^N)}=\ln\frac{P(u_k=1,Y^N)}{P(u_k=0,Y^N)} \tag{9-52}$$

式中　u_k——信息符号；

Y^N——接收序列；

N——数据帧长度。

联合概率 $P(u_k=u,\ Y^N)$ 推导如下

$$\begin{aligned}P(u_k=u,Y^N)&=\sum_{s',s,u_k=u}p(s_{k-1}=s',s_k=s,Y_{k-1},Y_k,Y_{k+1}^N)\\&=\sum_{s',s,u_k=u}p(s_{k-1}=s',Y_{k-1})\cdot p(s_k=s,Y_k\mid s_{k-1}=s')\cdot\\&\quad p(Y_{k+1}^N\mid s_k=s)=\sum_{s',s,u_k=u}\alpha_{k-1}(s')\cdot\gamma_k(s,s')\cdot\beta_k(s)\end{aligned} \tag{9-53}$$

$$\begin{aligned}\alpha_k(s)&=\sum_{s'}\alpha_{k-1}(s')\cdot\gamma_k(s',s),k=1,2,\cdots,N\\\beta_{k-1}(s')&=\sum_{s}\beta_k(s)\cdot\gamma_k(s',s),k=N,N-1,\cdots,1\\\gamma_k(s',s)&=p(s\mid s')\cdot p(Y_k\mid X_k),k=1,2,\cdots,N\end{aligned} \tag{9-54}$$

式中　$\alpha_k(s),\beta_k(s)$——前向递推概率和后向递推概率；

$\gamma_k(s',\ s)$——转移概率。

转移概率公式中，第一项表示状态转移概率，由信息先验概率

决定；第二项表示信道的条件转移概率，根据信道不同而有所区别，例如 AWGN 信道，$p(Y_k \mid X_k)$ 是状态分布概率密度函数（X_k 表示编码输出符号，Y_k 表示译码接收符号）。

定义运算

$$\max{}^*(x,y)=\ln(e^x+e^y)=\max(x,y)+\ln(1+e^{-|x-y|})$$

并代入上述公式，最终得到似然信息的推导公式为

$$\begin{aligned}L(u_k)&=\ln P(u_k=1,Y^N)-\ln P(u_k=-1,Y^N)\\&=\max_{s',s,u_k=1}{}^*[\alpha_{k-1}(s')+\gamma_k(s',s)+\beta_k(s)]-\\&\quad\max_{s',s,u_k=-1}{}^*[\alpha_{k-1}(s')+\gamma_k(s',s)+\beta_k(s)]\end{aligned}\tag{9-55}$$

②TPC 译码

TPC 译码采用软信息的迭代译码方式，主要有串行迭代和并行迭代两种方式。

1）串行迭代方式。图 9－51 表示串行迭代译码一次完整迭代的结构图（其中，m 代表半迭代序数）。接收到信号矩阵 $\boldsymbol{R}$ 后，首先实行对 TPC 码的行译码，采用 Chase 算法计算软输出，并从软输出中减去软输入，得到外部信息 $\boldsymbol{W}$（$m+1$），之后完成所有的行译码后，即实现了第 m 次半迭代；接下来进行列译码，实现第（$m+1$）次半迭代。

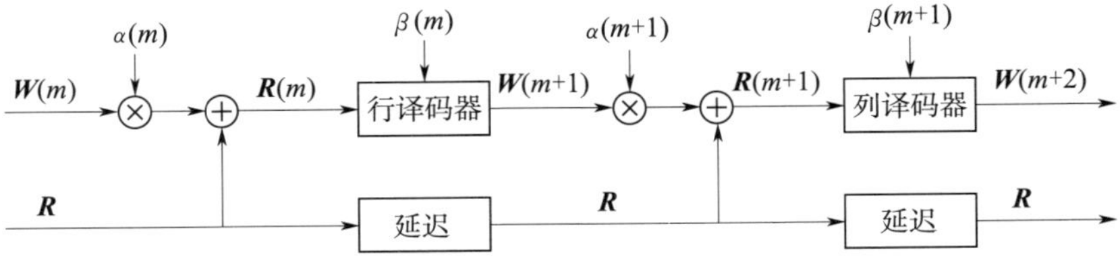

图 9－51　串行迭代译码结构图（一次迭代）

图 9－51 中，$\alpha(m)$ 为缩放因子，是考虑到 $\boldsymbol{R}$ 和 $\boldsymbol{W}$ 中样点的标准偏差不同而引入的。迭代初始阶段的误码率相对很高，在第一次半迭代后得到的外部信息标准偏差很大，但是随着迭代的进行逐渐降低。因此，可以利用 α 减弱初始阶段外部信息对软译码的影响。在

迭代初始阶段，α 可以取很小的值，随着迭代次数的增多，误码率下降，α 可以逐渐增大。

2）并行迭代方式。并行迭代方式是行译码和列译码并行计算的迭代方式，其译码结构如图 9－52 所示。每进行完一次行和列的译码后，彼此更新外信息 $\boldsymbol{W}^{\mathrm{row}}$ 和 $\boldsymbol{W}^{\mathrm{col}}$，并将更新后的矩阵 $\boldsymbol{R}^{\mathrm{row}}(m+1)$ 和 $\boldsymbol{R}^{\mathrm{col}}(m+1)$ 作为输入传送到下一次迭代。更新矩阵表达式为

$$\begin{aligned}\boldsymbol{R}^{\mathrm{row}}(m+1)&=\beta(m)\boldsymbol{R}^{\mathrm{row}}(m)+\alpha(m)\boldsymbol{W}^{\mathrm{col}}(m)\\ \boldsymbol{R}^{\mathrm{col}}(m+1)&=\beta(m)\boldsymbol{R}^{\mathrm{col}}(m)+\alpha(m)\boldsymbol{W}^{\mathrm{row}}(m)\end{aligned}\qquad(9-56)$$

其中，初始值 $\boldsymbol{R}^{\mathrm{row}}(0)=\boldsymbol{R}$ 和 $\boldsymbol{R}^{\mathrm{col}}(0)=\boldsymbol{R}$。

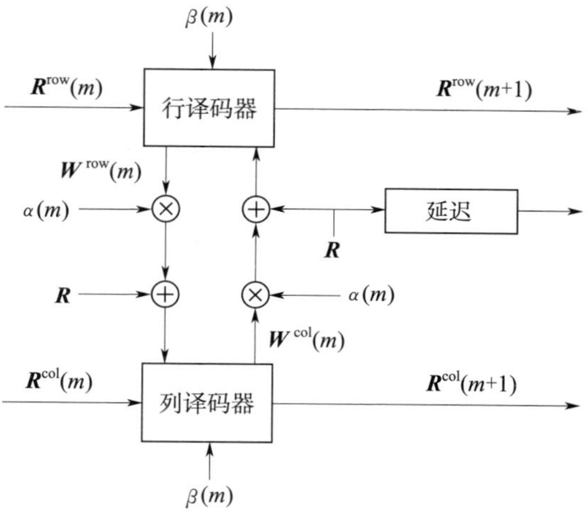

图 9－52　并行迭代译码结构图

通过对串行迭代方式和并行迭代方式对比发现：第一，串行方式需要传送 $\boldsymbol{W}$ 和 $\boldsymbol{R}$ 两个矩阵到下一次迭代，而并行方式需要传送 $\boldsymbol{R}^{\mathrm{row}}$,$\boldsymbol{R}^{\mathrm{col}}$和 $\boldsymbol{R}$ 三个矩阵，因此并行方式的存储资源多于串行方式；第二，从计算流程来看，并行方式所需的迭代时间是串行方式的一半，因此并行方式的译码延时少于串行方式。研究证明，串行方式与并行方式的性能几乎可比，因此需要根据具体应用（如资源紧张或延时紧张）确定相应的译码方式。

(3) LDPC 译码

LDPC 译码通常采取基于置信传播（BP）的迭代软判决译码算法，该算法基于 Tanner 结构图，其性能在 Tanner 结构图中没有循环时可等效于最大似然算法，也称为和积算法（SPA，Sum Product Algorithms）。该算法的复杂度与码长成正比。在硬件中的并行实现能够极大地提高译码速度，并且可以克服其他译码算法所具有的误码平底现象。

概率域上 BP 算法中，节点传递的置信度是概率信息，其运算复杂且不易于硬件实现；采用对数域上的和积算法，节点间传递的信息是对数似然比（LLR），将大量乘法运算转化为加法运算，从而减小复杂度，加快译码速度。

对数域上 BP 算法的具体步骤如下：

1）初始化。预设接收信息的先验对数似然比，即

$$L(P_i)=\ln\left(\frac{P_i(0)}{P_i(1)}\right)=\ln\frac{Pr\{x_i=1\mid y_i\}}{Pr\{x_i=-1\mid y_i\}} \tag{9-57}$$

$$y_i=x_i+n_i$$

式中 y_i ——信道接收信息；

$L(P_i)$ ——接收信息 y_i 的初始化信息。

2）校验节点更新。由信息节点的置信信息计算各校验节点信息，即

$$L^{(l)}(r_{ji})=2\tanh^{-1}\left\{\prod_{i'\in \boldsymbol{R}_j\backslash i}\tanh\left[\frac{1}{2}L^{(l-1)}(q_{i'j})\right]\right\} \tag{9-58}$$

$$\tanh(x)=\frac{(e^x-e^{-x})}{(e^x+e^{-x})}$$

式中 $L^{(l)}(r_{ji})$ ——第 l 次迭代计算出的变量节点 $i\in\boldsymbol{R}_j$ 传向校验节点 j 的信息；

$L^{(l-1)}(q_{i'j})$ ——第（$l-1$）次迭代时与校验节点 j 相连的变量节点 i' 的信息；

$i'\in R_j\backslash i$ ——除去 i 以外，与校验节点 j 相连的所有变量节点 i' 的集合。

3）变量节点更新。由校验节点的置信信息计算出信息节点信息，即

$$L^{(l)}(q_{ij})=L(P_i)+\sum_{j'\in C_i\setminus j}L^{(l)}(r_{j'i}) \tag{9-59}$$

式中　$L^{(l)}(q_{ij})$ ——第 l 次迭代计算出的校验节点 $j\in C_i$ 传向变量节点 i 的信息；

$L^{(l)}(r_{j'i})$ ——第 l 次迭代时与变量节点 i 相连的校验节点 j' 的信息；

$j'\in C_i\setminus j$ ——除去 j 以外与变量节点 i 相连的所有校验节点 j' 的集合。

4）译码判决。对所有变量节点计算硬判决信息，即

$$L^{(l)}(q_i)=L(P_i)+\sum_{j\in C_i}L^{(l)}(r_{ji}) \tag{9-60}$$

判决条件如下

$$\begin{cases}L^{(l)}(q_i)>0 & \hat{c}_i=0\\ L^{(l)}(q_i)\leqslant 0 & \hat{c}_i=1\end{cases}$$。

如果校验方程 $\boldsymbol{H}\hat{\boldsymbol{c}}^{\mathrm{T}}=0\ \mathrm{mod}2$ 成立或者达到最大迭代次数，则结束运算，否则从步骤 1）继续迭代。

可见，该译码算法的核心步骤是校验节点更新和变量节点更新两个步骤，根据其在校验矩阵上的操作特点，也被称为水平更新和垂直更新，其消息传递过程如图 9－53 所示。由于这两个更新过程中的核心运算分别为乘法运算和加法运算。因此，也称为和积译码算法（SPA）。

近年来，提出多种 LDPC 码的简化译码算法，如最小和（Min－Sum）算法、归一化最小和算法、偏置最小和算法、归一化 BP 算法、偏置 BP 算法等。前三种方法是通过简化 BP 算法中校验节点的更新过程来降低译码复杂度，将 tanh(x) 运算简化为求最小值运算；而后两种方法是通过简化 BP 算法中变量节点的更新过程来降低变量消息间的相关性，加速译码收敛，以达到提高译码性能的目的。

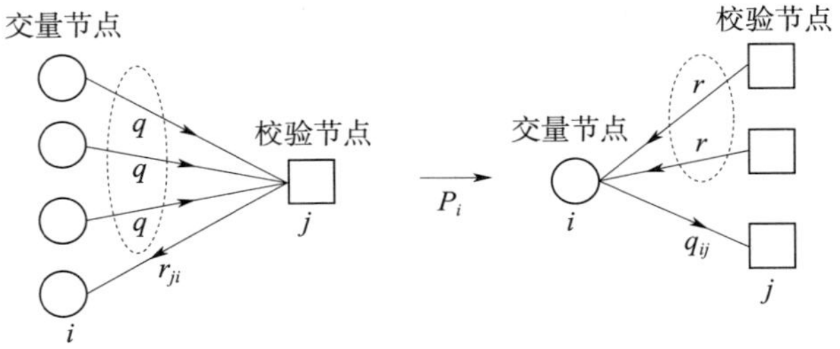

图 9-53　变量节点与校验节点之间的信息传递

(4) 喷泉码译码

①LT 码译码

这里主要介绍一种针对 LT 码的硬判决译码算法。该算法的主要思想是根据动态变化的接收符号重建接收符号与信息符号之间的连接关系，通过不断寻找度数为 1 的接收节点，继而进行信息节点与接收节点的互相复制来进行译码，该算法的关键是接收符号中存在度数为 1 的节点。译码主要步骤如图 9-54 所示。

在图 9-54 中，(a)、(b)、(c)、(d) 分别表示四个信息节点的译码过程。图中，圆圈代表信息符号 m_i，方格代表接收符号 c_i。图 9-54 (a) 和图 9-54 (c) 均表示寻找度为 1 的接收符号，并复制到相连信息符号的过程，图 9-54 (b) 和图 9-54 (d) 表示信息符号到相连的其他接收符号的复制更新过程；图中箭头所指示的点即为度为 1 的接收节点，阴影符号表示正在更新的信息符号和接收符号，虚线表示正在更新的连接线，箭头方向指示了符号更新的方向。

度数分布函数的设计是决定 LT 码性能好坏的关键因素：必须保证有的编码符号有较高的度（接近 k），使与其关联的节点较多；同时，有的编码符号保持较低的度（译码过程中存在度为 1 的点），使解码得以顺利进行。目前，较成熟的分布关系主要有理想孤粒子分布（ISD）和稳健孤粒子分布（RSD）两种。

理想孤粒子分布简单直观，但与实际应用情况的差异较大，该度分布关系的波动比较大，很可能出现缺少度为 1 的输出符号，同

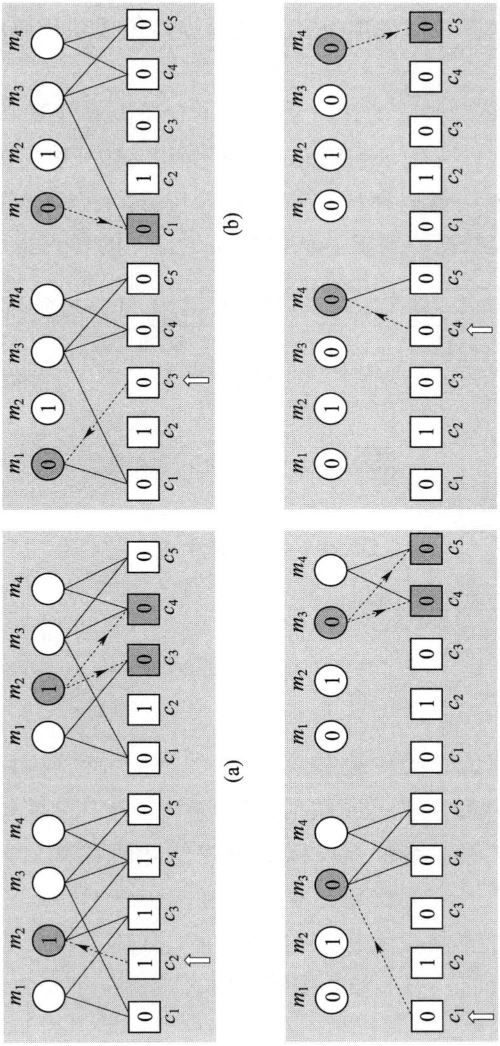

图 9-54　LT 码的译码过程

时，出现某些信息符号没有被关联的情况；而稳健孤粒子分布是对ISD分布的改进，经过改进后的RSD分布增加了度为1输出符号的概率，同时保证了信息符号的覆盖性，从而提高了成功译码的概率。

②Raptor 译码

Raptor 译码过程是编码的逆过程。由 LT 译码和预编码译码组成，如图 9-55 所示。首先，利用 LT 译码恢复大部分中间编码校验符号，随后利用传统纠错码译码来恢复输入符号。这样就降低了对其中 LT 码恢复全部数据的要求，从而提高了整体的译码概率。

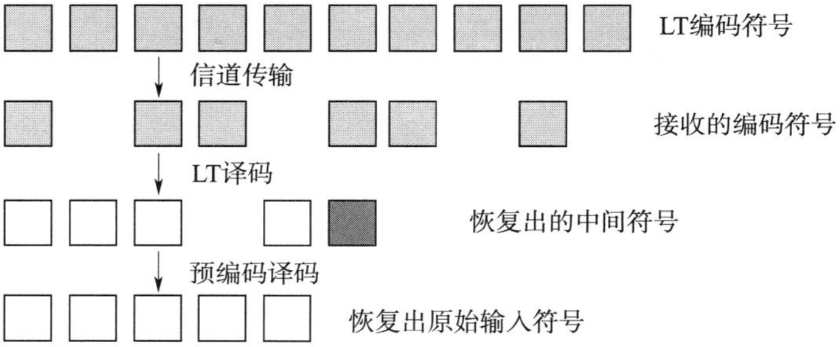

图 9-55 Raptor 码的译码过程

9.4.6 数据时标

时间测量、时间信息的传递和应用，在日常生活、国民经济发展特别是国防建设中都是不可或缺的。靶场中，为卫星或航天器发射、常规武器试验、测控系统提供标准时间信号的一整套电子设备称为时间系统。时间系统的作用是在卫星和航天试验中，对卫星和航天器的精密测量和控制提供标准时间基准。具体来说，为遥测数据、测量数据提供时标，为遥控指令时间符合发送提供时间信息。

（1）IRIG-B 码格式

IRIG 时间码是美国靶场司令委员会（Range Commanders Council）所属的靶场间仪器组（Inter Range Instrumentation Group）为了保证靶场中各设备信号同步而制定的一种时间标准，共有两大类：一类是并行时间码格式（近距离用，应用不广，IRIG 128）；另一类是串行时间码格式（IRIG 104）。IRIG 串行标准二进制时间码格式不但能满足近距离时间信息传输，而且能满足远距离时间信息传输。串行时间码共有 6 种格式，主要差别是时间码的帧速率不同，见表9－3。

表 9－3　IRIG 串行时间格式

格式	时帧周期	码元速率	信息位数	表示的时间信息
IRIG－D	1 h	1 个/分	16	天、时
IRIG－H	1 min	1 个/秒	23	天、时、分
IRIG－E	10 min	10 个/秒	26	天、时、分、秒
IRIG－B	1 min	100 个/秒	30	天、时、分、秒
IRIG－A	0.1 s	1 000 个/秒	34	天、时、分、秒、0.1 秒
IRIG－G	0.01 s	10 000 个/秒	38	天、时、分、秒、0.1 秒、0.01 秒

IRIG－B 码是时间系统中常用的一种串行传输方式，其主要特点是时帧速率为每秒 1 帧，携带的信息量大，分辨率高，接口标准化。IRIG－B 码以其优越的性能，成为各种时间系统设备首选的标准码型。常用的 IRIG－B 码包括 IRIG－B（DC）和 IRIG－B（AC）两种传输方式，即 B000 和 B120。

IRIG－B（DC）是由高低电平组成的，IRIG－B（AC）则是由频率为 1 kHz 且幅度值之比（调制比）为 2∶1 到 10∶1 的正弦波组成，IRIG－B（DC）的高电平对应 IRIG－B（AC）的高幅度正弦波，IRIG－B（DC）的低电平对应 IRIG－B（AC）的低幅度正弦波，如图 9－56 所示。要求正弦波信号的正交零点与码元前沿相符合，调制后的 B 码带宽为 100～3 400 Hz，较适合于经话路信道传输。

IRIG－B（DC）码格式如图 9－57 所示。

IRIG－B（DC）码的时帧速率为每秒 1 帧，从图 9－57 中可以看出，1 帧（1 s）分为 10 个字段，每个字段 10 个码元，总共 100 个码元，码元速率为 100 PPS，每个码元的周期均为 10 ms，且都以

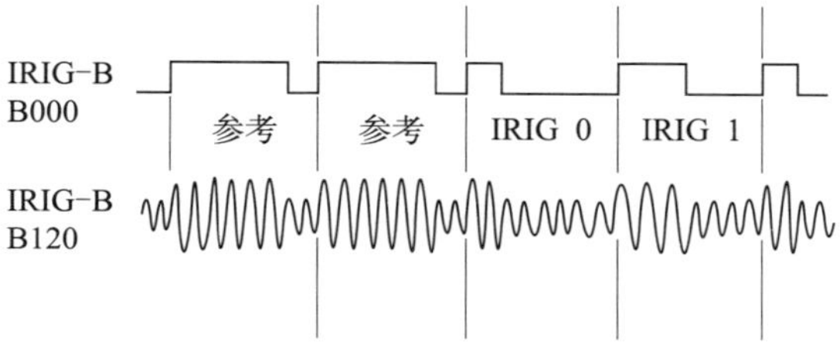

图 9-56　IRIG-B 时间码格式

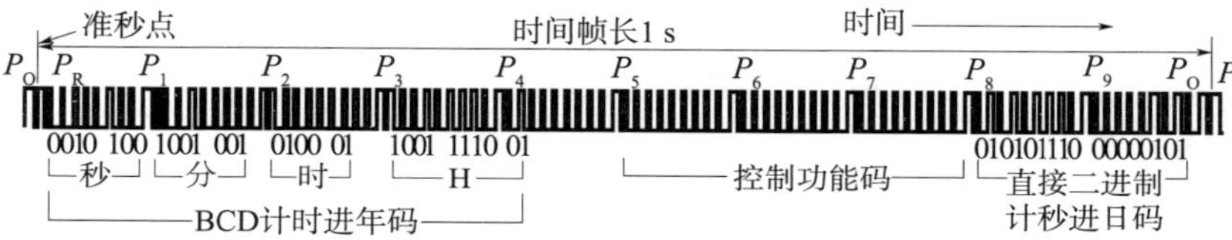

图 9-57　IRIG-B（DC）码格式

高电平开始，低电平结束，即每个码元的准时参考点是其脉冲前沿。码元的高电平持续时间分为 3 种类型：2 ms（二进制“0”码和位标记）、5 ms（二进制“1”码）和 8 ms（参考码元 PR，即每秒开始的第 1 个码元；界标记 $P_0 \sim P_9$，每个字段的最后一个码元）。第 1 个字段传送的是秒（second）信息；第 2 个字段传送的是分（minute）信息；第 3 个字段传送的是时（hour）信息；第 4、第 5 个字段传送的是日（day）信息，即从 1 月 1 日开始计算的年积日，闰年时为 366 天；第 6、第 7、第 8 个字段为控制功能码；第 9、第 10 个字段为日内秒计数。

1）时帧的参考标志 R 是由界标记 P_O 和相邻参考码元 P_R 组成的，这两个码元的高电平宽度都为 8 ms，在每个时帧中出现 1 次。时帧的“准时”参考点为参考标志 R 的第二个码元即参考码元 P_R 的前沿。

2）二～十进制计时进年码共 30 位，其中，个位秒有 4 位，十位秒有 3 位，个位分有 4 位，十位分有 3 位，个位时有 4 位，十位时有 2 位，个位日有 4 位，十位日有 4 位，百位日有 2 位。BCD 码的低位先传，每组的个位和十位数之间出现一个位标记，例如图 9-55 所示的时间为 179 日 22 时 49 分 14 秒。

3）控制功能码共 27 位，IRIG 104-70 文件指出，控制功能码仅用于靶场内而不用于靶场间，时间格式中是否包含控制功能由各个靶场自行选择。

4）直接二进制计秒进日码共 17 位，取值范围为 0～86 399，低位先传，第 9 位和第 10 位之间有一个界标记，图 9-55 所示的日内秒计数为 82 154 s。

5）所有未使用的码元都为位标记，高电平宽度为 2 ms。

（2）IRIG-B（DC）码解调

IRIG-B（DC）码可以以全数字的方式进行解调，解调框图如图 9-58 所示，在工作时钟的推动下，首先对输入的 B 码 PCM 流取跳变沿，获得上升沿和下降沿标志，上升沿启动对高电平宽度的计

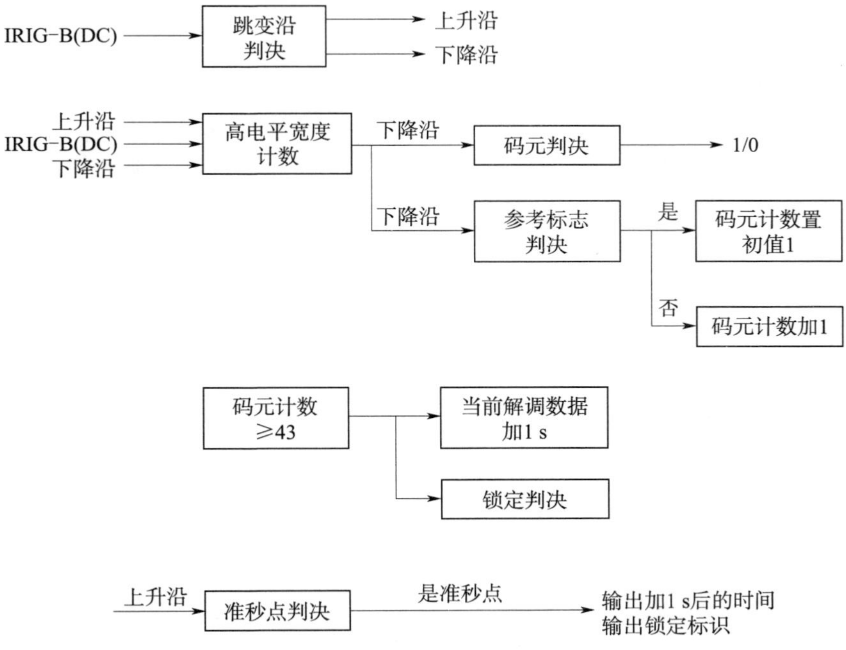

图 9-58　IRIG-B（DC）码解调框图

数，下降沿结束计数，在下降沿时刻，可以根据高电平宽度的计数值来判决当前传输的码元是 1、是 0，还是界标记（含参考码元）。若当前码元的高电平宽度与记忆中的上一个码元的高电平宽度均为 8 ms，说明已收到参考码元，此时将码元计数置为初值 1，否则将码元计数加 1。

当码元计数大于等于 43 时，可以将当前解调出的数据进行加1 s 操作，以便在下一个准秒点时刻输出。同时，可以将当前解调出的数据和上一个准秒点时刻输出的数据进行比较，若连续多次两者相等，则说明时码解调已锁定。

在上升沿，若码元计数已为 100，则说明当前上升沿即代表准秒点，此时可以输出预先加 1 s 后的时间以及锁定指示。整个时码解调的时延即为取沿及判决的时延，总共只需数个工作时钟的延迟，一般在几十 ns 以内。

IRIG－B 码的特点之一是分辨率高，直接使用未调制 B 码（DC 码）的分辨率为10 ms，调制后的 B 码（AC 码）分辨率能达到 1 ms，但是对于测控系统来说，精度还是不够。测控系统中，一般使用 0.1 ms 精度或者 25 μs 精度的时码。在深空测控系统中，精度要求更提高到 1 μs，因此秒以下的时码部分，通常使用系统工作时钟从准秒点开始分频得到，这样可以获得更高的分辨率，还可以得到多种周期的脉冲。为达到秒以下时码与秒以上时码的同步，要求本地时码解调工作时钟与时间系统同源，且每秒都需要使用准秒点对秒以下时码进行清零同步。

时码从锁定到失锁的判断：从准秒点开始计时，若 1 s±500 μs 以内未再次收到参考标志，则可以认为时码失锁。

9.5 指标测试

遥测基带的性能与捕获门限、捕获时间、解调损失、信道编码增益和动态适应能力等技术指标密切相关。指标测试是遥测基带设计验证的重要环节，可用来判断遥测基带设计是否正确、能否适应系统总体要求。

以下指标测试项都是在信道为高斯白噪声信道（AWGN，Additive White Gaussian Noise）下进行的。

9.5.1　解调损失

解调损失是指以某解调算法的理论性能（或仿真性能）为参考，遥测基带中该解调算法的实测解调性能与之的性能差距。解调损失通常以典型误码率 P_e（例如 10^{-4}，10^{-6}，10^{-6} 量级）所对应的码元信噪比 E_b/N_0(dB) 的变化量来衡量。

以 PCM - BPSK 体制为例，误码率 $P_e=1\times10^{-4}$ 对应的理论值 $E_b/N_0=8.4$ dB。若遥测基带实际测得的误码率 $P_e=1\times10^{-4}$ 对应的 $E_b/N_0=8.6$ dB，那么该体制的遥测基带在误码率 $P_e=1\times10^{-4}$ 时的解调损失是 0.2 dB。

以 PCM - FM 体制的多符号检测（MSD，Multi - symbol Detector）算法（观测符号数 $N=5$）为例，误码率 $P_e=1\times10^{-4}$ 对应的仿真值 $E_b/N_0=8.4$ dB，若遥测基带实际测得的误码率 $P_e=1\times10^{-4}$ 对应的 $E_b/N_0=8.6$ dB，那么，该体制的遥测基带在误码率 $P_e=1\times10^{-4}$ 时的解调损失是 0.2 dB。

9.5.2　信道编码增益

信道编码增益是指相比于未采用信道编译码技术，遥测基带在采用某信道编译码技术后所获取的解调增益。信道编码增益通常以典型误码率 P_e（例如 10^{-4},10^{-6},10^{-6},10^{-7} 量级）所对应的码元信噪比 E_b/N_0(dB) 的变化量来衡量。虽然，不同的编码类型具有不同的编码效率，但是在测试信道编码增益时，需要在相同的原始码率（即采用信道编码前的信息率）下进行。

以 PCM - FM 体制为例。其中，MSD 技术的观测符号数 $N=5$，TPC 的编码效率为 0.8。在误码率 $P_e=1\times10^{-4}$ 时，MSD 技术对应

的 $E_b/N_0=8.4$ dB，增加 TPC 编码对应的 $E_b/N_0=5.5$ dB 。因此在误码率 $P_e=1\times10^{-4}$ 时，该 TPC 编译码技术所获取的编码增益约为2.9 dB。在误码率 $P_e=1\times10^{-5}$ 时，MSD 技术对应的 $E_b/N_0=9.3$ dB，增加 TPC 编码对应的 $E_b/N_0=5.8$ dB 。因此在误码率 $P_e=1\times10^{-5}$ 时，该 TPC 编译码技术所获取的编码增益约 3.5 dB。

9.5.3 工作门限

工作门限是指能够满足遥测基带载波正常捕获跟踪的最低载噪比 dBHz（或者信噪比 dB)。不同调制体制的遥测基带，其工作门限是不一样的，相同调制体制的遥测基带，采取不同的解调方式，其工作门限也是不一样的。以 PCM - FM 体制为例，当采用传统限幅鉴频解调方式时，其工作门限大约 6 dB；当采用多符号检测解调方式时，其工作门限可达 0 dB 左右。

9.5.4 动态适应能力

动态适应能力是指遥测基带所能适应的多普勒动态能力。由调制处理平台在规定的多普勒动态范围内输出不同扫描速率（多普勒变化率）的中频调制信号，对接收机的跟踪锁定情况进行观测，即可获知遥测基带的动态适应能力。

一般而言，卫星遥测的动态适应能力要求达到±180 kHz 左右，靶场遥测的动态适应能力要求更高，要求达到±250 kHz，甚至±1 MHz。

9.5.5 捕获时间

捕获时间是指遥测基带载波捕获所需的时间。调制处理平台按照测试条件（如信噪比、多普勒动态范围和多普勒变化率等条件）输出中频调制信号，遥测基带通过发送重捕命令来统计捕获时间。当收到重捕命令时，遥测基带启动捕获计时程序，载波锁定后，立即停止计时程序，并计算整个捕获过程中所花费的时间，将捕获时间上报基带监控软件即可完成捕获时间的统计。

9.5.6　遥测解调时延

遥测解调时延是指遥测基带数据解调所需的处理时间，整个过程包括载波同步、码同步、帧同步、信道译码等环节。调制处理平台输出调制数据的帧同步脉冲信号，遥测基带完成遥测数据解调及帧同步后也生成帧同步脉冲，该脉冲与调制过程产生的帧同步脉冲进行时刻比较，即可获得遥测解调时延。该遥测解调时延计算在遥测基带工作过程中始终进行，当需要进行测试时，基带监控软件直接从硬件采集该时间即可。

9.6　几类高效率的遥测体制

调制体制的特性是遥测系统的关键特性之一，遥测系统的性能在很大程度上由调制体制所决定。

随着航天遥测系统码速率和作用距离的不断增加，对遥测系统的功率利用率和频带利用率的要求明显提高。目前，遥测调制体制普遍采用 PCM－FM、PCM－PSK－PM 和 PCM－CDMA－BPSK 等，这些体制的频谱性能与未来高码率遥测系统的带宽需求仍然存在一定差距。因此，寻求性能更为先进的遥测新体制成为研究热点。

为了能在有限带宽内得到较高的传输速率，并且又能在较低的信噪比条件下达到所要求的误码率，这就对调制提出下述几点要求：

1）调制的频谱利用率高，单位带宽能传送的比特率高，即bit/s 比率要大；

2）调制的频谱应有较小的旁瓣，以避免对邻道产生干扰；

3）能适应强干扰信道，抗衰落、抗干扰性能好，解调所需的信噪比低；

4）调制解调电路易于实现。

本节简要介绍几类高效率遥测体制：恒包络调制体制、准恒包络调制体制、高阶调制体制、频分复用调制体制、跳频/扩频体制、超宽带通信体制等。

9.6.1 恒包络调制体制

连续相位调制（CPM，Continuous Phase Modulation）是一种恒定包络的先进调制体制，它是一种有记忆的非线性调制体制，连续符号间隔发送的信号之间具有相关性。CPM 体制已经作为遥测的一种标准调制体制写入 IRIG 遥测标准。

CPM 信号可以描述为

$$s(t,\boldsymbol{\alpha})=\sqrt{\frac{2E}{T}}\cos[2\pi f_c t+\varphi(t,\boldsymbol{\alpha})+\varphi_0],t\geqslant 0 \quad (9-61)$$

式中 E ——符号能量；

T ——符号周期；

f_c ——载波频率；

$\varphi(t,\boldsymbol{\alpha})$ ——时变相位；

φ_0——任意相位常数，不失一般性，可将 φ_0 设为 0。

式（9-61）中时变相位 $\varphi(t,\boldsymbol{\alpha})$ 在第 n 个信号间隔 $nT\leqslant t\leqslant(n+1)T$（ T 代表信号码元周期）可以表示成

$$\varphi(t,\boldsymbol{\alpha})=2\pi\sum_{i=n-L+1}^{n}a_i h_i q(t-iT)+\pi\sum_{i=-\infty}^{n-L}a_i h_i\ ,nT\leqslant t\leqslant(n+1)T \quad (9-62)$$

$$a_i\in\{\pm 1,\pm 3,\cdots,\pm M-1\}$$

式中 M ——调制进制数；

h_i ——调制指数，分为单调制指数和多调制指数；

L ——正整数，当 $L=1$ 时，代表全响应 CPM，当 $L\geqslant 2$ 时，代表部分响应 CPM；

$q(t)$ ——某个归一化波形。

$q(t)$ 一般可以表示成某个频率脉冲 $g(t)$ 的积分，即

$$q(t)=\int_0^t g(\tau)\mathrm{d}\tau \quad (9-63)$$

与 PSK 信号相比，CPM 信号本身具有一定的编码增益，这一编码增益是由相位成形滤波器 $q(t)$ 的记忆特性产生的，在解调过程中可以加以利用。

由式（9－61）可见，CPM 信号具有恒定的包络，所以它对功率放大器的非线性不敏感。同时，由于 CPM 信号相位连续，所以其频谱旁瓣较小，进而邻道干扰也较小，所需传输带宽较窄，因此其频带利用率和功率利用率均较高。

通过选择不同的频率脉冲 $g(t)$，改变调制指数 h_i 和调制进制数 M，可以产生无穷多的 CPM 信号，表 9－4 列举了几种典型的 CPM 信号。

表 9－4　几种典型的 CPM 信号

典型的 CPM	进制数 M	调制指数 h_i	频率脉冲 $g(t)$	脉冲长度 L
PCM－FM	2	0.7	矩形脉冲	1
CPFSK	可变	可变	矩形脉冲	1
MSK	2	0.5	矩形脉冲	1
SFSK	2	0.5	升余弦脉冲	1
GMSK	2	0.5	高斯脉冲	∞
ARTM CPM	4	[4/16　5/16]	升余弦脉冲	3
SOQPSK－MIL	3	0.5	矩形脉冲	1
SOQPSK－TG	3	0.5	改进的升余弦频谱滤波器冲激响应	8

下面简要介绍 MSK、GMSK、SOQPSK、ARTM CPM 这四种高带宽效率的 CPM 体制。

9.6.1.1　MSK

二进制最小频移键控（MSK，Minimum－shift Keying）的表达式如下

$$s_{\mathrm{MSK}}(t)=\sqrt{\frac{2E}{T}}\cos\left[2\pi f_c t+\frac{\pi}{2T}\sum_{i\leqslant n}\alpha_i(t-iT)\right],\ nT\leqslant t\leqslant(n+1)T \tag{9-64}$$

它具备以下的特点：

1）已调信号是恒包络信号，适用于功率受限的非线性放大场合；

2）信号的频率偏移严格地等于 $\pm\frac{1}{4}T$ ，相应的调制指数 $h=0.5$；

3）以载波相位为基准的信号相位，在一个码元周期内准确地呈线性变化 $\pm\frac{1}{2}\pi$ ；

4）在一个码元周期内，MSK 信号应包括 1/4 载波周期的整数倍；

5）在码元转换时刻，信号相位是连续的（如图 9－59 所示），信号的波形没有突跳；

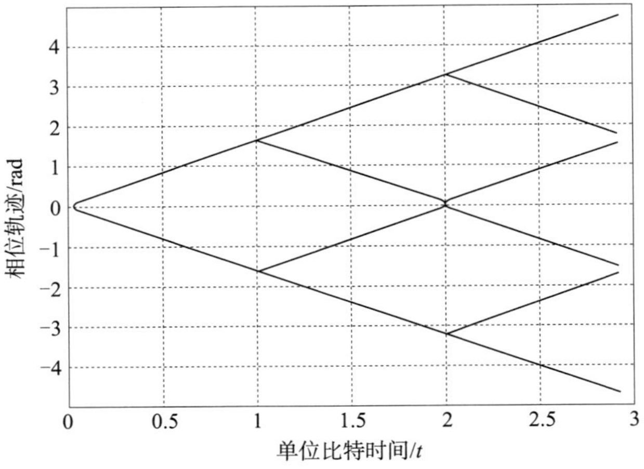

图 9－59　MSK 相位树

6）相比于 QPSK 和 OQPSK，频谱中高频分量少，衰减快，功率谱密度集中，频带利用率高；

7）误码率特性与相干 PSK 相近。

9.6.1.2　GMSK

2001年6月，高斯MSK（GMSK，Gaussian Minimum - shift Keying）体制被空间数据系统咨询委员会（CCSDS，Consultative Committee for Space Data Systems）列为未来空间研究计划的标准数字调制体制之一。2008年，为了支持月球探测任务，美国国家航空航天局（NASA，National Aeronautics and Space Administration）率先提出了一种基于GMSK体制的可同时进行中高码率遥测和伪码测距的新型体制——GMSK/PN联合调制体制。2009年，GMSK体制成功应用于欧洲空间局（ESA，European Space Agency）的Herschel - Planck卫星中，在深空和近地探测任务中发挥着重要作用。

GMSK体制是一种调制指数 $h=0.5$ 的二进制部分响应CPM体制，其原理是在对载波进行频率调制之前，用高斯冲激响应滤波器对MSK的矩形频率脉冲进行滤波。如图9-60、图9-61所示，相比于MSK，由于受高斯滤波的影响，GMSK的相位树显得更加平滑和复杂，频谱效率也获得明显改善。

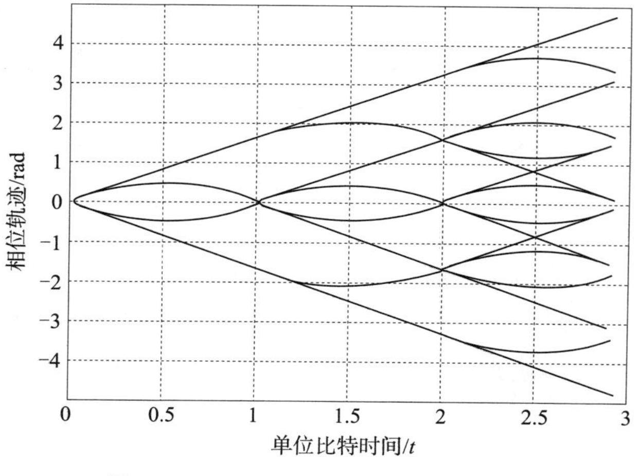

图9-60　GMSK（$BT=0.5$）相位树

GMSK的频率脉冲波形 $g(t)$ 是两个时间间隔为 T（信号码元周

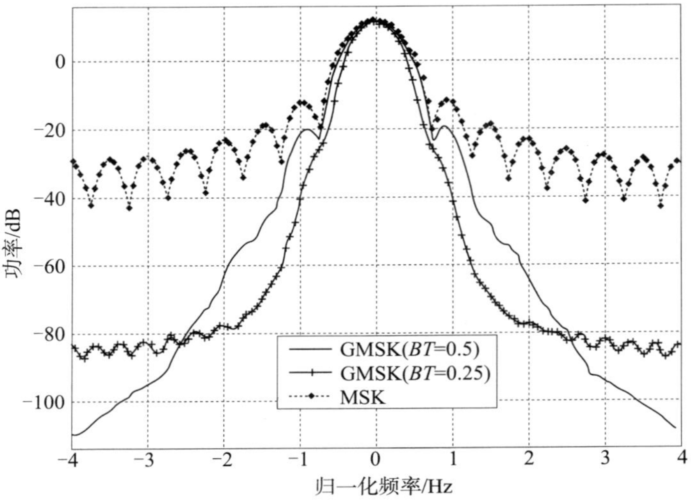

图 9－61　GMSK 和 MSK 的频谱图

期）的高斯概率积分函数（Q 函数）之差，即

$$g(t)=\frac{1}{2T}\left\{Q\left[\frac{2\pi BT}{\sqrt{\ln 2}}\left(\frac{t-T/2}{T}\right)\right]-Q\left[\frac{2\pi BT}{\sqrt{\ln 2}}\left(\frac{t+T/2}{T}\right)\right]\right\},-\infty\leqslant t\leqslant\infty \tag{9-65}$$

$$Q(x)=\int_{x}^{\infty}\frac{1}{\sqrt{2\pi}}\exp\left(-\frac{y^{2}}{2}\right)\mathrm{d}y \tag{9-66}$$

式中　BT ——GMSK 信号的归一化 3 dB 带宽。

当 BT 值趋于无穷大时，GMSK 信号就变成了 MSK 信号。

GMSK 信号的理论误码率公式可以近似表示为

$$P_{\mathrm{e}}\approx Q\left(\sqrt{d_{\min}^{2}\times\frac{E_{\mathrm{b}}}{N_{0}}}\right) \tag{9-67}$$

可见，GMSK 信号的误码率由归一化最小欧式距离 $d_{\min}^{2}$ 和码元信噪比 $\frac{E_{\mathrm{b}}}{N_{0}}$ 共同决定。其中，归一化最小欧式距离 $d_{\min}^{2}$ 直接反映了

GMSK 信号的抗噪声性能。

表 9-5 为不同 BT 值的 GMSK 信号对应的归一化最小欧式距离 $d_{\min}^2$。由表 9-5 可知，BT 值越小，$d_{\min}^2$ 值也越小，GMSK 信号的抗噪声性能就越差。这是因为 BT 值越小，功率谱旁瓣抑制效果越好，频谱就越紧凑，但是同时引入的码间串扰就越严重，抗噪声性能就越差。因此，对于某些特定应用场合，BT 值的选择要在频率效率和解调性能之间进行折中。

表 9-5　GMSK 信号的归一化最小欧式距离 $d_{\min}^2$

BT	∞	1.00	0.50	0.40	0.30	0.25	0.20	0.15	0.10
$d_{\min}^2$	2.00	1.98	1.93	1.88	1.80	1.71	1.56	1.28	0.98

9.6.1.3　SOQPSK

SOQPSK（Shaped Offset QPSK，也称作 ARTM Tier I）是 Mr. T. Hill 定义的恒包络连续相位调制（CPM）中的一类，它是从 OQPSK 体制发展而来的。

为了更好地理解 SOQPSK 的概念，首先证明 OQPSK 可以表示成连续相位调制（CPM）的一种“特例”（事实上 OQPSK 的相位是不连续的，这里的“特例”只是指 OQPSK 可以套用 CPM 的数学表达式）。OQPSK 时域表达式可以表示成 CPM 形式

$$s(t,\boldsymbol{\alpha})=\sqrt{\frac{2E}{T}}\cos(2\pi f_c t+\varphi(t,\boldsymbol{\alpha})+\varphi_0) \tag{9-68}$$

$$\varphi(t,\boldsymbol{\alpha})=2\pi h\int_{-\infty}^{t}\sum_{-\infty}^{+\infty}\alpha_i g(\tau-iT)\mathrm{d}\tau,-\infty<t<+\infty \tag{9-69}$$

其中，信息相位 $\varphi(t,\boldsymbol{\alpha})$ 是由三进制码元序列 $\alpha_i=\{-1,0,1\}$、频率脉冲 $g(t)=\frac{1}{2}\delta(t)$ [$\delta(t)$ 是冲击响应函数] 和调制指数 $h=0.5$ 决定的。可以证明，等效数据序列的第 i 个元素 α_i 与实际输入数据比特序列 $a=\{\cdots,a_{-2},a_{-1},a_0,a_1,a_2,\cdots\}$ 有如下关系

$$\alpha_i = (-1)^{i+1} \frac{a_{i-1}(a_i - a_{i-2})}{2} \tag{9-70}$$

由于 a_i 的取值为 ± 1，因此 α_i 源自三进制字符表 $\{-1,0,1\}$。

如图 9-62 所示，对于 OQPSK 调制，频率脉冲 $g(t)=\frac{1}{2}\delta(t)$。在每个比特，频率脉冲要么存在，要么不存在。如果存在，它的相位将会移动 $\pi/2$。当码元转换时，OQPSK 相位变化是不连续的，存在 90°的相位跳变，因此其高频滚降速度较慢，使得频带较宽。

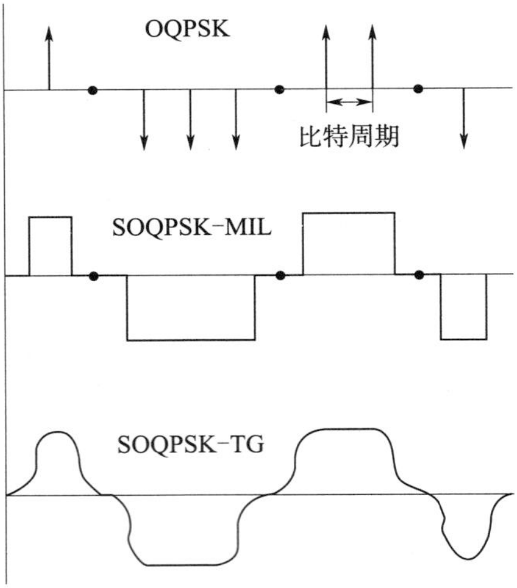

图 9-62　几种体制的频率脉冲 $g(t)$ 示意图

SOQPSK-MIL（SOQPSK 的一种标准形式，被美军采纳为军用标准，因此也称作 military-standard SOQPSK）是对 OQPSK 的一种改进，其频率脉冲 $g(t)$ 是全响应矩形脉冲（$L=1$），如图 9-62 所示，其相位变化是连续的，不存在相位跳变，因此高频滚降速度快，频带较窄。

需要说明的是，SOQPSK-MIL 与 MSK 有很多相似之处，调制指数 $h=0.5$，频率脉冲 $g(t)$ 都是全响应矩形脉冲。它们之间的区别在于 MSK 数据字符表固定为 $\{+1,-1\}$，而 SOQPSK 则在 $\{0,$

－1｝和｛0，＋1｝之间变化，即 MSK 的相位始终以负斜率或正斜率进行线性变化，而 SOQPSK 的相位既可以线性变化也可以保持不变（当 $\alpha_i=0$ 时）。

SOQPSK 还有一种标准形式，称为 Telemetry - Group SOQPSK 或 SOQPSK - TG，该标准体制主要应用于航空遥测领域，目前已被列入 IRIG 106 遥测标准中。如图 9 - 62 所示，SOQPSK - TG 的频率脉冲函数 $g(t)$ 是一种对升余弦频谱滤波器的冲激响应进行微小改进后得到的部分响应频率脉冲波形（$L=8$），可定义成

$$g(t)=n(t)w(t) \tag{9-71}$$

其中

$$\begin{cases} n(t)\equiv\left[\dfrac{A\cos\pi\theta_1(t)}{1-4\theta_1^2(t)}\right]\left[\dfrac{\sin\theta_2(t)}{\theta_2(t)}\right] \\ \theta_1(t)=\dfrac{\rho Bt}{T_s} \\ \theta_2(t)=\dfrac{\pi Bt}{T_s} \\ w(t)\equiv\begin{cases} 1, & \left|\dfrac{t}{T_s}\right|\leqslant T_1 \\ \dfrac{1}{2}\left[1+\cos\left(\dfrac{\pi\left(\left|\dfrac{t}{T_s}\right|-T_1\right)}{T_2}\right)\right], & T_1<\left|\dfrac{t}{T_s}\right|\leqslant T_1+T_2 \\ 0, & \left|\dfrac{t}{T_s}\right|>T_1+T_2 \end{cases} \end{cases} \tag{9-72}$$

式中，$\rho=0.7$，$B=1.25$，$T_1=1.5$，$T_2=0.5$，A 由等式 $\int_{-(T_1+T_2)T_s}^{(T_1+T_2)T_s}g(t)\mathrm{d}t=\dfrac{\pi}{2}$ 决定。

图 9 - 63 绘出了 SOQPSK - MIL 和 SOQPSK - TG 的功率谱密度图，两者的主要区别在于：由于 SOQPSK - TG 的脉冲函数是部分响应的（$L=8$），相位变化更加平滑。因此，SOQPSK - TG 旁瓣滚降速率更快，旁瓣能量更少，功率谱密度更加集中。此外，两者

的带宽效率都明显优于常规的 BPSK 和 OQPSK 体制。

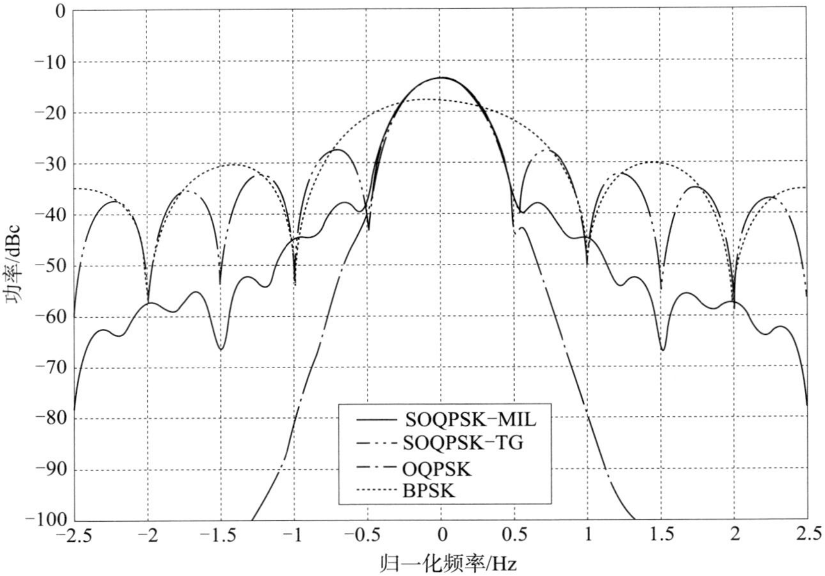

图 9-63 SOQPSK 的频谱特性

9.6.1.4 ARTM CPM

ARTM CPM（也称作 ARTM Tier II）是一种多指数 CPM（Multi-h CPM）。Multi-h CPM 具有若干个随着时间循环变化的调制指数，通过选择适当的调制指数，一方面，可以使相位网格图上的相邻相位路径难以快速合并，从而增加了各路径对应译码序列间的最小欧式距离，提高了抗误码性能，另一方面，可以使频谱更加紧凑，带外滚降速率更快，提高了频谱利用率。ARTM CPM 是一种四进制、双指数、部分响应 CPM 体制，具体的 CPM 参数为 $M=4$，$h=[\frac{4}{16}, \frac{5}{16}]$，$g(t)=3RC$（即升余弦脉冲长度 $L=3$），数据码元交替使用这两个调制指数 $h=[\frac{4}{16}, \frac{5}{16}]$ 进行数据调制，这些特定的调制指数是权衡频谱效率和解调性能而作出的折中。

图 9－64 绘出了 ARTM CPM（ARTM Tier II）、SOQPSK－TG（ARTM Tier I）和 PCM－FM（ARTM Tier 0）的频谱，其中，PCM－FM 的调制指数 $h=0.7$，预调滤波器的带宽取为 0.7 倍的码率（这是对 PCM－FM 体制的频带利用率与误码性能的最佳折中结果）。通过比较，3 种调制体制中，ARTM CPM 的带宽效率最高，其次是 SOQPSK－TG，最差的是 PCM－FM。SOQPSK－TG 的带宽效率大概是 PCM－FM 的 2 倍，ARTM CPM 体制的带宽效率则可以达到 PCM－FM（ARTM Tier 0）的 3 倍。

ARTM CPM 的归一化最小欧式距离 $d_{\min}^2=1.39$，解调性能大致接近于 PCM－FM 体制传统鉴频解调方式下的误码性能。由于 ARTM CPM 的调制参数（$M=4, h=\left[\frac{4}{16},\frac{5}{16}\right], g(t)=3RC$）相对比较复杂，导致其最佳解调算法——最大似然算法（MLSE）的复杂度较高。如何在较低的解调损失前提下有效简化解调算法是目前该体制的一大研究热点。

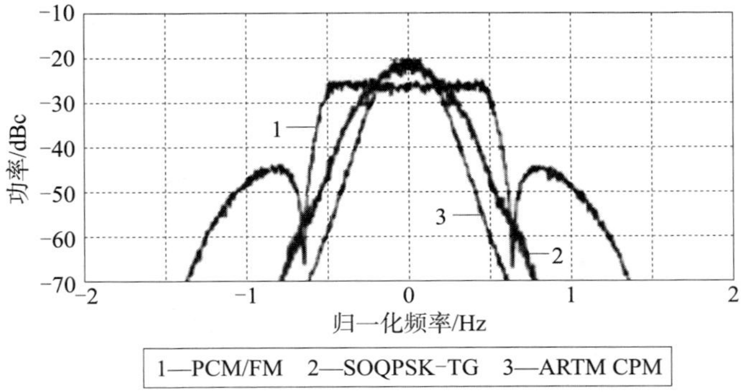

图 9－64　ARTM CPM 的频谱特性

9.6.2　准恒包络调制体制

作为恒包络和非恒包络之间的一种折中，准恒包络调制体制虽然在功率效率上有少量损失，但是其中某些体制（如 FQPSK、XTCQM）也能够显著改善带宽效率，在现代航天遥测系统中也具有良好的应用前景。

9.6.2.1 FQPSK

FQPSK（Feher - Patented QPSK）是以 Feher 专利技术为基础的一种 QPSK 调制体制。FQPSK 体制已经作为遥测的一种标准调制体制写入 IRIG 106 遥测标准中，并且也已列入 CCSDS 标准。

1982 年，Feher 提出了无码间干扰和抖动的交错正交相移键控调制（IJF - OQPSK，Intersymbol Interference and Jitter Free Offset QPSK）体制。IJF 编码是将数字基带序列变换成无符号间干扰和抖动的基带波形信号，编码后的波形在频谱上具有主瓣窄、滚降速度快的优点。IJF - OQPSK 调制方式就是将输入的数据序列进行分路，再分别对每一路数据进行 IJF 编码，形成 IJF 基带信号，最后进行 OQPSK 调制。这种 IJF - OQPSK 调制方式就是 FQPSK 调制的前身，其调制框图如图 9 - 65 所示。

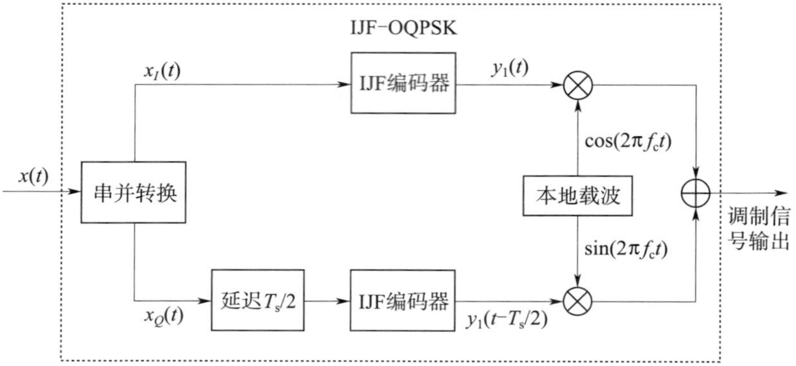

图 9 - 65 IJF - OQPSK 调制框图

1986 年，Feher 对上述的 IJF - OQPSK 进行改进，即在 IJF 编码后增加了一个交叉相关单元（如图 9 - 66 所示），以减小包络起伏，从而提出了 FQPSK 体制。FQPSK 调制体制的关键技术是 IJF 编码器和交叉互相关器。IJF 编码器联合交叉互相关器可以有 3 种不同的解释，分别是半符号间隔映射、逐符号互相关器映射和网格编码调制。

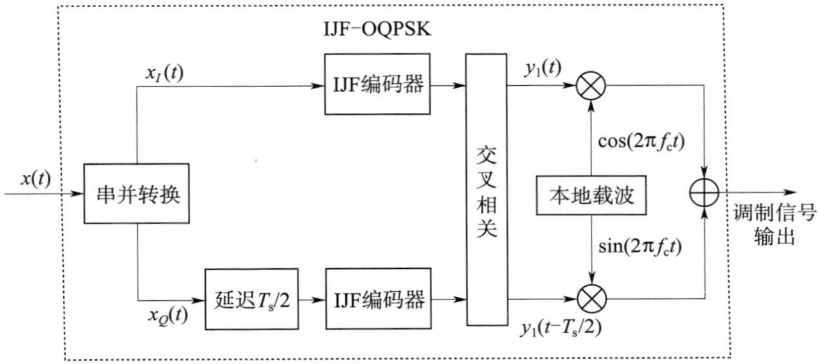

图 9-66　FQPSK 调制框图

经过多年的发展，在原来的基础上加入了不同的信号处理方法，派生出 FQPSK-B、FQPSK-JR 等调制方式。经过大量的计算机仿真和试验证明，其性能均优于当前占主导地位的调制方式，如 QPSK、GMSK 等。图 9-67 简要总结了 FQPSK 的发展历程，FQPSK 是从 QPSK 的基础上发展而来的，并且具有两种改进型：频谱改进型和包络改进型。

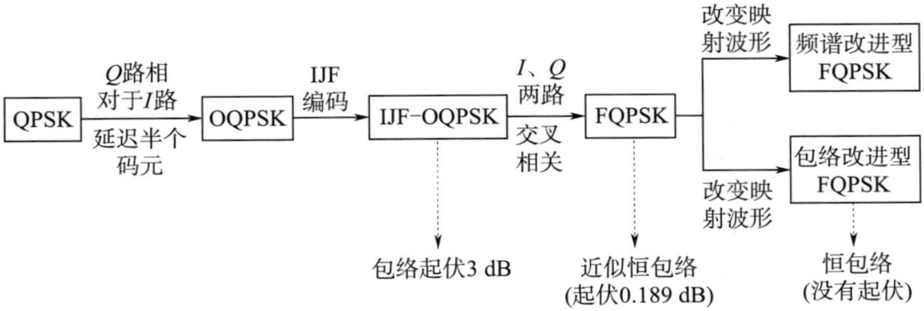

图 9-67　FQPSK 的发展历程

图 9-68 中由上至下三条谱线分别代表 OQPSK、IJF-OQPSK、FQPSK 体制的功率谱。可见，IJF-OQPSK 和 FQPSK

的频谱滚降速率明显快于 OQPSK，因此两者的频谱效率明显优于 OQPSK。另外，FQPSK 的频谱特性要略好于 IJF－OQPSK。

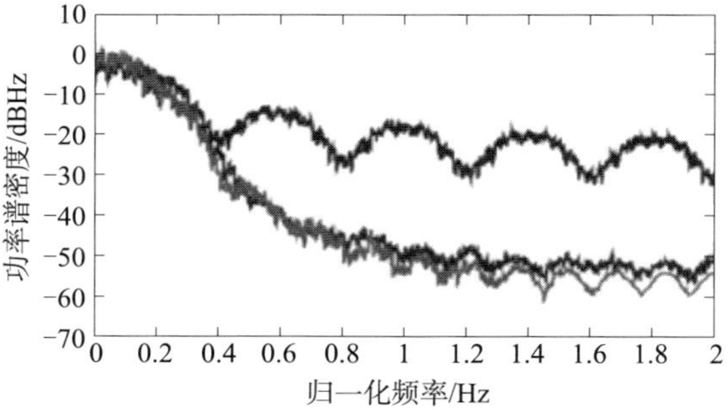

图 9－68　OQPSK、IJF－OQPSK、FQPSK 功率谱比较

参考文献［42］对 FQPSK 进行了分析和评价，认为 FQPSK 作为一种受专利保护的体制被列入权威的 IRIG 遥测标准，“这样的标准无异于要强迫别人去买这份专利，有失公允”。幸运的是，书中前文所描述的 SOQPSK－TG 体制无论是在带宽效率还是功率效率方面都与 FQPSK 相当，在调制端和接收端，两者都是“兼容”的，并且 SOQPSK－TG 是恒包络特性的，更为重要的是 SOQPSK－TG 是自由的（非专利体制）。目前，FQPSK 和 SOQPSK 都被采纳为 ARTM Tier I 体制。

9.6.2.2　XTCQM

互相关网格编码正交调制（XTCQM，Cross－correlated Trellis-coded Quadrature Modulation）是在 TCM 固有的联合高带宽/功率效率概念上进行扩展得到的一种技术，它特别强调发送信号的频谱占用，同时又照顾到包络波动小的意愿。TCM 通过适当的映射将常规的多电平或多相位调制体制和纠错编码结合起来，同时利用了这两种方式的可取特性，而 XTCQM 的焦点在于编码 I 和 Q 信道的正交结构，这两个信道是互相关的，而且其输出都映射成 M 进制波形调制。XTCQM 的发射机和接收机可以利用目前现有的标准器件来构造，例如 OQPSK 调制器、卷积编码器、匹配滤波器和维特比解码器。书中前文的 FQPSK 体制就可以看作是 XTCQM 的特例。然而，相比于 FQPSK 这些有严格定义的调制体制，XTCQM 这种通用结构在功率效率和频谱效率之间的权衡方面有更多的灵活性。图 9－69 是 XTCQM 发射机的概念框图。

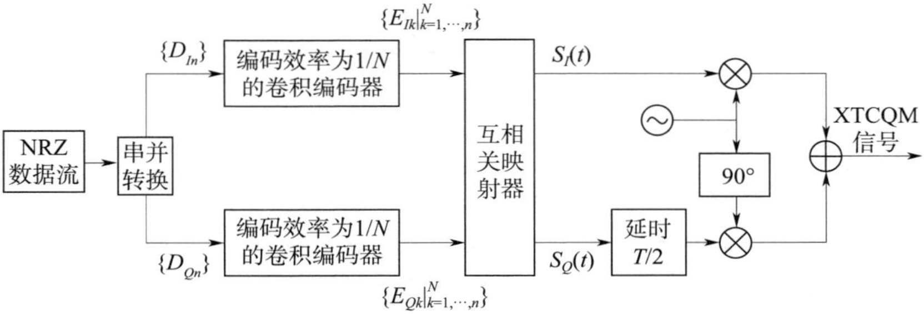

图 9－69　XTCQM 发射机的概念框图

9.6.2.3　性能比较

表 9－6 从带宽效率、功率效率两方面对上述几种高带宽效率体制和常规体制进行了简单比较。其中，带宽效率衡量的依据是 99% 功率带宽，功率效率衡量的依据是采用最佳接收机时，在同等的误码率（BER＝1×10^{-5}）条件下所需的码元信噪比 E_b/N_0。

表 9－6　几种体制的简单比较

体　制	99%功率带宽（R 代表码率）	BER＝1×10^{-5}时的 E_b/N_0
PCM－FM（h＝0.7）（未滤波）	1.78 R	9.4 dB
PCM－FM（h＝0.7）（预滤波 BW＝0.7 R）	1.16 R	9.4 dB
BPSK（未滤波）	20.56 R	9.6 dB
QPSK、OQPSK（未滤波）	9.65 R	9.6 dB
MSK	1.18 R	9.6 dB
GMSK（BT＝0.5）	1.04 R	9.7 dB

续表

体　制	99%功率带宽（R 代表码率）	BER=1×10^{-5}时的 E_b/N_0
GMSK（$BT=0.25$）	0.86 R	10.0 dB
SOQPSK－TG	0.78 R	10.3 dB
FQPSK－B、FQPSK－J R	0.78 R	10.4 dB
ARTM CPM	0.56 R	10.75 dB

9.6.3　高阶调制体制

在频谱资源日趋紧张的遥测领域，可以考虑采用高频谱利用率的高阶调制解调技术完成超大容量遥测信息的传输任务。

试验表明，通过单独控制信号幅度、相位、载频中任何一个，已经不能有效地解决通信中的问题而且误码率也会提高，而联合幅度和相位的调制方式传输信息可以在一定程度上解决误码率和频带利用率之间的矛盾。正交幅度调制（QAM）和幅度相移键控调制（APSK）正是基于这一理念发展而来的。QAM、APSK 方式综合了 ASK 与 PSK 的优点，并通过采用多进制方式来提高频带利用率，在接收端的误码率性能也比较优越，但设备的复杂程度较高。

9.6.3.1　QAM

正交幅度调制（QAM）是正交振幅键控的一种调制方式，可同时运用幅度和相位携带信息，能够充分利用整个信号平面，因此具有很高的频谱利用率。它有同相和正交两路载波，以幅度键控方式独立传送数字信息，调制信号的一般表达式为

$$\begin{aligned} s_{\mathrm{QAM}}(t) &= \mathrm{Re}\left[(A_{mc}+\mathrm{j}A_{ms})g(t)\mathrm{e}^{\mathrm{j}2\pi ft}\right] \\ &= A_{mc}g(t)\cos(2\pi f_c t)-A_{ms}g(t)\sin(2\pi f_c t) \end{aligned} \tag{9-73}$$

式中　A_{mc}，A_{ms} ——离散的振幅值，$m=1,2,\cdots,M$；

M —— A_{mc} 和 A_{ms} 的个数，对于 16QAM，$M=4$；

$g(t)$ ——发送信号脉冲波形。

QAM 的调制原理如图 9－70 所示。输入数据经过串并转换分成

两路，再分别经过二电平到 M 电平的变换形成 A_{mc} 和 A_{ms}，A_{mc} 和 A_{ms} 决定了已调 QAM 信号在信号星座图中的星座点位置。为了减少符号间干扰和已调数字信号的带宽，A_{mc} 和 A_{ms} 分别通过脉冲成形滤波器（也称作发送基带滤波器）进行滤波，该脉冲成形滤波器是一个平方根升余弦滤波器，可用 FIR 滤波器设计成线性相位成形滤波器。滤波后的输出信号分别与相互正交的两路载波相乘，再将两路信号相加就可以得到已调 QAM 输出信号。

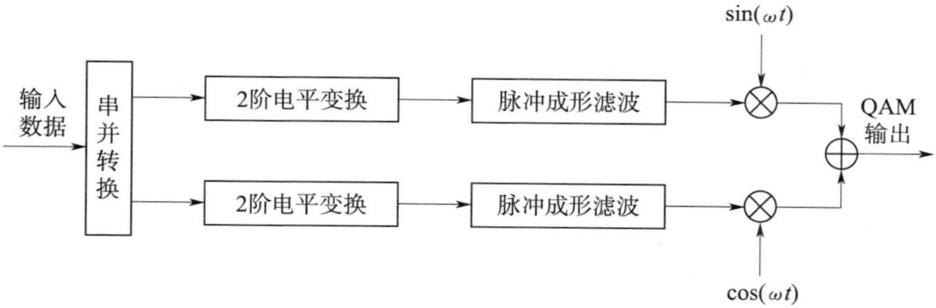

图 9－70　QAM 调制原理框图

16QAM 信号可以用有 16 个点的二维星座成方形表示，每个点可以用 $\log_2 16=4$ bit 表示，如图 9－71（a）所示。

9.6.3.2　APSK

如图 9－71（a）所示，高阶条件下，传统的矩形 QAM 的信号，存在较多的幅度，通过卫星非线性转发器时，一部分点离饱和点偏远，功率效益不高，而那些接近饱和状态的信号点非线性失真严重，增加了预失真校正的复杂性。如图 9－71（b）所示，幅度相移键控调制（APSK）是与传统的矩形 QAM 不一样的幅度相位调制方式，其分布呈中心向外沿半径发散，称为星形 QAM，其星座形状呈圆形、圆周个数少，从而减少了幅度变化，更加适合卫星非线性信道传输。

APSK（Amplitude Phase ShiftKeying）是一种 PSK 和 QAM 相结合的调制方式。与 PSK 相比，PSK 相位不连续，有较大的带外功率泄漏，而 APSK 则幅度值较小，可以有效降低非线性的影响。与

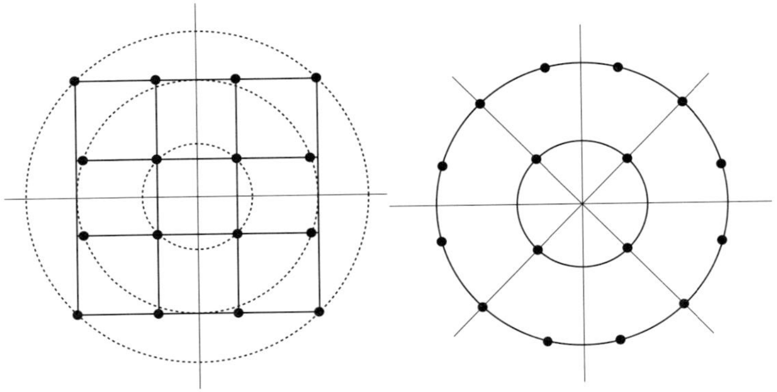

图 9－71　矩形 16QAM 与星形 4＋12－APSK 星座比较

QAM 相比，APSK 便于实现变速率调制，因而很适合根据信道及业务需要分级传输的情况。

APSK 调制原理框图如图 9－72 所示，主要由以下几部分组成：映射器、FIR 滤波器、插值滤波器和载波混频。映射器将输入的数据根据不同调制体制映射成两路 IQ 正交数据，两路 IQ 正交数据经过 FIR 脉冲成形滤波器，可以减少码间干扰，插值滤波器能提供较好的低通频率特性，滤波后的输出信号分别与相互正交的两路载波相乘，再将两路信号相加就可以得到已调 APSK 输出信号。

APSK 星座图由 n_R 个同心圆组成，每个圆上等间隔均匀分布

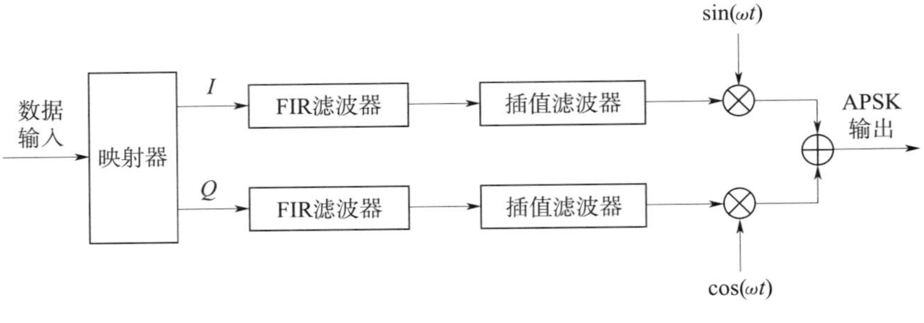

图 9－72　APSK 调制原理图

PSK 星座点，每个星座点都是复值，其信号集为

$$X=\begin{cases} r_1 e^{j\left(\frac{2\pi}{n_1}i+\varphi_1\right)}, & i=0,1,\cdots,n_2-1(\text{环 }1) \\ r_2 e^{j\left(\frac{2\pi}{n_2}i+\varphi_2\right)}, & i=0,1,\cdots,n_2-1(\text{环 }2) \\ & \cdots \\ r_{n_R} e^{j\left(\frac{2\pi}{n_R}i+\varphi_R\right)}, & i=0,1,\cdots,n_R-1(\text{环 }R) \end{cases} \tag{9-74}$$

式中　n_k, r_k, φ_k ——第 k 个圆的星座点数、半径和相对相移。

为了提高功率效率，充分利用星座图上的信号空间，增大信号欧氏距离，降低误码率，应满足 $n_k < n_{k+1}$，即外圆信号点数要大于内圆信号点数。一般，称这种 APSK 为 $n_1+n_2+n_{n_R}-$APSK 。

9.6.3.3　性能比较

几种调制体制（BPSK、QPSK、8PSK、16QAM、16APSK）在高斯白噪声信道下的误码率曲线如图 9－73 所示。其中，BPSK、QPSK、8PSK 和 16QAM 为理论曲线，4＋12－APSK 为仿真曲线。表 9－7 对上述几种体制进行了简单比较。可见，随着调制阶数的增

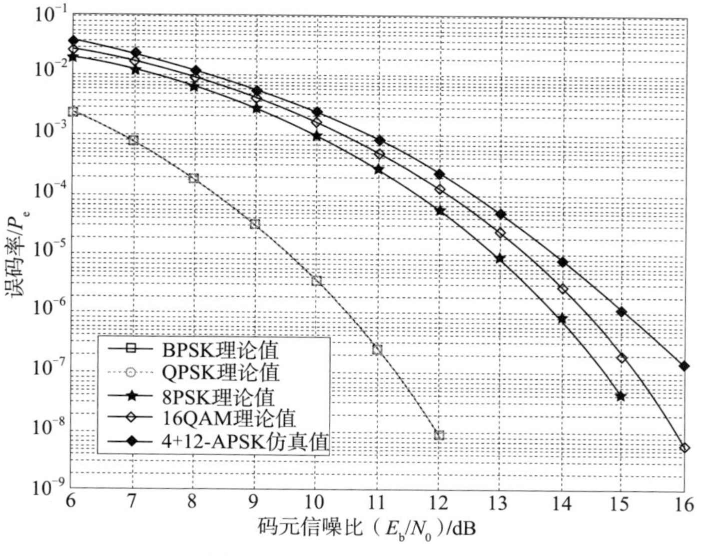

图 9－73　误码率对比曲线

大，频带利用率得到了提高，但是抗噪声性能在逐渐下降。4+12-APSK 具有较好的抗非线性特性，但其抗噪声性能略逊于 16QAM。

表 9-7　几种调制体制性能比较

	BPSK	QPSK	8PSK	16QAM	4+12-APSK
频带利用率	1 bit/s/Hz	2 bit/s/Hz	3 bit/s/Hz	4 bit/s/Hz	4 bit/s/Hz
抗非线性	好	较好	较好	较差	较好
白噪声性能（误码率 10^{-5}）	$E_b/N_0=$ 9.6 dB	$E_b/N_0=$ 9.6 dB	$E_b/N_0=$ 12.9 dB	$E_b/N_0=$ 13.4 dB	$E_b/N_0=$ 14 dB

在卫星信道中，相比于矩形 16QAM，圆形 16APSK 具有一定的优势，但也存在一些缺点：

1）在最小欧式距离最大化的条件下，矩形 QAM 星座比环形 APSK 星座的最小欧式距离要大。在误码率为 10^{-7} 时，相比 QPSK 体制，16QAM 误码率曲线偏离了 4 dB，而 16APSK 由于星座点间距更近，相对于 QPSK 体制误码率偏移了近 5 dB。

2）在满足 APSK 最优相对半径条件下，信噪比较高时 16APSK 的性能比 16QAM 稍差。

3）APSK 远没有 QAM 应用成熟，它的调制解调技术虽可借鉴 QAM，但并不完全适用。特别是在数字传输领域，从 APSK 星座图结构可看出，星座信号点的 I 路和 Q 路的数值不为整数，会给数字传输量化带来额外的误差，这对信号接收是不利的，而且同为一种星座，不同的频谱效率对应不同的相对半径，也增加了 APSK 接收机的复杂度。

因此，对这两个体制的选取需综合考虑信道因素、系统复杂度因素、功放等非线性器件影响因素，从而进行最优考虑。

9.6.4　正交频分复用调制体制

正交频分复用（OFDM，Orthogonal Frequency Division Multiplexing）是一种具有高频带利用率和有效克服多径衰落的多载波技术。OFDM 技术将高速串行的数据流通过串并变换转换为多路并行的低速数据流，再对子载波进行调制。同单载波系统相比，OFDM 各个子载波上的数据符号持续时间大大增加，从而可有效减小无线信道的时延扩展所带来的码间干扰（ISI）的影响。

在无线信道中传输时，OFDM 信号的某些子信道可能由于衰落、白噪声、脉冲噪声、干扰的影响而遭到破坏。研究表明，遭受衰落或窄带干扰的这些子信道中的信噪比大幅下降，使得这些子信道变得很不可靠，从而使整个通信系统的误码率等性能指标严重恶化。为了对传输的数据加以保护，可以采用信道编码技术。这种利用信道编码技术的 OFDM 称为 COFDM（Coded OFDM）。

信道编码的作用是与时间、频率交织一起，将各个不同载波上的信号相互联系起来。信道的特性可以实时地由合理设置的一些导频信号导出，由此可以知道哪些信道的结果是可信的，哪些信道是受损的。对于部分严重受损的信道，由于其他信道和时间段的信号与该信道的信号有交织，可以通过其他信道上解调出来的信号来恢复被衰弱的信号。它的作用相当于对所有的信道进行了一个平均，从而克服频率选择性带来的影响。利用信道编码技术可以使 OFDM 信号中部分受到频率衰落或干扰而被破坏的数据依靠那些频率分量增强部分可靠接收的数据而得以恢复，这实际上说明 COFDM 系统有高效的频率隐分集与时间隐分集的作用。

COFDM 的信道编码方式主要集中于 RS 编码、卷积编码、TCM 编码、Turbo 编码和 LDPC 编码等。例如，采用网格编码调制（TCM）与时域/频域交织相结合的 COFDM 系统可以对传输的数据提供保护。TCM 的译码可采用软判决维特比译码算法，在高斯信道、10^{-5}误比特率下，TCM 大约可提供 3 dB 的编码增益。经过 30 多年的研究与发展，尽管 TCM 与卷积码已成功地应用于 COFDM，但是关于 COFDM 信道编码方式选择的研究仍在持续之中。

目前，COFDM 已经被 IEEE802.11a、IEEE802.11n、IEEE-802.16、IEEE802.20、DAB 和 LTE 等多种民用无线通信系统选为

无线传输标准。近年来，COFDM 在航空遥测领域也获得了广泛应用。

9.6.4.1 OFDM 基本原理

OFDM 的基本思想是将信道分成若干正交的子信道，将高速串行数据流转换为多路并行传输的低速数据流，调制到每个子信道上进行传输。由于其各子载波之间相互正交，极大地提高了频带利用率。

OFDM 是一种典型的多载波调制技术。假设各子载波频率为 f_i，$i=0\sim N-1$，则从 $t=t_s$ 时刻开始的 OFDM 符号的表达式为

$$
\begin{aligned}
&s(t)=\sum_{i=-N/2}^{N/2-1} d_{i+N/2}\exp\left[\mathrm{j}2\pi f_i(t-t_s)\right] && t_s\leqslant t\leqslant t_s+T\\
&s(t)=0 && t<t_s \text{ 或 } t>t_s+T
\end{aligned}
\tag{9-75}
$$

$$f_i=\frac{i}{T}$$

$$i=\frac{-N}{2}\sim\frac{N}{2}$$

$$T=NT_s$$

式中 d_i ——符号映射后的数据符号；

N ——子载波的个数；

T ——OFDM 符号的持续时间；

T_s ——OFDM 调制前的码元间隔。

为了描述方便，令 $t_s=0$，则式（9-75）变为

$$
\begin{aligned}
&s(t)=\sum_{i=-N/2}^{N/2-1} d_{i+N/2}\exp\left(\mathrm{j}2\pi\frac{i}{T}t\right) && 0\leqslant t\leqslant T\\
&s(t)=0 && t<0 \text{ 或 } t>T
\end{aligned}
\tag{9-76}
$$

对该信号以 $f_s=1/T_s$ 的速率进行采样，得到下式

$$s_k = s(kf_s) = s\left(\frac{kT}{N}\right) = \sum_{i=-N/2}^{N/2-1} d_{i+N/2} \exp\left(\mathrm{j}2\pi \frac{i}{T} \cdot \frac{kT}{N}\right)$$
$$= \sum_{i=-N/2}^{N/2-1} d_{i+N/2} \exp\left(\mathrm{j}2\pi \frac{ki}{N}\right) = \sum_{n=0}^{N-1} d_n \exp\left(\mathrm{j}2\pi \frac{kn}{N}\right) \tag{9-77}$$

由式（9 - 77）可以看出，OFDM 调制可以由逆傅里叶变换（IDFT）得到。

由前面的推导可知，每个子载波在一个 OFDM 符号周期内都包含整数倍个周期，各相邻子载波间相差一个周期 T，也就是各子载波之间相互正交。下面举例说明，首先从时域说明子载波的正交性。假设 $T = 0.001$ s，包含 4 个子载波，则各子载波频率分别为 0 Hz、1 000 Hz、2 000 Hz 和 3 000 Hz，各子载波波形如图 9 - 74 所示。图9 -72 中，画出了两条1 000 Hz 的子载波，其相位相差 180°，这是为了说明其工作原理而作的。当发送码元为 0 时，采用 180°初始相位的子载波，而当发送码元为 1 时，该子载波的初始相位为 0。

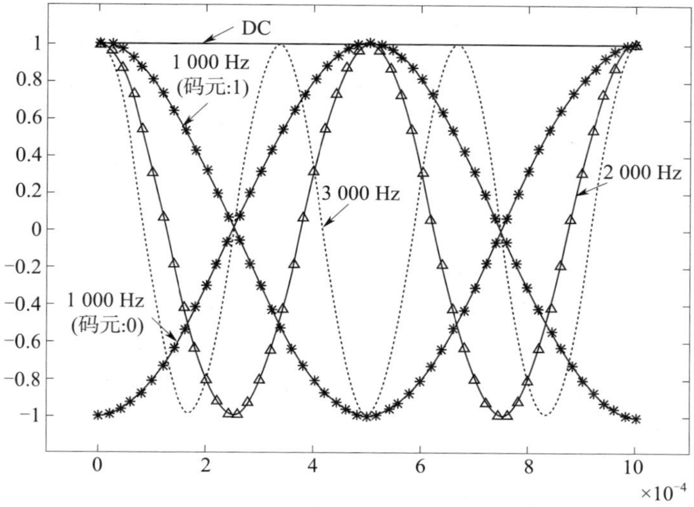

图 9 - 74　OFDM 子载波

OFDM 的正交性还可以从频域来解释。每个 OFDM 符号在其周期 T 内包括 N 个数据子载波，其频谱可以看作是周期为 T 的矩形脉冲（成型波）的频谱与一组位于各个子载波频率上的 δ 函数的卷积。而矩形脉冲的频谱为 sinc 函数，每个子载波的频谱峰值出现在其他子载波频谱的零点上，如图 9-75 所示。

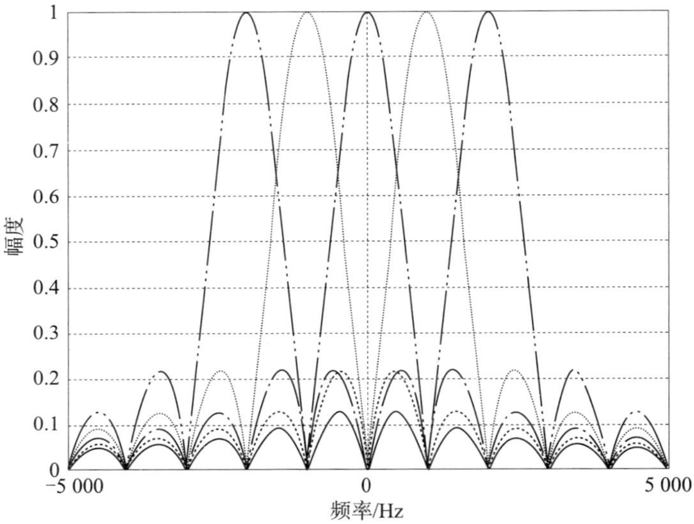

图 9-75 OFDM 的频谱

图 9-75 可以用来对单载波调制方式与 OFDM 的频谱性能进行比较。OFDM 的频谱宽度为

$$\frac{N+1}{T}=\frac{N+1}{NT_s}=\left(1+\frac{1}{N}\right)\frac{1}{T_s} \tag{9-78}$$

当 N 较大时，可以近似等于 $\frac{1}{T_s}$。对于单载波调制，其频谱为单个 sinc 函数，脉冲宽度为 $T_s=\frac{T}{N}$，第一零点带宽为 $\frac{2}{T_s}$。因此，当 N 较大时，OFDM 的带宽效率约为单载波调制的两倍，而且由于脉冲持续时间的增大，其频谱滚降特性比单载波调制要好。但是，从图 9-75 中也可以看出，OFDM 调制方式对频率同步要求非常高，

一旦出现频率偏差，子载波间的正交关系被破坏，系统性能迅速恶化。

9.6.4.2　COFDM 系统架构

图 9-76 为利用 IFFT 和 FFT 实现的 COFDM 系统原理结构框图。串行输入的数据流经过信道编码、符号映射、串并转换后，加入导频信息，采用 IFFT 实现 COFDM 的子载波调制，之后加入循环前缀（CP），从而实现 COFDM 的复基带调制，经过正交上变频后将信号发射输出，解调部分是调制部分的逆处理过程。

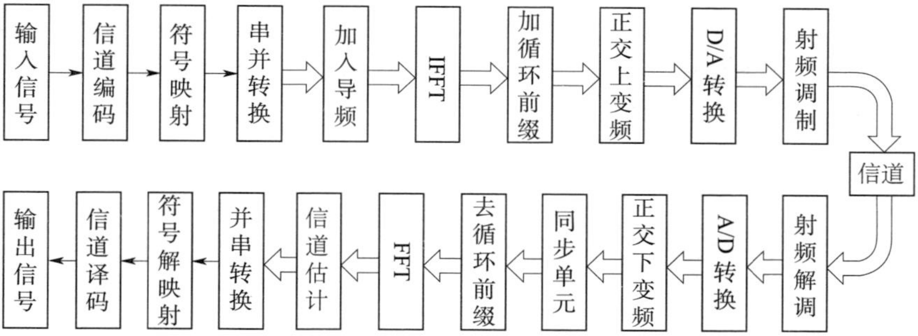

图 9-76　COFDM 系统原理结构框图

从发送端框图可以看出，COFDM 系统在帧结构符号中添加一些辅助信息数据。这些数据包括循环前缀和导频序列，为同步模块和信道估计模块提供信息，帮助判断分析得出结果。

（1）循环前缀（CP）

采用 COFDM 一个最主要的原因就是它可以有效地对抗多径时延扩展。通过把输入数据流串并转换到 N 个并行的子信道中，使得每个用于调制子载波的符号周期可以扩大为原始符号周期的 N 倍，因此时延扩展与符号周期的比值也同样降低了 N 倍。这样的分散处理只是减少了符号间的干扰，并未彻底消除。为了最大限度地消除符号间干扰，还可以在每个 COFDM 符号之间插入循环前缀，即将一帧符号尾部的部分数据复制到符号首部，其长度 T 一般要大于无线信道的最大时延扩展，这样一帧符号的多径分量就不会对下一帧符号造成干扰。加入循环前缀后，会带来功率和信息速率的损失，但可以消除ISI和多径所造成的ICI影响。

（2）导频序列

COFDM符号内有一些信号被调制成接收机已知的传输值，并在提升的功率电平上进行发射，这些信号就是连续导频和离散导频。连续导频或离散导频的数值是由PRBS（伪随机二进制序列）得到的，它是一连串的数值，每一个对应一个传输载波。

由于导频信号插入的位置是已知的，各导频数值由PRBS调制计算得出，也是已知的，而且自相关性很好，所以可利用导频信号的自相关性来做同步估计，并根据离散导频与连续导频插入位置的不同特点，做不同的处理。

9.6.4.3 COFDM的特点

COFDM具有以下独特的优势：

1）抗衰落能力强。COFDM把用户信息通过多个子载波传输，在每个子载波上的信号时间就相应地比同速率的单载波系统上的信号时间长很多倍，使COFDM对脉冲噪声和信道快衰落的抵抗力更强。同时，通过子载波的联合编码，达到了子信道间的频率分集的作用，也增强了对脉冲噪声和信道快衰落的抵抗力。因此，如果衰落不是特别严重，就没有必要再添加时域均衡器。

2）频率利用率高。COFDM允许重叠的正交子载波作为子信道，而不是传统地利用保护频带分离子信道的方式，提高了频率利用效率。

3）适合高速数据传输。COFDM自适应调制机制使不同的子载波可以按照信道情况和噪声背景的不同，使用不同的调制方式。当信道条件好的时候，采用效率高的调制方式；当信道条件差的时候，采用抗干扰能力强的调制方式。再有，COFDM加载算法的采用，使系统可以把更多的数据集中放在条件好的信道上，以高速率进行传送。因此，COFDM技术非常适合高速数据传输。

4）抗码间干扰（ISI）能力强。码间干扰是数字通信系统中除噪声干扰之外最主要的干扰。造成码间干扰的原因有很多，实际上，只要传输信道的频带是有限的，就会造成一定的码间干扰。COFDM 由于采用了循环前缀，对抗码间干扰的能力很强。

5）计算效率高。COFDM 各个子信道中的正交调制和解调可以采用 IDFT 和 DFT 方法来实现。对于子载波数很大的系统，可以通过快速傅里叶变换（FFT）来实现。随着大规模集成电路技术与 DSP 技术的发展，IFFT 和 FFT 都是非常容易实现的。

但是，COFDM 系统内由于存在多个正交子载波，而且其输出信号是多个子信道信号的叠加，因此与单载波系统相比，存在如下主要缺点：

1）存在较高的峰值平均功率比（PAPR）。与单载波系统相比，由于多载波调制系统的输出是多个子信道信号的叠加，因此多个信号的相位一致时，所得到的叠加信号瞬时功率就会远远大于信号平均功率，导致出现较大的 PAPR。这样就对发射机内放大器的线性提出了很高的要求。如果放大器的动态范围不能满足信号的变化，则会使信号发生畸变，使叠加信号的频谱发生变化，从而导致各个子信道信号之间的正交性遭到破坏，产生互相干扰，使系统性能恶化。

2）对同步的要求较高。由于子信道频谱互相覆盖，这就对它们之间的正交性提出了严格的要求。然而，由于无线信道存在时变性，在传输过程中会出现无线信号的频率偏移，例如多普勒频移，或者由于发射机载波频率与接收机本地振荡器之间存在的频率偏差，都会使得 COFDM 系统子载波之间的正交性遭到破坏，从而导致子信道间的信号互相干扰产生子载波间干扰（ICI）；符号定时偏差也会带来很大的不良影响。

9.6.5　直扩/跳频混合扩频体制

随着航天电磁环境的日趋复杂，现代航天遥测系统的抗干扰能力也需要逐步提高。直接序列扩频技术（DS）具有频谱密度低、抗截获、抗多径、易实现码分多址等特点，宽带直扩具有明显的抗同频窄带干扰能力，但是随着盲检测与盲估计技术的发展，其抗干扰能力受到了严峻的挑战。跳频扩频技术（FH）可以获得超大的频谱宽度，具有抗跟踪式干扰的能力。直扩/跳频（DS/FH）混合扩频体制综合了直扩和跳频的优点，具有较高的抗干扰、抗截获能力，通信距离远，可同时克服多径效应和远近效应，且对同频段工作设备干扰小，是国内外公认的最富有生命力的抗干扰体制，将这一体制引入现代航天遥测系统中，将有效提高遥测系统的电磁对抗能力。

目前，美国的国防卫星通信系统（DSCS）、美军联合战术信息分发系统（JTIDS）、北约的卫星链路（NATO）均采用了直扩/跳频混合扩频技术。

9.6.5.1 概述

扩展频谱技术（Spread Spectrum）是将待传输的信息数据经伪随机序列调制，实现频谱扩展后再传输，接收端则采用同样的编码进行相关处理及解调，恢复出原始信息数据。显然，这种通信方式与一般常见的窄带通信方式相反，是在扩展频谱后，进行宽带通信，经相关处理恢复成窄带后解调数据。扩频信号具有如下 3 个特征：

1）扩频信号是不可预测的伪随机宽带信号；

2）扩频信号的带宽远大于被传输数据（信息）带宽；

3）接收机中必须采用与宽带扩频信号同步的副本。

由于扩频信号的上述特征，不同用户可以使用不同的伪随机码，使得扩频通信系统具有以下 4 个特点：

1）有选择地址的能力，对于多元接入系统能实现码分复用，其频带利用率不因占用的频带扩展而降低，采用多址通信后，反而比单频的频带利用率高。

2）信号的功率谱密度低，可使信号淹没在噪声之中，不易被敌方截获、侦查、测向和窃听。直扩系统可在－10～－15 dB，乃至更低的信噪比条件下工作，具有很强的隐蔽性和抗侦察、抗窃听、抗测向的能力。

3）具有较强的抗干扰能力。

4）抗衰落能力强。

实现扩频通信的基本工作方式有 4 种：

1）直接序列扩频（DS－SS，Direct Sequence Spread Spectrum）工作方式；

2）跳频扩频（FH－SS，Frequency Hopping Spread Spectrum）工作方式；

3）跳时扩频（TH－SS，Time Hopping Spread Spectrum）工作方式；

4）线性调频（Chirp Modulation）工作方式。

目前，应用最多、最典型的扩频工作方式是直接序列扩频和跳频扩频及其混合扩频的工作方式，以下对其进行简要介绍。

9.6.5.2　直接序列扩频

所谓直接序列扩频，就是直接用较高码率的扩频码序列在发送端扩展信号的频谱；而在接收端，用相同的扩频码序列去进行解扩，把展宽的扩频信号还原成原始信息。全球定位系统（GPS）、航天飞机通信用的跟踪和数据中继卫星系统（TDRSS）等都是直接序列扩频技术应用的实例。

直接序列扩频系统模型如图 9－77 所示，输入的数据信息 D（基带带宽为 B_1）经过编码后，由伪随机编码（如 m 序列）调制成基带带宽为 B_2 的宽带信号。由于扩频信号带宽大于数据信号带宽，所以信号扩展带宽由伪随机码控制，而与数据信号无关。经扩频调制的信号再经射频调制后即可发送。

接收端收到发送来的信号，经混频得到中频信号后，首先通过同步电路捕捉并跟踪发送端伪码的准确相位，由此产生与发送端伪码相位完全一致的伪随机码作为扩频解扩的本地扩频码，再与中频信号进行相关解扩，恢复出扩频前的窄带信号，而在解扩处理中，干扰和噪声与伪随机码不相关故被扩展，通过滤波使之受到抑制，

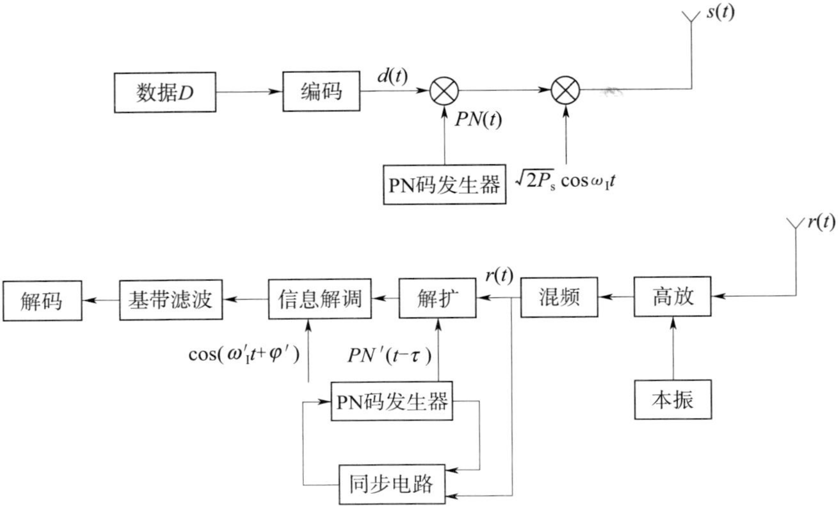

图 9－77　直接序列扩频系统模型

这样就可在较高的解扩输出信噪比条件下进行信息解调解码，最终获得数据信息。

直接序列扩频系统的处理增益为扩频信号射频带宽与传输信息带宽的比值，或伪随机码速率 R_c 与信息速率 R_a 的比值，即

$$G_p=\frac{BW_{射频}}{BW_{信息}}=\frac{R_c}{R_a} \tag{9-79}$$

式中　G_p ——直扩系统的扩频增益；

$BW_{射频}$ ——信号射频带宽；

$BW_{信息}$ ——信息带宽；

R_c ——伪码速率；

R_a ——信息速率。

9.6.5.3　跳频扩频

跳频扩频（FH－SS）就是用一定码序列进行选择的多频率频移键控，即用扩频码序列去进行频移键控调制（FSK），如图 9－78 所示，使载波频率不断地跳变，所以称为跳频。跳频系统从 20 世纪 60

年代后期开始，发展非常迅速，已研制出不少适合于战术通信的跳频电台，如美国的 Scimitar - H、Scimitar - V、RF - 3090，英国的 Jaguar - V，以色列的 VHF - 88 系列等，这些跳频电台在实际的使用和试验中，都表现出了较高的抗干扰性能及其他优良性能，具有取代现有其他战术通信用电台的趋势。

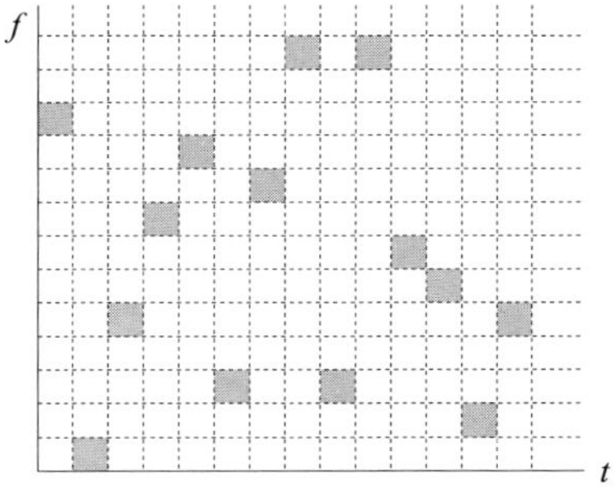

图 9 - 78　受伪随机码控制的跳频序列

图 9 - 79 所示是在扩频码的控制下，通过改变 n 值，使射频振荡器输出的频率 $\omega_c \pm n\Delta\omega$ 作有规律的跳变，其跳频间隔为 $\Delta\omega$ ，则跳频系统的发射信号为

$$s(t)=d(t)\sin[(\omega_c \pm n\Delta\omega)t+\varphi_n] \tag{9-80}$$

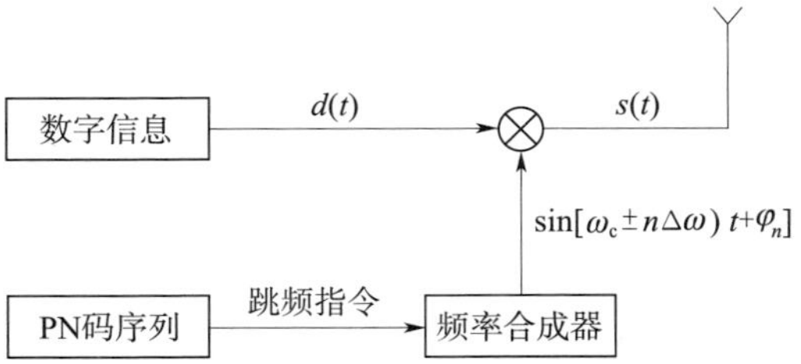

图 9 - 79　跳频扩频发射机的原理框图

FH - SS 系统并没有像 DS - SS 系统那种真正数学意义上的扩频增益效应。单纯的 FH - SS 系统在特定时刻都是一个窄带系统，当干扰源为窄带信号时，干扰信号频率只有与窄带信号重合且时间相

同时才会发生干扰，当跳频点为 N 时，在特定时刻对此窄带系统干扰的概率最大为 $1/N$，因此增大跳频点数 N，就可以降低 FH－SS 系统被干扰的概率，从而提高系统的抗干扰性能。当干扰源为宽带信号时，即使覆盖了全部通信频谱，但由于干扰信号功率谱密度相对降低，它对信号的干扰程度也就下降了，从而带来了所谓的扩频处理增益。

9.6.5.4 直扩/跳频混合扩频

对 FH－SS 系统而言，它是通过频率的跳变来躲避干扰，由于它没有真正意义上的扩频增益，其发射信号功率谱密度是高于噪声功率谱密度的，如果敌方频谱仪的扫描时间小于跳频信号的驻留时间，则可以完整地显示跳频频谱。即使跳频速度较快，也可采用扫描累加方式监测跳频通信所占的频谱。由此可见，对跳频通信实施监测是完全可以实现的。当敌方确切地知道对方的通信频谱时，它就可以尝试去解密，在解密不成功的情况下，它也可以有的放矢地在特定频谱范围内进行电子干扰。即使 FH－SS 系统的频谱再宽，只要同时使用不同频谱的电子干扰机进行组合，就可以做到有效干扰，这种干扰称为宽带阻塞式干扰，通过发射宽带大功率信号占据整个跳频频段，使跳频电台无处可跳，系统不能正常工作。

对于 DS－SS 系统而言，要成功解扩，就必须首先知道正确载波频率以解调，然后通过正确的伪随机码解扩，而伪随机码的种类、码长和初相等参数可以构成一个庞大的组合序列，而且这些参数可以实时程控改变，要在信号功率谱密度低于噪声功率谱密度的条件下快速捕获以上参数从而正确解密是比较困难的。因此，对敌方 DS－SS 通信系统实施电子干扰，使其无法进行有效联络比试图解扩解调更为有效，其主要手段也是采用窄带干扰。

如何能有效地利用 DS－SS 扩频技术和 FH－SS 扩频技术的优点，而克服它们所存在的缺点呢？将 DS－SS 系统和 FH－SS 系统结合起来是一种有效的方法，这就产生了直扩/跳频（DS/FH）混合扩频通信系统。这种混合扩频系统一方面通过 DS－SS 信号功率谱密度可低于噪声功率谱密度的特性起到保密作用，另一方面通过 FH - SS 系统获得超大的频谱宽度，使对方的电子干扰机无能为力。

直扩/跳频（DS/FH）混合扩频通信系统模型如图 9 - 80 所示，首先对基带信号进行直接序列扩频，形成 DS 信号，然后对 DS 信号再进行跳频扩频发射出去，这样就形成了 DS/FH 信号。接收端收到 DS/FH 信号后，首先对接收信号进行解跳，变成一个普通的 DS 信号，然后再对接收信号进行解扩解调运算，从而完成了对 DS/FH 信号的整个解调过程。

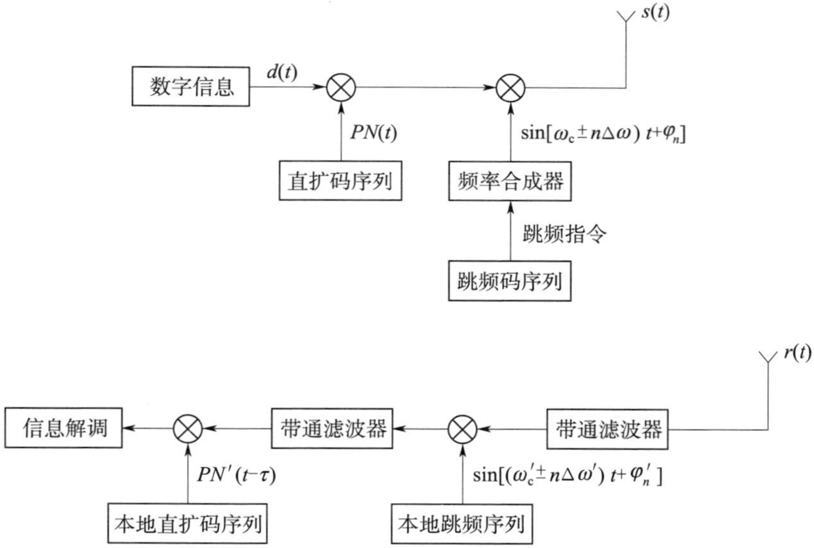

图 9 - 80　直扩/跳频（DS/FH）混合扩频通信系统模型

DS/FH 混合扩频系统的处理增益为直扩和跳频的处理增益乘积，即

$$G_{\mathrm{p}}=\frac{BW_{射频}}{BW_{信息}}=N\cdot\frac{R_{\mathrm{c}}}{R_{\mathrm{a}}} \tag{9-81}$$

式中　G_{p} ——混合扩频系统的扩频增益；

$BW_{射频}$ ——信号射频带宽；

$BW_{信息}$ ——信息带宽；

N ——跳频的可用频道数；

R_c ——伪码速率；

R_a ——信息速率。

由此可见，采用DS/FH混合扩频系统后，提高了系统的抗干扰能力，它将跳频系统和直扩系统的优点集中起来，克服了单一扩频方式的不足。例如，直扩系统对同步的要求高，远近效应影响大，这些不足正是跳频系统的优点；跳频系统在抗选择性衰落、抗多径等方面的能力不强，直扩技术又正好弥补了它的不足。因此，把直扩和跳频相结合，使系统更加完善、功能更强，提高了系统的保密程度，给敌方的窃听、截获设置了更多的障碍。

9.6.6 超宽带体制

超宽带（UWB，Ultra－Wideband）技术的研究历史最早可以追溯到20世纪60年代兴起的脉冲通信技术，简单理解就是用频谱极宽的超短脉冲进行通信。UWB技术最早应用在军用雷达和定位系统中，民用领域较晚才有所涉及。2002年，美国联邦通信委员会（FCC，Federal Communications Commission）批准了UWB技术用于民用，4年之后，日本也开放了超宽带频段，自此，UWB技术迅速发展。由于无线频谱资源是一个有限并且使用需求不断上升的资源，在无线技术蓬勃发展的今天，这种资源就显得十分紧张，而UWB技术占用频谱少，传输数据速率高，并且抗干扰能力强，它的这些优点使UWB技术成为近年来人们研究关注的热点。

9.6.6.1 超宽带的定义

根据香农（Shannon）公式

$$C = B\log_2\left(1+\frac{S}{N}\right) \quad (\text{bit/s}) \tag{9-82}$$

可知，即使在信噪比 $\frac{S}{N}$ 很低的情况下，只要传输带宽 B 足够大，同样可以提供很大的信道容量 C 。这就是UWB技术的理论依据，即以极大的带宽换取极大的信道容量，从而提高信道传输速率。

超宽带通信的核心是冲击无线电技术，即用持续时间非常短（亚纳秒级）的脉冲波形来代替传统传输系统的持续波形。从傅里叶变换之后的特性来看，信号所占的带宽远远大于信息本身的带宽，因此，称为超宽带。美国联邦通信委员会对于 UWB 的定义为

$$\frac{(f_H - f_L)}{f_c} > 20\% \tag{9-83}$$

式中　f_H, f_L——功率较峰值功率下降 10 dB 时所对应的高端频率和低端频率；

f_c——载波频率或中心频率。

提高发射信号带宽以获得超宽带信号的最传统也是最常用的一种方式就是发射一种在时域上很短（占空比低达 0.5%）的冲击脉冲，这种发射技术被称之为冲击无线电（IR）。UWB - IR 又被称作基带无载波无线电，是因为相对于传统的信号调制方式，UWB - IR 不用将调制信号加到载波上进行传输，而是直接用基带信号驱动天线进行输出的。由要传输的信息数据直接调制数据脉冲，在此过程中同时进行信道编码。因此，冲击脉冲的产生和调制技术是 UWB 技术方案的两大核心所在。

产生 UWB 冲击脉冲的方法主要有两种：1）光电方法，其基本原理是利用光导开关导通时瞬间产生的陡峭上升沿获得脉冲信号。这种方法能够获得目前最小宽度的冲击脉冲，所以发展前景很好。2）电子方法，其基本原理是对半导体 PN 结反向加电，使其达到雪崩状态，并在导通的瞬间，取陡峭的上升沿作为脉冲信号。由于半导体器件较容易获得，所以这种方案目前应用得最广泛。但相比光电方法产生的冲击脉冲，采用电子方法产生的冲击脉冲宽度就要大得多了，而且精度较差。

UWB 无载波调制技术可分为两种：1）单脉冲调制。它是一种最常用的方式，脉冲的幅度、位置和极性变化都可以用于传递信息。目前单脉冲调制技术包括脉冲幅度调制（PAM）、脉冲位置调制

(PPM)、二相调制（BPM）和开关键控（OOK）等。PAM 是通过改变脉冲幅度大小来传递信息的一种脉冲调制技术，由于实现起来较为容易，所以 PAM 方式应用广泛。2）多脉冲调制。由于单脉冲的调制机制较为简单，单个脉冲所含信息量大，所以它的抗干扰能力不好。为了降低单个脉冲的幅度，提高系统的抗干扰性能，UWB 无线系统中，往往采用多个脉冲传递相同的信息，即多脉冲调制技术。多脉冲调制过程分为两步：第一步为组内单个脉冲的调制，通常采用 PPM 或 BPM 调制；第二步为每组脉冲作为整体被调制，可以采用 PAM、PPM 或 BPM 调制。即以一种“先部分—后整体”的方式对冲击脉冲信号进行调制，大大提高了信号的抗干扰能力。

9.6.6.2 超宽带的特点

超宽带通信具有如下特点。

(1) 适应现行复杂电磁环境

超宽带通信信号具有很好的辐射掩屏能力。为了避免对现有的通信系统带来干扰，必须将超宽带系统的发射功率限定在一定的范围内，即在超宽带通信频率范围内的每个频率上都规定一个最大的允许功率，这个功率值一般是通过辐射掩屏（Emission Mask）来决定。超宽带技术可以与现有的其他通信系统共享频谱。超宽带通信使用的频谱范围从3.1 GHz到 10.6 GHz，频谱宽度高达 7.5 GHz，通过发射功率的限制，避免了对其他通信系统的干扰。这种在很低的功率频谱密度下共享频谱的方式，在频谱资源非常紧张的今天具有极其重要的意义。

(2) 信道容量大，数据传输率高

超宽带通信技术具有信道容量大、传输速率高的优点。由于 UWB 系统使用上 GHz 的超宽带宽，根据香农公式，即使把发送信号功率控制得很低，信噪比很低，也可以实现很高的信息速率。通常来说，其最大数据传输速度可以达到几百 Mb/s 到 1 Gb/s。

(3) 定位精度高

超宽带脉冲具有较强的穿透能力，因此可以用于各种环境下的测距和定位。系统的定位精度与信号频谱带宽直接相关，频谱越宽，时间分辨率就越高。超宽带信号带宽通常在数 GHz，所以理论上其定位精度可达厘米量级。研究表明，与 GPS 全球定位系统相比，超宽带技术具有更高的定位精度（见表 9-8）。

表 9-8　各种技术定位精度比较

技术	GPS	Bluetooth	IEEE 802.11	UWB
定位精度	5～20 m	3 m	3 m	15 cm

（4）UWB 的保密和安全性能好

超宽带信号的功率谱密度非常小，淹没在环境噪声和其他信号中，同时又具有极宽的带宽，很难被基于频谱搜索的侦测设备检测到。同时，超宽带系统可以采用多种扩频多址方式，包括跳时扩频、跳频扩频、直接序列扩频等，在接收端必须采用与发射端一致的扩频码才能正确地解调数据，这使得非合法用户很难获取合法用户的传输信息，系统的安全性和保密性非常高。

（5）衰落较小

由于多径效应和信号的自然衰减，任何信号从发射点到接收点都会发生一定程度的失真，有时多径效应的失真甚至会严重影响接收信号。对于 UWB 技术而言，多径衰落的影响相对很小。试验表明，对常规无线电信号多径衰落深达 10～30 dB 的多径环境，UWB 信号的衰落最多不超过 5 dB。

（6）低成本和低功耗

UWB 无线通信系统接收机没有本振、功放、锁相环（PLL）、压控振荡器（VCO）、混频器等，因而结构简单，设备成本将很低。由于 UWB 信号无需载波，而是使用间歇的脉冲来发送数据，脉冲持续时间很短，所以它只需要很低的电源功率，相比蓝牙技术只有其十分之一。

9.7 遥测基带的发展趋势

近年来，遥测基带（系统）不断引进一些先进技术，如 SoC、虚拟无线电、认知无线电、光载无线电等技术，以满足不断发展的遥测需求。遥测基带呈现出集成化、小型化、软件化、智能化、网络化的发展趋势。

9.7.1 集成化、小型化

随着电子综合设计技术和元器件制造技术的快速发展，综合基带设备集成化、小型化工作已经提上日程。近年来，国外航天领域 SoC 技术发展迅速，并向光机电一体化和 3D 集成方向发展。国内多个单位也开展了 SoC 技术研究，成功研制出了多款面向航天应用的 SoC 产品，有效降低了航天型号电子系统的体积和功耗，提高了型号的可靠性。SoC 技术是解决综合基带设备集成化和小型化的有效手段。

9.7.1.1 SoC 设计技术

片上系统（SoC，System on Chip）技术是 20 世纪 90 年代兴起的一种新的集成电路设计技术，是技术推动与需求牵引的产物，它将 CPU、DSP、存储器、射频电路、模拟电路、传感器，甚至微机电系统（MEMS，Micro - Electro Mechanical System）等集成在单一芯片上，以实现一个完整系统功能。目前，SoC 技术进入超深亚微米及纳米范围，具有响应速度快、功能集成度高、功耗低及可靠性高等优点，已成为微电子领域的热点研究方向。

SoC 设计技术是一种以可重用 IP 核为基础，以软硬件协同设计为主要设计方法的芯片设计技术。其关键技术主要包括总线构架技术、IP 核可复用技术、可靠性设计技术、软硬件协同设计技术、芯片综合与时序分析技术、SoC 验证技术、可测性与可调试性设计技术、低功耗设计技术、新型电路实现技术、嵌入式软件移植与开发技术。

SoC 设计流程如图 9－81 所示。功能设计要求 SoC 设计者必须充分考虑系统的固有特性，并利用固有特性进行综合功能设计。功能设计完成后，进入 IP 综合设计，其任务是利用强大的 IP 库实现系统的功能。系统功能仿真用以检查是否实现了系统的设计功能要求。电路仿真的目的是检查 IP 模块组成的电路能否实现设计功能并达到相应的设计技术指标。产品测试应用是对制造完成的 SoC 产品进行相应的测试，以便调整各种技术和状态参数。

图 9－81　SoC 设计流程

9.7.1.2　航天 SoC 发展方向

(1) 开发 SoC 平台

SoC 技术的发展趋势是开发 SoC 平台，基于平台的设计是一种可以达到最大程度系统重用的面向集成的设计方法，统一 SoC 设计标准、输入输出接口，分享 IP 核开发与系统集成成果，不断重整价值链，在关注面积、延迟、功耗的基础上，向成品率、可靠性、EMI 噪声、成本、易用性等转移，使系统级集成能力快速发展。

(2) 自主研发 IP 核

IP 核是 SoC 技术的设计基础，对于系统级芯片设计而言，需要更多地采用 IP 核复用技术，缩短研发周期，降低成本，更好地满足市场需求。如果我国航天设备对国外的 SoC 芯片依赖程度很高，就必然存在可靠性、潜在危险性和不可替代性等问题，因此自主研发通用的 IP 核将会是我国航天 SoC 技术发展的必然趋势。

(3) 研究多系统 SoC（MSoC，Multiple System on Chip）

MSoC 通过对集成多种功能的单独芯片进行组装，构成芯片级协同工作的综合电子处理系统。MSoC 具有良好的工艺兼容性，能够将 CMOS 工艺、双极工艺技术、BiCMOS 工艺、MEMS 工艺等多种工艺的产品集成在一起。芯片级组装能够有效节省功能模块之间的连线长度，减轻系统质量。MSoC 的设计和制造是一个一体化集成与创新设计过程，通过 MSoC 技术可以实现光机电等多领域技术的融合。

(4) 研究 3D 组装技术

3D 集成是指将多层平面器件堆叠起来，并通过穿透硅的 Z 方向通孔实现互连的系统级集成方案。3D 集成能够在减少芯片面积的同时缓解互连延迟问题，能够使逻辑电路的性能大大提高。

9.7.2 软件化

近年来，随着通用计算机和软件处理技术的迅猛发展，测控基带设备出现了一种新的实现形式——基于高性能通用计算机平台（工作站、服务器）的软件化实现形式，它不同于多功能数字基带的基于专用硬件平台（可编程 DSP、FPGA）的数字化实现形式。数字基带是基于软件无线电技术进行方案设计的，而软件基带则是起源于虚拟无线电技术。

9.7.2.1 虚拟无线电

1992 年 5 月，美国 MITRE 公司的 Joseph Mitola 博士提出了软件无线电的概念，即由硬件作为无线电通信的基本平台，而把尽可能多的无线及个人通信的功能用软件来实现，如图 9－82 所示。目前，主流的数字基带设备正是基于软件无线电的原理进行方案设计的。基于软件无线电处理技术的遥测系统由于受制于专用硬件平台(DSP/FPGA)，在重组性、扩展性和通用性方面不够理想。

1999 年，美国麻省理工学院的 Vanu Bose 等人提出了虚拟无线电的概念，其思想与软件无线电相类似，但另有特殊之处：虚拟无线电不是由软件控制的专门数字硬件或者是由 DSP 芯片实现的，而是从计算机的体系结构出发，充分利用工作站等计算机资源来实现软件无线电的，它脱离了软件无线电中以可编程 DSP 和 FPGA 为主的专用硬件平台，将 A/D 之后的信号直接以通用化计算机为平台，

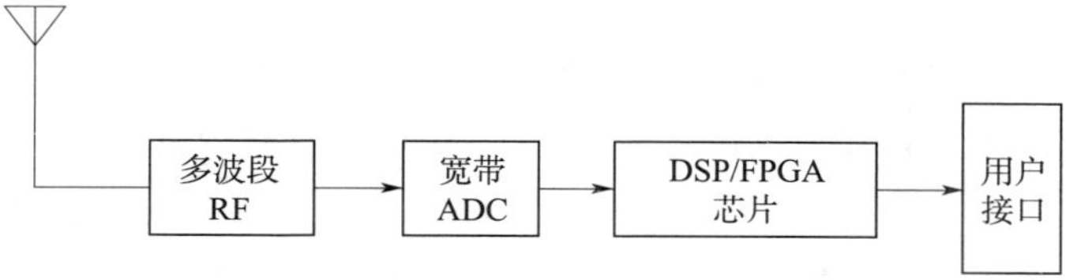

图 9－82　软件无线电系统架构

以软件处理方式完成信号的快速处理，如图 9－83 所示。软件化基带可以利用计算机软件，灵活地实现多种测控功能，使未来的航天测控系统由“天线＋通用计算机＋软件”构成，达到测控设备通用化的目的。

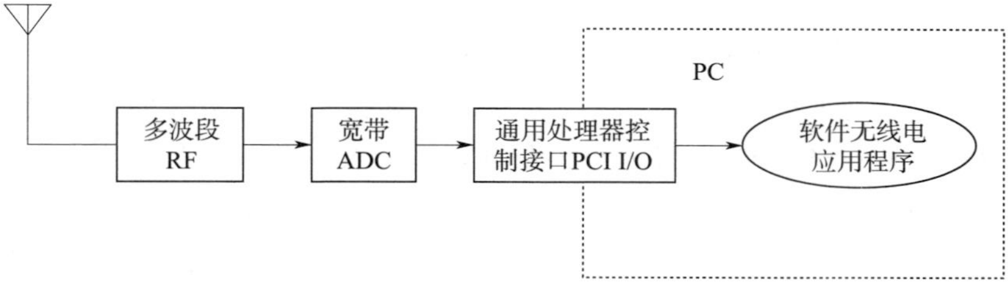

图 9－83　虚拟无线电系统架构

虚拟无线电技术具有如下特点：

1）易于试验。由于计算机与 DSP 芯片相比有更大的存储空间和编程环境，因此可以方便地应用各种新的算法和新的协议。

2）系统灵活。通用计算机采用的是开放、模块化的体系结构，各个模块之间由总线连接，因此用户能方便地通过更新驱动程序和软件升级在新设备或现有设备上开发各种新的功能。

3）易于集成。由于通用计算机强大的编程环境和开放的体系结构，使虚拟无线电的发射和接收功能模块能够比较容易地与其他部分集成。

4）可动态优化。计算机通过对通信系统的检测，可自动地调用不同的数字信号处理算法或修改系统参数，因而能够动态地优化系统的性能。

5）对于特殊功能的设备，能降低成本。尽管通用计算机（工作站）相对于大规模市场中的专用硬件设备（例如蜂窝电话）价格昂贵，但是相比小规模市场中的硬件设备价格要低一些。更进一步，虚拟无线电设备的系统结构鼓励硬件设备资源共享，这些都降低了硬件设备的成本。

6）改进计算效率。通用的处理器相对于专用的DSP器件，计算性能有很大提高。部分原因是市场因素促进了工作站的性能的改善，还有更重要的三个原因，即工作站内存和处理器更有利于新算法的实现；信号处理和高水平引用结合使得系统性能达到最佳；信道和系统性能改变之后信号处理功能可以动态调整。

9.7.2.2 软件基带的处理平台

高性能的软件基带必须建立在高性能的软件处理平台基础上。受个人计算机CPU处理能力的限制，基于单PC的软件处理能力十分有限。因此，为满足多体制、大容量的宽带遥测信号（准）实时处理的需求，必须选择一种合适的处理平台。目前，适合于软件基带的高密度、高性能软件处理平台大致有以下三种。

（1）刀片服务器

所谓刀片服务器，是指在标准高度的机架式机箱内可插装多个卡式的服务器单元，实现高可用和高密度。高密度计算是刀片式服务器的最大特点，例如分布式计算，在同一时间内大量进程并行，而单一进程的计算处理要求又非常低，正符合刀片式服务器强调高密度分散计算的架构。刀片服务器不仅具有低功耗、空间小、单机售价低等特点，同时它还继承发扬了传统服务器的一些技术指标，比如把热插拔和冗余运用到刀片服务器之中，这些设计满足了密集计算环境对服务器性能的需求；通过内置的负载均衡技术，有效地提高了服务器的稳定性和核心网络性能。而从外表看，与传统的机架/塔式服务器相比，刀片服务器能够最大限度地节约服务器的使用空间和费用，并为用户提供灵活、便捷的扩展升级手段。

（2）GPU 处理平台

GPU 的全称是 Graphic Processing Unit，即图形处理单元。得益于游戏业的高速发展，GPU 技术的发展达到了前所未有的速度，其更新换代的时间大大小于 CPU。GPU 特殊的硬件架构突出了对 CPU 的优势：拥有高带宽的独立显存，浮点运算性能高，几何处理能力强，适合处理并行计算、重复计算、图形或视频处理等任务，能够大幅度降低系统成本。早期的 GPU 架构须将计算映射到图形 API（OpenGL 和 DirectX）中，如果程序员使用 GPU 进行通用计算，还需要学习 OpenGL 和 DirectX，这无疑加重了开发人员的负担，因此并没有被广泛接受。自从 2007 年 NVIDIA 公司正式发布计算统一设备架构（CUDA，Compute Unified Device Architecture）以后，使得开发非图像的应用变得相当简单。CUDA 是一种将 GPU 作为数据并行计算设备的全新软硬件架构，是用于 GPU 计算的开发环境。它以 C 语言为基础，对 C 语言进行扩展，完成在显示芯片上执行的程序，极大地降低了利用 GPU 进行编程的入门门槛。

（3）MIC 处理平台

Intel 的 MIC 主要针对高性能计算、工作站和数据中心高度并行处理的应用领域。相比传统处理器，MIC 处理器具有更小的内核和硬件线程，以及更宽的矢量单元，能更加有效地提升系统性能，满足高度并行化的高性能计算应用。Intel 在 SC2011 超级计算大会上发布了首款 Knight's Corner MIC 处理器，将 50 个以上的处理器核心集成到一块芯片中，Knight's Corner 芯片与 NVIDIA 和 AMD 开发 GPU 图形处理器完全不同。Knight's Corner 芯片类似于辅助处理器，使用 PCI - Express 插槽，类似于竞争对手 AMD 的 Firepro 和 NVIDIA 的 Tesla 芯片，将与 Intel 的传统芯片一同运作。MIC 采用与 Intel 至强处理器相同的工具、编译器和库的全新架构，而全球超过 80％的超级计算机采用了 Intel 公司的处理器平台，因此，研发人员利用 MIC 处理平台开发软件时，可以继续在一个较为熟悉的领域开展研发工作，较好地解决了重新编程等技术问题。

9.7.2.3　软件基带的优势

与数字基带相比，软件基带具有如下优势：

1）软件基带的开发人员不必局限于芯片的使用方法和操作系统的底层工作原理，就可以方便迅速地进行系统设计与开发，并且可以便捷地从商业软件、Internet 网络等资源中获取有用信息。

2）由于有功能强大的操作系统和众多软硬件资源的支持，通用计算机的编程环境较 FPGA、DSP 等专业器件有了更大的存储空间和编程能力。软件基带可以充分利用这些资源，通过自动调用不同的信号处理算法或修改配置参数，实现系统性能的动态优化。

3）软件基带可以将接收到的信号存储到内存或硬盘中，利用事后快速频谱分析、高精度处理算法和数据反演等手段，进一步提高信号接收的完整性和精度。

4）在不改变原有系统架构的基础上，通过提升 CPU 配置、开发新的软件模块，软件基带可以便捷地进行各类新技术的功能扩展，如检前记录和回放技术、抗干扰技术、均衡技术、认知无线电技术、数字化波束处理技术等。

5）只需配置不同的应用软件，软件基带的同一处理平台便可以作为多种型号产品的通用平台，从而大大简化了产品研制、生产和维护环节，也降低了后期维护和升级成本。

9.7.3　智能化

遥测基带智能化源于认知无线电技术。认知无线电技术是软件无线电的进一步扩展，将软件无线电从预置程序的盲目执行者转变为无线电领域的智能代理。智能化基带具有频谱检测、频谱分析和自适应参数调整等先进功能。

9.7.3.1　认知无线电

1999 年，Joseph Mitola 博士在软件无线电基础上提出了认知无线电的概念：认知无线电是“一种采用基于模式的推理达到特定无线相关要求的无线电”，它采用基于模型的方法对控制无线电频谱使用的规则（如射频频段、空中接口、协议以及空间和时间模式等）进行推理，通过无线电知识描述语言，表述无线电规则、设备、软件模块、电波传播特性、网络、用户需求和应用场景的知识，以增强个人业务的灵活性。Mitola 在其博士论文中给出了以通信环境和位置为基础的认知循环图，如图 9－84 所示。认知循环图描述了认知无线电如何与环境进行信息交互，利用感知的新状态和先验信息，最终得到响应的一个认知流程，该认知流程由观察、分析、学习、计划、决策和行动等步骤组成。基于认知无线电的智能基带具有频谱检测、频谱分析、推理和学习、自适应参数调整等功能，通过动态利用现有授权系统的频谱，能够有效地提高频谱利用率。

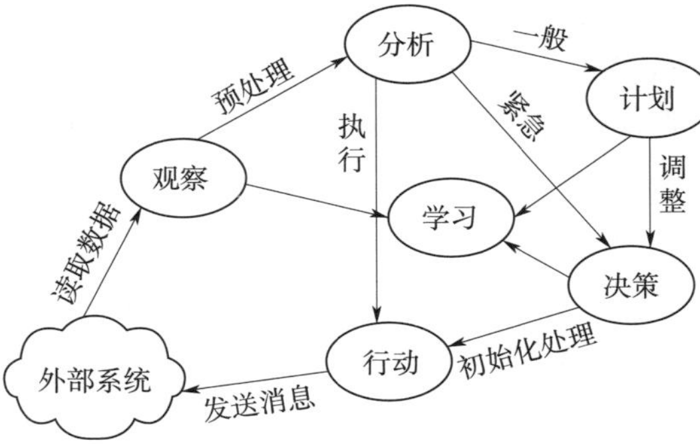

图 9－84　Mitola 定义的认知循环图

9.7.3.2　智能基带的功能

根据认知无线电原理，智能基带具有以下主要功能。

(1) 频谱检测

由于智能基带只能利用授权用户未使用的频谱资源，其频谱接入的优先级低于授权用户。为了确保对授权用户不产生干扰，智能基带设备必须能够快速发现授权用户的出现，并在工作过程中实时监测授权用户的活动状态。这种功能由智能基带的频谱检测技术实现，智能基带必须具备快速而精确的频谱检测能力。智能基带的频谱检测能够通过对所处环境的观察和信息交互，了解无线电环境的新状态和一些先验信息，探知特定时间和空间的空闲频谱资源，以及获得频谱管理和使用规则等。频谱检测需要在一个宽频段范围内进行多维度检测，从而发现尽可能多的频谱机会，并保证对授权用户不产生有害干扰。

（2）频谱分析

如果说频谱检测是获取信息的过程，那么频谱分析就是对相关信息的初步处理。频谱分析包括对自身性能、网络内部状态、外部相关数据（包括频谱使用策略和政策法规）以及用户的通信需求等相关知识的分析和处理。认知无线电设备通过所获取的频谱检测结果分析授权用户的位置、使用频点和发射时间，进而确定自己的可用频点位置、可用带宽等；并且根据自身的设备性能、信道状况和通信需求情况规划具体的传输参数，如功率、带宽、频率、时间等；同时还要考虑自身传输可能会对网络中其他用户产生的影响。

（3）推理和学习

智能基带对无线环境的检测、对环境变化的适应、系统功能模块的可重构性等都是自主工作和运行的，不需要人工的参与和处理，这要求智能基带具有智能的推理和学习能力。有了足够的人工智能，智能基带就能通过吸取过去经验对当前情况进行实时响应，过去经验包括对死区、干扰和使用模式等的了解。根据频带的可用性、位置信息和过去经验，智能基带就可以赋予无线电设备自主确定采用哪个频带的功能。由于无线频谱环境的复杂性，简单的检测、推理和分析可能无法获得较好的传输性能，如何根据无线背景环境的相关数据进行分析和预测是一个非常重要的课题。

（4）自适应参数调整

自适应参数调整能力是智能基带完成传输的关键。利用频谱检测和分析的相关结果，通过先进的功率控制技术、自适应编解码以及调制技术，认知无线电设备选择合适的频点和发射功率，从而实现成功的传输，并优化频谱资源利用。这要求认知无线电设备能够在较宽的频段内实现不同传输方案之间的切换，并且在突发事件发生后能够及时暂停或恢复传输，确保在不干扰授权用户的情况下获取最大限度的传输能力。自适应参数调整需要建立在频谱分析、决策、共享和移动等频谱资源管理技术，以及硬件平台的重配置技术之上。这些技术联合起来，使得智能基带能够适应无线环境的动态变化。

9.7.3.3　智能基带的关键技术

智能基带最为显著的一个特点就是能够实时地与所处环境进行交互，能够自主地感知所处环境和目标的特征参数，如用户工作频谱、当前空闲频谱资源、目标调制方式、编码方式等。根据用户和环境的特征参数实时、自主地调整系统的通信方式、工作频谱等参数。因此，智能基带的关键技术可概括为以下三个方面：在线可编程通信技术、频谱感知技术和频谱分配技术。

（1）在线可编程通信技术

在线可编程通信系统能实现不同通信模式下的通信设备一体化与通用化设计，通过组建多种通信平台通用的弹性系统架构，使不同的通信体制适用于相同的通信模块，根据任务需要切换在轨飞行器通信收发体制，重新匹配收发端通信模式，从而保证不同任务时的链路性能最优。

（2）频谱感知技术

将频谱资源定义为（时间、空间、频率、功率）的四维模型。频谱资源是该四维模型中的一个“点”，而整个四维空间构成了一张“图”。频谱感知的任务就是判断“图”中某个给定的“点”是否被占用。

频谱感知指的是在频谱资源四维模型下，认知用户在给定时间，对给定空间内、给定频率上的能量进行感知，判断此频段是否有授权用户/认知用户正在通信，构建并实时维护一张描述自身周围环境频谱使用状况图的过程。

（3）频谱分配技术

频谱分配指的是根据请求接入通信系统的用户数目及其服务要

求，采用一定的策略将频谱资源分配给一个或多个指定用户的过程。

频谱分配过程中，分配策略的选择直接决定系统容量、频谱利用率以及用户 QoS 水平。根据不同的分配方式，频谱分配可分为静态频谱分配（Static Spectrum Allocation）和动态频谱分配(Dynamic Spectrum Allocation)。静态频谱分配是指根据固定的频谱分配政策将频谱资源分配给系统内用户，系统内用户不能按照自身需要定制对资源的使用方式（即授权用户不能将闲置未用的空闲频谱租让给认知用户使用)。这种工作方式在实现和管理上都较为简单，然而它不够灵活，不能适应动态变化环境中用户对频谱资源的动态需求，导致出现频谱短缺假象和频谱资源利用率低下状况。动态频谱分配技术为如何有效利用闲置未用频谱资源提供了一个很好的解决方案。动态频谱分配体制使得无线频谱不再固定地分配给某个通信用户，而是通过一个自适应策略有效地利用频谱资源，满足不同用户对频谱资源的需求，从而增大系统容量，提高频谱利用率。

9.7.4 网络化

光载无线电（RoF，Radio over Fiber）技术为解决遥测信息高速数据的远距离、网络化传输问题提供了有效途径。遥测网络技术通过将成熟的网络技术应用于遥测领域，可以解决在航天遥测领域中通信链路变化剧烈、多目标遥测以及地面基站覆盖范围有限等问题。

9.7.4.1 光载无线电技术

（1）技术原理

光载无线电（ROF）技术是一种利用光纤作为传输媒质来传送宽带无线信号的传输技术，属于副载波通信技术范畴。它最早由 Cooper 于 1990 年提出用于无线通信，而后得到广泛的关注和研究。RoF 技术是结合光纤通信与无线通信两个领域的综合技术，是近年来新兴的交叉学科——微波光子学（Microwave Photonics）的一个重要研究方向。

图 9－85 为 RoF 系统的基本结构图，典型的 RoF 系统一般由 3 个部分组成：中心站（CS，Central Station）、光纤链路和远端天线单元（RAU，Remote Antenna Unit）。中心站是核心，负责资源的管理、基带信号的处理以及发射经 RF 信号调制的光载波等功能。经过光纤链路传输的光信号被 RAU 通过光电探测器接收，将光信号还原成 RF 信号，并通过天线发射出去。通常，RoF 系统会设计为双向，即全双工方式工作，这时 CS 到 RAU 的方向定义为下行方向，RAU 到 CS 的方向为上行方向。实际中，一个中心站通常连接多个 RAU，这样就可以通过增加 CS 复杂度的方法来简化 RAU 的结构，降低 RAU 成本，使系统更加灵活。

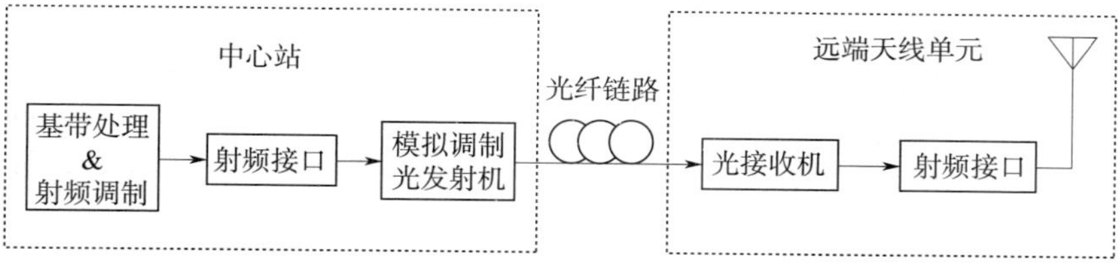

图 9－85　RoF 系统的基本结构

通常，光纤传输 RF 信号主要有 3 种方式，分别为光载基带信号、光载中频信号和光载射频信号，每种方式都具有其固有的优缺点。前两种传输方式可以很方便地在 CS 和 RAU 中使用，目前已有非常成熟可靠的低频模拟及数字信号处理器件和低成本的光电接口，但 RAU 中需要较复杂的变频器件，这会使 RAU 的升级变得比较困难；在光载射频信号的传输方式中，RF 信号以可直接发射的频率通过光纤传输到 RAU，在 RAU 中不需要上变频或下变频，其结构可得到简化，但中心站则需要工作在高频段的射频器件或高频、高线性度的直接调制激光器。当传输的频率进一步提高到毫米波段时，则需要使用外调制器，并且光纤色散引起的射频功率衰减问题此时也需要重点考虑。

目前，最常用的克服光纤色散引起的射频功率衰减效应的方法是光单边带（OSSB，Optical Single Sideband）调制的方法。到目前为止，已经提出的实现 OSSB 调制的方法有很多，大致可以分成 3 类：第 1 类是基于光外差的方法，第 2 类是基于光滤波器的方法，第 3 类方法是基于 OSSB 调制器的方法。其中，第 3 类方法比较实用。

（2）应用领域

RoF 技术的主要优点是实现微波和光波之间的转换，结合了微波和光纤通信的优势。RoF 技术使射频微波在光纤中实现无衰减，无信道间相互干扰的射频波带通传输。其主要应用包括：无线局域网、天线遥感、宽带视频分配网络、无线个人通信网络、UWB、航空毫米波传感器通信网络以及远程医疗系统等。下面，重点介绍 RoF 技术在现代航天遥测系统中的应用。

RoF 技术为解决遥测信息高速数据的远距离、网络化传输问题提供了有效途径。RoF 技术使得遥测站主体设备与遥测天线在空间上远距离分开成为可能，因而遥测站不容易被敌方发现并摧毁；对于多基地遥测系统而言，多站间的远距离遥测信号传输可能会超过几十到几百千米，这样的距离对于电缆传输是遥不可及的，但对采用 RoF 技术的光纤链路而言，却很容易实现。

在现代航天遥测系统平台上的大量 RF 链路中，同轴电缆的体积和质量不能满足尽可能小的要求，而且把不易弯曲的铜线电缆和波导安装和布置在狭窄的空间内也是一个问题，而借助 RoF 技术则可有效地解决上述问题。

9.7.4.2　遥测网络技术

遥测网络技术通过将网络技术与遥测技术相结合，实现了航天遥测的网络化。利用多个基站以及遥测目标本身作为网络节点，通过传输协议、路由协议等网络协议合理组织各个节点之间的信息交互，以网络的形式完成数据传输，从而增强遥测网络中各个节点之间的通信能力，提升遥测系统通信性能，扩大整体覆盖范围和整体通信容量，同时由于网络系统的可配置性，可以使得遥测网络具备较好的灵活性和通用性，能够满足不同任务的需求。

遥测网络技术通过将成熟的网络技术应用于遥测领域，可以解决在航天遥测领域中通信链路变化剧烈、多目标遥测以及地面基站覆盖范围有限等问题。

1）通信链路变化剧烈：航天遥测中，遥测目标（如飞机、巡航导弹等）飞行高度可能很低，遥测信号受地形遮挡、反射等影响显著；并且，目标姿态变化剧烈（如飞行器机动等），受天线方向图的影响，遥测信号强度变化也相对剧烈。

2）多目标多任务遥测：航天遥测中通常会出现对多个目标同时遥测的情形，其遥测任务也有差异，地面遥测站的容量、有效覆盖范围较小，很难满足多条链路的爆发性数据传输，传统遥测系统多根据某一具体任务设计，缺少灵活性和通用性。

3）地面基站覆盖范围有限：航空遥测的主要目标通常飞行高度较低，受地面环境以及基站布设高度的影响，基站覆盖范围通常较小，同时由于地形遮挡因素的影响，存在较多的覆盖盲区。

目前，国外关于遥测网络技术的研究主要集中于航空遥测领域，其主要研究方向有遥测网络架构、遥测网络协议、遥测网络安全问题、网络物理层设计等方面。

1）遥测网络架构：遥测网络由于其链路的独有特点，链路中断概率很高，传统的以太网架构网络并不能很好地适用，国外关于遥测网络架构的研究主要集中于自组织网络（Ad - hoc network）和蜂窝网络（Cellular - network）组成的混合网络架构。如图 9 - 86 所示，蜂窝网络位于网络的中心，自组织网络位于网络的边界，通过自组织网络扩大网络的整体覆盖范围。

2）遥测网络协议：有关航空遥测网络协议研究很多，其中一个重要研究方向是将现有的 TCP/IP 协议进行改进，使其适合遥测环境。其中，ANTP（Aeronautical Network and Transport Protocol）网络协议的研究较为成熟。ANTP 协议由 AeroTP、AeroRP、AeroNP 协议组成，ANTP 协议在设计之初就考虑到航空遥测环境的高动态性、信息种类复杂性、传输高可靠性等要求。AeroTP 协议

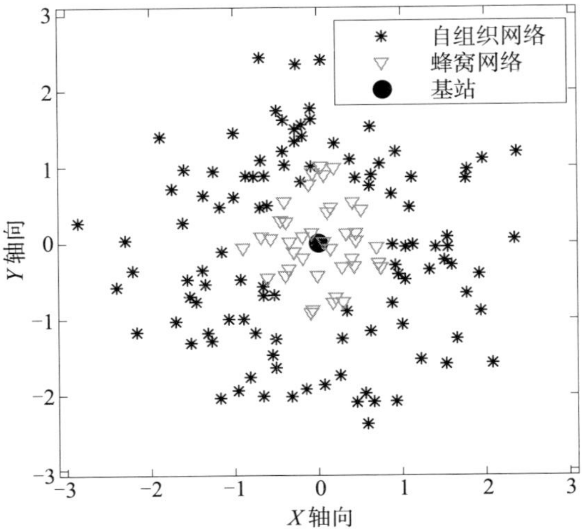

图 9－86　蜂窝-自组织混合网络架构

从 TCP 协议衍生而来，该协议能够适应遥测网络的高动态特性，是整个网络的顶层协议，完成与应用层接口、网络差错控制等功能。AeroRP 协议为网络路由控制协议，由于航空遥测网络传输链路的高动态性，该路由协议被设计成能够容忍高的链路中断率，并合理规划传输路径。AeroNP 协议是网络的基本功能协议，完成信息发送、广播、侦听等功能。

3）遥测网络安全问题：由于附带的高度军事色彩，遥测网络的网络安全问题较为突出。由于遥测网络架构，协议大多衍生于以太网，因此遥测网络具有较大的潜在被入侵风险，针对遥测网络的安全问题研究主要集中于网络密钥管理、网络异常行为监测、网络入侵报警等方面。

4）网络物理层设计：该类设计主要集中在解决各个节点之间的无线数据传输问题，时分多址传输系统（TDMA）是研究热点之一。不同节点之间在不同的时隙上传输数据，从而实现复用信道。

参考文献

[1] 李邦复．遥测系统［M］．北京：中国宇航出版社，1987.

[2] 李秉常．航天遥测系统［M］．北京：中国宇航出版社，2001.

[3] 刘蕴才．遥测遥控系统［M］．北京：国防工业出版社，1999.

[4] 于志坚．航天测控系统工程［M］．北京：国防工业出版社，2008.

[5] 沈荣骏，赵军．我国航天测控技术的发展趋势与策略［J］．宇航学报，2001，22（3）：1-5.

[6] Grace Thomas and Abbott Ben. iNET System Design Concepts［C］. Proceedings of the European Telemetry and Test Conference，Munich，Germany，June 2012.

[7] James Kaba，Barbara Connolly. Overview of the telemetry network system（TMNS）RF data link layer［C］. Proceedings of the International Telemetering Conference，San Diego，CA，October 2012.

[8] Bose V，Ismert M，Welborn M，Guttag J. Virtual Radios［J］. IEEE Journal on Selected Areas in Communications，1999，17（4）：591-602.

[9] 丁兴文，余卫国，李艳华．基于高性能通用计算机的软件基带技术［J］．遥测遥控，2012，33（4）：1-7.

[10] Mitola，J.，Maguire G. Q. Jr. Cognitive radio：making software radios more personal［J］. IEEE Personal Communications，1999，6（4），13-18.

[11] Da Silva，C. R. C.，C. Brian，et al. Distributed Spectrum Sensing for Cognitive Radio Systems［C］. In Information Theory and Applications Workshop，2007，La Jolla，CA，January 2007，120-123.

[12] 杨孟飞，李军予，周新发，文亮．SOC/SOPC 技术航天应用［J］．控制工程，2004（2）：14-20.

[13] 沈文发，王维，李景须．航天 SoC 技术的发展态势与开发方法研究［J］．航天标准化，2012（3）：10-13.

[14] 蒋彭龙，刘亮亮．基于 SoC 的航天系统集成设计技术研究［J］．现代

防御技术，2013，41（4）：41－46.

［15］ 杨小牛，楼义才，徐建良．软件无线电技术与应用［M］．北京：北京理工大学出版社，2010.

［16］ 陈祝明．软件无线电技术基础［M］．北京：高等教育出版社，2007.

［17］ G. C. Valley，J. P. Hurrell and G. A. Sefler. Photonic analog－to－digital converters：fundamental and practical limits［C］. Proc. SPIE 2004，5618，96－106.

［18］ 李海涛．深空网的天线组阵技术［M］．北京：清华大学出版社，2005.

［19］ 王永良，丁前军，李荣锋．自适应阵列处理［M］．北京：清华大学出版社，2009.

［20］ Hoon Ahn，Boris Tomasic，Shiang Liu. Digital Beamforming in a Large Conformal Phased Array Antenna for Satellite Operations Support－Architecture，Design，and Development［C］. IEEE International Symposium on Phased Array Systems and Technology 2010，423－431.

［21］ Samuel Peterson and Kurt Kosbar. Multiple－Input Multiple－Output Systems for Spinning Vehicles［C］. In Proceedings of the International Telemetering Conference，San Diego，CA，October 2010.

［22］ Farzad Moazzami and Arlene Cole－Rhodes. Capacity Enhancement in Aeronautical Channels by MIMO Technology［C］. In Proceedings of the International Telemetering Conference，Las Vegas，NV，October 2011.

［23］ Aditya Muralidhar and Kurt Kosbar. Multiple－Input Multiple－Output System on a Spinning Vehicle with Unknown Channel State Information［C］. In Proceedings of the International Telemetering Conference，San Diego，CA，October 2012.

［24］ David Gesbert，Mansoor Shafi，Da－Shan Shiu，Peter J. Smith，Ayman Naguib. From theory to practice：An overview of MIMO space－time coded wireless systems［J］. IEEE Journal on Selected Areas in Communications. 2003，21（3）：281－302.

［25］ 陈宜元，殷礼明．卫星无线电测控技术［M］．北京：中国宇航出版社，2007.

［26］ Simon Haykin. 郑宝玉，等，译．自适应滤波器原理［M］．北京：电子工业出版社，2003.

[27] 陈世伟．锁相环路原理及应用 [M]．北京：兵器工业出版社，1990.

[28] 王新梅，肖国镇．纠错码——原理与方法 [M]．西安：西安电子科技大学出版社，2003.

[29] 刘东华．Turbo 码设计与应用 [M]．北京：电子工业出版社，2011.

[30] 袁东风，张海刚等．LDPC 码理论与应用 [M]．北京：人民邮电出版社，2008.

[31] Luby M. LT codes [C]. Proceedings of the 43rd Annual IEEE Symposium on the Foundations of Computer Science (STOC), Vancouver, Canada, November, 2002: 271 - 280.

[32] J. B. Anderson, T. Aulin, C - E. Sundberg. Digital Phase Modulation [M]. New York: Plenum Press, 1986.

[33] Bandwidth - efficient modulations [S]. CCSDS 413.0 - G - 1, Green Book, CCSDS, April. 2003.

[34] L. Deutsch and F. Stoklin. CMLP Study Report, Appendix 7, Ranging with GMSK [C]. January 10, 2008.

[35] Thomas Passvogel, Gerald Crone. Management of the Herschel/Planck Programme [C]. Modeling, Systems Engineering, and Project Management for Astronomy IV, San Diego, California, USA, June 27, 2010.

[36] Jean - Jacques Juillet, Jean - Michel Reix, Thomas Passvogel. Lessons learnt from the Herschel/Planck Programme [C]. The 62nd International Astronautical Congress, CapeTown, South Africa, October 3 - 7, 2011.

[37] T J Hill. A non - proprietary, constant envelope, variant of shaped offset QPSK (SOQPSK) for improved spectral containment and detection efficiency [C]. In Proceedings of IEEE MILCOM, October 2000: 347 - 352.

[38] Sasase L, Mori S. Multi - h phase - coded modulation [J]. IEEE Communications Magazine, December 1991: 46 - 56.

[39] 李秉常，郝建民．多调制指数连续相位调制体制——军用遥测体制的新发展 [J]．遥测遥控，2002，23 (5)：1 - 7.

[40] E Perrins and M Rice. Reduced - complexity detectors for multi - h CPM in aeronautical telemetry [J]. IEEE transactions on aerospace and electronic systems, Vol. 43, No. 1, January 2007: 286 - 300.

［41］ K Feher，et al. U. S. patents：4，567，602；4，339，724；4，644，565；5，784，402；5，491，457. Canadian patents：1，211，517；1，130，871；1，265，851.

［42］ 李秉常，郝建民，李伟范．FQPSK 调制体制的分析与评价［J］．遥测遥控，2001，22（4）：1 -8.

［43］ M K Simon and T Y Yan. Cross - correlated trellis - coded quadrature modulation［P］．Patent filed October 5，1999.

［44］ W. T. Webb，L. Hanzo. Modern quadrature amplitude modulation principles and applications for fixed and wireless communications［M］．Wiltshire ：Antony Rowe Lte，1996.

［45］ Thomas C M，Weidner M Y and Durmni S H. Digital amplitude - phase keying with M - ary alphabets［J］．IEEE Trans. Commun.，1974，22（2）：168 - 180.

［46］ William Y，Yiyang W. COFDM：An overview［J］．IEEE Trans. on Broadcasting，1995，41（l）：1 -8.

［47］ 查光明，熊贤祚．扩频通信［M］．西安：西安电子科技大学出版社，1990.

［48］ 王金龙．无线超宽带（UWB）通信原理与应用［M］．北京：人民邮电出版社，2005.

［49］ B. L. Dang，M. G. Larrode，R. V. Prasad，et al. Radio over fiber based architecture for seamless wireless indoor communication in the 60GHz band［J］．Comput. Commun.，2007，30：3598 - 3613.

［50］ Cooper A J. "Fiber/radio" for the Provision of Cordless/Mobile Telephony Service in the Access Network［J］．Electron. Lett.，1990，26（24）：2054 -2056.

第 10 章 遥测数据记录

10.1 概述

作为航天遥测系统的一个重要分系统，遥测数据记录设备的主要目的是将遥测系统获取或形成的遥测数据在各阶段进行记录和保存。在工程中，数据记录设备有不同的分类方式，根据记录设备的安装位置不同，可分为星（箭、船、弹）载记录器和地面（检前、检后）记录器；根据记录设备的作用，可分为特种记录设备（如黑匣子）和常规的记录设备（如星载、地面记录器）等，在实际遥测系统中，常常会综合考虑这两种区分方式对记录器进行分类，如特种存储回收装置，它是一种箭（弹）载的特种记录设备。

由于遥测记录设备种类较多，本章只对遥测系统中最重要的几种记录器，即特种存储回收装置、星载数据记录设备、地面数据记录设备等 3 种分别进行描述，详细介绍它们在实际工程中的架构以及相关实现技术。

特种存储回收装置是指采用特殊防护设计记录飞行器相关数据的记录器。它在现代遥测系统中对飞行试验的测控起到很重要的补充和支撑作用。在实际飞行试验中，由于对飞行器（特别是试验型飞行器）的测控存在盲区，或者基于现有的测控手段难以获取飞行器的所有飞行数据，而飞行器本身不具备飞行数据记录器的软回收条件，或者为了在发生灾难性事故后对事故原因进行分析，均需要对飞行数据记录器采取特种存储防护设计，确保飞行数据的记录和灾难条件下对数据的防护，这就需要用到特种存储回收装置。在 10.2 节从特种存储技术和回收信标技术两个方面对特种存储回收的相关技术进行描述。

星载数据记录设备是工作在卫星上的记录器，用来记录卫星上的应用数据（主要是遥感数据），并在与地面系统建立联系后，把数据传递给地面遥测系统。在10.2节从存储介质的基本原理、星载记录设备的应用分类及系统架构、新体制存储架构的空间应用研究等几个方面对星载记录器进行描述。

地面数据记录设备可对地面遥测设备接收的原始信号或检后数据进行记录，并可通过记录器以不失真的形式对信号进行回放，供遥测设备进行数据检测和分析。10.3节从地面记录的基本知识、地面记录分类、数据获取、数据存储和管理、数据回放、数据的完整性和安全性保证等几方面对地面数据记录器进行描述。

本章介绍遥测系统相关的几种数据记录方式，并对遥测系统中经常使用的数据记录方式包括弹载特种存储与回收、星载数据记录、地面数据记录进行重点阐述，详细地介绍遥测数据记录设备在实际工程中的架构和相关的实现技术。

10.2 特种存储回收

10.2.1 特种存储技术

对于航天遥测系统，飞行器自身携带的飞行数据记录器对飞行试验的测控起到了很重要的补充和支撑作用。特种存储指用于记录飞行器相关数据，并经过特殊防护设计的存储器。由于飞行器（特别是试验型飞行器）的测控存在盲区，或者基于现有的测控手段难以获取飞行器的所有飞行数据，而飞行器不具备飞行数据记录器的软回收条件，或者为了在发生灾难性事故后对事故原因进行分析，均需要对飞行数据记录器采取特种存储防护设计，确保飞行数据的记录和灾难条件下对数据的防护。

10.2.2 回收信标技术

回收信标用于导弹或火箭记录器回收时提供回收落点和下落轨

迹指示，确保记录器的成功回收。长征系列火箭、战略战术导弹和神舟飞船都配有记录器记录弹上数据，当出现黑障或偏离地面站有效通信区域等突发情况，遥测数据下传链路发生短时间故障导致数据丢失，此时记录器的顺利回收尤为重要。记录器回收面临落地冲击力大、下落过程中姿态控制难、落地后埋入地下或水中和高温烧蚀等困难，对定位和定位信息顺利送出造成一定的困难。本节将介绍国内外信标回收技术发展趋势、滞空信标定位技术、落地信标技术、信标信息传送技术、信标防护技术。

10.3　地面数据记录

10.3.1　地面数字记录的基础知识

地面工作环境较好，应对特殊灾难能力较强，因此地面数字记录与特种记录或星载记录具有较大差异，多采用较通用的存储技术。本节首先介绍部分与存储相关的基本知识。

10.3.1.1　存储介质

存储介质是承载信息的载体。对于数据记录来说，可靠的存储介质是能够完整保存数据的先决条件，是数据记录设备核心组成部分之一。随着现代测控系统的飞速发展，对遥测数据进行高速传输和海量规模存储的需求不断增加。现代半导体科技的进步带动存储介质技术不断推陈出新，进而推动遥测系统数据记录技术的前进。

地面记录设备常采用的存储介质根据物理介质、保存形式、读写关键技术的不同，分为磁带、磁盘存储器、Flash 存储芯片以及光存储设备等类型。

(1) 磁带

磁带是一种载有磁层的带状材料，通过在塑料薄膜基带上涂覆一层颗粒状磁性材料或蒸发沉积一层磁性氧化物或合金薄膜来实现，可用于记录声音、图像、数字或其他信号。磁带上的数据以流的方式线性地保存，适合单位高密度存储需求，但其数据定位速度远比磁盘存储器慢。

(2) 磁盘存储器

目前，磁盘存储器是计算机系统的主流存储介质，也是地面记录设备最广泛采用的一种存储介质。按照存储介质技术的不同，主要分为机械式磁盘和固态盘两种。

①机械式磁盘

机械式磁盘是由控制器、驱动器和头盘部件组成的一个技术复杂而结构精密的存储设备，内部结构如图 10－1 所示。盘片是数据存储的直接载体，磁盘在逻辑上被划分为磁道、柱面和扇区。数据以固定的单位存储在不同的磁道、柱面或扇区上。在使用中，控制器和驱动器控制磁头在盘片上移动到指定磁道和扇区，进行数据操作。

图 10－1　机械式磁盘内部结构实物图

②固态盘

固态盘通过数字信号的控制来实现对数字存储器的操作，不需要精密伺服系统来实现寻道、定位等复杂的机械操作，存储和读写速度大幅度优于机械式磁盘，但单位存储成本比较高。当前固态盘主要分为基于 DRAM 和基于 Flash 实现的两种类型。

基于 DRAM 的固态盘可被大多数主流文件系统识别，支持卷设置和管理，并通常提供工业标准 PCI 和 FC 接口。Flash 是一种非易失性存储器（Non - Volatile Memory）技术，即使在电源关闭后仍能保持片内信息。基于 Flash 的固态盘又分为 NOR Flash 和 NAND Flash 两种类型。NOR Flash 存储密度低，单位面积成本较高。其技术特点是支持位访问，能够提供数据高速随机访问并易于重构。NAND Flash 存储密度高，单位面积成本较低。其技术特点是仅支持扇区单元级访问。市场常见固态盘产品多为采用 SATA 接口的 NAND Flash 类型，包括 2.5 寸、1.8 寸等多种封装，广泛地应用于军事、车载、工控、航空、导航设备等领域。固态盘具有以下特点：

1）高性能。固态盘启动速度快，数据访问无需寻道，具有较高 I/O 性能。

2）高可靠性。固态盘没有机械部分，具有良好的抗震性；可以在－40～＋85 ℃的范围内工作，恶劣环境适应能力强。

3）低功耗与低噪声。因没有机械马达部件和风扇，固态盘的功耗只有机械磁盘的三分之一到二分之一，基本不产生工作噪声。

4）有限擦除次数。Flash 存储单元的擦除次数是有限的，一般是十万次左右。一旦到达擦除次数上限，将在局部形成坏块。当坏块超过一定数量时，整块 Flash 将无法使用。

（3）Flash 存储芯片

Flash 存储芯片具有单片储容大、控制简单的特点，多在一些地面记录设备中进行有目的性的应用。依据其技术架构的不同，Flash 存储芯片分为 NOR Flash、DINOR Flash、NAND Flash、Ultra NAND Flash 等类型，以 NOR Flash 和 NAND Flash 的存储芯片最为常见。

目前，地面记录设备普遍采用的存储介质为磁盘。磁盘单盘容量增长速度快，能提供良好的存储扩容性。而随着单位 Flash 存储单元制造成本的下降，固态盘将逐渐取代机械式磁盘成为地面记录设备存储介质的首选。

10.3.1.2　磁盘接口标准

本节简要介绍几种通用的磁盘接口标准。

（1）IDE 接口

IDE（Integrated Drive Electrics）接口全称为电子集成驱动器接口，是一种传统的磁盘接口标准，具有价格低廉、兼容性强等特点。其外观如图 10－2 所示。

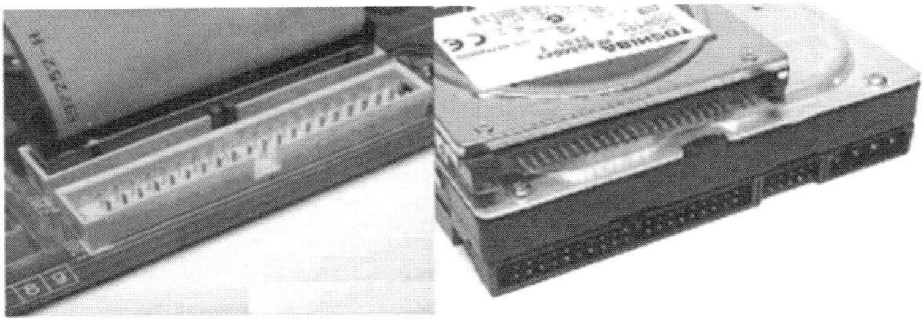

图 10－2　IDE 接口外观

IDE 接口也称为并行高技术附加（PATA，Parallel Advanced Technology Attachment）接口。ATA 接口于 20 世纪 90 年代初开始应用于台式系统，至今共推出 7 个不同版本。具体名称和参数见表10－1。

表 10－1　7 个不同版本的 ATA 接口参数

ATA 硬盘接口标准			
接口名称	传输模式	传输速率	电缆
ATA－1	单字节 DMA0	2.1 MB/s	40 针电缆
	PIO－0	3.3 MB/s	
	单字节 DMA1，多字节 DMA0	4.2 MB/s	
	PIO－1	5.2 MB/s	
	PIO－2，单字节 DMA2	8.3 MB/s	

续表

ATA 硬盘接口标准			
接口名称	传输模式	传输速率	电缆
ATA-2	PIO-3	11.1 MB/s	40 针电缆
	多字节 DMA1	13.3 MB/s	
	PIO-4，多字节 DMA2	16.6 MB/s	
ATA-3	PIO-4，多字节 DMA2	16.6 MB/s	40 针电缆
ATA-4	多字节 DMA3，Ultra DMA33	33.3 MB/s	40 针电缆
ATA-5	Ultra DMA66	66.7 MB/s	40 针 80 芯电缆
ATA-6	Ultra DMA100	100 MB/s	40 针 80 芯电缆
ATA-7	Ultra DMA133	133 MB/s	40 针 80 芯电缆

（2）SCSI

小型计算机系统接口（SCSI，Small Cmputer System Interface）是一种较为特殊的接口标准，广泛应用于小型计算机的高速数据传输技术。SCSI 具有应用范围广、多任务、带宽大、CPU 占用率低及热插拔等特点。SCSI 为存储产品提供灵活的连接方式。最多支持 16 个 SCSI 设备连接在一个 SCSI 通道上。SCSI 控制器上集成了嵌入式处理器，负责处理大部分的控制工作，能有效减少 CPU 的负载，提高读写性能。

（3）SATA 接口

串行 ATA（SATA，Serial Advanced Technology Attachment）是一种较新型的接口标准，由希捷（Seagate）公司于 2001 年 8 月的 IDF FALL 2001 大会上首次宣布并确立标准，也是目前桌面计算机的主流磁盘接口标准之一。SATA 的电源和信号接口如图 10-3 所示。SATA 采用串行差分方式和嵌入式时钟信号，并对传输数据进行编解码。与 PATA 相比，SATA 不需要面对码间干扰、信号偏移、串音干扰和直流偏置等问题，工作频率大幅度提升，能以较少位宽实现高带宽数据传输，并具备更强纠错能力。

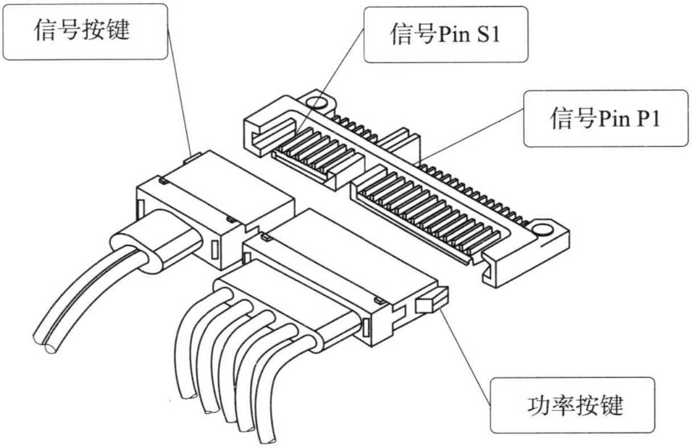

图 10-3　SATA 电源和信号接口

SATA 协议四层体系结构如图 10-4 所示，自底向上分别为物理层、数据链路层、传输层和应用层，具体内容如下：

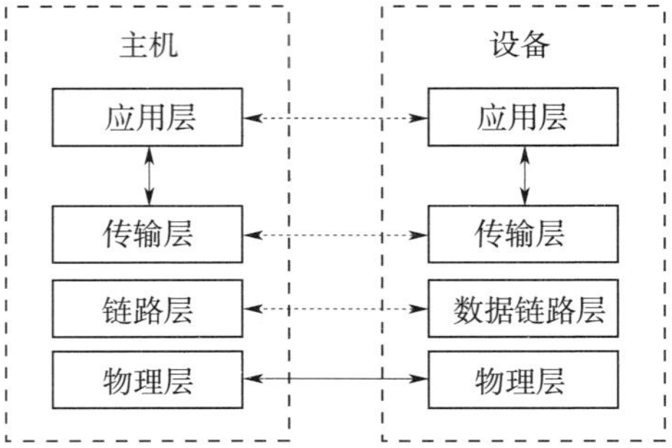

图 10-4　SATA 四层体系结构

1）物理层包含两条高速单工通道的低压差分信号收发器，还包含串行器/解串行器，提供带外（OOB）信号并处理加电顺序和速度协商；

2）数据链路层包括 8 bit/10 bit 编解码器，循环冗余校验（CRC）器，支持数据包丢失的自动重传；

3）传输层根据读写请求以帧信息结构（FIS，Frame Information Structure）的形式在数据链路层和应用层传输控制命令和数据内容；

4）应用层负责解析 ATA 命令并生成读写请求，且可以更改设备工作模式。

（4）SAS 接口

SAS 接口（Serial Attached SCSI）即串行 SCSI，是新一代的 SCSI 技术。SAS 接口也是以较少位宽实现了高带宽数据传输，并通过缩短连接线改善内部空间。

在协议层，SAS 支持三种类型协议：串行 SCSI 协议（SSP），用于传输 SCSI 命令；SCSI 管理协议（SMP），用于维护连接的 SCSI 设备；SATA 通道协议（STP），用于 SATA 格式数据的传输。一个 SAS 接口最多连接 16 256 个外部设备，采取点对点传输，带宽可达到 12 Gb/s。SAS 接口可以向下兼容 SATA，体现在对 SATA 物理层和协议层的兼容，二者物理接口规格相同，SATA 设备可以直接在 SAS 配置环境中使用。实际上，SATA 是 SAS 的一个子标准。

10.3.1.3　RAID

RAID（Redundant Array of Independent Disks）即冗余磁盘阵列，是一种为提升磁盘阵列（以下简称盘阵）高可用性的存储管理策略与技术，在工业领域应用非常广泛。RAID 概括起来就是，分出部分存储空间保存盘阵数据的校验信息，以实现个别盘阵成员出现数据故障时的纠错与恢复。

（1）RAID 基本理论

RAID 将数据按照块（Block）、条带（Stripe）和区间（Extent）的逻辑层次进行组织，如图 10－5 所示。具体为，盘阵各磁盘成员上对应的数据块（如磁盘上的一个扇区）组成一个条带，每个磁盘成员上地址连续的块组成一个区间（也可称为逻辑盘）。同一条带中块的成员关系统一管理且唯一确定。

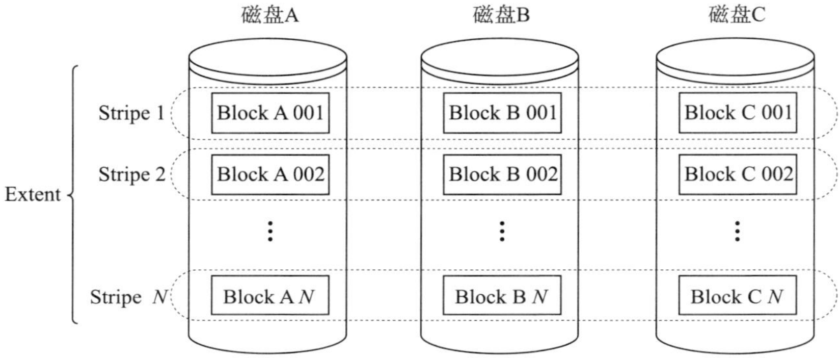

图 10-5　RAID 数据组织结构示意图

通常，采用软件的方式对 RAID 盘阵进行控制和管理。管理软件通过地址转换、校验，I/O 方法和纠错等方式来隐藏复杂的映射机制，以虚拟化磁盘方式提供对盘阵空间的访问。

RAID 标准采用分级标识来区别不同的数据容错和映射策略。常见的 RAID 类型包括 RAID 0/1/0+1/2/3/4/5/6 等。

①RAID 0

RAID 0 又称为无校验条带化阵列（Data Striping Array Without Parity），其数据结构示意如图 10-6 所示：数据分割交叉存储在盘阵的不同磁盘上，各磁盘成员均为数据盘，无冗余备份与校验信息。因此，RAID 0 的数据传输速度最快、单位体积可用容量最大，但无容错功能。

②RAID 1

RAID 1 又称为磁盘镜像阵列（Mirrored Disk Array），其数据结构示意如图 10-7 所示。RAID 1 采用两个以上相同磁盘储存相同信息区块的方法实现完全备份，提供一种错误容忍度最低的容错功能。

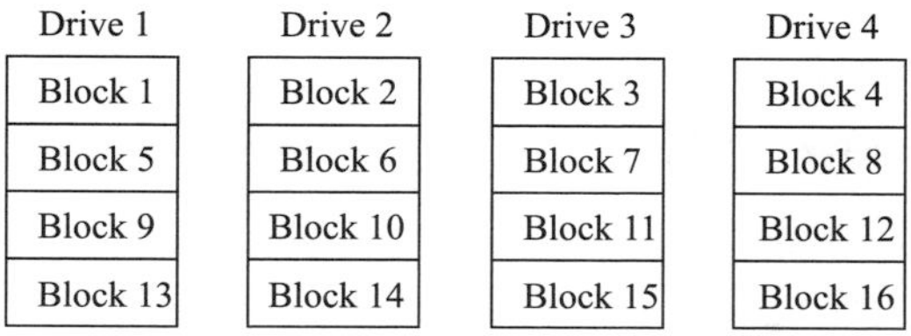

图 10－6　RAID 0 数据结构示意图

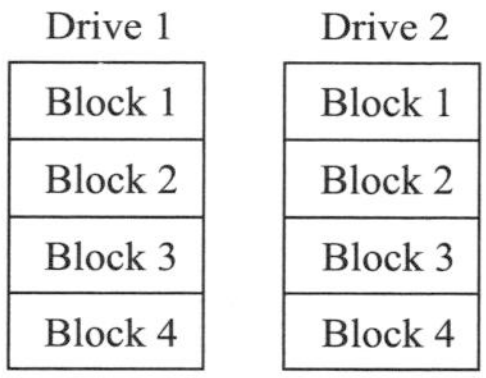

图 10－7　RAID 1 数据结构示意图

③RAID 0＋1

RAID 0＋1 是 RAID 0 和 RAID 1 的结合使用，其数据结构示意如图 10－8 所示。将数据分割交叉存储到盘阵的不同磁盘上，并对每个磁盘进行镜像备份。RAID 0＋1 提供相对较高的数据传输速度及一定程度的可靠性。在总容量一定情况下，RAID 0＋1 需要的磁盘总数是 RAID 0 或 RAID 1 的两倍。

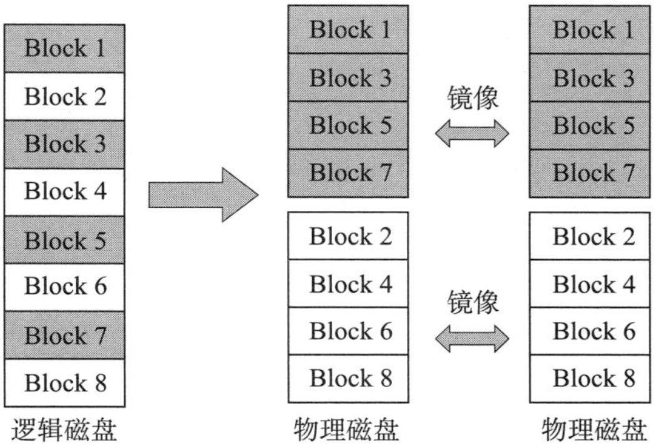

图 10－8　RAID 0＋1 数据结构示意图

④RAID 2（Memory－Style ECC）

RAID 2 又称为内存方式校验（Memory－Style ECC）阵列，即模仿计算机系统中的内存容错技术，以位为单位对数据进行分割和重构，同时采用汉明校验（Hamming Code Correction）实现纠错。用于保存校验信息的冗余磁盘数量为磁盘总数的对数。随着规模的增加，盘阵中冗余磁盘所占比率也会降低。

⑤RAID 3

RAID 3 又称为位交叉奇偶校验（Bit－Interleaved Parity）阵列，其数据结构示意如图 10－9 所示。以位为单位对数据进行分割和重构，并采用奇偶校验实现纠错。

Drive 1	Drive 2	Drive 3		Drive 32	Parity Drive
bit 1	bit 2	bit 3		bit 32	Parity 1~32
bit 33	bit 34	bit 35		bit 64	Parity 33~64
bit 65	bit 66	bit 67	…	bit 96	Parity 65~96
bit 97	bit 98	bit 99		bit 128	Parity 97~128

图 10－9　RAID 3 数据结构示意图

⑥RAID 4

RAID 4 又称为块交叉奇偶校验（Block－Interleaved Parity）阵列，其数据结构示意如图 10－10 所示。与 RAID 3 的区别是分割和重构的单位为数据块。

RAID 3 与 RAID 4 指定盘阵中的一个磁盘作为保存校验信息的冗余磁盘（Parity Drive），在无数据故障发生时，读操作只需访问数据磁盘，写操作则还要访问冗余磁盘来更新校验信息。

Drive 1	Drive2	Drive 3	Parity Drive
Block 1	Block 2	Block 3	Parity 1~3
Block 4	Block 5	Block 6	Parity 4~6
Block 7	Block 8	Block 9	Parity 7~9
Block 10	Block 11	Block 12	Parity 10~12

图 10－10　RAID 4 数据结构示意图

⑦RAID 5

RAID 5 又称为块交叉分布式奇偶校验（Block – Interleaved Distibuted Parity）阵列，在 RAID 4 基础上加以改进，其数据结构示意如图 10 – 11 所示。针对固定冗余磁盘潜在的访问瓶颈问题，采用将校验信息分布在各数据磁盘上的策略。

Drive 0	Drive 1	Drive 2	Drive 3	Drive 4
Block 1	Block 2	Block 3	Block 4	Parity 1~4
Block 5	Block 6	Block 7	Parity 5~8	Block 8
Block 9	Block 10	Parity 9~12	Block 11	Block 12
Block 13	Parity 13~16	Block 14	Block 15	Block 16
Parity 17~20	Block 17	Block 18	Block 19	Block 20

图 10 – 11　RAID 5 数据结构示意图

⑧RAID 6

RAID 6 又称为 P＋Q 冗余（P＋Q Redundancy）阵列。采用两个冗余磁盘，具有同时恢复两个磁盘数据的能力。

RAID 功能实现的方式主要有两种：通过软件来实现的方式通常称为软 RAID，例如通过操作系统（Windows，Linux）直接支持计算机系统中的 RAID 盘阵；相应地，通过硬件来实现的方式即称为硬 RAID，例如通过板载集成的 RAID 控制器芯片支持 RAID 盘阵的使用。在采用 RAID 的地面记录设备研制过程中通常会面临这两种 RAID 方式的选择。

在支持 RAID 的操作系统中进行简单配置，即可以快速实现软 RAID，采用这种策略存在以下缺点：

1）RAID 控制软件会消耗系统计算资源；

2）RAID 控制软件无法覆盖所有磁盘分区，如操作系统安装目录所在磁盘分区；

3）软 RAID 往往依赖于操作系统状态，如果操作系统停止工作或损坏，RAID 功能也将失去。

因此，地面记录设备通常会采用硬 RAID 方式，具体为采用专门的硬件板卡实现RAID功能，即RAID卡方式。RAID卡通过驱动程序在系统中被识别。RAID盘阵在采用RAID卡的系统中可直接识别为可访问的虚拟磁盘（Virtual Disk），而操作系统也可以在虚拟磁盘上安装。

10.3.1.4 系统总线

在地面记录设备中，存储带宽不仅依赖于存储设备的读写效率，还依赖于系统总线的传输效率。系统总线是连接数据采集前端到存储设备的通道，是评价一个记录设备是否符合总体要求的另一重要因素。下面，简要介绍几种在地面记录设备中常用的系统总线。

（1）PCI

PCI是外设部件互连标准（Peripheral Component Interconnect）的缩写，是一种应用非常广泛的系统总线，具有传输速度高、即插即用的特点。作为一种处理器无关总线，PCI通过中间缓冲器将CPU与外设隔离，支持跨时钟域和外部设备级联扩展。PCI具有32位和64位两种总线宽度，支持33 MHz和66 MHz两种工作频率。表10-2列出了PCI总线的性能参数。

表10-2 PCI总线的性能参数

总线频率/MHz	总线位宽/bit	传输带宽/（Mb/s）
33	32	132
66	32	264
33	64	264
66	64	528

PCI对协议、时序、电气性能、机械性能等指标都有严格的规定，保证了PCI良好的可靠性和兼容性。

（2）PCI-X

PCI-X是PCI总线的一种扩展架构。在相同的频率下，PCI-X可以提供比PCI高14%～35%的性能。相比PCI，PCI-X具有可扩展的工作频率，可根据需求进行调整。例如，某一工作于66 MHz

的设备同时支持 100 MHz 的工作频率，其配备的 PCI－X 对这两种工作频率均可以支持。PCI－X 的总线性能见表 10－3。

表 10－3　PCI－X 总线性能

协议规范版本	总线频率/MHz	总线位宽/bit	传输带宽/（Mb/s）
1.0	100	64	800
1.0	133	64	1 064
2.0	133	64	1 064
2.0	266	64	2 128
2.0	533	64	4 264

PCI－X 的理论带宽比较高，由于频率不断提高将带来一系列信号完整性问题，在实际工程中 PCI－X 的工作频率大多在 133 MHz 以下。

（3）PCI－Express

PCI－Express（以下简称 PCI－E）是一种用于替代 PCI 的新总线技术，在近 10 年中，发展迅速。PCI－E 具有以下关键技术优势：

1）支持设备之间的点对点互连。与 PCI 不同，PCI－E 总线为设备分配专门的通道，在设备之间不需要共享带宽资源。采用全双工方式的双通道传输模式，数据传输速度大幅度提高。PCI－E 的总线性能见表 10－4。

表 10－4　PCI－E 总线性能

协议规范	总线频率/GHz	单 Lane 峰值带宽/（Gb/s）	编码方式
1.x	1.25	2.5	8 bit/10 bit 编码
2.x	2.5	5	8 bit/10 bit 编码
3.0	4	8	128 bit/130 bit 编码

2）灵活扩展性。作为一种内总线，PCI－E 具有灵活的外部扩展性，通过专用线缆将总线延伸至系统外部高速插槽与 PCI－E 外设连接，支持第三方提供的与系统无关的高性能存储控制器。

3）低功耗具备电源管理功能。PCI－E 总线采用更精简的物理结构，由于减少数据传输芯线数量，功耗大大地降低。

4）采用小型连接、节约空间、减少串扰。PCI－E 不需要在板卡上布设大量线缆。与 PCI 相比，PCI－E 线缆数量减少将近 75%。

10.3.1.5　文件系统

在以文件方式存储和管理数据的遥测地面记录设备中，文件系统（File System）是重要的组成部分。常用的文件系统按照设计目的的不同分为两类，即自定义文件系统和通用文件系统。

自定义文件系统可以由记录设备研制人员自主开发，设计和使用目的比较明确，专用性强，体积通常较小，构造较简单。

通用文件系统种类较多，以商用文件系统为例，大致归为桌面文件系统和嵌入式文件系统两类。常见的桌面文件系统包括 DOS 的 FAT 文件系统、Windows NT 的 NTFS 文件系统以及 Linux 的 XFS 文件系统等。嵌入式文件系统主要运行在嵌入式系统上，通常是桌面文件系统的继承和剪裁。下面主要介绍两种在记录设备中常用的文件系统：

（1）NTFS 文件系统

NTFS 文件系统取代了 FAT 文件系统，是 Window NT 之后（Win 2000/2003/2008/XP/7）采用的标准文件系统，具有以下显著特征：

1）权限安全性。NTFS 文件系统能够指定访问和操作文件、目录的权限。

2）先进的容错能力。NTFS 文件系统采用一种称为事务（Transaction）登录的技术跟踪对磁盘的修改，可以在极短时间内纠错。

3）抗干扰性。NTFS 文件系统的抗干扰性源于 Windows NT 操作系统的高安全性，与 FAT 相比稳定性强，且不易感染计算机病毒。

4）支持大容量磁盘和大文件操作。NTFS 文件系统支持大容量磁盘（多达 2 TB）和大文件（多达 64 GB），满足当前地面记录设备对大容量数据存储的需求。

5）可恢复性。在操作系统和磁盘故障时，NTFS 能够重建文件卷，返回正常态。此外，NTFS 对重要文件系统信息进行冗余存储，少量磁盘扇区的损坏不会导致描述文件系统结构和状态的信息丢失。

（2）XFS 文件系统

XFS 是高级日志文件系统的一种，具有良好的伸缩性和健壮性，主要被 Liunx 操作系统所支持。XFS 具有如下主要特征：

1）基于日志的系统和文件恢复。XFS 在系统保留的循环缓冲区内保存日志，在发生意外断电或操作系统故障的情况下，启动日志恢复系统。当操作系统恢复正常后，文件系统再根据日志快速恢复文件内容，保证文件一致性。

2）支持大容量磁盘和大文件操作。XFS 是 64 位文件系统，并具有动态分配文件索引空间的能力，可支持的单文件规模多达 9 TB。

3）传输带宽高。XFS 文件系统可以极高带宽存储数据（接近完全硬件 I/O 的传输性能）。

10.3.2　地面记录分类

根据记录信号是否经过解调过程，地面记录通常被分为检前记录和检后记录。检前记录信号是下变频器输出的中频模拟信号，检后记录信号是已经完成解调的模拟信号或数字信号。从设备实现形式上看，分为两种：1）检前记录、检后记录功能独立分开的设计；2）检前记录、检后记录功能合二为一的设计。下面，介绍检前记录、检后记录的特点和总体架构。

10.3.2.1　检前记录

在现代航天遥测系统中，下变频器输出的中频检前信号含有包括载波在内的所有信息，如一些反映信号接收情况的重要信息：载波多普勒、信号功率和信噪比等。这些重要信息对判断遥测无线信号链路工作状态具有重要意义，而经过解调处理后无法恢复。中频检前记录设备能够实现对检前信号的高保真采集和连续存储，并能较精确地保证信号与时间的对齐关系，对于保证遥测地面站接收数据的完整性有重要作用。中频检前记录设备在遥测地面站中处于信号接收链路的中上游，在后端信号解调和传输出现问题时，仍可确保遥测数据安全。通过事后处理获取更完整的遥测数据，并可通过任务数据回放，重现真实任务的中频信号和时码信息。通过射频闭环方式实现地面遥测站内设备的系统模飞，协助后端设备对问题进行分析和排查。

中频检前记录设备的主要功能包括对中频信号和时码的采集、存储、回放和事后处理，其结构框架如图 10－12 所示。通常由以下几部分组成：

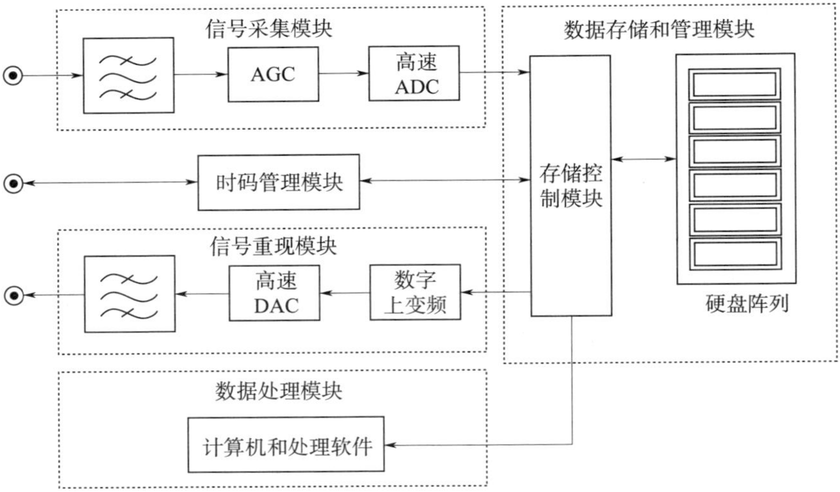

图 10－12　中频检前记录设备结构框图

1）信号采集模块。完成中频模拟信号的信号整理和模数转换，主要由抗混叠滤波器、AGC 电路和高速 ADC 电路组成。

2）数据存储和管理模块。完成对 ADC 采样后数字信息的高速无差错存储，通常由存储控制部分和硬盘阵列组成。

3）信号重现模块。通过回放完成中频模拟信号的信号重现，主要由数字上变频模块、高速 DAC 和外围电路组成。

4）事后处理模块。通过事后处理软件完成对存储数据的事后解调和分析。

5）时码管理模块。完成对时码的采集、解析和回放功能。

检前记录设备具有以下几项关键技术参数：

1）可记录信号中频及带宽。信号中频及带宽在检前记录器中是比较重要的指标，代表着可记录信号的频率变化范围。信号中频越高，带宽越大，对于记录器的采样和存储能力的要求越高。

2）存储带宽。存储带宽是指记录器在保证数据完整性的前提下可以达到的最大存储速率。

3）存储容量。存储容量是指记录设备用于存储采集数据的介质设备容量。存储容量越大，可保存的数据就越多。

4）可持续记录时间。可持续记录时间是指记录设备可连续记录的时间长度。该技术参数主要取决于存储带宽和存储容量的影响。

5）回放损耗。回放损耗是指信号进入记录器前的信噪比与回放出来的信噪比的差值，该差值的理想值为零。这个值越小，表示检前记录设备的信号保真程度越高。回放损耗与硬件信道设计、ADC/DAC 器件的选取、采样率选取、采样电路时钟质量等因素有关。

6）时码与数据的对齐精度。记录器对信号的采集和记录也同时包括对信号时间信息的采集和记录，由于记录器的采样精度有限，所以回放信号的数据及其对应的时间信息较原始数据而言会存在少量恶化，但该恶化程度必须保证在一定范围之内。该恶化程度的高低是衡量记录器记录数据真实性的重要指标。

10.3.2.2　检后记录

遥测检后信号是经过解调的模拟信号或数字信号。信号经过解调，带宽明显降低，需要的存储容量减少，易于实现对事后数据的判读。检后记录设备通常需要便捷地实现对数据的读取、成帧显示、挑路传输等功能。

检后记录设备结构如图 10－13 所示，通常由以下几部分构成：

1）数据获取模块。完成对检后信号的采集或接入。

2）数据存储和管理模块。完成对数字信息的存储，并实现数据管理功能。

3）数据回放/传输模块。根据任务需要，完成任务文件的等速率或变速率回放，或者通过网络转储后再处理。

4）时码管理模块。完成对时码的采集、解析和回放功能。

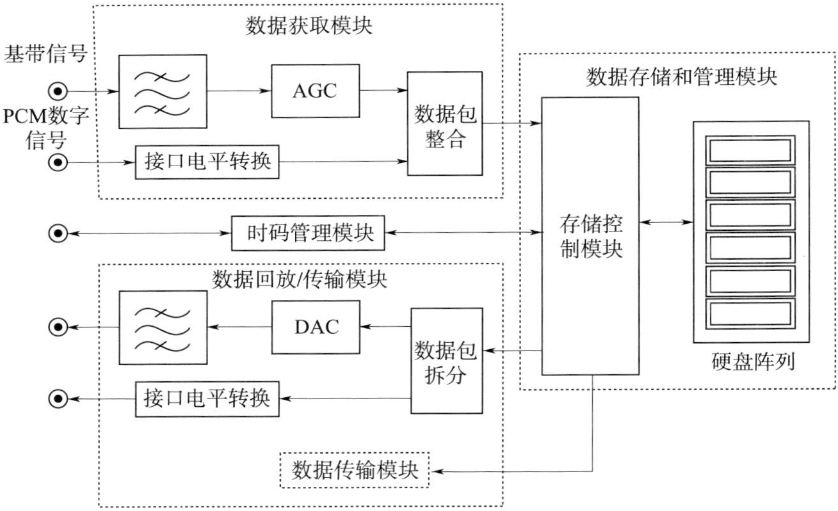

图 10-13　检后记录设备结构框图

检后记录设备的部分关键技术参数与检前记录设备基本相同。检后数据是码率较低的基带信号或数字信号，因此通常不关注可记录信号带宽这项参数。

10.3.3　数据获取

数据获取包括模拟信号采集和数字信号获取两部分。包括将模拟信号通过 ADC 采样转化为数字信号，再对数字信号进行存储与管理。本节详细介绍 3 种常见的遥测数据获取方式及其理论基础，包括中频信号采集、基带信号采集和 PCM 数据获取。

10.3.3.1　中频信号采集

中频信号采集主要完成将中频模拟信号转换为数字信号的过程，通过中频信号采集模块实现，其原理框图如图 10－14 所示。信号采集模块主要由 AGC（自动增益控制）电路、抗混叠滤波器以及高速 ADC 组成。设计涉及对高速 ADC 和抗混叠滤波器的选取，需要考虑时钟精度对 ADC 采样的影响以及高速 ADC 的前端设计方式。

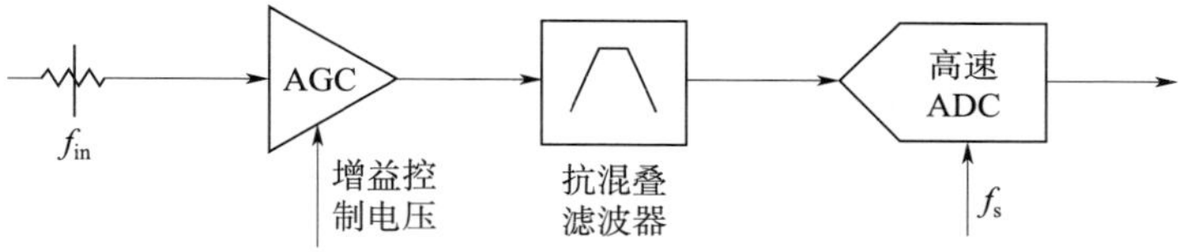

图 10－14　中频信号采集模块原理框图

（1）采样频率选取

在检前信号记录中，有效输入信号以某一频点为中心频率，当带内信号最高频率远大于信号带宽时，如果按照奈奎斯特（Nyquist）准则采样，需要很高的采样频率，这会给后续的数据存储带来困难。因此，在保证信号不发生混叠的情况下，需要尽量采用带通采样定理来选择合理的采样频率。

（2）AGC 电路

在遥测系统中，受发射信号强度、发射器与接收机之间距离、天线指向等因素影响，接收的中频信号强度会有一定变化和起伏。在检前信号输入端加入 AGC 电路，将输入信号幅度控制在一个固定基准，以发挥 ADC 的最佳工作状态，提高采样分辨率。

（3）抗混叠滤波器

在信号采集模块中，抗混叠滤波器位于 ADC 之前，用以消除混叠到感兴趣频段的噪声和杂散信号，获得较高的带外信号纯净度。常用的抗混叠滤波器包括 SAW（声表面）滤波器和 LC 滤波器。

SAW 滤波器具有带内平坦度高、过渡带极陡、高阻带抑制、高镜像衰减、体积小和成本较低等特点。

LC 滤波器具有群时延特性好的特点，但其带外抑制度低，如果要求实现高带外抑制，则需要设计多阶滤波器。然而，多阶滤波器会带来很大插损，而选择高 Q 值的电感需要很高的成本。此外，使用电感也会引入大量噪声。

在检前记录器的实际应用中，器件引入的群时延失真对信号影响很小。同时，检前记录器系统对带外信号和噪声的抑制度要求较高，且不能引入额外的噪声。因此，通常选取 SAW 滤波器作为采样前端的抗混叠滤波器。SAW 滤波器带宽的选取应严格参考实际信号的带宽情况。在实际信号带宽较窄的情况下，选取的 SAW 滤波器带宽较高将引入较多噪声，使接收端信噪比下降。

（4） ADC 选取

对 ADC 的选取建议按照以下原则进行：

1） 采用分辨力较好的 ADC 器件。ADC 的分辨力主要取决于器件的转换位数和器件的信号输入范围，转换位数越高，信号输入范围越小，ADC 器件性能越好。

2） 根据动态范围确定 ADC 转换位数。ADC 的动态范围指标主要取决于器件的转换位数，转换位数越高，动态范围越大。

3） 根据 ADC 芯片的工作环境参数来选择，比如，功耗、工作温度等参数。

4） 根据 ADC 的输出接口特征来选择。比如，采用并行方式输出或串行方式输出，输出电平是 CMOS、LVDS 或 ECL。

5） 在满足采样定理的前提下，尽量采用分辨力较好的器件。宽带 ADC 往往是系统所期望的，但是带宽越高，要求 ADC 的采样率越高，动态范围越大。ADC 的动态范围决定了 ADC 所必须支持的分辨力，采样率与分辨力通常为交换关系（Trade - off）。一般情况下，采样率越高，分辨力越低。

（5） 时钟稳定度

在检前记录器的数据获取过程中，通过 A/D 转换器进行定期采样并产生数字信号。采样基于连续模拟信号产生一系列定期样本，采样时钟的精度与稳定度对信号采集系统非常重要。

从数据转换器的角度，将时钟的不稳定性称为时钟抖动。时钟抖动是时钟边沿的位置变化。时钟抖动产生定时误差，直接导致转换幅度精度误差的产生，如图 10－15（a）所示。模拟输入频率的增加将导致输入信号的斜率增加，使转换误差被放大，如图 10－15（b）所示。

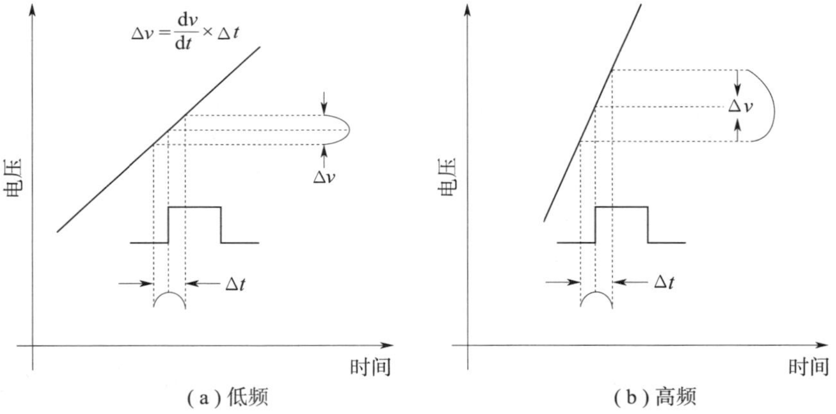

图 10－15　时钟抖动对 ADC 误差影响

在实际应用中，为降低时钟抖动对 ADC 性能的影响，除分辨力以外，还要考虑量化噪声和模拟输入幅度。对 ADC 时钟源的选取，应均衡考虑 ADC 的性能与时钟精度，尽可能减少采样时钟可能带来的噪声。同时在设计中，采样时钟的位置应尽可能与存在噪声的数字系统隔离，并使用单独电源供电。

10.3.3.2　基带信号采集

基带信号采集模块主要完成对基带信号的采集，将模拟信号转换为数字信号后存储，其原理框图如图 10－16 所示。基带信号采集模块主要由放大器、抗混叠滤波器及 ADC 组成。设计涉及对采样频率的选取和抗混叠滤波器的加入。

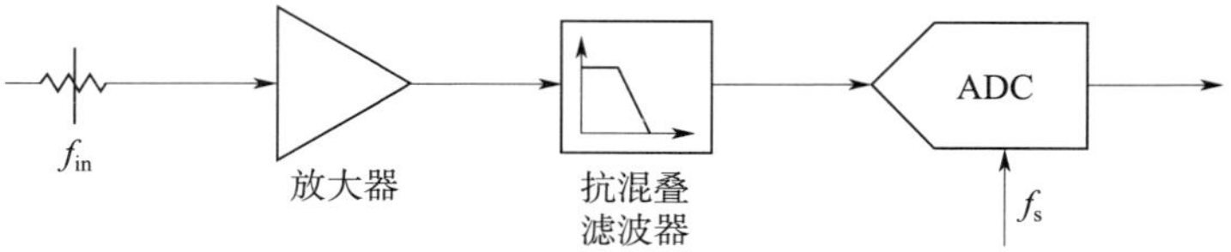

图 10-16 基带信号采集模块原理框图

（1）采样频率选取

按照奈奎斯特准则对基带信号进行采样，即要求采样频率至少是信号所含最高频率的两倍。

（2）抗混叠滤波器

在基带信号采样中，要采样的信号位于第一奈奎斯特区之内。需要注意，当 ADC 的输入端没有进行滤波时，任意奈奎斯特区内奈奎斯特带宽之外的任意频率成分（信号或噪声）都将混叠到第一奈奎斯特区。在设计中，采用抗混叠滤波器来消除这些干扰信号。

10.3.3.3 PCM 数据获取

通常，PCM 数据是指数字化 PCM 串行数据及其随路码时钟。对于 PCM 串行数据的获取通常采用 TTL、LVDS 或 RS422 电平接口。步骤包括：首先，进行接口电平转换；然后，通过随路码时钟对 PCM 串行数据进行锁存，并送往后端处理。

10.3.4 数据存储和管理

遥测数据经过数据获取后进入数据存储和管理环节。本环节处理的信号均为数字信号，核心任务是将遥测数据安全、完整地存储到存储介质中，并保证能够以一定速率从存储介质中读出数据进行回放。本节主要介绍存储平台架构的分类、数据组织格式和数据文件管理等内容。

10.3.4.1 存储平台架构

目前，地面记录设备常采用的存储架构有以下 3 种：

1）基于通用处理器体系结构的存储架构；

2）基于 FPGA 和硬盘控制器技术的存储架构；

3）基于 FPGA 和 Flash 控制器技术的存储架构。

下面，分别介绍各种存储架构的组成和特点。

（1）基于通用处理器体系结构的存储架构

①通用处理器体系结构

基于通用处理器体系结构的存储架构包括通用系统总线、通用处理器主机平台、通用操作系统和文件系统、商用 RAID 卡、硬盘阵列或存储服务器等。采用的软硬件产品和技术较成熟，符合通用标准。基于通用处理器体系结构的存储架构示意如图 10－17 所示。

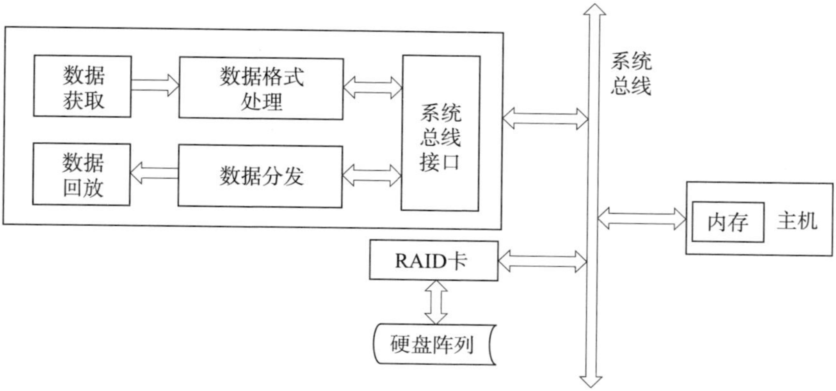

图 10－17　基于通用处理器体系结构的存储架构示意图

②基于通用处理器体系结构的存储架构处理数据的流程如下：

1）在完成数据获取后对数据进行格式处理，将数据整理成便于管理的标准数据格式或自定义数据格式。

2）将整理格式后的数据通过系统总线传往主机内存进行缓存。系统总线通常选择 PCI、PCIX 或 PCI－E 等标准总线，这些总线接口可以采用 IP CORE 的形式在 FPGA 内实现，也可以采用系统总线接口专用芯片实现。

3）缓存后的数据通过 RAID 卡写入硬盘阵列，或通过主机集成接口写入硬盘或硬盘阵列。除此之外，也可以通过光纤或网络等接口将数据写入外部存储服务器中。

(2) 基于 FPGA 和硬盘控制器技术的存储架构

在基于 FPGA 和硬盘控制器技术的存储架构中，硬盘控制器是在 FPGA 上实现的能够对硬盘进行直接读写的功能模块。由于数据传输不需要经过系统总线和操作系统，因此该架构的存储系统能够摆脱系统总线传输速率有限和操作系统响应能力不足的制约，利用硬件平台高速时钟和数据传输能力，可以大幅提高存储带宽。并且，由于 FPGA 的可编程能力强，可以集成的硬盘控制器数量可变，因此该架构下存储容量也可以根据需要灵活扩展。硬盘控制器的设计遵循对应的硬盘接口标准，如 ATA、SATA 或 SAS 等。图 10-18 是基于 FPGA 和硬盘控制器技术的存储架构示意图。

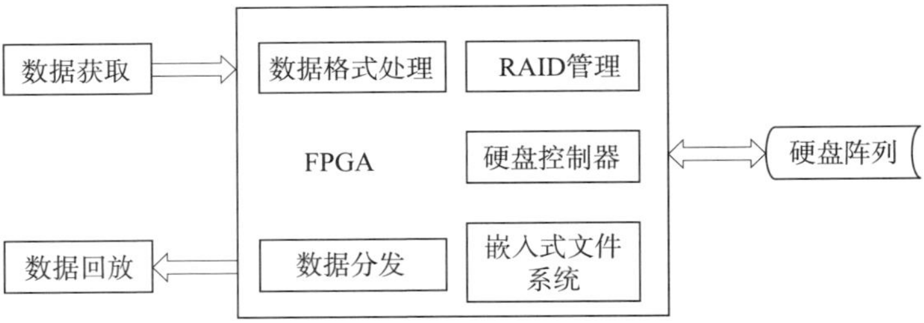

图 10-18 基于 FPGA 和硬盘控制器技术的存储架构示意图

在该架构下，存储系统的主要功能集中在 FPGA 内部，包括数据格式处理、RAID 管理、硬盘控制器实现、嵌入式文件系统实现和数据分发功能等。

(3) 基于 FPGA 和 Flash 控制器技术的存储架构

基于 FPGA 和 Flash 控制器技术的存储架构与基于 FPGA 和硬盘控制器技术的存储架构存在较多共同点。该存储架构以 FPGA 为控制核心，直接对 Flash 存储芯片或芯片阵列进行读写。由于直接控制存储芯片，所以该架构的存储系统可以达到很高的集成度。随着存储芯片单片存储容量的不断提高，该架构也能实现较高的存储带宽和存储容量。图 10-19 为基于 FPGA 和 Flash 控制器技术的存储架构示意图。

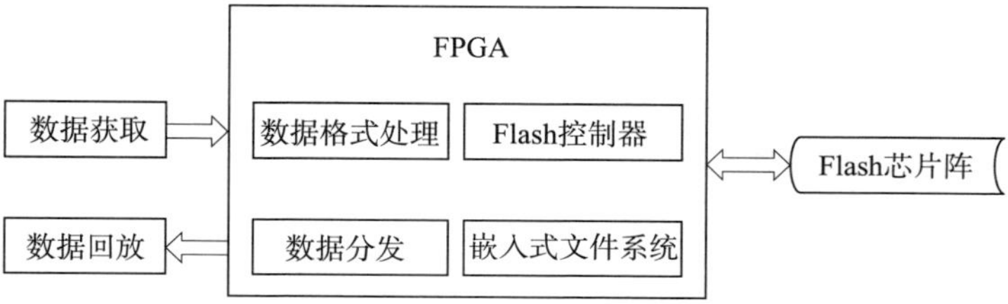

图 10－19　基于 FPGA 和 Flash 控制器技术的存储架构示意图

在遥测数据记录应用中，不同的存储平台架构有其不同的特点和适用性，表 10－5 对其进行了比较。

表 10－5　存储平台架构特点比较

架构名称	存储带宽	文件管理能力	对操作系统的依赖	实时性	开发难度	适合便携式
基于通用处理器体系结构的存储架构	与数据传输的系统总线有关，高低范围较大	强	强	差	小	否
基于 FPGA 和硬盘控制器技术的存储架构	较高	弱	无	好	大	适合
基于 FPGA 和 Flash 控制器技术的存储架构	较高	弱	无	好	大	适合

根据需要的存储带宽、系统对于文件管理能力和实时性要求的不同，可以选择不同的存储平台架构。以 FPGA 为核心的存储架构适用于对系统存储带宽和实时性要求较高的情况，相应地，通用存储架构适用于系统存储带宽较低，但对数据管理功能要求高的情况；当要求产品体积小、便携使用时，可以选择以 FPGA 为核心或以嵌

入式处理器为核心的架构。

10.3.4.2 数据格式

记录数据格式可分为标准格式和非标准格式两种。标准格式一般由国际公认的航天标准化组织发布，有利于在较大范围内进行数据交换和处理。非标准格式一般由记录产品厂商自行定义，这种数据格式往往精简且便于实现。有些非标准数据格式由于相应产品的市场占有率大而被广泛支持。

(1) IRIG 106 标准数据格式

IRIG 106 遥测标准由美国靶场司令委员会（RCC）制订，其目的是促进 RCC 管辖的各靶场遥测发射、接收及遥测数据处理设备互相兼容。该标准第一部分第 10 章提出了数字记录相关标准，包括数据格式。目前，IRIG 106 数字记录标准已逐渐成为国际公认的标准之一。它定义了多种类型的数据包格式和数据结构，可涵盖地面记录设备记录的中频信号、基带信号和 PCM 数据。

IRIG 106 数据记录标准规定记录文件以数据包为基本单位，每个数据包必须包括 3 部分，即数据包包头、数据包主体、数据包包尾，可选部分是数据包子包头。如图 10-20 所示，记录文件结构中的第一个数据包必为计算机生成数据包格式 1（设置记录），时间数据包作为计算机生成数据包之后的第一个动态数据包。该结构的宽度与任何位数无关，仅用于说明记录文件中数据包元素和它们在数据包内的相对位置。

中频信号和基带信号属于模拟数据，适合选用 IRIG 106 数据记录标准中的模拟数据包（格式 1）。通用的模拟数据包结构见表 10-6。其中，通道特征字用于说明子通道数、子通道号、子通道采样位数和采样频率等信息。该结构的宽度与任何位数无关，仅表示各字段在包内的相对位置。

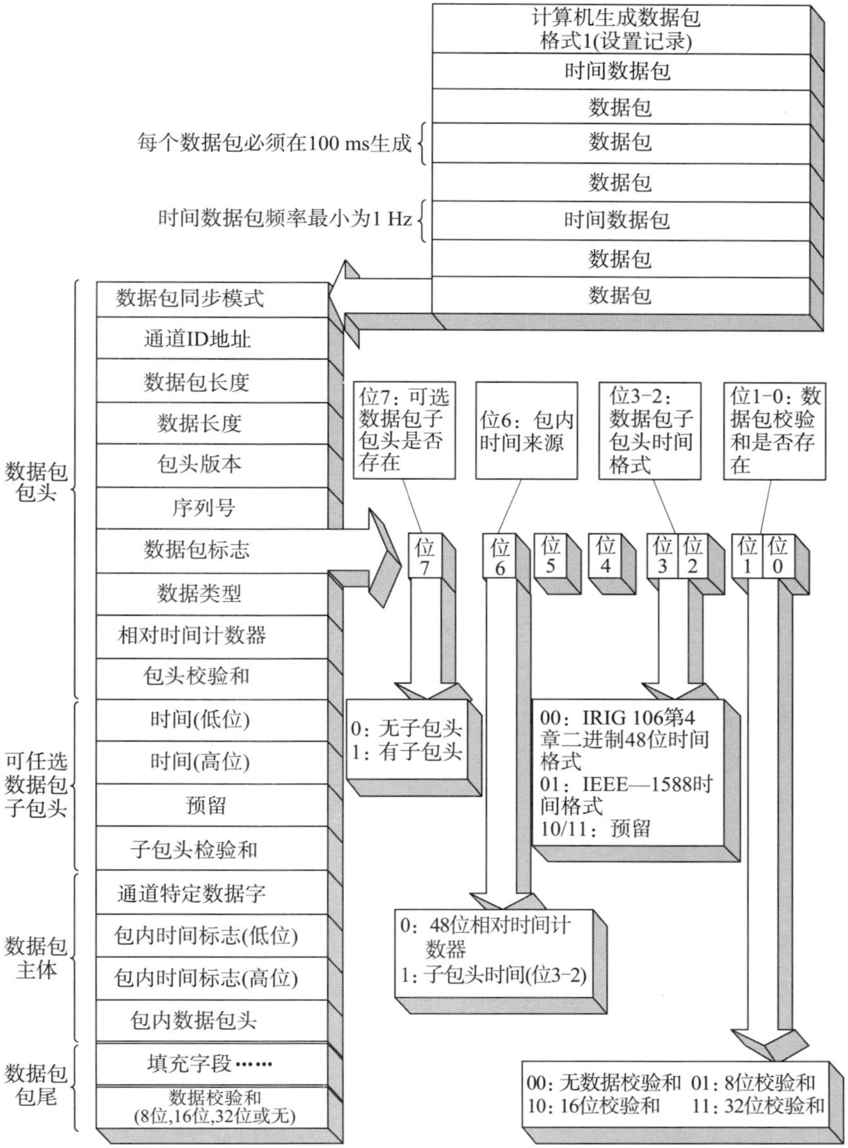

图 10-20 记录文件结构

表 10－6 通用模拟数据包（格式 1）

包头
通道特征字，子通道 1
通道特征字，子通道 2
…
通道特征字，子通道 M
采样 1
采样 2
…
采样 N
包尾

PCM 数据适合选用 PCM 记录数据包（格式 1）进行记录。该格式基本结构见表 10－7，其中各字段的宽度与任何数据位数无关，仅用于说明各字段在数据包中的相对位置。

表 10－7 PCM 数据包（格式 1）

包头
通道特征字
（可选择）包内时间标志
（可选择）包内数据包头
子帧数据
（可选择）包内时间标志
（可选择）包内数据包头
子帧数据
（可选择）包内时间标志
（可选择）包内数据包头
子帧数据
（可选择）包内时间标志
（可选择）包内数据包头
…

续表

子帧数据
（可选择）包内时间标志
（可选择）包内数据包头
子帧数据
包尾

（2）高级在轨系统（AOS）标准数据格式

为满足复杂航天器以标准化方式进行数据交换与处理的需求，空间数据系统协商委员会（CCSDS，Consultative Committee for Space Data Systems）在常规在轨系统（COS，Conventional Orbiting Systems）的基础上发展了高级在轨系统（AOS，Advanced Orbiting Systems）体制和标准。目前，AOS 广泛应用在空地和空空测控、通信以及数据管理系统中。

遥测系统地面记录设备常用来记录符合 AOS 标准数据格式的检前或检后数据。了解该数据格式，有利于分析检后数据内容或验证检前数据文件软解调结果的正确性。

（3）VLBI 系统中常见的几种数据格式

甚长基线干涉测量（VLBI，Very Long Baseline Interferometry）技术广泛应用于天文观测、大地测量和深空探测等领域，包括我国嫦娥工程地面系统。目前，国际上采用的 VLBI 地面记录设备主要包括美国的 MARK 系列和 VLBA 系列、加拿大的 S 系列和日本的 K 系列。其中，美国的 MARK 系列在我国应用较为普遍。

虽然 MARK 系列产品的数据格式属于非标准类型，但由于其在 VLBI 领域的广泛应用，使得我国应用和研制 VLBI 系统记录设备的单位都比较关注该数据格式。

（4）自定义非标准数据格式

目前，该类数据格式具有结构简单、便于实现的特点，在现代遥测系统中应用较广。为便于该类数据与其他标准格式数据的交互及合作，可通过设计数据格式转化设备来实现。

10.3.4.3 文件管理

地面数据记录设备获取的数据以文件的形式保存在存储介质中。文件管理是记录设备的必备功能，通常包括文件创建与删除、文件读写、文件重命名等基本功能。此外，还包括文件转储、文件转入、文件路径及名称管理、文件备份、检后数据成帧显示和挑路传输等功能。

在不同的存储平台架构下，可以选择的操作系统和文件系统是不同的，有些架构需要自主开发文件系统，因此文件管理功能的实现方式也就有所不同。当选择操作系统内核支持的通用文件系统时，对文件的基本操作功能可以通过系统提供给用户的 API 函数实现，这些 API 函数的接口都是一致的。当文件系统是自定义实现时，文件的基本操作接口也是自定义的。地面记录设备在选择文件系统时往往需要考虑三点：一是文件系统所支持的最大文件大小；二是文件系统的安全性；三是文件系统的 I/O 性能。因为一次记录的时间有时会很长，记录单个文件就会很大，所以需要支持超大文件的文件系统，如 Windows 系统下的 NTFS、Linux 系统下的 XFS 等。

下面简要介绍记录设备具备的几项文件管理功能。

（1）文件管理基本功能

包括文件创建与删除、文件读写、文件重命名等基本功能。在通用操作系统（如 Linux 或 Windows）下，提供给程序设计人员的函数接口都是标准的。在自定义文件系统中，文件索引、文件系统区和数据区的格式均采用专门设计，通用性不高，而读写性能较好。

（2）文件路径及名称管理

对数据文件的文件路径及名称进行统一管理，包括分类和分路径存放。可遵循特定记录标准命名文件，以反映记录时间、记录通道或数据类型等信息。

（3）文件转储

将记录文件中感兴趣的部分转存到其他存储介质的过程称为文件转储。文件转储功能有利于扩展记录设备的存储容量。

（4） 文件转入

文件转入是文件转储的逆过程，即把记录设备以外存储介质中的数据转入到内部存储介质的过程。通过文件转入功能可以实现记录设备间交叉数据迁移。

（5） 文件备份

为保证文件的安全性，记录设备可设计文件备份功能。例如，将数据通过网络转存到备份数据区（包括硬盘备份区、盘阵、存储服务器和磁带等）或刻录光盘等。

（6） 检后数据成帧显示

检后数据通常是帧同步后的数据，经过帧格式解析后，可显示在界面上，实时观察数据包的内容和处理进度。

（7） 检后数据挑路传输

检后数据帧中包括用户的信息，可以根据约定字段解析，选择指定通路的数据传输给指定用户。

10.3.4.4　检前数据事后处理

目前，有些遥测地面系统要求检前记录设备不仅能回放中频模拟信号，还能利用处理软件对检前数据进行事后处理，包括解调和特性分析等。

检前数据事后处理能够充分利用采集后存储的数据，凭借软件的灵活性和可配置性较强的优势，允许采用不同的算法对感兴趣数据区进行多次分析，从而最大化地获取遥测数据和信号特征信息。

随着高性能计算软硬件技术的发展，通用处理平台的性能迅速提高。多路多核处理器、高性能计算集群、异构并行计算技术都为提高检前数据事后处理的性能提供解决途径。

10.3.5　数据回放

数据回放是记录设备将数据输出，重现原始记录信号的过程。根据信号类型的不同，数据回放可分为中频模拟信号回放、基带模拟信号回放和 PCM 数字信号回放等几种形式。

10.3.5.1 中频信号回放

中频信号回放是将记录设备保存的中频数字信号还原为中频模拟信号输出的过程。由于对中频信号通常采取带通采样方式获取，在信号获取时即完成了信号频谱从高中频向低中频的搬移操作，因而在信号回放时需要将低中频的数字信号恢复成采样前的高中频模拟信号，这一过程就需要进行上变频操作，常见的中频信号回放的上变频方式有以下几种。

(1) 正交上变频方式

图 10-21 所示为数字正交上变频方式，此架构具有结构简单的优势；关键模块包括数模转换器（DAC）、重构滤波器、模拟正交调制器、带通滤波器和 VGA 放大电路，模拟正交调制器由本振（LO）信号驱动。

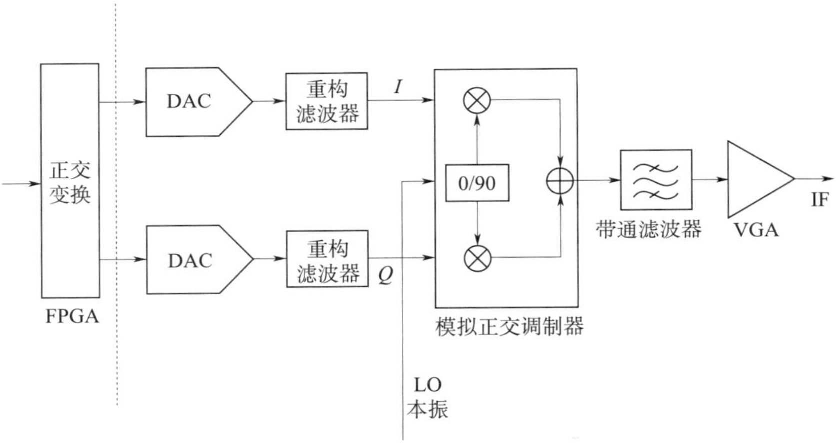

图 10-21 正交上变频方式架构

DAC 输出通过调制映射、脉冲整形和借助插值滤波器向上采样至 DAC 采样时钟频率，从而产生信号的同相和正交（I/Q）成分。DAC 和重构滤波器通常由成本低廉的分立电感和电容来实现。必须注意避免在重构滤波器引入群延迟变化，否则将会引起调制失真。

I/Q 信号经过滤波之后，与 LO 信号一起驱动模拟正交调制器的相应 I/Q 和 LO 输入，正交调制器产生以 LO 频率为载波频率的中频模拟信号；该调制输出信号经过带通滤波器滤波以消除带外杂散，并经 VGA 放大电路放大输出合适电平的中频模拟信号。

这种方法的常见问题之一是“LO 泄漏”，即调制信号带宽内存在 LO 信号。由于此类失真位于输出频带内，因此无法用滤波器来滤除。此类误差源自于寄生耦合以及调制器输入端信号的直流成分不匹配，包括 DAC 失调，以及与模拟正交调制器相关的输入电压失调。

这种架构的另一问题与 I/Q 不平衡有关。I/Q 不平衡的来源包括 DAC 输出功率、重构滤波器不匹配，以及模拟正交调制器所引起的相位误差、幅度误差。

（2）模拟上变频方式

图 10－22 所示为模拟上变频架构。该架构包含 DAC 及其相关重构滤波器。DAC 输出的模拟低中频信号经过重构滤波器后与本振信号混频，输出中频信号，再经滤波并放大后输出。

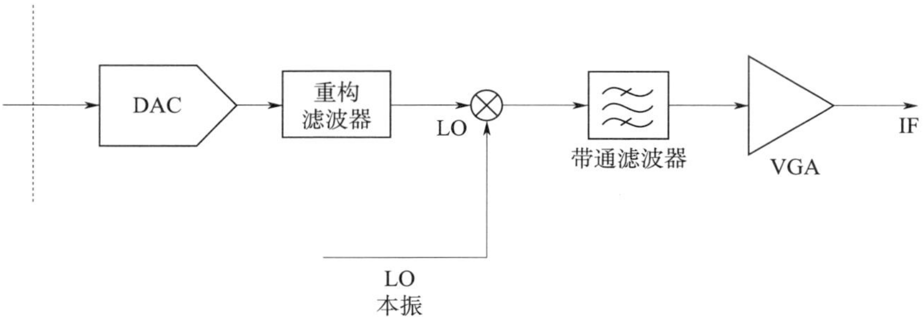

图 10－22　模拟上变频方式架构

采用模拟混频器完成频谱搬移的缺点是载波“LO 泄漏”较大，无用边带信号与有用信号幅度相同，要获得较好的带外纯净度，所需带通滤波器压力较大。

(3) 数字上变频方式

图 10-23 所示为数字上变频方式。该方式首先对低中频信号进行插值，然后输出到 DAC 中，经过重构滤波器后再经滤波并放大输出。

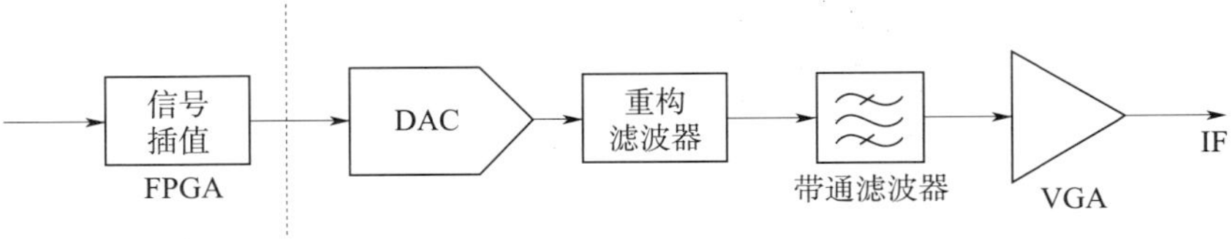

图 10-23　数字上变频方式架构

对存储的中频数字信号进行内插得到的信号频谱为原始序列的压缩谱，同时极大地提高了时域分辨率和输出信号的频率。这时，只需用一个带通滤波器取出所需的中频成分即可。

这种方法结构简单，没有载波“LO 泄漏”，能获得较好的中频信号，但是对信号处理器压力较大。

10.3.5.2　基带信号回放

图 10-24 所示为基带信号数据回放电路组成。基带信号回放是将记录保存的基带数字信号还原为基带检前模拟信号并输出，为后续试验分析提供依据。

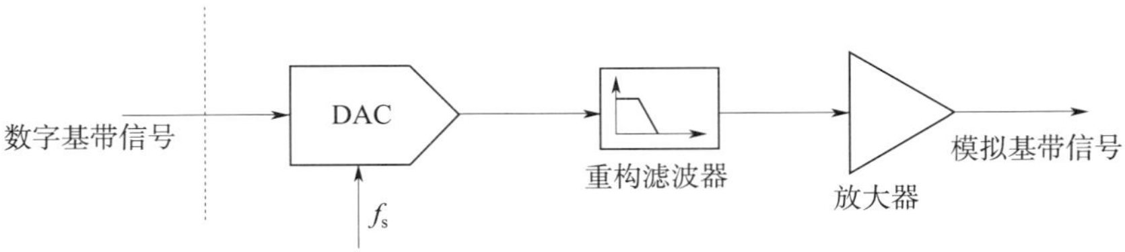

图 10-24　基带信号数据回放电路组成

基带信号回放电路相比于中频信号，重现电路更加简单。数字基带信号进入 DAC 后，DAC 工作在原基带信号采样频率上，经过数模转换后输出模拟信号，再经过重构滤波器和放大器，将信号放大后，输出模拟基带信号。

10.3.5.3　PCM 数字信号回放

数字 PCM 信号回放时，数据记录设备需要根据 PCM 信号速率产生模拟码钟，并与串行 PCM 数据一同输出，此过程需要考虑时钟与数据的对齐关系，以及接口电平转换问题。对于模拟 PCM 信号回放，需通过 DAC 转换为模拟信号后输出，此时要考虑信号的电流驱动能力和输出负载的阻抗特性等。

10.3.6　数据的完整性和安全性保证

通常，地面记录设备记录的数据属于原始数据，对于分析、定位和重现故障起着至关重要的作用。执行一次任务试验成本很高，并且检前记录数据一旦丢失将无法挽回，因此数据的完整性和安全性尤为重要。数据的完整性和安全性体现在数据的完整获取和已获取数据的安全存储。下面，介绍几种地面记录设备为保证数据完整性和安全性常采用的策略。

（1）采用安全级别较高的 RAID 模式存储数据

在地面记录的基础知识一节已提到，不同 RAID 级别实现的硬盘阵列，其安全性是不同的。RAID 0 没有冗余的数据，所以安全性最低。RAID 1 的安全性最高，可一比一备份，但存储容量要牺牲一半。综合安全性、存储容量损失和读写性能等指标，RAID 5 和 RAID 6 是经常被选择的级别。RAID 5 冗余一块硬盘的容量，当盘阵内仅有一块硬盘失效时，盘阵处于降级状态，可以继续进行读写操作。RAID 6 最多允许两块硬盘失效，安全级别比 RAID 5 高，但是算法实现复杂度高，存储容量的损失更大，读写性能也略差于 RAID 5。

（2）数据备份策略

记录数据备份是记录设备自身和系统都需要考虑的问题。数据备份一般在事后执行，通常有以下几种途径：

1）在本地存储介质中设置专用的数据备份区；

2）备份到外部转储盘或磁带中；

3）刻录成数据光盘保存；

4）通过网络转存到存储服务器中。

（3）记录异常中止后的数据恢复策略

记录过程中，如果发生异常断电或盘阵中多块硬盘失效时，记录就被异常终止。在通用文件系统中，数据已经写入文件，但文件格式信息可能不完整，需要根据实际记录的数据量和记录日志等信息恢复出完整的格式信息，再写入文件。在自定义的文件系统中，数据恢复策略是十分重要的设计内容。例如，在以 FPGA 为核心的存储架构中，记录的过程信息往往会被记录到一个断电非易失存储器（如 Flash 或 FRAM 铁电）中。每次记录设备上电自检时都会检测异常中止记录，若存在异常中止记录，则启动数据恢复操作。

（4）缓冲区数据写回策略

数据从输入接口到存储介质经过很多环节。为保证数据传输的稳定性和连续性，数据格式处理、总线传输等数据通路中均存在单级缓冲区或者多级缓冲区。记录停止时刻，缓冲区仍存在一些数据未写入存储介质。为保证数据完整性，记录器采用缓冲区数据写回策略，在停止时刻将缓冲区中暂存的数据写入文件。

10.3.7 地面遥测记录设备的技术发展趋势

（1）设备高可靠性和数据高可靠性

作为数据获取的保存介质，记录设备的可靠性是至关重要的。在实际任务中，对地面遥测记录设备的可靠性要求不断提高。采用更先进的技术手段和管理策略持续提高设备的可靠性，已经成为地面遥测记录设备最重要的技术发展趋势之一。

（2）高带宽、海量存储

高分辨率卫星地面接收系统、雷达回波信号记录、非合作目标电子侦察等应用对记录带宽和容量的需求都在急剧增大，采用传统的检前记录器已经不能满足使用需求。因此，结合新技术手段开发具有高带宽、海量存储的记录设备是另一重要的技术发展趋势。

国内由北京遥测技术研究所研制的高中频宽带检前记录器采用宽带中频信号采样、并行化信号处理、信号采样畸变修正、基于高速收发器的板间高速数据传输和高带宽数据存储等多项关键技术，可记录中心频率为720 MHz/1.2 GHz、带宽为 600 MHz 的检前信号，数据存储带宽高达 20 Gb/s。

（3）射频记录器

随着软件无线电技术的广泛应用，射频记录器也逐步进入人们视野中。软件无线电的核心思想是使宽带 ADC/DAC 尽可能地靠近天线，用软件方法实现信号的处理。射频记录器也是以此思路为出发点，直接对射频模拟信号进行记录，并尽可能保证射频信号的完整性。但受硬件发展（器件采样速率）和存储能力（包括存储带宽、容量等）的制约，目前，射频记录器产品通常采用的是整合变频器的方案，即并不是对整个射频频带信号进行存储，而是通过变频器将一定带宽内的射频信号下变频至中频进行存储，回放时再将记录的中频信号上变频至需要的射频频点。在这样的处理方式下，能够存储的模拟信号带宽往往只有几十 MHz，远未达到真正意义上的射频记录器标准。但相信随着硬件发展和存储能力的提升，射频记录器将最终超越中频记录设备，拥有广泛的应用前景。

（4）数据记录、分析与管理功能融合

现代 IT 技术高速发展，并行计算、云存储和并行文件系统等技术的广泛应用，遥测数据记录设备可以兼备检前数据实时或事后解调和数据管理等高级功能。基于多核、多路 CPU 并行、GPU/MIC/CPU 异构并行、MPI 并行和大数据集群并行技术，可以在较小规模的硬件平台上汇集强大的计算能力，使用虚拟（软件）无线电（纯软件）技术，直接对检前数据进行解调和信号质量分析。云存储和并行文件系统技术显著提高遥测数据记录设备存储容量和带宽的可扩展性及数据容灾性。

参 考 文 献

[1] Serial ATA International Organization. Serial ATA Revision 3 [S], 2009.

[2] 王齐 . PCI Express 体系结构导读 [M] . 北京：机械工业出版社，2011.

[3] [美] William Stallings . 操作系统——内核与设计原理(第四版) [M] . 魏迎梅，王涌，等，译. 北京：电子工业出版社，2002.

[4] Walt Kester. What the Nyquist Criterion Means to Your Sampled Data System Design [DB] . Analog Devices ，2010.

[5] Rob Reeder. 宽带 ADC 变压器耦合前端设计 [DB] . Analog Devices，2005.

[6] Telemetry Standards [S] . IRIG Standard 1-6-11 (Part 1)，Chapter2，June 2011.

第 11 章　遥测数据处理

目前，遥测是监视航天器内部工作状态的重要途径，遥测系统的作用是获取遥测数据。对遥测数据的处理是实时指挥决策的依据，是对飞行试验情况或故障情况分析判断的依据，是航天型号研制部门分析研究的依据。本章首先介绍遥测数据及其作用，概述遥测数据处理类型、任务、特点，并展望未来发展。然后，按照数据处理类型、数据处理方法及处理流程进行详细说明，并对处理结果的自动判读进行介绍。

11.1　概述

11.1.1　遥测数据的分类

遥测数据以工程遥测参数为主，而遥测还可以作为数据传输通道用于传送航天器的有效载荷数据、定位数据、安控和遥控的验证信息或执行情况信息等。具体内容如下：

1）工程遥测参数。主要有航天器内部各部分温度、电压、电流、液位、流量、烧蚀厚度、压力、状态、计数值、振动、冲击、噪声等，是传统遥测数据的内容，尤其对于运载火箭，是其主要遥测数据内容。工程遥测参数按照所属分系统，可以分为控制系统参数、动力系统参数、环境系统参数、安全系统参数等；按照变化频率，可以分为缓变参数、速变参数；按照参数物理量类型，可以分为电量类参数和非电量类参数；按照遥测记录形式，可以分为模拟量参数、数字量参数和双电平参数；按照测量精度，可以分为高精度参数、中精度参数和低精度参数。

2）图像、话音数据。图像、话音数据可以看作是工程遥测参数的扩展，其具有数据量大、信息更加直观的特点，通过遥测信道或数传信道进行下传。

3）遥控（含安控）信息。遥测和遥控是测控的重要组成部分，遥控为上行信息，遥测系统是反馈控制系统，通过遥测信道执行下行信息传输。

4）航天器有效载荷数据。航天器有效载荷的探测数据也可以通过遥测信道下传，根据数据类型的不同会有不同处理方式，一般不由遥测数据处理系统处理，而直接交由用户处理。

5）遥测轨道参数。通过计算机和加速度表输出计算出的飞行器轨道参数。

6）卫星导航参数。飞行器上，卫星导航参数通过遥测信道下传，在遥测地面站通过遥测数据挑路得到飞行器载卫星导航接收机输出的原始测量数据及其接收的卫星导航电文等信息，进行导航参数计算和差分处理。

7）其他数据。如航天器计算机程序和内存数据等，通过遥测信道传递，但一般不由遥测数据处理系统处理。

11.1.2 遥测数据处理的作用

通过对遥测数据类型的分析，可以看出遥测数据处理具有以下作用：1）实时处理的遥测数据为飞行器状态监控和指挥决策提供依据；2）地面试验及飞行试验数据为航天器设计评定提供依据；3）为故障分析提供数据，为进一步改进航天器的可靠性指明方向；4）航天器内外环境参数的测定为验证航天器及其部件的环境适应能力，检查各种防护措施的有效性，制定规范化的环境条件及试验方法提供依据；5）为航天器的遥控提供接收和执行情况的反馈信息；6）计算轨道参数和卫星导航参数；7）提供科学探测信息。

11.1.3 遥测数据处理的特点

数据处理在靶场的整个飞行试验中占据重要位置。数据处理质量的好坏、处理速度的快慢，将直接影响飞行试验的成果，尤其在故障分析中更是如此，遥测数据处理具有如下特点：

1）数据处理工作涉及的专业多。在基础理论方面，包括计算方法、数理统计学、误差理论、随机数据处理等专业；在航天专业方面，包括运载火箭总体知识、无线电遥测技术及传感器、变换器知识等；在信号处理技术方面，包括信号的优化、自适应、高分辨、多维理论及非平稳、时变、非线性系统等；在计算机领域方面，包括数据压缩技术、分布式数据库系统、专家系统、远程高速网络通信技术等。

2）数据处理难度大。如火箭上遥测系统工作环境恶劣，测量及变换环节多，随机干扰多。

3）数据处理要求快，而数据处理结果要求高，处理的准确性要求高。在出现故障时，更是如此，这就要求有快速处理能力和高速的数据传输能力及人员具有高技术素质。

4）遥测参数种类繁多，数据结构复杂，数据量巨大。

5）遥测数据处理方法须随型号以及遥测系统的变化而变化，甚至同型号而不同批次的试验，也会有所不同。因此，要求数据处理软件设计能适应这一特点而有很大的灵活性和适应性。

6）技术发展快。从传统帧格式遥测到 CCSDS 分包遥测，再到 AOS 高级在轨数据系统，以及国际合作，遥测数据格式发生了很多变化，对遥测数据的预处理提出了更高要求；另外随着软件技术的发展，数据库、分布式软件系统、数据处理中心、高速网络等的应用，也要求遥测数据处理不但要跟上遥测本身的发展，还要适应计算机技术的发展要求。

后续遥测数据处理技术的发展趋势主要有：1）数据处理速度将会进一步提高。随着计算机通信能力的增强和深度学习技术的应用，自动判读将全面取代人工判读，实现遥测数据的实时处理和分析；2）处理方法更加丰富。现代谱分析方法、小波分析等新的处理技术得到越来越广泛的应用；3）数据处理精度、准确度将会进一步提高。得益于遥测数据测量质量的提高和新技术、新方法的应用，数据处理精度、准确度将会进一步提高；4）数据处理中心将成为遥测数据处理的核心部门。随着云计算技术的应用、远程高速计算机网络以及分布式系统的建立，数据处理中心将为型号设计部门提供更完备的服务，设计部门可在远程终端上直接检索数据库数据，为型号改进设计及故障分析服务。

11.2 遥测数据处理分类

对遥测数据的处理一般按照处理时机分类，分为实时处理、准实时处理和事后处理；按照分系统进行分类，在测控中心按照此分类可以方便不同分系统人员监视各自分系统的情况；按照参数类型进行分类，分为缓变参数处理和速变参数处理；按照处理流程进行分类，分为数据准备和预处理、数据处理、结果输出存储等。本书按照处理时机进行分类，下面分别进行详细介绍。

11.2.1 实时处理

遥测数据实时处理是指在遥测过程中边测量边进行的数据处理，用于实时监视并作为指挥决策的依据。早期，由于受通信带宽的影响，在遥测站对数据进行挑路，然后通过串口发送到测控中心，由测控中心对数据进行实时处理、显示。近几年，随着网络带宽的提高，遥测数据可以不经挑路，直接将遥测数据全部发送给中心，由中心进行挑路、处理、显示。

遥测数据实时处理具有以下特点：1）实时性要求高。将参数及时、准确处理并显示是实时处理的主要任务，一般要求从收到数据到显示出结果仅几秒的时间，并要求时间越短越好。2）可靠性要求高。实时遥测数据处理的数据包括飞行器各飞行试验数据、状态信息、遥控返回信息等，是实时指挥决策的依据，对其具有极高的可靠性要求。3）处理内容差异大。不同型号的飞行器（火箭、卫星等）要求实时处理的遥测参数差异很大，要求数据处理系统能够适应不同的要求，而处理系统不能进行大的变化。4）处理结果不保存。由于遥测数据量巨大，实时处理结果一般不保存。另外，结果的保存涉及计算机系统的 I/O 操作，影响处理的实时性。5）数据传输方式、格式变化大。实时数据处理通过接收测控站的遥测数据进行实时处理，由于测控站自身的差异（研制时期不同引起数据传输能力、格式等的不同）以及型号要求不同，测控中心收到的遥测数据往往具有不同的格式，这就要求实时处理时能够适应这种变化。6）要求可进行并行、融合处理。并行处理包括同一目标多站数据的并行处理和不同目标的并行处理。多站同时对一个目标进行测控，形成互为备份的关系，测控中心同时对多站数据进行处理可以互相参考，提高处理结果的可信度。而随着发射密度的增加和在轨飞行器的增多，也要求对不同目标进行同时处理。

11.2.2　准实时及事后处理

准实时处理是指在发射后较短的时间内，对一部分关注的参数进行处理，以供试验人员对飞行试验情况或故障做初步判断和分析。事后处理是指发射试验后，将各测量站、船所测得的原始数据汇集于数据处理中心，中心对有冗余测量的数据进行质量检查，择优进行剪辑和拼接得出全飞行过程的完整数据，并对全部参数进行精处理，包括对各种测量干扰及误差的剔除及修正。其处理结果将作为型号研制部门分析研究的最终依据。数据处理结果报告将作为型号试验资料长期保存。

事后处理具有一些特点：1）数据完整性好。事后处理一般是对整个飞行过程完整数据的处理，经过数据择优、拼接形成全飞行过程的完整数据后再进行处理，所以事后处理的完整性要好，而实时处理一般仅对实时情况下一段数据进行处理。2）精度高。事后处理没有实时性要求，所以可以对数据进行精细处理，采用多种方法提高处理精度。3）处理方法更多。同样，由于没有实时性要求，对处理方法的选择可以更多，对同样数据可以选用多种方法进行处理，比对处理结果，提高结果的可信度。4）系统性要求高。飞行器的整个飞行过程是一个系统过程，不但事件的发生遵循一定的流程，而且各事件之间具有一定的关联性。事后处理可以还原整个飞行过程，为进一步改进和规范化提供依据。5）处理结果要求归档。事后处理结果是宝贵的试验数据，要求进行归档，作为本型号改进的依据，以及其他型号参考的资料。

11.3 遥测数据处理方法

遥测数据通过分布在全球各处的遥测站、遥测船获得。首先，需要对遥测数据进行必要的检查，保证数据的质量，并对数据进行剪辑对接，形成全程遥测数据，然后对数据进行分路处理，得到工程遥测数据，即数据预处理。经过预处理的数据即可进一步按照参数类型进行处理。

本节介绍遥测数据处理方法，既包括公用处理部分，又包括专用处理部分，对每一部分涉及的处理方法进行分类介绍。

11.3.1 数据预处理方法

11.3.1.1 原始数据质量检查

原始数据是指通过遥测设备解调出的未经过加工处理的数据，包括中心实时接收保存的数据，测量站及测量船事后重发的数据，通过存储介质拷贝的测量站及测量船实时存储的数据。这些数据存储格式可能不同，但遥测数据相同，数据质量检查针对遥测数据进行。在中心收集的数据存在冗余，冗余反映在两个方面，可能是多站同时接收遥测数据引起的时间上的完全重叠，也可能是由于多站接力测量时引起的时间上的部分重叠。原始数据质量检查的目的是从有冗余的测量数据中，对比择优，以记录质量最好的数据供处理使用。

原始数据质量检查以校准信号（同源校准信号或异源校准信号）

和时间勤务信号的记录质量为依据，两者质量需同时衡量。同源是指校准信号与传感器共用同一电源，当前遥测系统中，传感器一般用的是 5 V 电源。同源校准电平是将 5 V 电压分成 0%～100%内 11 个等间隔台阶，与参数一样经编码后占用一个波道传输，其功用是作为一个校准“尺子”，供参数处理使用时，将测量所得的参数编码分层值还原成电压值使用。而异源是指校准信号与所测参数不同源。异源校准电平本身是一个基本不变化的直流电平，电压值一般为同源校准信号的 1/2 左右，也与参数一样经编码后占用一个波道传输，供电参量将其编码分层值还原成电压值使用。校准信号和时间勤务信号的变化都具备严格的规律性，同时，还是进行原始测量数据的物理量转换和时间计算的基础，缺一不可。原始数据质量检查内容包括时间信号是否正常，数据记录的有效起止时间，数据散乱段的起止时间等，并按有关标准规定，评定记录质量等级，输出质量检查报告。

11.3.1.2　全程测量原始数据的对接

飞行试验中，全程测量原始数据是接力测量且有冗余，需在质量检查的基础上进行数据的择优对接。

对接方法是依据两个因素来寻找对接点：首先是寻找两段数据的吻合点，再查数据吻合点的时间是否为同帧时间，此时应考虑不同测站的电波延迟及测站的随机误差影响，但原则上，时间误差应小于相邻两帧信号的采样时间间隔。为了保证对接点的正确性，可以不等间隔地选取 1～3 个全帧吻合点，以确认正确性。当信号弱或测量信号不稳定时，也可把判全帧数据改为判 11 台阶的同源校准数据及其对应点的时间，此时一定要不等间隔再判 1～2 组同校台阶。之所以要不等间隔，是为了避免某种可能的规律性巧合，以保证测量正确性。数据十分不好时，需人工介入分析。

11.3.1.3　时统加工和纠错

遥测数据中记录的时间是绝对时（一般为北京时），并且此时间由地面时统产生，为接收数据的时间。数据处理的时间一般采用绝对时，并反推到飞行器上数据产生的时间，所以需对数据时统进行加工。时统加工包括相对时换算和时间修正两方面工作。相对时换算是把各测站记录数据的绝对时时间换算成相对于起飞零点（起飞触点接触时刻）的相对时；而时间修正包括零秒修正、电波延迟修正及各测站系统误差修正等。时统纠错工作是完成对测站记录数据的随机性时间错误的判别与纠错。纠错思路如下：1）时序应该是正向增加，不应有倒退；2）每相邻两帧时间 $t(i),t(i+1)$ 的间隔应等于1个帧周期 $T \pm \Delta t$（Δt 为允许的帧周期误差范围）；3）当相邻的时间间隔大于1个帧周期 $T \pm \Delta t$ 时，应再判 $t(i+1)$ 与其后帧的时间间隔正确与否，若正确则说明是丢帧造成的时间间隔不对，因此 $t(i+1)$ 应予保留；若 $t(i+1)$ 与其后帧的时间间隔也不对，则证明 $t(i+1)$ 的时间错，以 $t(i)+T$ 代替 $t(i+1)$ 予以纠错。

11.3.1.4　数据挑路

数据挑路是指将遥测原码文件按用户选中的参数和参数属性进行分路，数据为原码并应含有时码，参数采样率可以不同，但数据和时码要对应正确，并按不同的精度要求进行路间采样及电波延迟修正。数据挑路是遥测数据处理中的最基本功能，只有将要处理的参数数据从遥测数据帧结构中挑选出来才能进行下一步的处理，数据挑路也是遥测数据处理中相对复杂的一项处理，因为遥测帧结构多种多样，参数波道号分配又多种多样，对时码的要求也各不相同，通用的数据分路软件要适应这种多样性，可以一次挑选多个参数甚至所有的参数，甚至要求按起始时间、间隔一定的帧数进行挑路。为了简化数据挑路功能，一般不要求数据挑路具有对遥测数据纠错的功能，即要求要挑路的遥测数据的时码正确连续、帧结构完整。

（1）帧结构

在时分多路遥测系统中，将各路遥测数据至少采集一遍而构成的循环数据格式称为帧。全部数据路循环传送一周（包括一个或多个帧）称为全帧。从某一子帧同步的起点到下一个子帧同步的起点，称为一个子帧。将帧的一路再分割成若干路，这些再分割循环一周称为一个副帧。副帧的循环速率是子帧循环速率的一个分数。帧结构可用图11 -1 表示。

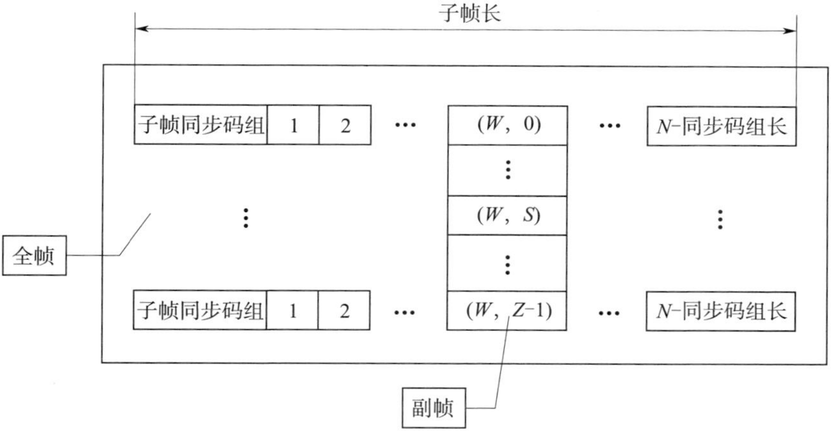

图 11 - 1　帧结构

如图 11 - 1 所示，全帧包括 $N \times Z$ 个字。其中，Z 为最长副帧，N 为子帧的字数。

副帧按照同步方式，又可分为 ID 副帧、反码副帧和循环副帧。ID 副帧用副帧计数码（ID）表示副帧同步，ID 字在子帧的某个固定位置上，按照子帧速率计数，可以是加计数，也可以是减计数。反码副帧用取代帧同步码组的专用码组（一般使用帧同步码组的反码）来标识副帧的起始，而循环副帧则在副帧中安排专用字来标识副帧的起始。异步嵌入格式是一种特殊的帧格式，在主体帧格式中开辟窗口，窗口大小是主体帧格式中字长的整数倍，插入窗口的客体数据流和主体帧一般是异步关系。根据主体帧格式的服务信息和窗口位置，辅以客体帧格式的服务信息，才能正确地对嵌入数据做出处理。主体全帧平面上可以开出一个或多个窗口。一个客体数据可以只占用一个窗口，也可以占有多个窗口。在没有有用数据时，窗口中可以传送填充字。另外，还有一种加标签数据格式。其格式固定，但没有副帧和全帧，只包含帧同步码组、标签段、数据段和填充段的数据流。标签段可以是时间顺序标记，根据时间标记可以区分本段数据在时间轴上的位置；标签段也可以是数据源编号，用于区分本段数据的来源。标签段还可以用来表示本段的长度。加标签数据格式既可以作为主体数据流单独存在，也可以作为客体数据流嵌入到主体数据流中。有无填充段可根据需要而定。

（2）帧结构信息和参数属性

帧结构信息即帧格式，包括帧长、字长、同步码位置、同步码组长、副帧格式、副帧位置、副帧长、码率等信息，用于数据帧的判别和全帧整理，是自动化挑路的基础。参数属性定义为与遥测参数有关的所有特性，包括参数在遥测数据帧的定位信息，测量该参数的传感器、变换器特性，传输的处理方法等，是参数数据自动化处理的基础。参数属性一般按照型号、类别区分，并使用数据库管理。在数据挑路处理中，使用参数在遥测数据帧的定位信息，根据这些信息，应用软件可以以统一的方式挑出各类参数原始数据。

（3）挑路软件

从前面的介绍可以看出，帧格式的编排具有相当的灵活性，但是所有的编排方式都具有规律性，即都可以按照一定的规律将参数原始数据从帧格式数据中挑出，挑路软件一般是统一的，根据参数属性不同（相当于挑路配置信息），执行不同的流程。基本的数据挑路流程如图 11－2 所示。

详细说明如下：

1）读入帧结构属性。帧结构属性数据一般按照不同型号保存在数据库中，在启动挑路时，首先读取帧结构属性数据。

2）读入参数属性数据。从数据库中一次读入所有要挑路的参数属性数据。

3）形成挑路属性矩阵。根据帧结构信息和参数属性数据，形成与帧结构对应的挑路属性矩阵。

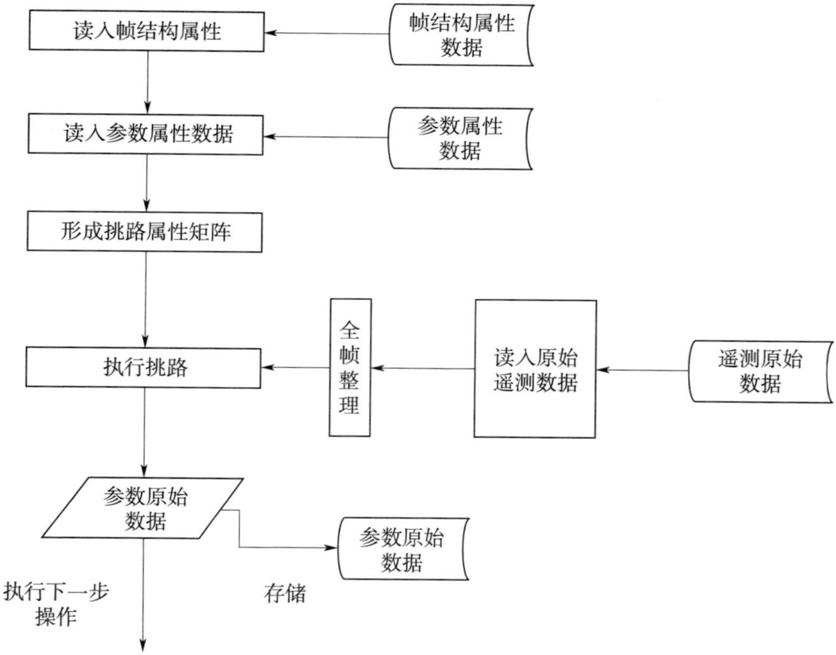

图 11-2　数据挑路流程

4）读入原始遥测数据。从数据库（或文件）中遥测原始帧结构数据。

5）全帧整理。以全帧的形式整理遥测原始帧结构数据。挑路一般以全帧数据为基础，对于子帧挑路的参数，也可以直接从原始数据中挑路，保证挑路出尽量多的数据。

6）执行挑路。根据挑路属性矩阵遍历遥测全帧数据，将帧结构数据还原为各个参数的原始数据。需要注意的是对时码的处理，包括结果数据中是否包含时码、是否进行时码修正、是否进行时码转换。时码修正是指直接使用原始帧中的时码，还是进行路间修正、时延修正等；而时码转换确定时码格式，原始数据中一般为 B000 码格式，在后续的参数处理中，一般采用毫秒累积的方式，并且以起飞零点为零值转换为相对时。

7）完成挑路后的数据，一方面可作为参数数据部分和参数属性等信息保存到一起，另一方面可以作为下一步工程量转换等操作的基础。

数据挑路是遥测数据处理的基础，由于帧格式的复杂性，导致挑路也相对复杂，对于异步嵌入格式和加标签格式等特殊格式的数据，都应该做相应考虑，在参数属性中说明，并给出处理方法。

11.3.2　缓变参数处理方法

缓变参数是指变化频率小于 10 Hz 的参数，包括指令参数、阶跃型变化参数、连续型参数、数字量参数。

（1）剔除野值

野值又称为跳点，由于信号干扰（可能是传感器、变换器等测量设备受到干扰或信号传输过程中受到干扰引起的），使得某些实测点数值偏离参数变化规律。野值通常表现为偏离大多数数据点的变化趋势，其幅值相差很大，点数很少。按照野值的定义，要求剔除野值时首先了解被测参数的规律性，同时还应了解相关事件发生的时序，如果在偏离值发生点正好有相关事件发生，则此偏离值可能是正常值，否则极有可能是野值，应剔除。另外，并不是所有参数都需要剔除野值，如振动参数，往往偏离值的发生点正是冲击发生时，则不需要剔除。对于在正常情况下野值发生密集的时段，不应简单剔除，还应考虑设备故障情况，深入的检查往往能够发现设备的隐患。所以，野值的剔除要综合考虑各种情况，必要时应人工参与分析。去跳点方法有很多，按照 GJB 2238A－2004 遥测数据处理标准，根据遥测数据的特点可以使用一阶或二阶差分方法。

1）一阶差分预测法表达式

$$x_i{}' = 2x_{i-1} - x_{i-2} \tag{11-1}$$

2）二阶差分预测法表达式

$$x_i{}' = 3x_{i-1} - 3x_{i-2} + x_{i-3} \tag{11-2}$$

式中　$x_i{}'$ —— t_i 时刻预测值；

x_{i-1} —— t_i 时刻前一点实测值；

x_{i-2} —— t_i 时刻前二点实测值；

x_{i-3} —— t_i 时刻前三点实测值。

求出 t_i 时刻预测值后，和实测值 x_i 进行比较。当 $|x_i - x_i'| > W$ 时，则 x_i 为跳点，应去掉。W 是误差窗口，W 值的选取视具体参数值变化情况决定。

另外，常用的还有中点判别法和莱特准则判别法。中点判别法利用正交多项式，取多点（一般为 5 点）采用最小二乘法进行曲线拟合，计算拟合值和原始值的差，然后对其中点进行判断，条件一般设为按正态分布计算的约 80％概率事件再加上一些如幅值限制等附加条件，对于不符合条件的视为野值进行剔除。莱特准则判别法从概率角度考虑，把剩余误差的绝对值超过 3 倍的标准误差作为条件，超过则认为该值为野值。

中点判别法和莱特准则判别法都采用了常系数，不能完全适应遥测参数的种类多、变化规律多样的特性，在实际工作中，一般采用自适应变系数的莱特准则和浮动中心值的自适应滤波器法。

自适应变系数的莱特准则将 3σ 改为 $k\sigma$，即 k 值可变，自动扩大或缩小窗口，使剔除野值后的正常值采样点数大于 1/2 剔除野值前的采样点数。

浮动中心值的自适应滤波器法适用于指令、脉冲类的阶跃参数。这类参数的处理要求：1）准确给出参数跳变时间；2）准确给出参数跳变幅度，并判别该幅度对应的各种指令动作，或计算相应的物理量。针对处理要求，本方法首先查找跳变点，当判断出第一个大于参数正常跳变幅度的值时，记录该采样点的值及其对应的时间，然后再连续判断 n 点，如果 n 点都发生跳变，则认为第一次滤波合格。再然后，对滤波合格的 n 点执行二次滤波，其处理过程如下：

1）分别依次以第一次滤波后的各测量值为中心值，求各滤波后的测量值与该中心值之差的绝对值之和 y_i

$$y_i = \sum_{i=1}^{n} (|x_i - x_j|), j = 1, 2, \cdots, n \qquad (11-3)$$

2）求 y_i 中最小值 $y_{\min}$，即可得出与 $y_{\min}$ 对应的 $x_{\min}$

$$y_{\min}=\min(y_1,y_2,\cdots,y_n) \tag{11-4}$$

其中，$x_{\min}$ 是与 $y_{\min}$ 对应的中心值。

3）以 $x_{\min}$ 为中心值，以 H_2（参数跳变后的正常波动范围）为窗口值，进行二次滤波，依次判 $|x_i-x_{\min}|, i=1,2,\cdots,n$，当 $|x_i-x_{\min}|\leqslant H_2$ 时，x_i 为合格点。

4）判二次滤波后的合格点数，当其大于 1/2 二次滤波前的采样点数时，即 $N>0.5n$，则完成最终判别，认可第一个挑点的时间及幅值。

（2）参数取点

由于遥测记录数据量十分庞大，如果对这些参数数据不加取舍地进行处理，那么处理后的结果数据量就会在原始数据量的基础上增加数倍或数十倍，也使得遥测数据处理结果难以存储、传输和产生书面报告。所以，对于参数合理选点一直是遥测数据处理中一个十分重要的问题。

选点原则：

1）应以较少的参数点反映出被处理参数的变化规律；

2）用所选参数点连成的曲线应能保持原参数波形，使其不失真。

按上述原则，一般有 3 种主要选点方式：

1）等间隔选点。所取的各点之间时间间隔相等。通常，应用于参数变化平稳段。

2）取特征点。按参数变化趋势的特征取点。通常，应用于参数变化剧烈或飞行特征时段（如起飞、点火、关机、分离等）。

3）逐点。去掉跳点，取出所有参数的采样点。通常，应用于非常关心的特殊时段，如参数间的协调性分析、故障分析等。

由于缓变参数变化波形多种多样，很难用一种方法完成特征点的选取，需要采用多种方法去综合处理。这些方法包括去跳点（同剔除野值）、平滑、取极值点、取拐点、单调曲线取点。

①平滑

平滑主要是为了减少和降低测量和传输过程中的干扰影响。一般，采用加权移动平均法进行平滑。采用二次抛物线方程 $x=a+bt+ct^2$ 来进行平滑，则系数 a, b, c 应满足

$$\sum_{i=L-n}^{L+n}[(a+bt+ct^2)-x_i]=\text{最小值} \tag{11-5}$$

式中　L ——中心点。

取中心点前后的 n 点，按照最小二乘法原理，可以得出平滑结果公式

$$x'_i=\sum_{k=-L}^{L}W_k x_{i+k}/\sum_{k=-L}^{L}W_k \tag{11-6}$$

式中　L ——平滑点数；

　W_k ——加权系数。

其中，5,7,9,11 点的加权系数，见表 11-1 。

表 11-1　平滑处理的加权系数

点数	5	7	9	11
x_{i-5}				−36
x_{i-4}			−21	9
x_{i-3}		−2	14	44
x_{i-2}	−3	3	39	69
x_{i-1}	12	6	54	84
x_i	17	7	59	89
x_{i+1}	12	6	54	84
x_{i+2}	−3	3	39	69
x_{i+3}		−2	14	44
x_{i+4}			−21	9
x_{i+5}				−36
归一化系数	35	21	231	429

对于 5 点平滑公式为

$$x'_i = (-3x_{i-2} + 12x_{i-1} + 17x_i + 12x_{i+1} - 3x_{i+2})/35 \tag{11-7}$$

②取极值点

取极值点的方法如下：首先，计算 Δ_1 与 Δ_2，即

$$\begin{cases}\Delta_1 = x_{i+1} - x_i \\ \Delta_2 = x_i - x_{i-1}\end{cases} \tag{11-8}$$

如果 Δ_1 与 Δ_2 符号相反，则 x_i 为极值点。另外，还可以设定窗口值在一定的范围内取极值点。当 $|\Delta_1| \geqslant W$ 或 $|\Delta_2| \geqslant W$ 时，x_i 取为极值点。窗口值大小可根据具体参数而设定。

③取拐点

令二次抛物线方程为 $x_i = a + bt + ct^2$，用 5 点实测数据求二次多项式系数 c ，取实测被判别的数据点及其前后 4 点数据，分别为

$$x_{i-4},\ x_{i-3},\ x_{i-2},\ x_{i-1},\ x_i,\ x_{i+1},\ x_{i+2},\ x_{i+3},\ x_{i+4}$$

按照前 5 点和后 5 点各一组进行 5 点平滑，分别求出 c

$$c_1 = [2(x_{i-4} + x_i) - (x_{i-3} + x_{i-1}) - 2x_{i-2}]/14 \tag{11-9}$$

$$c_2 = [2(x_i + x_{i+4}) - (x_{i+1} + x_{i+3}) - 2x_{i+2}]/14 \tag{11-10}$$

二次抛物线方程的二阶导数

$$x''_i = 2c \tag{11-11}$$

如果 c_1 和 c_2 符号相反，x_i 是拐点，否则，不是拐点。如果 c_1 和 c_2 都为 0，则不是拐点，如果其中一个为 0，则是拐点。

④单调曲线取点

单调曲线取点利用二次抛物线一阶导数的特性进行取点。设

$$x_i = a + bt + ct^2 \tag{11-12}$$

取实测数据 x_{i-2}，x_{i-1}，x_i，x_{i+1}，x_{i+2} ，用此实测 5 点数据及点序 $t = -2, -1, 0, 1, 2$。求二次抛物线的系数 b 和 c ，则有

$$b = [-2(x_{i-2} - x_{i+2}) - (x_{i-1} - x_{i+1})]/10 \tag{11-13}$$

$$c = [-2(x_{i-2} + x_{i+2}) - (x_{i-1} + x_{i+1}) - 2x_i]/14 \tag{11-14}$$

一阶导数为

$$x'_i = b + ct \tag{11-15}$$

将 b 和 c 分别代入上式，当一阶导数大于 0 或小于 0，则判断出这五点为单调曲线，同时结合窗口值 W 进行判别，但 $|x_i - x_{i-2}| \geqslant W$ 或 $|x_{i+2} - x_i| \geqslant W$ 时，取 x_i 。当一阶导数为 0 时，则其为直线，不取点。改变 i 值，向后移动继续判断，完成后续取点。

（3）指令参数处理

反映某一事件、状态、动作或控制是否发生以及发生时刻的参数均按照指令参数处理。指令参数可分为电平跳变指令、位控指令和数字量指令。参考文献［1］中给出了指令参数处理方法。

①电平跳变指令处理

这类指令应根据指令出现的电平跳变、脉宽及幅值进行判别、取点。处理公式为

$$t = t_k - \Delta t_z + \Delta t_h - \Delta t_{ct} \tag{11-16}$$

其中

$$t_k = t'_i - t_0$$

式中 t ——某指令对于遥测信号时间零点的出现时间（s）；

t'_i ——某指令出现的脉冲跳变后第一个点时间（s）；

t_0——遥测信号时间零点（s）；

Δt_z ——采样误差修正量（s）；

Δt_h ——行修正量（s）；

Δt_{ct} ——电磁波延迟修正量（s）。

由于指令参数数量很多，而每一个指令参数在整个运载火箭飞行过程中跃变发生仅有数次，有的甚至只发生一次，为节约系统容量，尽量简化测量设备，减小质量。有时，采用电平幅度叠加区分方案，利用一个波道测量多个指令参数，这就是时间指令串参数，时间指令串的处理公式同前，处理要求一般如下：

1）处理信号前沿跃变时间；

2）处理信号前、后沿跃变时间；

3）处理前沿跃变时间及累次动作次数；

4）处理信号前后沿跃变时间及相应电平值。

②位控指令处理

这类指令是用编码信号中某一位由“0”变“1”（或“1”变“0”）表示指令出现，连续保持3帧以上为有效，以其中第一次出现变化的时间为准，该时间用帧计数进行计算。计算公式除了 t_k 按下式计算外，其余的与电平跳变类型指令处理相同

$$t_k = \left(\sum_{j=1}^{16} K_j \times 2^{j-1}\right) \times T_z \tag{11-17}$$

式中　K_j ——第 j 位码出现时，对应的帧计数器读数。

③数字量指令处理

数字量时间指令的拼法及公式因型号不同而有变化，具体型号要参见设计部门的处理要求和方法。

④阶跃型变化参数的处理

阶跃型变化参数指被测参数波形是脉冲、阶跃等形状，通过处理脉冲个数、频率、周期、阶跃出现否和出现时间等获得参数信息，如脉冲、频率、液位、转速、烧蚀厚度等参数。

识别脉冲出现时间方法如下

$$\Delta M_1 = |M_{k+1} - M_k| \geqslant M_{\text{jump}} \quad k = 1,2,3,\cdots \tag{11-18}$$

式中　M_{k+1} ——第 $k+1$ 帧编码分层值；

M_k ——第 k 帧编码分层值；

M_{jump} ——分层值跳变门限，根据不同类型参数实测情况进行设置。

当出现满足式（11-18）的数据点后，再向后连续判断多个点数（一般大于3点），检查是否满足

$$\Delta M_2 = |M_{j+1} - M_{k+1}| \leqslant M_{\text{keep}} \tag{11-19}$$

$$j = k+1, k+2, k+3, \cdots$$

式中　M_{keep} ——跳变后的保持电平波动范围，根据不同类型参数实测情况进行设置。

若同时满足上述两式的连续点数大于3点，则 M_{k+1} 为数据首个跳变点（即阶跃出现点），其对应的时间为

$$t_x = t_{k+1} - \Delta t_c + \Delta t_h \tag{11-20}$$

其中

$$\Delta t_c = T_{cy}/2$$

$$\Delta t_h = (L-1)T_z/Z$$

式中　t_x —— 跳变出现的时间（s）；

t_{k+1} —— 第 $k+1$ 帧数据点对应的时间，即相对时（s）；

Δt_c —— 采样误差修正量（s）；

Δt_h —— 波道修正量（s）；

T_{cy} —— 该参数采样周期时间（s）；

L —— 参数跳变所在波道号；

T_z ——帧周期时间（s）；

Z —— 一帧总波道数。

对于判断脉冲出现时间的参数，t_x 即为所求的时间；对于脉冲计数类参数，连续的两次跳变即为一个脉冲，然后，累积脉冲数；对于频率类参数，则频率 f 为

$$f = N \cdot K/(t_w - t_s) \tag{11-21}$$

$$\Delta t = (t_w - t_s)$$

式中　N ——某 Δt 时段内累计脉冲个数；

K ——分频系数，其值由“遥测数据处理要求与方法”文件提供或从相应的产品证明书中查得（对于不分频的参数，则 K 系统为 1）；

t_w —— N 计数中最后一个脉冲结束的时间（s）；

t_s —— N 计数中第一个脉冲出现的时间（s）。

1）脉冲参数。通常，脉冲参数是指由计算机发出程序脉冲信号，经脉冲分配器（如三相 6 次分频分配器）输出的阶跃形参数。这些信号经功放后驱动步进电机，进而通过伺服系统控制发动机偏转，完成控制系统制导。脉冲参数一般分为 A，B，C 三相信号，有正、负相序之分。例如，三相基本输出为 $A=0.7$ V，$B=1.4$ V，$C=2.6$ V，$AB=A+B=2.1$ V，$BC=B+C=4.0$ V，$CA=C+$

$A=3.3\ \text{V}$。正相序为 $A\to AB\to B\to BC\to C\to CA\to A$；负相序为 $A\to AC\to C\to CB\to B\to BA\to A$；处理要求为处理出正、负相序的时间段落（起始、结束时间）及其分段累计脉冲数和对应的变化频率，以及全程频率和全程累计脉冲总数。

2）频率参数。频率参数主要是指方波电源频率或脉冲电源频率以及平台程序机构转动频率等，其波形均表现为方波，处理公式为

$$f=\Delta N/(t_{i+1}-t_i) \tag{11-22}$$

式中　ΔN ——某段时间内的脉冲个数（c）；

t_i——ΔN 对应的起始时间（s）；

t_{i+1}—— ΔN 对应的终止时间（s）。

式（11－22）表示的是单位时间里的脉冲个数。要求处理给出脉冲信号频率、脉冲出现的时间段落（起始、终止时间）、分段累计脉冲及全程累计总数。

3）液位参数。传统液位传感器是根据所处周围介质不同（如从液体变化到气体），在电平上反映出阶跃形的变化，根据阶跃电平的不同，利用传感器校准数据，即可计算出液位高度。处理时，首先计算分层值 n_i 对应的遥测电压，其计算公式为

$$V_i=K_{\mathrm{E}} * n_i \tag{11-23}$$

$$K_{\mathrm{E}}=u_{\mathrm{b}}/255$$

式中　u_{b} ——采编器的编码电压值。

然后，再由电压 V_i 查校准表，找其所对应的高度。要求给出信号阶跃的时间和对应的液位高度。

4）转速参数。一般，转速参数是指发动机涡轮泵转速。其测量是由传感器和分频器共同完成的。在涡轮工作时，涡轮旋转一周，传感器即产生一个周期脉冲，由于涡轮旋转速度很快，使得传感器输出的脉冲频率非常高，为便于测量记录，将其通过分频器进行分频，其分频系数通常为 2^n ，n 为整数。

涡轮旋转有过渡段和平稳段之分，过渡段是指涡轮启动阶段和发动机关机时涡轮停止转动阶段，这是涡轮加速和减速的过程，在

波形上表现为脉冲频率逐渐变高和逐渐变低的过程。稳定段是指在涡轮正常工作段，此时涡轮为匀速转动，其参数波形为频率保持稳定的脉冲（方波）。其处理公式为

$$过渡段：n = 60kf/(N M) \tag{11-24}$$

$$平稳段：n = 60kN/(\Delta t M) \tag{11-25}$$

式中　K—— 分频系数，查变换器产品说明书可得；

M—— 传感器每转输出的脉冲个数；

N—— 一个脉冲周期的采样点数；

$N/\Delta t$—— 单位时间内所对应的脉冲个数；

F ——参数所在缓变波道的采样率。

5）烧蚀参数。烧蚀参数的测量是由烧蚀传感器来完成的，其工作原理是火焰依次烧蚀 1～4 根铝带，每烧断一根，输出电压 U_{AB}，就升高一定幅度，参数波形为阶梯状，这样，根据电压 U_{AB} 的不同值，就可以知道烧蚀的情况。

处理时，先求出参数分层 N_i 对应的遥测电压 V_i，计算公式同液位参数，再由标准数据表查找对应烧蚀的厚度即可。

6）流量参数。流量参数测量是由流量传感器与分配器共同完成测量。与转速传感器类似，流量传感器将液体流量转换成一系列的脉冲，再经分配器输出，其典型的处理公式如下

$$Q = B \cdot K \cdot \Delta N/\Delta t + A \tag{11-26}$$

式中　A—— 传感器特性曲线的截距（L/s）；

B ——传感器特性曲线的斜率。

（4）连续型变化参数的处理

连续型变化参数是指参数数据的测量时间历程是一条连续变化的曲线，中间不会有突变，也不会有间断，每个采样都能反映参数的变化。如：电压、电流、压力、过载、角度、角速度、热流等。

依传感器、变换放大器校准数据的需要，将被测信号编码分层值换算成电压或电压百分数。对于电流参数，再用电压除以参数的测量电阻即可；对于大多数电压参数，转换成电压即可。一般，有 3

种转换方法：

1）参数经异源校准电平换算电压值

$$u_i = K_y \times M_i \tag{11-27}$$

其中

$$K_y = U_y / M_y$$

式中 u_i—— 某参数在 i 时刻的电压值（V）；

K_y ——异源校准单位分层电压换算关系（V/分层数）；

M_i—— 某参数在 i 时刻的编码分层值，分层数；

U_y ——异源校准电压值，由遥测采编器产品说明书中可以查得（V）；

M_y ——异源校准编码分层值，实测值。

另外，也可以采用编码器的编码电压除以 255 分层，代替 K_y 来计算。

2）参数经同源校准电平换算电压值

$$u_i = K_T \times M_i \tag{11-28}$$

其中

$$K_T = U_T / M_{100}$$

式中 u_i—— 某参数在 i 时刻的电压值（V）；

K_T ——同源校准单位分层电压换算关系（V/分层数）；

M_i —— 某参数在 i 时刻的编码分层值，分层数；

U_T ——同源校准电压值，由遥测采编器产品说明书中可以查得（V）；

M_{100} ——同源校准信号 100％电平的实测编码分层值。

3）参数经同源校准电平换算电压百分数

$$U_i = (M_i / M_{100}) \times 100 \tag{11-29}$$

在同源校准电平波动大、线性不好时，可用校准电平加工后的 10 个阶梯电平数据比例经内插值计算出被测参数电压百分数。

对于在测量时，使用传感器的参数，还应用校准数据将电压转换成物理量。进行转换时，选取最接近发射时刻和温度的那一组校准数据使用。当校准数据有正、反行程时，被测参数上升段和平稳段使用正行程校准数据，下降段使用反行程校准数据；或使用正、反行程校准数据的平均值。

a. 二点式线性插值

$$y(x)=y_i+(y_{i+1}-y_i)(x-x_i)/(x_{i+1}-x_i) \quad (11-30)$$

式中　x ——实测输入值；

x_i, x_{i+1} ——校准数据输入值；

y_i, y_{i+1} ——校准数据输出值。

b. 最小二乘法线性拟合。按照给定的阶数和校准数据个数进行最小二乘法线性拟合，用拟合的结果公式进行计算。

c. 埃特金三点二次插值

第一次插值

$$P_{JK}=\frac{1}{x_i-x_{i+k}}\begin{vmatrix} y_i & x-x_i \\ y_{i+k} & x-x_{i+k} \end{vmatrix} \quad (11-31)$$

$$J=1, K=1,2$$

第二次插值

$$y(x)=\frac{1}{x_{i+1}-x_{i+2}}\begin{vmatrix} P_{11} & x-x_{i+1} \\ P_{12} & x-x_{i+2} \end{vmatrix} \quad (11-32)$$

d. 公式法

通过对输入的字符串类型的公式解析，来实现公式计算。表11-2 是一个已完成的公式法处理软件，支持的运算符及函数如下。

表 11-2　公式法处理软件支持的运算符及函数举例

分类	运算	标识	示例	返回
加减运算	加法运算	+	X_1+100	相加结果
	减法运算	−	X_1-100	相减结果

续表

分类	运算	标识	示例	返回
比较运算	大于或等于	>=	X_1 >= (−15.2)	条件满足为1，否则为0
	大于	>	X_1 >100	
	等于	==	X_1 ==3.156	
	小于或等于	<=	X_1 <=8.559	
	小于	<	X_1 < (−25.8)	
逻辑操作	逻辑与	&&	(X_1 >2) && (X_1 <5)	两条件均满足为True，否则为False
	逻辑或	‖	(X_1 <2) ‖ (X_1 >5)	两条件满足其一为True，否则为False
乘除运算	乘法运算	*	X_1 *0.58	相乘结果
	除法运算	/	X_1 /226	相除结果
位操作	按位与	&	X_1 &64	按位与结果
	按位或	|	X_1 | 128	按位或结果
	按位异或	^	X_1 ^255	按位异或结果
函数运算	正弦函数	sin	sin (X_1)	正弦运算结果
	余弦函数	cos	cos (X_1)	余弦运算结果
	正切函数	tan	tan (X_1)	正切运算结果
	余切函数	ctn	ctn (X_1)	余切运算结果
	平方函数	sqr	sqr (X_1)	平方运算结果
	平方根函数	sqt	sqt (X_1)	平方根运算结果
	对数（e为底）	ln	ln (X_1)	对数（e为底）运算结果
	对数（10为底）	lg	lg (X_1)	对数（10为底）运算结果
	指数（e为底）	exp	exp (X_1)	指数（e为底）运算结果
	浮点转换	flt	flt (X_1)	浮点转换运算结果

(5) 数字量参数处理

数字量处理一般按照拼字、特征位识别和参数计算顺序进行。数字量参数的字长一般由多个字节组成，而一个缓变波道一般只能传输 1 个字节，因此需要按照高低位顺序将有关波道内容拼接起来，形成一个完整的字。

数字量参数均有特定的特征码作为其标志，按照字结构取出特征位，通过特征位识别出相应的字。然后，按照试验任务文件给出的数字量参数数据格式及计算方法将识别出来的数字量参数换算成相应的物理量。

下面是几种典型数字量参数的处理。

计算机字是指飞行器上计算机把计算过程中的信息传送给遥测变换器，由遥测系统记录，通过遥测信道下传。计算机字包括控制系统的制导和姿态参数、故障系统的计算机字和应用系统计算机字等。

计算机字为二进制数，长度一般为 16 位、24 位、32 位等，每个参数均有特定的特征码作为标志，参数数据类型有整型、浮点型和二进制码。整型又可分为有符号数和无符号数两种，浮点型包括符号位、阶码或增阶码以及尾数等字段。

计算机字处理时，首先进行拼字，即按照记录的编码格式要求，拼接成完整的字，再按照特征码提取出相应的参数字段，最后按照参数的数据类型换算出参数的值。如果需要转换为物理量，则还需要乘以相应的系数值。

由于控制系统的计算机字包括飞行器的轴向、径向和法向的视位置信息，所以通过计算机字可以解算出飞行器的轨道参数。

①平台加速度表脉冲数

控制系统平台加速度表脉冲分为轴向、径向和法向的正、负脉冲数，共计 12 个参数，每个参数由 24 位二进制计数，计数器由起飞信号清零，按高、中、低用 3 个连续波道传送，每个参数传 3 遍，处理时，按 3 取 2 原则取出信息。处理公式为

$$M_a = \sum k_i \times 2^{i-1} \tag{11-33}$$

式中：　a——$X\pm$，$Y\pm$，$Z\pm$；

i——1,2,3,…,24,24 位数码的位号；

k_i——24 位数码中第 i 位数码。

计算视速度公式

$$W_a = M_a \times F_a \tag{11-34}$$

式中　F_a——平台脉冲当量，可从产品说明书中获得（m/s）。

通过计算机字和平台加速度表脉冲数联合使用，可以得到飞行器的轨道参数。

②数字量频率参数

频率参数在数字量测量中，目前占 2 个波道，分为高 8 位和低 8 位，处理时，将其拼成一个 16 位的字，将二进制数转换为十进制数 N，单位为个，然后按下列公式处理

$$F = K \times f_0/(N + a) \tag{11-35}$$

式中　K——测量该参数仪器的分频系数；

f_0——测量该参数仪器的晶振频率（Hz）；

a——固定常数。

以上常数均可从仪器产品说明书中得到。

③数字量转速参数

数字量转速由一路或几路组成，每路数据为 16 位二进制数据。16 位包括特征码和二进制编码。处理时，根据特征码区分出转速数据的路序，在按数据处理公式换算成物理量，一般处理公式为

$$N_W = \left(\sum 10^k \sum a_i \cdot 2^i\right) \times 60 \tag{11-36}$$

式中　k——码位编号，$k=-1,0,1,2,\cdots$；

i——数位编号，$i=0,1,2,3,\cdots$；

N_W——转速（r/min）。

④参数修正

遥测参数在经过测量、编码、传输等环节时，由于测量设备性

能所限及各种干扰的影响，不可避免会造成遥测记录结果的偏差，如对遥测信号进行采样编码时可能造成的采样偏差，由于传感器或变换器所处环境条件改变而造成的校准零位漂移引起的校准偏差等。对于这样的偏差，在数据处理时应尽可能地进行合理的修正，以便提高数据处理结果的精度。修正方法包括时间修正、零位修正、温度修正、导线电阻修正，详细介绍如下。

1）时间修正。其公式为

$$t = t_i + \Delta t_h - \Delta t_{ct} \tag{11-37}$$

$$\Delta t_{ct} = R/C$$

式中　t_i—— 参数在 i 帧的相对时（s）；

Δt_h ——行修正量，h 为参数在帧中的行号，因数据帧中给出的时间 t_i 是帧中首行时间，而参数测量是分时依序采样，所以尚需要参数 Δt_h 所在行号进行时间修正。例如，若帧总行数为 64，帧周期为 25 ms，则 $\Delta t_h = h \times 25/64$，ms；

Δt_{ct} ——电磁波延迟修正，考虑到测量时，由于测量距离的不断变化，会造成信号的传输延时变化而进行的修正；

R—— 测量站距飞行器的距离；

C ——电磁波传播速度。

2）零位修正。考虑到传感器或变换器会受外部环境条件的影响，以及随时间变化，它们的校准零位会发生偏移，处理时应进行零位修正。修正的方法是以实际测量的零位值来置换公式中校准数据的零位值来进行计算。实际测量中，一般以飞行前或滑行段信号平稳时的平均值作为零位值。

3）温度修正。在火箭飞行时，如果传感器或变换器所处的环境温度和常温相差很大，必须对其校准斜率 B 进行温度修正，其温度修正公式为

$$B' = B\alpha(T - T_c) \tag{11-38}$$

式中 α ——参数所在测量通道的温度修正系数（1/℃）；

B'—— 修正后的斜率；

B ——修正前的斜率；

$T - T_c$ ——实际温度和常温之差（℃）。

4）导线电阻修正。有些参数（如压力）在运用电阻丝式传感器测量时，由于传感器到电源导线的电阻能引起较大的系统误差，在数据处理时，对此也应进行修正，其修正方法如下

$$U_i' \% = U_i \% \times \left(1 - \frac{2r}{R + 2r}\right) \tag{11-39}$$

式中 R ——传感器电阻；

r ——导线电阻，由传感器至测量电池处的导线材料、直径、长度确定的阻值；

$U_i' \%$——参数实测所得的电压百分数；

$U_i \%$——修正后的电压百分数。

11.3.3 速变参数处理方法

速变参数是指变化频率高于 10 Hz 的遥测参数，其实质是随机动态信息。速变参数一般可分为振动参数、冲击参数、脉动压力参数和噪声参数等。速变参数的处理任务就是用统计的方法，对该类随机信息进行分析，描述它们在时域、频域的基本特征。速变参数处理方法如下。

（1）数据检验

在进行遥测速变参数数据处理前，需要对数据先进行检验，其内容包括信号真伪的判别及信号的平稳性、周期性、正态性检验。

①真伪信号的判别

1）目视判别信号真伪。观察时间历程，对于火箭正常飞行的遥测信号，其振动若在点火、起飞、跨声速、动压最大、级间分离、抛罩、发动机关机、星箭分离再入等特征时刻明显高于其他时段，则可认为信号基本正常。

火箭正常飞行时，若在不应出现的时刻有较大的振动，而且在同测点附近的相关参数现象不同，没有规律，即可疑为干扰。

2）判别信号是否被噪声淹没。目视基本正常的遥测信号有时仍需要进行信噪比分析，以判断信号的正常频率成分是否被噪声淹没。

a. 时域判别。将原始信号经滤波器滤掉感兴趣频段以外的成分后绘制其时间历程图，若滤波前后在特征时刻的曲线无明显变化，则可能信号已被噪声淹没。

b. 频域判别。若时域判别仍把握不大，可在频域判别。若点火等特征时刻前后的谱量级无显著变化，则表明信号可能已被噪声淹没。

正常飞行时，若大多数复合值峰值计算结果远大于理论值或超出测量范围，则认为有噪声干扰。

3）判断信号是否叠加有干扰信号。一般情况下，可以用目测的方法直接判断。也可用下述方法判断。

a. 方差上限判别法。遥测速变参数通常被称为高斯随机过程，当信号方差大于方差上限时，便可基本判定信号为干扰信号。

b. 轮次判别法。伪信号的平稳性往往较差，叠加的干扰大多来自于点火、分离等振动较严重的时刻，有时地面接收设备的异常失锁也会造成大幅干扰，实践证明伪信号的轮次数远小于真实信号的轮次数，且进行轮次数检验的时间段越短，这种差别就越明显。轮次检验法也用于数据的平稳性检查。

c. 相关性检验法。同一速变参数的不同时间段的功率谱间存在着较强的相关性，而伪信号与真实信号的功率谱之间的相关性较差，利用这一差别，通过计算待判断信号的功率谱与同信号其他时段功率谱的相关函数，便可判断干扰是否存在。

②平稳性检验

工程上，所谓平稳随机过程一般指的是宽平稳过程，即均值和自相关函数不随时间的平移而变化。运载火箭的速变参数在火箭飞行的各特征段，严格地讲，都是非平稳的，处理时若在选段时间内有（5～10）帧以上相对平稳的样本，则可将数据视为平稳的。因此，平稳性检验局限在对选段时间内的数据进行。实际上，当概率特征随时间变化较小就认为是平稳的，其显著水平为 α ，一般取 0.05。进行平稳性检查可以使用以下方法。

1）直接观察法。对波形直接进行观察，平均值波道小，波形的波峰和波谷变化均匀，频率构成较一致，则认为是平稳的。

2）均方值法。根据测量数据的均方值随时间变化的情况来判断，波动小的认为是平稳的。

3）轮次检验法。按照 GJB 2238A－2004 遥测数据标准推荐的检查方式进行。轮次检验法是一种较为严格检查方法，具体方法如下。

将数据的均方值中心化后，取数据的符号作为统计量，根据符号的轮次来判断其平稳性。一个轮次定义为一列同类的观察值，它们的前面和后面都是不同类的观察值或没有观察值。该方法正负观察值序列如下示例：

＋ ＋ － ＋ ＋ － ＋ ＋ ＋ － ＋ － － ＋ － － ＋ － － －

1　2　3　4　5　6　7　8　9　10　11　12

上例中，共有 $N=20$ 个观察值，轮次数为 $\gamma=12$。

假设（＋）观察数等于（－）观察数，将序列的轮次数所具有的抽样分布制成轮次分布概率表（见表 11－3）。将观察的轮次数 γ 与在某一显著水平 α 下轮次区间 $(\gamma_{n;1-\alpha/2},\gamma_{n;\alpha/2})$ 作比较，若在区间内即为平稳，否则为不平稳。

表 11－3　轮次分布概率统计表

n	$\alpha=0.10$		$\alpha=0.05$		$\alpha=0.02$	
	下限	上限	下限	上限	下限	上限
5	3	8	2	9	2	9
6	3	10	3	10	2	11
7	4	11	3	12	3	12
8	5	12	4	13	4	13
9	6	13	5	14	4	15

续表

n	$\alpha=0.10$		$\alpha=0.05$		$\alpha=0.02$	
	下限	上限	下限	上限	下限	上限
10	6	15	6	15	5	16
11	7	16	7	16	6	17
12	8	17	7	18	7	18
13	9	18	8	19	7	20
14	10	19	9	20	8	21
15	11	20	10	21	9	22
16	11	22	11	22	10	23
18	13	24	12	25	11	26
20	15	26	14	27	13	28
25	19	32	18	33	17	34
30	24	37	22	39	21	40
35	28	43	27	44	25	46
40	33	48	31	50	30	51
45	37	54	36	55	34	57
50	42	59	40	61	38	63
55	46	65	45	66	43	68
60	51	70	49	72	47	74
65	56	75	54	77	52	79
70	60	81	58	83	56	85
75	65	86	63	88	61	90
80	70	91	68	93	65	96
85	74	97	72	99	70	101
90	79	102	77	104	74	107
95	84	107	82	109	79	112
100	88	113	86	115	84	117

当数据总点数超出表中给定的范围时，可根据精度要求等间隔取点以减少点数，再进行检验。

③周期性检验

信号中的周期分量在功率谱中表现为一个 δ 冲击函数，在工程中，就会在谱图中出现尖峰，这样就很容易和窄带随机分量相混淆，因此周期性检验有助于正确地解释遥测数据处理的结果。直接的检验方法就是根据被测环境中是否有与谱峰相应的周期性振源存在。当周期性分量较强时，可通过观察数据的时间历程来判断，当周期性分量较弱不易分辨时，采用下列两种检验方法。

1）概率密度函数。因为周期性信号和随机信号的概率密度图不同，因此可以通过被测参数的概率密度函数图来判定。

2）自相关函数方法。通过自相关函数的特性看，当滞后较大时，含有一个或几个周期分量的相关函数曲线是不衰减的振荡，而振荡的频率也就是周期分量的频率，可以判断数据的周期性。

④正态性检验

在遥测速变参数数据处理中，许多算法都是基于这样的假设，即所处理的数据是正态分布的，因此数据处理前应对数据进行正态性检验。最常用的方法是偏态峰态检验法，按照 GJB 2238A－2004 中附录 G 偏态峰态检验法，方法如下：假设正态分布数据的偏态和峰态近似地服从正态分布。设原始数据为 $x_i, i=1,2,\cdots,N$ 。原始数据的二次矩 M_2、三次矩 M_3 和四次矩 M_4 为

$$M_k = \frac{1}{N}\sum_{i=1}^{N}(x_i - \mu)^k \tag{11-40}$$

$$\mu = \frac{1}{N}\sum_{i=1}^{N}x_i$$

其中，$k=2,3,4$。

子样偏度 g_1 和子样峰度 g_2 分别为

$$\begin{cases} g_1 = M_3/\sqrt{M_2^3} \\ g_2 = M_4/M_2^2 - 3 \end{cases} \tag{11-41}$$

统计量

$$\begin{cases} u_1 = g_1/\sigma_1 \\ u_2 = (g_2 - \mu_2)/\sigma_2 \end{cases} \tag{11-42}$$

其中

$$\mu_2 = \frac{6}{(N+1)}$$

$$\sigma_1 = \sqrt{\frac{6(N-2)}{(N+1)(N+3)}}$$

$$\sigma_2 = \sqrt{\frac{24N(N-2)(N-3)}{(N+1)^2(N+3)(N+5)}}$$

数据是否正态分布的判据：

1）如果 $|u_1| > u(\alpha)$ 或 $|u_2| > u(\alpha)$，则数据为非正态分布；

2）如果 $|u_1| \leqslant u(\alpha)$ 且 $|u_2| \leqslant u(\alpha)$，则数据为正态分布。其中，$\alpha$ 为显著水平。$u(\alpha)$ 正态分布统计量见表 11－4。

表 11－4　$u(\alpha)$ 正态分布统计量

α	0.001	0.002	0.004	0.006	0.008	0.01	0.02	0.05	0.10
$u(\alpha)$	3.291	3.090	2.875	2.748	2.652	2.578	2.326	1.960	1.645
α	0.20	0.30	0.40	0.50	0.60	0.70	0.80	0.90	
$u(\alpha)$	1.282	1.036	0.841 6	0.674 5	0.524 4	0.385 3	0.253 3	0.125 7	

（2）数据合理性加工

由于运载火箭恶劣的飞行环境，导致火箭上设备可能出现异常，加上地面设备也可能出现异常，实测信号中，往往会出现奇异项和趋势项，并混杂有周期性的干扰和噪声干扰。为了改善数据质量、节约处理时间，需要对测量数据进行预处理。

①消除趋势项

周期大于选段记录长度的频率成分均称为趋势项。遥测数据中的趋势项既可以是畸变引起的基线偏移，也可能是一种相当于研究主频率段来说较低的甚低频扰动。二者均会造成低频成分上翘、淹没主频成分，从而严重影响处理精度。常采用最小二乘法来消除趋势项。按照 GJB 2238A－2004 中附录 H 消除趋势项最小二乘法，说明如下。

设 x_i 为离散数据序列，以 Δt 为间隔。使用 K 阶多项式拟合 x_i

数据

$$\hat{x} = \sum_{k=0}^{K} b_k \times (i\Delta t)^K, i = 1,2,\cdots,N \tag{11-43}$$

用最小二乘法求得系数集 b_k ，其 $K+1$ 个公式如下

$$\sum_{k=0}^{K} b_k \times \sum_{i=0}^{N} (i \times \Delta t)^{K+L} = \sum_{i=1}^{N} x_i (i\Delta t)^L \tag{11-44}$$

式中　$L = 0,1,\cdots,K$ 。

利用式（11-45）消除趋势项

$$x'_i = x_i - \hat{x}_i \tag{11-45}$$

式中　$i = 1,2,\cdots,N$ 。

当 $K=1$ 时

$$x'_i = b_0 + b_1(i\Delta t) \tag{11-46}$$

式中　$i = 1,2,\cdots,N$ 。

系数方程

$$b_0 \sum_{i=1}^{N} (i \times \Delta t)^L + b_1 \sum_{i=1}^{N} (i \times \Delta t)^{L+1} = \sum_{i=1}^{N} x_i (i \times \Delta t)^L \tag{11-47}$$

式中　$L = 1,2$。

从而得到

$$b_0 = \frac{2(2N+1)\sum_{i=1}^{N} x_i - 6\sum_{i=1}^{N} ix_i}{N(N-1)} \tag{11-48}$$

$$b_1 = \frac{12\sum_{i=1}^{N} i \times x_i - 6(N+1)\sum_{i=1}^{N} x_i}{\Delta t \times N \times (N-1) \times (N+1)} \tag{11-49}$$

将 b_0, b_1 代入上式 $x'_i = b_0 + b_1(i\Delta t)$ 即可求得 $\hat{x}$ ，再用 $x'_i = x_i - \hat{x}_i$ 消除趋势项。

②抑制周期性干扰

在测量和处理过程中，都有周期性干扰信号，例如 50 Hz 电源干扰、采样频率干扰等，幅值较大，应该抑制掉。

一般情况下，可在谱中抹掉干扰峰值或在报告中说明哪些峰值是干扰，使用时注意；也可以使用点阻滤波法或傅里叶变换法来处理。点阻滤波法是采用滤波方法，使信号振幅在需要消除的干扰频率点上为零，而在其他频率处则没有影响。傅里叶变换法的基本思想是先对信号进行傅里叶正变换得出频谱，再将其干扰频率抑制掉。最后，进行傅里叶逆变换，并调整时域数据的加窗畸变，从而得到较为准确的复合值。

③剔除野值

野值是指偏离被测信号变化规律的数据点。一般是由于传感器、变换器及无线电传输中的干扰等造成的异常跳变点。按下述方法之一剔除：

1）目测法。通过观察原始值或复合值来剔除野值。根据时间历程曲线，将显著偏离曲线变化趋势的不合理数据、过大或过小的不合理数据剔除；目测法剔除野值需要丰富的工作经验，首先需要对被测参数的特性有深入了解，还应对特定时间相关事件的发生，进行综合考虑。

2）均值法。按下式将选段数据求方差

$$\sigma^2 = \sum_{i=1}^{N}(x_i - \mu)^2/(N-1) \tag{11-50}$$

$$i = 1,2,\cdots,N$$

$$\mu = \sum_{i=1}^{N} x_i/N \tag{11-51}$$

$$i = 1,2,\cdots,N$$

若 $|x_i - \mu| > 3\sigma$，则判 x_i 为跳点，应剔除。

3）肖维涅法。若 $|x_i - \mu|/\sigma > K_s$，则判 x_i 为跳点，应剔除。K_s 按肖维涅判据取值，肖维涅判据见表 11-5。

表 11-5　肖维涅判据

N	5	6	7	8	9	10	11	12	13	14
K	1.65	1.73	1.79	1.86	1.92	1.96	2.00	2.04	2.07	2.10

续表

N	15	16	17	18	19	20	21	22	23	24
K	2.13	2.16	2.18	2.20	2.22	2.24	2.26	2.28	2.30	2.32
N	25	26	27	28	29	30	35	40	50	60
K	2.33	2.34	2.35	2.37	2.38	2.39	2.45	2.50	2.58	2.64
N	80	100	150	185	200	250	500	1 000	2 000	5 000
K	2.74	2.81	2.93	3.00	3.02	3.11	3.29	3.48	3.60	3.89

剔除后的值，可以选择上一个有效数值代替，或者前、后两值的平均值代替。

④避免频率混淆

采用低通滤波方法避免频率混淆。低通滤波通带边界频率应等于被测信号频率范围的最大值，低通滤波器特性要好。

⑤消除低频畸变

采用高通滤波消除低频上翘。高通滤波通带边界频率应等于被测信号频率范围的最小值，高通滤波器特性要好。

⑥消除噪声干扰

当噪声干扰被测信号时，该参数或本段的参数一般将丢弃，不做进一步处理。如果可用数据很少，必须处理时，应根据干扰噪声性质，采用相应措施，给出保守的变化上限，尽量加大谱平均次数，减少噪声污染的影响。当干扰噪声对信号污染严重时，处理出点火前或滑行段同一信号的谱，提供参考。干扰信号采用如下方式判别：

1）观察高低通滤波后的复合值时间历程曲线，不随飞行特征时间变化的，判为信号被噪声淹没；

2）观察高低通滤波后的点火前或滑行段复合值时间历程曲线，有明显噪声信号，则认为信号中有噪声污染；

3）飞行试验正常而大多数复合值峰值计算结果远大于理论值或超出测量范围的，认为有噪声干扰。

（3）波形分析及处理

波形分析是指在时间域和幅值域对波形进行的各种分析。其主要作用有：1）确定实测波形参数的最大幅值和时间分布；2）分析各个谐波分量的频率值；3）确定各个谐波分量的幅值；4）求出相位滞后以及波形的时间滞后；5）确定波形的畸变情况和进行合理的反演；6）确定波形和各种物理现象的联系情况，建立正常作用状态和破坏状态与波形特征的有机联系；7）对各种波形进行相关分析，求得它们的相关函数等。

实测动态物理量的波形主要分为简谐波形、周期波形、瞬态波形和随机波形；前三种一般可称为简单波形，简单波形可以用包络线法和叠加法进行近似处理。随机波形只能用概率和统计观点进行分析处理。

①复合值处理

复合值是指随机信号在某一时刻的瞬时值。复合值计算如下：

1）中心化

$$M_i' = M_i - \sum_{i=1}^{N} M_i / N \tag{11-52}$$

$$i = 1, 2, \cdots, N$$

式中　M_i ——复合值编码分层数。

2）复合值计算

$$A_i = M_i' / K_{\mathrm{cal}} \tag{11-53}$$

式中　A_i —— t_i 时刻复合值（EU）；

M_i' ——中心化后的复合值分层值；

K_{cal} ——标定系数（1/EU）。

3）标准声压级的计算方法

$$L_i = 20\ \lg(A_i / P_0) \tag{11-54}$$

式中　A_i —— t_i 时刻噪声复合值（μPa）；

P_0——标准声压，$P_0 = 20\mu\mathrm{Pa}$；

L_i ——标准声压（dB）。

复合值绘图一般要求绘制复合值时间历程曲线。

②幅域分析及处理

为了便于分析，往往假定所讨论的随机函数是各态历经性的。对于单个随机过程的幅域分析如下。

1）均方值、均值和方差的计算。对于任何随机函数，均方值可以描述其一般强度，均方值的正平方根称为均方根值。在实际问题的处理中，常常把物理量看作静态分量（不随时间变化的分量）和动态分量（波动变量）之和。静态分量用均值表示，动态分量用方差表示，方差的正平方根称为标准差。

2）概率密度函数的计算。随机数据的概率密度函数表示瞬时数据值落在某制定范围内的概率。

3）联合概率密度函数。两个随机样本的联合概率密度函数代表两个样本记录值在某瞬间同时落在某制定范围的概率。

4）概率分布函数。概率密度函数也称为累积概率分布函数，其斜率等于概率密度函数。

③时域分析及处理

随机波形处理中，相关分析（或称时域分析）包括自相关函数、互相关函数以及与之有关的相关系数等内容。

1）相关系数。两个随机变量 x，y 的相关系数 $\rho_{xy}=\pm1$ 时，则随机变量 x，y 完全相关，若 $\rho_{xy}=0$，则 x，y 完全不相关。

2）自相关函数。随机数据的自相关函数是描述一个时刻数据值与另一个时刻数据值之间的依赖关系，它建立了同一随机过程中一个时刻数据值与另一个时刻数据值之间的依赖关系。用波形描述时，则表示一个时刻波形与另一时刻坐标移动一定时间后波形的相似程度。自相关函数是实函数，它的图形是对称的。

3）互相关函数。两个随机数据的互相关函数表示两组数据值之间一般的依赖关系。它建立了一个随机函数某个时刻的值与另一个随机函数时间位移一定时间后的值的依赖关系。用波形来描述时，表示一个波形与另一个波形移动一定时间前后的相似程度。互相关函数不是偶函数，它的图形不对称。

(4) 数字滤波

如果滤波器的输入及输出信号都是离散时间信号，则系统的单位冲激响应信号 $h(n)$ 也必然是离散的，称这样的滤波器为数字滤波器（DF，Digital Filter）。所谓数字滤波，其实质是用一有限精度算法实现的线性时不变系统，它是一种运算过程，即用来描述离散系统输入与输出关系的线性卷积计算或差分方程的递推计算，这种运算过程或运算方式决定着数字滤波器的频率特性。

数字滤波器从功能上，可分为低通滤波器（LP）、高通滤波器（HP）、带通滤波器（BP）和带阻滤波器（BS）。根据单位冲激响应的时间特性，也可将数字滤波器分为无限冲激响应数字滤波器（IIR）和有限冲激响应数字滤波器（FIR）。无限冲激响应滤波器的 $h(n)$ 有无限个样值，有限冲激响应数字滤波器的 $h(n)$ 存在有限个样值。

利用模拟滤波器理论设计数字滤波器，通过归一化低通参数去设计各种实际的滤波器。在进行由 S 平面到 Z 平面的变换时，应使数字滤波器的转移函数尽量逼近模拟滤波器转移函数，并保持因果稳定性，GJB 2238A－2004 推荐使用双线性变换法。具体方法如下：

1）确定模拟低通椭圆滤波器特征频率。IIR 滤波器的原型模拟低通滤波器选取椭圆低通滤波器。根据遥测参数的处理要求，选择数字低通椭圆滤波器的参数，通带边界频率 ω_{p}，应等于遥测参数的最高频率；阻带边界频率 ω_{st}，按大于 48 dB/oct 斜率选定；采样间隔为 Δt，则有下列结论。

模拟低通椭圆滤波器通带边界频率

$$\Omega'_{\mathrm{p}}=\frac{2}{\Delta t}\mathrm{tg}\left(\frac{\omega_{\mathrm{p}}\times\Delta t}{2}\right) \tag{11-55}$$

模拟低通椭圆滤波器阻带边界频率

$$\Omega'_{\mathrm{st}}=\frac{2}{\Delta t}\mathrm{tg}\left(\frac{\omega_{\mathrm{st}}\times\Delta t}{2}\right) \tag{11-56}$$

选择因数

$$k_0=\frac{\Omega'_{\mathrm{p}}}{\Omega'_{\mathrm{st}}} \tag{11-57}$$

归一化基准频率

$$\Omega_0 = \sqrt{\Omega'_{\mathrm{p}} \times \Omega'_{\mathrm{st}}} \tag{11-58}$$

通带边界频率的归一化

$$\Omega_{\mathrm{p}} = \frac{\Omega'_{\mathrm{p}}}{\Omega_0} \tag{11-59}$$

阻带边界频率的归一化

$$\Omega_{\mathrm{st}} = \frac{\Omega'_{\mathrm{st}}}{\Omega_0} \tag{11-60}$$

2）确定模拟低通椭圆滤波器通带和阻带波纹参数。根据遥测参数的处理要求，选择通带和阻带波纹参数 $A_{\mathrm{p}}, A_{\mathrm{st}}$。模拟低通椭圆滤波器波纹参数

$$\varepsilon^2 = \frac{\sqrt{(1-A_{\mathrm{p}}^2)(1-A_{\mathrm{s}}^2)}}{A_{\mathrm{p}} \times A_{\mathrm{s}}} \tag{11-61}$$

$$\Delta^2 = \frac{A_{\mathrm{s}}}{A_{\mathrm{p}}} \times \sqrt{\frac{1-A_{\mathrm{p}}^2}{1-A_{\mathrm{s}}^2}} \tag{11-62}$$

3）确定模拟低通椭圆滤波器最小阶数 N_{m}

$$N_{\mathrm{m}} \approx \frac{2}{\pi^2} \times \ln[4/A_{\mathrm{s}}^2 \times \varepsilon^2] \ln[8/(\Omega_{\mathrm{st}} - 1)] \tag{11-63}$$

也可用 Δ 与 Ω_{st} 查模拟低通椭圆滤波器参数 $\Delta, \Omega_{\mathrm{st}}$ 与 N 的关系图得到最小阶数 N_{m}。

4）模拟低通椭圆滤波器的转移函数

$$|H_z(s)|^2 = \frac{1}{1+\varepsilon^2 R_N(\Omega)} \tag{11-64}$$

式中　$R_N(\Omega)$ —— N 阶雅可比椭圆函数（可查有关手册）。

5）数字低通椭圆滤波器的转移函数。对模拟低通椭圆滤波器进行双线性变换，求得数字低通椭圆滤波器转移函数为

$$H(Z) = H_{\mathrm{a}}(S)\Big|_{S=\frac{2}{\Delta t}\cdot\frac{1-Z^{-1}}{1+Z^{-1}}} \tag{11-65}$$

6）数字椭圆滤波器的应用频带转换。在设计出数字低通椭圆滤波器后，可通过频带变换得到带通、高通和带通滤波器。

a. 低通滤波器。由截止频率 ω_0 的低通滤波器变换成另一个截止

频率 ω_s 的低通数字滤波器

$$H_s(Z)=H_0(Z)\Big|_{Z^{-1}=\frac{Z^{-1}-\alpha}{1-\alpha Z^{-1}}} \tag{11-66}$$

其中

$$\alpha=\frac{\sin\left[\frac{(\omega_0+\omega_d)}{2}\cdot\Delta t\right]}{\sin\left[\frac{(\omega_0-\omega_d)}{2}\cdot\Delta t\right]}$$

b. 高通滤波器

截止频率 ω_0 的低通滤波器变换成另一个截止频率 ω_h 的高通数字滤波器

$$H_h(Z)=H_0(Z)\Big|_{Z^{-1}=\frac{Z^{-1}+\alpha}{1+\alpha Z^{-1}}} \tag{11-67}$$

其中

$$\alpha=\frac{\cos\left[\left(\frac{\omega_0+\omega_h}{2}\right)\cdot\Delta t\right]}{\cos\left[\left(\frac{\omega_0-\omega_h}{2}\right)\cdot\Delta t\right]}$$

c. 带通滤波器

截止频率 ω_0 的低通滤波器变换成上下截止频率 ω_U,ω_L 的带通数字滤波器

$$H_B(Z)=H_0(Z)\Big|_{Z^{-1}=F(Z)} \tag{11-68}$$

$$F(Z)=-\frac{Z^{-2}-\frac{K_R\cdot E}{K_R+1}Z^{-1}+\frac{K_R-1}{K_R+1}}{\left(\frac{K_R-1}{K_R+1}\right)Z^{-2}-\frac{K_R\cdot E}{K_R+1}Z^{-1}+1} \tag{11-69}$$

其中

$$K_R=\mathrm{ctg}\left[\frac{(\omega_U-\omega_L)}{2}\times\Delta t\right]\times\mathrm{tg}\,\frac{\omega_0\times\Delta t}{2}$$

$$E=2\,\frac{\cos\left[\frac{(\omega_U+\omega_L)}{2}\times\Delta t\right]}{\cos\left[\frac{(\omega_U-\omega_L)}{2}\times\Delta t\right]}$$

(5) 频谱分析

频谱分析是对动态信号在频域内进行分析，分析的结果是以频率为坐标的各种物理量的谱线和曲线，可得到各种幅值以频率为变量的频谱函数。频谱特性是动态信号的基本特征之一。

①傅里叶幅值谱

一个任意函数 $x(t)$ 都可以分解为无穷多个不同频率正弦信号的和。这就是傅里叶分析的基本概念。傅里叶分析分别包含了连续信号和离散信号的傅里叶变换和傅里叶级数，离散时间信号的傅里叶变换（DTFT，Discrete Time Fourier Transform）及联系连续信号和离散信号的抽样定理，最终引导出时域和频域都取离散值的离散傅里叶变换（DFT），傅里叶幅值谱就是通过对离散序列值进行离散傅里叶变换，对变换后的数值取其幅值而得到的幅值谱。

②功率谱分析

为了研究随机信号能量（或功率）的频率分布，并突出信号频谱图中的主频率，需要做功率谱分析。功率谱分析是将傅里叶分析法和统计分析法两者结合起来考虑，在一般意义上，功率与幅度的平方成正比，相应的谱称为功率谱。

功率谱可通过两种途径计算：一种是先计算给定信号的傅里叶变换，然后取其绝对值的平方；另一种是先计算自相关，然后，再计算其傅里叶变换。功率谱的计算参见GJB 2238A－2004附录 K 谱分析算法 K_1。

③倍频程声压级分析

声压级分析参见 GJB 2238A－2004 附录 K 谱分析算法 K_2。

④冲击响应谱

冲击响应谱算法一般采用递归数字滤波法或改进的递归数字滤波法，具体内容参见 GJB 2238A－2004 附录 K 谱分析算法 K_3。

⑤谱分析的细化

时域信号取样间隔 Δt 越小，即取点越密，得到谱的频率间隔越宽，因而频率分辨率就越低，所得谱上每个频率代表的频带宽 Δf 就越大。所以在为了减小混叠而减小 Δt 时，由于 Δt 很小，虽然实现了 $f_s \gg f_c$，但是 Δf 变大，结果频率分辨率却降低。

细化 FFT 是在 FFT 应用中用以增加频谱中某些有限部分上分辨能力的方法，即“局部放大”的方法。具体方法为：信号经采样后得到 N 点离散数列 $\{X_n\}$，若所需细化的谱是以 f_k 为中心的一窄带 Δf，则 $\{X_n\}$ 乘以单位旋转矢量 $e^{-j\pi 2 f_k n \Delta t}$，则把频率原点有效地移至所需频率 f_k 处，得到 $\{y_n\}$ 的新 N 点离散数列，用 $f_s' = f_s/k$ 的频率来重新采样，得到新的离散数列 $\{r_m\}$，在采样率降低而又保持同样的采样点数时，就相当于总的时间窗增长 k 倍，因此频率分辨率也就提高了 k 倍，再将 $\{r_m\}$ 进行复数 FFT 变换，即可得到细化后的谱线。

（6）现代谱分析

现代谱分析是相对于经典谱分析而言的，经典谱分析以傅里叶变换为基础，经典谱分析所得谱是被窗函数畸变了的谱，在此基础上的改进也只能是在分辨率、稳定性和旁瓣之间进行折中，无法全面提高。而现代谱分析是一种非线性谱分析方法，对窗函数以外的信号进行某种预测和外推，提高了谱分析的质量。

现代谱分析方法比较适用于短数据的谱分析，具有较高的谱分辨率。一般可使用的方法包括：最大熵谱分析法、ARMA 模型谱分析法（自回归换代平均模型法）、最小交叉熵谱分析法和最小方差谱分析法。具体内容可参见 GJB 2238A－2004 附录 K 谱分析算法 K_4，或参考相关资料。

①自相关函数处理方法

自相关函数处理方法包括直接法或 FFT 法。

1）直接法。设测量数据 x_i，则自相关函数按下式计算

$$R(m) = \sum_{i=1}^{N-m} x_i x_{i+m} / (N - m) \tag{11-70}$$

式中　m ——滞后数，$m = 0, 1, \cdots, M$；

M ——最大滞后数，$M < N$。

2）FFT 法。设测量数据为 x'_i，$i=1,2,\cdots,N$，其均值为 μ，将 x'_i 扩充成新的 $2N$ 个数据的序列 x_i，使之满足：当 $i=1,2,\cdots,N$ 时，$x_i=x'_i$，当 $i=N+1,N+2,\cdots,2N$ 时，$x_i=\mu$；用 x_i 求得功率谱密度 $S_x(k)$；将 $S_x(k)$ 作快速傅里叶逆变换，得到循环自相关函数 $R'(m)$，然后，按照下式计算自相关函数

$$R(m)=N\times R'(m)/(N-m) \tag{11-71}$$

去掉 $R(m)$ 后面扩充的 i 等于 $N+1\sim 2N$ 时的值，所余即为所求的自相关函数。

②概率密度函数处理方法

设均值为 0 的测量数据 x_i，$i=1,2,\cdots,N$，x_i 的最大值为 x_b，最小值为 x_s。根据样本的数据个数 N，按下表查出把最大值与最小值之间划分的等级区间个数 G。

表 11-6 等级区间个数

N	0～299	300～499	500～699	700～899	900～1 249	1 250～1 749	1 750～∞
G	16	20	24	27	30	35	39

区间窗口宽度

$$\Delta x=(x_b-x_s)/G \tag{11-72}$$

设 x_g 为每个区间的中心值，$g=1,2,\cdots,G$。概率密度函数估计

$$P_g=N_g/(N\times\Delta x) \tag{11-73}$$

$$g=1,2,\cdots,G$$

式中 Δx ——中心值为 x_g 的区间窗宽度；

N_g ——数据落入 g 区间窗的个数。

③传递函数和相干函数处理方法

1）传递函数。传递函数描述了系统输入与输出的关系，在线性系统中，当初始条件为零时，系统输出（响应）与输入（激励）的拉氏变换之比，称为传递函数。由于实际系统都是物理可实现的稳定系统，因此传递函数可以用傅里叶变换表示。令 $X(f)$ 为输入 $X(t)$ 的傅里叶变换，$Y(f)$ 为相应输出 $Y(t)$ 的傅里叶变换，则传递

函数 $H(f)$ 为

$$H(f)=Y(f)/X(f) \tag{11-74}$$

计算方法是，首先按照功率谱密度计算方法计算自、互功率谱密度 $S_x(k),S_{xy}(k)$，则传递函数为

$$H(k)=S_{xy}(k)/S_x(k) \tag{11-75}$$

2）相干函数。又称为凝聚函数或谱相关函数，它表示了两个信号 $X(t)$ 和 $Y(t)$ 在频率域内的相似性。它是互功率谱的平方除以两个信号功率谱的乘积

$$v_{xy}^2(f)=\frac{|S_{xy}(f)|^2}{S_x(f)S_y(f)} \tag{11-76}$$

式中　$S_x(k),S_y(f)$——$X(t)$ 和 $Y(t)$ 的自功率谱密度；

$S_{xy}(k)$——它们的互谱密度。

$v_{xy}^2(f)$ 的数值为 0 到 1 之间，当 $v_{xy}^2(f)$ 为 1 时，表示该频率系统的输出全部由输入引起，是完全相干的；当 $v_{xy}^2(f)$ 为 0 时，表示该频率系统的输入和输出相互独立而不相干；当 $v_{xy}^2(f)<1$ 时，可能存在下列情况：

a. 测量中有外界干扰；

b. 联系 $X(t)$ 和 $Y(t)$ 的测试系统是非线性的；

c. $Y(t)$ 是输入信号 $X(t)$ 和其他输入信号的综合输出。

计算方法：首先按照功率谱密度计算方法计算自、互功率谱密度 $S_x(k),S_y(f),S_{xy}(k)$，则相干函数为

$$\gamma(k)=\frac{|S_{xy}(k)|^2}{[S_x(k)S_y(k)]} \tag{11-77}$$

11.3.4　卫星导航参数处理

卫星导航参数主要包括卫星导航定位结果和卫星导航接收机原始观测数据。卫星导航定位结果是飞行器载卫星导航接收机的自主定位结果，反映了在某一时间点上目标的位置和速度等。

卫星导航接收机原始观测数据是飞行器载卫星导航接收机输出

的原始测量数据及其接收的卫星导航电文等信息。对上述信息的进一步处理，可以提高卫星导航数据的可用性，获取更高精度的定位结果。

（1）卫星导航定位结果处理

飞行器载卫星导航接收机对导航卫星的导航信号进行跟踪、接收、处理、测量、解算，获取基于其信号接收天线中心相位点的七维坐标（一维时间、三维位置、三维速度）。

通常，该参数通过遥测信道播发前，已按照一定的格式完成了打包工作。地面遥测设备对该参数的处理工作包括：

1）按照规定的帧格式，对卫星导航定位结果帧进行解帧和校验；

2）按照要求，输出卫星导航定位结果。

（2）卫星导航接收机原始观测数据处理

卫星导航接收机原始观测数据通常包括：1）卫星导航接收机对卫星导航信号测量的原始测量结果（测量时间、伪距、多普勒、载波相位等）和测量状态（卫星锁定状态、连续锁定时间、信噪比等）；2）接收解调获取的卫星导航电文。

对卫星导航接收机原始观测数据处理，通常包括下述过程：

1）按照规定的帧格式，对卫星导航接收机原始观测数据进行解帧和校验；

2）根据通信协议，对卫星导航接收机的原始观测数据进行格式转换；

3）对卫星导航电文数据进行解算；

4）根据卫星测量状态和测量结果使用合适的算法完成导航定位解算，获取测量时刻目标的位置和速度等信息；

5）按照要求输出导航定位结果。

（3）卫星导航定位算法

卫星导航定位可以分为绝对定位和差分定位。

绝对定位指不采用其他辅助数据，直接对飞行器载卫星导航接收机的原始观测数据进行处理，获取目标的位置和速度。

差分定位指使用与飞行器载卫星导航接收机同步测量的一个或多个基准站（天线位置已精确测定）测量数据，对飞行器载卫星导航接收机的原始观测数据进行处理，以获取高精度目标的位置和速度。

根据差分校正的目标参量不同，差分定位主要分为位置差分、伪距差分、载波相位平滑后的伪距差分和载波相位差分等。

位置差分基于基准接收机的定位误差与飞行器载卫星导航接收机的定位误差相关的基本原理，计算基准接收机的定位值与精密测量的真实位置之差，直接校正飞行器载卫星导航接收机的定位值。由于位置差分限制较多（如定位参数设置相同，参与定位卫星需要完全一致等），目前基本不予采用。

伪距差分、载波相位平滑后的伪距差分和载波相位差分均是基于测量域内完成，但采用的测量参数不同。由于载波相位测量值的精度比伪距测量值的精度要高出几个数量级，因而载波相位差分通常具有最高的定位精度。然而载波相位整周模糊的局限性导致在飞行器飞行动态较大或飞行姿态发生较大变化时载波相位差分的可用性较差。基于上述原因，目前，在处理高动态飞行器载卫星导航接收机原始测量数据时，通常采用载波相位平滑后的伪距差分，其处理精度最高可达分米级。

11.3.5　图像话音数据处理方法

图像、话音等多媒体数据通信需求随着载人航天活动的开展，成为一种新的业务需求。图像因其数据量大等特点，一般设置单独的信道以位流的形式下传，地面接收后进行同步、解压、解码、显示等处理。话音数据一般插入到遥测波道下传，地面进行挑路、解码、话音播放等处理。

图像、话音的数据格式根据需要一般都不相同，不同型号项目采用不同的编解码方法，甚至还有不同的加解密方法，这里不做进一步说明。

11.3.6 遥控及安控数据处理方法

遥控数据主要分为开关命令和数据注入，而安控命令相对简单，主要用于安全控制，如火箭偏离航线时的炸毁命令。遥控及安控（下面简称遥控）过程都是一个闭环过程。地面将遥控命令和数据输入遥控设备进行编码并格式化为星上可以识别的数字化字符，经过副载波调制和射频调制后，通过无线信道发射；星上接收到遥控信号后，经射频解调和副载波解调后恢复出遥控 PCM 码，然后经译码和格式识别后，确定遥控命令的目标和内容，转发给各相应星上设备。星上在收到命令和执行命令后，将接收和执行情况插入遥测波道，下发给地面设备，地面设备解调出遥测数据，并进行数据挑路，得出遥控接收和执行情况。所以，遥控数据处理，在这里主要涉及数据的挑路和判读。

11.3.7 有效载荷及其他数据处理方法

在传统的航天器设计中，遥测信道和有效载荷信道，分成中低速率和高速率两个独立信道，分开处理、分别传输。但是，遥测信道作为信息传输通道，某些数据量不大的信息也可以通过遥测信道传输。在这种情况下，一般通过数据挑路处理，将数据直接发送给应用部门做进一步处理。

根据遥测信道的使用，还会涉及到其他处理方法，但一般不作为遥测数据处理的内容，由应用部门直接处理，这里不再进一步赘述。

11.3.8 商业软件在数据处理中的应用

如前所述，遥测数据涉及大量数学运算，并且随着技术的发展，现代谱分析技术、小波分析等新的算法不断被引入数据处理中，使得算法学习和软件编程的工作量越来越大，对这些方法的及时应用是数据处理中的一项重大挑战。合理应用商业软件，将其集成到数据处理工作中，可以简化软件编程，提高处理能力和及时性。例如，Matlab 就是比较合适的商业软件。

通过 Matlab 与软件编程环境的混合编程，充分发挥 Matlab 和软件编程环境的各自优势，为遥测数据处理提供有力支撑。所以，在遥测数据处理工作中应及时掌握最新科技动态，借助商业软件的支持，为遥测数据处理所用，也是一项值得重视的重要工作。

11.4 遥测数据处理过程

遥测数据处理过程包括数据准备及预处理、数据处理和结果输出。数据准备及预处理包括遥测原始数据准备、参数属性数据准备、测试发射相关数据准备、校准数据准备、数据质量检查、数据剪辑和拼接、数据时统加工及纠错、数据分路以及工程量转换，从而得到各参数的物理量。

在求出工程参数物理量数据的基础上，对于缓变参数还需要剔除野值和进行挑点，然后按照指令类参数、阶跃变化参数、连续变化参数、数字量参数等进行分类处理，而对于速变参数，首先进行数据检验和合理性加工，然后进行波形分析、频谱分析、数字滤波等处理。处理结果需要进行显示，以表格、曲线等形式显示给用户，必要时进行自动判读，给出报警、提示等信息。同时，结果数据还应保存到数据库，作为历史数据和同型号其他批次或不同型号数据进行比较、判断等进一步开发利用。

（1）数据管理

数据管理是数据处理工作的重要工作，是数据处理的基础。进行综合管理的数据处理的输入、输出数据是遥测工作的宝贵财富，所以应该把遥测数据管理提升到数据综合利用的层面考虑。

数据管理一般使用大型数据库管理系统管理。数据管理按照型号组织，在型号下按照每次飞行试验组织。数据的组织形式举例如图 11-3 所示，下面详细说明。

- 型号
  - 飞行试验1
    - 任务信息
      - 任务代号
      - 型号代号
      - 测量单位
      - …
    - 帧结构信息
      - 帧长
      - 字长
      - 码率
      - …
    - 参数
      - 属性
      - 原始数据
      - 工程量数据
      - 结果数据
    - 测试发射信息
      - 发射场环境参数
      - 平台加速度表当量值
      - 起飞零点
    - 校准数据
      - 属性
      - 原始数据
      - 工程量数据
      - 结果数据
    - 遥测数据
      - 原始数据
      - 全程数据
    - 文档资料
      - 飞行试验大纲
      - 遥测大纲
      - 遥测数据处理要求与方法
      - 遥测实施方案
      - 传感器、变换器、遥测采编器的产品说明书
    - 其他
      - 工作日志
      - …
  - …

图 11－3　数据的组织形式举例

①任务信息管理

任务信息管理功能是指管理任务相关的信息以方便用户查找任务执行时的情况，检查判断遥测数据是否正常，对遥测数据的对比也起到支持作用，内容包括任务代号、任务名称、型号代号、型号名称，以及各遥测站（船）号、站址名称、记录日期、测量单位、遥测设备名称、接收机开关机时间、接收信号时间、信号消失时间、开机时室内温度、关机时室内温度、电源电压、仪器工作情况等。

②帧结构信息管理

在遥测数据结构中，为了在有限的波道中传输更多的遥测信息量，引入了帧格式结构，帧是传输遥测数据的基本数据结构，有主帧、副帧之分。帧结构数据包括：子帧长、子帧同步码组、字长、副帧长、副帧同步方式、副帧个数、副帧位置、副帧同步码组、码率等信息。

③参数属性管理

参数属性包括参数名称、代号、类型、所属系统等参数本身的信息，参数在帧结构中的位置，以及参数转换为工程量的方法等信息。每次任务都要涉及大量的参数，不可能要等到数据处理时才输入参数属性，另外，参数数据的获取一般是通过传感器得到的，特定参数的属性在不同的系统中具有一定的共性，将参数属性单独进行管理是非常必要的，也简化了数据处理流程，将参数属性中较复杂校准数据提取出来单独管理更方便数据处理工作。

④测试发射相关数据管理

管理测试发射相关的数据，测试发射相关的数据是遥测数据处理时的基础数据，绝对时和相对时的换算、传感器校准数据的选取等都以这些数据为基准或判断依据，内容包括：1）时间零点，通常，遥测数据处理是以起飞零点的绝对时作为统一的时间零点；2）发射场环境参数，发射时发射场地面温度、气压和海拔高度、发射场大气压力随高度变化数据等；3）平台加速度表当量值。

⑤校准数据管理

校准数据用于电量向工程物理量的转换。校准数据以下列方式之一给出：

1）灵敏度（被测参数的物理量/电量）、环境条件修正系数、日期；

2）截距（被测参数物理量）、斜率（被测参数的物理量/电量）、环境条件修正系数、日期；

3）一组或多组输入输出数据、环境条件修正系数、日期。

⑥遥测数据管理

这里，遥测数据主要是指从各测量站（船）采集的原始数据和拼接后的全程数据。从各测量站（船）采集的原始数据一般以分散的形式保存，数据之间存在大量的冗余，通过数据拼接，得到全程测量原始数据，其时间连续，数据质量较高，是进一步处理的基础，需要将这些数据纳入数据库进行综合管理。

⑦文档资料管理

文档资料是指遥测数据处理工作的原始输入，文档资料可以转换为数据处理的要求、参数属性等。文档资料包括飞行试验大纲、遥测大纲、遥测数据处理要求与方法、遥测实施方案，以及传感器、变换器、遥测采编器的产品说明书等。

⑧其他数据管理

在数据处理工作中还产生其他一些数据，如工作日志等，也纳入统一管理。

（2）实时数据处理过程

实时数据处理可以在测控站（船）直接进行，也可以将遥测数据发送到中心再处理，还可以在测控站（船）进行挑路，将挑路后的数据发送到中心处理，但处理的基本过程是一致的。

实时数据处理和事后数据处理的一个重要区别是数据来源不同。实时数据处理一般通过数据接收通道（网络等）实时接收数据进行处理。数据实时处理、实时显示，一般并不保存。具体流程如图 11－4 所示。

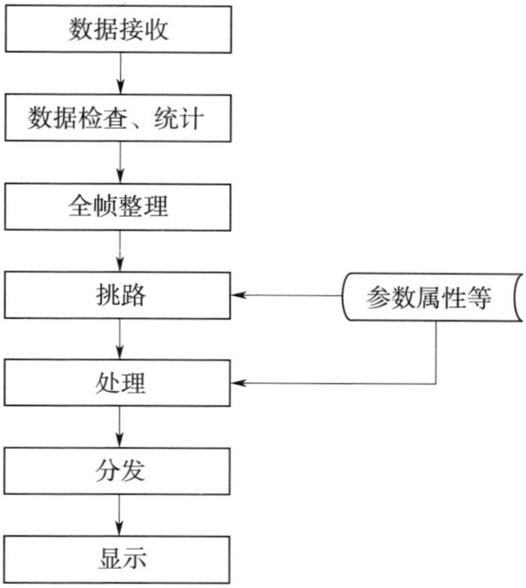

图 11－4　实时数据处理流程

详细说明如下：

1）数据接收。中心按照和测控站约定的信息交互协议，实时接收遥测数据，并进行存储。

2）数据检查与统计。对于接收到的遥测数据，中心选择进行总帧数、误帧数、误帧率等检查和统计工作，以检查数据的正确性和测控站工作情况。

3）全帧整理。对接收的遥测数据进行全帧整理，为挑路做准备。

4）挑路。读取参数属性、帧结构信息，执行挑路操作。实时数据处理一般不对所有参数进行处理。

5）处理。读取参数属性，对挑路后的参数原始数据进行处理，对处理后的数据进行缓存。

6）分发。将处理后缓存的数据分发给各分系统用户。

7）显示。各分系统用户根据自己的需要实时显示处理结果。

在图 11－4 中，也可以选择将挑路后的数据分发给各分系统用户进行处理显示，即处理和分发可以互换。

(3) 准实时及事后处理过程

准实时处理是指在任务后较短的时间内（一般为几小时内）对遥测数据的初步处理，处理方式和事后基本相同。这里将准实时看作事后处理。事后处理流程如图 11-5 所示。

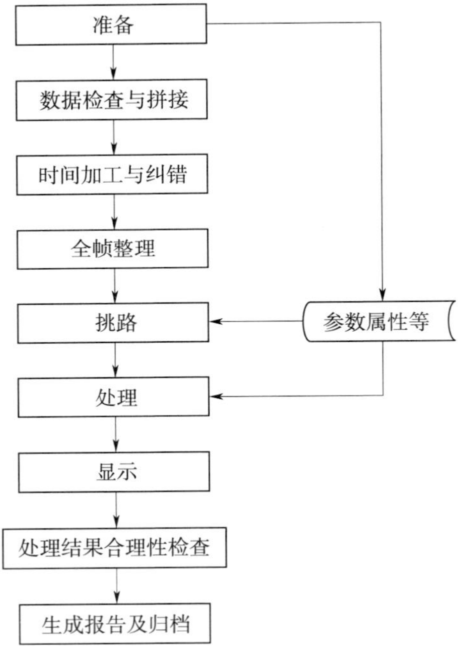

图 11-5　事后数据处理流程

①准备

数据处理前的准备工作主要包括信息的输入，从输入文档（数据管理中的文档资料）转换为任务信息、帧结构信息、参数属性信息等；导入遥测原始数据，遥测原始数据可能来自测控站任务时保存的数据，以光盘或其他存储介质的形式拷贝到处理设备，或者是实时接收的遥测数据存盘文件，这些都需要导入到处理设备或数据库中。准备工作还包括对处理流程的制定，以实现自动处理。

②数据检查与拼接

事后数据处理一般对全程遥测数据进行处理，所以需要将各测控站接力接收的遥测数据按时间顺序拼接成完整的全程遥测数据。数据的拼接选用质量好的数据段，并且需要取出冗余数据，然后按照时间顺序拼接。

③时间加工与纠错

原始数据的时间须进行转换和修正，一般应转换为相对起飞零点的绝对时，并进行电波延迟修正及测控站系统误差修正等。

④全帧整理

按照帧结构信息整理出全帧格式的数据，为进一步处理做准备。

⑤挑路

读取参数属性、帧结构信息，执行挑路操作。为保证尽量多获取子帧参数数据，也可以直接从子帧数据挑路。

⑥处理

参数数据处理分为缓变参数处理和速变参数处理，对于缓变参数，首先剔除野值，根据需要执行参数取点操作，然后按照参数类型分别处理即可。一般包括指令参数、阶跃型变化参数、连续型变化参数和数字量参数。

对于速变参数则处理方式不同，流程如图 11 - 6 所示。速变参数处理首先进行数据检验，包括信号真伪的判别及信号的平稳性、周期性、正态性检验；然后进行数据合理性加工，以抑制周期性干扰、消除趋势项、避免频率混淆、消除低频畸变等；其次进行数字

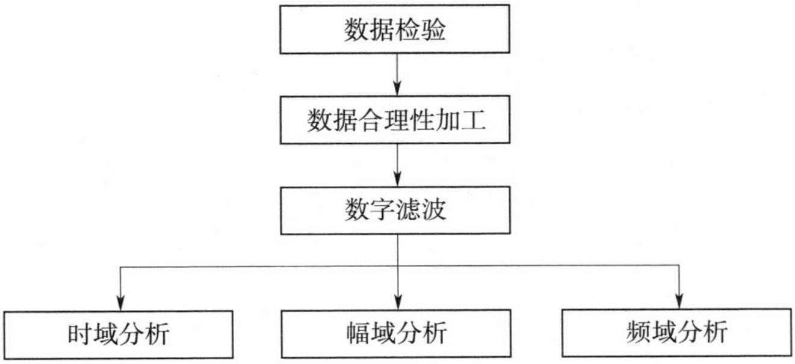

图 11 - 6　速变参数处理流程

滤波，在信号正式分析前用数学方法增强信号，压低干扰，从混有干扰的信号中提取所需信息；最后完成在时域、幅域和频域的分析工作。

⑦显示

事后处理的结果显示和实时处理略有不同，实时处理时可以采用仪表盘等更加醒目直观的方式显示，而事后处理时一般采用曲线的形式显示。对于缓变参数一般给出时间-参数曲线，而速变参数还要给出频谱图。通过曲线查看不同时间段的参数变化情况和频谱，必要时还可以多条曲线按时间对齐显示，以方便比对和检查。

⑧处理结果合理性检查

对参数数据处理结果进行合理性检查，一般包括正确性检查、参数变化趋势检查和参数相关性检查。

1）正确性检查。检查内容包括：

a. 原始数据检查。检查异源、同源校准电压值和它们的实测编码分层值是否选取及写入正确；检查编码器编码电压和预校信号电压值写入是否正确；检查参数波道号选择是否正确。

b. 校准数据检查。检查校准数据的选取、写入及应用是否正确；传感器、变换器零位的选取是否正确。

c. 计算公式检查。公式的应用及修正方法是否正确；核查用户有无更改要求等。

d. 计算结果正确性检查。对于缓变参数可取几个特征点按公式手工验算；对于速变参数可检查复合值的最大值是否小于参数测量范围，功率谱密度总值是否近似等于相同时段复合值的均方值，自相关函数 $R(0)$ 是否近似等于相同时段复合值的均方值等。

2）参数变化趋势检查。检查内容包括：

a. 检查数据处理结果反映的参数变化趋势是否与实测结果相符；

b. 检查有无遗漏了参数重要的特征时刻变化点及异常变化点。

检查方法包括：

a. 将处理结果与原始数据曲线进行趋势对比；

b. 检查参数处理结果的变化规律是否与参数性质、飞行的特征时间相符；

c. 对同型号、多次任务的相同参数进行比对检查。

3）参数相关性检查。对相互之间有因果关系，或工作时序上有严格先后次序的参数，应检查它们变化的趋势、时间先后等方面的相互协调性。

处理结果合理性检查是参数处理结果生成报告及归档前的最后一道关卡，关系重大，应认真对待，尽量做到每次必查，有时还可以发现重要的问题隐患。

⑨生成报告及归档

数据处理报告一般包括数据处理结果报告、数据处理工作情况报告和遥测结果记录质量检查报告。数据处理结果报告一般需要按照用户要求的格式生成和提交。数据处理工作情况报告包括原始资料传送情况、数据处理和数据选择使用情况、数据处理工作概况及存在的问题和建议等。遥测结果记录质量检查报告包括各遥测站送交测量数据记录介质的日期、种类及数量，数据检查的质量情况和评定结果，如果对测量记录及资料等进行质量检查中发现问题应说明，并根据问题情况提出相应的改进建议。

处理结果应及时归档，归档内容包括原始记录介质、产品说明书的校准数据、处理结果、报告等，按要求附加说明，并粘贴归档标签。处理结果还应纳入数据库管理系统统一管理，方便以后的查询、比对、共享。

事后处理总体流程如上所述，在实际工作中，可采用手工操作或自动化运行的方式，手工操作可以通过软件界面进行任意操作，方便对数据执行多种方式的处理，以最大限度利用数据。而自动化运行通过制定处理流程，由软件程序自动执行，方便大批量、一次性处理多种参数。

(4) 处理结果的自动判读

充分利用计算机的处理能力，对数据处理结果进行自动判读，可以提高判读的效率和实时性。自动判读内容如下。

①上下限判读

在参数属性中设置参数的上下限，用软件对处理结果进行判读，超出上下限自动给出提示报警。上下限判读仅针对参数本身进行判读，如星上温度参数，卫星上设备都应工作在一定的温度范围内，当温度过低或过高时，应及时采取措施防止设备的损坏。

②变化趋势判读

有些遥测参数具有固定的变化趋势，如液位参数，按照时间呈递减趋势，可以在参数属性中设置，当参数变化趋势和预想不同时，给出提示报警。

③变状态的自动判读

在火箭发射过程中，遥测数据帧格式随着阶段的不同可能会发生变化，帧格式由一态变化为二态，这就要求地面遥测设备实时切换工作状态，适应火箭下行遥测格式的变化。状态标识字插入在遥测固定波道，下行遥测格式变化前在遥测数据中连续插入多个标识字，地面设备通过对遥测数据进行挑路处理，读取标识字进行自动判读。当标识字出现时，及时切换地面设备状态。

④综合判读

综合判读是比对多个参数数据或对比实际值和理论值，按照设定的逻辑进行判读。如飞行轨道，实际值和理论值之差应在一定的范围内，当严重偏离轨道时，应及时处理。

⑤合理性判读

对于前述对参数处理结果合理性的检查可以通过软件自动处理。自动判读不但可以及时给出状态信息，还是下一步采取措施的依据，甚至可以根据自动判读结果实时、自动执行设定的动作。对于故障诊断，自动判读还是其工作的基础。

11.5　数据解压缩

数据解压缩是对遥测压缩数据的还原，即数据压缩的逆过程。数据解压缩的任务是把压缩数据尽可能正确、真实地还原。数据在存储、传输过程中可能存在内容部分丢失，噪声干扰产生误码，传输丢包等问题，这使得压缩数据可能不符合压缩数据格式，从而导致无法解码，甚至解码器死机。在压缩过程中，为了达到更高的压缩效果，必然需要采用帧间编码等技术，这导致数据间的独立性差，使得一个比特的错误会连带产生几个比特甚至一大片数据的错误，即误码扩散作用。这些是数据解压缩需要解决的问题，为了解决这些问题可以在帧结构中增加校验编码，对码流中的元素进行合法性检查。

11.5.1　JPEG2000 解码工作原理

JPEG2000 标准解码器按照功能模块可以分为以下五个部分：码流分解、熵解码、反量化、小波反变换和后处理，JPEG2000 标准解码工作原理如图 11－7 所示。

图 11－7　JPEG2000 解码工作原理

解码器是编码器的逆过程，也就是对编码码流进行码流分解、熵解码、反量化，然后进行逆向离散小波变换，再进行后处理得到重构图像数据。

码流分解是根据 JPEG2000 标准把压缩后的图像数据进行分析，分解成有意义的元素，为后续模块提供数据。

熵编码是在量化的基础上进一步消除数据间的统计相关性，JPEG2000 标准采用的是改进的 EBCOT（最佳截断的嵌入式块编码）算法，熵解码是对熵编码的逆过程。

反量化是量化的逆过程。

后处理主要是对逆小波变换后生成的原始数据流添加图像文件头信息，重构图像。

11.5.2　H.264 解码工作原理

H.264 解码器的结构如图 11－8 所示。H.264 的解码过程为：解码器首先接收到压缩后的比特流，然后将数据元素进行熵解码，重新排序，恢复量化后的系数，再将系数经过反量化和反变换，并使用码流中解码的头信息，产生预测宏块，将预测宏块和残差相加并将其滤波后恢复图像。

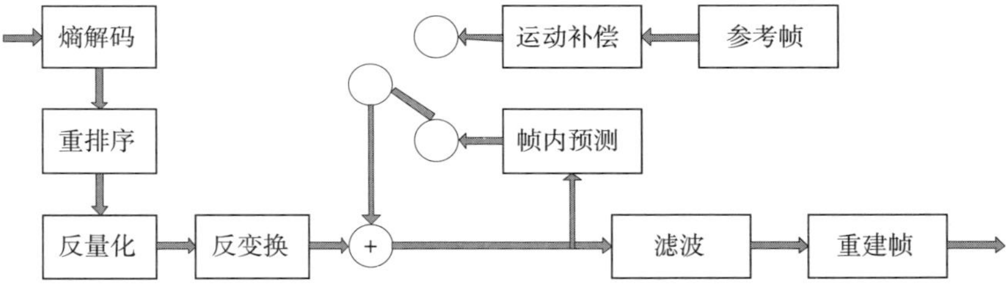

图 11－8　H264 解码器视频结构框图

基本档次的 H.264 解码器中主要运用的熵解码是 CAVLC（Context Adaptive Veriable Length Code）。在 H.264 的 CAVLC 中，根据已编码的句法元素的情况，动态调整编码中使用的码表，取得极高的压缩比。

H.264 中，解码后的图像需要进行有条件的滤波处理，除去图像边界，滤波器作用在所有指定的 4×4 的块边界上。滤波是以宏块为单位进行的。对图像中的亮度和色度分量，滤波过程是单独进行的。对于每一分量和每一宏块，先对垂直边缘进行滤波，然后再对水平边缘进行滤波。对于垂直边缘，滤波过程按从左向右的顺序进行，对于水平边缘，滤波过程按从上向下的顺序进行。

11.6　遥测数据处理的发展趋势

随着我国航天事业的快速发展，载人航天、空间站建设、深空探测等任务的深入开展，遥测数据处理也在经历着深刻的变化，未来发展趋势将体现在以下几个方面：

1）实时处理的范围扩大。对实时性的要求以及计算机处理速度的快速发展，原来准实时或事后处理的数据也能够实现实时处理，要求实时处理的数据范围越来越大，延时越来越小。

2）事后处理越来越全面深入。数据处理中心的建设和发展使得不但能处理本型号的多批次的遥测数据，还能通过系列型号的数据统计分析，探索型号间的变化规律，为设计和提高可靠性提供依据。

3）分布式处理应用越来越广泛。专业的扩展和细化以及分布式软件技术的应用使得数据处理中心有向数据管理中心发展的趋势，而数据处理则由各专业负责。

4）智能化自动判断将越来越重要。通过结合自动化故障诊断专家系统，实现对数据的实时采集、自动判断、实时告警，甚至实时修复，将在数据实时处理中占据重要地位。

5）商业软件应用越来越广泛。合理应用商业软件，可以加快新算法在数据处理中应用，提高处理能力。

6）天地一体化趋势。网络技术的发展已对遥测数据的采集、组包、传输、分发带来深远影响，遥测数据的 IP 化趋势越来越明显，CCSDS 相关标准已经完成，从事数据处理，尤其是前端处理工作，应及时掌握相关技术。

总之，遥测数据处理将随着需求的变化、计算机技术的发展而不断发展变化，并将不断借鉴相关专业技术思想，完善数据处理系统架构，拓展遥测数据处理的范围和能力。

参考文献

[1] 陈以恩，张俊刚，等．遥测数据处理［M］．北京：国防工业出版社，2002.

[2] GJB 2238A－2004. 遥测数据处理［S］．中华人民共和国国家军用标准，2004.

[3] ITU－T－2005. H. 264 标准［S］.

[4] ISO/IEC15444－1－2004. JPEG2000 标准［S］.

第 12 章　遥测系统软件

随着计算机技术在航天遥测系统中的应用越来越广泛，计算机软件技术已经成为航天遥测系统的基础技术之一，遥测系统应用软件变得越来越复杂，软件规模越来越大，软件在系统中的重要性越来越突出。本章首先描述遥测系统软件架构，一个良好的软件架构将有助于用户功能需求的清晰表达、有助于软件概要设计、有助于软件模块的设计实现。在体系架构明确的基础上，本书从遥测系统监控、遥测数据管理与交互、系统自动化运行与管理、用户安全认证与管理、系统操控日志管理等方面对遥测系统软件展开详细介绍，最后还简单介绍了遥测系统软件开发管理所必须遵循的软件工程过程。

12.1　概述

遥测系统软件是遥测系统的神经中枢，是遥测系统对用户展现各种功能的重要环节，是现代遥测系统高速发展的重要标志。遥测系统软件的主要功能一般包括遥测系统设备的综合监控与管理，遥测数据的采集与存盘，遥测数据的处理与显示，遥测数据的对外交互，遥测系统设备自检管理，遥测系统标校管理，遥测系统性能指标测试管理，遥测系统自动化运行管理，遥测系统故障诊断分析，用户权限与安全管理，系统工作日志记录与管理等。

针对不同的遥测系统应用场景和用户特定使用需求，面向不同应用场景的遥测系统往往会表现出不同的功能特点，比如用于卫星长管的遥测系统，往往要求系统具备较高的自动化运行能力，系统按照提前制定的计划自动运行，可以实现遥测设备“有人值守、无人操作”，甚至进一步达到“有人值班、无人值守”要求。发射场遥测系统由于人身安全等原因，往往对实现远距离操控具有较高要求；飞行段遥测系统则对实时数据传输要求较高，既要保障较高的数据传输容量，又要保证较小的传输时延。用于火箭发射场测试的遥测系统，则要求系统具备较强的快速数据处理能力，以满足其他系统快速故障分析的要求。

遥测系统软件设计既要充分满足最终用户的各种需求，同时又要兼顾考虑系统调试、联试及设备故障定位处理等各方面需求。

12.2 遥测软件架构

随着遥测设备工程化和标准化水平的不断提高，计算机网络技术和软件技术的不断发展，遥测系统自动化运行、统一监控、远程管理等要求越来越高，遥测系统软件的规模越来越大，功能越来越复杂。为避免遥测领域出现软件危机，同时便于对复杂软件系统进行工程化管理，一般，在遥测系统软件开发过程中通过软件架构来体现早期设计决策，表达各方（包括用户、总体、管理人员、设计人员和测试人员等）对遥测系统各个层面、各个角度的关注和协商，从而有助于提高软件开发效率和可靠性，解决软件生命周期中存在的各种问题。

12.2.1 软件架构概述

软件架构是对软件系统整体架构设计的刻画，包括全局组织与控制结构、组件间通信、同步和数据访问的协议、设计元素间的功能分配、物理部署、设计元素集成、伸缩性和性能、设计选择等，是可传递和可重用的模型。软件架构明确了实现软件系统的约束条件，决定了开发、测试和质量管理等组织的机构，制约着软件系统的质量属性，有利于循序渐进的原型设计，且可以作为交流和培训的基础。

早期的应用软件功能单一、组成简单，多采用结构化的软件开发技术，主要任务是数据流设计和控制流设计。软件架构设计以强调数据结构、程序模块化结构为特征，采用自顶向下的设计方法和单入口、单出口的控制结构。软件架构设计时，多将应用软件分解为不同的功能模块，各功能模块的聚集和嵌套，构成了应用软件逐层调用的程序结构。

随着软件技术的不断发展，出现了面向对象的开发方法。这种方法将系统看成是对象的集合，一个对象既包括数据，也包括行为，封装了数据与基于数据之上的操作，将数据流设计与控制流设计统一为对象建模。软件架构设计时，需要从不同侧面描述系统的结构模型。

目前，软件开发技术已进入基于构件的阶段，强调软件开发采用构件化技术和架构技术，其目标是使软件具备很强的自适应性、互操作性、可扩展性和可重用性。这种开发方法是将应用软件切分成一系列构件，每个构件可以单独开发、编译、调试，通过构件提供的接口组合；完成各构件的开发后，再将它们进行组合，构成完整的软件系统。软件投入运行后，不同的构件可以在不影响系统其他部分情况下，分别进行维护和升级。不同粒度构件之间的拓扑结构形成软件架构，这种技术比较适用于由不同分系统软件组成的软件系统架构设计。

遥测系统一般由多个分系统组成，由不同的研制单位承制，因此遥测系统软件划分为不同的软件配置项进行管理，以软件配置项为粒度划分为不同的软件构件进行开发，遥测系统软件基于构件设计架构。每个构件则又可依据自身的开发技术、软件特点采用不同的体系架构。图 12 - 1 为一种基于结构化技术设计的总线型软件构件架构。

架构设计时，借用计算机硬件设计中非常成功和应用非常广泛的总线思想，制定了数据交换约定（即数据总线，在多机之间采用标准网络协议，本机内利用和操作系统一致的标准数据交换方法）；制定了命令传递规范（即控制总线，利用操作系统消息、事件通知

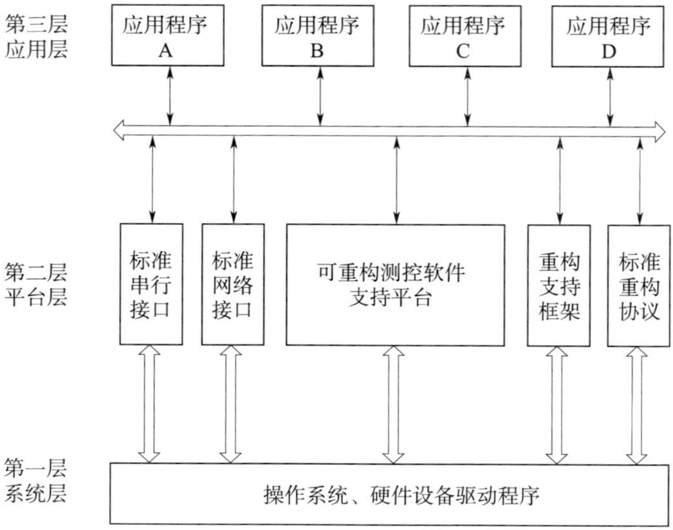

图 12-1 基于结构化技术设计的总线型软件构件架构

等标准技术)；在数据交换和命令传递过程中，约定了数据包头和命令包头（即地址总线）。这些内部约定规范形成了可重构测控系统软件支持平台（简称可重构平台或网关平台）的软总线。

软件架构以操作系统为依托，在应用软件和操作系统之间建立一个测控系统专用的支持环境。所有支持测控系统各种模式的应用软件能够在这个环境内获得重构支持，获得测控系统的资源，参与测控系统的管理和处理。软件编程方面，采用动态链接库技术，增加一个模块就像往计算机中插一块板子一样（模块开发需要一个过程，并遵守内部可重构平台规范），不需要修改整个应用程序和约定。因此，极大地提高了软件的可靠性和可维护性。

12.2.2 软件复用

软件复用是在软件开发中避免重复劳动的解决方案。航天遥测系统软件具有规模大、可靠性要求高、可继承的成熟技术多等特点，在型号项目软件开发中，一般均不采用一切从零开始的模式，而是以现有的工作作为基础，充分利用以往应用系统开发中积累的知识和技术，如需求分析结果、设计方案、源代码、测试计划及测试用例等，从而将开发的重点集中于项目的新内容，这就需要在软件工程化过程中充分应用软件复用技术。

软件复用是指在两次或多次不同的软件生存周期中重复使用相同或近似软件元素的过程。软件元素包括程序代码、测试用例、设计文档、设计过程、需求分析文档甚至相关领域知识。航天遥测系统软件生存周期通常划分为以下阶段：软件系统分析与设计阶段、软件需求分析阶段、软件概要设计阶段、软件详细设计阶段、软件编码和单元测试阶段、软件部件测试阶段、软件配置项测试阶段、软件系统测试阶段、软件验收移交与保障阶段、软件维护阶段。遥测系统软件在这些阶段的复用内容一般包括文档、体系架构、软件模块。在图 12－1 所示软件架构中，可重构平台是可复用的，且基于此平台设计的软件模块也可以大量复用，这样就能提高软件生产率，降低开发成本，缩短开发周期，从而提高软件质量和可靠性。

12.2.3　经典架构风格

软件架构的设计过程中，在很多情况下，需要多种不同架构风格进行组合使用。经典架构风格包括模型-视图-控制器（MVC，Model－View－Controller）风格、数据抽象和面向对象风格、基于事件的隐式调用风格和分层系统等。

MVC 风格将一个交互式应用程序分为 3 个组成部分，模型包含核心功能和数据，视图向用户显示信息，控制器处理用户输入。变更-传播机制是模型与视图和控制器之间的唯一链接。很多面向对象的开发平台都提供了对 MVC 风格的支持，如 MFC 中的文档/视图结构，用户只需要实现基本的视图、模型、控制器等构件，负责这些构件之间交互的连接则由平台提供。以遥测数据质量检查为例，在模型构件中，通过循环缓冲区封装遥测帧数据，并提供缓冲区操作接口；视图构件中进行误码率统计、丢帧检测等，并呈现结果界面；控制器构件处理用户输入，如是否自动查找基准帧等。

数据抽象和面向对象风格建立在数据抽象和面向对象的基础上，数据的表示方法和它们的对应操作封装在一个抽象数据类型或对象中，这种风格构件是对象，即抽象数据类型的实例。对象通过函数和过程的调用来进行消息传递。以遥测数据采集为例，遥测数据采集对象负责与硬件交互，采集遥测帧数据，并对外提供数据访问接口。需要使用遥测数据的构件，查找遥测数据采集对象，通过调用该对象发布的接口，按需获取遥测数据。

基于事件的隐式调用风格是构件不直接调用一个过程，而是触发或广播多个事件。系统中其他构件中的过程在一个或多个事件中注册，当一个事件被触发，系统自动调用在这个事件中注册的所有过程。这种风格的主要特点是事件的触发者并不知道哪些构件会被这些事件影响，为软件重用提供了强大的支持。Visual C＋＋中的回调机制、Visual C＃中的委托机制就是这种风格的应用。以遥测数据采集为例，在采集事件中允许其他构件注册事件，如误码率统计模块注册数据获取事件，当遥测数据采集构件采集到数据时，将触发数据获取事件，并驱动该事件执行。

分层系统组织成一个层次结构，每一层为上层服务，并作为下层客户。一般情况下，除了对外公开的接口函数外，内部的层只对相邻的层可见。分层系统最广泛的应用是分层通信协议，每一层提供一个抽象的功能，作为上层通信的基础，较低的层次定义低层的交互，最低层通常只定义硬件物理连接。这种风格在遥测系统软件中也广为应用，一般从高到低可分为用户层—逻辑处理层—平台层—设备驱动层。

12.2.4 客户/服务器风格

客户/服务器（C/S，Client/Server）软件架构是基于资源不对等且为实现共享而提出来的，是 20 世纪 90 年代成熟起来的技术。

C/S 架构定义了工作站如何与监控计算机相连，以实现数据和应用分布到多个处理机上。C/S 架构包括 3 个主要组成部分：应用监控计算机、客户端应用程序和网络。其优点主要在于系统的客户端应用程序和监控计算机构件分别运行于不同的计算机上，系统中的功能构件充分隔离，客户端应用程序的开发集中于数据的显示和分析，而监控计算机的开发集中于数据的管理和处理。这种架构具有强大的数据操作和事务处理能力，模型思想简单，易于人们理解和接受。

图 12-2 为遥测系统中采用 C/S 架构风格的系统组成示意图。系统监控计算机处理整个架构的核心功能，提供包括设备参数控制、链路配置、自动化运行、自动化测试、自动化标校、故障自动诊断和用户管理等服务，在测控站内调度各分系统设备，控制系统工作流程，存储重要数据和状态信息。监控客户端根据需要可以部署在测站内和中心，操作人员通过客户端界面可以查看系统设备状态和控制设备参数，这些查询和控制指令通过客户端/监控计算机接口发

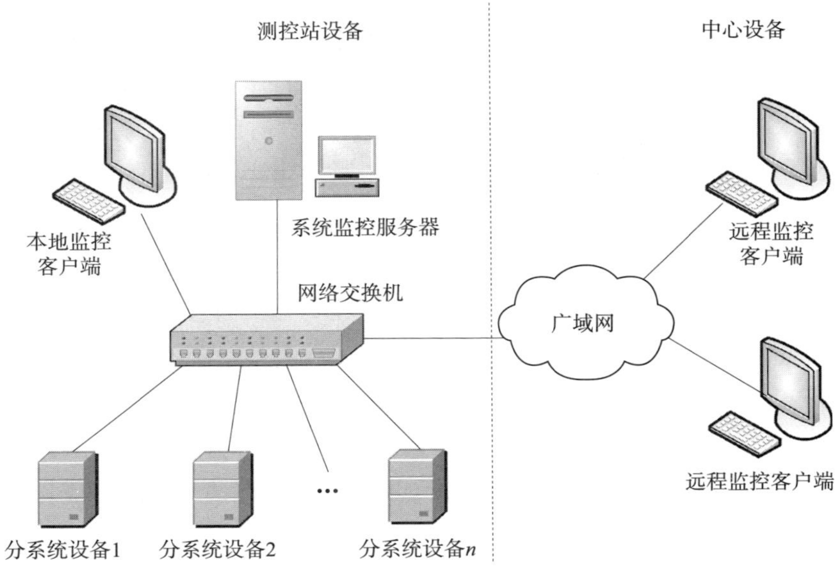

图 12-2　遥测系统 C/S 架构系统组成图

送至监控计算机，由监控计算机进行响应处理。当客户端超过一个时，需要通过用户管理提供的权限认证服务来限制用户操作，确保同一时间只能一个用户操控，多个用户可以查看。

C/S架构比较适应航天测控领域对测控设备的管理模式和使用方式，因此在航天测控系统中广为应用。这种“一套设备、一套监控”的封闭监控模式在航天测控网建设初期极大提高了设备监管效率，但随着航天事业的飞速发展，在管测控设备日益增多，在中心部署大量的客户端已不合时宜，也不适应集中管理的发展需要。目前，正逐步通过设备标准化、IP化等措施来实现对不同测站不同设备进行统一、集中监控管理。

12.2.5 分布式遥测系统软件

在构建遥测系统过程中，可以在多个层面采用分布式技术，包括构建大的航天遥测网络、遥测中心站网络、遥测设备站网络、遥测数据处理中心网络等。

分布式系统是其组件分布在联网的计算机上，组件之间通过传递消息进行通信和动作协调的系统。这个定义覆盖了所有可部署联网计算机的系统，其具有并发、故障独立性等特征。资源共享是构造分布式系统的主要动力。资源可以由服务器管理，由客户访问。

12.2.5.1 分布式系统的特点

分布式系统具有以下特点：

1）异构性（多样性和差别）。异构性表现在网络、计算机硬件、操作系统、编程语言和由不同开发者完成的软件实现。

2）开放性。计算机系统的开放性是决定系统能否以不同的方式被扩展和重新实现的特征。开放分布式系统的特征包括发布系统的关键接口，基于一致的通信机制和发布接口访问共享资源，能用不同的异构硬件和软件构造。

3）安全性。分布式系统维护和使用的众多信息资源对用户具有很高的内在价值，因此它们的安全相当重要。安全性包括机密性

(防止未授权用户访问)、完整性（防止被改变或被破坏)、可用性（防止对访问资源手段的干扰，拒绝服务攻击)。

4）可伸缩性。分布式系统可在不同的规模下有效且高效地运转。理想的状态是系统规模增加时，系统和应用程序应该不需要随之改变。

5）故障处理。分布式系统的故障是部分的，即有些组件运行正常，而有些组件出故障。处理故障的技术包括检测故障（有些能被检测，而有些不能被检测但被怀疑)、掩盖故障（有些被检测到的故障能被隐藏起来，或降低它的严重程度，如消息不能到达时重传)、容错、故障恢复、冗余（利用冗余组件，可以实现系统的容错)。面对硬件故障，分布式系统应具有高可用性。

6）并发性。在分布式系统中，服务和应用均提供可被客户共享的资源，多个客户同时试图访问同一个共享资源的情况是经常发生的，这就要求代表共享资源的任何对象必须负责确保它在并发环境中操作正确。

7）透明性。指对用户和应用程序员屏蔽分布式系统组件的分离性，使系统被认为是一个整体，而不是独立组件的集合。透明性包括访问透明性、位置透明性、并发透明性、移动透明性等。

分布式系统的软件体系结构可分为三大类：局域网文件服务器体系结构，客户/服务器体系结构（两层和多层)，基于 Web 的体系结构。

12.2.5.2　分布式对象技术

随着面向对象技术在分布式计算中的应用，分布式对象技术已成为异构环境下各类应用系统集成的主要手段。当前主要的分布式对象技术包括 OMG 的 CORBA、Microsoft 的 DCOM 和 .NET Remoting 以及基于 Java 的 EJB。欧洲空间局（ESA）的 SCOS - 2000 就是采用 CORBA 技术。另外，Web Service 也是一种选择，Web Service 实现平台和语言的无关性、适应性好，但其速度较慢，对于众多的简单遥测设备显得过于复杂、庞大，不适合在遥测设备局域网内使用。

这些中间件本身是为了屏蔽诸如硬件体系机构、操作系统平台和不同网络结构的异构性，并提供了分布式应用的相应支持服务，但是基于不同中间件体系构造的分布式计算环境，由于底层中间件的不兼容，又造成了更高层次上的异构问题，即分布式中间件的异构性，例如由 CORBA 组件实现的功能不能通过 .NET Remoting 调用，反之亦然。所以，在不能统一分布式中间件的情况下，借鉴上述技术思想，通过 TCP/IP 协议的一致性来屏蔽异构性也成为了较好的选择。

（1）CORBA 技术

公共请求代理体系结构（CORBA）是由对象管理组织（OMG）提出的一种标准的面向对象应用程序的体系规范。它是 OMG 为解决分布式处理环境（DCE）中硬件和软件系统的互连而提出的一种解决方案。由于 CORBA 的目的是实现多厂商网络环境中应用的互操作，因而利用 CORBA 技术开发的管理应用很容易实现相互通信，完全不必考虑网络环境、实现语言及应用软件间的差异。CORBA 具有如下技术特点：

1）引入代理（Broker）概念。代理的作用是完成对客户方提出的抽象服务请求的映射，自动发现和寻找服务器，自动设定路由实现服务方程序的执行。这样，在研制客户方程序时，只要完整地定义客户方需要完成的任务就可以了，不必了解很多细节。

2）实现了客户方程序与服务方程序的完全分离。客户将不再与服务方发生直接联系，仅需要与代理发生联系，客户与服务方都可方便升级。

3）提供了软件总线机制。任何应用系统、软件系统只要具有符合 CORBA 接口规范的接口定义，就可以方便地集成到 CORBA 系统中。这个接口规范独立于任何实现语言和环境。如此，客户与服务对象之间可以透明地交互运行，实现应用软件在软件总线上的即插即用。

现在，ESA 所使用的 SCOS 2000 和地面站管理系统就是基于 CORBA 的。

（2）COM/DCOM 组件和 RPC 技术

COM 是由微软创建的一个组件体系结构，它支持面向对象编程、进程透明、语言无关等特性，为开发组件软件提供了二进制标准。DCOM 是 COM 的无缝扩展，它已经处理了底层网络传输的所有细节，可以支持不同计算机上组件对象与客户程序之间或组件对象之间的相互通信，对于客户程序而言，组件程序所处的位置是透明的，不必编写任何处理远程调用的代码。在同一机器上的不同进程，COM 采用了本地过程调用实现进程外组件与客户程序的通信。对于不同主机的组件程序与客户程序的通信，即 DCOM，是一套基于 RPC 机制的 COM 技术扩展，它使 COM 对象具有分布式功能，使开发人员可以脱离繁琐的传输细节编码去调用事实上位于远程机器之中的组件对象来处理应用的业务逻辑。

这种技术需要交互的分系统间制定组件访问协议。双方只需专注于 DCOM 组件逻辑功能的约定，不需要定义和实现网络传输接口，基于 RPC 的通信模式保证了传输内容的正确、安全。但 COM/DCOM 组件主要针对于 Windows 平台，DCOM 在进行数据传输的时候，使用的是专有的二进制数据格式，组件的实现也较为复杂，而且大部分的防火墙不允许 DCOM 穿过，这就影响了软件的灵活性和系统的安全性。

（3）.Net Remoting 技术

Microsoft 公司的 .NET Remoting（以下简称 Remoting）技术是一种可用于开发分布式应用程序的成熟技术。

如图 12－3 所示，它提供了一种允许对象通过应用程序域与另一对象进行交互的框架，这种框架提供了多种服务，包括激活和生存期支持，以及负责与远程应用程序进行消息传输的通信通道。远程客户端通过 Remoting 访问通道获得服务端对象，再通过代理解析为客户端对象。服务端对象、客户端对象和代理可以分布于同一台计算机不同的进程，也可以是处于网络上的不同计算机。

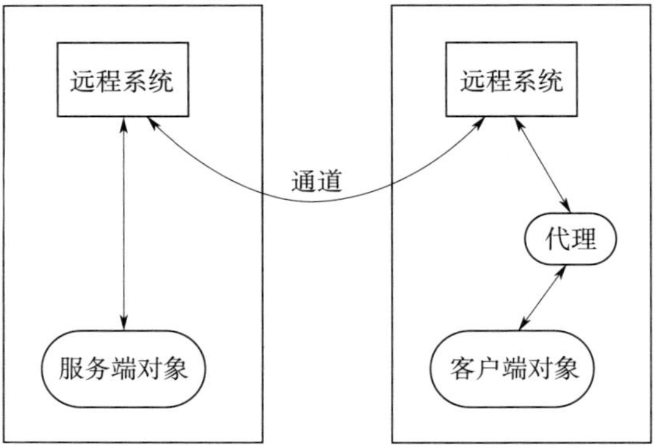

图 12-3 应用程序域间通信示意图

.Net Remoting 技术最大的特点，就是对远程通信的过程进行抽象和封装，使开发人员不必去处理底层通信的细节，而把重点放在对业务逻辑的处理上。而且，Remoting 的通信协议也比较灵活，可以使用多个通信协议、不同的数据格式类型，以及不同类型的序列化机制。Remoting 还允许使用自定义的数据格式。

分布式运行管理体系中，中间处理层服务器端负责创建和发布逻辑设备对象，并创建一个通道，提供访问设备对象的渠道。中间处理层客户端同样创建一个与服务器端对应的通道，并将远程设备对象注册到本地应用程序域中。中间处理层客户端创建该设备对象后，在应用程序域中产生了一个代理，该代理看起来就像远程实际对象，但实际是远程对象的一个引用。代理收到功能调用后，通过通道连接到远程对象。同理，中间处理层客户端发布运管服务对象，中间处理层服务器端通过代理和双方的通道访问该对象。

该体系中，制定对象访问协议既避免传输细节的实现，又使双方直接面对更接近于物理设备的逻辑设备对象。同时，访问协议的改动也因为无须考虑底层传输而只影响到应用层，大大提高了软件的可靠性和研发效率。

(4) 基于 Java 的 EJB 技术

EJB (Enerprise JavaBean) 是 J2EE 的一部分，定义一个用于开发基于组件的企业多重应用程序的标准，设计目标与核心是部署分布式应用程序，提供一个标准的、分布的、基于面向对象的组件架构，屏蔽复杂的系统级功能，达到一次编写任意处运行的目标，兼容 CORBA 标准。凭借 Java 的跨平台优势，用 EJB 技术部署的分布式系统可以不局限于特定的平台。

(5) Web Service

Web Service 提供了服务接口，使客户能以一种比 Web 浏览器更通用的方式与服务器进行交互。客户通过在 HTTP 上传输的 XML 格式请求和应答访问 Web 服务接口中的操作。

Web 服务不是严格意义上的分布式对象技术，Web 服务在服务器上通过提供服务描述和服务接口发布服务，远程客户端使用统一资源定位符 (URI) 来查找服务，通过 SOAP 来发送使用 XML 描述的服务请求，接收应答，实现客户-服务器以及异步交互。和分布式对象模型的主要区别是不可实例化远程对象，因此也就不存在垃圾收集，不存在远程对象引用。

(6) 基于 SNMP 协议的技术

简单网络管理协议 (SNMP, Simple Network Management Protocol) 是一个标准的用于管理 IP 网络上设备的协议，基于 TCP/IP 协议，使用 UDP 协议通信。它为不同种类的设备、不同厂家生产的设备、不同型号的设备定义一个统一的接口和协议，使得管理员可以使用统一的外观和操作来管理这些网络设备。通过网络，管理员可以管理不同物理空间的支持 SNMP 协议的各种类型的设备，从而大大地提高网络管理的效率。SNMP 是采用管理工作站/代理模型，由 3 个主要部分构成：管理信息结构 (SMI)、管理信息库 (MIB) 和 SNMP 协议。管理信息库用来表示可以进行访问的被管对象集合，它使用 SMI 定义代理进程中所有可被查询和修改的参数对象。管理工作站通过向代理问询获得网络设备的工作状态信息，代理负责处理和响应来自管理工作站的请求，并还可以异步地向管理站提供重要消息。

（7）基于TCP/UDP协议的技术

基于TCP/UDP协议的技术的分布式远程管理由研制单位自行实现。TCP协议提供的是面向连接、可靠的字节流服务。但这种数据流传输，需要信源信宿自定义通信协议，不能很好地管理网络拥挤，且应用层需要考虑解帧处理等传输细节，既不便于使用，也加大了开发过程中的难度。UDP协议是简单的数据报转发协议，传输速度较快，但不保证报文准确无误到达目的地，应用层也需要将数据报根据接口协议处理为本分系统内的数据格式，在实际应用中，存在报文丢包现象，因此重要内容可通过可靠的TCP连接发送，而一般数据流通过UDP发送。

12.3 遥测系统监控

遥测系统需要对执行各种遥测任务的设备进行常规管理。不同的任务所需要使用的设备配置和各设备的工作参数有所不同，如果任务中设备配置、所有设备的工作参数设置及状态监视只能在各分机上实现，则任务前操作员的工作量相当大，任务过程中对操作员之间的操作配合要求也会过高，且非常容易出错。

随着计算机技术和网络技术的发展，以及设备研制水平的提高，目前，遥测系统中大部分设备均支持通过网络进行远程操作控制。通过网络交换机将遥测系统中需要控制的设备组成以太网络，配备系统监控计算机统一、集中监视、控制和管理遥测系统中的参试设备，操作员只需要在系统监控计算机操作，就可以实现对全系统设备的监控和管理。

12.3.1 监控体系

一般，遥测系统都采用多级监控体系，各级监控共同构成一个集中监控、分布处理的多级监控系统。目前，我国遥测系统常用的监控系统设计为三级监控体系，如图 12 - 4 所示。

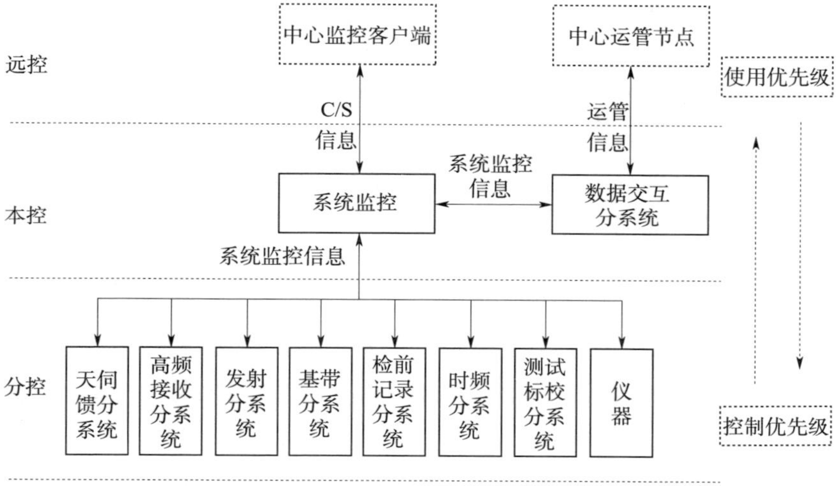

图 12 - 4 三级监控体系图

分控即分机监控，主要是指在设备本身的监控面板或计算机上完成对设备的监控。这种监控方式主要用于设备调试、维护，以及监控分系统故障或其他特殊状况时。一般情况下，为了方便设备的调试，设备分控方式下应具有根据需要屏蔽上一级监控命令的能力；分机监控可以接受上一级监控发送的各种操控命令，并按其要求，执行规定的操作，同时上报结果。在遥测系统中，分机监控具有最高的控制优先级，但使用优先级最低。

本控即本地监控，指在系统监控计算机完成对全系统设备的监控。本控提供一个对全系统设备集中监视、控制和管理平台，是遥测系统日常工作中主要使用的监控模式。

远控即远程监控，一般由中心完成，远程监控设备通过本地监控，实现对遥测系统的远程监控。目前，远程监控主要有两种方式：一种是通过部署在中心的监控客户端完成；另一种是通过中心运管节点完成。以客户端方式远控时，系统监控计算机设计为监控计算机，通过C/S架构完成远控和本控功能。以运管方式远控时，站内通过数据交互分系统接收运管指令，并解析处理为系统内部监控信息，转发给系统监控计算机。由系统监控计算机分发给系统内相关设备，完成运管流程。远程监控具有最低的控制优先级，但具有最高的使用优先级。

对于分机设备来说，具备分控和本控两种控制方式。为了方便设备的调试，分控方式下设备应具有根据需要屏蔽上一级监控控制命令的能力，但可以接受上一级监控的状态查询命令。本控方式下，分机监控可以接受上一级监控发送的各种操控命令，并按其要求，执行规定的操作，同时上报结果，但不允许操作员在本机进行控制操作。对于系统监控计算机来说，具备本控和远控两种控制方式。本控方式下，一般在系统监控计算机完成，不接受远程控制；远控方式下，可以接受中心发送的各种操控命令，并按其要求，执行规定的操作，同时上报结果，但不允许本地控制操作。

通常，站内设备加电开机，完成各分机或分系统自检后，自动处于本控状态。系统监控加电开机，完成设备的通道性检测和设备自检后，处于远控状态，接受中心远控。

12.3.2 监控流程

监控分系统的目的是为全系统的设备提供一个统一的监视控制平台。因此，其管理范围一般应确定为全系统的全部可监控设备。可监控设备则是指具有监控接口的设备。

（1）监视流程

监控分系统对全系统设备监视功能的实现方法一般包括查询上报和主动上报两种方式。查询上报是指系统监控计算机定时向各分机监控单元发送查询命令，各分机监控单元收到后返回查询结果；主动上报是指各分机监控单元定时或当各自的工作参数或设备状态发生变化时，主动向系统监控计算机上报设备信息。图12-5为主动上报方式实现的系统监视功能流程图。

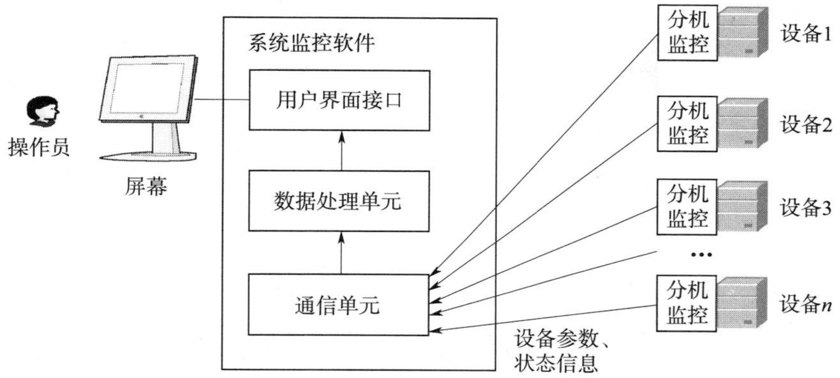

图 12-5　主动上报方式

（2）本控流程

系统参数的控制方式，通常有两种方式，即基于设备的控制和基于任务宏的控制。基于设备的控制是指系统监控计算机为每一个设备提供一个操作控制窗口，操作员可以独立地控制该设备的各工作参数，并监视其设备运行状态，控制流程如图 12-6 所示。

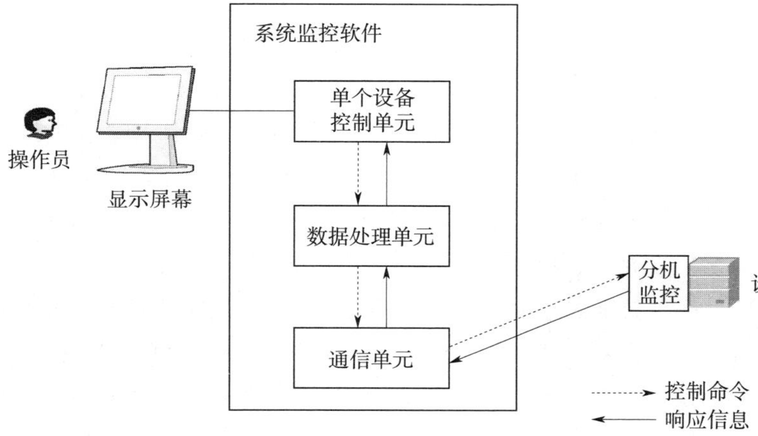

图 12-6　基于设备的控制

基于任务宏的控制是指具有一定权限的操作员事先按任务装订好多组工作参数，并存储已装订的设备参数；需要控制工作参数时，操作员只需要选择相应的宏代号，由系统监控计算机，根据任务代号在系统宏文件或数据库表中，查找出与该任务代号相对应的一组设备参数，自动控制到各设备，如图 12－7 所示。

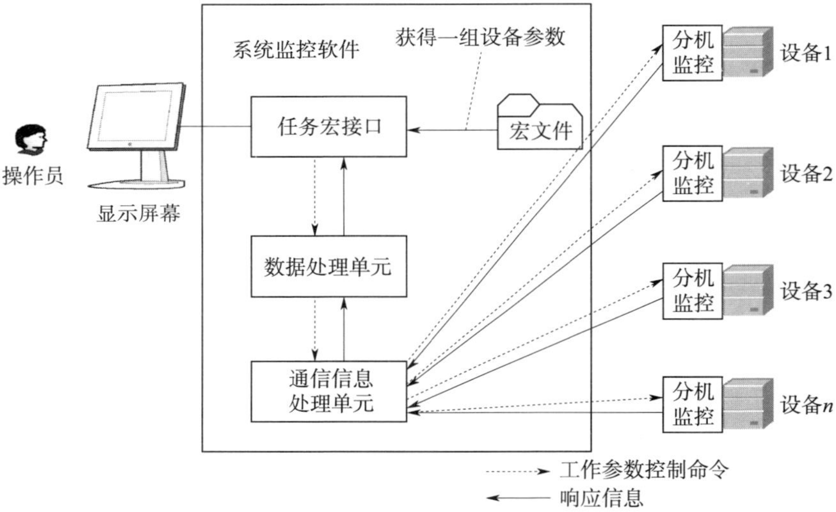

图 12－7　基于任务宏的控制

（3）远控流程

监控分系统通过 C/S 方式接受中心监控时，监控计算机直接接受授权客户端的控制命令，进行处理后，根据具体控制内容再分发到控制设备。响应信息则根据控制内容由监控计算机发送到相应的客户端。C/S 方式远控流程图如图 12－8 所示。

监控分系统通过数据交互分系统接受中心远程运管时，在数据交互软件中部署被管代理，将运管指令解析并转换为系统控制指令，通过运管接口与系统监控软件中的运管接口交互，根据具体控制内容再分发控制到设备。响应信息则根据控制内容由系统监控软件上报数据交互软件，再经过被管代理处理后上报中心。运管方式远控

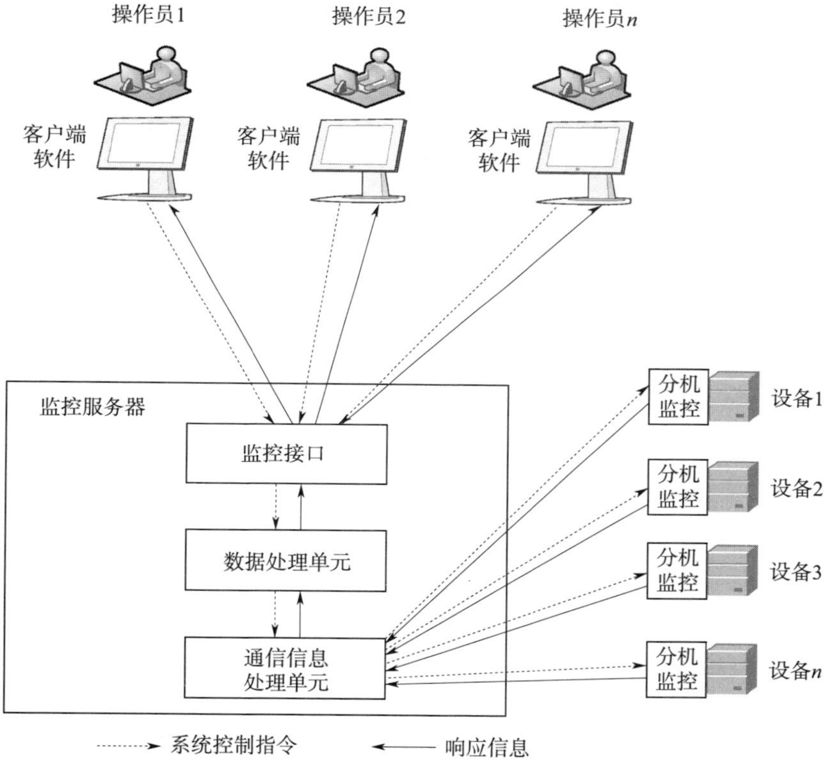

图 12-8 C/S 方式远控流程图

流程图如图 12-9 所示。

12.3.3 参数管理

为保证遥测系统正常工作，需要设置各参试设备的工作参数。在工程上，常用两种管理方法，即宏管理和即时参数管理。

宏管理是指在任务之前，将执行任务的全部系统设备参数以宏的形式集中装订在宏文件中，在执行任务时调用对应的宏，将全部参数一次性加载到所有的相关设备中。这种管理方式，则便于用户在任务前装订和检查所有任务参数，减少误操作，提前确保任务参

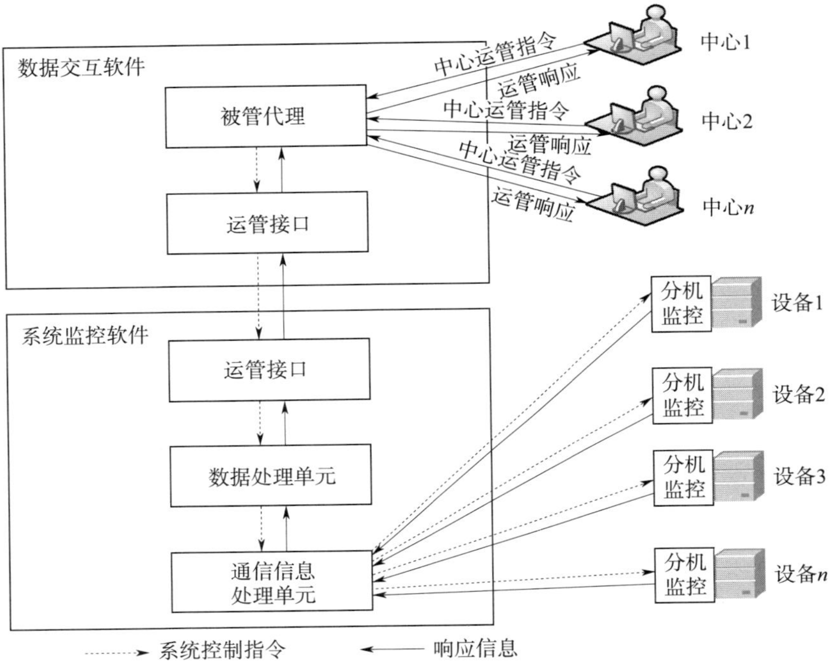

图 12-9 运管方式远控流程图

数状态，同时，有利于一套设备装订不同的宏来执行不同的任务。宏管理包括参数宏管理和配置宏管理，参数宏管理一般以任务代号或任务标识为索引，装订参试设备的任务态工作参数，配置宏管理一般以配置宏号或系统组合号为索引，装订系统链路配置参数。系统监控、各分机监控均具备参数宏管理功能，系统监控参数宏管理管理全系统设备工作参数，各分机监控参数宏管理管理系统监控下发的参数宏和本机装订的参数宏。配置宏管理只有系统监控具备，配置宏被调用时直接作用到相关可监控设备。

即时参数管理指任务中基于单个设备进行参数控制，直接将参数加载到该设备，其他未进行控制的设备保持原状态。这种管理方式便于用户在任务执行中根据实际需要快速、直接控制具体设备，而不必对所有设备重置参数。

调用宏后，全部参数作用到相关设备，此时即时参数管理界面中各个设备的初始参数与宏下发的参数一致。但对单个设备进行即时参数控制后，宏中该设备的参数并不变化，也就是宏中保存了静态参数，并不随着即时参数控制而改变，有利于保持任务状态。

12.3.4 状态巡检

为便于用户能够及时了解遥测系统的工作状况，遥测系统软件一般提供状态巡检功能，包括设备自检和定时巡检，对各设备的工作状态和故障监测点进行定时检查和显示。

设备自检包括各设备开机自检和实时检测。设备开机自检一般包括自研板加载状况、软件初始化状况、通信链路状况等，主要检查设备是否具备正常工作的基本条件。实时检测指通过硬件和软件内置的检测模块实时监测设备工作状况，包括各设备单元状态、参数配置状况、通信链路状况和主机工作状况等，主要检查设备在运行过程中是否出现影响继续工作的状况。自检异常表示设备将不能正常执行任务，需要及时进行处理和解决。

定时巡检指监控分系统定时对全系统设备的自检结果、工作状态和故障监测点进行检查、显示、存储和生成报表等。对于自检失败和出现故障的情况，软件要进行声光告警。这种功能主要便于用户及时掌握系统设备的工作情况，用于确定系统设备是否能够正常执行任务。

12.4 遥测数据管理

遥测系统最重要的目标就是获取遥测数据，经过各种数据变换处理以提供给用户进行系统分析、故障诊断、性能验证、安控决策等。遥测数据管理包括遥测数据采集和整理、数据存盘与回放、遥测数据存盘文件管理、遥测数据质量检查、遥测数据交互等。

12.4.1　数据采集与整理

遥测数据采集是指遥测解调设备完成遥测信号码同步、帧同步（副帧同步）后，遥测软件将解调设备板形成的成帧遥测数据交换到计算机内存缓冲区的过程。数据采集过程由设备驱动程序、驱动API接口和数据采集应用软件配合完成。设备驱动程序是与计算机操作系统密切相关的，比如DOS操作系统，由于应用程序可以直接访问计算机的物理端口和物理内存，设备驱动程序往往不是必须的。而对于Windows或UNIX（Linux）操作系统，则必须通过设备驱动程序才能完成应用软件与设备硬件之间的数据交互。数据采集应用软件维护一个较大的循环缓冲区（一般几兆字节到几十兆字节不等），通过调用驱动API接口，将从硬件双缓读取的遥测数据写入循环缓冲区，供其他功能模块使用，缓冲区头指针初始为零表示这是一个空的缓冲区，每当缓冲区中放入一个子帧数据后，缓冲区头指针自动加一，当缓冲区中放满数据后，缓冲区头指针回零，表示这是一个已满的缓冲区，使用循环缓冲区的每个软件模块独立维护一个自己的缓冲区尾指针，只要缓冲区尾指针不等于缓冲区头指针，就表示缓冲区中还有未被处理的数据。缓冲区格式变化计数用于标识遥测帧格式变化情况，以便使用该缓冲区的软件模块及时感知数据格式的变化。遥测数据采集软件实现的3个层次（设备驱动层、API接口层、应用软件层），如图12-10所示。

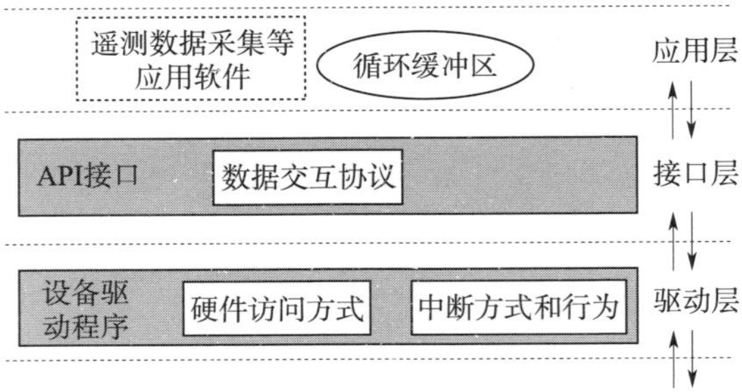

图12-10　遥测数据采集分层结构示意图

数据采集应用软件维护的循环缓冲区是一个自说明的数据结构，在缓冲区头部（简称属性头）保留 1 024 个字节用于缓冲属性说明和遥测帧结构说明，以方便其他软件功能模块灵活使用。遥测数据循环缓冲区示意如图 12－11 所示。缓冲区头部字段定义见表 12－1。

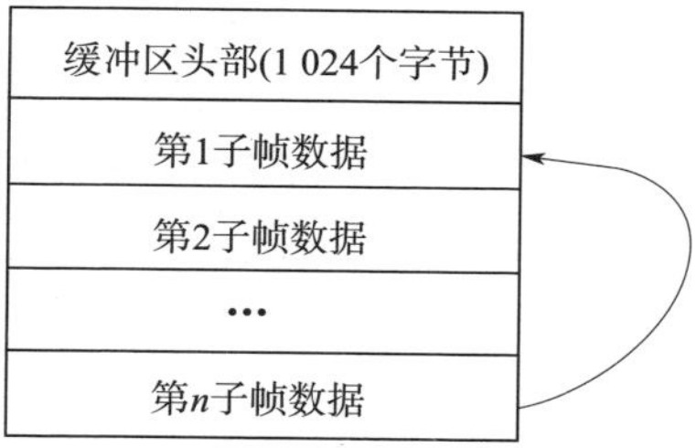

图 12－11　遥测数据循环缓冲区示意图

表 12－1　缓冲区头部字段定义

字段定义	占用字节数
属性头长度（固定为 1 024 字节）	2 字节
缓冲区总长度（不包括属性头长）	4 字节
描述类信息	50 字节
缓冲区最大帧（块）数	4 字节
缓冲区头指针（按帧记数）	4 字节
每块的长度（按字节记数）	4 字节
缓冲区格式变化计数	4 字节
起飞零点（T_0）	8 字节
子帧长	2 字节
副帧长	2 字节
字长	2 字节
码率	4 字节
同步码组长	2 字节
同步码组	4 字节
副帧方式	1 字节
保留	N 字节

在遥测系统软件的设计实践中，带有头部的循环缓冲区是一种非常基础又非常重要的数据结构，可以用于遥测子帧数据管理，也可以用于遥测全帧数据管理，还可以用于遥测挑路数据管理，事实上，只要是固定长度的块结构数据都可以通过这种数据结构来进行管理。

遥测全帧结构如图 12－12 所示，图中的一行表达的是一个子帧。

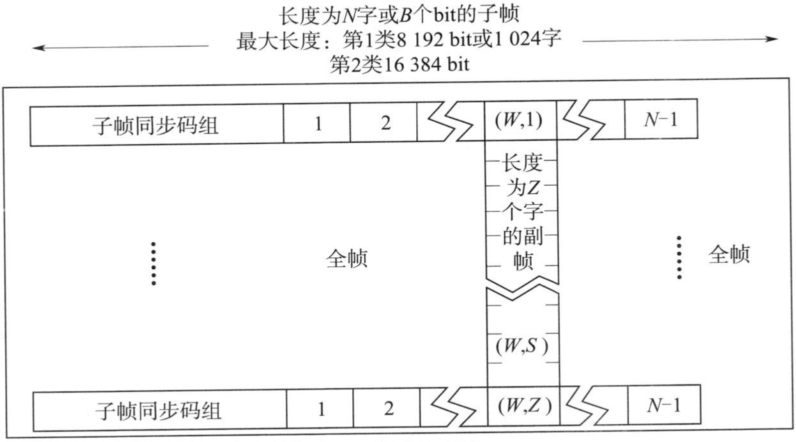

一个全帧包含$N\times Z$字或$B\times Z$ bit；
Z—最长副帧字数(最大256)；
N—子帧的字数；
B—子帧的比特数；
W—子帧中的字位置；
S—副帧中的字位置；
子帧同步码组当作一个字而不管其长度

图 12－12　遥测全帧结构示意图

在工程应用中，解调设备板在遥测数据成帧过程中，每当帧同步来临时，需要在每个子帧的第一个字之前插入时标（时间字）。插入时间字后每个子帧数据结构（如图 12－13 和图 12－14 所示）如下：

1）字长小于或等于 8 位时，宽格占 4 bit，如 100 ms 占 4 bit；窄格占 2 bit，如百日占 2 bit。

当字长小于或等于 8 位时，遥测数据字 $W_1,W_2,\cdots,W_N$ 分别占据一个 8 bit 字节的位置，并按偶奇字节地址顺序排列，子帧同步码组位于数据字区域的末端。

2）字长大于 8 位时，宽格占 4 bit，如 100 ms 占 4 bit；窄格占 2 bit，如百日占 2 bit。

<table>
<tr><td>15</td><td>14</td><td>13</td><td>12</td><td>11</td><td></td><td></td><td>8</td><td>7</td><td></td><td></td><td>4</td><td>3</td><td></td><td></td><td>0</td></tr>
<tr><td colspan="4">100 ms</td><td colspan="4">10 ms</td><td colspan="4">1 ms</td><td colspan="4">0.1 ms</td></tr>
<tr><td colspan="4">10 min</td><td colspan="4">1 min</td><td colspan="4">10 s</td><td colspan="4">1 s</td></tr>
<tr><td colspan="2">百日</td><td colspan="4">10日</td><td colspan="4">1日</td><td colspan="2">10 h</td><td colspan="4">1 h</td></tr>
<tr><td colspan="16">副帧计数字SFC</td></tr>
<tr><td colspan="8">数据字W_2</td><td colspan="8">数据字W_1</td></tr>
<tr><td colspan="8">数据字W_4</td><td colspan="8">数据字W_3</td></tr>
<tr><td colspan="8">…</td><td colspan="8">…</td></tr>
<tr><td colspan="8">数据字W_N(帧同步字)</td><td colspan="8">数据字W_{N-1}(帧同步字)</td></tr>
</table>

图 12－13　遥测子帧结构示意图 1

<table>
<tr><td>15</td><td></td><td></td><td>12</td><td>11</td><td></td><td></td><td>8</td><td>7</td><td></td><td></td><td>4</td><td>3</td><td></td><td></td><td>0</td></tr>
<tr><td colspan="4">100 ms</td><td colspan="4">10 ms</td><td colspan="4">1 ms</td><td colspan="4">0.1 ms</td></tr>
<tr><td colspan="4">10 min</td><td colspan="4">1 min</td><td colspan="4">10 s</td><td colspan="4">1 s</td></tr>
<tr><td colspan="2">百日</td><td colspan="4">10日</td><td colspan="4">1日</td><td colspan="2">10 h</td><td colspan="4">1 h</td></tr>
<tr><td colspan="16">副帧计数字SFC</td></tr>
<tr><td colspan="16">数据字W_1</td></tr>
<tr><td colspan="16">数据字W_2</td></tr>
<tr><td colspan="16">…</td></tr>
<tr><td colspan="16">数据字W_N(帧同步字)</td></tr>
</table>

图 12－14　遥测子帧结构示意图 2

当字长大于 8 位时，遥测数据字 $W_1, W_2, \cdots, W_N$ 分别占据一个 16 位字的位置，并按字地址顺序排列，子帧同步码组位于数据字区域的末端。

帧数据格式中的 T_1,T_2 和 T_3 是帧时间标志，记录当前帧到来时，时码接收器的解调时间；副帧计数字 SFC 是副帧同步字，当副帧锁定时，以 0 作为全帧起点，每帧加 1，直至全帧结束，当副帧未锁定时，保持 0 不变。

在数据采集软件设计中，有几个需要重点关注的问题：一是需要考虑应用层软件与驱动层软件进行交互时是定时循环读取，还是事件触发（中断方式）；二是需要考虑每次交互的数据包大小，既要满足码速率较高时的性能要求，又要兼顾码率较低时，时延不能太大；最后，还要关注残留数据读取，所谓残留数据是指遥测目标飞行结束或遥测目标飞出遥测系统任务弧段时，遥测信号消失导致遥测设备失锁，解调设备板硬件缓冲中的少量遥测帧数据不能满足发出中断的要求，因而引起数据丢失的现象。

12.4.2　数据存盘及回放

遥测数据存盘是指存盘应用软件将采集应用软件维护的循环缓冲区中遥测子帧数据以文件的形式保存到计算机硬盘上。存盘软件设计一般需要重点考虑下列几个方面：存盘动作是否需要用户操控；存盘数据文件是否需要按照任务代号分目录管理；大数据文件（超过 2 GB）的问题；磁盘剩余空间的计算和告警；存盘文件名称缺省自动生成规则。

为了确保存盘遥测数据文件与遥测任务属性信息的一致性，一般需要在存盘遥测数据文件的开始写入文件头，存盘文件头一般包含 1 024 字节，记录当前存盘遥测数据文件的基本信息。遥测存盘数据文件结构如图 12－15 所示。存盘文件头结构描述见表 12－2。

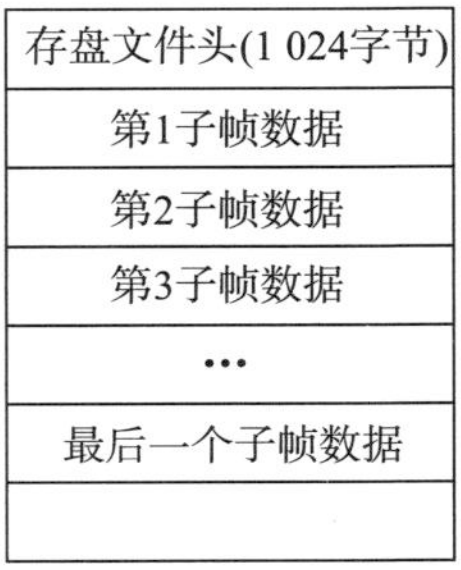

图 12－15　遥测存盘数据文件结构示意图

表 12 - 2 存盘文件头结构描述

字段定义	占用字节数	取值或值域
文件标记	2	YC
文件头长度	2	1 024
数据类型	2	YS—原始数据 JG—结果数据
起飞零点	8	
飞行日期	8	
子帧长	2	4～4 096 字
副帧长	2	2～256 子帧
码速率	4	0～50 Mb/s
字　长	1	4～16 位/字
同步码长	1	8～32 位
同步码组	8	
副帧方式	1	反码副帧 ID 副帧 循环副帧 无副帧
任务代号	20	
任务描述信息	200	
保留		缺省填 0×0

遥测存盘数据回放是采集的逆过程，为了系统联调和设备调试，需要在没有遥测信号的情况下，遥测解调终端设备依旧输出数据流。数据文件回放软件从遥测存盘数据文件中读取数据，写入硬件模拟源板卡缓冲区，从而实现文件回放功能。数据文件回放软件设计需要重点考虑下面几个方面的问题：遥测存盘数据文件是否包含文件头，如果没有文件头如何获得遥测帧结构信息；文件回放的开始时间和结束时间如何确定；读取文件和写入硬件之间的速率如何匹配，既要避免欠载又要避免超载，欠载是指写入硬件缓冲的速度慢于硬件调制数据的速度，而超载是指写入速度过快导致硬件缓冲出现数

据覆盖的情况；回放软件还应该给出一个明确的回放进度表示。

12.4.3 数据质量检查

遥测数据质量检查包括实时检查和事后检查。实时检查是针对遥测数据流进行的，而事后检查则是针对遥测存盘数据文件进行的。一般，遥测数据质量检查包含丢帧情况检查和误码情况检查。

丢帧情况检查关注的是遥测数据的连续性，一般，通过检查时间码的连续性和 ID 计数的连续性来判断是否有丢帧，当然，时标精度应高于帧周期。正常情况下，遥测数据相邻两个子帧的时间码相差一个帧周期，假设用 t_k 表示遥测数据第 k 帧的时间，t_{k+1} 表示遥测数据第 $k+1$ 帧的时间，T 表示遥测帧周期，则应有

$$0 < t_{k+1} - t_k < 1.5T$$

其中

$$\text{帧周期 } T = \text{字长} \times \text{帧长} / \text{码速率}$$

如果遥测子帧的某一路数据是 ID 计数，则也可以同时利用 ID 计数的连续性特征来判断是否出现丢帧，只是需要记住 ID 计数最大值的下一帧应是 ID 计数初值。

误码检查关注的是遥测数据的误码率大小。首先，按照待测遥测帧格式建立一个标准数据帧，然后将接收到的遥测数据与标准数据帧逐帧逐字逐比特进行比对统计，根据测试总码元数和总误码元数计算误码率并进行显示和记录。在误码测试软件设计中，需要考虑支持选择过滤数据变化的波道，如果数据来源是固定码数据，测试效率相对较高。工程中，测试总码元数必须达到一定数值（比如超过一百万比特），测试结果才算有效。对于目标飞行任务过程，由于遥测子帧中绝大部分波道都是变化的数据，此时一般只对帧同步码进行比对统计，在比对反码副帧的情况下，帧同步出现反码不应作为误码统计。

12.4.4 遥测数据交互

遥测数据交互包括遥测系统与远程中心的交互，也包括遥测系

统内部各分机设备之间的交互，还包括遥测系统与遥测站内其他系统（如雷达系统）的交互。随着技术的发展，在遥测系统设计中，逐步趋向于配置一台单独的计算机专门用于数据交互（简称数据交互计算机）。长期以来，由于受到靶场通信系统带宽限制，遥测数据交互大多数情况下都是需要挑出部分关键参数进行传输，因此各种各样的挑路（挑块、挑帧）组包需求导致了数据传输软件设计的复杂多变。今后，随着靶场通信网络建设的大力推进，全部子帧遥测数据通过高速网络传输已逐步成为遥测数据传输的主要方式。

遥测数据交互包括任务过程中的实时数据交互，也包括任务之前或之后的存盘数据文件交互。遥测数据交互的内容包括遥测系统发送到远程中心的遥测数据、测角数据、链路监视信息，包括中心发到遥测系统的引导数据、起飞零时间、链路监视信息，同时还包括遥测系统与其周边的遥测设备之间互引导数据和链路监视信息。

遥测系统内部各分机设备之间的数据交互最简单的方式就是采用缓冲区映射模式，具体地说，就是通过网络收发软件将采集应用软件维护的循环缓冲区完整地复制到其他分机设备中，这样可以最大限度地实现数据消费软件模块的重用。

12.5 自动化管理

伴随着计算机技术、网络技术、软件技术的不断发展，操作控制远程化和设备运行自动化已经成为航天地面遥测系统的重要发展方向之一。对处在几十、几百甚至几千千米之外的遥测设备进行全面远程操作已不再是梦想，同时，用户要求遥测设备自动接收远程管理中心的测控计划并自动完成任务流程分解，进而自动执行设备自检、设备标校、设备配置、目标跟踪、数据采集记录处理、战斗报表生成、任务后处理等操作，从而达到遥测站“有人值守，无人操作”的目标。

12.5.1 计划任务管理的重要概念定义

为准确描述基于计划任务的自动化运行，这里需要明确几个重要概念，以计划为基础，一个计划包括多个任务，每个任务分解为一系列操作，每个操作包含多个动作，每个动作由多个步骤完成，步骤是实现计划任务的最底层单元。在自动化软件体系中，针对计划任务的实现分 5 个层次，如图 12－16 所示。

图 12－16 计划任务管理实现层次示意图

（1）计划

计划是任务的时间序列构成，反映每个任务的时间节点，反映执行计划的设备名称及功能配置情况。计划中一般包含计划发布方的一些信息和多个任务信息。用户可以制定一定时间长度的计划，可以是一天的计划，也可以是周计划、月计划或一个其他时间段等。

同一计划中的多个任务在时间安排上是不允许重叠的，不同计划中的各个任务在时间安排上是不允许重叠的。

（2）任务

任务是指一次具体的卫星跟踪过程。一般情况下，一个任务的信息包括该任务的卫星代号、任务开始时刻、开始接收时刻、起始方位角、起始俯仰角、接收时间长度（s），任务信息列表见表 12－3。

表 12－3 任务信息列表

任务代号	卫星代号	任务开始时刻	开始接收时刻	起始方位角	起始俯仰角	跟踪时间长度/s
1	（0×80）	08：25：40	08：30：00	29.5	50.8	180
2	（0×A5）	23：25：40	23：30：00	168.9	67.9	200

对于一个卫星有多种工作模式的情况，在任务中还要指出本次任务的工作模式，比如××卫星的标准 TT&C 模式。对于一个卫星

有多个点频的情况，在任务中要指出本次任务使用的点频值。对于任务中控制天线到等待位需要的信息，用户可以给出开始跟踪方位角和俯仰角信息，也可以轨道根数和跟踪圈数信息方式给出，由设备软件完成方位角和俯仰角的计算工作。

（3）操作

一个任务需要分解为多个顺序运行的操作来完成。操作是用户能感知（可以看见）并可以进行控制的一个过程，由一系列动作的顺序集合构成，例如设备自检操作。软件设计上，要提供对于一个操作包含的若干动作编辑功能（指添加某动作、删除某动作、调整某动作的顺序等）。

通常情况下，一个动作应该设计成一个软件模块。一个操作包含的动作信息是通过操作配置文件来确定的，也就是说，操作配置文件决定了操作的所有内容（动作及其配置信息）。

（4）动作

动作面向设备，如发出设备存盘命令可以作为一个动作。一个操作由一个或多个动作按照先后顺序组成。动作是最小的软件模块级的设计单位。如启动遥测接收操作中可能由如下几个动作组成：加载接收机，加载解调器，启动数据存盘，启动网络数据发送。

（5）步骤

对于某些动作，执行动作是需要一个过程的。比如误码测试命令，不是简单地发出测试命令，而是要测试到一定码元数或一定时间才能完成。对于此类命令提出步骤的概念，允许动作的调用者分步骤调用了解动作的进展，能够在动作执行期间并行完成其他工作。比如，启动遥测数据存盘动作可能会分为以下步骤：

1）检测磁盘剩余空间；

2）启动数据存盘。

步骤不是一个独立的模块，比如上面遥测数据磁盘动作是通过一个模块内实现两个步骤来完成的。

12.5.2 自动化运行

遥测系统自动化是基于计划任务的概念进行设计、实现和运行的。遥测系统自动化运行是指遥测站监控计算机接收远程中心下达的测控任务工作计划，按照计划要求自动完成流程分解，自动按步骤依次完成系统配置、设备标校、设备自检、任务宏参数加载、目标捕获与跟踪、数据记录、数据传输及任务后处理生成战斗报表等过程。自动化管理包括自动化运行、系统自动化标校、自动化故障诊断、系统自动化测试等方面内容。

自动化管理和监控分系统作为遥测系统监视、控制及管理中心，对系统内可监控设备进行自动化监控管理，同时可接受网管中心的远程控制和监视。自动化监控主要包括对全系统可监控设备的工作参数、设备状态及设备配置的控制和监视，系统自动化标校测试的控制与监视，系统捕获的自动控制与典型状态监视，系统故障状态的自动检测、定位及处理等。

远程控制主要包括自动化管理和监控分系统通过 DTE（数据交互计算机）接收网管中心下达的设备工作计划，按计划自动控制标校、测试、捕获、跟踪、事后处理等流程；接收并执行网管中心下达的宏存储、宏控制命令，设置全站设备的工作参数以及状态；监视上报计划执行过程状态，向网管中心报系统运行参数、状态以及跟踪状态等。

监控分系统有自动/手动两种工作方式。在手动方式下，用户可以通过监控界面的系统控制页提供的任务准备、参数控制、系统自检、自动标校、捕获跟踪及事后处理等按钮进行人工操作。在自动方式下，监控按照任务驱动的方式进行工作。

系统运行管理自动化是依托计划任务管理思想来设计实现的。图 12－17 为自动化运行管理软件设计示意图。

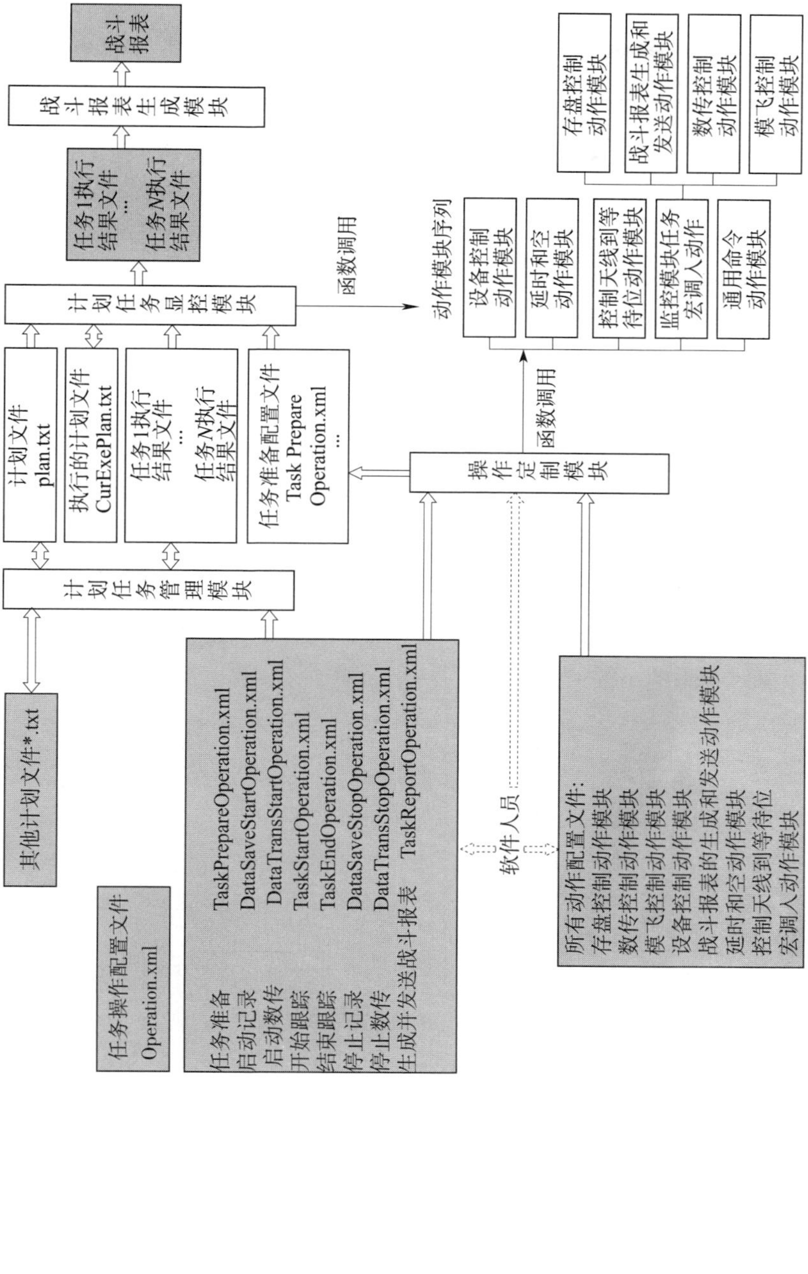

图 12－17　自动化运行管理软件设计示意图

12.5.3 自动化测试

遥测系统的自动化测试是为了提供评定系统性能指标而进行的测试。遥测系统的自动化测试至少包括下行链路 G/T 值稳定性测试、系统捕获性能测试、遥测误码率测试及角跟踪精度测试等。几种自动化测试统一设计，每个测试项都可以独立对应某个任务参数配置状态，可以独立选择某个测试项测试，也可以全部测试项一次测试完成。每次测试结果除了界面显示外，还将测试条件、测试结果等保存到监控计算机数据库中，以便用户事后查阅。每个测试项显示记录的内容都包括测试日期及时间、测试条件、设备配置、测试流程、测试结果描述等。

自动化测试硬件包括测试计算机、测试仪器、测试切换开关，这些硬件设备及测试软件与被测设备、远控装置、标校天线、信标机、光电标、望远镜等构成自动化测试系统。自动化测试系统完成下行信道性能检查、标校、相关指标测试和检查、系统常规标校及距离零值标校等工作。自动化测试组成框图如图 12-18 所示。

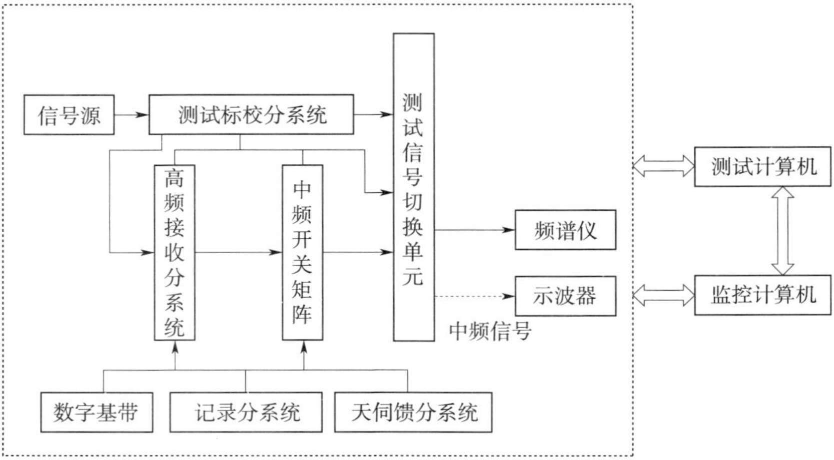

图 12-18　自动化测试组成示意框图

下面，以下行链路 G/T 值稳定性测试为例，对系统自动化测试进行说明。图 12-19 是 G/T 值稳定性测试框图。

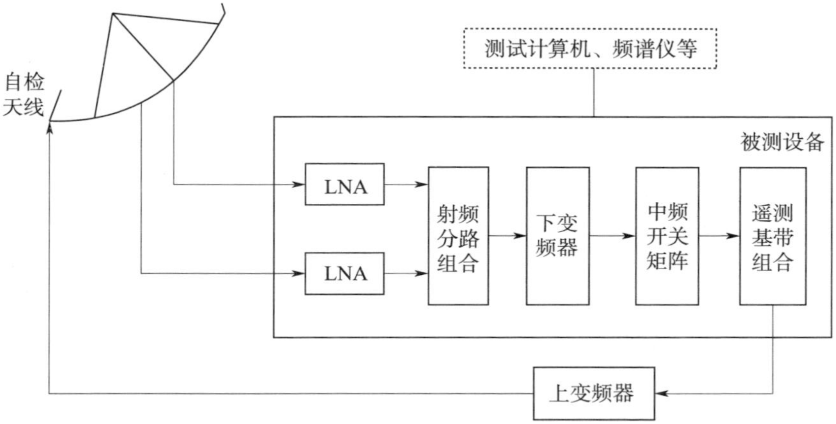

图 12-19　G/T 值稳定性测试框图

如图 12-19 所示，利用安装在接收天线上的自检天线进行测试。G/T 值可由下式计算

$$G/T = S/N_0 - \mathrm{EIRP} + L_{sp} + k + L$$

式中　EIRP——自检天线有效辐射功率；

L_{sp}—— 路径损耗；

k—— 波耳兹曼常数；

L ——修正系数（包括指向误差、传播误差、EIRP 不稳定性）。

根据 G/T 值计算公式可以看出，在其他条件不变的情况下，通过测试 S/N_0 值的稳定性得到 G/T 值的稳定性。事先确定模拟源的输出电平，由于上变频器的输出电缆、自检天线与接收天线的相对位置不变，在上变频器的输出电平不变的情况下，可以认为 EIRP，L_{sp}，k 不变。由频谱仪读出中频信号的 S/N_0 值，每次任务前测试时保证模拟源输出电平等保持一致。测试步骤如下：

1）接收天线指向校验天线；

2）系统参数设置；

3）系统接收校验天线辐射的射频自检信号；

4）监控计算机通过串口或网络读取频谱仪测得的中频开关矩阵输出端的读数，自动计算出 S/N_0 值；

5）比较每次测试得到的 S/N_0 值的稳定性，即可得到 G/T 值的稳定性。

12.5.4 自动化故障诊断

为了判断系统工作是否正常，需要提供系统自检的有效手段，当系统故障时，能够迅速定位故障到可维护分机级。为了分析诊断详细故障，分机硬件设计时设置足够多的检测点，以便监控系统通过该接口诊断分系统故障的具体原因。分机设备按照一定的频度向监控计算机上报自身的工作状态。从设备开机到关机，监控软件定时对所有设备状态进行全程监测。在监测过程中，如发现监测值超出预先设定范围，就会以直观、醒目的方式进行声、光报警提示。

分机设备设计时，应设计足够的检测点接口，以便当设备出现故障时，监控计算机通过这些接口来采集故障检测点的状态，通过建立的系统故障模型，结合检测点的状态，来诊断设备故障的具体原因。监控软件能够区分有信号和无信号状态，自动形成故障定位报告。

自动化故障诊断是基于人工智能的计算机推理程序，通过运用大量本领域专家的经验知识和一定的推理方法，能够迅速、准确地定位故障部位和原因，大幅度提高系统的自动化和智能化运行水平。

自动化故障诊断程序运行在监控计算机上，是系统监控软件的组成部分，通过系统监控网络收集各分系统及单机设备的工作状态，基于故障树模型，完成故障定位，工作原理如图 12－20 所示。

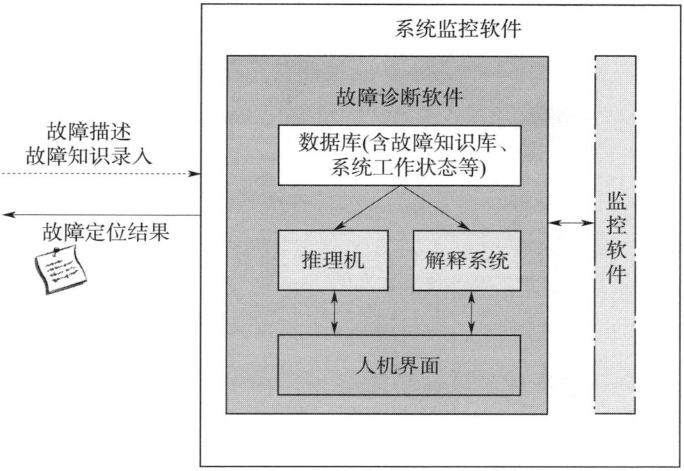

图 12－20　自动化故障诊断工作原理示意图

12.5.5　自动化标校

为了确保天伺馈设备的精确跟踪，需要在系统跟踪开始前进行自动参数标校。遥测目标数据的接收需要准确地跟踪目标，对于自跟踪接收系统，需要跟踪接收机实时输出方位误差电压、俯仰误差电压给天线控制单元（AMCU），跟踪接收机输出的角误差电压精确性直接影响了 AMCU 控制天线跟踪目标的精确度。为了保证跟踪接收机输出精确的角误差电压，需要对跟踪接收机进行校准。任务执行前，由监控计算机控制天伺馈分系统和基带等设备共同完成不同设备连接关系下的参数标校，将标校结果保存到指定的自动标校文件中。执行任务时，根据系统当前的设备配置，从相应的标校文件中读取标校结果数据，根据该参数控制跟踪接收机。下面以定向灵敏度标校为例，对系统自动化标校进行说明。

定向灵敏度标校完成角误差解调的定向灵敏度标定。该项标校由监控计算机负责组织实施，塔上联试应答机、天伺馈分系统、高频接收分系统、数字基带分系统共同参与，天伺馈分系统自动调度完成。

定向灵敏度标校的信号流程如图 12－21 所示。

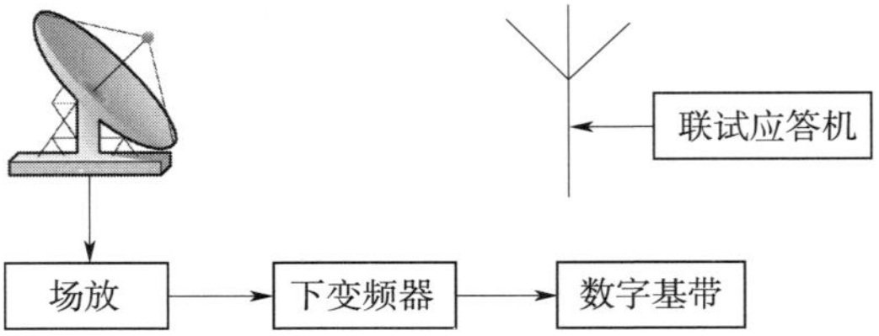

图 12－21　定向灵敏度标校信号流程

定向灵敏度标校的执行步骤分为：1）通过监控计算机将参数宏设置命令发送给数字基带分系统、天伺馈分系统、有塔标校终端、高频接收分系统、时频分系统设置工作参数。2）将设备配置宏命令通过监控计算机发送给数字基带分系统、有塔标校终端、高频接收分系统进行相关切换；将联试应答机工作方式命令通过监控计算机发送到有塔标校终端，控制联试应答机处于信标状态。3）将天线指向命令通过监控计算机发送到天伺馈分系统，控制天线指向标校塔；天伺馈分系统自动判断角误差解调状态，当数字基带分系统载波锁定、AGC 电压满足指定门限后，进行自跟踪；也可通过监控计算机将天线跟踪方式命令发送给天伺馈分系统，控制天伺馈分系统自跟踪。4）将定向灵敏度标校开始命令通过监控计算机发送给天伺馈分系统，天伺馈分系统自行组织完成定向灵敏度标定，并将灵敏度调整数据实时发送数字基带分系统。5）将定向灵敏度标校结束命令通过监控计算机发送给天伺馈分系统，定向灵敏度标校结束。

12.6　用户管理

遥测系统软件中，用户管理设计的目标一般有两个：一是为了保证只有合法用户人员才可以使用遥测系统，二是为了保证具有不同权限级别的用户人员可以不同程度地操控系统。遥测系统软件提供几类不同权限的用户帐号，用户使用遥测系统前必须以合适的帐号登录，权限不足的用户无法执行设置或控制操作，从而保证系统的操控合法性与安全性。

在满足要求的情况下，用户权限划分应尽量简单，以免软件设计过于复杂，一般包括监视类用户、操控类用户和管理类用户三种。表 12-4 给出了不同类型用户及其权限的对应关系。

表 12-4　不同类型用户及其权限的对应关系

用户类型	用户特性描述
监视用户	监视用户是权限较低的用户类型，用户名称和密码能通过监控计算机验证，只能发送查询命令，只能监视系统工作状态，而不能对设备进行任何操控
控制用户	控制用户是权限较高的用户类型，用户名称和密码能通过监控计算机验证，不但可以监视系统工作状态，而且可以对设备进行各种操控，但不能执行添加或删除用户等操作。系统中某一时刻在线的用户中只允许一个控制用户存在
管理用户	管理用户是最高级别的控制用户，不但拥有控制用户的所有权限，而且还可以执行添加或删除用户等操作。系统中某一时刻在线的用户中只允许一个管理用户存在

为了实现用户管理功能，一般需要两个功能模块，一个是用户登录管理模块，提供用户登录界面，用户输入用户名称和密码；另一个是用户登录验证管理服务模块，两个功能模块可以部署在一台计算机上，也可以部署在网络连通的两台计算机上。

用户登录管理模块的基本功能是系统软件启动时，为用户登录界面，用户输入用户名称和密码之后，它组织一个用户登录请求命令发出登录请求，并等待用户登录验证管理服务模块的应答，如果是合法用户（即用户名称和密码通过用户登录验证管理服务模块的验证），登录过程结束，生成相关用户状态信息和登录日志等，如果是非法用户，则提示用户不能登录（用户不存在或密码不正确），保留登录界面，让用户重新登录，如果应答命令超时，提示用户线路不通。

用户登录验证管理服务模块的基本功能包括完成客户端用户登录验证、用户管理、用户切换、用户状态信息元生成与维护工作、用户管理信息的双机同步、用户状态信息元的双机同步。

用户登录验证是指基于命令中心格式接收并处理用户登录请求命令和用户注销通知命令，对于用户登录请求命令，模块从用户管理信息文件中查询并比对用户 ID 和密码，如果比对成功，则需要进一步检查是否为超级用户，因为某一时刻在线的用户中只允许一个超级用户，如果是超级用户且在线用户中已有超级用户，需要判别是否同一计算机（依据 IP 地址判别），若不是同一计算机则应答已有超级用户并拒绝登录，否则发送允许用户登录命令作为用户登录请求命令的响应，同时生成用户状态信息元，记录用户登录日志，如果用户名正确而密码不对，则应答密码错误，否则应答非法用户错误。对于用户注销通知命令，则修改用户状态信息元，标识该用户已经注销（离线），不需要发送应答命令。同一用户名在同一时刻只允许一个在线，当判别出在线用户中已有同一用户名称时，需要判别是否同一计算机（依据 IP 地址判），对于同一计算机，可以用同一名称反复登录，主要是为了防止用户异常退出而设计（没有注销用户）。

用户管理是指操作员在框架菜单点击用户管理子菜单后弹出用户管理界面，在该界面以表格的形式显示本系统已经建立的用户名、权限级别、是否在线，提供添加用户、删除用户（当前在线的用户不能被删除）、用户属性查看、密码修改、用户切换操作按钮。其中，添加用户（用户最多支持 8 个）、删除用户、用户属性查看、密码修改功能只有当前用户的权限级别为超级用户时才有效。用户切换操作对于所有级别的用户都提供。

12.7 日志管理

遥测系统应用中，多数情况下用户需要了解在任务执行过程中，操作员进行什么操控动作，任务过程中哪些设备出现了异常，系统内外发生了哪些后台信息交换，以及工作过程中重要设备状态的真实情况。日志管理就是记录这些内容，并根据用户的需要提供给用户。特别对于自动化运行，日志管理是必不可少的。

日志信息类型包括用户操控信息、接口信息、工作过程信息和重要状态信息。用户操控日志记录用户所有的操作；接口日志记录系统外部接口所有交互信息和关键内部接口的交互信息；工作过程日志记录任务流程中的关键节点信息；重要状态日志记录全系统设备工作过程中的重要状态。每种类型的日志按照重要程度，分为三种级别：提示信息、告警信息、错误信息。提示信息表示正常工作过程中记录的正常信息，用于提示用户当前系统的相关状况；告警信息表示系统运行过程中出现不正确现象，有可能影响正常工作；错误信息表示系统出现了故障，需要人工及时干预处理。

日志管理包括记录（内存）、存储（数据库）、显示（窗口）和维护四部分。为便于用户及时观察，可通过监控窗口实时显示日志。也可以采用事后查询模式，由用户输入查询条件如时间段、日志类型或日志级别等，日志管理软件从数据库中查询出符合条件的记录显示到窗口。此外，由于日志量较大，为避免存储空间不足影响系统的正常运行，日志管理功能还需要考虑日志内容的自动维护，定时进行过期日志的清理。

12.8　软件工程化

在实际工程项目研制过程中，软件工作量所占比重越来越大，其地位也越来越重要，如何运用软件工程化方法来确保交付软件的质量是摆在每一个项目管理者面前的重要课题。本节主要从软件工程化角度介绍现代航天遥测系统装备研制生产中软件研制的典型阶段以及一般遵循的规范，重点介绍软件研制各阶段特点、各阶段评审、设计和测试维护、质量控制和文档要求等内容。

12.8.1 遥测系统软件研制各阶段工作

12.8.1.1 概述

遥测系统装备研制主要分为下列几个典型阶段：软件系统分析及设计阶段、软件需求分析阶段、软件概要设计阶段、软件详细设计阶段、软件编码实现阶段、软件单元测试阶段、软件部件测试阶段、软件配置项测试阶段、软件系统测试阶段、现场联试和维护阶段，如图 12－22 所示。软件生命周期模型采用瀑布模型。

12.8.1.2 软件系统分析及设计

项目成立后，系统总体设计人员根据项目研制任务书及相关技术协议进行系统总体设计，软件设计人员配合系统总体进行系统总体设计，并形成项目总体设计方案。

依据系统总体设计方案并结合项目研制任务书，软件设计人员进行项目软件系统分析及设计工作，分析系统软件需求，理清楚系统软件需要完成的主要任务、主要功能以及测试要求。此阶段主要工作和文档有：

1）合理划分软件配置项，定义每个软件配置项的功能、性能等要求；

2）编写软件系统设计说明；

3）制定软件系统测试计划；

4）编写软件研制任务书（软件配置项）。

12.8.1.3 软件需求分析

在此阶段，软件设计人员依据软件研制任务书制定全面的软件研制计划并进行软件需求分析工作，软件研制计划包括软件开发计划、软件测试计划、软件质量保证计划、配置管理计划的制定。

软件设计人员依据软件研制任务书进行软件需求分析工作，在此阶段主要细化每个软件配置项功能要求、性能要求、接口要求等，定义每个配置项的外部接口关系及数据元素，并形成软件需求规格

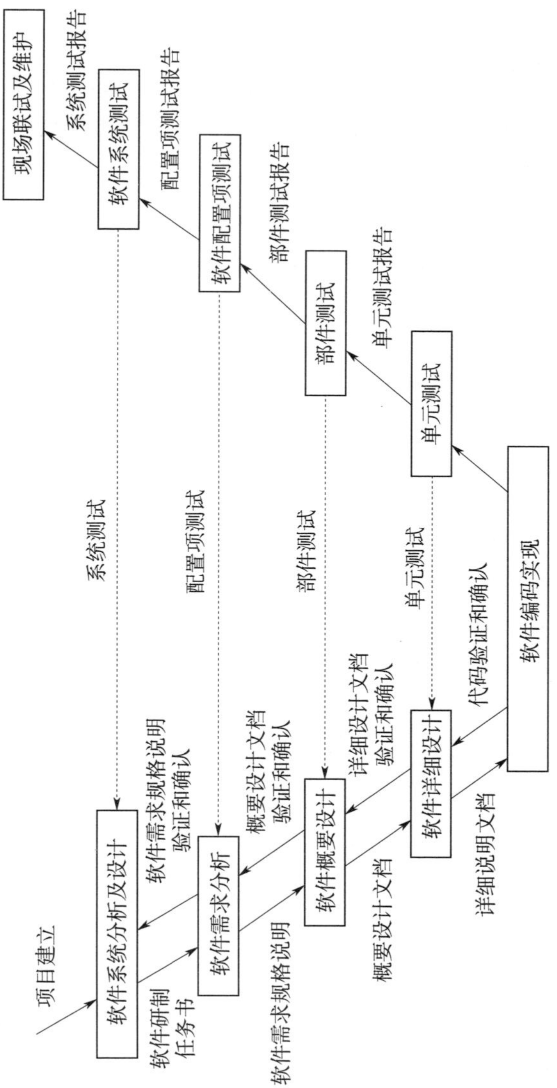

图 12－22　软件研制阶段划分

说明。对于遥测系统内部、对外接口关系复杂，传递信息种类繁多时，需要进行接口需求分析工作，并形成接口需求规格说明。此阶段主要工作和文档有：

1）按照任务书进行合理的功能划分，提出细化的功能、性能及接口等需求，按照配置项单独编写形成软件需求规格说明、接口需求规格说明；

2）制定软件开发计划，明确软件开发进度要求；

3）制定软件配置项测试计划，按照配置项单独编写形成测试计划，详细定义测试项目以及测试进度要求；

4）制定软件质量保证计划；

5）制定软件配置管理计划，依据里程碑定义各项配置管理活动，建立项目软件配置管理库，建立功能基线、分配基线、产品基线等为项目配置管理工作提供基础。

12.8.1.4 软件概要设计

此阶段软件设计人员依据软件需求规格说明进行概要设计工作，设计建立软件的总体体系结构，按照功能分解成软件部件（功能部件），明确部件之间的接口关系，设计数据结构，并形成软件概要设计说明。

当系统较大、接口关系复杂时，可以单独进行接口设计、数据库设计工作，并形成独立的接口设计说明、数据库设计说明。

软件测试人员进行部件测试计划制定工作，重点测试部件之间的接口，包括用户接口、外部接口和内部接口。此阶段主要工作和文档有：

1）编写形成软件概要设计说明；

2）必要时编写形成软件接口设计说明、数据库设计说明；

3）制定部件测试计划，编写形成部件测试计划及测试说明。

12.8.1.5 软件详细设计

此阶段软件设计人员依据软件需求规格说明和概要设计说明进

行更为详细的设计工作，进一步划分软件部件，分解细化到更小的软件单元，并详细设计每一个软件单元，包括详细的算法实现、数据结构设计、输入输出关系。此阶段主要工作和文档有：

1）编写详细设计说明；

2）编写模块开发卷宗；

3）编写单元测试计划和测试说明。

12.8.1.6　软件编码实现

此阶段软件编码人员依据软件详细设计说明按规定的编程格式要求进行编码、调试工作。此阶段主要工作和文档：

1）编制并调试通过源程序和目标程序；

2）填写形成模块开发卷宗。

12.8.1.7　软件单元测试

依据单元测试计划和测试说明在编码实现完成时进行单元测试工作，借助于各种测试工具和技术对每个软件单元进行静态分析、代码审查和动态测试等工作，最后形成单元测试报告。

12.8.1.8　软件部件测试

此阶段软件测试人员依据概要设计说明、部件测试计划和测试说明将软件单元组装成软件部件并进行全面测试。测试重点在于部件之间的各种接口关系是否完备，是否与概要设计说明描述的内容一致，如果测试过程中发现有错误，则需修改并进行回归测试，最后形成部件测试报告。

12.8.1.9　软件配置项测试

此阶段软件测试人员依据软件需求规格说明、软件配置项测试计划和配置项测试说明对各个软件配置项进行全面测试工作，配置项测试后形成测试报告并对测试结果进行分析评价，评价软件是否在功能、性能、可靠性、安全性、维护性等方面达到了软件需求规格说明中的要求，并决定是否可以进行下一步的系统测试。

对于配置项测试过程中发现的软件问题，测试人员需要会同设计人员对问题类型、级别等进行分析，提出问题解决措施建议，填写问题报告单，软件设计人员进行相应的解决措施测试并进行影响域分析，确保修改措施有效并进行回归测试，形成回归测试报告。此阶段主要工作和文档：

1）按照测试说明形成软件测试用例；

2）建立软件测试环境，按照配置项测试计划和测试用例对软件配置项进行测试；

3）编写软件问题报告单；

4）编写软件问题影响域分析报告；

5）形成配置项测试报告、回归测试报告。

12.8.1.10 系统测试

通过软件配置项测试和回归测试后，在全系统具备系统测试条件的情况下，按照系统软件测试计划在整个系统测试过程中安排对系统软件进行全面测试工作。此阶段的测试重点主要是测试系统软件完成系统功能的完备性和正确性，测试软件与系统接口的协调性，测试系统软件实现对外接口的正确性，以及测试环境要求尽可能在真实环境下进行。

12.8.1.11 进场联试及维护

当全系统完成系统测试、可靠性考机等工作后，设备需要进行现场安装联试工作，通常情况下在此阶段会进行各种接口匹配性试验、信息接口联调等工作，此阶段由于用户一些待定需求的进一步明确、信息接口协议的适应性调整、新功能需求的出现等因素会对系统软件提出修改要求，因此在现场联试阶段以及后续的设备维护过程中会有相应的软件更改工作出现。

在此阶段重点是严格控制软件技术状态更改，更改流程严格按照规定的程序进行，记录软件版本变化情况，完备更改审批手续，软件出现问题时严格按照“航天归零五条”要求进行归零。

12.8.2　遥测系统软件研制管理工作

12.8.2.1　项目策划

项目策划阶段的主要工作包括：依据项目软件研制任务书完成项目软件估计，并形成项目软件开发计划、软件质量保证计划、软件配置管理计划。

项目策划过程中开展的主要活动包括：选择合适的软件生命周期模型；结合项目特点对规模、工作量、成本、关键计算机资源和进度等进行估计，并进行风险评估；编写制定软件开发计划、质量保证计划、配置管理计划；评审计划。项目策划活动主要由项目软件总体负责，项目组其他人员配合完成。

项目策划阶段形成的文档包括软件开发计划、质量保证计划、配置管理计划，通过评审后纳入配置库管理。

12.8.2.2　项目监控管理

项目监控管理工作贯穿整个软件生命周期，从制定完成软件开发计划后，在整个软件研制过程中实时跟踪和收集项目软件研制的实际状态，并周期性地（双周例会）与计划比较，一旦发现偏差，启动预定的纠偏措施，并动态调整软件开发计划。

项目监控的主要工作更多体现在表格化、周例会、定期总结汇报等事务性工作中，主要由项目软件总体（软件项目经理）具体负责、项目组成员大力配合来完成。

项目监控管理过程中开展的主要活动包括：制定项目监控表、双周例会、月度总结汇报、里程碑评审、偏差跟踪和控制等。

项目监控管理过程中形成的文档一般包括：项目软件实施监控表、风险问题跟踪表、双周例会记录、月度工作总结报告、里程碑工作总结报告等。

12.8.2.3　配置管理

软件配置管理的目的是在项目整个软件生存周期过程中建立和

维护软件项目产品的完整性和一致性。置于软件配置管理之下的工作产品包括：开发软件产品的工具，软件产品运行所依赖的环境，软件产品相关联的技术文档，软件过程管理产生的过程文档，以及生成的软件产品（如源程序、加载文件等）。

软件配置管理过程要达到的目标包括：标识配置项，控制对配置项的变更；建立配置管理库；维护基线的完整性；为开发者、最终用户和客户提供准确的状态和当前的配置数据。

配置管理库包括：建立开发库、受控库、产品库三库管理。

基线管理：对于每个项目软件必须建立至少 3 条基线（功能基线、分配基线、产品基线），根据管理水平结合项目软件规模可以增加开发基线、实现基线、代码基线等更多基线管理。

主要的配置管理活动包括以下 5 种。

（1）配置标识

按照统一的配置标识管理规程给全生命周期中需纳入配置管理的配置管理项定义唯一的配置标识，例如软件研制任务书、软件开发计划、软件测试报告、软件操作使用说明书、软件问题报告单、软件运行环境、源代码等。每个配置管理项的变化通过版本变化在配置标识中体现。

（2）出、入库控制

出库、入库控制是配置管理活动中最为常见的一种手段，任何进出配置库的配置管理项都必须严格执行出入库流程，履行相关的审批手续，由配置库管理员核实检查审批手续完备、内容完整后方可进行。

（3）更改控制

在需要对配置管理项进行更改时，需要严格按照更改流程完成更改审批手续，更改前后的软件配置管理项严格按照出入库控制流程完成出入库操作。

（4）配置记录和状态报告

为了有效地对配置管理项进行管理，需要记录并报告配置管理项的有关信息，在整个软件生命周期中，以项目为单位定期形成项目软件配置状态报告。

（5）配置审核（审计）

配置审核活动通常由软件质量保证员或通过评审会对变更后配置管理项进行技术状态审核，审核测试验证的充分性，检查软件产品的完整性。配置管理过程中一般产生的文档包括：配置管理计划、配置状态报告。

12.8.2.4　软件质量保证

软件质量保证工作贯穿于整个软件生命周期，从制定质量保证计划并评审通过后，质量保证活动就按计划开展，以达到整个软件研制过程中软件产品和软件过程受控。在整个软件生命周期中采用的质量保证活动很多，通常情况下包括下列一些主要活动。

（1）软件风险分析活动

在整个项目研制过程中特别是在项目策划阶段，根据项目特点重点进行风险分析工作，在技术风险、进度风险、资源风险等方面逐条列出风险源，给以标识并制定出相应的应对措施，不断跟踪并最后得到解决。

（2）评审活动

评审是一种有效排除软件缺陷的机制，在生命周期的各个阶段都需要组织评审，及时发现和排除本阶段过程和产品存在的缺陷和错误。评审一般分为正式评审、内部评审，在软件生命周期中，至少在软件系统分析和设计阶段、软件需求分析阶段、软件配置项测试阶段、系统测试阶段需要组织正式评审，其他阶段组织内部评审。

评审时遵循的基本准则包括：与相关标准、约定和规程的符合性，采用的技术和方法的成熟性，文法一致、文实相符，阶段产品的完整性，文档内容的正确性、完整性，需求的可测试性，需求的双向可追踪性。

12.8.3 遥测系统软件的可靠性、安全性

在航天型号项目中，遥测系统软件的规模越来越大，复杂性程度越来越高，地位和作用显得越来越重要。在许多型号应用中，遥测系统已经不再只是完成纯粹的遥测功能，遥测数据中往往包含一些目标安全控制和目标外测等信息，因此，用户对遥测系统软件的质量和可靠性提出了更高的要求。

为了提高航天遥测系统软件的可靠性和安全性，应首先明确软件可靠性和安全性的定义，明确软件可靠性和安全性的研究内容，并在整个软件生存周期内开展软件可靠性与安全性的设计、分析和验证工作。

12.8.4 软件可靠性

可靠性是指产品在规定的条件下和规定的时间内，完成规定功能的能力。因此，软件可靠性可以定义为：软件在规定的条件下和规定的时间内，完成规定功能的能力。从软件可靠性的定义可以看出，软件可靠性与规定的条件、规定的时间和完成规定功能有关。

规定的条件指软件的用法，其中包括运行环境、系统输入和运行剖面等。软件可靠性随着用法的不同而不同。有些用法可以揭露软件的故障，另外一些用法则不能揭露软件的故障。因此，如何定义软件的用法以及如何度量软件的用法对软件失效的影响，是软件可靠性研究中的一个主要的难题。

规定的时间指软件的工作周期，软件可靠性是时间的函数，失效的概率随着系统工作周期的增长而增加。常用的时间概念有：软件执行时间、日历时间和计算机使用时间。

完成规定功能指软件不出现失效。如果一个软件不能完成其功能，就说明它已经失效。为了识别一个失效，必须明确要求它完成的功能是什么。规定的功能通常在软件需求规格说明书中定义。

由于软件不会出现硬件那样的耗损与老化，不可靠的软件是由

于程序中存在需求错误、设计错误或编程错误造成的，并与软件的残留缺陷与测试不到位密切相关。这些错误是否造成故障取决于软件的使用方式和程序执行的路径。因此，软件可靠性不仅与软件存在的差错有关，而且与系统输入和系统使用有关。

12.8.5　软件安全性

在很长一段时间内，人们并未认识和重视软件具有触发人身伤亡事故的能力，甚至有人经常说软件不会造成危险，就连于 1983 年 IEEE 制定的软件工程术语标准中都没有软件安全性这个条目。1987 年，美国在修订美国军用标准 MIL - STD - 882B《系统安全性大纲要求》(System Safety Program Requirements) 时，增加了软件危险分析的工作项目系列。

我国于 1990 年制定的 GJB 900 - 1990《系统安全性通用大纲》也把软件安全性分析列为系统安全性分析的重要工作内容，并于 1997 年制定了 GJB/Z 102 - 1997《软件可靠性和安全性设计准则》。目前，软件安全性问题已经成为军用软件开发中的关键问题。

软件安全性 (Software Safety) 是指软件运行不引起系统事故的能力。软件产品本身不会单独直接发生事故，仅当软件用于可能发生事故的系统中时，才有可能出现因软件失效而造成的事故。由此可见，软件安全性具有如下 3 个显著的特点。

1) 软件安全性是由系统表现出来的一种软件属性。

2) 软件安全性是软件处于运行状态，在完成规定功能过程中的行为特征：

a. 如果软件在规定的条件下在规定的时刻提供了规定的服务，就应该不会引起系统发生不可接受的风险；

b. 如果软件在规定的条件下在规定的时刻不提供服务或者提供不符合规定的服务甚至进行不期望的操作，或者不在规定的条件下或者不在规定的时刻提供服务，都可能引起系统发生不可接受的风险。

3）软件安全性是一种能力，是软件在运行中完成规定功能而不致引起系统发生不可接受风险的能力。

严格地讲，软件安全性应称之为软件失效安全性，以区别于保密安全性（Security）。保密安全性是指对计算机硬件、软件进行保护，以防止其受到意外的或蓄意的存取、使用、修改、毁坏或泄密。保密安全性也涉及对人体、数据、通信以及计算机安装的物理保护。

尽管软件安全性与保密安全性紧密相关，它们都处理威胁或风险。但是，软件安全性与保密安全性有着本质的差别：

1）软件安全性是指软件在运行过程中，不致因为软件失效而发生人员伤害、设备或环境破坏的能力，主要防止软件缺陷造成人员伤害，或对设备、环境的破坏；

2）保密安全性主要涉及软件、数据和信息的保密和安全问题，主要防止外部人员或因素造成对计算机内部的软件、数据和信息的蓄意或无意的非法访问和破坏。

软件安全性处理软件失效对生命财产的威胁，处理疏忽的行为；保密安全性则处理对软件本身（私有或国有数据）的威胁，处理无意或蓄意的行为。软件安全性主要考虑防止软件失效对外部（环境和人员等）造成威胁，保密安全性则主要考虑防止外部入侵或者破坏软件所驻留的系统。

12.8.6 全生命周期提高软件可靠性和安全性

在遥测系统需求分析和定义期间，应明确软件的可靠性和安全性要求，确定软件的安全性关键等级，确定软件的可靠性指标。

在遥测软件需求分析阶段，软件需求分析人员应进行软件需求危险分析，确定安全关键的计算机软件功能，并制订软件的可靠性和安全性测试计划。

在遥测软件设计和实现阶段，应进行软件设计和实现安全性分析，采用有效的软件可靠性和安全性设计措施，以实现软件可靠性和安全性要求。

在遥测软件测试阶段，应对软件进行可靠性和安全性测试和分析，以保证软件的可靠性和安全性。

近年来，在国家计算机基础软硬件技术快速发展条件下，遥测系统已逐步采用自主可控软硬件平台进行设备研制和软件开发，确保遥测设备自主可控和遥测信息安全。

12.9　遥测系统软件的发展趋势

遥测系统软件是航天遥测系统的重要组成部分，随着我国航天事业的发展，对遥测系统软件提出了新的要求，主要包括信息安全要求、信息融合要求、智能化处理要求、更高软件质量要求和按时交付要求等。这些要求主要体现在更广泛的国产化、更深入的智能化、更全面的一体化和更科学的工程化。

（1）更广泛的国产化

航天系统的高投入、高风险特性决定了对安全性的高要求，既要防止软件错误引起的系统故障、数据损坏等问题，又要防止软件漏洞引起的人为破坏。具体表现为遥测系统开机运作、信息采集处理时，可能出现设备偶发、频发或永久性故障，数据获取故障，或数据破坏、被窃、丢失，甚至系统全面崩溃等危害，进而导致航天设备控制失效，安控判决系统出现误判，导致难以预料的结果，遥测系统的安全面临严重挑战。

国产化自主可控是解决上述问题的根本之道，在应用软件实现自主可控的基础上，进一步对计算机硬件设备，操作系统、数据库基础系统软件的自主可控提出了需求。通过更广泛的软硬件国产化自主可控，从而实现掌握知识产权、掌握源代码、自主决定技术发展方向的全系统自主可控。

（2）更深入的智能化

航天遥测系统经过多年的快速发展，已具备自动化运行管理的能力，同时，随着人工智能技术、云计算技术、大数据分析技术的发展，各行业正积极引进最新计算机技术，对系统进行智能化升级改造。航天遥测系统通过引入专家系统、模糊理论、神经网络、进化计算、大数据分析等人工智能技术，对遥测系统运行管理中任务生成、资源分配、任务能力评估、测控效能评价、系统健康管理、安控决策支持等方面进行智能化升级，实现遥测系统智能化运行管理。

（3）更全面的一体化

云计算技术对信息系统在基础设施层、信息汇集层、业务应用层的全面融合为实现遥测系统的一体化提供了更全面的支持，通过分布式存储技术、虚拟化技术、数据库技术、软件定义技术等实现了系统监控、测控、运控更全面的一体化。

（4）更科学的工程化

《GJB5000A 军用软件研制能力成熟度模型》规定了用于评价军用软件研制单位的软件研制能力成熟度的模型，并规定了软件开发和维护活动中的主要软件管理过程和工程过程的实践。GJB5000A 是对软件研发规律的认识的总结，对于遥测系统软件研制的工程化管理将更加严格、更加科学，将有效保证遥测系统软件的质量和按时交付。

参考文献

[1] 杨芙清，梅宏，等．构件化软件设计与实现［M］．北京：清华大学出版社，2010.

[2] 杨海成，乔永强，等．航天型号软件工程［M］．北京：中国宇航出版社，2009.

第 13 章　遥测信息安全

13.1　概述

遥测系统是弹（箭）、航天器等航天测控系统的重要组成部分，而遥测系统传输与处理的信息就是与弹（箭）、航天器等密切相关的数据，这些数据反映弹（箭）、卫星等航天器从发射准备到最后完成整个飞行过程的所有信息，包括事件参数、模拟参数和数字量参数等。事件参数，亦称时间参数，反映某事件的发生及发生时刻，如导弹起飞、发送机关机等。模拟参数习惯上又分为缓变参数和速变参数，如加速度、压力、温度、工作状态参数等；速变参数一般指振动、冲击、噪声、压力等变化频率较高呈随机性的参数。数字量参数指数字化的信息［包括弹（箭）上的计算机输出数据］以及以频率反映参数值的信号。这些参数是对弹（箭）等战术技术性能的描述，遥测数据有着重要的作用，为导弹、航天器性能评定和设计改进提供依据，为分析故障提供数据，为航天器是否完成飞行计划提供数据依据，同时，将弹（箭）在飞行过程中的状态实时准确地反馈到地面，供地面监视用。

由于遥测信息包含弹（箭）等航天器的所有状态信息，因此遥测信息通过无线通道在空间中传输时，很容易被截获。为实时了解我国的航天技术重大成就，有很多国家在我国周边部署侦收系统，在周边国家境内部署多个地面侦收站，且在黄海、东海等海域部署侦察机、侦察船，还有侦察卫星等，这些都可以成为获取我国参加飞行试验的弹（箭）、卫星等航天器遥测数据的有效手段。一旦遥测数据被截获，就能准确地获悉参加飞行试验的弹（箭）战术技术性能参数，包括多弹头导弹的弹头数量、几何尺寸、载荷质量、射程、具体落点、射击精度、飞行可靠性等技术参数。一旦这些参数被获取，可以很清楚地知道我国航天技术的发展现状和现有的技术实力。若在战争中这些数据被敌方获取，那么将直接地影响各种导弹武器，特别是杀手锏武器在战争中发挥的作用，直接影响到我国国防信息安全。

如何保护遥测信息安全，需要确保合作方能正常地接收遥测数据，而非合作方即使收到数据，仍然无法获知遥测数据的内涵，这样才能有效地保证我国各种类型的导弹武器在执行任务或试验过程中更好地发挥作用。非合作方的侦收手段有很多种，如侦察卫星、侦察机、地面侦收站等。无线传播的数据如果被非合作方收到，不能获取目标对象的实际性能，遥测数据必须要采取信源加密，信源加密的方法有很多种，可以采用流密码加密，也可以采用分组密码加密等，这些加密方法都可以保证弹（箭）等目标的遥测数据不被获取。合作方要能正确地接收遥测数据，在空间电磁环境日益复杂的今天，遥测系统的建设必须考虑对抗各种类型的电子干扰，包括常见的故意干扰和非故意干扰，确保遥测系统正常接收，不受干扰的威胁，同时，增加系统的抗侦收能力，常用的方法是采用抗干扰通信体制，使用具有干扰抑制能力的算法，并设计抗突发干扰的编译码技术等措施。

13.2　遥测信息加密

13.2.1　遥测信息加密要求

遥测加密设备在航天器发射飞行过程中，对体积、功耗、质量等方面的要求十分苛刻，而且要承受导弹上的恶劣环境（如高/低温、振动、冲击和线加速度等）。因此，遥测加密算法及其应用方案的选取，需要充分考虑这方面的具体要求。

遥测数据传输是在航天器飞行过程中进行的，实时获取的数据需要连续不断地传输到地面，天地之间没有信息传输握手信号，航天器上遥测数据只有一次传输机会，有错误时没有条件重传；遥测数据一旦丢失，将无法再次获得，这可能给导弹试验带来重大损失。因此，遥测加密方式的选取必须充分考虑这方面的需求，防止由于过度加密带来的遥测数据丢失。

遥测数据传输的码率应能覆盖一个较大的范围（从 100 b/s 到上千兆 b/s），并且要求传输的时延要求尽可能小，遥测密码算法的选取必须考虑到这些方面的要求。

遥测数据传输过程处在非常复杂的环境中。航天器飞行过程中，电磁环境错综复杂，面临各种人为干扰和非人为干扰，造成遥测传输数据误码率提高，甚至信号中断。例如，导弹火焰，在再入大气层时造成信号严重衰落或中断，为遥测数据的接收解调和解密带来困难。因此，在加密方式的选取上，要充分考虑减少误码扩散，并实现可靠的密码同步。

13.2.2 遥测信息加密组成

要完成对遥测数据的加密操作，将遥测明文数据转化为密文数据，必须具备 3 个基本组成部分，即密钥、初始化随机向量和密码算法。

根据现代密码学的基本要求（克尔克霍夫密码准则），密码系统的加、解密算法（系统的软、硬件）可以公开，仅靠密钥实现保密。由此可见，密钥在遥测信息加密系统中至关重要，必须确保密钥的安全性。

保证密钥在整个生命周期内安全，包含密钥的产生、分发、注入、存储和销毁。密钥的生成必须采用真随机数生成器产生，密钥的分发包括在线分发和离线分发两种模式，离线分发必须保证密钥在运输、注入、存储等环节方面的安全性，在线分发必须使用安全的密钥分发协议。过期密钥需要安全规定的方式销毁处理。此外，密钥的长度根据加密强度可变，密钥长度越长保密强度越高，同时计算的复杂度也相应地增加。因此，密钥长度必须根据实际加密系统的需求进行选取。

初始化随机向量是密码系统中必不可少的部分。在密码系统中，加入初始化随机向量大大地增加了密码分析者破译的难度。同时，初始化随机向量可以作为密码同步信息在信道中进行传输，完成密码系统加解密的同步。初始化随机向量可以采用快速的伪随机数生成算法来产生。密码算法是密码系统的基础，它是建立在复杂的数学运算基础上的。

13.2.3　遥测信息加密算法选取

遥测密码系统必须可靠稳定地完成遥测信息的加解密处理，并且尽可能地减小加解密对遥测数据传输效率及误码率带来的影响。为达到该目标，必须根据遥测信息的特点，对遥测密码系统所采用的加密算法进行选取。

由密码学知道公钥密码算法由于其计算复杂度高且加密效率较低，只适合应用于密钥分发及数字签名等加密数据量较少的情况。对于遥测信息这种连续传输的大量报文数据，必须选取对称密码算法进行加解密处理。由于遥测信息没有重传机制，可以支持对加密数据进行消息认证。但是，必须选取相应的密码算法减少误码扩散。根据此特点，可选取序列密码算法和分组密码的输出反馈工作模块作为遥测密码系统的加密算法。

13.3　密码同步

密码同步，是遥测信息加密系统中的重要环节，是确保遥测密文信息能够正确解密的基础。密码同步的原理就是在下传的遥测信息中加入必要的密码同步信息，实现航天器加密模块与地面解密模块之间的状态同步，地面解密模块在接收到遥测密文信息后，自动完成解密功能，恢复出遥测明文信息。

遥测信息在无线信道中传播，存在接收错误的可能，一旦密码同步信息出现错误，就会导致遥测数据的解密失败。因此，必须采取措施提高密码同步信息传输的可靠性。

常用的提高密码同步信息传输的可靠性方式之一是采用纠错编码的方式对密码同步信息进行编码，可根据实际应用环境中信道误码率情况，选取相应强度的纠错编码方案。编码方式一般选取可根据应用需求灵活设置的 BCH 码、RS 码等编码算法，编码算法的纠错能力越强，增加的冗余信息越多，也会带来新的传输负担，这就需要根据实际情况综合考虑。

此外，也可以考虑与遥测数据帧同步相结合的方式。利用遥测数据解调与同步中的帧同步的工作原理，在数据帧同步后，结合数据加解密方式，建立起地面解密模块与航天器加密模块之间的精准同步并进行同步维持；一旦数据帧失步后重新同步，可以重新建立起解密算法模块与加密算法模块之间的精准同步，以此来提升密码同步的可靠性。

13.4 密钥管理

密钥管理在密码系统中起着根本作用。密码系统设计的根本目标是将复杂的信息安全问题归纳到对少量密钥的正确管理及安全保护。硬件方面通过物理上的安全隔离存储，软件方面将通过程序的访问控制，而达到最终的安全。通过将安全责任集中至关键的、可监控的、可信赖的元素上，可使得整个密码系统对硬件设计与软件设计方面的安全性考虑降至最低，也使得整个密码系统对多参与方的信任依赖达到最小。

本节主要描述遥测加解密系统中密钥的生成、分层次管理、密钥的使用、更新、备份、恢复及销毁。本节还重点介绍遥测加解密系统中密钥管理的方法以及采用何种安全方式进行密钥的分发。密钥管理是指处理密钥自产生到最终销毁整个过程中的有关问题，包括系统的初始化，密钥的产生、存储、分配、更新、吊销、控制、销毁、备份及存档等内容。所有管理过程都是为了正确解决密钥从生成到使用全过程的安全性和实用性。密钥管理的最主要过程是密钥的生成和分发。遥测加解密系统的密钥管理与特定的安全策略有关，而安全策略又根据遥测系统环境中的安全威胁制定。遥测加解密系统的密钥管理不仅影响系统的安全性，而且涉及到系统的可靠性、有效性和经济性。

13.4.1　密钥生成

密钥的生成必须满足随机性和不可预测性。密钥取决于随机数的生成机制，随机数的生成方式很多，主要有以下几种。

（1）伪随机数生成器

用数学方法和少量的种子密钥产生周期很长的随机序列。可采用流密码算法、分组密码算法或哈希函数等密码算法生成。伪随机序列一般都具有良好的能经受理论检验的随机统计特性，并且由伪随机数生成器得到的伪随机数序列具有任意下一比特在计算上不可预测的特点，这个特性保证了伪随机数生成的密钥在密码系统中的使用安全性。

（2）真随机数生成器

真随机数是所有安全方案实际安全性的第一源动力，真随机数发生器的设计方法包括基于热噪声、环形振荡器、混沌理论。真随机数发生器有两种实现方式，基于独立 ASIC 芯片实现和基于 FPGA 芯片实现。真随机数生成器的缺点是生成速度慢，实际的物理噪声往往要受到温度、电源、电路特性等因素影响，导致生成的随机数的性能受限制。

（3）准随机序列

用数学方法和物理方法相结合产生的随机序列，它可以克服两者的缺点。例如，真随机数生成器生成种子密钥，伪随机数生成器根据种子密钥来生成大量遥测系统中使用的密钥。

13.4.2 密钥的分层次管理

遥测密钥管理目的是确保遥测系统使用中密钥是安全的，保护密钥的秘密性，保护密钥的可鉴别性，防止非授权使用密钥。遥测密钥管理系统包含密钥管理中心、遥测加密设备和遥测解密设备三类主体。

密钥的密码周期是指密钥可以合法地、有效存储使用的时间周期。指定密码周期有如下优点：限制密码分析所能使用的明密文对；在某个密钥泄露情况下，能限制保密信息的暴露；密码分析攻击可用的计算时间受到限制。

按密码周期，密钥可分为短期密钥和长期密钥。一般地，通信应用采用短期密钥，如遥测加解密系统中一次一密安全通信的密钥只使用一次，为短期密钥；而数据存储则采用长期密钥，长期密钥也通常用来保护短期密钥。

按照用途，可将密钥分为主密钥、密钥传输密钥、数据密钥。主密钥是最高层次的密钥，它们不能依靠密码学的手段进行保护，而是物理生成，人工分发，并直接依靠物理的或电子隔离的手段保护；密钥传输密钥是指用于传输或存储其他密钥的控制密钥，这是一种密钥分发保护手段；数据密钥是指一般的密钥，用于对信息数据提供安全保护。

13.4.3 密钥分发

为保证密钥分发过程中的绝对安全性，密钥分发需要密钥管理中心专门机构负责指定分发方式，并由密钥管理中心的工作人员负责实际的密钥分发工作，确保分发链路的绝对安全。结合实际应用的需要，密钥管理中心支持三种方式分发密钥：人工分发、网络分发和量子密钥分发。

人工分发指密钥管理中心制作密钥物理介质存储卡及对应的密钥注入设备，并指派机要人员通过机要渠道进行密钥的分发、传递，并给遥测加密设备和遥测解密设备完成密钥的注入、验证、记录、备份、归档等工作。人工分发的主要优点是容易实现，易验证。人工分发的主要缺点包括：密钥传递效率不高，通过机要渠道传递需几个小时或几天时间，密钥分发的安全性建立在对机要人员的个人信誉上，不能客观衡量其安全性；密钥分发成本高，需要专门制作安全保密的密钥存储卡及密钥注入设备，需要专人负责传递；密钥存储卡及密钥注入设备在传递过程中存在掉包、丢失等风险，不可控因素多。

网络分发主要指密钥的分发过程不再需要人工的传递，而是在保证密钥安全的情况下通过各种网络进行密钥协商传递。网络分发包括专用 IP 网络、微波链路、无线测控链路、量子光纤网等。相比人工密钥分发，网络分发的主要优点包括密钥传递效率高、实时性好；密钥传递过程的安全性可以归约至密钥分发协议和算法的安全性；密钥分发人工成本低，不直接依赖机要渠道。它的主要缺点包括密钥分发网的初始化与建立较难统一实现，没有安全性证明的密钥分发协议存在安全隐患。

量子密钥分发基于量子通信技术，其安全性依赖于量子物理的基本特性。密钥分发通过制作有良好特性的单光子源制备出量子比特，对密钥信息进行保密传输。量子密钥分发的优势在于“量子态不可克隆定理”保证了在量子信道上传递的信息不能被复制，“海森堡测不准原理”使得攻击者在窃听时可能会破坏信息，从而被收发端通过一致性检验发觉攻击者的存在，从而对密钥的保密程度进行掌控。

13.4.4　密钥使用

密钥的使用过程要注意如下方面：首先，不同作用域的密钥要分开使用，合理的密码设计原则是避免多个目标使用同一个密码学上的密钥，否则密码系统会产生潜在的缺陷，密钥分隔的一般方法是显式地定义密钥标签，密钥标签定义了该密钥所授权的用途；其次，密钥的使用必须指定密码算法的范围，因为有些密码算法存在不动点或弱密钥等缺陷，所以在超出密钥使用范围的密码算法中使用特殊密钥将带来不可预知的安全问题；可以使用密钥偏移技术来防止加密密钥的重放，即加密密钥每次使用后递增改变其自身的值，或者采用固定掩码偏移技术来改变自身的值，这样密钥接收验证方需要采用同样的技术才能解密会话密钥，防止对加密密钥的重放攻击，这类技术存在的问题是发送方与接收方需要同步执行密钥偏移技术；要仔细考虑密钥的存储位置及它的完整性校验方法，对不同层次的密钥，根据其安全性和重要性，确定其所存储的方式以及备份的方式，同时对关键密钥的使用要实现一次一校验的技术，防止密钥在物理层次上的篡改（如单粒子翻转等）。

13.4.5 密钥更新

密钥的生命周期主要由它的密码功能（加密、签名、数据源认证、完整性认证等）决定，同时也由它所保护的数据或信息的保密周期决定，密钥需要周期性地更新。密钥的更新方法包括密钥更新协议、密钥分层管理更新方式。为了限制长期私钥或旧会话密钥泄露所引起的风险，密钥更新不能用旧的会话密钥加密保护一个新的会话密钥。密钥更新还需要对旧密钥进行归档，否则其过去加密的信息可能会丢失。

总之，密钥管理系统应将它的安全性归结为密钥的安全性，即归结为非密码的密钥的一次传递过程（人工分发的根密钥）安全性，也就是初始密码的安全性，同时，密钥管理系统具有好的前向安全性，并且密钥管理系统不依赖于多方参与的信用度，可以容忍少数几个参与者的欺骗行为，也可抵抗恶意攻击者的主动与被动攻击行为。

13.4.6 密钥备份和恢复

密钥的备份和恢复在密钥管理的生命周期中具有重要的意义。

密钥管理系统必须提供密钥的备份和恢复操作，在系统密钥丢失或损坏时能够恢复密钥以保证系统重新回到正常运转的状态。密钥备份有两种方式，一是密钥托管，将密钥交给信任的托管中心进行备份保管。二是秘密分割，利用秘密共享的原理将密钥分割成多个部分，单独一部分无法解密信息，只有把所有的部分放在一起才可以恢复完整密钥。该方式降低了密钥泄露的风险，缺点是恢复密钥往往需要花费一定的计算资源。

13.4.7　密钥销毁

密钥不再具有使用价值以后，密钥需要进行物理销毁，以防止攻击者利用之前的密钥对系统进行分析。销毁方式可以采用对密钥存储区域进行全 0 或全 1 的反复多次擦写的方法，达到彻底销毁密钥的目的。

13.5　遥测系统抗干扰技术

测控通信系统由星间链路和星地链路两部分组成。在星间链路测控通信中，由于各个卫星之间联系非常密切，各卫星之间有动力学关系和约束条件，需要协同工作。如果遭受到敌方恶意干扰，会使星间信息交换出现错误，严重时将影响卫星功能。可靠的星间链路测控通信方式对于整个深空探测系统十分重要，必须保证信息无错、有序、无重复、无附加时延地传输；在星地链路测控通信中，地面卫星测控通信系统主要实现信息的遥测、遥控和卫星速度、角度、距离的测量，关系到任务是否正常运行。因此，研究遥测系统抗干扰技术有着十分重要的意义，也是现在和未来遥测、测控领域的关键技术和研究重点。

（1）干扰形式

无意或恶意干扰的主要途径有星间链路和星地链路干扰。干扰形式有单频和多频连续波干扰、数字窄带干扰、AR 随机过程干扰等窄带干扰形式，以及阻塞式噪声干扰、扫频干扰、脉冲干扰等宽带干扰形式，攻击在时域、频域、空域同时展开，会给遥测通信带来严重危害。

（2）干扰攻击方式

敌方恶意干扰从天线进入到接收机内部，对遥测通信系统的攻击分为以下 3 个等级：当干扰功率较弱时，干扰将叠加到信号中，造成信号解调时对判决分量中真值的随机分量影响，使误码率严重劣化；当干扰功率进一步加大时，干扰将导致接收机频繁的失锁、再捕获，通信过程时断时续，误码率严重到无法用纠错编码来克服；当干扰为脉冲干扰时，干扰信号瞬时功率远大于有用信号，将导致接收机射频前端中的 AGC 电路进入饱和区，导致后端的数字信号处理难以实现，完全无法实现通信。

13.6 遥测系统抗干扰分析

基于通信链路系统的抗干扰容限 $\frac{J}{S}$ 可以用下面公式表示

$$\frac{J}{S}=(\psi)\times \mathrm{AGC}\times J_{\text{anti-Jam}}\times\left(\frac{W}{R}\right)\times\left[\left(\frac{E_{\mathrm{b}}}{N_{\mathrm{o}}}\right)_{\mathrm{th}}\right]^{-1} \quad (13-1)$$

其中，ψ 表示天线空间鉴别技术，一般可以获得 0～30 dB 的处理增益。但是，如果干扰从某个波束主瓣进入，天线的抗干扰能力会很差或者无效。Smart AGC 是 20 世纪 90 年代初美军提出的一种新型抗干扰方式，是一种自适应包络偏置限幅电路，较常规硬限幅器有 0～20 dB 的增益，该项技术对脉冲干扰非常有效。$J_{\text{anti-Jam}}$ 表示位于解扩前的自适应干扰抑制技术，针对不同的干扰类型采用相应的抗干扰算法，可以大大提高扩频系统的抗干扰能力。$\left(\frac{W}{R}\right)$ 是指采用扩频通信体制带来的抗干扰容限。$\left(\frac{E_{\mathrm{b}}}{N_{\mathrm{o}}}\right)_{\mathrm{th}}$ 是指接收机解调门限，采用纠错编码技术能够降低解调门限，可以获得 0～10 dB 的增益。

设计高抗干扰容限的扩频测控体制，集合自适应干扰抑制技术和高性能纠错编译码技术，综合利用各种技术手段提高测控抗干扰能力，是保证遥测系统基本运行的必要措施。

（1）天线抗干扰技术

天线是电子对抗中通信方的第一道防线，如果天线设计良好，能够有效抑制来自不同方向的多种干扰，即使与信号同频率的干扰也可以成功抑制，因此天线是测控通信中最常用的一种抗干扰措施，具体包括多波束天线、自适应调零天线和智能天线。多波束天线可以根据信号所处的环境灵活形成所需要的波束，通过控制天线指向和天线波束形状来提高通信系统的抗干扰能力。自适应调零天线的基本原理是对各个天线阵元的自适应加权处理。通过干扰方和通信方在频率、幅度及方向上的差异，自动控制和优化天线的方向图，在信号方向上产生高增益，在干扰方向上产生深度调零，以达到抗干扰的目的。智能天线是军事测控通信研究的热点之一，主要由多波束天线构成天线阵。天线阵能够产生多个点波束，从而覆盖所需通信区域，每个点波束都能够根据一定的准则调整天线指向和零点，使系统工作在最佳状态。

（2）Smart AGC

Smart AGC 是一种新型的抗干扰技术。主要利用弱信号与强干扰在包络上的差异，从而提取出强干扰的包络，利用该包络自适应地调整放大器工作点。使得强干扰幅度尽可能多地落入截止区，而较弱的信号则落在线性放大区。经过这种处理，可以有效地对干扰进行抑制，从而提高输出信干比，改善系统性能。Smart AGC 技术可以有效对抗脉冲干扰、恒包络干扰、连续波干扰和阻塞式噪声干扰，处理增益可达 20～10 dB。

（3）高抗干扰容限扩频通信体制

扩频通信体制主要包括直接序列扩频（DS）、跳频（FH）和混合扩频三种，通过将干扰的频带展宽，使干扰的幅度降低，从而抑制干扰。将扩频通信技术用于抗干扰通信，是遥测通信系统经常采用的方式，比如美国的全球定位系统（GPS）、跟踪与通信中继卫星系统（TDRSS），特别是 NASA 和军用卫星通信系统几乎都使用扩频技术。扩频体制对干扰类型不敏感，是一种积极高效的抗干扰技术，已在我国卫星测控通信领域中推广应用。

（4）自适应干扰抑制技术

尽管天线和 Smart AGC 具有干扰抑制的能力，但是当干扰进入波束主瓣或者 Smart AGC 对干扰包络估计不准确时，干扰依然会进入接收机。因此，接收机需要采用自适应干扰抑制技术对接收信号进行处理，保证整个测控通信系统的可靠性。根据采用的干扰类型不同，对应采取的干扰抑制方案也不尽相同。

（5）窄带干扰抑制技术

遥测通信系统选择扩频体制，对于窄带干扰具有一定的抑制作用。通过扩频增益将窄带干扰扩散到很宽的频带上，从而达到抗干扰的目的。但是，当干扰功率太大时需要通过干扰抑制算法对其进行剔除。窄带干扰抑制技术可分为时域预测技术、变换域技术和码辅助技术。

1）时域预测技术主要利用宽带信号和窄带干扰可预测性的差异来再现干扰，并从接收信号中将其减去从而达到抑制窄带干扰的目的。线性预测滤波器原理如图 13－1 所示。

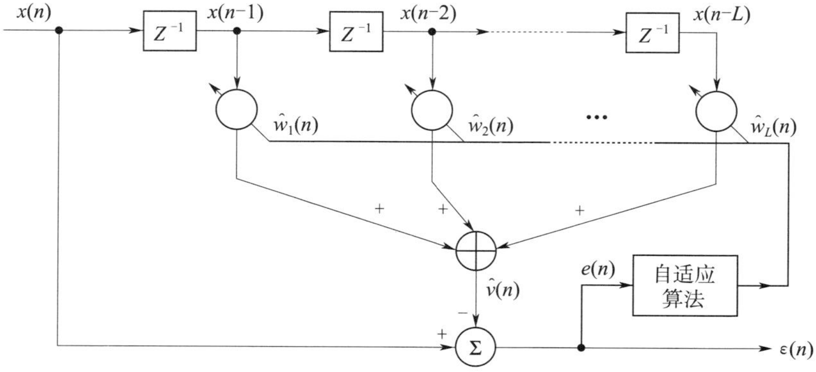

图 13－1　线性预测滤波器（LPF）

2）变换域技术通过把测控信号和窄带干扰组成的接收信号映射到不同的变换域，将窄带干扰映射为类似冲激的函数，而遥测信号具有平坦特性，从而可以在变换域识别存在干扰的谱线并可以通过相应的处理来去除干扰，适用于干扰特性未知且统计特性变化较快的环境。

3）码辅助技术主要利用多用户检测的思想，将接收信号分解成一组互不重叠的虚拟用户，由实际的测控信号和虚拟用户（干扰）构成一个新的虚拟 CDMA 系统，利用多用户检测技术将虚拟用户作为多址干扰处理，从而达到窄带干扰抑制的效果。码辅助技术原理图如图 13－2 所示。

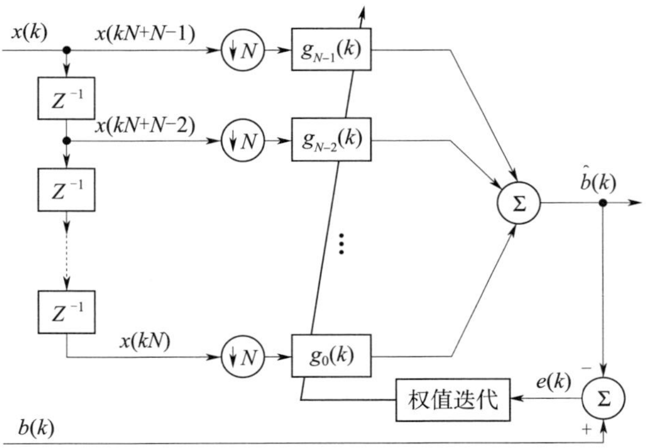

图 13－2　码辅助技术原理图

（6）宽带干扰抑制技术

宽带干扰主要包括脉冲干扰、宽带阻塞式干扰及宽带线性调频干扰。脉冲干扰在时域能量非常集中，最常用的方法是利用自动增益控制系统（AGC）对接收信号幅度进行处理，使幅度变化较大的接收信号放大为包络相对恒定的信号。随后又发展了 DτAGC 和 Smart AGC 等其他改进方案。宽带阻塞式干扰由于具有白噪声的特点和形式，时域具有很强的随机性，频域频谱平坦，故对付这些干扰只能通过加大功率硬抗或通过解扩来实现（使噪声的功率分散，信号的功率集中）。宽带线性调频干扰（LFM）是一种很有代表性的宽带非平稳干扰，随着现代信号与信息处理理论的发展，提出一系列新的信号分析理论：短时 Fourier 变换、时频分析、Gabor 变换、小波变换、Radon－Wigner 变换、分数阶 Fourier 变换等。利用以上理论，对宽带线性调频干扰的分析、综合、估计和检测及抑制成为当前的研究热点。

（7）纠错编译码技术

利用纠错编译码技术可以有效提高信道数据传输的可靠性。常用的编码方式包括分组码、循环码、卷积码等。新的编码方式，诸如 Turbo 码、LDPC 码以及 BCH/RS＋TC、BCH/RS＋CC 的各种级联编码也逐渐工程化。在干扰存在的情况下，由于突发错误以及测控设备自身同步问题，通常在接收端不仅会出现误码，同时会出现丢包现象。数字喷泉码（LT 码）是一种码率无关的纠删码，LT 码和 RAPTOR 码是趋于实用的两种喷泉码型。针对测控通信中存在的问题，可以考虑使用一种 BCH 码与数字喷泉码的串行级联编码方案。采用 BCH 编码后，通过提高系统纠错能力来提高 LT 码的可译码概率，有效地增加了 LT 码的符号恢复能力。同时，LT 码对信号的纠删处理，相对地提高了 BCH 码的纠错能力。

参考文献

[1] Alfred J. Menezes，Paul C. van Oorschot. 应用密码学手册［M］. 胡磊，王鹏，等，译. 北京：电子工业出版社，2005：172-245，289-337，436-477.

[2] Wenbo Mao. 现代密码学理论与实践［M］. 王继林，伍前红，等，译. 北京：电子工业出版社，2004：140-160，201-221.

[3] Douglas R. Stinson. 密码学原理与实践（第二版）［M］. 冯国登，译. 北京：电子工业出版社，2003：61-89.

[4] 陈鲁生，沈世镒. 现代密码学［M］. 北京：科学出版社，2002：23-62.

[5] Shannon，C，E. Communication Theory of Secrecy System，Bell Sust. Tecj. J：Vol. 28，PP. 656-715，1949.

[6] Katzan，H. Jr.，The Standard Data Encryption Algotithm，Cryptologia，Vol. 8，pp. 22-41，1984.

[7] 胡予濮，张玉清，肖国镇. 对称密码学［M］. 北京：机械工业出版社，2002.

[8] 白恩健. 伪随机序列构造及其随机性分析研究［D］. 西安：西安电子科技大学博士论文，2004.

[9] Kobayashi E，Suzaki T，Minematsu K，et al. TWINE：A Lightweight Block Cipher for Multiple Platforms［C］. The conference on Selected Areas in Cryptography. 2012.

[10] Beaulieu R，Treatman-Clark S，Shors D，et al. The SIMON and SPECK lightweight block ciphers［C］. Design Automation Conference. IEEE，2015：175.

[11] Zhang W，Bao Z，Lin D，et al. RECTANGLE：A bit-slice ultra-lightweight block cipher suitable for multiple platforms［EB/OL］. http：//eprint. iacr. org/2014/084. pdf.

[12] Borghoff J. et al. PRINCE - A Low-Latency Block Cipher for Pervasive

Computing Applications. In: Wang X., Sako K. (eds) Advances in Cryptology——ASIACRYPT 2012. ASIACRYPT 2012. Lecture Notes in Computer Science, 2012, vol 7658. Springer, Berlin, Heidelberg.

[13] Daemen J., Rijmen V., The Design of Rijndael: AES — The Advanced Encryption Standard. Information Security and Cryptography Springer, 2002.

第 14 章　遥测系统测试

14.1　概述

设计完成的遥测系统在交付使用前需要经过严格的测试，以检验设计方案的正确性、设计指标的符合情况。遥测接收系统测试应涵盖设备单机测试、分系统测试、系统出所测试、现场安装恢复测试等。单机测试、分系统测试、系统出所测试是指遥测系统在出所（厂）前为测试系统各项性能指标所进行的各项测试，内容包括功能和指标测试、接口测试、电磁兼容性测试、可靠性测试等，作为设备交付和验收的试验项目；现场安装恢复测试是指设备在经过出所测试后，运抵站点后进行设备恢复所需进行的各项测试，该测试主要是对设备的功能、指标、接口、可靠性进行复测，以检验设备技术指标的符合情况。

为了解决系统测试时所使用测试仪器的不固定性，并规范测试设备的使用，加强系统测试的力度和强度，做到系统测试全覆盖，并减少因人工干预造成的测试结果不一致性，使得测试结果更加准确，有利于对系统进行更好的评价。采用网络化、自动化遥测系统测试平台，将各测量仪器与被测系统进行连接，通过统一的测试计算机进行管理，进行标准化的、高覆盖率的、全范围扫描的、图表化输出的、可定制测试项目的、无人值守的自动化功能与指标测试。

14.2　系统测试内容

一套完整的遥测系统包括了安装在弹/箭/星/飞船上的遥测传输

设备，以及放置在地面上的固定、车载遥测接收系统；安装在远洋测量船上的船载遥测接收系统；安装在飞机上的机载遥测接收系统。

14.2.1 遥测传输设备测试内容

14.2.1.1 遥测数据采编与综合

（1）适用范围

本测试方法适用于遥测传输设备中，数据采集与综合部分产品的测试。包含单机测试、分系统测试、系统出所测试。

（2）测试要求

①测试环境条件

温度：25±10 ℃；

相对温度：20%～80%；

大气压值：0.1 MPa；

周围无影响测试的机械振动及电磁干扰。

②测试设备

1）一般要求：

a. 测试仪器必须经检定合格，并在检定有效期内具有合格证，且在有效期内；

b. 测试仪器与设备的测量精度应优于被测指标所需精度一个数量级；

c. 应确保测试仪器对测量不产生干扰，其输出的寄生信号和噪声应保证不造成测试结果的错误；

d. 测试仪器的量程应覆盖所测指标范围，并至少有 10% 的裕量；

e. 测量仪器及被测件均应按各自产品的使用说明书要求时间进行预热；

f. 为保证测量结果的精确度，必须保证连接头没有生锈或其他损伤，连接电缆不能扭曲、划伤，不能存在断点或其他损坏。

2）测试仪器：

a. 直流稳压源。为被测产品及地面测试设备提供工作电压。若地面测试设备为 220 V± 10 V，50 Hz 市电供电，并可为被测设备提供工作电压，则该项测试仪器可去掉。

b. 数字万用表。提供高精度电压值、电流值测量。

c. 频率计。提供高精度时钟信号频率测量。

d. 示波器。提供信号波形测量。

e. 专用测试仪。为被测设备提供模拟信号源，及对被测设备输出数据进行解调、处理、判读。

f. 兆欧表。提供绝缘电阻测量。

3）测试注意事项：

在测试产品时，为保证产品安全、顺利完成测试任务，务必采取必要的安全防护措施。在产品物流及调试过程中，必须采取必要的防静电措施；调试前，调试人员必须先将调试设备的地与大地接好，并戴防静电手环，然后才能开始调试工作；在调试过程中，严禁带电操作产品或带电插拔接插件。

（3）单机测试方法

①测试连接框图

测试时使用的帧格式可采用编写的测试用帧格式或用户提供的帧格式，要求使用的帧格式能完成对设备所有功能的测试。用计算机标准串口将帧格式控制程序注入到设备的 EEPROM 中。

将被测设备及专用测试仪器按图 14 - 1 连接，检查无误后先对数字万用表、专用测试仪、示波器、频率计等外接测试设备加电，并按仪器使用规定进行预热和调整，然后对被测设备加电进行测试。

②测试项目及方法

1）输出码速率。用频率计测量测试仪面板上检测信号中码同步的频率值。

2）字长。用示波器检测专用测试仪面板上字同步和码同步波形，测试数据流中字长，每个字应包含 8 个码元。

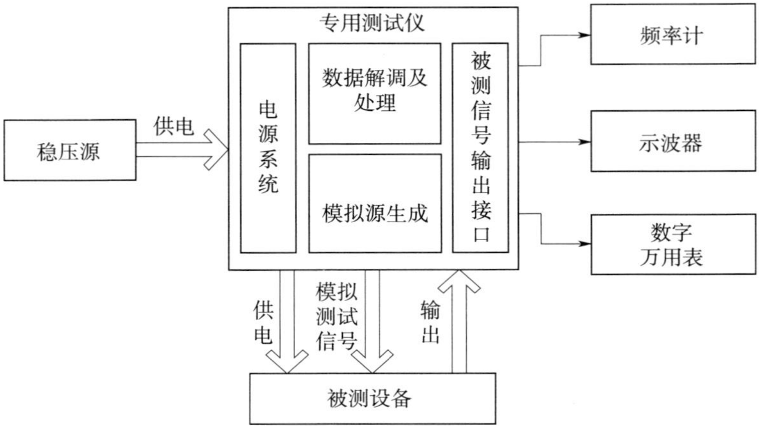

图 14－1 单机测试连接框图

3）帧格式。由专用测试仪读取。检测的帧格式应符合测试使用的帧格式要求，记录帧同步码、副帧同步码、帧长、副帧长、全帧长。

4）帧格式切换。由专用测试仪发出模拟切换指令，检查被测设备切换的不同帧格式与对应的测试程序或使用程序一致。

5）副帧计数、清零及自保。在专用测试仪中观察副帧计数是否为约定的位数并随着时间递增，专用测试仪发出帧计数清零指令，副帧计数清零。在产品不断电情况下，专用测试仪再次发出帧计数清零指令，帧计数信号不动作。

6）综合输出信号测试。用示波器测试专用测试仪输出的综合数据流，检测信号输出时序对应关系及幅度。

7）模拟量测试：

a. 编码精度。专用测试仪发出测试精度的等效模拟信号，通过输出编码结果与编码理论值对比，得到编码精度。编码精度测试表见表 14－1。

表 14－1　编码精度测试表

序号	分层值	理论值/mV	实测值/mV	误差/mV	备注
1					
2					
3					
4					
5					
6					

b. 编码路序。在专用测试仪中观测多路模拟量采集输出编码值是否正常，是否按约定规律排列，检查各模拟参数的编码路序是否符合测试使用的帧格式要求，各路之间是否存在开、短路现象。

c. 输出异源校准。用数字万用表测试模拟量采集模块输出异源校准信号（通常，信号特性为＋3.75 V 直流信号输出）的电压幅值。

8）冲击量测试。专用测试仪执行数据存盘功能，并立即发出冲击启动指令，根据冲击记录、回放时间停止存盘。在存盘数据中按帧格式要求查找冲击参数所在的位置。冲击启动指令发出前，该位置数值为随机数；冲击启动指令发出后到数据记录时间段内，该位置数值约定固定值；重发数据时该位置数值为采集的冲击参数，回放数据的初始位置按约定规则插入约定好的路标志字。重发数据循环进行，即采集存储的数据发完一遍后再发第二遍，每次重发之间均能找到路标志字，直到下一次启动信号到来。

a. 路序测试。根据重发数据时不同编码值的数目（不包括路标志及干扰、编码误差等引起的编码值变化），判断冲击参数的编码、路序和路数是否符合要求。如当 0～5 V 信号 8 位编码时，测试输入幅度分别为 5 V,4.375 V,3.75 V 的 3 路冲击参数时，重发数据的编码值分别为 FFH,E0H,C0H。

b. 存储容量测试。根据重发存储数据时每次重发路标志字间的副帧计数，根据以下公式计算存储容量

$$M = (\mathrm{SID}_2 - \mathrm{SID}_1) \times N \qquad (14-1)$$

式中　M ——冲击存储容量；

SID_1——第 1 次回放路标志字帧计数值；

SID_2——第 2 次回放路标志字帧计数值；

N ——全帧中冲击参数波道数量。

假如某冲击参数在全帧中共占 256 个波道，第一次路标志出现时帧计数值为 5 555H，第二次路标志出现时帧计数值为 5 655H，则其存储容量为

$$M = (5\ 655 - 5\ 555)\mathrm{H} \times 256 = (100)\mathrm{H} \times 256 = 256 \times 256 = 64\ \mathrm{KB}$$

c. 采样率测试。根据数据记录期间固定字存储记录长度，可推算出冲击记录总时间，再根据以下公式计算出单路冲击采样率

$$f = \frac{M}{t \times n} \qquad (14-2)$$

式中　f ——冲击参数单路采样率；

M ——冲击存储容量；

t ——冲击记录总时间；

n ——冲击采集路数。

例如，某 8 路冲击参数采集，记录时间为 2 s，存储的总容量为 64 kB，则其单路采样率为

$$f = \frac{64 \times 1\ 024}{2 \times 8} = 4.096\ \mathrm{Kb/s} \qquad (14-3)$$

d. 数字量测试包括下列两种。

功能测试：专用测试仪发出数字量测试激励信号，并实时监测输出数据中对应波道数据与专用测试仪发出的测试激励信号内容是否一致，数据格式是否正确。

接口信号质量测试：通过专用测试仪输出接口，用示波器测试接口信号波形，从而测试接口信号质量，如信号幅度、输出驱动能力是否满足要求。

9）延时存储测试：

a. 功能测试。1∶1 平行延时数据正确性测试，数据稳定后通过专用测试仪观测延时字与实时字内容是否一致。

b. 延时时间测试。通过延时帧计数和实时帧计数计算延时时间，检查是否与设计的延时时间相符。其计算公式如下

$$t_D=(SID_S-SID_y)\times T \tag{14-4}$$

式中　t_D ——延时时间；

SID_s——实时帧计数值；

SID_y——延时帧计数值；

T ——全帧时间间隔。

例如，全帧时间间隔为 25 ms，SID_s 为 5 555H，SID_y 为 5 655H，则延时时间为

$$\begin{aligned} t_D &=(5\ 655-5\ 555)\text{H}\times 0.025=(100)\text{H}\times 0.025 \\ &=256\times 0.025=6.4\ \text{s} \end{aligned} \tag{14-5}$$

10）工作电流。工作电压为 28 V，在 28 V 的供电正端串接一个数字万用表，直接测试产品的工作电流，或直接由专用测试仪读出被测产品的工作电流。

11）电源拉偏。调整被测设备供电电压输入值，使其输入工作电压分别为要求供电电压上限及下限，并测试产品基本功能是否正常。

12）绝缘电阻检查。对电源输入端对产品壳、产品地对产品壳进行测试，用 50 V 兆欧表进行，在相对湿度不大于 80% [温度为 (25±5) ℃] 时测试产品绝缘电阻。

13）设备质量测量。对被测产品实际质量进行测量。

14）设备外观检查。对被测产品外观、结构尺寸、表面状态、产品标志等需要单机测试的项目进行检测与测量。

15）装订软件版本。对有软件版本要求的产品，进行软件版本检查与确认。以某台中心程序器为实例，其测试项目及测试结果见表 14-2。

表 14－2 中心程序器测试项目表

<table>
<tr><th>序号</th><th colspan="2">测试项目</th><th>技术要求</th><th>测试结果</th><th>备注</th></tr>
<tr><td>1</td><td colspan="2">码率</td><td></td><td></td><td></td></tr>
<tr><td>2</td><td colspan="2">字长</td><td></td><td></td><td></td></tr>
<tr><td rowspan="5">3</td><td rowspan="5">帧格式</td><td>帧同步码</td><td></td><td></td><td></td></tr>
<tr><td>帧长</td><td></td><td></td><td></td></tr>
<tr><td>副帧同步码</td><td></td><td></td><td></td></tr>
<tr><td>副帧长</td><td></td><td></td><td></td></tr>
<tr><td>全帧长</td><td></td><td></td><td></td></tr>
<tr><td>4</td><td colspan="2">帧格式变换</td><td></td><td></td><td></td></tr>
<tr><td>5</td><td colspan="2">副帧计数</td><td></td><td></td><td></td></tr>
<tr><td rowspan="2">6</td><td rowspan="2">综合输入</td><td>输出综合差分接口</td><td></td><td></td><td></td></tr>
<tr><td>有线检测接口</td><td></td><td></td><td></td></tr>
<tr><td rowspan="3">7</td><td rowspan="3">模拟量</td><td>编码精度</td><td></td><td></td><td></td></tr>
<tr><td>编码路序</td><td></td><td></td><td></td></tr>
<tr><td>异源校准</td><td></td><td></td><td></td></tr>
<tr><td rowspan="3">8</td><td rowspan="3">冲击量</td><td>路序</td><td></td><td></td><td></td></tr>
<tr><td>存储容量</td><td></td><td></td><td></td></tr>
<tr><td>采样率</td><td></td><td></td><td></td></tr>
<tr><td rowspan="7">9</td><td rowspan="7">数字量</td><td>数字量接口 1 功能</td><td></td><td></td><td></td></tr>
<tr><td>数字量接口 1 信号接口质量</td><td></td><td></td><td></td></tr>
<tr><td>数字量接口 2 功能</td><td></td><td></td><td></td></tr>
<tr><td>数字量接口 2 信号接口质量</td><td></td><td></td><td></td></tr>
<tr><td>…</td><td></td><td></td><td></td></tr>
<tr><td>数字量接口 n 功能</td><td></td><td></td><td></td></tr>
<tr><td>数字量接口 n 信号接口质量</td><td></td><td></td><td></td></tr>
<tr><td rowspan="2">10</td><td rowspan="2">延时存储</td><td>延时存储时间</td><td></td><td></td><td></td></tr>
<tr><td>延时存储数据正确性</td><td></td><td></td><td></td></tr>
<tr><td>11</td><td colspan="2">28 V 工作电流</td><td></td><td></td><td></td></tr>
<tr><td>12</td><td colspan="2">电源拉偏（28±3）V</td><td></td><td></td><td></td></tr>
</table>

续表

序号	测试项目		技术要求	测试结果	备注
13	绝缘电阻				
14	质量				
15	外观检查	安装尺寸/mm			
		外形尺寸/mm			
16	软件版本号				

（4）分系统测试方法

①测试连接框图

遥测数据采集与综合分系统，包含中心控制器及外接远置单元、存储单元等。

测试时使用的帧格式可采用编写的测试用帧格式或用户提供的帧格式，要求使用的帧格式能完成对设备所有功能的测试。根据帧格式编写帧格式控制程序，用计算机标准串口将帧格式控制程序注入到设备的 EEPROM 中。

将被测分系统及专用测试仪按图 14－2 连接，中心单元与各远置单元及存储单元的电缆长度应按系统规定的最大长度配置。检查无误后先对数字万用表、专用测试仪、示波器、频率计等外接测试设备加电，并按仪器使用规定进行预热和调整，然后对被测设备加电进行测试。

②测试项目及方法

1）综合测试：

a. 输出码速率。用频率计测量测试仪面板上检测信号中码同步的频率值。

b. 字长。用示波器检测专用测试仪面板上字同步和码同步波形，测试数据流中字长，每个字应包含 8 个码元。

c. 帧格式。由专用测试仪读取。检测的帧格式应符合测试使用的帧格式要求，记录帧同步码、副帧同步码、帧长、副帧长、全帧长。

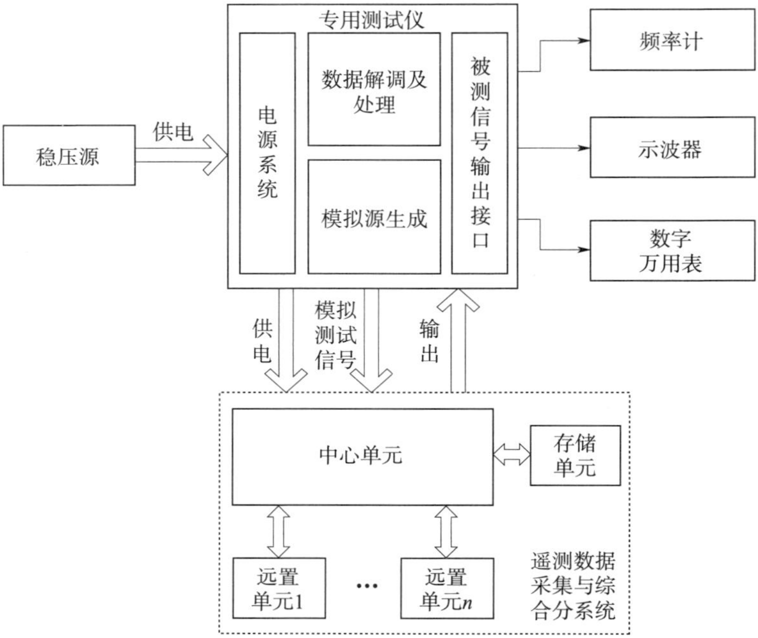

图 14－2　分系统测试连接框图

d. 帧格式切换。由专用测试仪发出模拟切换指令，检查被测设备切换的不同帧格式与对应的测试程序或使用程序一致。

e. 副帧计数、清零及自保。在专用测试仪中观察副帧计数是否为约定的位数并随着时间递增，专用测试仪发出帧计数清零指令，副帧计数清零。在产品不断电情况下，专用测试仪再次发出帧计数清零指令，帧计数信号不动作。

f. 综合输出信号测试。用示波器测试专用测试仪输出的综合数据流，检测信号输出时序对应关系及幅度。

g. 模拟量采集功能测试。在专用测试仪中观测多路模拟量采集输出编码值是否正常，是否按约定规律排列，检查各模拟参数的编码路序是否符合测试使用的帧格式要求，各路之间是否存在开、短路现象。

h. 冲击量采集功能测试。专用测试仪发出冲击启动指令，对冲击采集进行功能性测试，测试冲击启动是否正常，编码结果及路序是否正常。

i. 数字量采集功能测试。专用测试仪发出数字量测试激励信号，并实时监测输出数据中对应波道的数据与专用测试仪发出的测试激励信号内容是否一致，数据格式是否正确。

j. 系统电流测试。工作电压为 28 V，在 28 V 的供电正端串接一个数字万用表，直接测试产品的工作电流，或直接由专用测试仪读出被测分系统的工作电流。

对系统的综合指标进行测试，具体测试方法同单机测试方法，测试结果见表 14－3。

表 14－3　综合测试表格

序号	项目	技术指标	实测值	备注
1	输出码速率			
2	字长			
3	帧格式			
4	帧格式切换			
5	帧计数清零及自保			
6	综合输出信号			
7	模拟量功能测试			
8	冲击量功能测试			
9	数字量功能测试			
10	系统工作电流			

2）系统匹配测试：依次对分系统各远置单元、存储单元进行测试，测试结果见表 14－4。

表 14－4 系统匹配性测试表

序号	项目	技术指标	实测值	备注
	远置单元 1	指标 1		
	…	…		
	…	指标 n		
	远置单元 n	指标 1		
		…		
		指标 n		
	存储单元	指标 1		
		…		
		指标 n		

测试实例：被测分系统为中心程序器及两台远置采编器、一台延时存储器组成的遥测分系统，其测试项目及测试结果见表 14－5。

表 14－5 遥测分系统测试项目表

<table>
<tr><th>序号</th><th colspan="2">项目</th><th>技术指标</th><th>实测值</th><th>备注</th></tr>
<tr><td>1</td><td colspan="2">输出码速率</td><td></td><td></td><td></td></tr>
<tr><td>2</td><td colspan="2">字长</td><td></td><td></td><td></td></tr>
<tr><td>3</td><td colspan="2">帧格式</td><td></td><td></td><td></td></tr>
<tr><td>4</td><td colspan="2">帧格式切换</td><td></td><td></td><td></td></tr>
<tr><td>5</td><td colspan="2">帧计数清零及自保</td><td></td><td></td><td></td></tr>
<tr><td>6</td><td colspan="2">综合输出信号</td><td></td><td></td><td></td></tr>
<tr><td>7</td><td colspan="2">模拟量功能测试</td><td></td><td></td><td></td></tr>
<tr><td>8</td><td colspan="2">冲击量功能测试</td><td></td><td></td><td></td></tr>
<tr><td>9</td><td colspan="2">数字量功能测试</td><td></td><td></td><td></td></tr>
<tr><td>10</td><td colspan="2">系统工作电流</td><td></td><td></td><td></td></tr>
<tr><td>11</td><td rowspan="3">远置采编器 1</td><td>编码路序</td><td rowspan="3"></td><td rowspan="3"></td><td rowspan="3"></td></tr>
<tr><td>12</td><td>输出异源校准</td></tr>
<tr><td>13</td><td>单机工作电流</td></tr>
</table>

续表

序号	项目		技术指标	实测值	备注
14	远置采编器 2	编码路序			
15		输出异源校准			
16		单机工作电流			
17	延时存储器	平行延时时间			
18		平行延时数据			
19		存储重发时间			
20		存储重发数据			
21		重发次数			
22		存储容量切换			

(5) 系统出所测试方法

①测试连接

系统出所测试时，必须装订用户正式帧格式进行测试。中心单元、各远置单元及存储单元的电缆长度应按系统规定的最大长度配置。检查无误后，先对数字万用表、专用测试仪、示波器、频率计等外接测试设备加电，并按仪器使用规定进行预热和调整，然后对被测设备加电进行测试。

②测试项目及方法

测试项目及方法同分系统测试。

(6) 测试依据的标准

遥测系统及分系统测试方法是码同步器测试方法 GJB 383.7－1988；遥测系统及分系统测试方法是帧同步器测试方法 GJB 383.8－1988；遥测系统及分系统测试方法是时分多路系统弹上数据采集器的测试方法 GJB 383.9－1988；遥测系统、分系统测试方法是弹上遥测时分多路传输分系统测试方法 GJB 383.21－1994。

14.2.1.2 遥测数据调制与发射

（1）遥测发射机主要测试内容

1）输出频率。是指发射机输出调频信号的中心频率 f_0。

2）输出频率稳准度。是指在给定环境条件下，发射机输出频率的稳定度与准确度，用实测发射机输出频率 f_0' 与标称频率 f_0 的相对偏差来表示

$$输出频率稳准度=\frac{f_0'-f_0}{f_0} \tag{14-6}$$

3）输出功率。发射机的输出功率有端口功率与带缆功率两种，在环境试验过程中为测试方便仅测发射机输出的带缆功率。在常态测试的同时测试发射机输出带缆功率及端口功率，由此计算测试电缆损耗，再将环境试验中的带缆功率加上电缆损耗即得出环境试验条件下的端口功率。

4）输出谐杂波抑制。是指发射机对谐波和杂波的抑制性能，用信号功率与谐杂波信号的功率差值表示谐杂波抑制度，单位为 dB 或者 dBc。

5）调制信号。调制信号主要定义调制信号的接口及编码方式。目前，发射机最常用的接口为±2.5 V 的模拟接口，在某些型号中也出现光耦接口及 RS422 差分隔离接口等。调制信号的编码方式常用的有 NRZ－L 码（不归零电平码）和 NRZ－M 码（不归零传号码），调制信号的编码方式与发射机没有直接关系，调频发射机仅识别调制信号的电压值。

6）调制码率。是指调制信号的最大信号速率，单位为 b/s。在发射机测试时通常用单音余弦信号作为调制信号源进行测试，余弦信号频率为调制码率的一半。

7）调制指数（m_f）。调频波的调制指数 $m_f=\frac{\Delta f}{F}$，其中，Δf 为最大频偏，F 为调制信号频率。

8）输出阻抗。通常发射机输出射频交流阻抗为 50 Ω。

9）输出驻波比。驻波比是指传输线上的最大电压与最小电压之比，用来说明传输线上反射波与入射波相比的强弱程度，发射机的输出驻波比反映与负载即天线的匹配程度。

10）输出开路、短路时间。该指标用于衡量发射机抗失配能力，即在完全失配情况下保持一段时间，发射机不损坏。

（2）遥测发射机测试用仪器

遥测发射机的主要测试仪器见表 14－6。

表 14－6　遥测发射机主要测试仪器

仪器名称	主要性能
低频信号源	0.1 Hz～13 MHz，　±2.5 V
直流稳压源	0～30 V，　2.5 A
功率计	承受功率（10 W，响应频带 DC～18 GHz
频谱仪	响应频带 DC～3.5 GHz，灵敏度优于－80 dBm
频率计数器	响应频带 10 Hz～8 GHz
定向耦合器	耦合度 20 dB
示波器	四线，带宽不小于 100 MHz
矢量网络分析仪	300 kHz～8.5 GHz

（3）遥测发射机测试连接

遥测发射机测试连接如图 14－3 所示。

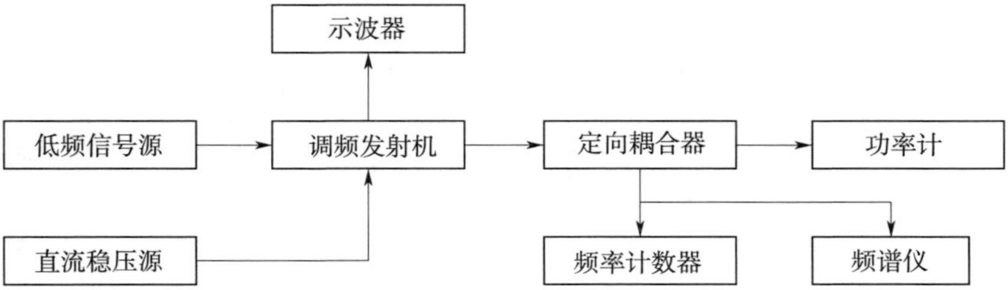

图 14－3　遥测发射机测试连接图

低频信号源用于产生余弦调制信号作为调频发射机调制源，发射机输出通过射频电缆接定向耦合器，定向耦合器输出接功率计，用于测试发射机功率；定向耦合器的耦合输出接频率计数器或频谱仪，测试发射机输出频率、谐杂波抑制及调制指数。

（4）遥测发射机主要技术指标测试

①输出频率及频率稳准度

如图 14－4 所示，通过频率计数器测试发射机输出频率 f_0'，然后，再计算

$$输出频率稳准度 = \frac{f_0' - f_0}{f_0} \tag{14-7}$$

②输出功率

如图 14－4 所示，通过功率计测试发射机的输出功率，包括带缆功率及端口功率。

③输出谐、杂波抑制

发射机输出谐杂波抑制通过频谱仪进行测试，测试输出杂波抑制一般将频谱仪带宽从窄带比如 50 MHz，逐步打宽直至最大带宽，查看频谱中的杂波分量，找出最大杂散分量与主信号的功率差即为杂波抑制度。测量谐波抑制时，将频谱仪的监视频率范围设置为2～5 GHz，在 4.4～4.6 GHz 频带内，找出谐波分量与主信号功率差，即为谐波抑制。测试简图如图 14－4 所示。

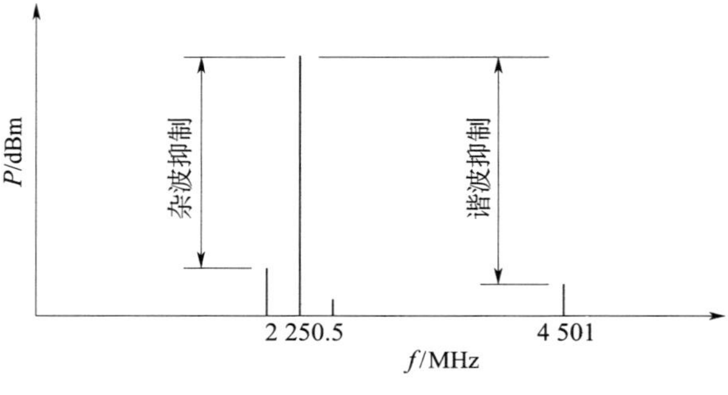

图 14－4　输出谐杂波抑制度测试

④调制信号接口

当调制信号接口为光耦或 422 差分隔离接口时，须对该接口进行测试。一般，这种接口发射机都留有接口测试端，只需要用示波

器对接口输出信号波形进行测试即可，同时，可以通过频谱仪监视输出频谱的正确性。

⑤调制指数

因测试仪器受限，无法直接测量调频发射机调制指数，一般，采用间接的方法测量发射机调制指数。当调制信号为单音的余弦信号为 $\cos\Omega t$ ，载波信号为 $\cos\omega_0 t$ 时，则调频波为

$$a_f(t)=\cos(\omega_0 t+m_f\sin\Omega t) \tag{14-8}$$

傅里叶展开后可得

$$\begin{aligned} a_f(t)=&J_0(m_f)\cos\omega_0 t+ \\ &\text{载频} \\ &J_1(m_f)\cos(\omega_0+\Omega)t-J_1(m_f)\cos(\omega_0-\Omega)t+ \\ &\text{第一对边频} \\ &J_2(m_f)\cos(\omega_0+2\Omega)t-J_2(m_f)\cos(\omega_0-2\Omega)t+ \\ &\text{第二对边频} \\ &J_3(m_f)\cos(\omega_0+3\Omega)t-J_3(m_f)\cos(\omega_0-3\Omega)t+ \\ &\text{第三对边频} \\ &\cdots \end{aligned} \tag{14-9}$$

式中　$J_n(m_f)$ ——以 m_f 为参数的 n 阶第一类贝塞尔函数。

根据调频波的傅里叶展开结果，可得出其频谱分布如图 14－5 所示。一般，以此频谱作为调频发射机的测试频谱。

测试调制度时，只需测出图 14－5 所示主频与第一对边频之间的幅度差，其中，理论值为 $20\lg[J_1(m_f)/J_0(m_f)]$ ，单位为 dB，然后，根据该差值查贝塞尔函数表，得出调制指数 m_f 。

根据调制指数 m_f 可以求出调频波的最大频偏

$$\Delta f=m_f\times F \tag{14-10}$$

式中　F ——调制信号最大频率，也即调制码率的一半。

⑥频率响应

频率响应用来衡量调频发射机从直流到最大调制码率的幅频特

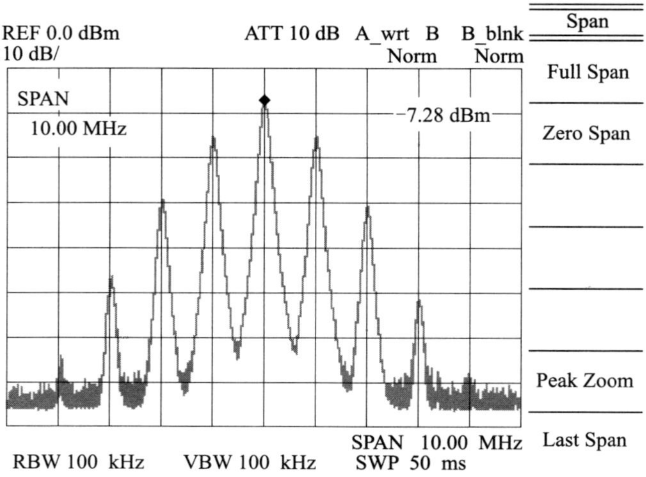

图 14－5 调频发射机测试频谱图

性。以单音信号为调制源的调频波，对于某些 m_f 值载波振幅为零，利用这一特征可以测定发射机的频率响应。

具体测试时，缓慢降低调制信号源频率，观察发射机输出频谱变化，测出 $J_0(m_f)$ 各阶零点所对应的频率值应符合

$$
\begin{aligned}
f_1 &= m_f \times F/2.4 \\
f_2 &= m_f \times F/5.52 \\
f_3 &= m_f \times F/8.65
\end{aligned}
\tag{14-11}
$$

测出各阶零点所对应的频率值后，反推调制指数 m_f'，应在指标所规定的调制指数范围内。

⑦输出驻波比

发射机输出驻波比通过矢量网络分析仪进行测试。

⑧输出开路、短路时间

将发射机射频输出端口断开，发射机加电工作，持续指标所要求的时间段，结束后接上电缆对发射机进行测试，检测发射机能否正常工作。

用短路子将发射机输出短路，发射机加电工作，持续指标所要

求的时间段，结束后接上电缆对发射机进行测试，检测发射机能否正常工作。

（5）测试标准

遥测系统、分系统详细测试方法可参考 GJB 383.4A－2006《遥测系统及分系统测试方法》；遥测发射机详细测试方法可参考 GJB 383.4A－2006《遥测系统及分系统测试方法》第四部分的遥测发射机测试方法。

14.2.2　遥测接收系统测试内容

地面遥测接收系统包括天伺馈分系统、信道分系统、解调分系统、时频分系统、校验分系统、标校分系统、数据处理及监控分系统等。其测试项目、测试内容众多，下面列举一些关键测试项目以供参考。

（1）分系统测试内容

1）天伺馈分系统测试内容包括天线波束宽度、天线增益、伺服和差通道隔离度测试、杂散测试、相位噪声测试、幅频特性测试、群时延测试、伺服动态特性测试、跟踪门限测试、AGC 特性测试、捕获时间测试、差斜率灵敏度测试、交叉耦合测试等。

2）信道分系统分为上行信道和下行信道 2 部分，其测试内容包括上行信道（有线连接状态下）各项指标的测试（包括信号频率范围测试、信号频率准确度测试、信号输出功率测试、增益稳定性测试、杂散测试、相位噪声测试、幅频特性测试、群时延测试等）、系统下行信道（有线连接状态下）各项指标的测试（包括接收灵敏度测试、1 dB 带宽测试、增益平坦度/稳定性测试、杂散测试、相位噪声测试、幅频特性测试、群时延测试等）。

3）解调分系统测试内容包括解调灵敏度测试（含测距、测速、遥测）、AGC 特性测试、信号捕获范围测试，信号捕获时间测试，按照 GJB 21.2A－1992《遥测标准多路信号格式》标准和 IRIG 106 标准要求对解码格式进行码型、码率、帧格式等信号格式测试，按照 IRIG 106 标准及 CCSDS 标准进行信号格式测试（含遥控编码、话音编码），卷积编码测试、R-S 编码测试、加扰测试等。

4）时频分系统测试内容包括频率基准测试、IRIG-B 型时码格式测试、IRIG-B 型时码解调时延测试、IRIG-B 型时码转发格式测试、起飞零点触发测试、GSP 授时精度测试等。

5）校验分系统测试内容包括按照 GJB 21.2A-1992《遥测标准多路信号格式》标准和 IRIG 106 标准要求对编码格式进行码型、码率、帧格式测试，按照 IRIG 106 标准及 CCSDS 标准进行信号格式测试（含遥控编码、话音编码），卷积编码测试、R-S 编码测试、加扰测试、副载波频率准确度测试、调制度精度测试、幅度稳定度测试、杂散测试、非线性失真测试等。

6）数据处理及监控分系统测试内容包括遥测数据传输测试、测量数据传输测试、话音数据传输测试、数传数据传输测试、遥控数据传输测试、参数管理测试、设备执行状态测试等。

7）分系统电磁兼容性测试应按照 GJB 152A-1997《军用设备和分系统电磁发射和敏感度测量》要求进行电磁兼容性测试，测试结果应符合 GJB 151A-1997《军用设备和分系统电磁发射和敏感度要求》。

8）系统可靠性测试。各分系统在完成常态下的功能和性能指标测试后，还须对系统可靠性进行测试。可靠性测试应在 GJB 899-1990《可靠性鉴定和验收试验》中选取适当的试验方案，进行可靠性试验。

（2）系统测试内容

系统测试时须对各分系统测试项目进行复验，除对全系统性能指标进行项目测试外，还须关注各分系统之间、系统与外部设备之间的接口测试。

1）系统 G/T 值测试：系统品质因数 G/T 值是衡量遥测接收系统性能好坏的一个重要指标，按照射电星法、频谱仪直接测量法对系统 G/T 值进行测试。

2）系统上行信道（有线连接状态下）各项指标的测试：信号频率范围测试、信号频率准确度测试、信号输出功率测试、增益稳定性测试、杂散测试、相位噪声测试、幅频特性测试、群时延测试等。

3）系统下行信道（有线连接状态下）各项指标的测试：接收灵敏度测试、1dB 带宽测试、增益平坦度/稳定性测试、杂散测试、相位噪声测试、幅频特性测试、群时延测试等。

4）系统下行信号解调各项指标的测试：解调灵敏度测试（含测距、测速、遥测）、AGC 特性测试、信号捕获范围测试、信号捕获时间测试等。

5）系统测距各项指标的测试：测距音频率测试、捕获门限测试、捕获时间测试、测距误差测试、采样率测试等。

6）系统测速各项指标的测试：接收灵敏度测试、测速误差测试、采样率测试等。

7）站管与数据传输接口的测试：站管参数管理测试、设备执行状态测试、遥测数据传输测试、测量数据传输测试、话音数据传输测试、数传数据传输测试、遥控数据传输测试等。

8）系统功能及工作流程的测试：按照被测设备配置及工作要求，进行运管测试、远程管理测试、有线状态下的信号接收解调测试、数据传输测试等。

9）系统电磁兼容性测试：遥测接收系统应按照 GJB 152A－1997《军用设备和分系统电磁发射和敏感度测量》要求进行电磁兼容性测试，测试结果应符合 GJB 151A－1997《军用设备和分系统电磁发射和敏感度要求》。

10）系统可靠性测试：遥测接收系统在完成常态下的功能和性能指标测试后，还需对系统可靠性进行测试。可靠性测试应在 GJB 899－1990《可靠性鉴定和验收试验》中选取适当的试验方案，进行可靠性试验。

14.3 系统测试方法

下面，列举一些接收系统关键测试项目的测试方法，以供参考。

14.3.1 品质因数 G/T 测量

系统品质因数 G/T 的测量方法主要有以下 3 种。

1）直接法：用射电源直接测量 G/T 值，适用于 G/T 值大于 35 dB/K 的系统。

2）间接法：分别测量天线增益和系统噪声温度，通过计算求出 G/T 值。

3）卫星信标比较法：利用已知卫星信标信号，通过与一已知 G/T 值的参考系统作比较，测量出被测系统与它的差值，求出被测系统的 G/T 值。

（1）直接法

①测量条件

直接法测量品质因数 G/T 应具备如下条件：

1）晴天、微风；

2）仰角高于 10°；

3）被测系统处于线性工作状态；

4）测量频率为接收频带的中心频率以及接近频带边缘的频率；

5）天线系统必须具有足够的指向精度，方位角、俯仰角必须准确校零。

②设备配置

直接法测量品质因数 G/T 的测量设备配置如图 14-6 所示。

③测量步骤

直接法测量步骤如下：

1）选择射电源，确定射电源指向：

a. 建议用射电星仙后座 A 作辐射源；

b. 指向的确定可参照参考文献［1］中附录 B 计算射电源位置，

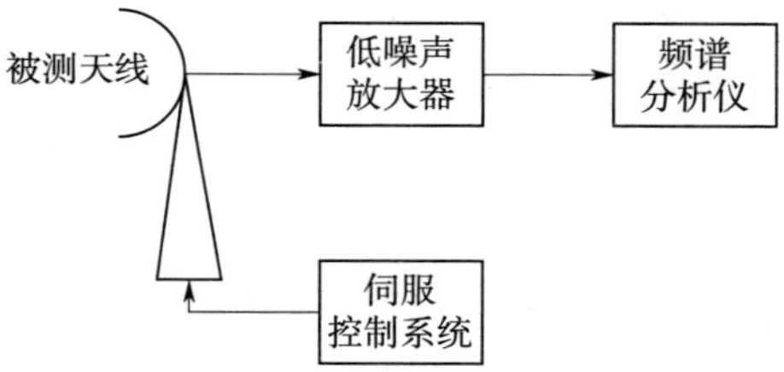

图 14－6　射电源法测量系统 G/T 值设备配置

用扫描方法寻找射电源，或者把天线指向预置在射电源运行轨道的某一位置上，等待射电源进入天线波束范围内，然后用手动控制方式跟踪射电源，使接收功率达到最大；

c. 用射电星作辐射源进行测量时，在上中天（射电源最高位置）和下中天（射电源最低位置）处，射电星的位移主要在方位方向；在东大距（射电源最右位置）和西大距（射电源最左位置）处，位移主要在俯仰方面。由于在这些位置上容易跟踪，因而测量更精确。

2）当射电源出现并记录下此时刻的噪声电平值时，采用手动跟踪方式，进行多次测量，尽可能得出接收射电星噪声功率最大的数值 P_1。

3）将天线方位朝射电源运行相反方向偏离射电源一角度（约 3～4 个天线半功率波瓣宽度），使其指向背景天空，记录此时的噪声电平 P_2，为减小随机误差，可进行多次测量。

4）由下式计算品质因数 G/T

$$G/T=\frac{8\pi k(Y-1)}{S\lambda^2}\cdot K_1\cdot K_2\cdot K_3\cdot K_4\cdot K_5 \tag{14-12}$$

式中　k ——玻耳兹曼常数，$k=1.3805\times10^{-23}$ J/K；

S ——基准时间、基准频率上射电源的功率通量密度［W/（m^2 · Hz）］；

λ ——工作波长（m）；

Y ——天线指向射电源时接收到的噪声功率和以相同仰角指向背景天空时接收到的噪声功率之比（Y 因子）；

K_1 ——大气衰减修正系数；

K_2 ——射电源扩展修正系数；

K_3 ——射电源功率通量密度随时间而变化的修正系数；

K_4 ——射电源功率通量密度随频率而变化的修正系数；

K_5 ——射电源功率通量密度随极化而变化的修正系数。

射电源的功率通量密度和修正系数的计算方法参见参考文献[1]中附录C。在低噪声放大器后面接一迪克（Dicke）型辐射计，而不采用整个接收系统来测量 G/T 值，可以达到更高的测量精度，其测量设备配置如图 14－7 所示。

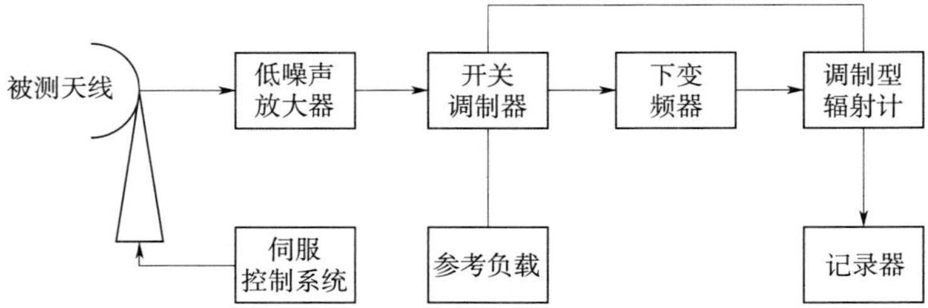

图 14－7　射电源法测量天线增益设备配置

④结果表示

给出被测系统 G/T 值的测量结果，单位为 dB/K，并注明对应的频率和测量的环境条件。

（2）间接法

①测量条件

间接法测量品质因数 G/T 应具备如下条件：

1）晴天、微风；

2）仰角高于 10°；

3）被测系统处于线性工作状态；

4）测量频率为接收频带的中心频率以及接近频带边缘的频率。

②设备配置

间接法测量品质因数 G/T 的设备配置如图 14－8 所示。

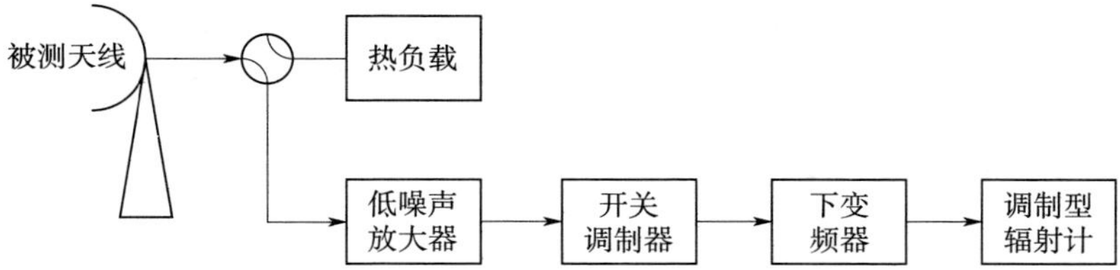

图 14 - 8　间接法测量系统 G/T 值设备配置

③测量步骤

间接法测量步骤如下：

1）按参考文献［1］测量天线增益 G_A,G_{AF}；

2）按参考文献［1］测量系统噪声温度 T_s；

3）用下式计算系统 G/T 值

$$G/T = G_A - L - 10\lg T_s \quad 或 \quad G/T = G_{AF} - 10\lg T_s \tag{14-13}$$

式中　L ——天线馈源网络的插入损耗（dB）。

④结果表示

给出被测系统 G/T 值的测量结果，单位为 dB/K，并注明对应的频率和测量的环境条件。

（3）卫星信标比较法

①测量条件

卫星信标比较法的测量条件如下：

1）参考地球站的 G/T 值应已知，并准确可靠；

2）被测站和参考站的极化、方位和俯仰角应调试到最佳状态；

3）选择无调制的卫星信标进行测试，其信噪比应尽可能高（45 dB以上）；

4）异地测试时，应限制被测站和参考站的地域范围，以保证卫星的 EIRP 值和气候条件相同；

5）所用的测量设备应相同。

②设备配置

信标比较法测量系统 G/T 值的设备配置如图 14-9 所示。

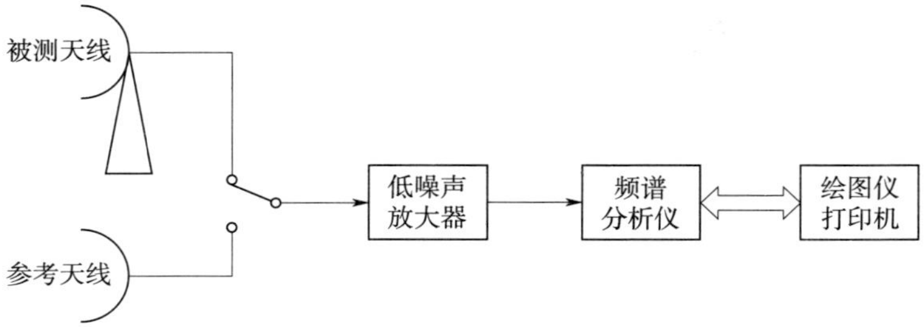

图 14-9 信标比较法测量系统 G/T 值设备配置

③测量步骤

1）测量被测系统天线接收的信标信噪比：

a. 将测量系统按照信标信号的极化方式，接入被测系统天线馈源网络相应的输出端，驱动天线使被测天线对准测试用卫星，用频谱分析仪找出信标信号；

b. 设置频谱仪参数以获得 C/N 值的最大显示；

c. 精调极化（线极化时）、方位角和俯仰角，以获得最大的 C/N 值；

d. 启动频谱仪的平均功能和标志键（Marker、ΔMarker），读出信标信噪比（C/N）$_{MB}$；

e. 重复步骤 c 和 d，直到取得满意的结果为止；

f. 用绘图仪拷贝屏幕参数和曲线。

2）测量参考系统天线接收的信标信噪比：

a. 将测量系统按照信标信号的极化方式，接入参考系统天线馈源网络相应的输出端，驱动天线使参考天线对准测试用卫星，用频谱分析仪找出信标信号；

b. 设置频谱仪参数以获得 C/N 值的最大显示；

c. 精调极化（线极化时）、方位角和俯仰角，以获得最大的 C/N 值；

d. 启动频谱仪的平均功能和标志键（Marker 和 ΔMarker），读出信标信噪比 $(C/N)_{RB}$；

e. 重复步骤 c 和 d，直到取得满意的结果为止；

f. 用绘图仪拷贝屏幕参数和曲线。

3）计算系统 C/N 值：

a. 根据记录的数据，求出两系统信标信噪比之差 $\Delta(C/N)_B$

$$\Delta(C/N)_B = (C/N)_{RB} - (C/N)_{MB} \tag{14-14}$$

b. 用下式计算被测系统的 $(C/N)_M$ 值

$$(C/N)_M = (C/N)_R + \Delta(C/N)_B \tag{14-15}$$

式中　$(C/N)_R$——参考系统的 G/T 值；

$(C/N)_M$——被测系统的 G/T 值。

④ 结果表示

给出被测系统 G/T 值的测量结果，单位为 dB/K，并注明对应的频率和测量的环境条件。

14.3.2　系统噪声温度测量

（1）测量条件

系统噪声温度的测量条件如下：

1）应在晴天、微风时进行；

2）应在现场进行；

3）为避免地面和环境噪声的干扰，应选择在干扰尽可能小的方位方向上进行测量；

4）应在 $EL \geqslant 10°$ 的多个仰角条件下进行测量，其中，$EL = 10°$ 和工作仰角时必须测量；

5）应在规定的频率上进行测量；

6）低噪声放大器的噪声温度已知。

（2）设备配置

测量设备配置如图 14－10 所示，波导开关仅表示连接、转换关系，非必需设备。

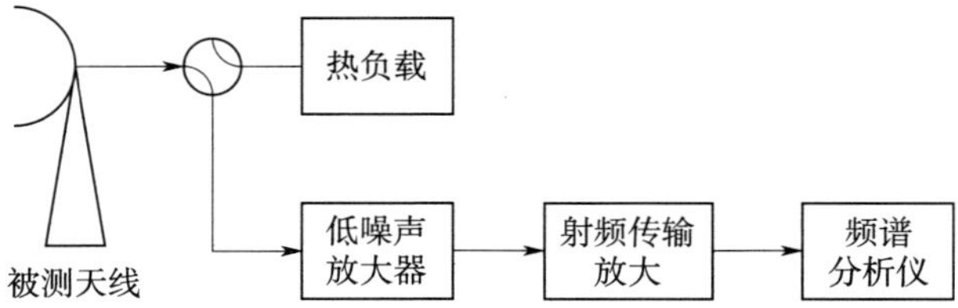

图 14-10 系统噪声温度测量设备配置

(3) 测量步骤

系统噪声温度测量步骤如下：

1) 将低噪声放大器与热负载相连，用频谱分析仪测量在工作频段测量点上（高、中、低端）的噪声电平，并记录数据为 P_H(dBm)，测量点还必须同时是低噪声放大器噪声温度的测试点；

2) 将低噪声放大器与天线相连；

3) 驱动天线方位指向冷空（应避开干扰源），在步骤 1) 中的测量点上用频谱分析仪测量出不同仰角（10°,15°,20°,30°,40°和工作仰角）情况下的噪声电平 P_C(dBm)；

4) 用下式计算系统噪声温度

$$T_s = (T_{LNA} + T_H)/Y \tag{14-16}$$

式中 T_{LNA} ——低噪声放大器（LNA）的噪声温度（K）；

T_H ——热负载的噪声温度（K）；

Y ——因子常数。

(4) 结果表示

列表给出不同频点、不同仰角的 T_s 值，单位为 K。

14.3.3 系统幅频特性测量

系统幅频特性测量包括 RF-RF/RF-IF 的增益、带内波动峰-峰、增益斜率的测量。

（1）标量网络分析仪法

①测量条件

标量网络分析仪法测量幅频特性的条件如下：

1）测量应在测试设备与被测系统热稳定以后进行；

2）被测系统具有自动/手动增益控制时，应置于手动控制位置，并在增益最大和增益最小时分别进行测量；

3）测量电平应比被测系统的输入饱和电平低 10 dB。

②设备配置

标量网络分析仪测量传输特性的设备配置如图 14－11 所示，在现场测试时，RF－RF 的测量从线放的输入至分路器的输出端，RF－IF 的测量从线放的输入至下变频器的输出端。

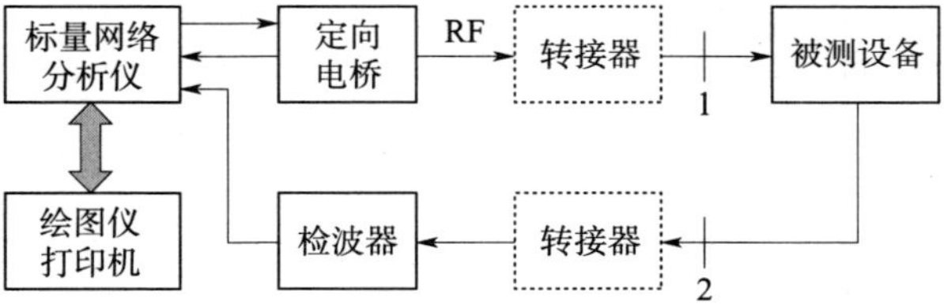

图 14－11　标量网络分析仪测量传输特性的设备配置

③测量步骤

标量网络分析仪法的测量步骤如下：

1）根据被测系统的要求，设置仪器的测试频率范围及电平；

2）连接“1”，“2”端，进行幅频特性校准；

3）接入被测系统进行测试，测量增益的最大值、最小值或波动峰-峰值；

4）测量幅频特性曲线上最大增益斜率处两频率点之间的频率差 Δf 和电平差 ΔP，计算增益斜率 $\Delta P/\Delta f$。

④结果表示

绘出幅频特性曲线，标出测量结果。

（2）矢量网络分析仪法

①测量条件

矢量网络分析仪法测量幅频特性的条件与标量网络分析仪测量幅频特性的条件相同。

②设备配置

矢量网络分析仪测量幅频特性的设备配置如图 14－12 所示，在现场测试时，RF－RF 的测量从线放的输入至分路器的输出端，RF－IF 的测量从线放的输入至下变频器的输出端。

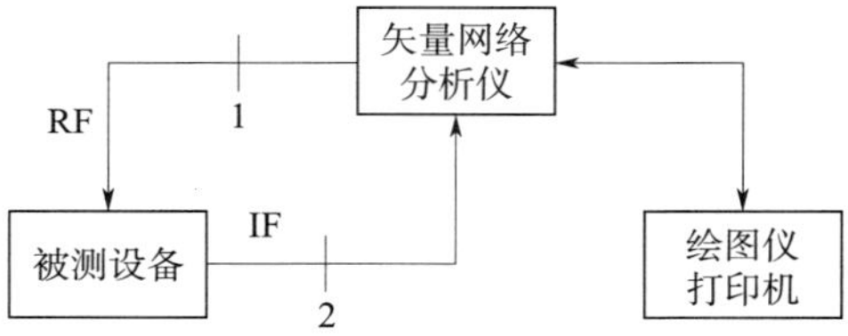

图 14－12　矢量网络分析仪测量幅频特性的设备配置

③测量步骤

矢量网络分析仪法的测量步骤如下：

1）根据被测系统的要求，设置仪器的测试频率范围及电平；

2）连接“1”，“2”端，在矢量网络分析仪的测量菜单中选择 S21，进行幅频特性校准；

3）接入被测系统进行测试，测量增益的最大值、最小值或波动峰-峰值；

4）测量幅频特性曲线上最大增益斜率处两频率点之间的频率差 Δf 和电平差 ΔP，计算增益斜率 $\Delta P / \Delta f$。

④测量结果

绘出幅频特性曲线，标出测量结果。

14.3.4　系统群时延特性测量

（1）测量内容

系统群时延特性测量包括 RF－IF 群时延特性的线性时延失真 LDD、抛物线时延失真 PDD 和时延波动（峰–峰值）。

①测量条件

（2）系统群时延特性的测量条件如下：

1）测试上变频器应具有良好的群时延特性，影响可忽略不计；

2）测量应在测量设备与被测系统热稳定以后进行；

3）确保被测系统工作于线性状态。

（3）设备配置

系统群时延特性的测量设备配置如图 14－13 所示。

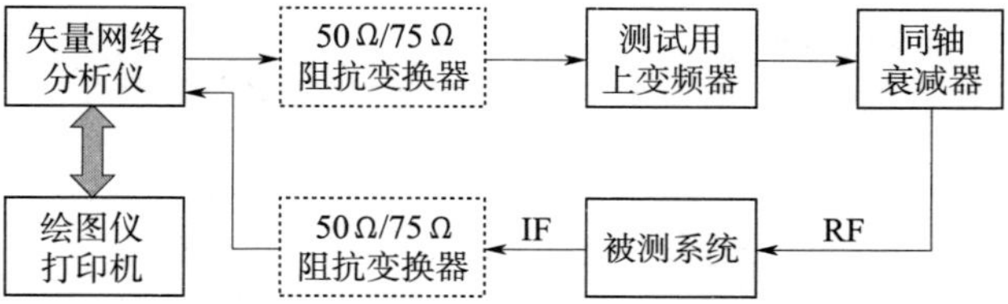

图 14－13　RF－IF 群时延特性测量设备配置

（4）测量步骤

系统群时延特性的测量步骤如下：

1）根据测试上变频器的输入饱和电平，调整频谱分析仪输出电平；

2）调整同轴衰减器的衰减量，使测试电平低于被测系统的输入饱和电平；

3）连接“1”，“2”两点，设置中心频率和频率范围，进行自校；

4）连接被测系统，显示 RF－IF 群时延特性曲线，标出线性时延失真 LDD、抛物线时延失真 PDD 和时延波动。

（5）结果表示

以图的形式给出测量结果。

14.3.5　饱和电平测量

（1）信号源法

①测量条件

信号源法的测量条件如下：

1）被测系统具有自动/手动增益控制时，应置于手动控制位置，并在增益最大和增益最小时进行测量；

2）测量信号源应具有输出功率连续可变的及准确的电平指示功能。

②设备配置

信号源法测量输入饱和电平的设备配置如图 14－14 所示。

图 14－14　信号源法测量输入饱和电平的设备配置

③测量步骤

测量步骤如下：

1）将输入信号调至某一低电平（比额定输入饱和电平低 10 dB）；

2）输入信号电平按每次 3 dB 的增量增加，而增加的起点电平也逐渐增大；

3）当输出电平的增量达到 2 dB 左右时，可适当地微量增减起始输入电平值，直到输出电平增量为 2 dB 时，此时对应地增加 3 dB 后输入电平即是 1 dB 压缩的输入饱和电平。

④结果表示

给出测量结果，单位为 dBm。

（2）功率扫描法

①测量条件

被测系统具有自动/手动增益控制时，应置于手动控制位置，并在增益最大和增益最小时进行测量。

②设备配置

功率扫描法测量输入饱和电平的设备配置如图 14－15 所示。

③测量步骤

功率扫描法测量饱和电平的测量步骤如下：

1）设置网络分析仪的测试频率为被测系统的工作频率和功率扫描的起止电平、步进；

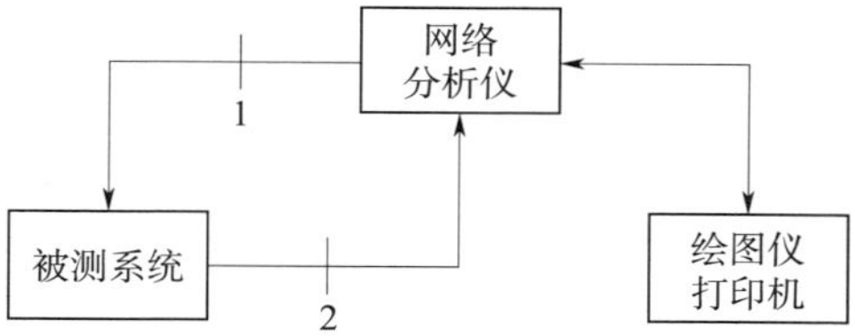

图 14－15　功率扫描法测量输入饱和电平的设备配置

2）校准网络分析仪；

3）接入被测系统，显示输入-输出功率电平的关系曲线，标出 1 dB 压缩点的输入电平。

④结果表示

绘出输入-输出功率电平的关系曲线，给出测量结果，单位为 dBm。

14.3.6　载噪比测量

（1）测量条件

载噪比的测量条件如下：

1）在系统接收卫星信号状态下，选择有增益设备之后的某一测量点进行测量；

2）频谱分析仪与被测设备的连接电缆长度尽可能短，损耗应尽可能小。

（2）设备配置

载噪比的测量设备配置如图 14－16 所示。

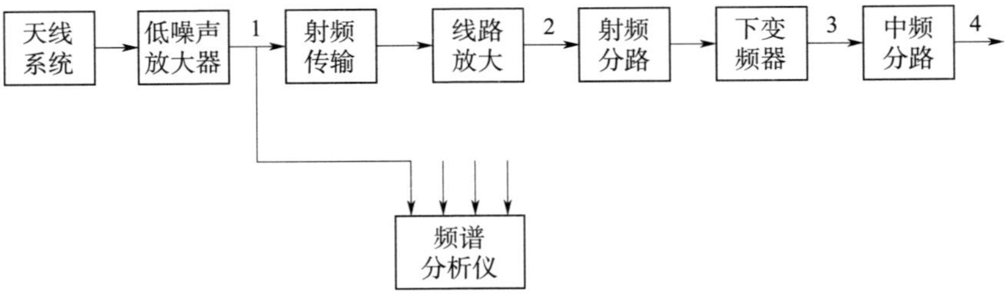

图 14-16　载噪比的测量设备配置

（3）测量步骤

载噪比的测量步骤如下：

1）从测试点（1 或 2,3,4）将信号接入频谱分析仪；

2）设置频谱分析仪的射频衰减为 0 dB，调整参数使被测信号处于屏幕中心位置；

3）根据接收信号速率，设置分析带宽 RBW、视频带宽 VBW 和扫描带宽 SPAN，使被测信号带宽占据屏幕的 1/2～2/3，信号频谱对称于中心频率；

4）启动平均功能键和标志键（Marker、ΔMarker），选择参考噪声电平（参考噪声电平的选取应避开紧相邻载波之间的噪声，选择与该测试载波最相近的无载波占用的空白频带，如图 14-17 所示，读取 $(C_0/N_0)/N_0$ 值为 A；

5）根据 A 值，按下式计算载噪比

$$C_0/N_0=10\lg(10^{A/10}-1)$$

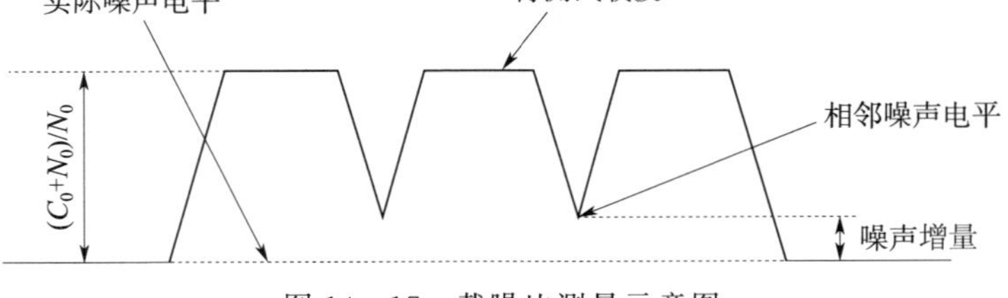

图 14-17　载噪比测量示意图

（4）结果表示

测试结果以 dB 表示。

14.3.7　系统信号载噪比损失测量

（1）测量条件

频谱分析仪法测量系统信号载噪比损失的条件如下：

1）在系统接收卫星信号状态下，选择有增益设备之后的某一测量点进行测量；

2）频谱分析仪与被测设备的连接电缆长度尽可能短，损耗应尽可能小；

3）应选用高信噪比（15～20 dB）信号进行测量；

4）所有测量点的频偏取向应与第一个测量点一致。

（2）设备配置

系统信号载噪比损失的测量设备配置如图 14－16 所示。

（3）测量步骤

频谱分析仪法测量载噪比损失的步骤如下：

1）在低噪声放大器的输出端“1”点接入频谱分析仪，测量某一信号的$[(C_0/N_0)/N_0]$值，记录测量数据或用绘图仪绘出被测信号的$[(C_0/N_0)/N_0]_1$值特性曲线；

2）将频谱分析仪接入“4”测量点，在仅改变中心频率和参考电平的情况下，保持频谱分析仪其他测试参数不变的状态下测量出同一信号的载噪比，记录测量数据或用绘图仪绘出被测信号的$[(C_0/N_0)/N_0]_4$值的特性曲线；

3）将 1），2）两步所测量的载噪比取差值就是载噪比损失，用下式计算

$$\Delta[(C_0/N_0)/N_0]_{1-4}=[(C_0/N_0)/N_0]_1-[(C_0/N_0)/N_0]_4 \tag{14-17}$$

4）如载噪比损失大于 0.2 dB，则需要将频谱分析仪分别接入“2”或“3”测量载噪比，记录测量数据或用绘图仪绘出被测信号的

$[(C_0/N_0)/N_0]_2$ 或 $[(C_0/N_0)/N_0]_3$ 值的特性曲线，用下式计算

$$\Delta[(C_0/N_0)/N_0]_{1-2} = [(C_0/N_0)/N_0]_1 - [(C_0/N_0)/N_0]_2 \tag{14-18}$$

或

$$\Delta[(C_0/N_0)/N_0]_{1-3} = [(C_0/N_0)/N_0]_1 - [(C_0/N_0)/N_0]_3 \tag{14-19}$$

5）根据需要，可进行多次测量，取其统计平均值。

（4）结果表示

给出载噪比损失的测量结果，单位为 dB。

14.3.8　多载波互调比测量

（1）测量条件

被测系统具有自动/手动增益控制时，应置于手动状态，设置增益为最大。

（2）测量设备

多载波互调比的测量设备配置如图 14－18 所示。

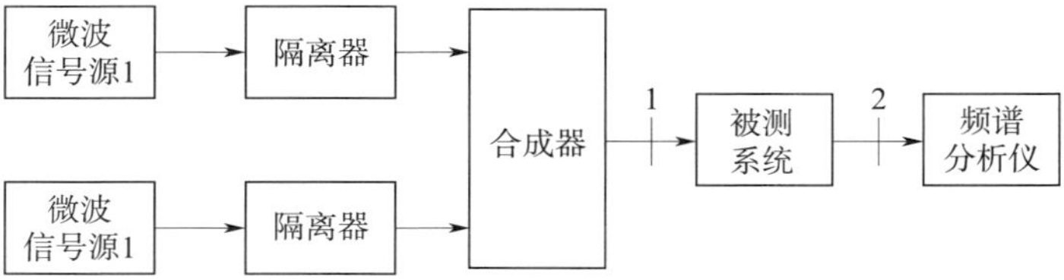

图 14－18　多载波互调比测量设备配置

（3）测量步骤

多载波互调比的测量步骤如下：

1）设置信号源 1 的频率为 f_1 和信号源 2 的频率为 f_2，并使 f_1，f_2 的差值为某一规定值（通常为 5 MHz）；

2）将频谱分析仪与合路器输出端直接相连，分别调整信号源 1 和信号源 2 的功率电平，使两者电平相等并达到被测系统要求的电平值；

3）接入被测系统，设置频谱分析仪的跨度（SPAN）能显示三阶互调产物，测量正常输出信号与最大的三阶互调产物电平差(dB)，此值就是多载波互调比。

（4）结果表示

给出多载波互调比的测量结果并绘出频谱分析仪的屏幕显示。

14.3.9　系统相位噪声测量

系统相位噪声测量包括测量相位噪声的连续分量和杂散分量。

（1）测量条件

系统相位噪声的测量条件如下：

1）测量应在测试系统充分预热后进行；

2）在测试频段上，微波信号源和频谱分析仪的相位噪声之和应小于被测系统相位噪声 10 dB 以上；

3）频谱分析仪对载波的响应比对噪声响应高（一般为 2.5 dB），在计算测量结果时要考虑这一修正因子。

（2）设备配置

系统相位噪声的测量设备如图 14－19 所示。现场测量时，被测系统是从线路放大器输入到变频器中频输出；室内测量时，被测系统是从低噪声放大器输入到变频器中频输出。

图 14－19　相位噪声测试设备配置

（3）测量步骤

系统相位噪声测量步骤如下：

1）根据工作频段，设置微波信号源的测量频率和电平，使系统工作于线性状态；

2）设置被测系统的工作状态，线路放大器的增益为最小，变频器的增益为最小；

3）设置频谱分析仪的参数，置频谱仪的中心频率为变频器中频的输出频率；

4）根据测量频偏的情况选取频率跨度 SPAN 和显示刻度，取 100 次平均；

5）标定载波功率最大值，启用“ΔMarker”，用旋钮或数字键盘、－/＋键设置规定的频率偏移，读取相位噪声数值 $\mathcal{L}(f)$（dBc/Hz）。当频谱仪不具有直接读取相位噪声数值（dBc/Hz）的功能时，在仪器上读取噪声功率 P_n，用下式计算出相位噪声数值 $\mathcal{L}(f)$

$$\mathcal{L}(f) = -P_n + 1.71 - 10\lg(\mathrm{RBW}) \quad (\mathrm{dBc/Hz}) \tag{14-20}$$

6）在频谱仪上直接读取电源电磁干扰引起的杂散电平

50 Hz：－×× dBc；100 Hz：－×× dBc；150 Hz：－×× dBc；200 Hz：－×× dBc；250 Hz：－×× dBc

（4）结果表示

按偏移载波频率列表记录测量数据或用绘图仪绘出相位噪声特性曲线。

14.3.10　系统误比特率 BER 测量

（1）测量条件

系统误比特率 BER 的测量条件如下：

1）被测系统应处于线性工作状态；

2）被测系统具有自动/手动增益控制时，应置于手动状态；

3）测量应在被测系统达到热稳定后进行；

4）测试上变频器应具有平坦的振幅/频率特性和优良的群时延特性。

（2）设备配置

系统误比特率 BER 测量的设备配置如图 14－20 所示。现场测量时，被测系统是从线路放大器输入到解调终端设备的译码输出，用实际信号作测量源，用频谱仪测量载噪比，用解调设备的在线监测功能读出误比特率；室内测量时，被测系统是从低噪声放大器输入到解调终端设备的译码输出。

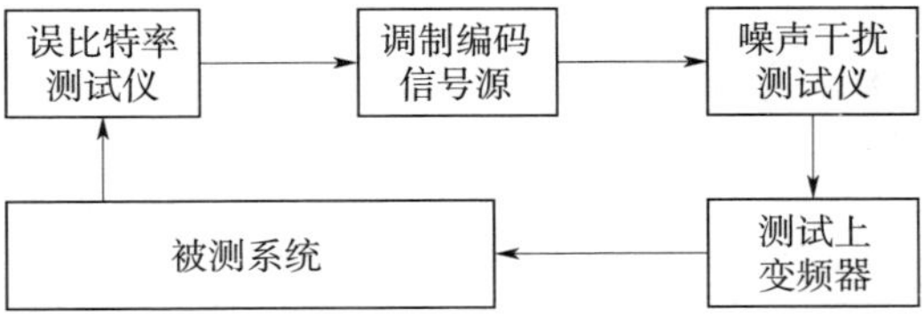

图 14-20　系统误比特率 BER 测量的设备配置

(3) 测量步骤

系统误比特率 BER 的测量步骤如下：

1) 设置上、下变频器频率为工作频带的中心频率；

2) 设置信号源于正常工作时的调制体制，输出中频为 70 MHz（或工作中频），解调器为正常工作方式，按要求设置误码测试仪图案，设置并调整上行链路各设备的电平值；

3) 调整线放、下变频器的增益和同轴衰减器，使解调器的测量电平为正常输入电平范围的中间值；

4) 时钟信号发生器置于规定的比特率上，将某一 E_b/N_0 信号送到被测解调器的输入端，从误比特率测试仪多次读出误比特率，取其算术平均值；

5) 依次改变 E_b/N_0，重复步骤 1) ～4)，读出相应误比特率。

(4) 结果表示

用表格列出 E_b/N_0 与其对应的误比特率或绘制成曲线表示。

14.3.11　跟踪精度测量

(1) 步进跟踪精度测量

①测量条件

步进跟踪精度的测量条件如下：

1) 天线应处于保精度跟踪工作的环境条件；

2) 步进跟踪步距应小于 $\theta_{3\ dB}/2$；

3) 卫星信标信号作为跟踪信号；

4）测量时间应尽量短，以减少卫星漂移引起的测量误差。

②设备配置

步进跟踪精度测量设备配置如图 14－21 所示。

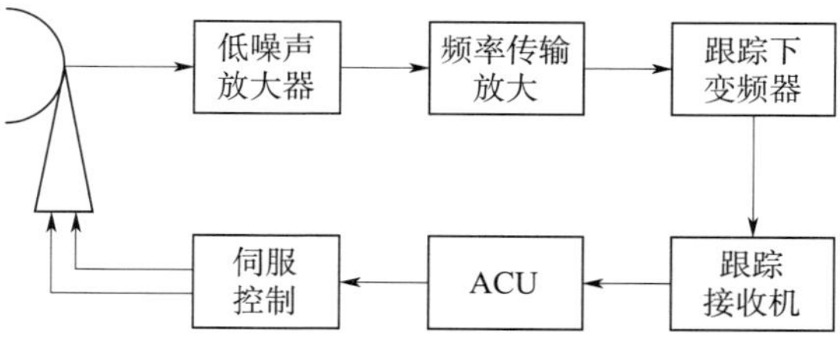

图 14－21　步进跟踪精度测量设备配置

③测量步骤

步进跟踪精度的测量步骤如下：

1）将伺服工作方式置于手控位置模式，转动天线使接收的信标信号达最大值，记下此时的方位角读数为 X_1；

2）保持俯仰角不变，将天线方位角偏离卫星一定角度，使电平较最大值下降约 2 dB；

3）将伺服工作方式转到自动跟踪模式，跟踪后读出方位角读数，记为 X_2；

4）重复步骤 2）和 3)，使跟踪次数 $N \geqslant 20$，分别记录方位角读数为 $X_3, X_4, \cdots, X_n$；

5）恢复使接收的信标信号达最大值，记下此时的俯仰角读数为 Y_1；

6）保持方位角不变，在俯仰方向将天线方位角偏离卫星一定角度，使电平较最大值下降约 2 dB；

7）将伺服工作方式转到自动跟踪模式，跟踪后读出仰角读数，记为 Y_2；

8）重复步骤 6）和 7)，使跟踪次数 $N \geqslant 20$，分别记录方位角读数为 $Y_3, Y_4, \cdots, Y_n$；

9）用下列公式计算方位和俯仰方向的跟踪方差

$$\sigma_{AZ}=\sqrt{\frac{1}{n-1}\sum_{i=1}^{n}(X_i-\overline{X})^2} \tag{14-21}$$

$$\sigma_{EL}=\sqrt{\frac{1}{n-1}\sum_{i=1}^{n}(Y_i-\overline{Y})^2} \tag{14-22}$$

其中

$$\overline{X}=\frac{1}{n}\sum_{i=1}^{n}X_i$$

$$\overline{Y}=\frac{1}{n}\sum_{i=1}^{n}Y_i$$

10）用下式计算总的跟踪精度

$$\sigma_{rms}=\sqrt{\sigma_{AZ}^2+\sigma_{EL}^2} \tag{14-23}$$

④结果表示

给出跟踪精度的测量结果，单位为度。

（2）单脉冲跟踪精度测量

①测量条件

单脉冲跟踪精度的测量条件如下：

1）天线应处于保精度跟踪工作的环境条件；

2）根据热噪声和风力矩的大小，选择合适的中频带宽；

3）跟踪接收机输出需要经过滤波器（等效于伺服回路的带宽），才可接到电压表。

②设备配置

测量单脉冲跟踪精度的设备配置如图 14－22 所示。

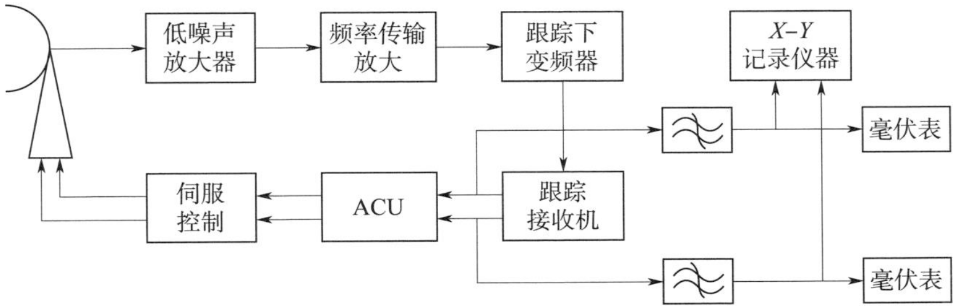

图 14－22　单脉冲跟踪特性测量设备配置

③测量步骤

单脉冲跟踪精度的测量步骤如下：

1）将伺服工作方式置于自动跟踪模式，使天线波束轴（电轴）基本对向卫星，此时电压表上读数很小；

2）将伺服工作方式转到手动速度模式，让方位（正转和反转）或俯仰（向上和向下）偏开卫星一个适当的角度（如$\pm\theta_{3\,\mathrm{dB}}/2$），记录天线偏离角度和对应的误差电压；

3）重复步骤1），每隔5 s同时记录一次方位和俯仰的误差电压值，共记录10 min，得到$n(n\geqslant120)$对误差电压的数据，记为X_1和Y_1；

4）根据所测的偏离角度与对应的误差电压数据作图，图中经交叉点的直线斜率就是所测的方位或俯仰的跟踪误差电压，灵敏度为K_{AZ}或K_{EL}[单位为V/（°）]；

5）由下式可计算出总的跟踪精度

$$\begin{aligned}
\varepsilon_{\mathrm{rms}} &= \sqrt{\varepsilon_{\mathrm{AZ}}^2+\varepsilon_{\mathrm{EL}}^2+S_X^2+S_Y^2} \\
\varepsilon_{\mathrm{AZ}} &= \frac{1}{K_{\mathrm{AZ}}}\sqrt{\alpha_{\mathrm{AZ}}^2+\sigma_{\mathrm{AZ}}^2} \\
\varepsilon_{\mathrm{EL}} &= \frac{1}{K_{\mathrm{EL}}}\sqrt{\alpha_{\mathrm{EL}}^2+\sigma_{\mathrm{EL}}^2} \\
\alpha &= \frac{1}{n}\sum_{i=1}^{n}X_i \\
\sigma &= \sqrt{\frac{1}{n-1}\sum_{i=1}^{n}(X_i-\alpha)^2}
\end{aligned} \tag{14-24}$$

式中　$\varepsilon_{\mathrm{AZ}}$——方位轴的方差；

$\varepsilon_{\mathrm{EL}}$——俯仰轴的方差；

α——方位（俯仰）轴的平均偏差；

σ——方位（俯仰）轴的标准偏差；

S_X——方位的零点漂移，通常可忽略不计；

S_Y——俯仰的零点漂移，通常可忽略不计。

④结果表示

给出跟踪精度的测量结果，单位为（°）。

14.3.12　跟踪牵引特性测量

（1）步进跟踪牵引特性测量

①测量条件

步进跟踪牵引特性的测量条件如下：

1）天线应处于保精度跟踪工作的环境条件；

2）选择合适的步进跟踪步距、周期时间。

②设备配置

步进跟踪牵引特性测量设备配置如图 14－23 所示。

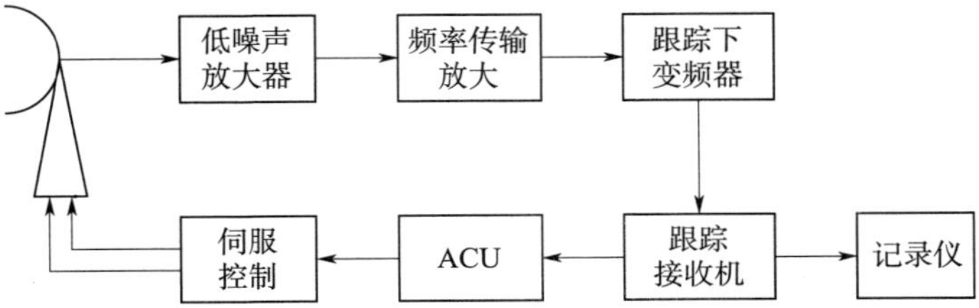

图 14－23　步进跟踪牵引特性测量设备配置

③测量步骤

步进跟踪牵引特性的测量步骤如下：

1）将伺服工作方式置于手控速度模式，转动天线使波束轴线（电轴）对准卫星；

2）将方位或俯仰偏开卫星 $\theta_{3\ \mathrm{dB}}/2$，然后转入自动跟踪模式，记录步进跟踪的单轴牵引特性；

3）利用手控速度模式，使方位和俯仰同时偏开卫星 $\theta_{3\ \mathrm{dB}}/2$，然后转入自动跟踪模式，记录步进跟踪的双轴牵引特性，纵坐标是信号电平，横坐标是时间。

④结果表示

绘出牵引特性曲线，计算牵引时间。

(2) 单脉冲跟踪牵引特性测量

①测量条件

跟踪接收机两通道间的相位差基本为零。

②设备配置

单脉冲跟踪牵引特性测量设备配置同图 14 - 23 所示。

③测量步骤

单脉冲跟踪牵引特性的测量步骤如下：

1) 将跟踪解调器输出分别接到 $X-Y$ 记录仪的 X 轴和 Y 轴上；

2) 将伺服工作方式置于自动跟踪模式，使天线波束轴线（电轴）对准卫星；

3) 将伺服工作方式转为手控速度模式，让方位（俯仰）正转或反转（向上或向下）偏开卫星 $\theta_{3\ \mathrm{dB}}/2$，然后转到自动跟踪工作模式，4 条单轴自动跟踪牵引轨迹依次记录于同一张纸上；

4) 利用手控速度模式，使方位和俯仰同时正转、向上（反转、向上；正转、向下；反转、向下）偏开卫星 $\theta_{3\ \mathrm{dB}}/2$，然后转入自动跟踪模式，4 条双轴自动跟踪牵引轨迹依次记录于同一张纸上。

④结果表示

绘出牵引特性曲线，计算牵引时间。

14.3.13 指向精度测量

(1) 测量条件

指向精度的测量条件如下：

1) 天线应处于保精度工作的环境条件；

2) 光学经纬仪的精度应高于指向精度一个量级；

3) 在瞄准塔内放置天线测量所用的发射设备；

4) 瞄准塔和角度显示器的定北应用同一目标；

5) 光学经纬仪的旋转轴应与天线的方位旋转轴同轴线。

(2) 测量设备

测量指向精度的设备配置如图 14 - 24 所示。

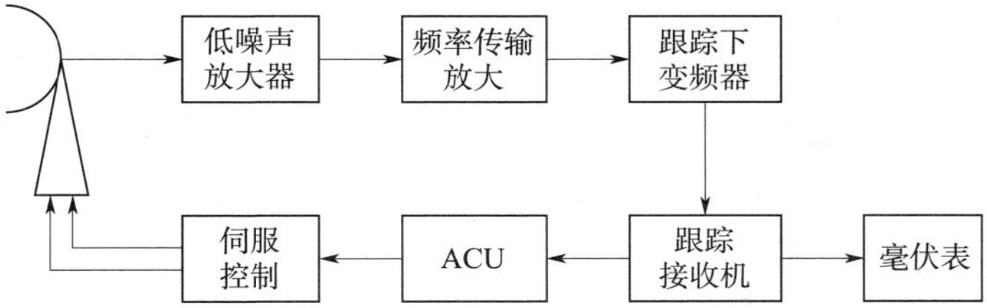

图 14－24　指向精度测量设备配置

（3）测量步骤

指向精度的测量步骤如下：

1）利用光学经纬仪测定瞄准塔（发射信号源）的方位角 θ_{X_0} 和俯仰角 θ_{Y_0} ；

2）将伺服工作方式置于手控速度模式，转动天线使波束轴线（电轴）对准瞄准塔，使接收的信号电平最大，记录角度显示器上此时的方位角 θ_{X_i} 和俯仰角 θ_{Y_i} ；

3）重复步骤 2)，记录一组（$n \geqslant 10$ 次）角度数据；

4）由下式计算指向精度

$$
\begin{aligned}
\sigma_{\mathrm{T}} &= \sqrt{\varepsilon_{\mathrm{AZ}}^2 + \varepsilon_{\mathrm{EL}}^2} \\
\varepsilon_{\mathrm{AZ}} &= \sqrt{\frac{1}{n}\sum_{i=1}^{n}(\theta_{X_i} - \theta_{X_0})^2} \\
\varepsilon_{\mathrm{EL}} &= \sqrt{\frac{1}{n}\sum_{i=1}^{n}(\theta_{Y_i} - \theta_{Y_0})^2}
\end{aligned}
\tag{14-25}
$$

式中　$\varepsilon_{\mathrm{AZ}}$——方位均方根误差；

$\varepsilon_{\mathrm{EL}}$——俯仰均方根误差。

（4）结果表示

绘出牵引特性曲线，计算牵引时间。

14.3.14　角速度和角加速度测量

(1) 测量条件

天线应处于保精度工作的环境条件。

(2) 测量步骤

角速度和角加速度的测量步骤如下：

1) 将测速反馈电压接到记录仪，记录天线的速度响应；

2) 将伺服工作方式置于手控速度模式，在速度环输入端加额定电压，使电机可达到额定转速；

3) 在加额定电压的同时按下秒表，记录天线转动前的角度 θ_0，以及时间达 1 min 的天线角度 θ_1；

4) 由下式计算出天线的最大角速度

$$V_{max} = \frac{(\theta_1 - \theta_0)}{60} \tag{14-26}$$

5) 根据记录纸上如图 14-25 所示的天线速度响应，由下式计算出最大角加速度

$$a_{max} = \frac{V_{max}}{\Delta t} \tag{14-27}$$

(3) 结果表示

给出测量结果，绘出图 14-25 所示的天线速度响应特性曲线。角速度的单位为 (°)/s，角加速度的单位为 (°)/s^2。

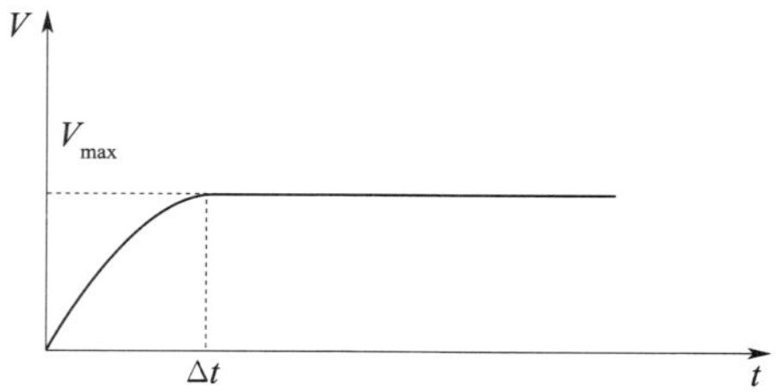

图 14-25　天线速度响应特性曲线

参考文献

[1] GJB1900A－2006 卫星通信地面侦察系统测量方法 [S].

[2] GJB383.1A－1997 遥测系统及分系统测试方法　遥测多路耦合器测试方法 [S].

[3] GJB383.2A－1997 遥测系统及分系统测试方法　遥测高频前置放大器测试方法 [S].

[4] GJB383.4A－2006 遥测系统及分系统测试方法　遥测发射机测试方法 [S].

[5] GJB383.5A－1997 遥测系统及分系统测试方法　遥测接收机测试方法 [S].

[6] GJB383.6A－1997 遥测系统及分系统测试方法　分集合成器测试方法 [S].

[7] GJB383.7－1988 遥测系统及分系统测试方法　码同步器测试方法 [S].

[8] GJB383.8－1988 遥测系统及分系统测试方法　帧同步器测试方法 [S].

[9] GJB383.9－1988 遥测系统及分系统测试方法　时分多路系统弹上数据采集器的测试方法 [S].

[10] GJB383.10－1988 遥测系统及分系统测试方法　DC—DC 电源变换器性能参数和测试方法 [S].

[11] GJB383.11－1988 遥测系统及分系统测试方法　遥测天线测试方法 [S].

[12] GJB383.12－1988 遥测系统及分系统测试方法　遥测地面站的太阳校准方法 [S].

[13] GJB383.13－1988 遥测系统及分系统测试方法　传感器遥测系统校准测试方法 [S].

[14] GJB383.14A－1997 遥测系统及分系统测试方法　调频记录/重放系统测试方法 [S].

[15] GJB383.15A－1997 遥测系统及分系统测试方法　直接记录系统测试方法 [S].

[16]　GJB383.16A－1997 遥测系统及分系统测试方法　计测磁头测试方法 [S].

[17]　GJB383.17A－1997 遥测系统及分系统测试方法　计测磁带测试方法 [S].

[18]　GJB383.18A－1998 遥测系统及分系统测试方法　磁带记录仪带速测试方法 [S].

[19]　GJB383.19A－1997 遥测系统及分系统测试方法　磁带记录仪带速变化及定时误差测试方法 [S].

[20]　GJB383.20A－2004 遥测系统及分系统测试方法　PCM－FM 遥测地面站测试方法 [S].

[21]　GJB383.21－1994 遥测系统及分系统测试方法　弹上遥测时分多路传输分系统测试方法 [S].

[22]　GJB383.22－1994 遥测系统及分系统测试方法　遥测频率合成器测试方法 [S].

[23]　GJB383.23－1994 遥测系统及分系统测试方法　弹上电子数据存储器测试方法 [S].

[24]　GJB383.24－1994 遥测系统及分系统测试方法　弹上高频功率放大器测试方法 [S].

[25]　GJB383.25－1994 遥测系统及分系统测试方法　伺服系统性能测试方法 [S].

[26]　GJB383.26－1994 遥测系统及分系统测试方法　PCM 信号模拟器测试方法 [S].

[27]　GJB383.27－1994 遥测系统及分系统测试方法　时码器测试方法 [S].

[28]　GJB383.28－1994 遥测系统及分系统测试方法　PAM 分路器测试方法 [S].

[29]　GJB383.29－1997 遥测系统及分系统测试方法　遥测下变频器测试方法 [S].

第 15 章　遥测标准简介

15.1　IRIG106 遥测标准

15.1.1　概述

美国作为国际航天遥测技术的领军者，近二十年先后启动了 ARTM（Advanced Range Telemetry，高级靶场遥测）、iNET（Integrated Network - Enhanced Telemetry，增强遥测综合网）等前瞻性研究项目，有力推动了美国遥测体制、遥测频段乃至遥测系统工作模式的变革，同时主导着国际遥测标准 IRIG 106 的升级更新。

自 20 世纪 60 年代以来，国外飞行试验遥测大部分遵照国际遥测标准 IRIG 106，此标准是美国靶场司令委员会（RCC，Range Commanders Council）下属机构靶场仪器组（IRIG，Inter - Range Instrumentation Group）制订的遥测标准，每两年修订一次，目前最新版本是 2017 年 7 月发布的 IRIG 106 - 17，目的是促进 RCC 管辖的各靶场遥测发射、接收及遥测数据处理设备的相互兼容。我国遥测标准（国家军用标准 GJB 21）也基本上参照了 IRIG 106 标准。

15.1.2　IRIG106 - 17 遥测标准介绍

IRIG 106 - 17 遥测标准主要包括两部分。其中，第一部分包含 11 个章节，其主要内容包括：发射与接收系统、频分多路遥测标准、脉冲编码调制标准、数字化语音遥测标准、记录/回放命令与控制、数据包遥测下行链路、数字数据总线的采集格式标准、遥测属性传递标准、数字记录标准和记录器数据包格式标准；第二部分为遥测网络标准（TmNS，Telemetry Network Standard），包含 8 个章节，其主要内容包括：基于网络的协议栈、元数据配置、信息格式、管理性的资源、TmNSDataMessage 传输协议、射频（RF）网络接入层、射频（RF）网络管理。

如前文所述，国际遥测标准 IRIG 106 每两年修订一次。参考文献［4］以 IRIG 106－09 版本的遥测标准作为参考，分析了 21 世纪后的 IRIG 106 遥测标准的重要更新：增加了遥测网络部分（IRIG 106－09 版本尚不完善）、增加了第 10 章“数字记录标准”、增加了新的数字调制方式 SOQPSK－TG、ARTM CPM。参考文献［5］分析了 IRIG 106－11 版本的遥测标准的更新情况：增加了 C 频段标准、更新了第 9 章“遥测属性传递标准”、更新了第 10 章“数字记录标准”。

最新版 IRIG 106－17 修订的主要内容包括：新增了数据质量度量（DQM，Data Quality Metric）标准和数据质量封装（DQE，Data Quality Encapsulation）标准、新增了航空移动遥测系统的干扰保护准则、更新了记录器数据包格式、明确了第二部分“遥测网络标准”的相关内容；其中，第二部分“遥测网络标准”的正式发布具有重要的里程碑意义，这标志着，经过近十五年关于 iNET 的调研与讨论，终于尘埃落定，形成了可实施的网络标准。

15.2　GJB 遥测标准

在制订我国遥测标准时，IRIG 标准是一份重要的参考资料，我国现行的遥测标准 GJB 21 也基本参照了 IRIG 106 遥测标准。但由于我国遥测发展的过程和技术水平的现状与美国有差异，不能不加分析地全部照搬。要结合我国实际情况，制订出先进的遥测标准，这将有力提升我国遥测系统的标准化、系列化、通用化水平，促进我国遥测技术的高速发展。

遥测标准的制订与实施是遥测技术发展的重要标志。美国 IRIG 106 遥测标准、IRIG 118 测试方法标准、空间数据系统咨询委员会的 CCSDS 标准、欧洲空间局 PCM 遥测标准（ESA），都是经过几十年的研究、探讨和使用才趋于完善的，是国际上公认的比较适用、通用的标准。

我国从 20 世纪 80 年代初期，开始陆续制定无线电信道、多路信号格式、磁带记录仪、计测磁带遥测标准（GJB 21），遥测系统及分系统测试方法标准（GJB 383），导弹航天器遥测地面站通用规范（GJB 2695），卫星测控和数据管理标准（GJB 1198）等相关标准。除 GJB 2695 外，我国制定的遥测标准，不论从内容或格式编排上，也基本和上述 4 个国际标准类同。目前，我国研制和生产导弹、航天器遥测设备的主要依据也是以上几个标准。我国于 1984 年，首次颁布了国家军用遥测标准，包括 GJB 21. 1 - 1984 遥测标准遥测无线电频率、GJB 21. 2 - 1984 遥测标准多路信号格式、GJB 21. 3 - 1984 遥测标准计测磁记录器、GJB 21. 4 - 1984 遥测标准计测磁带等。

目前最新的 GJB 遥测标准为：《遥测标准　第 1 部分：无线电信道（GJB21 1B - 2006）》、《遥测标准　多路信号格式（GJB 21. 2A - 1992）》、《遥测标准　磁带记录仪（GJB21. 3A - 1992）》、《遥测标准　计测磁带（GJB21. 4A - 1992）》、《遥测标准　遥测属性传递标准（GJB21. 5 - 2001）》。

2015 年，原中国人民解放军总装备部启动了《遥测标准　多路信号格式（GJB 21. 2A - 1992）》的修订工作，北京遥测技术研究所承担了此次修订工作。与 GJB 21. 2A - 1992 相比，主要有以下变化：

1）由于频分制（FDM）遥测设备已经不再使用，本次修订删除了原标准中的频分制（FDM）遥测信号格式的相关内容；

2）修订了脉冲编码调制（PCM）遥测信号格式、脉冲幅度调制（PAM）遥测信号格式等相关内容，但 PAM 遥测体制正在逐渐被 PCM 遥测体制所取代；

3）以附录的形式补充了数据总线采集格式，给出字的结构、时间字、复合输出、MIL - STD - 1553（GJB 289）总线采集、ARINC 429（HB 6096）总线采集等规定；

4）取消了原标准中关于 DBiΦ - S 和 DBiΦ - M 的码型定义；

5）补充了 PCM 码随机化（RNRZ - L）的定义，统一规定了 15 比特随机化生成图样及使用准则；

6）规定了最低码速率的限制，并删除了原标准的优选系列；

7）提出了合理的最大字长限制；

8）将子帧同步码组的长度修订为 7～48 bit；

9）对原标准的异步嵌入格式进行了明确定义，使客体数据流与主体数据流在定时上实现真正意义的异步。

15.3　CCSDS 标准

15.3.1　CCSDS 简介

随着航天技术的发展，航天应用和科学研究日趋复杂，所需人力和物力也越来越多，各国在航天器测控通信的设施方面大量重复建设，很不经济。为此，1982 年 1 月由世界上几个主要国家组成的空间组织在美国华盛顿一起讨论空间数据系统有关问题。预见到空间数据的传输与获取必将突破各国地理界限，突破财力和智力的局限性，而走相互合作的发展道路，利用不同国家的空间和地面设备，使用一个共同的数据系统标准进行国际合作，必将给每个国家都带来更多的经济效益，一致同意组建空间数据系统咨询委员会（简称 CCSDS，Consultative Committee for Space Data System）以发展处理空间数据的标准，加强未来数据系统的相互操作性，支持空间研究、空间科学、空间和平利用。CCSDS 标准是在美国于 1983 年以前所提出的国内测控网标准基础上，以空间站为对象模式提出的国际性航天标准。

1986 年完成了一套 CCSDS 建议书，包括遥测、遥控、时间码和测速测距等，主要满足常规在轨系统（COS），即各类卫星的需求。20 世纪 90 年代以后，CCSDS 又进行新的努力，提出高级在轨系统（AOS）用的标准化通信系统体系结构建议书，主要面向有人值守的空间站、无人空间平台以及空间运输系统（飞船、航天飞机）。

空间数据系统咨询委员会（CCSDS）的成立为空间数据系统的发展和运作中出现的问题提供了一个讨论的平台。CCSDS 的组织结构主要由管理委员会（CMC）、工程指导组（CESG）和 6 个技术领域组成，每个技术领域下设若干工作组开展建议书的研究开发工作。6 个技术领域包括系统工程领域、空间链路业务领域、航天器在轨接口业务领域、空间网络业务领域、任务操作和信息管理业务领域以及交互支持业务领域。

15.3.2　空间数据网的概念模型

对照 ISO/OSI－RM 模型，CCSDS 建议书规定空间信息网的概念模型，即 CCSDS 主网（CPN）。CPN 由星载网、地面网以及空间链路子网（SLS）三个子网组成，其中核心是 SLS。星载网类似于计算机局域网。地面网包括整个地面支持网络，既有航天专用网，也有公用网，它既包括地基系统，也包括通过通信卫星的中继系统。CCSDS 主网是天地一体化的概念模型，是完整的能向用户提供端到端的数据流通网络模型。CPN 提供 8 种业务类型和 3 种质量等级，以支持不同类型的用户需求。

在 CCSDS 主网概念模型的框架内，根据业务类型建立 CCSDS 主网的业务模型，进一步表明空间数据系统是一个分层、分布式的多用户系统。空间用户可以在不同层次上通过业务入口点进出系统，简化的 CCSDS 主网业务模型如图 15－1 所示。

CPN 的核心是空间链路子网，AOS 建议参照开放系统互连（OSI）模型的层次，将 SLS 分为空间链路层（SLL）和物理信道层（PCL），分别对应于 OSI 的数据链路层和物理信道层。

空间链路层又由虚拟信道链路控制子层（VCLC）和虚拟信道访问（VCA）子层构成，它们都位于物理信道层之上。在 SLS 的 6 种业务中，包装、复用、位流业务由 VCLC 子层提供，虚拟信道存取、虚拟信道数据单元、插入业务由 VCA 子层提供，如图 15－2 所示。

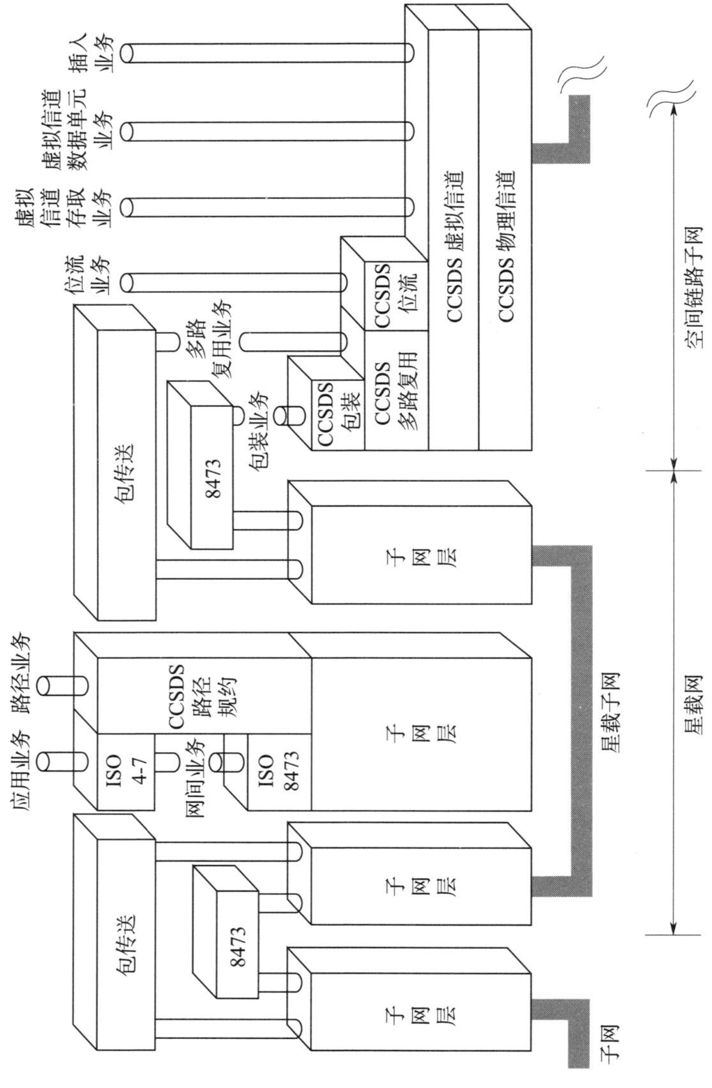

图 15－1　简化的 CCSDS 主网业务模型

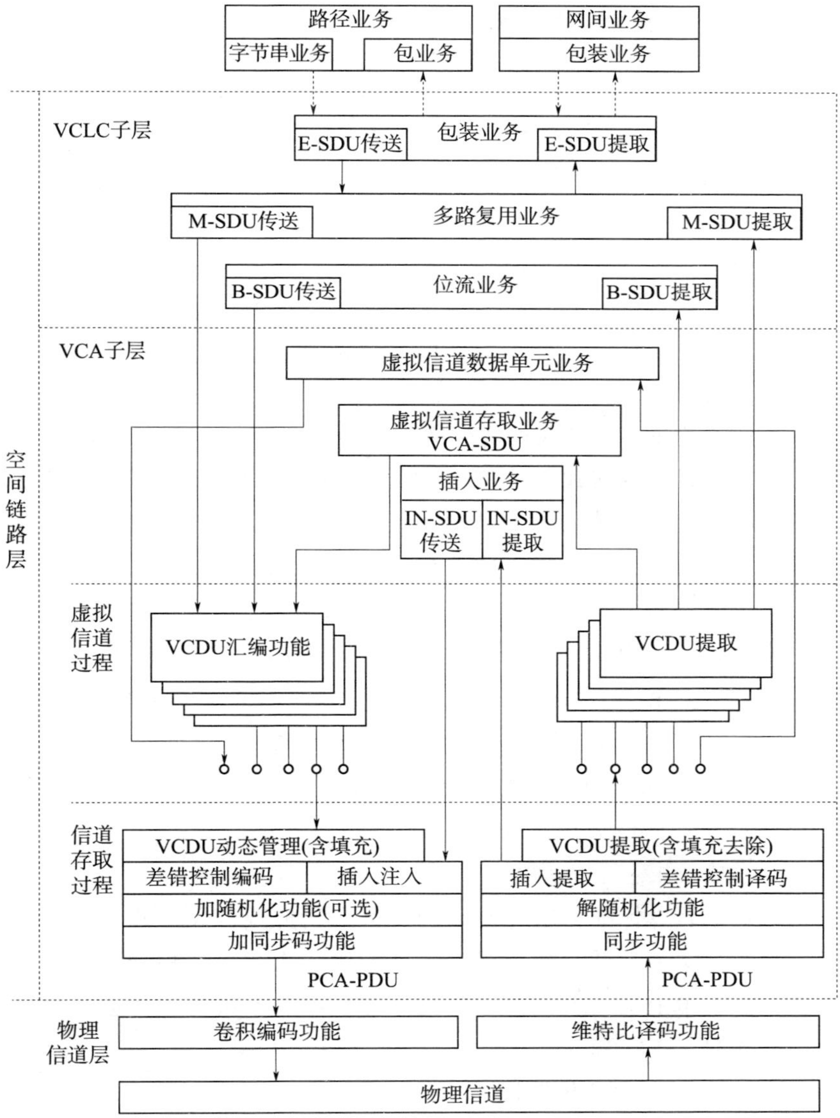
路径业务
字节串业务
包业务
网间业务
包装业务
VCLC子层
包装业务
E-SDU传送
E-SDU提取
多路复用业务
M-SDU传送
M-SDU提取
位流业务
B-SDU传送
B-SDU提取
VCA子层
虚拟信道数据单元业务
虚拟信道存取业务
VCA-SDU
插入业务
IN-SDU传送
IN-SDU提取
空间链路层
虚拟信道过程
VCDU汇编功能
VCDU提取
信道存取过程
VCDU动态管理(含填充)
差错控制编码
插入注入
加随机化功能(可选)
加同步码功能
VCDU提取(含填充去除)
插入提取
差错控制译码
解随机化功能
同步功能
PCA-PDU
PCA-PDU
物理信道层
卷积编码功能
维特比译码功能
物理信道

图 15 - 2　空间链路层

15.3.3 CCSDS 建议书类型

CCSDS 建议书是可以免费下载的，网址为：http：//www.ccsds.org。CCSDS 建议书以颜色区分，分为蓝皮书、红皮书、绿皮书、橙皮书、黄皮书和银皮书。

（1）蓝皮书——建议的标准文件

蓝皮书定义特定接口、技术性能、协议，或者提供接口、协议或其他控制标准的说明性或规范定义，例如编码方法等。蓝皮书是完整的、无二义性的，技术细节已充分细化，可直接应用于空间任务和交互支持。

（2）红皮书——建议的实践文件

红皮书推荐的实践是 CCSDS 成员协商达成共识的结果，提供了应用标准最好的或体现当前技术水平的方法。其包括为完成某个项目推荐一系列的标准，或者完成任务的标准化处理或步骤，或其他方面（例如参考模型）的资料，以帮助设计、使用或选择标准。红皮书推荐体系结构、应用程序接口、操作规范等。

（3）绿皮书——信息报告文件

绿皮书的目的是及时地公布 CCSDS 组织的一些信息。绿皮书是蓝皮书和红皮书的基础，描述了它们的适用性、总体结构以及概念等。

（4）橙皮书——试验类文件

橙皮书是以标准需求为基础的一部分研究或开发工作，因此不是标准跟踪文件。试验建议是为了证明尚未出现，但预期一定会有的需求在技术上的可行性。一旦这个需求出现，试验工作会迅速转为标准跟踪。

（5）黄皮书——记录文件

黄皮书是行政管理文件，包括章程、程序和会议日期。

（6）银皮书——已退出使用的历史文件

银皮书是由 CCSDS 文件的最新版本替代的，或者由于某些原因而废除的文件。更有可能的是已经到了使用寿命的文件，对 CCSDS 兼容的任务支持架构不再具有约束力。

15.3.4　CCSDS 与 ISO 的关系

自 1982 年起 CCSDS 为航天器制定了数据和通信标准，1990 年起 CCSDS 与国际标准化组织（ISO）合作，为此，ISO 技术委员会 20 成立下属委员会 13（ISO TC20/SC13），并且命名为空间数据和信息传输系统。CCSDS 将已经完成的建议书定期提交给 ISO，通过正常的程序进行审阅和投票，通过后批准为 ISO 标准。这些文件保持 CCSDS 文件格式，但附加 ISO 的封面和控制号。因此，为了更加有效地推进标准的制定与实施，目前，CCSDS 成员具有双重身份——CCSDS 标准组织和 ISO TC20/SC13 标准组织。

15.3.5　CCSDS 标准与 IRIG 标准的区别

CCSDS 标准与我国靶场广泛借鉴的 IRIG 标准有很大区别。其一，CCSDS 标准的基础是一个复杂的分布式多用户网络环境，在此基础上，可以向用户提供多种端到端（源—目的地）的业务支持，而 IRIG 标准适用于较简单的专用空间测控网，适用于点到点之间固定路径的信息传递；其二，CCSDS 标准参照 ISO/OSI - RM 模型，并支持符合 ISO 标准的业务，使航天网能与通用的 ISO 标准网互联，具有很高的标准化水平与良好的开放性，能在不同层次上支持各种用户业务，而 IRIG 标准是封闭的低层次的；其三，CCSDS 标准数据格式中，主要是用户自主的 CCSDS 包和虚拟信道数据单元，是面向用户的动态数据管理，是通过虚拟信道方法对信道资源进行动态分配，而 IRIG 标准中的 PCM 遥测标准是面向单个数据直接编排成固定格式帧的静态管理。

15.4　ESA 遥测标准

ESA 制定的 TT&C 标准，主要运用对象是航天器，实际上是将美国 20 世纪 60 年代发射阿波罗载人飞船开始使用的 USB（统一 S 频段）TT&C 测控技术加以改造和标准化而形成的。它和 IRIG 标准的主要不同点是，除遥测标准外增加了上行遥控、双向相干测距、测速和遥测的信道编译码等技术，在遥测标准中，基带信号帧构造格式依然采用 IRIG 的 PCM 遥测标准，而遥控基带数据格式第一次规定了标准和调制、传送方法。测距方法，未采用阿波罗载人登月时 USB 中用过的伪码序列测距，而改用侧音测距；另外，在遥测信号传输中，第一次规定采用信道编码技术，采用 $R=1/2, K=7$ 的卷积码作为编译码标准；同时，也规定了射频频率和残余载波调制标准。ESA 标准主要应用于地球同步轨道高度以内的航天器。

参 考 文 献

[1] Timothy A Chalfant, Erwin H Straehley, and Earl R Switzer. Advanced Ranged Telemetry (ARTM) Preparing for a New Generation of Telemetry [C] . Proceedings of the International Telemetering Conference, San Diego, CA, October 1996.

[2] Skelley, Dan S. Integrated Network - Enhanced Telemetry [C]. Proceedings of the International Telemetering Conference, Las Vegas, NV, October 2003.

[3] Range Commanders Council. Telemetry Standards, IRIG Standard 106 - 17 [S] . July 2017.

[4] 袁炳南，霍朝晖，白效贤．航空飞行试验遥测标准概况 [J] ．测控技术. 2010，29（11）：10－14.

[5] 李宏伟，张华栋，山鹏．基于美军新版 IRIG 106 标准的靶场遥测技术分析 [J] ．飞航导弹，2013，8：54－57.

[6] 姜昌. CCSDS 建议书产生的历史背景及其与 IRIG、ESA 标准的关系 [J]. 遥测遥控，1993，6，14（3）：8－9.